机械制造工程基础

[德]尤尔根．布尔麦斯特等——著
杨祖群——译

中文版第三版

·第58版·

湖南科学技术出版社

图书在版编目（CIP）数据

机械制造工程基础（中文版第三版）/［德］尤尔根·布尔麦斯特等著；杨祖群译. —长沙：湖南科学技术出版社，2019.1（2024.11 重印）
ISBN 978-7-5710-0034-9

Ⅰ. ①机… Ⅱ. ①尤… ②杨… Ⅲ. ①机械制造工艺 Ⅳ. ①TH16

中国版本图书馆 CIP 数据核字(2018)第 269810 号

JIXIE ZHIZAO GONGCHENG JICHU（ZHONGWENBAN DI SAN BAN）
机械制造工程基础（中文版第三版）
著　　者：［德］尤尔根·布尔麦斯特等
译　　者：杨祖群
出 版 人：潘晓山
责任编辑：杨　林
出版发行：湖南科学技术出版社
社　　址：湖南省长沙市开福区芙蓉中路一段 416 号泊富国际金融中心 40 楼
网　　址：http://www.hnstp.com
湖南科学技术出版社天猫旗舰店网址：
http://hnkjcbs.tmall.com
印　　刷：长沙艺铖印刷包装有限公司
（印装质量问题请直接与本厂联系）
地　　址：长沙市宁乡高新区金洲南路 350 号亮之星工业园
邮　　编：410604
版　　次：2019 年 1 月第 1 版
印　　次：2024 年 11 月第 4 次印刷
开　　本：710mm×970mm　1/16
印　　张：44.5
字　　数：1140 千字
书　　号：ISBN 978-7-5710-0034-9
定　　价：168.00 元

机械制造工程专业教材 —— 欧罗巴教材出版社

作者：Jürgen Burmester （尤尔根·布尔麦斯特）
Josef Dillinger（约瑟夫·迪林格）
Walter Escherich（瓦尔特·艾舍利希）
Dr.Eckhard Ignatowitz（艾克哈特·伊格纳妥维茨博士）
Stefan Oesterle（史特凡·俄斯特勒）
Ludwig Reißler（路德维希·莱斯勒）
Andreas Stephan（安德列斯·斯特凡）
Reinhard Vetter（莱因哈特·维特）
Falko Wieneke （法尔考·威内科）

机械制造工程基础

最新整理，第 58 版

欧罗巴教材出版社 · 诺尔尼，富尔玛股份有限公司及合资公司
杜塞尔博格大街 23 号，42781 哈恩-格鲁腾市

欧洲书号：10129

作者和出版商：

作者：		地区
Jürgen Burmester （尤尔根·布尔麦斯特）	工程硕士	Soest（绥斯特）
Josef Dillinger（约瑟夫·迪林格）	研究主任	München（慕尼黑）
Walter Escherich（瓦尔特·艾舍利希）	研究主任	München（慕尼黑）
Eckhard Ignatowitz（艾克哈特·伊格纳妥维茨）	工程博士	Waldbronn（瓦尔特布朗）
Stefan Oesterle（史特凡·俄斯特勒）	工程硕士	Amtzell（阿姆策）
Ludwig Rei ler（路德维希·莱斯勒）	研究主任	München（慕尼黑）
Andreas Steβhan（安德列斯·斯特凡）	工程硕士	Kressbronn（克莱斯布朗）
Reinhard Vetter（莱因哈特·维特）	研究主任	Ottobeuren（奥托博伊伦）
Falko Wieneke （法尔考·威内科）	工程硕士	Essen（埃森）

上述作者均为从事工程技术专业教育的专业教师和工程师。

出版编辑：Josef Dillinger（约瑟夫·迪林格）
图片草稿：本书各位作者
照　　片：借用多家公司（公司名称索引参见第 680 页）
图片处理：欧罗巴教材出版社图像符号办公室，奥斯费尔德恩（Ostfildern）
英语翻译：OStRin Christina Murphy（奥斯特凌·克里斯蒂娜·墨菲），Wolfratschausen（沃尔夫拉特豪森）

第 58 版，2017 年出版
第 6 次印刷
本版次的各次印刷均可以在课堂教学中互换使用，因为无论已纠正的印刷错误还是因使用新标准而做出的相应更动都是相同的。

ISBN 978-3-8085-1290-6

http//www.europa-lehrmittel.de
文本：Kluth 文本+版面制作股份有限公司，50374 艾尔福特城
封面：图像制作 Jürgen Neumann（尤尔根·诺依曼），97222 利穆帕市
封面照片：Sauter 精密机械股份有限公司，72555 麦岑根市，和 TESA/Brown & Sharpe, CH-Renens 公司
印刷：MP 媒体印刷信息技术股份有限公司，33100 帕德伯恩市

前 言

《机械制造工程基础》一书适用于机械加工制造业的职业教育和在职继续培训。

教材适用范围

- 工业机械师
- 精密加工机械师
- 加工制造业机械师
- 切削加工机械师
- 工业产品设计师
- 工长和技术员培训
- 机械加工工业和手工业实习人员
- 机械制作专业方向的实习生和大学生

教材内容

本书内容以机械加工制造专业的职业教育和在职培训教学计划和培训大纲为定向，共分 10 个主要章节编纂而成。同时对接培训计划并兼顾工业制造技术领域内的最新发展动向。

专业词汇索引表中还标有英语专业技术词汇。

第 58 版 前言

本版本主要对以下内容进行了增补和修改：

- 长度检测工具：
  坐标检测仪
  产品几何形状规范（GPS）
- 加工技术
  车刀
  工件打毛刺
  优化铸熔法
- 加工自动化
  工业 4.0
- 自动化技术
  按照参考标准 DIN EN 81346-2 制作的全部电路图
- 技术项目
  制作技术资料和文档，说明，技术通信，技术文档的官方解释

最后，《机械制造工程基础》一书的作者及出版社谨在此对本书所有使用者的批评意见和改进建议表示诚挚谢意。

2017 年春 编者

目　录

1　检测技术

2　质量管理

3　加工制造技术

4 加工自动化

5 材料工程

6 机床和设备

7 电工学

8 装配，试运行，维护保养

9 自动化技术

10 技术项目

学习单元

学习单元指南

机械制造领域的职业学校在校生借助本指南可明确学习单元课程的目的。

《机械制造工程基础》一书的内容结构逻辑性强，可使教学双方最大限度地自由支配教学法和学习法。书中所选内容的结构可引导学生独立掌握学习单元中所要求的内容。

从教学计划框架中所选的下述章节显示出章节的学习顺序，以及各个学习单元的专业内容。该顺序可用于对学生的激励和提示，使他们能够在上服务于学习单元的课程时目标明确。

学习单元	书内相关信息（举例）
学习单元 1：使用手工操作的工具加工零件	**项目：挂锁** …… 654
准备并用手工操作工具加工本职业内典型的零件 编制并修改简单零部件的图纸	3.7.2 手工操作工具的加工 1.2 检测技术基础 1.2.1 基本概念 1.2.2 检测误差 1.2.3 检测仪表的性能与检测仪表的校准 1.3 长度检测仪表 1.5 公差和配合
计划使用工具的工作步骤和材料并进行计算 选择并使用适宜的检测装置，记录检测结果 粗略计算加工成本	2.7.1 检测规划 3.2 加工制造方法的分类 5.2 材料的特性及选择 3.5.2 成型方法 3.5.3 弯曲成形 3.6 切割 3.6.1 剪切 5.1 材料与辅助材料概览 5.2 材料的特性及选择 5.4 钢和铸铁 5.5 有色金属 5.9 塑料 5.10 复合材料
将工作结果制成文档并演示	10.5 文档和技术资料
注意劳动保护和环境保护的法规	3.1 工作安全 3.2 加工企业与环境保护 5.12 工程材料和辅助材料的环境问题
学习单元 2：使用机器加工零件	**项目：圆形工件的夹紧装置** …… 656
研读图纸和零部件明细表 根据其特性选择材料 计划包括计算在内的加工流程	6.6 驱动单元 6.5 能量传输功能单元 1.4 表面检测 1.5 公差和配合 3.8 加工机床的切削加工 3.9 接合 5.4 钢和铸铁 6.6 驱动单元 6.5 能量传输功能单元
机床的结构和工作方式 刀具的使用	6.1 机床的分类 6.2 机床和设备的功能单元 3.8.1 切削材料
检测装置的选择与使用	1.2 检测技术基础

学习单元	书内相关信息（举例）
	1.2.1　基本概念 1.2.2　检测偏差 1.2.3　检测仪器的性能与测量仪表的校准 1.3　长度检测仪表 2　质量管理 2.3　质量要求 2.4　质量特性和缺陷 2.7.1　检测规划
将工作结果制成文档并演示	10.5　文档和技术资料
注意劳动保护和环境保护的法规	3.1　工作安全 3.12　加工企业与环境保护 5.12　材料和辅助材料的环境问题
学习单元 3：简单部件的制造	**项目：手工台钻支架** ······ 658
阅读并理解图纸组和电路图 计划简单的控制系统 部件装配 对零件进行标准化制图	6.1　机床的分类 6.2　机床和设备的功能单元 6.6　驱动单元 6.5　能量传输功能单元 9.3.3　气动控制系统气路图 9.3.4　气路控制系统气路图 9.3.5　Grafcet（顺序功能图）
区别不同的接合方法 工具和标准件的选择	3.9　接合 5.4　钢和铸铁
将工作结果制成文档并演示	2　质量管理 2.1　质量管理的工作范围 2.2　DIN EN ISO9000 标准系列 2.3　质量要求 2.4　质量特性和缺陷 10.1.1　线性工作组织与项目 10.5.1　技术资料和文档的制作 10.5.2　说明 10.5.3　技术通信 10.5.4　技术文档的办公室解决方案
注意劳动保护和环境保护的法规	3.1　工作安全 3.2　加工企业和环境保护 5.12　工程材料和辅助材料的环境问题
学习单元 4：技术系统的维护保养	**项目：保养一台立式钻床** ······ 660
评估维护保养措施	1　检测技术 1.1　量和单位 8.3　维护保养 8.4　腐蚀和防腐蚀 8.5　损伤分析和避免损伤 8.6　零件的负荷和强度
计划保养工作，确定工具和辅助材料	5.1.3　辅助材料和耗能 6.6　驱动单元 6.5　能量传输功能单元 6.4.1　摩擦和润滑材料 8.3.6　检查
将工作结果制成文档并演示	10.5　文档和技术资料
注意劳动保护和环境保护的法规	3.1　工作安全 3.2　加工企业与环境保护 5.12　工程材料和辅助材料的环境问题

学习单元	书内相关信息（举例）
学习单元 5：使用机床加工零件	**项目：液压夹具** ······ 662
在加工机床上加工不同材质的工件	3.8 加工机床的切削加工 5.4.3 钢的命名系统 2.4 质量特性和缺陷 2.7.1 检验规划
选择适宜的加工方法，选择刀具和工件的装夹方式	1.2 检测技术基础 1.3 长度检测仪表 1.4 表面检测 1.5 公差和配合 1.7 形状和位置检测
退火，淬火，调质 开发带有质量管理方式的检测计划	5.4 钢和铸铁 2.4 质量特性和缺陷 2.7.1 检验规划 5.8 钢的热处理
学习单元 6：控制技术系统的安装和试运行	**项目：不同金属球的分级** ······ 664
在各种机床设备的控制系统中求取	6.1 机床的分类 10.3 编制项目的各个阶段
其组成部件和功能流程 不同控制系统的结构和试运行	6.6 驱动单元 9.2 控制系统的基础知识和基本组件 9.3 气动控制 9.4 电子气动控制系统 9.5 液压控制
学习单元 7：技术系统的装配	**项目：锥齿轮传动箱** ······ 666
计划一个技术分系统的装配并制定装配与配合计划 部件装配 检查功能并编写检验报告	1.5 公差和配合 1.7 形状和位置检测 3.9 接合 6.4 支撑和承重功能单元
强度特性值	5.11 材料检验
将工作结果制成文档并演示	10.5 文档和技术资料
学习单元 8：使用数控机床加工零件	**项目：加工传动轴和轴承盖** ······ 668
使用数控加工机床加工零件 编制加工计划和刀具计划	4.1 加工机床的计算机控制（CNC）系统 4.1.2 坐标，零点和基准点 4.1.3 控制类型，修正 4.1.4 按照 DIN 标准编制的计算机控制（CNC）程序 4.1.5 循环程序和子程序 4.1.6 计算机数控车床的编程 4.1.7 计算机数控铣床的编程 4.3 自动化计算机数字控制（CNC）加工机床 2.3 质量要求 2.4 质量特性和缺陷
加工机床的加工准备 开发计算机数控程序	4.1.2 坐标，零点和基准点 4.1.3 控制类型，修正 4.1.4 按照 DIN 标准编制的计算机控制（CNC）程序 4.1.5 循环程序和子程序 4.1.6 计算机数控车床的编程
开发带有质量管理方式的检测计划	2.7.1 检验规划 1.2 检测技术基础 1.4 表面检测 1.5 公差和配合 1.7 形状和位置检测

学习单元	书内相关信息（举例）
学习单元 9：技术系统的维修调节	**项目：数控铣床的电动机主轴** ························ 670
计划维护保养措施	8.5　损伤分析和避免损伤 8.6　零件的负荷和强度 3.9　接合
拆卸分系统 故障分析并建档	5.8　钢的热处理 5.11　材料检验 6.4.1　摩擦和润滑材料 8.3.6　检查 8.3.7　维修 8.3.8　改进
更换并安装故障零件	10.5　文档和技术资料
学习单元 10：技术系统的制造和试运行	**项目：数控铣床的进给驱动** ···························· 672
描述零件与部件的功能关系	3.8.11　拉削 3.8.12　精加工 3.9　接合
选择适宜的加工方法和装配工装 分系统组装进入总系统	8.2　试运行
记录移交（过程）	10.5　文档和技术资料
学习单元 11：产品质量和过程质量的监控	**项目：数控铣床的进给驱动** ···························· 674
采录过程数据并评估特性值 系统影响值与偶发影响值的区别	2.5　质量管理工具 2.6　质量控制 2.7　质量保证
监控采用质量管理方法的批量加工和系列加工生产过程，对偏差建档，并导引出修正措施 实施机床性能和过程能力的探究	2.8　机床能力 2.9　过程能力 2.10　使用质量控制卡的统计式过程控制 2.12　持续改进过程 10.5　文档和技术资料
学习单元 12：技术系统的维护保养	**项目：饮料灌装设备** ···································· 676
技术系统的维护 探究故障的原因 实施弱项分析并选取适宜的检测方法和检测装置	2.12　持续改进过程 2.5　质量管理工具 8.3　维护保养 8.5　损伤分析和避免损伤 8.6　零件的负荷和强度 8.2.3　机床或设备的验收 10.3.3.1　计划建立项目组织
技术系统的移交	10.3.5　项目结束
学习单元 13：自动化系统运行能力的保证	**项目：手工工位的自动化** ································ 672
分析自动化系统，保证其运行能力 排除运行故障，开发限制故障发生的战略，优化过程流程 接触加工系统和输送系统时注意安全保护	2.12　连续改进过程 9.6　可编程序控制器（SPS） 4.4　自动化加工设备的运输系统 10.3.2　定义阶段 10.3.3.1　计划建立项目组织 10.3.5　项目结束

1 检测技术

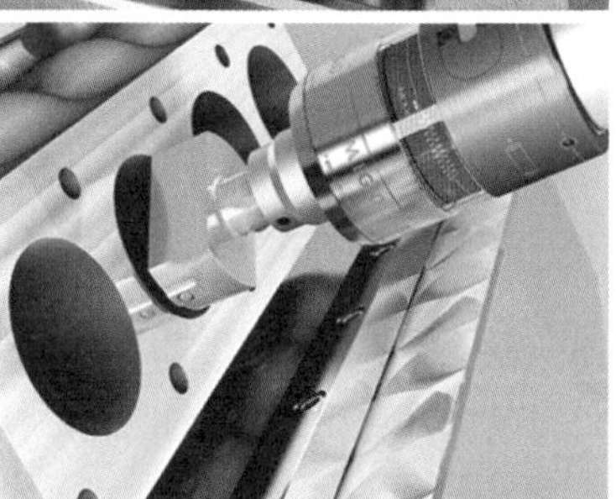

2 质量管理

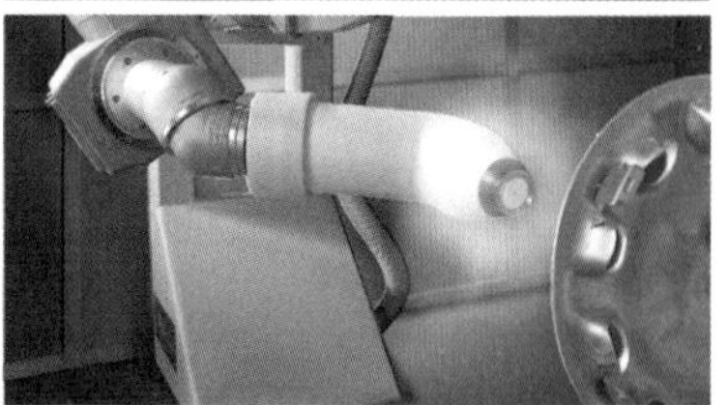

1 检测技术

1.1 量和单位

量描述的是下列特征，如长度，时间，温度或电流强度（图 1）。

在国际单位系统 SI（System International）中已明确规定基本量和基本单位（表 1）。

为了避免出现过大或过小的数字，十进制的倍数和十进制的分数均放在单位名称前面，例如毫米（表 2）。

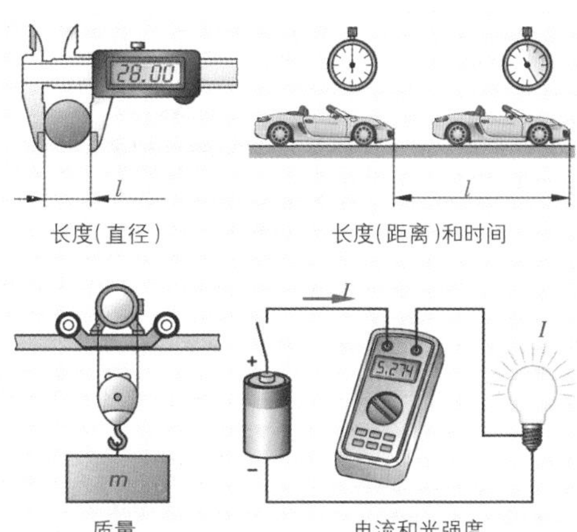

图 1：基本量

■ 长度

> 长度的基本单位是米。一米是光在真空空间中 299729458 分之一秒时间内所走过距离的长度。

与单位米相连的是前置若干个数字字首，有目的地标明极长的距离或很短的长度(表 3)。

除米制长度系统外，若干个国家还使用英制长度系统。

米制与英制单位之间的换算：1in（英寸）= 25.4 mm。

表 1：国际单位系统

基本量和公式符号	基本单位	
	名称	符号
长度 l	米	m
质量 m	千克	kg
时间 t	秒	s
热力学温度 T	克尔文	K
电流 I	安培	A
发光强度 I_v	坎德位	Cd

■ 角度

角度单位描述的是与全圆相关的中心点角度。一度（1°）是全圆角的 1/360°(图 2)。将 1°向下细分，可分为分（′）和秒（″）或用十进制分数来表述。

弧度（rad）是指在一个半径为 1 米的圆中切出一个长度为 1 米的弧长所对应的圆心角的角度（图2）。一个弧度相当于一个 57.295 779 51°。

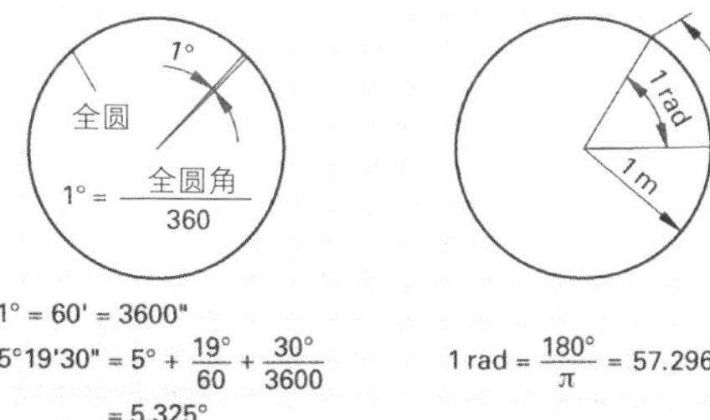

图 2：角度单位

表 2：单位的十进制倍数和十进制分数名称的字首

字首		系数	
M	兆	百万倍	$10^6 = 1\ 000\ 000$
k	千	千倍	$10^3 = 1\ 000$
h	百	百倍	$10^2 = 100$
da	十	十倍	$10^1 = 10$
d	分	十分之一	$10^{-1} = 0.1$
c	厘	百分之一	$10^{-2} = 0.01$
m	毫	千分之一	$10^{-3} = 0.001$
μ	微	百万分之一	$10^{-6} = 0.000\ 001$

表 3：常用的长度单位

米制系统
1 千米(km)= 1000 米
1 分米(dm)= 0.1 米
1 厘米(cm)= 0.01 米
1 毫米(mm)= 0.001 米
1 微米(μm)= 0.000 001 米 = 0.001 毫米
1 纳米(nm)= 0.000 000 001 米 = 0.001 微米

■ 质量、力和压力

一个物体的质量取决于它的材料量。但与该物体所处的地点无关。质量的基本单位是千克。常用的单位还有克和吨：1 克 = 0.001 千克，1 吨 = 1000 千克。

现保存在巴黎的一个铂铱圆柱体就是国际标准的 1 千克质量体。这是迄今为止未借助任何自然常数所能定义的唯一的基本单位。

> 一个 1 千克质量的物体以悬挂或搁置的方式作用在地球上（标准地点在苏黎世）的力 F_G（重力）为 9.81N（图 1）。

压力 p 是指每单位面积上的力（图 2），其单位是帕斯卡（Pascal），简称帕（Pa）或巴（bar）。

单位换算：1 Pa = 1 N/m^2 = 0.000 01 bar，1 bar = 10^5 Pa = 10 N/m^2。

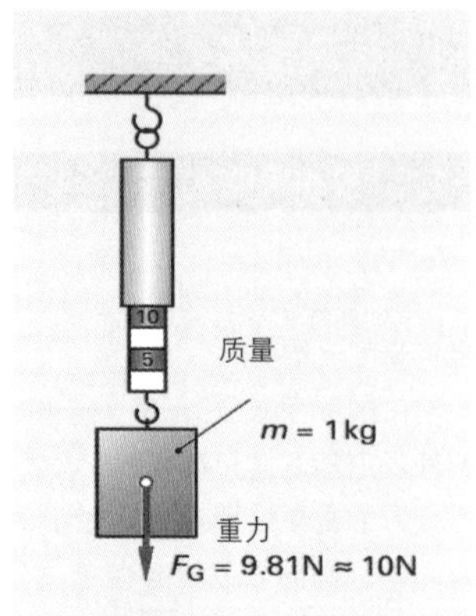

图 1：质量和力

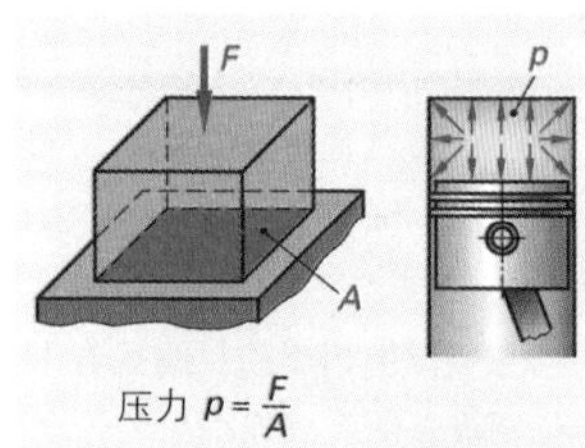

图 2：压力

■ 温度

温度描述的是固体、液体或气体的热状态。开尔文（K）是绝对零度与水冰点之间温度差的 273.15 分之一（图 3）。常见的温度单位是摄氏度（°C）。水的冰点相当于 0°C，水的沸点相当于 100°C。

单位换算：0°C = 273.15 K，0 K = –273.15 °C。

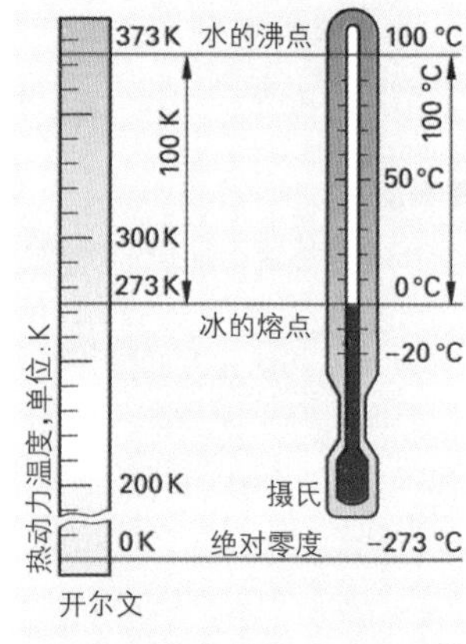

图 3：温度刻度

■ 时间、频率和转速

我们把时间 t 的基本单位规定为秒（s）。

单位换算：1 s = 1000 ms（毫秒）；1 h（小时） = 60 min（分钟） = 3600s（秒）。

周期 T，又可称为摆动周期，描述的是均匀地重复一个动作所用的时间。时间的单位是秒，例如钟摆的摆动或砂轮的转动(图 4)。

频率 f 是周期 T 的倒数（$f = 1/T$），它表明的是 1 秒内一个动作重复的次数。其单位是 1/s 或 Hz（赫兹）。

单位换算：1/s=1 Hz（赫兹）；10^3 Hz=1 kHz（千赫）；10^6 Hz=1 MHz（兆赫）。

转动频率 n（转速）是每秒或每分钟转动的圈数。

举例： 一个直径为 200 mm 的砂轮 2 分钟内转动了 6000 圈。那么砂轮的转速是多少呢？

解题： 转速（转动频率）n=6000 / 2min=3000 / min

■ 单位量的公式（公式）

公式建立起两个量之间的关系。

举例： 压力 p 是作用在单位面积 A 上的力 F。

$$p = \frac{F}{A};\quad p = \frac{100\text{N}}{1\ \text{cm}^2} = 100\frac{\text{N}}{\text{cm}^2} = 10\ \text{bar}$$

计算时，各个量用公式符号表达。量的数值表达为数字值和单位的计算结果，例如 F = 100 N 或 A = 1 cm^2。而单位公式表述的是单位之间的关系，例如 1 bar = 10^5 Pa。

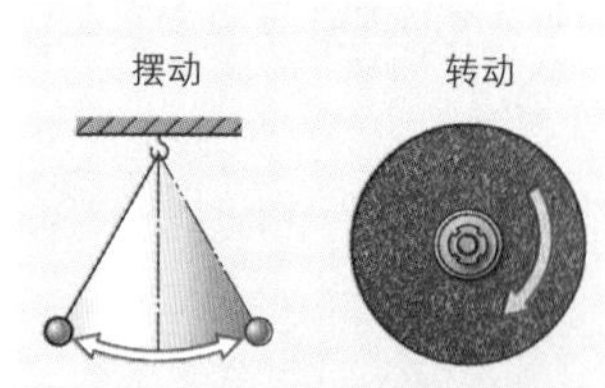

图 4：周期性动作

1.2 检测技术基础

1.2.1 基本概念

检测就是将一个工件产品的现有特征如尺寸、形状或表面材质等与所要求的特性进行比较。

> 通过检测可确定一个被检对象是否达到所要求的特征，例如尺寸、形状或表面材质。

■ 检测类型

主观检测是指检测者不借助检测装置所得出的感官感觉（图1）。例如检测者确定，受检工件是否达到所允许的毛刺状态和表面粗糙度（目视检验和手触摸检验）。

客观检测则指借助检测装置，如测量仪器和量规等（图1和图2）。

> 测量是将一个长度或角度与检测仪器进行对比。其结果就是测量值。
>
> 用量规检验是将受检物体与一个量规进行对比。这种检验并非要获取数字值，而是确定受检物体是合格还是报废。

■ 检测装置

检测装置包括各种检测仪器和辅助装置（检测时需补充的装置）。

所有显示性检测仪器和量规均以整体量具为基础。它们是通过例如刻度线间距（划线尺寸）、面的固定间距（块规，量规）或通过面的角度位置（角度块规）体现出检测量的。

显示性检测仪器具有活动的标记（指针，游标），活动的刻度或计数装置。其检测值可以直接读取。

量规体现出的是被测工件的尺寸或尺寸和形状。

辅助装置指例如检测支架和V形槽等，但也有检测值放大器或检测值转换器。

■ 检测技术的概念

为了避免描述检测过程和测值计算方法时出现误解，必须明确检测技术的若干基本概念（表1）。

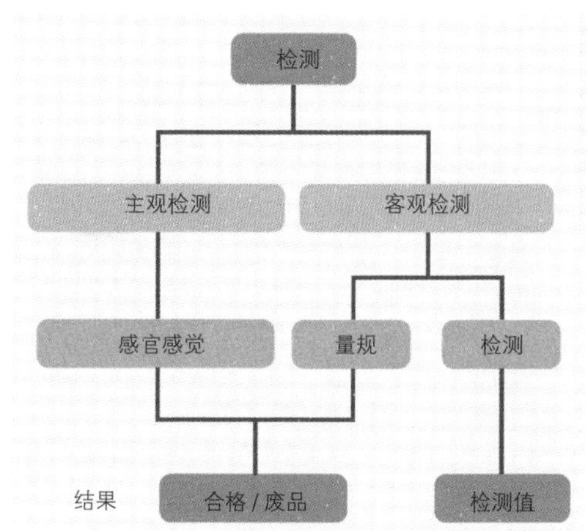

图1：检测类型和检测结果

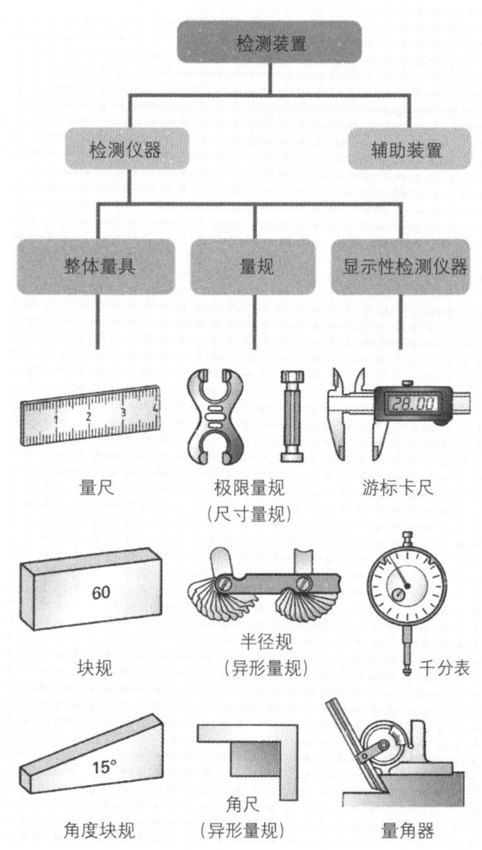

图2：检测装置

表 1：检测技术的概念

概念	缩写符号	定义和解释	举例，公式
检测量	M	待检测的长度以及待检测的角度，例如孔间距或直径	M
显示	—	显示出检测值的无单位数字值（取决于检测范围）。非显示性整体量具中相当于标记的显示	
刻度显示	—	在划线刻度上的连续显示	
数字显示	—	数字刻度上的数字显示	
刻度的分度值 *	Skw 或 →|←	刻度显示值之间的最小差值，相当于两个相邻的刻度线。由标注在刻度上的单位说明分度值 Skw	刻度显示 Skw=0.01 mm
数字的步进值	Zw	一个数字的步进值相当于一个划线刻度的分度值	58.27 数字显示 Zw=0.01 mm
被显示的检测值	x_a x_1，$x_2\cdots$	单个检测值或平均值由标准（或实际）值以及偶然的检测误差和检测系统的检测误差组成	
平均值	$\bar{x}$	平均值（$\bar{x}$）一般从五个重复检测的检测值中计算得出	
实际值	x_w	实际值只在一种理想的检测条件下获得。所以实际值 x_w 事实上是一个从多个重复检测的检测值中计算出来并用已知的系统误差修正后的“估计值”	
标准值	x_r	标准值 x_r 是在尺寸测量时通过校准获得的。大多数情况下可忽略它与实际值的偏差。在使用例如块规进行对比检测时，其尺寸可以作为标准值	
未修正的检测结果	x_a x_1，$x_2\cdots$ $\bar{x}$	一个检测量的检测值，例如一个未修正的单个检测值或一个通过重复检测所计算出的检测值，可用系统误差 A_s 予以修正 在加工技术中，鉴于以前检测系列中或检测能力试验中已知的误差，一般都只进行一次检测。这样的检测结果在单个检测值方面因为偶然的或未知的系统检测误差而存在着不确定性	
系统性检测误差	A_s	通过将所显示的检测值 x_a 或平均值（$\bar{x}_a$）与标准值 x_r 进行比较，得出系统性检测误差（见第 20 页）	$A_s=x_a-x_r$ （$A_s=\bar{x}_a-x_r$）
修正值	K	对已知的、系统的检测误差进行补偿修正，例如温度偏差	$K=-A_s$ （$K=K_1+K_2+\cdots+K_n$）
检测的不精确性	u	检测的不精确性包括所有偶然的误差以及未知的和未修正的检测误差	
复合的检测不精确性	u_c	共同作用于检测值的多种不稳定因素，例如温度、检测装置、检验员和检测方法等	$u_c=\sqrt{u^2_{x_1}+u^2_{x_2}+\cdots+u^2_{x_n}}$
扩展的检测不精确性	U	扩展的检测不精确性指检测结果的 $y-U$ 至 $y+U$ 范围，我们希望在这个范围内得到一个检测量的“实际值”	$U=2\cdot u_c$ （系数 2 指可信程度为 95%）
已修正的检测结果	y	用已知的系统检测误差修正的检测值（K- 修正）	$y=x+K$ （$y=\bar{x}+K$）
完整的检测结果	Y	检测结果 Y 是检测量 M 的实际值。它包括扩展的检测不精确性 U	$Y=y\pm U$ （$y=\bar{x}+K\pm U$）

“*” 检测仪表的特征已在目录中予以说明

续表

概念	缩写符号	定义和解释	举例，公式
重复精度 *	f_w	重复精度是指一个检测仪器在相同的检测条件下和相同的检测方向上对一个工件的同一检测量进行一般为五次重复检测后，能够使其检测显示结果达到相互接近的能力。检测值的数字差别越小，该检测方法实施时的检测“精度”越高	块规或工件
重复极限 *（可重复性）	r	重复极限是指概率为 95% 时两个单独的检测值之间的差值	
检测值的反向间隙 *	f_u	一个检测仪器的检测值反向间隙是指检测同一检测量时，一次显示值上升（检测棒进入）和一次显示值下降（检测棒抽出）之间的显示差异 可通过若干次检测指定检测范围内的某数值为检测值反向间隙，或直接从误差曲线图中取用	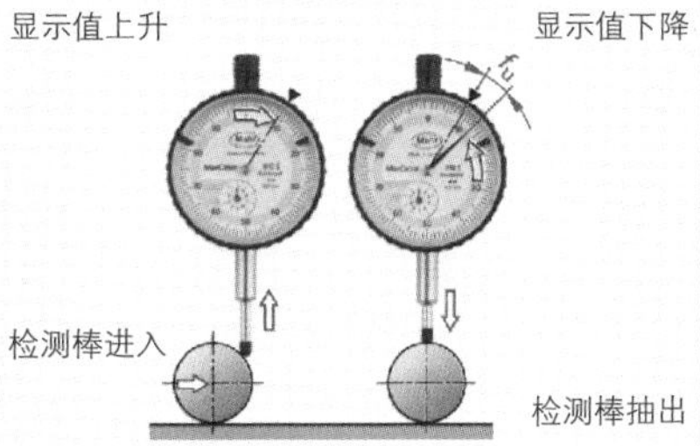 显示值上升　显示值下降　检测棒进入　检测棒抽出
检测误差 *	f_e	检测误差 f_e 指总检测范围内最大检测值与最小检测值之间的差。该数值可使用千分表和精密显示指针在检测棒进入状态下求取	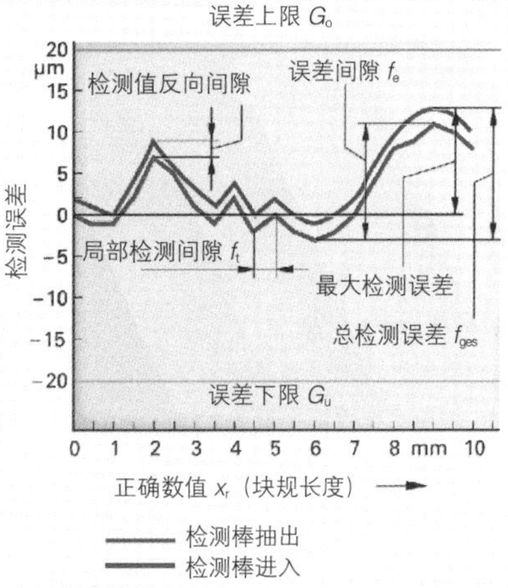 误差上限 G_o　检测值反向间隙　误差间隙 f_e　局部检测间隙 f_t　最大检测误差　总检测误差 f_{ges}　误差下限 G_u　检测误差 μm　正确数值 x_r（块规长度）→　检测棒抽出　检测棒进入
总检测误差	f_{ges}	千分表的总检测误差 f_{ges} 可通过检测棒进入和检测棒抽出两种状态下的检测从总检测范围中求取	
误差极限	G	误差极限是指约定的或由制造厂商指定的一台检测仪表检测误差的误差极限值。如果超过该值，该误差属于缺陷误差。如果误差上限与下限相同，则指定的误差极限值同时适用于两个误差极限，例如 $G_o = G_u = 20\mu m$	
检测范围 *	Meb	检测范围是指检测值的范围，检测仪器的误差极限不允许超过这个范围	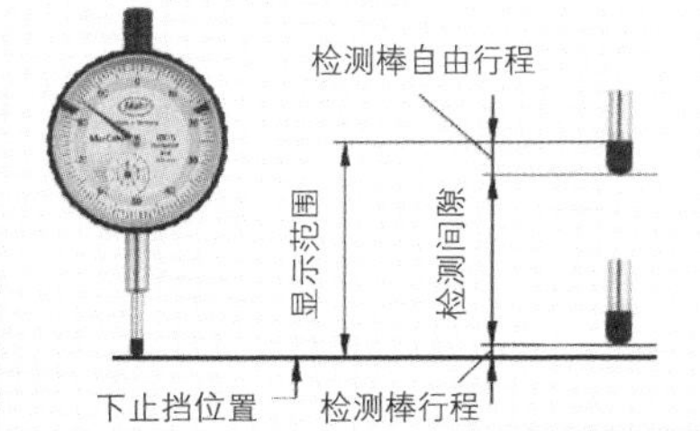 检测棒自由行程　显示范围　检测间隙　下止挡位置　检测棒行程
检测间隙	Mes	检测间隙指检测范围内初始数值与最终数值之间的差异	
显示范围	Az	显示范围是指最大显示值与最小显示值之间的范围	

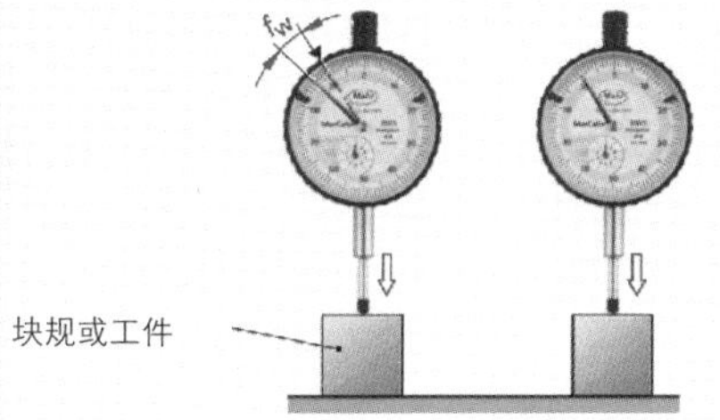

“*”检测仪表的特征已在目录中予以说明

1.2.2 检测误差

检测误差的原因

（参见 19 页表 1）

如果工件和检测所用检测仪器以及量规使用不同材料制成，并且检测时没有处于标准温度条件下，与标准温度 20 °C 的偏差将始终是产生检测误差的一个因素（图 1）。

将一个长 100 mm 的钢制块规加热 4 °C，例如用手心温度加热，它便会出现 4.6 μm 的长度变化。

> 标准温度 20℃时，工件、检测仪器和量规应处于规定的公差范围之内。

在弹性工件、检测仪器和检测支架上会出现检测力引起的形状变化。

如果以与用块规在零位时相同的检测力进行检测，检测支架所产生的弹性弯曲不会影响检测值（图 2）。

> 如果在相同的条件下调节检测仪器的显示并在该条件下检测工件，可以降低检测误差。

如果在倾斜的视角上读取检测数值，则会因视差产生检测误差（图 3）。

误差的种类

系统性检测误差是因恒定的误差因素引起的：温度，检测力，检测卡规的半径或不精确的刻度等。

偶然性检测误差无法用量和方向来解释。其产生因素可能是，例如未知的、变化的检测力和温度等。

> 系统性检测误差将造成检测值不正确。但如果已知误差的量和前置符号（+ 或 -），则可以予以补偿。
>
> 偶然性检测误差造成检测值不精确。未知的、偶然出现的误差则无法补偿。

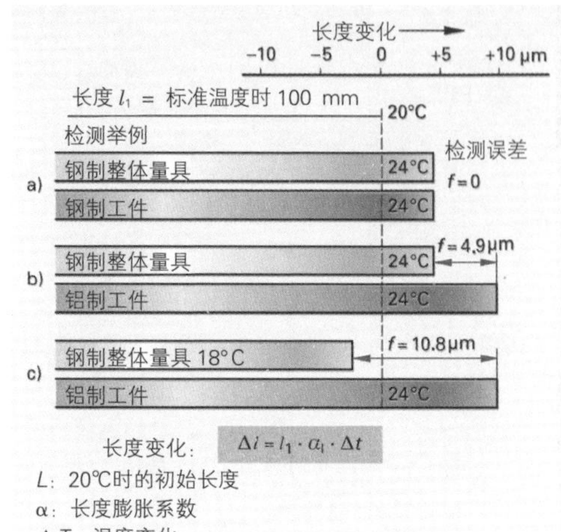

图 1：因温度产生的检测误差

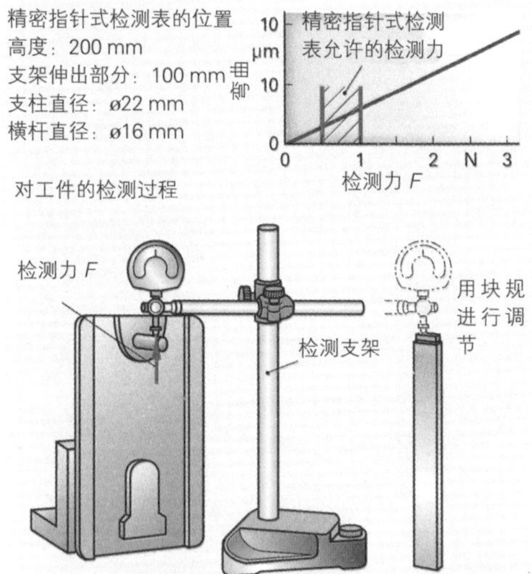

图 2：因检测力导致检测支架弹性变形而引起的检测误差

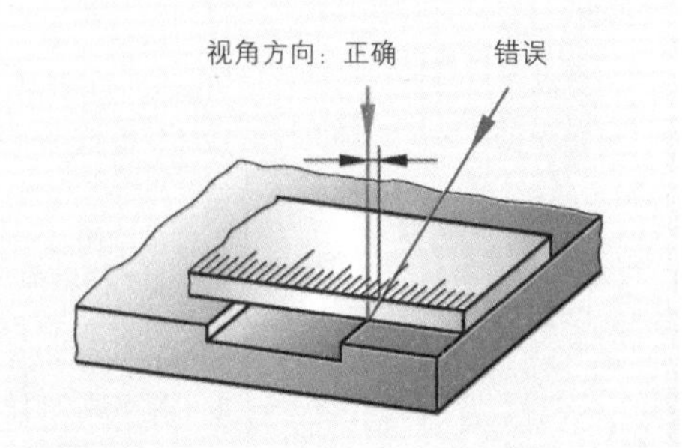

图 3：因视差产生的检测误差

表 1：检测误差的种类和原因

系统性检测误差	允许的检测误差
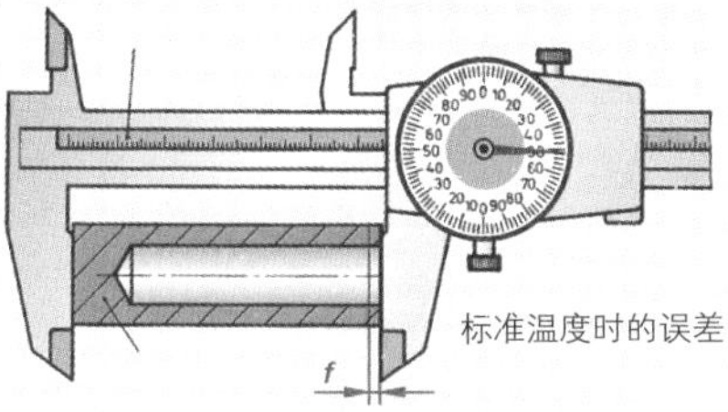 标准温度时的误差 过高的工件温度将产生过大的检测值	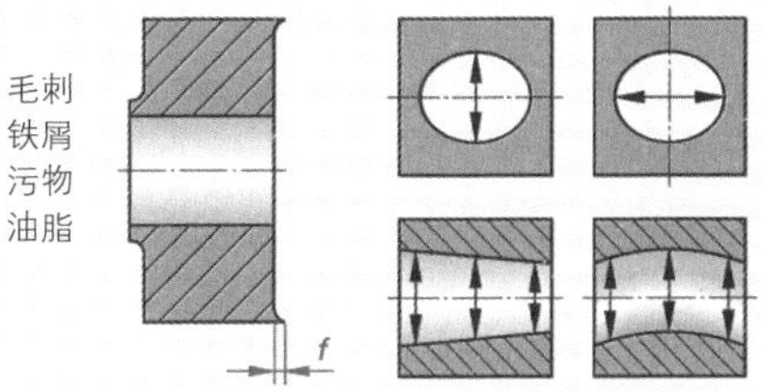 毛刺 铁屑 污物 油脂 因不清洁表面和变形所导致的检测值不精确
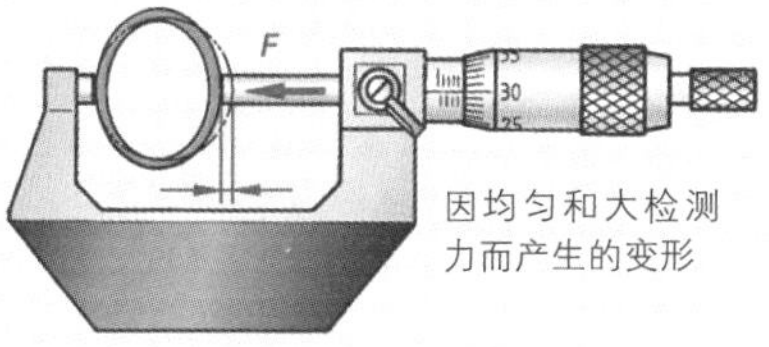 因均匀和大检测力而产生的变形 因检测力的影响而产生微小的检测误差	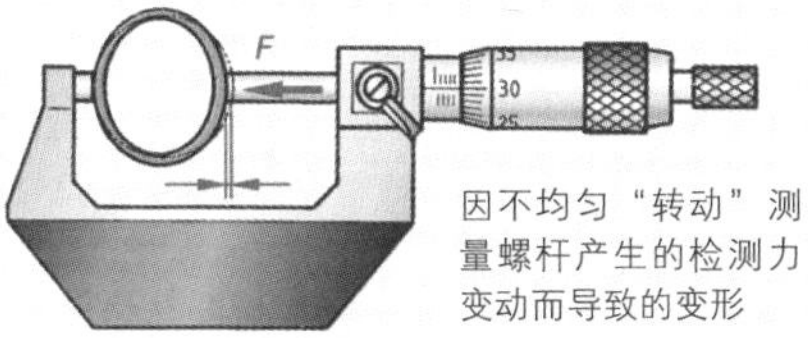 因不均匀“转动”测量螺杆产生的检测力变动而导致的变形 因检测力变动而产生的检测值误差
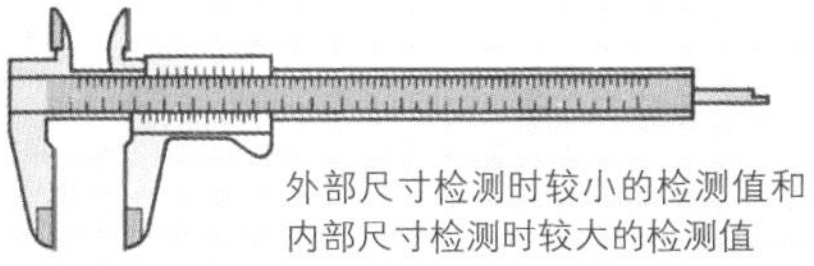 外部尺寸检测时较小的检测值和内部尺寸检测时较大的检测值 因检测面磨损而产生的检测误差	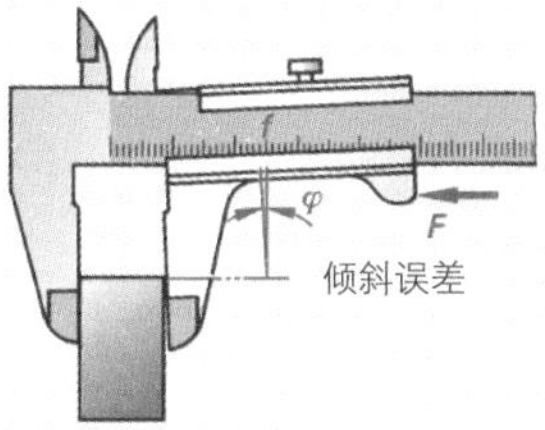 倾斜误差 与检测力和导规间隙相关的“倾斜误差”
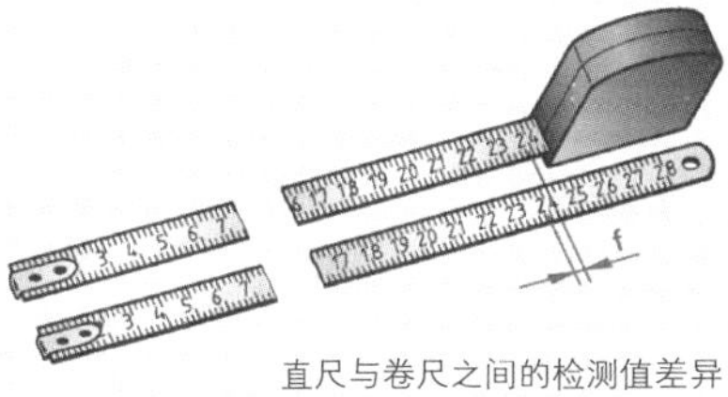 直尺与卷尺之间的检测值差异	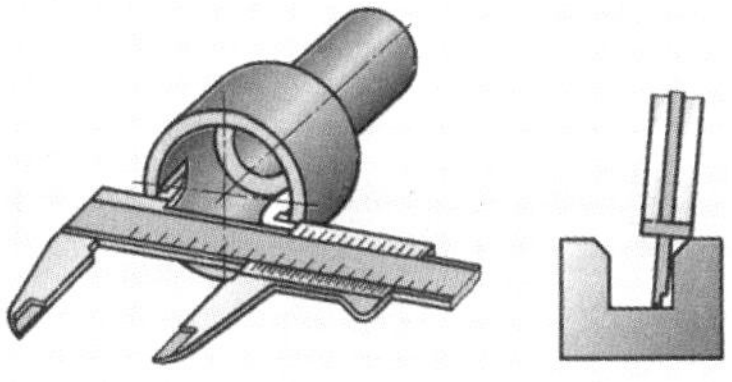 内部尺寸检测时游标卡尺插入得不稳定
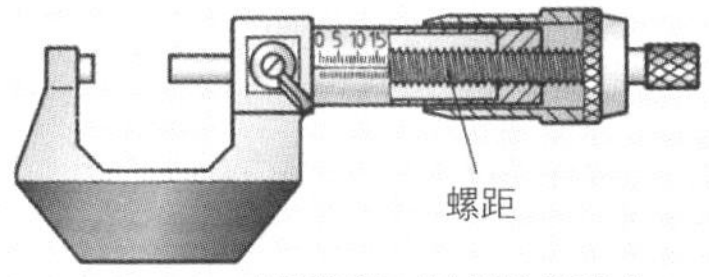 螺距 螺距误差对检测值的影响	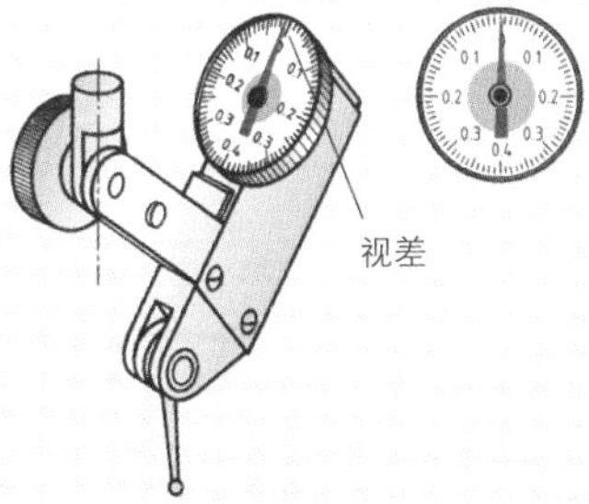 视差 因视角倾斜（视差）产生的读取误差
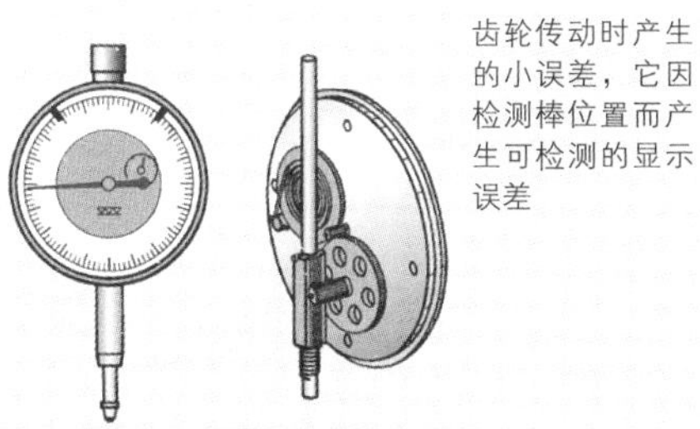 齿轮传动时产生的小误差，它因检测棒位置而产生可检测的显示误差 检测棒运动时不均匀的传动	

■ 求取检测误差

我们可以通过使用更精确的检测仪器或块规进行对比检测，以确定系统性误差。

如在千分卡尺的校验举例中用一个块规对比检查显示精度（图 1）。块规的标称数值（标签）可用作正确的标准数值。从显示值 x_a 与标准值 x_r 之间的差可求取单个数值的系统性误差 A_s。

如果在 0 至 25 mm 的检测范围内检验一个千分卡尺的测量误差，可得出如下误差曲线图（图 1）。对千分卡尺进行对比检验时，使用规定的块规，转动测量螺杆的不同角度即可测出其误差。

■ 误差极限与公差

●在检测范围内的任何一点都不允许超过误差极限G。

●测量技术中常见的情况是对称的误差极限。误差极限包括测量装置本身的误差，例如平面度误差。

●使用 DIN EN ISO 3650 规定的公差等级为 1 的平行块规可检验是否保持在误差极限之内。

通过显示回零可以降低系统误差（图 2）。可用一块与工件检测尺寸相同的块规进行回零。通过相同条件下的重复检测可求出偶然性数值误差（图 3）。

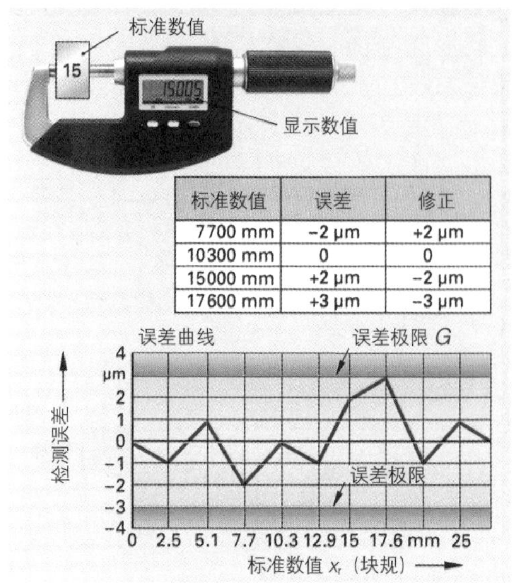

标准数值	误差	修正
7700 mm	−2 μm	+2 μm
10300 mm	0	0
15000 mm	+2 μm	−2 μm
17600 mm	+3 μm	−3 μm

图 1：千分卡尺的系统性误差

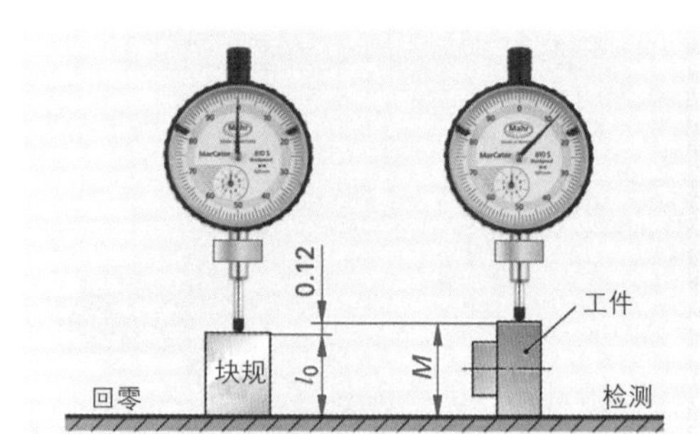

图 2：显示的回零和对比测量

相同条件下重复检测的操作规则

- 在同一工件上对同一检测量，例如对直径做多次重复检测时，应连续依序进行。
- 重复检测过程中，检测装置、检测方法、检验员和环境条件等均不允许改变。
- 如果圆度误差或圆柱形状误差并未影响检测数值的精度，则必须始终在同一检测点（必要时做出标记）进行检测。

通过对比检测可确定系统性检测误差。
通过重复检测可求出偶然性检测误差。

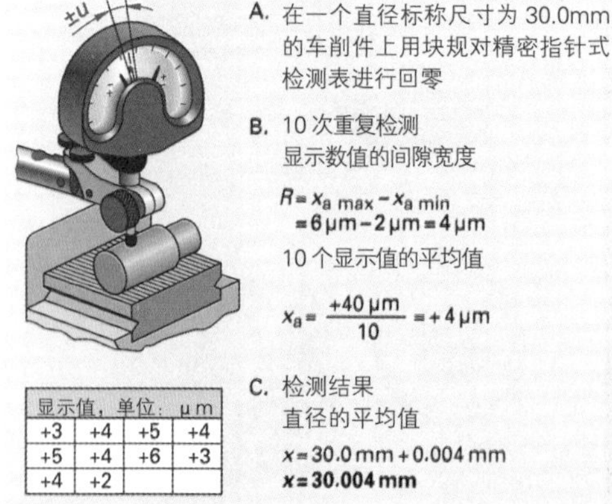

显示值，单位：μm			
+3	+4	+5	+4
+5	+4	+6	+3
+4	+2		

图 3：在相同条件下多次检测时，一个精密指针式检测表的偶然性误差

1.2.3 检测仪表的性能与检测仪表的校准

■ 检测仪表的性能

检测仪器的选择依据是检测现场的检测条件和待检测对象的规定公差，例如长度、直径或圆度。检验员的数量也同样具有意义，例如因为在倒班运行的企业里对相同零件由不同的检验员进行检测时，其检测的不精确性将总体增加。

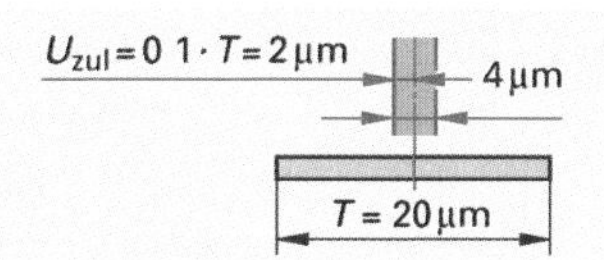

图 1：允许的检测不精确性

> 如果检测的不精确性最高达到尺寸或形状公差的 10%，该检测仪器可视为合格。

> 检测的不精确性 $U_{zul} = 1/10 \cdot T$ （图 1）

虽然检测的不精确性小于 1/10 · T 的检测方法更为合适，但却过于昂贵。如果检测不精确性 U 的数值范围内检测值过多，那么较高的检测不精确性可能会导致过多的工件无法准确地判定为“合格零件”或“废品零件”（图 2）。检测的不精确性 U 越小，检测技术保证的范围越大。

> 如果检测数值处于检测技术保证的范围内，便能够保证所检测的尺寸与公差相一致。

例如，检测不精确性过大，$U = 0.2 \cdot T$ 时将产生如下后果（图 2）：尽管实际检测数值 15.005 mm 超出公差范围，但加上检测误差+7 μm 后显示的检测数值是 15.012 mm，这似乎是一个在公差范围之内的尺寸，因此便无法识别出一个不合格零件。与之相反，一个公差范围内的尺寸加上检测误差后显示出的检测数值却超出了公差。在这种情况下，一个合格零件却被错误地识别为不合格。

如果已预先知道检测的不精确性（表 1），便可近似地判断检测仪表的性能。

在车间环境条件下，使用新的或校准后的手工机械检测装置时，检测的不精确性可达到约一个刻度分度值（1 Skw），而使用电子检测装置时的检测不精确性则达到约三个步进数字值（3 Zw）。

> 选择用于机械加工的检测仪器时，根据与工件公差的比例关系，较小的检测不精确性 U 可忽略不计。由此可使检测显示值与检测结果之间无差异。

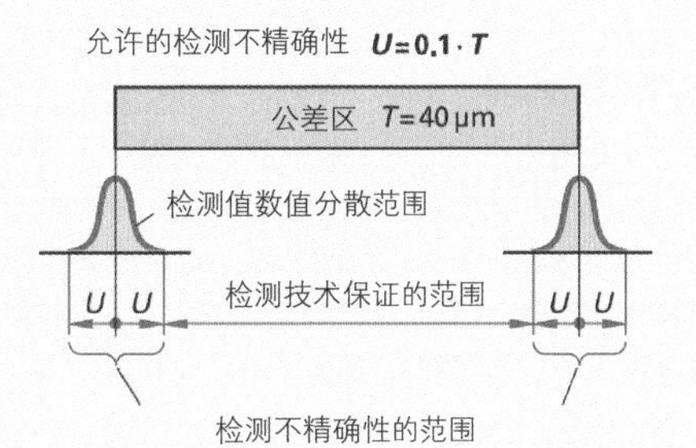

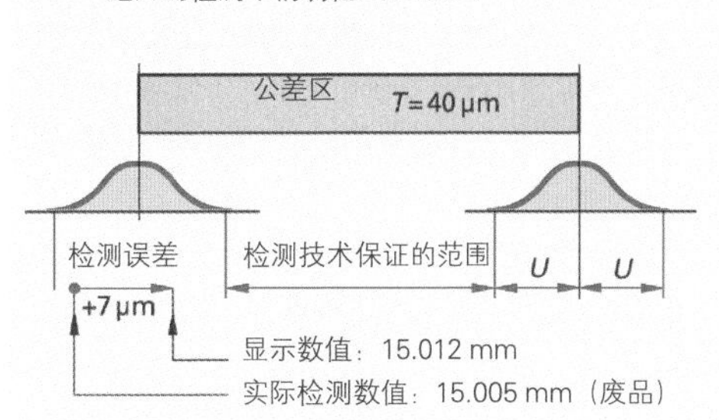

图 2：检测的不精确性与公差的关系

表 1：检测的不精确性

检测仪表	预计的检测不精确性	新检测仪表的误差极限 G
Skw = 0.05 mm 检测范围 0 ~ 150 mm	**$U \geq$ 50 μm**	50 μm
Skw = 0.01 mm 检测范围 50 ~ 75 mm	**$U \approx$ 10 μm**	5 μm
Skw = 1 μm 检测范围 ± 50 μm	**$U \approx$ 1 μm**	1 μm

■ **规定公差条件下检测仪表的性能**

举例： 用一个机械式千分卡尺（$Skw = 0.01$ mm）测量出一个直径的极限尺寸应是 20.40 mm 和 20.45 mm。请根据所需要的检测不精确性和规定的公差判断这个千分卡的检测仪器性能。

解题： 检测的不精确性近似等于 1 个刻度分度值（0.01 mm）。在这个检测不精确性的基础上，当显示值为 20.45 mm 时，实际数值可能位于 20.44 mm 与 20.46 mm 之间。

那么我们所需要的千分卡尺的检测不精确性为：$U = 0.01$ mm。

允许的检测不精确性为：$U_{zul} = 0.1 \cdot T = 0.1 \cdot 0.05\ \text{mm} = 0.005\ \text{mm}$。

该千分卡尺在规定的公差范围内并不合适，因为预计的检测不精确性过大。对此，推荐使用电子式千分表或精密指针式检测仪，这类检测仪器因其检测数值的误差较小而使检测更为精确。

■ **检测仪表的校准**

对正在显示的检测仪器进行校准（校正），以确定其显示值与实际正确值之间的系统性检测误差。校准时，用块规进行对比或使用精度更高的检测仪器。经过校准所获取的误差值将写入校准卡，必要时还需将误差曲线图（参见第 20 页图 1）入档。

我们用一个专用的、上面标明下次校准日期的粘贴标记确认本次校准（图 1）。

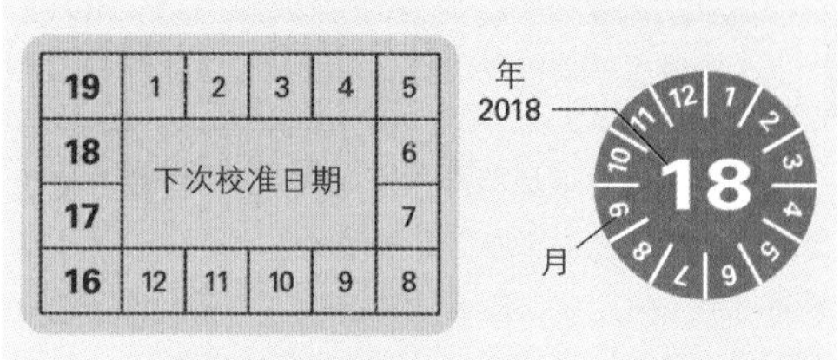

图 1：已校准检测仪表的粘贴标记

> 校准：校准指从实际值中求取一个检测仪器现有的误差。如果所求出的检测误差处于规定的极限范围之内，表明该检测仪器状态正常，可以投入使用。
>
> 检定：一个检测装置的检定包括一个检定机构的检验和图章。必须进行检定的检测装置有天平等，但不包括加工制造范围内使用的检测仪器。
>
> 调整：通过调整（调校）可使一个检测仪器的检测误差尽可能缩小。举例：调校天平的砝码。
>
> 调节：调节的含义是，将显示设置到一个指定数值上，例如回零。

本小节内容的复习和深化：

1. 系统性和偶然性检测误差是如何影响检测结果的？
2. 如何求取千分卡尺的系统性检测误差？
3. 为什么检测薄壁工件时容易出现问题？
4. 为什么检测仪器与工件的标准温度差异会导致检测误差？
5. 千分卡尺的系统性误差可以预先归纳成什么？
6. 为什么在车间环境下进行检测时将所显示的检测数值看作是实际检测结果，相比之下，在检测实验室却常常对所显示的检测数值进行修正？
7. 对千分表进行对比检测和回零有什么优点？
8. 为什么铝工件的标准温度偏差对检测技术造成特别大的困难？
9. 如果用手心温度将一个块规（l=100 mm，a=0.000016 1/℃）的温度从 20℃升高到 25℃，其长度变化约为多大？
10. 检测误差最大允许达到工件公差的百分之几才能使它在检测时忽略不计？
11. 机械式千分表（Skw=0.01 mm）预计可达到多大的检测不精确性？

1.3 长度检测仪表

1.3.1 尺寸整体量具和形状整体量具

■ 刻度尺

刻度尺通过刻度线之间的间距来进行长度尺寸的测量。刻度线分度的精度体现为刻度尺的误差极限(表1)。如果超过刻度尺的上限尺寸 G_o 或超过其下限尺寸 G_u，便会产生检测误差。

用于行程检测系统的刻度尺，例如玻璃制或钢制的，按照光电扫描原理工作的刻度尺。光电元件根据所扫描的亮-暗区域产生一个相应的电压信号。

增量刻度尺根据光脉冲的累计来检测加工机床与检测仪器之间的行程。用作尺寸测量的是非常精确的划线栅格。绝对标度尺通过其编码来显示检测头的瞬间位置。

表1：500 mm长的刻度尺误差极限

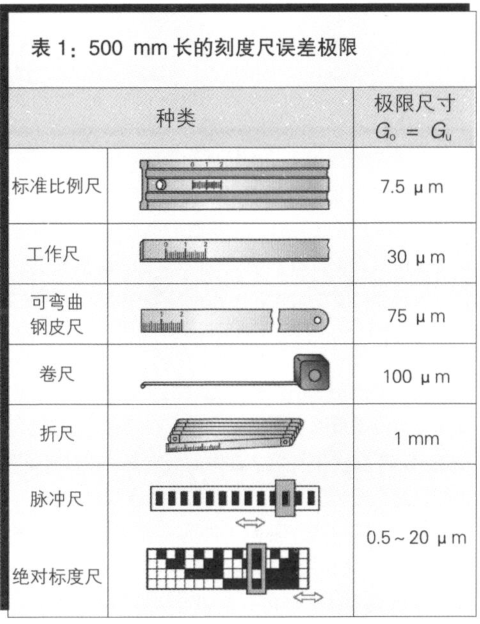

种类		极限尺寸 $G_o = G_u$
标准比例尺		7.5 μm
工作尺		30 μm
可弯曲钢皮尺		75 μm
卷尺		100 μm
折尺		1 mm
脉冲尺		0.5～20 μm
绝对标度尺		

■ 量规

量规一般测量与极限尺寸相关的尺寸或形状(图1)。

尺寸量规是成套量规的组成部分，成套量规中量规的尺寸逐个增加，例如块规（第25页）或测量销。极限量规（第24页）用于检验最大允许尺寸和最小允许尺寸。有些极限量规除检验极限尺寸外，还可以检验形状，例如一个孔的圆柱体形状或螺纹的轮廓。

形状量规根据缝隙光方法检验角度、半径和螺纹。

验平尺（俗称“刀口尺”）用于检测直线度和平面度（图2)。通过研磨加工的验平尺刃部具有高直线性，这使检验员仅凭肉眼便能从缝隙的细微光判别误差。

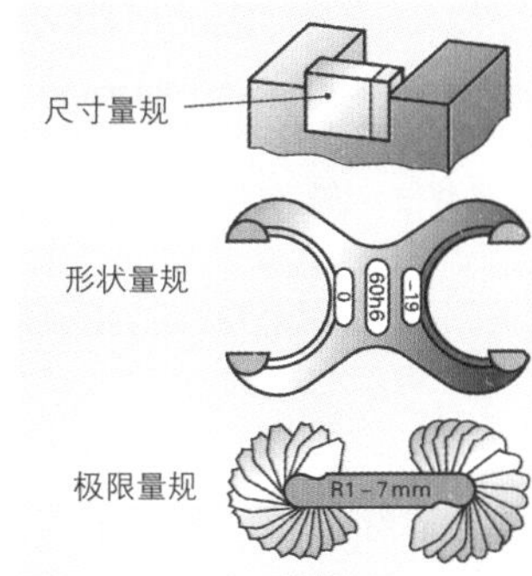

图1：量规种类

> 用验平尺对着光线检测工件，可辨认出测量刃与工件之间大于2 μm的光缝隙。

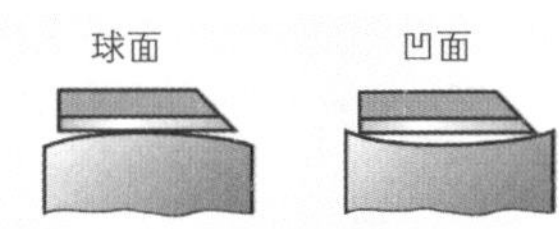

图2：用验平尺检测直线度

固定角尺是成型量具，一般都做成90°。刀口形角尺的两边尺长最大可达到100 mm×70 mm，精度等级为00，其直角检测误差的极限值仅为3 μm（图3)）。精度等级为0的角尺检测误差极限值则达到7 μm。用刀口形角尺可测量直角度和平面度，也可以校直圆柱面或平面。

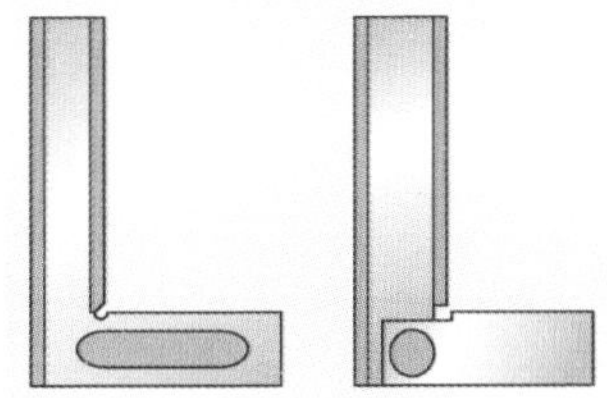

图3：90°刀口形角尺

■ 极限量规

有公差的工件可用相应的极限量规检验其极限尺寸，如塞规用于孔，环规用于轴（图 1，图 2 和图 3）。

泰勒原则：通端量规的结构要求其在工件配合状态下检验工件的尺寸和形状（图 1）。而止端量规只能检验个别尺寸，例如直径。

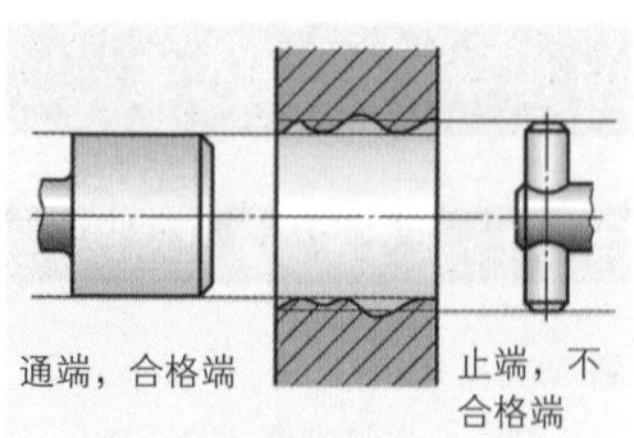

图 1：按照泰勒原则制造的极限量规

> 通端量规用于检验尺寸和形状。
>
> 止端量规则纯粹是尺寸量规。
>
> ● 通端量规检验轴时检验其最大尺寸，而检验孔时检验其最小尺寸。
>
> ● 止端量规则相反，检验轴时检验其最小尺寸，而检验孔时检验其最大尺寸。一个工件若能让止端量规通过，则该工件是废品。

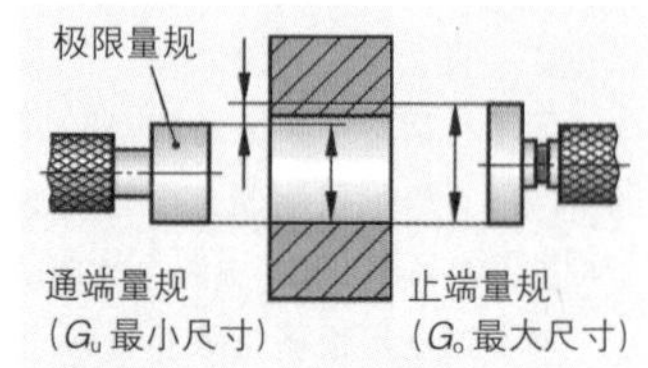

图 2：极限塞规

极限塞规用于检验孔和槽（图 4）。在通端（又称合格端），塞规必须能够靠自身重量通过孔，而在止端（又称不合格端）则被卡住。较长圆柱塞规的通端常使用硬质合金做表面硬化，以降低磨损。止端有一个标有红色标记并标明上限尺寸的圆柱形检验塞规。

极限卡规适用于检验工件的直径和厚度（图 5）。通端检验允许的最大尺寸。卡规必须以自身的质量平滑地通过检验点。止端小于最小公差，所以只允许被卡住。止端有倾斜的检验钳口，标有红色标记并标明下限尺寸。

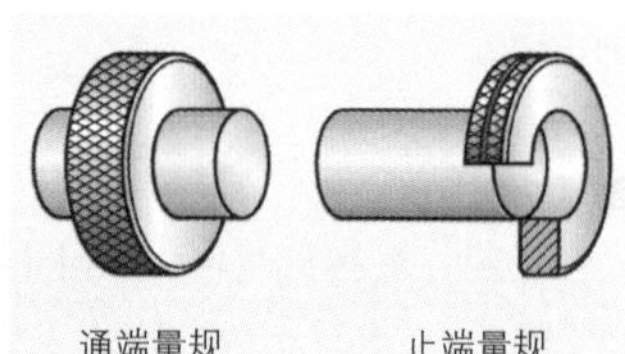

图 3：塞规

> 使用量规检验时的检验结果是合格和不合格。由于量规不产生检测数值，该检验结果不能用于质量控制。
>
> 检验力的变化和量规的磨损都将极大地影响检验结果。
>
> 使用量规检验时，其检测的不精确性将随尺寸和公差的变小而增高。因此，公差度小于 6（<IT6）的工件几乎无法用量规检验。

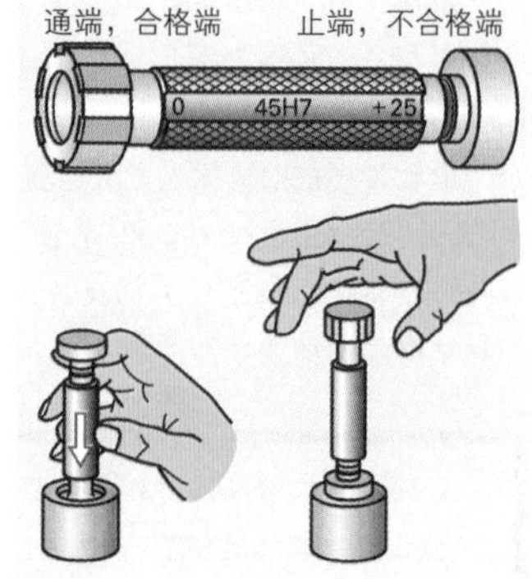

图 4：极限塞规

本小节内容的复习和深化：

1. 为什么验平尺和刀口形直尺必须采用研磨的测量刃？
2. 为什么使用量规检验的结果不能用于质量控制？例如车削加工。
3. 为什么极限卡规不符合泰勒原则？
4. 如何识别一个极限卡规的止端？
5. 为什么一个极限量规的通端要比止端磨损得快？

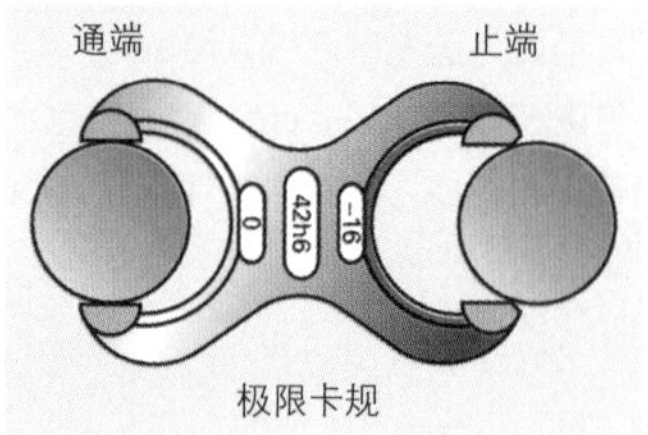

图 5：极限卡规

■ 平行块规

平行块规是长度检测最精确和最重要的整体量具。块规的尺寸精度取决于公差等级和标称尺寸（表 1 和图 1）。误差间隙 t_v 的公差控制着平面度和平行度误差，极限偏差 t_e 描述的是长度标称尺寸的允许误差。

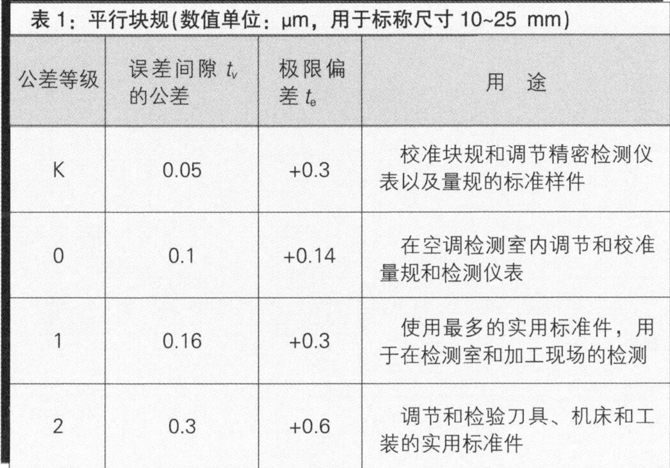

表 1：平行块规(数值单位：μm，用于标称尺寸 10~25 mm)

公差等级	误差间隙 t_v 的公差	极限偏差 t_e	用　途
K	0.05	+0.3	校准块规和调节精密检测仪表以及量规的标准样件
0	0.1	+0.14	在空调检测室内调节和校准量规和检测仪表
1	0.16	+0.3	使用最多的实用标准件，用于在检测室和加工现场的检测
2	0.3	+0.6	调节和检验刀具、机床和工装的实用标准件

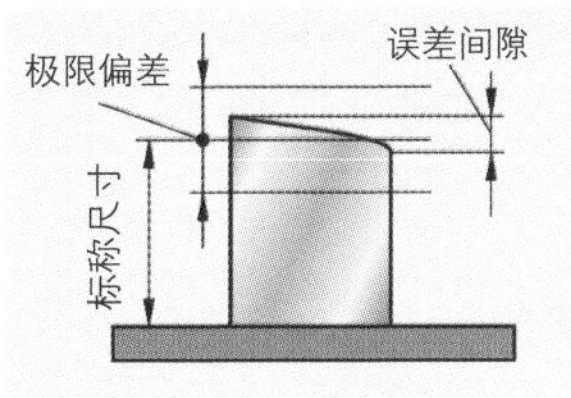

图 1：块规的尺寸

图 2：块规的附着状态

校准等级 K 的块规的平面度和平行度误差最小，这对于测量和块规组合非常重要（图 3）。相对大的长度极限偏差可用已知的修正值 K 予以修正（见第 16 页）。推移公差等级 K 和 0 的块规时不能施加压力（图 2）。

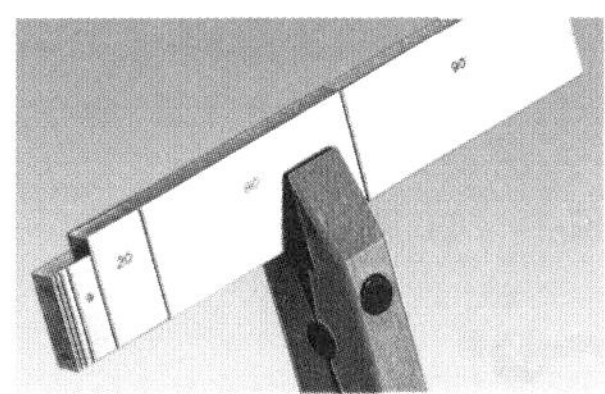
图 3：块规的组合

组合块规时可从最小的块规开始（表 2 和图 3）。推移到一起的钢制块规经过一段时间后其状态近似于冷焊，因此在使用之后需将组合的块规拆开。

与钢制块规相比，硬质合金块规的耐磨度大 10 倍。但缺点是其热膨胀比钢制块规低 50%，因此在检验钢制工件时可能导致检测误差。硬质合金在推移时具有最佳的附着特性。

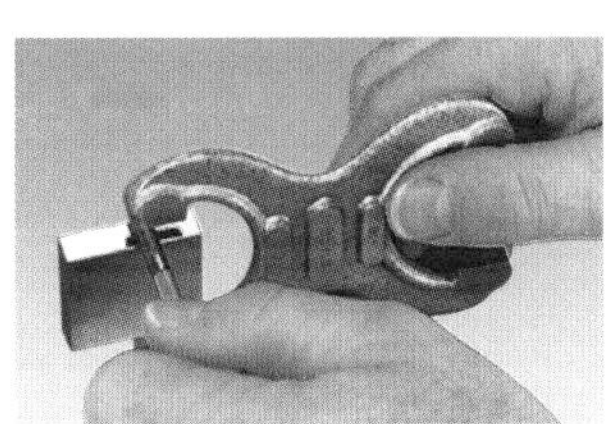
图 4：用块规和测量销检验卡规

陶瓷块规的热膨胀特性与钢制块规近似。它具有极佳的耐磨特性、抗断强度和耐腐蚀特性。

使用块规和测量销可对检测仪器和量规进行检验（图 4）。一套块规通常由 64 块组成，分为 5 个尺寸系列（表 3）。

表 2：块规组合

第一个块规	1.003 mm
第二个块规	9.000 mm
第三个块规	50.000 mm
合计的尺寸组合：60.003 mm	

使用块规的操作规则：

- 使用前，先用一块不起毛的软布（亚麻抹布）将块规擦拭干净。
- 由于总误差的原因，块规组合的块数应尽可能少。
- 钢制块规的附着时间不允许大于 8 小时，否则将处于冷焊状态。
- 钢制块规或硬质合金块规使用完毕后，必须擦拭干净，并涂上不含酸的凡士林。

表 3：成套块规

系列	标称尺寸 (mm)	分级 (mm)
1	1.001 ~ 1.009	0.001
2	1.01 ~ 1.09	0.01
3	1.1 ~ 1.9	0.1
4	1 ~ 9	1
5	10 ~ 100	10

1.3.2 机械式和电子式检测仪表

所谓的“手工检测仪器”如游标卡尺、千分表或精密指针式检测表等，均采用了价格适宜的机械式结构或电子式检测系统。

■ 游标卡尺

由于操作简单，在金属加工企业里，游标卡尺是测量外部尺寸、内部尺寸和深度尺寸时使用最为广泛的检测仪器（图 1）。

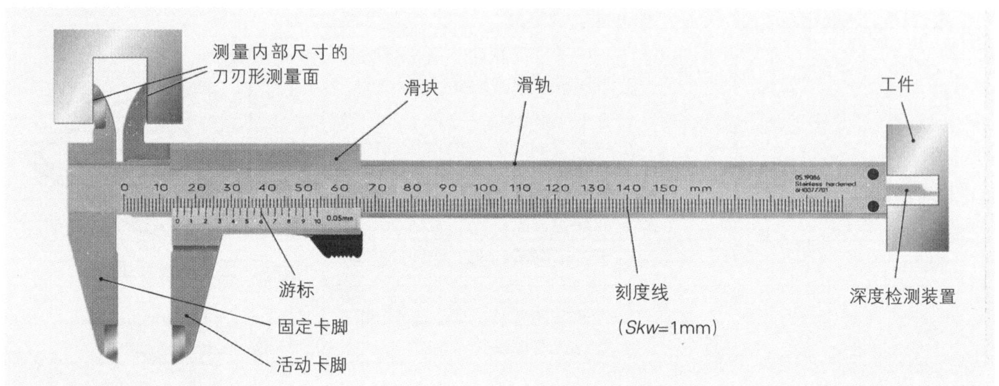

图 1：1/20 游标的袖珍游标卡尺

袖珍游标卡尺由刻有毫米分度的滑轨和一个装有游标的活动卡脚（滑块）组成（图 1）。而游标的识读由滑轨的主分度与游标分度之间的差异构成。

1/20 游标时，39 mm 分为 20 等份（图 2）。由此产生的游标读数值 = 0.05 mm，这是可以显示的检测量的最小变化。

而 1/50 游标则达到人眼分辨率的极限（图 2）。它的游标读数值 0.02 mm（1/50 mm）经常导致识读错误。

英制游标的数值单位是英寸（1 in = 25.4 mm），其游标读数值为 1/128 in 或 0.001 in（图 3）。

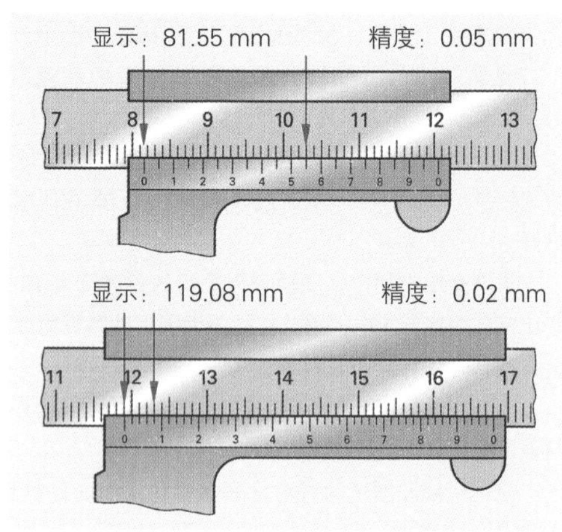

图 2：识读 1/20 和 1/50 游标

> 识读时，一般将游标的零刻度线视为小数点（图 2）。零刻度线左边的刻度线读为毫米的整数数值，然后从零刻度线右边搜寻与滑轨刻度线重合状态最好的游标刻度线。
>
> 这时，刻度线间隔的数量在不同的游标上分别指明是 1/20 mm 或 1/50 mm。

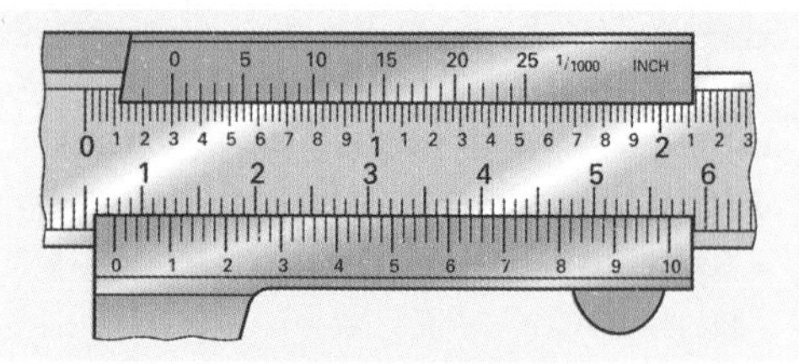

图 3：1/1000 英寸游标和 1/50 游标

圆形刻度盘式游标卡尺将滑块的推移运动转换成指针运动（10∶1 至 50∶1）。与游标相反，通过这种转换可形成一种可以更为快捷和可靠的识读显示方式（图 1）。滑块位置的粗略显示出现在直尺上，而精密显示则在圆形刻度盘上，其刻度分度值达到 0.1 mm，0.05 mm 或 0.02 mm。

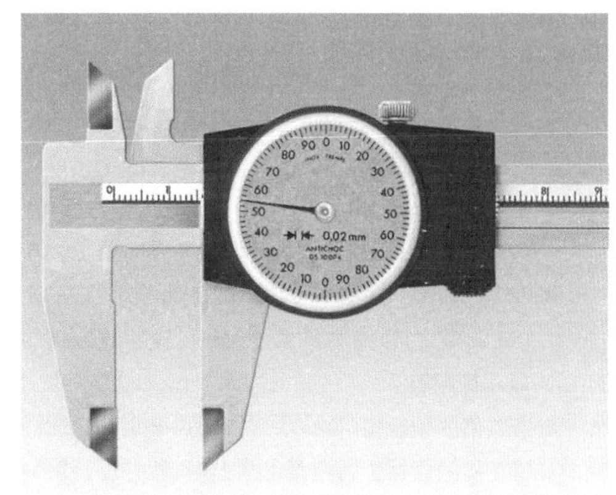

图 1：圆形刻度盘式游标卡尺

■ 用袖珍游标卡尺测量（图 2）

外部尺寸测量时，游标卡尺的卡脚应尽可能多地卡在工件上。测量刃只在测量窄槽和底径时才使用。内部尺寸测量时，首先将游标卡尺的固定卡脚放在孔内，然后再放入活动卡脚。通过固定卡脚和活动卡脚的交叉（交叉卡脚），可以直接显示出测量值，与之相比，车间使用的大游标卡尺还必须加上缩入卡脚的宽度。

间距测量时，可以利用游标卡尺卡脚的端面或测深杆进行测量。在这两种情况下，根据被测尺寸所调整的游标卡尺都必须垂直放置并谨慎操作卡尺的滑块运动。

测深杆的伸出端应靠在工件上，以避免因倒角半径或污物产生误差。

深度测量时则使用测深杆。如工件内有沉孔，为避免测深杆测量时倾斜，建议使用测深架。

误差极限适用于游标卡尺测量力无方向变化时的测量，例如纯粹的外径测量。如果需在同一工件上测量外径和内径或测深度，则检测误差增大。

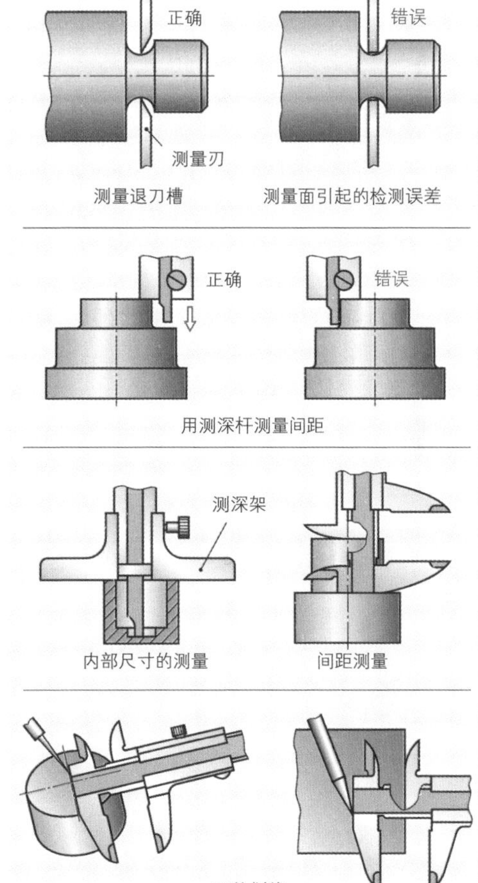

图 2：游标卡尺的操作使用

使用游标卡尺测量的操作规则：

- 测量面和检验面应洁净无毛刺。
- 如果卡尺的测量读数在测量点难以识读，机械式游标卡尺可以锁定游标，然后小心地取出游标卡尺。
- 应避免因温度、过大的测量力（倾斜误差）和检测仪器斜置等所产生的测量误差。

电子式游标卡尺采用大型数字显示，从而可以快速并准确无误地识读测量数值（图 1）。此外，为了在整个测量范围内进行绝对测量，可选择补充的对比测量功能以及其他功能，如：

- 接通/关断（ON/OFF）和在任意点的回零（ZERO），就是说，将显示设为 0.00。
- 功能选择，例如公制和英制的换算 mm/in（Inch 英寸），绝对测量（ABS）或对比测量，显示锁定等。
- 公差值的预设定（⊶）。

安装在检测仪器上的微型发射器可通过红外线传输测量值。

使用“对比测量”功能和任意点的显示回零功能可简化许多测量（表 1）：可以不再计算例如对一个已知设定值的多个测量值的差异或两个测量值之间的差异，这些差值可以直接显示出来。

自动节电开关和两小时后自动关断等功能可保护电池。

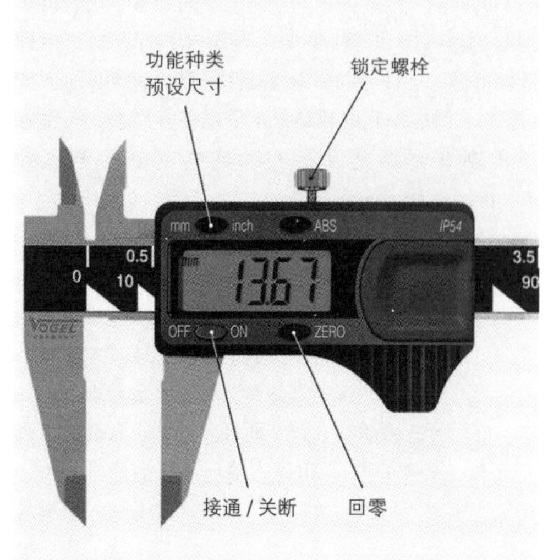

图 1：电子式游标卡尺

表 1：电子式游标卡尺的检测可能性

检测可能性	图示
偏差的测量 通过对比一个标准块规显示标称尺寸的偏差及其前置符号	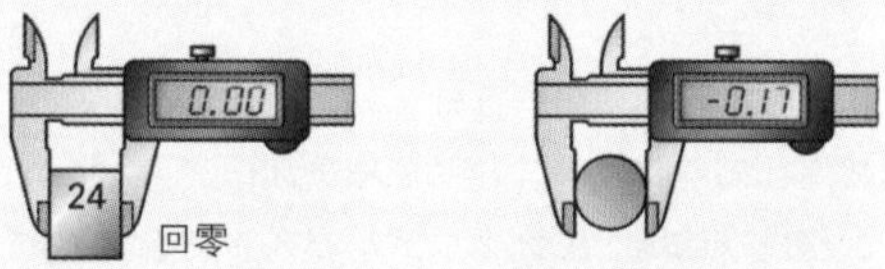 0.00 24 回零 -0.17
配合的测量（间隙或过盈） 通过对比测量可直接显示间隙或过盈	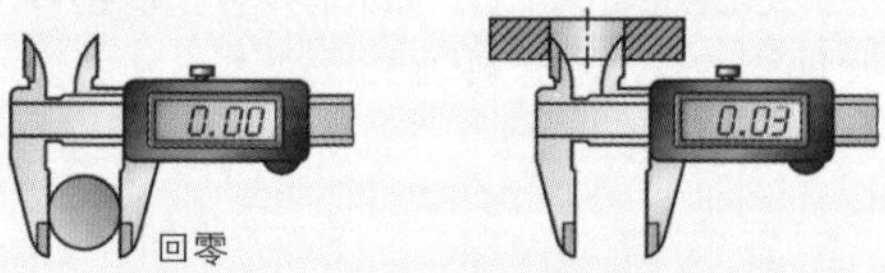 0.00 回零 0.03
孔间距和轴间距的测量 如果多个相同直径的孔，可首先测量一个孔，然后将显示回零，接着测量最大孔距，这样便可直接显示出孔间距	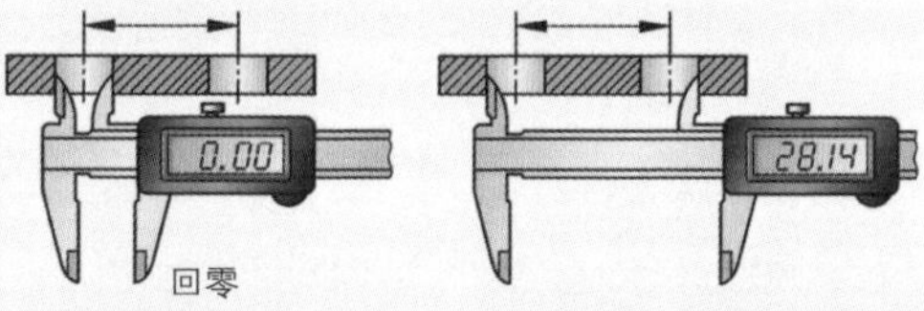 0.00 回零 28.14
壁厚的测量 通过对比测量孔深显示出板的厚度	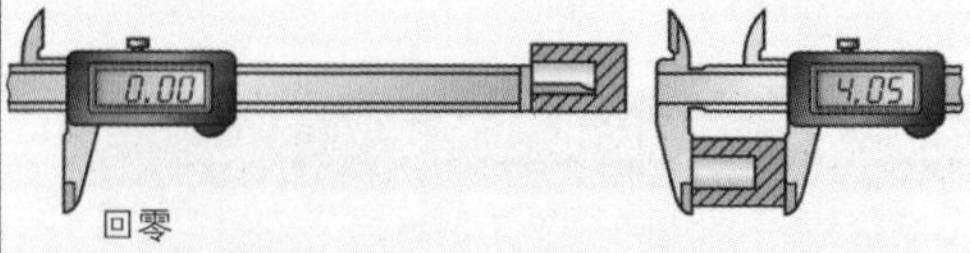 0.00 回零 4.05
测量难以接近的点 在游标卡尺卡脚合拢状态下仍能锁定显示，这样便可以在有利于识读的地方读取显示数值	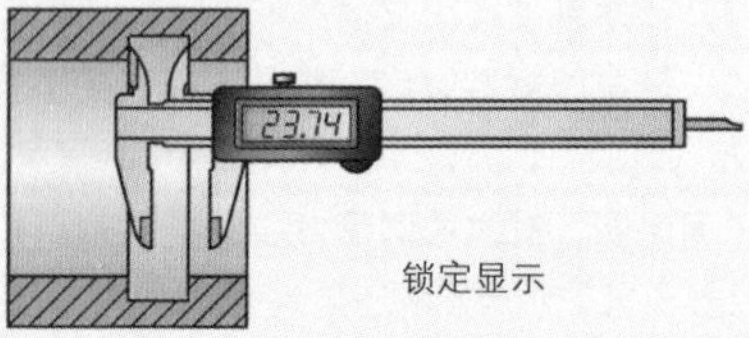 23.74 锁定显示

■ 千分卡尺

机械式千分卡尺最重要的零件是磨削加工而成的测量螺杆（图 1）。其螺距为 0.5 mm。如果刻度轮的刻度分为 50 等份，则刻度轮每转动一个刻度，测量螺杆便移动 0.5 mm:50 = 0.01 mm，在刻度轮上读出的数值就是 0.01 mm（图 2）。

> 机械式千分卡尺的刻度分度值最大可达 0.01 mm。

通过测量螺杆不仅可以放大显示数值，还能大幅度增大测量力。因此，联轴器的作用便是将测量力限制在 5N 至 10N 的范围内，但前提是，只允许通过联轴器转动测量螺杆慢慢地接近待测工件。

常见测量范围：0~25 mm（电子式千分卡尺的测量范围：0~30 mm），25~50 mm，50~75 mm 直至 275~300 mm。

■ 电子式千分卡尺（图 3）

电子式检测系统的功能如下：

- 数值步进值 Z_w = 0.001 mm。
- 可在任意点回零（ZERO），以便进行对比测量。
- 功能选择（M = MODE），例如公制/英制单位换算 mm/in（Inch 英寸），绝对测量（ABS），显示锁定。
- 预设公差值。
- 按下按钮将测量数值红外传输（无线传输）给个人电脑。

> **检测误差的影响因素：**
>
> - 测量螺杆的螺距误差以及测量面的平行度和平面度误差（图 4）
> - 因测量力而导致的弓形架弯曲
> - 与标准温度的偏差
> - 过快地转动测量螺杆

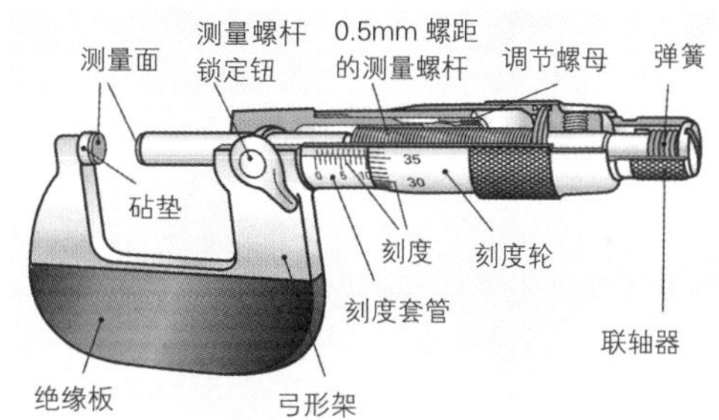

图 1：千分卡尺的剖面图

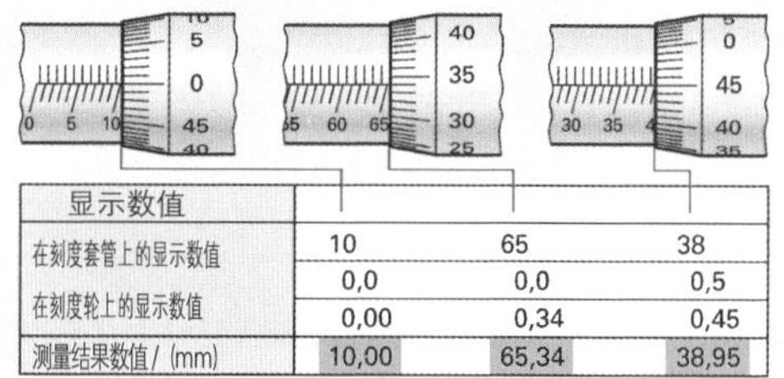

显示数值			
在刻度套管上的显示数值	10	65	38
	0,0	0,0	0,5
在刻度轮上的显示数值	0,00	0,34	0,45
测量结果数值/(mm)	10,00	65,34	38,95

图 2：千分卡尺的识读举例

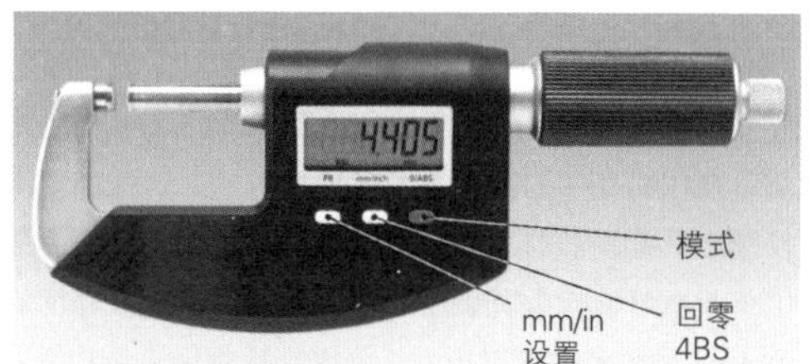

图 3：电子式千分卡尺

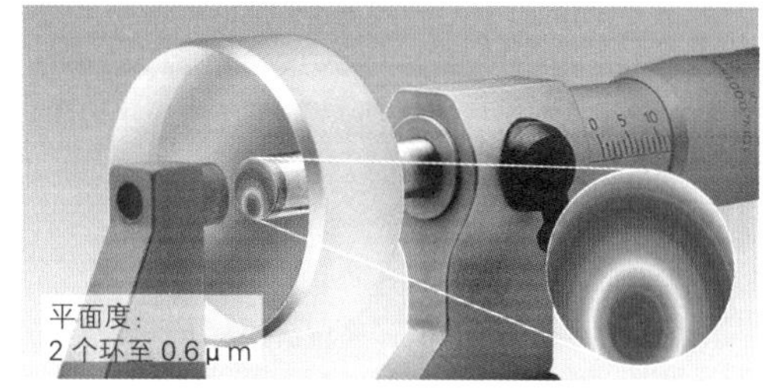

图 4：用端面平行的检验玻璃测量面的平行度和平面度

本小节内容的复习和深化：

1. 采用哪几个块规可以组合出 97.634 mm？
2. 公差等级“K”和“0”的区别在何处？
3. 为什么钢制块规不允许一整天附着在一起？
4. 电子式游标卡尺的显示回零功能有什么优点？
5. 为什么不允许将千分卡尺的测量螺杆过快地旋向工件？

■ 内径检测仪器

两点接触式内径千分卡尺在孔轴线测量时不能自动对中心（图 1）。因此，它只能用于较大的内径测量，并优先用于检定椭圆形的圆度偏差。与之相反，圆度偏差则只能用三段式千分卡尺，如三爪衬垫，而两点接触式无法进行直径对比，因为它总是只能测量出一个更为平均的直径值。

通过中心桥可使两点接触式内径检测仪器和中心桥自动定中心（图 2）。轴向对中心时，必须通过检测仪器的摆动运动找到死点，即最小尺寸。

> 两点接触式内径检测仪器和中心桥可达到高重复精度，即测量数值分散幅度小。使用宽大的中心桥还可以显示出圆度偏差。

三线接触式内径检测仪器的测量杆具有在孔内自动定中心并进行轴向对中心的优点。

自定中心内径千分卡尺仅通过棘轮操纵测量螺杆顺畅平滑的三次转动即可构成一个稳定的测量杆装置（图 3）。杆式操作的内径检测仪器，即所谓的测量枪或单手检测仪器（图 4），则不需要棘轮机构，因为将测量杆压向孔壁的测量力始终是均匀的。这样的检测仪器因其检测值的高可信度和测量的快捷性已成为加工企业批量检验中所采用的理想工具。而刻度分度值为 1μm 的机械式或电子式千分表则适宜做显示装置。

> 圆孔内的三线接触可达到最优化自定中心和自动校准。
>
> 圆度和圆柱度的偏差导致直径的差异。

内径检测仪器可用其研磨制成的调节环设定孔的标称尺寸，然后将所测得的孔径与设定的标称尺寸进行比较。

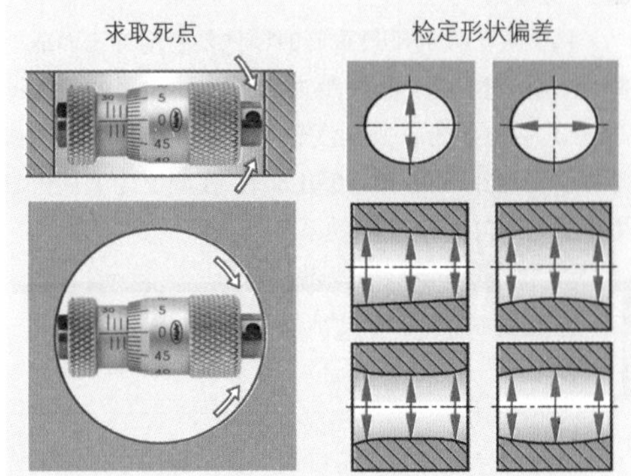

图 1：内径千分卡尺（两点接触式）

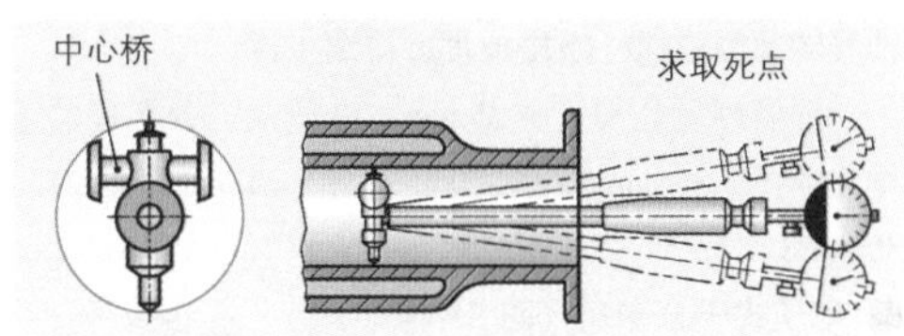

图 2：两点接触式内部尺寸检测仪表和中心桥

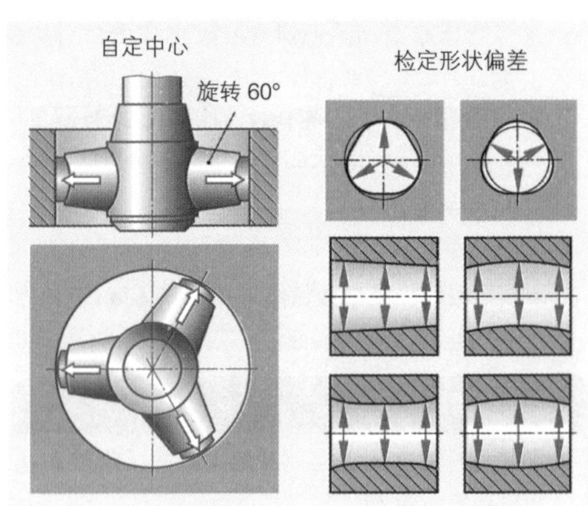

图 3：三线接触式自定中心内径千分卡尺

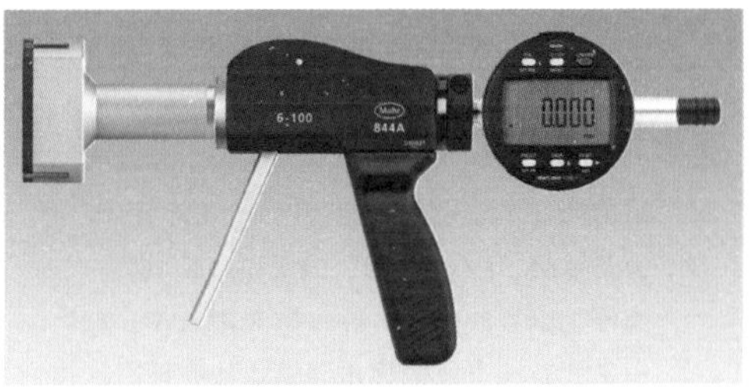

图 4：三线接触式自定中心单手检测仪表

■ 千分表

机械式千分表通过齿条和齿轮放大了显示值（图 1）。常见的千分表（刻度值=0.01 mm）测量范围是 1 mm、5 mm 和 10 mm。

精密千分表的测量精度更高，因为它有一个类似于精密指针式检测表的传动系统。更小的测量误差和仅为 1 mm 的小测量范围使得刻度分度值 Skw = 1 μm 成为可能。转动刻度显示盘，便可在任意点上回零。

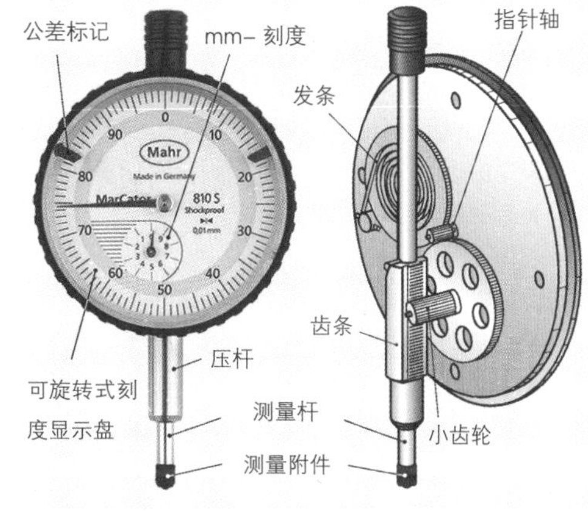

图 1：机械式千分表

电子式千分表（图 2）与机械式千分表结构不同的是，它具有许多补充功能（MODE）：

- 选择数字步进值（Zw = 0.001 mm 或 0.01 mm）和测量范围以及公制 mm 与英制 in（英寸）的换算。
- 在绝对测量（ABS）与对比测量（DIFF）以及测量范围内任意点显示回零（RESET 或 ZERO）等功能之间选择。
- 公差值和计数方向（“+”表示测量杆深入时显示值上升）的预设置。
- 存储功能；实时测量值、最大值、最小值、最大值减最小值，例如在径向跳动检验时。
- 数据输出至测量数据处理系统。
- 在刻度线上进行公差位置的图形显示。

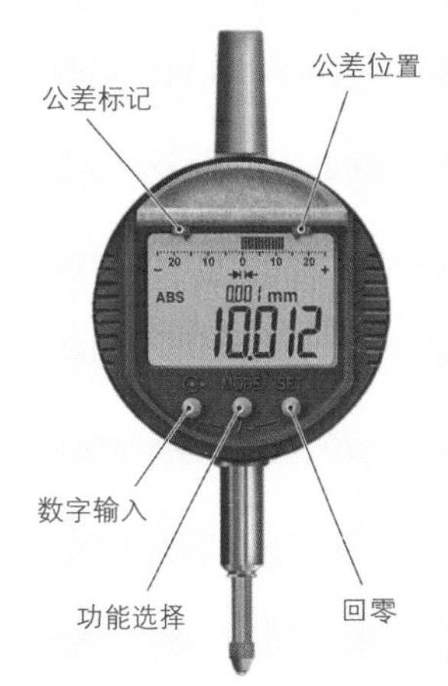

图 2：电子式千分表

有些电子式千分表还补充了公差极限输入功能以及机械式可调公差标记（图 2）。发光二极管显示测量值等级：绿色表示“合格”，黄色表示“返工”，红色表示“不合格”。显示区和按钮区大多数都可以旋转 270°。

检测径向跳动、轴向跳动和平面度时，测量值在最大数值与最小数值之间移动（图 3）。测量杆反向运动便可产生测量值反向间隙 f_u，因为同一个检测量在测量杆拉出时的显示值要大于伸入时的显示值。其原因在于机械式千分表测量杆的摩擦，测量杆伸入时测量力增大，而在拉出时测量力却减少。

使用千分表测量的操作规则：

- 测量径向跳动和轴向跳动时，要求使用测量值反向间隙尽可能小的检测仪器。比较适宜的是电子式千分表（f_u=2 μm）、精密千分表（f_u=1 μm）和精密指针式检测表（f_u=0.5 μm）。
- 如果只在测量杆拉出时进行测量，便可以避免测量值反向间隙。因此，用这种方法测量时也适宜使用机械式千分表和触杆式检测表（f_u=3 μm）。
- 测量杆既不允许涂润滑油，也不允许涂润滑脂。

图 3：检验径向跳动

■ 触杆式检测表

触杆式检测表是用途极广的检测仪器（图 1）。它的测量值反向间隙与千分表一样达到 3 μm。虽然这个数值相对大一些，但对于检验板的测量和形状–位置公差的测量而言，触杆式检测表仍是无法放弃的检测仪器。通过检测表中的自动转换装置，该检测表可以在两个接触方向上进行测量。但指针的运动方向始终保持相同。

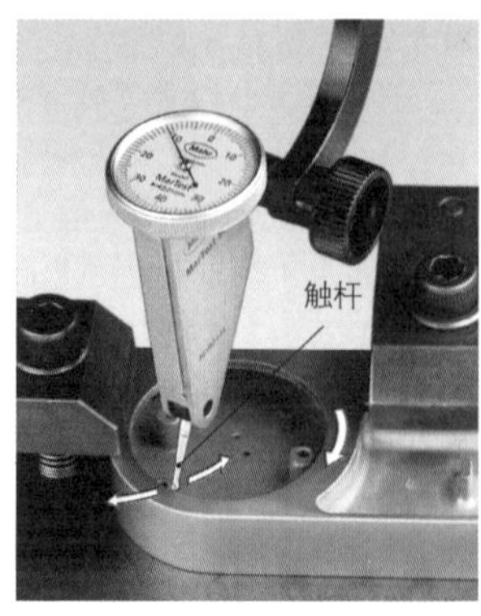

图 1：用触杆式检测表对一个孔定中心

用途：

- 误差检测：径向跳动、轴向跳动、平面度、平行度和位置度。
- 轴或工件孔的定中心。
- 工件或检测辅助装置的平行度校直或直角校直。

> 由于触杆式检测表的触头是可回转式的，它特别适宜于测量难以接近的测量点。
>
> 触杆式检测表的检测力只达到千分表的约 1/10。这样微小的检测力特别适宜于测量形状不稳定的零件。

用途提示：

- 当触头位置与检测面平行时，此时的测量值是正确的，无须修正（图 2）。
- 当触头位置与检测面不平行时，触杆的实际长度已变。此时必须根据角度 α 修正显示值（图 2）。

举例： 估计触头的放置角度 α 达到 30°，其修正系数应为 0.87。所显示的数值为 0.35 mm。

据此，修正的测量值 = 0.35 mm · 0.87 = 0.3 mm。

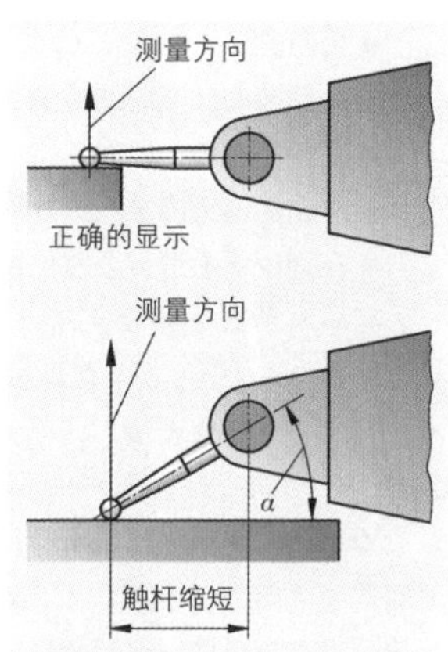

角度 α	15°	30°	45°	60°
修正系数	0.96	0.87	0.7	0.5

图 2：触头放置角度对测量值的影响

■ 对比检测

由于检测范围小，千分表、触杆式检测表和精密指针式检测表大多都只用于对比检测（图 3）。

> 对比检测指对同一检测量时，用该检测量已设定的标称尺寸与工件的实际检测量进行对比。
>
> 由于进行对比检测时测量路径很短，因此，进行批量检测时，其检测误差也相应较小。

进行对比检测时，必须用块规或其他标准件将检测仪器设定到工件待测检测量的标称尺寸。显示回零后即可在检测时直接读出工件的实际测值与标称尺寸的差。一般检测仪器通过检测支架的精调装置可以进行回零，而电子式千分表和精密指针式检测表则通过按钮回零，机械式千分表通过转动显示盘回零。

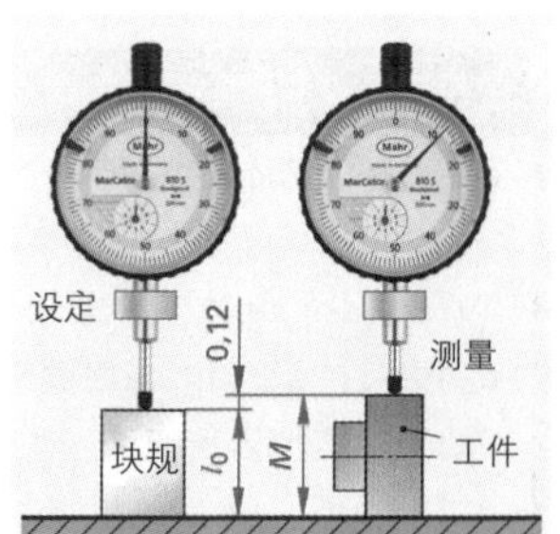

图 3：对比检测

■ 精密指针式检测表

机械式精密指针式检测表（精密触针）适用于完成千分表精度达不到的检测任务。它的刻度分度值一般均达到 1 μm。

相对于千分表而言，机械式精密指针式检测表更为优良的传动特性主要得益于（作为传动杆的）齿弧的精密啮合以及测量杆支承在滚珠轴承上（图 1）。这样的结构使显示指针不能转整圈，但却能达到很小的测量值反向间隙。检测范围大多达到 50 μm 或100 μm。

电子式精密指针式检测表（图 2）具有与电子式千分表相同的测量功能（MODE），与千分表的不同点如下：

- 更为精密的传感式测量系统，数字步进值达到 1 μm、0.5 μm 或 0.2 μm。
- 很小的误差间隙 f_e = 0.6 μm（0.3 μm）和相应很小的测量值反向间隙 f_u<0.5 μm。

电子式精密指针式检测表和电子式千分表的检测数据均可通过电缆或安装在装置上的小型无线电或红外线发射器传输给个人电脑。

> 精密指针式检测表是最精确的机械式和电子式手工检测仪器。它的测量值反向间隙最高可达到 0.5 μm。因此，它特别适宜于检测径向跳动、轴向跳动、直线度和平面度。

本小节内容的复习和深化：

1. 为什么三线接触式内径千分表的测量精度要高于两点接触式内径千分表？
2. 为什么千分表只应在测量杆的移动方向上测量？
3. 为什么触杆式检测表特别适宜于孔的定中心和径向跳动检测？
4. 为什么圆度检测和径向跳动检测时使用精密指针式检测表要优于使用千分表？
5. 电子式千分表（图 3）在径向跳动检测时显示最大值是 +12 μm，最小值是 –2 μm，那么径向跳动偏差应是多大（$f_L = M_{wmax} - M_{wmin}$）？

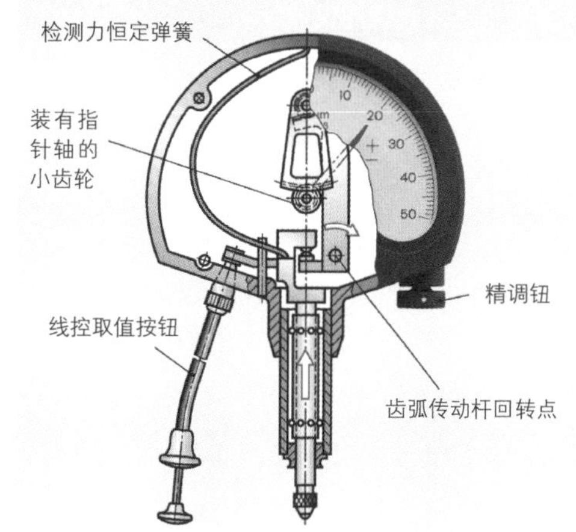

图 1：机械式精密指针式检测表

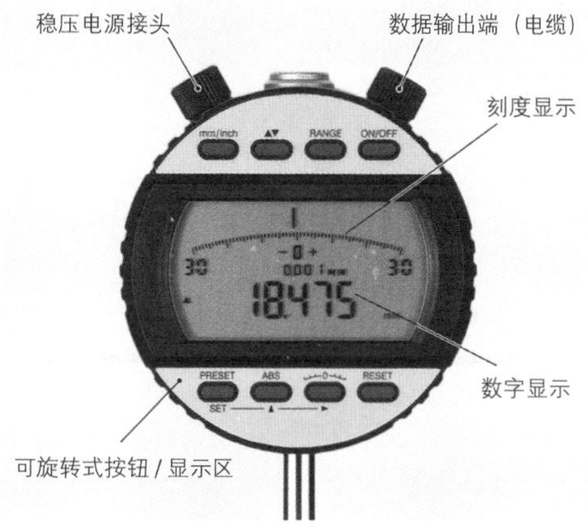

图 2：电子式精密指针式检测表

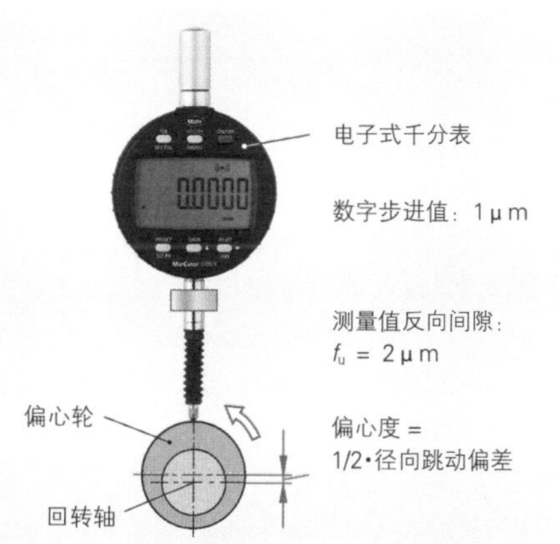

图 3：径向跳动和偏心度检测

1.3.3 气动式检测仪器

无接触式、气动式长度测量时，压缩空气从测量值接收器（例如测量心轴）中喷出，进入喷嘴与工件之间的间隙（图 1）。

与设定工件标称尺寸的检测方法不同，气动式测量时，孔与轴的尺寸变化将影响到喷嘴与工件之间间隙尺寸的变化，以及在测量值接收器中可检测到的压缩空气压力的变化。喷嘴处的检测压力可达 2 或 3 bar。

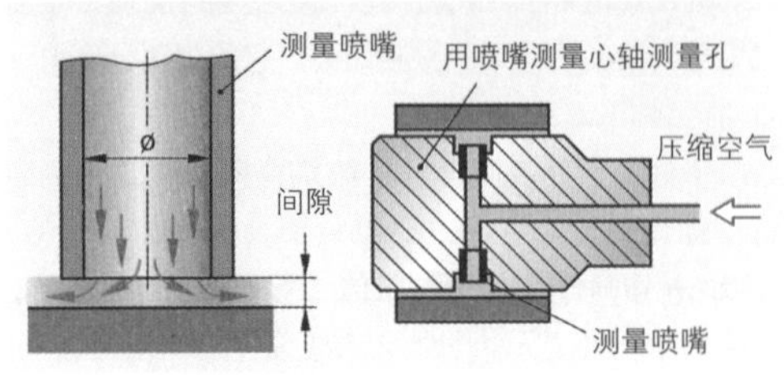

图 1：测量喷嘴和喷嘴测量心轴

■ 气动式检测仪器的结构和工作方式

气动式检测仪器由一个测量值接收器（喷嘴式测量心轴或喷嘴式测量环）和一个显示装置组成，显示装置的结构可以是指针式显示或光柱式显示（见 35 页图 1 和图 2）。

气动式检测仪器按照压力检测方式进行工作，即尺寸变化以压力变化的形式被压力表采集（图 2）。然后通过与压缩空气管网连接的指针式显示装置显示出测量值。

气动-电子式检测仪器则将压力变化转换成一个位移变化，由一个电感式检测触头检测该位移变化，然后将测量结果经电子放大显示出来（图 3）。

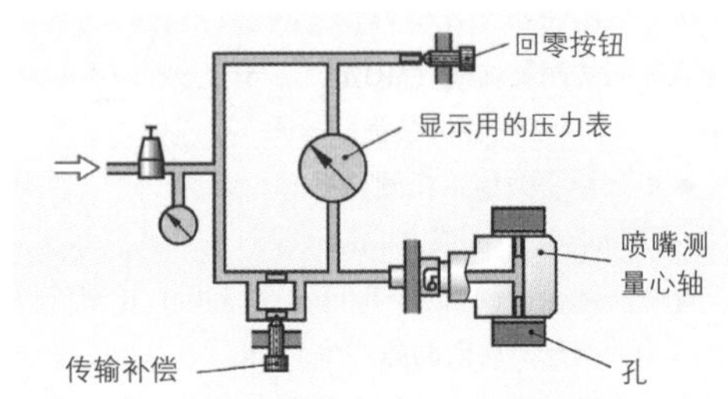

图 2：气动式检测仪表

> 气动式检测仪器通过测量喷嘴的压力变化获取尺寸变化。喷嘴式测量心轴的检测范围最大达到 76 μm。
>
> 喷嘴式测量心轴和喷嘴式测量环与设定的标准件一样，只能用于检测任务。因此，气动式检测仪器也只适用于加工过程中的批量检测。

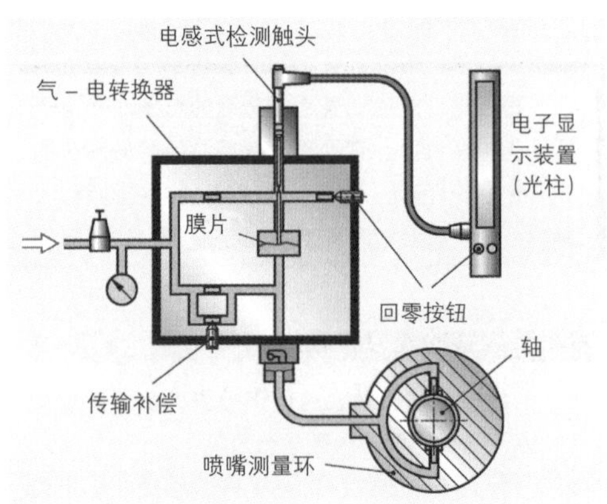

图 3：气动-电子式检测仪表

■ 用途

- 轴、孔或锥度的单个工件检测（图 3）。
- 通过孔与轴的差异检测进行配合检测（图 4）。在无间隙配合状态下将显示置零。在随后的检测中，若显示值大于零，说明配合有间隙，若显示值小于零，说明是过盈配合。

通过气动式检测仪器（图 2）或气-电转换器（图 3）的回零按钮可将显示回零。

设定显示范围时需根据测量尺寸使用 2 种设定标准件（标准环或标准心轴），它们分别代表检测尺寸的上限值和下限值。

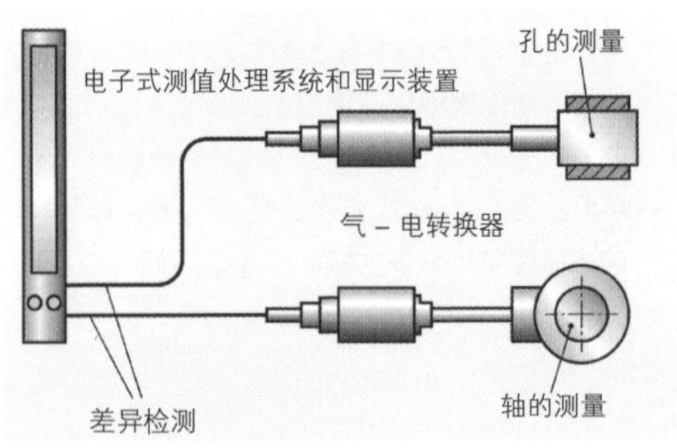

图 4：轴和孔的配合检测

使用光柱显示的检测仪器上，测量值一目了然并容易判断（图 1）。绿色、黄色和红色光条分别表示“合格”“返工”和“不合格”。如果超过程序设定的警告极限和公差极限，绿色将转变成黄色或红色。最多四条光柱可以连接成一个单元。

使用刻度显示和数字显示的检测仪器适用于轴与孔配合时的差异检测或测量值等级中公差区的划分。

■ 气动式测量值接收器

测量值接收器大多用于轴和孔的检测（图 2）。测量心轴与测量环一般都有两个相互错开 180°的测量喷嘴，这种结构可进行两点测量。首先，测孔时可能出现圆度误差和圆柱形状误差，通过不同点的测量可确定这类误差（图 3）。“三弧等厚”时用两点测量法无法确定圆度误差，相比之下，一个椭圆的圆度误差相当于直径差 $d_{max}-d_{min}$ 的一半。

■ 影响测量值的因素

- 测量点的表面粗糙度影响测量值。当表面粗糙度 $R_Z<5\ \mu m$ 时，气动式检测仪器所测出的测量值可与精密指针式检测表的测量值相媲美。但当表面粗糙度 $R_Z>5\ \mu m$ 时，只有钢珠接触式测量心轴可以测出值得一比的测量值（图 2）。
- 尽管气动式检测仪器进行的是无接触式检测，压缩空气仍会产生一定的检测力，它对如管壁特别薄的工件将可能导致弹性形变。
- 测量技术要求的工件检测面积应至少覆盖测量喷嘴的直径。

■ 气动式长度测量的优点

- 因压缩空气而产生的检测力很小，可忽略不计。
- 即便是未经训练的检验员也可以进行具有高重复精度的更可靠更快捷的检测，因为测量心轴的圆柱体和测量环可自动对准孔和轴进行测量。
- 压缩空气可清除检测点上的润滑材料、油脂和研磨膏。因此，可以在机床运行过程中对工件进行检测。

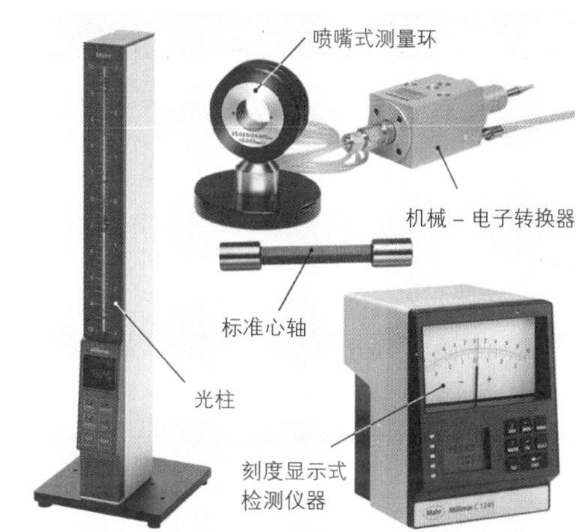

图 1：气动-电子式检测装置

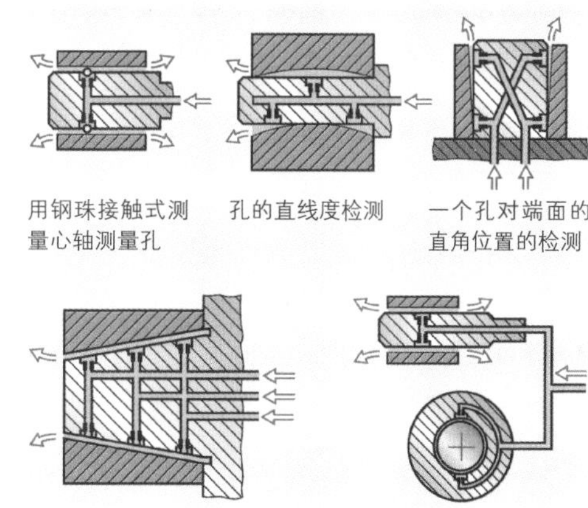

图 2：测量值接收器的用途

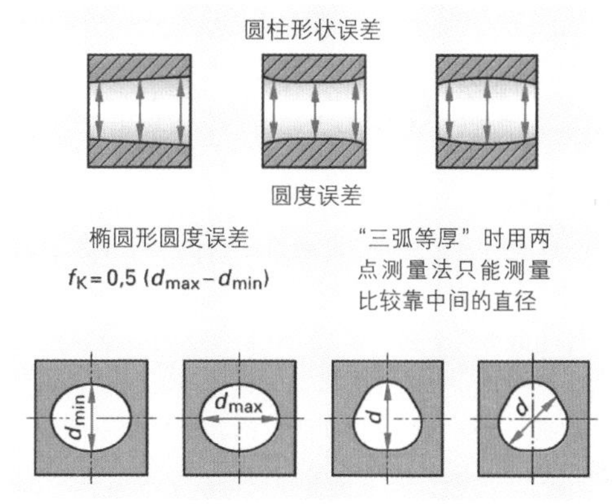

图 3：尺寸误差和形状误差的检测

1.3.4 电子式检测仪器

使用电感式检测触头测量长度时，测量杆的移动使测量触头内的电压出现变化，并产生一个测量信号，该信号经过放大后直接显示（图 1）。

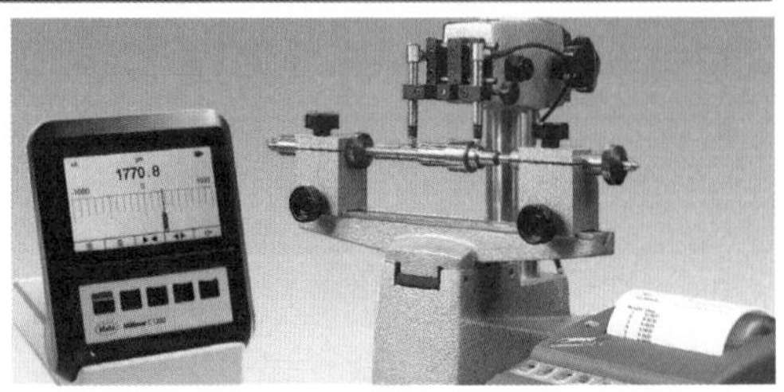

图 1：两个圆柱体之间的径向跳动偏差（差值检测）

■ 电感式测量方法的优点

- 电感式测量触头以机械方式接触到测量点，但是测量信号的产生却是没有机械传动的电子方式，该信号随后经过放大并显示出来。因此，这种测量方式的重复精度非常高，其测量值的反向间隙也非常低（0.01~0.05 μm）。
- 测量值的最大分辨率可达到 0.01 μm，极限偏差尺寸最大为 1.9 μm（条件是：标准结构的测量触头，最大测量值为 2 mm）。

> 电感式测量触头适用于高精确度检测，例如块规的校准。电感式测量触头作为测量值接收器也应用在其他电子式检测仪器上。

除单个检测外，这类检测仪器还可以将两个测量触头的信号用于总量检测或连接差异检测（表 1）。

表 1：检测功能

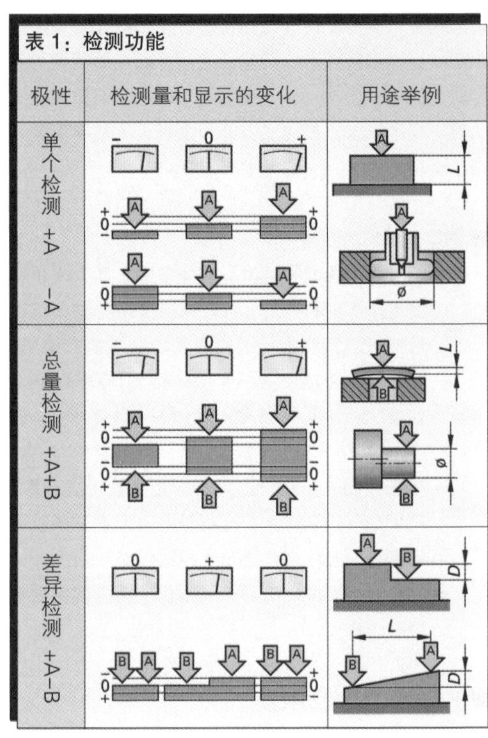

极性	检测量和显示的变化	用途举例
单个检测 +A −A		
总量检测 +A+B		
差异检测 +A−B		

■ 单个检测（+A 或–A）

与千分表或精密指针式检测表一样使用单独一个测量触头进行厚度测量、圆度或径向跳动检测。正极接法时，测量杆伸入时产生一个正的、上升的显示值。而负极接法则用于较大孔时显示一个较大的测量值。

■ 总量检测（+A +B）

总量检测时，两个测量触头的极性相同。所显示的是两个测量信号的总和。在这种检测功能中，测量值与形状误差、位置误差或径向跳动误差无关。

■ 差异检测（+A－B）

差异检测时，两个测量触头的极性相反，就是说，只有在触头信号与回零时的设定有差异时，显示值才会出现变化（表 1，图 1 和图 2）。这里的显示值，例如分级尺寸的误差、锥体斜度误差、角度误差或同心度误差等均与工件的其他尺寸或工件位置无关。

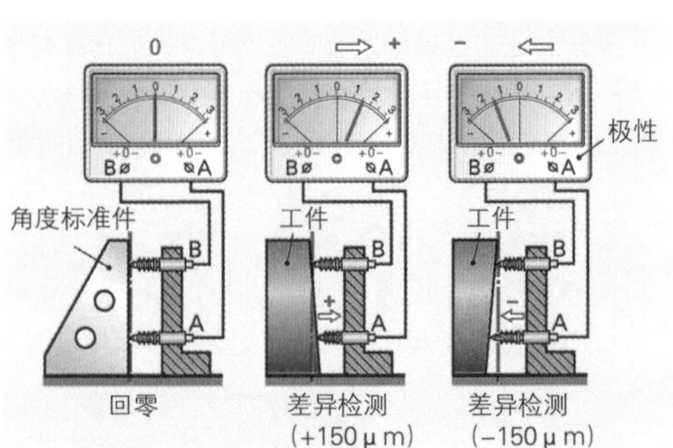

图 2：直角度的差异检测

1.3.5 光电式检测仪器

使用光电式检测仪器进行长度测量时，光束对受检物体进行无接触扫描。接收器内一般都有一个CCD-传感器（光电二极管），对光学测量信号进行电子采集和处理。

CCD-传感器（Charge Coupled Device - "电荷耦合装置"的英文缩写）由许多光敏元件（像素）组成，它们在行传感器中呈横行排列，在CCD-照相机中呈横行和竖行排列（矩阵传感器）。

■ 光电式轴检测仪按照阴影照相法获取圆形零件的轮廓（图1）。通过平行光束在接收器（CCD-行传感器）中产生一个阴影轮廓，其尺寸与工件的相符。为了采集轴的完整轮廓，轴的纵向运动受到限制，如果是长轴，还需用多个行传感器进行测量（图2）。如果轴的纵向运动与旋转运动相结合，也可用高测点密度测量出直线度误差和径向跳动误差。

直径和长度仅需数秒便可测出。直径测量的误差极限可以达到2 μm。而长度测量时，例如底槽宽度或倒角宽度，其误差极限也可达到约6 μm，因为长度尺寸还受测量滑轨运动和工件表面洁净程度的影响。采用高精度塔轮盘进行的对比检测可用于校准检测仪器（图2）。

■ 激光扫描器根据测量对象连续搜索测量范围（图3）。随着多棱镜（有8~16个镜面）的转动，光束被各个镜面校直成平行光束并穿过测量范围。只要光束经过工件，便会在CCD-行传感器上产生一个电压降。因此，光束中断的时间长度便是轴的直径或长度尺寸。测量直径时的误差极限可以达到2 μm，而长度测量时则达到10 μm。

激光扫描器的扫描速率为每秒25至40次，它甚至可以测量连续运行的细线或纤维，因为它的测量与被测物体在检测范围内的位置无关。

激光扫描器主要用于加工生产线上对金属带材或塑料带材的直径、薄膜厚度和宽度进行监视（图4）。

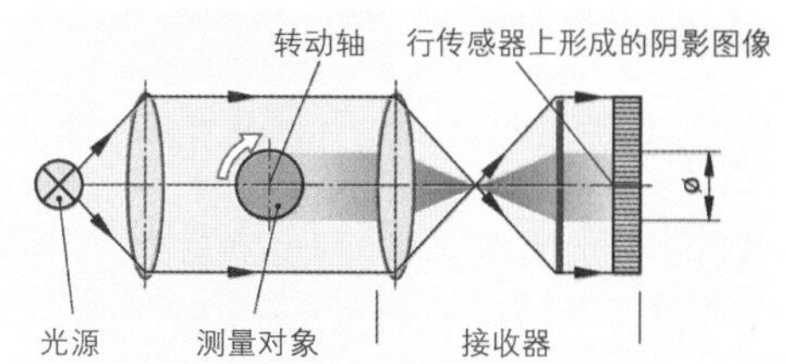

图1：使用光电式轴检测仪测量直径的测量原理

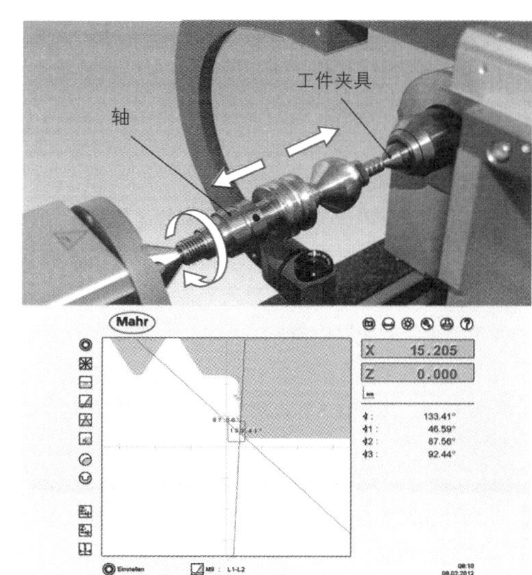

图2：轴的测量（长度和直径）

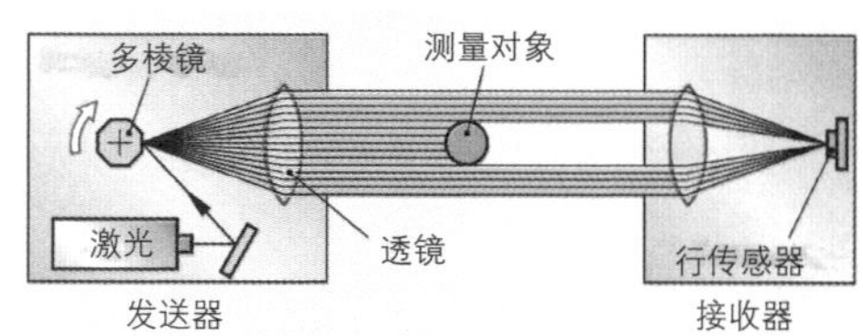

图3：激光扫描器（测量原理）

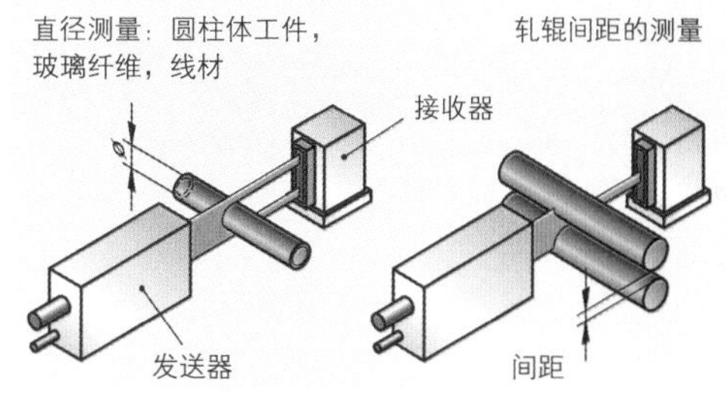

图4：激光扫描器的用途

■ 激光间距检测仪用于 30 mm 至 1 m 的检测范围（图 1 和图 2）。其检测原理是一种“三角测量”（英语：Triangulation）：激光束垂直导向测量对象，这时激光束会生成一个漫射光点。通过一个反射激光束将该光点显影在接收器的 CCD-行传感器上。测量间距的变化使该光点在行传感器上的显影位置也出现相应变化。测量间距为 100 mm 时，其检测的不精确性必须预计为 0.2mm。测量仪器的间距检测也是相同的检测原理，但其检测范围已经扩大（见第 42 页图 2）。

> 激光间距检测仪主要用于漫反射检测对象。镜面或少量反射面产生的检测信号过小。

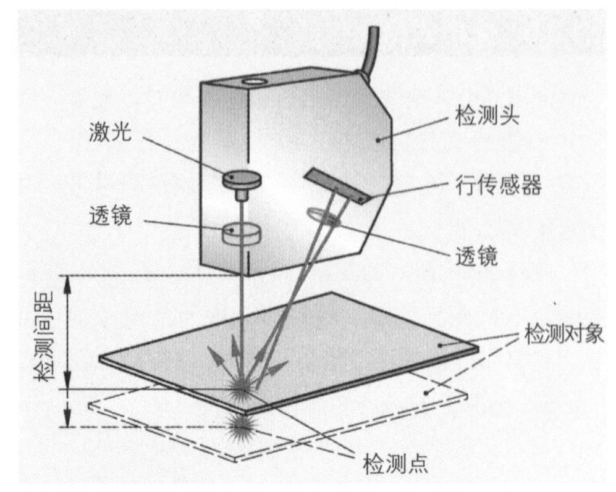

图 1：激光间距检测

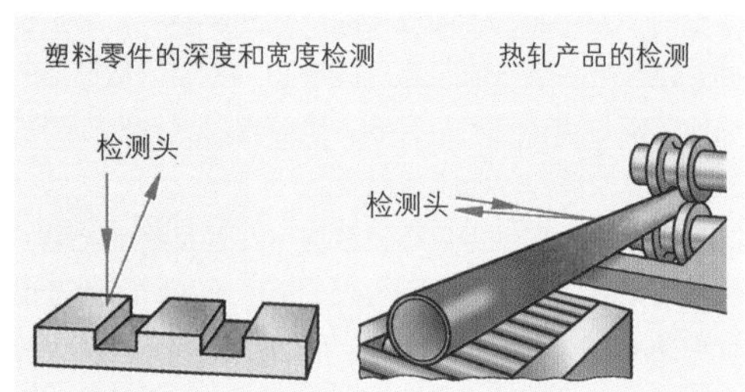

图 2：激光间距检测的用途

■ 激光干涉仪（图 3）

激光干涉仪将一个激光束在光束分配器（一个半透射镜）上分成两个光束：一个是射向安装在机床工作台上反射器的测量光束；另一个是射向固定反射器的参考光束。两个反射回来的光束在光束分配器上相互叠加（干涉）。当装有反射器的机床工作台向另一个位置移动，则亮区-暗区转换的频度就是移动行程的尺寸。

> 使用激光干涉仪在加工机床或坐标测量仪上进行精度检验。

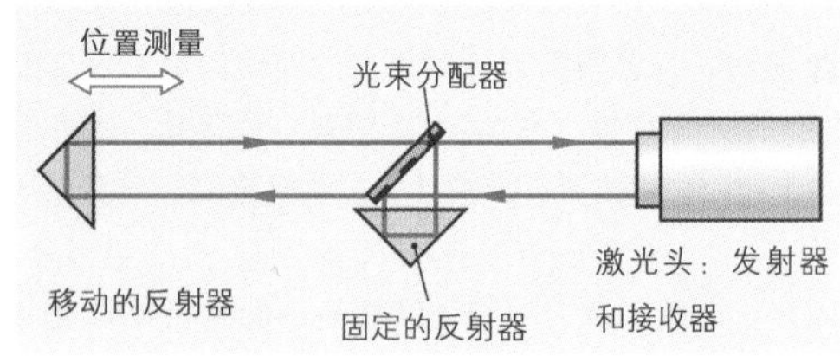

图 3：激光干涉仪的检测原理

激光干涉仪测出的是定位误差、直线度误差、平面度误差和垂直度误差，例如机床工作台对工作轴的垂直度误差。

例如在铣床 X 轴的定位检测时，激光束从激光头发出，平行于机床工作台射向光束分配器（图 4）。光束分配器与固定反射器一起安装在工作轴上。而第二个反射器利用磁性支架固定在机床工作台，工作台的移动把它带到各个不同的位置。通过将已测得的位置与机床上所显示的位置相对比，便可以检测出 X 轴上所有的定位误差。这种检测可在工作台的高速（1 m/s）移动状态下进行，这时的检测不精确性仅有（1.1 μm/m）。

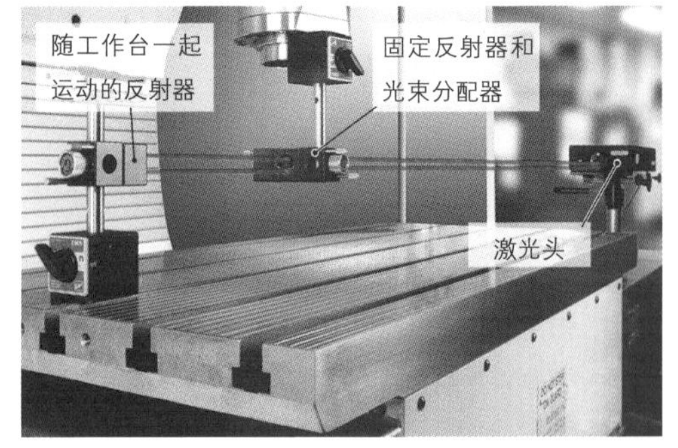

图 4：使用激光干涉仪对铣床进行 X 轴定位检测

1.3.6 坐标检测仪

■ 坐标检测技术基础知识

采用坐标检测技术（KMT）进行检测时，工件表面上的各个受检点均被采集为空间坐标，然后使用高效计算机对由此产生的几何元素进行计算和评估（图 1）。

确定坐标值时要求能够精确定义检测头系统（传感器）和检测对象运动状态下的相互位置。

> 坐标检测技术是加工检测技术的一个组成部分。它可直接安装在加工机床上或集成在加工生产线内，或安装在空调检测室，总之，它可用于高精度的、范围极为广泛的检测任务。

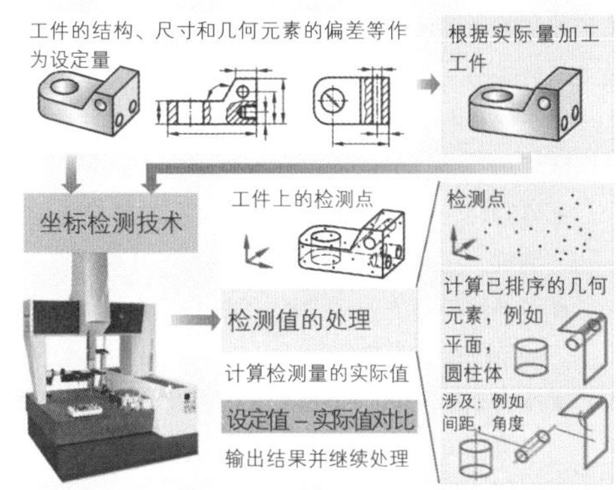

图 1：坐标检测技术基础知识

■ 加工机床的检测装置

尽管加工机床工作时的环境条件恶劣，工厂里仍将越来越多的检测装置直接安装在计算机数控（CNC）加工机床上。

加工机床空间范围内典型的检测任务是采集工件的位置和工件加工的起始位置，各加工步骤之间的检查性检测，检查已完成加工的工件，以及刀具的调整和刀具的监控（图 2）。

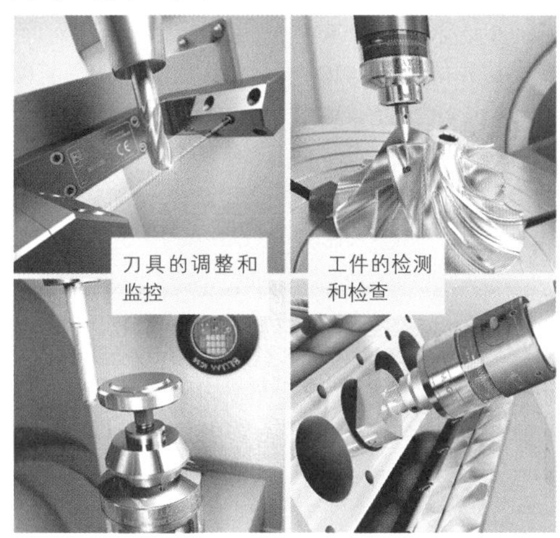

图 2：计算机数控机床的检测装置

> **坐标检测技术（KMT）应用于加工机床的优点：**
> - 减少加工过程中的准备时间，因为通过扫描并与数控加工程序的匹配所求出的工件位置已替代了费时的工件校准。
> - 减少其他的加工辅助时间，如刀具检测、输送工件、存放工件、开始走刀、工件检测等。
> - 可实现无人操作运行。
> - 更高的生产率和加工质量。

■ 生产环境和加工生产线的检测装置

除各种输送、分类、分级和标记任务之外，集成在加工生产线上的在线模式或单机检测单元模式的坐标检测仪还可承担例如 100%的全自动检测任务，无需额外投入检测人员（图 3）。用于加工机床的修正补偿切点将加工质量反馈给加工机床，从而达成生产伴随型质量保证和最高生产率。

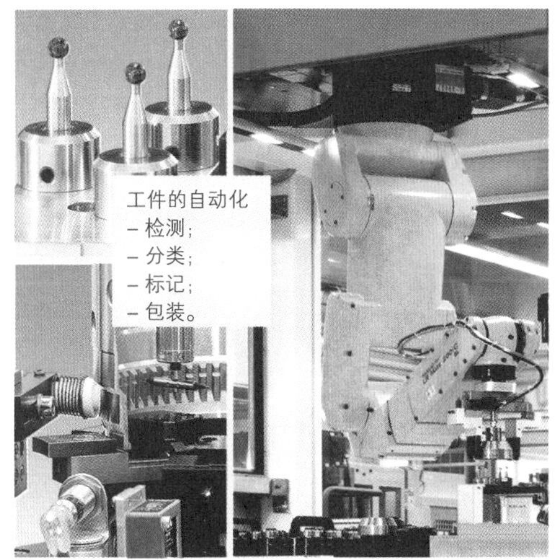

图 3：检测单元和自动化单元

■ 三维检测仪

现在使用最多的是配有三个检测滑轨和笛卡尔直角坐标系的坐标检测系统。此类检测系统划分为四个基本结构类型（图 1）。

每一种基本型中均装有下述重要的结构组件和功能组件（图 2）：

- 检测台，一般多由热稳定性良好的硬岩石材料制成。
- 各轴向精密的、易接近的和低磨耗的导轨，例如空气静力学支座。
- 所有轴向的长度检测系统均配有电子式检测值采集和尺寸检测装置，例如增量玻璃比例尺。
- 轴驱动装置，一般均为电动式，由位置调节电路实现轴运动时无振动。
- 检测系统和扫描系统（见 41 页）。
- 用于控制检测流程和过程运动的控制计算机以及数值评估计算机。

三维检测仪贴近加工过程的典型检测任务是检测标准零件，验收系列加工的首个零件，从加工过程中抽检个别工件，以及监视并校准检测装置。

使用坐标检测技术（KMT）的三维检测仪的优点：

- 有利的环境条件，以及污染、振动和温度波动等均受到控制。
- 可在工件加工的同时完成大范围的省时的检测任务。

■ 检测值的采集和处理

KMG 软件可将检测仪坐标系内采集的坐标值传输给工件坐标系。同理，由工件位置决定的控制坐标系仅用于扫描元件的无冲突式控制（图 2）。

首先，在工件坐标系中可根据图纸规定的数值或工件的 CAD 数据进行数值评估计算。进行这种设定值与实际值对比时，必须处理通过针对作为几何元素的所谓标准形状要素对比计算所求取的各个扫描点。标准形状要素描述的是理想形态下的工件表面（图 3）。然后求出各元素之间的关系，例如角度和间距。除标准元素外，也可以采集和计算特殊的表面几何形状，例如螺纹、齿轮和自由形状的表面。

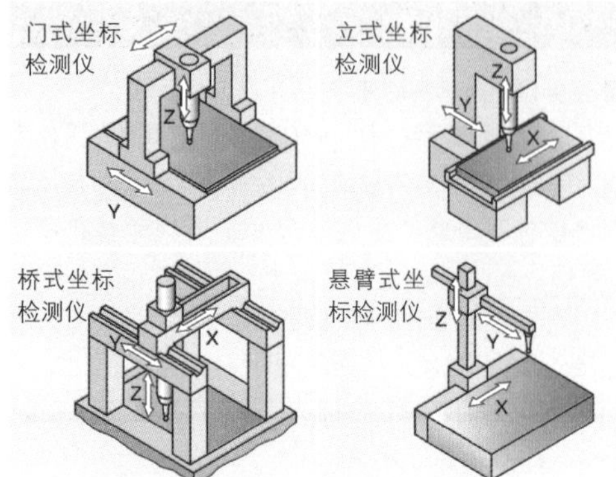

图 1：三维检测仪的基本结构类型

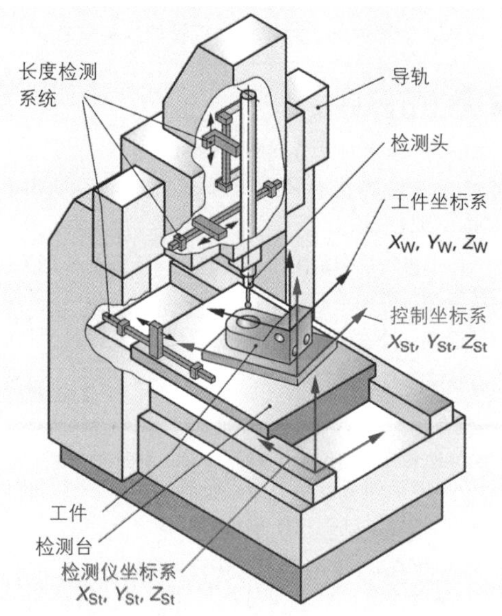

图 2：多坐标检测仪工作原理

标准形状要素	最少检测点数	扫描点和对比要素
点 线	1 2	
平面 / 面积	3	
圆 球体	3 4	
圆柱体 锥体	5 6	
环形 曲面	7	

图 3：标准形状要素（节选）

■ **接触式（脉冲式）检测头（图 1）**

开关式触头系统在触头与工件接触时接收到 X、Y 和 Z 三个扫描方向的测量值。该系统的微小检测力（< 0.01 N）特别适宜于检测塑料零件。

测量式触头系统都是小型三维检测仪，其工作原理是，电感式位移寄存器在触头移动过程中连续测量三个轴向的测量行程。该测量行程与坐标检测仪在 X、Y 和 Z 轴上所测的长度相加。

> 测量式触头系统可以用众多测量点连续扫描测量对象。这种工作方式可以扫描任意形状的面。

扫描的英文含义是搜索某物。在坐标检测技术中均将扫描理解为以密集的点序接触式或光学式扫描方式扫描被检测对象。检测轴的控制系统必须以极快的速度工作，因为测量式触头系统每秒可以扫描出 200 个测点。扫描力可以在 0.05 N 至 1 N 无级选择。使用扫描进行形状检验时，其精度随点密度的增加而增加。

■ **带有 CCD-照相机的光学检测头（图 2）**

光学检测头由一个高分辨率 CCD-照相机组成，该相机装有横排和竖列排列的光敏元件（矩阵传感器）。以光学方式采集的图象以数字化光点（像素）的形式寄存于图像存储器。这就意味着给每一个光点分配一个灰度值（亮或暗）。因此，在图像处理时，可以根据亮-暗的过渡转换来识别工件的轮廓，如边棱的变化曲线、孔、槽或集成电路（ICs）托板等（图 3）。用透射光测量直径和孔间距最好，槽的测量则用入射光更好。

> 光学式传感器在同一单位时间内对工件的扫描次数要大于接触式（脉冲式）触头 20 倍。
>
> 光学式“轮廓传感器”也用于轮廓投影仪和检测显微镜。

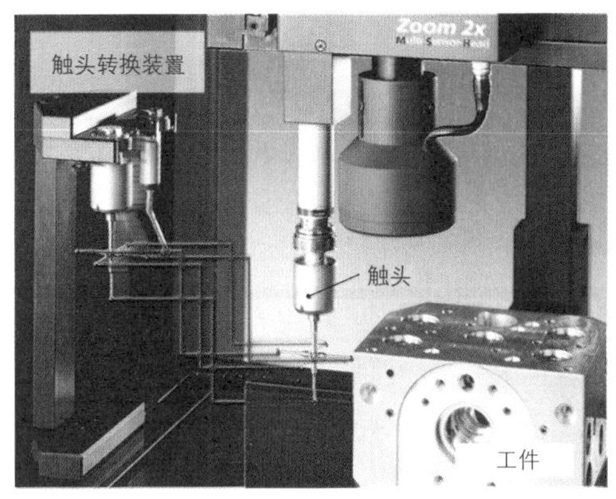

图 1：接触式（脉冲式）检测头和触头转换装置

图 2：用光学检测头对托板进行图像采集

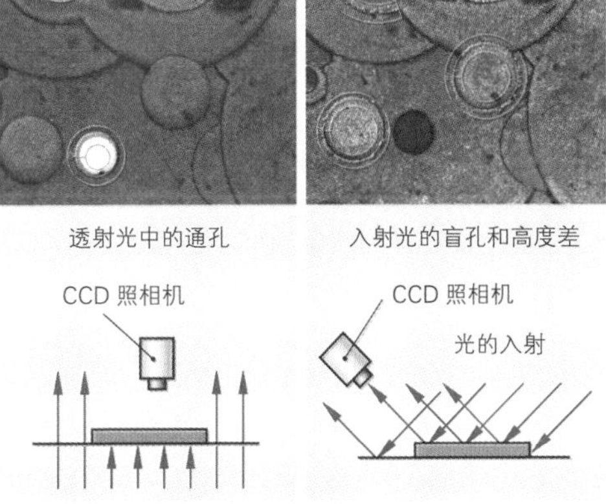

图 3：在视窗中识别形状元素

■ **激光-自动聚焦传感器（图1）**

自动聚焦传感器将激光束自动聚集（聚焦）在表面的一个点上。聚焦透镜跟踪移动，使激光束在被检测对象表面形成的光点直径达到最小。例如在测量集成电路托板的平面度（见41页图2）时，其平面度误差相当于聚焦透镜的跟踪移动距离。

> 使用自动聚焦传感器可以测量光滑平面（镜面）或轻微拱起的玻璃表面、陶瓷表面或金属表面。扫描时，每秒最多可扫描500个点。

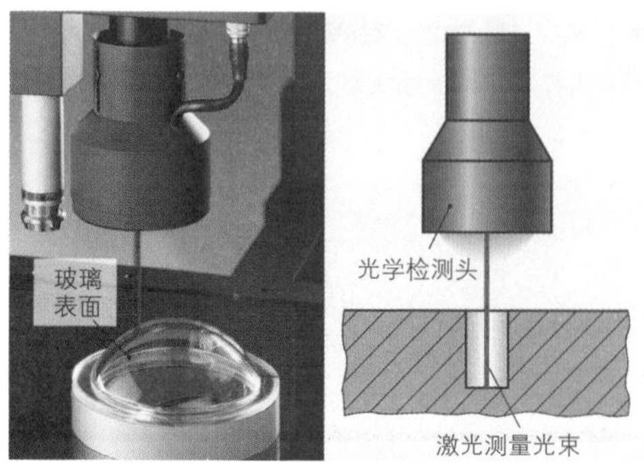

图1：用自动聚焦传感器（集成在光学检测头内）检测形状误差和孔深度

■ **激光-间距传感器（图2）**

其检测原理与激光间距检测仪相同（见38页图1）。激光束垂直投射到一个铸造模型的表面。所有在表面形成漫反射的光束中只有低于20°角的光束可以反射到CCD-行传感器。在该传感器内产生一个光点，其位置取决于测量间距。

> 激光间距传感器适用于漫反射材料，如硬泡沫塑料、塑像用黏土或布料。因此常用于检测铸造模型、塑料零件或橡胶成形件（图3）。

为使误差极限小于15 μm，间距传感器可以自动跟踪，使它始终处于工件表面正确的检测位置。间距传感器在光束通道上装有一个可旋转的棱镜，这使传感器可在间距1~10 mm范围内每条通道上同时扫描最多10条平行检测线（图2），从而使每秒测量的测点最多达到400个。

图2：用间距传感器以10条检测线同时扫描一个汽车车门的铸造模型

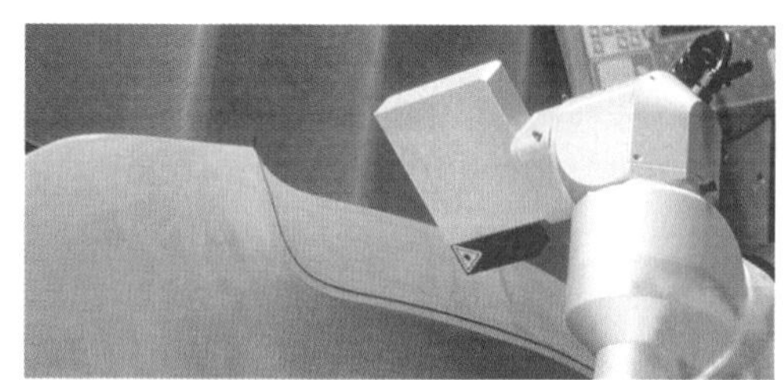

图3：用间距传感器校准并扫描一个不规则铸造模型

本小节内容的复习和深化：

1. 气动式检测有哪些优点？
2. 为什么用电感式检测触头做厚度测量时，工件的形状误差并未产生影响？
3. 为什么轴检测仪测量直径的精度要优于测量长度的精度？
4. 使用何种检测仪器可以检验加工机床的定位精度？
5. 若需进行光学形状检测，使用坐标检测仪比使用接触式（脉冲式）触头系统有哪些优点？
6. 与单点检测相比，扫描有哪些优点？

1.4 表面检测

实际表面指的是因加工条件限制与图纸规定的表面质量有偏差的工件表面（表 1）。

扫描表面形状（初级表面形状）获取的是用金刚石探针扫描的工件表面，它包含所有的误差（图 1）。计算机设定表面形状中间线位置的原则是，表面形状的上限部分和下限部分相同。

> 扫描的初级表面形状是波纹性表面形状和粗糙度表面形状以及表面粗糙度特性值的初始基础。
>
> 应在预计可能出现最大粗糙度或波纹性表面的表面范围内进行检测。但有划伤或压痕的工件表面则没有必要进行检测。

表 1：表面的形状误差

形状误差		举例	原因
第一序列		不平整，不圆	弯曲，导轨误差
第二序列		波纹形	振动
第三序列	表面粗糙度	小波纹，浅槽	切削进刀
第四序列		细波纹	切屑形成

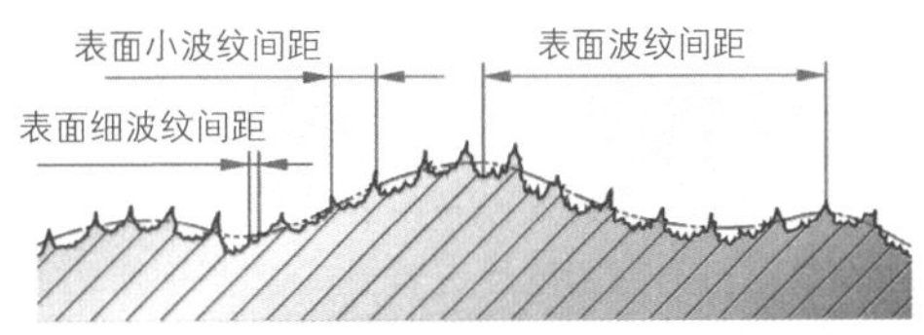

图 1：扫描的初级表面形状（*P*–表面形状）

1.4.1 表面形状

轮廓仪将金刚石探测头的扫描运动转换成电信号。它绘出表面形状并计算其特征值，如表面形状深度 Pt、表面波谷深度 Wt 和表面粗糙深度 Rt（图 2）。

在表面形状曲线图中，误差均被垂直放大后显示出来（图 3），因此其波面陡度显得大于实际陡度。

> 表面形状曲线图垂直放大的选择原则是，表面形状约占测量记录的一半宽度。

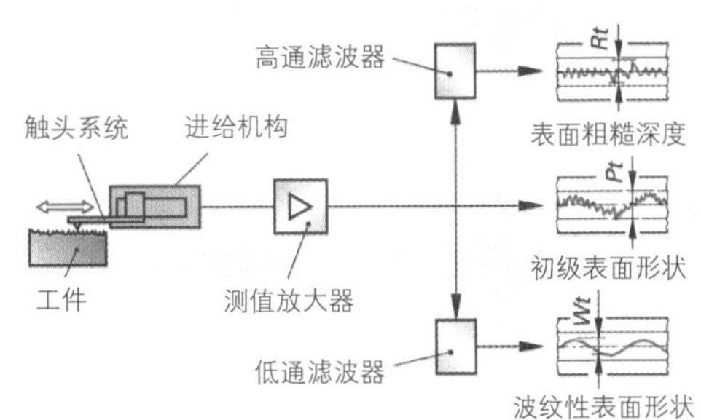

图 2：轮廓仪工作原理

通过表面形状的过滤可从未经过滤的初级表面形状（*P*–表面形状）中求取出粗糙度表面形状（*R*–表面形状）和波纹性表面形状（*W*–表面形状）（图 3）。

> 表面形状过滤器将扫描所得表面形状中短波纹粗糙度部分从长波纹部分中分离出去。
>
> 表面特性值绝大多数均求取自粗糙度表面形状（*R*– 表面形状）。

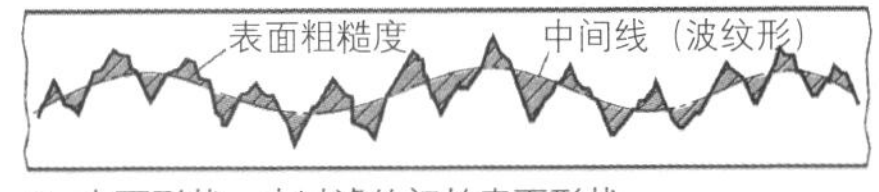

P– 表面形状，未过滤的初始表面形状

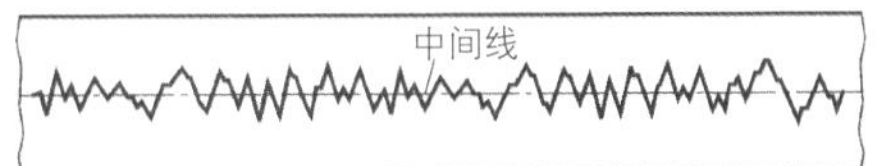

P– 表面形状，粗糙度表面形状（已过滤掉波纹性）

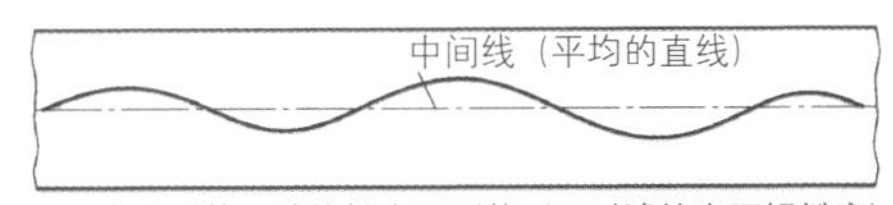

W– 表面形状，波纹性表面形状（已过滤掉表面粗糙度）

图 3：表面形状曲线图

粗糙度表面形状（*R*–表面形状）是通过表面形状过滤器从扫描所得表面形状中将表面波纹性部分过滤后产生的（图 3）。而波纹性表面形状（*W*–表面形状）则是通过表面形状过滤器将粗糙度部分过滤后产生的。

1.4.2 表面的特性值

从上述三个工件表面形状中可以导出表面形状特性值，它们分别用大写字母 *P*、*R* 和 *W* 表示。例如表面形状深度 *Pt* 来自初始表面形状，表面波谷深度 *Wt* 来自波纹形表面形状，而 *Rz* 来自粗糙度表面形状。DIN EN ISO 4287 中定义了大量的表面粗糙度特性值。

Ra 是某个检测区段 *lr* 内 *R*-表面形状全部坐标值的算术平均值。因此，*Ra* 相当于相同面积含量的一个矩形的高度，如表面形状与其中间线之间的面积（图 1）。

Rt 是 *R*-表面形状的总高度，就是说，它指在总检测段内最高的峰值与最低的谷值之间的间距。

Rz 是某个检测区段 *lr* 内 *R*-表面形状的最大高度。一般我们从 5 个单检测值中求取 *Ra* 或 *Rz* 的算术平均值，例如 $Rz=1/5\cdot\Sigma R_{zi}$（图 2）。否则，给符号后面加上数量，例如 *Rz*3 4。

*R*max 是 5 个检测区段 *lr* 中最大的一个表面粗糙深度数值（图 2）。虽然按照 ISO 标准可用 *Rt* 或 Rz_1max 替代 *R*max，但在某些工业领域中，例如汽车制造业，仍然使用 *R*max。

常规的表面粗糙度检测量是纯粹的垂直检测量。通过比对关系，例如 *Rp*（平整深度）对比 *Rz*，也可以推导出一个工件的表面轮廓形状（图 3）。

■ 材料比曲线的特性值（Abbott 曲线）

通过在 *R*-表面形状尽可能多的截面上求取材料比即可获取 Abbott 曲线①。在每一个横切表面形状的切线上均加入该横切的区段，然后将它与检测区段进行对比。由此产生出单位为百分比的材料比，例如在切线高度 c_1 处的 $Rmr\approx25\%$。但只有在 S 形 Abbott 曲线上才能进行评估（图 4）。

> 材料比曲线的走势给工件表面形状结构做出了一个快速的直观说明。该特性值用于判断高负荷功能面，例如滑动面。

我们把材料比曲线划分为三个表面形状范围，它们分别由三个特性值来定义，即削减的表面波峰高度 R_{pk}，核心部分的表面波谷深度（R_k）和削减的细波纹深度（R_{vk}）。而特性值 M_{r1} 和 M_{r2} 则指核心范围边界处的材料比（图 5）。

①该曲线以美国人 Abbott 命名。

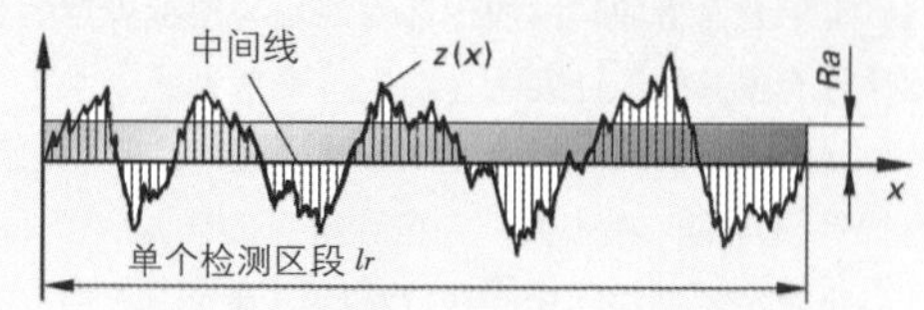

图 1：平均表面粗糙度数值

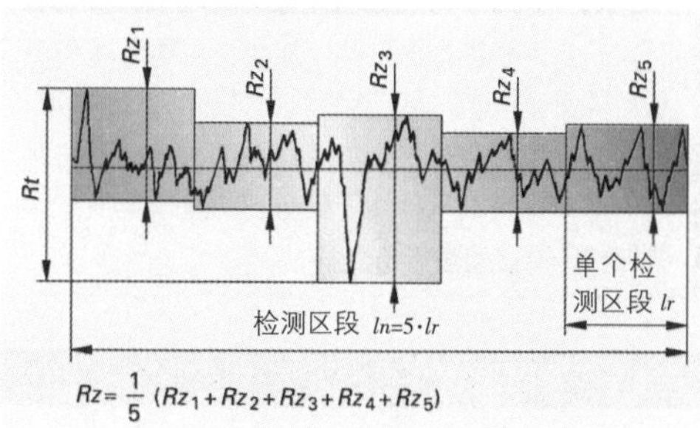

图 2：表面粗糙度 R_t，最大表面粗糙度 *R*max

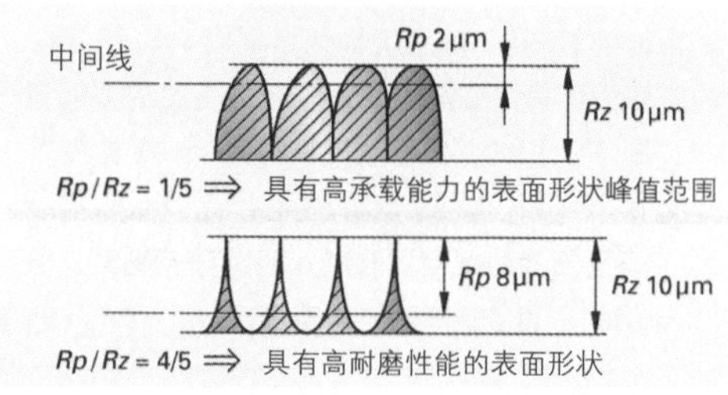

图 3：圆形和尖峰形表面形状，其 *Rmax*，*Rz*（10μm）和 *Ra*（2μm）均相同

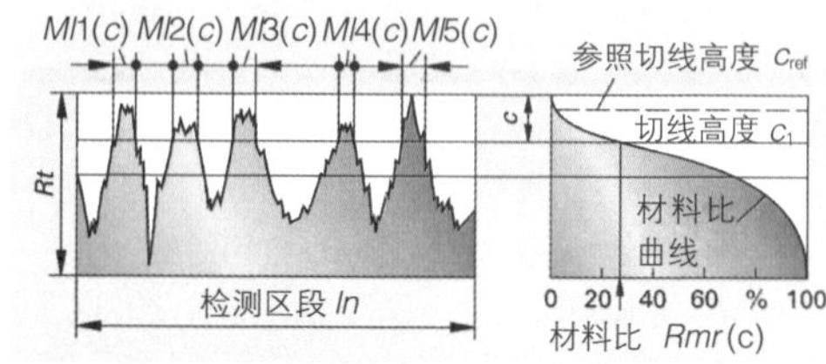

图 4：材料比曲线的推导

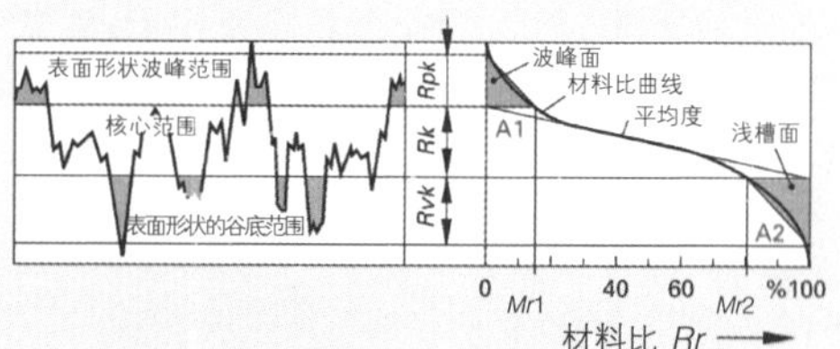

图 5：材料比曲线的表面形状范围及其特性值

1.4.3 表面的检测方法

■ 检测方法的种类

表面对比标准样件用于表面质量的触觉法对比或目测法对比。工件表面与对比标准样件可对比性的前提条件是，它们的材料必须相同并采用了相同的制造方法，例如纵向车削（图 1）。

触觉法对比用指甲或一小块铜片（硬币大小）进行。目测法对比是在优化的光线入射角度下使用放大镜进行。

表面检测仪是根据触针式轮廓仪的检测方法进行工作，用一个金刚石探针采集工件的表面误差（图 2）。探针的理想形状是圆形针尖状锥体（60°或 90°）。当表面粗糙度 $Rz > 3\ \mu m$ 时，应选择针尖半径 $r_{tip} = 5\ \mu m$，而当 $Rz > 50\ \mu m$ 时，$r_{tip} = 10\ \mu m$。当表面粗糙深度 $Rz < 3\ \mu m$ 时，建议针尖半径 $r_{tip} = 2\ \mu m$，因为针尖半径小能够更好地接触扫描工件表面细小的沟槽。

桶式探针系统仪适宜于采用便携式表面检测仪进行的表面质量检测（图 2 和图 3）。在这种探针系统中，探针采集相对于导向头运行轨道的工件表面形状粗糙度。在这里，导向头 25 mm 的半径几乎“机械式滤除”了工件的表面波纹性。

基准面-探针系统，也可称之为自由探针系统。安装在进给机构中的高精度直线导轨构成一个标准面（图 4），经过调节倾斜度使基准面尽可能与工件表面平行。如果未被过滤的 *D*-表面形状（见 45 页图 1）显示出过大的斜角，必须重新调节基准面。检测时，探针相对于基准面进行移动。这样便可以检测出表面的所有特性值。

- 探针半径限制了对细波纹的扫描能力。
- 桶式探针只能检测表面粗糙度。
- 基准面 – 探针系统可以检测表面粗糙度、表面波纹性和形状误差部分。
- 只有在列举出检测方法的各种数据的前提下，如探针系统、探针半径和表面形状过滤器等，不同检测仪器的检测结果才具有可比性。

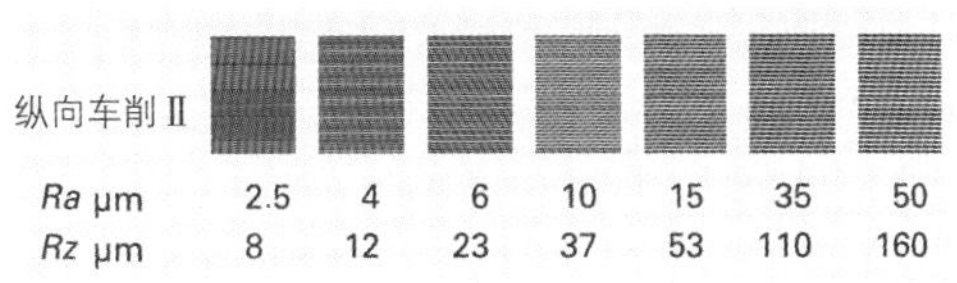

Ra μm	2.5	4	6	10	15	35	50
Rz μm	8	12	23	37	53	110	160

图 1：表面对比标准样件

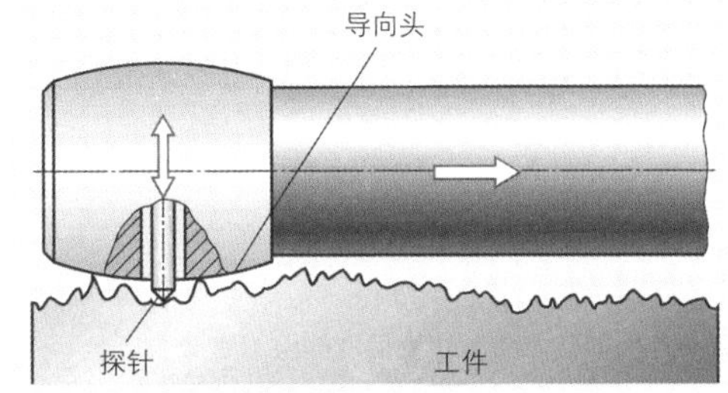

图 2：桶式探针系统

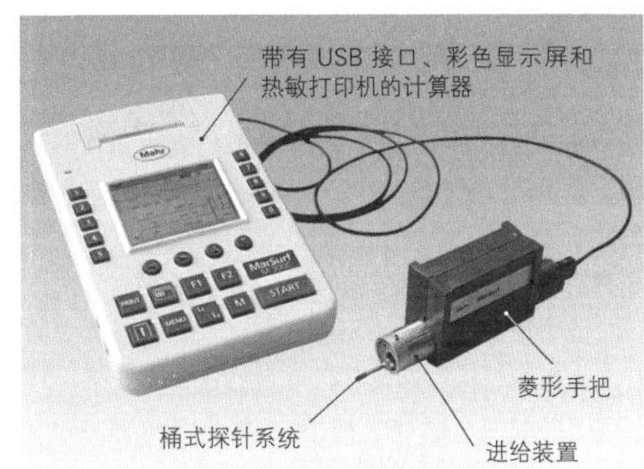

图 3：装有桶式探针系统的便携式表面检测仪

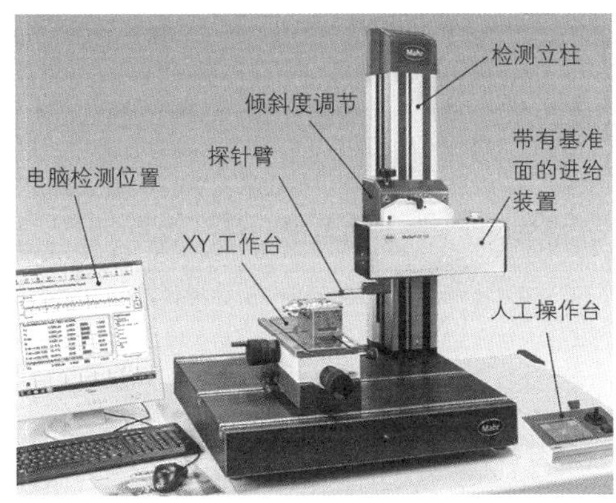

图 4：装有基准面–探针系统的进给机构（也可选择桶式探针系统）

■ 表面粗糙度特性值的检测

检测必须在工件表面预计出现最差检测值的范围内进行。检测周期性表面形状时，例如车削的表面形状，探针扫描方向必须与细波纹方向成直角。而检测细波纹方向交替更换的非周期性表面形状时，例如在磨削、端面铣或研磨时形成的表面形状，探针扫描方向可任意选择。

周期性表面形状粗糙度的检测方法：

- 通过触觉法对比或目测法对比估计出细波纹宽度 *RSm*。已知的车削进刀量就相当于这个 *RSm*。
- 以细波纹宽度 *RSm* 为基准，选择符合标准的极限波纹长度 λ_c（取舍点），然后开始检测平均表面粗糙度 *Rz*（以及 R_{max}）（表 1）。

选定极限波纹长度后，检测仪还可以自动分配正确的单个检测区段。我们常用简单的书写方式 *Lc* 代替 λ_c。

非周期性表面形状粗糙度的检测方法：

- 通过接触式对比或目测对比估计出未知的 *Ra* 或 *Rz* 的数值，或用设定的表面粗糙度进行试验性检测。
- 采用 *Ra* 和 *Rz* 的估计数值，同时采用相应的极限波纹长度进行检测。

如果检测出来的 *Ra* 和 *Rz* 数值没有达到预期范围，必须采用更大或更小的极限波纹长度再次进行检测（表 1）。

举例： 采用选定的极限波纹长度 2.5 mm 测出一个过小的数值 *Ra* = 1.5 μm，因此，必须用更小的极限波纹长度值 0.8mm 再进行一次检测。如果随后所测得的 *Ra* 数值在 0.1 μm 至 2 μm，可视该数值为合理数值。

对于平顶型表面应使用基准面–探针系统并采用 0.8 mm 的极限波纹长度进行检测（图 1）。

> 如果第一个检测值没有超过表面粗糙度极限值上限的 70%，或如果前三次检测所得数值没有超过该极限值，则必须遵守该极限值上限。

表 1：极限波纹长度的选择

周期性表面形状	非周期性表面形状		极限波纹长度取舍点	单个/总检测区段
细波纹宽度 *RSm* (mm)	*Rz*，R_{max} (μm)	*Ra* (μm)	λ_c mm	L_r/l_n (mm)
>0.04~0.13	>0.1~0.5	>0.02~0.1	0.25	0.25/1.25
>0.13~0.4	>0.5~10	>0.1~ 2	0.8	0.8/0.4
>0.4~1.3	>10~ 50	>2~10	2.5	2.5/12.5
>1.3~4	>50~200	>10~80	8	8/40

图 1：表面形状曲线图（基准面–探针系统）

表 2：表面形状

R_{max} (μm)	*Rz* (μm)	表面微观形状	材料比曲线 AbbOtt 曲线
1	1		
1	1		
1	0.4		
1	1		

本小节内容的复习和深化：

1. 如何才能通过触觉法对比或目测法对比估计出表面粗糙度？
2. 为什么当表面粗糙度 *Rz* < 3 μm 时建议使用的探针半径应是 2 μm？
3. 根据表面粗糙度曲线可以判断出一个发动机汽缸缸体的哪些功能特征？
4. 现在用 0.2 mm 的进刀量车削一个工件。应采用何种极限波纹长度 λ_c 和何种总检测区段 *ln* 对其表面质量进行检测？
5. 图 1 中未过滤的 *D*– 表面形状的轻微位置倾斜是何种原因所致？
6. 表 2 中哪一种表面形状具有最好的滑动轴承功能特性？

1.5 公差和配合

机器的零件必须能够在与加工制造无关并且没有修整的状态下装配或更换（图 1）。因此零件的尺寸只允许限制在规定尺寸的偏差范围之内。公差所规定的就是这种允许偏差。

> 尺寸公差可以保证产品的功能和零件的可装配性。然而出于成本原因，所选择的公差不应小于实际必需的公差。

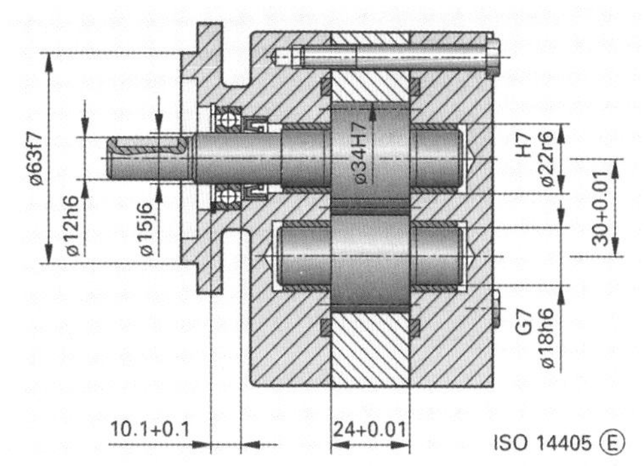

图 1：一个齿轮泵的公差和配合（节选）

1.5.1 公差

我们把公差分为尺寸公差和形状与位置公差。尺寸公差涉及的是长度和角度尺寸，而形位公差涉及的是形状，例如平面度，或位置，例如垂直度。

■ 尺寸公差的基本概念

对于孔（内部尺寸）和轴（外部尺寸）而言，其决定性尺寸应有一个统一的、标准化的概念（图 2）。但其缩写符号只是部分标准化。

标称尺寸 N 是图纸上所称谓的尺寸。在图形表达法中，标称尺寸相当于零线。

公差的量规定为上限偏差 *ES* 或 *es* 和下限偏差 *EI* 或 *ei*（图 3）。大写字母用于孔，小写字母用于轴。公差的图形表达方法中，上限与下限偏差尺寸之间的范围又可称为公差范围。

孔的公差	$T_B = ES - EI$
轴的公差	$T_W = es - ei$

通过上限和下限偏差尺寸也可以确定极限尺寸。极限尺寸即指最大尺寸（G_o，极限的上限尺寸）和最小尺寸（G_u，极限的下限尺寸）。

最大尺寸	孔	$G_{oB} = N + ES$
	轴	$G_{oW} = N + es$
最小尺寸	孔	$G_{uB} = N + EI$
	轴	$G_{uW} = N + ei$

最大尺寸与最小尺寸之间又产生了公差：

公差（孔或轴）	$T = G_o - G_u$

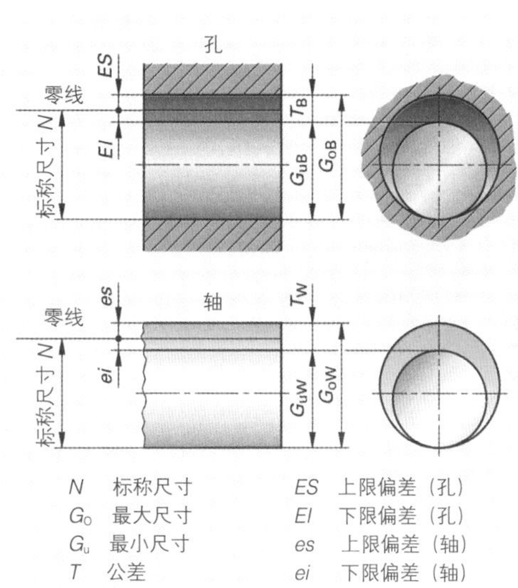

图 2：尺寸公差中的概念和缩写符号

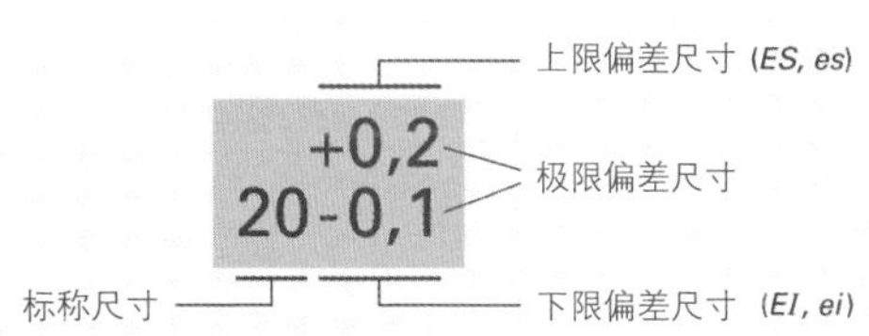

图 3：标称尺寸和偏差尺寸

■ 公差范围的位置

公差范围可位于零线的上部，下部或两边（图 1）

举例： 一根标称尺寸 $N = 80$ mm 的轴，其极限偏差尺寸分别是 $es = -30$ μm 和 $ei = -60$μm。现在请计算它的最大尺寸 G_o、最小尺寸 G_u 和公差 T。

解题： 最大尺寸 G_o：　　最小尺寸 G_u：

（图 2）　$G_o = N + es$　　　$G_u = N + ei$

$G_o = 80\text{ mm} + (-0.03\text{ mm})$　　$G_u = 80\text{ mm} + (-0.06\text{ mm})$

$G_o = 79.97\text{ mm}$　　$G_u = 79.94\text{ mm}$

公差 T：　　或

$T = G_o - G_u$　　$T = es - ei$

$T = 79.97\text{ mm} - 79.94\text{ mm}$　　$T = -0.03\text{ mm} - (-0.06\text{ mm})$

$T = 0.03\text{ mm}$　　$T = 0.03\text{ mm}$

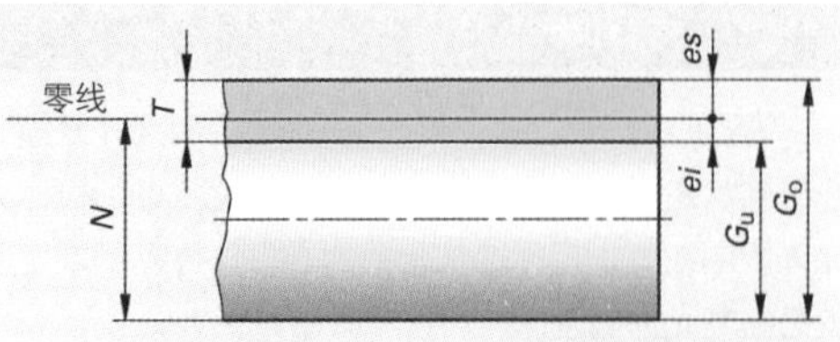

公差范围位于零线两边。此时，最大尺寸大于标称尺寸，最小尺寸小于标称尺寸。

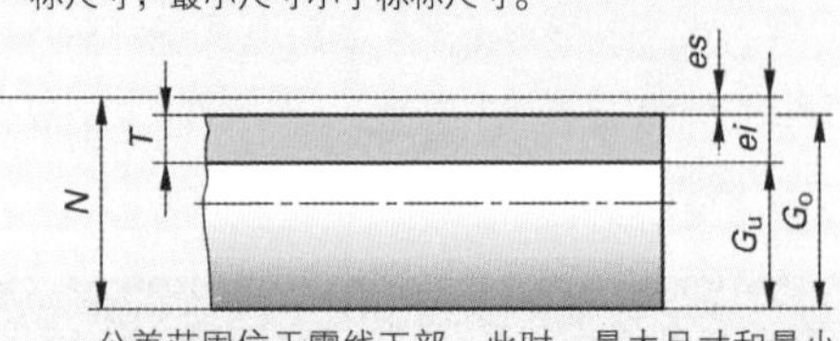

公差范围位于零线下部。此时，最大尺寸和最小尺寸均小于标称尺寸。

图 1：公差范围的位置（节选）

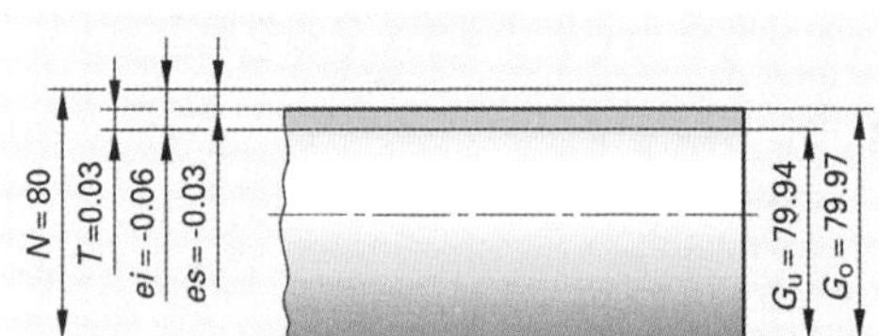

图 2：极限尺寸和公差

■ 未注公差

确定未注公差的标准是该项公差值在加工时一般都能得到遵守。我们把未注公差分为长度尺寸（表 1），角度，圆弧半径和倒角的未注公差以及形状（表 2）与位置的未注公差。

如果在图纸上提示使用未注公差，该提示适用的是未标入具体公差值的长度以及形状和位置的未注公差。

长度尺寸的未注公差适用于下列图纸尺寸，即如果在图纸上提示使用未注公差，则这类公差将不标入具体的公差值，例如标入“ISO 2768-m”。长度尺寸的未注公差均为正负公差。

我们一般以标称尺寸范围和公差等级为基准来确定未注公差的范围。公差等级一般划分为四个等级：精细，中等，粗糙，很粗糙（表 1）。

举例： 某图纸的尺寸未标注公差，仅有公差说明：ISO 2768-m。那么当标称尺寸 $N = 120$ mm 时，其允许的极限尺寸应是多少？

解题： 根据表 1：ES=+0.3 mm，EI=−0.3 mm

G_o=N+ES=120 mm+0.3 mm=120.3 mm

G_u=N+EI=120 mm−0.3 mm=119.7 mm

形状和位置的未注公差包含有公差等级 H，K 和 L。如果图纸上没有标注公差，这些公差等级便规定了与标准几何形状和位置的允许偏差。但使用未注公差时必须有图纸提示，例如 ISO 2768-K。如果同时还使用了长度尺寸的未注公差，可以把两个图纸提示合并，例如 ISO 2768-mK。

表 1：长度尺寸的未注公差

公差等级	极限偏差尺寸（mm）					
	标称尺寸范围（mm）					
	0.5 ~ 3	>3 ~ 6	>6 ~ 30	>30 ~ 120	>120 ~ 400	>400 ~ 1000
f 精细	±0.05	±0.05	±0.1	±0.15	±0.2	±0.3
m 中等	±0.1	±0.1	±0.2	±0.3	±0.5	±0.8
c 粗糙	±0.2	±0.3	±0.5	±0.8	±1.2	±2
v 很粗糙	−	±0.5	±1	±1.5	±2.5	±4

表 2：形状的未注公差

公差等级	直线度和平面度公差（mm）					
	标称尺寸范围（mm）					
	至 10	>10 ~ 30	>30 ~ 100	>100 ~ 300	>300 ~ 1000	>1000 ~ 3000
H	0.02	0.05	0.1	0.2	0.3	0.4
K	0.05	0.1	0.2	0.4	0.6	0.8
L	0.1	0.2	0.4	0.8	1.2	1.6

■ 自由选择公差

如果零件功能有要求，我们也可以把自由选择的偏差尺寸标入公差（图 1 的尺寸 1.6 和 63）。与未注公差和 ISO-公差不同的是，自由选择公差的偏差尺寸可以直接从图纸上读取。在一张图纸上经常同时使用上述三种方式标注的公差。

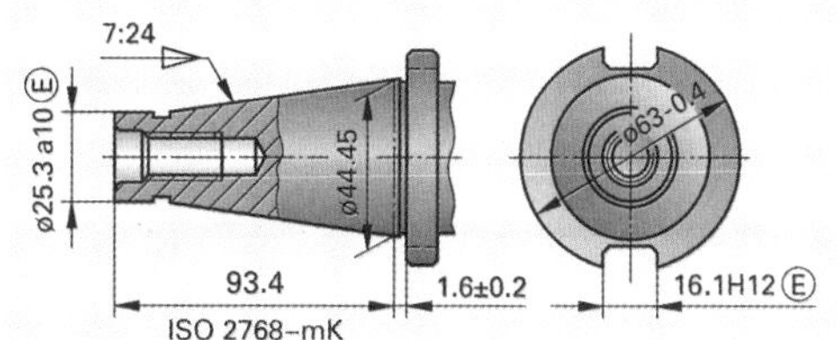

图 1：公差标注方式

■ ISO 公差

使用国际通用的 ISO-公差时，一般都通过公差等级，例如 H7，以编码形式标注公差的量及其公差范围相对于零线的位置。这里的字母代表基本偏差尺寸，而数字代表公差度。

> 基本偏差尺寸决定公差范围相对于零线的位置。而公差度则标明公差的量。

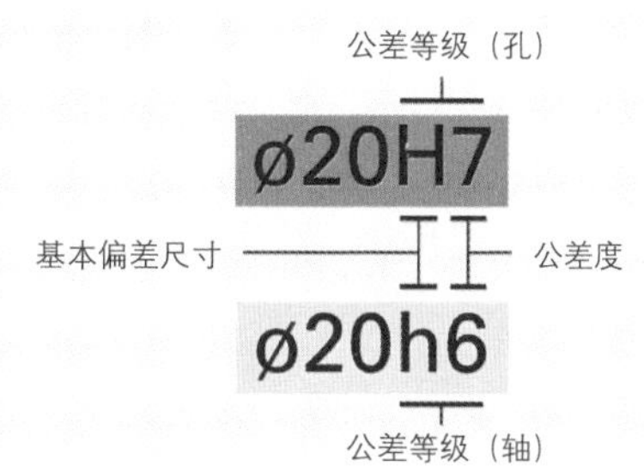

图 2：公差等级的标法

公差的量（图 3 和图 4）

公差的量取决于公差度和标称尺寸。

> 标称尺寸越大，公差度越大，则公差也越大。

举例：标准尺寸的影响　50 H8 → T=39 μm

　　　　　　　　　　　100 H8 → T=54 μm

　　　公差度的影响　　100 H7 → T=35 μm

　　　　　　　　　　　100 H8 → T=54 μm

现已规定有 20 个公差度，它们从 01，0，1 直至 18（表 1），及 21 个标称尺寸范围，它们在 1 mm 至 3150 mm。

> 如果公差度与标称尺寸相同，则公差的量也相同。

我们把这些统一的公差称为基本公差。基本公差可以直接从公差表手册查取。

举例：50H7 = 50+0.025/0　→ T=0.025 mm

　　50G7 = 50+0.034/+0.009　→ T=0.025 mm

　　10h9 = 10 0/−0.036　→ T=0.036 mm

　　10d9 = 10−0.040/−0.076　→ T=0.036 mm

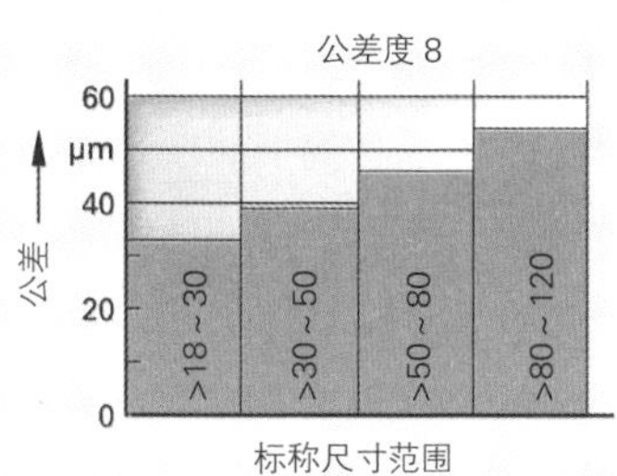

图 3：公差与标称尺寸的相关关系

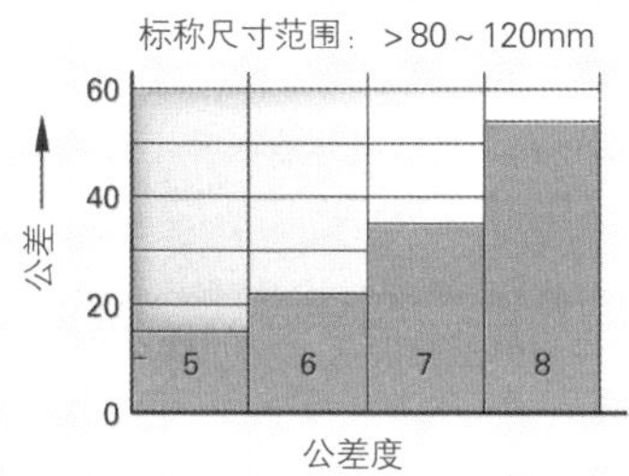

图 4：公差度与公差的相关关系

表 1：ISO 公差度

ISO 公差度	01 0 1 2 3 4	5 6 7 8 9 10 11	12 13 14 15 16 17 18
应用范围	检测仪器，工作量规	加工机床 机床制造和车辆制造	半成品，铸件，日常消费品
加工方法	精密加工： 研磨，珩磨	研磨，车，铣，磨，精轧	轧，锻，挤压

公差范围相对于零线的位置

基本偏差尺寸决定公差范围相对于零线的位置。基本偏差尺寸就是距离零线最近的偏差尺寸（图 1）。

> 我们用大写字母 A 至 Z 命名孔的基本偏差尺寸（*ES*,*EI*），用小写字母 a 至 z 命名轴的基本偏差尺寸（*es*,*ei*）。

在公差度 6 至 11 范围内，还为 Z-孔基本偏差尺寸扩展了基本偏差尺寸 ZA，ZB 和 ZC，为 z-轴基本偏差尺寸扩展了基本偏差尺寸 za，zb 和 zc。而对于最大至 10 mm 的标称尺寸范围还补充了基本偏差尺寸 CD，EF 和 FG 以及 cd，ef 和 fg。

基本偏差尺寸 H 和 h 均是零。因此，它们所属的公差范围从零线开始（图 2 和图 3）。

对于孔而言，H-公差范围内的最小尺寸与标称尺寸相同（图 2）。而轴则正好相反，h-公差范围内的最大尺寸与标称尺寸相同（图 2）。

举例： 请描述公差范围 25 H7 和 25 h9 相对于零线的位置。

解题： 25H7 = 25 + 0.021/0

该公差范围位于零线的上部。

25h9 = 25+0/−0.052

该公差范围位于零线的下部。

如果上部和下部的偏差尺寸相同，则公差对称于零线。这种对称性公差的基本偏差尺寸对于孔标记为 JS，对于轴则标记为 js。

举例： 请求出公差标注为 80js12 的偏差尺寸。

解题： 在基本公差表中可查到 T = 0.3 mm，因此，80 js12 = 80±0.15 mm

> 字母表中离字母 H 和 h 越远的字母，其所代表的公差范围离零线越远。

为了避免混淆，不使用大写字母 I，L，O，Q 和 W 及其相应的小写字母。

举例： 请描述公差范围 25 k6 和 25 r6 相对于零线的位置。

解题： 25 k6 = 25 + 0.0015/+0.002

公差范围距离零线上方很近。

25 r6 = 25 +0.041/+0.028

公差范围距离零线上方很近。

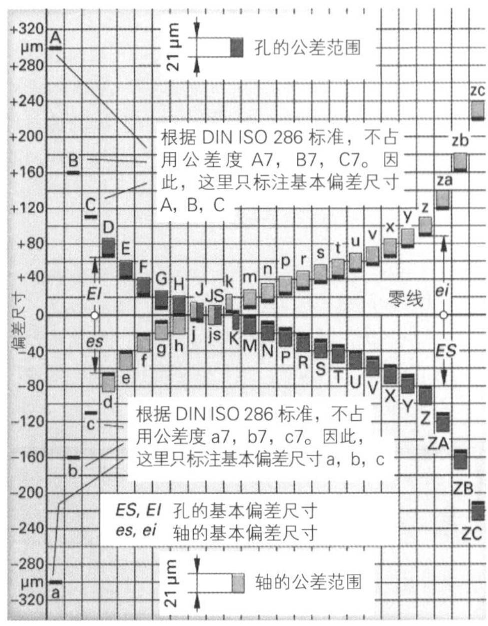

图 1：公差范围相对于零线的位置，举例：标称尺寸 25，公差度 7

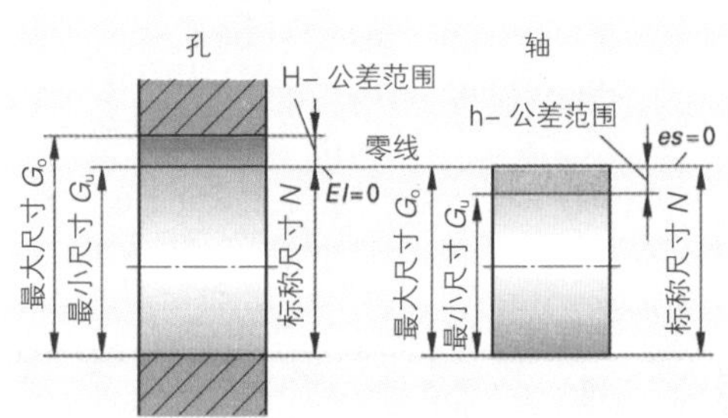

图 2：公差范围 H 和 h 的位置

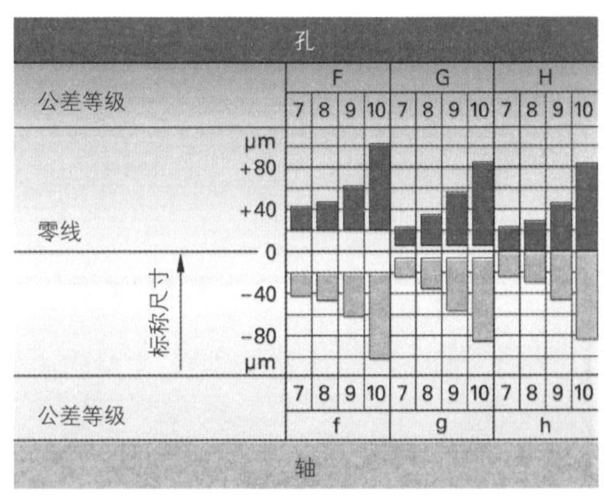

图 3：标称尺寸 25 的公差范围的大小和位置

1.5.2 配合

如果要组装两个零件，那么接合点处的尺寸必须“匹配”。配合时，我们总是把内部零件视为“轴”，而把外部零件视为“孔”。

> 孔尺寸与轴尺寸之间的差异决定了配合。

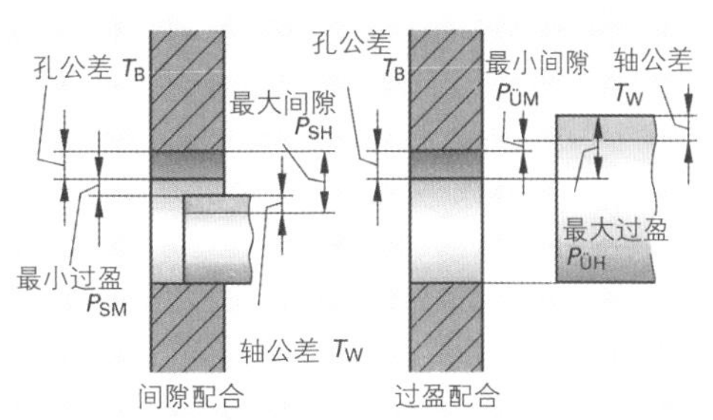

图 1：间隙配合和过盈配合

■ **配合的种类**

组装时通过选择孔和轴的公差等级，出现两种配合可供选择：间隙配合和过盈配合。

> 间隙配合时总是出现一个间隙（“空隙”），而过盈配合时总是出现尺寸过大。如果能够在所选的公差等级上出现间隙或过盈，则称之为过渡配合。

外部零件（“轴”）

40−0.01/−0.02 Ⓔ

40+0.02/0 Ⓔ

内部零件（“孔”）

图 2：间隙配合

间隙配合：孔的最小尺寸越来越大，在达到极限时与轴的最大尺寸一样大（图 1、图 2 和图 4）。

最大间隙 P_{SH} 是孔的最大尺寸 G_{oB} 与轴的最小尺寸 G_{uW} 之间的差。

> 最大间隙 $P_{SH} = G_{oB} - G_{uW}$

最小间隙 P_{SM} 是孔的最小尺寸 G_{uB} 与轴的最大尺寸 G_{oW} 之间的差。

> 最小间隙 $P_{SM} = G_{uB} - G_{oW}$

举例：图 2 的配合中，最大间隙和最小间隙分别是多少？

解题：$P_{SH} = G_{oB} - G_{uW} = 40.02\ \text{mm} - 39.98\ \text{mm} = +0.04\ \text{mm}$

$P_{SM} = G_{uB} - G_{oW} = 40.00\ \text{mm} - 39.99\ \text{mm} = +0.01\ \text{mm}$

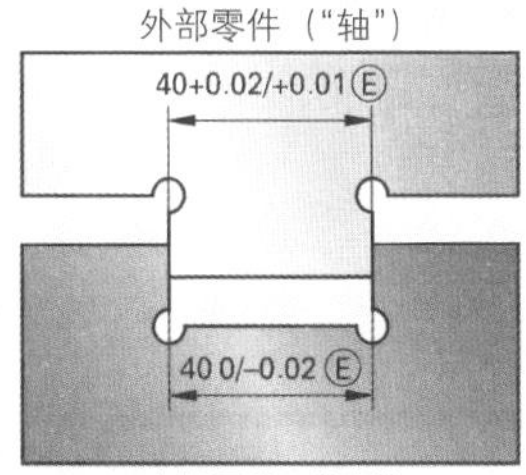

图 3：过盈配合

过盈配合：孔的最大尺寸越来越小，在达到极限时与轴的最小尺寸一样大（图 1、图 3 和图 4）。

最大过盈 $P_{üH}$ 是孔的最小尺寸 G_{uB} 与轴的最大尺寸 G_{oW} 之间的差。

> 最大过盈 $P_{üH} = G_{uB} - G_{oW}$

最小过盈 $P_{üM}$ 是孔的最大尺寸 G_{oB} 与轴的最小尺寸 G_{uW} 之间的差。

> 最小过盈 $P_{üM} = G_{oB} - G_{uW}$

举例：图 3 的配合中，最大过盈和最小过盈分别是多少？

解题：$P_{üH} = G_{uB} - G_{oW} = 39.98\ \text{mm} - 40.02\ \text{mm} = -0.04\ \text{mm}$

$P_{üM} = G_{oB} - G_{uW} = 40.00\ \text{mm} - 40.01\ \text{mm} = -0.01\ \text{mm}$

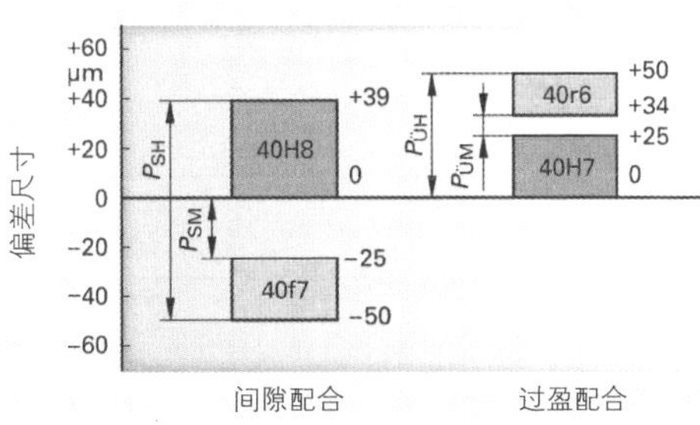

图 4：间隙配合和过盈配合时公差范围的位置

过渡配合：过渡配合时，根据孔和轴实际尺寸的不同，接合时既可能出现间隙，也可能出现过盈（图1）。

举例：现在配合 Φ20H7/n6，请求出孔和轴各自的最大尺寸 G_o 和最小尺寸 G_u（图2）。

此外，最大间隙 P_{SH} 和最大过盈 $P_{üH}$ 分别是多少？

解题：孔（图3）：

$G_{oB} = N + ES$

$= 20\ \text{mm} + 0.021\ \text{mm} = 20.021\ \text{mm}$

$G_{uB} = N + EI$

$= 20\ \text{mm} + 0\ \text{mm} = 20.000\ \text{mm}$

轴：

$G_{oW} = N + es$

$= 20\ \text{mm} + 0.028\ \text{mm} = 20.028\ \text{mm}$

$G_{uW} = N + ei$

$= 20\ \text{mm} + 0.015\ \text{mm} = 20.015\ \text{mm}$

最大间隙：

$P_{SH} = G_{oB} - G_{uW}$

$= 20.021\ \text{mm} - 20.015\ \text{mm} = 0.006\ \text{mm}$

最大过盈：

$P_{üH} = G_{uB} - G_{oW}$

$= 20.000\ \text{mm} - 20.028\ \text{mm} = -0.028\ \text{mm}$

配合制

为使加工和检验低成本运行，公差尺寸一般都按照配合制的标准孔或按照配合制的标准轴进行加工。

配合制标准孔

> 配合制标准孔的孔尺寸是基本偏差尺寸H。

我们给这个标准孔分配了各种基本偏差尺寸的轴，以便达到所需的配合种类（图4和图5）。

各配合种类的范围	
间隙配合：	H/a~h
过渡配合：	H/j~n或p
过盈配合：	H/n或p~z

配合制标准孔主要用于机器制造和汽车制造。因为这两个领域内常出现大量不同的孔径。由于精密孔的加工和检测费用肯定高于轴的加工，我们就把可能的基本偏差尺寸A至Z限制在基本偏差尺寸H范围内。

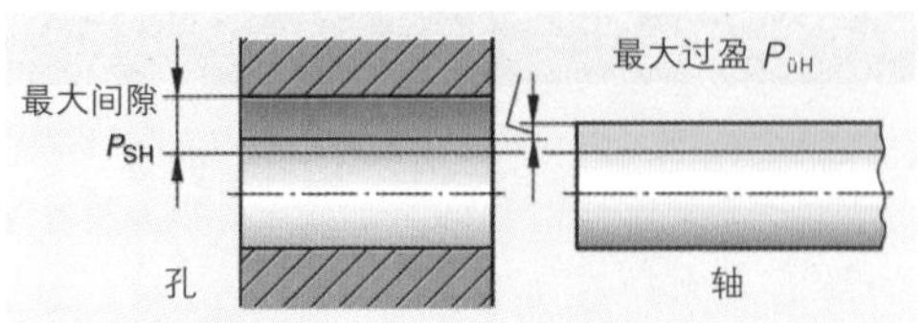

图1：过渡配合

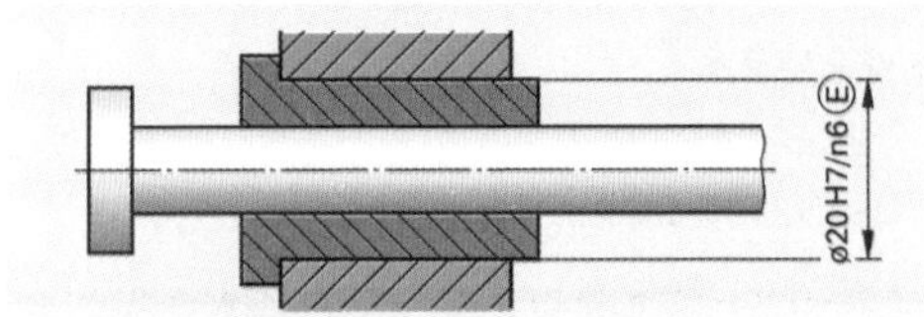

图2：过渡配合举例

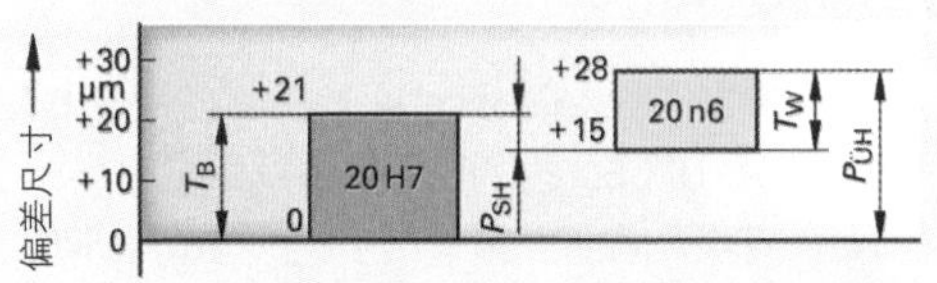

图3：配合20H7/n6

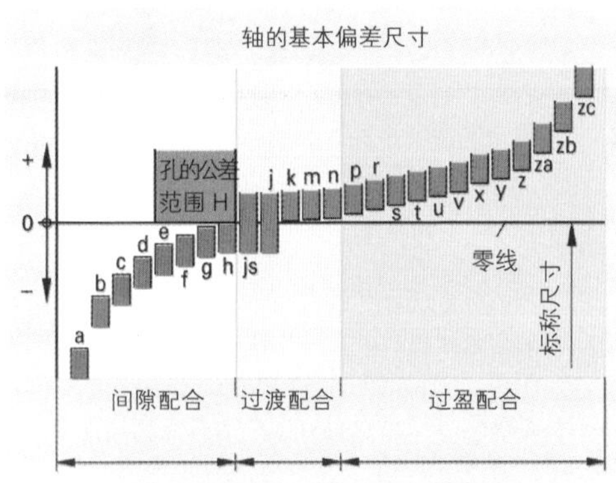

图4：配合制标准孔

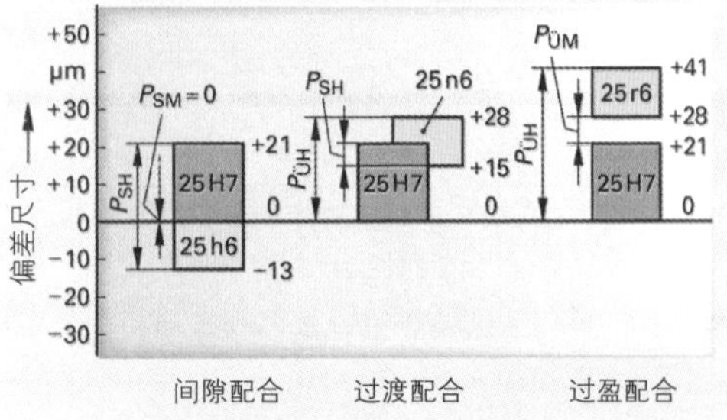

图5：配合制标准孔时公差范围的位置

计算配合制标准孔的进一步举例：

请计算 52 页图 5 中间隙配合、过渡配合和过盈配合的最大和最小间隙以及最大和最小尺寸。

解题：

间隙配合 25H7/n6	最大间隙：$P_{SH}=G_{oB}-G_{uW}$=25.021 mm−24.987 mm=0.034 mm 最小间隙：$P_{SM}=G_{uB}-G_{oW}$=25.000 mm−25.000 mm=0 mm
过渡配合 25H7/n6	最大间隙：$P_{SH}=G_{oB}-G_{uW}$=25.021 mm−25.015 mm=0.006 mm 最大过盈：$P_{\ddot{u}H}=G_{uB}-G_{oW}$=25.000 mm−25.028 mm=−0.028 mm
过盈配合 25H7/r6	最大过盈：$P_{\ddot{u}H}=G_{uB}-G_{oW}$=25.000 mm−25.041 mm=−0.041 mm 最小过盈：$P_{\ddot{u}M}=G_{oB}-G_{uW}$=25.021 mm−25.028 mm=−0.007 mm

■ 配合制标准轴

配合制标准轴的轴尺寸是基本偏差尺寸 h。

我们给这个标准轴分配了各种基本偏差尺寸的孔，以便达到所需的配合种类（图 1）。

各配合种类的范围	
间隙配合	h / A ~ H
过渡配合	h / J ~ N 或 P
过盈配合	h / N 或 P ~ Z

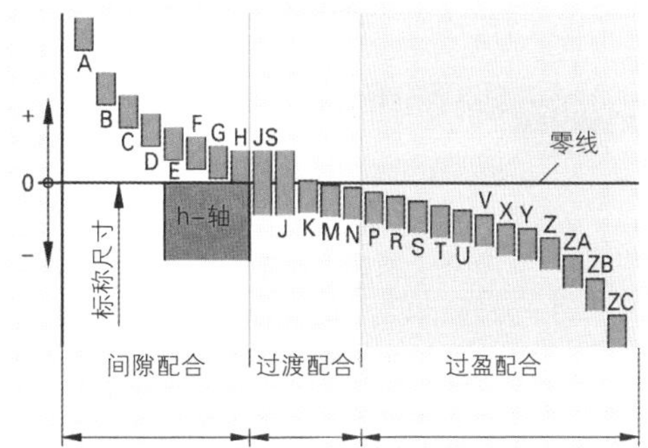

图 1：配合制标准轴

配合制标准轴主要用于从头到尾直径相同的长轴。这种轴大部分用于起重机械、纺织机械和农业机械。

举例： 一个驱动装置中将轮盘压紧在轴上。轴自身装在两个滑动轴承上，其中部还装有一个齿轮（图 2）。

（1）请从 ISO-公差表中查出 4 个公差等级的偏差尺寸。

（2）请用图形描述三个配合类型及其公差范围。

（3）请计算出最大和最小间隙以及最大和最小过盈，并把计算结果填入图内。

解题： 图形表达法见图 3。

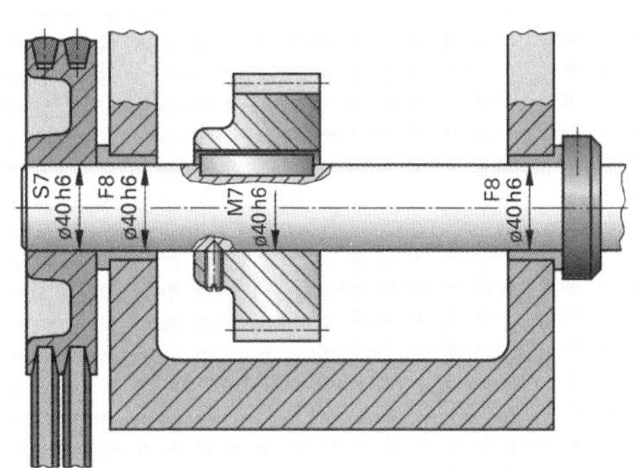

图 2：配合制标准轴

■ 混合配合制

在任何一家工厂内，其他制造商制造的零件和标准件都要和自己制造的产品混合使用。这些其他厂家零件的公差等级完全不同。因此，配合制的标准孔和标准轴也就无法始终如一地贯彻下去。

举例： 一家按照配合制标准孔进行加工的工厂使用公差等级 h6 的平键，但其所需要的过渡配合要求键槽公差等级为 P9，而配合 h6/P9 却属于配合制标准轴的范围。

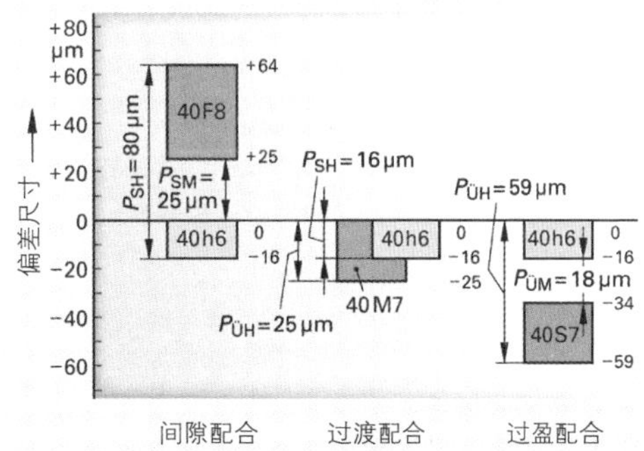

图 3：公差范围的位置（标准轴）

■ 配合的选择

每一个轴的公差等级都应能和每一个孔的公差等级配合起来。这样在众多的标称直径面前便能够出现刀具、检测仪器和量规等都必须遵守的非常多的可能性。但这样的多样性是不必要的，经济上也不具有典型性。对于配合的选择，这里推荐两个标准化的优先配合序列。序列 1 优先于序列 2。表 1 只考虑序列 1 的配合。其他值得推荐的配合可在配合表手册中选取。

本小节内容的复习和深化：

1. 在 ISO– 公差中如何确定公差范围相对于零线的位置?
2. 在一份图纸上标有一条无公差数据的尺寸提示：ISO 2768–f。那么标称尺寸 25 允许多大的极限尺寸?
3. 公差的量取决于哪些条件?
4. 配合分为哪几种类型?
5. 如何区分配合制“标准孔”与“标准轴”?
6. 在一张总图中标注着配合 ø40 H7/m6。请借助公差表编制一份偏差尺寸表并计算出最大间隙和最大过盈。
7. 请求出带轴承盖导轮（图 1）这张图纸中的
   (1) 最大和最小尺寸以及自由选择的六个尺寸的公差。
   (2) 导轮中轴承盖配合的最大和最小间隙。
   (3) 待装入的滚动轴承外环与导轮孔 42M7 之间的最大间隙和最大过盈。滚动轴承外径的公差为 42–0.011。
8. 齿轮泵（图 2）图纸中已经标注了数个对于装配和功能均非常重要的公差和配合。现在请计算下列部位的公差、极限尺寸、最大和最小间隙以及最大和最小过盈：
   (1) ø18 G7（滑动轴承）/h6（轴）;
   (2) ø22 H7（盖）/r6（滑动轴承）;
   (3) 24+0.01（板）/ 24–0.01（齿轮）;
   (4) ø12 h6（轴）/ ø12 H7（皮带轮）。

表 1：配合的选择（举例）

选择	特点
间隙配合	
H8/f7	小间隙。零件可以轻易地推移
H8/h9	几乎没有间隙。用手还可以推得动零件
H7/h6	间隙极小。用手已经无法再推得动零件
过渡配合	
H7/n6	过盈多于间隙。接合时需要用一点力
过盈配合	
H7/r6	微量过盈。轻微用力可以把零件接合在一起
H7/u8	过盈很多。只能通过热胀或冷缩的方法才能把零件接合起来

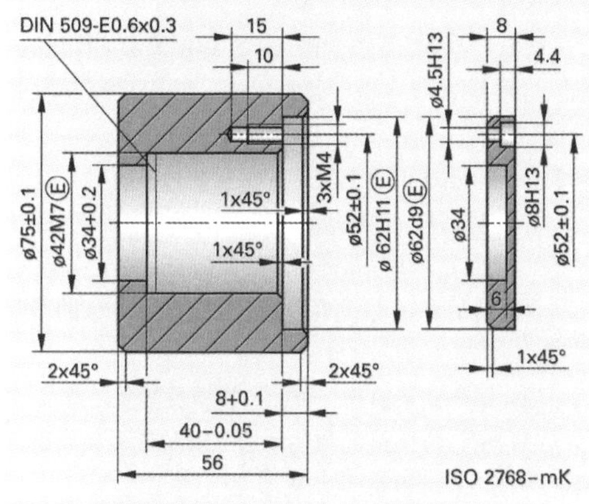

图 1：带有轴承盖的导轮

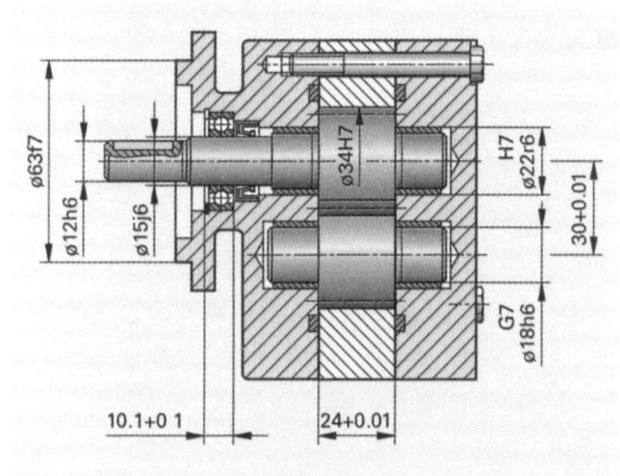

图 2：齿轮泵

1.6 产品几何形状规范（GPS）

■ 几何形状公差

为保证各个零件的可互换性、功能性和可装配性，必须尽可能明确地制定工件的规范。产品几何形状规范（该词的德语缩写：GPS）即用于产品的研发、设计、工艺计划、加工和质量管理等各部门之间的统一。服务于该规范的一个重要的通信手段是技术图纸（图 1 和图 2）。

> 产品几何形状规范（GPS）标准对于设计、加工、加工检测和质量管理等部门至关重要。

在技术图纸中，通过产品几何形状规范（GPS）并借助各种标准确定一个工件的尺寸和几何要素构成的造型及其所要求的加工精度等数据。

> 规范意为明确地制定公差和标准所允许的偏差以及检测方法和评估方法的规定。

■ 产品几何形状规范（GPS）–标准系统

GPS 标准构成一个相互关联的等级化标准系统。如果在技术图纸中提名某个 GPS 标准，则所有的 GPS 标准均对该图纸具有有效性。例如在图纸标题栏内标注“ISO 2768mk”，表明独立原则同样自动被视为 ISO 8015 标准所述之公差基本原则，而无需再加以书面说明。

标准等级举例（表 1）：

- DIN EN ISO 14638 作为“基本标准”解释了产品几何形状规范的纲领。
- DIN EN ISO 8015 是图纸技术说明的 GPS–基本标准，涵盖了该范围内的纲领、原则和规则。
- DIN EN ISO 14405 被视为技术图纸权威性的“未注”GPS–标准。它详细规定了线性长度尺寸的图纸标注法，例如，直径。
- 形状和位置公差的应用和标注收录在 DIN EN ISO 1101 内（“通用的”GPS–标准）。
- 工件表面特性的图纸标注法应参见 DIN EN ISO 1302。
- ISO 2768 作为“补充的”GPS–标准规定用于切削加工的未注公差。

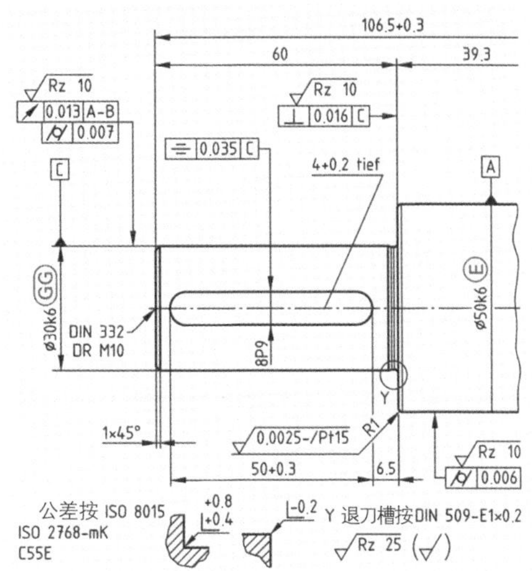

图 1：某传动轴的公差

从该图纸（图 1）的技术说明中可读取如下内容：

- GPS– 标准适用于该图纸。
- 尺寸公差、形状和位置公差之间没有相关关系。
- 例外：对于尺寸 $\phi 50$ k6 适用于“包络原则”（Ⓔ=Envelop，英语：封套），就是说，尺寸和形状偏差在这里均必须置于尺寸公差范围之内。尺寸和形状的“合格”检验必须同时进行，例如用环规。
- 尺寸 $\phi 30$ k6 必须作为圆柱体平均直径按照高斯（Gauβ）GG 进行计算。为此需使用形状检测仪或坐标检测仪（第 65 页）。

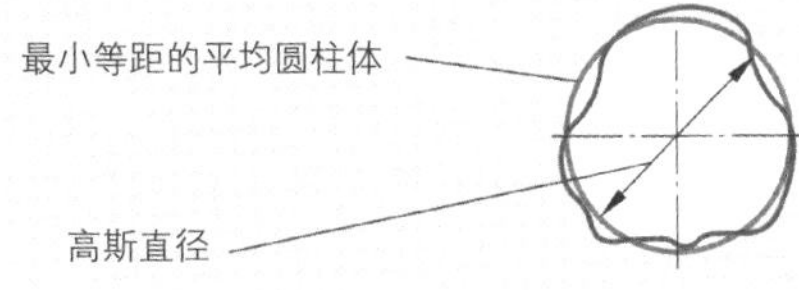

图 2：技术图纸的解释（图 1）

表 1：用于工件几何形状规定（GPS）的最重要标准

GPS– 基本标准：	
DIN EN ISO 8015	纲领，规则，原则，例如“独立原则”
通用的 GPS– 标准：	
DIN EN ISO 14405	长度尺寸公差
DIN EN ISO 1101	形状和位置公差
DIN EN ISO 1302	表面特性
补充的 GPS– 标准：	
ISO 2768	未注公差

■ 按 DIN EN ISO 14405—的长度尺寸图纸标注法

DIN EN ISO 14405—是技术图纸的权威性标准，它对线性长度尺寸做出详细的规定。它同时也为设计师详尽地提供了长度尺寸的检验方法。如果在尺寸公差后未加注补充说明，例如：ϕ 40 0/–0.1，那么，两点尺寸继续视作通用情况。就是说，每一个具体的检测值都必须位于公差范围之内。使用千分卡尺进行检测可测出例如这样的两点尺寸，虽然按照定义它们必须是理想的球状检测面。因为在工件的平行面上平面检测面呈面状，而在圆形工件上呈线状。

两点尺寸是标准尺寸。如果在尺寸公差后未注其他说明，也就不必标注修改符号（LP）。

图 1 所示的两个公差举例均示范性地表明，标准为设计师提供了哪些为加工和检测更清晰标注的可能性。尺寸标注的内容除关于直径尺寸公差允许的极限尺寸方面的信息外，如举例中的尺寸 39.9 mm 和 40.0 mm，还借助修改符号加注了长度尺寸方面的信息（表 1）。这类信息确定了例如必须采用的检测方法（LP）或（CC）和对所采集检测数值作统计学评估（SD）或（SA）

图 1 例 2 中将直径作为一个横截面圆周线（CC）长度中的局部尺寸进行计算。这种做法对于柔性的和薄壁的工件很有意义。通过图像处理可使检测可视化。并从若干检测值中求出算术平均值（SA）作为检测结果。字母“S”是英语统计“statistical”的首字母，“A”是英语平均“average”的首字母。修改 Ⓕ 用于形状不稳定的工件。补充的字母“ACS”或“SCS”在这里也可以规定用于必选的待检测横截面。

标准中划分了局部尺寸和全局尺寸。

局部尺寸取决于检测面上选定的检测区。而全局尺寸则规定每个检测面只能产生一个检测值，例如一个圆柱体外形轮廓面的包络线直径、畜栏圆直径或高斯直径。

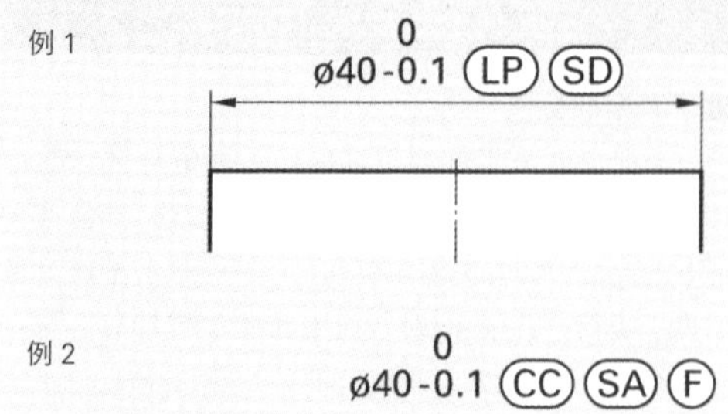

图 1：按照 GPS 标准的公差举例

表 1：用于 DIN EN ISO 14405-1 规定之长度尺寸的修改符号

符号	说明
局部尺寸	
(LP)	两点尺寸（local,point）
(LS)	球体尺寸（local,sphere）
(CC)	由圆周计算的直径（circle,circumference）
(CA)	由面积计算的圆直径（circel,area）
全局尺寸	
(GN)	包络线尺寸（global,Minimum）
(GG)	高斯尺寸（最小等距）
(GX)	畜栏圆尺寸（global,Maximum）
(CV)	体积 – 直径（cylinder,volume）
排序尺寸（统计数值）	
(SX)	最大尺寸（statistical,Maximum）
(SN)	最小尺寸（statistical,Minimum）
(SR)	检测误差（statistical,range）
(SA)	算术平均值（statistical,average）
(SM)	中位数值，中心数值
(SD)	检测误差平均值（statistical,deviation）
尺寸的常用符号	
Ⓔ	包络条件（envelope）
ACS	任意横截面（any cross section）
SCS	指定横截面（specified cross section）
CT	共用公差（common tolerance）
s	多个有公差的几何要素
Ⓕ	自由状态，形状不稳定的工件
l Länge ⟷	公差的限制范围（该德语单词是：长度）

■ 尺寸公差、形状和位置公差的图纸标注法及其检验

将尺寸公差、形状和位置公差标入技术图纸时必须注意遵守两个基本的公差原则：独立条件和包络条件。

● 独立条件（ISO 8015）

独立条件意指图纸中标出的每一条用于尺寸公差或形状和位置公差的要求均必须相互独立地得到遵守（图 1）。

一个尺寸公差只局限用于该局部的尺寸，与该处的形状和位置公差无关。尺寸公差、形状和位置公差必须单独检测。在图纸上不必明确标示 GPS 基本标准 ISO 8015，但允许在图纸标题栏标注"公差标准 ISO 8015"。

> 独立原则在技术图纸上的应用是国际标准用法。但包络原则在形式上与其不同，包络原则仅用于带有圆柱体形和球体形以及端面平行配合面的几何要素，目的是保证其配合性能。

● 包络条件(ISO 14405-1)

如果针对某几何要素需采用包络条件,应在所属的尺寸公差后面加注符号Ⓔ(图 2),或借助修改符号(GN)或(GX)和(LP)说明其公差。对于轴而言,必须将上限尺寸定义为包络尺寸(GN),将下限尺寸定义为两点尺寸(LP),并根据该定义进行检验。对于孔,则应将下限尺寸用（GX）定义为畜栏圆尺寸，将上限尺寸用(LP)定义为两点尺寸,并据此进行检验。

遵守包络条件的要求是,一个有尺寸公差的几何要素不允许突破由最大材料极限尺寸构成的理想的几何包络线。尺寸和形状在这里具有相关关系。如果在图纸标题栏内标有 ISO 14405Ⓔ,则包络条件适用于整张图纸。

> 轴的最大材料极限尺寸（MMS，Maximum Material Size）是有公差直径的最大尺寸，而孔的最大材料极限尺寸是有公差直径的最小尺寸。

根据泰勒原则使用通端量规(见第 24 页)或坐标检测仪上的模拟量规进行检验(图 3)。通端量规可同时检测和检验尺寸和形状。用两点检测进行剔废检验。

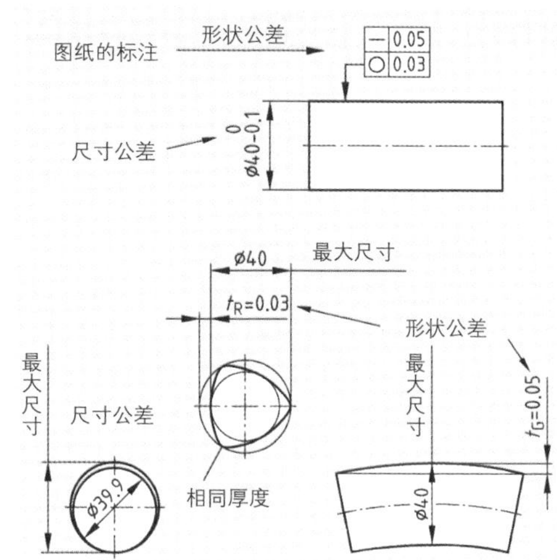

图 1：在轴举例中，按照独立条件，尺寸和形状公差的允许偏差

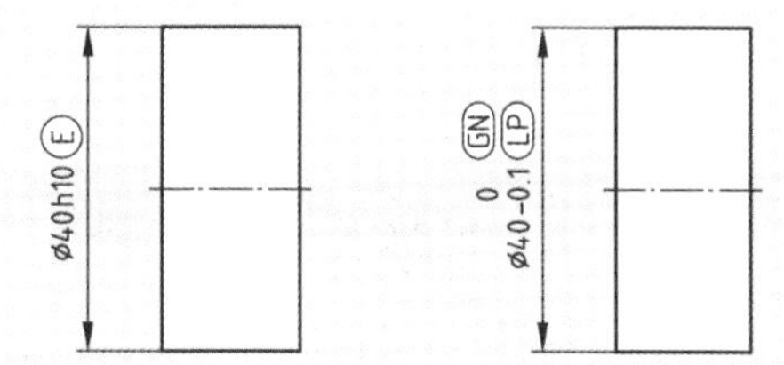

图 2：包络条件下的公差，借助符号Ⓔ或按照 GPS 标准

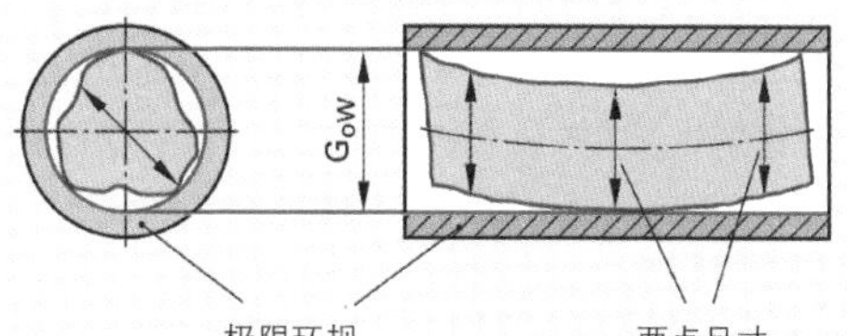

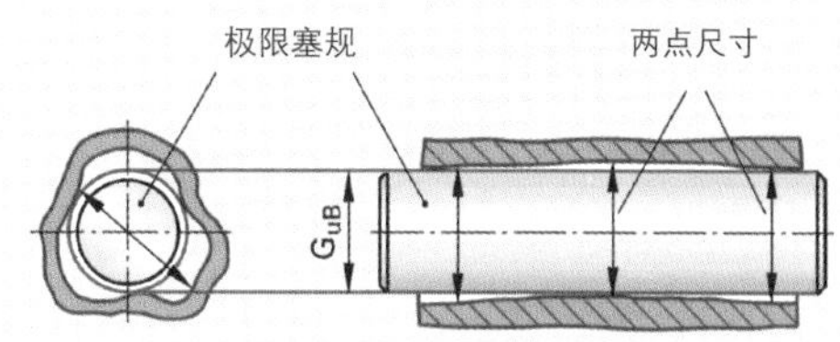

图 3：按照包络条件使用极限量规和两点检测检验轴和孔

1.7 形状和位置检测

设计师在图纸上设计的零件“理想外形”是能够达成所需功能的外形。但由于加工技术因素的影响，零件的“实际外形”肯定会与图纸的规定有所偏差(图1)。

导致工件形状和位置误差的原因如下：

- 因刀具调节、磨损、切削力或热处理引起的尺寸误差。
- 因装夹力、切削力和振动或工件自身应力可能产生的形状误差，例如圆度和平面度。
- 因切削挤压力、装夹力或加工机床的定位误差引起的位置误差，例如与轴或面的平行度。

曲轴传动（图1）中尺寸、圆度和轴等方面的误差对于轴承间隙和轴承支承面的承重比率都具有重要意义。

尺寸和形状误差对零件可接合性的影响要大于零件的表面质量。所有误差的总和决定了该零件的功能是否得到保证。

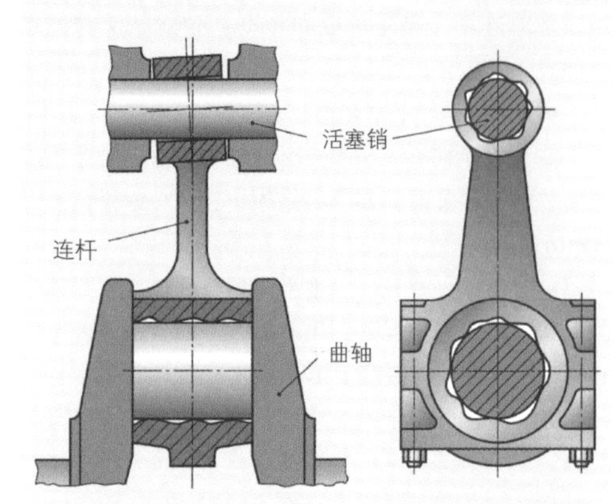

图1：一个曲轴传动的形状和位置公差（图示已放大）

尺寸和形状公差	尺寸公差	允许的圆度误差
ø32 h6，○ 0.005	$T=16\mu m$	$f_K \le 5\mu m$ f_k 与 T 无关；
ø32 h6 Ⓔ，○ 0.005	$T=16\mu m$	$f_K \le 5\mu m$ f_k 受限于尺寸公差 T

图2：尺寸公差和圆度公差

1.7.1 形状和位置公差

■ 形状和位置公差的量

根据 ISO-GPS 系统，尺寸公差、形状和位置公差在标准层面上是相互独立的（独立条件）。每一个公差都必须得到遵守并受到检验(图2)。

如果在指定的几何要素处，例如圆柱面，用字母E标出尺寸公差，那么这里适用的则是包络条件。对于该形状要素而言，其形状偏差不允许超出尺寸公差。

如果检测时没有遵照图纸上标注的“基准要素”和“公差要素”（图3），则不允许进行检测，例如在形状检测仪上检测一根轴，夹紧位置在有公差的圆柱体处，却在轴颈处测量径向跳动误差。

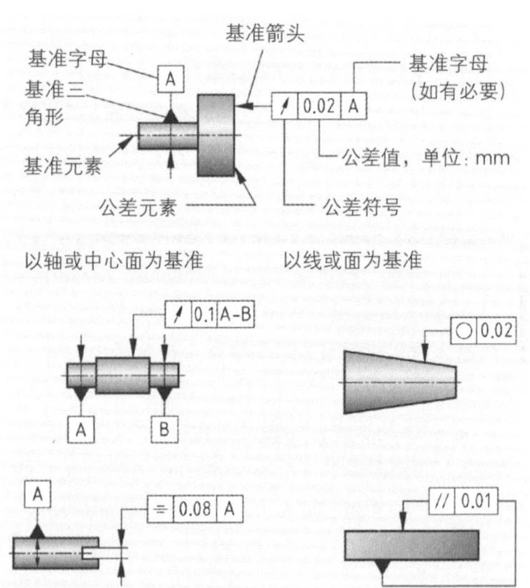

图3：图纸上的公差标注

■ **公差的种类**

我们按公差种类把位置公差分为方向公差、位置公差和跳动公差等几个组，把形状公差分为平面形状公差和圆形形状公差以及轮廓公差等几个组（表1）。

公差的缩写符号一般均采用字母 t，相应的误差采用字母 f（表 1）。总共 14 个公差及其误差均标记了索引字母，例如圆度（圆形）公差 t_K 和 f_K。

■ 所有的位置公差都是与基准相关的公差，因为公差要素的位置总是以一个基准要素或一个基准轴为基础。

方向公差对于加工机床的功能具有重要意义，例如导轨的平行度或铣床上工作主轴相对于铣床工作台的垂直度。倾斜度公差与角度公差共用。例如表 1 的公差孔，它相对于基准面 A 倾斜 60°，它必须位于两个 0.1 mm 间距的平行面之间。

位置公差限制例如一个孔与其位置度的偏差。位置度的圆形公差区和同轴度的小管形公差区，在公差数值前均加上一个直径符号。同轴度公差限制的是一个公差圆柱体相对于基准圆柱体轴线的轴线偏移。对称度的典型范例是槽和孔的位置，它们必须对称于一个中心面。

所有的跳动公差均以一根轴线作为基准。检测时让工件围绕着该轴线旋转，然后在工件转动过程中测量径向跳动和轴向跳动。

■ 形状公差限制着一个物体各要素的形状，例如一个圆柱体或一个平面的形状（表 1）。

平面形状公差限制圆柱体或平面的直线边棱和外形轮廓线。

圆形形状公差与带有环形公差区的圆柱体和锥体相关。

■ 轮廓公差限制的是面的形状或线形轮廓，例如一个机翼的轮廓。面轮廓公差可以限制整个机翼或一个汽车车顶的形状误差。

表 1：公差的种类

种类	组别	图形符号	名称	图纸标注	缩写符号 公差	缩写符号 误差
位置公差	方向公差	∥	平行度	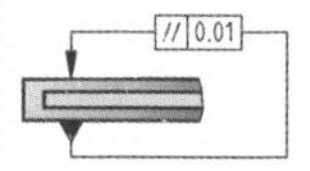 ∥ 0.01	t_p	f_p
		⊥	垂直度	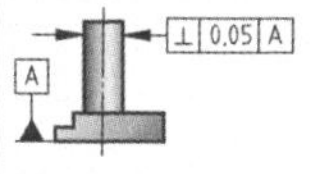 A；⊥ 0.05 A	t_R	f_R
		∠	倾斜度	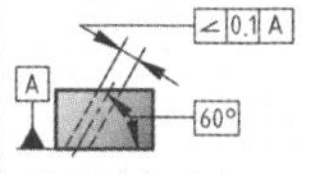 A；∠ 0.1 A；60°	t_N	f_N
	位置公差	⌖	位置度	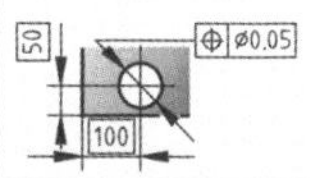 50；100；⌖ ø0.05	t_{ps}	f_{ps}
		◎	同轴度 同心度	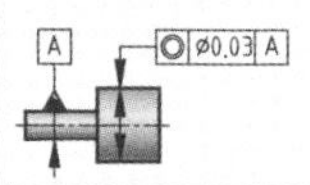 A；◎ ø0.03 A	t_{ko}	f_{ko}
		⌯	对称度	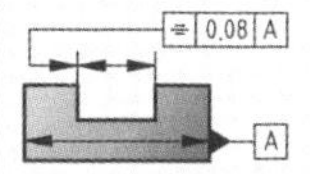 ⌯ 0.08 A；A	t_s	f_s
	跳动公差	↗	跳动 径向跳动 轴向跳动	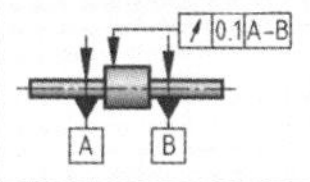 ↗ 0.1 A–B；A；B	t_L	f_L
		⌰	总跳动 径向跳动 轴向跳动	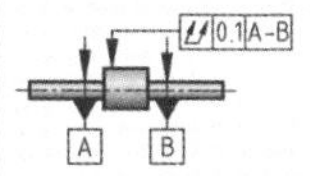 ⌰ 0.1 A–B；A；B	t_{LG}	f_{LG}
形状公差	平面形状公差	—	直线度	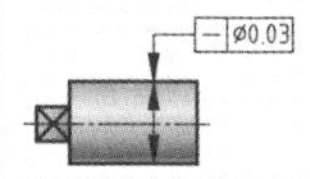 — ø0.03	t_G	f_G
		⏥	平面度	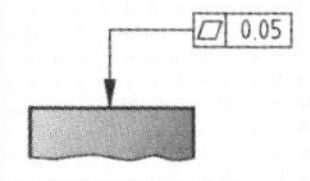 ⏥ 0.05	t_E	f_E
	圆形形状公差	○	圆度 （圆形）	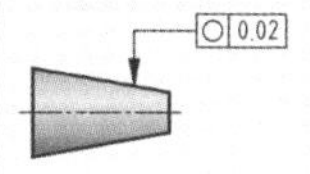 ○ 0.02	t_K	f_K
		⌭	圆柱度 （圆柱形）	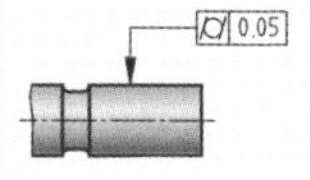 ⌭ 0.05	t_Z	f_Z
轮廓公差	轮廓公差	⌒	线轮廓	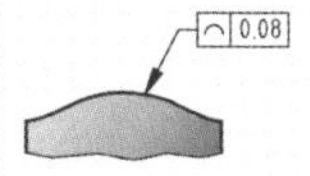 ⌒ 0.08	t_{LP}	f_{LP}
		⌓	面轮廓	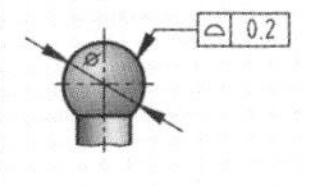 ⌓ 0.2	t_{FP}	f_{FP}

1.7.2 平面和角度的检测

在技术图纸上，由公差种类以及公差区的位置和量来确定待检公差（表 1）。

表 1：直线，平面和角度的公差

示意图和公差特性			公差区	应用举例：图纸标注	应用举例：解释
平面形状公差	—	直线度	ϕt_G	—　ø0.03	一个轴的圆柱形部分的轴线必须位于一个直径为 t_G=0.03 mm 的圆柱体范围之内
	▱	平面度	t_E	▱　0.05	公差面必须位于两个间距为 t_E=0.05 mm 的平行面之间
	//	平行度	t_P	//　0.01	公差面必须位于两个间距为 t_P=0.01 mm 并平行于基准面的平行面之间
圆形形状公差	⊥	垂直度	t_R	⊥　0.05　A；A	公差轴线必须位于垂直于基准面 A 和垂直于箭头方向，间距为 t_R=0.05 mm 的两个平行面之间
	∠	倾斜度	60°；t_N	∠　0.1　A；60°；A	孔的轴线必须位于两个与基准面 A 成 60° 倾斜角，间距为 t_N=0.1 mm 并彼此平行的面之间

■ 按照最小误差要求测量形状误差

> 无论是面还是线，都必须限制有公差的工件，使其间距处于最小误差状态。这个间距就是形状误差（图 1 和图 2）。

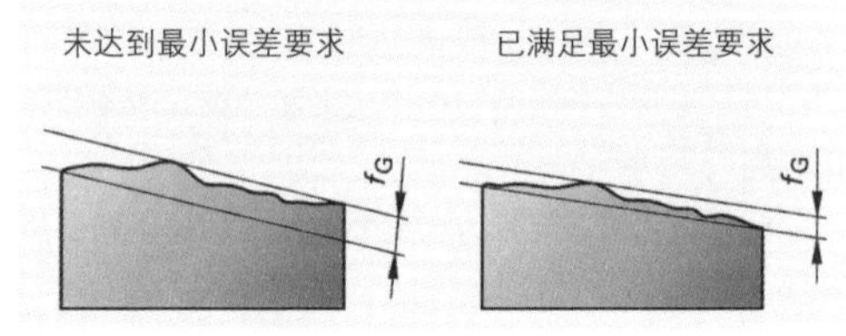

图 1：直线度检测

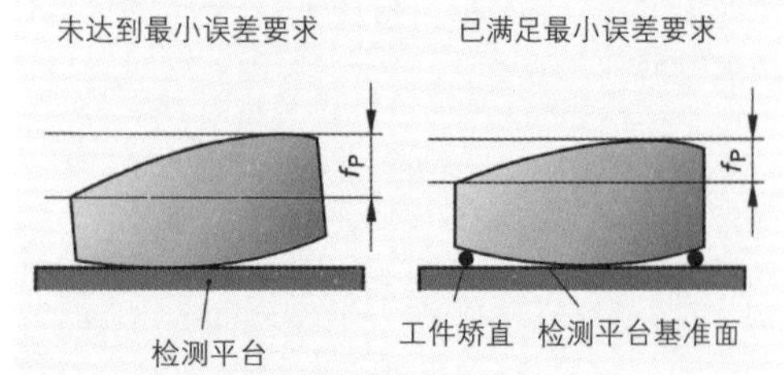

图 2：平行度检测

直线度由两根平行的直线予以限制。当两条直线达到最小间距时，即已满足最小误差要求。

平行度检测时，应选择待检工件上比较平的面作为基准面。由于该面也有误差，必须首先按照最小误差要求，使用例如测杆在检测平台上校准该基准面。两个平行面，它们也包括公差面，它们之间的间距检测被视为平行度误差 f_P 的检测。

■ 直线度和平面度的检测

在工厂车间里一般都使用验平尺（俗称“刀口尺”）检测直线度和平面度（图 1）。通过光隙可辨认 2 μm 以上的不平整度。用验平尺进行重复检测只能近似地检测平面度，因为在一个平面里只能检测直线度。如果使用验平尺检测圆柱体的直线度，则必须在圆周上至少检测两次，并且检测角度需变换 90°。

用检测平台作为平面度标准件进行平面度对比时，工件的待检面必须放置在检测平台上，并用测量探头找出平面度最大误差点（图 2）。

用块规或千分卡尺检测面的平面度时，可用一块高精度平板玻璃（平晶）进行校验（图 3）。其检验方法以光波的叠加（干涉）为基础（又称平晶检验法）。通过干涉条纹的弯曲和数量可看见并测量出平面度的误差。从一个干涉条纹到下一个干涉条纹之间，检测面到检测平台的间距变化约为 0.3 μm。

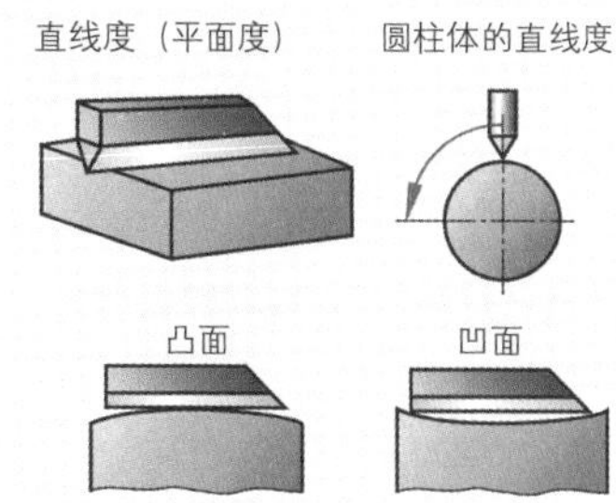

图 1：直线度和平面度的检测

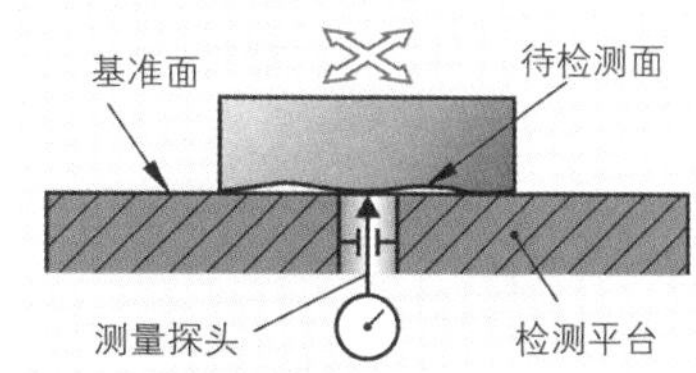

图 2：平面度的检测

■ 平行度的检测

可以在一个检测平台上用精密指针式检测表检测平行度（图 4）。将工件平面度最高的面放置在检测平台上作为基准面，然后给工件对中心。为了找出公差面的最大误差，检测面上的测点应该均匀分布。检测后所显示的最大和最小检测值之间的差就是平行度误差。

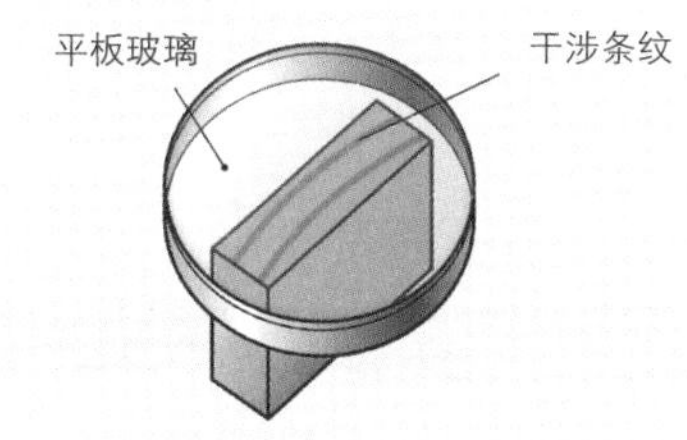

图 3：平面度的检测

> 用多测点检测直线度、平面度和平行度是非常烦琐浪费的。因此，值得推荐的是在检测对象上仅均匀分布若干个测点的检测方法。
>
> 将所测得的最大误差与图纸规定公差值互做比较。

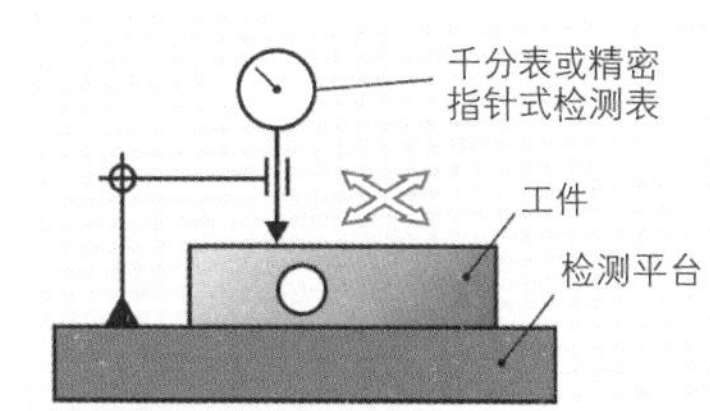

图 4：平行度的检测

■ 方向性和倾斜度的检测

带气泡水准的水平仪（即所谓的水准仪）用于检测或校准平面或圆柱体面的水平位置（图 5）。这种水平位置在机床安装时不可或缺。水平仪可显示的最小角度误差达 0.01 mm/m。

电子式测斜仪特别适用于小倾斜度的精密测量。现有的测斜仪分为若干类型，如带检测面的水平式测斜仪或带水平检测面和垂直检测面的角度式测斜仪（图 5）。使用这些测斜仪可测量出检测平台和机床的平面度误差以及平行度和直角度误差。它们可测量的最小倾斜度达 0.001 mm/m，最大检测范围为±5 mm/m。

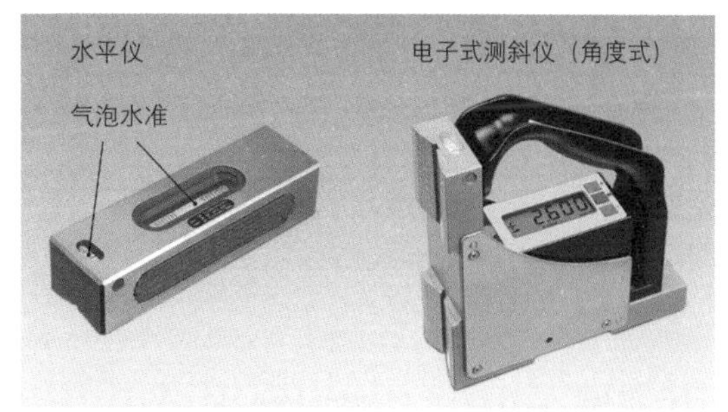

图 5：水平仪和测斜仪

角度的检测

测量角度时还需检测边棱与面的位置。

万用量角器有一个带四个 90°的主刻度盘和分辨率为 5 分的游标（图 1）。

识读时，首先读出主刻度盘上从 0°开始一直到游标零线之间角的度，然后在相同的识读方向从游标上读出角的分（图 2）。

图 1：万用量角器

> 万用游标量角器所测出的角度并不总是与显示值一致，钝角时正确的检测结果应是 180° 减去所显示的角度值。

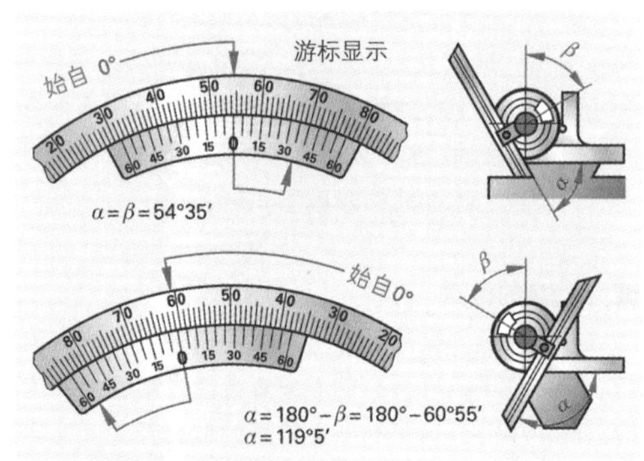

图 2：角度显示

数字式万用数显量角器识读起来要简单得多，并比万用游标量角器更精确（图 3）。它可以选择显示角的度，分或十进制角度。其数字步进值达到 1 分或 0.01°。通过任意位置回零可以在对比检测时显示出角度偏差。

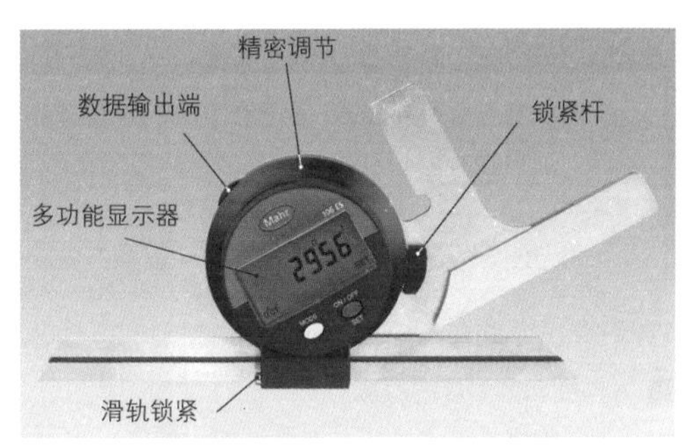

图 3：万用数显量角器

角度检测的操作规范

- 量角器卡脚必须与检测面成直角。
- 在测量面与检测面之间不允许看到光隙。
- 若需在若干个点进行角度检测，必须在每个点检测后取下并重新放置量角器，因为在检测面上滑动量角器将导致磨损。

可调式角度测量仪

最常用的可调式角度测量仪是正弦尺（图 4）。它可以调节和检测 0 与 60°的任意角度。它由一个直尺和两个固定连接在直尺上的滚轮（圆柱形塞规）组成。滚轮之间的间距达到 100 mm 或 200 mm。使用正弦尺还可以调节出 3″至 10″的角度差。

举例： $L=100$ mm，$\alpha=12°10'3''$。

解题： $E=L\cdot\sin\alpha=100\ \text{mm}\cdot0.21077$

$E=21.077$ mm

块规组合：

1.007 mm+1.07 mm+9 mm+10 mm

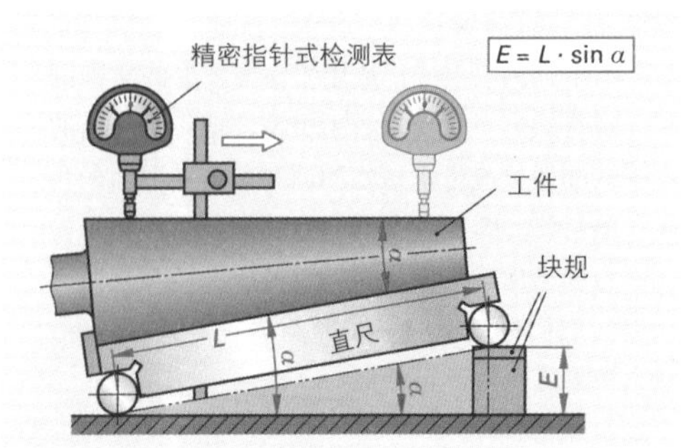

图 4：正弦尺

1.7.3 圆度、同轴度和径向跳动的检测

由于加工制造中有大量的传动轴、滑动轴承和轴承衬套，径向跳动的检测非常频繁。因此，根据公差采用一种与功能相符的检测方法对于这类零件尤为重要（表 1）。

机器的振动和砂轮盘的不圆均导致圆度误差。三爪卡盘的装夹力形成等厚形状（这里的等厚形状相当于同轴度，图 1）

我们可以把圆柱形状误差视为圆度误差、直线度误差和平行度误差的叠加。

而同轴度误差和径向跳动误差则是与基准轴线相关的误差。测量这些误差时，轴围绕着这个轴线旋转。

表 1：圆形公差、位置公差和跳动公差

示意图和公差特征			公差区	应用举例	
				图纸标注	解释
圆形公差	○	圆度（圆形）	t_K	○ 0.02	每一个横截面（圆形）的圆周线都必须位于一个宽度为 t_K=0.02 mm 的圆环之内
	⌭	圆柱度（圆柱形）	t_Z	⌭ 0.05	公差面必须位于两个半径间距为 t_Z=0.05 mm 的同轴圆柱体之间
位置公差	◎	同轴度 同心度	$\varnothing t_{KO}$	◎ ⌀0.03 A；A	轴公差部分的轴线必须位于一个直径为 t_{KO}=0.03 mm 的圆柱体内，其轴线与基准要素的轴线同心
跳动公差	↗	径向跳动	t_L	↗ 0.1 A-B；A；B	围绕基准轴线 AB 转动时，每一个垂直检测面的径向跳动误差都不允许超过 t_L=0.1 mm

■ **圆度的检测**

两点检测法，例如将千分卡尺或千分表垂直于测量面，所测得的圆度误差只作为直径差。由于等厚形状在两点检测时，显示总是相同，因此，只能通过使用 V 形槽内的两个支点进行三点检测，才能测出圆度误差（图 1）。形状检测仪可以进行更精确的圆度误差检测（见 65 页图 1）。

椭圆形形状误差（圆弧数 n=2）和平面检测平台（角度 α=180°）的最大和最小直径之间的显示值差比圆度误差大两倍（见 64 页表 1）。因此，圆度误差 f_K 等于最大和最小显示值差除以修正值 k。

圆度误差	$f_k=\dfrac{A_{max}-A_{min}}{k}$

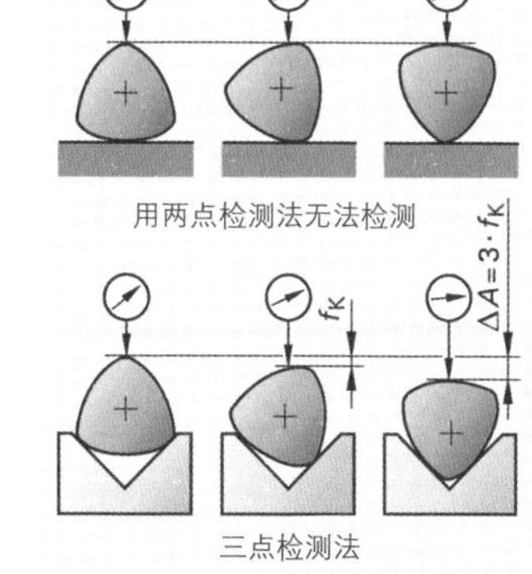

图 1：测量等厚工件的圆度误差

三点检测法使用V形槽和一个检测值接收器，例如一个精密指针式检测表，检测时产生的显示值差 ΔA 取决于V形槽的角度 α 和圆度误差的圆弧数 n（表1）。在V形槽上转动工件的过程中，通过计数最大数值和最小数值求取一个等厚形状的圆弧数。

举例： 在一个90°V形槽上检测一个椭圆形工件，当修正值 k=1时，显示的值差便相当于圆度误差。

如果在一个90°V形槽上检测一个3段弧或5段弧的等厚物体，则显示值差将比圆度误差大两倍。它相当于修正值 k=2。

表1：圆度测量的修正值 k

V形槽的角度 α	下列圆弧数 n 时的 k 值			注释
	2	3	5	
60°	–	3	–	椭圆形和5段弧的等厚工件无法固定
90°	1	2	2	3段弧或5段弧的等厚工件固定状况良好
108°	1.4	1.4	2.2	圆弧数 n=2或3时相同的修正值 k
120°	1.6	1	2	–
180°	2	–	–	两点检测法

由于实际中不存在理想的等厚体，采用两点或三点检测法进行圆度测量时所出现的测量误差要大于使用形状检测仪。

■ 径向跳动的检测

在两个顶尖之间夹紧工件便可以进行简单的径向跳动检测（图1）。例如对一根传动轴进行功能性检测，方法：在V形槽上夹紧传动轴的两个轴颈。导致产生径向跳动误差的是轴线偏差（同轴度偏差）或圆度误差（图2）。

圆度误差 f_L 是传动轴转动一整圈时最大显示值 A_{max} 与最小显示值 A_{min} 之间的差值。

圆度误差 $$f_L = A_{max} - A_{min}$$

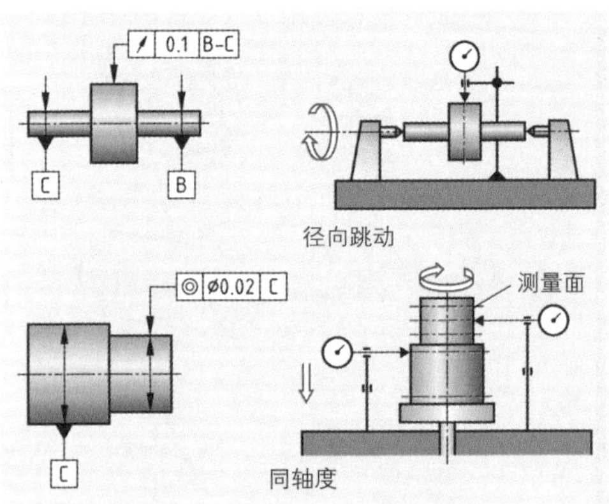

图1：径向跳动和同轴度的公差标注及其检测

■ 同轴度的检测

同轴度误差一般可能出现在轴或孔的轴线上。车削件以它的基准圆柱体与旋转台的轴线对中心（图1中的C）。为了识别轴线的最大偏差，应该至少在三个检测面上进行径向跳动的检测。同轴度误差 f_{KO}（轴线偏差）则从最大和最小显示值中求取。

同轴度误差 $$f_{KO} = \frac{A_{max} - A_{min}}{2}$$

由于公差区的小管形形状，最大轴线允许偏差相当于同轴度公差 t_{KO} 的一半。

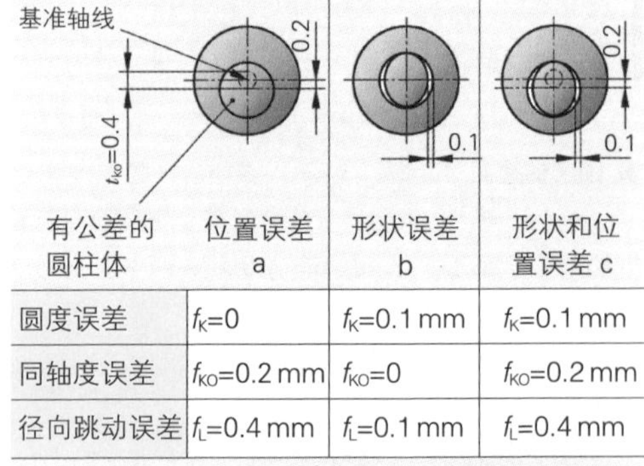

	位置误差 a	形状误差 b	形状和位置误差 c
圆度误差	f_K=0	f_K=0.1 mm	f_K=0.1 mm
同轴度误差	f_{KO}=0.2 mm	f_{KO}=0	f_{KO}=0.2 mm
径向跳动误差	f_L=0.4 mm	f_L=0.1 mm	f_L=0.4 mm

a：如果圆度误差可以忽略不计，则径向跳动误差 f_L 比轴线偏差大2倍，就是说，与同轴度误差 f_{KO} 相同。

c：对于同轴度误差还要加上圆度误差。大多数情况下，由此得出的径向跳动误差却并不更大。

图2：圆度、径向跳动和同轴度之间的相关关系

■ 在形状检测仪上检测形状

电感式探针系统和圆度检测轴线（指旋转台轴线）径向跳动的精密检测可以测出检测不精确性小于 0.1 μm 的形状及位置特征（图 1 和表 1）。

- 可检测的形状特征，例如圆度、圆柱度、平面度和锥度。
- 可检测的位置特征，例如径向跳动、同轴度和直角度。

检测时需用夹紧螺母夹住工件。通过调节螺栓使电动式或手动式定中心工作台和万能回转工作台与公差圆柱体或基准轴线对中心（与圆度检测轴线对中心）（图 1）。首先必须回转，然后对中心。如果检测之前将公差圆柱体或基准轴线仔细对中心并精确到微米范围，将明显改善检测精度。

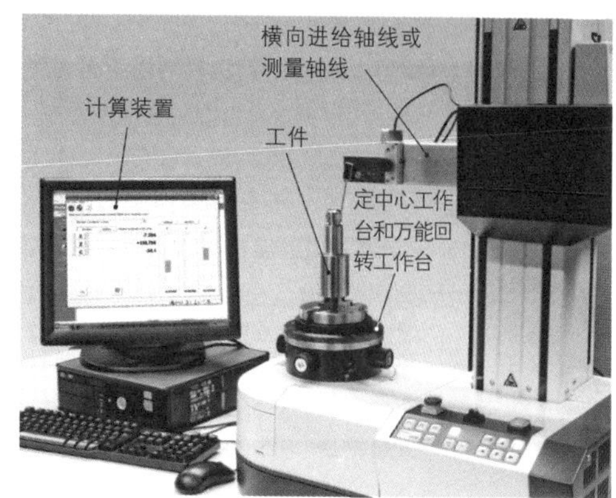

图 1：形状检测仪

■ 圆度的检测

在工件进行圆周运动期间，检测探针可采集最多达 3600 个测点，并同时在计算机屏幕上产生圆度轮廓图。

计算方法：现有多种确定圆度误差的计算方法可供选择（图 2）。标准计算方法是参考圆方法 LSC（LSC=Least Square Circle，“最小正方圆”英文的缩写）。参考圆参照了已检测的所有轮廓点。因此，特殊轮廓点的影响是微小的。LSCI 方法可以快速准确地计算出圆度轮廓。

> 圆度误差 f_K 是两个包含所有轮廓的同心圆的间距（表 1 和图 2）。

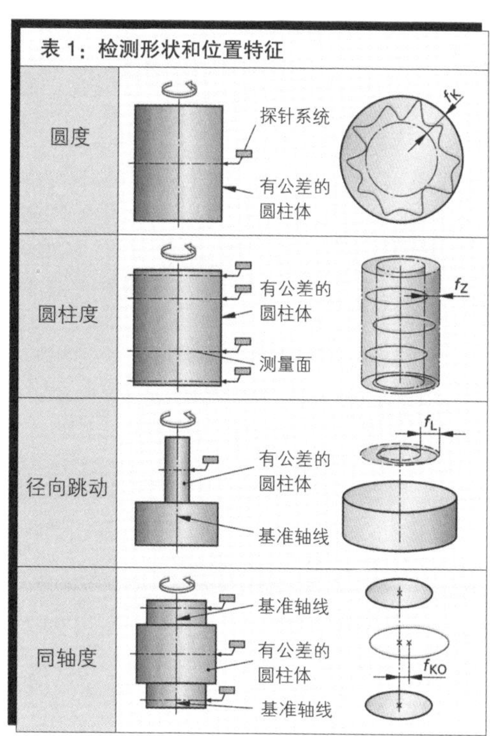
表 1：检测形状和位置特征

所有可由计算机进行的计算方法 LSCI、MICI、MCCI 和 MZCI 都以自身的圆度轮廓为基准点（图 2）。采用 LSCI 方法时，计算机形成了与参考圆同心的包络圆和畜栏圆，相比之下，采用 MICI 方法时形成一个与畜栏圆同心的圆，而采用 MCCI 方法时则形成一个与包络圆同心的圆。我们根据计算方法的不同来区分圆度误差和精确到微米范围的轮廓中心位置。

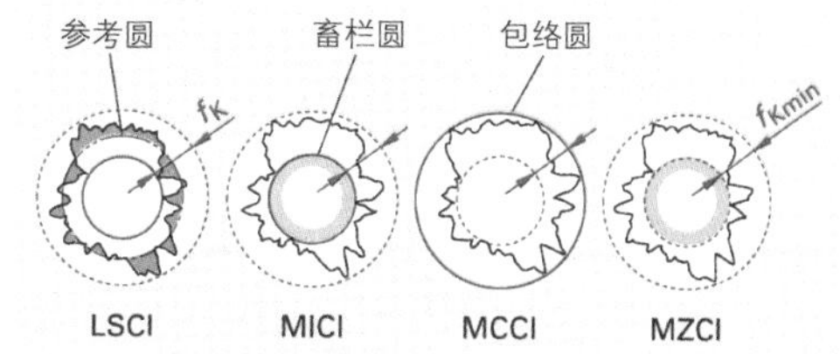

图 2：圆度检测时的计算方法

■ 用形状检测仪检测跳动

在已完成对中心的圆柱体上可以检测出一个或若干个圆度轮廓，然后采用 LSCI 计算方法确定中心点。一根穿过这些中心点的补偿线即构成对有公差圆柱体径向跳动检测的基准轴线（图 1 和图 2）。检测时，工件需绕基准轴线旋转。如果需检测若干个检测面，可将最大径向跳动误差 $f_L=A_{max}-A_{min}$ 与公差值 t_L 进行对比。

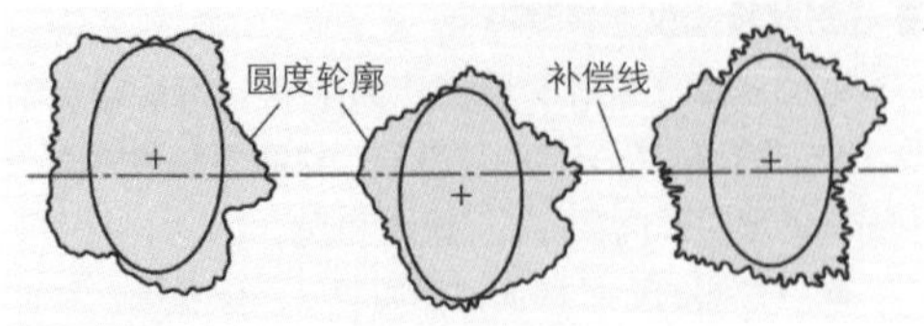

图 1：穿过中心点的三根补偿线

> 检测径向跳动和轴向跳动时，检测探针必须尽可能垂直于待测面。
>
> 而检测位置误差时，必须是基准要素始终对中心，这与形状检测不同，后者由公差要素对中心。这就是径向跳动检测与圆度检测的区别。

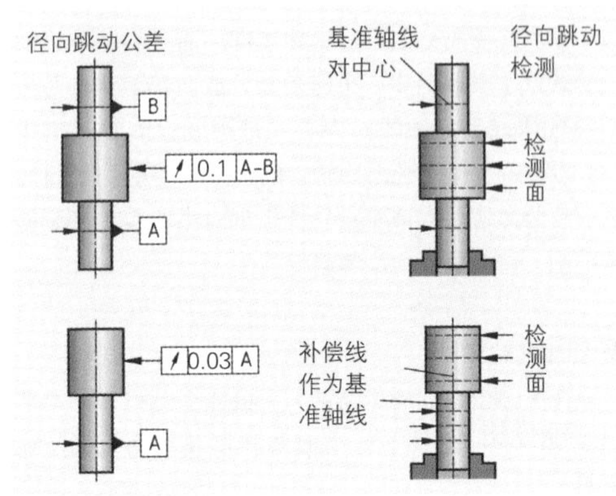

图 2：径向跳动检测

总径向跳动只相当于在若干个检测面进行检测所获得的径向跳动，或检测探针在公差圆柱体全长范围内进行轴向运动时所获得的径向跳动（图 3）。总径向跳动误差 f_{LG} 是圆柱体范围内最大与最小显示值之间的差。

轴向跳动检测主要在最大半径处进行，因为只有这里才能获得预期的最大轴向跳动误差（图 3）。

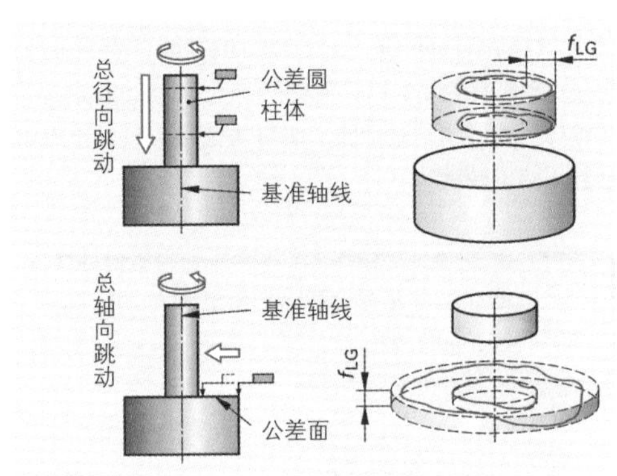

图 3：总径向跳动和总轴向跳动

> 同轴度偏差 f_{KO} 不允许大于公差值 t_{KO} 的 1/2。

同轴度偏差的检测可以不使用形状检测仪，只采用近似法即可。因此，常常只是检测更为简单的径向跳动误差，然后与同轴度公差进行对比。只有当径向跳动误差超出了同轴度公差时，才选用更精确的检测方法。

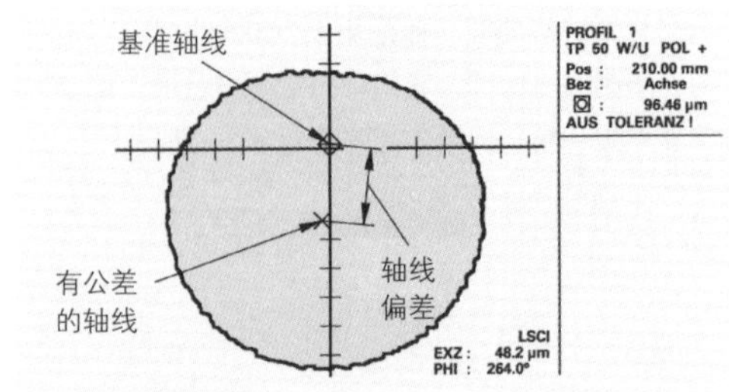

图 4：同轴度的检测记录图

> 如果圆度误差不大，则同轴度误差 f_{KO} 近似等于径向跳动误差 f_L 的 1/2。

■ 用形状检测仪检测圆柱度

圆柱体形状的公差标注和检测主要用于动轴和静轴，目的是保证其功能性。圆柱体形状误差由横截面的圆度误差以及外形轮廓线的直线度误差和平行度误差构成。

采用形状检测仪进行检测时，扫描多个径向和轴向横截面，或沿着一条螺旋线进行扫描。采用螺旋线扫描方法的检测速度最快。

计算机软件使用已记录和存储的圆度轮廓可绘出两个同轴包络圆柱体，并计算出圆柱度误差。

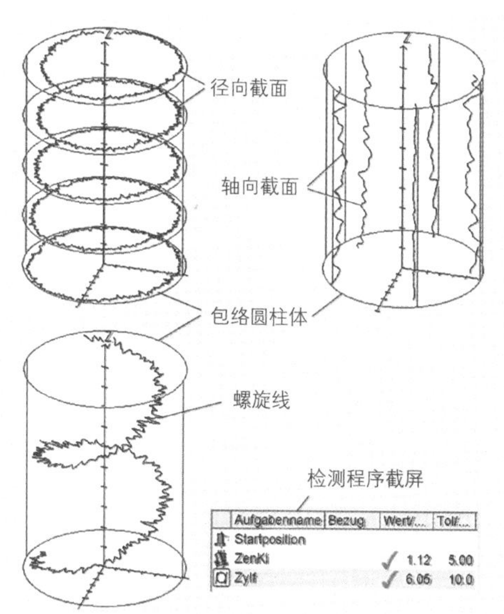

图 1：使用形状检测仪检测圆柱体形状

> 两个包络圆柱体的半径差就是圆柱度误差 f_Z。

没有形状检测仪或检测装置将无法对圆柱体形状误差做出足够精确的检测。因此在实际工作中常常替代性检测可快速检测的部分。

> 如果不是检测圆柱度而是用精密指针式检测表检测圆度或平行度，常常可以获取足够精确的检测结果。
>
> 所以，首先可用对上述部分的检测来代替成本较高的圆柱度检测和同轴度检测（表 1）。只在确定“公差超标”时，才选用更精确的检测方法。

表 1：形状和位置公差

公差	符号	可替代的检测部分
平面度	⏥	—
平行度	//	—，⏥
圆柱度	⌭	—，○，//
同轴度	◎	↗，⌰
总径向跳动	⌰	—，○，↗
总轴向跳动	⌰	⊥，↗，⏥

■ 检测举例

检测一个端面（图 2）：哪一种公差可替代平面度公差和轴向跳动公差并可简化检测？

解题：用总轴向跳动便可以非常简单地监视一个端面的轴向跳动和平面度。

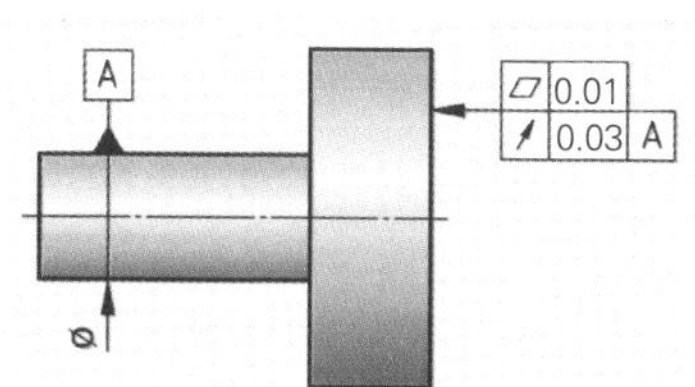

图 2：一个端面的公差标注

检测同轴度（图 3）：加工时需检测两端都夹紧的车削件的同轴度。现在请选择一个简易的检测方法。

方法 1：在 V 形槽中夹住直径大的一端。

用精密指针式检测表检测公差圆柱体。用简单但足够精确的径向跳动检测取代同轴度检测。同轴度误差等于径向跳动误差的一半。

方法 2：用两个顶尖夹住工件（如有可能）。

用电感式探针在基准圆柱体和公差圆柱体上进行同轴度检测。进行对比检测时的探针接线：+A−B（表 1）。

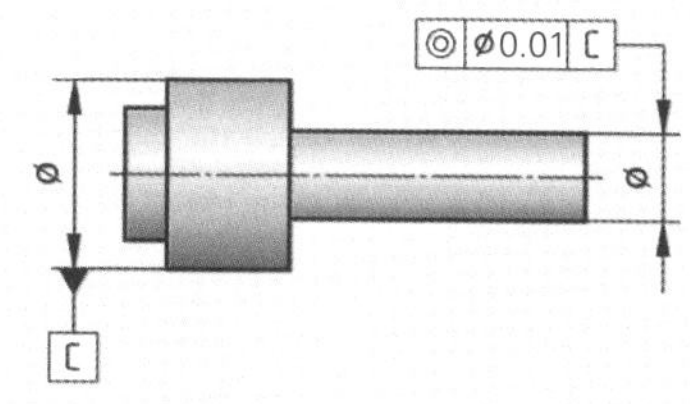

图 3：车削件

■ **检测举例：径向跳动检测（图 1 和图 2）**

检测一根轴有公差部位相对于基准轴线 A–B 的径向跳动。请描述并评价加工车间可采取的检测方法。

方法 A：用两个顶尖夹住轴。

径向跳动误差 f_L 是轴转动一圈的过程中最大与最小显示值之间的差。现在使用千分表或精密指针式检测表在若干个检测面进行检测，然后拿径向跳动的最大误差值与公差值进行对比。这种检测方法也可以用于加工机床。

如果两端的两个顶尖没有对中心，测量误差将无法避免。

用两个顶尖夹住轴时，径向跳动的检测基准轴线与车削加工时的车削旋转轴线应为同一轴线。因此，这种检测方法可测得的径向跳动误差较小。与之相反，对于由滚动轴承支承的轴而言，滚动轴承 A 和 B 构成其基准轴线，其径向跳动误差肯定与前述方法所得结果不同。

方法 B：将轴夹在 V 形槽内，用固定装置防止轴向移动。

由于采用这种检测方法时，其旋转运动与由滚动轴承支承的传动轴一样，通过圆柱体来确定基准元素 A 和 B，与用两个顶尖夹住轴的检测方法相比，它更符合工件的功能要求。

这种检测方法的测量误差可能因基准元素 A 和 B 的圆度误差引起，而该圆度又取决于 V 形槽的角度（见 64 页表 1）。

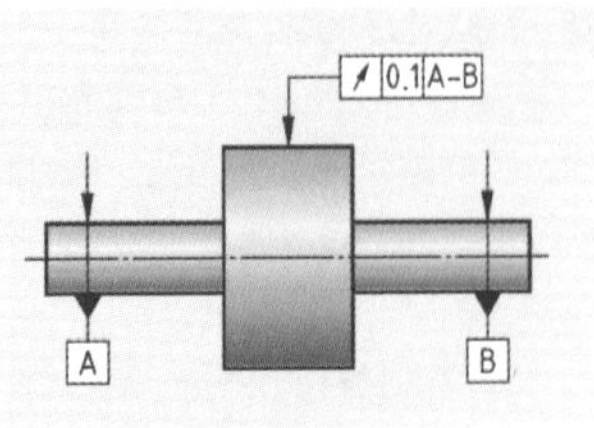

图 1：径向跳动公差

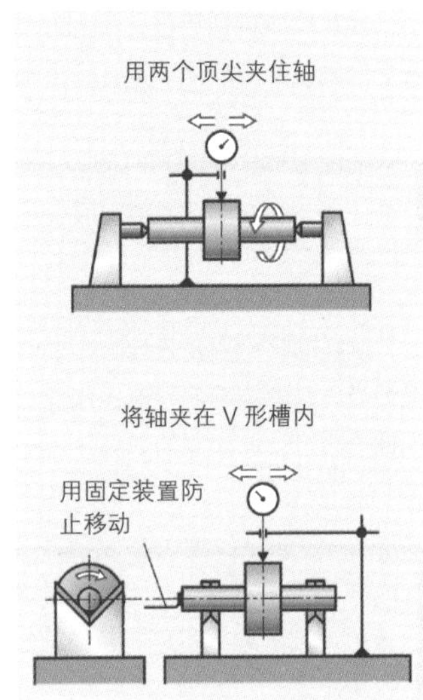

图 2：径向跳动检测方法

1.7.4 螺纹检测

螺纹的质量取决于节圆直径、螺纹啮合角和螺距（图 3）。

> 螺纹最重要的检测量是节圆直径，因为它受所有指定检测量的影响。

鉴于成本原因，螺纹检测只针对精密螺纹，如检测仪的测量主轴和加工机床的进给主轴。

我们使用千分卡尺测量螺纹的外径，使用内螺纹千分卡尺测量螺母的螺纹底径。

而螺距检测则有多种不同的检测方法：

- 使用螺纹规检测光隙（图 4）。对于啮合角 60°的米制螺纹还可以检测从 0.25 mm 至 6 mm 的螺距。
- 使用坐标检测仪可以将测量主轴的螺距与螺母螺纹一起进行功能性检测，这种检测还考虑负荷齿面的影响。

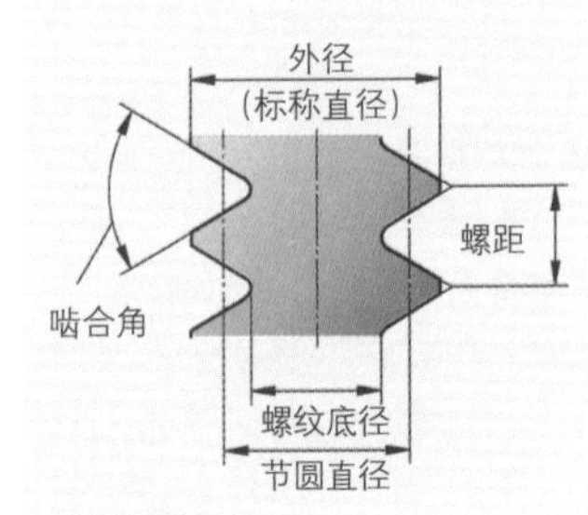

图 3：决定螺纹的各种量

图 4：螺纹规

节圆直径的检测方法是，按照尖锥-凹槽法用螺纹千分卡尺在单齿面上检测（图1）。

采用更精确的三线法（或称三针法）时，将根据检测尺寸从表中取用相应的节圆直径（图2）。

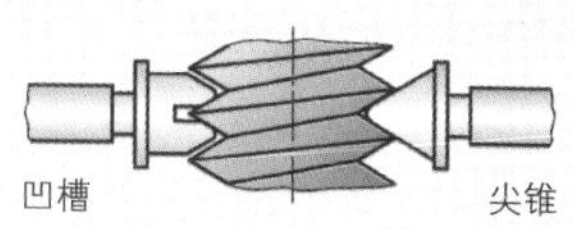

图1：尖锥-凹槽法

使用检测附件检测螺纹时的操作规则：

- 选择检测附件和检测线时，必须考虑螺纹螺距和啮合角。
- 检测附件和检测线支架必须转动轻巧，便于螺距方向的调节。
- 更换检测附件（尖锥和凹槽）后，必须用量规重新调节螺纹千分卡尺。

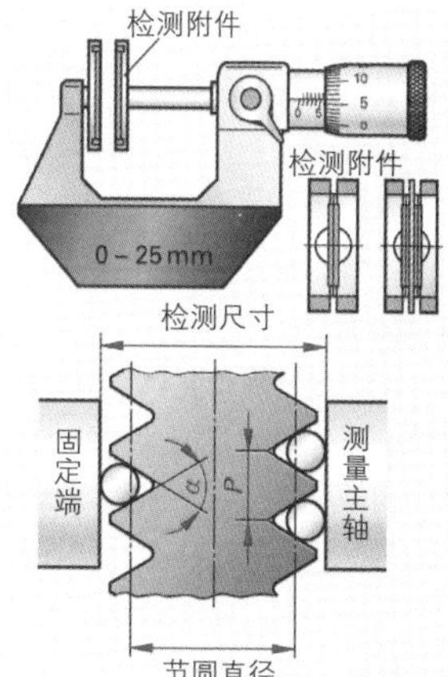

图2：三线法

光学式螺纹检测是以光学扫描方式扫描投射到轮廓投影仪上已放大的螺纹阴影图像（图3）。这种检测方法可以精确检测出螺纹的所有尺寸误差和角度误差。如果阴影图像的边缘部分聚焦准确，其检测不精确性可达到每100 mm仅2 μm。

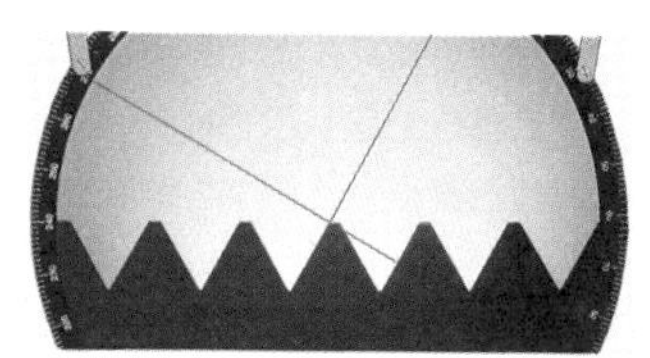

图3：光学式螺纹检测

螺纹量规只检测螺纹的可旋入性，因为“符合量规的”螺纹常常并不符合尺寸要求（图4）。

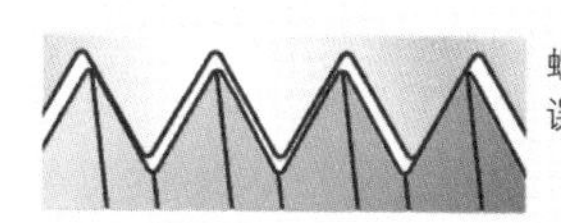

图4：螺距误差

我们把内螺纹量规分为通端塞规和止端塞规以及螺纹极限塞规（图5）。

我们把螺纹环规或螺纹极限环规用作外螺纹量规（图6和图7）。使用螺纹极限卡规时都采用滚轮对，以减少通端的磨损。“通端轮”具有完整的螺纹轮廓，而位于它后面的止端轮却只用于检测节圆直径的通道。

对于左旋螺纹和右旋螺纹，可使用无螺距检测轮以相同的方法进行检测。其另一个优点是检测轮的可调节性，通过一个偏心轮可调出所需的公差等级。

螺纹止端量规只检测节圆直径，最多只允许咬住。
止端量规只有少数几圈螺纹并标有红色标记。

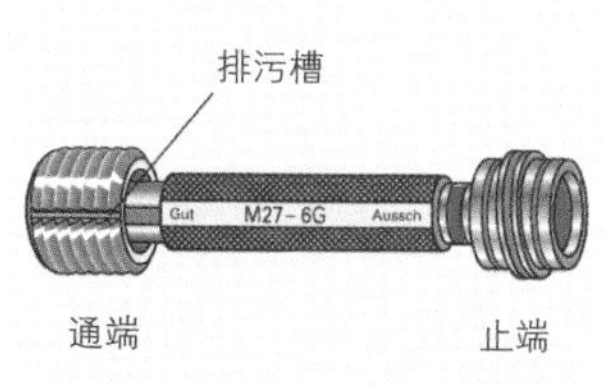

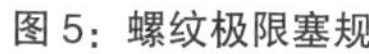

图5：螺纹极限塞规

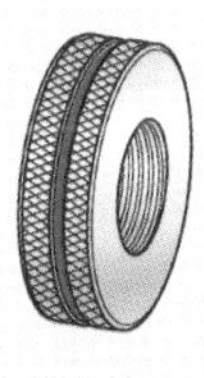

图6：螺纹环规

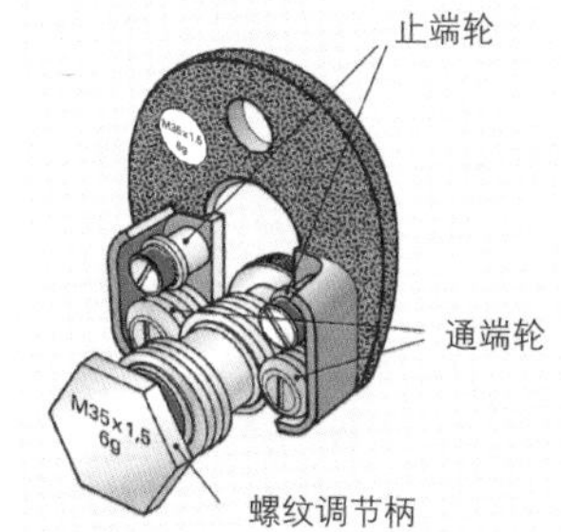

图7：螺纹极限卡规

1.7.5 锥度检测

内锥和外锥的接合必须“匹配”，就是说，两个锥体的外表面必须全部接触。锥度检测的大部分检测量均出于这个要求（图 1）。

图 1：锥体尺寸

- 直径 D 和 d
- 锥体长度 L
- 锥角 α
- 锥体的锥形 C=1∶x
- 锥体外表面的形状误差和表面粗糙度

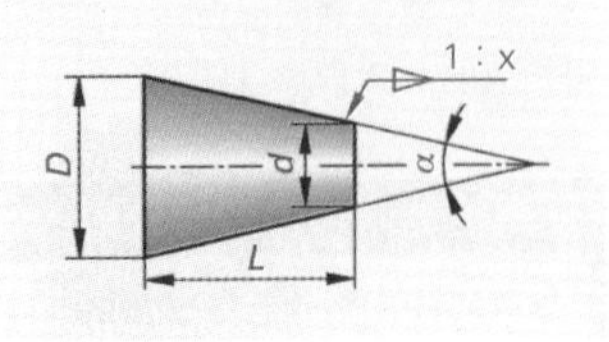

■ 锥度量规

用锥度套规检测例如铣刀的刀具锥度，用锥度塞规检测工件的内锥度（图 2）。用锥度套规或锥度塞规检测前，应先在塞规以及工件的轴向方向用油粉笔划一条窄线，然后相向转动塞规和工件。粉笔线的消失必须均匀。凡粉笔线没有均匀消失的部位，便是锥度不匹配的部位。

锥度塞规上的两个环形标记用作基准直径。如果内锥直径位于公差范围之内，那么大直径必须位于环形标记之间。

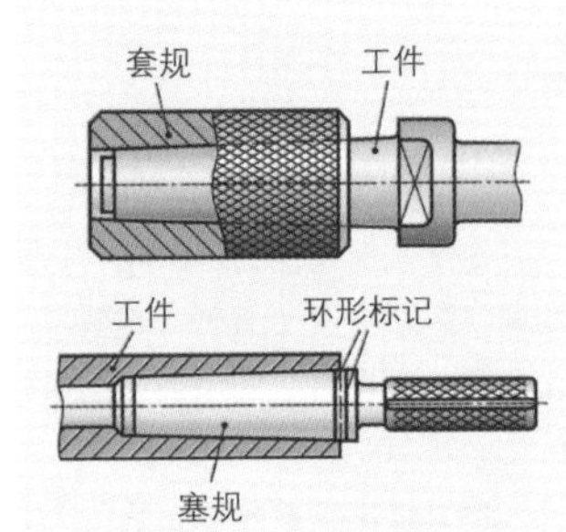

图 2：锥度塞规和锥度套规

■ 锥度测量

检测锥体尺寸误差和形状误差最简单的方法是使用气动式检测仪。

锥度检测仪一般都配有精密指针式显示或电感式探针，它以固定的间距检测锥度角或两个检测直径（图 3）。

图 3：锥度测量

本小节内容的复习和深化：

1. 如果在多个检测面上检测径向跳动，那么应用哪一个径向跳动误差去与公差相比较？
2. 圆度检测与径向跳动检测的区别在哪儿？
3. 为什么在进行径向跳动检测之前仔细地与基准轴线对中心十分重要？
4. 磨削一个圆柱体时会产生轻微的桶形误差（图 4）。根据已检测出的直径，圆柱体形状现仍在 0.01 mm 的公差范围之内吗？
5. 使用什么检测方法可以对传动轴进行功能性径向跳动检测？
6. 在形状检测仪上，测得一个车削的套筒工件的圆度误差为 7 μm（图 5）。
   （1）该误差产生的原因是什么？
   （2）使用 90° V 形槽的三点检测法（参见第 64 页），当圆度误差为 7 μm 时会出现什么样的显示变化？
7. 采用三线法进行螺纹检测时，必须遵守哪些操作规范？
8. 如何才能使工件锥度与锥度量规达到肉眼可辨的一致？

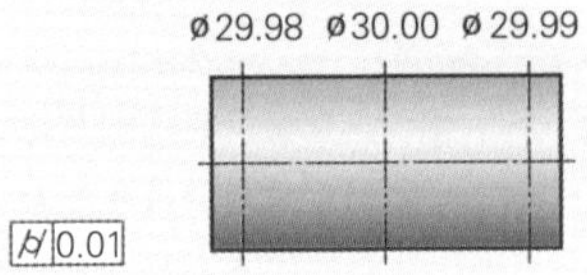

图 4：圆柱体

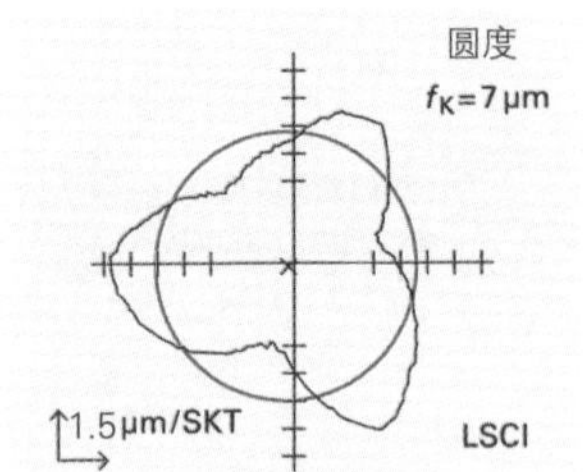

图 5：一个套筒的圆度

1.8　英语实践

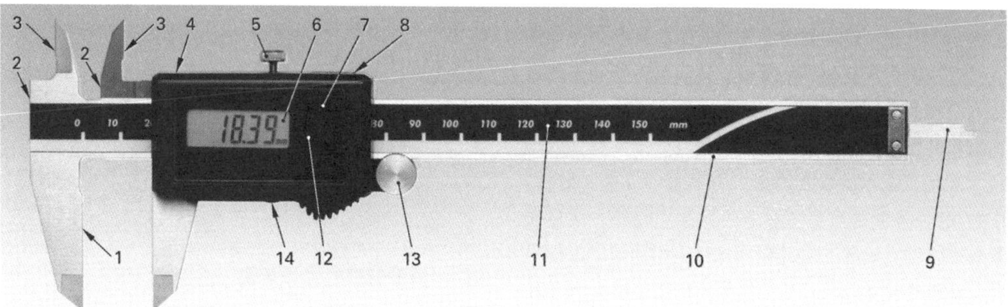

Figure 1:Solar-Vernier Caliper

Manual

■ Names and function of the parts

1. external measuring jaws
2. step measuring jaws
3. internal measuring jaws
4. slide
6. LCD-display
7. cover of the colar cell
8. data output
9. depth gauge
11. surface of scale
12. solar cell
13. pull roller
14. ORIGIN-button

■ Commissioning and operation

Preparation

First,wipe off rust protection oil with a soft cloth before using the caliper. The caliper is powered by solar cells. It requires a minimum light level of 60 lux, for switchover more than 300 lux (normal room -or wordplace lighting) may be needed for operation.

Adjusting the zero point

- Before setting the zero point, an arbitrary value or "E" appears in the LCD display.
- First, set the zero point at an illuminance of over 300 lux. Hold down the ORIGIN button for more than one second until "0:00"appears with the measuring faces in the closed position: The zero point is set.

Note

- Avoid direct sunlight and pressure on the solar cell.
- The surface of the measurement areas and the scale must not be scratched.
- The pull roller is only for fine adjustment and should not have excess pressure applied.

Meaning and remedy of error messages			
Err C or E	and flickering of the display on the last digit indicates contamination of the surface of the scale	→	clean the surface of the scale
Err T	means insufficient illuminance during a swithchover	→	increase the illuminance to more than 300 lux

Specifications

- Range: up to 150 mm
- Measurement accuracy: ±0.02 mm
- Power supply: Solar cells
- Scale interval: 0.01 mm
- Operating temperature: 0—40℃
- Maximum speed: unlimited
- Repeatability: 0.01 mm
- Data inerface: Digimatic

2 质量管理

一个企业若想在市场上成功地站稳脚跟，必须向它的客户提供优良的产品质量、诚信的供货约定以及令人信赖的客户服务和咨询服务。除产品质量外，工艺流程的质量也很重要，因为这是有效降低例如故障成本和加工成本的重要因素。质量管理（英文缩写：QM）的任务就是监督完成上述目标。此外，通过质量管理将预先确定工作目标，并对组织计划、工作手段（即机床设备以及刀具工装等）的就绪状态和相关责任作出明确定义（图 1）。如果一个独立检验机构书面证明，某企业的质量管理已满足国际统一质量标准要求，我们称之为已获国际认证的质量管理体系（见 73 页）。这种国际认证将增强客户的信任和企业员工的质量控制能力。

> 质量管理涵盖了确定和实现质量目标和责任时所涉及的所有行为。

2.1 质量管理的工作范围

- 质量计划包括加工开始之前所有的计划性工作。必须明确规定与质量相关的目标和要求，编制所要求的工艺流程以及满足这些目标所必需的物质和资金准备（图 2）。
- 质量控制将伴随整个加工过程。它包括监视全部生产过程以及消除产生故障的原因等方面所需实施的所有行为。
- 质量保证应能产生信任并提供已满足产品在整个制作和加工过程中质量要求的证明。
- 质量改进包括为达成连续改进产品质量并提高客户满意度所实施的所有行为。

质量控制链（图 3）阐明为达成产品质量要求而在企业内部相互衔接配合的各种行动。

> 为实现质量目标，每个企业员工都必须负起本职工作范围内应尽之责任。

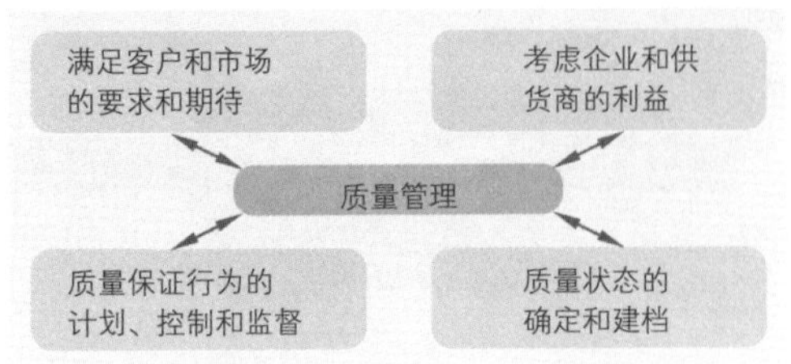

图 1：质量管理的工作范围

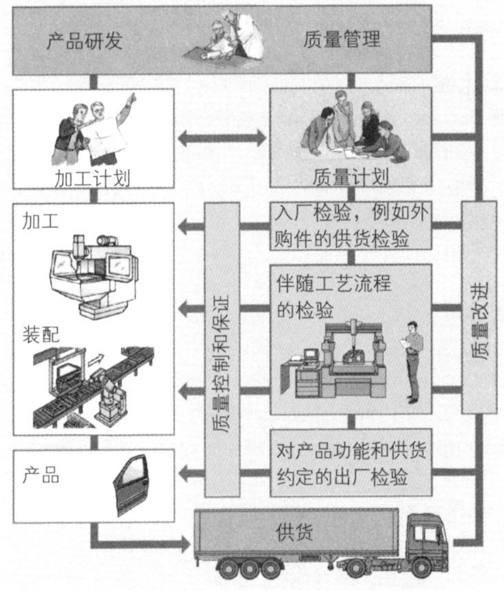

图 2：一个产品生产过程中的计划、控制和保证

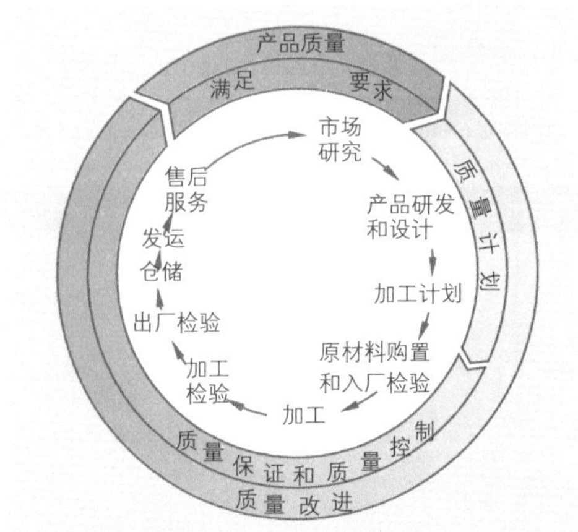

图 3：为达成所要求产品质量而在企业内部相互衔接配合的各种行动组成的质量控制链

2.2 DIN EN ISO 9000 标准系列

ISO9000 标准系列的研发目的是支持企业在质量管理体系的构建、维护和持续改进方面所做的努力。此外，通过质量检验机构根据这类标准的检验，可使企业获得国际通用有效的质量管理体系认证（图 1）。

DIN EN ISO 9000 阐明重要的质量管理原则和质量管理体系的基础知识。它还规定了质量管理体系方面的专业术语（图 2）。

DIN EN ISO 9001 规定了针对质量管理体系的范围广泛的各种要求。因此，DIN EN ISO 9001 是一个认证标准。

> DIN EN ISO 9001 的各种要求可用于企业的内部应用、对外的合同签署以及企业的认证。

DIN EN ISO 9004 阐明观察某个质量管理体系有效性、经济性和总成就的指导原则，并针对改进质量管理组织机构和客户满意度提出建议。

ISO 19011 被视为质量管理体系和环境管理体系审计的指导说明，亦属于 ISO-9000 标准系列。

2.3 质量要求

一个产品的质量必须与客户的要求相一致。这里还包括客户尚未表达出来的愿望，例如一台机床的设计。

> 质量是一个产品所达到的特性，它涉及已确定的或可以事先设定的各种质量要求。

已确定的或事先设定的客户要求：

- 可靠性、功能性、可维护性。
- 是否考虑到涉及安全保护、健康和环境等方面的法律和法规。
- 咨询、服务和客户售后服务。
- 供货时间短和按约定日期按时交货。

图 1：质量管理标准（ISO 9000 标准系列）

定向为客户服务的管理理念

必须理解、满足并尽可能超过客户的需求、要求和期望。

领导

培植领导力量，保证企业内支持和简化质量目标所达成的工作环境。

人员参与

完整地吸纳企业内全体员工参与质量管理体系，将其工作能力最有效地投入企业的工作。

定向为工作过程服务的工作方式

若把所有的工作行为和与其相关的方式方法均视为一个过程进行引导和控制，将取得更有效的成果。这些行为包括：实施有效的过程管理，以过程为定向进行服务并对关键过程加以特殊努力，降低跨过程的障碍，持续改进组织（机构）。

持续改进

必须将企业总效率的持续改进视为一个长期奋斗的目标。

客观决策

有效的决策必须建立在对数据和信息客观分析的基础上。

公关关系管理

与所有利益相关方的良好关系，例如与客户、供货商企业、伙伴企业、官方机构等的良好关系，均可促进企业赢得持续的发展业绩。

图 2：质量管理原则

2.4 质量特性和缺陷

■ 质量特性的种类（表 1）

数值（变量）特性：它是可检测和可计数的特性。可检测特性中的检测值可采用任何一个数字值。一个计数特性的规定特性值可称为计数值。

质量特性：它涉及的是一种称之为“可表征的特性”。例如检测结果“i.O.”（合格）或“n.i.O.”（不合格）以及缺陷汇集卡（见 75 页）。一种排序分级关系的特性值常常也被称作“成绩分数”，例如优秀、良好或糟糕。公差等级为 2、1、0 和 K 的块规也可视为一种排序分级关系。

缺陷：当一个或若干个质量要求未被满足时，便会出现缺陷。缺陷可以是超出公差范围之外的检测值，也可以是功能障碍。

根据十进制规则，未被发现的缺陷的后果成本将成十倍地逐级上升（图 1）。如果在产品研发阶段时消除缺陷的成本尚处于 1 欧分到 1 欧元的程度范围，那么到出厂检验阶段或产品到达客户手中时，消除缺陷的成本将增加上千倍。在这方面教训深刻的案例是汽车制造商因汽车安全性能缺陷而采取的大量产品召回行动。

零缺陷战略要求，若希望在生产线终端得到一个无缺陷零件，那么就应在每一个制造环节都避免出现缺陷。如果 100 个员工每个人的产品合格率只达到 99%，那么他们的制成品无缺陷率便只能达到 37%（图 2）。由于返工，废品和售后的投诉成本很高，每一个员工都应该严肃对待这个口号所提出的要求：“合格产品，从现在做起。”

> 产品质量由工作质量组成。避免缺陷比消除缺陷花费更少。

表 1：质量特性的种类

数值特性		质量特性	
可检测特性	可计数特性	可表征特性	排序分级特性
例如长度、直径、平面度、表面粗糙度	例如转速、每小时加工完成的工件	例如每个检验单元中出现的缺陷，功能“i.O.”（合格）或“n.i.O.”（不合格）	例如质量等级为 1、2 或 3 的油漆

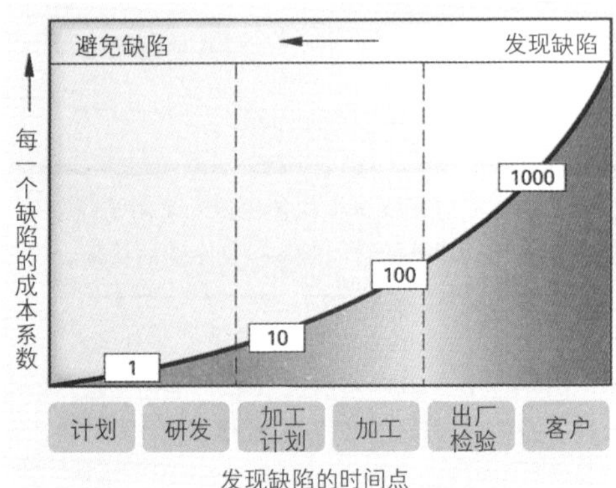

图 1：缺陷成本的十进制规则

1.
2.
3.
4.
100.

加工生产线上每一个工人依序对一个产品进行加工，其个人无缺陷率达到 99%。举例而言，每一个工人在该产品的 100 个质量特性中都有一个未被发现并因此而未被消除的缺陷

在加工生产线的终端，即经过 100 个工人的工作之后，最终产品的无缺陷率只能达到 37%

0.99 ·0.99 ·0.99 ·0.99 · … · 0.99=0.37

这个结果意味着，该产品的质量要求有 63% 未能得到满足。

图 2：在加工生产线上，有缺陷零件继续传递下去将造成缺陷增加

按照产品的安全性和可实用性划分的制成品缺陷种类。

极限缺陷	如果出现这类缺陷，其对人员可能造成危险或不安全的局面，或在出现损害的情况下造成高昂的后果成本，例如汽车上有缺陷的刹车装置或转向系统出现腐蚀
主要缺陷	这类缺陷，预计可能导致使用中断（事故）或实质性降低对规定目的的可使用性，例如汽车上有缺陷的雨刷器
次要缺陷	这类缺陷，预计不会实质性降低对规定目的的可使用性，例如油漆缺陷或操作困难的汽车车窗玻璃升降器

2.5 质量管理工具

为了能够满足质量要求并引导和监督质量改进，仅仅解决已出现的问题或消除缺陷是不够的。还必须找出问题的所在或缺陷的原因，彻底根除。

> 质量管理专业领域内，经常使用图形分析法和文档资料法，我们称之为质量管理工具（英文：Tools）。

由于图形分析法对于企业员工简单易用，因此这种方法特别适宜用作质量管理工具。与此同时，个别员工还将此法用于质量改进过程。

■ 生产流程图

生产流程图是以图形描述一个（生产）过程中所有工作行为以及工作步骤相互连接后的工艺流程（图1）。从起始点开始，每一个步骤都用矩形框表示，每一个分支都用菱形框表示。连接箭头用符号表示该过程可能的流程方向。与文字描述相比，生产流程图可将复杂多变的生产流程表达得更易理解，更具概览性。各处理步骤和处理的可能性在流程图上一目了然，可以检查其完整性和可能存在的思维错误。

■ 缺陷汇总卡

缺陷汇总卡是一种按照缺陷的类型和数量采集故障缺陷的简单方法（图2）。在一份表格中列出预期出现的缺陷类型。已确定的缺陷用例如一道计数横线做出记录。此外，具有实际意义的是，在表内留出一个空行用于未能预见的新缺陷类型。作为概览性数据采集和数据统计的缺陷汇总卡只适用于有限数量的缺陷类型。一般情况下，它用作帕累托分析法的基础。

■ 帕累托分析法

帕累托分析法又称为ABC分析法，根据缺陷出现的频度对缺陷或缺陷原因进行分级（图3）。帕累托分析法表明，在众多缺陷中，大多情况下只有少数几个出现的频度很高。这就意味着，仅排除少数但又非常重要的几个问题或缺陷，就能达到大面积改进质量的效果，即事半功倍。图表可以帮助我们做出决定，应优先解决哪些问题或缺陷，以及通过哪些问题的解决可以达到预期的质量改进。

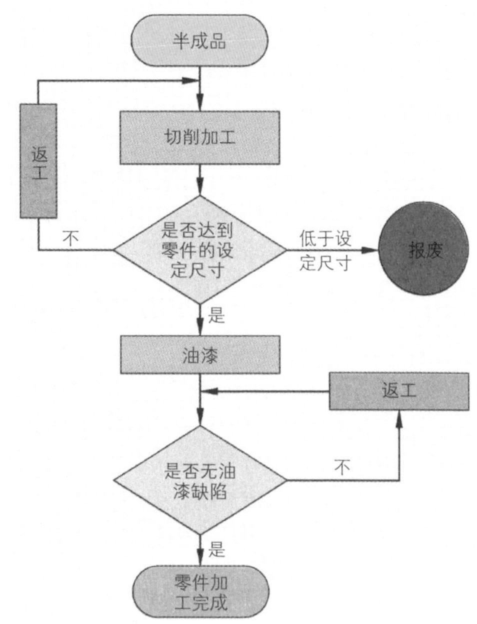

图1：一个零件加工的生产流程图

缺陷类型	十月份	十一月份	十二月份	Σ
工件输送时倾斜	卌|||	|||	卌||	18
传递故障	卌卌|	卌卌||	卌卌卌	38
控制故障	|||	||||	||	9
程序故障	|	||	|||	6
工件松动	卌卌卌|	卌卌卌||	卌卌||	45
输送辊磨损	|||	||||	||	9
电缆中断		|		1
总计：	42	43	41	126

图2：一个零件送料装置的缺陷汇总卡

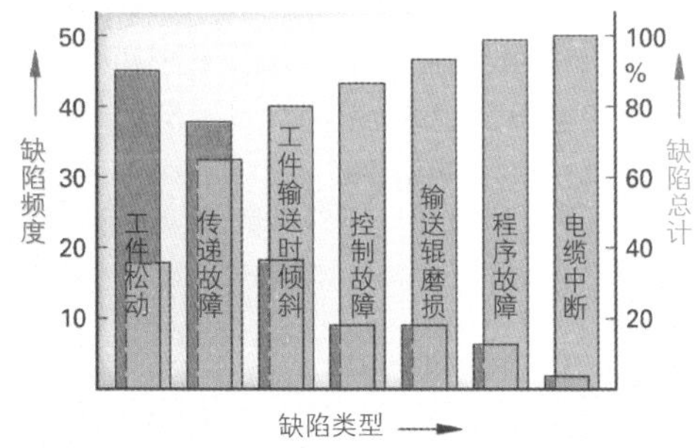

图3：对一个零件送料装置缺陷数量的帕累托分析

■ 原因–作用图

原因–作用图也称伊什卡瓦图（Ishikawa-Diagramme），或根据其外观又称鱼刺图（图 1）。在求出并结构性表达待处理问题（作用）可能产生但目前尚未知的影响（原因）方面，这是一种很好的辅助方法。编制该图时，需要将预先通过例如自由讨论（小组讨论）汇总的全部影响因素作为各个分支填入主干（总概念），并据此进行分级。对于主干的分级，建议将以 M 为字首的故障因素作为起点进行认真探究，如人员、机床、材料、方法、资金、市场、动机、环境等（这些单词的德文首字母均为 M——译注）。

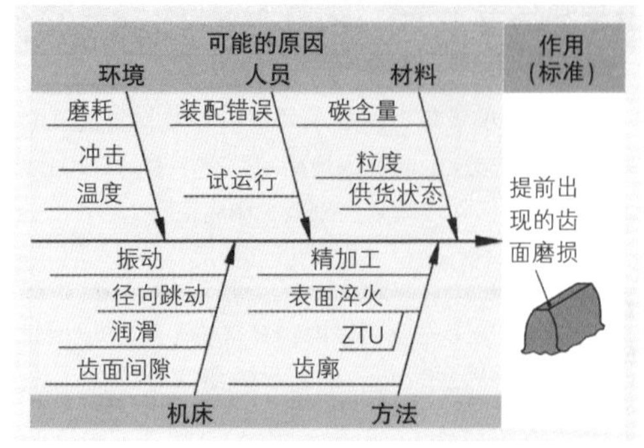

图 1：提前出现的齿面磨损原因–作用图（节选）

■ 树形图

树形图从上而下，对所有必须依序执行或完成的重要方法、功能或任务一目了然（图 2）。它显示出各种因素从树干出发经过主干到逐步变小的各分枝的相关关系以及分组。树形图主要用于处于某种依存关系或只允许一个指定结果的行为分析和功能分析。作为故障缺陷的树形分析，树形图有助于系统地探究在若干先后相关步骤中所存在问题的可能原因或解决的可能性。

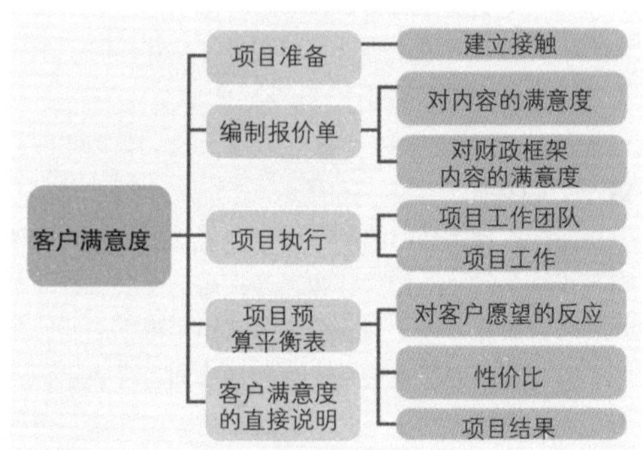

图 2：客户满意度的树形图

■ 相关关系图（扩散图）

相关关系图内需填入数值对（X，Y）（图 3）。这种关系图显示，是否存在着处于轴线上两个量之间预计的关系（相关关系），以及该种关系的密切度（唯一性）有多大。在一根直线上所采集的点越密集，各个量之间的关系就越密切并越具单一性。它按直线上升方向区分正关系和负关系。

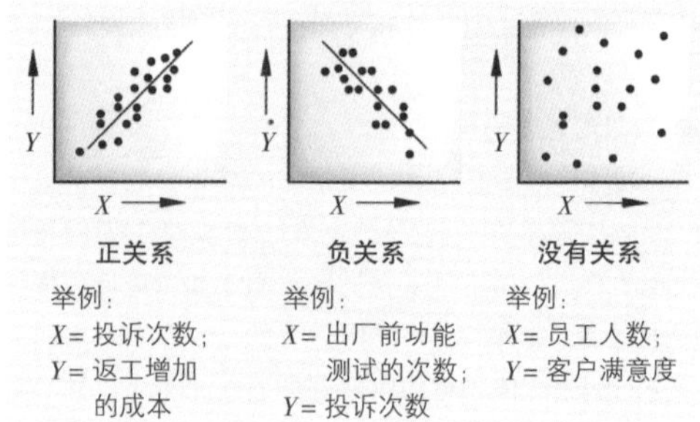

图 3：相关关系图举例

■ 矩形图

矩形图描述至少两个因素范围的相互作用和相互关系，如有必要，还对它们进行评估和权衡（图 4）。每一个因素范围都列举若干特征。从客户要求中可以找出待解决问题的优先级，例如优先考虑产品的造型。矩形图的成对比较方法有助于做出决策。

例如，图 4 中价格（第一行）比悬臂长度（=2）更重要，但没有安全性（=0）重要。从总计栏可以看出，安全性是购买墙式起重机最重要的准则。

准则	价格	悬臂长度	安全性	电机功率	最大起重力	处理能力	颜色	总计
价格		2	0	2	0	2	2	8
悬臂长度	0		0	2	0	2	2	6
安全性	2	2		2	2	2	2	12
电机功率	0	0	0		0	0	2	2
最大起重力	2	2	0	2		2	2	10
处理能力	0	0	0	2	0		2	4
颜色	0	0	0	0	0	0		0

2= 比……更重要；0= 没有……重要
■ → 最重要的准则

图 4：购买一台墙式起重机制定决策的矩形图

■ 运行曲线图

运行曲线图是表述一种表达并评估在一定时间范围内一个待检验量发展和趋势的简单方法（图 1）。在已经采集并填入的数据基础上，可以做出该量继续发展下去的预测。作为质量控制卡（见 87 页），这种图用于监视加工过程中各个特征数值，并表述将继续达到的业务目标，例如一家企业的销售量、赢利量或成本量。

■ 直方图

直方图是一种矩形图，各矩形条的高度与各填入数值的频度成比例（图 3）。这类图用于识别和表达所采集的各单值的分布状况。一定数量的各级矩形条具有良好的纵览性，若要总结性表达若干可能的检测值，则必须事先规定分级的数量、分级的界限和各级的级宽。其准备工作是编制一个计数线统计表作为数值频度表（图 2）。直方图这种表达方式主要用于统计评估。

若将一个直方图中各矩形条高度中点连接起来，即可得到一条频度分布曲线，该曲线描述各单值的分布特性（图 4）。

本小节内容的复习和深化：

1. 为什么质量管理对于一家企业具有非常重要的意义？
2. 企业内的质量管理可以分布到哪些工作范围？
3. 为什么 DIN EN ISO 9000 和 DIN EN ISO 9001 在质量管理领域内属于最重要的标准？
4. 请您描述至少三个在您职业或个人生活范围内所碰到的运行曲线图范例。
5. 核查数值特性和质量特性将会得出什么样的结果？
6. 请您用自己的语言表述“零缺陷战略”。
7. 如何从一个次要缺陷中区分出极限缺陷？
8. 如何从计数线统计表中区分出缺陷汇总卡？
9. 帕累托分析法将会得出什么样的结果？

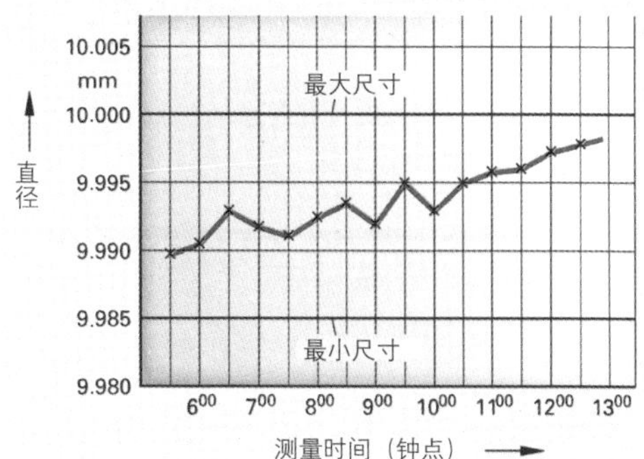

图 1：一个短轴加工的运行曲线图

分级号	测量值 d (mm) ≥ <	频度	Σ
	8.00~8.02	|	1
	8.02~8.04	卌 ||||	9
	8.04~8.06	卌 卌 卌 |	16
	8.06~8.08	卌 卌 卌 卌 卌 ||	27
	8.08~8.10	卌 卌 卌 卌 卌 卌 |	31
	8.10~8.12	卌 卌 卌 卌 |||	23
	8.12~8.14	卌 卌 ||	12
	8.14~8.16	|||	3
	8.16~8.18	||	2
	8.18~8.20		0

图 2：一个短轴加工的计数线统计表

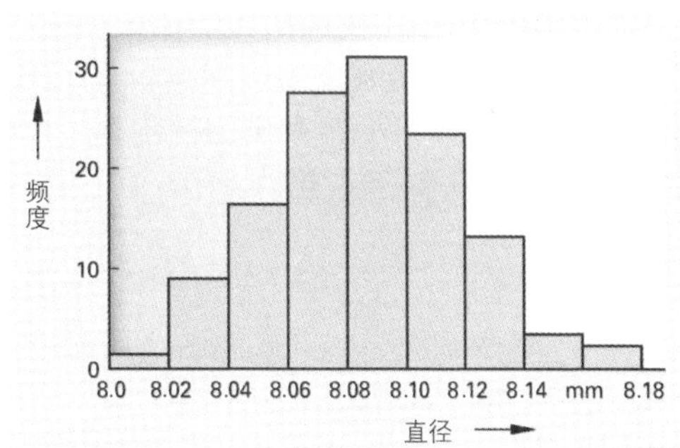

图 3：一个短轴加工的直方图

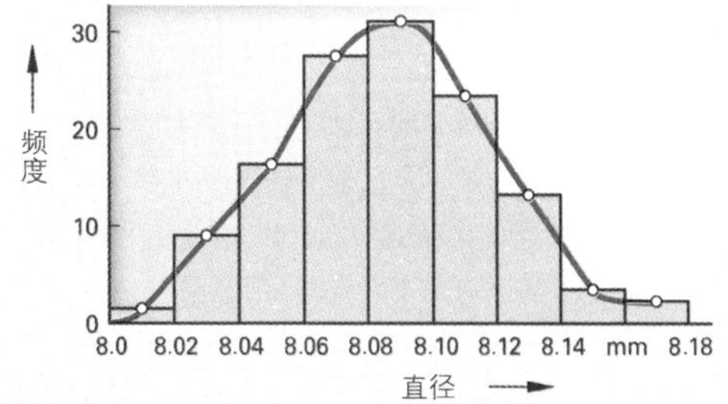

图 4：一个短轴加工的分布曲线

2.6 质量控制

质量控制的主旨是在所有范围内为达成优质生产采取措施，避免缺陷零件的出现。因此，优秀的质量检验可以保证杜绝缺陷产品。

质量控制的目标是通过预防性、监视性和纠正性行为满足质量要求并消除产生缺陷的原因，以达到运行成本的最佳经济性。

质量控制时，应以规定的时间间隔从正在运行的加工过程中提取抽检样品进行检测（图 1）。如果检测所得数值与所要求的数值有偏差，应立即采取措施，避免缺陷零件出现。

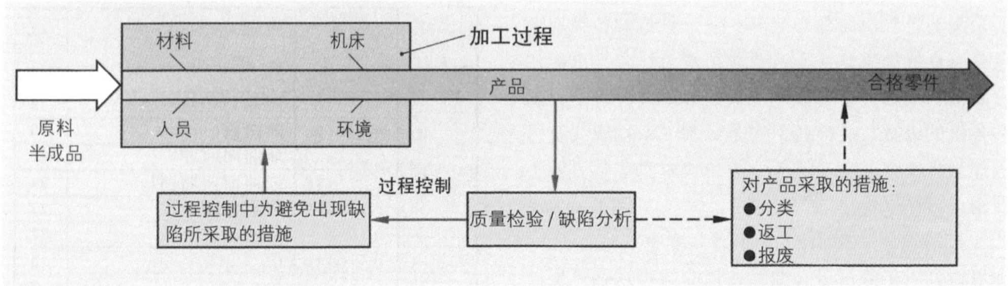

图 1：为避免出现缺陷而进行的质量控制

监视生产过程时，其质量控制目标是，将特性数值的误差控制在极限之内。产生误差的主要原因是 5M 因素：人员、机床、材料、方法和环境（表 1）（译注：这 5 个德语单词的首字母都是 M）。

有时，除 5M 因素外还应扩展其他一些因素，如资金、市场、动机和检测能力等。所选择的检测方法将影响检测结果。只有当一种检测方法的检测不精确性与工件公差或加工过程误差相比可以小到忽略不计时，该检测方法才适宜（有能力）承担检测任务。

表 1：影响特性数值误差的 5M 因素

人员	劳动技能，劳动动机，劳动负荷程度，责任意识
机床	刚性，加工的稳定性，定位精度，运动中的不变形性，发热过程，刀具系统和夹具系统
材料	规格尺寸，强度，硬度，应力，例如热处理或机加工后的应力
方法	加工方法，工作顺序，切削条件，检测方法
环境	温度，地板震动

■ 质量控制措施

- 质量检验应尽可能在加工过程之中或之后直接进行，目的是尽早识别出缺陷零件。
- 应直接进行检测值处理，以便实施产品控制，例如分拣出缺陷零件或返工。
- 为避免出现产品缺陷而进行质量趋势识别。
- 通过机床调控装置实施过程控制，以保证零件均以相同的尺寸加工（图 2）。

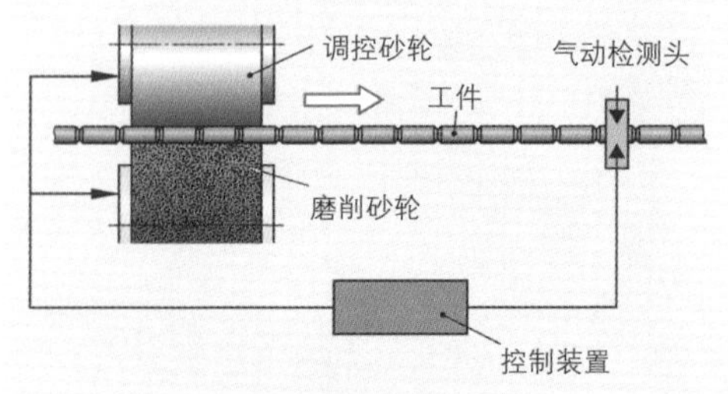

图 2：磨削加工的过程控制

2.7 质量保证

质量保证的主要目的是证明生产过程中的质量要求已得到满足，并据此来保证客户手中产品的质量。而在企业内部，则建立起对企业质量保证能力的信心。在质量检验范围内，质量保证和质量控制相互重叠。

2.7.1 检验规划

检验规划是确定待检的质量特性。对每一个待实施的检验都要表述一种如何对质量特性进行检验以及如何将检验结果制成文档的方法。

■ **检验计划**

检验计划可由单个检验方法说明组成，它描述从原材料的入厂检验开始，经过加工过程检验，直至最终出厂检验的整个检验顺序（表 1）。

表 1：检验计划

识别号：18012　　图纸号：241074
零件名称：滑动轴承套　　检验计划号：81

序号	检测特性	检测装置	检测范围	检测方法 [1]	检测时间点	检测文件
1	长度 l_1 20 h11=20.0/−0.13 mm	游标卡尺	n=1	1/V	每小时	检测记要
2	内径 d_1 20E6=20+0.053/+0.040 mm	自定心内径检测仪	n=5	1/V	每 15 分钟	控制卡
3	外径 d_2 26s6=26+0.048/+0.035 mm	精密指针式检测表	n=5	1/V	每 15 分钟	控制卡
4	同轴度 t_{KO}=0.033 mm	形状检测仪	n=1	3/V	每小时	检测记要

1）检测方法　1= 工人自检　2= 质检部门检验　3= 测量实验室检验　4= 材料实验室检验
V= 可变化的（求取数量和可检测特性）
A= 可表征的（求取质量和特性）
n= 抽检范围

■ **检验地点和检验时间**

入厂检验的目的是保证外购产品达到所要求的质量。外购产品在受检放行之前，不允许投入本企业生产过程。入厂检验包括产品本身正误和数量的检查，以及根据检验计划所做的质量检验。

中间检验在生产和装配过程中进行。如果在指定的加工步骤后要求进行中间检验，该次检验必须在工艺计划中事先标明。若是工人自检，应书面规定工人的自检权限。检验报告中应详细列出已确定的缺陷和质量控制所采取的措施。

出厂检验应检查产品重要的功能数值和连接尺寸。经过合格的出厂检验，到达客户手中的应是无缺陷产品。

> 缺陷零件必须拦截在发货出厂之前或返工。

2.7.2 概率

任何人都无法保证百分之百地准确预见单独的偶然事件的出现。但如果我们以大量偶然因素的总和为出发点，按照概率原则，我们就可以预见，某种偶然事件一定会出现。概率 P（Probability —— 英文“概率”的首字母）的计算方法是：用失败的尝试次数 g 除以可能进行的总尝试次数 m。该公式所得答数可以是十进制 0 和 1 之间的分数，或是百分数。

$$P=\frac{g}{m}\cdot 100\%$$

2.7.3 特性数值的正态分布

根据概率原则，偶然性因素对一个特性数值的影响将导致在一个平均值附近的对称性数值分布。偶然因素影响效果的一个生动例子是高尔登板圆球试验（图 1）。圆球可以在任何一种钉子阵列中从钉子的左边或右边向下滑去。这种随机的变向导致圆球在漏斗下方正中间的位置上出现的频度较大。如果现在钉子阵列中钉子的数量很大，那么频度分布将呈现高斯钟形曲线，在正态分布中，这是一种典型分布。高尔登板上圆球遇钉子后的随机变向就相当于加工过程中和自然界中的偶然因素。一个民族的身高同样也相当于一种正态分布，与加工过程中工件尺寸的误差分布一样。即便是一次抽检仅取 25 个工件，其检测值的分布也近似于一种正态分布。

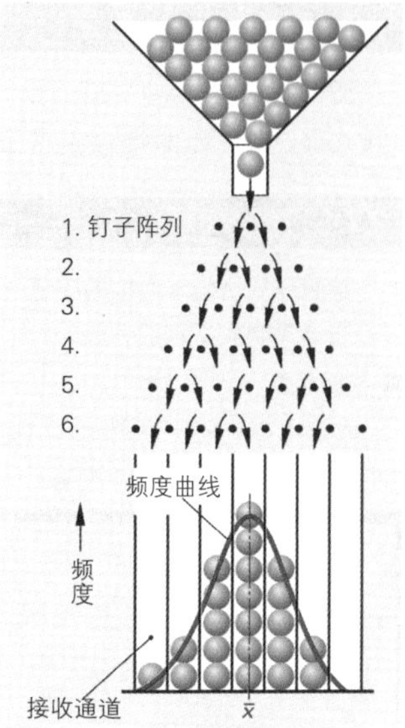

1. 钉子阵列
2.
3.
4.
5.
6.
频度曲线
频度
接收通道
$\bar{x}$

图 1：高尔登板圆球分布

> 许多偶然因素共同作用，便产生特性值的正态分布。正态分布的图形表述是一个钟形频度曲线。

■ 正态分布时的频度分布

如果特性数值呈正态分布，图形表述其频度分布时便产生一个可由平均值μ和标准偏差σ描述的高斯钟形曲线（图 2）。

钟形曲线下面的面是所有特性数值的一个整体范围。分量来源于标准偏差的范围（图 2）：

在$\mu + 1\sigma$与$\mu - 1\sigma$之间是 68.26%。

在$\mu + 2\sigma$与$\mu - 2\sigma$之间是 95.44%。

在$\mu + 3\sigma$与$\mu - 3\sigma$之间是 99.73%。

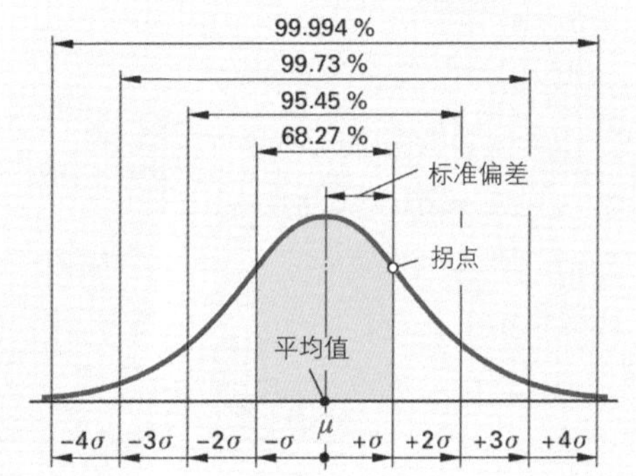

图 2：正态分布中的频度

2.7.4 特性数值的混合分布

系统因素对特性的影响阻止了正态分布。因此，可能因下列原因导致出现统计学上无法计算的混合分布（图 3）。

混合分布可能产生的原因举例如下：

- 不同机床或产品序列的零件混合在一起。
- 一个产品序列中材料的更换。
- 刀具的大幅度磨损和机床的发热。

如果出现混合分布，不允许再用正态分布的数学模型描述这种分布，因为其法则已不适用。

> 按照统计学方法监视一个过程之前，必须首先检查和证明现在的分布是否是一个正态分布。

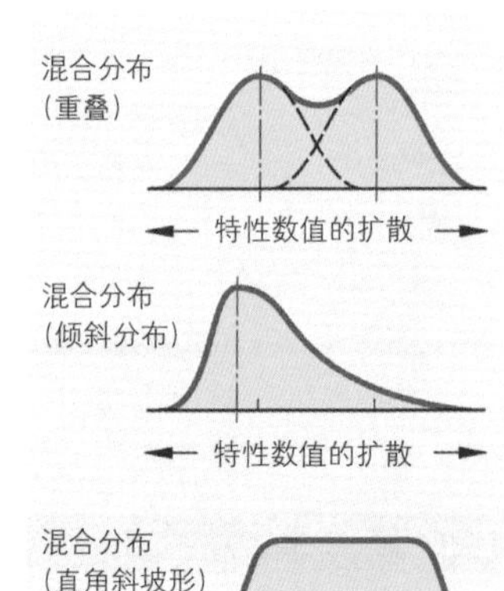

图 3：混合分布

2.7.5 抽检样品特性值的标准分布

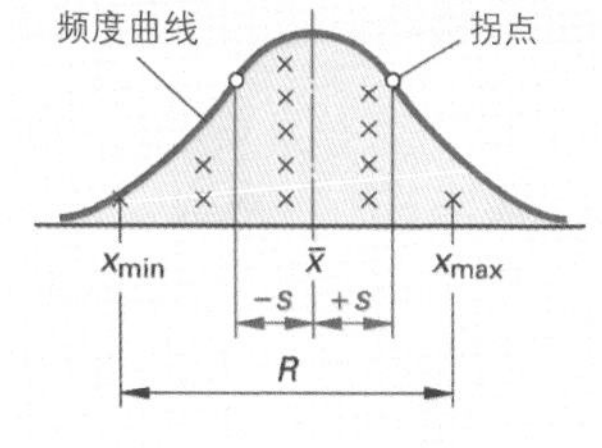

图 1：特性值的正态分布

平均值 $\bar{x}$[①]与最大频度重合。它位于频度曲线的中部，这也是分布位置的一个范围（图 1）。从所有单个数值 x 和抽检范围 n 中计算得出平均值。

> 平均值 $\bar{x}=\frac{x_1+x_2+x_3+\cdots+x_n}{n}$

中间数值（中位数值）$\tilde{x}$[②]是根据大小排列的各单值的平均数值。偶数抽检样品范围中，可用两个平均数值组成算术平均值。

> 平均值 $\bar{x}$ 和中间数值 $\tilde{x}$ 是频度分布位置的范围，据此也是过程位置的范围。

检测误差 R（等级）相当于一个抽检样品最大与最小数值之间的差。它是单个数值偏差的一个简单特性值。

> 检测误差 $R=x_{max}-x_{min}$

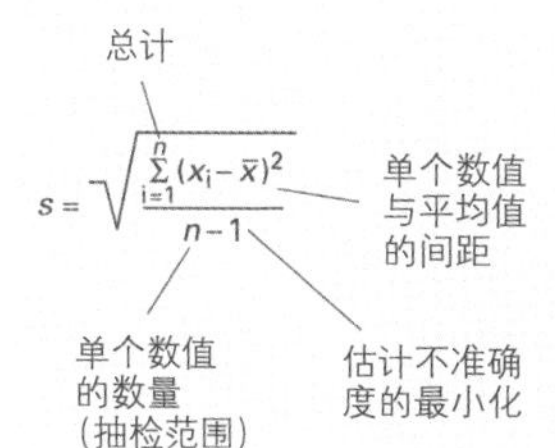

图 2：一个抽检样品的标准偏差（判断性统计）

标准偏差 s 是从平均值到频度曲线拐点的间距（图 1）。我们根据一个计算公式（图 2）从平均值（$x_i-\bar{x}$）与各单个数值的偏差计算出该标准偏差。抽样检验是根据少数几个抽检数值判断出总体的基本状况。这样的判断受到判断准确度的限制。随着抽检范围的扩大，判断的不准确度会降低。为了将这种不准确度降至最低，分母中抽检范围 n 减去数字 1。

> 检测误差 R 和标准偏差 s 是频度曲线的宽度范围，也是单个数值偏差和过程偏差的范围。

举例：根据大小分类（排列）的轴直径的抽检数值，单位：mm。

d_1=80.31；d_2=80.42；d_3=80.44；d_4=80.46；d_5=80.52。

计算：平均值 $\bar{x}$=（80.31+80.42+80.44+80.46+80.52）: 5=80.43 mm

中间数值 $\tilde{x}$ =80.44 mm

检测误差 R=80.52 – 80.31=0.21 mm；标准偏差 s=0.077 mm

■ 检验批次内特性值的正态分布

采用抽检方法时，根据抽检样品的特性值通过判断性统计方法估计出总体基本状况（检验批次）的特性值。为使与总体基本状况相关的估计参数能够清楚地区别于抽检特性值，需使用另一种缩写名称。用带有“^”（读作“帽子”）的符号清楚地界定这种估计数值，以示与 100%全检（说明性统计）中可计算求出的过程数值的区别（表 1）。

表 1：质量检验的特性值和缩写名称

抽样检验（判断性统计）		100%检验（说明性统计）
抽样检验	总体基本状况	
检测数值的数量 n	检测数值的数量 m[③]·n	检测数值的数量 N
算术平均值 $\bar{x}$	估计的过程平均值 $\hat{\mu}$	估计的过程平均值 μ
标准偏差 s	估计的过程标准偏差 $\hat{\sigma}$（袖珍计算器 σ_{n-1}）	过程标准偏差 σ（袖珍计算器 σ_n）

①读作 x 上方加一横。② 读作 x 上方加一个“~”读音符号或 x 上方加蛇形符号。③ m= 抽样检验的数量。

2.7.6 按抽检方式进行质量检验

与一次供货或一个批次所有单元全部进行100%检验相比，抽样检验仅检验一个或若干个部分。相对于抽样检验而言，100%检验虽能提供更高的安全性，但过于昂贵，因此，只针对关键零件才采用这种检验方法。

鉴于系列生产时，以及确定机床能力和过程能力的能力指数时宜采用价廉物美的检验（方式），抽样检验便具有特殊的意义。它可从对部分的评估（抽检样品）推断出总量（总体基本状况）。

举例 1： 某供货商加工必须具有一定硬度的短轴。从一个供货批次 N=2400 个零件中取出抽检样品 n=80 件，检验其是否达到所要求的硬度。若在抽检样品中找出两个废品，则必须估算出该批供货的总体基本状况，即整个批次的零件中预计约有 60 个缺陷零件。但只有在涉及典型性抽检样品时，才能得出这个结论。只有当与总体基本状况相同的比例关系下出现待检特征的数值时，一个抽检样品才具有典型性。

举例 2： 现在，由机器人油漆机动车零件。每小时从油漆过程中抽取 n=5 个零件，每次都测量油漆层厚。抽检的目的是，监视和调控油漆过程，避免出现废品（→统计学的过程控制）。

从统计学角度进行观察，一次供货，一个加工批次或检验批次就相当于带有 N 个单元的总体基本状况。从这个总体中抽取一定数量的样品（m）及其数值范围 n 进行检验。检验时，首先把针对某个指定质量特征的检测值，例如硬度，录入原始表格，然后在表格、计算和图形等方面使用这些数值。每次抽样检验都需确定平均值，如 $\bar{x}$ 或 $\tilde{x}$，以及偏差数值，如 s 或 R。若进行多次抽检，可在平均值的构成过程中汇总单个特性数值，例如组成 $\bar{\bar{x}}$①或 $\bar{s}$。当在统计学过程控制（SPC）中获得有利的抽检结果（$m \geq 25$）时，这种数值相当于过程平均值 μ 和过程标准偏差 $\hat{\sigma}$。采用抽样检验方法时，抽检样品特性值以一定的概率导致产生总体基本状况未知参数的估计值（图 1）。

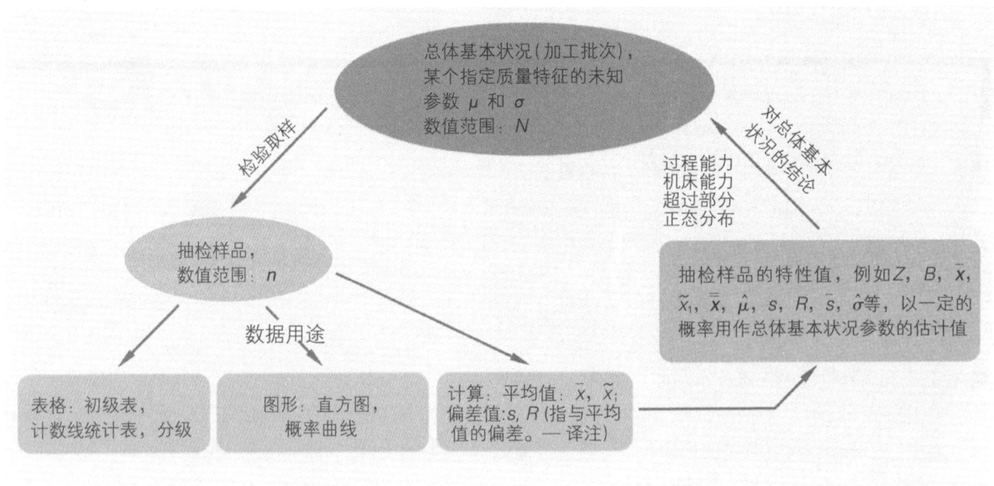

图 1：抽样检验的模型（归纳性统计）

动态抽样检验时，检验范围或检验频度均与检验结果相吻合。如果已加工零件由于中间检验结果而遭退回，则自从上次抽检以来所加工的全部零件均应100%检验。

① 读作 x 上方两横。

2.8 机床能力

机床能力一词应理解为一台机床在相同条件下能够加工无缺陷零件的能力。机床能力是过程能力、统计过程控制和质量控制卡使用的前提条件。

机床能力检验（MFU）是一种关于一台机床加工精度的短时间检验。在机床能力检验过程中，外部因素对机床的影响应尽可能降至最低并保持恒定不变。一般情况下，引进使用质量控制卡之前，新机床投入使用或改变机床和工装之前，或在机床验收时，更换刀具和工装以及维修保养之后，均需进行机床能力检验。

> 机床能力检验是一种关于一台机床加工精度的短时间检验。

实施机床能力检验时，一次抽检样品至少要求达到 50 个零件，这些零件必须直接依序加工，机床在加工过程中不允许再次进行调整。加工完成之后，立即采集并使用待检质量特征的检测数值。借助概率曲线（见 85 页）对检测数值进行计算评估或图形评估。如果检测值呈正态分布，便可以确定 $\bar{x}$ 和 s，并计算出机床能力的特性值 C_m 和 C_{mk}。

若要证明机床能力，必须至少满足两个要求：

（1）机床的加工偏差 $6 \cdot s$ 仅允许公差利用率达到 60%=3/5。这就意味着，公差必须至少达到 $10 \cdot s$，机床能力指数 C_m 必须大于或等于 3/5=1.67。C_m 数值表明加工偏差是否小到足以保证遵守公差要求的程度（图 1）。

（2）机床能力特性值 C_{mk} 注重的是公差区内分布的位置。加工平均值应距离各公差极限至少 $5 \cdot s$（DGQ[①]和 VDA[②]推荐值）。这将导致产生一个 C_{mk} 最小值 1.67。C_{mk} 数值表明，机床是否已经正确定中心，使零件的实际加工保持在公差范围之内（图 2）。

若上述两个条件得到满足，表明该机床具有加工能力。

① DGQ= 德国质量协会。
② VDA= 汽车工业联合会。

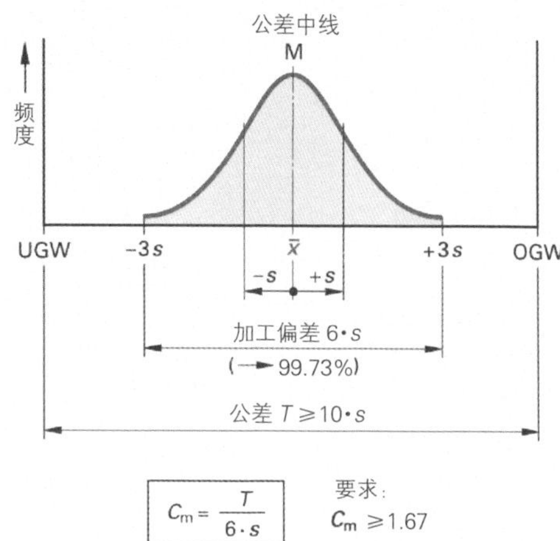

正态分布时，全部特征数值的 99.73% 位于总体基本状况的 $\mu \pm 3 \cdot \sigma$ 范围内。

因此，正态分布的抽检样品范围是 $\bar{x}+3 \cdot s$。

由于正确加工所产生的几乎全部特征数值均位于该范围之内，我们称该范围为加工偏差范围。

$$6 \cdot s \leq 0.6 \cdot T \quad \Rightarrow \quad T \geq 10 \cdot s$$

$$C_m = \frac{T}{6 \cdot s} = \frac{10 \cdot s}{6 \cdot s} = 1.67$$

图 1：机床能力指数 C_m

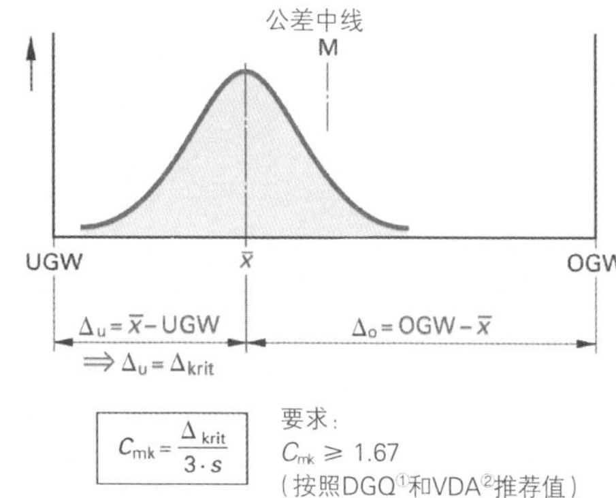

Δ_{krit} 是 $\bar{x}$ 到公差极限更小的间距，其表达式为 Δ_u。
Δ_{krit} 也可从概率曲线中读出（见第 74 页）。

$C_m \geq 1.67$ 和 $C_{mk} \geq 1.67$ 的要求均取决于客户。它们可由客户确定，并根据具体加工情况予以变动。

但始终是：

$C_{mk} \leq C_m$

图 2：机床能力指数 C_{mk}

■ 机床能力检验（MFU）举例

使用一台机器人为汽车轮圈喷漆（图 1）。漆层厚度必须达到 100 μm±20 μm。

现在，检测机器人喷漆的首批 56 个零件的漆层厚度，单位：μm，并把检测结果写入一个原始表格（表 1）。然后计算分级数量 k，并借助检测误差 R 计算分级间隔 w（图 2），目的是能够在一个计数线统计表中汇集检测值并汇总分级（表 2）。接着，对频度 n_j 进行计数，并计算出相对频度 h_j，单位：%。最后，通过 h_j 的逐级加法确定频度总数 F_j，单位：%。

接着，借助概率曲线进行抽检样品图形分析（见 85 页图 1）。

概率曲线（W–曲线）

借助概率曲线首先应测试抽检样品的正态分布，然后图形求取计算机床能力的数值 $\bar{x}$、s 和 Δ_{krit}。接着便可以据此推断出总体基本状况中的超出部分。

概率曲线作为对数纵坐标①有着单位为%的频度总数 F_j 和（$100 - F_j$）的比例。变量 u 有一个线性比例，可以简单识读横坐标上的标准偏差 s 和它的一个多倍数。

将分级极限和公差极限写入横坐标②。两根垂直线标记着极限值 UGW（下限值的德文首字母缩写—— 译注）(80 μm) 和 OGW（上限值的德文首字母缩写—— 译注）(120 μm)。概率曲线左边 F_j 对数纵坐标②旁边有一根变量 u 的平行轴线。通过分级上限 – 100%的数值除外 – 将频度总数 F_j 作为各点收入概率曲线，然后画出一条补偿直线，即概率直线（W–直线）。

一条穿过 u=0 或 F_j=50%的横线在 $\bar{x}$ 处切入概率直线。另外两条穿过 u=±3 的横线的交点在作为间距的横坐标上产生加工偏差 $6 \cdot s$。而 Δ_{krit} 是从 $\bar{x}$ 到上极限值或下极限值的更小间距。如果概率直线切入公差极限线（这里只在 OGW 处），便可将超出部分 $\hat{P}_u$ 和 $\hat{P}_o$ 视为总体基本状况中的报废部分。

最后，可用概率曲线中的结果计算出机床能力指数 C_m 和 C_{mk}（图 3）。

① 横坐标 = 横向轴线。
② 纵坐标 = 纵向轴线。

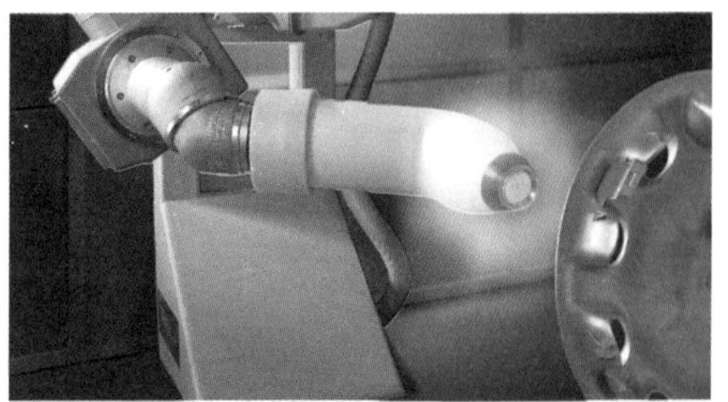

图 1：机器人喷漆设备

表 1：喷漆层厚的原始表格 μm

107	106	109	103	101	113	104	107
107	110	110	116	107	112	101	107
113	105	106	107	110	104	109	110
112	106	107	106	111	106	107	101
104	105	108	104	102	106	104	100
110	109	112	109	109	107	103	104
107	105	97	102	106	107	109	112

$$k \approx \sqrt{n} = \sqrt{56} = 7.48 \Rightarrow k = 7$$

$$R = x_{max} - x_{min} = 116\,\mu m - 97\,\mu m = 19\,\mu m$$

$$w \approx \frac{R}{k} = \frac{19\,\mu m}{7} = 2.7\,\mu m \Rightarrow w = 3\,\mu m$$

图 2：分级间隔 w 的计算

表 2：计数线统计表

分级号	测量值 ≥	测量值 <	计数线统计表	n_j	h_j (%)	F_j (%)
1	96	99	|	1	1.8	1.8
2	99	102	||||	4	7.1	8.9
3	102	105	卌 卌	10	17.9	26.8
4	105	108	卌 卌 卌 卌 |	21	37.5	64.3
5	108	111	卌 卌 ||	12	21.4	85.7
6	111	114	卌 ||	7	12.5	98.2
7	114	117	|	1	1.8	100.0
			分级号	56	100.0	

$$C_m = \frac{T}{6 \cdot s} = \frac{40\,\mu m}{22\,\mu m} = 1.82 > 1.67!$$

结论：
喷漆机器人有能力保证公差。

$$\Delta_o = OGW - \bar{x} = (120 - 107)\,\mu m = 13\,\mu m$$

$$\Delta_u = \bar{x} - UGW = (107 - 80)\,\mu m = 27\,\mu m$$

$$C_{mk} = \frac{\Delta_{krit}}{3 \cdot s} = \frac{13\,\mu m}{11\,\mu m} = 1.18 < 1.67!$$

结论：
喷漆机器人设备必须重新调整，例如调低油漆供给量。

图 3：机床能力的计算

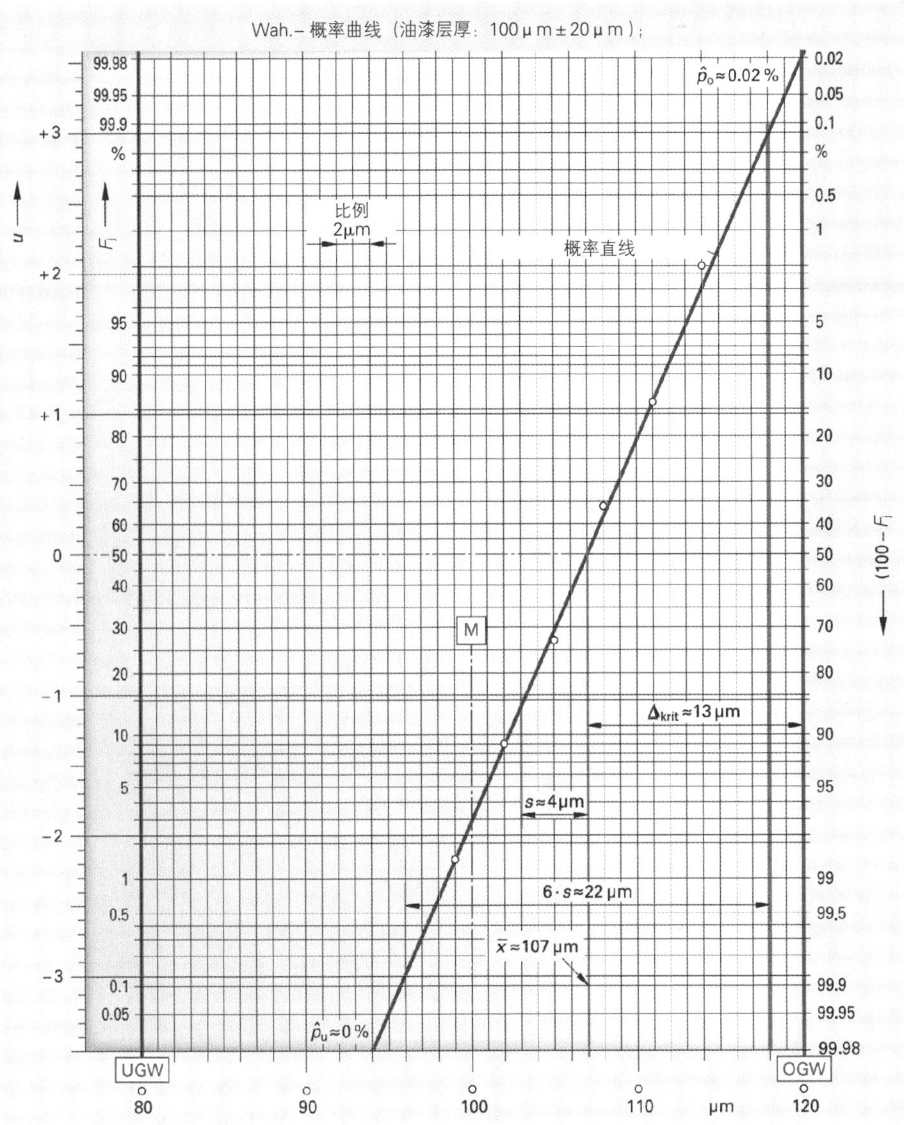

图 1：借助概率曲线分析抽检样品

从图 1 可得出如下结论：

- 检测值呈正态分布，因为频度总数各点均清晰地沿着一条直线分布；
- 算术平均值和标准偏差：$\bar{x} \approx 107\ \mu m$；$6 \cdot s \approx 22\ \mu m \rightarrow s \approx 3.7\ \mu m$；
- 直线走向的陡度相当大，它意味着（数值）分布的偏差相对较小；
- 上限超出部分 $\hat{p}_o$ 达到≈0.02%，实际上低于 0%（在计算页上，概率曲线与 UGW 线没有交点）；
- 平均值 $\bar{x}$ 明显位于公差中线 M 的右边，它与上限值 OGW 的间距达到 13 μm，因此用“临界间距” Δ_{krit} 表示。

2.9 过程能力

过程能力所表明的信息如下：在考虑加工过程所有影响因素的条件下，生产活动中某一个加工过程是否具有长期生产无缺陷零件的能力。

过程能力检验（PFU）是检验“5M 因素”对加工过程的影响，它们分别是：人员、材料、方法、机床和环境（这 5 个单词的德文首字母均是 M）。一般情况下，在实施一种新加工过程之前，在投入使用统计式过程控制（SPC）的新质量控制卡（QRK）之前，或系列加工中对正在运行的加工过程进行过程能力判断时，需实施一次过程能力检验。

> 过程能力检验是一种检验过程能力和控制加工过程的长时间检验。

为了确定过程能力，需在一个较长时间段内从一次预检或从一个正在运行的加工过程中提取抽检样品。过程能力的判断需要至少 25 个针对重要质量特征的抽检样品（n=5 时）。对每一个抽检样品都需求取特性值 $\bar{x}$ 和 s，并据此计算出作为估计值 μ 和 σ 的过程特性值 $\hat{\mu}$ 和 $\hat{\sigma}$。最后，计算出过程能力特性值 C_p 和 C_{pk}，这一点与机床能力的计算类似（图 1）。

$$C_p = \frac{T}{6 \cdot \hat{\sigma}}$$

$$C_{pk} = \frac{\Delta krit}{3 \cdot \hat{\sigma}}$$

最低要求：

$C_p \geqslant 1.33$

$C_{pk} \geqslant 1.33$

经验表明，过程偏差间隔 $6 \cdot \hat{\sigma}$ 时只允许公差利用率达到 75%=3/4。

这就意味着，公差必须大于或等于 $8 \cdot \hat{\sigma}$，因此，$C_p \geqslant 4/3=1.33$。

$C_{pk} \geqslant 1.33=4/3$ 的含义是，过程平均值与每一个极限值的间距必须至少达到 $4 \cdot \hat{\sigma}$。

图 1：过程能力

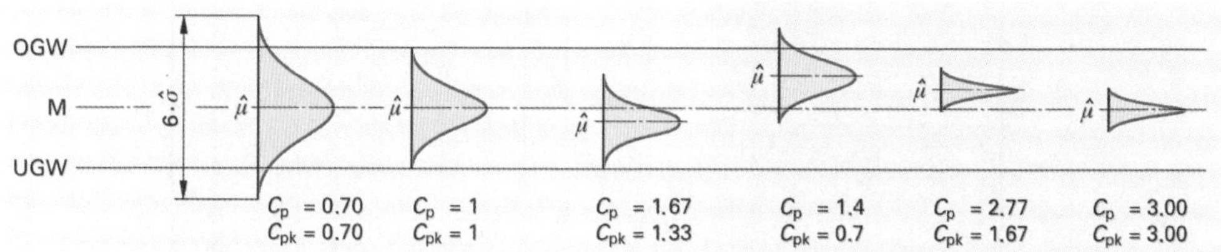

图 2：过程能力特性值举例

只有当一个加工过程可以长期加工无缺陷零件时，该过程才具备过程能力。对此，相对于公差而言，过程偏差间隔 $6 \cdot \hat{\sigma}$ 必须足够小。当无任何未知系统影响因素妨碍加工过程时，我们称这个过程在控制之中（图 2 和图 3）。

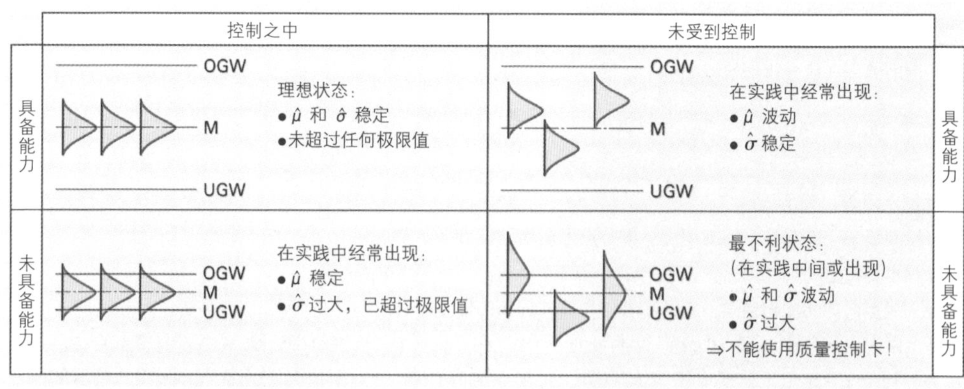

图 3：各种可能的过程状态矩阵图

2.10 使用质量控制卡的统计式过程控制

■ 统计式过程控制（英文 Statistical Process Control, 缩写 SPC）

统计式过程控制时，借助质量控制卡连续观察和控制一个加工过程。统计式过程控制的目标是，及早识别和发现系统偏差，以便能够及时介入加工过程，避免出现废品。

统计式过程控制主要用于大批量生产。其追求的目的是实现具备能力并受到有效控制的加工过程。通过抽样检验持续监视一个在系列生产开始之前已优化的加工过程（→过程能力检验）。应按指定时间间隔从正在运行的加工过程中一般每次抽取 5 件按先后顺序加工出来的工件进行检测。加工过程中预计出现的干扰因素越多并且单件工件的加工时间越短，取样检测的频度也应越高。出现缺陷时，应通过及时介入以低廉的检验成本保证实现零缺陷生产，并继续维持已优化的加工过程。

通过更改统计式过程控制特征及时识别加工过程中出现的系统偏差或故障。这里的过程控制特征是频繁出现的重要的功能性尺寸，它们可由客户确定，若是与安全性能相关的零件，这类尺寸还必须收入技术资料档案。

■ 质量控制卡（QRK）的结构

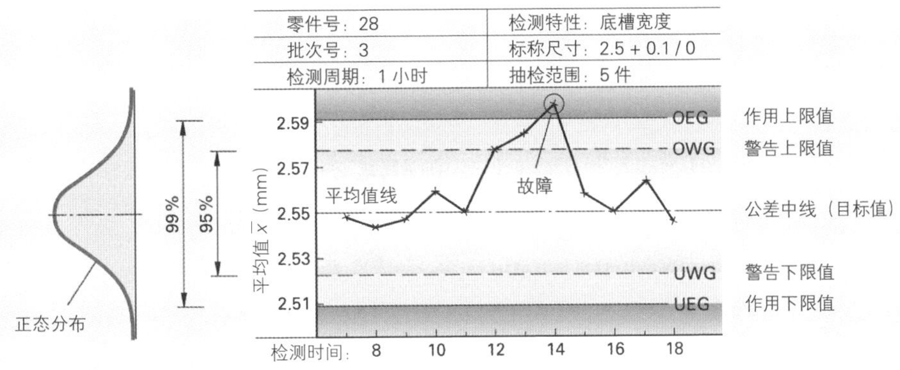

图 1：平均值的质量控制卡（$\bar{x}$ 卡）和平均值的分布

平均值卡范例（图 1 中部）显示出一张质量控制卡的典型结构。图中横坐标列出检测时间或抽检样品编号，而纵坐标的刻度表明质量特征。单个检测值或抽检样品特性值可以按照各不同类型如这里的 $\bar{x}$ 一样作为点记入质量控制卡，并将各点连接起来。

一条点划线构成平均值线（M），它表示公差中线或目标值。将警告值（OWG–警告上限值，UWG–警告下限值）和必要时的极限值（OGW–上限值，UGW–下限值）绘成虚线。警告极限值包括了 95%的特征值。

一条宽实线表示介入极限值（OEG–介入上限值, UEG–介入下限值）。它包括允许数值的范围。通过宽实线的强调作用表明，当超过极限值时，必须在废品产生之前对过程进行修正。一般情况下，介入极限的选择原则是，无缺陷加工时，所有特征值的 99%都应位于这个极限范围之内。若超过该范围，则必须 100%地检验自前次抽检以来所加工的全部零件，目的是排除自前次样品抽取以来所生产的缺陷产品。因此，加工过程必须立即中断，排除故障。

质量控制卡显示特征数值的时间流程和故障出现的时间点。

■ 质量控制卡的种类

现在已有数量繁多的各种质量控制卡（缩写：QRK）。我们首先把质量控制卡分为可计数特征值（不连续的）质量控制卡，例如缺陷汇总卡（见 75 页），及可检测特征值（连续的）质量控制卡。后者又可细分为质量控制验收卡和过程控制卡或西瓦特卡（根据发明人姓名命名）。质量控制验收卡通过公差极限值，过程控制卡则通过过程特性值 $\hat{\mu}$ 和 $\hat{\sigma}$，即通过总体基本状况的估计值（以过程为定向），来确定介入极限和警告极限。现在对警告极限数据的放弃逐步增多。为了能够同时观察一个过程的位置和偏差，可使用双轨质量控制卡。上轨监视过程位置，下轨监视过程偏差。如果是手工执行质量控制卡，需将参数 $\tilde{x}$ 或 $\bar{x}$ 与 R 联合使用。而采用计算机执行过程控制时，主要使用 $\bar{x}$-s 卡。

原始数值卡（图 1）

每次抽检的 5 个检测值均需写入该卡。如果出现相同数值，需标注一个频度数字。该卡的编制原则是，介入极限包括了公差的 75%，因为只有当加工偏差对公差的利用率最大达到公差的 75%时，才能实现加工成本的有利化。使用原始数值卡的条件是，只存在少数几个数值时，或作为正式质量控制卡的前期阶段时。

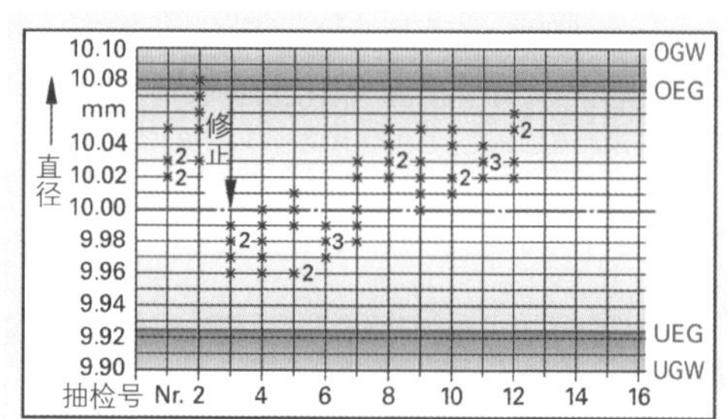

图 1：D=10mm±0.1mm 的原始数值卡

平均值-检测误差卡（$\tilde{x}$-R 卡）（图 2）

在双轨质量控制卡的上轨写入奇数的一般是少量的抽检样品中间值 $\tilde{x}$（中间值）（也可以选择 $\bar{x}$），而在下轨则写入检测误差 R。这些特性值极易确定。所以，此类质量控制卡适宜用于无计算机的、简单且可概览的位置和偏差监视。在 $\tilde{x}$-R 卡中，根据规定公式可计算出介入极限。该计算以参数的偶然偏差范围为基础。引入质量控制卡时或工作环境恶劣时宜使用这种卡。

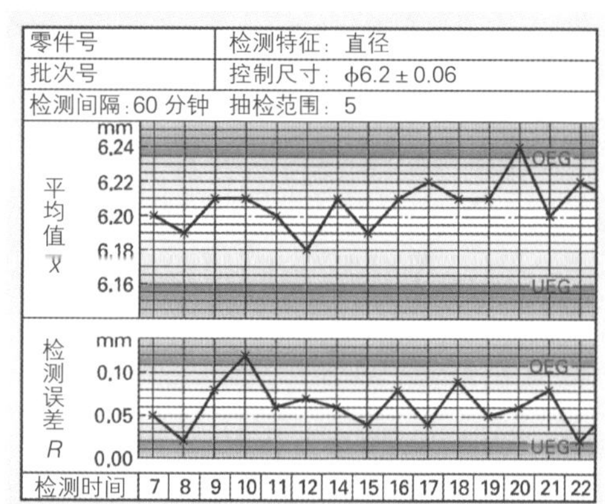

图 2：平均值-检测误差卡（$\tilde{x}$-R 卡）

平均值-标准偏差卡（$\bar{x}$-s 卡）（图 3）

在双轨质量控制卡的上轨写入算术平均值 $\bar{x}$，而在下轨写入各抽检样品的标准偏差 s。如果尚未得知过程参数，可在采用表内补充常数的条件下，从现有抽检样品特性值中计算作为估计值的 $\hat{\mu}$ 和 $\hat{\sigma}$。根据规定公式计算介入极限。$\bar{x}$-s 卡适宜用于采用计算机的、敏感的位置和偏差监视。

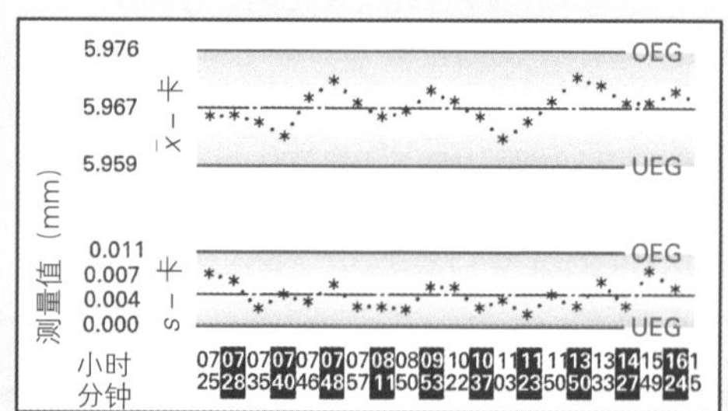

图 3：平均值-标准偏差卡（$\bar{x}$-s 卡）

■ 加工过程的判断原则（图 1）

① 如果一个加工过程的位置和偏差特性值位于警告极限之内，则判断的起始点是一个受到控制的加工过程。

② 如果至少有一个特性值位于警告极限与介入极限之间，则存在着系统变动的危险。对此，必须缩短检测间隔周期。

③ 如果至少有一个特性值位于介入极限之外，则必须立即停止生产。分检出缺陷零件，消除缺陷原因。（在 99%的偶然偏差范围中存在着 1%的错误概率，就是说，当 100 个结果超出介入极限时，只有一次介入是不必要的。）

④ 如果 s 卡或 R 卡低于介入下限值，表明存在着系统偏差的降低和加工过程的改善。

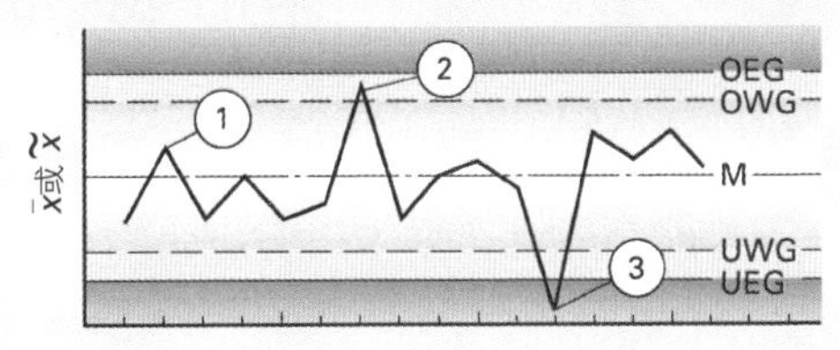

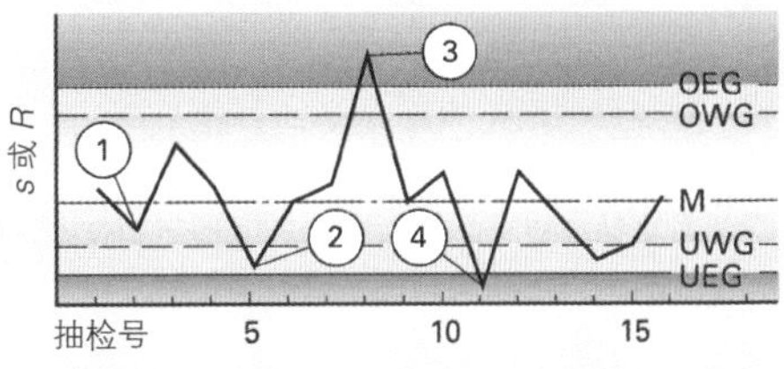

图 1：判断原则

在加工过程中可能会出现特殊的过程进程（图 2）。

过程进程中的故障	观察	措施
OEG $\bar{x}$ UEG	**趋势** 7 个平均值或 R 值依序先后上升或下降	**中断加工过程** 找出故障原因，例如： ●机床的温升 ●刀具磨损
OEG $\bar{x}$ UEG	**走向** 7 个数值依序先后位于中线的上部或下部	**中断加工过程** 找出故障原因，例如： ●刀具磨损 ●材料、检测装置或冷却润滑剂等的更换
a) OEG $\bar{x}$ UEG b) OEG $\bar{x}$ UEG	**中部 1/3** 测量值的 2/3 不再位于介入极限之间的中部 1/3 处 a）测量值距离介入极限太近 b）测量值距离中线太近	**找出故障原因，例如：** ●更换了材料供应商 ●测量值的偏差 ●混入了由若干台机床加工的零件 ●检查检测装置的设备能力、检测方法和设备操作人员在检测技术方面的专业技能

图 2：特殊的过程进程

本小节内容的复习和深化：

1. 相对于 100%的全部检验，抽样检验有什么优点？
2. 统计式过程控制（SPC）有哪些目标？
3. 如果过程能力指数 C_p 和 C_{pk} 相等，这意味着什么？
4. 如果加工进行过程中有一个平均值超过了介入极限，应该采取哪些措施？
5. 哪些质量控制卡适用于人工使用并请解释原因？

2.11 审计和认证

■ 审计

审计这个概念来源于拉丁文 audire（意为：听）。我们把质量审计理解为一种系统的和独立的检验，其目的是发现薄弱环节，敦促改进并检验其有效作用。质量审计应由独立的、培训合格的审计员按照计划予以实施。在审计计划中应详细列举将进行审计检查的内容、时间、方式和地点。用作质量审计的技术资料有，例如责任手册、图纸、标准、检验计划、缺陷汇总卡和质量检验卡。质量审计可根据审计内容与审计人员的构成分为若干种不同类型（图 1）。

图 1：审计类型

产品审计：对产品进行检验，其质量特征是否符合例如图纸和标准的规定，是否已满足客户或生产任务委托人的质量要求，尤其是与功能和安全相关的质量要求。

过程审计：通过过程审计应能指明过程改进的可能性。对此，应检查生产过程的稳定性、效率[①]和效能[②]，以及与法律要求、标准、生产过程技术文件的一致性。

系统审计：判断一家企业整个质量管理体系的有效性和功能能力，找出其薄弱环节以及改正和改进的措施。

内部和外部审计。内部审计可用作判断自身功效的管理工具。外部审计可分为供货商审计和认证审计。企业通过供货商审计 —— 一般以过程审计的形式 —— 评估它的供货商。而认证审计则是审计一家企业的能力及其管理体系。

■ 认证

我们把认证理解为由独立和公认[③]的认证机构承认一家企业质量管理体系的一种认可方法（图 2）。原则上，认证是自愿的，但时至今日，在许多方面已对企业形成一种强烈压力，迫使企业主动要求进行认证。例如汽车制造商，它们只有在通过联邦机动车管理当局的认证证书证明其产品质量管理能力之后，才允许销售它们的汽车产品。许多终端客户也只将他们的生产订单交给已经认证的企业。若没有已认证质量管理体系的供货商（见 73 页图 1）实际上毫无机会被接纳成为大型企业供货商的一员。

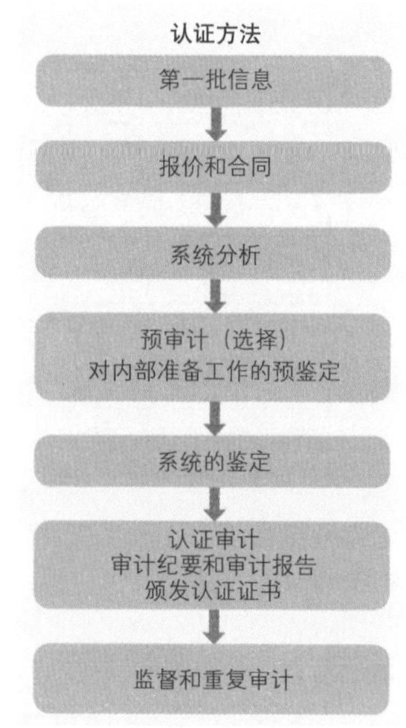

图 2：认证流程示意图

认证应按照国际标准化的标准进行，例如按照 ISO-9000 标准系列或相应的 ISO/TS 16949 标准（汽车工业）。认证必须由独立的检验机构实施，例如 DQS（德国质量管理体系认证协会），TüV（德国技术监察协会）或 DEKRA（德国机动车监督协会）。一般情况下，一份认证证书颁发的有效期为三年。认证检验的内容如下：

- 质量管理体系的技术文件（手册、过程说明、工作说明和检验说明）；
- 技术文件所规定的生产流程到实际工作的转换；
- 过程的效率和效能。

①有效性。 ②经济性。 ③法律认可。

2.12 持续改进过程：企业员工优化过程

当今企业界，各企业都努力通过技术革新和持续改进来继续开发其产品，使自己具备并保持竞争能力。

我们把技术革新（拉丁文：innovatio，意为创新、革新）理解为一种通过新发明、新型加工过程或对新型机床或设备的大量投资所达成的跳跃式进步。

KVP是持续改进过程的德文缩写，其英文缩写为CIP（Continous Improvement Process）。开发出这种改进质量方法并从中取得巨大成功的日本人为此创造出概念KAIZEN（图1）。

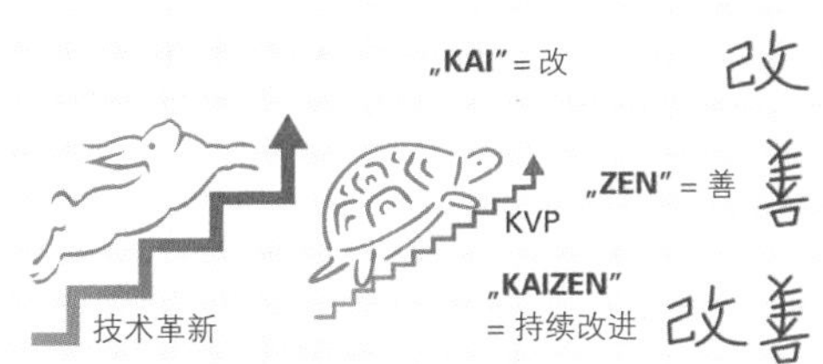

图1：大幅度跳跃式进步和小幅度进步

> KVP和KAIZEN的目标设定为持续不断地改进质量和降低成本。

所以，KVP和KAIZEN致力于改进产品、过程和组织机构，作为步伐不大但持续不断努力的结果。其实施措施均以企业员工和优化过程细节为本。过程优化是按照KAIZEN哲学的观点付诸生产实践的。只有整天与实际生产打交道的人，才能有效找出生产过程中的薄弱环节，也知道如何才能更有效地消除薄弱环节。而生产实际中出现的问题也由所有参加生产过程的企业员工现场解决。它涉及工作流程和工作方法的持续改进，以期获得更好的信息流和零件物流以及更高质量的产品和服务（表1）。

KVP和KAIZEN的前提：解决问题的行动中接受意见、技改动机和员工培训，以及企业员工定期的信息和积极有效的小组工作。一个最多10名员工的工作小组的各位成员应来自企业各个不同领域。表2所示就是KVP实践的基本原则。

此外，KVP和KAIZEN还致力于消除浪费。所有不利于产品升值的行为，如返工或维修时间等，都是浪费的根源（表3）。

表1：技术革新和持续改进的对比

技术革新	KVP（KAIZEN）
通过下列内容取得戏剧性改变：	通过下列内容取得持续不断的改进：
●大幅度跳跃 ●高额投资 ●独特的主意 ●以目标或结果为定向的想法 ●以工艺为定向 ●少数专家	●小步伐 ●员工奖金 ●小组工作 ●以过程为定向的想法 ●以员工为定向 ●包括所有员工

表2：KVP实践的基本原则

- ●抛弃常规看法
- ●怀疑现时所采用的方法
- ●认真思考如何才能做点什么，而不是考虑为什么不行
- ●立即采用一个能解决一半问题的措施好于一个可百分之百解决问题但却从不使用的措施（英文“just do it”——现在就干）
- ●立即排除缺陷或故障
- ●持续不断地寻找有利成本的解决方案
- ●不惧怕任何困难 只有在困难面前方显出聪明才智
- ●发问5次“为什么”，找出真正的原因
- ●三个臭皮匠凑成一个诸葛亮
- ●KVP永无止境

表3：生产过程中的各种浪费类型

- ●生产过剩
- ●维修时间
- ●不必要的运输
- ●有缺陷的生产过程
- ●不必要的库存
- ●质量缺陷和维修
- ●多余的方法

2.13 英语实践

■ Quality management

Many companies have become certified and implemented a quality management system according to ISO 9000 standards. Modern quality management encompasses all activities in a company. It is carried out successfully if all employees follow the guidelines of the ISO standards.

Quality is an important element for the success of a company. It plays a major role and it is the result of systematic planning and management of products and processes. Its importance is highlighted by the provision of awards and prizes (Figure 1).

Figure 1: Samples for logos by accredited certification companies and special awards

■ Quality tools

Quality tools are graphical aids for representing qualityrelated analysis and/or findings (Figure 2).

- The defect chart detects and lists errors in a production process.
- The histogram shows the frequency of quality relevant data into classes.
- The quality control chart is a graphical aid for for continuous process monitoring.
- The Pareto chart displays causes of problems in order of importance.
- The cause-and-effect diagram ("fishbone chart") is used to find the causes of problems.
- The scatter diagram determines a relationship between two features.

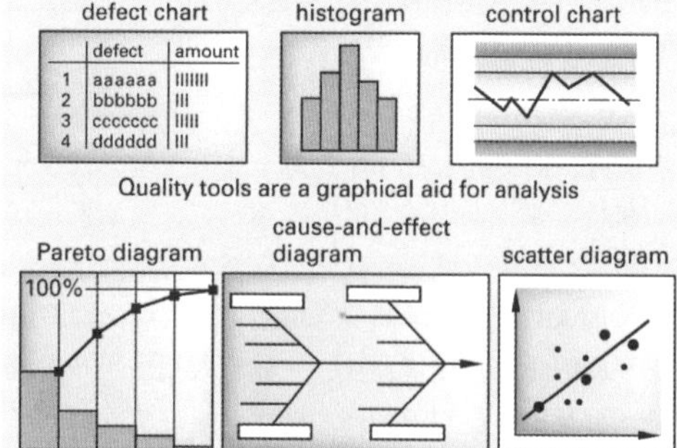

Figure 2: Quality tools

■ Distribution of measured values

If the sample size is increased and the class intervals are reduced, the staircase shape of the histogram of normally distributed values turns into a normal distribution bell curve(Figure 3). The measured values of many industrial processes are normally distributed, e.g. length measurements.The normal distribution is a continuous, symmetric and bell-shaped curve. The characteristics of a sample are the arithmetic mean and the standard deviation s. , q provides information of the location of the distribution with respect to the limits, s describes the scattering of the measured values around the mean.

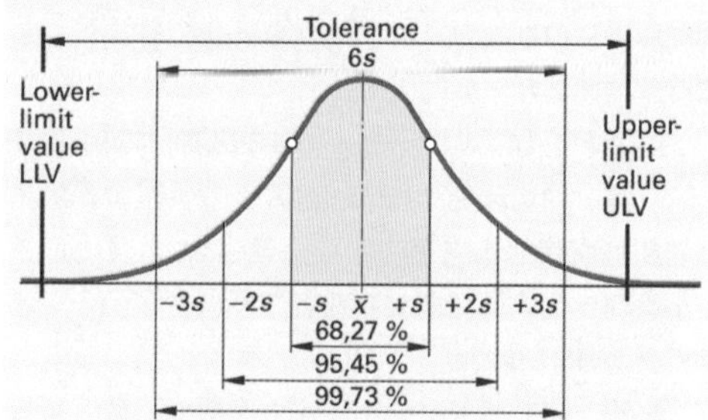

Figure 3: Normal distribution of values

■ Statistical process dontrol (SPC)

Statistical evaluation methods such as sampling inspection, capability studies and the use of quality control charts are part of the statistical process control, and thus of the quality assurance(Figure 4). Quality control charts (QCC)are used to momitor key products or process characteristics in mass production.

	Machine capability	Process capability
Item	machine	production process
Volume	1 sampling testing, $n \geq 50$	permanent testing of samles, $n \geq 5$
Aim	evaluation of machine	evaluation of process
Application	e. g. new acquisition	current manufacturing process
Values	C_m, C_{mk}	C_p, C_{pk}

Quality control chart

$\bar{x}$ – chart

UCL

LCL

Figure 4: Capability study and quality control chart

3　加工制造技术

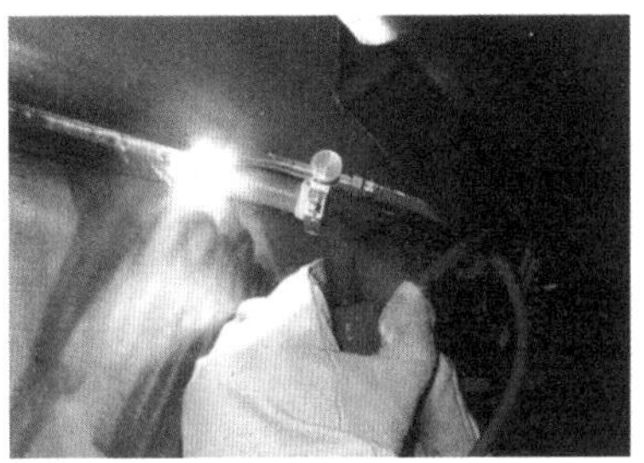

3 加工制造技术

3.1 工作安全

为保障工作安全和防止事故发生，每一个职业门类都有自己的事故预防条例（德语缩写：UVV）。此类防护条例由各行业协会颁布，在各企业内都必须张贴悬挂（图 1）。

每一个企业职工都必须认真遵守这些条例规定，并通过学习学会实施事故防护措施和行动，明白违反安全条例的行为将引发身体疾患，导致身体和财产的损坏。违反安全条例的行为是指因不注意安全条例规定和安全标志对自己和同事以及企业的设备和装置造成损坏的行为。

> 工作位置上的事故防护应能保护人员和设备免受损害。

3.1.1 安全标志

我们用各种不同种类的标志来标记工作范围。

■ **号令标志**

蓝白色圆形号令标志显示应采取的保护措施（图 2）。它们规定了列为保护措施的指定行为方式。例如，在砂轮机旁工作时必须佩戴防护眼镜。

■ **禁止标志**

这类标志也是圆形的，它们把禁止的行为作为黑色图像显示在白色的底色上（图 3）。其红色边框和红色横杠使人很容易识别。

可燃液体和气体以及到处漂浮的细微粉尘在与空气混合后可能构成爆炸危险。仓储或加工这类物质如汽油、乙炔或木屑等的空间均视为有爆炸危险。在这类空间内必须放置禁止火焰、明火和烟的禁止标志。

■ **警告标志**

一尖向上的三角形警告标志是黄黑色设计（见第 95 页图 1）。在存放例如有毒或腐蚀性物质的地方，这类警告标志提示，对待这种危险物质必须极其小心，搬动运输时必须采取相应的防护措施。

■ **救护标志**

救护标志是正方形或矩形，绿白色（见第 95 页图 2）。它提示例如此处是逃生通道，或本标志地点存放有绷带箱或急救箱。

> 为了提高工作地点的安全性，应相应地安放号令标志、禁止标志、警告标志和救护标志。

图 1：企业行业协会的符号

图 2：号令标志

图 3：禁止标志

3.1.2 事故原因

一般都是人为的失误导致事故的发生，如对危险的模糊认识和轻率，还有技术方面的失误。

虽然经过基本培训并操作谨慎，但人为失误仍无法完全消除。但通过安装安全装置，例如闭锁装置，应能把不良后果尽可能限制在最低限度。

技术失误可能因例如材料疲劳或未能预见的过载而出现。但即便在失误的情况下，例如机床上夹紧装置的夹紧力下降，机床仍不允许启动，或必须立即自动回复到停机状态。

3.1.3 安全措施

必须通过预防性安全措施阻止事故的发生。这包括消除事故危险，屏蔽或标记危险地点以及阻止危害的发生。

■ 必须消除危险

机床、工具和设备出现故障时必须立即报告主管人员。

交通通道和逃生通道必须始终保持畅通。

锋利的和尖锐的工具不允许装入衣服口袋。

工作之前需摘除首饰、手表和戒指等物品。

■ 危险地点必须屏蔽或标记

不允许擅自移动挪开保护设施、指示牌和安全装置。

齿轮传动机构、皮带传动机构和链条传动机构以及相互啮合的部件都必须加盖防护。

装有易燃、易爆、腐蚀或有毒物质的容器必须加以标记并存放在安全地点。

■ 必须阻止危害

面对火花飞溅、高温、噪声和射线等必须穿戴合适的防护服装。

通过防护眼镜、防护挡板、防护罩和防护屏排除对眼睛和面孔的危害。

对于电器设备和装置应采取特殊的防护措施（见 504 页）。

> 凡涉及机床、设备和加工过程的安全，更主要是涉及工作人员生命和健康的安全事宜，每个人都必须共同思考，共同负责并相互帮助。

本小节内容的复习和深化：

1. 安全标志是如何划分的?
2. 通过什么装置阻止对面孔和眼睛的危害?
3. 引发事故的原因可能是什么?
4. 哪些防护措施适用于电气装置?

通用警告标志

地面运输车辆警告

可燃性危险物质警告

爆炸性危险物质警告

激光射线警告

有毒物质警告

放射性物质或等离子射线警告

危险电压警告

图 1：警告标志

急救药箱

集合地点

自动化外置心脏除颤器[①]（AED）

紧急逃生通道（右侧）

逃生通道向左上方

图 2：救护标志

①消除心率障碍类突发疾病的装置。

3.2 加工制造方法的分类

可以按照下列原则划分工业和手工业加工方法，即采用一种加工方法时，工件的形状是否被创造、改变或保留。如果再加上下面这些因素，是否直到加工时才出现材料的接合或材料在加工时是否仍保持不变，或变小或变大等，那么我们可以把加工方法划分为六个大组（图 1）。

通过下列方法工件的形状将会					
创造	改变			保留	
造型 （大组 1）	成型 （大组 2）	分离 （大组 3）	接合 （大组 4）	涂层 （大组 5）	材料特性的改变 （大组 6）
通过下列方法材料的接合将会					
创造	保留	变小	变大		或保留或变小或变大

图 1：加工方法的分组

各大组的加工方法

■ 造型

造型是指用无形状的材料创造出工件（图 2）。在加工方法进行过程中才产生材料的接合。

材料的初始状态	加工方法（举例）
●液体	浇铸
●塑胶状，糊状	挤压
●颗粒状，粉末状	烧结
●电离状	电镀

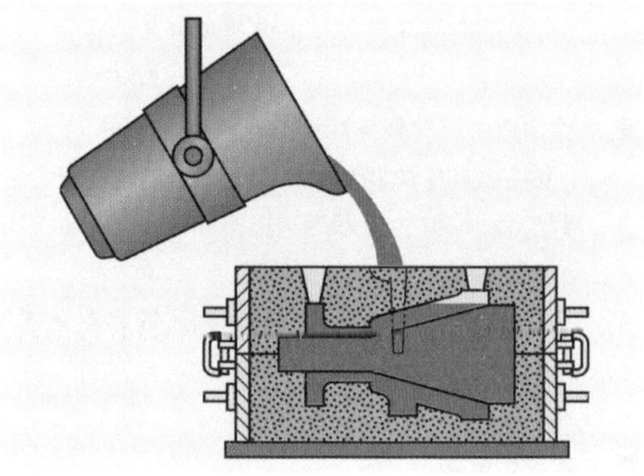

图 2：造型（浇铸）

■ 成型

成型是指通过弹性变形的方法改变一个固体工件或一个初始产品的形状（图 3）。这时材料的接合仍保持不变。

过程	加工方法（举例）
●压力成型	轧制，模锻
●拉压成型	深拉
●拉伸成型	延长，扩宽
●弯曲成型	卷边，模弯（用模具弯曲）
●剪切成型	卷绕一个压力弹簧

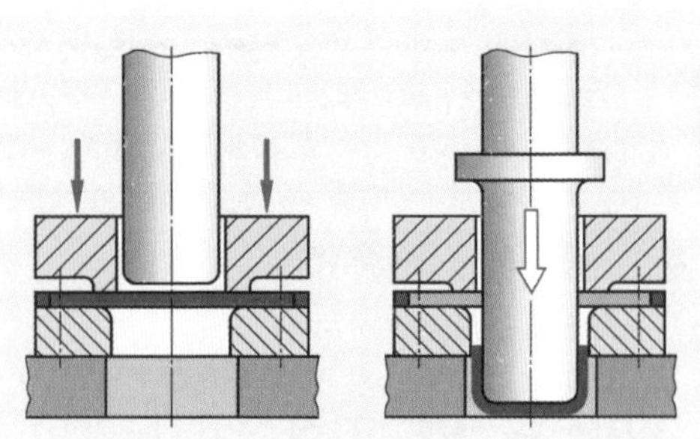

图 3：成型（深拉）

■ 分离

通过分离，从毛坯件制造出工件（图 1）。这时，工件的形状被改变，而材料的接合也在加工区域内被切断。

过程	加工方法（举例）
●分割 ●切削 ●去除 ●分解	剪切，射线切割 铣削，磨削 电火花侵蚀 拧开（螺钉）

图 1：分离（铣削）

■ 接合

通过接合使两个或更多零件可拆卸或不可拆卸地连接起来（图 2）。

过程	加工方法（举例）
●组合 ●压入 ●焊接 ●钎焊 ●黏结	用螺丝钉连接 滚珠轴承的装配 保护气体焊接 软、硬钎焊 用反应性黏结剂

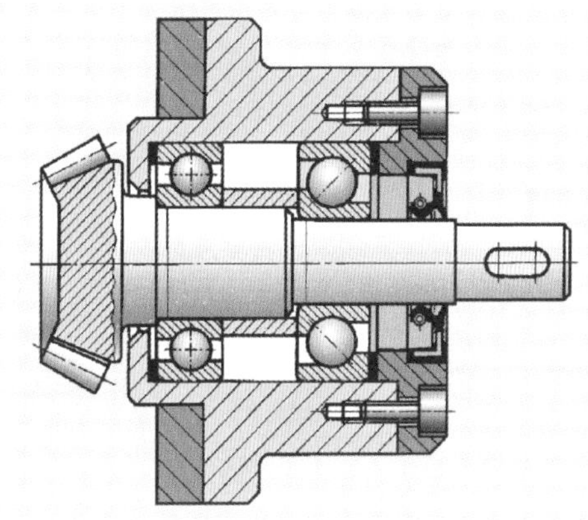

图 2：接合（用螺丝钉连接）

■ 涂层

涂层是指将无形状的材料作为固定附着层涂覆在工件表面（图 3）。

材料状态	加工方法（举例）
●气体或蒸汽 ●液体，软膏状 ●电离状态 ●固体，颗粒状	蒸发 油漆 电镀 热喷涂

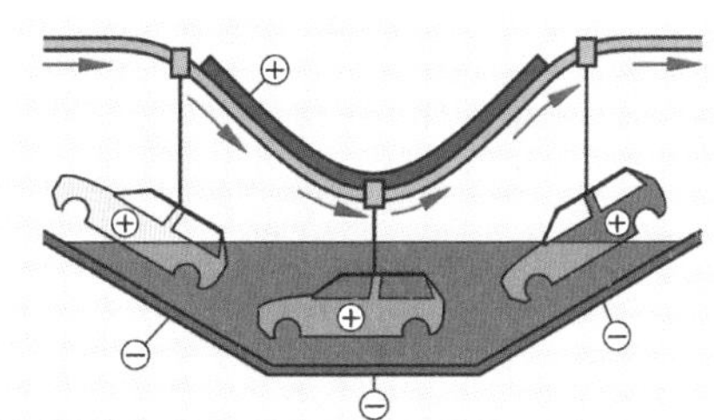

图 3：涂层（电泳漆）

■ 改变材料特性

通过将材料分子移位、分选或加入材料微粒来改变一种材料的特性（图 4）。

过程	加工方法（举例）
●移位 ●分选 ●加入	淬火，回火 脱碳 渗碳，渗氮

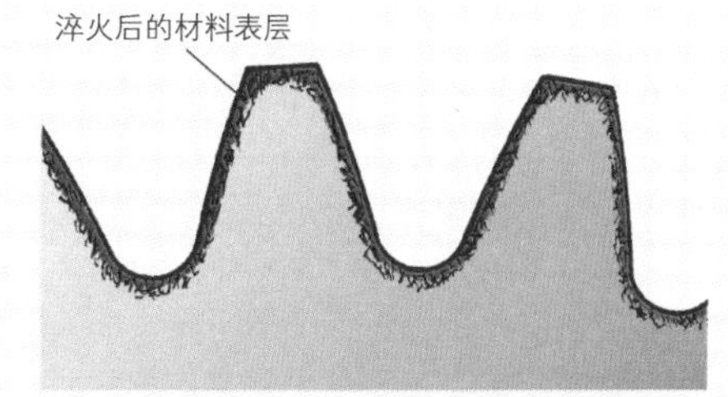

图 4：材料特性的改变（淬火）

本小节内容的复习和深化：

1. 加工方法可划分成几个大组？
2. 请您在每个大组中描述一种加工方法。

3.3 铸造

当工件采用其他制造方法不经济或不可能时，当铸件材料的某些特性需充分利用时，例如良好的滑动性，我们便采用铸造方法制造工件（图 1）。

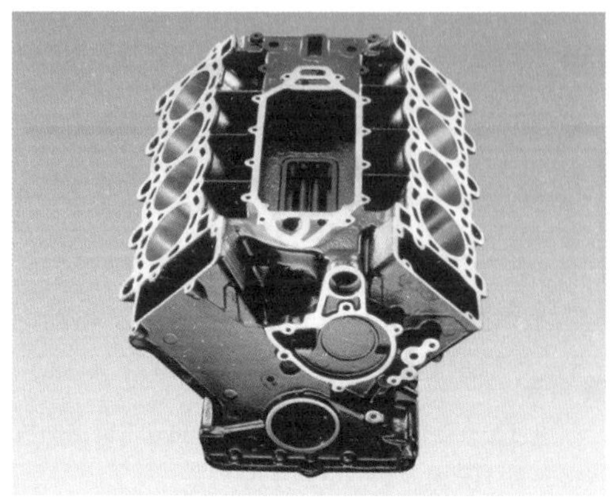

图 1：一台 V8 柴油发动机的汽缸曲轴箱体

3.3.1 铸模和木模

■ 铸模

我们使用一次性铸模和永久性铸模生产铸件（表 2）。

一次性铸模在铸件脱模后便已毁坏。它一般都由石英砂和黏结剂构成。

永久性铸模用于大批量有色金属铸件的铸造。铸模由合金钢或铸铁材料构成。

■ 木模

制造砂型铸模要求使用木模。工件图纸（见 99 页图 1.1）是木模制作的基础（见 99 页图 1.2）。由于铸件在冷却过程中会出现收缩，所以木模尺寸必须大于实际制造的工件尺寸，多出的尺寸余量就是冷却时收缩的尺寸（图 2）。此外在木模上，那些需切削加工的工件面还必须预留加工余量。

收缩尺寸取决于铸造材料，也与木模尺寸有关，它最大可达 2%（表 1）。

木模也分为一次性木模和永久性木模。永久性木模可多次重复用于铸模的制造。而一次性木模则保留在铸模内，浇铸时被液态金属毁坏（见 101 页）。

铸件的空腔或侧凹由泥芯隔出。砂质泥芯用泥芯砂箱制造（见 99 页图 1.3）。通过位于木模边上的泥芯头可在铸模中形成泥芯座（见 99 页图 1.2 和图 1.7）。

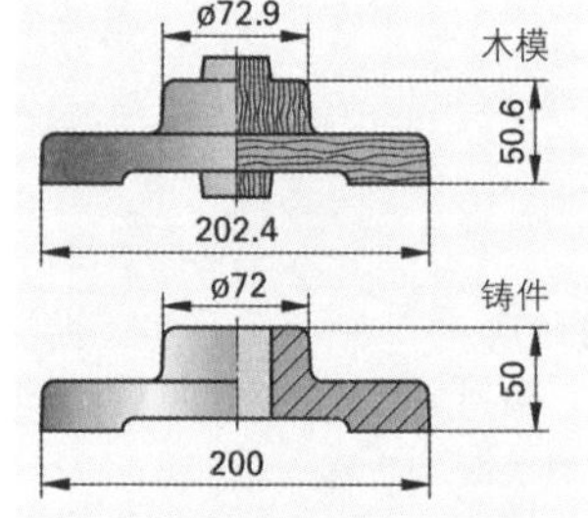

图 2：一个铝合金铸件的木模尺寸

表 1：收缩尺寸

铸造材料	收缩尺寸（%）
铸铁（EN-GJL）	1.0
铸钢	2.0
铝合金和镁合金	1.2

表 2：造型和铸造方法一览表

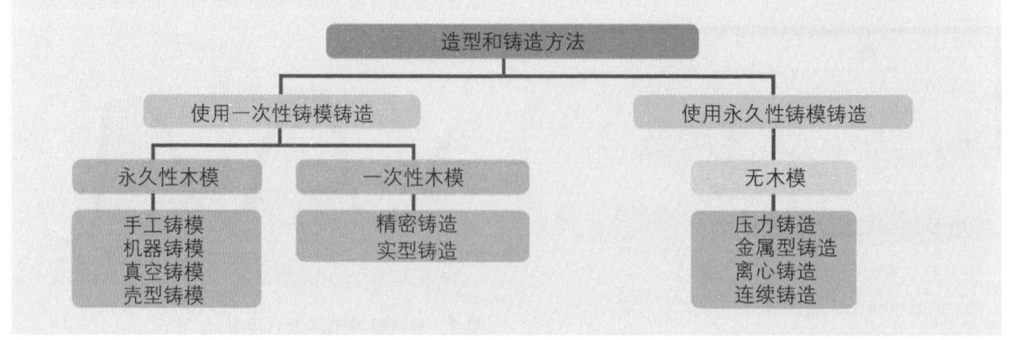

3.3.2 一次性铸模铸造

3.3.2.1 使用永久性木模的造型法

手工造型铸模、机器造型铸模、真空造型铸模和壳型铸模均属于采用永久性木模的造型法。

■ **手工造型和机器造型**

为了把木模装入铸模，一般都采用两个或多个砂箱（图1）。若是大型铸件或批量极小的铸件，其铸模都采用手工造型制作。

为了把做成两半的木模装入铸模，首先把木模的一半放入铸模的下砂箱，并用手工压实填充的型砂（图1.5）。然后，在上砂箱中放入另一半木模，捣实型砂后合在翻转后的下砂箱上，用砂箱定位销固定住上砂箱的位置（图1.6）。上砂箱从下砂箱上抬起后需切出内浇口和外浇口。接着抽出两个半边木模，放入泥芯。由于浇铸时的浮力，上下砂箱将彼此紧扣或因重量而加重（图1.7）。

浇铸时，液态金属充满铸模砂箱。这时，箱内空气通过冒口逸出。随着液态金属从冒口溢出，平衡了铸模砂箱内液体的收缩。这种平衡避免了收缩空腔（缩孔）的产生。

应用举例：浇铸水电站透平机叶轮和加工中心工件装夹平台。

机器造型时，其铸模的制作过程与手工造型时完全一样，但却是由机器完成，例如型砂的压实和抽出木模等项工作。若使用全自动造型设备，除此之外还可自动进行铸模浇铸和冷却后铸件的脱模，从而缩短铸造时间。只在生产中等以上批量的铸件时，机器造型才具有经济意义。

> 机器造型铸件的尺寸精度高于手工造型的铸件，因此具有更好的表面质量。

应用举例：浇铸小轿车的曲轴。

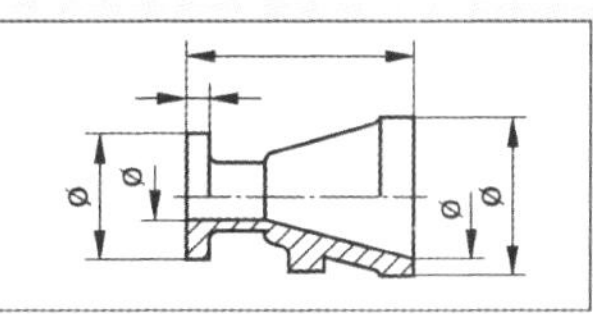

1.1 工件图纸

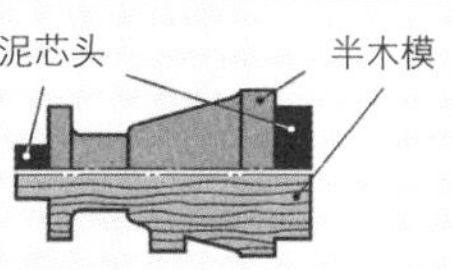

1.2 木模（两半型）

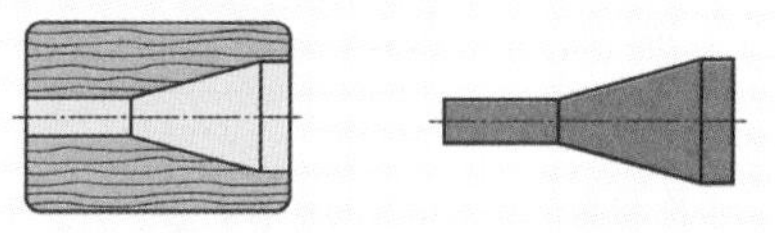

1.3 泥芯砂箱（两半型） 1.4 从砂箱脱出后的泥芯

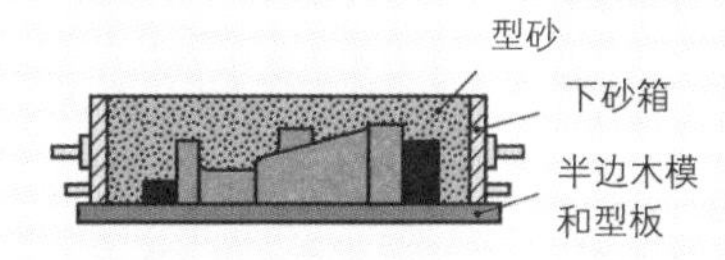

1.5 装入砂箱的木模下半部

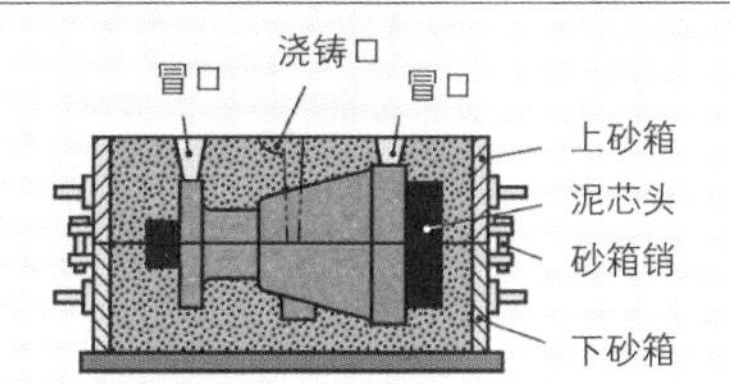

1.6 装入砂箱的木模上半部

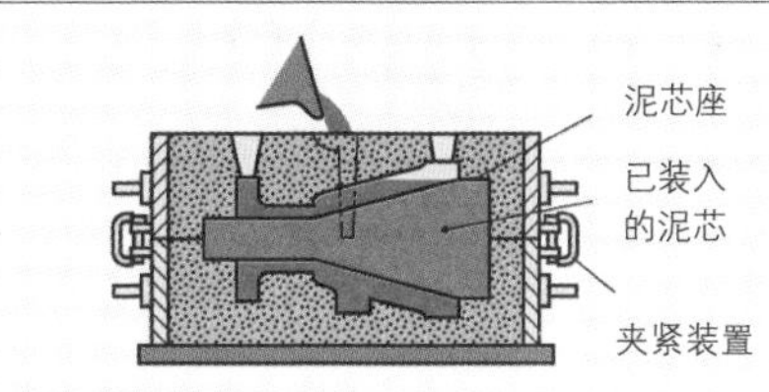

1.7 浇铸

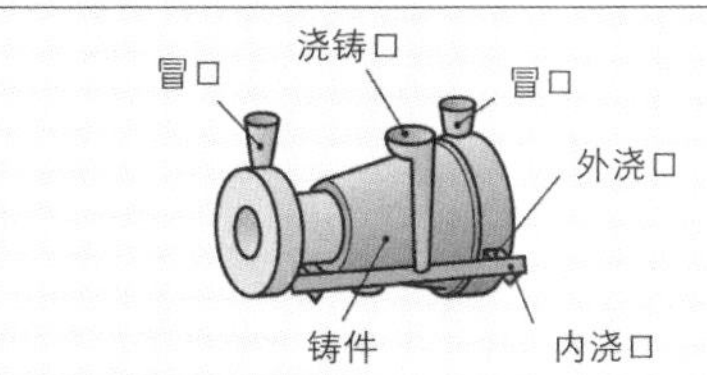

1.8 脱模后的工件

图1：使用永久性铸模生产铸件

真空造型

真空造型铸模要求使用的型砂不含黏结剂。木模上设有小孔，这些小孔与真空砂箱的空腔相连（图1）。木模的内表面覆盖一层塑料薄膜，该薄膜可以经热辐射进行热定型。塑料薄膜在真空作用下紧贴在木模表面（图 1.1）。经过振动压实型砂，盖上第二层塑料薄膜后通过真空抽吸最终将型砂压实（图 1.2）。关断真空砂箱内的真空后便起模（图 1.3）。

另外一半砂箱制作完毕后，合并两个半边砂箱，并在保持砂箱内真空的状态下进行浇铸（图 1.4）。浇铸时，砂箱内的塑料薄膜立即汽化。

> 真空铸模中的空腔因真空负压形成。

铸件冷却后切断真空负压，铸件便可从砂箱中脱落而出（图 1.5）。真空铸模的型砂可以多次重复使用。

应用举例： 浇铸加工机床工作台和压力机侧支座。

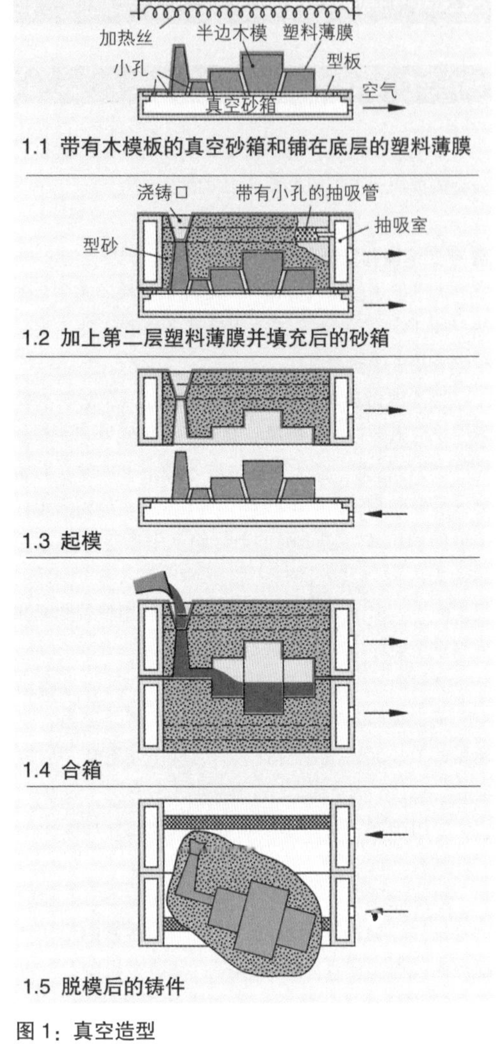

1.1 带有木模板的真空砂箱和铺在底层的塑料薄膜

1.2 加上第二层塑料薄膜并填充后的砂箱

1.3 起模

1.4 合箱

1.5 脱模后的铸件

图 1：真空造型

壳型铸模

制作壳型铸模时，使用由酚醛树脂-石英砂混合物制成的仅几毫米厚的铸模壳和空心泥芯。制作壳型和泥芯时，将型砂振动倒入加热的半边木模。通过酚醛树脂的硬化在 20 至 40 秒后产生一个 8 至 12 mm 厚的壳层，它构成了铸模壳（图 2.1）。从木模方向取下铸模壳后，在约 550℃温度条件下使铸模壳硬化，然后使用同样方法制作泥芯。

两个半边壳型黏接后便构成一个完整的、可用于浇铸的铸模，例如在砂基上浇铸（图 2.2）。

> 采用壳型铸模生产的铸件具有优秀的铸件表面质量和尺寸精度。

应用举例： 浇铸燃气涡轮增压机的透平机叶轮和载重汽车发动机汽缸盖。

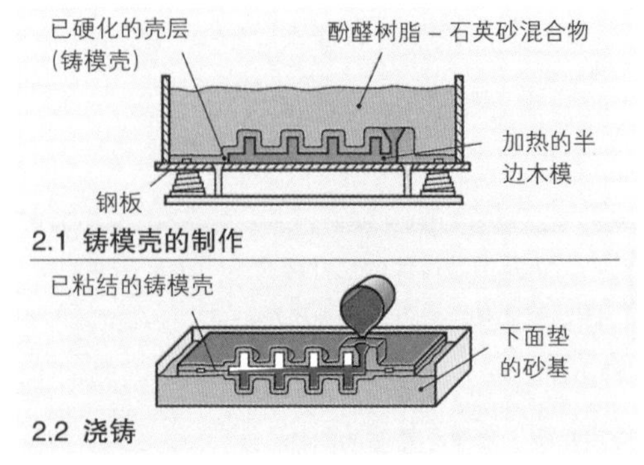

2.1 铸模壳的制作

2.2 浇铸

图 2：壳型铸模

3.3.2.2 使用一次性木模的造型法

属于这种造型方法的有精密铸造和实型铸造。

■ 精密铸造（木模熔化法）

精密铸造法中的木模采用低熔点的材料制作，例如液状石蜡或塑料（图 1.1）。多个木模与浇铸和浇口部分共同连接，组成一个葡萄状（图 1.2）木模排。通过多次浸泡在一种糊状陶瓷性物质中并喷淋陶瓷粉末（图 1.3 至图 1.5），木模排表面形成一层耐高温的精细陶瓷覆层，烘干后，这个覆层即构成铸模。

通过熔解来分离木模材料（图 1.6）。为使铸模具有承受浇铸所必备的强度，需将铸模放入约 1000 ℃高温下焙烧。这时，铸模上残留的木模材料将一同燃烧殆尽。使用这种方法制作的铸模在其高温状态下即送去浇铸（图 1.7）。

> 由于铸模的高温状态，采用这种精密铸造的方法可以制造复杂的和大面积的，但同时侧壁墙板极薄且横截面很小的合金钢工件。其铸件具有上佳的表面质量和尺寸精度。

铸件材料冷却后，剥离陶瓷覆层。接着从浇铸系统中分离出各个铸件（图 1.8）。

应用举例： 铸造涡轮增压机的燃气透平机涡轮叶片和涡轮机叶轮。

■ 实型铸造

实型铸造法中的木模由塑料–硬泡沫制成，并与型砂一起装入砂箱（图 2）。木模装入砂箱后一直保留在砂箱内，浇铸时的高温使它燃烧并汽化。

泡沫塑料木模的制作时间和制作成本都低于木头制作的木模。

> 实型铸造尤其适用于单件工件和样机试制。

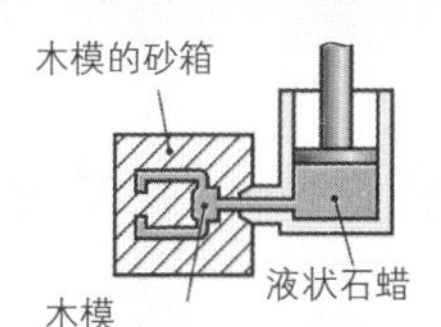

1.1 木模制作

1.2 装配

1.3 浸泡

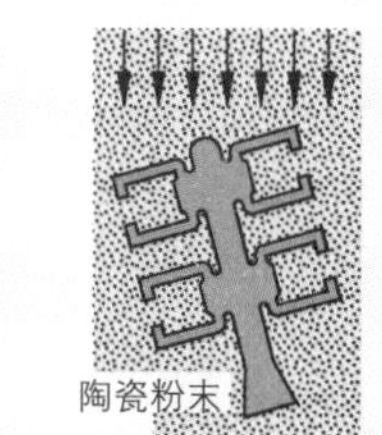

1.4 喷淋

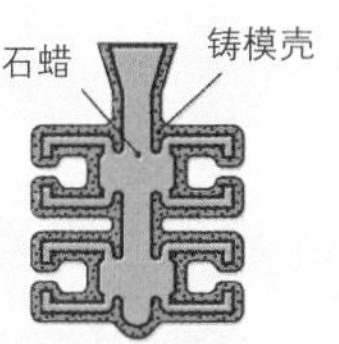

1.5 经过多次浸泡和喷淋形成铸模壳

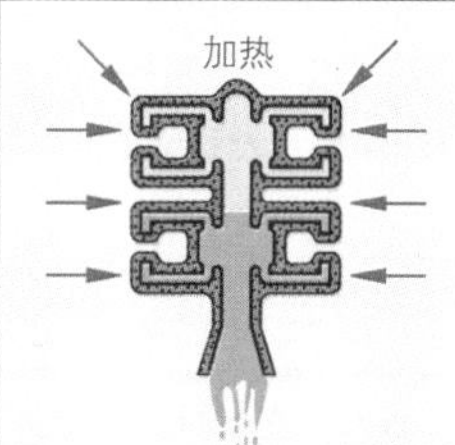

1.6 熔解和燃烧

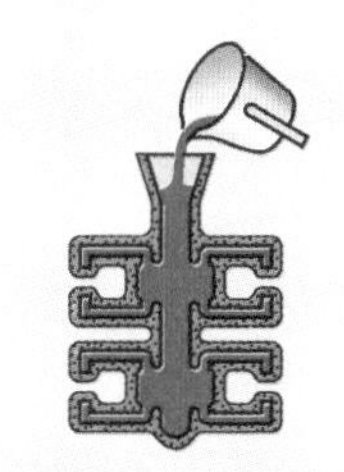
1.7 浇铸

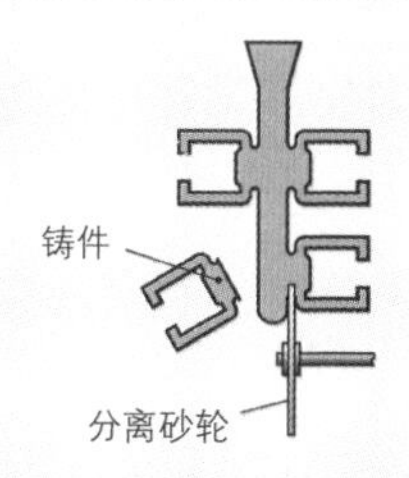

1.8 分离

图 1：精密铸造

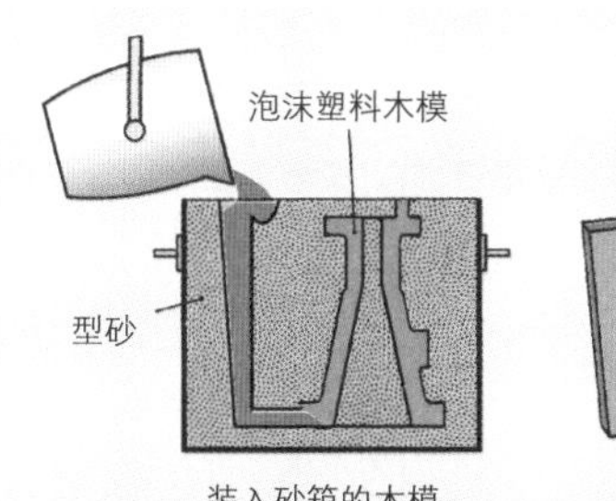

图 2：实型铸造

3.3.3 永久性铸模铸造

属于永久性铸模铸造法的有压力铸造、金属型铸造、离心铸造和连续铸造。

■ 压力铸造

压力铸造法的原理：将金属溶液以高压和高速压入一个由两半或多部分组成的已加热的铸模内。由于高压可以保证浇注的液流充分填充铸模，因而可以铸造壁板极薄的铸件。

压力铸造法分热室压铸法和冷室压铸法。热室压铸法时压铸室在熔液内（图 1）。这种方法多用于铸造低熔点材料和不侵蚀高压活塞及压铸室的材料（表1）。

而冷室压铸法则用一种给料装置将熔液填入压铸室（图 2）。这种方法多用于铸造较高熔点的材料以及对高压活塞和压铸室有强烈侵蚀作用的材料（表 1）。

应用举例：铸造载重卡车发动机的曲轴箱和发动机组。

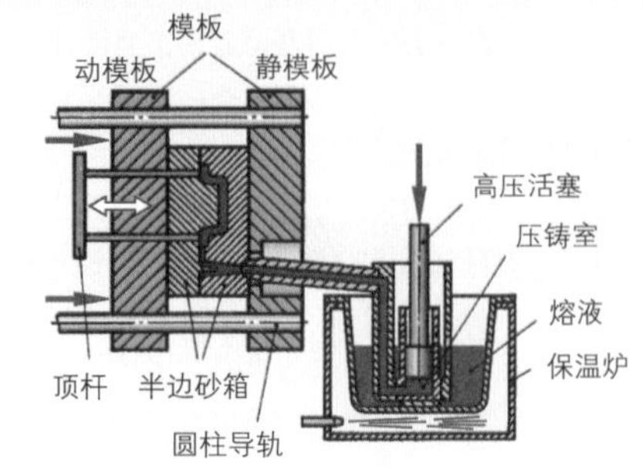

图 1：热室压铸法

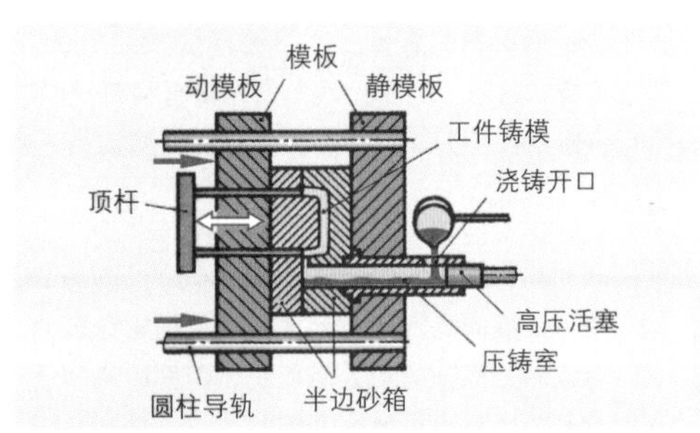

图 2：冷室压铸法

表 1：重要的造型和浇铸方法应用举例及其优缺点

方　法	主要用途	优点和缺点	主要使用的铸件材料	可以达到的相对尺寸精度① (mm/mm)	可以达到的表面粗糙度 (μm)
手工造型	非常大的铸件	可制造任何尺寸的铸件；昂贵，尺寸精度和表面质量要求均低	EN-GJL,EN-GJS,GS,GT,EN AC,G-Cu	0.00~0.10	40~320
机器造型	小型到中大型铸件;中等批量	尺寸精度高，良好的表面质量；但铸件尺寸受到限制	EN-GJL,EN-GJS,GS,GT,EN AC	0.00~0.06	20~160
真空造型	中型到大型铸件；单个铸件和批量生产	制造较大铸件时经济性好；尺寸精度高，表面质量好；投资成本高	EN-GJL,EN-GJS,GS,EN AC,G-Cu	0.00~0.08	40~160
壳型铸造	小型铸件；大批量	尺寸精度高，良好的表面质量；型砂用量少；但金属制模装置昂贵，型砂成本 高	EN-GJL,GS,EN AC,G-Cu	0.00~0.06	20~160
精密铸造	特别小型的铸件	薄壁且复杂的铸件，高尺寸精度，优良的表面质量	GS，EN AC	0.00~0.04	10~80
压力铸造	小型到中型铸件；大批量	薄壁且复杂的铸件，高尺寸精度，优良的表面质量；精细颗粒型组织结构，具有高强度；但只有大批量生产时才具经济性	热室压铸法：G-Zn,G-Pb,G-Sn,G-Mg 冷室压铸法：G-Cu,EN AC	0.00~0.04	10~40

①我们把最大尺寸偏差与标称尺寸之间的关系称为相对尺寸精度。

3.3.4 铸造材料

除对所铸工件提出的要求外，如强度和抗振性能，铸造材料还必须具有其他多种性能。所以铸造材料必须可以低成本熔化，易加工并具有良好的液态流动性。

3.3.5 铸造缺陷

造型、浇铸和冷却时都可能出现缺陷。

■ 造型缺陷

铸疤：铸疤是铸件表面粗糙并且呈凸瘤状的隆起。它产生的原因有，例如型砂残余湿气的蒸发。这些蒸发的湿气稍后凝固在砂层底部，导致砂箱壁变软。变软的这个部分可能会脱落（图 1.1）。而脱落部分将导致型砂被包裹在铸件之内。

错型：错型（又称错箱）产生的原因，例如砂箱销扣得不紧等原因，导致上下砂箱之间木模脱模后形成的空腔错位，浇铸后便产生错型（图 1.2）。

■ 浇铸和冷却时的缺陷

夹渣：夹渣在铸件上形成平坦光滑的表面凹穴。形成夹渣的原因有浇铸熔液除渣不彻底以及不合理的浇口系统等。

气体空腔（气孔）：气孔产生的原因是冷却在金属内部的气体无法逸出所致。严格遵照正确的浇铸温度可以在很大程度上避免气孔。

缩孔：缩孔是在冷却和凝固过程中，因冒口内的铸件材料已冷却而使内部液态金属无法继续通过冒口得到补偿所导致的收缩空腔（图 1.3）。

偏析：偏析是熔液的分解。它产生的原因有，例如合金元素的密度差别过大。偏析将导致在一个铸件内出现各不相同的材料特性。

铸件应力：铸件壁厚的差异，锐角过渡段以及阻碍收缩的设计结构等，这些原因都可能在铸件内形成应力。铸件应力的表现形式主要是铸件的扭曲，还有常见的裂纹（图 1.4）。

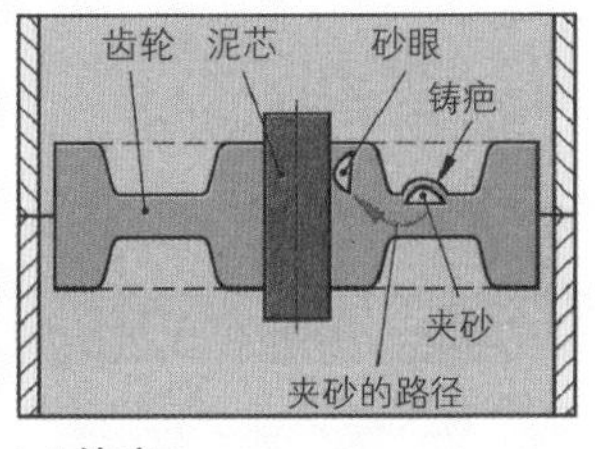

1.1 铸疤

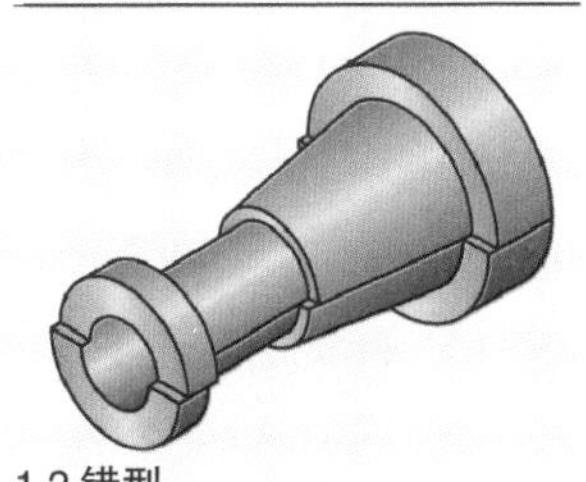
1.2 错型

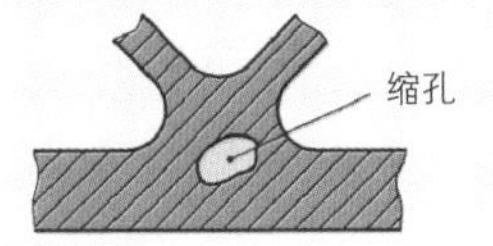

1.3 缩孔

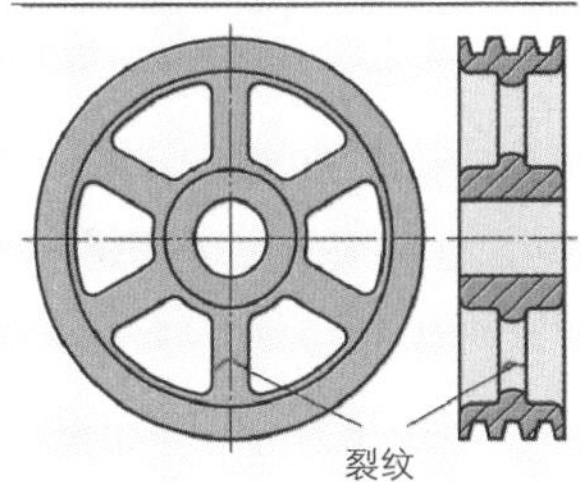

1.4 因铸件应力形成的裂纹

图 1：铸造缺陷

本小节内容的复习和深化：

1. 出于什么原因采用铸造方法制造工件？
2. 为什么木模尺寸要大于待制造的铸件尺寸？
3. 铸造时为什么需要泥芯？
4. 如何区分机器造型铸件和手工造型铸件？
5. 如何制造真空造型的铸模？
6. 哪些铸造方法适宜制造大批量有色金属薄壁工件？
7. 精密铸造是如何制造铸件的？
8. 铸件在造型、浇铸和冷却过程中可能出现哪些缺陷？

3.4 塑料的成型

塑料供货商提供热塑性塑料和弹性塑料的商品形式是中等粒度的颗粒材料（约豌豆大小的粒料或条料），而热固性塑料的供货形式是粉末状或液体状或膏状材料。塑料加工时将这些初始材料通过不同的加工方法制成半成品（管材、棒材、型材）或成型件。

热塑性塑料和热塑性弹性塑料的加工方法是挤出和注塑。热固性塑料和非热塑性弹性塑料的成型方法是模压或同样是注塑。

3.4.1 挤出

挤出法可视为使用螺杆料条挤压机，即挤出机（图 1），连续制造无限长度的塑料料条。

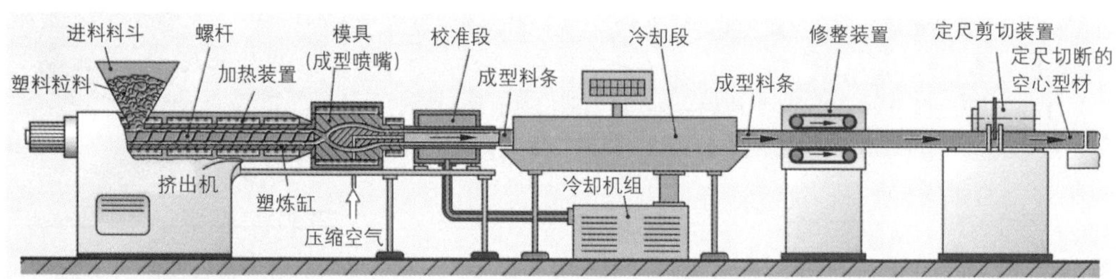

图 1：制造空心型材的挤出设备

挤出机是一种可持续工作的、装有前置模具的、可加热的螺杆料条挤压机。在挤出机内将塑料的初始粒料制成某种可成型的型材。挤出机的加热元件是一根三段式螺杆（图 2）。在进料区，螺杆把粒料送入机器，压缩，并开始加热。在压缩区，螺杆对粒料继续加热，压缩，脱气和塑形。在计量区继续进行塑形和均质化。随着温度的上升形成一种黏稠的塑料熔料。螺杆的旋转产生工作压力，把塑炼的塑料熔料向前推进，并压入成型喷嘴，熔料从成型喷嘴出来后成为料条。成型喷嘴的出料口决定着挤出料条的形状。料条继续前行进入校准和冷却区段，并开始冷却。

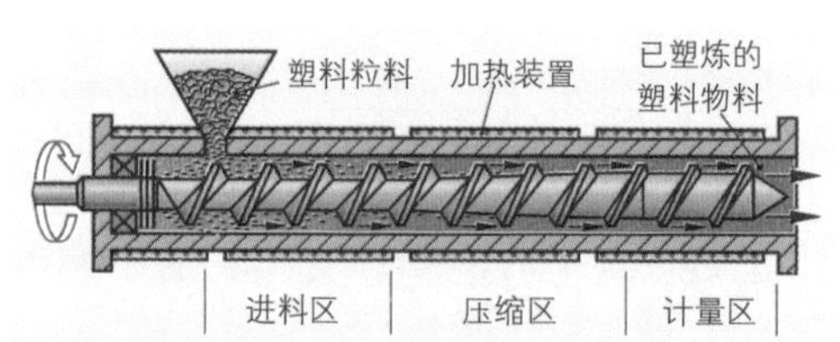

图 2：塑炼缸内的三段式螺杆

通过更换模具（成型喷嘴）可制造出各种不同的半成品。挤出机的典型产品是型材、管材、棒材、板材和带材。

通过压延法，即热轧挤出的扁带，可制造塑料带和塑料厚膜（0.5 至 3 mm）。

塑料薄膜（10 至 30 μm）的制造方法有如下两种：

塑料薄膜挤出法，从扁宽缝喷嘴挤出宽薄塑料带，然后热轧。冷却后即延展至最终产品厚度。

吹挤法，塑料物料通过环形喷嘴挤入一个薄软管，软管吹风拉伸，形成塑料薄膜（图 3）。

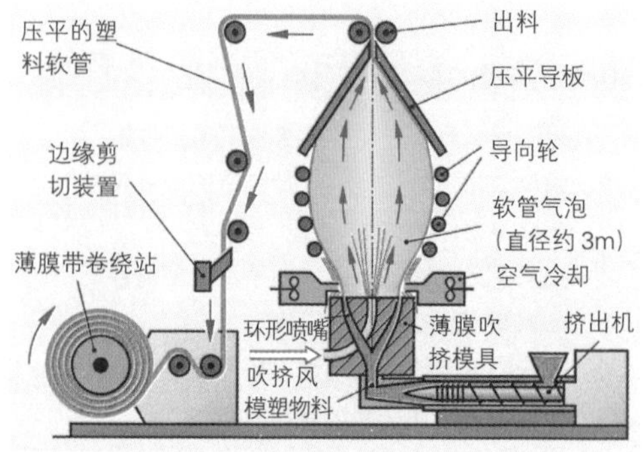

图 3：吹挤法制造塑料薄膜

■ 挤吹法

通过挤吹法的若干步加工过程可制造空腔物体，如油罐、圆桶和方形桶等（图1）。

将由挤出机送出的、仍然热态且仍具塑性成型的塑料管料导入一个空腔成型模具①。关闭模具后，压缩空气吹挤塑料管料，将它挤压贴上已冷却的空腔成型模具壁。塑料管料在模具壁处凝固成型②。随后打开空腔成型模具，将制成品顶推出去③。最后，再次关闭模具并开始下一轮的制造过程。

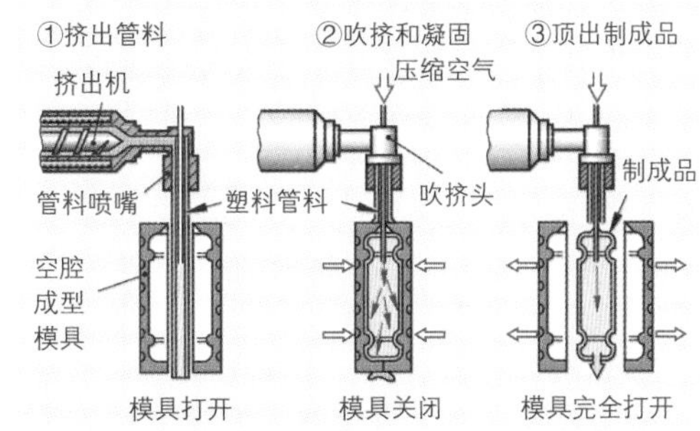

图1：挤吹法制造空腔物体

3.4.2 注塑

注塑法，即将可成型的塑料物料喷注入空腔型模具，采用循环制造方法可制造出复杂的成型件。

■ 注塑机

注塑机安装在一个共用机床床身上，由驱动单元、塑炼单元和喷注单元以及带有两半成型模具的开模/关模单元（图2）。

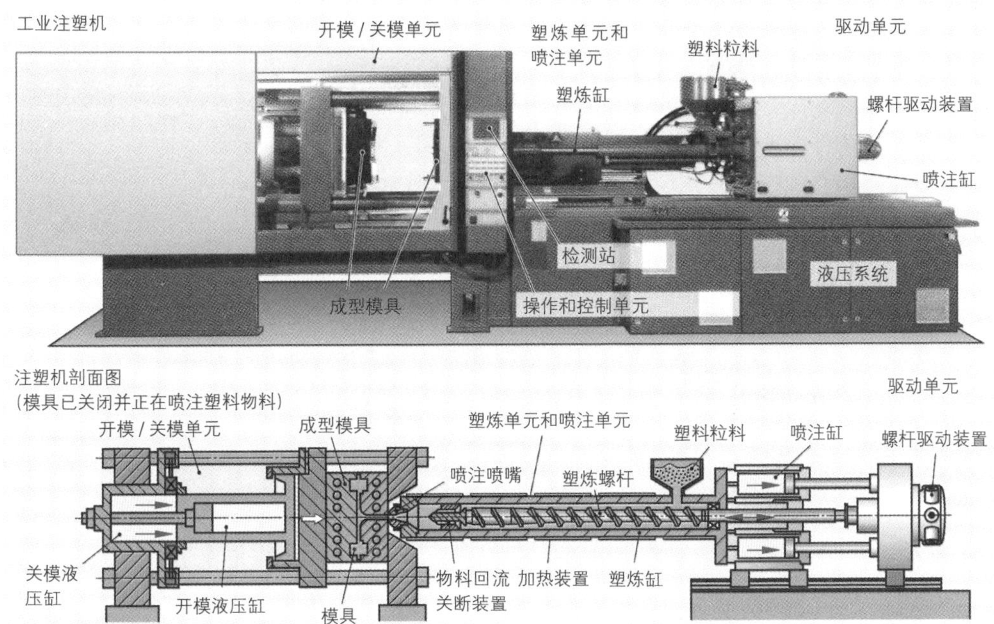

图2：注塑机

塑炼单元由塑炼缸配上螺杆和喷注缸组成。此处螺杆的结构类似于挤出机螺杆。但这里增加了一个物料回流关断装置，塑炼缸也配装了可关断的喷注喷嘴。

开模/关模单元装有关模液压缸和开模液压缸。关模液压缸将模具的两半闭合，在喷注过程中对抗喷注压力，使模具保持闭合状态。

开模液压缸在模具冷却后打开模具的两半，由顶料器或通过压缩空气将制成的成型件顶出模具。

塑炼螺杆的工作是连续的。它在设定温度和黏度条件下对塑料成型物料进行推进、塑形、加热、塑炼等工序，使流动态物料具备喷注条件。

■ 注塑成型的加工流程

注塑是一个由多部件构成的加工循环过程（图1）。

模具关闭和喷注

模具的两半关闭后，塑炼缸及其喷嘴前行至模具喷注口。顶推缸活塞向前推进螺杆，将流动态塑料物料通过喷注通道压入模具空腔①。这里是制成品的成型模具。现在，旋转的螺杆提升喷注压力，并继续挤压塑料物料，直至冷却收缩的平衡。最大喷注压力可达约 200 MPa。模具空腔内的空气从模具分离面溢出。

冷却和顶出成型件

热塑性塑料注塑时，两半模具是冷却的。塑料成型物料的冷却源自模具壁，并在这里形成其最终形状。注塑成型件凝固后，喷注喷嘴关闭，塑炼缸回位。冷却时间完成后，模具打开，压缩空气将成型件顶推出去②。

模具关闭，塑炼缸前行

成型模具关闭。这段时间里，旋转的螺杆在塑炼缸内塑炼塑料成型物料并形成所要求的喷注压力。该压力向后压迫螺杆并蓄积（计量）螺杆前腔内的塑料成型物料，在喷注行程中将物料喷注入成型模具。达到喷注压力后，喷注单元向前抵近模具③并开始一个新的加工循环①。

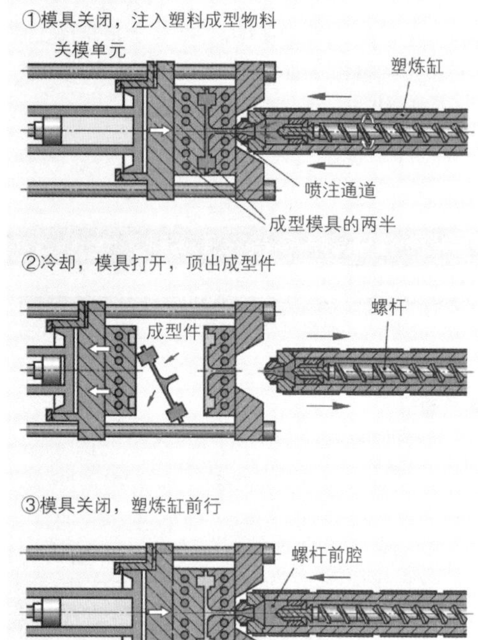

图 1：注塑成型的加工流程

■ 注塑自动化

塑炼螺杆由液压马达驱动。喷注缸和模具关模单元的运动可由液压缸完成，也可采用电动驱动方式。

自动化单元控制着塑炼单元和关模单元顺序已定的加工流程（图 2），使注塑机继续自动运行。

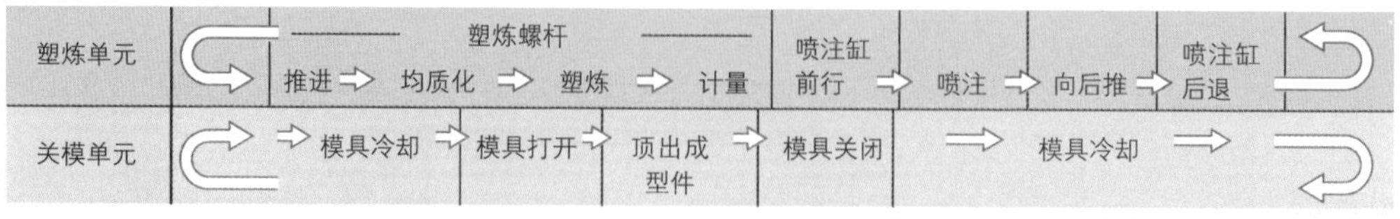

图 2：塑炼单元和关模单元的同步加工流程

注塑法的优点：

- 一个加工过程即可直接将原料加工成为成型件；
- 注塑成型件不需或仅需少量的后续加工；
- 注塑法生产过程可以完全自动化，而成型件具有高度的可再生产性。

注塑加工的过程参数

只有当塑料种类、注塑机和注塑成型件形状以及尺寸等调节参数均优化协调，才能加工出无缺陷的注塑成型件。因此，应检测注塑机多个要点的过程参数，并调制出所需的参数值（见 105 页图 2）。最重要的过程参数是熔融温度和模具温度以及喷注压力。

熔融温度：用熔融温度可调节塑料物料的流动性。熔融温度与不同的塑料种类相关，例如热塑性聚氨酯在 200 ℃至 250 ℃，聚酰胺和聚碳酸酯从 260 ℃至 300 ℃。熔融温度过低将导致模具不能完全填满，但熔融温度过高将损伤塑料物料。

模具温度：模具温度决定着塑料物料的冷却特性和成型件的凝固。冷却温度过低将导致成型件中塑料大分子出现较强的有序排列（图 1）。这将对成型件的机械性能产生影响。模具温度一般应位于 80 ℃至 120 ℃。成型件在这个温度范围内顶推出模时较为柔韧（易弯），但能保持原样。

喷注压力和保压压力：喷注压力与前置的喷嘴直径和通过熔融温度调制的熔融物料流动性一起决定着喷注速度，该速度的合理性影响到模具内熔融物料正面的均匀度。这将导致模具空腔内物料的填充是否充分和无缝隙。因此，模具内部压力在喷注阶段开始时必须缓慢地上升，然后在压缩阶段迅速提升（图 2）。保压压力用于冷却阶段均衡收缩，保持压力，直至成型件完全凝固。

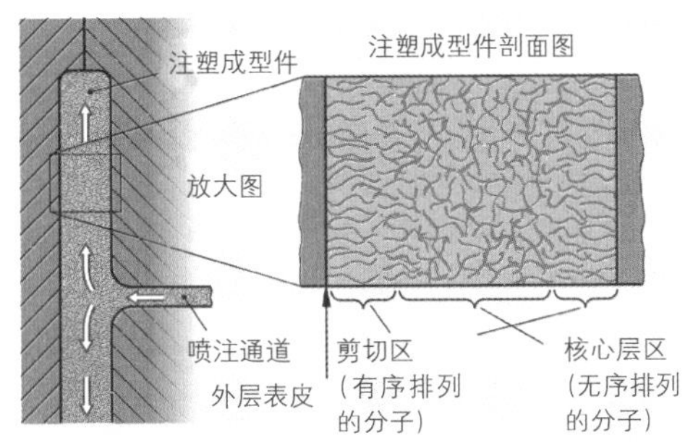

图 1：注塑成型件的组织结构

喷注阶段的影响
a)加工时：
•喷注速度
•黏度
b)对成型件特性的影响：
•成型件中大分子的定向
•成型件表面质量

压缩阶段的影响
a)加工时：
•是否完全填满模具空腔
b)对成型件特性的影响：
•缩孔
•变形
•形成毛刺
•形成多余的边

保压阶段的影响
a)加工时：
•模具的稳定性
•收缩
b)对成型件特性的影响：
•尺寸稳定性
•凹穴
•缩孔
•脱模性能

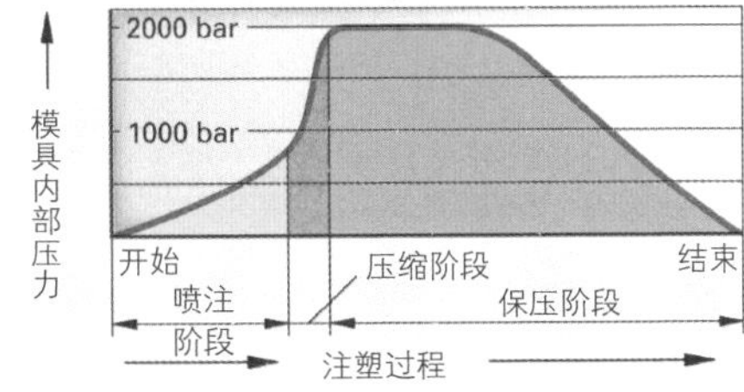

图 2：注塑过程中模具内部压力和受影响的量

热固性塑料和弹性塑料的注塑

热固性塑料和弹性塑料在加热状态下通过反应硬化（交联）形成其固定形状。这种特性限制了此类塑料在注塑时对过程参数的调节，以及注塑机尺寸和其他多种调节。塑炼缸内的熔融温度可达 80 ℃至 120 ℃，因为这时尚未允许进行交联。模具温度则允许达到 160℃至 200 ℃，这个温度范围可促使模具内进行交联和凝固。纤维增强性热固性塑料物料可以进行注塑。弹性塑料和弹性整体泡沫材料注塑时（见 109 页），要求注塑机配装螺杆预塑炼和分离的活塞注塑装置（图 3）。

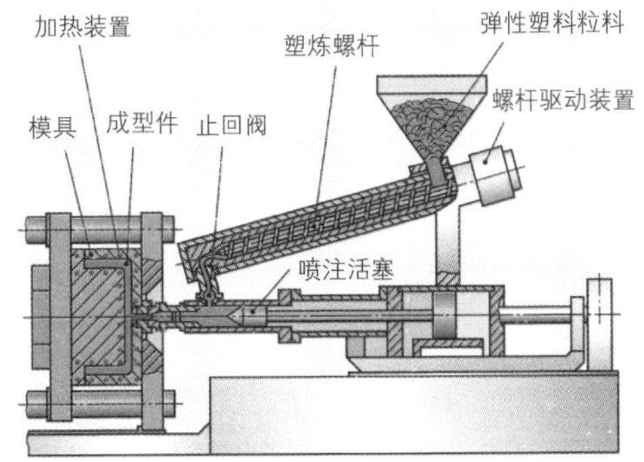

图 3：弹性塑料注塑机

3.4.3 模压

模压用于制造采用填充料或短纤维增强性热固性塑料成型件以及可硬化弹性塑料的成型件。模压加工过程分为四个步骤，可实现完全自动化（图 1）。

图 1①一份已测定质量、未交联、已预热的热固性塑料物料，与硬化剂和催化剂一起，经由进料阀填入模具空腔。

图 1②模压阳模下行，将成型模具空腔内的可成型塑料物料压制成为成型件。压制过程中，物料受到模具边壁的加热而液化，并流动到一起。物料在这个位置上形成成型件，并一直保持至完全硬化。

图 1③和图 1④完成的成型件由顶料器由上而下地退出模具，并由进料阀移送出去。下一个加工流程的塑料物料也于此同时填入模具。

通过在挤出机内预热热固性塑料物料可改善其成型件的质量。由于成型件的硬化时间需持续若干分钟，围绕一台挤出机最多可配装八台模压机，运行时依序将准备完毕的物料送入模压机。

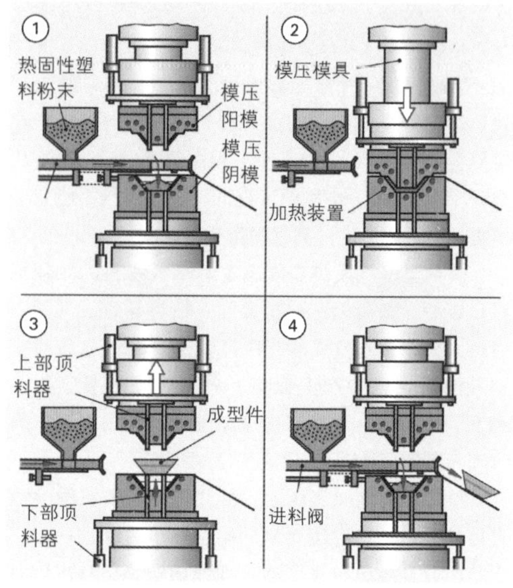

图 1：模压的加工流程

3.4.4 泡沫塑料的原始形状

通过对适宜的、液态的、带有许多小气泡的塑料材料进行发泡处理，并在该结构状态下硬化处理，便产生出泡沫塑料。加入塑料物料中发泡剂的化学分解或气化是形成小气泡的主因。聚苯乙烯泡沫塑料和聚氨酯泡沫塑料是两种重要的泡沫塑料。

聚苯乙烯泡沫塑料（商业名称：Styropor-聚苯乙烯泡沫塑料）的制造分为两个步骤：首先用热水蒸气加热含发泡剂的细颗粒聚苯乙烯。这个过程中，塑料中的发泡剂蒸发，1mm 左右的塑料颗粒发泡胀大到豌豆大小。现在暂存这种泡沫塑料粒料。成型时用水蒸气短时加热这种泡沫塑料粒料，使粒料的微粒继续发泡。然后立即将这种状态下的粒料送入已冷却的成型模具（图 1），并在模具内轻度压缩。泡沫塑料粒料微粒相互粘连，最后凝固形成泡沫塑料成型件。

聚氨酯泡沫塑料块的加工过程是连续进行的（图 2）。一个装有缝式喷嘴的混合料头把液态聚氨酯初级产品在持续向前运行的分离带上喷成一个薄带。聚氨酯初级产品之间相互发生反应，并以小气泡形式释放气体。这些小气泡将尚处于液态的聚氨酯发成泡沫塑料。反应热量使泡沫塑料在输送带上硬化。

将混合的初级产品注塑进入冷却的成型模具即可制造聚氨酯整体泡沫塑料成型件（见 107 页图 3）。通过快速冷却模具边壁可使成型件形成紧凑的外表层，而成型件的核心内部仍保持为泡沫状（见 109 页图 5）。

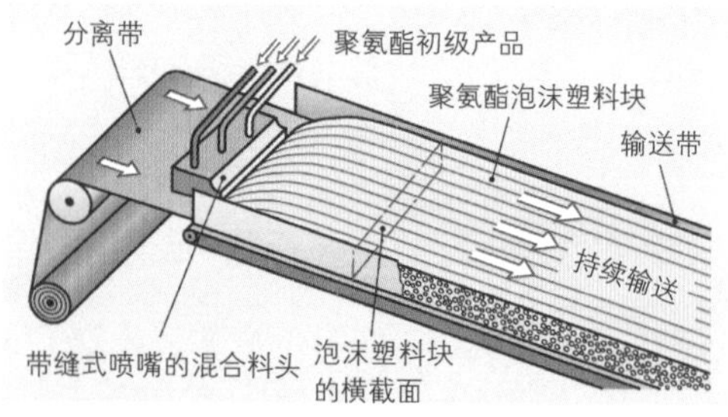

图 2：聚氨酯块的发泡

3.4.5 塑料半成品和制成品的继续加工

■ 热塑性塑料半成品的热成型

热成型法用于制造热塑性塑料的大型件。其初级产品为板材、硬质薄膜、棒材和管材。在需成型的位置加热，接着在成型装置上折弯、卷边或在模具中成型。

真空拉深，例如将均匀加热的板材用真空吸入模具空腔，使之凝固在冷却的模具边壁，形成成型件（图1）。加工制作较大的厚壁成型件时，例如船体或花园池塘，还需借助凸模和压缩空气将工件压入模具。

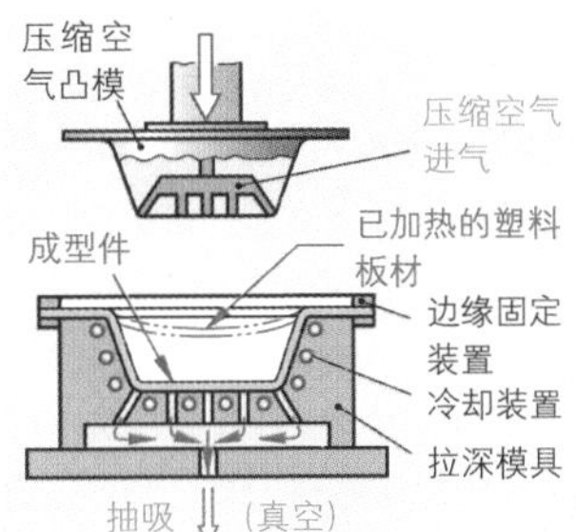

图1：真空拉深法制造浴缸

■ 分割加工和切削加工

在薄塑料板材上可以进行切割和钻孔。对较厚的板材可采用锯切进行分割加工。塑料工件的后续加工可采用手工锉和刮削等方法。

适用于机床切削加工的塑料只有硬质塑料工件。这里的切削加工指钻孔、车削、锯切和铣削。切削加工塑料工件时，必须考虑其远小于金属的导热性能会导致切削产生的热量难以排除出去。因此，必须采用合适的刀具和加工标准值（参见图表手册）。

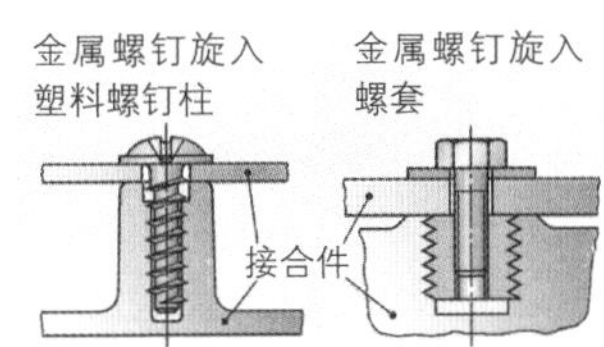

图2：螺钉连接

■ 塑料工件的连接

热塑性塑料工件可通过螺钉、卡接式连接以及整体注塑、黏接和焊接等方式进行连接。而热固性塑料工件可采用除焊接之外的所有方式进行连接。

螺钉连接：常见的螺钉连接采用金属螺钉，它旋入塑料工件螺钉柱底孔后自己形成螺纹（图2）。对于较高负荷的螺钉连接，还需在塑料工件上加装金属螺套。

卡接式连接：此法用于固定罩壳类工件、轮毂盖、插入系统、齿轮组合和静轴（图3）。根据卡接式连接的卡钩或球头结构将卡接式连接划分为可拆卸式或不可拆卸式（见239页）。

整体注塑：小型设备塑料罩壳上固定位置的金属件，例如轴承套和静轴，采用整体注塑法嵌入塑料罩壳（图4）。在注塑之前，先把金属件插入成型模具。喷注的塑料物料包围着插入的金属件，构成不可拆卸的整体。

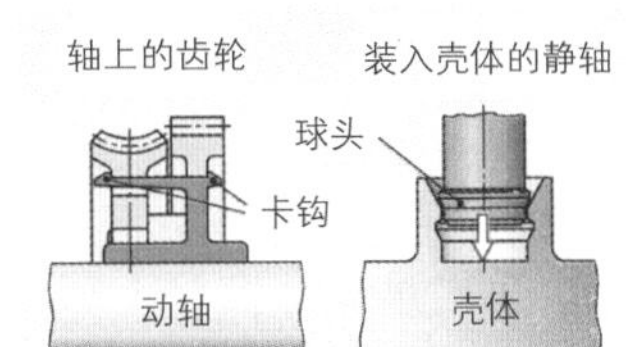

图3：卡接式连接

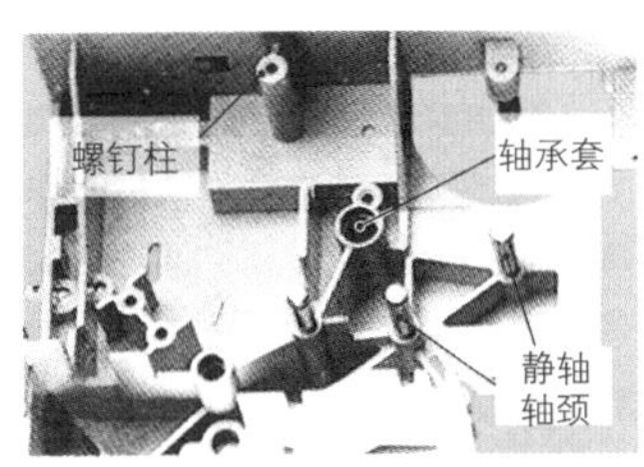

图4：在装置底座内整体注塑的静轴和轴承

■ 黏接

许多塑料工件可采用黏接方式形成固定连接。但黏接点必须预处理，使用合适的黏接剂，黏接件的形状必须适宜黏接。

可溶型塑料：将溶剂型黏接剂涂覆在黏接面上，即可溶解此类塑料工件，如PVC（聚氯乙烯）、有机玻璃、聚苯乙烯和聚碳酸酯等，然后压紧黏接点。黏接接缝处可达到与基本材料相同的强度。

不可溶型塑料：对此类塑料工件，如聚氨酯和热固性塑料，可使用反应型黏接剂进行黏接（图5）。

不可黏接的塑料有聚乙烯（PE）、聚丙烯（PP）、聚四氟乙烯（PTFE）和硅胶件。

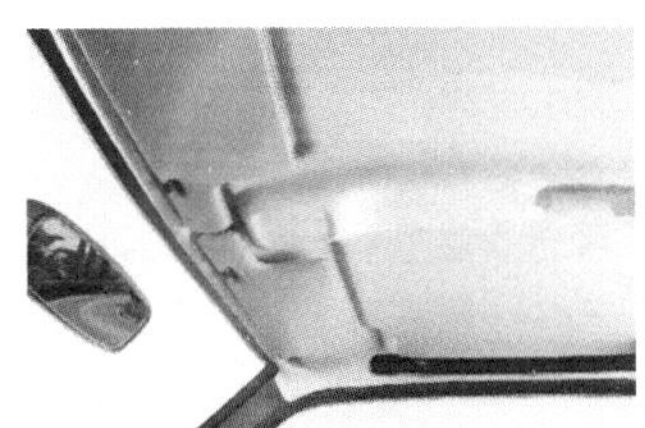

图5：黏接的PUR（聚氨酯）整体泡沫塑料汽车顶棚

■ 塑料的焊接

焊接方式只能接合热塑性塑料工件。焊接有多种方法：

(1) 手工热气焊接：焊接时，风机产生的热气流在电焊机内进行电加热（图1）。电焊机出来的热气流加热工件接合面，并将焊条加热至黏稠状态，对焊接基体材料和辅助材料施加轻度压力，使两种材料流到一起。辅助材料（焊条）的输送由手工或送料装置完成。

厚塑料焊缝由手工焊接挤出机完成。

(2) 加热元件焊接：将待焊接工件的接合面压在加热元件上，加热至面糊状（图2）。然后抽出加热元件，并立即加压对接两个已加热的接合面，使它们焊接在一起。

(3) 摩擦焊接：将两个对称旋转工件，如棒材、管材，装夹在摩擦焊机内（图3）。启动旋转其中一个工件，并将它压向另一个静止不动的工件，直至摩擦热将接合面加热至焊接温度。然后制动旋转工件，并将它压接到静止工件上，直至焊缝完全凝固。

(4) 超声波焊接：此法适用于薄壁工件的接合，如卡车内饰和薄膜。焊接设备由一台高频发生器和一台焊接压力机组成（图4）。超声波发生头产生高能但听不到的超声波，并由超声波焊接头将声波传递到焊接面上。超声波加热焊接面，直至达到面糊状。然后由焊接压力机加压，将工件焊接。

(5) 可溶型塑料：将溶剂型黏接剂涂覆在黏接面上，即可溶解此类塑料工件，如PVC（聚氯乙烯）、有机玻璃、聚苯乙烯和聚碳酸酯等，然后压紧黏接点。黏接接缝处可达到与基本材料相同的强度。

(6) 不可溶型塑料：对此类塑料工件，如聚氨酯和热固性塑料，可使用反应型黏接剂进行黏接（图5）。

不可黏接的塑料有聚乙烯（PE）、聚丙烯（PP）、聚四氟乙烯（PTFE）和硅胶件。

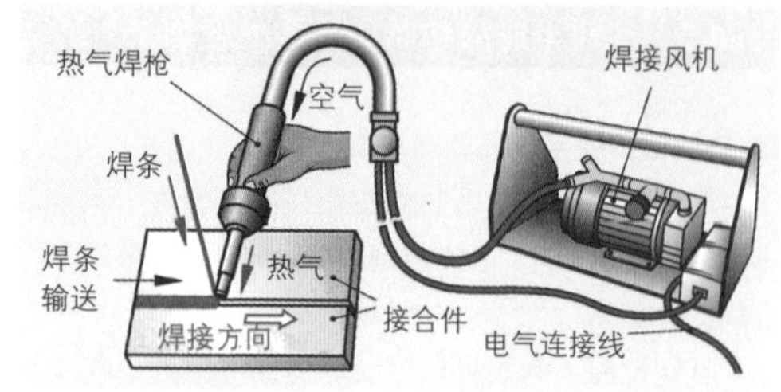

图1：手工热气焊接

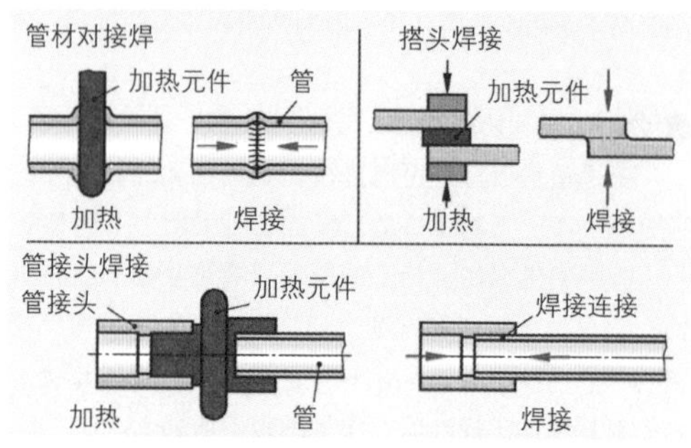

图2：加热元件焊接法

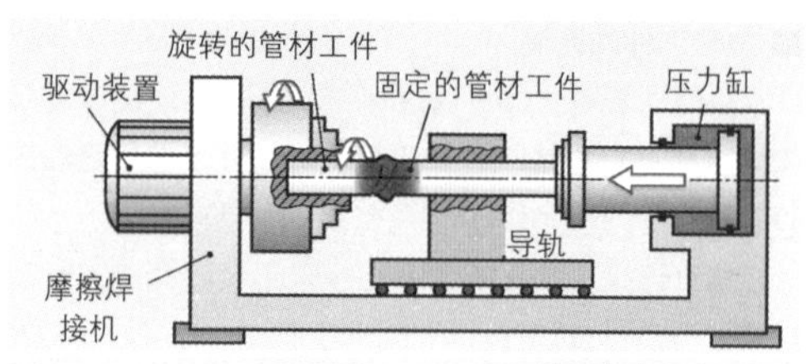

图3：摩擦焊接

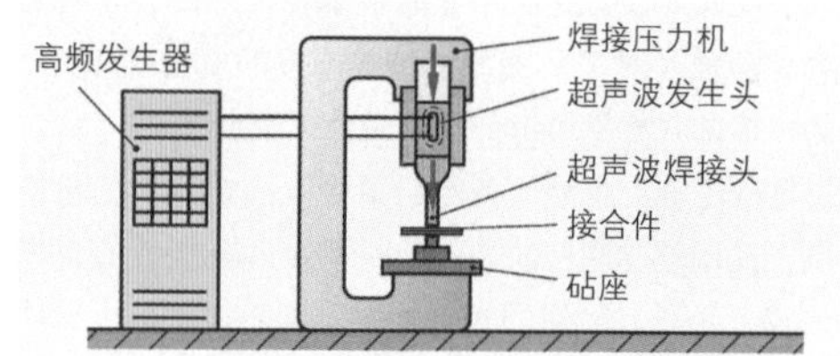

图4：超声波焊接

本小节内容的复习和深化：

1. 热塑性塑料、热固性塑料和弹性塑料都有哪些成型方法？
2. 挤出法可以制造哪些成型件？
3. 注塑机由哪些部件组成？
4. 请描述注塑机的加工循环过程。
5. 注塑加工时，哪些过程参数最为重要？
6. 泡沫塑料工件有哪些制造方法？
7. 哪些塑料不能黏接？
8. 将两根聚乙烯管焊接成一根长管。对此适宜采用哪些焊接方法？

3.5 成型

所有的成型加工方法，都是通过将初始零件进行塑性变形制成工件（见336页）。成型加工方法可以比其他加工方法更经济地制成许多工件的形状（图1）。此外，工件的大部分机械特性，如疲劳强度，已比其初始状态大为改善。

成型加工方法的优点：

- 不中断纤维走向；
- 提高强度；
- 也可制造复杂形状；
- 良好的尺寸和形状精度；
- 无材料损失；
- 大批量生产时成本较低。

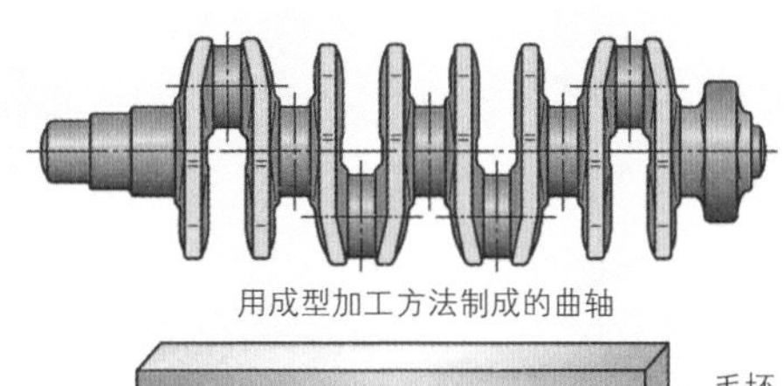

图1：成型加工时的塑性变形

3.5.1 成型加工时的材料特性

■ 材料必备的特性

只有具备足够韧性的材料才能进行成型加工。从应力-延伸-曲线图可对材料特性有一个初步了解（图2）。成型加工的变形发生在屈服强度（弹性限度）R_e 或屈服强度（延伸限度）$R_{p0.2}$ 与抗拉强度 R_m 之间的塑性范围内。塑性延伸大的材料可以很好地进行成型加工，变形后只有少量回弹。因此，非合金钢和铝合金特别适宜于成型加工法。但材料的可变形性能也取决于温度。

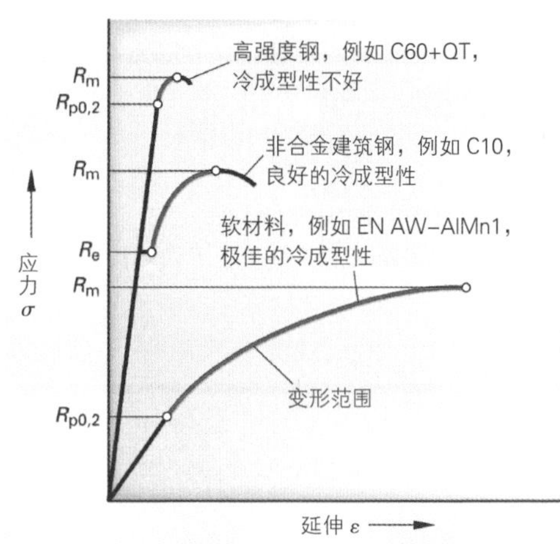

图2：应力-延伸-曲线图中的变形范围

■ 冷成型和热成型

冷成型加工在室温条件下进行。冷成型加工过程中材料被硬化。因此必须用中间退火的方法消除这种冷硬化，以消除脆变，预防裂纹的形成。

热成型加工的温度需超过再结晶温度（见119页）。这时仅需比冷成型加工小得多的成型力便可使材料变形。采用这种成型方法时，材料的裂纹和脆性也更小。

3.5.2 成型方法

我们根据成型力的种类和方向以及所使用的工具将成型加工分为弯曲成型、拉压成型、挤压成型和拉伸成型等几个大组（图3）。

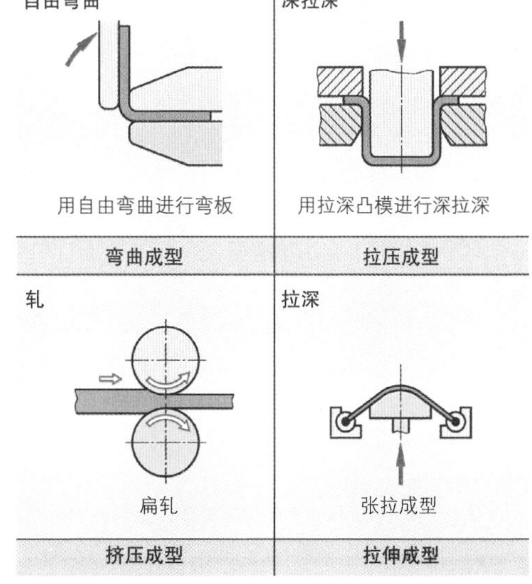

图3：成型方法（举例）

3.5.3 弯曲成型

弯曲成型加工指借助弯曲模具对某材料工件实施塑性变形。弯曲成型加工主要针对板材、管材、型材和线材（图 1）。

图 1：由弯曲成型零件制成的工件

■ 确定延伸长度

弯曲成型时，工件的外面部分区域延伸，与之相反，其里面部分区域却被压紧（图 2）。位于内外两个区域之间的是其长度在弯曲时不变化的工件区域。这一区域称之为中性轴线。

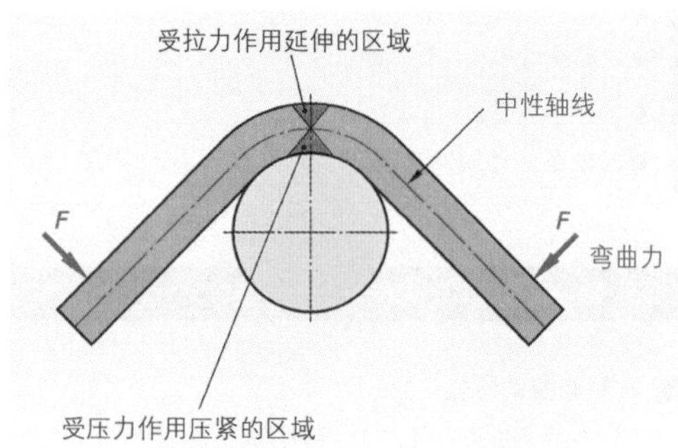

图 2：弯曲时的中性轴线

> 弯曲部分的延伸长度相当于中性轴线的长度。

弯曲工件大弯曲半径时的延伸长度

延伸长度 L 由弯曲工件的若干局部长度 l_1，l_2，l_3，...组成。

> 延伸长度 $L=l_1+l_2+l_3+\cdots+l_n$

举例：钩子的延伸长度是多少（图 3）？

解题：$L=l_1+l_2+l_3$，l_1=30 mm，l_3=50 mm

$$l_2=\frac{\pi\cdot d\cdot a}{360°}=\frac{\pi\cdot 114\ \text{mm}\cdot 150°}{360°}=149\ \text{mm}$$

L=30 mm + 149 mm + 50 mm=229 mm

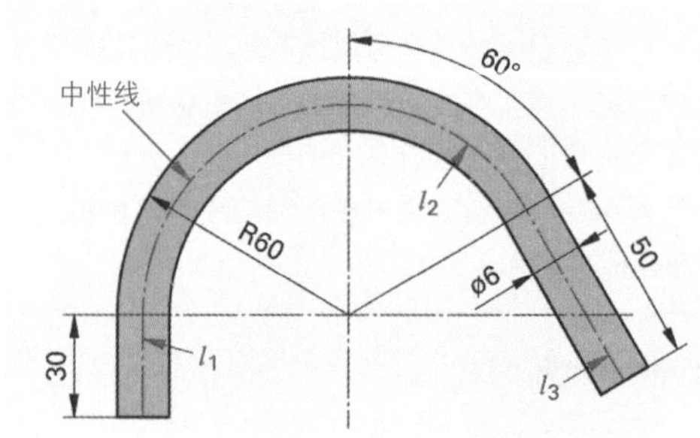

图 3：计算大弯曲半径时的延伸长度

弯曲工件小弯曲半径时的延伸长度

小弯曲半径弯曲时，中性轴线不再位于横截面的中间，因为材料的受挤压部分大于其延伸部分。因此在计算延伸长度时需考虑到补偿值 v。补偿值可通过试验求取并可直接从数据表中查取（见 113 页表 1）。

为了简化计算，当弯曲工件的弯曲角度为 90° 时，可从直线局部长度 l_1，l_2，l_3，...和修正值 $n\cdot v$ 中计算出延伸长度（图 4）。

这里的 n 是弯曲的次数，而 v 值则取决于弯曲半径 r 和板厚 s（见 113 页表 1）。

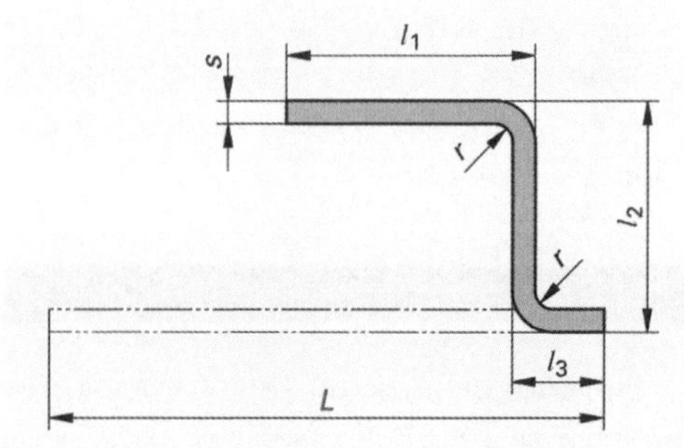

图 4：计算小弯曲半径时的延伸长度

> 延伸长度 $L=l_1+l_2+l_3+\cdots+l_n-n\cdot v$

举例：用厚度 s=1 mm 的板条弯出一个支架（图 1）。这个弯曲工件的延伸长度是多少？

解题：弯曲角度 90°时的补偿值可从表 1 中查取：

r=1 mm → v_1=1.9 mm

r=1.6 mm → v_2=2.1 mm

$$L=l_1+l_2+l_3-n\cdot v_1-n\cdot v_2$$

$$=(40+60+30-1\cdot 1.9-1\cdot 2.1)\ \text{mm}$$

$$=126\ \text{mm}$$

表 1：弯曲角度 α=90°时的补偿值 v

弯曲半径 r (mm)	板材厚度 s(mm)为下列数值时各弯曲点的补偿值 v(mm)						
	0.4	0.6	0.8	1	1.5	2	2.5
1	1.0	1.3	1.7	1.9	—	—	—
1.6	1.3	1.6	1.8	2.1	2.9	—	—
2.5	1.6	2.0	2.2	2.4	3.2	4.0	4.8
4	—	2.5	2.8	3.0	3.7	4.5	5.2
6	—	—	3.4	3.8	4.5	5.2	5.9
10	—	—	—	5.5	6.1	6.7	7.4
16	—	—	—	8.1	8.7	9.3	9.9
20	—	—	—	9.8	10.4	11.0	11.6

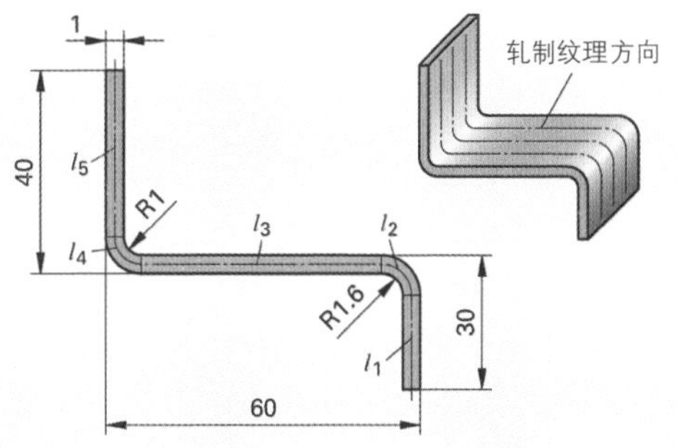

图 1：支架

■ 弯曲半径

弯曲时的最小弯曲半径

我们把弯曲成型后位于弯曲部分内侧的半径称为弯曲半径。为了防止弯曲区域出现裂纹和横截面变形，规定了不允许超过的最小弯曲半径。最小弯曲半径取决于材料和板材厚度（表 2）。

- 弯曲时不允许任意选择小弯曲半径。
- 弯曲板材时应尽可能垂直于轧制纹理方向。

表 2：最小弯曲半径

材料	板材	管材
钢	1×板材厚度	1.5×管径
铜	1.5×板材厚度	1.5×管径
铝	2×板材厚度	2.5×管径
铜－锌合金	2.5×板材厚度	2×管径

确定弯曲模具的弯曲凸模半径 r_1 和弯曲角度 α_1

弯曲过程结束后，工件将略微回弹。因此，弯曲工件时应有弯曲裕度，凸模半径的选择也应略小于制作完成后的工件半径（图 2）。

弯曲凸模半径 r_1 取决于工件半径 r_2、板材厚度 s 和回弹系数 k_R（见 114 页表 1）。

弯曲凸模半径 r_1　　$r_1=k_R\cdot(r_2+0.5\cdot s)-0.5\cdot s$

通过试验可求出回弹系数 k_R。它取决于材料以及弯曲半径 r_2 与板材厚度 s 的比例。

弯曲裕度 α_2 同样采用回弹系数 k_R 进行计算。

弯曲裕度　　$\alpha_1=\dfrac{\alpha_2}{k_R}$

弯曲时，工件必须有弯曲裕度，弯曲裕度就是弯曲后工件的弹性回弹量。

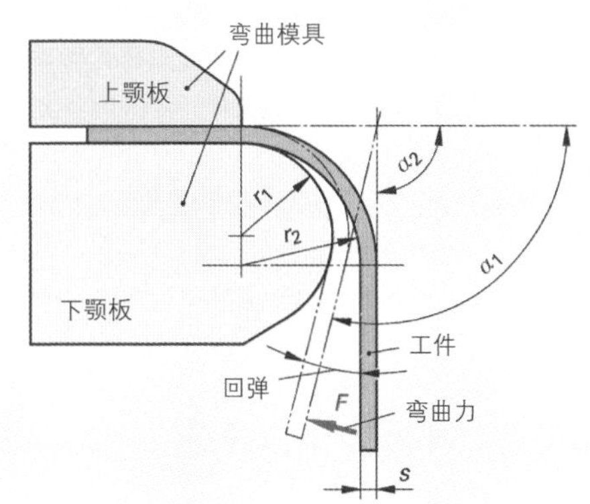

图 2：弯曲凸模半径和弯曲裕度

举例：一块 AlCuMg 1 板，板厚 s=1.5 mm，现弯曲角度 α=60°，弯曲半径达到 r_2=3 mm。现请计算：

(a) 比例 $r_2:s$；

(b) 回弹系数 k_R；

(c) 弯曲模具的角度 α_1；

(d) 弯曲模具的半径 r_1。

解题：

(a) 比例 r_2： s=3 mm∶1.5 mm=2

(b) k_R=0.98（按表 1）

(c) $\alpha_1=\dfrac{\alpha_2}{k_R}=\dfrac{60°}{0.98}=61.2°$

(d) $r_1=k_R\cdot(r_2+0.5\cdot s)-0.5\cdot s$

$r_1=0.98\cdot(3\text{ mm}+0.5\cdot1.5\text{ mm})-0.5\cdot1.5\text{ mm}$

$r_1=2.93\text{ mm}$

表 1：回弹系数 k_R

弯曲工件的材料	比例 $r_2:s$							
	1	1.6	2.5	4	6.3	10	16	25
	回弹系数 k_R							
DC04	0.99	0.99	0.99	0.98	0.97	0.97	0.96	0.94
X12CrNi18-8	0.99	0.98	0.97	0.95	0.93	0.89	0.84	0.76
CuZn33F29	0.97	0.97	0.96	0.95	0.94	0.93	0.89	0.86
ENAW-AlCu4Mg1	0.98	0.98	0.98	0.98	0.97	0.97	0.96	0.95

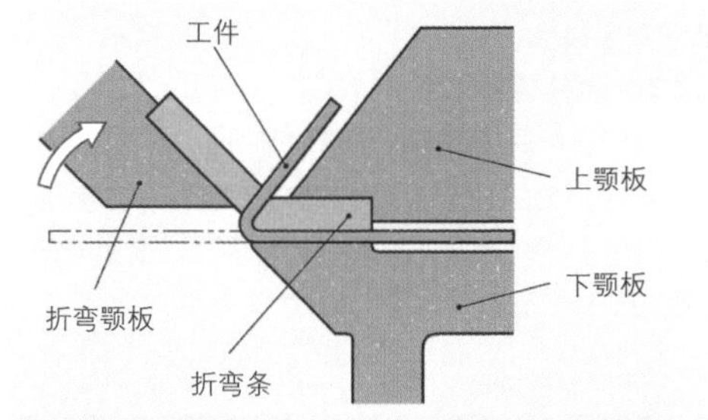

图 1：折边

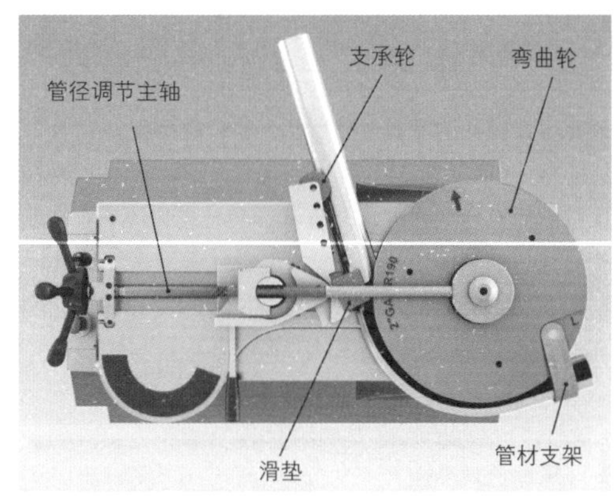

图 2：弯管装置

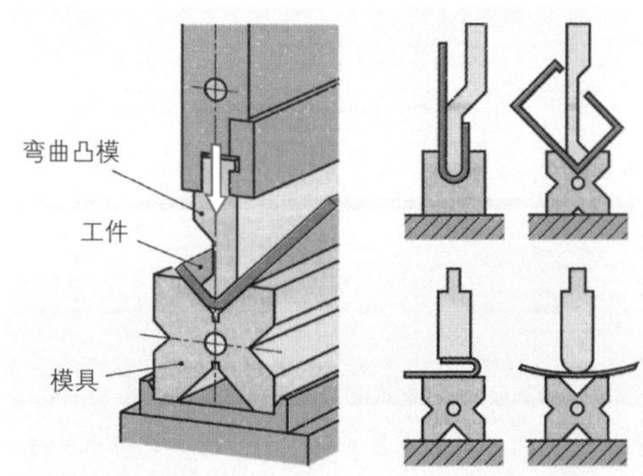

图 3：卷边举例

■ 弯曲方法

若是简单的弯曲或修理工作，将薄板垫在弯曲附件上，用一把塑料榔头即可进行弯板。与之相反的是，制造精确的弯曲工件必须使用机器或装置。最常见的弯曲方法有折边和卷边。

折边：将板夹紧在折边机的上颚板与下颚板之间（图 1）。可折边的折弯颚板把板料围绕着折弯条进行弯板。

弯管：液压系统导管或冷却润滑剂导管所使用的管都可以在特殊的弯管机上弯管（图 2）。弯曲辊和支承辊都有一个可根据管外径调整的弧形横截面。这样便可以在弯管时支承住被弯曲的管，同时避免管的横截面变形或折坏。支承辊的内径按照所要求的弯曲半径设定。

需要大批量弯管时，例如载重卡车的刹车管，可使用数控弯管机。

卷边：卷边时，弯曲凸模把板料压入模具（图 3）。若要改变弯曲半径或弯曲角度，需同时更换两个弯曲模具。复杂的型材，例如窗框，需采用多次弯曲的方法制造。

弯曲和剪切：在一个模具内进行弯曲和剪切。弯曲加工功能常常也集成到剪切刀具中（复合刀具，见 126 页），以便能在一个加工过程中同时将工件剪切和弯曲变形。

3.5.4 拉压成型

拉压成型加工是指采用拉力和压力将备好的坯料成型加工成所需的工件。这类加工方法中最重要的有深拉、拉拔和旋压。

3.5.4.1 深拉

深拉加工是指通过拉深凸模一次或数次拉深，把一块板料拉深变形。深拉过程中，板厚几乎不变。

■ 深拉过程

首先通过压边圈把一块板料压紧在拉深模上面（图 1）。然后，拉深凸模通过其已整圆的拉深模圆角把板料拉入拉深模。板料的圆环面 A_2 便构成已完成的拉深工件表面（图 2）。由于面 A_2 的直径大于已拉深成型的杯形，“多余”的材料便流向拉深工件的表面。因此，其深度 h 要大于圆环的宽度 b。

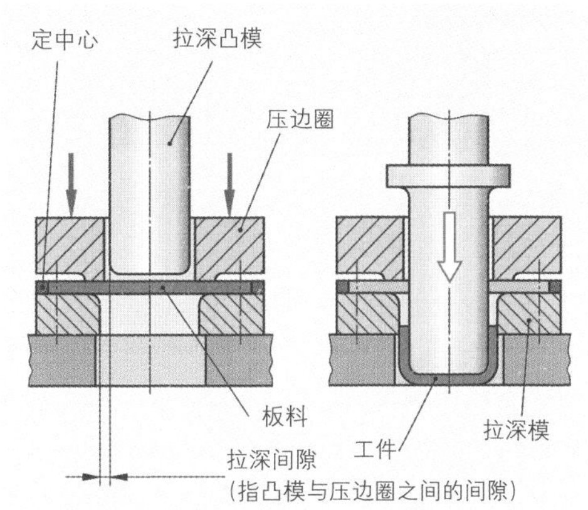

图 1：深拉

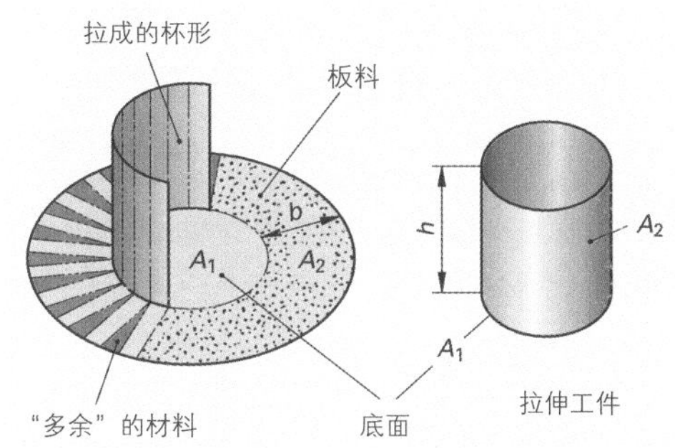

图 2：深拉时材料的分布

■ 影响因素

压边圈的压紧力：压边圈阻止在拉伸部分的表面形成皱边。但压紧力大小的设定应以在深拉时拉伸工件的底面不断裂为准。

拉深间隙：正确的拉深间隙应略大于板厚，以便于材料的正确流动。但拉深间隙大小的设定应以不形成皱边为准。拉深间隙的大小取决于材料和板厚 s（表 1）。

表 1：深拉时的拉深间隙 w

材料	拉深间隙
钢板	$w=s+0.07\cdot\sqrt{10\cdot s}$
铜－锌合金	$w=s+0.04\cdot\sqrt{10\cdot s}$
铝合金	$w=s+0.02\cdot\sqrt{10\cdot s}$

拉深模圆角半径：拉深凹模半径较大会降低拉伸力，导致出现断裂的危险。但若加大拉伸力，又会出现形成皱边的危险，因为拉深过程将结束时，板料无法继续保持压紧。

拉深系数：拉深系数 β 表述深拉时板料的形状变化。它是板料直径 D 与拉深凸模直径 d_1 之间的比例，连续拉深时则是与拉深凸模直径 d_1/d_2 等之间的比例。

拉深系数 $\beta_1=\frac{D}{d_1}$ $\beta_2=\frac{d_1}{d_2}$ $\beta_3=\frac{d_2}{d_3}$

允许的拉深系数取决于下列因素：

- 材料强度；
- 板料厚度；
- 拉深模半径和拉深模圆角半径；
- 压边圈的压紧力；
- 所使用的润滑材料。

拉深次数：如果一个拉深工件的深度与直径比例过大，可分若干次进行拉深（图 3 和 116 页表 1）。

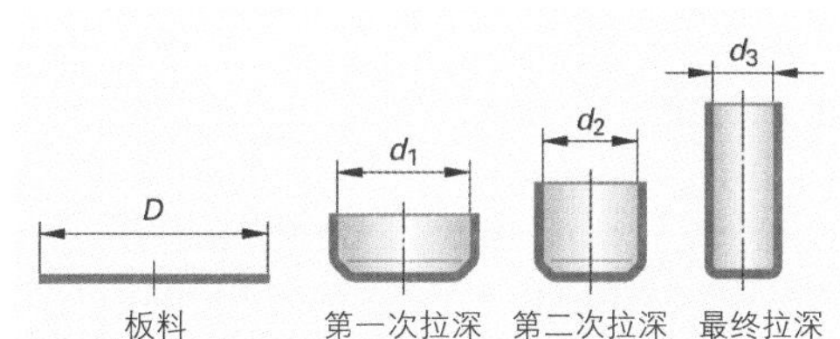

图 3：拉深次数

举例：现深拉加工一个材料为X15CrNiSi25-20，直径d=60 mm，高度h=70 mm的无边圆柱形杯体。

现需进行如下计算：

(a) 板料直径D；

(b) 各拉深凸模直径以及拉深次数，请按照表1的拉深系数，无中间退火。

解题：

(a) 根据表1，$D=\sqrt{4\cdot d\cdot h+d^2}$

$D=\sqrt{4\cdot 60\ \text{mm}\cdot 70\ \text{mm}+(60\ \text{mm})^2}=142.8\ \text{mm}$

(b) 根据表1，适用于材料X15CrNiSi25-20的拉深系数是：

$\beta_1=\dfrac{D}{d_1}=2.0$，$d_1=\dfrac{D}{\beta_1}=\dfrac{142.8\ \text{mm}}{2.0}=71.4\ \text{mm}$

第二次拉深的拉深系数是$\beta_2=\dfrac{d_1}{d_2}=1.2$

$d_2=\dfrac{d_1}{\beta_2}=\dfrac{71.4\ \text{mm}}{1.2}=59.5\ \text{mm}$

由此可知，这个杯形工件可分两次拉深完成。

拉深缺陷：已完成的拉伸工件上可能会因拉深模具、拉深过程或被拉深的材料本身等诸多原因而出现缺陷（表2）。

润滑材料：深拉加工时，应使用拉深润滑油或拉深润滑脂，其目的是：

- 降低摩擦和磨损；
- 改善拉伸工件的表面质量；
- 更好地利用材料的可变形性。

润滑材料必须能够充分附着在板料表面，即便在深拉的高压强下仍可在板料表面保持一层油膜。

3.5.4.2 液压式深拉

液压机械式深拉加工时，用拉深凸模的形状制成板料成型后的形状。拉深过程中，加压液体把板料压向凸模，从而使板料变形（图1）。与机械式拉深过程不同的是，这里取消了拉深凹模。

■ 加工流程

拉深工具由拉深凸模、压边圈和水箱组成。先把板料放置在水箱的密封上，用压边圈压紧。拉深凸模下行，把板压入水箱，这样便在水中形成一个高压。

表1：可达到的拉深系数β

拉深材料	可达到的拉深系数 第一次拉深 β_1	第一次继续拉深 无中间退火 β_2	第一次继续拉深 有中间退火 β_2
FeP01A(USt1203)	1.8	1.2	1.6
RRSt1404, RRSt1405	2.0	1.3	1.7
X15CrNiSi25-20	2.0	1.2	1.8
CuZn28w	2.1	1.3	1.8
CuZn37w	2.0	1.3	1.7
Cu95.5w	1.9	1.4	1.8
ENAW-Al99.5	1.95	1.4	1.8
ENAW-AlMg1(C)	2.05	1.4	1.9

表2：深拉加工时的拉深缺陷

缺陷	可能的原因
底部断裂	材料缺陷，拉深间隙过小，压边圈的压紧力过大
皱边	压边圈的压紧力过小
拉深时产生的线状缺陷（拉痕）	拉深凹模磨损，没有充分的润滑，拉深间隙过小

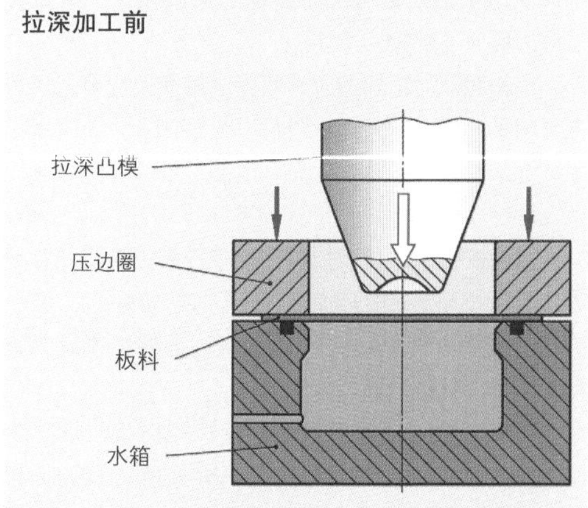

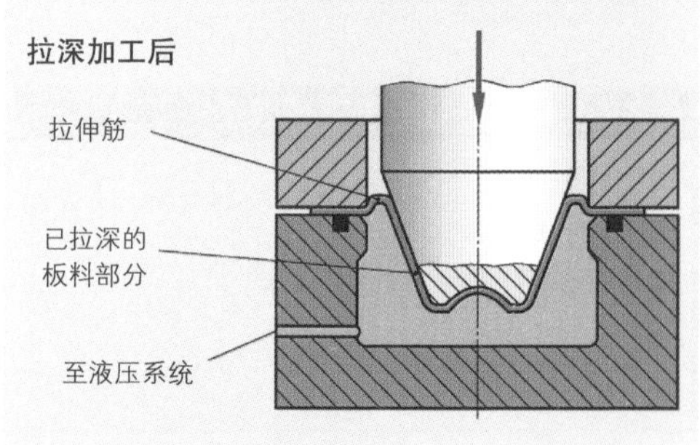

图1：液压式深拉

该高压的压力受限于限压阀，限压阀阻止受到挤压的液体流出。而压力的大小由压力控制系统调控，并可在拉深过程中予以改变。与传统的深拉成型方法不同的是，液压机械式深拉还可一次拉深完成锥形或抛物线形薄板工件。

与传统深拉方法相比，液压机械式深拉方法的优点如下：

- 由于板料的组织变形控制在拉伸筋范围内，所以其可达到的拉深系数大于传统深拉方法的拉深系数；
- 底部半径内板厚的变化非常小。因此可拉制半径很小的工件；
- 因为不需要凹模，拉伸工件的外表面质量更好。这样就消除了拉深时板坯与拉深凹模圆角之间的摩擦；
- 降低了加工成本，因为降低了拉深模具的成本，减少了拉深次数。

液压机械式深拉加工方法主要适用于具有复杂锥形或抛物线形薄板工件（图 1）。

■ 其他液压式薄板成型加工方法

液压式成型法：加工时，一个膜片把薄板工件与加压液体分隔开来。

主动式液压机械深拉法：加工时，板料在深拉前先向反方向预拉深，从而使板料冷作硬化。这种方法用于大型平板型零件的制造，如汽车车身等。

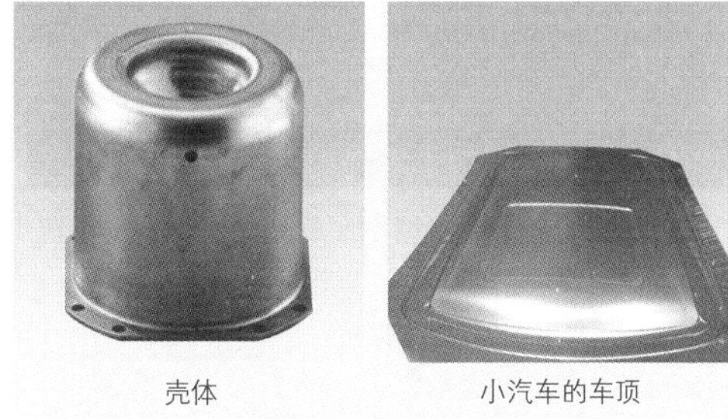

图 1：采用液压式深拉方法制成的工件

3.5.4.3 拉拔

拉拔，通常也可称为拉伸，指通过一个变窄的拉拔模具拉制线材、扁平型材或管材（图 2）。采用这种加工方法可制作形状精确且表面粗糙度低的制成品，例如液压系统管道使用的精密钢管。

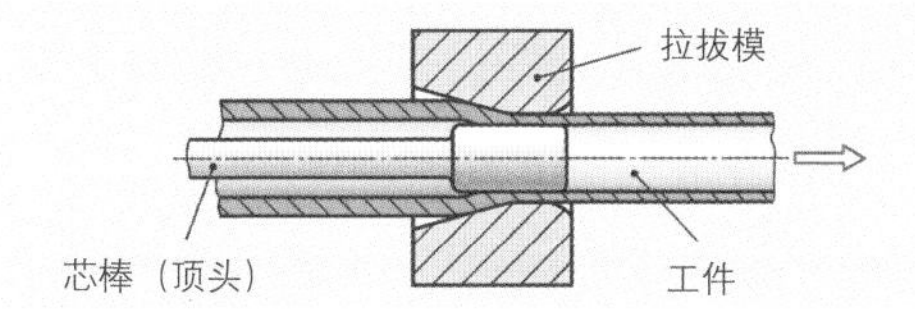

图 2：管的拉拔

3.5.4.4 旋压

旋压，用压辊把一个圆形板料顶压在旋转的旋压模上（图 3）。这种成型方法可加工的钢板最厚可达 20 mm，例如轮圈或锅炉底部。

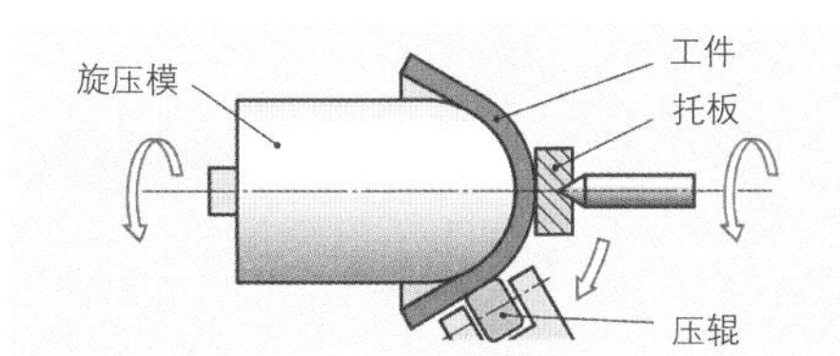

图 3：旋压制作一个空心形状工件

本小节内容的复习和深化：

1. 如何求取弯曲工件的延伸长度？
2. 为什么弯曲半径的选取不能太小？
3. 弯曲加工时，决定弯曲裕度的因素是什么？
4. 深拉模具由哪些部件组成？
5. 在深拉工件上可能会出现哪些缺陷？
6. 如何理解一个板材的最大拉深系数？
7. 决定最大拉深系数的因素是什么？
8. 与传统深拉方法相比，液压机械式深拉有什么优点？

3.5.4.5 内部高压成型法(IHU)

内部高压成型法通过空心凸模内的加压液体扩展管材使其成型。

加工流程

把直线形或预成型的管件装入打开的，由两部分组成的模具内（图 1)。由压力机关闭模具，并在成型过程中保持关闭。两个凸模把管的两个端头封堵后，加压液体开始压入管内。这种最高可达 4000 bar 的高压使管向尚未接触到模具壁的空间扩展。与此同时，管端也开始压紧。整个成型过程一直持续到管材的内部形状与模具完全一致时为止。

内部高压成型法加工工件的优点：

- 可用一个坯料制作复杂形状的工件，而用传统方法则需要若干个坯料才能制作完成（表 1)；
- 减轻质量和缩小安装体积；
- 高刚性和高疲劳强度；
- 通过冷作硬化可获得更高的强度；
- 优良的形状精度、尺寸精度和重复精度；
- 可制作出符合流体力学规则的过渡段横截面（图 2)。

表 1：以废气排气弯管为例展示内部高压成型法的优点

项目	传统加工方法	内部高压成型法
单件的数量	100%	50%
提高工件使用寿命	100%	250%
制造成本	100%	85%
研发时间	100%	38%
质量	100%	85%

缺点：

- 相对于传统方法，内部高压成型法加工时间长；
- 设备成本高；
- 只适用于批量产品制造。

汽车制造业的应用举例：

废气排放系统、弓形滚动架、车顶框架、轮架（图 3)

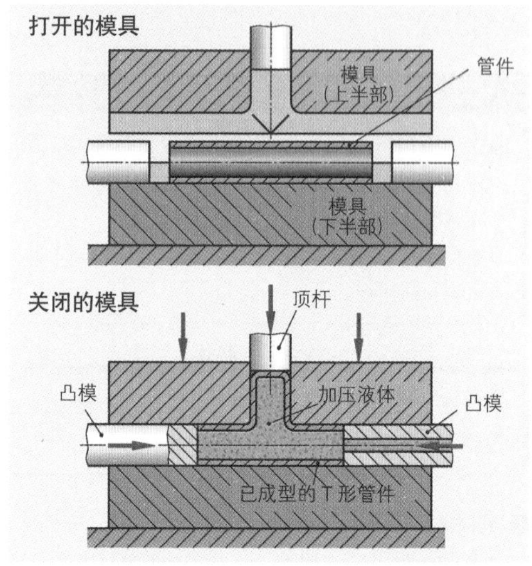

图 1：以一个 T 形管件为例，展示内部高压成型法的工作原理

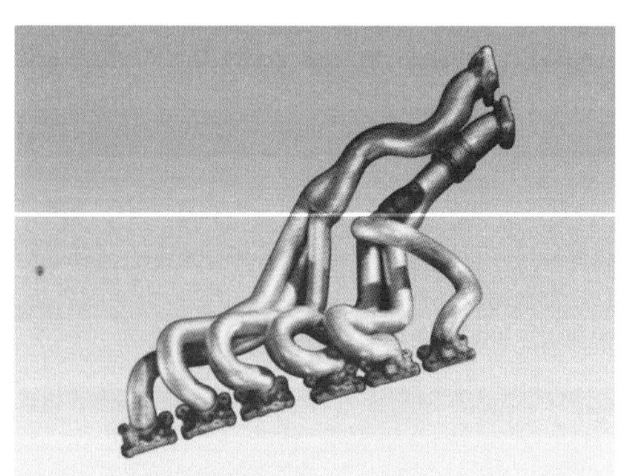

图 2：六缸发动机的废气排气弯管

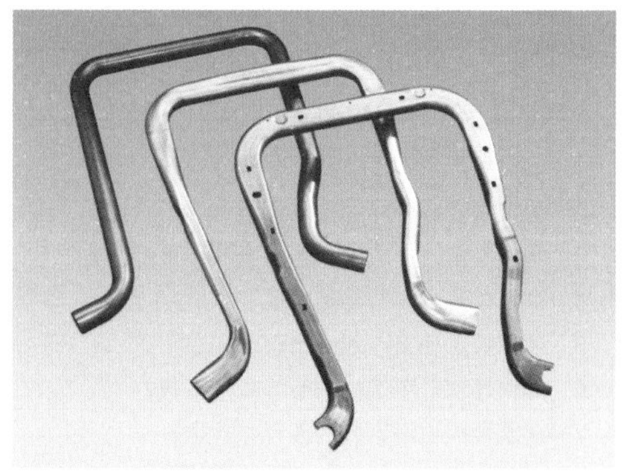

图 3：小轿车的前轮轮架（制成阶段）

3.5.5　压力成型

压力成型是指通过压力使工件成型（图 1）。下列加工方法属于压力成型：自由成型（自由锻）、锻模成型（模锻）、冲压成型和挤压成型。

3.5.5.1　自由锻和模锻

锻压时，通过冲压或模压使处于退火状态的工件成型。将工件加热到锻压温度可提高工件的成型性，同时降低成型加工的能耗。

■ 锻压温度

锻压温度需视材料而定，必须查表取用。例如非合金结构钢锻压温度可达 1000 ℃（图 2）。若低于终锻温度，则不允许继续锻压，以防止工件出现裂纹。但锻压温度过高，又会使钢材燃烧。

图 1：模锻加工的转向轴

■ 材料的可锻性

最重要的可锻金属是钢和铝、铜等塑性合金。钢的可锻性随其碳含量的增加而增高。此外，在可锻温度范围方面，高碳钢的可锻温度低于低碳钢。

> 锻压时，务请注意钢材制造商所提供的加热时间和锻压温度等数据。

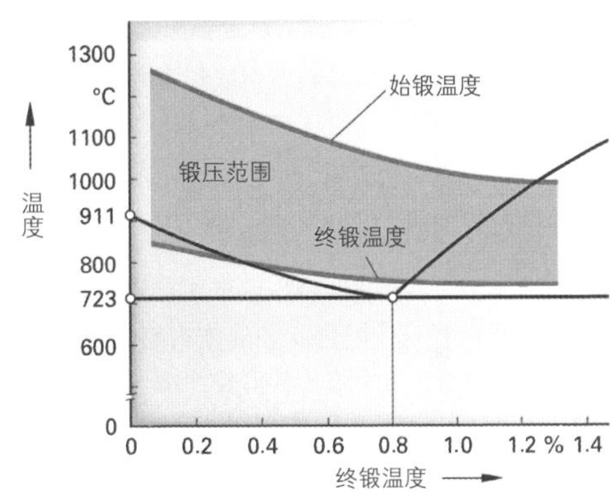

图 2：非合金钢的锻压范围

■ 自由锻

自由锻时，通过对毛坯件有目的的锤打，产生最终工件形状。加工过程中，材料可在模具之间自由移动。自由锻主要加工单件工件或为模锻准备预成型件。

■ 模锻

模锻时，在一个由两部分组成的锻模中把毛坯件锤打成所需的锻件（图 3）。模具是由耐高温工具钢制成的钢模。对钢模的耐磨损要求非常高，一副钢模的使用寿命必须达到可锻打 10000 至 100000 件工件。

锻模的优点如下：

- 材料损失很小；
- 重复精度高；
- 有利的材料纹理走向；
- 可制造复杂的工件形状。

应用举例：曲轴、凸轮轴、连杆、扳手。

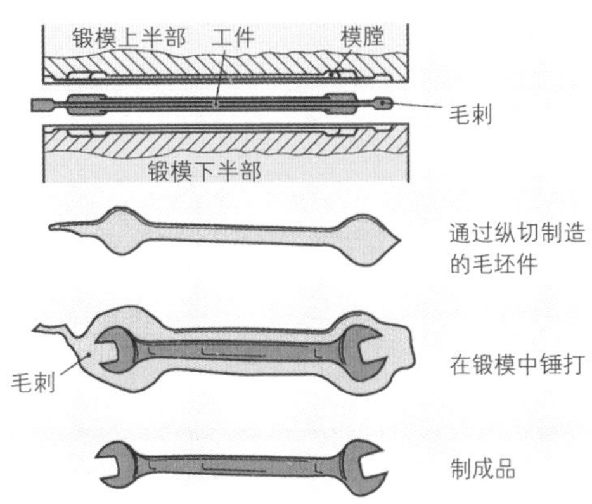

图 3：锻模及其所加工的工件

3.5.5.2 冲压成形

我们把冲压成形法分为两种：一种是成形模具做旋转运动，例如滚花和螺纹成形（见152页）；另一种是成形模具做直线运动，例如模镗冲压（图1）。模镗冲压内六角螺钉或十字头螺钉时，既可使用冷态材料，也可使用热态材料。

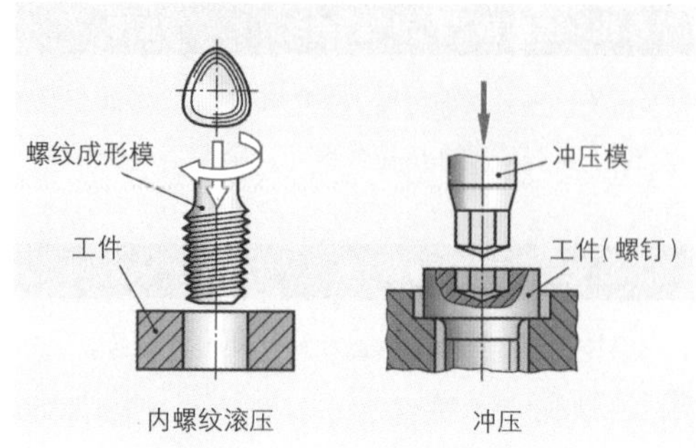

图1：冲压成形法

3.5.5.3 挤压成形

最重要的挤压成形法是挤压法和冲挤法。

■ 挤压

挤压时，凸模顶推着坯料穿过一个已成形的凹模，形成一个实心横截面或空心横截面的长管腔（图2）。

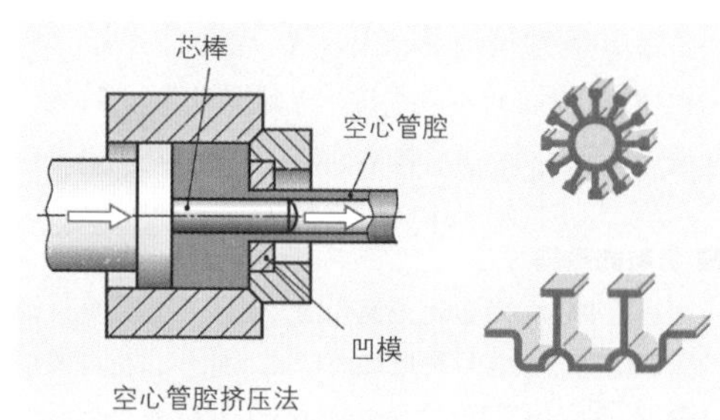

图2：挤压法

> 挤压成形加工把坯料压制成长条形半成品型材，用轧制方法无法制成这种型材。

■ 冲挤

冲挤时，凸模把饼坯挤压成工件。冲挤过程中，饼坯材料在凸模与凹模之间的间隙内移动（图3）。管道的螺纹接头以及类似工件可在冲挤加工的同时，在凹模底部挤压成形。

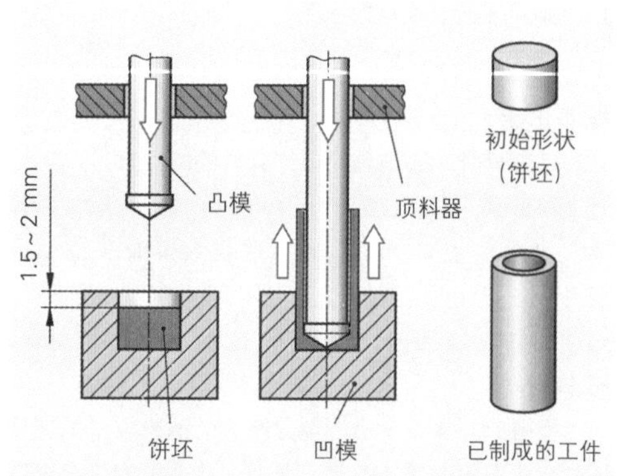

图3：后进冲挤

> 我们根据坯料移动的方向，把冲挤划分为后进－前进冲挤和前进－后进冲挤。

冲挤法制成的空心零件的长度在圆柱形工件和高延伸率材料上均可达到工件直径的6倍。可冲挤的工件壁厚从0.1~1.5 mm，一个加工过程可达到的工件高度最大为250 mm（图4）。

适合于冲挤加工的材料有低碳钢，例如C10，铝和铝合金，铜和软的铜-锌合金，以及锡和铅。

> 冲挤法在成本上也适合于复杂形状实心和空心零件的大批量生产。

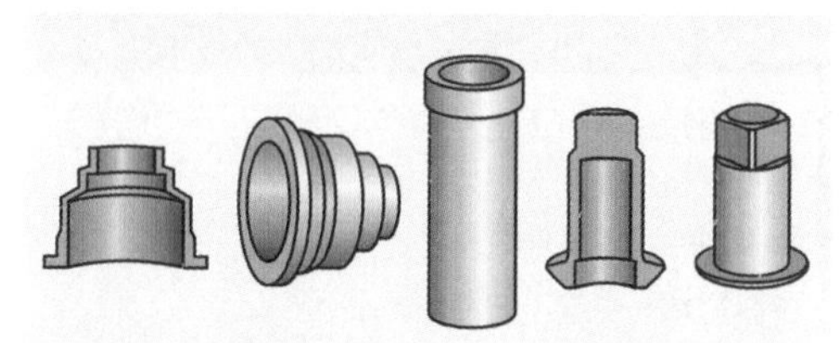

图4：冲挤制成的工件

3.5.6 成形机

我们按照驱动方式、冲压力的大小和行程，以及成形模具的速度和行程次数来划分适用于各种成形方法的成形机（表1）。某些成形方法，例如挤压法、线材的弯曲或薄板的旋压等，都采用特殊的成形机器，如机械或液压驱动的压力机。

表1：成形机的划分、特性值、特性以及使用范围

驱动方式	特性值，特性	使用范围
机械式压力机 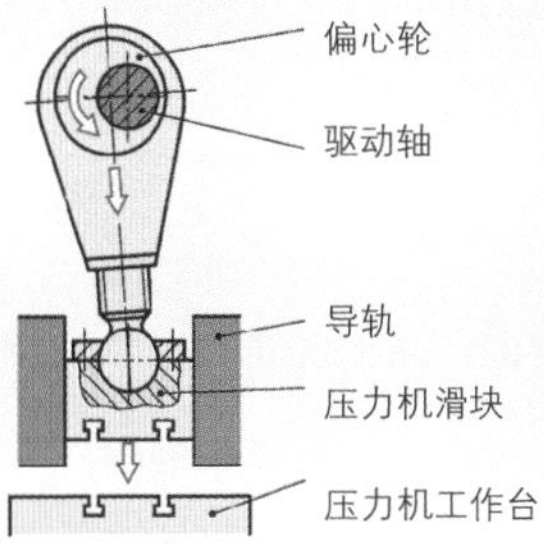 偏心轮 驱动轴 导轨 压力机滑块 压力机工作台	• 超过行程的力不稳定 • 可存储飞轮的工作能力 • 可准确调节行程 • 行程次数高 • 高速 • 机器类型：偏心轮压力机、曲轴压力机、肘杆压力机	模锻 深拉 切割 冲压 冲挤 弯曲
液压压力机 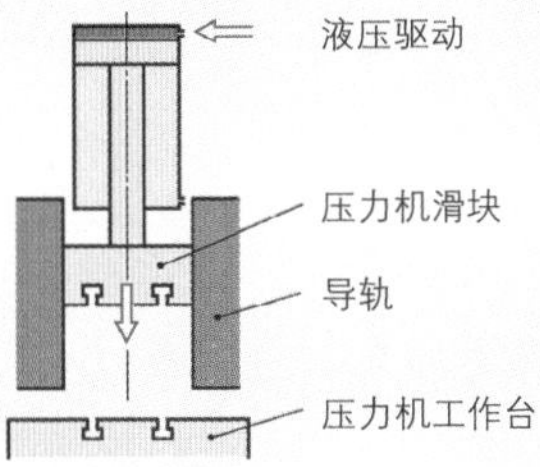 液压驱动 压力机滑块 导轨 压力机工作台	• 可调节压力、行程和速度 • 超过整个行程的力仍稳定 • 可随时中断行程运动 • 可迅速适应复杂的拉伸条件 • 安全可靠的过载保护 • 可接通自动化装置 • 可轻易转变成计算机数字控制（CNC） • 机器类型：一次成形压力机和复合成形压力机	深拉 冲挤 冲压 挤压
机动锻锤 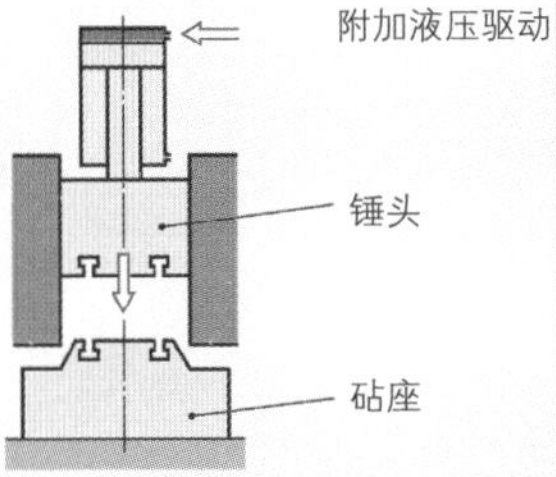 附加液压驱动 锤头 砧座	• 成形速度快 • 由“锤头”的质量和下落高度决定动能 • 常可附加液压油或压缩空气的驱动方式 • 动能耗尽，成形行程结束 • 成形过程一般都分为若干个工作行程 • 机器类型：落锤、上部压力锤、无砧座锤（对击锤）	模锻 自由锻

本小节内容的复习和深化：

1. 决定锻压温度的因素是什么？
2. 模锻有哪些优点？
3. 请列举出几个采用模锻方法制作的工件。
4. 如何区分采用螺纹成形模压方法制造的螺纹与切削加工制造的螺纹？
5. 适合于冲挤法的材料必须具备哪些特性？

3.6 切割

切割指采用剪切或气割的方法分割板材和型材。

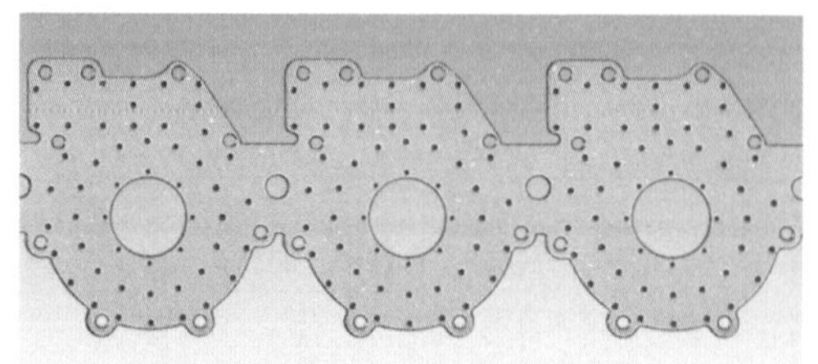
图 1：剪切前的条状薄板工件

3.6.1 剪切

剪切加工方法主要适用于板材工件的制造（图 1）。我们把剪切划分为使用剪刀剪切和使用剪切模具剪切。

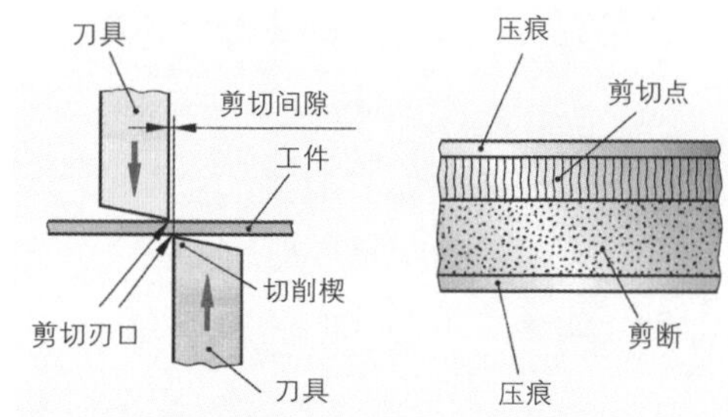

图 2：剪切加工过程

3.6.1.1 使用剪刀剪切

手工剪刀和机械式剪切机主要用于剪切薄板类工件。两种剪切都是在剪切开始之前，先进入板材材料，随后把余下的横截面完全切割下来（图 2）。

■ **手工剪刀**

由于受到操作力的限制，使用手工剪刀只能剪切薄板材。此外，剪切边缘的形状精度也很低。因此，这种加工方法只限用于单件工件制作和维修工作。

根据所需剪切的工件形状可选择不同的剪刀。用连续式剪刀剪直线，用孔剪可剪圆形形状。

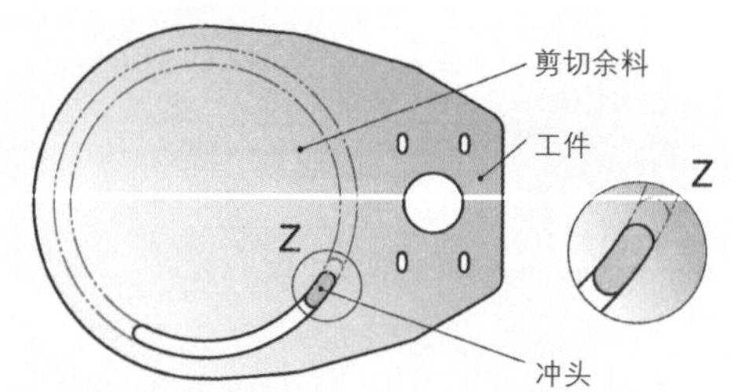

图 3：步冲机的冲剪过程

■ **机械式剪切机**

步冲机（又称冲型剪切机——译注）可在板材上剪切出任意形状。一个冲头以短暂、快速和连续的动作行程切割工件材料（图 3）。冲剪刀具也可安装在数控机床上，加工那些刀库标准刀具无法冲剪的工件形状。加工时，板材在（固定不动的）刀具下移动，直至剪出所需形状。

剪板机用于把大型板材剪成条形板料。为使剪切出来的板条没有毛刺，且剪切边垂直，两把剪切刀的磨削尺寸必须精确。剪切前，板材需用压紧装置夹紧，使板材在剪切过程中不会移动和翻转。剪切时，上部剪刀根据工件的制造类型相对于下部剪刀做垂直运动或摆动运动（图 4）。

剪板机刀架和压紧装置的驱动可用液压缸做液压驱动，也可用机械驱动，例如曲轴驱动。对于薄板工件，也可用手工式剪板机制作。

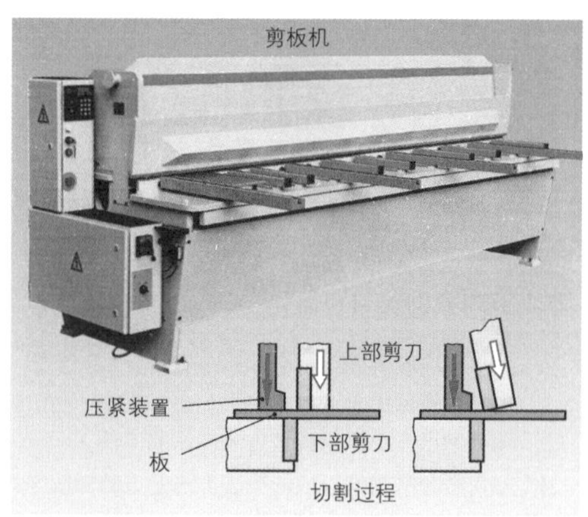

图 4：剪板机

3.6.1.2　使用剪切模具剪切

许多大批量的板类工件都使用剪切模具制造。剪切模具也可装入压力机。

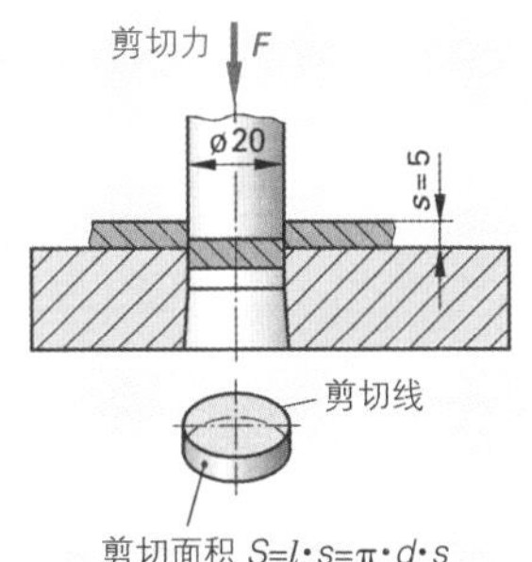

图 1：剪切力的计算

■ 剪切力

剪切所需的剪切力 F 取决于剪切面积 S 和最大抗剪强度 τ_{aBmax}（图 1）。剪切面积 S 是剪切线长度 l 与板厚 s 的乘积。

剪切面积	$S=l \cdot s$

从最大抗拉强度 R_{mmax} 中可计算出最大抗剪强度 τ_{aBmax}。

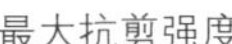

最大抗剪强度	$\tau_{aBmax}=0.8 \cdot R_{mmax}$

通过以上两式的计算，就可得出剪切力 F：

剪切力	$F=S \cdot \tau_{aBmax}$

举例： 现剪切一块直径 d=20 mm 的圆板，材料是板厚 s=5 mm 的钢板 S275J2（图 1）。现需计算下列数据：

（a）剪切线长度；（c）最大抗剪强度；

（b）剪切面积；（d）剪切力。

解题：（a）$l=\pi \cdot d=\pi \cdot 20\ \text{mm}=62.8\ \text{mm}$

（b）$S=l \cdot s=62.8\ \text{mm} \cdot 5\ \text{mm}=314\ \text{mm}^2$

（c）从表中查得：$R_m=410\sim560\ \text{N/mm}^2$

$\tau_{aBmax}=0.8 \cdot 560\ \text{N/mm}^2=448\ \text{N/mm}^2$

（d）$F=S \cdot \tau_{aBmax}=314\ \text{mm}^2 \cdot 448\ \text{N/mm}^2=140\ 672\ \text{N}=141\ \text{kN}$

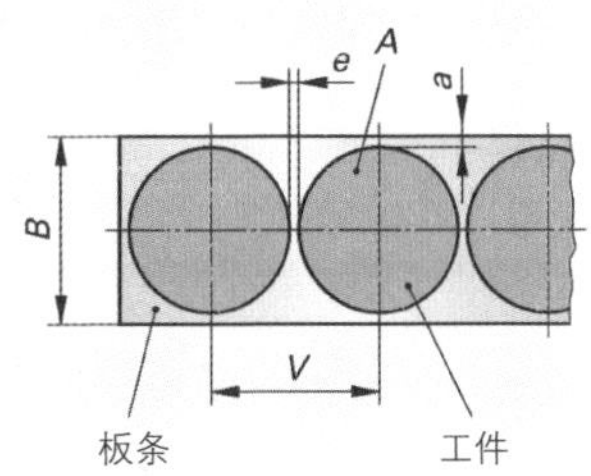

图 2：板材耗量

■ 板材耗量

要求在工件之间放置宽度为 e 的隔板，在板条边缘处放置宽度为 a 的边缘压板（图 2）。求取板材耗量 A_o 时，对于板条宽度为 B、板条进给速度为 V 的工件，其板条边缘剪切下来的废料可以忽略不计。

各种进给速度时的板材耗量	$A_o=V \cdot B$

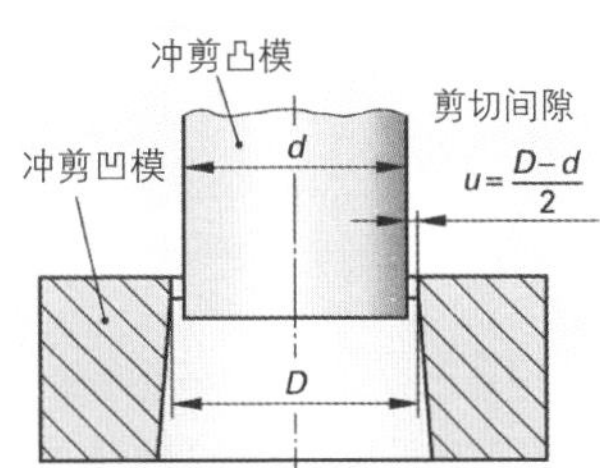

图 3：剪切间隙

■ 剪切间隙

剪切间隙：在冲剪凸模与剪切刀片之间必须留有一个剪切间隙（图 3）。剪切间隙的大小取决于板厚、板材的抗剪强度、以加工零件数量计算的刀具耐用度以及剪切面质量等。一般情况下，精密剪切时的剪切间隙达 0.5%，而普通剪切时最大为板厚的 5%。我们一般从剪切面质量来判断是否遵守了正确的剪切间隙。如果剪切面是粗糙的、破碎的并有很多毛刺，表明剪切间隙过大。从表 1 中可查取正确的剪切间隙量（表 1）。

表 1：剪切间隙量

板材厚度 s (mm)	抗剪强度 τ_{aB} 为下列数值时的剪切间隙 u 抗剪强度单位：N/mm²，剪切间隙单位：mm	
	250~400	400~600
0.4~0.6	0.015	0.02
0.7~0.8	0.02	0.03
0.9~1.0	0.03	0.04
1.5~2.0	0.04~0.05	0.05~0.07
2.5~3.0	0.06~0.07	0.09~0.10
3.5~4.0	0.08~0.09	0.11~0.13

3.6.1.3 冲剪模具

使用冲剪模具进行加工时，冲剪凸模和凹模相互作用，通过一次或多次行程从板条上剪切出工件。

我们根据冲剪凸模到凹模之间导柱的类型以及加工的流程来划分剪切模具。

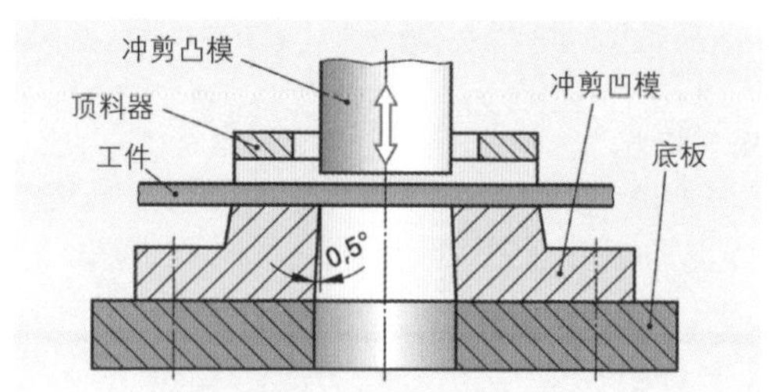

图 1：无导柱剪切模具

■ 按照导柱类型划分

无导柱剪切模具主要用于大型圆板和小批量工件的制作（图 1）。

> 相对于凹模而言，凸模不在模具中运行，而是通过压力机的滑块顶推运行。

导板式剪切模具用于中等批量至大批量工件的生产（图 2）。

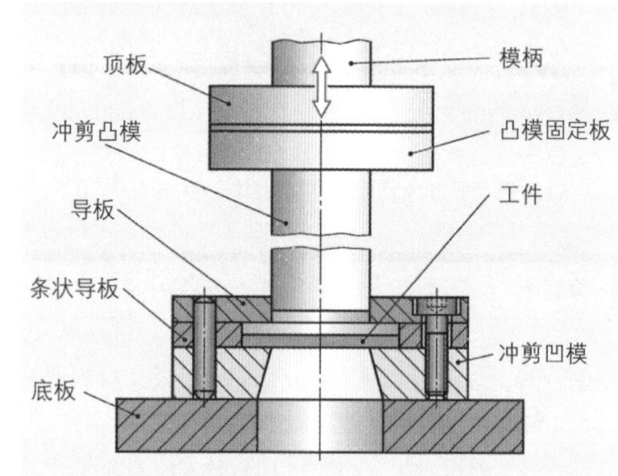

图 2：导板式剪切模具

> 凸模通过一块与冲剪凹模固定连接的导板引导运行。

导板和冲剪凹模的落料模孔形状相同。导板同时还起顶料器的作用。冲剪凸模被凸模固定板夹紧。凸模固定板与顶板和模柄共同构成冲剪凸模顶部。待剪切板料被引导在条状导板内冲剪凹模与导板之间运行。较大的模具不是通过模柄，而是通过压力机滑块上的一块夹板固定。

导柱式剪切模具装备着最精确的导柱（图 3）。导柱由两根或四根淬火的立柱组成,导柱在滑动套筒或滚动轴承装置内运行（图 4）。导柱安装在机架上，机架可列为标准件。

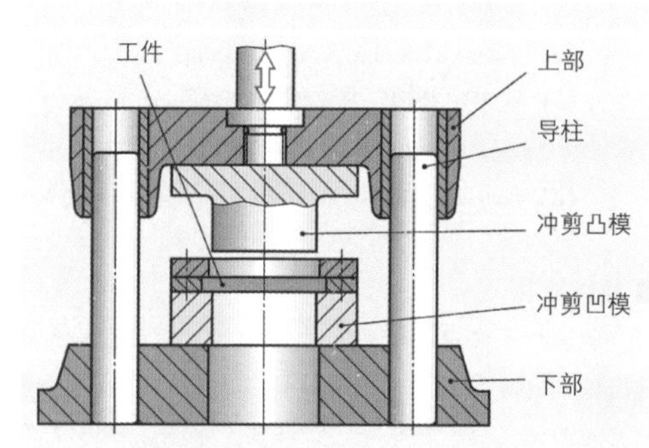

图 3：导柱式剪切模具

滑动式导柱适用于行程次数少但侧向力较大的剪切加工。滚动式导柱则适用于每分钟内行程次数很多但行程距离短的剪切加工。

> 滚动式导柱的优点是：无间隙，少维护，轻便灵活且温升很小。

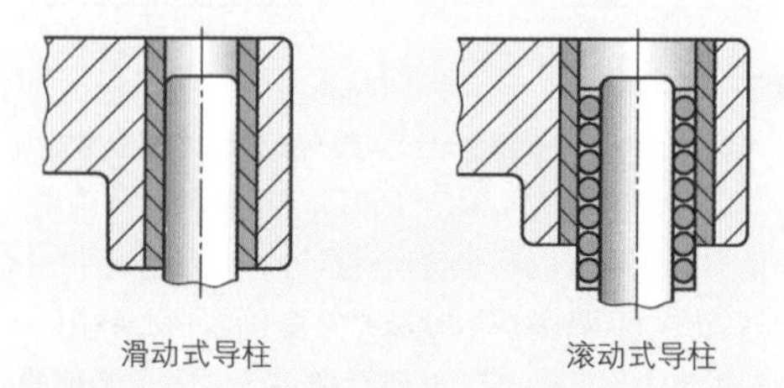

图 4：导柱

进给限制

剪切板料的进给是每次行程后有节奏地进行的。它受止挡块、导正销、端面切刀或特殊进给装置等因素的限制。

■ 按照加工流程划分

我们根据下列条件划分剪切的方法及使用的模具：

- 每个工件的行程次数⇒单程冲模和连续冲模；
- 同时加工内外轮廓⇒组合剪切模具；
- 剪切面的特殊质量⇒精密剪切模具；
- 在一套模具内进行剪切和成形⇒复合模具。

单程冲模的使用次数远高于用于小件数的剪切模具（图 1）。冲剪凸模一次可完成一个工件的剪切。剪切行程后，向上回程的冲剪凸模带着板料越过定位销。板料在导板处脱离凸模，并一直移送至止挡块。

连续冲模通过连续多次的冲剪，裁剪出工件的轮廓（图 2）。每一个冲剪凸模仅完成一次指定的裁剪。例如图 2 所示的举例中，首先由冲孔模预冲孔，然后，落料凸模从板料上裁剪落料。

无论什么类型的连续冲模，每次冲剪行程后，板料都必须以非常准确的板料进给量向前进给。

使用连续冲模时，用一个模具分若干个阶段制造出工件。

组合剪切模具仅用一个冲剪行程便可以在板料的指定位置上完成一个剪切工件的内外轮廓（图 3）。

这种加工方式可以消除因进给误差或导板内板条间隙等原因造成工件内外轮廓之间的位置误差。

在这种加工方式中，落料凸模同时也是剪切工件内侧形状的冲剪凹模。工件被落料凸模向上推移至冲剪凹模，然后又被落料器推出。

顶料器此外还有一个任务，即导引冲孔模。因此，落料器必须在冲剪凹模内极小的间隙滑动。

组合剪切模具用于内外轮廓之间的位置公差极小并要求大批量生产的工件。

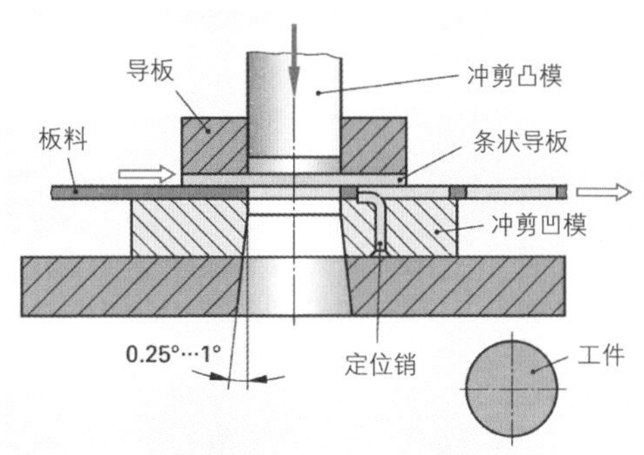

图 1：单程冲模

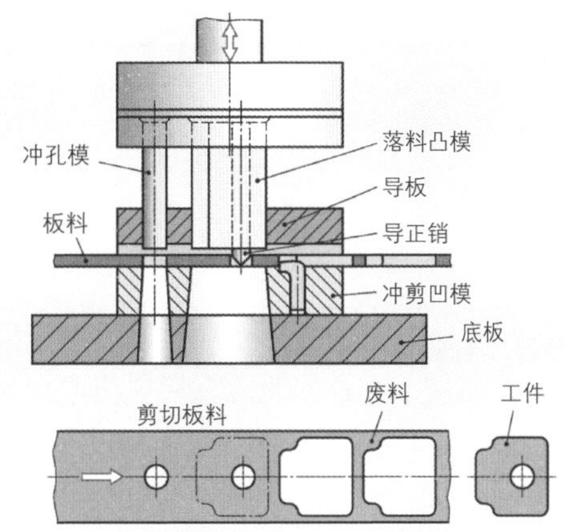

图 2：连续冲模

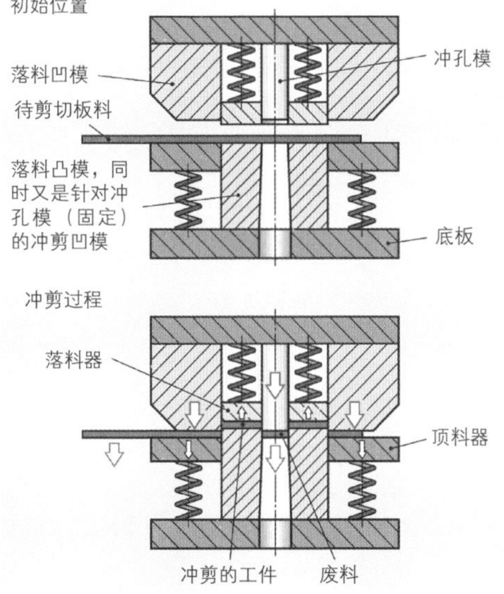

图 3：组合剪切模具

精密剪切模具可在一个工作行程内加工出无毛刺的、剪切面光滑并成直角的工件（图 1）。由于剪切间隙只允许达到板厚的 0.5%，对于薄板而言，这意味着该间隙极小，因此要求导柱配装支架。

剪切开始前，待剪切板料被一个活动压板固定压在冲剪凹模上。压板上有一个楔形锯齿状凹口，其方向与工件的外轮廓平行。压板压入待剪切板料，使它在剪切区域内保持固定不动。这种剪切所要求的剪切力约两倍于前述的普通剪切。

由于精密剪切时压板、冲剪凸模和顶托托架的运动路径不同，因此要求有三种作用不同的压力。

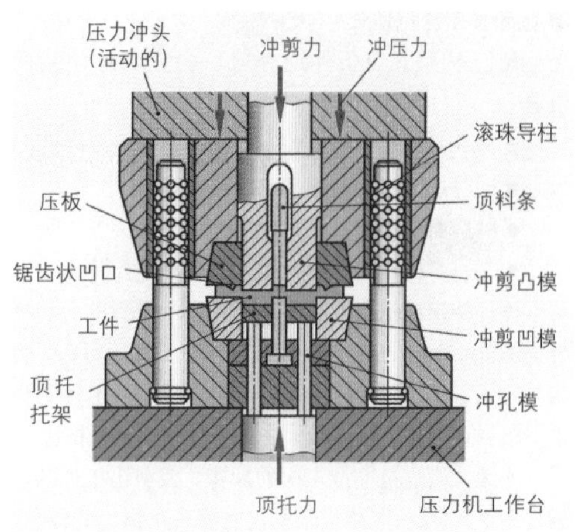

图 1：精密剪切模具

> 采用精密剪切模具可加工出尺寸精确、平面度良好的工件，其剪切面光滑并成直角。

连续复合冲模同时包含有冲剪模具和成形模具。从加工流程上看，它是连续冲模从剪切、成形到分离等若干个阶段连续实施的加工流程（图 2）。在图 2 展示的连续复合冲模中，首先进行工件侧边的无导向冲剪，随后冲剪并弯曲待弯曲部分的纵边，并在弯曲模具中完成弯曲，最后把加工完毕的工件切割下来。

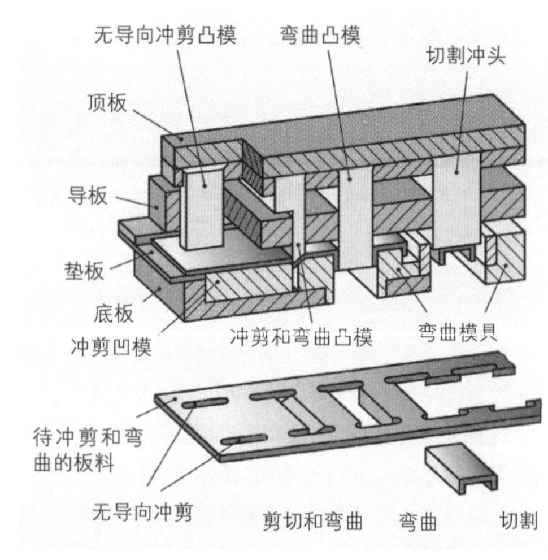

图 2：连续复合冲模

> 使用连续复合冲模可在一套模具中完成剪切和成形加工。它适用于制造复杂和小型的板材工件。

本小节内容的复习和深化：

1. 冲剪加工时，分离过程是如何进行的？
2. 机动车上汽车发电机的支架由 1 mm 厚的结构钢（R_m=520 N/mm²）冲剪落料而成。那么冲剪模具的剪切间隙必须多大？
3. 如何才能按照冲剪模具的导柱类型划分冲剪模具？
4. 哪些冲剪模具适合制造下列工件：
   (a) 有孔的圆盘；
   (b) 外轮廓必须准确对应孔的工件；
   (c) 剪切面无毛刺的工件；
   (d) 有弯曲区域的工件。

3.6.2 射束切割

射束切割是指用气体射束或水流射束分割材料。我们把射束切割分为热切割和水流射束切割。选择哪种方法更适宜，取决于待切割的材料、材料厚度以及所需的切边质量。

3.6.2.1 热切割

热切割是先将切割点加热，随后用一股气体射束把材料分割开来。热切割最重要的方法有：乙炔气割、等离子熔融切割和激光束切割。

■ 乙炔气割（表 1）

非合金钢和低合金钢在超过其燃点温度后，可以在纯氧中燃烧。它们的燃点一般约达 1200 ℃，低于其熔化温度。

气割利用的就是材料的这种特性。用可燃气体与氧气的混合火焰把切割点加热到燃点温度，随后加入割炬用氧。通过这种方法将钢材切割点加热到白热高温后燃烧。由此产生的氧化铁与熔化的钢在氧气射束的压力下一起吹离切割缝。气割时，切割烧嘴的移动便形成一条切割缝（图 1）。

正确的切割速度将产生一条垂直于切割标记的切割缝（图 2）。

如果切割标记是斜的，表明切割速度过高。如果在切割缝下部边缘形成了熔渣飞边，表明切割速度过低（图 2）。

气割所用的可燃气体主要是乙炔气和丙烷气。

切割缝的表面质量相当于锯削面或刨削面。该表面质量取决于：

- 喷嘴与切割点上边缘的间距；
- 切割喷嘴的尺寸；
- 氧气压力；
- 进给速度。

成叠板材，只有在可从边缘开始切割并且板材是层层叠压时，才可用气割方法切割成叠板材。

乙炔气割也可以在水下进行。

用钢管氧枪辅助喷入富铁粉末的方法，可在厚度最大达 4 m 的矿物材料，例如混凝土上用乙炔气割“打洞”。

表 1：乙炔气割

适用材料	非合金钢和低合金钢
材料厚度	5~1000 mm
切割速度	材料厚度 5 mm 时 800 mm/min 材料厚度 80 mm 时 400 mm/min
优点	可使用手工切割烧嘴，也可使用数控气割机
缺点	不适合用于薄板、合金钢和有色金属

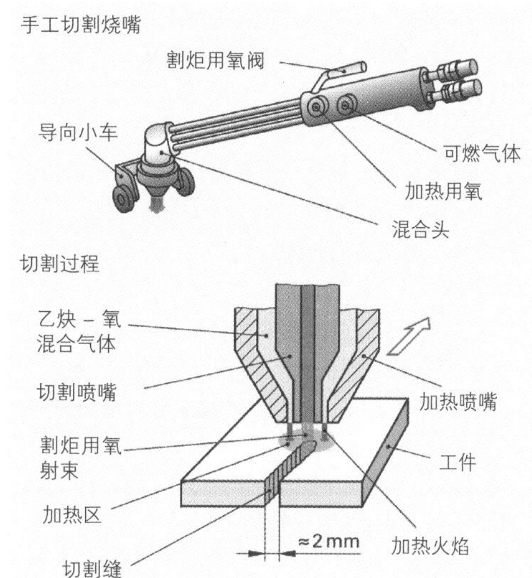

图 1：乙炔气割

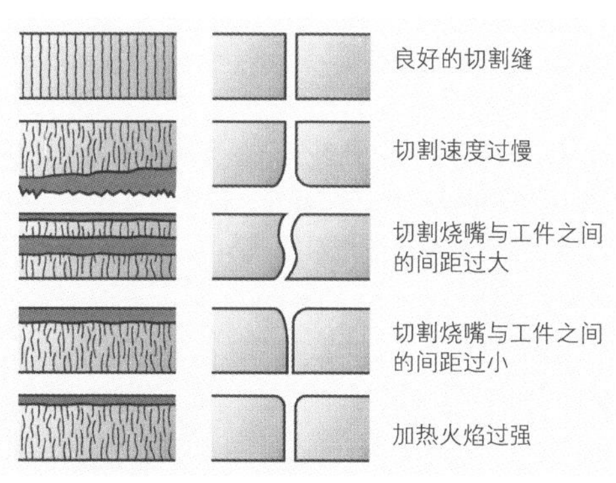

图 2：气割缺陷

■ 等离子熔融切割

等离子熔融切割尤其适用于分割合金钢和有色金属材料（表 1）。这类金属所生成氧化物的熔点温度高于其金属本身的熔点温度，因此无法使用乙炔气割的方法进行切割。

表 1：等离子熔融切割	
适用材料	合金钢，有色金属和非金属材料
材料厚度	1~100 mm
切割速度	分离切割时最大至 6 m/min 调质切割时最大至 4 m/min
切割气体	氩气、氮气，这两者的混合气体，氦气，压缩空气
优点	可用高切割速度和良好的切割质量切割所有的金属
缺点	必须配备防护切割时所产生噪声、烟尘和灰尘的防护设备；切割机械昂贵

切割过程

等离子熔融切割时，由一股等离子射束分割工件，该射束可以极高的温度和极快的速度接触到切割点。因此我们把等离子称为一种带电的高温气体。

首先，在钨电极与切割喷嘴之间点燃一个引导光弧（图 1）。受此光弧引导的切割气体穿过光弧，同时因高温进入等离子状态。而在电极与工件之间所施加的电压使该等离子束加速冲向工件。一旦等离子射束接触到工件，光弧立即跳到工件上，引导光弧也立即关断。这个最高可达 30000 ℃并充满能量的等离子射束烧熔接触点的材料，同时把它吹出切割缝。

如果对非导电材料（非金属）进行等离子切割，电极与工件之间无法产生光弧。因此，必须再使用一个电极，以形成闭合电路。

使用等离子切割可达到高切割速度。由此可使热效应和切割部位的扭曲变形减至最小。

等离子熔融切割的切割缝，上部略宽于下部，因为等离子射束的能量随着切割深度的增加而减弱（图 2）。

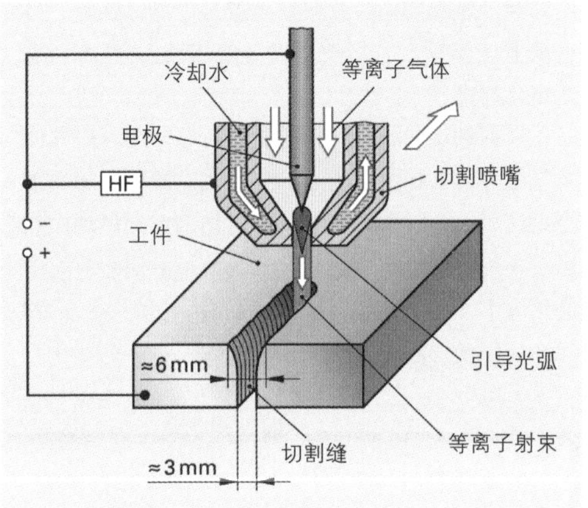

图 1：等离子熔融切割

> 等离子熔融切割主要用于合金钢和有色金属材料的切割。

保护措施

由于等离子射束的逸出速度极快，因此在等离子切割时会产生很强的噪声。我们可以通过在水槽中切割或向等离子射束喷水等措施使之汽化。等离子射束极高的温度还会产生有害气体如臭氧和氮氧化合物。所以必须抽除有害气体。此外，等离子切割时产生的强烈紫外线可通过防护眼镜或加防护盖等措施予以屏蔽。

板厚（mm）	切割方法		
	乙炔气割	等离子熔融切割	激光切割
1			
2			
3			
4			
8			

图 2：乙炔气割、等离子切割和激光切割的切割缝对比

■ 激光束切割（表 1）

激光束切割时，由一股激光束切割材料（图 1）。激光束是一种具有极强能量的聚焦光束。它由气体（气体激光）或由晶体（固体激光）产生，通过一套透镜系统，如凸透镜，聚焦（调聚）在工件表面一块非常小的面积上，并在该面上产生高密度能量。它使材料熔融或汽化，并被一股气流吹出切割缝。我们根据激光束的作用方式把激光切割分为激光熔融切割和激光气割。

表 1：激光束切割

适用材料	所有的钢材、铝合金、塑料、陶瓷
材料厚度（举例）	钢材为 10 mm 塑料薄膜为 0.1 mm
切割速度	钢材为 0.6 m/min 塑料薄膜为 90 m/min
切割气体	氮气、氩气、氧气
优点	可切割多种材料 极佳的切割质量，极高的切割速度
缺点	必须配备防护设备，切割机械昂贵

切割过程

激光熔融切割：激光束熔融的材料被一股惰性气体，通常是氮气或氩气，吹离切割缝（图 1）。这种切割方法尤其适用于熔点低于燃点的金属，例如不锈钢、铝合金、半导体材料、塑料以及其他可燃材料和陶瓷材料。

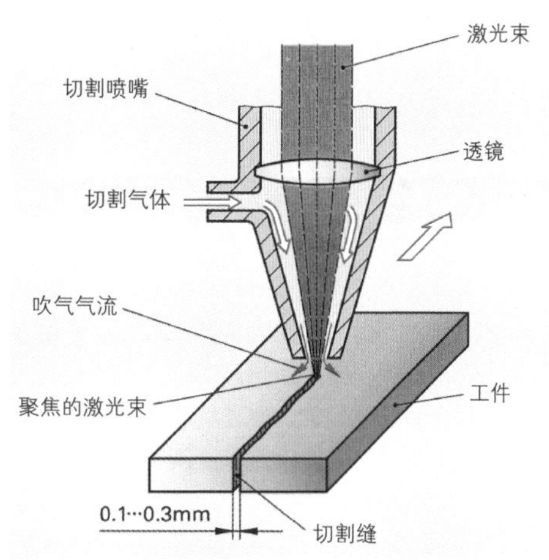

图 1：激光熔融切割

激光气割：激光束把材料加热到燃点温度。在材料燃烧的同时，加入氧气射束，以便把氧化物吹离切割缝。使用水射束激光还可以大大降低切割边的热效应，因此它还可以切割例如半导体技术常用材料（如硅晶片）。此外，切割头与工件的间距也远大于无水射束激光切割。这种技术更适宜用于例如三维切割。

> 激光气割的特殊优点是平滑的切割面（图 2）。因此，一般情况下，被切割的工件都不需再进行后续修整加工。

使用激光气割还可以切出极小的孔和轮廓。

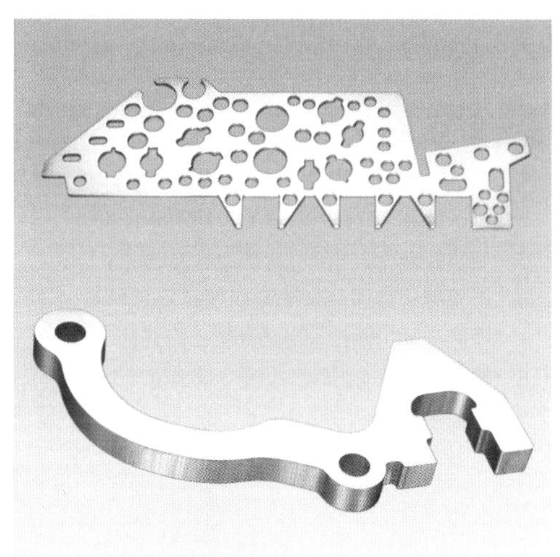

图 2：用激光切割的工件

保护措施

激光切割时也会产生烟尘和刺激性气体，必须予以抽除。

激光束的其他用途（节选）

激光束也可用于金属和非金属工件的雕刻和刻字、表面淬火、焊接技术（见 258 页）和检测技术（见 42 页）等。

3.6.2.2 水流切割

水射流切割（表 1）使用一股细薄的、一般均混合着例如石英砂之类射束物质的水流射束，以便增强水流的磨蚀效果。

切割过程

切割射束以约 4000 bar 的压力由水泵供给切割头。在切割头处加入射束物质。这股厚度为 0.1~0.5 mm 的射束从工件的一个起始孔开始切割材料。其切割速度取决于材料的硬度和韧度以及所要求的切割质量。若以最大切割速度的 25%进行精密切割，可获得非常光滑且无毛刺的切割边。水射流切割时将产生很大噪声，但可以在水下进行切割，以降低噪声。

表 1：水流切割

适用材料	金属、有色金属、塑料、纺织品、复合材料、层压材料
材料厚度	1~100 mm
切割速度	钢材为 0.4 m/min 铝材为 0.8 m/min
切割材料	加入了增加磨蚀（磨损）作用的添加材料的水
优点	可切割所有的材料 没有热效应，因此也没有扭曲变形
缺点	只在不适宜采用热分割方法时方才使用

3.6.2.3 切割机械

绝大部分射束切割方法都可以在计算机数控（CNC）机床上进行。根据不同的切割方法，可在计算机数控机床上安装各种不同的切割头。机床控制系统可以调节全部重要参数，如进给速度，喷嘴至工件的间距，所使用气体的压力，电压和电流强度等（图 1）。

用个人电脑编制的分程序图把各种不同的工件进行排序，以使板料的利用率达到最优化（图 2）。

如今可以在计算机数控切管机床上进行管的仿形切割，例如管接头。这种机床可以非常精确地切割出立体弯曲的边棱，同时还做出焊接边。

图 1：数控切割机床

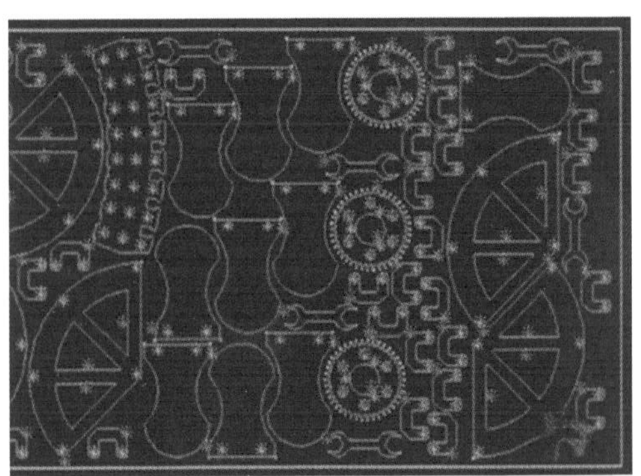

图 2：分程序图

本小节内容的复习和深化：

1. 乙炔气割时，预热火焰的作用是什么？
2. 哪一种射束切割方法适合于切割非合金钢？
3. 如何分辨乙炔气割时正确的气割速度？
4. 使用哪一种切割方法可以切割下列材料：不锈钢、AlCuMg3、泡沫材料、陶瓷？
5. 等离子熔融切割时必须遵守哪些安全规定？

3.7 切削加工

3.7.1 基础知识

所有切削加工方法中，最为重要的因素是：

- 刀具切削刃的形状以及切削刃处形成的切屑；
- 切削时出现的力和温度；
- 切削材料的耐磨强度。

所有刀具切削刃的基本形状都是楔形（图 1）。刀具切削时所产生的各种力和温度导致切削楔的磨损。因此，切削刃必须在高温下耐磨，并具有足够的韧度。

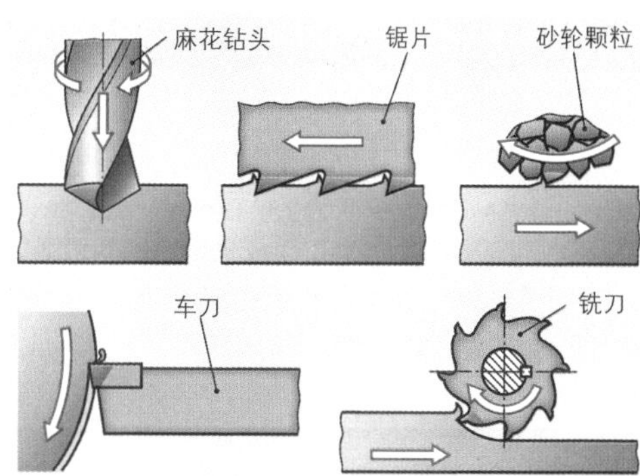

图 1：刀具切削刃的楔形形状

■ 切削楔的面和角度

切入工件内的切削楔由切削（前）面和切削后面组成（图 2）。这两个面之间的角度称为楔角 β。楔角的大小取决于待切削的工件材料（表 1）。楔角越小，切削楔切入工件材料越容易。但是，为了在加工具有较高强度的工件材料时刀刃不被打坏，必须保持足够大的楔角。

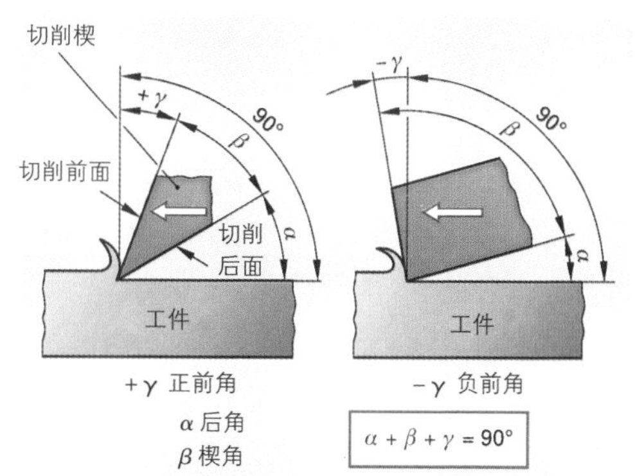

图 2：切削楔的面和角度

前角 γ 是切削面与垂直于加工面的一个垂直面之间的夹角。前角主要影响切屑的形成。工件材料越软，该角度应越大。大的正前角切出长切屑。

如果是小的正前角，可加大楔角。切削加工硬脆工件材料时，切削楔更为稳定。

楔角为 90°的可转位刀片构成一个负前角。这类刀片可从两边使用，从而使切削加工成本更低。负前角刀具在加工“普通钢”时会导致切屑快速断裂。这类刀片的大切削楔适宜用于断续切削。

后角 α 是切削后面与加工面之间的夹角，这是一个不可或缺的角，其作用是降低刀具与工件之间的摩擦。后角的选择原则是，该角度的大小恰好可保证刀具足够自由地进行切削。后角、楔角和前角的总和是 90°。

> 切削楔上最重要的角度是前角 γ，因为它直接影响切屑的形成、刀具的耐用度和切削力。

表 1：切削楔上各角度的大小

楔角 β		前角 γ			后角 α	
大楔角	小楔角	正小前角	正大前角	负前角	小后角	大后角
强度较高的硬材料，例如调质钢	软材料，例如铝合金	高强度材料、硬脆材料	软材料，精整加工时	“普通”钢，断续切削时，经济型加工	硬材料和产生短切屑的材料，例如高合金钢	软材料和可弹性变形的材料，例如塑料

3.7.2 手工操作工具的加工

3.7.2.1 划线

划线为继续加工服务，例如为钻孔、锯切或锉等做出准备。划线，即把图纸尺寸转移到工件上。划线只用于手工操作工具的切削加工，或机床的单件切削加工。若使用计算机数控（CNC）机床进行切削加工，则划线是多余的。划线时必须注意下列要求：

- 所划线条必须清晰可辨；
- 尽可能准确地反应图纸尺寸；
- 所划线条应尽可能细，且不允许损伤工件表面。

■ 划线的准备工作

为使所划线条清晰可辨，在铸件和锻件上应采用白垩粉划线。光滑的金属件表面和轻金属工件表面宜喷涂划线漆，光亮的钢表面用胆矾镀铜。

■ 划线过程和划线工具

采用图 1 所示划线工具划线时，常在一块已经校直的铸铁或花岗石划线平台上对工件进行划线。划线工具的尖部已经淬火硬化，或采用硬质合金涂层。在薄壁、已淬火硬化或缺口敏感型工件上的划线一般使用黄铜划线针，而在轻金属薄板上划线则使用铅笔划线。

划圆或擦去部分线段时使用圆规或长臂规。先使用冲子冲出圆心点，防止圆规打滑。为钻孔冲眼时，用力敲击冲子，可使打孔工作更为轻松。

采用控制冲眼可使投影线，尤其在曲面上的投影线效果更为清晰。加工后，冲眼仍有一半可见。

使用平行划线规或高度划线规可在任意高度划出与划线平台平行的投影线（图 2）。高度划线规上刻有刻度线或采用数显方式。数字式高度划线规（图 1）是按照增量检测法进行光电式（见 37 页）工作。内装玻璃比例尺的垂直立柱可视为整体量具。扫描头识读比例尺上的分度。数字式平行划线规可在任意位置上按键回零。如有需要，按下按键即可对尺寸数据进行加法和减法的算术计算。

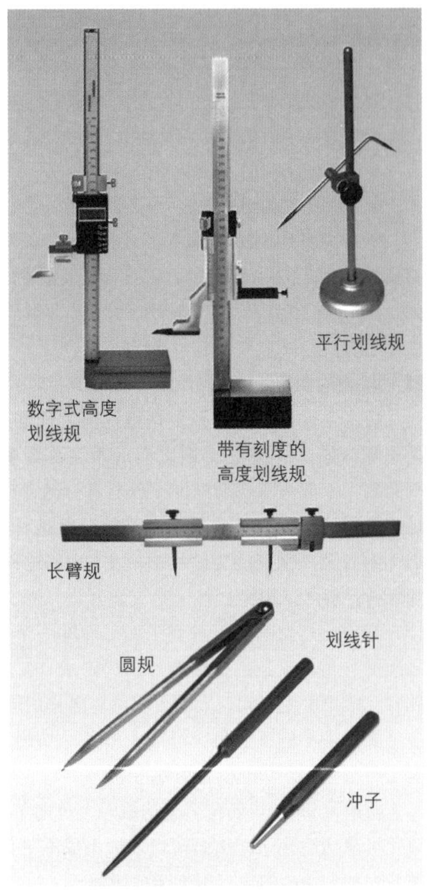

图 1：划线工具（节选）

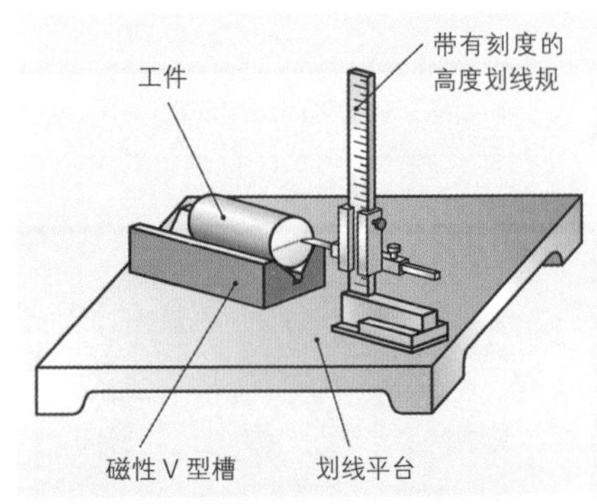

图 2：使用高度划线规划线

3.7.2.2 手工锯

手工锯是一种做直线切削运动的切削方式。其目的是分割小型工件、棒材、管材或用于切槽和切缝。锯切时，手持锯条进行切削运动。

锯条是一种多切削刃且锯齿前后排列的切削刀具。楔形锯齿已经淬火硬化，其切削宽度较窄。锯条的容屑槽（齿槽）容纳锯屑，并将锯屑导出切削缝（图 1）。

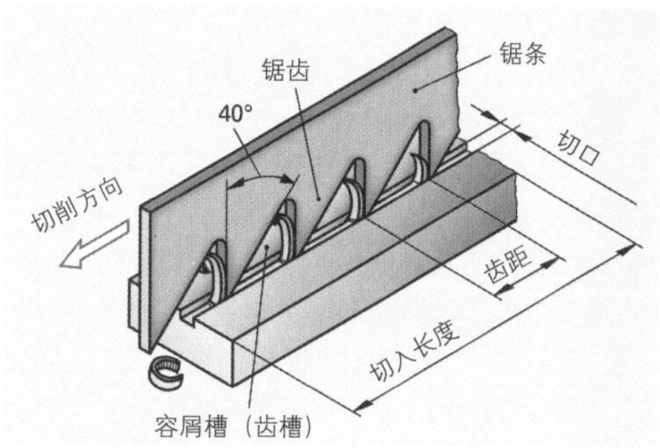

图 1：锯条的工作方式

> 锯条的锯齿必须始终指向其切削方向。

■ 锯条的齿距

锯齿齿尖间距即视为锯距。为了标注齿距，在锯条上将每英寸［1 英寸（Inch）=25.4 mm］长度上锯齿的数量标为齿距。为防止锯条卡顿，必须多个锯齿同时介入切削。因此，锯切薄壁工件和空心型材（管材）时必须使用细齿距锯条（图 2）。

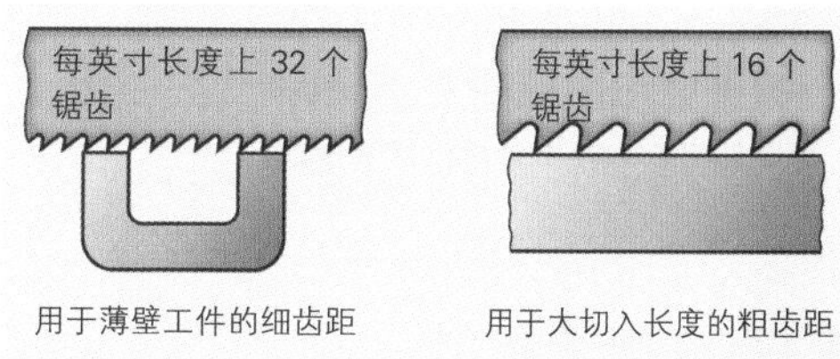

图 2：锯条的齿距

此外，齿距还需以工件材料的强度为依据（表 1）。较高强度的工件材料要求细齿距，其目的是一次介入切削的锯齿数更多。强度较低的工件材料要求较大的容屑空间，因此要求更粗的齿距。齿条选用的参考要素如下：

> ●粗齿距锯条用于锯切软工件材料和大齿距；
> ●细齿距锯条用于锯切较高强度的工件材料和薄壁工件。

表 1：锯切不同工件材料时的齿距

齿距	工件材料
每英寸长度上 16 个锯齿≙粗	铝、铜、塑料
每英寸长度上 22 个锯齿≙中等	非合金结构钢、合金
每英寸长度上 32 个锯齿≙细	合金钢、铸钢

■ 锯条的自由进出

锯条切入工件材料较深时，锯条对工件切口两边的摩擦增大。为使锯条在锯切运动时不过分发热并卡在切口处，锯条两边必须能够自由进出切口。因此，锯条必须是左右交叉分齿或成波浪形分齿（图 3）。锯齿齿形为左右交叉分齿时，锯齿必须左右交替弯曲，以此防止锯齿卡顿在工件切口内。波浪形分齿特别用于细齿距锯条。

> 通过锯齿左右交叉分齿或波浪形分齿达到锯条在锯切口的自由进出。

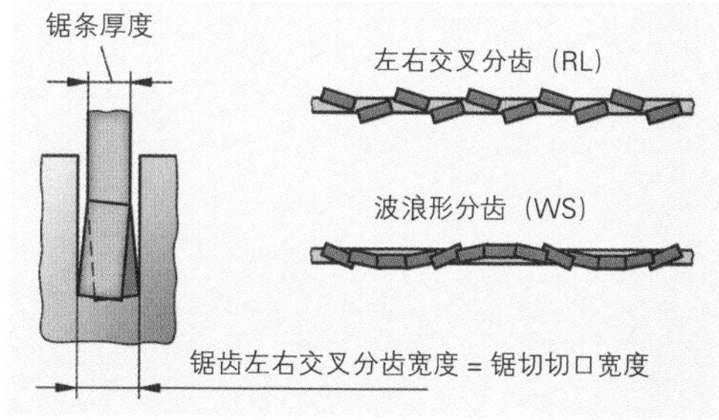

图 3：锯条的自由进出

手工锯切

弓锯：手工锯切大多使用弓锯。弓锯向切削方向锯切（图 1）。因此，锯条张紧时，锯齿必须朝向进给方向。锯条厚度一般为 0.6~1 mm，大多数为波浪形分齿兼左右交叉形分齿。先用三角锉在工件上锉出一道切口，可使锯条更容易切入工件。

开槽锯：例如在螺钉头或螺纹销上锯切窄槽时可使用开槽锯（图 2）。这种锯的锯条仅向一边张紧，因此特别适用于难以接近的锯切点。

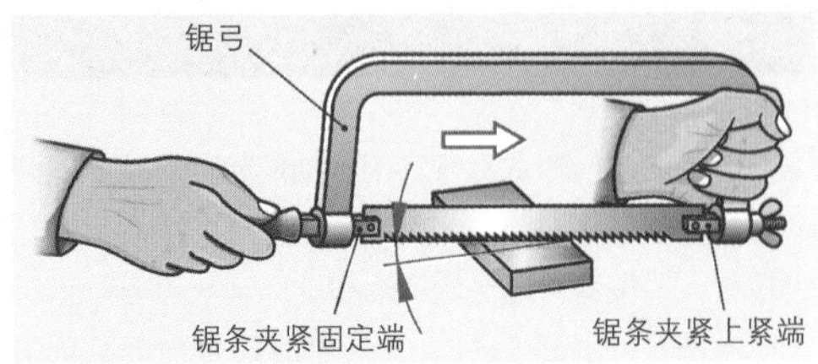

图 1：锯条的工作方式

图 2：开槽锯

- 弓锯的锯条必须笔直绷紧。锯齿必须朝向切削方向；
- 夹紧工件时必须使它靠近锯切点；
- 锯切时必须利用锯条的全部长度。

机床支持的手工锯

采用前文所述手工锯切时，若工件材料是钢，操作者将耗费很大体力。为减轻人工锯切的费时费力，可采用机床支持的锯切方式。

手动带锯：锯切圆管或型材，尤其在建筑工地上的锯切，均可使用手动带锯（图 3）。无限长度的带锯可用电机驱动。通过调节锯切深度可限制锯条的切入深度。此外，可根据工件材料的不同调节锯切速度。

图 3：手动带锯

钢丝锯：锯切金属板材、型材和较小的工件时宜使用钢丝锯（图 4）。单边张紧的窄锯条进行持续不断的往复运动。锯条切入工件。如果预钻一个初始孔，即便在板材中间也可进行下料锯切。由于锯条宽度较窄，还可以进行圆弧锯切。

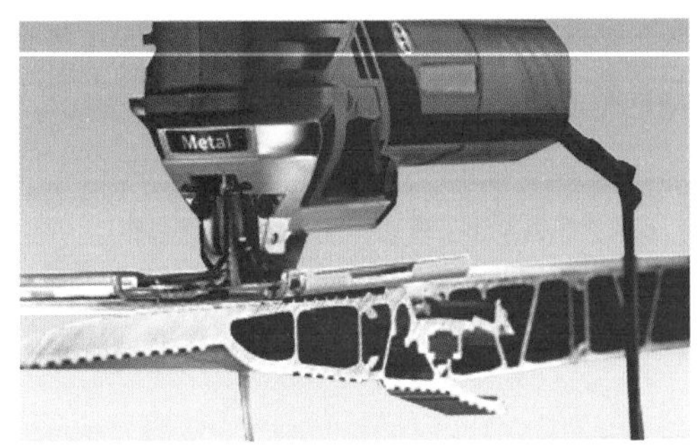

图 4：钢丝锯

手动圆锯：如果需在板材、管材和型材上进行直线锯切，宜使用手动圆锯（图 5）。高速切削钢（HSS）或硬质合金锯条可进行圆形切削运动。

图 5：用于金属加工的手动圆锯

3.7.2.3 锉

锉刀是用于分割微量工件材料的多刃刀具（图1）。锉刀制造时先刻凿或铣出切削齿，然后淬火。大齿距时，刻凿的锉刀齿是负切削前角，铣出的锉刀齿是正切削前角（图2）。锉刀上线性排列的锉刀齿称之为锉纹。锉纹类型分为单锉纹、十字锉纹和粗锉锉纹。锉刀可按照其锉纹、长度，尤其按照其横截面形状进行分类（图3）。

刻凿的锉刀：刻凿制造的单锉纹锉刀用于较软材料的工件。十字锉纹是在锉刀板上两次刻凿制造的。十字锉纹可避免在工件表面形成小型浅槽。十字锉纹锉刀适用于加工钢、铸铁、黄铜或塑料。粗锉纹是点状刻凿齿，齿间间距较大（图4）。粗锉纹锉刀适用于木材、皮革、塑料和石材。

根据锉纹数量（每厘米长度上的锉纹数量）用锉纹编号0至8来命名刻凿的锉刀。不同锉纹分布的锉刀分别适用于粗加工和精加工。但极细的锉刀也可标号至10。锉纹编号越大，但锉刀长度不变，锉纹数量也就越多。如果锉纹编号不变，锉刀长度较长时其锉纹数量也相应减少，因为锉纹数量与锉刀长度无关。我们把锉纹编号0至4的锉刀称为粗加工锉刀。而锉纹编号较高的锉刀称为精密锉刀。

铣制的锉刀：铣制锉刀弯曲或倾斜的刀齿总是单锉纹的（图4）。此类锉刀主要用于加工软材料的工件。我们把这类铣齿锉刀划分为1，2和3类齿形，它们分别是粗齿，中等齿和细齿。

锉刀运动：锉工件时应注意力的正确分配和锉刀正确的运动方向。运动应在锉刀轴线方向上进行，这时，锉刀以锉削宽度的一半向右或向左推进。锉工件时，只允许向锉刀的切削方向用力。

本小节内容的复习与深化：

1. 影响切屑形成的主要是哪些角度？
2. 划线时必须注意哪些要求？
3. 数字式高度划线规是根据哪些原理进行工作的？
4. 锯条必须向哪个方向张紧？
5. 通过哪些措施使锯条锯切时自由顺畅？
6. 锯切时必须注意哪些工作规则？
7. 钢丝锯适用于哪些锯切工作？
8. 为什么锉刀要刻凿成十字锉纹？
9. 刻凿的锉刀与铣制的锉刀有何区别？

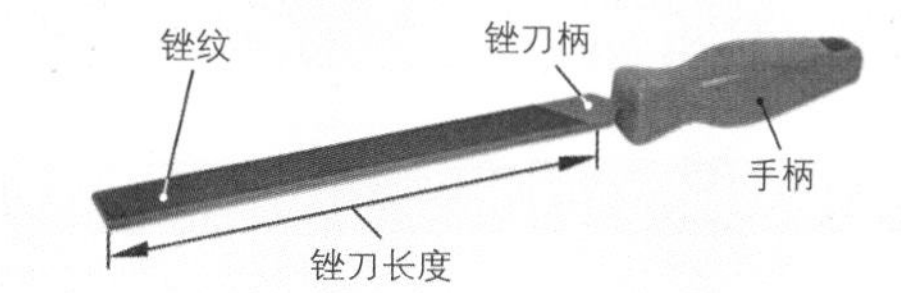

图1：扁锉

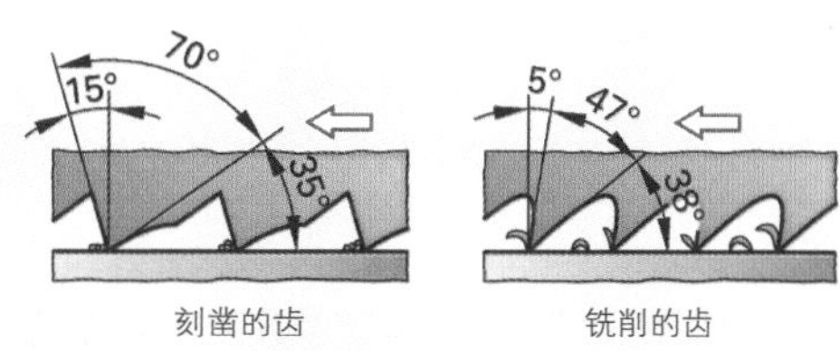

图2：刻凿齿和铣齿

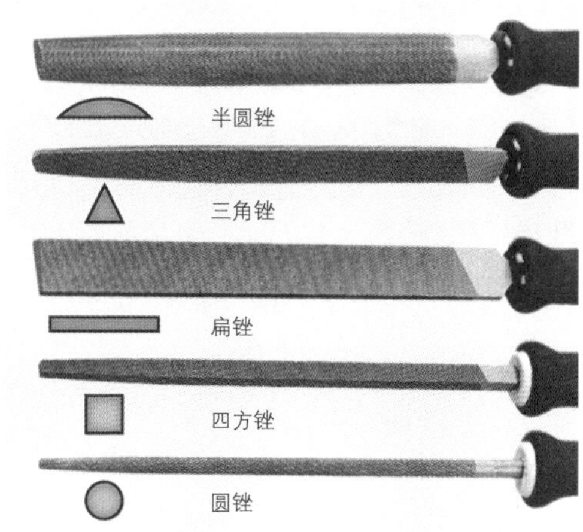

图3：锉刀的横截面形状

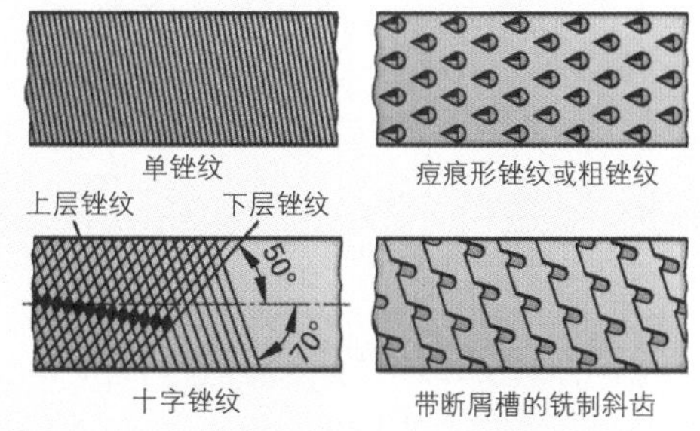

图4：锉纹类型

3.8　加工机床的切削加工

3.8.1　切削材料

我们把构成切削楔的材料称为切削材料。

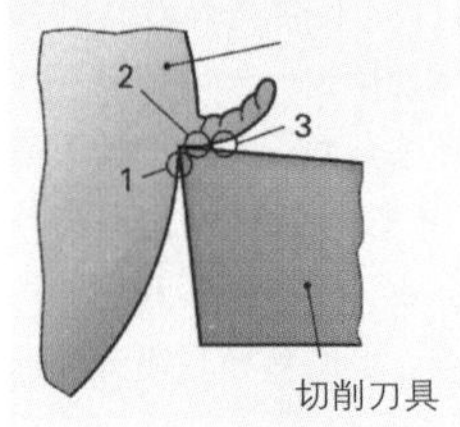

图 1：切削刀具的负荷

■ 对切削材料的要求

切削刀具所用的切削材料在使用过程中必须承受很大的机械负荷和热负荷，因此，切削材料可能因磨耗导致过大的磨损或切削刀具的断裂（图 1)。

切削材料必备特性：

为使切削刀具具有尽可能大的耐用度，它必须具备下列特性：

- 热硬度高，就是说，刀具的切削刃即便在高温下仍能保持足够高的硬度，以使它能够切入工件材料；
- 耐磨强度高，就是说，对机械磨耗以及化学和物理影响因素如氧化和扩散等具有高耐受能力；
- 热疲劳强度高，就是说，即便工作温度剧烈变化，刀具也不会出现裂纹；
- 抗压强度高，可避免切削刃的变形和崩刃；
- 韧度和抗弯曲强度高，可使刀具切削刃能够承受瞬间负荷并使锋利的切削刃口不断裂。

■ 切削材料的选择

切削材料的选择以加工方法、待切削的工件材料和经济性等要素为准则。选择时必须注意的切削材料的重要特性是：耐磨强度和韧度（图 2)。通过涂层处理，硬质合金（HM）和高速钢（HSS）这类的切削材料可大为改善其耐磨强度（见 139 页)。

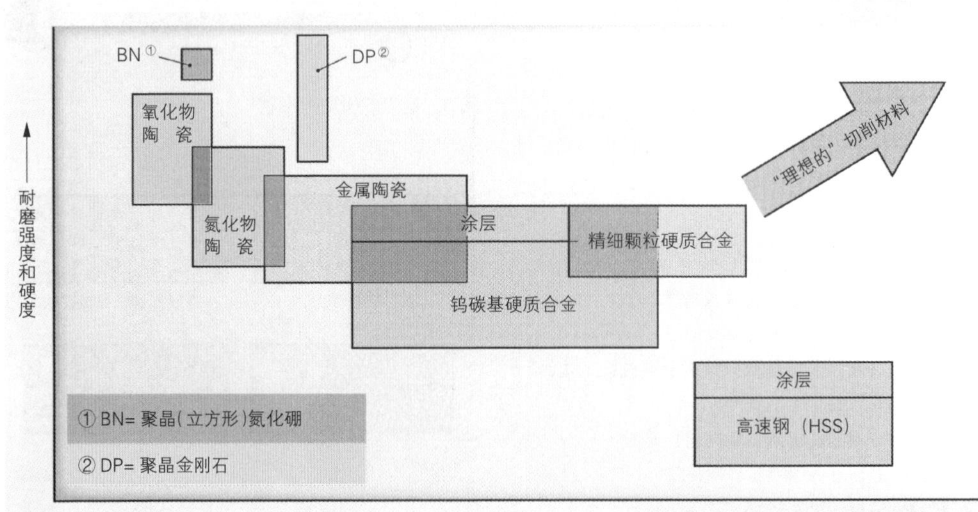

图 2：切削材料的耐磨强度和韧度

由于各种切削材料具有不同的耐磨强度、韧度和成本，它们的应用范围也各不相同。

■ 高速钢（HSS）

高速钢是一种高合金工具钢，其主要合金元素是钨、钼、钒和钴。例如：HS 2-9-1-8 含有 2%钨（W）、9%钼（Mo）、1%钒（V）和 8%钴（Co）。在所有切削材料中，高速钢的韧度最大，但硬度最小。如果刀具切削刃要求非常锋利，而切削温度又不是太高时，一般使用高速钢（表 1）。通过涂层可以提高其耐磨强度，并因此提高其切削速度。

■ 硬质合金（HM）

结构：硬质合金是一种复合材料，它通过烧结粉末状基础材料制造而成（见 367 页）。烧结过程中，硬材料碳化钨与较软的结合剂钴结合。为改善其高温耐磨强度，还加入了碳化钛和碳化钽。硬质合金的成分中，硬金属碳化物的含量一般在 80%至 95%。通过各种不同的组分配比、金属粒度以及涂层等方法，使硬质合金几乎可以用于所有工件材料的加工（图 1）。

特性：硬金属碳化物的高含量提高了硬质合金的耐磨强度。而较高含量的结合剂则保证材料具有较高韧度。金属碳化物最大可达 10 μm 的颗粒粒度也将影响硬质合金的硬度和韧度。

精细颗粒硬质合金（粒度小于 2.5 μm）具有刀刃强度和耐磨强度高等特点，用于切削已淬火的工件材料。

涂层：采用各种不同硬质材料涂层（见 139 页），可在提高硬质合金耐磨强度的同时，仍保持其基础材料的韧度。基于这种优点，未涂层的硬质合金将在市场上受到涂层硬质合金越来越强有力的竞争。

分类：我们把硬质合金划分为 P，M，K，N，S 和 H 几个大组（表 2）。组别的选择以待切削工件材料为准绳。进一步细分时，字母后面附加一个数字。该数字提示硬质合金合适用途的信息，从粗加工到精整加工。

表 1：高速钢的特性和使用范围

特性	使用范围
• 高韧度 • 高抗弯曲强度 • 制造简单 • 硬度低于 70 HRC • 最大耐受温度达到 600 ℃	麻花钻头、铣刀、拉削刀具，丝锥和板牙，成形车刀，塑料加工刀具，还用于切削力变化幅度很大的切削加工

硬质合金刀具

硬质合金可转位刀片

用于车刀、镗刀和铣刀

特性	使用范围
• 高耐热硬度（最大可达 1000 ℃） • 高耐磨强度 • 高抗压强度 • 减振	用于铣刀和车刀的可转位刀片，镶有可转位刀片的钻头，全硬质合金减振刀片，几乎可以用于所有工件材料。

图 2：硬质合金的特性和使用范围

表 2：硬质合金的划分

标记字母（标记颜色）	应用组别	工件材料	切削材料特性（箭头方向指增加）
P 蓝色	P01 P10 … P50	所有的钢和铸铁，不包括不锈钢	耐磨强度↑ 韧度↓
M 黄色	M01 M10 … M40	不锈钢（奥氏体和铁素体）铸钢	耐磨强度↑ 韧度↓
K 红色	K01 K10 … K40	片状石墨和球状石墨铸铁，可锻铸铁	耐磨强度↑ 韧度↓
N 绿色	N01 N10 … N30	有色金属（铝，铜合金，复合材料）	耐磨强度↑ 韧度↓
S 棕色	S01 S10 … S30	耐高温特种合金，钛和钛合金	耐磨强度↑ 韧度↓
H 灰色	H01 H10 … H30	淬火钢，淬火铸铁材料	耐磨强度↑ 韧度↓

附加数字越小，例如 P01，硬质合金的耐磨强度越大。这一类硬质合金主要用于高速切削的精整加工。硬质合金切削刀片所带的附加数字越大，例如 P50，表明其韧度越大，因此，这类硬质合金适宜用于粗加工。

> 硬质合金种类的选择以下列因素为准绳：待切削工件材料，加工条件（例如粗加工或精加工）以及硬质合金制造商的推荐。

■ 金属陶瓷

硬质合金在以碳化钛代替碳化钨的基础上，以镍和钴为结合剂所组成的新材料被称为金属陶瓷（Cermet：英文“陶瓷”与“金属”两个单词的缩写组合）。金属陶瓷主要用于车刀和铣刀的可转位刀片（表 1）。由于金属陶瓷具有极高的耐磨强度和刀刃强度，它特别适用于需要锋利切削刀刃的精整加工。

■ 陶瓷刀片材料

陶瓷切削材料具有极高的耐热硬度，与所切削的工件材料无任何化学反应（图 1）。

由氧化物陶瓷制成的切削刀片的组成成分是氧化铝（Al_2O_3），对剧烈温度变化不敏感。由于这个原因，大部分氧化物陶瓷刀片切削时不使用冷却剂。氧化物陶瓷刀片主要用于铸铁的切削加工。

混合陶瓷（Al_2O_3 加上 TiC）比纯陶瓷的韧度高，对温度变化具有更好的耐温变性。

氮化硅（Si_3N_4）是一种非氧化物陶瓷，具有很高的韧度和刀刃稳定性。氮化硅制成的麻花钻头可以在灰铸铁上高速钻孔。

■ 聚晶立方氮化硼（BN）

立方氮化硼是位于金刚石之后最硬的切削材料，具有最大的耐热硬度。BN 主要用于硬质工件材料的精整加工（硬度大于 48 HRC），加工后的工件表面质量极高（图 2）。在许多情况下，可在精加工后取消磨削工序。通过在硬质合金基础材料的表面烧结一层厚约 0.7 mm 的聚晶立方氮化硼（CBN）层，便可获得具有氮化硼耐磨强度并同时具有硬质合金韧度的可转位刀片。

表 1：金属陶瓷的特性和使用范围

特性	使用范围
• 高耐磨强度 • 高耐热硬度 • 切削刃具有高稳定性 • 高化学耐抗性	用于铣削和车削加工的可转位刀片，主要用于高速切削的精整加工

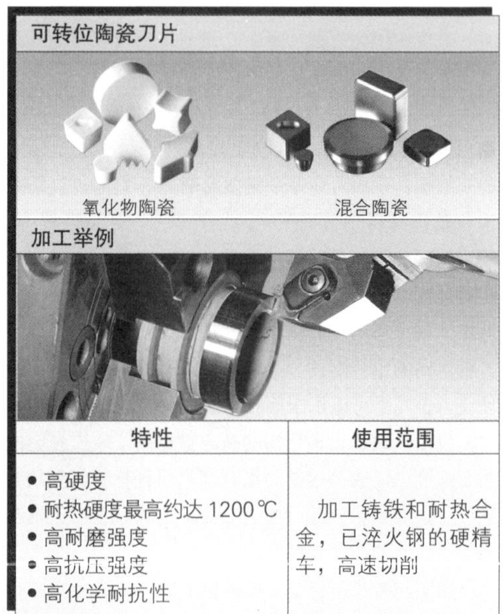

特性	使用范围
• 高硬度 • 耐热硬度最高约达 1200 ℃ • 高耐磨强度 • 高抗压强度 • 高化学耐抗性	加工铸铁和耐热合金，已淬火钢的硬精车，高速切削

图 1：陶瓷刀片材料的特性和使用范围

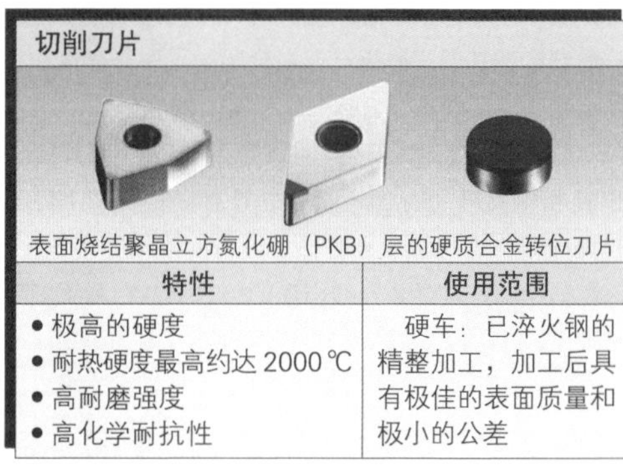

特性	使用范围
• 极高的硬度 • 耐热硬度最高约达 2000 ℃ • 高耐磨强度 • 高化学耐抗性	硬车：已淬火钢的精整加工，加工后具有极佳的表面质量和极小的公差

图 2：立方氮化硼的特性和使用范围

■ 聚晶石（DP，PKD）

聚晶金刚石的硬度几乎与天然单晶金刚石相同（图 1）。它用碳在高温高压下制成。其耐磨强度极高，因此可使刀具达到很高的耐用度。但鉴于聚晶金刚石的脆性，使用时必须控制切削条件的稳定。由于其对温度敏感，切削速度和进给量都不能太大。

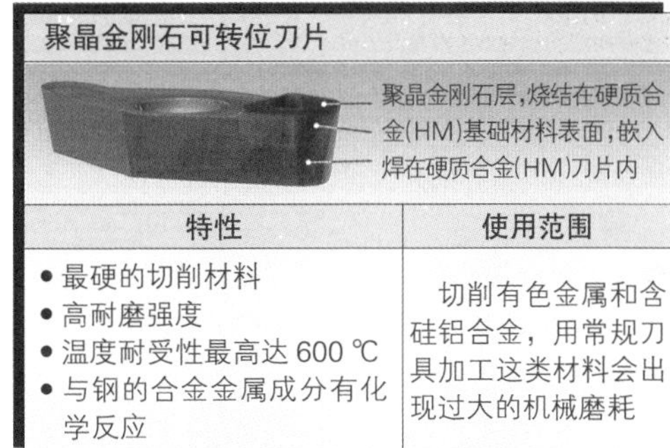

特性	使用范围
• 最硬的切削材料 • 高耐磨强度 • 温度耐受性最高达 600 ℃ • 与钢的合金金属成分有化学反应	切削有色金属和含硅铝合金，用常规刀具加工这类材料会出现过大的机械磨耗

图 1：聚晶金刚石的特性和使用范围

■ 切削刀具的涂层

通过涂层可提高切削刀具的耐磨强度。而刀具较高的耐热强度可提高切削速度和进给量，从而降低加工成本。最重要的涂层材料是氮化钛（TiN）、碳化钛（TiC）、碳氮化钛（TiCN）、氧化铝（Al2O3）和金刚石（图 2）。涂层可分为单层或多层，涂层厚度可从 2~15μm 不等（图 3）。氮化钛由于其低摩擦系数非常适宜做涂层的表面覆盖层。氧化铝可形成极硬的涂层，因此可作为补充隔热层，阻断切屑与基础金属之间的化学反应。碳氮化钛由于其良好的附着特性特别适宜做基础涂层。采用高速钢、硬质合金和金属陶瓷等材料制成的刀具均可做涂层处理。

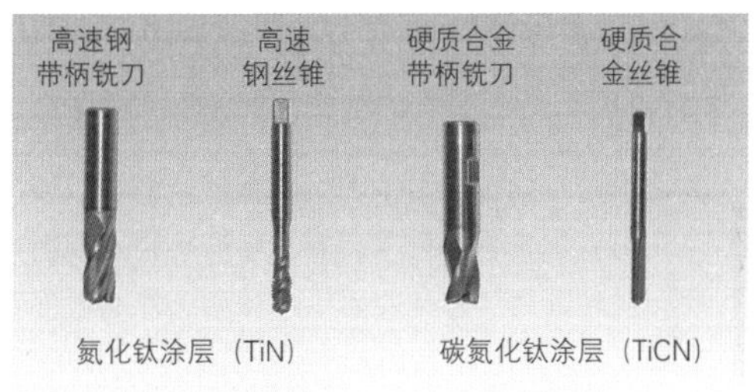

图 2：不同涂层的刀具

切削材料涂层的作用：

- ●提高耐磨强度；
- ●阻止氧化和扩散；
- ●针对高速钢或硬质合金基础材料的隔热作用；
- ●阻止刀具上形成刀瘤。

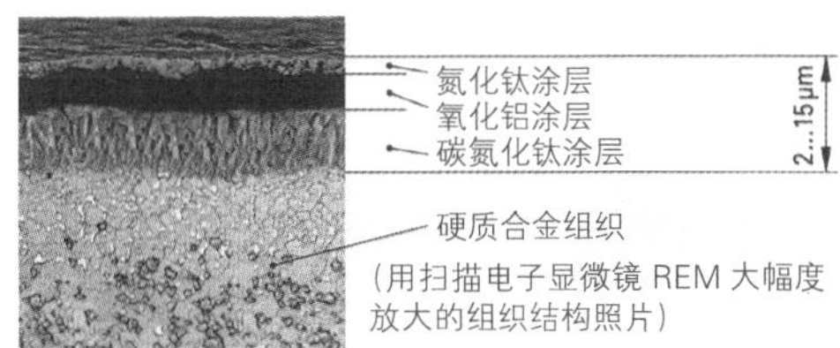

图 3：硬质合金的多层涂层

■ 常用切削材料的比例

由于其多重特性，涂层的和未涂层的硬质合金均是最重要的切削材料。通过不同切削材料的百分比例可以清楚地看到这一点（图 4）。

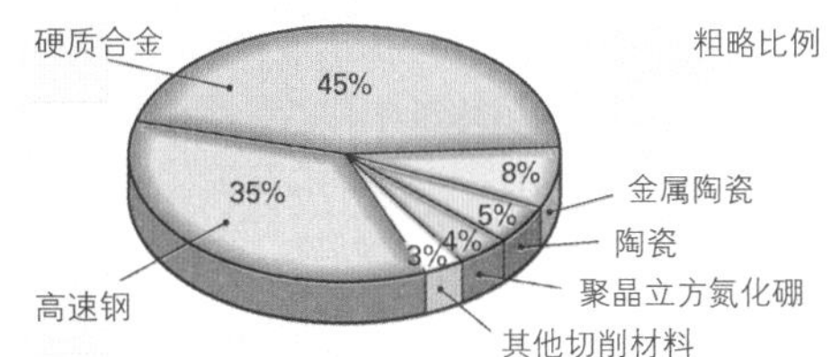

图 4：切削材料的采用比例

本小节内容的复习和深化：

1. 为什么高速钢的切削速度低于硬质合金的切削速度？
2. 硬质合金分类中 P20 与 K20，以及 P01 与 P50 的区别是什么？
3. 与氧化物陶瓷相比，混合陶瓷有哪些优点？
4. 在哪些情况下使用金刚石作为切削材料更具优点？

3.8.2 冷却润滑剂

冷却润滑剂是大部分切削加工过程中无法放弃的辅助材料。

■ 冷却润滑剂的任务

冷却润滑剂（KSS）的主要任务是冷却和润滑工件和刀具。除此之外，冷却润滑剂还可满足一些其他的任务要求（图 1）。如把切屑和刀具磨耗的碎屑从加工切削区，如孔中，冲洗出来，并带离机床工作空间（图 2）。清洁加工区并使工件获得短期有效的防腐蚀保护。磨削加工时还有一个重要的任务，即除了强冷却外还可带走粉尘。

冷却润滑剂降低了刀具、工件和机床的温度，同时提高了刀具的耐用寿命和工件的表面质量。

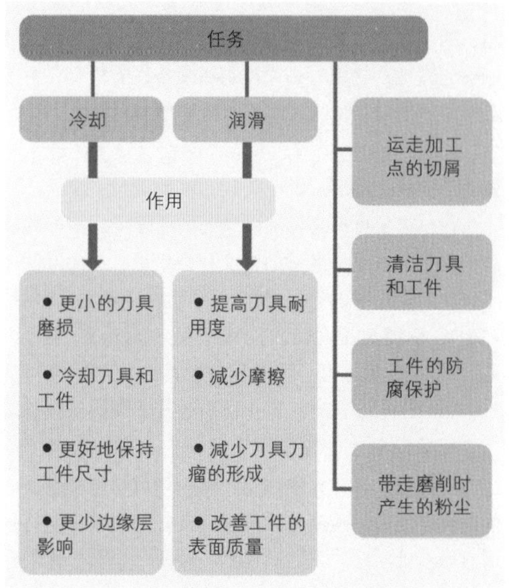

图 1：冷却润滑剂的任务和作用

■ 冷却润滑剂的种类

冷却润滑剂可以分为两大组：

- 纯切削油；
- 可掺水的冷却润滑剂。

纯切削油大部分是掺入一定比例添加剂的矿物油。它们具有很好的润滑性能，并能提供良好的防腐保护。但由于它们的热导性能较低，使它们的冷却效果不如可掺水的冷却润滑剂（图 3）。

可掺水的冷却润滑剂由具有良好冷却效果的水加上具有润滑效果的油组合而成。为使油尽可能均匀地融合在水中，必须在不停搅拌的条件下把油掺入水中。用这种方法产生出一种由两种液体混合而成的乳浊液。乳浊液的使用寿命比切削油短，因为它更容易受到细菌的侵害。乳浊液中一般都掺入添加剂，以保持其特性。

合成冷却润滑剂由可乳化或溶解在水中的溶剂组成。用这种方法产生出透明的冷却润滑剂（KSS），它有利于加工过程中的观察。在有些情况下，例如切削塑料，还需要使用某种气体——主要是压缩空气——冷却并带走切屑。

图 2：铣键槽时的冷却润滑

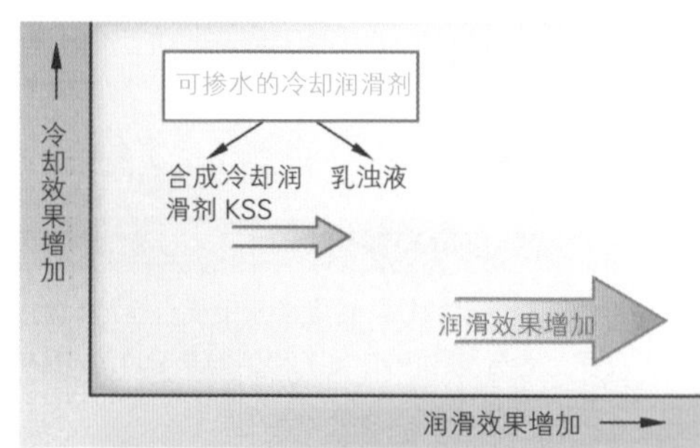

图 3：冷却润滑剂的冷却和润滑效果

■ 冷却润滑剂的选择

我们根据加工方法、工件的材料、切削材料以及切削数据等因素选择冷却润滑剂（表1）。

■ 冷却润滑剂中添加剂的作用

通过添加材料，即所谓的添加剂，可影响冷却润滑剂的特性（表2）。可掺水冷却润滑剂中总是加入添加剂。为使油的细小微粒在水中均匀分布，需加入乳化剂。为防止冷却润滑剂所含水分导致锈蚀，还必须加入防锈剂。可掺水冷却润滑剂尤其适用于高温和细菌及真菌强侵蚀的工作条件。为了避免腐蚀，还加入防腐剂。

切削油中含有高压添加剂（EP-添加剂，英语 extreme pressure 为"特别高压"的缩写），用于切削力很大的切削加工（图1）。这种成分主要为硫和磷的添加剂在工件表面形成一个反应层。在切削加工过程中出现高温和高压时，该反应层可有效阻止金属出现焊接现象。此外，还可在冷却润滑剂中加入其他添加剂，例如防泡剂。

■ 接触冷却润滑剂时的防护措施

接触冷却润滑剂时必须采取防护措施，以避免对人身健康造成危害或加重环境污染。可对人身健康造成危害的主要是冷却润滑剂中的添加剂。在机床上安装尽可能完整的防护罩和冷却润滑剂蒸汽抽吸设备，可防止有害物质通过呼吸进入操作工人体内。

为了保证冷却润滑剂的有效性，必须定期检查乳浊液的浓度。乳浊液中所含的抗微生物剂有可能引起过敏反应，此外脱脂水和油也可能伤害皮肤。因此，应避免皮肤与冷却润滑剂长时间接触。为了预防皮肤伤害，可在皮肤上涂护肤软膏。

冷却润滑剂是一种特殊垃圾，只允许经授权许可的专业企业对其进行回收处理。回收时必须按照专业说明书实施操作。

表1：冷却润滑剂的选择

种类	用途
乳浊液 冷却效果大于润滑效果	• 加工温度高时 • 车、铣、钻时 • 加工易切削材料时
切削油 润滑效果大于冷却效果	• 低速切削时 • 表面质量要求高时 • 加工难切削材料时

表2：冷却润滑剂中添加剂对其特性的影响

添加成分	目的，作用
乳化剂	阻止油水分离
防锈剂	阻止工件、刀具以及机床的锈蚀
防腐剂（抗微生物剂）	阻止细菌和真菌的繁殖，具有杀菌作用
高压添加剂	阻止高压时出现金属焊接现象

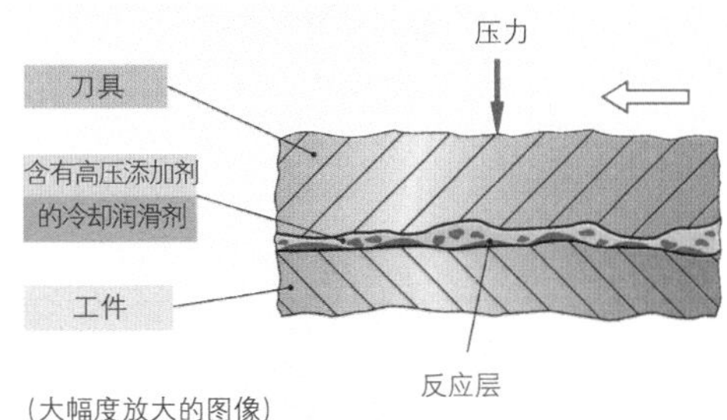

图1：高压添加剂的作用

接触冷却润滑剂时的防护措施

- 给机床加装防护罩，使用抽油装置；
- 定期检查冷却润滑剂－乳浊液的浓度；
- 避免与冷却润滑剂长时间接触；
- 使用护肤软膏；
- 如有可能，戴上手套；
- 及时更换被冷却润滑剂污损的工作服；
- 避免冷却润滑剂与黏膜接触；
- 专业回收处理冷却润滑剂。

■ 干加工（无冷却润滑的加工）

在机械加工成本中，使用冷却润滑剂的总成本（包括维护和回收处理）远大于刀具成本（图1）。非专业性接触和处理冷却润滑剂将有可能造成健康问题和环境污染。出于这些原因，人们试图放弃使用冷却润滑剂。但如果是无冷却润滑的切削加工，切削材料必须在无冷却加工条件下具有很高的耐热硬度。刀具的涂层将减少热负荷并降低切削材料的磨耗。加工时产生的切屑不允许堆积在加工区，避免因机床的热扭曲变形而影响到加工精度。干加工不适用于出现大扭力和大摩擦力的加工方法，如攻丝。

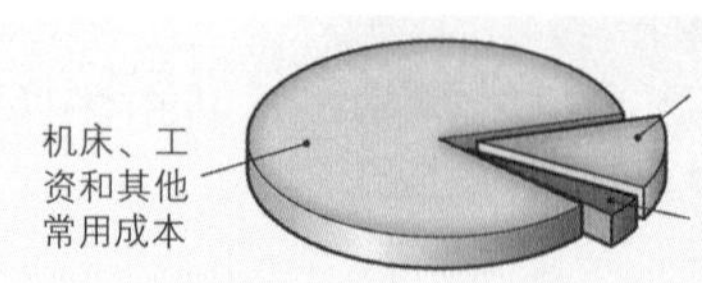

图1：总制造成本中冷却润滑剂成本所占的比例

图2：铣削头铣加工时的微量润滑

■ 微量润滑

我们把微量润滑（MMS）理解为仅供给切削点非常微量的润滑剂。在一台计量装置中，借助压缩空气产生油-气混合物，然后把这种混合物导向刀具切削刃。在润滑系统调节正确的条件下，每小时仅需少于20 mL的润滑剂即可在工件和刀具之间形成足以达到润滑效果的润滑油膜。微量供给润滑剂时，工件、机床和切屑都保持干燥无油（图2）。微量润滑发挥润滑作用的关键点在于油-气混合物准确地导向刀具的切削面和后面。因此，润滑混合物的供给有两种方式：通过刀具内部供油通道的内部供给（图3）；通过活节软管和喷嘴的外部供给（图4）。

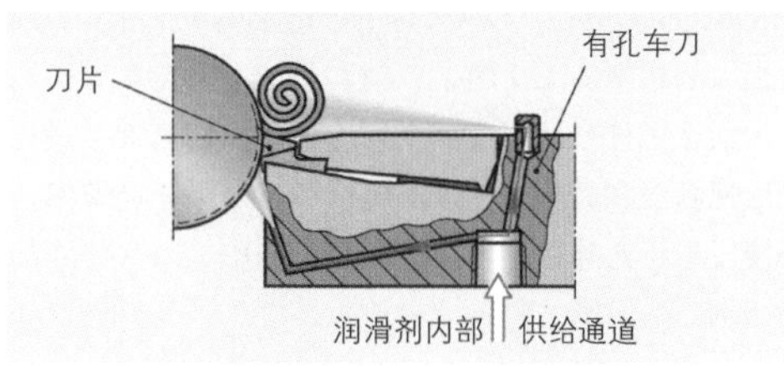

图3：润滑剂的内部供给

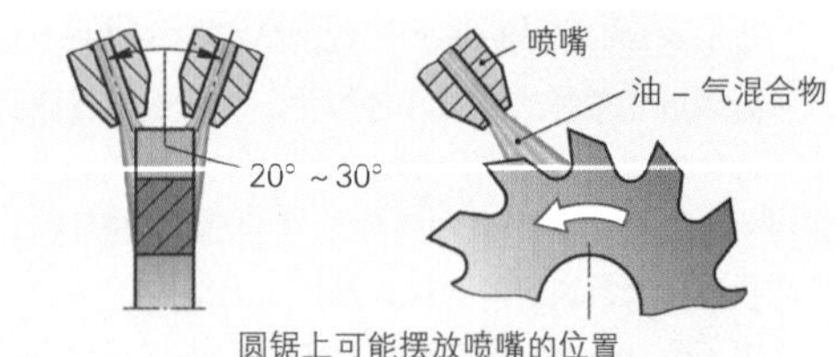

图4：润滑剂的外部供给

与湿加工（有润滑加工）相比，微量润滑的优点如下：

- 大部分情况下提高了刀具的耐用度；
- 干工件和干净的切屑，都不必再做清理；
- 润滑剂中不含添加剂，因此可做生物清除处理；
- 节省了冷却润滑剂的维护和回收处理成本；
- 微量的润滑剂消耗；
- 干净的工作环境，操作工人没有健康危害，微小的环境负担。

本小节内容的复习和深化：

1. 为什么要在乳浊液中加入添加剂？
2. 非专业性接触冷却润滑剂时可能会出现哪些健康问题？
3. 干加工（无冷却润滑加工）对切削材料提出了哪些要求？

3.8.3 锯

如今日益增加的加工零件批量小型化趋势直接导致原材料下料的柔性化。锯切作为零件加工的第一道工序也变得越来越重要。为此，工厂在这道工序里投入了弓锯锯床、带锯锯床和圆锯锯床。

弓锯锯床

由于较低的设备购置成本和刀具成本，锯切直径最大 500 mm 以内的半成品常采用弓锯锯床（图 1）。这种锯床的锯条大都采用高速钢（HSS）制成。锯条回程时从工件上抬起。

带锯锯床

带锯锯床适宜的切削长度既可很小，亦可很大（图 2）。带锯锯条的厚度 0.65~1.3 mm，但长度却无尽头，因此带锯的锯切缝很窄，工件材料的损失很小。实际上，带锯的切削刚性取决于带宽。因此，切削长度较长时宜选择宽带锯。

带锯的齿形宜根据待锯切工件材料和材料横截面来选取（图 3）。采用工具钢且齿刃淬火的带锯可以锯切非合金钢和低合金钢材料。双金属带锯的锯齿由耐磨工具钢制成，而锯条则由合金调质钢制成。锯齿为硬质合金的带锯适宜锯钢材（硬度范围最大可达 60 HRC）和纤维增强塑料。

圆锯锯床

圆锯锯床适用于锯直径范围最大约为 140 mm 的半成品，因为圆锯片的工作范围只能达到其直径的 1/3。锯齿齿刃配备了高速钢或硬质合金的圆锯片的表面粗糙度很小。锯切的进给速度可由计算机数控（CNC）进给控制系统控制，根据待锯切工件材料的横截面变化，控制切削力恒定不变（图 4）。

本小节内容的复习和深化

1. 根据什么选择锯条的齿距?
2. 各种不同的锯床都适合用于哪些用途?

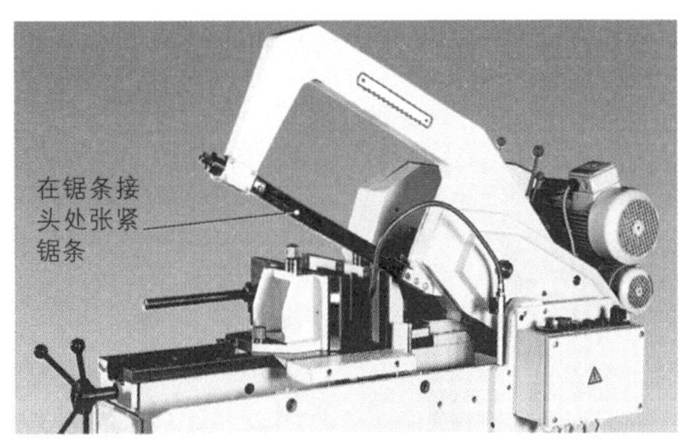

图 1：弓锯锯床

图 2：带锯锯床

齿形	用途
标准齿形，切削前角 0°	用于高碳含量的钢材和薄壁型材
爪形齿，切削前角 5°~10°	用于碳含量＜8%的钢材、有色金属、横截面大的工件
槽形齿，切削前角 0°	脆性材料，例如脆性铜合金、横截面大的工件
梯形齿，正切削前角	用于高切削功率，用于硬质合金锯条

图 3：带锯的齿形

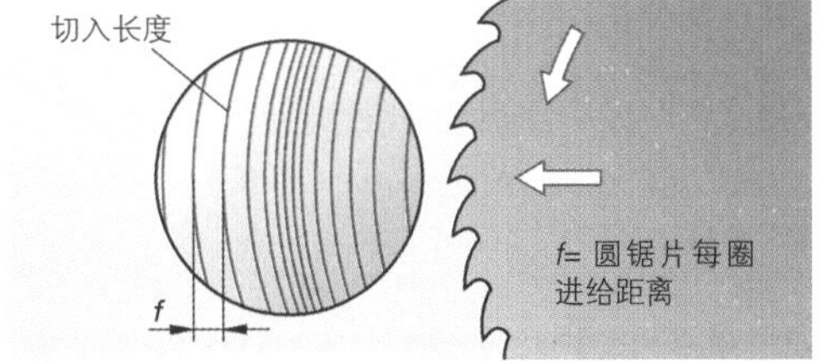

图 4：数控进给运动

3.8.4 钻孔

钻孔、攻丝、扩孔和铰孔大都是采用多刃刀具并以类似的切削和进给条件进行的切削加工方法（图 1）。

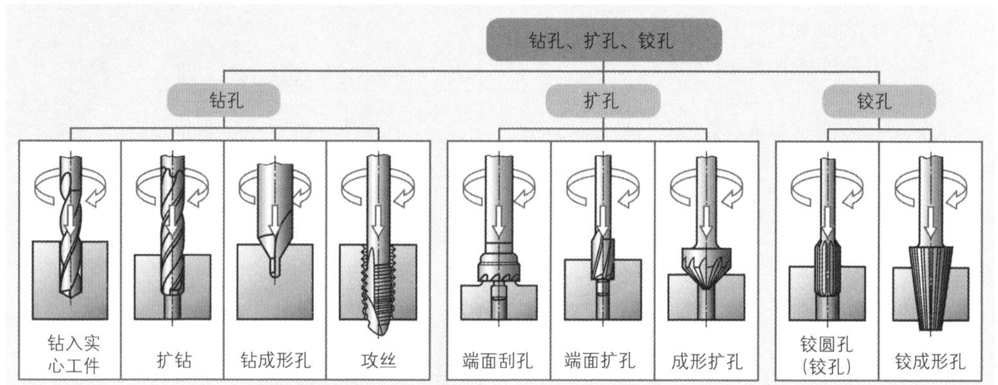

图 1：加工方法：钻孔、扩孔、铰孔

3.8.4.1 钻孔

■ **钻孔过程和切削截面尺寸**

钻孔时，刀具一般都做圆周切削运动，与此同时，刀具的进给却沿旋转轴线方向做直线运动（图 2）。刀具的切削刃通过进给力进入工件材料，而圆周切削运动产生切削力。

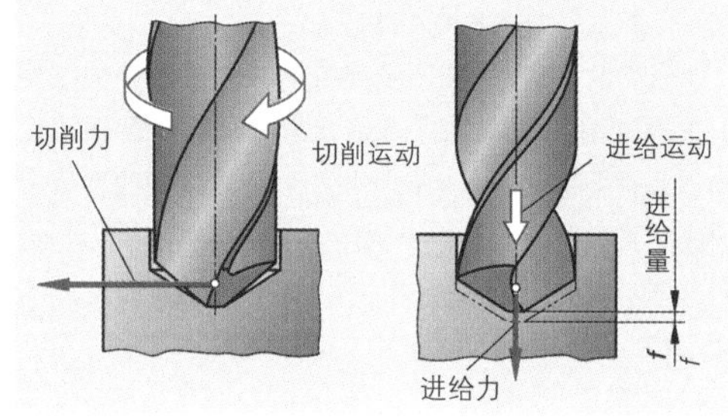

图 2：钻孔时的力和运动

切削速度 v_c 的决定因素是钻头类型、钻孔方法、工件材料和所要求的加工质量（表 1）。切削速度是刀具耐用度的最大影响因素。由于钻头的类型、切削刃材料和涂层等种类繁多，使用时务请注意刀具制造商标出的参考值。

转速 n 可直接从转速曲线表中读取，或根据切削速度 v_c 和钻头直径 d 计算出来。

转速 $$n=\frac{v_c}{\pi \cdot d}$$

进给量 f 的单位是 mm/圈，它主要取决于工件材料、切削材料、钻头直径、钻孔方法和钻孔深度（表 1）。它影响切屑的形成和切削功耗。

进给速度 v_f 的单位是 mm/min，从转速 n 和进给量 f 中计算得出。

进给速度 $$v_f=n \cdot f$$

表 1：高速钢麻花钻头在钻孔深度最大达 5×钻头直径时的切削推荐值

工件材料	v_c (m/min①)	孔径为下列数值时的 f (mm)			冷却方式②
		2~5	5~10	10~16	
钢 R_m<800 N/mm²	40	0.10	0.15	0.28	E，S
钢 R_m<800 N/mm²	20	0.08	0.10	0.15	E，S
不锈钢 R_m>800 N/mm²	12	0.06	0.08	0.12	E，S
铸铁，可锻铸铁 ≤250 HB	20	0.20	0.30	0.40	E，M，T
铝合金 R_m≤350N/mm²	45	0.20	0.30	0.40	E，M，S
热塑性塑料	50	0.15	0.30	0.40	T

①该参考值在切削条件较好时可提高，但在切削条件较差时应降低

②E= 乳浊液（10%~20%），S= 切削油，M= 微量润滑；T= 无冷却干加工，或压缩空气

为使钻孔达到专业要求，必须考虑如下因素：孔的精度要求，工艺要求（例如切削速度、工件夹紧方式），成本要求和环境保护观点等。

> 用选定的切削速度和钻头直径计算转速，用转速和进给量计算进给速度。

举例：现需在一个厚 30 mm 的 34Cr4 调质钢工件上钻一个直径 d=10 mm 的孔。

(a) 若使用高速钢麻花钻，应选何种切削速度 V_c 和何种进给量 f？

(b) 可计算出何种转速和进给速度？

解题：按照前页的表 1 查选：

(a) V_c=20 m/min，f=0.12 mm

$$n=\frac{v_c}{\pi \cdot d}=\frac{20\ \text{m/min}}{0.01\ \text{m} \cdot \pi}=637\text{r/min}$$

(b) $V_f=n \cdot f$=0.10 mm·637 r/min=63.7 mm/min

一般钻孔条件下，请采用刀具制造商提供的参考值。如果钻孔条件有变，则必须修正切削值（见 144 页表 1）。

■ 麻花钻头

钻直径范围最大至 20 mm，钻孔深度最大至 5×钻头直径的孔时，麻花钻头是最常用的钻头。麻花钻头由刀柄和带有钻头尖的刀刃部分组成（图 1）。

切削刃几何形状

钻头刀刃的基本形状是楔形。两个相对的、螺旋状的切屑槽构成主切削刃和副切削刃以及导向刃带。麻花钻头直至刀柄切屑槽的 100 mm 长度上呈 0.02~0.08 mm 的微锥化，这样的钻头可减少孔内导向刃带的摩擦。

螺旋槽的形状和导程决定着切削前角 γ，该角从刀尖处的最大角度向下逐渐减少，直至钻头中部，至横刃处已减为负数。所以这里需引入侧前角 γ_f 作为原切削前角的替代标记，在圆周上，侧前角相当于（切屑槽的）螺旋角。螺旋角的大小根据工件材料而定，一般把螺旋角归类成 N、H 和 W 三种类型（表 2）。

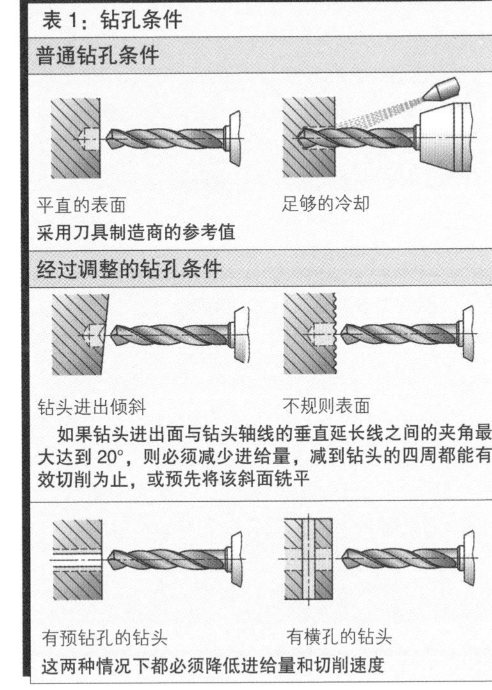

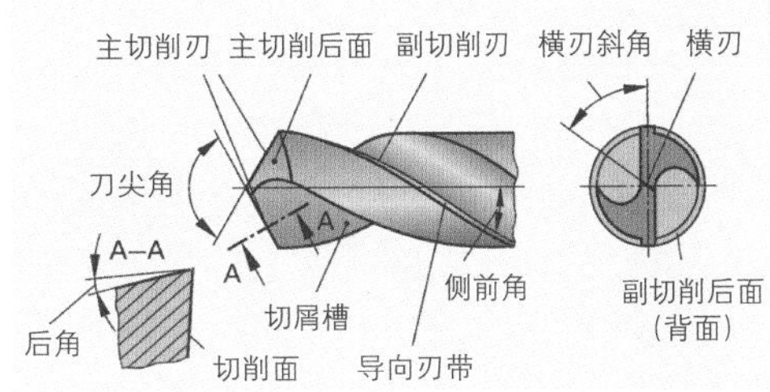

图 1：麻花钻头的切削刃部分

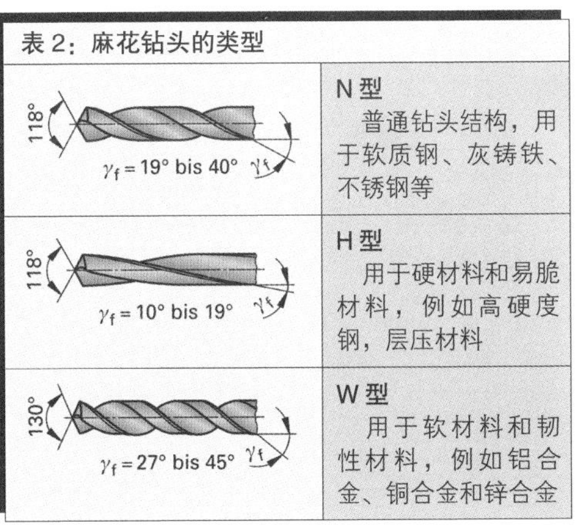

主切削刃之间的夹角称为刀尖角。大刀尖角更容易使钻头运行，从而扩大钻孔直径。而小刀尖角虽可使中心线保持良好并保证热传导，却加大了刀刃磨损。90°刀尖角用于钻磨损作用强烈的硬塑料。130°刀尖角在钻软材料和韧性材料时更利于切屑导出。140°刀尖角用于长切屑轻质金属材料。

> 大多数麻花钻头的刀尖角为118°。

通过主切削后面的铲磨便形成后角。该角必须足够大，以使钻头在进给量较大时仍能自由切削。但后角不允许大于所要求的刃磨角度，否则将导致切削刃变薄并使振颤加大。

横刃阻碍切削过程，因为它只会挤压工件材料。

> 一个刀尖角 118° 的钻头的铲磨是否正确，可从如下方面进行判断，即横刃与主切削刃之间的横刃角应是 55°。

为减少切削力和改善横刃范围内切屑的排出，对于特殊用途需用特殊的刃磨形状（表 1）。普通刃磨最简单的改变就是磨尖横刃。横刃剩余的长度至少应达到钻头直径的 1/10，以避免钻头尖过细。

■ **磨锐麻花钻头**

钻头需要重磨时，须重磨切削后面，直至主切削刃和横刃以及导向刃带等处的磨损均消除为止。如果未消除导向刃带上的磨损，钻头易被卡住。重磨缺陷将影响钻孔的尺寸精度和表面质量，以及钻头的使用寿命（表 2）。为避免重磨缺陷，重磨钻头时必须认真小心。重磨后，用磨床检验量规或刀具显微镜检查（图 1）。

表 1：麻花钻头的刃磨形状

刃磨形状	说明
横刃磨尖	降低进给力，改善中心线的保持状态
横刃磨尖并修正主切削刃	稳定钻头，阻止钻头在未切削状态下在工件材料内被卡住或被拉入
十字形刃磨	把横刃分成两个副切削刃，横刃还余下 0.3~0.5 mm，这种钻头形状用于深孔钻
用于灰铸铁的刃磨	118° 刀尖角是在 90° 刀尖角基础上磨成的，它可阻止刀尖断裂并改善切削热量的排出

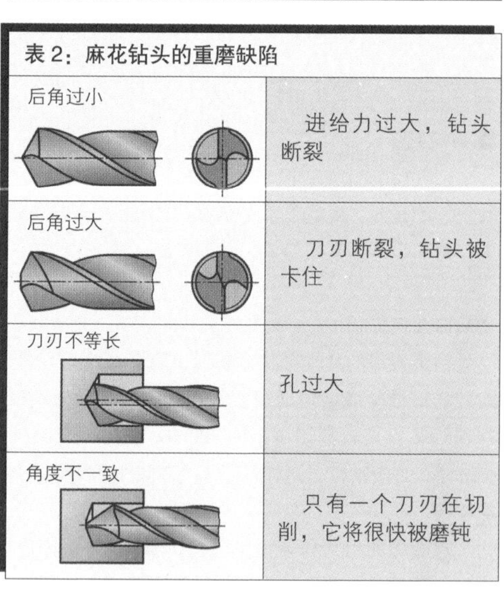

表 2：麻花钻头的重磨缺陷

缺陷	后果
后角过小	进给力过大，钻头断裂
后角过大	刀刃断裂，钻头被卡住
刀刃不等长	孔过大
角度不一致	只有一个刀刃在切削，它将很快被磨钝

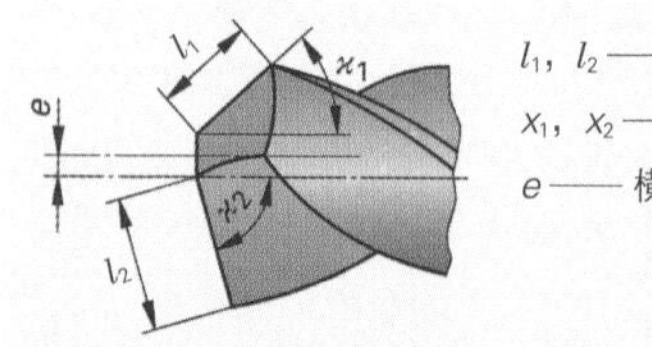

图 1：麻花钻头的检查量

■ 麻花钻头的材料

一般使用高速钢（HSS）和硬质合金（HM）做麻花钻头的材料。

高速钢（HSS）具有很高的韧性，因此特别适用于麻花钻头。在高速钢中加入钴（HSS-E）所制成的材料更具耐磨性能好和热硬度高的特点。

我们可以在高速钢麻花钻头表面做一层降低磨损的涂层，涂层材料一般采用氮化钛（TiN）。这种涂层极硬，耐磨，耐高温。

涂层的高速钢麻花钻头具有下列优点：

- 除可导致严重磨损的纤维增强塑料（例如玻璃纤维增强塑料或碳素纤维增强塑料）外，可以用于所有的材料；
- 由于优化了刀刃和切屑槽的排屑导热条件，加工后工件表面质量良好；
- 即便用较高的切削速度和较大的进给量，钻头仍能保持很高的耐用度。

焊入或嵌入硬质合金刀片的麻花钻头，或钻头刀尖可更换的麻花钻头都利用了钻头刀尖处硬质合金优良的耐磨硬度以及高速钢钻头体良好的韧性（图 1）。

镶入可转位刀片的钻头适用于高切削速度但进给量不太大的钻孔，孔深最大为 5×钻头直径，也适用于难切削的工件材料。

与涂层的高速钢钻头相比，整体硬质合金钻头的重磨成本更低，因为它不需要重新涂层。

整体硬质合金钻头具有下列优点：

- 由于其钻孔时的高刚性，因此不需要在钻孔前预定中心和钻套，此外还可在斜度最大为 8° 的斜面上钻孔；
- 表面质量最大可达 IT8，可直接在实心体钻孔；
- 采用高切削速度时仍具有良好的刀具耐用度；
- 也适用于硬质和易磨损的工件材料。

■ 钻头的磨损

机械负荷和热负荷的同时作用导致钻头磨损。实际上，钻头磨损最重要的原因是扩散、机械磨耗、刀瘤起氧化皮和刀瘤的断裂（表 1）。

图 1：焊入或嵌入可转位刀片以及可更换刀尖的钻头和整体硬质合金钻头

表 1：导致硬质合金钻头磨损的原因

磨损形式	磨损原因
形成刀瘤	切削速度过低 没有涂层 冷却润滑剂中含油比例过低
刀刃处崩刃	切削中断 冷却润滑不足 切削材料过脆
刀尖和刃带处磨损	切削速度过高 进给量太小 切削材料的耐磨硬度过低 冷却润滑不足
刃带磨损	冷却润滑不足 切削速度过高 工件材料过硬
横刃磨损	切削速度过低 进给量过大 横刃宽度过窄

■ 钻头的选择和钻孔问题

钻头的选择取决于所要求的钻孔质量、经济性和钻孔条件（表 1）。

钻头选择的方式

- 钻头类型的选择相当于选择钻头直径、钻孔深度和应用范围。
- 检查所选钻头类型是否适用于加工所要求的孔公差和表面质量，以及工件材料是否可切削
- 若是硬质合金钻头，应根据待加工工件材料选择刀刃材料种类，若有可转位刀片，则还需选择刀片形状
- 选择装夹类型，例如液压卡盘夹圆柱形刀柄

切削数值的选择

确定切削速度和进给量相当于确定工件材料和钻头类型（见 144 页表 1）。高合金钢工件的切削速度应选最大值，以减少刀瘤的形成。钻孔长度超过 5×钻头直径时，进给量应减少约 25%。

钻孔过程方面，应计算切屑的导出和切屑的形状，若有问题，还需修正已选的切削值（表 2）。

切削问题（表 3），例如未达到质量要求，危害到经济性和加工安全等，必须采取对应措施。

表 1：钻头的选择（节选）

•••= 优秀 •• = 良好 • = 可能	高速钢钻头	焊入硬质合金的钻头	整体硬质合金钻头		镶硬质合金转位刀片的钻头
钻孔直径	2.5~12	9.5~30	3~20		12~60
钻孔深度	2~6×D	3~5×D	2~5×D		2~4×D
材料：					
钢	•••	•••	•••	•••	•••
钢，已淬火	•	•••	••	•••	•••
不锈钢	••	••	•	•••	•••
灰铸铁	•••	•••	•••	•••	•••
铝合金	••	••	••	•••	•••
表面质量 R_z	3 μm	1~2 μm	1~2 μm		1~5 μm
钻孔公差	IT 10	IT 8–10	IT 8–10		+0.4/–0.1
可使用范围：					
普通孔	•••	•••	•••		•••
斜面	••		•		•••
横孔	••		•		•••
插入					•••
组合孔	••	••	••		•

表 2：优化切屑形状

切屑过窄	优化的切屑形状	切屑过长
在允许的数值范围内提高 v_c，若仍未满意，可降低 f	—	在允许的数值范围内降低 v_c，若仍未满意，可提高 f

表 3：出现钻孔问题时的对应措施

	磨损问题			普通问题					
对应措施	主切削刃严重磨损	刃带严重磨损	刀尖磨损	钻头尖毁坏，钻头断裂	钻孔直径过大	切屑堵塞在切屑槽内	振动，振颤	钻孔形状偏差	刀具耐用度低
提高切削速度					•	•			
降低切削速度			•						
减少进给量	•				•	•	•	•	
检查切削材料的选择是否正确	•	•	•	•					•
提高刀具和工件的稳定性		•	•	•	•		•	•	•
提高冷却润滑剂的供给量，清洗过滤器	•					•			•

■ 其他的钻孔方法和钻孔刀具

成形钻

定心钻头加工两顶尖之间用于车削和磨削的装夹孔（图 1）。

数控定心钻头用于实体工件上定位精确的定心孔和数控机床的定中心（图 2）。其顶尖角为 90°或 120°，在定中心的同时还可为后续的螺纹孔钻沉孔。

组合刀具

使用现代化组合刀具可以打出高精度孔和成形孔，例如在泵座上用一把刀具打出全部孔。这种刀具就是多级钻头（图 3）或组合钻头，它由一个支座，可调导向条和刀刃部分组成，其中刀刃部分由可更换和可调节的刀刃组成。这种钻头加工后的工件，一般都不需要再进行精整加工，如铰孔和锪孔。

组合刀具常用于钻头组合（图 4）。基础支架构成钻头与机床之间的连接点。为顺畅传输转矩和进给力，不允许钻通，不允许夹具上出现纵向位移。导致钻孔问题的常见原因是径向跳动偏差和刚性过低（见 148 页）。

扩钻

扩钻是扩大已预钻、预浇铸或预冲的孔，或用于扩钻两个错位的孔。

扩钻钻头（螺旋扩孔钻）是单刃至四刃刀具（图 5）。确定切削部分直径的原则是，准备扩孔的孔径必须至少达到扩孔后孔径的 70%。切削速度和进给量的选取与使用高速钢钻头一样。

扩钻刀具。带有硬质合金刀片的扩钻刀具用于扩钻大直径孔（图 6）。使用精密钻削头（图 7）时，可通过游标刻度在微米范围内调节孔径。

> 扩钻用于加工或精加工已预钻的孔。扩钻刀具提高了孔的尺寸精度，形状和位置精度，以及表面质量。

图 1：用定心钻头打出定心孔

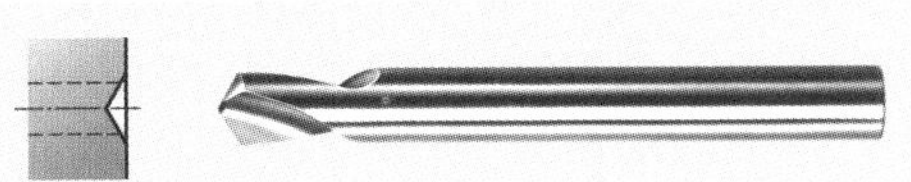
图 2：数控定心钻头

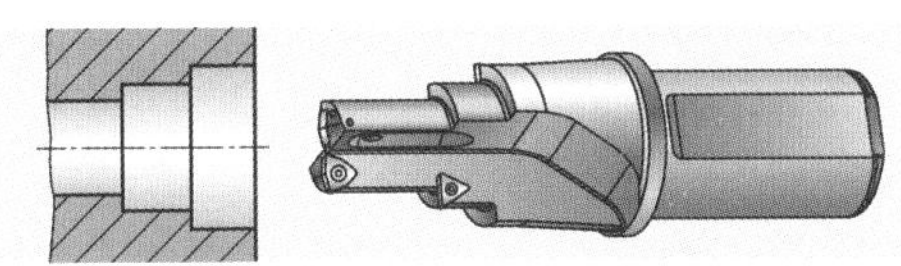
图 3：多级钻头

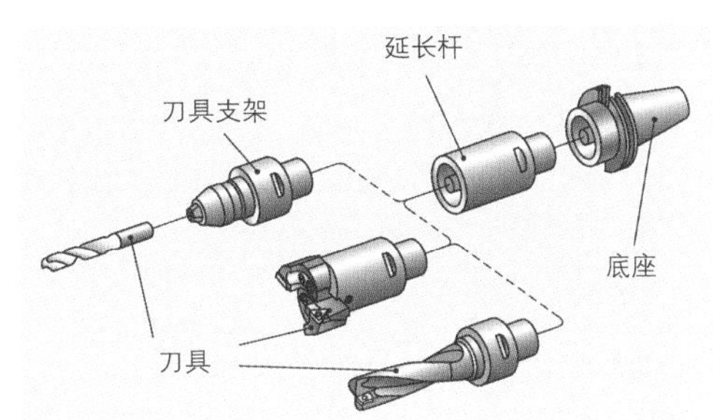

图 4：钻头组合

图 5：扩钻钻头（螺旋扩孔钻）

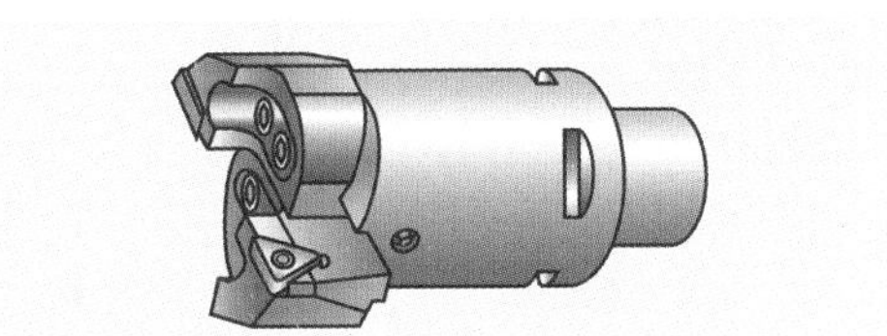
图 6：双刃扩钻刀具

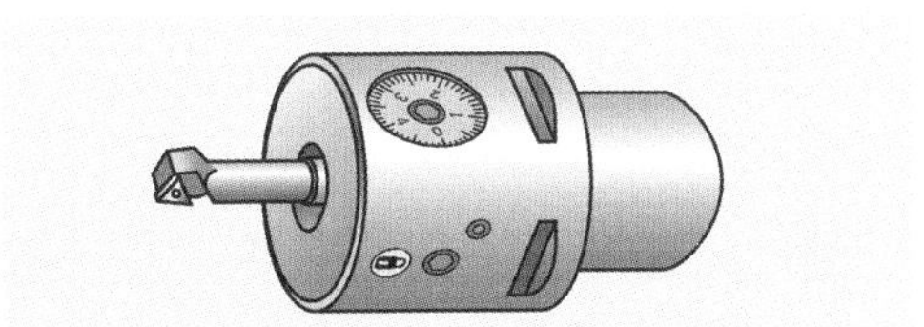
图 7：单刃精密钻削头

■ 深孔钻和深钻

这种加工方法主要用于加工孔径 0.8~1500 mm，孔深约 3×直径以上的孔。

深孔钻

深孔麻花钻头（图 1）的制作材料是高速钢，它特别适合钻孔径最大为 30 mm 的深直孔或深斜孔。由于增强了钻头心厚并增大切屑空间，使这类钻头达到钻深孔所要求的稳定性，同时能将切屑顺畅地排出孔外。钢质工件上，其钻孔孔深最大可达 15×直径，灰口铸铁工件上，孔深可达 25×直径，并且不排屑。

对于短切屑工件材料，例如灰口铸铁，孔深最大达 10×直径时多采用硬质合金直槽钻头。

深钻

采用单刃深孔钻法时，常使用硬质合金钻削头钻实体工件，这种刀具有一个刀刃（唇口）和两个导向条（图 2）。钻削头装在一个钻柄上，柄内轧出一个小凹槽。工件定心钻时，通过钻柄上的导向条使深钻钻头在一个钻套内定中心。之后，钻头可在孔内自定中心。高压冷却润滑剂从孔顶部喷出，冲洗切屑顺刀柄内凹槽排出深孔。

采用 BTA[①]-钻孔法可在实体工件上钻出 6~1500 mm 深的孔。冷却润滑剂沿钻柄外部输送，然后带着切屑从钻柄内部排出（图 3）。

采用双管组合钻时，冷却润滑剂从集中排列的两管之间输送，然后与切屑一起从内部排出。

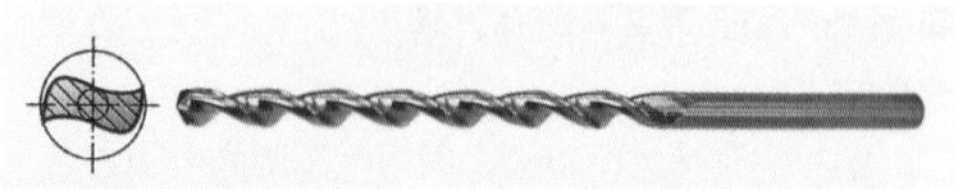

图 1：深孔麻花钻头

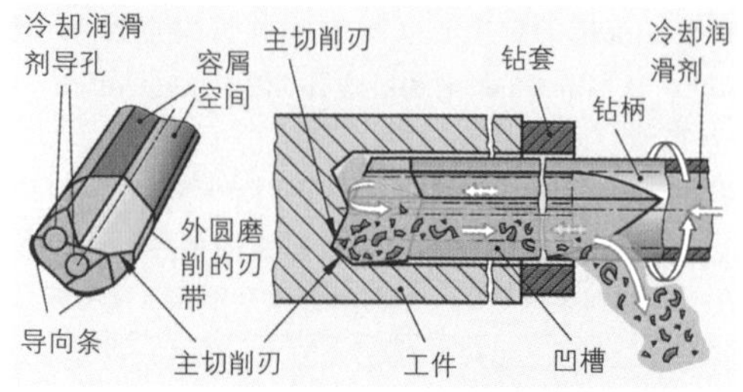

图 2：单刃深钻钻头

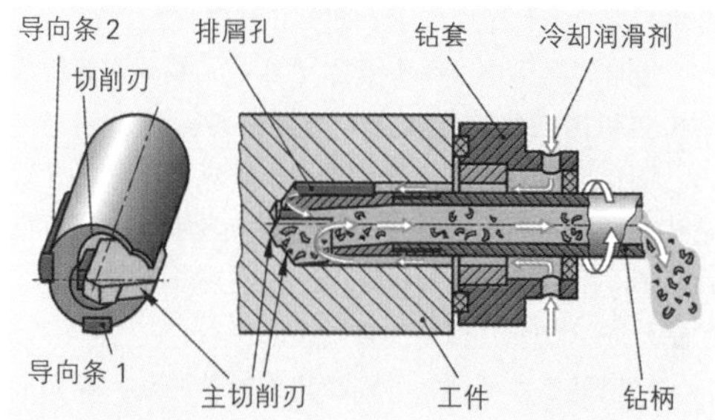

图 3：BTA-深钻法

深钻技术的优点：

- 优良的表面质量（最大可达 IT 8 和 R_z=2 μm）。
- 很高的单位时间切削量。
- 冷却润滑直接作用在切削点。
- 孔深达 100×直径时，孔偏差仍然很小。
- 横向钻孔时，毛刺很少。

本小节内容的复习和深化：

1. 钻孔时，切削速度的选择取决于哪些因素？
2. 钻孔时，哪些钻孔条件要求改变切削速度或进给量？
3. 麻花钻头在哪些钻孔深度时是最常用的钻孔刀具？
4. 麻花钻头加工钢工件时，刀尖角应多大？
5. 通过哪些措施可以降低对主切削刃的严重磨损？
6. 为什么大钻头需磨尖？
7. 涂层的麻花钻头有哪些优点？
8. 整体硬质合金钻头有哪些优点？
9. 扩钻的作用是什么？
10. 深孔钻法有哪些优点？

① BTA，英语 Boring and Trepanning Association 的缩写，意为“深孔钻孔法（用高压切削液使切削从空心钻杆孔内排出的）”——译注。

3.8.4.2 攻丝

内螺纹可用手工操作丝锥或使用机床进行加工（图 1）。

■ 切削过程

切削内螺纹前必须先钻底孔。

底孔直径 $d_k = d - p$

底孔不允许小于标称直径 d 减去螺距 P。底孔可简化攻丝加工过程并避免丝锥断裂。

丝锥执行切削运动和进给运动，进给量由螺纹的螺距决定。

丝锥的锥形切削部分执行切削（图 2）。根据切削部分斜角的大小，丝锥的前两圈至第八圈切削螺纹。丝锥的导向部引导丝锥进入已形成的螺纹线。

切削时，丝锥略微向内挤压比它更软的工件材料，从而使孔变得更小（“攻丝”）。

用一把 90°锪孔刀具对底孔进行扩孔后，丝锥更容易切入，外侧螺纹也不会被挤出。对于需在底孔内切削的螺纹而言，底孔的钻孔深度要大于可使用螺纹的长度，因为攻丝不可能一直攻到底孔底部。

为了获得良好的工件表面质量，需对各种不同工件材料选用合适的冷却润滑剂（例如切削油用于钢，乳浊液用于灰口铸铁和铜，压缩空气用于镁合金和塑料等）。

■ 手工攻丝

丝锥轴线必须准确地对准底孔。若是长屑工件材料和较大螺纹，应通过短暂的回旋丝锥并不断重复这个动作来切断切屑（图 3）。此时应有新的冷却润滑剂到达切削刃。

■ 机器攻丝

机床攻丝时使用固定夹紧的丝锥、螺纹切削头或纵向平衡丝锥卡盘（图 4）。

使用固定夹紧丝锥时，主轴转动和轴向进给运动必须同步进行，这样才能加工出均匀的高质量螺纹。

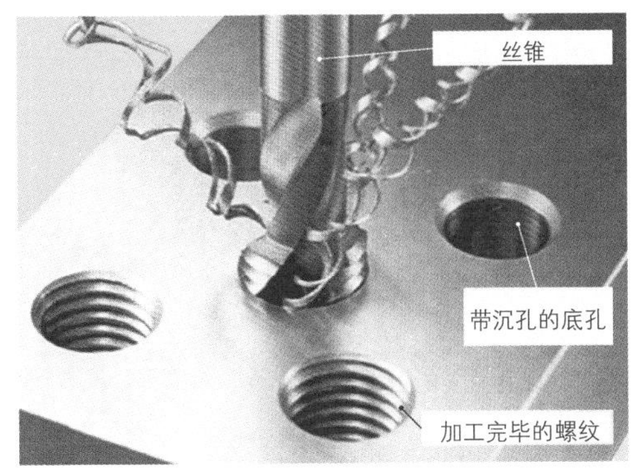

图 1：攻丝

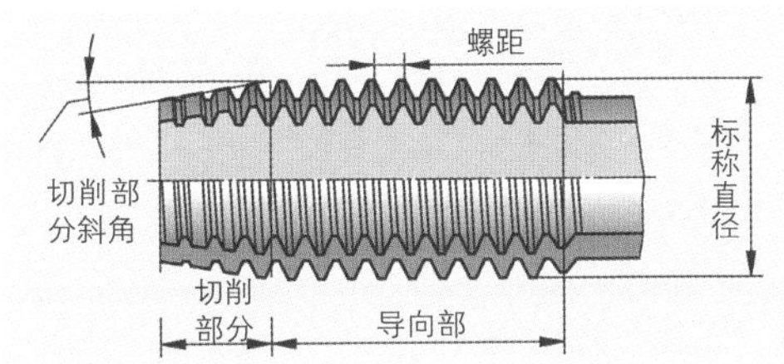

图 2：丝锥的切削部分

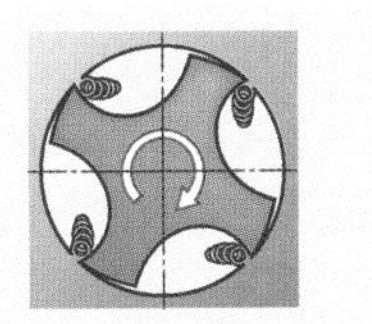

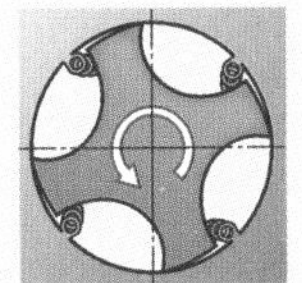

图 3：切屑的形成和铰断

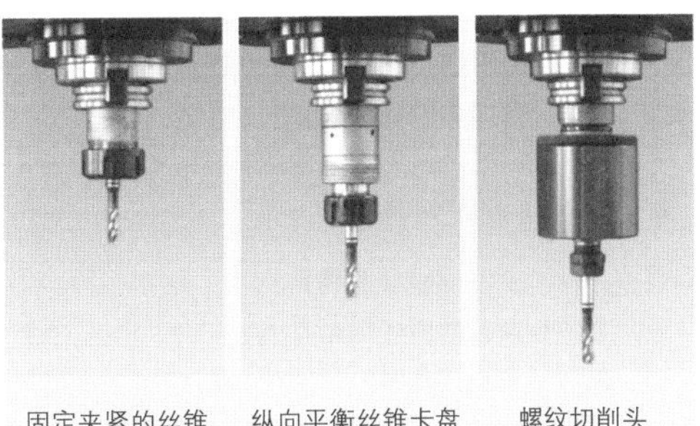

图 4：机器攻丝

螺纹切削头在整个切削过程中以恒定转速运行。通过换向变速器可使丝锥的旋转方向变成反向旋转。

若丝锥使用纵向平衡丝锥卡盘，切削过程开始时，纵向平衡卡盘即已产生一个轴向力，该轴向力导致丝锥切入螺纹。切入后，平衡卡盘降低进给量。这时丝锥自己进入底孔。

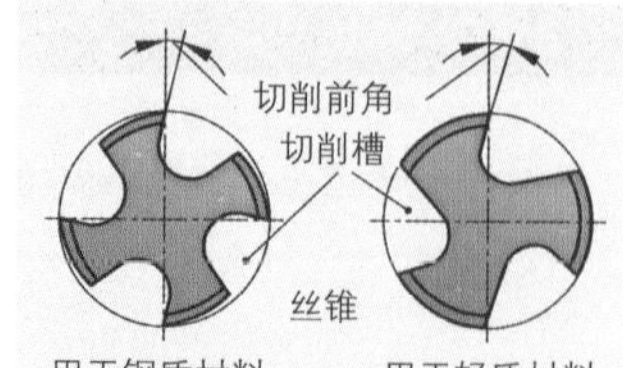

图 1：丝锥上的切屑槽

■ 丝锥的种类

加工质地软，切屑长的工件材料（例如轻金属合金和铜合金）的丝锥，其切削前角和切削槽均大于加工钢、灰口铸铁和黄铜的丝锥（图 1）。

我们用三件式成套手工丝锥在底孔内或一个长通孔内加工螺纹（图 2）。这种成套丝锥由头攻丝锥、二攻丝锥和精攻丝锥三件组成。直到精攻丝锥才能加工完成整个螺纹。

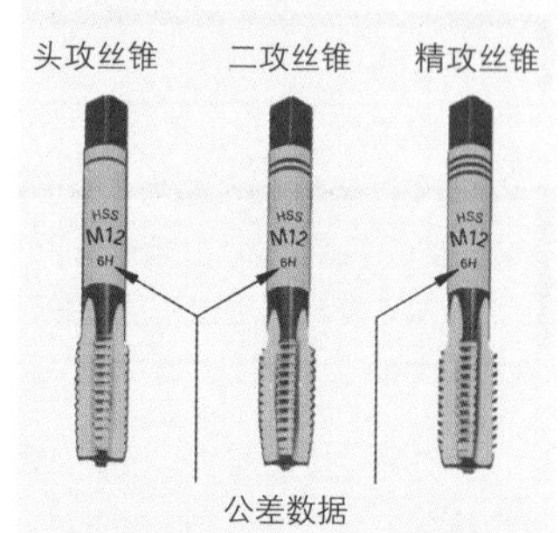

图 2：三件式成套丝锥

两件式成套丝锥只由初攻丝锥和精攻丝锥组成。这种成套丝锥用于加工细牙螺纹和维氏（Witworth）螺纹，因为这种螺纹的螺纹深度比一般螺纹浅。

直线或螺旋线机用丝锥无底孔一次切削即可完成尺寸精度高的螺纹（图 3）。若加上去荒皮辅助切削，可达到很高的切削功效。对于通孔，可使用左扭排屑槽加工右旋螺纹，加工时产生的切屑从丝锥前部出去，然后排出钻孔。

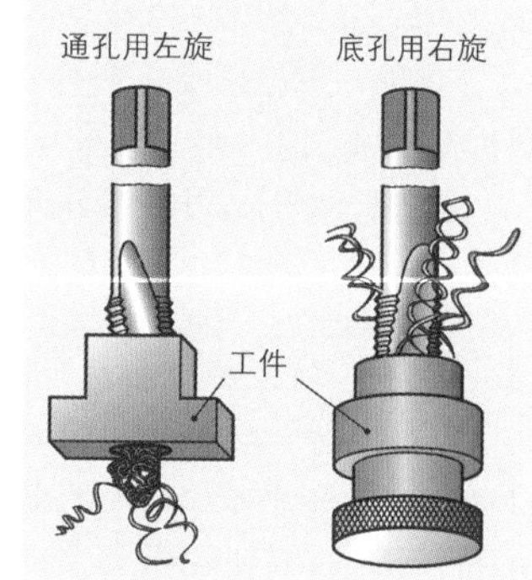

图 3：机用丝锥

> 使用机用丝锥可无底孔一次性切削加工螺纹，或在底孔上加工直达孔底的螺纹。

切削材料

加工内螺纹的刀具一般采用高速钢或硬质合金。为提高刀具的耐磨硬度，可对丝锥表面进行氮化、汽化或镀硬铬等调质处理或用硬质材料涂层（例如 TiN，TiAlCN，TiCN）。

■ 螺纹成形模

螺纹成形（螺纹挤压）是一种无切屑加工方法，用于制造高负荷内螺纹和抗拉强度较低的工件材料。实施这种加工时，不切断工件材料的纤维走向。刀具横截面呈多边形，且没有切屑槽（图 4）。挤压过程中，通过将工件材料挤向齿槽而使螺纹成形。由于被成形的工件材料并没有受到切削，使用这种加工方法时，底孔直径必须大于螺孔直径。而工件材料必须具有良好的可成形性能。

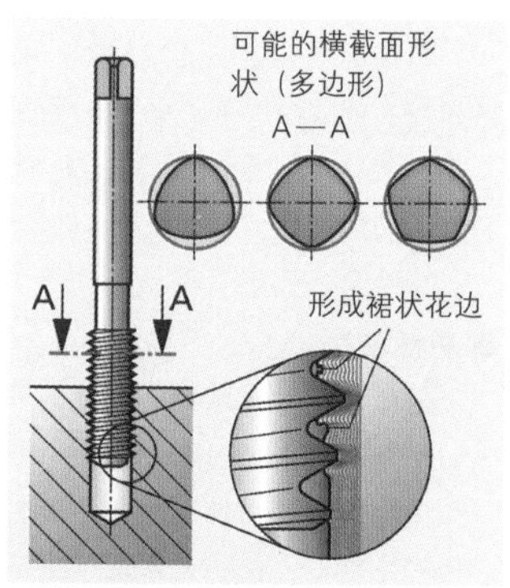

图 4：螺纹成形模

本小节内容的复习和深化：

1. 为什么要对螺纹底孔锪孔？
2. 如何理解攻丝时的攻丝切入？
3. 何时适用机用丝锥？
4. 在底孔上攻丝应注意哪些事项？
5. 什么时候使用两件式成套丝锥？

3.8.5 扩孔

扩孔是在现有孔上加工出成形面或锥形面的一种钻孔方法。我们把扩孔分为：

端面扩孔，例如对六角螺钉头的支承面；

端面锪孔，例如对圆柱螺钉头的圆柱形沉孔；

成形扩孔，例如沉头螺钉的锥形沉孔。

■ 扩孔的切削过程

与钻头相比，扩孔刀具的切削后角更小，而（切削）后面更大。这种结构使扩孔钻“支撑”在切削面上，防止产生振颤痕（一种加工缺陷）。

> 扩孔加工时，应选择其切削速度与钻孔时的相同或更小。但其进给量最多可小至钻孔进给量的 50%。

■ 扩孔刀具

平底锪钻用于端面扩孔和端面锪孔（见 144 页图 1）。

锥形锪钻用于锥形螺钉孔和铆钉孔的成形扩孔，以及去毛刺（图 1）。这类刀具的刀尖角已标准化，例如 60°角用于去毛刺，75°角用于铆钉头，90°角用于沉头螺钉，120°角用于钢板铆钉。

锥形锪钻和平底锪钻都有固定和可更换的导向轴颈（图 2）。导向轴颈导引刀具进入预钻孔。可更换的导向轴颈可减轻沉孔刀具的重磨工作量，并可用于各种不同的孔径。

使用阶梯刀具可以用一次加工过程加工出多个沉孔。

在轴承支承部位和轴支座范围内，必须在孔内做与端面平行的扩孔或锪孔。这里，可用回程锪钻进行反向加工（见 199 页图 1）。如果刀具有固定刀片座，可使刀具在孔中心上方向外运动，直到可以以其最大直径进入孔内为止。

扩孔刀具由高速钢或硬质合金制造，或镶入硬质合金刀片，或可转位硬质合金刀片。

■ 扩孔加工出现问题时的应对措施

如果扩孔加工出现问题而无法达到质量标准，必须采取相应措施（表 1）。例如沉孔不圆，表明可能是钻机主轴出现轴向或径向间隙，或锪钻的磨刃出现缺陷。如果孔中心线与沉孔中心线不一致，表明锪钻的导向轴颈过小或预钻孔过大。

本小节内容的复习和深化：

1. 带有可更换导向轴颈的锪钻具有哪些优点？
2. 锥形锪钻适用于哪些用途？

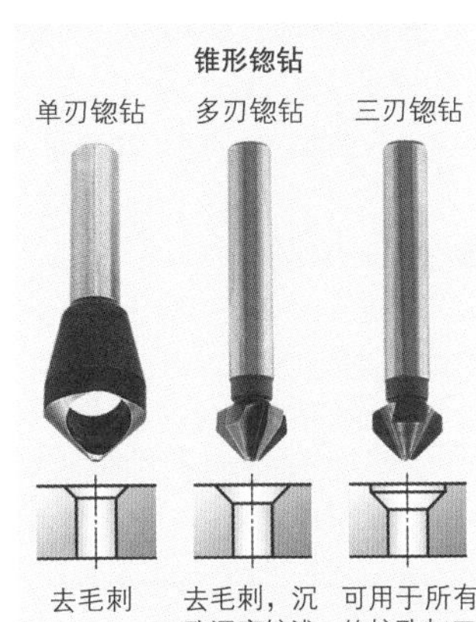

图 1：锥形锪钻

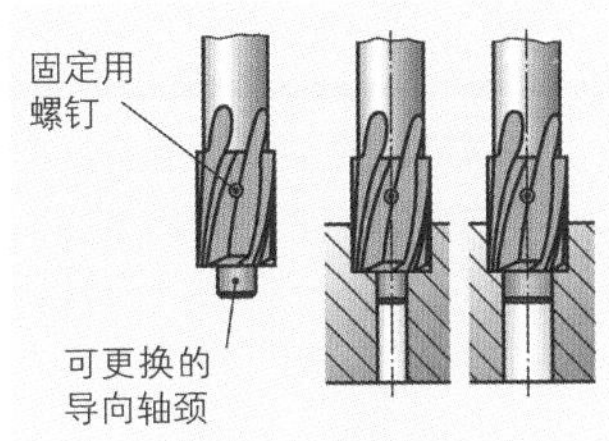

图 2：带有可更换导向轴颈的平底锪钻

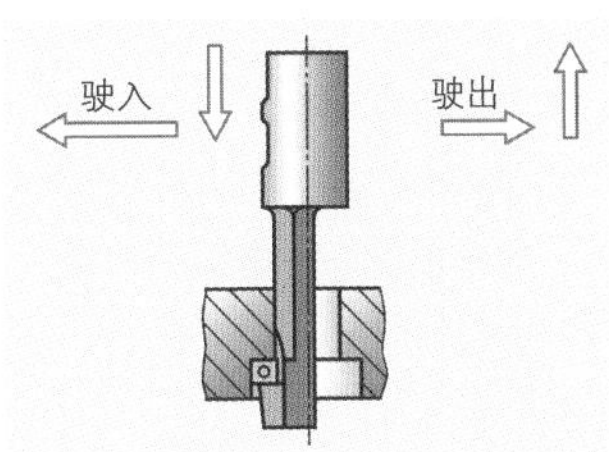

图 3：带有固定刀片座的回程锪钻

表 1：扩孔加工出现问题时的应对措施

问题	v_c	f
表面质量不好	⇑	⇓
孔不圆		⇓
切削刃崩裂		⇓
刀具上形成刀瘤	⇑	
主切削刃磨损严重	⇓	
振动	⇓	⇑

3.8.6 铰孔

铰孔是一种切削厚度较小的扩孔方法，用于加工配合精度最高达 IT5 且要求表面质量高的孔。我们把铰孔分为铰圆孔和铰成形孔（见 144 页图 1）。

■ 铰孔切削过程

铰孔加工时，主要由铰刀在尺寸精度，形状精度和表面质量精度等方面进行切削作业（图 1）。根据孔径的大小和铰刀的类别，铰孔的切削余量亦有不同，直线槽和螺旋槽铰刀的切削余量达到 0.2~0.6 mm，用于长屑工件材料的去皮铰刀则最大达 0.8 mm（图 2）。其切削速度约为钻孔速度的一半。进给量则根据工件材料、孔径和所需表面质量等因素而定，一般为每圈 0.05~1.00 mm。

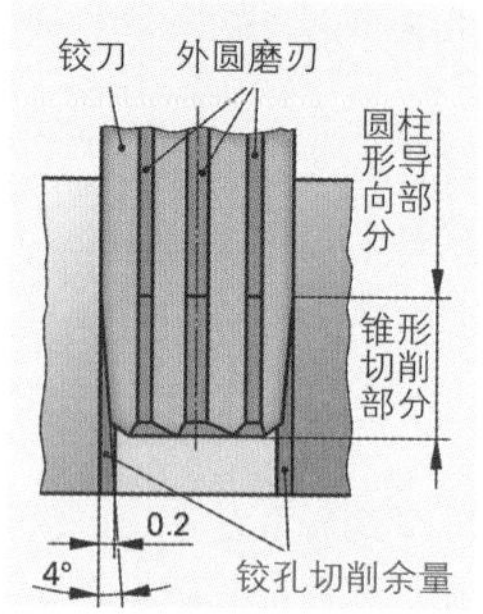

图 1：铰刀切削部分示意图

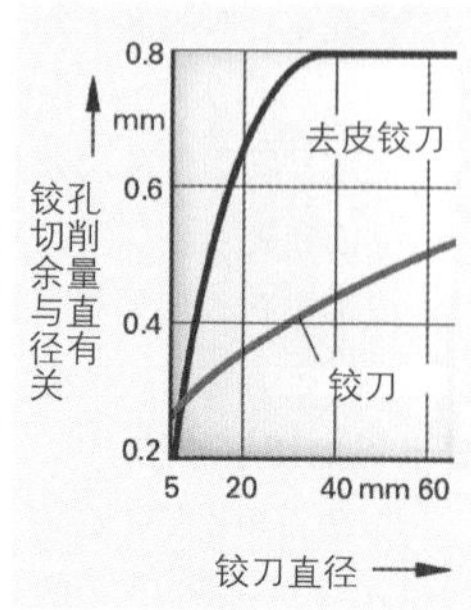

图 2：金属材料的铰孔切削余量

> 选择铰孔切削余量时，必须给出一个最小切削厚度，避免因切削量过大而造成切削负荷过大。

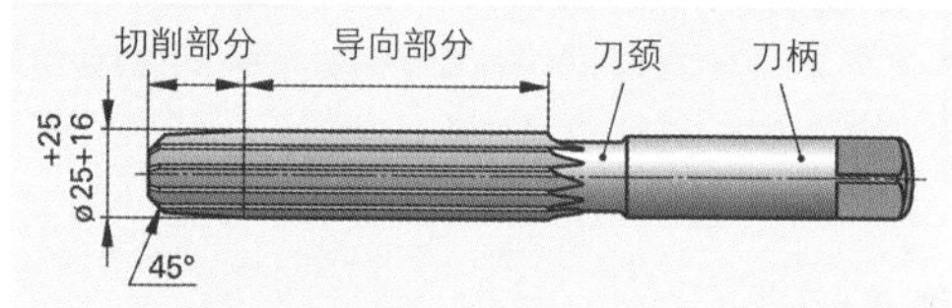

图 3：手工铰刀 25 H8

■ 铰孔刀具

铰刀由切削部分、导向部分、刀颈和刀柄组成（图 3）。铰刀一般由高速钢、整体硬质合金制成，但也有嵌入硬质合金刀片或聚晶金刚石刀片的铰刀。若干铰刀类型中还配有内部冷却润滑剂供给通道。

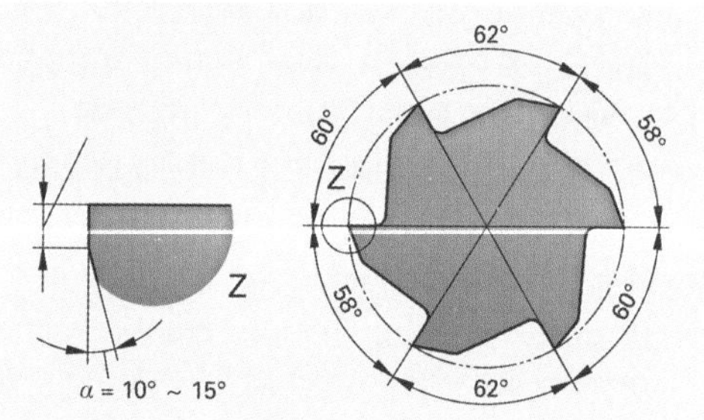

图 4：铰刀的非对等齿距

铰刀一般都是偶数齿结构，可更便捷地测量直径。半圈后重复的不对等齿距结构可避免振动、振颤痕和圆度偏差等缺陷（图 4）。

副切削刃的导向刃带大多数是外圆磨刃结构（图 4）。刃带越宽，其几何形状越好，但加工出的工件表面质量越差。

铰刀的切削刃既可呈直线槽，亦可是 7°或 15°左旋螺旋槽，去皮铰刀则是 45°螺旋槽（表 1）。

铰孔刀具划分如下：

- 多刃铰刀，非可调型；
- 多刃铰刀，可调型；
- 带有导向条的单刃铰刀，可调型。

表 1：铰刀的用途

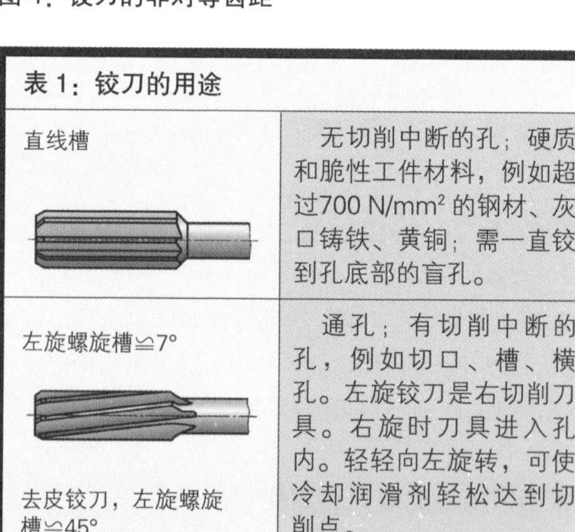

直线槽	无切削中断的孔；硬质和脆性工件材料，例如超过700 N/mm² 的钢材、灰口铸铁、黄铜；需一直铰到孔底部的盲孔。
左旋螺旋槽≌7° 去皮铰刀，左旋螺旋槽≌45°	通孔；有切削中断的孔，例如切口、槽、横孔。左旋铰刀是右切削刀具。右旋时刀具进入孔内。轻轻向左旋转，可使冷却润滑剂轻松达到切削点。

■ 非可调型多刃铰刀用作手工铰刀和机用铰刀

为了更好地导向，手工铰刀的切削部分都很长，约为刀刃长度的1/4，其导向部分也较长（见154页图3）。

机用铰刀的切削部分和导向部分都较短，因为导向功能由机床主轴执行（图1）。机用铰刀也可以铰盲孔。机用铰刀还可做成空心铰刀，用于加工大孔径的孔（图2）。

批量生产加工中，组件式一次性刀头结构目前均采用内部供给冷却润滑剂。出现磨损时，只需更换已磨损的铰刀头即可。

铰孔长度较长或加工前后顺序的孔（例如叉形件）时，最适宜的铰刀是所谓的“分度极不对称”机用铰刀（图3），它对接了一般为硬质合金的预切削刃。其主切削由直径范围内有点薄的预切削刃承担。而主切削部分仍保留着定义的加工尺寸，这个尺寸可在孔对中心时保证对中心的精度。

■ 可重调型多刃铰刀

可重调型多刃绞刀是已开槽的可重调铰刀或扩展铰刀（图4）。开槽铰刀通过一个锥体，一个锥套或锥形螺钉在弹性范围内对磨损进行重调性补偿。带一个有孔圆形可转位刀片的铰刀可在弹性范围内最大调节到重磨量的5%。

■ 单刃或双刃铰刀

带有可转位刀片的单刃或双刃铰刀在圆周上有一个或两个切削刃和导向条（图5）。导向条用于刀具在孔内的导向。无论可转位刀片还是导向条，均为硬质合金制造。

锥度铰刀的整个刀刃长度都在进行切削。这类铰刀用于孔的锥形成形铰孔，例如锥形销孔。

本小节内容的复习和深化：

1. 如何区分铰孔和钻孔的切削速度和进给量？
2. 如何区分手工铰刀和机用铰刀？
3. 左螺旋槽铰刀有哪些优点？
4. 为什么在铰刀上采用偶数齿和不对等分度结构？

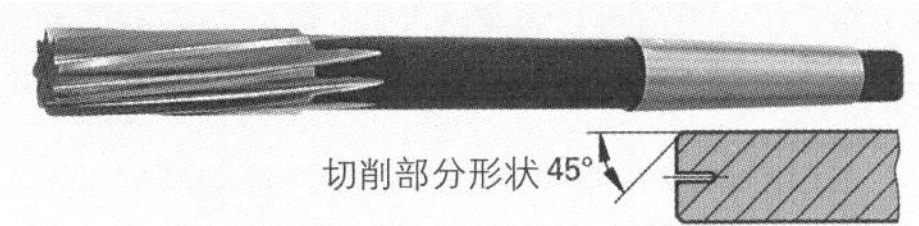

图1：机用铰刀

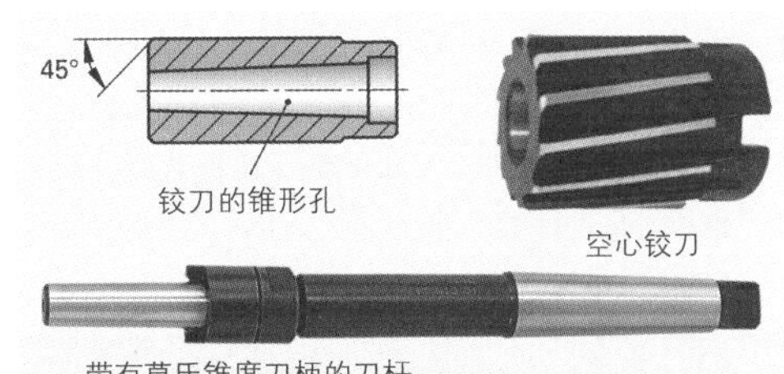

图2：带有支架和莫氏锥度刀柄的套式铰刀

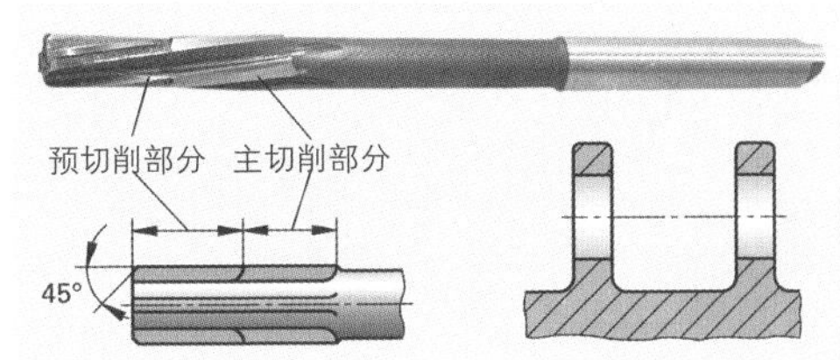

图3：分度极不对称机用铰刀

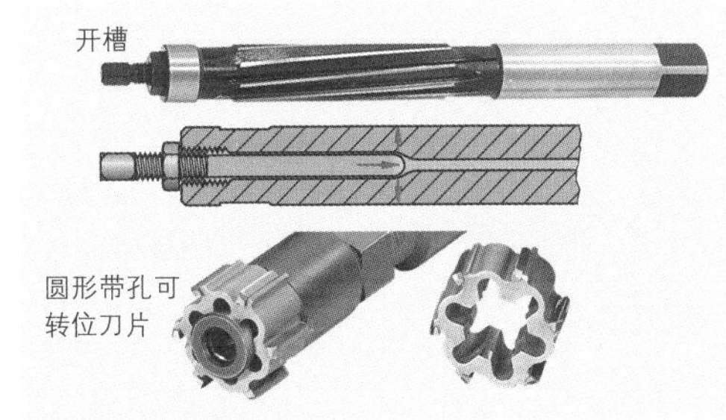

图4：可重调型铰刀

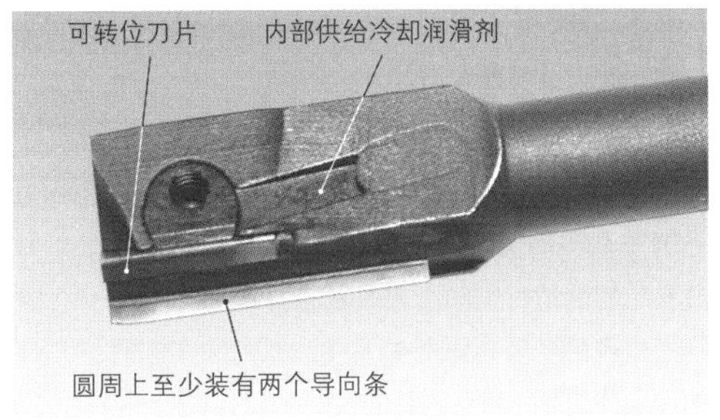

图5：带导向条的铰刀

3.8.7 车削

车削是使用一种一般为单刃的刀具——车刀——对工件外圆表面进行的切削加工。车削加工时，一般是工件（图 1）做旋转运动（切削运动）。刀具和刀架溜板沿着旋转的工件做横向或纵向运动。如果后续工序中对车削件还要实施的其他加工方法（例如关键面的铣削）全部在车床上完成，这种工艺我们称之为全套加工。全套加工时，可驱动刀具和辅助装置对面、槽和横孔进行加工。

图 1：车削件

3.8.7.1 车削方法

根据加工后所产生面的种类，我们把车削方法划分为车外圆、车端面、车螺纹、切槽、成形车削和仿形车削（表 1）。此外，还可根据进给运动方向横向于还是纵向于工件旋转轴线做进一步细分。

表 1：车削方法

举例 / 名称	特征 / 各种方法	举例 / 名称	特征 / 各种方法
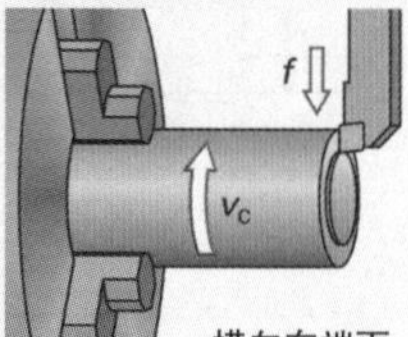 f v_c 横向车端面	横向车端面将产生一个垂直于工件旋转轴线的平面，使用端面车刀和拔荒车刀	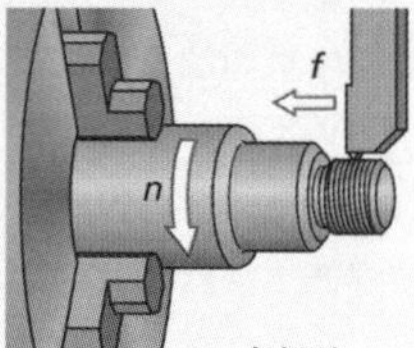 f n 车螺纹	使用螺纹车刀加工出一个螺旋形外轮廓。车削时，车刀的进给量相当于螺纹的螺距
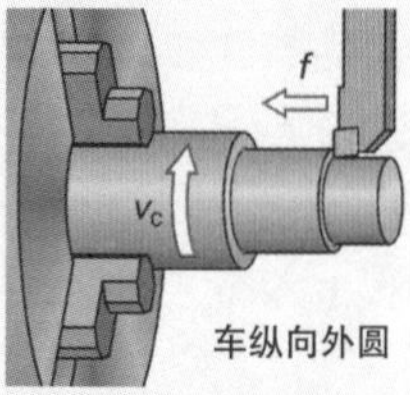 f v_c 车纵向外圆	车纵向外圆（拔荒）时用拔荒车刀车出一个圆柱形面。用计算机数控系统可车出圆弧和斜面	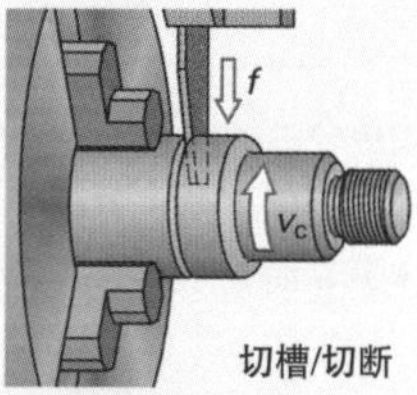 f v_c 切槽/切断	用切槽刀车出一个横向于或纵向于工件旋转轴线的槽。切断时车刀横向进给至工件旋转轴线，使工件至此分离
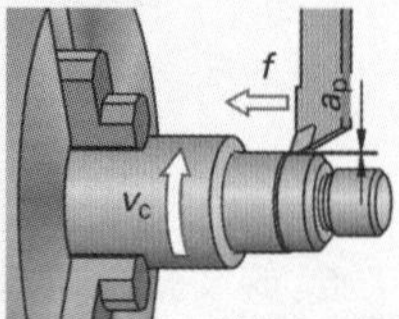 f a_p v_c 轮廓车（精车）	车削后，车刀的造型反应到工件上，可细分为：纵向成形车和横向成形车（见左图）	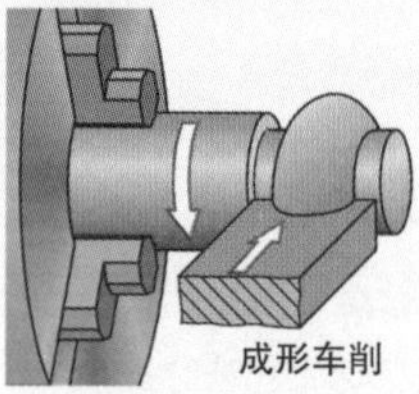 成形车削	车削后，车刀的造型反应到工件上。横向和纵向成形车主要在传统车床上实施

根据工件加工点的位置还可以把车削方法划分为外圆车削和内圆车削（图 2）。外圆车削时，车削刀具有足够的运行空间。刀具的选择余地很大，不会因为所出现的切削力而产生偏移。而内圆车削时，刀具的选择便受到工件形状的限制。

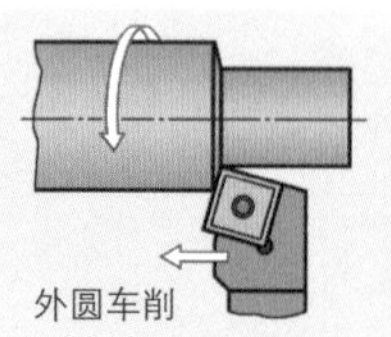

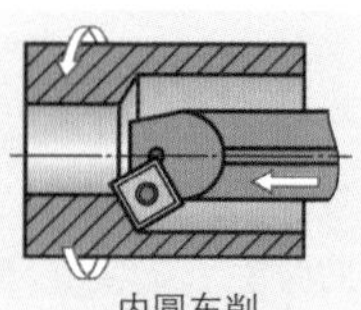

图 2：车削时加工点的位置

3.8.7.2 切削运动和切削量

车削加工是通过切削运动和进给运动完成的（图 1）。

切削速度 v_c 的量实际上取决于工件材料的强度以及切削材料的耐磨强度和耐热强度。

进给量 f 是刀具在工件旋转一周时前行的距离。粗加工时进给量大，精加工时进给量小。

切削深度 a_p 可通过切深进给量进行调节。

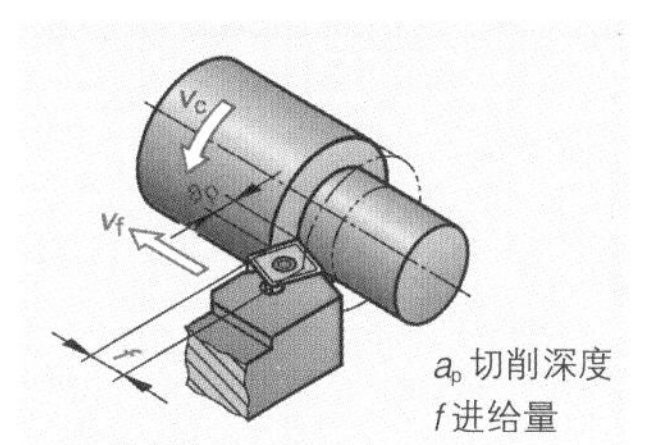

图 1：车削时的切削量

3.8.7.3 车削刀具的切削刃几何形状

车刀的切削楔受到切削前面和切削后面的限制（图 2）。两个面相交的切削刃构成主切削刃。主切削刃位于进给方向并承担主切削任务。它通过整圆的刀尖过渡进入副切削刃。

主切削刃和副切削刃构成刀尖角 ε（图 3）。刀尖角应尽可能大，以利改善切削时的热传导和车刀的稳定性。为了避免切削中断，刀尖应整圆。常规做法是，刀尖圆弧半径从 0.4~1.6 mm。刀尖圆弧半径 r_ε 和进给量 f 决定着工件的表面粗糙度理论数值 R_{th}。该数值大致相当于表面粗糙深度 R_z（图 4）。

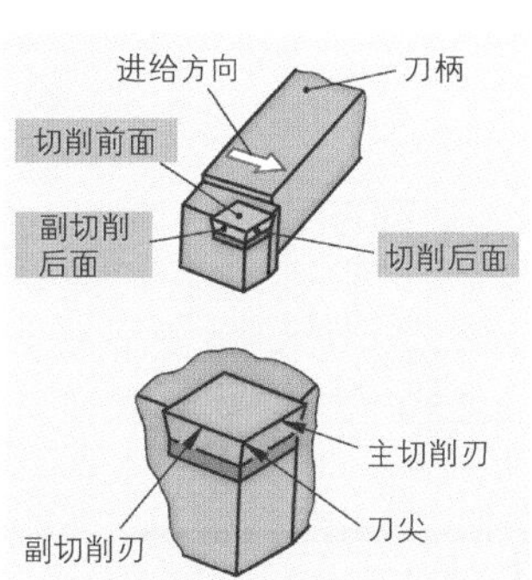

图 2：车刀上的切削面和切削刃

表面粗糙度理论数值	$R_{th}=\frac{f^2}{8\cdot r_\varepsilon}$

举例： 刀尖圆弧半径 r_ε=0.4 mm，进给量 f=0.1 mm 时，表面粗糙度理论数值 R_{th} 应为多大？

解题： $R_{th}=\frac{f^2}{8\cdot r_\varepsilon}=\frac{0.1^2}{8\cdot 0.4}=0.0031\ \text{mm}=3.1\ \mu\text{m}$

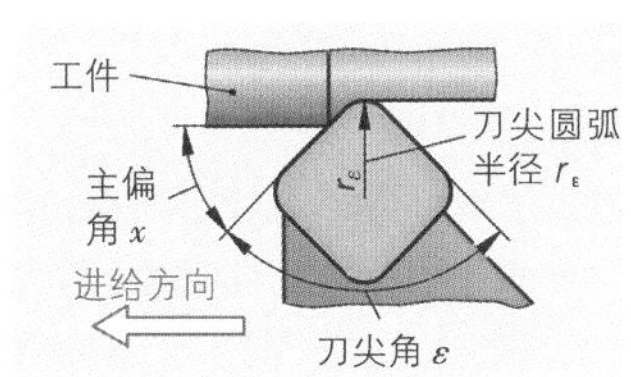

图 3：刀尖详图

可转位刀片的稳定性能扩大了刀尖角的角度和刀尖圆弧半径。

拔荒车削时，由于切削负荷高，车刀的刀尖角和刀尖圆弧半径均大于精加工时的数值。较大的刀尖圆弧半径在进给量相同的条件下，加工出的工件表面质量要优于较小的刀尖圆弧半径。尽管如此，精整加工时仍多采用小刀尖圆弧半径，因为精整加工一般都采用小进给量进行车削。若采用较大的刀尖圆弧半径，将增大对刀具的挤压力，并对工件产生更强的背向力 F_p（图 5）。这些因素可能导致振动和工件表面质量变差。在计算机数控车床上进行轮廓车削时，工件上待车削的凹处（例如退刀槽）限制着刀尖角 ε 的量。

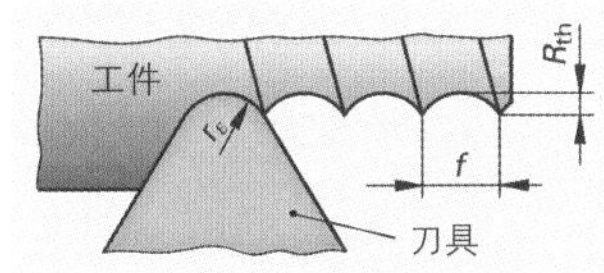

图 4：刀尖圆弧半径的影响

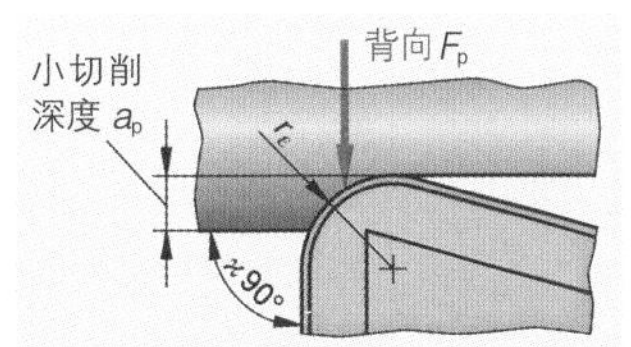

图 5：精整加工时的刀尖圆弧半径

拔荒车削时均采用大刀尖角和大刀尖圆弧半径，而精整加工时一般都采用小进给量、小刀尖圆弧半径和较高的车削速度。

切削刃结构：从切削后面到切削前面的过渡段完全决定了车削刀具的耐用度。因此，规定对不同的用途须使用不同的切削刃结构（表1）。

表1：各种不同切削刃结构的特征和用途

锐角型 F型结构	整圆型 E型结构	棱角型 T型结构	棱角和整圆型 S型结构
切削力最小，有断裂危险	切削材料表面薄涂层后保护切削刃	切削刃有较大稳定性，切削力增大	加工安全性最高，但却提高了切削力，温度和振颤痕产生的可能性
用于精整加工，切削塑料	用于有切削中断的钢工件的切削	切削已淬火的钢工件和硬铸件	用于难切削的工件

前角 λ 决定着对工件切削面的撞击接触，因此对于切屑走向具有重要意义（图1）。负前角使切屑走向工件表面，而正前角使切屑离开工件表面。若切削不中断，负前角在工件与刀具首次接触时避开了刀尖，从而减少了切削刃崩裂的危险。

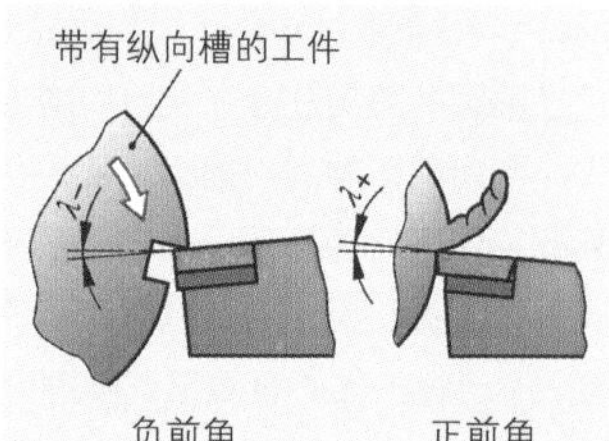

图1：前角

- 有中断切削以及粗重的拔荒车削时，规定采用负前角（-4° 至 -8°）。
- 精整加工和内圆车削时，规定采用中性前角或正前角，以避免工件表面被切屑划伤。

主偏角 $\varkappa$ 是主切削刃与被切削表面之间的夹角。它影响切屑的形状、切屑的中断、切削力和振颤的形成。主偏角的大小取决于车刀和工件轮廓（图2）。一般根据各种不同的加工类型选择合适的主偏角（表2）。

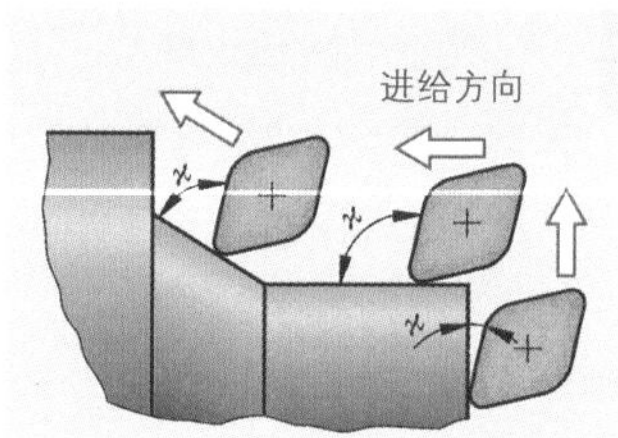

图2：轮廓车削时的车刀主偏角

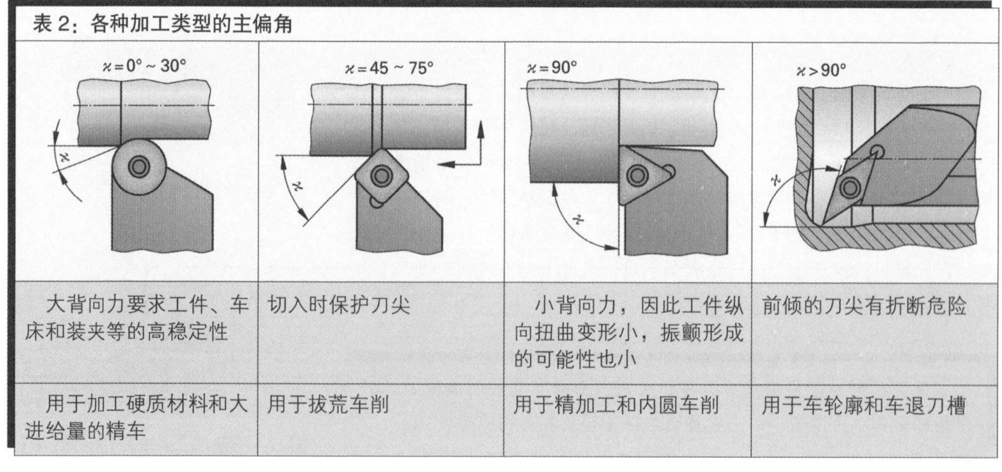

表2：各种加工类型的主偏角

$\varkappa=0°\sim30°$	$\varkappa=45\sim75°$	$\varkappa=90°$	$\varkappa>90°$
大背向力要求工件、车床和装夹等的高稳定性	切入时保护刀尖	小背向力，因此工件纵向扭曲变形小，振颤形成的可能性也小	前倾的刀尖有折断危险
用于加工硬质材料和大进给量的精车	用于拔荒车削	用于精加工和内圆车削	用于车轮廓和车退刀槽

3.8.7.4 车削刀具

车削刀具一般由刀柄以及夹入或用螺钉拧入刀柄的可转位刀片组成。焊入刀片的车刀只在特殊情况下才出现。

■ 可转位刀片的基本形状

可转位刀片的基本形状可划分为负基本形和正基本形。负基本形可转位刀片（图 2）的普通后角 $\alpha_n = 0°$，因此楔角 $\beta = 90°$。这样的楔角可使转位刀片的上下两面均得到利用。

如果可转位刀片的切削刃只装在排屑槽一侧（对比 163 页），我们称之为单侧负基本形。这种可转位刀片一般用于大进给量和大切削深度。

如果可转位刀片的切削刃既可装在排屑槽上面，也可装在其下面，这种类型称为双侧负基本形。通过刀片的转位可实现经济型加工模式。

正基本形可转位刀片（图 3）的普通后角 α_n 位于 3°~30°。普通后角越大，切削刃的楔角越小。对于不易切削的工件材料，例如不锈钢，采用较小楔角更易于切削，因为这里施加的切削力较小。

■ 转位刀片的几何形状

转位刀片的刀片几何形状的区别极为明显（图 4）。除圆形之外，还有各种不同的多角形。车削时经常采用菱形刀片。

采用钝刀尖角 $\varepsilon = 80°$（刀片几何形状为 C 型和 W 型）的可转位刀片主要用于纵向车外圆（拔荒）或车端面。大刀尖角可形成一把稳定的、可吸纳较大切削力的车刀。

车削工件轮廓（精车）所使用的可转位刀片的刀尖角为 55°（刀片几何形状为 D 型）或 35°（刀片几何形状为 V 型）。刀尖角越尖，该刀具越适用于车削工件凹下去的轮廓（例如退刀槽）。但是，刀尖角的角度越小，刀具的稳定性便越差。因此，应根据具体的工件轮廓，选择尽可能大的刀尖角。

圆形转位刀片（刀片几何形状为 R 型）的稳定性极高，因此，特别适用于车削硬质工件材料。

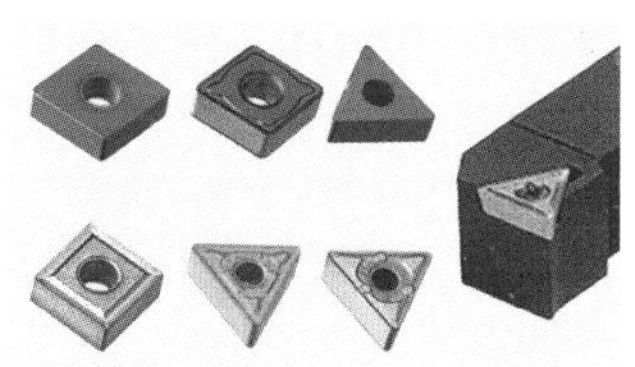
图 1：可转位刀片和刀柄

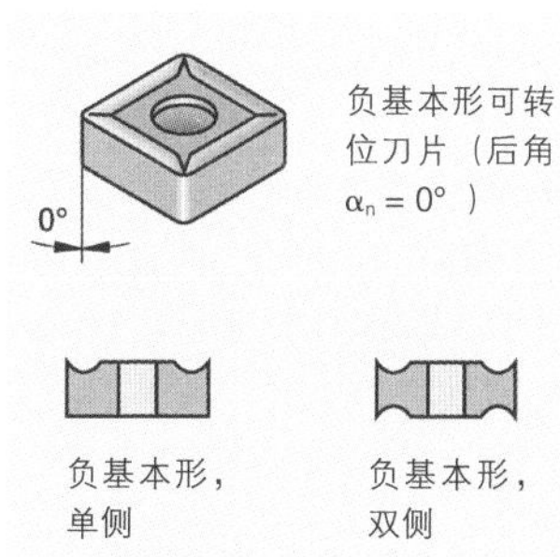

图 2：负基本形

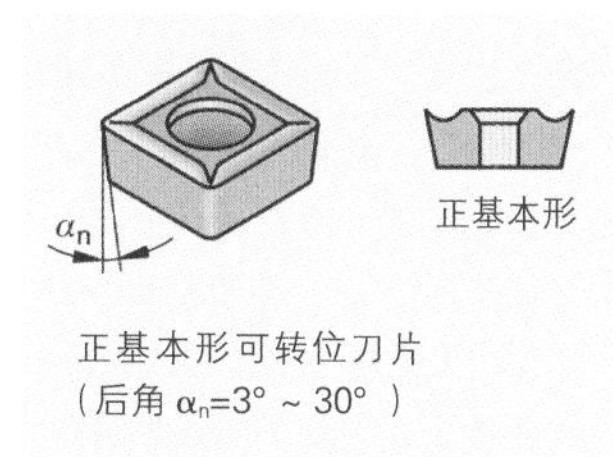

图 3：正基本形

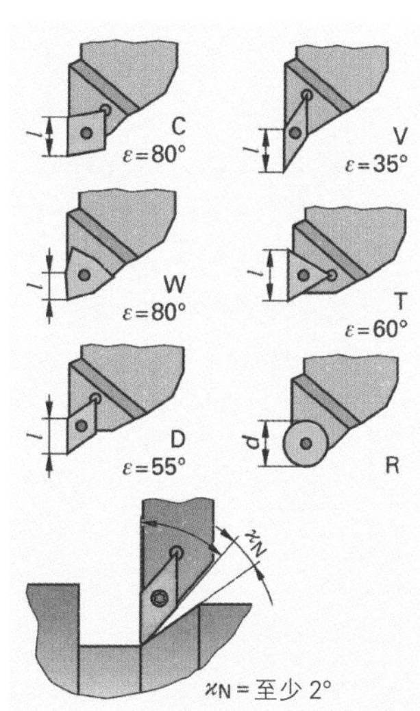

图 4：可转位刀片的刀片几何形状

■ 可转位刀片的刀尖圆弧半径

必须根据对工件实施粗车（拔荒车削）还是精车（精整车削）来确定可转位刀片的刀尖圆弧半径 r_ε。一般适用的规律是，大刀尖圆弧半径可提高转位刀片的稳定性。据此，拔荒车削时所采用的大刀尖圆弧半径多为 $r_\varepsilon = 0.8\text{~}1.6$ mm。

计算机数控车轮廓（精车）时，车刀刀尖沿着工件轮廓行进。这里，刀尖圆弧半径 r_ε 必须小于工件内角半径 r_w 是加工过程顺利完成的保证（图 1）。由于较大的刀尖圆弧半径可达到较好的工件表面质量，因此，刀尖圆弧半径 r_ε 只应比工件内角半径 r_w 略有偏差即可。

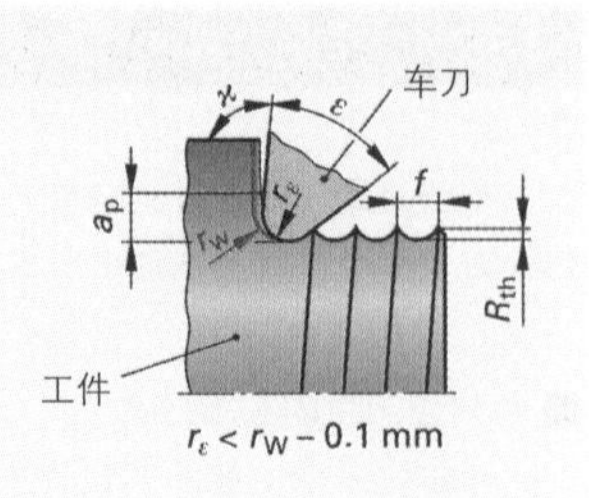

图 1：车结构件轮廓时的车刀刀尖

■ 可转位刀片的规格和切削方向

切削刃的长度最大只允许达到刀片规格的一半。主切削刃相对于刀柄杆的位置决定着切削方向（图 2）。我们把刀片分为三种结构：R 型结构（右侧切削）、L 型结构（左侧切削）和 N 型结构（中部切削）。如果可转位刀片装在左侧、右侧和中间的刀柄上均可进行车削（对比 161 页内容），那么在刀片标示上可不注明切削方向。

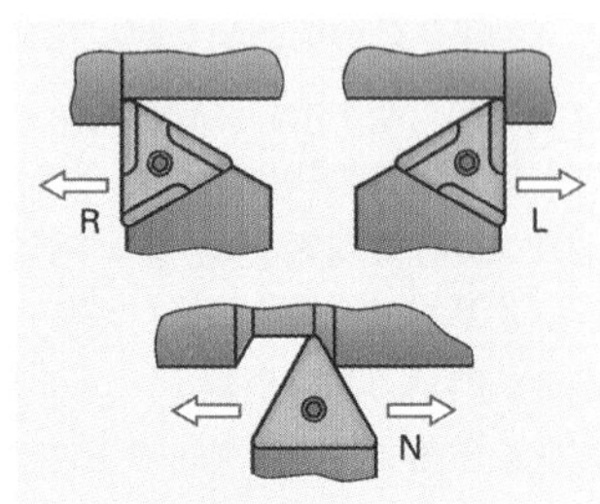

图 2： 切削方向

■ 可转位刀片在刀柄上的固定

为在刀柄上固定可转位刀片，可采用多种不同的夹紧系统（图 3）。可转位刀片的下部垫着一块硬质合金垫片，用于在刀片断裂时保护刀柄。

夹紧销夹紧系统（C 型结构）：这种系统不用中间孔即可固定可转位刀片，无需附加中间孔固定而仅用夹紧销夹紧。这种夹紧方式并不适用于粗重的拔荒加工，因为这种加工可能使刀片从刀片座脱落下来。

夹板夹紧系统（D 型结构）：这种系统将夹板从上部插入可转位刀片的中间孔。夹板从上部夹紧转位刀片，并将刀片拉向刀柄。这种方式可保证刀片座的稳定性。这种夹紧结构适用于大切削力的拔荒车削和有切削中断的车削。

杠杆夹紧系统（P 型结构）：这种夹紧装置在杠杆拉紧后将可转位刀片压入刀片座。因此其定位精度很高。更换刀片时不需要拆卸任何零件。杠杆夹紧系统使切屑无阻碍地顺畅排出。

楔式夹紧系统（M 型结构）：该系统将可转位刀片的中间孔套入刀柄的一个销子。夹紧销从上部固定刀片，并将刀片与销子相互楔住。这种夹紧系统特别适用于小刀尖角的可转位刀片。

螺纹夹紧系统（S 型结构）：螺纹夹紧系统特别适用于刀柄占位很小的夹紧。刀柄内的螺纹孔正对可转位刀片内的沉孔，该孔位于刀片座支承面的附近。这种结构使刀片在螺纹上紧时被压入刀片座。

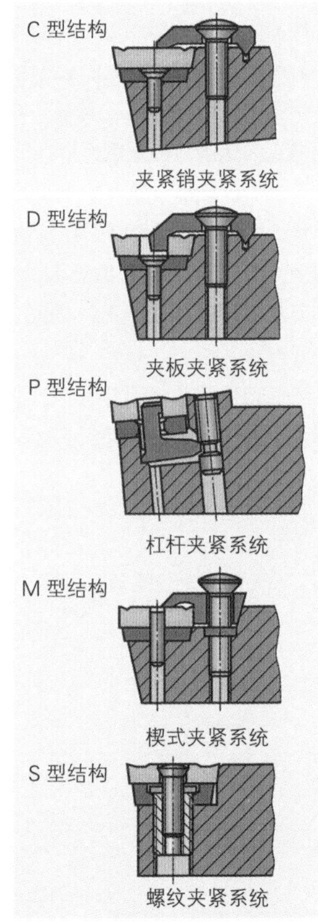

图 3：可转位刀片的夹紧系统

■ **可转位刀片的命名**

为了明确规定可转位刀片，我们使用一般带有7种数据的标准化命名体系（图1）。符号8和9只在需要时才使用，而符号10包含着制造商选择的数据。这个符号常用来标明切削材料的类型。

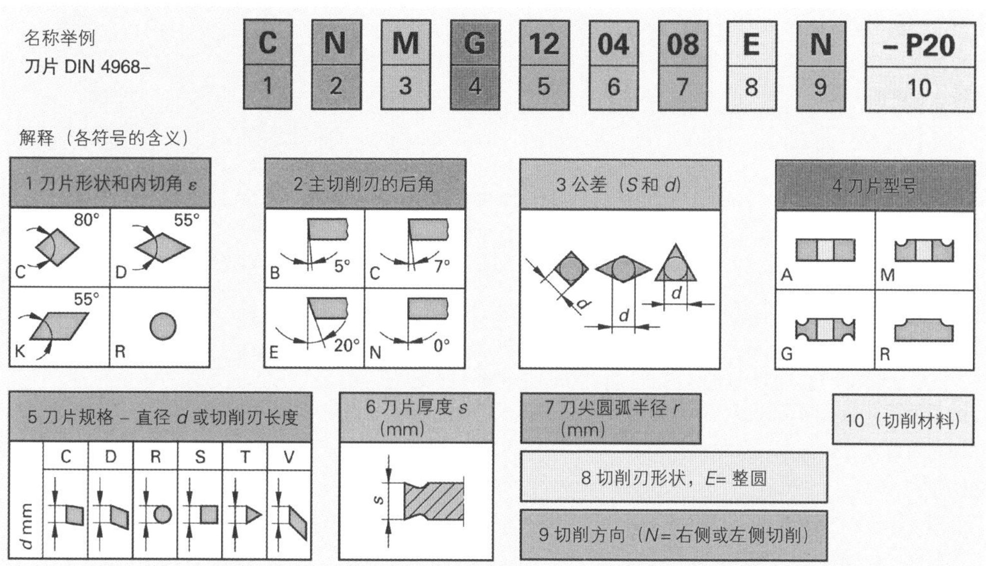

图1：可转位刀片的命名体系

■ **刀夹的命名**

根据车床刀夹的装夹结构，夹紧转位刀片的刀夹柄部可采用多边形柄部（ISO 26623）或四方形柄部（DIN 4984）。刀夹的命名（图2）可依循转位刀片的固定方式（对比前页），或按照所使用刀片的类型。因此，刀夹命名系统中也能找到图1转位刀片的命名符号1、2和5。

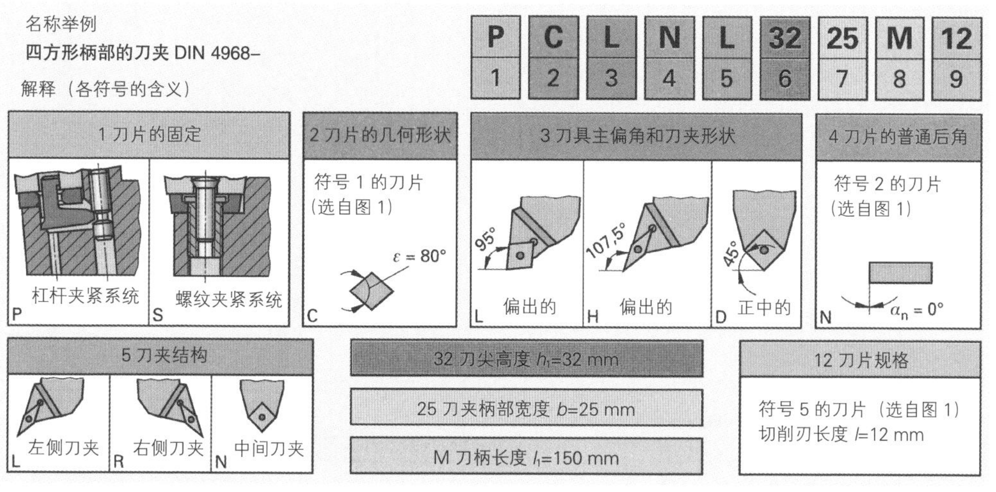

图1：可转位刀片的命名体系

3.8.7.5 车削时切屑的形成

切屑的形成过程如下：刀具切削楔进入工件后，使工件材料受到强烈的轧边顶推（图 1）。当超过工件材料的屈服强度后，工件材料便会出现塑性形变，塑性形变最终在剪切区导致切断切屑微粒部分。切削时产生的高温和压力使切屑微粒部分彼此焊接在一起，最后形成切屑排出切削面。

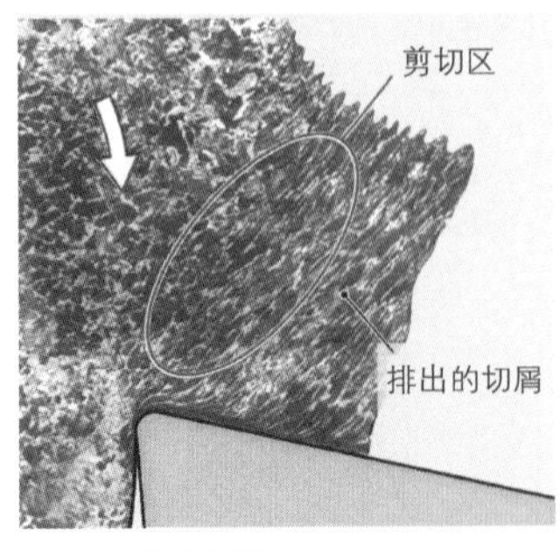

图 1：切屑的形成

■ 切屑的种类

我们把切屑细分为三种类型：碎裂切屑、短螺旋切屑和带状切屑（图 2）。

碎裂切屑产生于车削脆性工件材料时，例如铸铁、铜-锌合金和硬铸铁。小切削前角和低切削速度同样有助于形成碎裂切屑。由于切屑微粒单个从工件材料上碎裂下来，加工后的材料表面比较粗糙。

短螺旋切屑产生于车削韧性较强的工件材料时，例如中等强度的钢，采用中等切削前角和低切削速度同样会产生这类切屑。被分割成片状的切屑微粒在剪切区部分地焊接在一起。这类切屑大部分都形成短螺旋切屑。

带状切屑产生于车削塑性形变性能良好的（长切屑）工件材料时，主要在选用高切削速度和大切削前角时。由于切削过程均匀，并且没有较大的切削力波动，切削后形成的材料表面质量一般都较高。

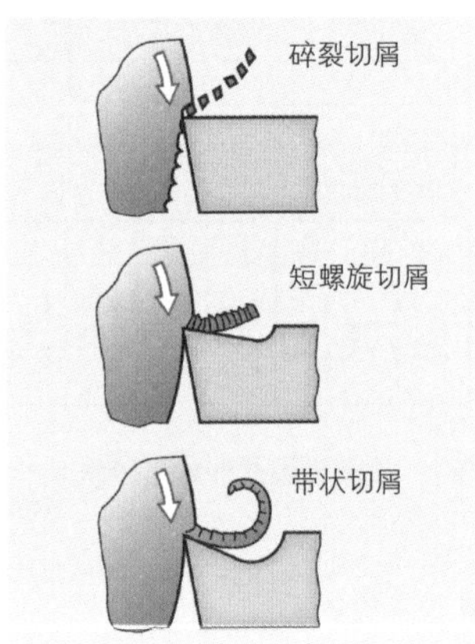

图 2：切屑的种类

> 为获得良好的工件材料表面质量，应尽量在车削时产生带状切屑。

■ 切屑的形状

选择适宜的切削条件可产生有利的切屑形状（图 3）。长切屑可形成较大体积的切屑，较难从加工空间排出。它们会阻碍刀具，甚至可能会对工件表面造成损伤。此外，锋利的切屑还增加了人身伤害的危险性。而过小的切屑同样会造成危害，如堵塞冷却润滑剂过滤器。所以，车削时应力争产生盘状短螺旋切屑和锥状螺旋切屑。

使用合金材料可提高切屑断裂性能，例如通过提高铜-锌合金中的锌含量或在易切削钢中添加少量的硫。切削刃几何形状的改变同样可以产生断裂的短切屑。

> 切屑应是紧凑的，并可以成卷。

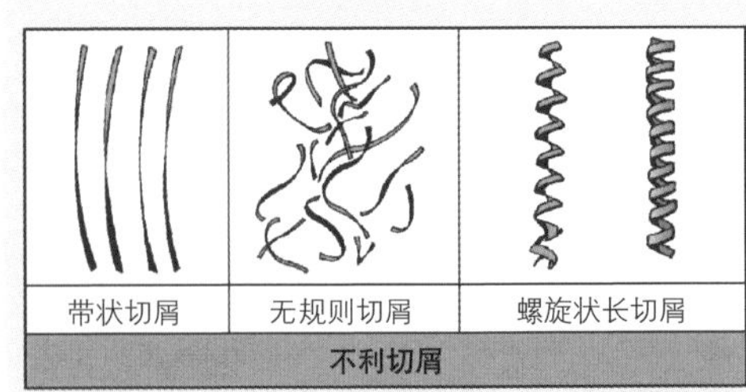

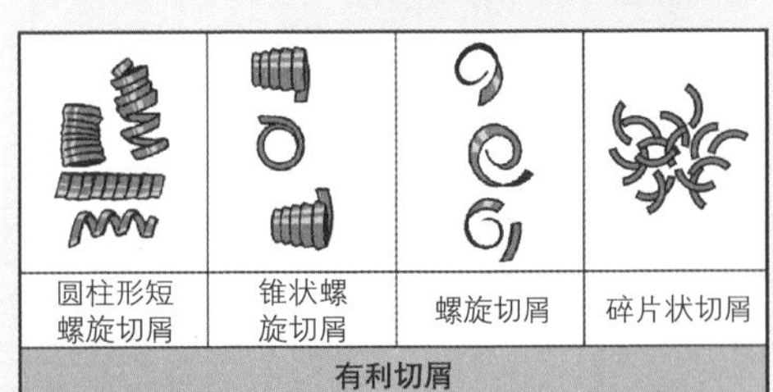

图 3：切屑的形状

■ 排屑槽和切屑形状图表

排屑槽应能产生有利的切屑形状（图 1）。切屑形状图表显示用烧结法镶入刀片的排屑槽以及这种刀片可产生有利切屑形状的形成区域（图 2）。

精车刀片在小切削深度和小进给量的切削条件下也能产生有利的切屑形状。但拔荒车削刀片若要产生有利切屑形状，就必须采用较大的切削深度和进给量。

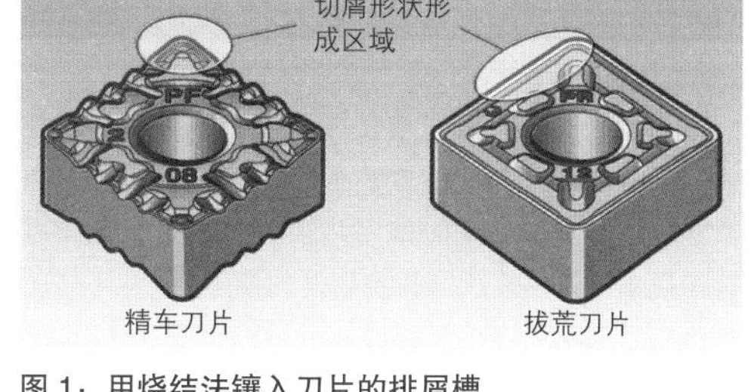

图 1：用烧结法镶入刀片的排屑槽

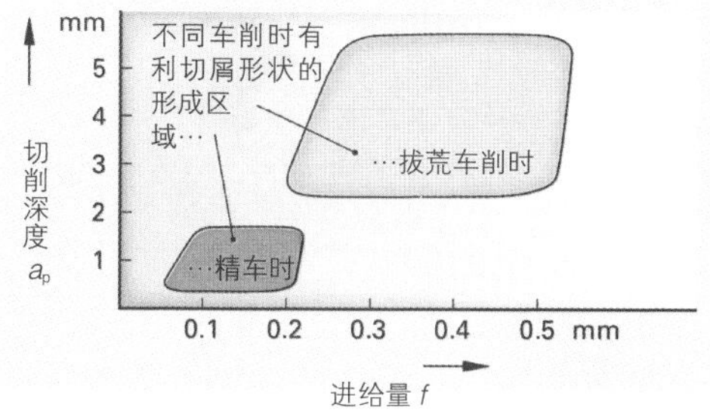

图 2：有利切屑形状的形成区域

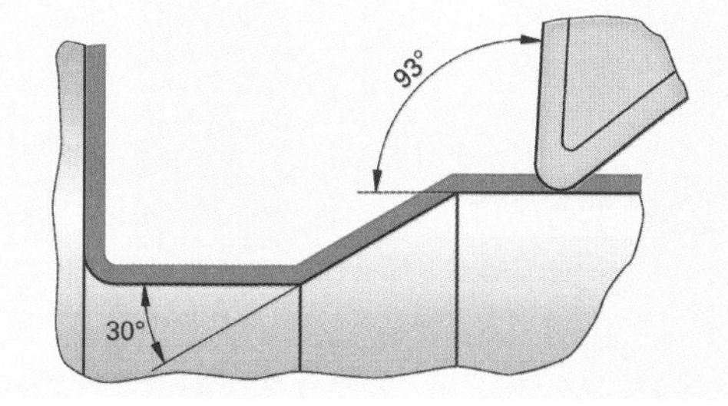

图 3：仿形车削时的车刀主偏角

产生有利和断裂的短切屑的可能性

- 使用镶有排屑槽的可转位刀片，这种刀片有利于切屑的排屑和切屑的断裂；
- 选择适宜的排屑槽配合已设定的进给量和切削深度；
- 使用那些通过添加相应合金元素提高了切屑断裂性能的工件材料；
- 若有可能，提高进给量。

本小节内容的复习和深化：

1. 哪些面限制了车刀的切削楔？
2. 请您计算车削时的表面粗糙度理论数值。条件：刀尖圆弧半径 0.4mm，进给量 0.15mm。
3. 如果出现振动，如何修改车刀的主偏角？
4. 为什么精车时一般均采用小刀尖圆弧半径？
5. 在哪些条件下可转位刀片在精车时也能采用大刀尖圆弧半径？
6. 如果车削工件时预计出现切削中断，那么可转位刀片的切削刃应采用哪种形状？
7. 刀柄的负前角有哪些优点？
8. 为什么对孔进行精整加工时规定刀柄应是正前角？
9. 请求出切槽轮廓车削时车刀的最大和最小主偏角（图 3）？
10. 哪种主偏角时背向力最小？
11. 哪些是产生不同切屑类型的影响因素？
12. 为什么不希望在车削时出现长切屑？
13. 产生断裂的短切屑有哪些可能性？

3.8.7.6 刀具的磨损和使用寿命

我们把刀具使用到其允许磨损度所需的时间称为刀具的使用寿命。通过精车时的工件表面质量和尺寸偏差，拔荒车削时的刀具切削刃磨损状况便可以识别出刀具的使用寿命是否已到期限。

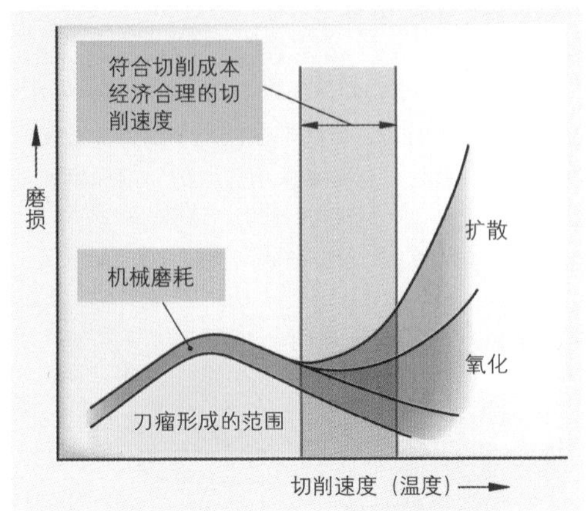

图 1：磨损的原因

■ 刀具磨损的原因

同时作用在刀刃上的机械负荷和热负荷是产生磨损的原因（图 1）。低切削速度（温度低）时，因刀瘤的形成和机械磨耗而导致磨损。切削温度较高时，因氧化和扩散导致的磨损特别大。

刀瘤：主要在低切削速度时，在切削前面形成，但在切削后面也可能出现工件材料微粒焊接在一起的堆积物，形成刀瘤。刀瘤会改变切削刃的几何形状，并导致切削力增大（图 2）。刀瘤被切断时，刀刃的某些部分也会随之崩裂，从而加剧了磨损。

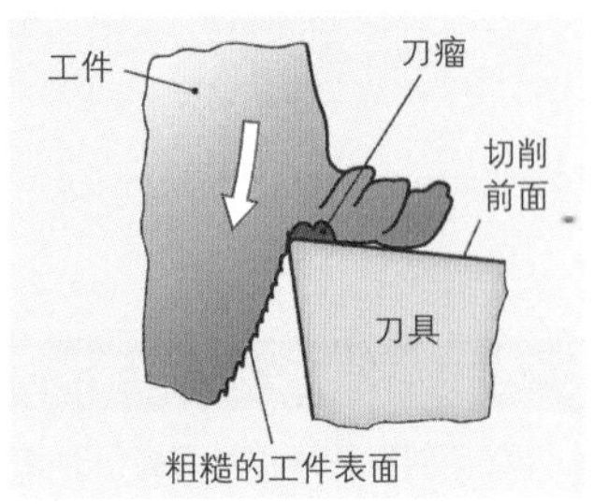

图 2：刀瘤的形成

可降低刀瘤形成的措施如下：

- 提高切削速度；
- 使用加涂层的切削材料；
- 光滑的，研磨的切削前面；
- 足量的冷却润滑剂。

磨耗：切削前面排出的切屑和工件对切削后面的摩擦都会在这些面上产生机械磨耗。温度的上升对磨损量变化的影响非常有限。

氧化：高温下，刀刃材料会出现部分氧化。氧化主要导致刀具与工件的接触区边缘出现缺口和断裂。

扩散：如果在切削材料与工件材料之间出现化学相似性，例如硬质合金或高速钢与钢之间，则将会在高温条件下出现原子交换。这将导致切削面部分出现磨损。

通过给切削材料涂层（见第 134 页）可减少刀瘤形成、机械磨耗、氧化和扩散等磨损因素（图 3）。蒸发形成的涂层为韧性基底材料提供了高表面硬度和高耐磨强度。

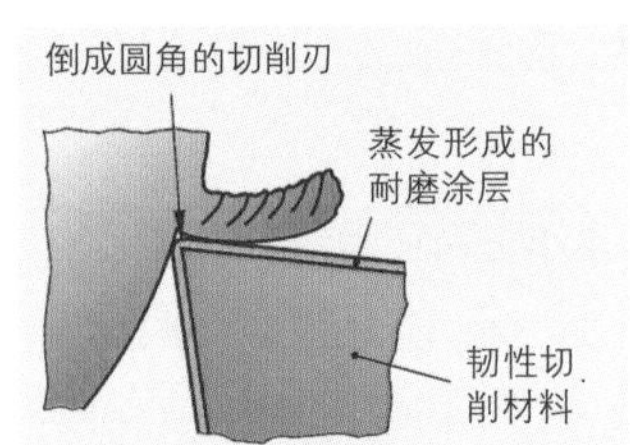

图 3：有涂层的刀具

■ 磨损的类型

各种磨损原因在车刀上产生不同的磨损后果，见图 4。

切削后面磨损（见 165 页图 1）以磨痕宽度 V_B 为特征标记。它影响到已加工工件的表面质量和尺寸精度，尤其会导致刀刃处出现较高温度以及切削力增大。

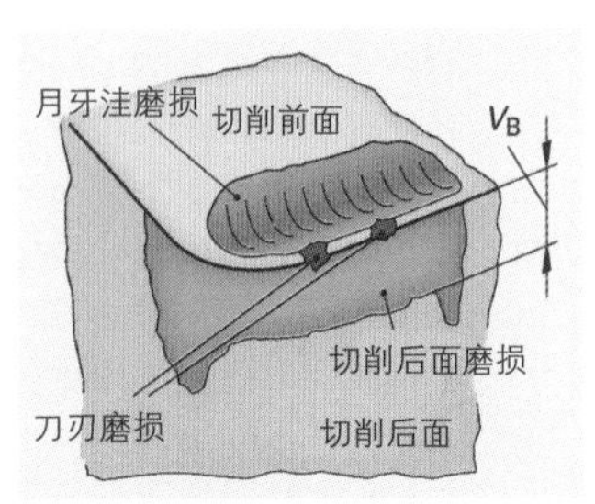

图 4：磨损的类型

月牙洼磨损产生的原因是扩散和机械磨耗。切削正面被冲压出凹槽形磨损，这种磨损使切削刃变薄，因此存在着切削刃口崩刃的危险。凹槽形磨损还会导致切屑较大程度的变形，从而导致切削力增大。

切削刃磨损和切削刃崩裂都可能因切削中断所致，并对工件的表面质量和切削力产生影响。切削刃磨损可能导致切削刃断裂。

切削刃崩裂。切削材料过脆以及加工条件不成熟时，可能出现切削刃崩裂。如果刀片已经出现严重磨损却没有及时更换，同样也会出现切削刃崩裂。

为了判断和优化切削过程，应使用放大镜或显微镜检查刀具的磨损状况（图 1）。磨损状态的均匀发展属正常现象，但无论如何都必须避免因过度磨损而导致出现刀片断裂。

车刀若出现过度磨损现象，应立即采取补救措施（表 1）。

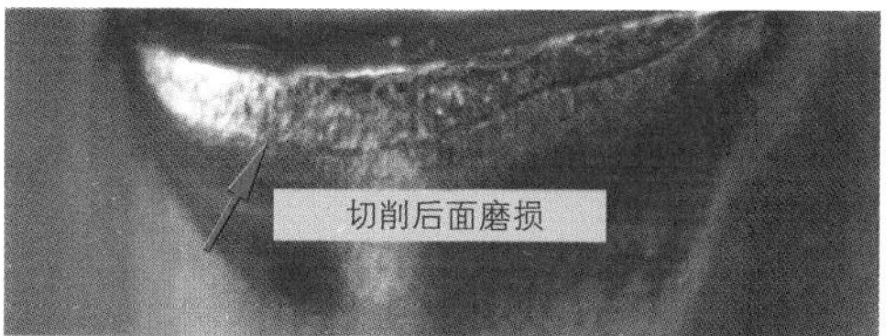

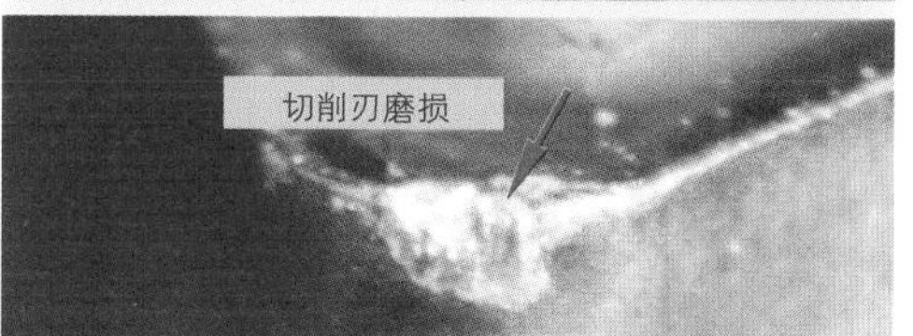

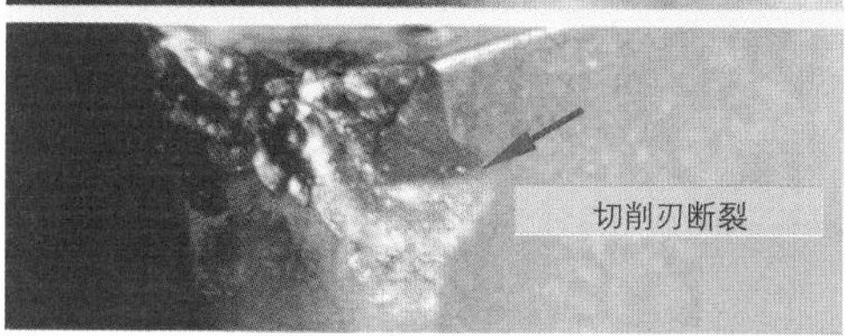

图 1：磨损的类型（比例≈ 50∶1）

表 1：出现磨损问题时应采取的对应措施

切削后面严重磨损	严重的月牙洼磨损	切削刃崩裂	切削刃断裂	补救措施（为了判断所采取措施是否降低了磨损，每次只允许采取一种措施）
		•		提高切削速度
•	•			降低切削速度
•		•		加大进给量
			•	减小进给量
			•	降低切削深度
•	•			选择耐磨强度更高的切削材料
		•	•	选择韧性更大的切削材料
•	•			选择已涂层的切削材料
	•	•		加大切削前角
			•	加大刀尖角和刀尖圆弧半径
•	•			加大冷却润滑量

3.8.7.7 车削加工

作为举例，下文所述是计算机数控车床（参照 179 页）车削加工一个螺纹轴的加工计划（图 1）。螺纹轴选材 ϕ42 热轧棒料。工件材料应选用易切削钢 11SMNPb30 圆棒料。

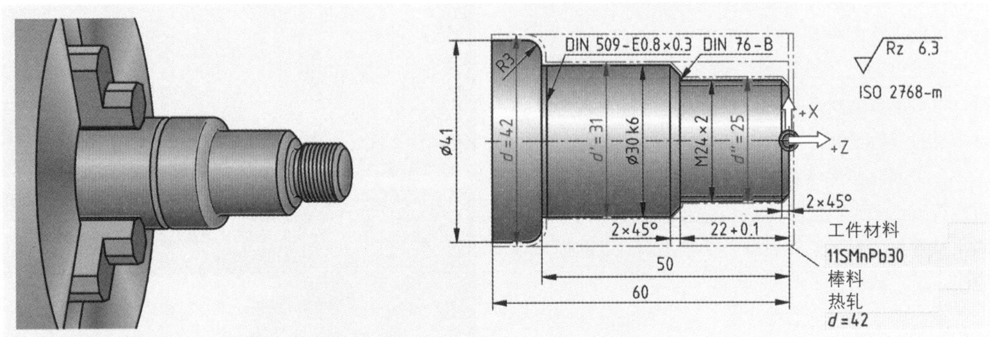

图 1：螺纹轴车削加工的加工图纸

加工计划的基础是计算机数控车床车削螺纹轴的工作计划（表 1）。在工作计划中将各工作步骤依序排列。按照工作计划依序准备夹具，检验装置、刀具和切削量。

表 1：螺纹轴 CNC 车削的工作计划

	序号	工作步骤	刀具，检验装置	切削量
	10	检验半成品并将它夹入三爪卡盘	游标卡尺、钢直尺	—
	20	设定工件零点	—	—
	30	分两次横向端面车削，切出工件的标称长度	端面车刀 T1	$V_C = 250$ m/min $f = 0.5$ mm $a_p = 1$ mm $i = 1$
	40	按工件加工余量分多次纵向粗车（拔荒）外圆至工件端部	拔荒车刀 T2	$V_C = 200$ m/min $f = 0.45$ mm $i_1 = 2$ $a_p = 3$ mm $i_2 = 1$
	50	一刀车出工件轮廓（精车）	精车车刀 T3	$V_C = 350$ m/min $f = 0.1$ mm $a_p = 0.5$ mm $i = 1$
	60	分多次车出细牙螺纹 M24 x 2	螺纹车刀 T4	$V_C = 150$ m/min $f = 2$ mm $i = 12$
	70	切断工件（为夹持工件，需留车削余料）	切断车刀 T5	$V_C = 155$ m/min $f = 0.05$ mm $i = 1$
	80	从车削余料处取下工件并检测	游标卡尺、深度游标卡尺、极限卡规、千分卡、螺纹量规	

工作计划（见 166 页表 1）确定工件的加工方式和加工用具。工作计划以表格形式显示各基本数值之间的相互关系。加工计划所要求的所有数据将按步骤逐一实现。

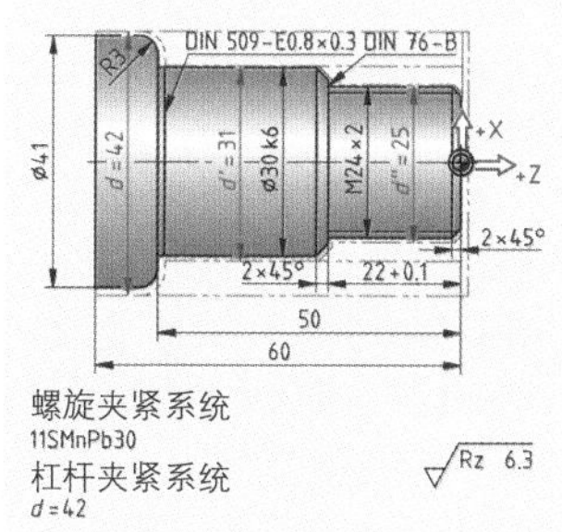

图 1：常用的夹紧系统

步骤 1：确定初始材料

加工螺纹轴的工件初始材料（图 1）是一根 DIN EN 10060 规定的热轧圆棒料，标称直径 42。由于车削加工完成后规定对工件进行切断（参见工作计划序号 70 的加工步骤），可以在未锯切下料的原始棒料上直接加工出全长度的螺纹轴。

圆棒料的材料是 DIN EN 10087 易切削钢。其 0.11%的碳含量较低，是一种高韧度工件材料。由于不含硫，切削时易于产生带状切屑（参照 162 页）。当含硫量达 0.3%，其切屑易断裂性增大，转而形成短螺旋切屑。这种短螺旋切屑可在计算机数控床身倾斜式车床（参见 177 页）顺畅排出，由排屑输送带送出机床范围。

P P10…30	钢
M M10…30	不锈钢
K K01…30	铸铁
N N10…20	有色金属和塑料
S S01…20	耐高温特种合金和钛
H H01…15	硬质材料

图 2：硬质合金切削材料组

步骤 2：确定切削材料

计算机数控（CNC）车削工件所使用的刀具切削材料主要是硬质合金。根据工件原始材料的不同采用不同的切削材料组（图 2）。尤其针对极硬的工件材料可使用已开发成熟的切削材料，例如金属陶瓷、切削陶瓷或氮化硼（参见 138 页）。

切削材料组内需考虑切削材料的韧度。韧度数值越高，该切削材料在其组内的韧度排名也越大。在一个切削材料组内应选用哪一种切削材料，主要参照切削刃切入的类型（图 3）。

如果在已预加工的平滑表面进行均匀切削，可选较低韧度和高耐磨损强度的切削材料（例如 P10）。如果切削过程中出现切削深度变化，切削中断或车削热轧工件表面以及铸件或锻件砂皮，宜选用较高韧度的切削材料，但这类切削材料的耐磨损强度也随之降低（例如 P20 或 P30）。加工举例中，螺纹轴的材料选用热轧表面的易切削钢，对此宜选切削材料组 P20。

步骤 3：确定带刀柄的转位刀片

根据加工方法选定可转位刀片的基本形状及其切削刃结构，以及所要求的刀片几何形状。根据工件上有内角车削和刀片的稳定性选定可转位刀片的刀尖圆弧半径。如果已确定可转位刀片的夹紧刀夹，可查取可转位刀片及其刀夹的所有数据（参见 3.8.7.4 内容）。

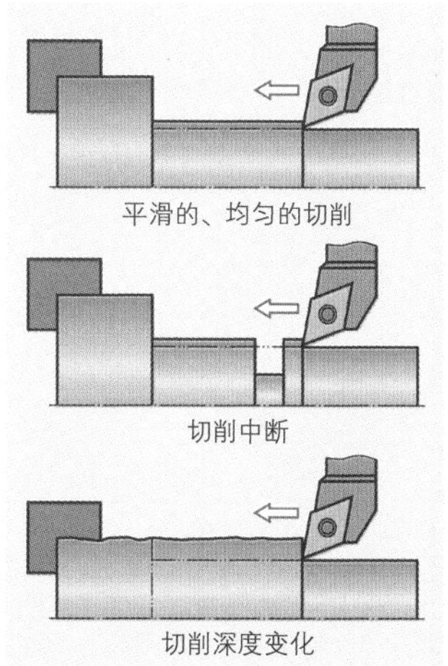

图 3：切削刃切入类型

步骤 4：确定加工条件

根据各种不同的加工条件才能在步骤 5 对各个待选的切削量进行大幅度修改。因此，预先确定加工条件对于执行加工任务是必要的。

加工条件可划分为不利的、普通的和有利的加工条件。如果在计算机数控（CNC）车床上执行车削加工（参见 179 页），可通过机床的罩壳形成良好的冷却剂使用效果。如果工件的装夹状态良好，车刀执行的是均匀车削运动（参见 167 页），这就是普通加工条件。在表 1 中，普通加工条件下的切削速度用粗体字数值表示。

如果工件用传统车床加工（参见 178 页），可能由于没有机床罩壳，造成冷却剂的使用量不足。因此，这里属于不利的加工条件。对此，需从切削速度范围中选取较低的切削速度数值。

加工条件可因加工机床的稳定性、工件的几何形状和装夹性能，以及切削刃切入的类型等因素变好或变坏。加工条件极佳时，可从切削速度范围中选用较大的切削速度值。

步骤 5：车削切削量的选定

规定用于车削加工的切削数据有切削速度 V_c，进给量 f 和切削深度 a_p。正确选择合适的切削数据可达到以下目的：

- 优化刀具的使用寿命；
- 形成有利的切屑；
- 达到所要求的工件表面质量；
- 切削体积大；
- 尽可能小的切削力。

■ 切削速度和转速

实际上，切削速度 V_c 的选择取决于工件材料的可加工性、刀具所使用的切削材料和车削方法。我们可从图表（表 1）或切削材料制造商的切削材料目录中选用所需的切削速度参考值。例如现用涂层的硬质合金刀片 HC-P20 粗车易切削钢 11SMnPb30 螺纹轴（见 164 页），工件材料平均抗拉强度达 470 N/mm²。据此，在表 1 普通加工条件下查得其切削速度为 200 m/min。

表 1：涂层的硬质合金车刀参考值

工件材料			横向端面车削	纵向车外圆	
材料组		平均抗拉强度 R_m，单位：N/mm²，以及硬度 HB		拔荒车削	精车
			切削速度 V_c①，单位：m/min		
结构钢		$R_m \leq 500$	210 – **280** – 350	150 – **220** – 300	280 – **340** – 400
		$R_m > 500$	160 – **230** – 300	100 – **170** – 240	220 – **290** – 350
易切削钢		$R_m \leq 570$	180 – **250** – 320	130 – **200** – 270	240 – **300** – 360
		$R_m > 570$	130 – **270** – 200	100 – **160** – 220	200 – **250** – 360
渗碳钢		$R_m \leq 570$	200 – **270** – 320	150 – **210** – 260	250 – **320** – 300
		$R_m > 570$	160 – **220** – 270	110 – **160** – 210	200 – **270** – 340
调质钢、非合金钢		$R_m \leq 650$	180 – **250** – 320	120 – **190** – 240	220 – **300** – 380
		$R_m > 650$	110 – **200** – 280	110 – **150** – 200	190 – **250** – 310
调质钢、合金钢		$R_m \leq 750$	100 – **160** – 220	90 – **130** – 180	125 – **185** – 245
		$R_m > 750$	80 – **130** – 180	70 – **110** – 160	100 – **150** – 200
不锈钢	奥氏体	$R_m \leq 680$	140 – **170** – 200	90 – **110** – 130	200 – **230** – 260
		$R_m > 680$	100 – **120** – 140	70 – **90** – 110	130 – **150** – 170
	铁素体	$R_m \leq 700$	180 – **215** – 240	160 – **180** – 200	230 – **250** – 270

①加工条件：粗体字数值 = 普通加工条件，小 v_c= 不利的加工条件，大 v_c= 有利的加工条件

在有转速分级的传统车床上，必须根据所选定的切削速度和切削直径计算出转速 n。待调转速可直接从一个曲线图表（图 2）中查取，或根据切削速度 V_c 和工件直径 d 计算求取。

> 转速　$n=\frac{V_c}{\pi \cdot d}$

举例： 现用 f=0.4 mm 的进给量粗车加工一根螺纹轴（图 1），其材料是易切削钢 11SMnPb30，直径 d = 42 mm。所使用的切削材料是涂层的硬质合金可转位刀片 HC-P20。现使用一台带有转速分级的传统车床进行加工，根据图 1，转速 n 应设为多少？

解题： 传统车床不使用冷却剂，属于不利的加工条件。因此，应从表 1（见 168 页）选用较小的切削速度 V_c = 130 m/min。据此，从转速曲线图表（图 2）中查得，应设定转速为 n = 1000 1/min。

转速计算公式：$n=\frac{V_c}{\pi \cdot d}=\frac{130\ \text{m/min}}{\pi \cdot 0.042\ \text{m}}$=9851/min

■ 进给量和切削深度

进给量 f 和切削深度 a_p 主要根据所采用的车削方法来选定（图 3）。粗车（拔荒）时宜采用尽可能大的进给量 f 和切削深度 a_p。以期达到最大的工件材料去除量。拔荒车削时，进给量受到车床驱动功率（参见 170 页），可转位刀片的规格（参见 159 页）以及现有价格条件等诸多因素的限制。为了避免刀尖角崩裂，不允许超过最大进给量。

> 进给量 $f_{最大粗车进给量} \approx 0.5 \cdot$ 刀尖圆弧半径 r_ε

精整车削（精车）时，一般采用小进给量和小切削深度。精车进给量根据所要求的工件表面粗糙度而定。根据刀具的刀尖圆弧半径 r_ε（参见 160 页）和表面粗糙深度 R_z 在表 1 中选取最大进给量。如要加大刀尖圆弧半径，同时也可加大进给量，并保证工件表面粗糙度不变（参见 160 页）。精车的切削深度应尽可能小，因为较小的切削力可达到更好的尺寸与形状公差。

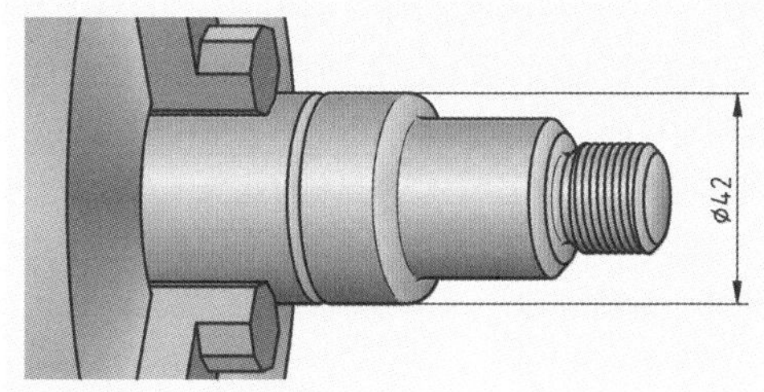

图 1：螺纹轴

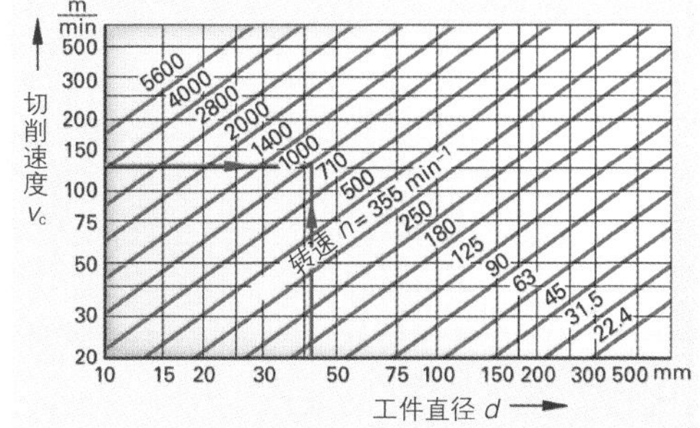

图 2：车床转速曲线图表

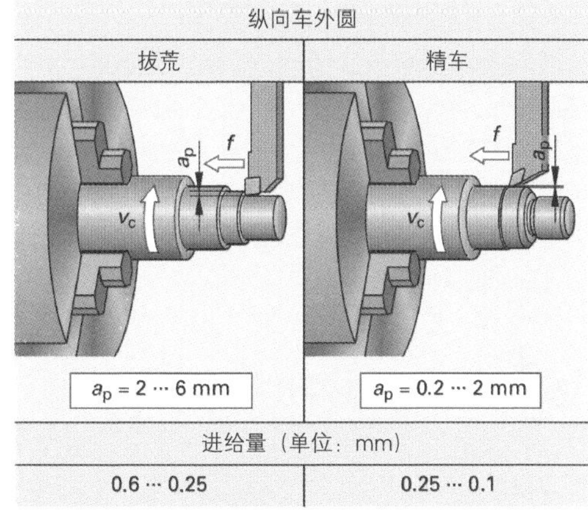

图 3：进给量和切削深度

表 1：根据不同刀尖圆弧半径和切削深度所能达到的表面粗糙深度

表面粗糙深度 Rz，单位：μm	刀尖圆弧半径 r_ε，单位：mm			
	0.2	0.4	0.8	1.2
	进给量 f，单位：mm			
1.6	0.05	0.07	0.10	0.12
4	0.08	0.11	0.16	0.20
6.3	0.10	0.14	0.20	0.25
10	0.13	0.18	0.25	0.31
16	0.16	0.23	0.32	0.39

为产生有利的切屑形状，切削深度 a_p 与进给量 f 的比例宜选在4∶1 和 10∶1。根据车削方法的不同来确定不同加工范围的刀片（图 1）。如果在某一个加工范围内减小切削深度，切屑形状可能变坏，因为这时的切屑较少断裂。如果加大进给量，切屑更易弯曲和断裂。切削横截面构成切屑的切削面，其大小取决于切削深度和进给量。

切削横截面积	$A = a_p \cdot f$

粗车（拔荒）工件时，切削体积是一个重要的参照量。单位时间切削量 Q 再次反映了关于切削体积的说法，其单位是 cm^3/min。

单位时间切削量	$Q = A \cdot v_c$

横向端面车削时，车刀距离工件中心点越近，其切削比例越差，因为车刀运行至车削中心时的切削速度已极低。由于这个原因，横向端面车削时，只采用更小的切削深度和进给量（图 2）。端面精车（车轮廓）时，车刀从工件中心点向外运动，这个方向的车刀主偏角小可使切削比例恶化，所以，一般只能选用极小的切削深度。

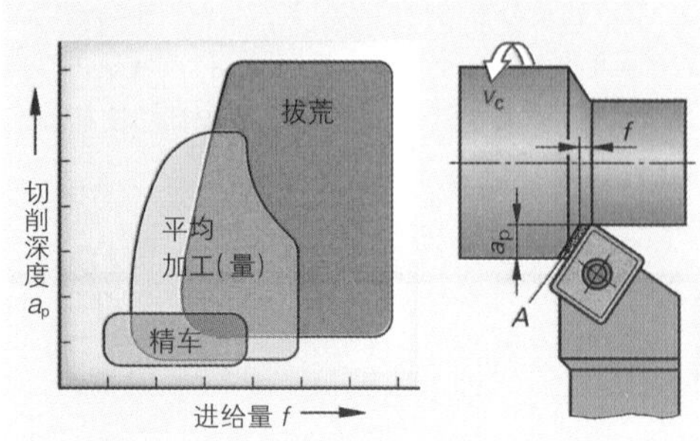

图 1：可转位刀片的工作范围

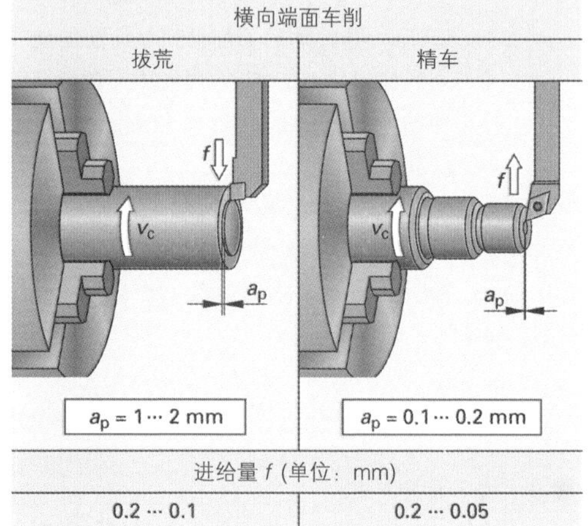

图 2：横向端面车削

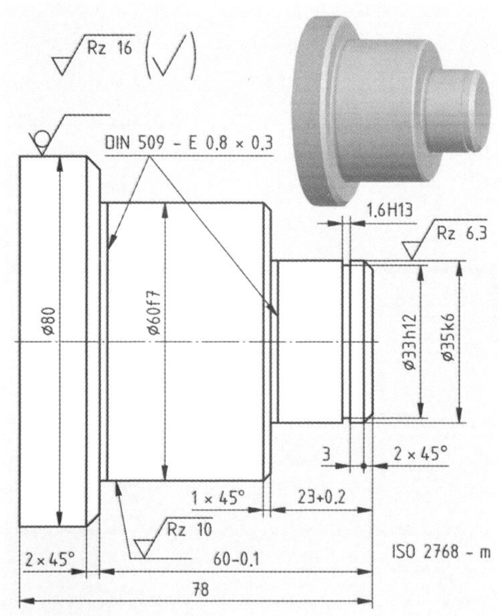

图 3：支轴

本小节内容的复习和深化：

使用计算机数控车床加工一根支轴（图 3），材料是黄铜 CuZn21Si3P。任务：采用直径 80 的圆棒料车出 30 根支轴。

1. 应选用哪个切削材料组车削这种黄铜材料?
2. 选用刀片时应考虑加工的经济性。那么应选用哪种刀片的基本形?
3. 精车时允许的最大刀尖圆弧半径是多少?
4. 用于拔荒和精车的刀片应是哪些刀片几何形状?
5. 请您给出用于拔荒和精车时杠杆夹紧系统的可转位刀片及其刀夹的符号名称。并从 167 页的图 1 和图 2 中取用未知的量。
6. 请您编制一份内容包括加工步骤说明，刀具，检测装置以及切削量的工作计划。

3.8.7.8 车螺纹

在车床上可通过车削或成型法加工螺纹（图 1）。车削螺纹时使用螺纹车刀或螺纹刀具。成型法指螺纹轧制或螺纹滚压。

车削螺纹（图 1 和图 2）最常使用的是配装可转位刀片的螺纹车刀。刀片切削刃呈螺纹啮合角结构（例如米制螺纹：啮合角=60°）。螺纹车刀车至相应的螺纹深度前需在工件上多次纵向走刀。走刀的次数（图 3）取决于螺纹断面形状上的螺距。为使工件表面质量优良和尺寸公差小，还可补充 2 至 4 次无刀具进给的走空刀。进给量 f 相当于螺纹的螺距 P。

使用传统车床车螺纹时，刀具位于车削中心轴线前面。通过丝杠和丝杠主螺母实施进给（参见 178 页）。

使用计算机数控车床车螺纹时，车刀一般位于车削中心轴线的后面。控制系统通过转速和螺纹螺距计算进给量。因此，大部分控制系统必须在编程时为螺纹车削指定一个恒定的转速。从刀具制造商的目录或图表手册中查取计算转速所需的切削速度。根据工件的旋转方向可车出左旋螺纹或右旋螺纹（图 2）。位于车削中心轴线后面的车刀在车削右旋螺纹时，如果车刀向卡盘运行，则必须在端部掉头。

切入滚压（图 4）指两个螺纹滚压辊从两边压入工件，使螺纹成型。如果工件长度大于滚压刀具的宽度，应使用贯通滚压法（图 1）。这里，工件沿车削中心轴线纵向穿过两个或三个滚压辊。

采用螺纹轧制法不会切断螺纹轮廓侧面的纤维走向。这种冷成形法还有加强螺纹轮廓的功能。因此，轧制的螺纹强度大于螺纹车削或螺纹切削时的强度。但较高的刀具成本和较长的准备时间是螺纹轧制法的缺点。

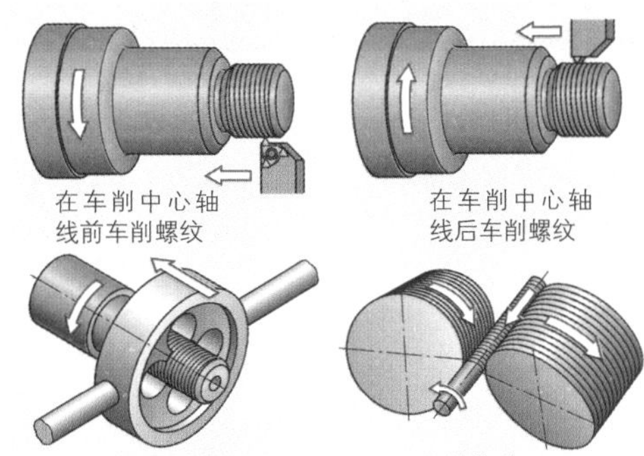

图 1：采用切削法或成型法加工螺纹

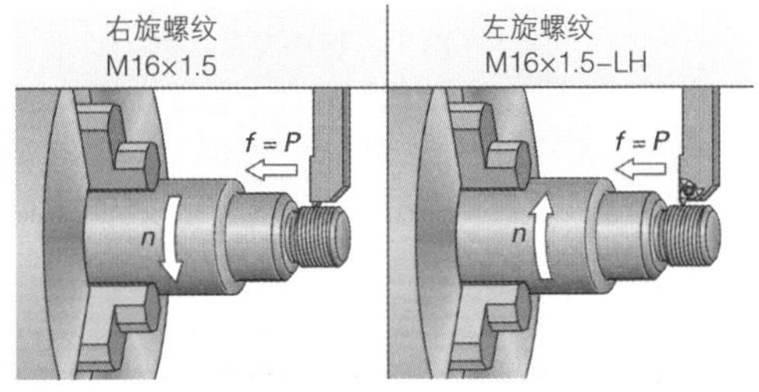

图 2：在车削中心轴线后车削螺纹

螺距 P，单位：mm	走刀次数	螺距 P，单位：mm	走刀次数	进给类型
0.25 ≤0.75	5	1.50 ≤1.75	9	径向
0.75 ≤1.00	6	1.75 ≤2.00	10	
1.00 ≤1.50	7	2.00 ≤2.50	11	单边

图 3：车削螺纹时的走刀次数

图 4：采用螺纹滚压辊切入滚压螺纹

3.8.7.9 切槽

切槽车削可分为切槽和切断两种类型。横向切断指将工件从圆棒料分离（图 1）。与切槽相反，横向切断时主切削刃与工件轴线垂直。切断车刀的主偏角 κ 在 0°至 25°。如果主偏角超过 0°，切断槽底部的两个余料直径不等。其结果是，挂在小直径余料部分的工件只有小部分被切断。使用计算机数控车床时，机床主轴与副主轴同步驱动，使得切断部分不产生余料（参见 179 页）。

切槽指切出一个槽，例如护环槽或密封环槽。切槽车削划分为横向切槽和纵向切槽，加工时，切槽车刀平行于或垂直于车削中心轴线运行（图 2）。一般而言，切槽车刀的切削深度 a_p 小于切槽宽度 b。这样，就可以仅使用一把车刀切出不同宽度的槽，通过多次走刀直至达到所需宽度 b，此法可保持良好的尺寸公差。

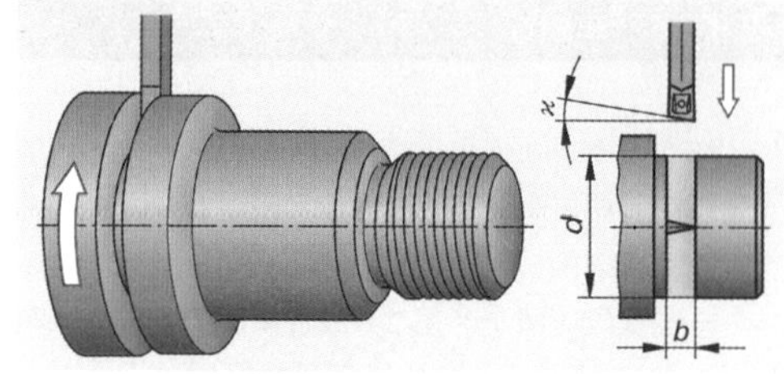

图 1：横向切断螺纹轴

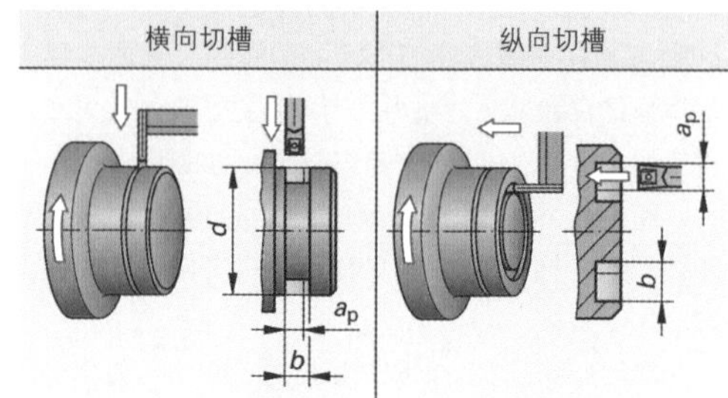

图 2：切槽

3.8.7.10 内侧车削加工

在预加工的孔或管内进行内侧车削加工，直至达到规定的尺寸公差和表面质量。与外侧车削相同，内侧车削也分拔荒和精车。尤其在车削小直径或较长孔时，可能出现刀杆偏移和振动。切削力 F_c 导致出现刀杆弯曲，背向力 F_p 向车削中心轴线方向挤压刀杆（图 3）。为把振动和弯曲的危险降低到最小程度，从刀柄延伸出来的刀杆长度仅允许最长达到其直径的 4 倍（图 4）。装有减振刀柄的刀杆允许伸出长度达到其直径的 7 倍。为达到最大稳定性，夹紧长度必须至少达到刀杆直径的 3 倍。

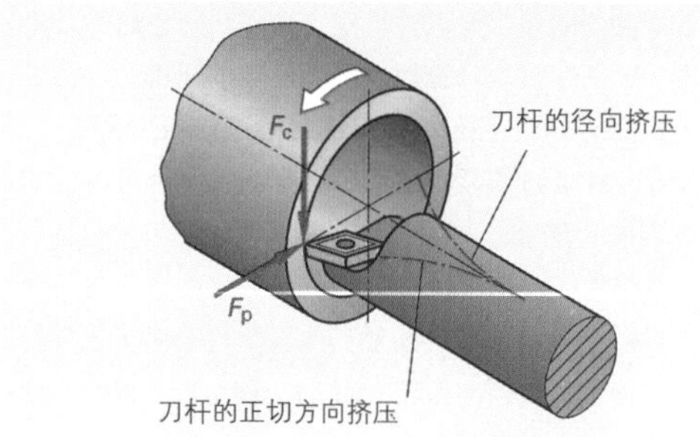

图 3：刀杆的挤压

内侧车削加工的刀具选择：

- 选用大切削刃主偏角（κ > 90° ），以使背向力保持在低水平；
- 精车时选用正切削前角的可转位刀片；
- 刀杆直径应尽可能大。

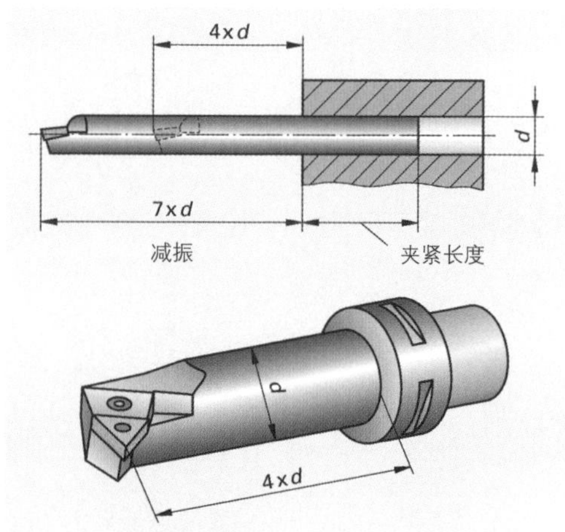

图 4：刀杆的伸出长度

3.8.7.11 硬车

硬车是指用车削加工方法对已淬火工件进行最后的精加工（图 1）。因此，硬车所需的切削材料宜采用氧化陶瓷刀片或聚晶氮化硼（CBN）。切削陶瓷极为适宜车削最大硬度达 64 HRC 的淬火钢。使用聚晶氮化硼（CBN）车削的工件硬度最大可达 70 HRC。但聚晶氮化硼（CBN）在加工硬度低于 50 HRC 范围内工件材料时，其磨损反而增大。

■ 硬车的优点

硬车可以部分地代替磨削工序。相对于磨削而言，车削所需的机床投资和刀具成本小得多，冷却润滑剂的制备和回收成本也更为低廉，甚至可以完全取消冷却润滑剂，实施干加工。采用标准刀具对工件的外面轮廓和内侧轮廓进行硬车加工可达到很高的尺寸精度和表面质量

■ 切削过程和切削量

与车削未淬火钢相比，硬车时出现的切削合力更大。这就要求车床需具备更高的稳定性，刀具与工件的装夹更安全可靠。硬车小直径长工件时，由于其径向挤压力大，容易出现困难。切削所产生热量的绝大部分都随着最高可达 1000 ℃的切屑排掉。而工件本身的温升却很小；因此已淬火组织几乎不受影响。

工件材料硬度越大，切削速度越低。一般常用的速度值为 70 ~ 220 m/min（表 1）。进给量 f = 0.056 ~ 0.1 mm 时可保证所需表面粗糙度达到 Rz 1.5 ~ 4μm（图 2）。在 a_p = 0.1 ~ 0.5 mm 的小切削深度范围内，较大的刀尖圆弧半径会使背向力变得非常大，可能超过切削力（图 3）。

图 1：硬车外轮廓

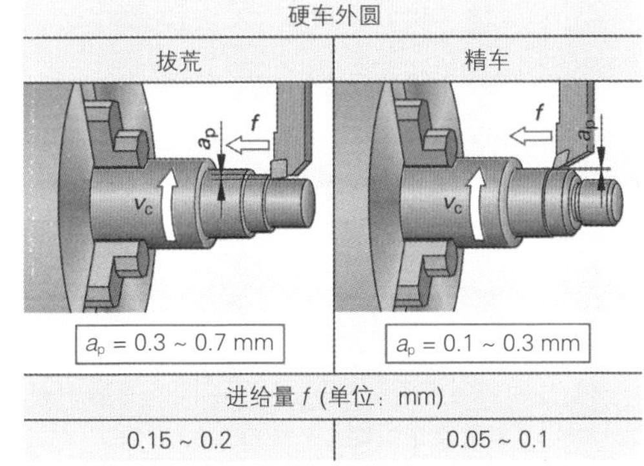

图 2：进给量和切削深度

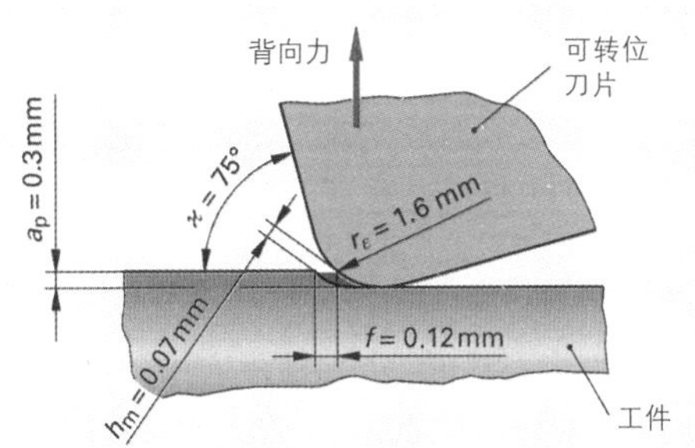

图 3：切入量和刀尖圆弧半径

表 1：采用切削陶瓷和 CBN 硬车时的切削速度

工件材料		横向端面车削	纵向车外圆	
			拔荒	精车
材料组	硬度 HRC	切削速度 v_c①，单位：mm		
淬火钢，淬火和回火	≤50 HRC	135 – **175** – 215	110 – **145** – 185	165 – **205** – 220
	≤55 HRC	115 – **140** – 190	95 – **110** – 155	140 – **175** – 210
	≤60 HRC	100 – **120** – 165	80 – **95** – 135	120 – **145** – 180
	≤65 HRC	85 – **100** – 140	70 – **80** – 120	105 – **120** – 160
淬火铸铁	≤55 HRC	135 – **150** – 170	100 – **110** – 120	170 – **190** – 220

① 加工条件：粗体字数值 = 普通条件；小 v_c= 不利条件；大 v_c= 有利条件（参见 168 页）

3.8.7.12 车削时的力和功率

切削力 F_c 正切方向作用在工件圆周上。它与进给力 F_f 共同构成作用力 F_a。状况不稳定时，背向力 F_p 将车刀向工件挤压。作用力和背向力共同构成切削合力 F 的方向和大小（图 1）。

用切削深度 a_p 和进给量 f 计算切削横截面积 A 的大小。切削横截面积 A 构成切削的切削面（图 2）。

切削横截面积	$A=a_p\cdot f=b\cdot h$

刀具主偏角 κ 决定着切削横截面的形状。如果垂直于切削刃所指为切削宽度 b，那么从中可求出切削厚度 h。

切削厚度	$h=f\cdot\sin x$

单位切削力 k_c 指工件材料上切削横截面积 $A = 1\ mm^2$ 时所需的切削力。它实际上取决于工件材料的可切削性和切削厚度 h，其数据可从图表手册中查取，或用基本数值计算求取（表 1）。

单位切削力	$K_c=\frac{K_c1\cdot1}{h^{mc}}$

计算切削力 F_c 时需考虑切削材料的修正系数 C_1 和切削材料磨损 C_2。

高速切削钢 $C_1 = 1.2$；硬质合金 $C_1 = 1.0$

切削刃磨损时，磨钝 $C_2 = 1.3$，磨锐 $C_2 = 1.0$

切削力	$F_c = A\cdot k_c\cdot C_1\cdot C_2$

用切削力 F_c，切削速度 v_c 和车床的效率 η 可计算出所需的车床驱动功率 P_1。

驱动功率	$P_e=\frac{F_c\cdot V_c}{\eta}$

本小节内容的复习和深化

现使用效率为 η= 82% 的计算机数控（CNC）车床粗车一根螺纹轴，工件材料为易切削钢 11SMnPb30。拔荒车刀主偏角 κ 为 95° ，请采用 170 页工作计划中的切削量。

现请问，对此所需的驱动功率 P_1 是多大?

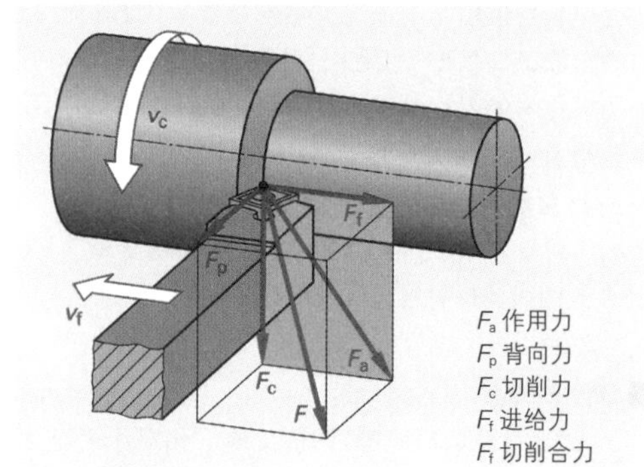

图 1：车削时的力

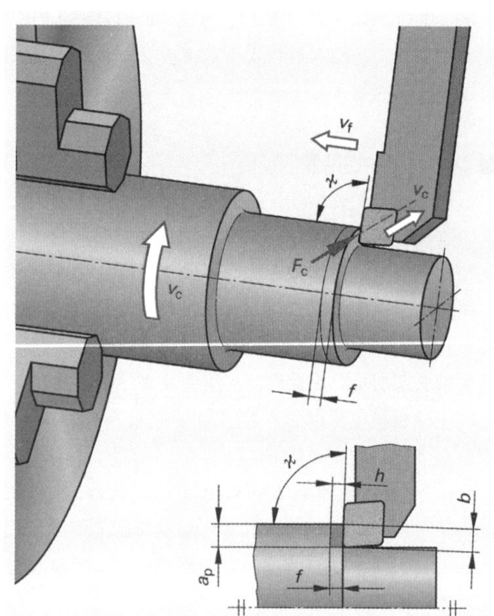

图 2：切削力和切削量

表 1：车削时单位切削力 k_c 的参考值

工件材料	基本数值		下列切削厚度 h（mm）所需的单位切削力 k_c（N/mm²）		
	$k_{c1.1}$	m_c	0.3	0.4	0.4
E295	1990	0.26	2721	2525	2383
11SMnPb30	1200	0.18	1490	1415	1359
16MnCr5	2100	0.26	2872	2665	2515
42CrMo4	2500	0.26	3419	3173	2994

3.8.7.13 刀具和工件夹紧系统

■ 车刀的夹紧

车刀伸出长度必须尽可能短，装夹必须尽可能牢固，以避免振动。切削刃必须调至工件中心线高度。它的偏差将导致刀刃上各有效角度发生变化（图 1）。如果刀刃的位置调得高于中心线，则切削后角变小、刀具挤压。如果刀刃的位置调得低于中心线，切断时会产生车削余料。为了缩短工艺准备时间，一般都在车床外预先把车刀装入刀架，然后在一台预调装置上调出刀刃的正确高度和伸出长度。

■ 工件的夹紧

必须牢固地、简单地、径向和轴向偏差尽可能小并在装夹后工件很少变形地夹紧工件。卡盘可以在孔外或孔内夹住工件。三爪卡盘可以夹紧圆工件或规则成型的三边或六边工件（图 2）。手工操作的卡盘通过一个平面螺旋线或一个楔形杆使卡爪运动（图 3）。但卡爪不允许伸离卡盘过远，否则将不能充分操作卡爪，从而降低夹紧力，增加事故的危险性。

> 前置卡爪增加事故的危险性。

加力卡盘的夹紧力由气动或液压产生。高转速时，卡爪的夹紧力将会因离心力而降低。因此，高转速卡盘都装有离心力补偿装置（图 4）。配重的离心力反向作用于卡爪的离心力，从而在车床转速即便达到最大允许转速时仍能保持近似相等的夹紧力。

过大的夹紧力会通过卡爪对工件表面造成损伤，并可能使工件产生位置偏差（图 5）。夹得过紧也会使薄壁工件出现弹性形变。所以，例如车孔，松开卡盘后，会因弹性形变的回弹而使孔变得不圆。

> 夹紧力必须与切削力的大小以及工件的形状和稳定性等因素相互协调。

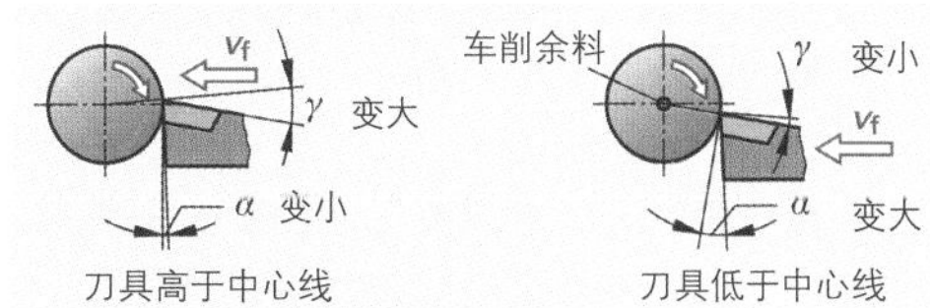

图 1：横向车削时车刀高度位置错误

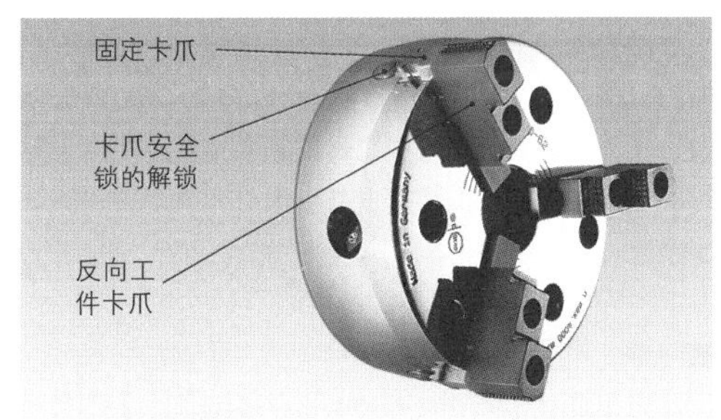

图 2：三爪卡盘

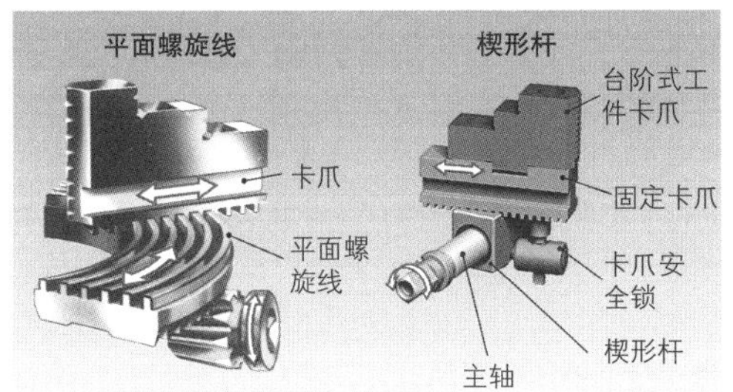

图 3：卡爪的运动

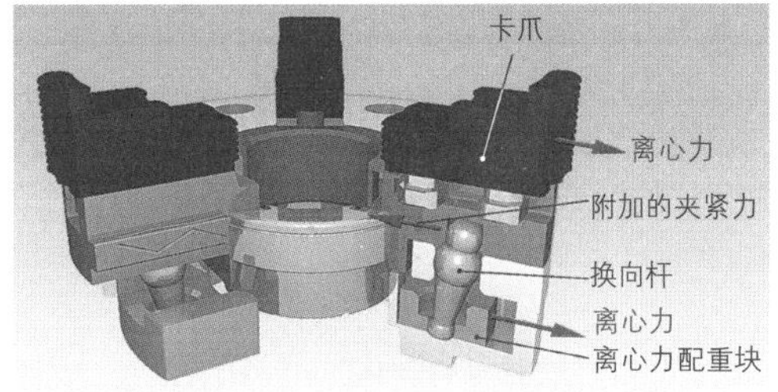

图 4：装有离心力补偿装置的加力卡盘

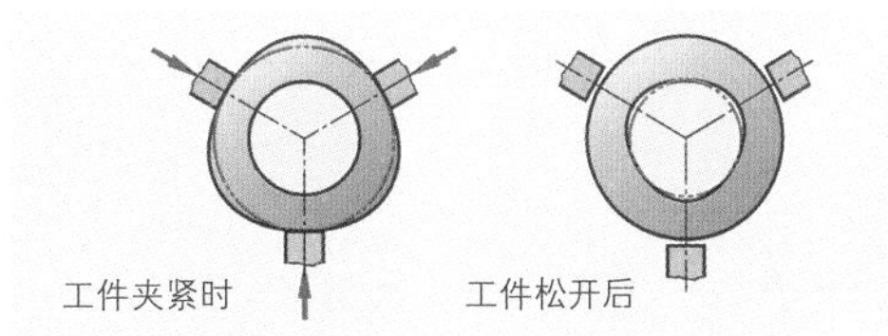

图 5：因装夹产生的变形缺陷

■ 弹簧卡头

弹簧卡头把夹紧力几乎完全传输到工件外圆圆周上，这对于工件的径向跳动和表面质量非常有利。因此，弹簧卡头适用于高速车削加工。

拉力弹簧卡头通过操作一个拉管进行动作（图1）。夹紧工件时，把开槽的弹簧卡头拉入圆锥套筒。随着弹簧卡头的纵向运动，工件也同样被拉着做几乎可忽略不计的微小运动，但这必须考虑到接下来车削时的长度尺寸。

压力弹簧卡头通过一个压力套筒进行夹紧动作，压力套筒由压管操纵做轴向移动（图2）。夹紧工件时，压力弹簧卡头不改变工件的轴向位置，但由于附加的压力套筒使压力弹簧卡头所需空间大于拉力弹簧卡头。

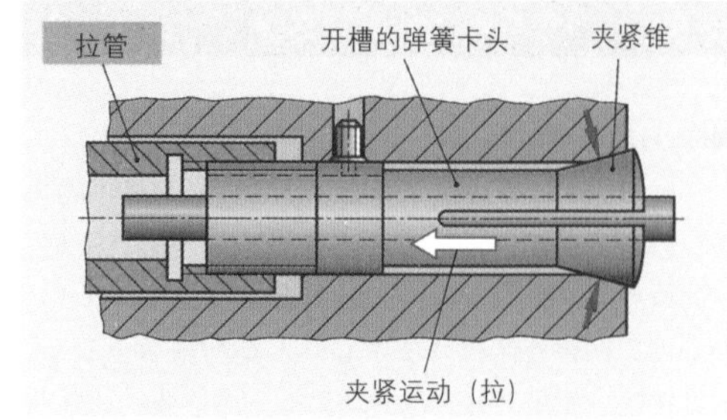

图 1：拉力弹簧卡头

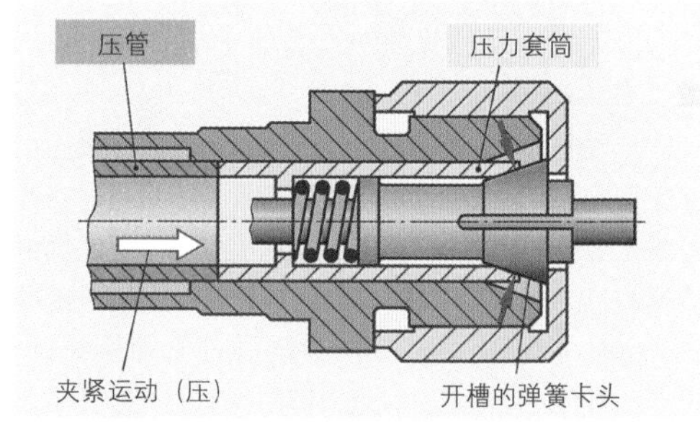

图 2：压力弹簧卡头

■ 夹头

夹头是由各个夹块通过橡皮弹性组合的夹具（图3）。夹紧工件时，夹块遍布卡盘的全长。这样可通过卡盘全部长度上的各个夹块均匀地夹紧工件。橡皮的弹性作用在松开工件时使各夹块重又彼此分开。它可连接较大的尺寸范围。更换卡头时，由一个用销钉插在端面孔内的更换工装把夹块集聚起来。这样便可以从前面把卡头从拉杆中松开，取出，然后换入另一个卡头。

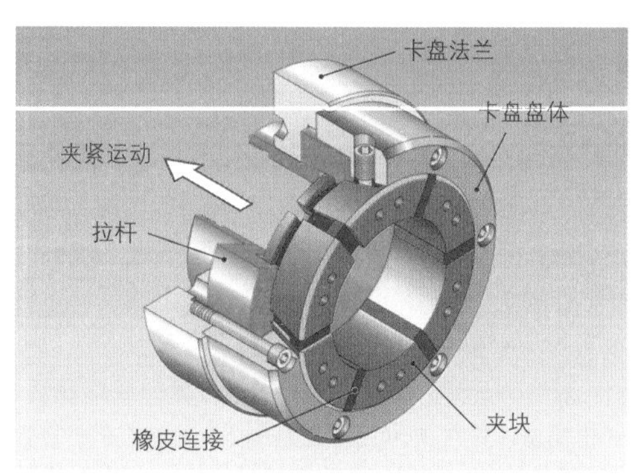

图 3：夹头

■ 其他的装夹可能性

如果必须车削工件的全部长度，那么必须用一对顶尖夹紧工件。一般都是通过端面夹子夹持工件，端面夹子已淬火的夹齿紧紧压着工件端面（图4）。

带孔工件也可用车床心轴或夹紧心轴来装夹。车床心轴压入工件孔内并微有锥度（C=1∶2000）。与之相反，夹紧心轴却扩展成一个锥形。

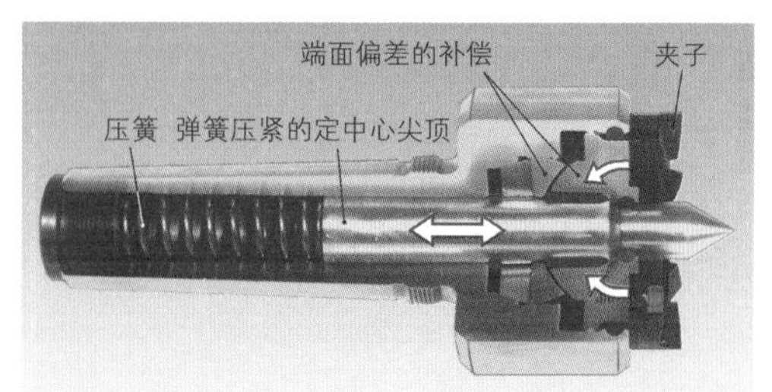

图 4：端面夹子

本小节内容的复习和深化：

为什么横向车削时，车刀的切削刃必须准确地调至工件中心线高度?

3.8.7.14 车床

车床主要根据床身种类、工作轴位置或工作轴数量进行分类（图 1)。车床的重要特性参数是工作轴功率、最大车削直径和工件的车削长度、驱动功率和工作轴最大转速以及刀架数量和可供使用的装刀位置。

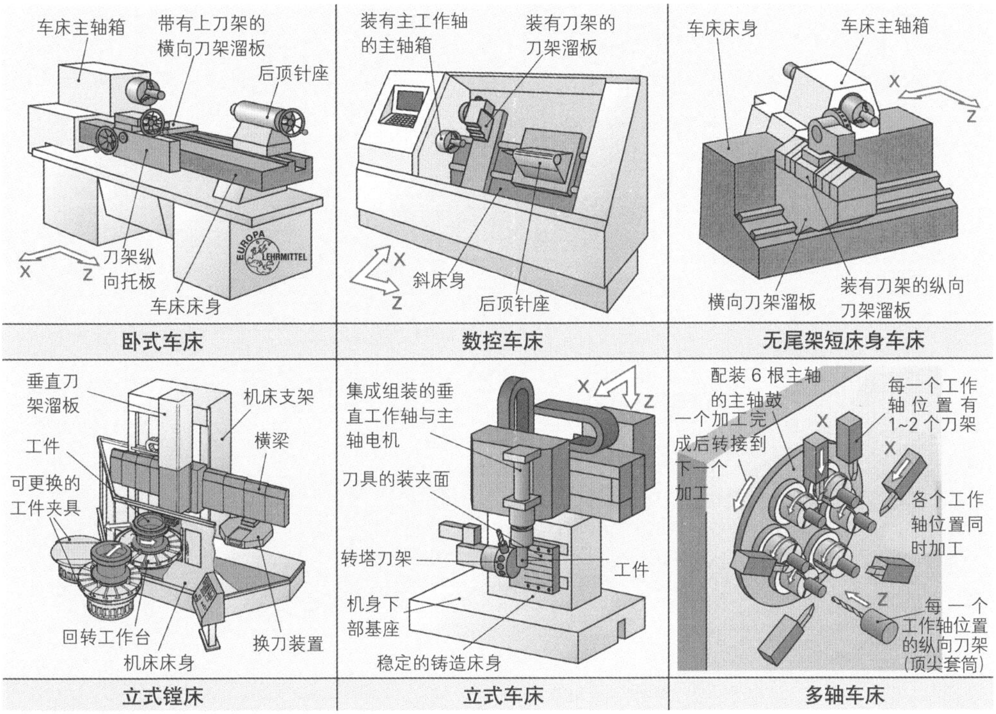

车床主轴箱
带有上刀架的
横向刀架溜板
后顶针座
刀架纵
向托板
车床床身
X
Z
卧式车床
装有主工作轴
的主轴箱
装有刀架的
刀架溜板
斜床身
后顶针座
X
Z
数控车床
车床床身
车床主轴箱
X
Z
横向刀架溜板
装有刀架的纵向
刀架溜板
无尾架短床身车床
垂直刀
架溜板
机床支架
工件
横梁
可更换的
工件夹具
回转工作台
机床床身
换刀装置
立式镗床
集成组装的垂
直工作轴与主
轴电机
刀具的装夹面
转塔刀架
工件
机身下
部基座
稳定的铸造床身
X
Z
立式车床
配装 6 根主轴
的主轴鼓
一个加工完
成后转接到
下一个
加工
每一个工作
轴 位 置 有
1~2 个刀架
各个工作
轴位置同
时加工
每 一 个
工作轴位置
的纵向刀架
(顶尖套筒)
X
Z
多轴车床

图 1：车床的种类

■ 车床的主要部件

车床常常是模块化组装，就是说，机械加工机床是按照用户的需求装配所需的功能单元，例如后顶针座或对向顶轴。车床床身固定安装在支承着车床主轴箱的下部基座上（图 2)。装有刀架的刀架溜板一般都在滚动导轨上运行。滚动导轨用螺钉固定在机床床身上。机床床身结构必须具有优良的抗扭曲刚性和减振特性，以避免因振动而降低工件表面质量和刀具使用寿命。因此，车床床身一般采用铸铁结构，其空腔内填充人工树脂黏接的花岗岩（聚合物混凝土)，或采用实心矿物铸件（反应性树脂混凝土）制造。

刀架（转塔刀架）
刀架溜板
后顶针座
装有主工作
轴的主轴箱
车床床身
滚动导轨
下部基座

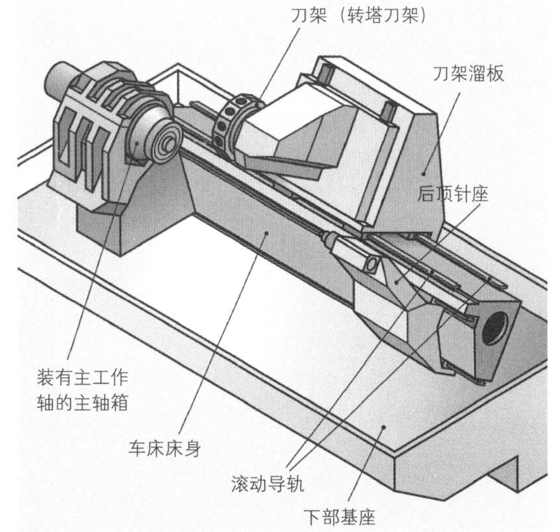

图 2：车床的主要部件

■ 通用车床

通用车床用于单件或小批量工件加工，以及刀具和工装制造（图 1）。

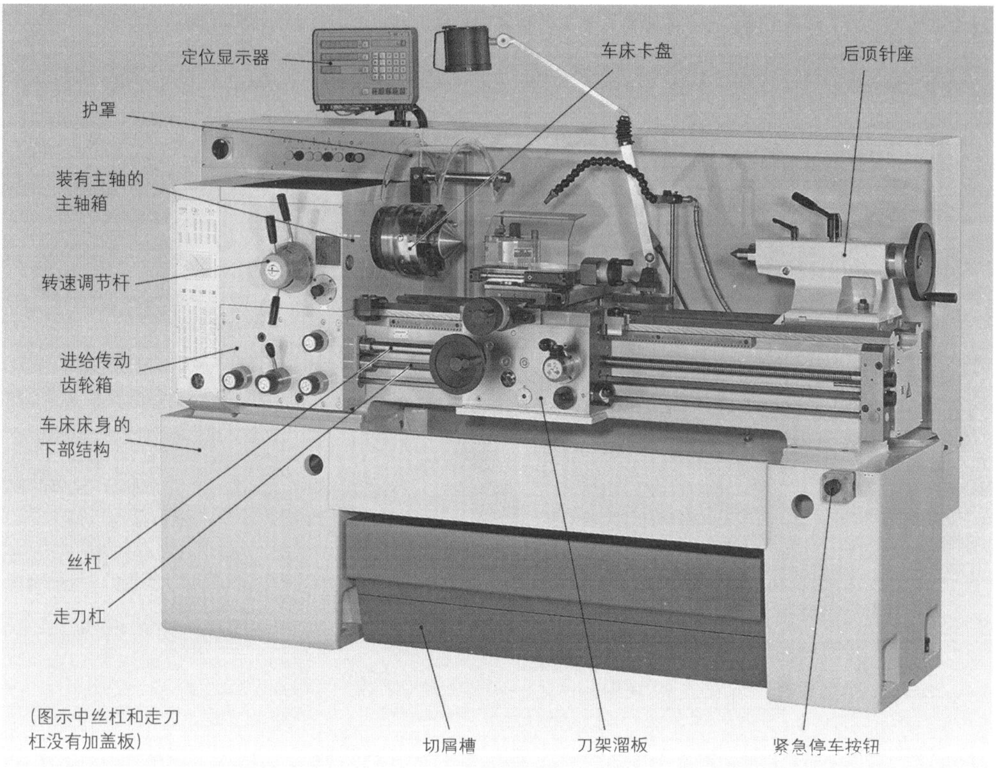

定位显示器
护罩
装有主轴的
主轴箱
转速调节杆
进给传动
齿轮箱
车床床身的
下部结构
丝杠
走刀杠
车床卡盘
后顶针座
(图示中丝杠和走刀
杠没有加盖板)
切屑槽
刀架溜板
紧急停车按钮

图 1：通用车床

工作轴：安装在主轴箱内滚动轴承上的工作轴一般由交流电动机通过一个转速分级变速箱驱动，或由交流变频电动机无级驱动。

刀架溜板：刀架溜板的组成部件包括装有溜板箱的刀架纵向托板，横向刀架溜板（横刀架）和装有车刀装夹装置的上刀架（图 2）。

进给传动齿轮箱：刀架溜板或横向刀架溜板的机械进给均由进给传动齿轮箱调节控制。在装有可调式进给电机的车床上，由滚珠丝杠传动机构驱动刀架溜板运行。内置式位移检测传感系统及其数字定位显示器显示刀架溜板的运动状态。

后顶针座：后顶针座用于支撑长工件，或用于在两个顶尖之间夹持工件，或夹持钻孔刀具。

快速换刀装置
上刀架
横向刀架溜板
装有溜板箱的
刀架纵向托板

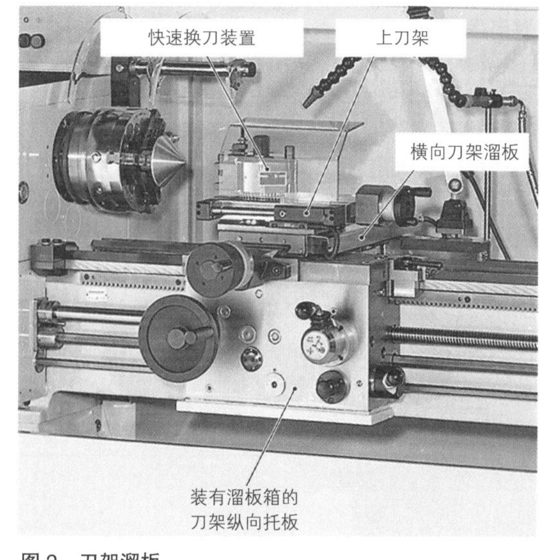

图 2：刀架溜板

■ CNC 车床（计算机数字控制车床）

现代企业中的加工制造已大部分采用计算机数字控制（CNC）车床。一台简单的基本机床，在工作轴上配装一个作为刀架并可在 X 和 Z 方向运动的转塔刀架，即可成为数控车床。若做进一步的改装，例如加装第二个转塔刀架、可驱动刀具或加工工件背面的刀具等，这样的机床已能够完成对工件的全部加工（图 1）。

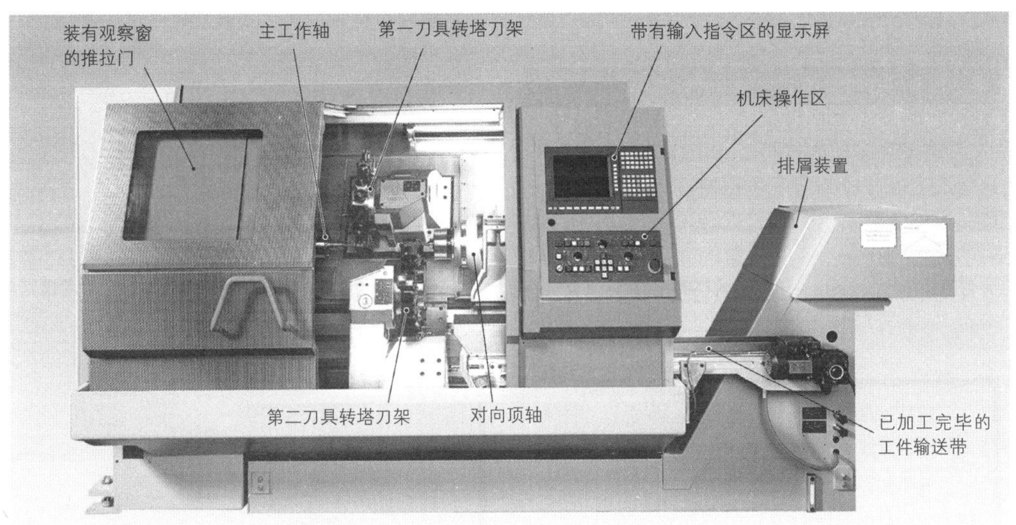

图 1：计算机数字控制（CNC）车床

■ CNC 车床的扩建

用与主工作轴同步驱动运行的对向顶轴可以在工件已车削出的台肩上夹紧工件。这样可在切断时不残留车削余料（图 2）。此外，对向顶轴夹持已切断的工件可接着用第二刀具转塔刀架上的刀具完成工件背面的全部加工。与此同时，第一刀具转塔刀架上的刀具加工工作轴上的下一个工件。工作轴停机/启动装置以及附加的 Y 轴可驱动刀具执行铣削加工和偏心的横孔加工（图 3）。装有 C 轴的机床可使工作轴做 1/1000°步进旋转，因此可进行其他多种加工，如刻字，或在所有三个轴向铣轮廓。

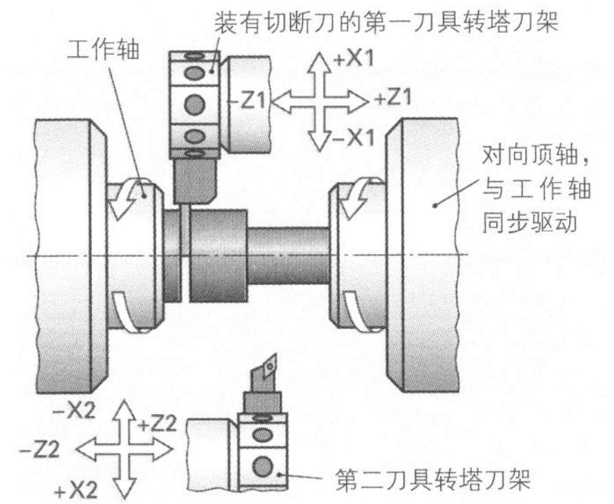

图 2：无余料切断

本小节内容的复习和深化：

1. 可以根据哪些特征对车床进行分类？
2. 若要加工偏心孔，计算机数字控制车床上必须加装哪些装置？

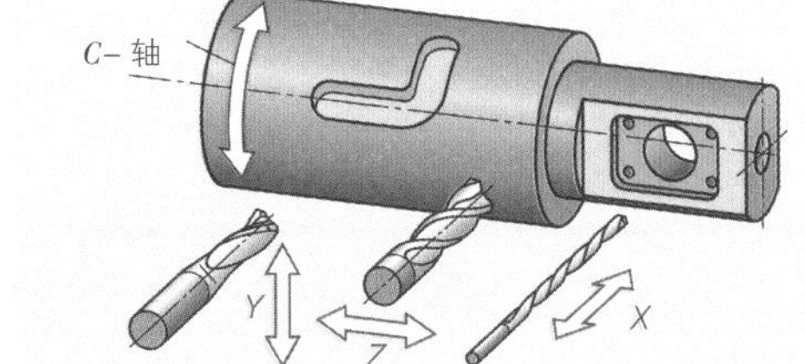

图 3：驱动刀具的加工可能性

3.8.8 铣削

铣削加工大多用于平面或轮廓加工（图1）。铣刀旋转一圈的过程中，铣刀切削刃先切入工件，然后切出工件，同时施加冷却。切削刃上的切削力和温度将因断续切削而随之发生变化。

图1：轮廓铣削

3.8.8.1 切削参数

切削速度 v_c 的选取取决于切削材料和工件材料。这里，应注意刀具制造商对粗铣和精铣的推荐参考数值（表1）。

铣刀每旋转一圈的进给量 f（每圈进给量）和铣刀每个刀齿的进给量 f_z（每齿进给量）决定着工件的表面质量和刀刃负荷。

表1：硬质合金可转位刀片铣刀头的切削速度 v_c（单位：m/min）和每齿进给量 f_z（单位：mm）参考值

	大切削切入量		小切削切入量	
	粗铣	精铣	粗铣	精铣
v_c，单位：m/min f_z，单位：mm				
非合金钢	100~250	200~400	100~300	250~450
R_m<800 N/mm²	0.1~0.4	0.1~0.2	0.15~0.3	0.1~0.2
合金钢	100~200	150~250	100~250	200~350
R_m>800 N/mm²	0.15~0.25	0.1~0.2	0.1~0.25	0.1~0.2
铸铁	100~150	150~300	100~200	150~300
	0.15~0.3	0.1~0.2	0.15~0.25	0.1~0.15

> 为使铣削加工成本经济划算，应选取尽可能大的切削速度 V_c。
>
> 加大每齿进给量 f_z 将同时增加切削厚度，切削力和刀具的磨损。

从每齿进给量 f_z、铣刀齿数 z 和铣刀转速 n 中可计算出进给速度 V_f，其单位是 mm/min。

> 进给速度
> $$v_f = f \cdot n$$
> $$v_f = f_z \cdot z \cdot n$$

> 根据已选定的每齿进给量 f_z 和切削速度 v_c 设定铣床的进给速度和转速。

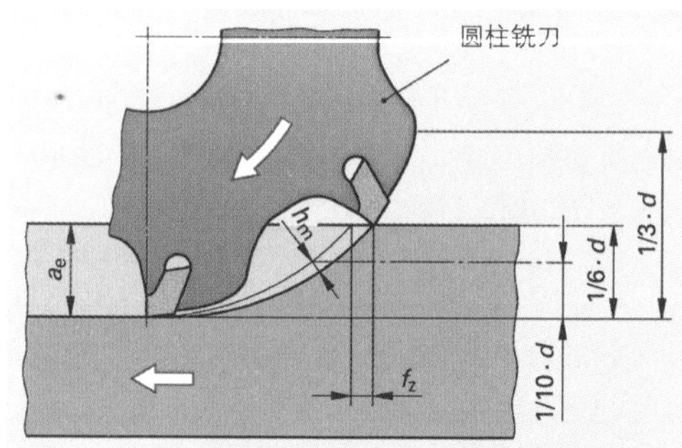

图2：铣槽的切削量

在端铣刀上，切削厚度 h 是一个固定数值，相比之下，圆柱铣刀由于铣出的是点状切屑，所以很难给出切削厚度（图2）。因此，应有目的地通过平均切削厚度 h_m 估算出切削刃的负荷。圆柱铣刀产生出哪一种切削厚度 h_m，取决于切削深度 a_e、铣刀直径 d 和每个刀齿的进给量 f_z（表2）。

表2：铣槽时根据切削深度 a_e 提高推荐的每齿进给量 f_z

a_e=	1/3·d	1/6·d	1/8·d	1/10·d	1/20·d
进给量	推荐的进给量值 f_z	提高进给量 f_z			
		15%	30%	45%	100%
f_z(mm)	例如 0.25	0.29	0.32	0.36	0.5
h_m(mm)	0.22	0.26	0.28	0.32	0.45

> 使用圆周铣刀，例如圆柱铣刀，如果提高每齿进给量，那么采用小切削深度即可达到足够的切削厚度（表2）。

切削宽度 a_e，或称铣削宽度或切入宽度，表明铣刀切入工件的宽度（图 1 和图 3）。

在带柄铣刀和圆柱铣刀上，径向切削深度 a_e 表示刀具的径向切入深度（铣削宽度）（图 2）。

在带柄铣刀和立式铣刀上，轴向切削深度 a_p 表示刀具的轴向调节深度，因此实际上表示的是单位时间切削量。

单位时间切削量 Q，单位：cm^3/min，表示每分钟切除的工件体积，它是衡量一种加工方法经济性能的一个尺度。

单位时间切削量 $Q = a_p \cdot a_e \cdot v_f$

切入角 φ_s 是铣刀切入和铣刀切出之间的角度（图 4）。它表明有多少切削刃同时切入。

对称立式铣刀的切入角 $\sin\frac{\varphi_s}{2} = \frac{a_e}{d}$

铣刀切入时切削刃的数量 $z_e = \frac{\varphi_s \cdot z}{360°}$

同时切入工件的切削刃数量越多，切削过程越稳定。

举例：现在端面铣削一个材质为 16 MnCr5 的工件（图 3），为此选用一把直径 d=80 mm 并装备了 6 个硬质合金可转位刀片的立式铣刀。铣削宽度达 60 mm，切削深度选定为 4 mm。

切削量：V_c=120 m/min，f_z=0.2 mm

a_e=60 mm，a_p=4 mm

请问，n，V_f 和 Q 分别应是多少？

解题：$n = \frac{V_c}{\pi \cdot d} = \frac{120\ m/min}{\pi \cdot 0.08\ m} = 477/min$

$V_f = f_z \cdot z \cdot n = 0.2\ mm \cdot 6 \cdot 477\ m/min = 572\ mm/min$

$Q = a_p \cdot a_e \cdot v_f$

$= 4\ mm \cdot 60\ mm \cdot 572\ mm/min$

$= 137\ cm^3/min$

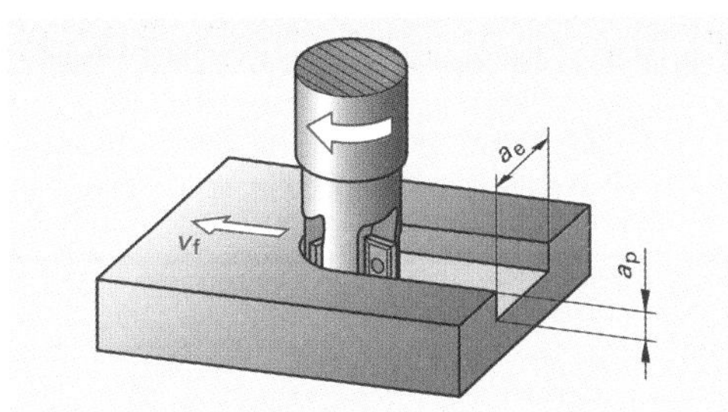

图 1：立式铣刀铣削时的轴向切削深度 a_p 和铣削宽度 a_e

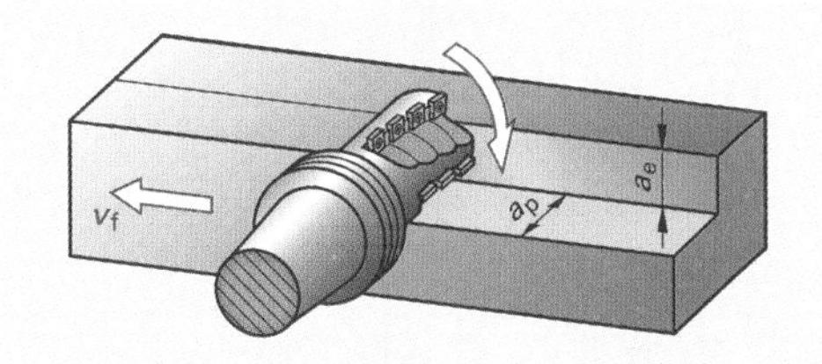

图 2：圆柱铣刀铣削时的径向切削深度 a_p 和铣削宽度 a_e

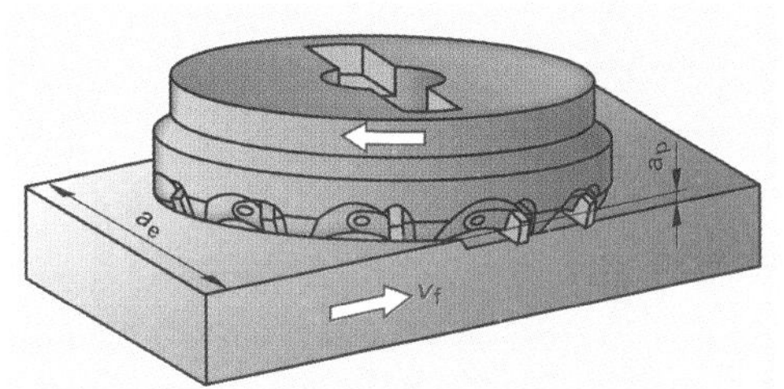

图 3：立式铣刀铣削时的轴向切削深度 a_p 和铣削宽度 a_e

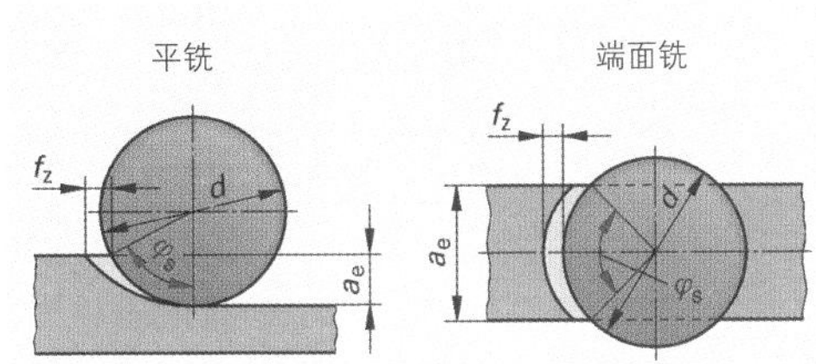

图 4：切入角 φ_s

本小节内容的复习和深化：

1. 铣削时，断续切削会产生哪些作用？
2. 为什么应该选取尽可能大的切削速度？
3. 为什么在采用大切削深度铣槽时必须提高进给量 f_z？
4. 现在用一把装有 6 个硬质合金的可转位刀片精铣一个 80 mm 宽的工件（V_c = 300 m/min，f_z = 0.1 mm）。如果 a_p=3 mm，则 n、V_f 和 Q 分别应是多少？

3.8.8.2 铣削刀具

我们可按照刀具夹持的种类（带柄铣刀或套式铣刀），按照切削刃或刀片的切削材料和形状（粗铣刀和精铣刀）或按照铣削加工来划分铣削刀具，例如立式铣刀、直角面铣刀、槽铣刀、仿形铣刀（表1）。

表1：铣削刀具

类别	刀具材料	铣刀		
带柄铣刀	由高速钢、整体硬质合金或金属陶瓷制成的刀具	带柄铣刀（90° 直角面铣刀）	槽铣刀（高配合精度的槽铣刀）	键槽铣刀（长孔铣刀）
		带柄铣刀（外圆铣刀、轮廓铣刀）	圆弧铣刀或球形带柄铣刀（仿形铣刀、扩孔 / 槽铣刀）	模具铣刀，例如仿形铣刀或球形带柄铣刀
套式铣刀	由高速钢制成或焊入硬质合金刀刃的刀具	套式带柄铣刀、圆柱铣刀	锯片铣刀	成形铣刀（半圆形、菱形、角度）
装有可转位刀片的铣削刀具	由硬质合金、（氮化）陶瓷制成的刀片，或刀刃部分由金刚石（PKD）或氮化硼（PKB）制成	立式铣刀；直角面铣刀；仿形铣刀（铣铸模、锻模和铣削扩孔 / 槽）	套式带柄铣刀（90° 直角面铣刀、槽铣刀）；仿形铣刀（铣铸模、锻模和铣削扩孔 / 槽）	倒角铣刀（倒棱、沉孔、成形槽铣刀）；圆柱铣刀（铣槽、分割、切槽）；分离铣刀

根据铣刀的螺旋角和切削前角，可把带柄铣刀划分为 N, H 和 W 三个用途组（铣刀类型）（表 1）。

HSS (高速钢) 粗铣刀产生短厚切屑，这是小切削力作用的结果，这种切屑容易排出（图 1）。带有圆形成型滚花齿的粗铣刀适用于粗铣。带有扁平形成型精齿的粗铣刀产生的切屑更薄。无分屑槽铣刀加工出的工件表面质量最高，但它产生的是宽切屑。

根据切削刃走向，我们把铣刀划分为直齿形铣刀、交叉齿形铣刀和螺旋齿形铣刀（图 2）。通过螺旋使铣刀在铣削时产生轴向力，但在交叉齿形的铣刀上，这种轴向力相互抵消。螺旋齿形带柄铣刀大部分是右螺旋，便于把切屑排出工件。

大螺旋角可使一个以上的多个切削刃同时切入工件。由此产生的切削力更均匀，使铣床的运行更安静平稳。

■ 铣削刀具的切削材料

与硬质合金铣刀相比，HSS (高速钢) 带柄铣刀和套式铣刀具有更高的韧性，更小的切削材料硬度和高温耐受性能。

与高速钢铣刀相比，整体硬质合金（VHM）或金属陶瓷（碳化钛+氮化钛）制成的带柄铣刀具有更高的刀具耐用度和刚性。它们也适用于高速铣削加工（HSC）和硬铣。

装刀片的铣刀：

硬质合金刀片。大部分硬质合金刀片是涂层刀片，可用于包括 HSC（高速铣削加工）、硬铣以及无冷却润滑加工在内的几乎所有铣削加工。

氮化陶瓷和氧化陶瓷刀片可以铣削已淬火工件和灰口铸铁。

用聚晶金刚石（DP）涂层的刀片在铣削加工轻金属、铜和热塑材料时，可使用高切削速度并保证高表面质量（图 3）。

用立方氮化硼（缩写 BN）涂层的刀片适用于铣削淬火钢，用高切削速度精铣灰口铸铁。

表 1：铣刀的用途分组

用途分组	工件材料范围	铣削刀具
N	普通强度的钢和铸铁	
H	硬的，既韧又硬的或短切屑的工件材料	
W	软的、韧性的或长切屑的工件材料	

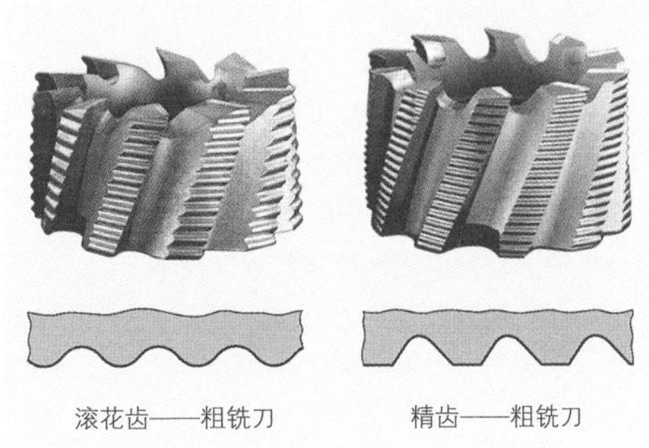

图 1：带分屑槽的高速钢铣刀

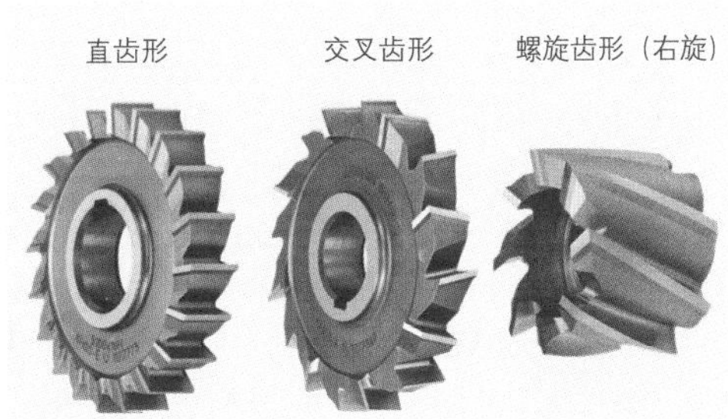

图 2：切削刃走向

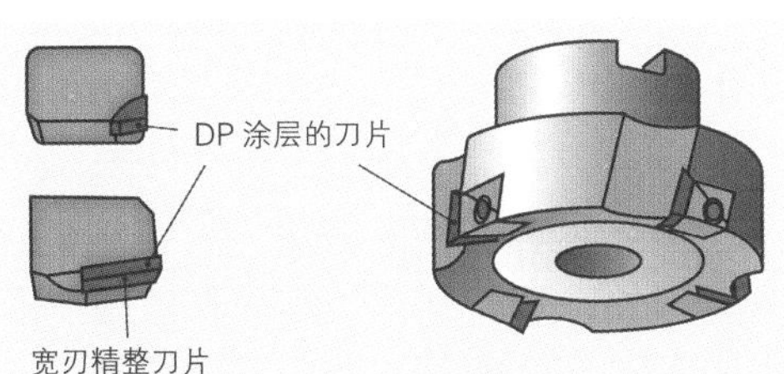

图 3：装有 DP 刀片加工铝工件的铣刀

■ 刀具的磨损

铣刀以断续切削方式工作。切削刃切入工件后相应产生一定的温升，接着通过冷却使切削刃重又降温，这个过程使切削刃出现频繁的温度变化。

刀片的每一次切入都会产生冲击型负荷（图 1）。若铣刀轴线位于工件之外，切入工件时刀刃的冲击可能导致刀刃崩裂。若铣刀轴线位于工件之内，稳定的切削面会吸纳这种冲击负荷。

铣刀切出工件时也会因突然的压力减荷而导致脆硬切削材料出现裂纹或刀片断裂。

■ 磨损问题（表 1）

随着磨损的增加，工件的表面质量变差，切削后面的磨损甚至导致工件尺寸偏差，因为切削刃出现了偏移。

- 铣削过程中若出现刀片断裂，应立即停机。切削材料过脆，进给量过大或铣刀刀体上刀片位置偏差等原因都可能导致刀片断裂。
- 切削刃崩刃常出现在耐磨硬度极高，并因此很脆的切削刃上。其原因可能是切削力过大，温度变化波动过大，铣刀定位偏差（图 1）或正切削刃几何形状时切削楔过薄（见 188 页表 2）。
- 切削后面磨损是无法避免的。两种类似的材料相遇，机械磨耗特别高，例如用未涂层的高速钢铣刀铣削钢质工件。
- 条纹状磨损。带有锻皮、铸造砂皮或氧化层的工件，因工件表层区很硬，容易导致条纹状磨损。这种磨损也增大了切削刃断裂的危险性。
- 刀瘤。使用未涂层高速钢或硬质合金切削刃铣削钢质工件时容易形成铣刀的刀瘤，其原因是工件材料微粒焊在切削刃上。高速钢或硬质合金刀具的涂层几乎可以完全避免刀瘤的形成。
- 切削刃裂纹是指垂直于切削刀刃的裂纹。它们是温度频繁变化的后果，即温度变化导致膨胀和收缩交替出现，从而使切削材料出现疲劳。

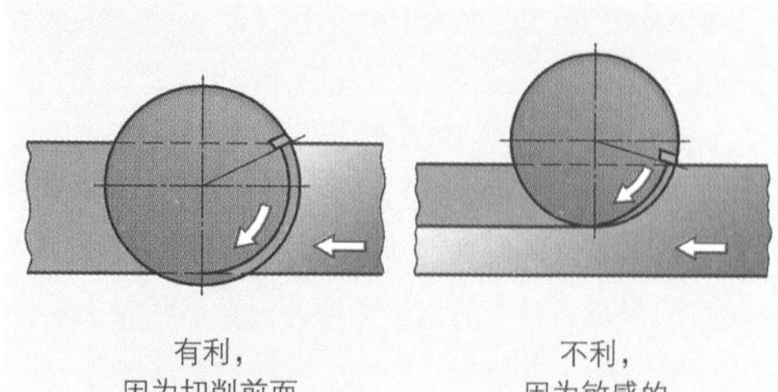

图 1：铣刀定位和切削刃与工件的接触

表 1：刀具磨损

磨损问题		原因
刀片断裂		切削材料过脆，断屑器错误，不利的切削条件
切削刃崩刃 切削后面出现断裂		切削材料过脆，切削前角过大，刀瘤的形成
严重的切削后面磨损磨痕		切削速度过高，进给量过小，耐磨强度偏低
条纹状磨损 切削后面磨损		冷作硬化材料，铸造砂皮或锻皮，氧化层
刀瘤的形成 材料焊接在一起		负切削刃几何形状，低切削速度，低进给量
切削刃裂纹 崩刃		切削中断所产生的温度、负荷变化，冷却润滑不均匀

3.8.8.3 铣刀的装夹

刀具装夹点构成机床与刀具之间的交接区。它影响到铣削工件的尺寸精度和形状精度。

对铣刀夹持的要求：

- 切削刃的径向跳动和轴向跳动精度；
- 换刀时的重复精度；
- 对抗轴向力和扭曲变形的刚性；
- 高转速性能。

■ **陡锥**（SK）：它的大锥角使它很容易套入，仅需少许力即可松开卸下。它的缺点是：刚性小，轴向铣刀位置不稳定（图 1）。陡锥夹头在铣床上得到广泛应用，许多铣床只能使用陡锥夹头夹持刀具。

■ **空心锥杆**（HSK）：满足了对装夹系统的要求，其夹持稳定性好于陡锥夹头（图 2）。通过端面夹紧装置和夹紧锥使铣刀换刀时可达到很高的切削刃重复定位精度。

■ **套式铣刀刀杆**：适用于带有纵向槽或横向槽的铣刀（图 3）。

■ **铣刀刀杆**：通过平键传输扭力矩（图 4）。刀杆存在着弯曲变形问题，因此应使用悬臂轴套，铣刀的装夹应尽可能靠近工作轴支座。

具有大传输力矩，同时具有高转速和高平衡质量的刀具装夹如下：

■ **热收缩卡盘**：通过热收缩使圆柱形刀杆卡紧在卡盘的装夹孔内。

■ **弹力收缩卡盘**：通过装夹孔的弹性变形恢复力和摩擦传输扭力矩。

■ **液压扭力卡盘**：通过装夹装置液压油仓系统内液压油的压力均匀扩展夹紧铣刀的圆柱形刀杆。

■ **带弹簧卡头的卡盘**（图 5）：通过上紧卡盘，用摩擦力卡紧铣刀的圆柱形刀杆。

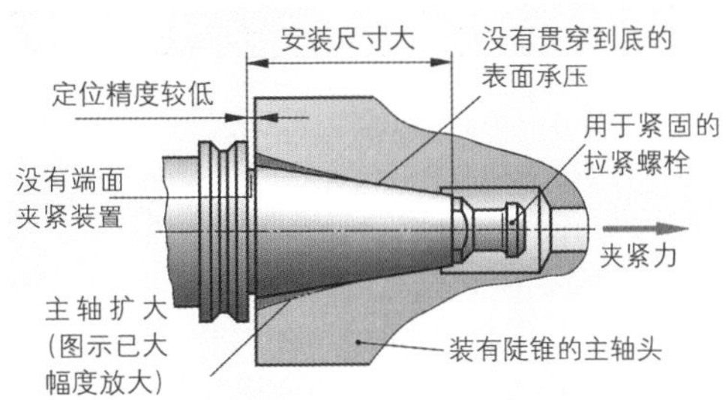

图 1：陡锥装夹的缺陷

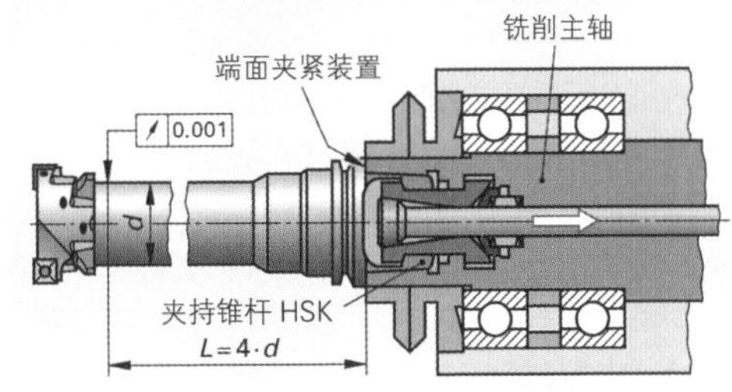

图 2：空心锥杆装夹

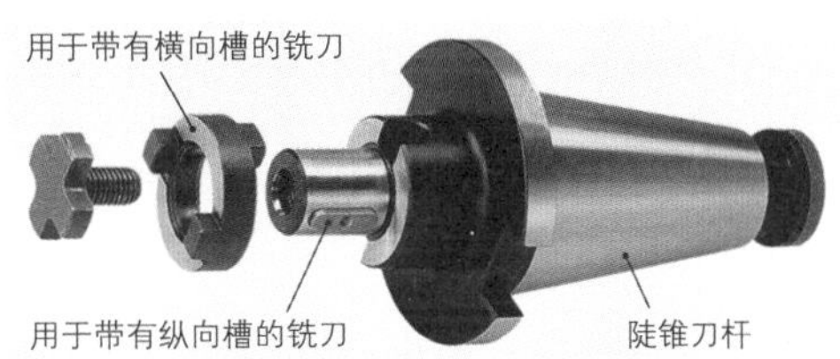

图 3：用于带纵向槽或横向槽铣刀的套式铣刀刀杆

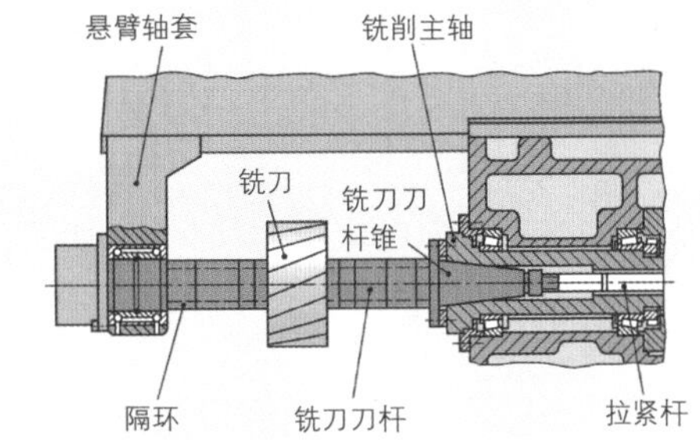

图 4：装有铣刀刀杆和悬臂轴套的铣削主轴

图 5：圆柱刀杆铣刀的铣刀卡盘

3.8.8.4 铣削方法

铣削方法可按下列方法进行划分：

- 按照待铣削面的形状划分，可分为端面铣和直角面铣以及成型铣（表 1）。
- 按照进给运动划分，可分为同向进给铣削（顺铣）（见 187 页图 1）、轴向进给的深铣和斜向深入的扩槽铣削（图 1 和图 2）。
- 按照完成主切削任务的铣刀切削刃位置划分，可分为平铣和端面铣（表 1）。

端面铣和直角面铣是用铣刀头所进行的最经济的铣削加工方法，因为如果可转位刀片选择正确，将能达到很高的单位时间切削量。

成形铣（又可称为仿形铣、轮廓铣或模具铣）通过镗-铣加工方法铣出复杂的形状、空腔和拱形面（图 2）。这里所使用的铣削刀具有球形带柄铣刀、装有可转位圆刀片的带柄铣刀和可镗孔的带柄铣刀（图 1），可在所有进给方向上进行加工。

利用限制切削深度的轴向进给可进行深铣（轴向铣削）、斜向深铣、扩槽铣削和行星式镗铣、无初始孔的螺钉形深铣等。

表 1：铣削方法

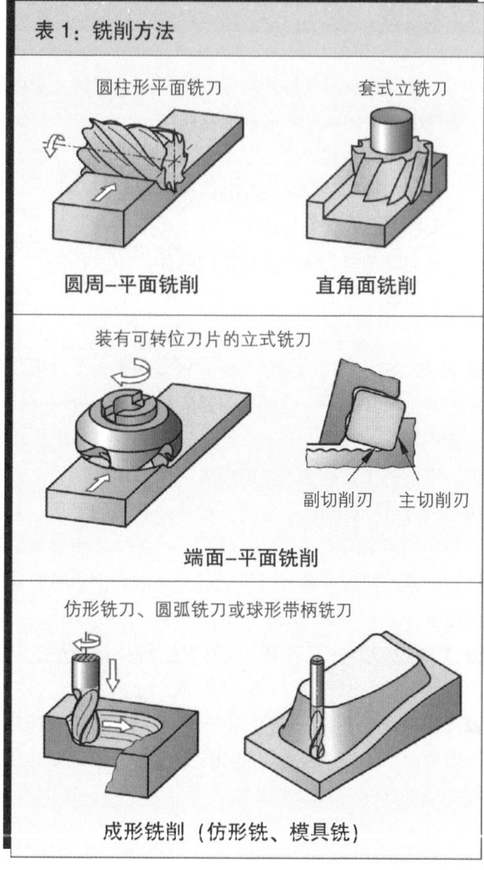

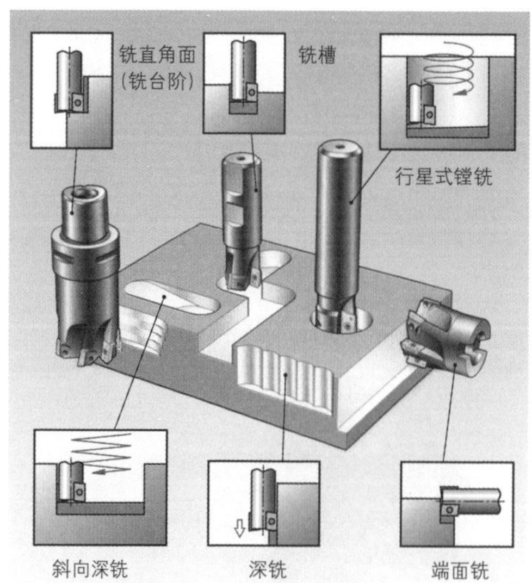

图 1：用可镗孔的带柄铣刀进行成型铣

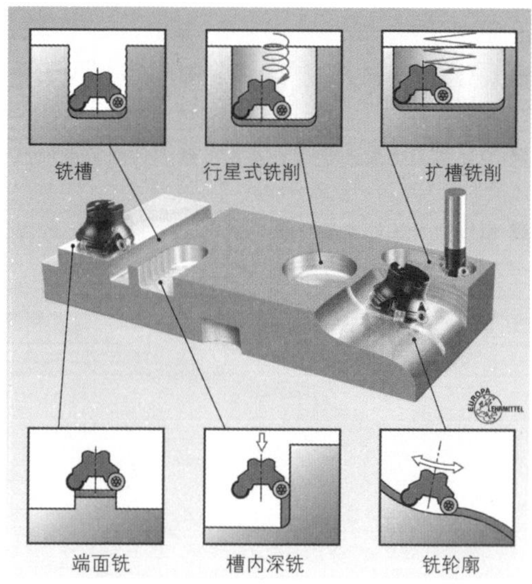

图 2：用装有可转位圆刀片的立式铣刀和仿形铣刀进行成型铣

■ 逆向进给铣削和同向进给铣削

根据进给运动相对于切削运动的方向，我们可把铣削加工分为逆向进给铣削（逆铣）和同向进给铣削(顺铣)。

逆向平铣时，铣刀的旋转运动与工件的进给运动逆向而行（图 1）。切屑形成之前，强烈的切削后面磨损导致切削刃初始打滑。当切削刃形成切屑时，铣刀被拉向工件。挠性工件可能因为切削合力而从工件装夹台顶起。

> 逆铣只在下列情况下才具有优点，即当工件有硬的并且磨损作用较大的表层区时，例如铸件，以及工作台驱动不是无间隙时。

同向平铣时，切削刃冲击式切入工件（图 1）。铣刀和工件相互挤压。随着切削厚度的降低，切削力也逐步减弱。与逆铣相比，顺铣所加工出来的工件表面质量更好。

如果始终是一个切削刃切入工件，且工作台进给无间隙，顺铣的优点便能够充分得到利用。

铣刀头与工件处于对称位置的端面铣削抵消了逆向进给与同向进给的作用（图 2）。

> 由于力的方向不同，逆铣时，铣刀被拉向工件，而顺铣时，铣刀被挤向工件（图 3）。

工件的壁厚越薄，铣刀的挠性越大，例如带柄铣刀，则挤压力的作用也越大（图 4）。

带柄铣刀和工件薄壁的弹性形变在铣刀从工件切出后，重又恢复原样。工件形变和铣刀形变的重叠会导致角度偏差、平面度偏差和平行度偏差。

> 铣轮廓时，切削力将导致带柄铣刀和薄壁工件上出现弹性形变，并可能因此导致尺寸偏差和形状偏差。

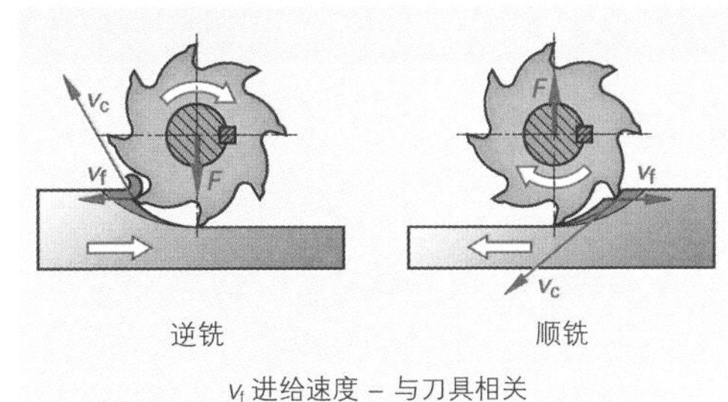

图 1：平铣时的逆向进给和同向进给

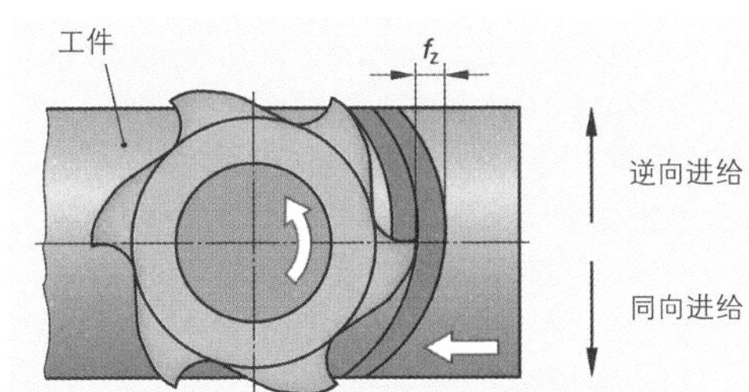

图 2：端面铣削时的逆向进给和同向进给

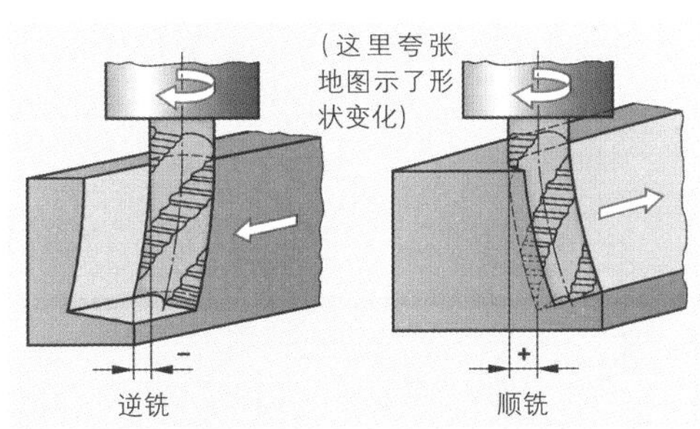

图 3：90°直角面铣削或轮廓铣削时，因带柄铣刀的弹性形变而导致逆铣和顺铣时出现角度偏差

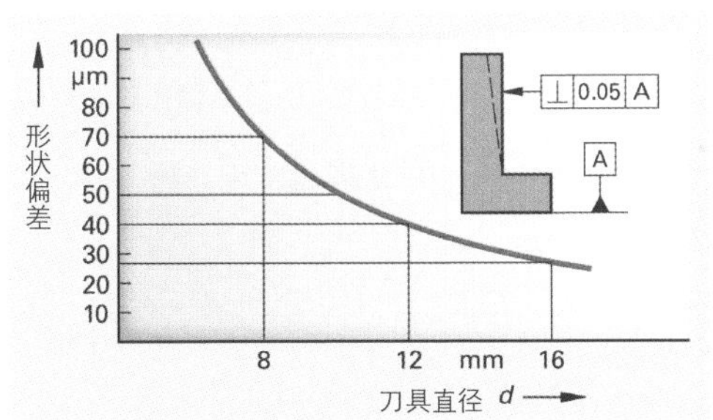

图 4：顺铣时，因带柄铣刀和工件的形状变化而导致出现轮廓偏差

3.8.8.5 端面铣削和直角面铣削

■ 刀具的选择

铣端面和铣直角面时一般都选用装有可转位刀片的铣刀。刀具的选择步骤如下：

- 根据铣削加工的类型选择铣刀类型和刀片（表 1）。
- 选择铣刀刀齿齿距：首先应选择中等齿距铣刀（表 3）。只有在特殊加工条件下选择其他齿距的铣刀才有意义。

宽齿距铣刀适用于稳定性较差的铣刀、工件和铣床，因为此类铣刀切削刃数量少，切削力也相应较小。

窄齿距铣刀由于其切削刃数量庞大，因此其单位时间切削量也大。

- 选择铣刀装夹方式（见 185 页）带有陡锥夹头的铣刀刀杆适用于带柄铣刀、套式铣刀和立式铣刀（法兰夹紧）。装有空心锥杆夹持（HSK）的刀架要求铣床配备相应的铣削工作轴。经过动平衡的 HSK 刀架可承受主轴的高转速。
- 选择刀片切削刃几何形状，主要根据切削条件如单齿进给量、加工稳定性和铣床功率等进行选择（表 2）。选择切削材料种类（例如 P，M 或 K，涂层或未涂层）时，需优先考虑切削材料的切削特性。

表 1：铣刀类型和刀片的选择

铣刀类型	刀片	铣削加工类型
立式铣刀		
直角面铣刀		
直角面铣刀（镗孔能力有限）		
仿形铣刀		
带柄铣刀（镗孔能力有限）		

表 2：刀片切削刃几何形状的选择

根据切削条件划分的主要类型		
轻型（L）	中型（M）	重型（H）
轻度切削（精铣加工） 大切削前角和锋利的切削刃产生的是小切削力 长屑工件材料（铝合金）和铣床驱动功率较小时，切削效果良好 小进给量	这是大多数工件材料的首选 单齿进给量最大可达 0.25 mm	重度加工：耐热材料、锻件、有铸件砂皮的零件 大进给量，最大可达 0.4 mm 切削刃稳定性最高

表 3：铣刀齿距的选择

加工的稳定性（机床，刀具，工件）		
低（L）	中（M）	高（H）
宽齿距 用于要求小切削力的铣削加工，例如小铣床并且稳定性和驱动功率有限 刀具伸出部分长	中等齿距 用于一般常规铣床和加工中心 它是混合型铣削加工的首选	小齿距 用于驱动功率大并且刚性高的铣床，可创造最大生产率 用于短切屑工件材料

■ 立式铣刀和直角面铣刀的选择（表 1）

- 立式铣刀：主偏角为 45°的立式铣刀有相对较大的切削前角，因此适宜用于小驱动功率铣床上的铣削。使用这种铣刀几乎可以加工所有（钛除外）材料。主偏角为 70°或 75°的立式铣刀有小的正切削前角。
- 直角面铣刀：由于其主偏角为 90°，因此其作用于工作主轴上的轴向力小于主偏角为例如 45°的立式铣刀。正是由于这种较小的轴向力，若使用直角面铣刀对挠性工件进行端面铣削，则不会出现弯曲和切削刃断裂。但另一方面，负荷小的工作主轴可能出现振动。
- 宽齿距铣刀：这种铣刀工作时只有少数切削刃切入工件。因此在粗铣时具有很大的容屑空间，而用较小切削深度精铣时，切削力特别小。这种特点在刀具伸出部分较长时，可降低铣刀的偏移（表 1）。
- 窄齿距铣刀：这种铣刀工作时有更多的切削刃同时切入工件，因此其切削运行更安静。这一特点可在铣削铸件时避免切削刃断裂。这种铣刀一般的适用范围：如果铣削宽度或工件隔板厚度小于铣刀直径的 60%，窄齿距可以避免切削振动（表 1）。

> 一般都选用主偏角为 45° ，宽齿距或中等齿距的铣刀进行平面铣削。

■ 铣刀直径的选择

平面铣削时，为了保护切削刃在切入工件时不出现崩刃，并在切出时不因压力骤减而出现刀片断裂，铣刀直径应是切削宽度的 1.2 倍至 1.5 倍（图 1）。

切削宽度较大时，应注意铣床的驱动功率是否可以满足铣削加工。

■ 立式铣刀或直角面铣刀位置的选择

铣刀位于中间位置时，交替出现的切削合力方向可能引起振动（振颤）（图 2）。振动产生的原因有，例如刀具或铣床的刚性不足。如果铣削头偏出中间位置，则可以避免出现振动，因为在这个位置施加到铣刀上的挤压力始终朝着一个方向。

表 1：宽齿距和窄齿距立式铣刀和直角面铣刀的选择

铣削加工的类型对铣刀选择的影响	平面铣削 45° 齿距（宽）	平面铣削 45° 齿距（窄）	直角面铣削 90° 齿距（宽）	直角面铣削 90° 齿距（窄）
刚性工件，稳定的铣床	●			
挠性工件			●	
薄壁隔板型工件		●		
铣台阶				●
有切削刃断裂倾向(铸件)		●		
刀具伸出部分长	●			
有振动倾向		●		
最好的表面质量	●		●	

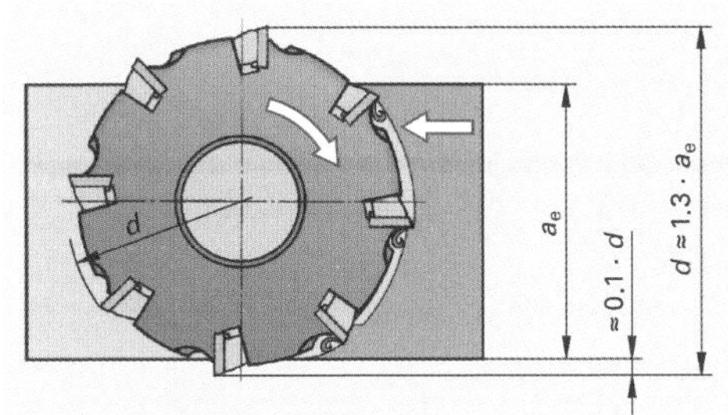

图 1：铣刀直径和铣刀的位置

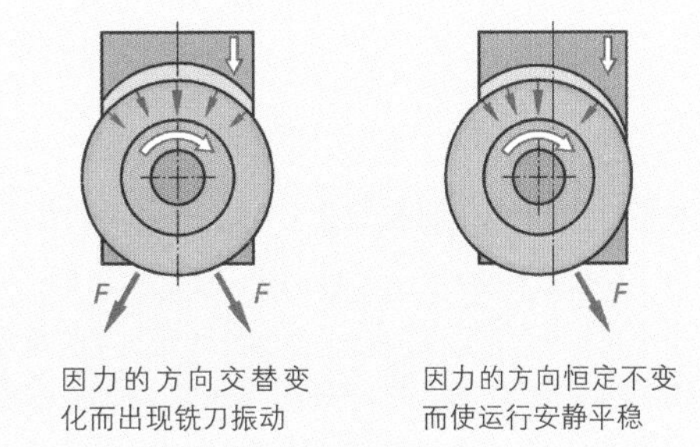

图 2：铣刀位置对工件的影响

■ 铣削时切削数值的选择

可转位刀片制造商对某种刀片的使用范围一般都推荐铣削加工最重要切削数值的“初始值”，如每齿进给量f_z和切削速度V_c（图1）。

鉴于可能出现刀片断裂危险，不允许超过最大进给量，由于刀具允许的磨损和耐用度等原因，还应严格遵守最大切削速度的规定。

f_z-V_c曲线图（图1）推荐初始值的目的是，采用大的每齿进给量f_z和中等切削速度V_c可达到较大的单位时间切削量。

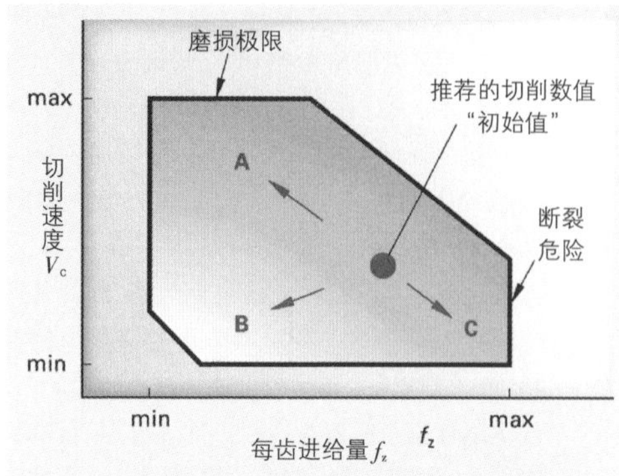

在A、B或C方向对推荐的切削数值“初始值”进行改动后的作用如下

A—— 因加大切削速度并减小进给量而改善了工件表面质量

B—— 在不稳定的工件，糟糕的机床状态或问题较多的锻件等切削条件下提高了刀具的耐用度和铣削加工的稳定性

C—— 因加大进给量而降低了振动

图1：可转位刀片的应用范围

■ 用于精铣加工的可转位刀片

粗铣选用的刀片有刀尖圆弧，精铣选用的刀片是平行修光刃或精铣宽刃（图2和图3）。

与宽刃精铣刀相比，Wiper-可转位刀片（读作：Wiper -WSP）（Wiper是商品名——译注）有四个切削刃，如果加工后的工件表面质量下降，可交替使用。铣刀上Wiper-刀片比其他刀片轴向前突0.1至0.15mm。一般情况下，铣削头上仅装一个Wiper-刀片已足以够用，因为约6 mm的平行修光刃只能精铣在铣刀旋转过程中由粗铣刀片已经预加工的面。

宽刃精铣刀片有一个圆弧半径在100~900 mm的宽精修刀刃（b = 8~10 mm）。宽刃精铣刀片一般都前凸0.05~0.08 mm，用于修光其他刀片预加工的面。

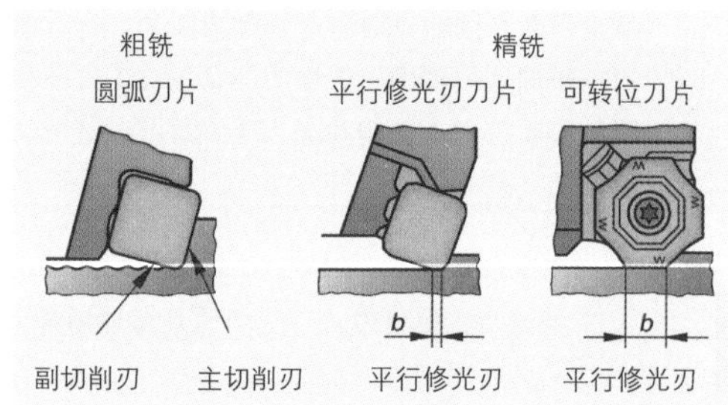

图2：用可转位刀片粗铣和精铣

> 精修刀刃必须大于铣刀的每圈进给量，以覆盖粗铣面。
>
> 平行修光刃或精铣宽刃刀片允许的最大进给速度 $v_f = b \cdot n$。

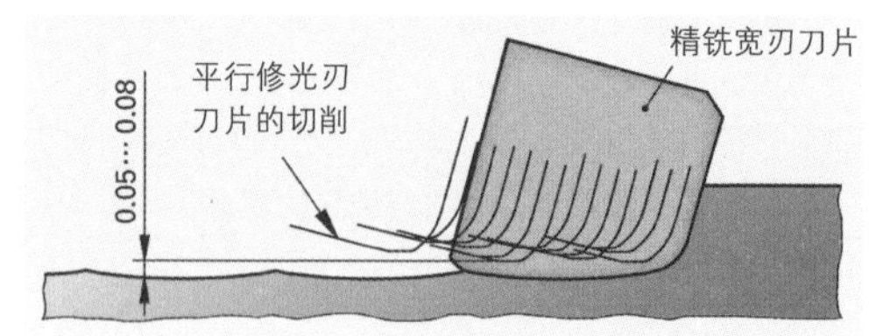

图3：用平行修光刃和精铣宽刃铣削后的工件表面

本小节内容的复习和深化：

1. 因何种原因在顺铣轮廓时工件可能出现形状偏差？
2. 为什么平面铣削应优先选择宽齿距且主偏角45° 的铣刀？
3. 现在平面铣削一个80mm宽的面。请问：立式铣刀的直径至少应达到多少？
4. 为什么平面铣削时铣刀位置偏离工件中心具有优点？

3.8.8.6 优化措施和解决问题

无冷却润滑铣削加工时如何降低磨损。

铣削加工时，使用冷却润滑剂（KSS）会使切削刃温度变化过大，从而导致切削刃出现裂纹（见 184 页表 1）。相比而言，无冷却润滑铣削加工的温度变化更趋平缓，但切削温度却显著上升。因此，选取切削材料时，必须注意其是否具有高耐温性能。耐温的硬质材料涂层作为热屏蔽可保护涂层下面的切削材料。无冷却润滑切削时最常见的磨损问题是切削前面的月牙洼磨损，切削刃钝化和切削后面磨损。铣削若干铝合金和合金钢时，采用每小时喷洒 8~20 mL 油的微量润滑还可有效阻止刀瘤的出现。由于铸铁材料含石墨，也可以进行干铣。

■ 解决铣削问题的应对措施（表 1）

如果必须改善例如工件表面质量、加工的经济性能或加工的安全性等，则有必要采取相应的补救措施。解决问题前，应首先逐个排除可预计的主要原因。

举例： 严重的切削后面磨损缩短了刀具的使用寿命，同时它也是工件表面质量恶化的主要原因。采取提高进给量 f_z 的措施预计可降低切削后面的磨损，从而提高工件的表面质量。

表 1：解决铣削问题的应对措施

磨损问题						一般性问题				补救措施	
刀片断裂	切削刃崩刃	切削后面严重磨损	严重的月牙洼磨损	切削刃刀瘤	切削刃纵向裂纹	振颤，振动	工件表面质量不好	工件边棱崩裂	机床过载		
	●			●		●	●			提高切削速度 v_c	切削数值
		●	●		●				●	降低切削速度 v_c	
		●		●	●	●				提高每齿进给量 f_z	
●	●						●	●	●	减少每齿进给量 f_z	
								●	●	减少切削深度	
●	●				●					选择韧度更大的刀片	刀片
		●	●				●			选择耐磨强度更高或涂层的品种	
	●		●	●		●		●	●	选择正切削前角	
	●				●					选择更高的切削刃稳定性	
						●		●		选择更小的主偏角	切削条件
						●	●			检测切削刃的径向和轴向跳动	
●						●		●		改变铣刀与工件的相对位置	
●	●					●	●			更稳地夹紧铣刀和工件	
	●				●					不使用冷却润滑剂	

3.8.8.7 高速铣削(HSC–铣削)

高速切削的典型特征：与一般的（传统的）切削方法不同，高速切削（英文名称：High Speed Cutting，缩写：HSC）实际上对所有工件材料都采用了更高的切削速度（图 1）。在高速切削范围内，铣削速度一般都比传统铣削速度快 5~10 倍。具有特征意义的还有，在带柄铣刀小每齿进给量和小径向切削深度 a_e 的条件下提高进给速度。轴向切削深度 a_p 一般都在铣刀直径 0.1%至 5%范围内。

许多功效特征，如高表面质量和单位时间大切削量等，都只能通过高速铣削的高转速才能达到（图 2 和表 1）。高转速使超过 90%的切削热量随切屑排掉。因此，热敏感精密零件在铣削时更少出现应力、扭曲变形或表层区改变等问题，从而提高了尺寸精度。高速铣削可以取消冷却润滑。

> 高速铣削的典型特征是高进给速度和高切削速度。但是，只有在高速切削铣床所有工作轴都高速运行时才有可能实现短铣削时间和短辅助时间。

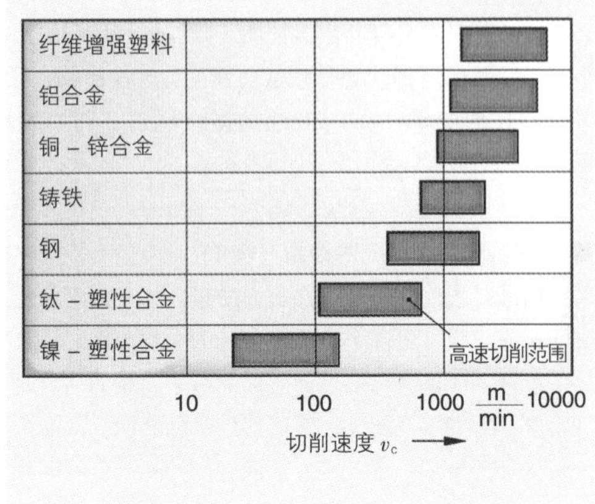

图 1：高速铣削的切削速度范围

■ **高速铣削的应用领域**

- 要求全部加工和硬加工在一台机床上完成的刀具制造和模具制造（可因此省却某些工序，如蚀刻切削、磨削和抛光等）。
- 为电火花蚀刻切削制造石墨电极和金属电极。
- 制造钢、铸件和轻金属的精密零件和薄壁结构件，例如电机制造、航天技术和光学工业等（表 1 和图 3）。

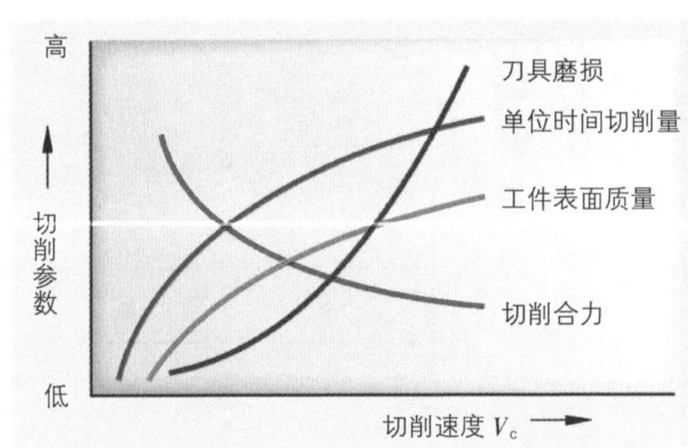

图 2：与切削速度相关的功效特征

表 1：高速切削加工的应用领域

优点	应用领域
单位时间大切削量	加工模具、锻模、铝零件和石墨零件
优秀的工件表面质量	精密机械零件和光学零件、喷注模、锻模
切削力小	加工薄壁工件
优秀的尺寸精度和形状精度	精密零件
由切屑传导并排除切削热量	加工热敏感零件（如镁）

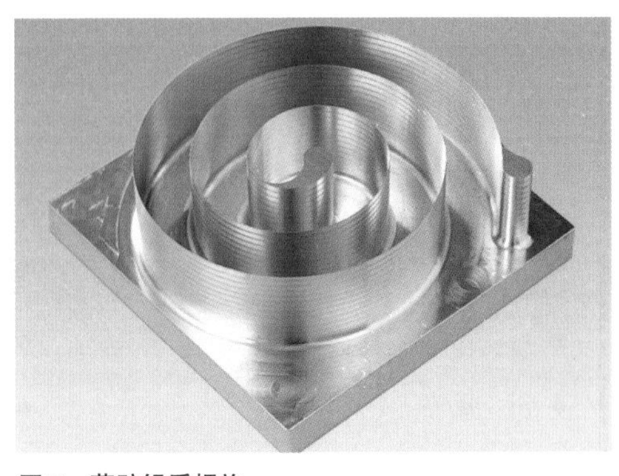

图 3：薄壁铝质螺旋

■ 高速铣削作为替代蚀刻切削的选项

高速铣削在硬度范围 46~63 HRC 硬加工的优良表现使它在许多情况下可以替代电火花蚀刻切削（图 1）。锻模或深冲模具等几乎完全可以用硬铣方法加工，并且可以取消后续的抛光工序，从而大大缩短加工时间并大幅度提高工件质量。

刀具和模具的制造常常可以先进行传统粗铣，然后用高速切削铣床精铣。

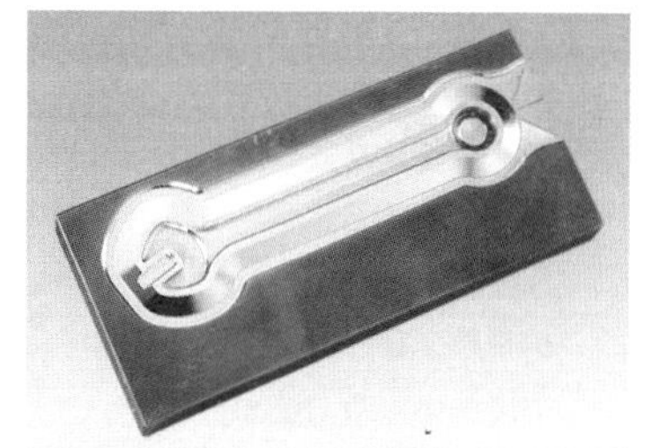

电极，电火花蚀刻切削和抛光等项加工	高速铣削
17 小时	88 分钟

图 1：一个固定扳手的锻模（硬加工）

■ 高速铣床（图 3）

高速切削铣床和万能铣床装备有相同的大功率主轴，铣削加工时都使用相同进给量和转速的数控程序，但它们的区别在于切削时间和工件的表面质量（图 2）。高速切削铣床所有进给轴高出四倍的加速使它具有铣削加工时间更短的优点。它们更高的机床刚性和优化的减振特性可以达成更高的工件表面质量。其尺寸精度和形状精度更可高达±8μm。

大功率主轴（图 4）具有高径向跳动精度，其转速达到 100~42000 r/min。

X、*Y* 和 *Z* 轴的进给速度范围在 0~20000 mm/min，可程序控制，所以即便快速变换方向，借助极快的控制系统仍能在工件上加工出精确的几何形状。所有轴向快速行程速度最大可达 40 m/min。

对高速切削刀具的要求：

- 高切削速度下的耐磨强度。因此常使用涂层的整体硬质合金带柄铣刀、聚晶金刚石铣刀（PKD）或氮化硼铣刀（PKB）。
- 极低的不平衡和很小的径向跳动和轴向跳动偏差。
- 在因剩余不平衡产生的离心力作用下仍具有高刚性。

特征	传统铣削	高速铣削
铣削时间	84 分钟	39 分钟
表面粗糙度	R_a=0.6 μm	R_a=0.4 μm

图 2：压铸铸模（旋钮开关）

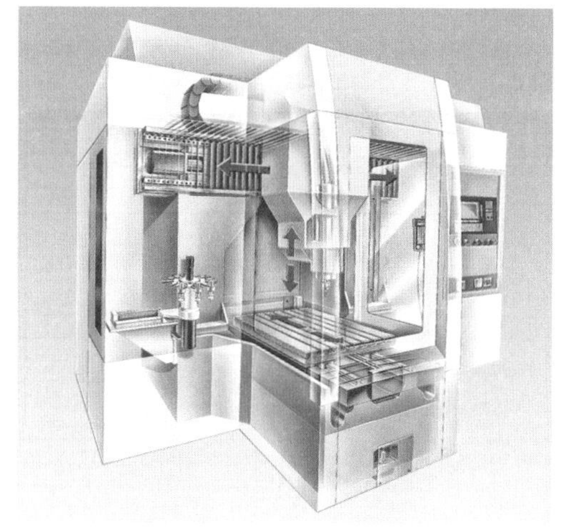

图 3：高速切削加工中心

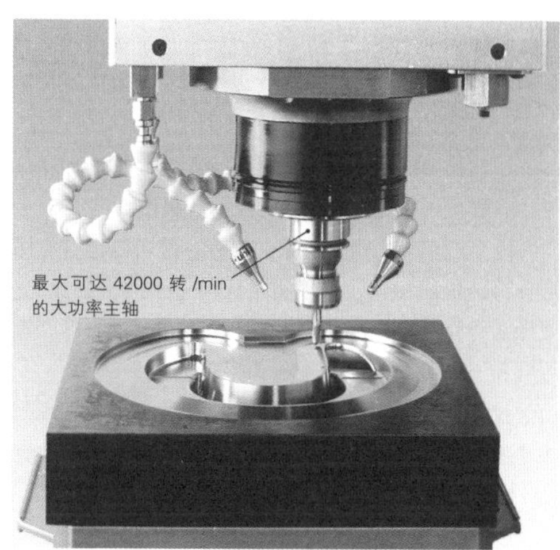

图 4：高速铣削加工制造模具

3.8.8.8 万能铣床

刀具和模具制造、加工样品（样机）或小批量生产以及技工培训等都需要可通用的铣床（图 1）。

万能铣床的特征如下：

- 对单个零件或小批量生产全套加工时，可快速简单地重新调整和换装。
- 可回转铣削头，它可以倾斜设置在 0°（垂直）至 90°（水平）的任意位置，使铣刀与工件的相对位置始终处于最佳的优化位置（见图 1 和 195 页图 1）。这种铣削头可以最多加工 5 个面。
- 工作台的多种变型，例如用于笨重工件的固定悬臂工作台和可以把工件调整到几乎所有相对铣刀角度位置的工件通用装夹台（见图 1 和 195 页图 1）。数控圆回转工作台和数控分度头则进一步扩大了加工类型（见 195 页图 2）。
- 可从铣削头上伸出的顶尖套筒，它主要适用于工作主轴倾斜位置上的镗铣加工（图 1）。

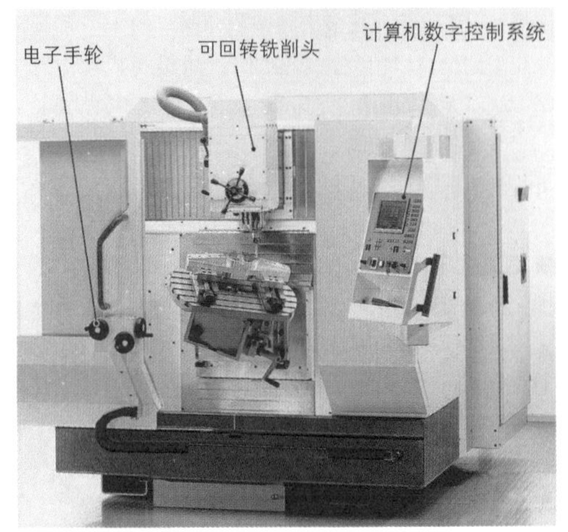

图 1：装有通用工件装夹台的万能铣床

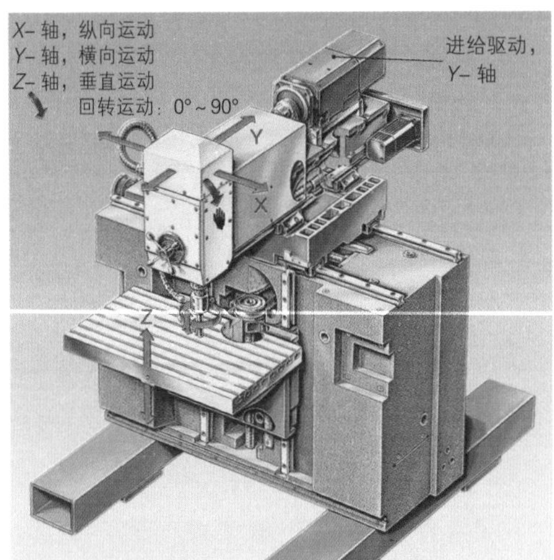

图 2：装有固定悬臂工作台的万能铣床结构

■ 控制和编程

- 手控铣床，这种铣床上所有三个轴都可通过手轮进行手工操作，适宜用于技工培训和维修车间。即便在用于技工培训的计算机数字控制（CNC）铣床上也可以通过 X 轴、Y 轴和 Z 轴的电子手轮进行手工操作铣削（图 1）。
- 计算机数字控制（CNC）铣床采用一种轮廓控制系统对三个轴或多个轴实施控制（图 1 和图 2）。另一根轴驱动的是数控圆回转工作台的旋转轴。这样，铣床也可以铣削加工螺旋槽、螺纹和螺旋形齿槽。轮廓控制系统可以同时控制多轴的行程运动，例如圆周运动和斜向运动。与换刀机械手和刀库连接后，整个加工程序流程便可以完全自动化（见 195 页图 3）。

以生产车间为服务对象的编程系统可以进行有图形支持的快速编程，用以满足任何苛求的铣削加工。此外还补充了带有刀具使用寿命监控装置的刀具管理系统和工件加工实际工时的模拟图形。

技术数据：铣床制造商在机床说明书上已详细列举了有关加工范围、驱动和选项等方面的技术数据（表 1）。

表 1：机床说明书技术数据摘录	
X，Y，Z 轴行程距离	630 mm，500 mm，500 mm
驱动功率	11 kW
转速范围	20 ~ 7000 r/min
X，Y，Z 轴快速行程速度	15 m/min
进给速度范围	最大至 1500 mm/min
控制系统	计算机数字控制的轮廓控制系统
选项（按客户要求）	通用工件装夹台，悬臂工作台，数控圆回转工作台，换刀机械手

通用工件装夹台可以用作回转工作台、翻转工作台和圆工作台（图 1）。夹紧的工件可以翻转和回转到任意一个对铣刀有利的角度位置。

数控圆回转工作台可以作为第四数控轴进行控制。连接一个可回转铣削头后便可以对一个工件实施一次装夹同时加工 5 个面（图 2）。还可以执行螺旋形、圆柱表面曲线或螺旋形齿槽等项加工。回转行程既可手控，也可数控。

换刀机械手（图 3），换刀机械手采用自动程序流程，可根据相应的加工顺序将取自刀库的刀具自动更换到垂直位置上的铣削主轴，并退回原位。这里强调的是短换刀时间（“切削—停—切削—时间”）。换刀机械手主要用于小批量的自动生产。

> 所谓的“切削—停—切削时间”表明的是，从更换刀具到可以重新开始切削，铣床需要多少秒时间。

■ **龙门铣床（图 4）**

龙门铣床用于加工大型笨重工件。工件的质量和切削力都被铣床的刚性床身吸收，所以在滑动工作台上几乎不会产生位置偏差。由于工作台的高度不能调节，位于龙门支架上的主轴箱便承担了水平铣削主轴的高度调节任务，而位于横梁的垂直铣削主轴则承担定位任务。

铣镗加工中心是龙门铣床的一种特殊形式。它的铣削主轴可执行长距离进给行程。

本小节内容的复习和深化：

1. 切削材料的哪些特征是无冷却润滑干加工所必需的？
2. 与传统铣削方法相比，高速铣削有哪些优点？
3. 应如何选择高速铣削（HSC）的切削速度、进给量和刀具的切深进给量？
4. 为什么在刀具制造中主要使用万能铣床？

图 1：通用工件装夹台和位于水平主轴位置的铣削头（回转 90°）

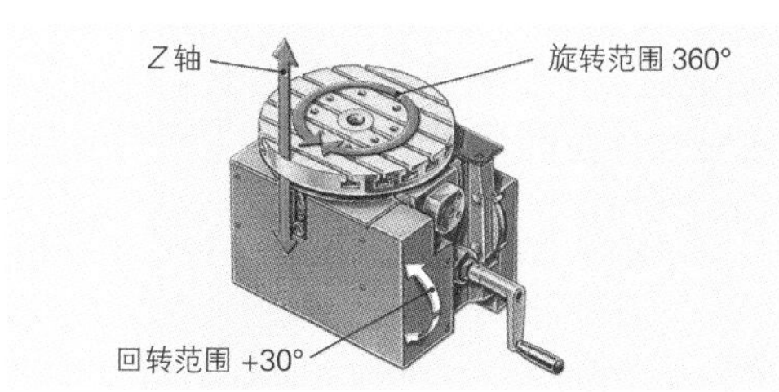

图 2：数控圆回转工作台，可手动回转

图 3：换刀机械手

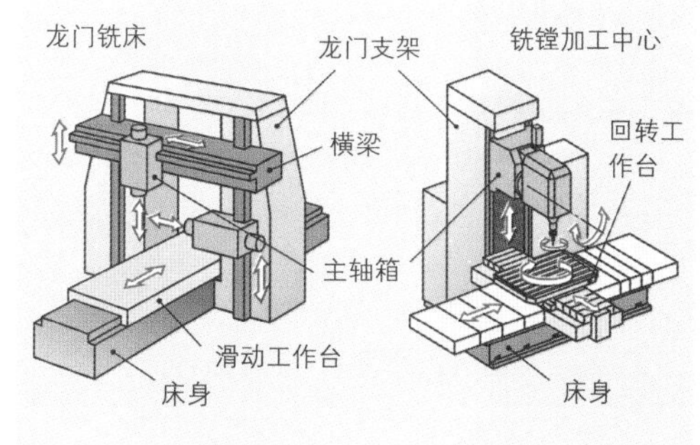

图 4：龙门铣床和铣镗加工中心

3.8.8.9 激光加工

■ 铣床上的激光加工

与铣削可达到的单位时间大切削量相比，激光加工更适合于加工或精整精密的轮廓。铣削-激光组合装置的优势在于：一次工件装夹，首先粗铣，然后用激光对工件进行精加工（图 1）。

■ 激光加工（图 2）

三根机械轴把工件送到相对于固定激光头的正确位置。装有偏转镜片的激光光学装置在一个例如 70 mm×70 mm 的范围内对工件实施加工，工件不需移动。

高精度的偏转镜片组成三根光学轴。它们可以把激光束准确地投射到工件上所需的位置和角度，并对工件进行切割。

激光束切下的工件薄片厚度仅 1~5 μm，因此，激光加工对精密零件和模具件的尺寸精度和形状精度最高可达±5 μm。切割薄片的厚度越薄，工件的表面质量越好（Ra>1 μm）。激光汽化了切割下来的绝大部分工件材料。激光加工时，工件材料的切割量可达 1~25 mm³/mmin。由于机床是全封罩的，所以不必采取其他补充的保护措施。

■ 应用范围

- 喷注模和压铸铸模以及有精密（花纹图案）轮廓的工件（图 3）。
- 显微技术和电子技术所需组件，例如开关、传感器和插接式插头连接器。
- 装饰品和餐具制造。
- 制造功能模型和系列产品的样品。

与电火花蚀刻加工一样，激光加工也仅切割微量工件材料。但激光加工的应用范围更大，因为它还可以加工陶瓷和其他非导电材料。

■ 与电火花蚀刻加工相比，激光加工的优点

- 用直径 0.04 mm 的激光束加工精密轮廓；
- 可以加工几乎所有工件材料，例如陶瓷、硬质合金、花岗岩、淬火钢；
- 与电火花蚀刻加工的电极不同，“激光刀具”永远不会磨损。

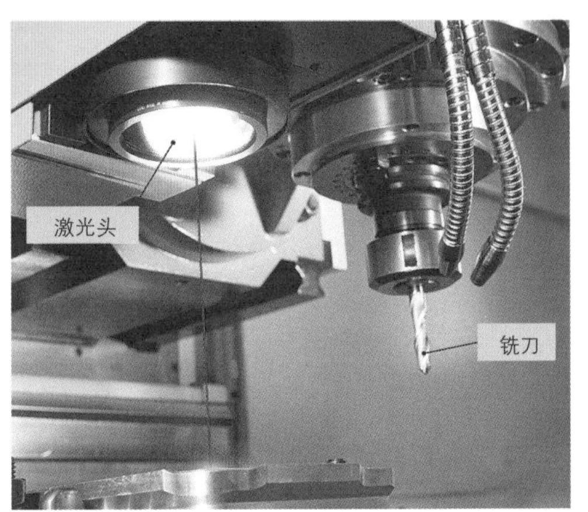

图 1：铣床上的激光加工

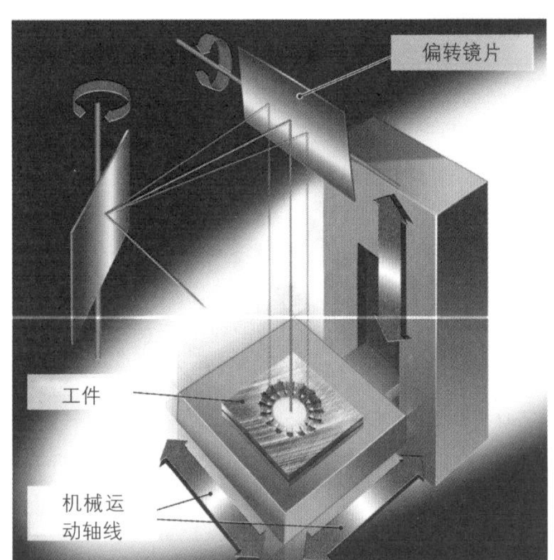

图 2：镜片导向激光束

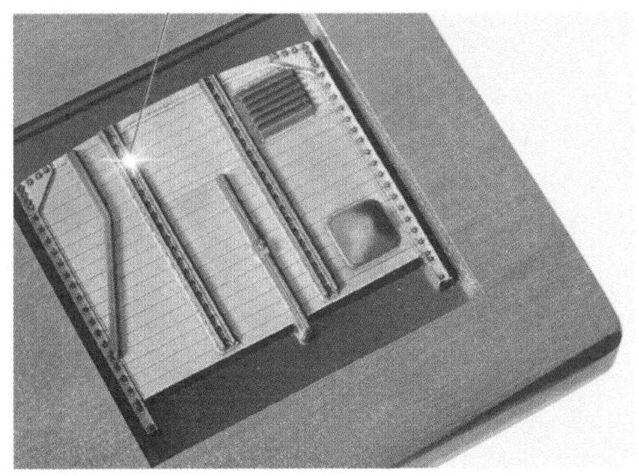
图 3：喷塑铸模（铁路模型）

3.8.9 工件去毛刺

切削加工后形成工件毛刺是常常不可避免的。通过设计方面的措施，如规定倒角和倒圆，可将毛刺的形成最小化。但工件内侧边棱产生的毛刺，例如内切孔（图 1），却无法避免且难以清除。

> 工件去毛刺既有利于工件功能，也是伤害防护的必要措施。

去毛刺的方式和方法很多，可手工，也可机器。

■ 方式和方法（摘选）

手工去毛刺法：使用不同的去毛刺刀具可手工去除工件边棱和孔边的毛刺（图 2）。但此法对于复杂形状的工件则费时费力，过程不稳定，同时需多方面投入，无法取代。

滑动打磨法：使用滑动打磨法去毛刺时，磨具，即所谓的碎屑，与工件相对运动。其作用主要是从工件边棱去除毛刺。将需去毛刺的工件与磨具一起作为松散材料（图 3）放入一个容器。此外还需加入溶入水性溶剂的化学添加剂（混合），以提高打磨效率。陶瓷或聚酯树脂与磨料粘连在一起，构成碎屑，其形状、规格和质量均差异极大。根据工具与磨料之间相互运动的产生形式，我们把这种去毛刺方法分为若干种，例如振动磨法、离心力磨法、连续磨法、鼓轮磨法、浸入磨法或拖动磨法。

毛刺热去除法（TEM）和爆炸去毛刺法：在去毛刺燃烧室内灌入氧气–燃气混合气体（图 4）。燃烧室点火后，温度最高可升至 3000 ℃。使毛刺在几秒之内燃烧殆尽，而工件本身实际只升温至 100 ℃~160 ℃。工件表面的材料并没有被去除。毛刺的热去除法几乎适用于所有金属材料和热塑性塑料工件的内外毛刺。该法不留存任何切屑。

图 1：带有内切孔的各种工件

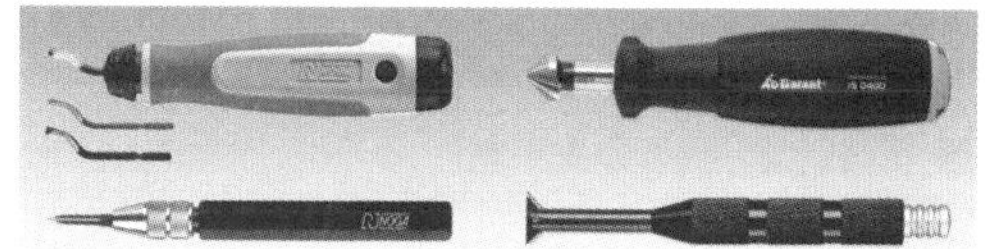

图 2：典型的手工去毛刺工具

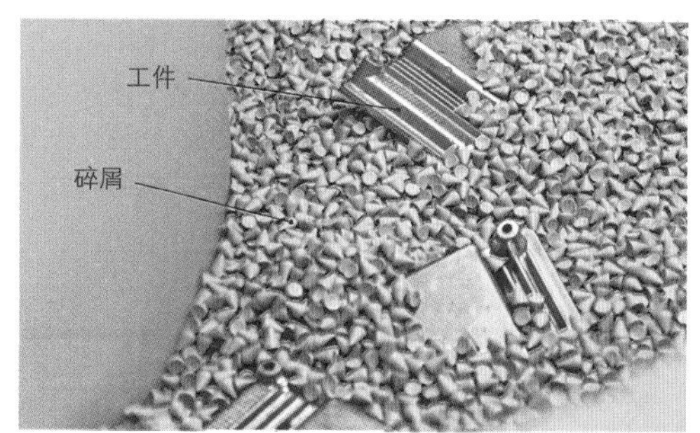

图 3：作为松散材料的工件和碎屑

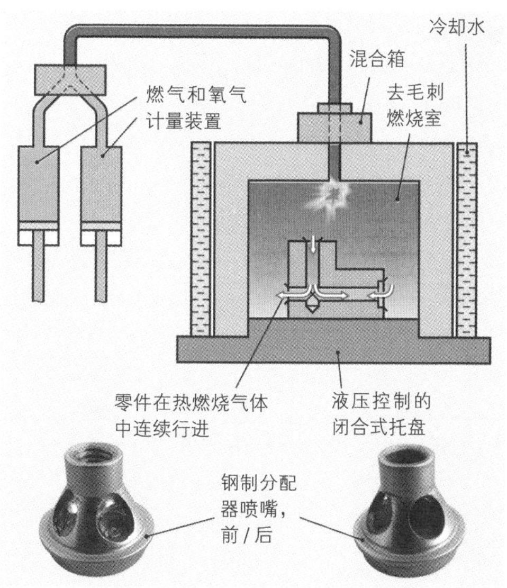

图 4：毛刺热去除法

电化学去毛刺法（ECM）：成形电极作为阴极，通过工件材料的阳极氧化（电解）进行整圆去毛刺，该法主要用于系列生产中复杂零件难以接触的边棱部分。

刷毛刺法：由机器人或可编程序控制器控制的电动钢刷系统刷除毛刺，该法主要用于简单的工件几何形状。

高压水射束去毛刺法（HDW）：利用水压超过2000 bar水流射束去除较复杂零件的毛刺，尤其是轻金属工件。除有目的地清除毛刺，同时还可以清洗工件。

图1：机器人去毛刺

■ 机器倒角、倒圆和去毛刺

各种不同的去毛刺刀具，例如硬质合金牙钻型铣刀，接入高速电动或气动主轴，手持或装入机器人臂，沿工件边棱行进，去除毛刺（图1）。

切削加工制造的工件轮廓常带有内侧孔和交叉孔。较大工件在加工结束前，仍利用本次装夹，由编程指定最后一道加工工序直接去除毛刺。计算机数字控制专用刀具对工件边棱和孔进行倒角、倒圆和去毛刺，然后从加工中心送出完成全部加工的工件。

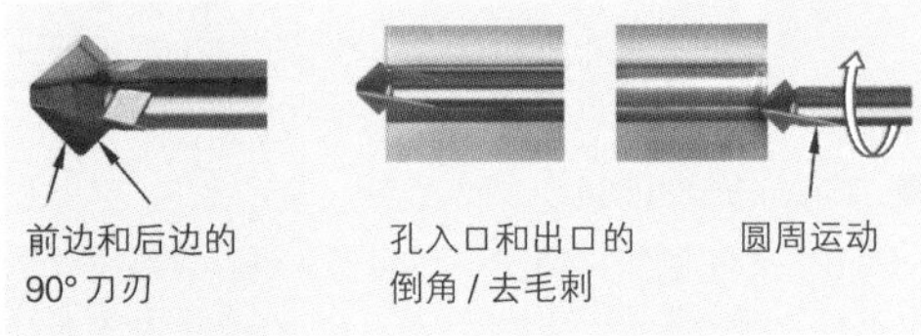

图2：用于前行和后退去毛刺的锥形锪钻

> 专用倒角和去毛刺刀具的主要应用领域是圆形成型件和孔的去毛刺。

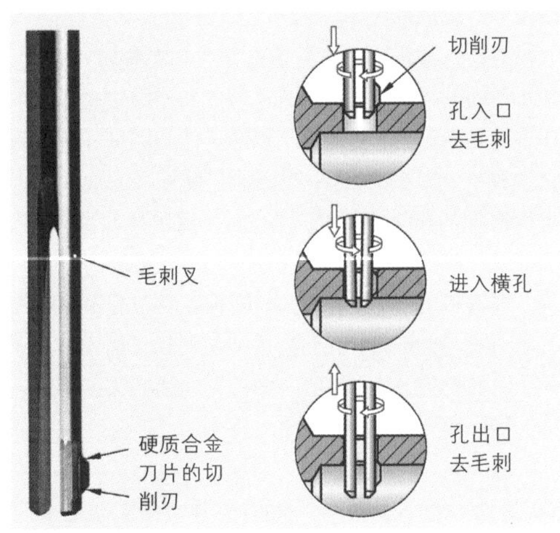

图3：毛刺叉

■ 专用倒角和去毛刺刀具

孔入口可用例如锥形锪钻轻松地倒角或去除毛刺。问题是孔出口。为此，需开发刀具在一次工作行程中前行和后退倒角或去毛刺。

前边和后边配有刀刃的锥形锪钻（图2）或毛刺叉（图3）实施受控的刀具运动。

专用去毛刺刀具（图4）由压力介质，例如冷却润滑剂，施加必要的切削力。在孔内，刀刃受压贴孔壁穿过整个孔。最大切削力产生于伸出的切削刃，例如孔入口和出口或横孔边棱处，正是这些地方需要大力去除毛刺。若无压力，切削刃将不加力地拖行。这类刀具配有不同几何形状的切削刃。

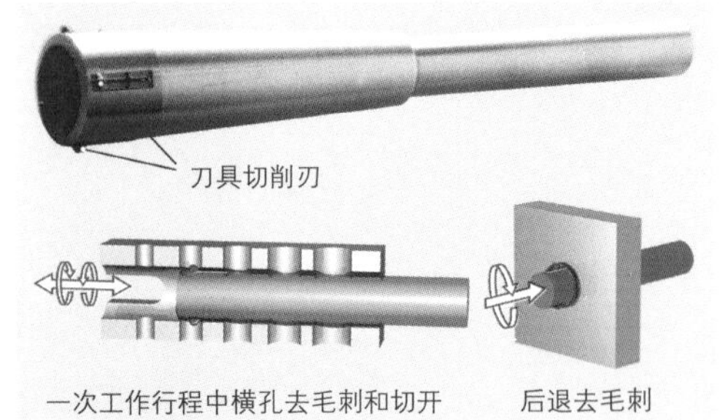

图4：专用去毛刺刀具

平面孔边棱的倒角和去毛刺刀具

这类刀具（图 1）用于在一次工作行程中前行和后退去除孔边棱毛刺或倒棱。不改变旋转方向的旋转主轴对工件实施类似钻孔的加工。

功能原理

刀具底座由弹簧力张紧的控制轴动态夹持倒角刀具。这种特殊磨削的、可前行和后退，或只能后退切削的刀具在加工进给时修出所需的倒角。这种倒角的尺寸和角度已由刀具的几何形状确定。倒角完成后，刀具自动径向退回底座。这个专门磨削成微凸球形的倒角刀具滑行段可防止刀具通过孔内的快速行程中刮伤孔内壁。在孔出口处，弹出的控制轴将倒角刀具重又送回其初始位置。如果主轴不停止，或主轴旋转方向不变，刀具在回程时切出后退倒角。

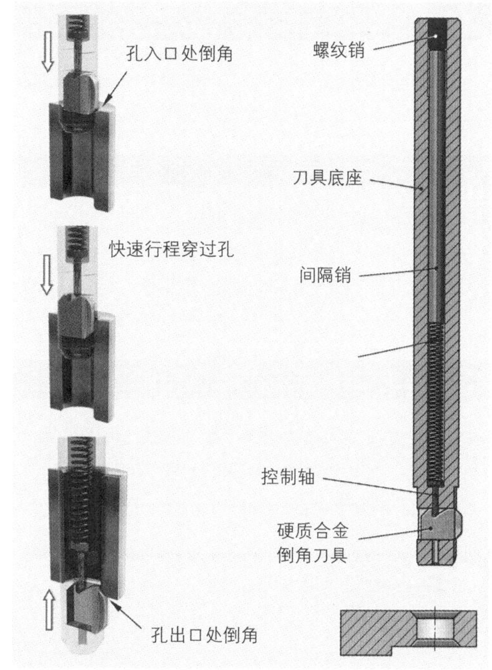

图 1：平面孔边棱倒角和去毛刺刀具

平面和非平面孔边棱的去毛刺刀具

这种去毛刺刀具（图 2）适用于平面和非平面孔边棱的前行和后退去毛刺。在工件不翻转或主轴不停机的状态下，一次工作行程去除圆弧形毛刺。这种刀具既可手动，也可自动运行。

功能原理和工作方式

硬质合金刀具围着刀具底座的一个旋转点弹性存放。通过弹簧的刚性调节刀具对工件的切削力。入孔时，刀具回转进入刀具底座。刀具端面有一个球形面，其作用是避免刮伤孔壁。刀具在刀具底座内弹性存放，因此也可以沿非平面孔边棱行进，并对孔边棱均匀地进行圆弧形去除毛刺。

刀具首先快速行进至孔上部边棱。随后在加工进给时去毛刺。之后，主轴不停机，刀具快速行进穿过孔。变向后，仍在加工进给时去除孔下部边棱的毛刺，然后快速回程。

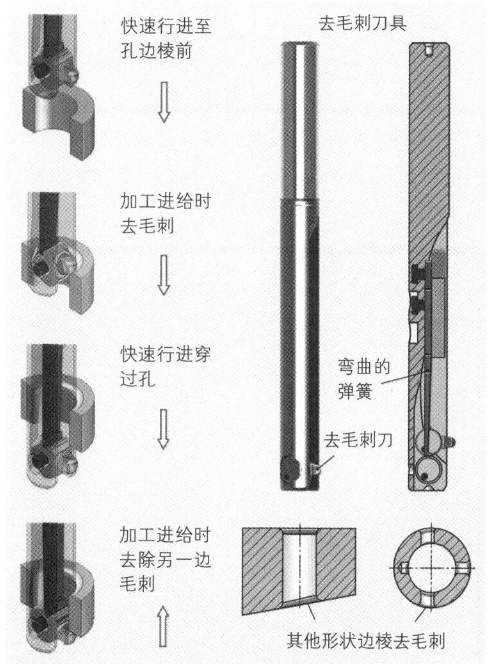

图 2：平面、斜面或曲面孔边棱去毛刺刀具

3.8.10 磨削

磨削是针对极高尺寸公差要求工件的一种加工方法，而采用车削和铣削无法达到这种公差（图 1）。

磨削加工优先用于：

- 具有良好加工性能的硬材料；
- 高尺寸精度和高形状精度（IT 5 ～IT 6）；
- 很小的表面波浪性和粗糙度（R_z=1～3 μm）。

图 1：磨削工件举例

3.8.10.1 磨具

旋转的磨削刀具由磨粒、黏接剂和封闭的气孔组成（图 2）。磨粒的各种不同形状和位置大部分都构成负切削角，每个磨粒的切削厚度也是不确定的。

磨削是用几何形状不确定的切削刃进行的切削。

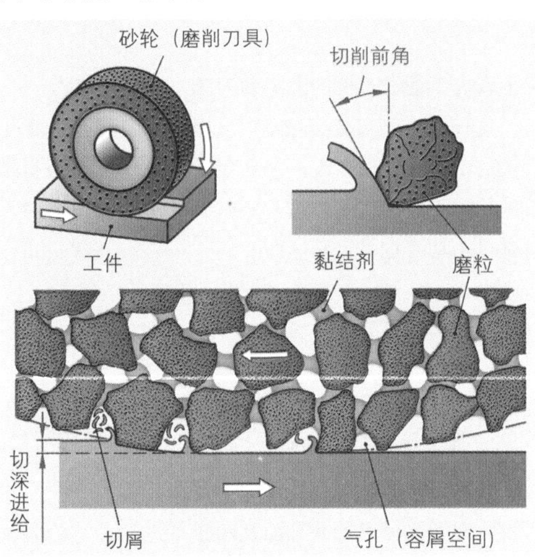

图 2：磨削刀具上切屑的形成

■ **磨料（表 1）**

大部分砂轮均含有天然刚玉（白色，粉色）或碳化硅（绿色，黑色）组成的磨粒。磨粒的韧性随着磨粒的硬度上升而下降。脆硬的磨粒在磨粒负荷小（精磨）时可因磨粒的碎裂而具有自锐性。足够的韧性可在磨粒负荷大（粗磨）时阻止磨粒提前碎裂。

磨粒应具有高硬度和足够的颗粒韧性以及耐热性。

表 1：磨料的种类

符号	磨料	努氏硬度① (N/mm²)	耐热性，最高至	应用范围
A	普通天然刚玉 (Al_2O_3)	18000	2000℃	未淬火的非合金钢、铸钢、可锻铸铁
	白刚玉 (Al_2O_3)	21000		高合金钢、低合金钢、淬火钢、渗碳钢、工具钢、钛
B	碳化硅 (SiC)	24800	1370℃	硬质材料：硬质合金、铸铁、高速切削钢、陶瓷、玻璃；软质材料：铜、铝、塑料
C	氮化硼 (BN)	47000	1200℃	高速切削钢、工具钢和耐热工具钢
D	金刚石 (C)	70000	800℃	硬质合金、铸铁、玻璃、陶瓷、石材、有色金属，不用于钢，修整砂轮

①努氏硬度的定义是，金刚石锥体以 172.5° 和 130° 的孔径角压入材料所测得的深度

■ **磨粒的磨损（图 1）**

切削力大时，磨粒出现破碎并从黏结剂中脱出。切削力小时，首先随着切削刃上摩擦磨损的增加而使磨粒负荷升高，最终导致磨粒碎裂成微粒。

> 磨粒的碎裂和从黏结剂的破裂脱出形成新的切削刃，并通过这个过程使磨具自锐。

■ **磨粒种类（图 2）**

尖锐的磨粒适用于长切屑工件材料。磨削脆性工件材料时，方形磨粒更具耐磨强度。单晶磨粒（单颗粒晶体）具有很高的颗粒强度。因此它们特别适宜用于磨削玻璃和陶瓷。磨削时，聚晶颗粒在它们从黏结剂中破裂脱出之前，已因小型碎裂形成许多细小的切削刃微粒。因此，硬金属磨削时，磨粒可以更好地得到充分利用。

■ **粒度（表 1）**

粒度相当于一英寸长度内筛子上已标记的颗粒正好可以穿过的网眼的数量，而在下一个网眼更密的筛子前却无法通过。通过淘洗方法可以分离出粒度极细的颗粒。金刚石和氮化硼的粒度相当于微米级的筛子网眼宽度。标号为 D150（金刚石磨粒）或 B150 聚晶立方氮化硼（CBN）磨粒的颗粒尺寸介于 125~150 μm 间。

> 工件表面粗糙度要求越高，磨削轮廓的边棱越尖锐，则磨粒的粒度必须越细。

■ **磨粒的黏结剂（表 2）**

黏结剂的目的是把各单个磨粒长期固定在一起，直至它们磨钝为止。

> 使用陶瓷黏结剂的砂轮有气孔空间，因此具有良好的可修整性。人工树脂黏结剂可以更牢固地黏结颗粒，因此可承受更大的磨削力。但随意排放的磨粒尖可产生温度更低的磨削。

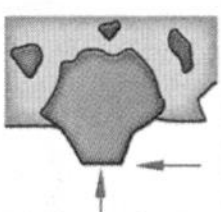

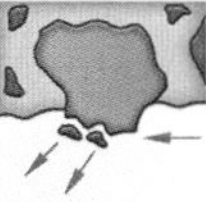

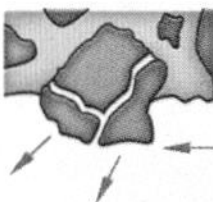

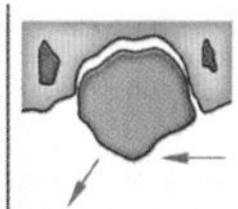

图 1：磨粒磨损的形状

图 2：磨粒种类

表 1：粒度的应用

工件材料	粗磨	精密磨	精磨　预磨	珩磨　研磨　抛光
工具钢，已淬火 工具钢，未淬火 铸钢，白心可锻铸铁，黑心可锻铸铁，灰口铸铁 结构钢				
表面粗糙度 R_z(μm)	10~5	5~2.5	2.5~1.0	1.0~0.4
颗粒	4~24	30~60	70~220	230~1200
粒度(mm)	8~1	1~0.3	0.3~0.08	0.08~0.003
名称	粗	中等	细	极细
	大型颗粒			小型颗粒

表 2：磨具的黏结剂

符号	黏结剂种类	应用范围
V	陶瓷黏结剂	用天然刚玉和碳化硅粗磨和精磨钢质工件
B BF	人工树脂黏结剂，用纤维材料强化	用锆刚玉进行粗磨，磨切和重负荷磨削，用金刚石和氮化硼进行成形磨
M	金属黏结剂	用金刚石或氮化硼进行成形磨和刀具磨（加冷却液磨削）
G	电镀黏结剂	对硬质合金和高速钢进行内侧磨削，手工磨削
R RF	橡胶黏结剂，用纤维材料强化	磨切 （无心磨床）导轮

■ 磨具的硬度（表 1）

我们不能把砂轮的硬度理解为磨粒的硬度，而应理解为黏结剂阻止磨粒脱离的阻力。

磨削硬工件材料时，摩擦磨损大而磨粒负荷小，所以只有软砂轮才能产生“自锐效应”。而磨削软工件材料时，较厚的切屑要求较大的磨粒保持力，因此就要求较硬的砂轮。

过软的砂轮由于其高磨损，从加工成本的角度而言总是不经济的：磨粒在形成磨损面之前已经从砂轮盘脱离而出。砂轮因此很快失去形状（外形轮廓），使砂轮“崩溃”了。与之相反，过硬的砂轮保持磨粒过久，砂轮“润滑”并磨光。与此同时，砂轮与工件接触区内的磨削压力和温度也在上升。

砂轮磨削过程中的有效硬度不仅主要取决于磨粒材料的硬度，还取决于磨粒的粒度、气孔体积和切削厚度（图 1）。

表 1：磨具的硬度

硬度等级	特征名称	应用范围
A,B,C,D E,F,G	特软 很软	硬工件材料的强力磨削和端面磨削
H,I,J,K L,M,N,O	软 中等	传统的金属磨削
P, Q, R, S T, U, V, W X, Y, Z	硬 很硬 特硬	外圆磨，软工件材料

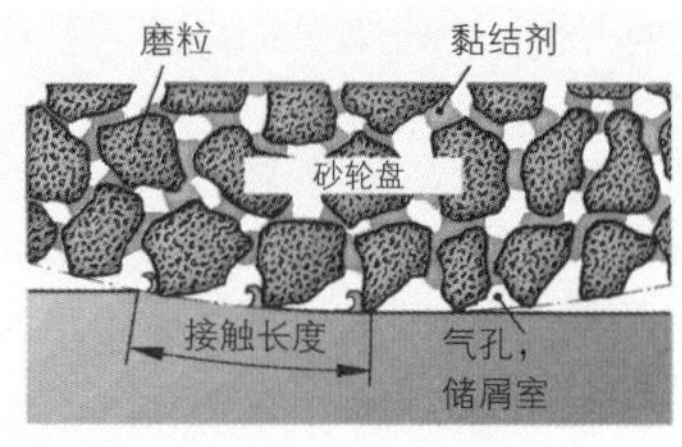

图 1：砂轮的组织结构和接触长度

磨削操作规范：

对于硬工件材料，应选软砂轮，而对软工件材料，应选硬砂轮。

细磨粒薄切屑时，由于有效硬度较大，应使用较软的砂轮，因为这种砂轮的磨粒更容易脱离。

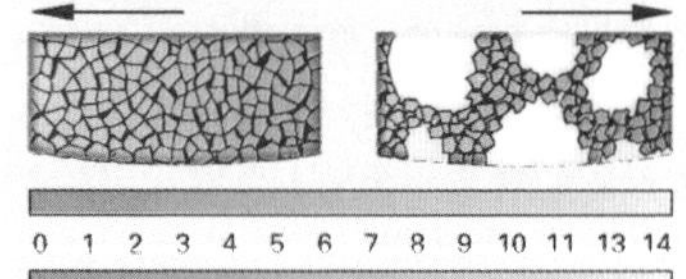

图 2：组织标号示意图

■ 组织（结构）

组织是指磨具内磨粒、黏结剂和气孔空间之间的关系（图 2）。气孔构成容屑空间，因此在磨削过程中需要冷却。如果气孔过小，磨削时的压力和温度便会上升。

组织标号越大，砂轮的气孔空隙越大。

在砂轮与工件接触区范围内，气孔需要接纳的切屑越多，组织必须越疏松。

磨具的名称是按下面示意图所示顺序排列的。表示边棱形状的大写字母可以添补到表示形状的数字处（表 2）

表 2：磨具

形状代号	组别
1	直线砂轮盘
6	圆柱体砂轮头
12	碟形砂轮
52	圆柱形磨头

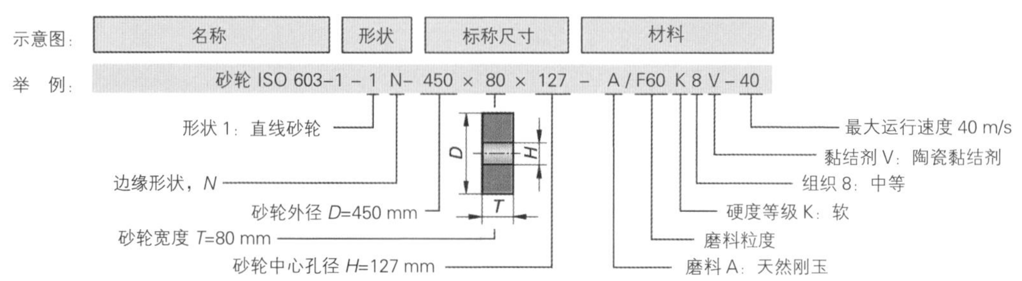

■ 砂轮的平衡

磨粒和黏结剂分布的不均匀将导致因砂轮的不平衡而产生离心力。因此，对于大型宽砂轮，尤其是圆周速度很高的砂轮，砂轮的平衡特别重要。

做静平衡时，将砂轮放置在一个平衡秤或平衡滚动架上（图 1）。把配重块推入环形槽，直至砂轮在任何一个位置都能保持稳定。

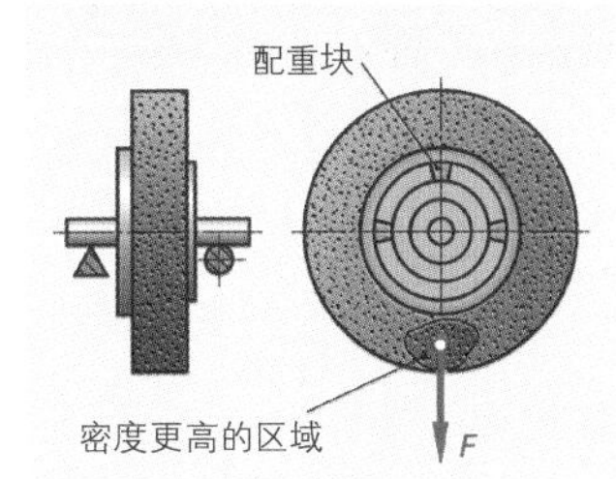

图 1：砂轮的静平衡

■ 砂轮的修整（图 2）

磨具的修整有两个目的：

- 整型，使砂轮的外形轮廓、半径和尺寸都保持在公差范围之内。刚装夹上去的砂轮还必须改善其径向跳动和轴向跳动性能。
- 磨锐，磨去黏结剂，使容屑空间的容积扩大，并改善磨具的切入性能。

天然刚玉砂轮和碳化硅砂轮经过金刚石或钢质修整砂轮整型修整后，已能达到足够的锐度（图 3）。而金刚石砂轮或聚晶立方氮化硼（CBN）砂轮须用碳化硅修整砂轮或金刚石整型修整砂轮做整型修整。磨锐时须用天然刚玉磨石磨去黏结剂，直至磨粒的突出状态达到其粒度尺寸的 1/3 时为止。

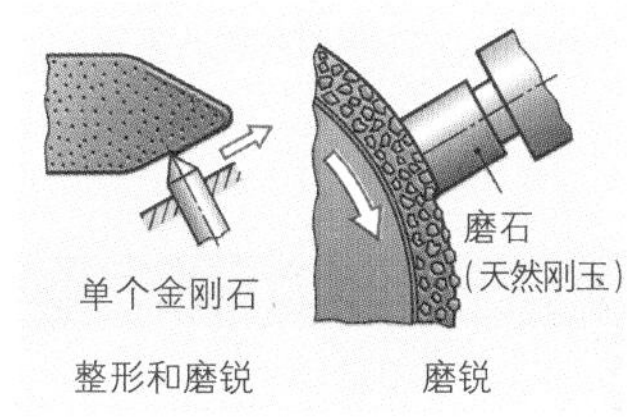

图 2：砂轮的修整

3.8.10.2　磨削加工安全事项

使用陶瓷黏结剂的砂轮盘属于易破裂砂轮。若因发状裂纹或不正确的紧固导致砂轮裂开，当砂轮圆周速度达到 80 m/s（相当于 288 km/h）时，便已存在砂轮碎块飞出致人死亡的危险。只有在严格遵守安全规程的前提下，磨削加工才是一种安全的加工方法。

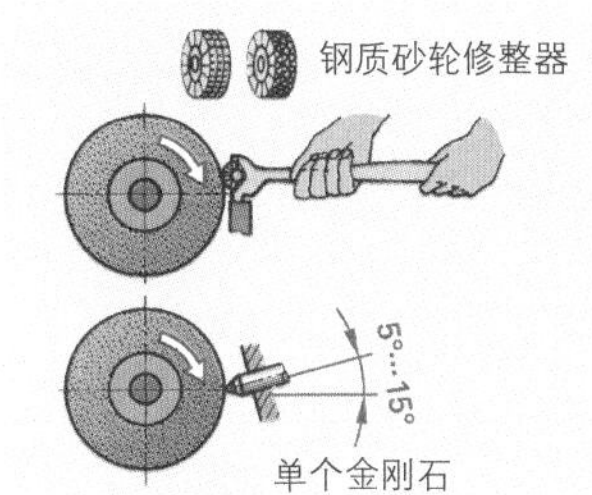

图 3：修整砂轮

安全规程：

- 使用陶瓷黏结剂的砂轮在每次装夹前都必须进行一次音响检验。小砂轮检验时，用手指或芯轴支承住砂轮的中心孔，然后用一个非金属物品轻轻敲击砂轮的多个部位。如果砂轮无裂纹，其声音是清脆明亮的。
- 不允许把砂轮盘强力推入工作轴。
- 紧固法兰的最小直径在直线砂轮上允许达到 1/3·*D*，锥形砂轮允许达到 1/2·*D*（图 4）。
- 为保证径向跳动保持在允差范围内，只允许使用相同尺寸、相同形状的精车紧固法兰，并配上弹性软垫圈。
- *D*＞80 mm 的磨具在装夹紧固后，必须在危险保护区内以最高允许转速进行至少 5 分钟的空转试运行。
- 必须在磨床停机状态下才允许调整工件垫板或护罩（图 5）。
- 磨削时必须佩戴防护眼镜。

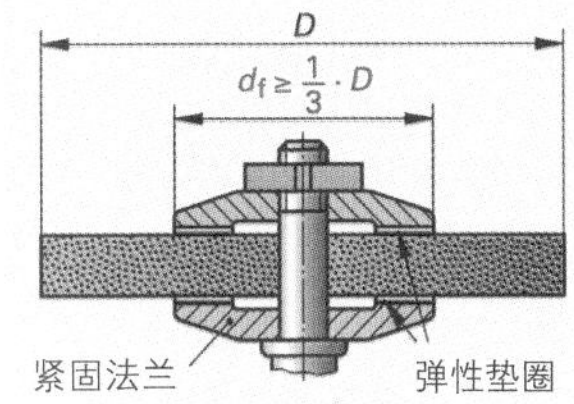

图 4：砂轮的紧固

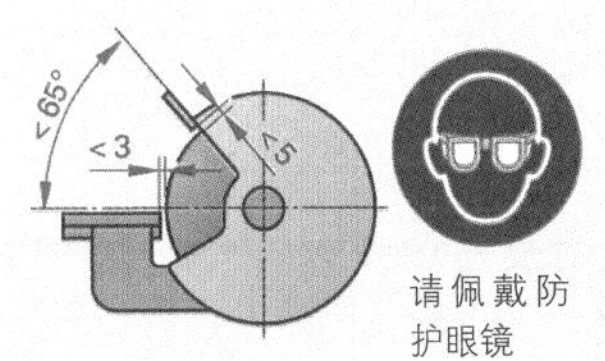

图 5：磨刀台的安全性

3.8.10.3 影响磨削加工结果的因素

只有按照磨削工件的要求认真调整砂轮和磨床的磨削条件，磨削加工的工件才能达到所要求的质量特征（图 1）。

■ 磨削加工的切削量

任何一种磨削加工方法的特征都是典型的磨削运动和切削量（磨床的设定量）（图 2 和表 1）。

砂轮的运行速度 V_s 相当于其圆周速度。在砂轮的标签上，除标明砂轮的最高运行速度外，还标有允许转速。

安全规程：

无论如何不允许超过砂轮标记名称所标明的最高运行速度。

提高运行速度的砂轮和磨床必须符合国家安全规定。

固定安装的磨床在磨削时，普通砂轮最高运行速度可达到 35 m/s。提速后最高可达到 160 m/s。这种砂轮均贴有彩条标记（表 2）。

举例：为了使一个 $D_{max}=450$ mm 以及 $D_{min}=250$ mm 的砂轮能以 $V_s=35$ m/s 运行，其转速应设定为多少？

解题：$n_s=\dfrac{V_s}{\pi \cdot D}$

$$n_{smin}=\frac{35 \cdot 60\ \text{m/min}}{\pi \cdot 0.45\ \text{m}}=1486\ \text{r/min}$$

$$n_{smax}=\frac{35 \cdot 60\ \text{m/min}}{\pi \cdot 0.25\ \text{m}}=2675\ \text{r/min}$$

平面磨削时，进给速度 V_f（工件速度）相当于工作台进给速度，而在外圆磨削时则相当于工件的圆周速度。

每一个行程的横向进给量 f（单位：mm）和外圆磨削时工件每转一圈的纵向进给量 f（单位：mm），两者均决定着砂轮的切削宽度 a_p。

切深深度 a（a_e）是垂直于主进给方向的磨削切入深度。无切深进给的精磨被称为“清磨”或“修光”。

粗磨时选用大切深进给量，而精磨时宜选用小切深进给量。

影响磨削的因素		
工件	砂轮	切削条件
形状 材料	粒度 硬度 形状	磨削方法 切削量 冷却

磨削过程中的影响作用	
切屑的形成 磨粒磨损	磨削力 磨削产生的热

磨削结果的评估	
加工质量	经济性能
尺寸精度 形状精度 表面质量 表面的组织状态	加工时间 材料切削量 砂轮的磨损量 砂轮修整成本

图 1：影响因素和磨削结果

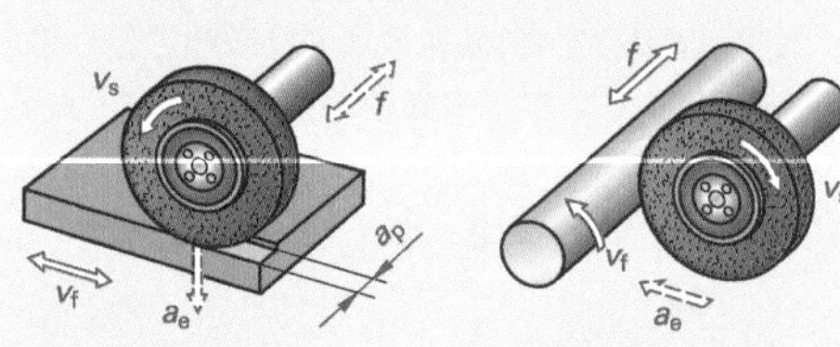

图 2：磨削切削量

表 1：切削量取决于磨削方法

切削量 v_s m/s	传统磨削方法	高速磨削	深磨
	20~25	80~280	10~35
v_f（m/min）	4~40	1~4	0.003~0.3
$q=v_s:v_f$	20~120	500~7000	500~200000
a（mm）	0.002~0.1	0.01~20	0.5~20

表 2：允许提高的工作速度

彩条标记	蓝色	黄色	红色	绿色
v_{szul}（m/s）	50	63	80	100

$$q=\frac{v_s}{v_f} \qquad \frac{m/s}{m/s}$$

速度比 q 是一个切屑厚度尺寸，因此也用于磨粒负荷。

高速度比时产生薄切屑，工件与砂轮的接触长度长时也产生薄切屑，例如深磨，平面磨削和内圆磨削（图 1）。

速度比 q 是根据磨削方法和工件材料选定的（见 204 页表 1 和本页表 1）。

举例： 用 35 m/s 的加工速度磨削一根钢轴（q=125）。

请问，钢轴的圆周速度 V_f 是多少？

解题：$V_f=\frac{V_s}{q}=\frac{35\frac{m}{s}}{125}=0.28\frac{m}{s}=16.8\frac{m}{min}$

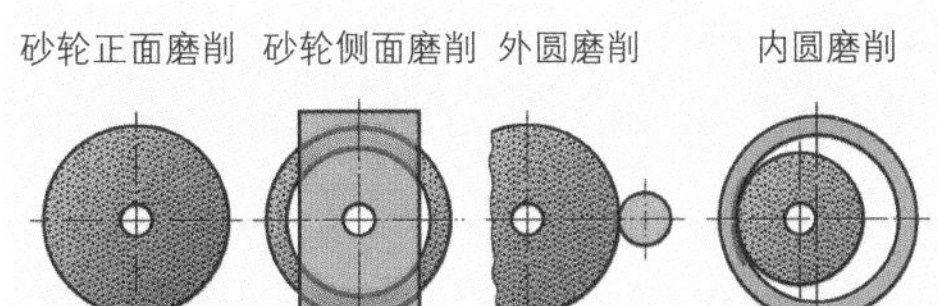

图 1：与磨削方法相关的（工件与砂轮的）接触长度

加工速度恒定不变时，提高进给速度将加大砂轮的磨损和工件的表面粗糙度，同时降低工件表层区的温度。

表 1：速度比 q（传统磨削方法）

材料	平面磨削		圆周磨削	
	砂轮正面磨削	砂轮侧面磨削	外圆磨削	内圆磨削
钢	80	65	130	80
铸铁	70	60	110	65
铜，铜合金	55	40	90	50
轻金属	45	35	45	30

■ 磨削产生的热和冷却润滑

磨削时，因切屑形成时磨粒的摩擦而产生大量的热。工件表面的温度可能因此超过 1000℃。

磨削产生的热可导致磨削缺陷，如尺寸偏差，应力和磨削区温度变化导致形成的裂纹（图 2）。（切削时）烧伤点是工件表面的材料组织因温度过高而受到损伤的标志。磨削产生高温的后果也可能在工件表面产生一层软皮层，随后通过冷却剂的骤冷作用在工件表面又形成一个新淬硬层（见 214 页图 3）。

降低工作表层温度的措施如下：

- 切深进给量小和接触长度短。
- 速度比 q 小。
- 具有高切削能力的磨具，较低的磨粒保持能力和脆性磨粒。
- 积极的冷却润滑措施。

通过冷却润滑可以降低摩擦热，清洁容屑空间并冷却工件。最有效的冷却润滑剂是磨削油，因为它比磨削油乳浊液更能大幅度降低摩擦热。使用磨削油乳浊液时，工件表面的温度先是缓慢，然后骤然下降，从而导致频繁出现磨削裂纹。

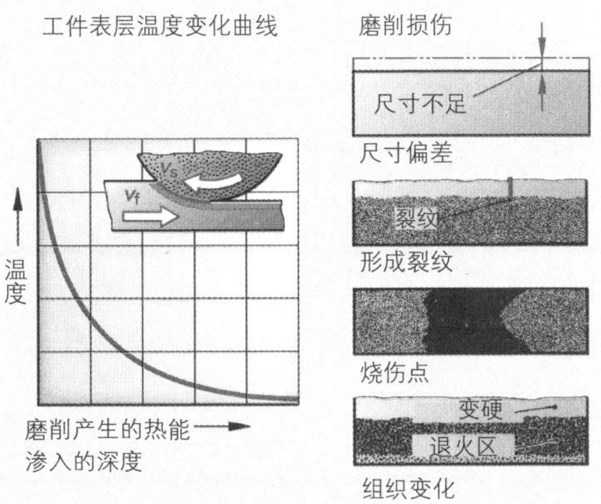

图 2：因工件表层温升导致的磨削损伤

砂轮高速运转时，必须用高压供给冷却润滑剂。进给速度越低，磨削产生的热能越多，冷却润滑剂的供给流量也必须越大。

3.8.10.4 磨削方法

■ 磨削方法的名称

磨削方法的名称包含有磨削加工的标志性特征，其顺序是：进给方向，砂轮有效面以及磨削面的位置和类型（表1）。

举例： 纵向—砂轮正面—端面磨削，横向—外圆—成形磨削。

■ 平面磨削

砂轮侧面–端面磨削。

砂轮侧面–端面磨削时，由于工件与砂轮的接触区大，导致容屑空间总是不能够完全容纳接触区内所产生的切屑（见本页图1和205页图1）。其后果是：高磨削压力、高功耗和低磨削质量。为了缩短工件与砂轮的接触长度，我们可以把磨削主轴从其垂直位置倾斜0.5°至3°（图1）。

砂轮正面–端面磨削。

砂轮正面磨削时，切削工作由位于砂轮圆周的磨粒承担。这时，工件与砂轮的接触长度短，所以砂轮容屑空间很少被完全填满，通过离心力和冷却润滑剂的压力可轻易地清除掉这些切屑。

砂轮的直径和宽度应尽可能选大，以便尽可能多的磨粒参与切削中去（图2）。理想状况是，砂轮宽度正好是工件宽度。

横向进给量应达到砂轮宽度的1/2至4/5。小切深进给与大横向进给量相结合，其作用是，砂轮圆周上所有的磨粒都加入磨削加工（表2）。这样可以避免严重的切削刃磨损和局部高温。

> 若使用尽可能大和宽的砂轮并采用大横向进给量进行磨削加工，则砂轮正面磨削的经济性特别突出。

表1：磨削方法的划分

特征		磨削方法
进给方向		纵向磨削　横向磨削
磨具的有效面		砂轮正面磨削　砂轮侧面磨削
磨削面	位置	外圆磨削，内圆磨削
	类型	平面磨削，圆周磨削
		成形磨削　仿形磨削
切削速度		传统磨削，高速磨削
切深进给		往复式磨削，深磨
表面粗糙度		粗磨，精磨，精密磨

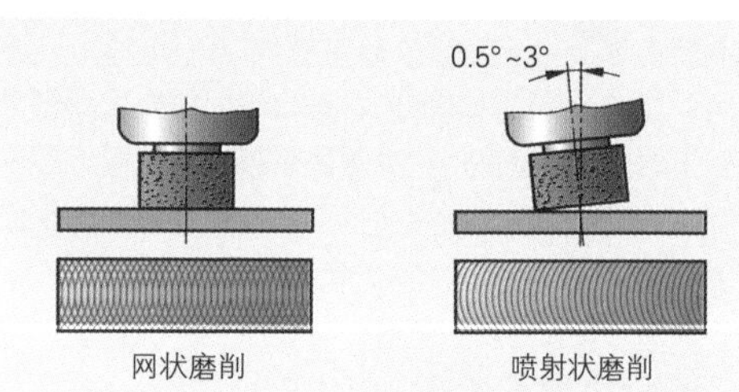

图1：砂轮侧面–端面磨削的磨削显微照片

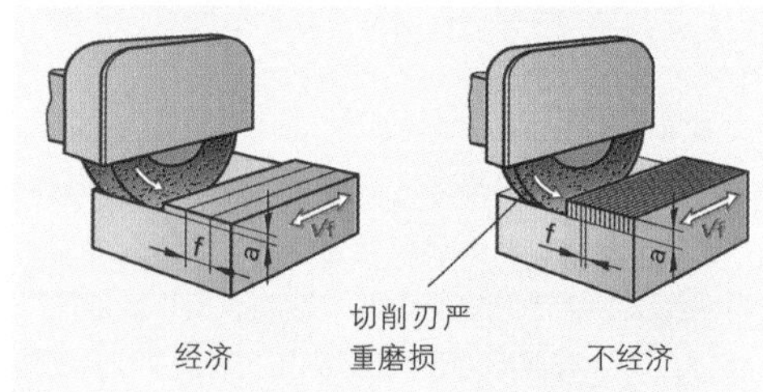

图2：平面磨削时横向进给量和切深进给的影响

表2：天然刚玉或碳化硅磨削钢和铸铁的参考数值

磨削方法	加工尺寸（mm）	粒度	切深进给 a（mm）	R_z（mm）	v_s（m/s）	v_f（m/min）
粗磨	0.5~0.2	14~36	0.1~0.02	25~6.3	20~35	20~30
精磨	0.2~0.02	46~60	0.02~0.005	6.3~2.5		
精磨	0.2~0.01	80~220	0.005~0.003	2.5~1		
精密磨	0.01~0.005	800~1200	0.003~0.001	1~0.4		

■ 往复式磨削和深磨

往复式磨削采用小切深进给和工作台高速多次往复运动逐步磨完全部深度（表1）。磨削过程中，砂轮每个行程都要越过工件边棱，这主要会导致尖锐轮廓的边棱严重磨损。尤其不利的是短工件成形磨削时的超程行程和砂轮磨损的影响。

深磨（强力磨削）时，一般选用大切深进给，由于工件与砂轮的接触长度长，因此选用小进给速度。这种方法产生出薄切屑和较小的磨粒磨损以及砂轮轮廓的高耐用度。它明显降低了砂轮修整成本。

采用这种磨削方式时，必须提高冷却剂供给量，以排除更大的磨削热量。由于切屑既长又薄，要求采用高空隙软砂轮。

确定磨削方法的原则如下：

> 平面磨削时，若采用往复式磨削方法，则加工尺寸宜小于1mm。而成形磨削时，采用深磨的磨削方法更为有利。

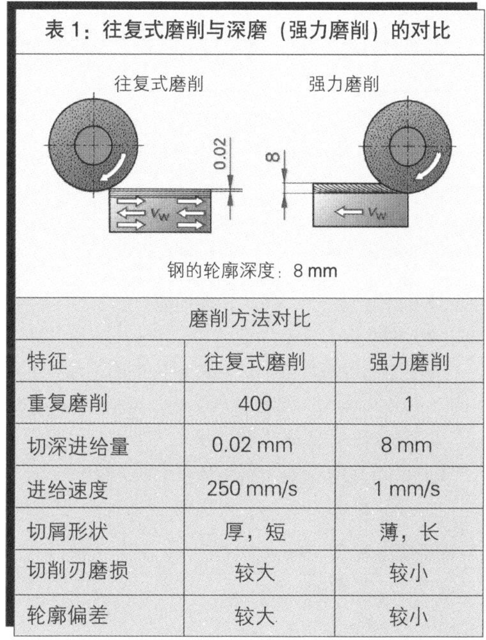

表 1：往复式磨削与深磨（强力磨削）的对比

磨削方法对比		
特征	往复式磨削	强力磨削
重复磨削	400	1
切深进给量	0.02 mm	8 mm
进给速度	250 mm/s	1 mm/s
切屑形状	厚，短	薄，长
切削刃磨损	较大	较小
轮廓偏差	较大	较小

■ 平面磨床和成形磨床（图1）

所有磨床均装备高刚性和高径向跳动精度的磨削主轴，因为该主轴决定着工件表面波浪性、表面粗糙度和尺寸稳定性等磨削质量特征。

计算机数字控制（CNC）磨床的各工作轴均可受到控制（图1）。X轴的纵向运动一般采用液压结构。伺服电机驱动十字工作台（溜板）的横向运动和垂直运动。

计算机数字控制（CNC）–直线控制系统可以采用切入式切削方法进行磨槽和成形磨削，同时由自动尺寸补偿系统进行修整（图2）。

配备四根和多根同时可控轴的计算机数字控制（CNC）–轮廓控制系统扩大了磨削加工的可能性（图2）：

- 工作台纵向弯曲的轮廓曲线；
- 型材的轮廓控制成形磨削；
- 用金刚石修整器对砂轮进行轮廓控制修整（成形）。

> 计算机数字控制系统（CNC）使磨削和修整过程自动化。

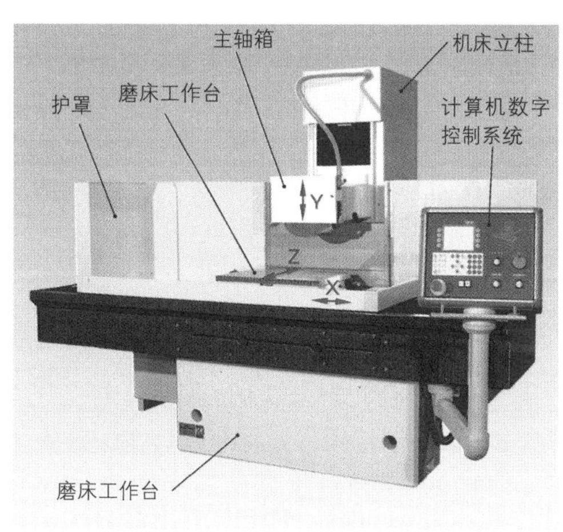

图 1：平面磨床和成形磨床

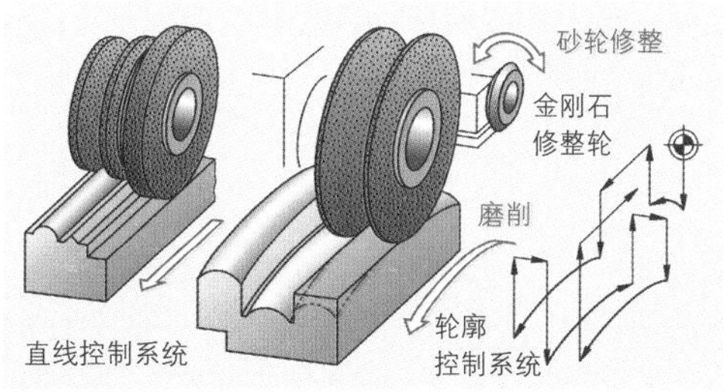

图 2：计算机数字控制（CNC）–成形磨削

■ 平面磨削和槽磨削的工作计划

此类计划的基础是 188 页至 194 页以及配套的图表手册中的参考数值和推荐数值。

举例 1（图 1）：

平面磨削一块铸铁板，表面粗糙度 $R_z = 4\ \mu m$。加工余量为 0.5 mm。现在需计划工作流程。

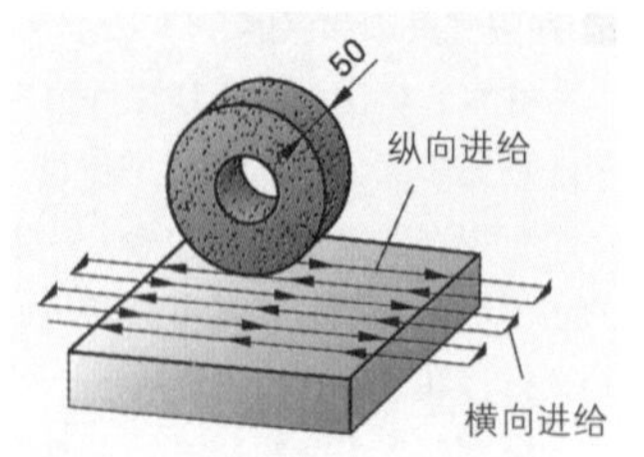

图 1：平面磨削

解题：

- 选择砂轮：350 mm×50 mm×27 mm–C/F36J–10V–35；
- 给砂轮装上紧固法兰并做平衡；
- 用单金刚石修整砂轮；
- 选择冷却润滑剂：2%~ 5%浓度的磨削油或乳浊液，浓缩物与水的混合比例在 2%时应达到 1:50，在 5%时应达到 1:20；
- 在磁性工作台上夹紧工件；
- 用下列选定数值进行磨削加工：

工作速度 V_s=30 m/s，

进给速度 V_f=30 m/min，

速度比（参考值 q=70），

$q=\dfrac{V_s}{V_f}=\dfrac{30\cdot 60\ \text{m/min}}{30\ \text{m/min}}=60$（允许数值），

每个行程的横向进给量：f=0.5·50 mm=25 mm，

（参考值：f=0.5~0.66·b），

切深进给量：a=0.05 mm；

- 磨削完成后，松开工件，若使用永久磁铁工作台，还需消磁。
- 抽检磨削面，是否有烧伤点或振颤痕，并检验表面粗糙度 R_z。

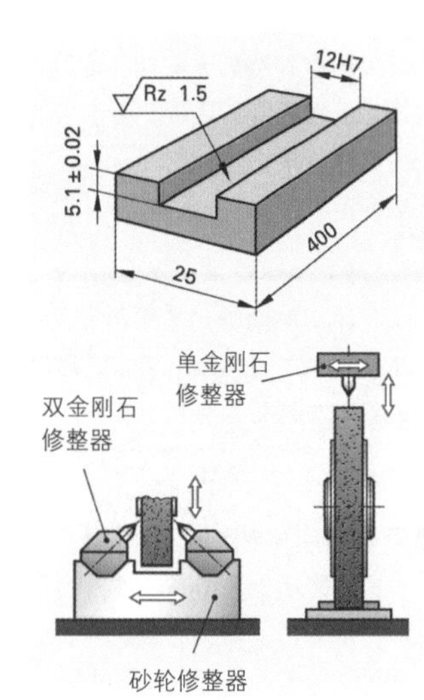

图 2：槽的磨削

举例 2（图 2）：

在一块淬火钢板上往复磨削一个槽 12H7。现在需计划砂轮、砂轮修整和磨床的各设定量。

解题：

- 选择直线砂轮：
  150 mm×13 mm×32 mm–A/F46H–9V–40；
- 用单金刚石修整砂轮,用双金刚石修整砂轮宽度上的“台阶”至允差中线 12.012 mm（12H7=12 +0.025）；
- 选定各设定量（图 3）：
  进给行程=400 mm+2 ·16 mm=432 mm
  工作速度 V_s=30 m/s
  速度比 q=80

进给速度 $V_f=\dfrac{V_s}{q}=\dfrac{30\cdot 60\ \text{m/min}}{80}=22.5\ \text{m/min}$

砂轮切入和切出工件时的进给速度只有约 3.3 m/min。

切深进给：粗磨时 a_1=0.1 mm

精磨时 a_2=0.005 mm

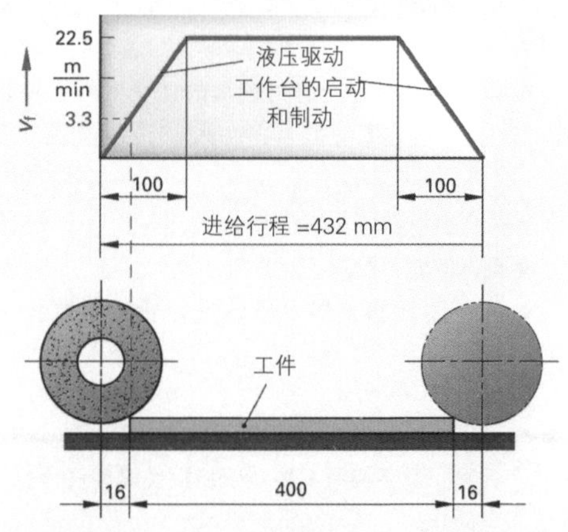

图 3：超过进给行程的进给速度

■ 圆周磨削

外圆磨削的典型特点是工件与砂轮的接触长度特别短。这意味着，磨削热量小，冷却方便，砂轮气孔空间容易容纳切屑。

纵向磨削时，装夹工件的工作台纵向进给把工件送至砂轮（图 1）。若工件是整体圆柱体，砂轮走完一个行程后应稍微走过一点，否则，工件末段的直径总是大于其他段的直径。

> 长工件受到磨削力的强力挤压，因此必须用支撑架给予支承。
>
> 粗磨时,纵向进给应达到砂轮宽度的 2/3～3/4，精磨时应达到砂轮宽度的 1/4～1/3。

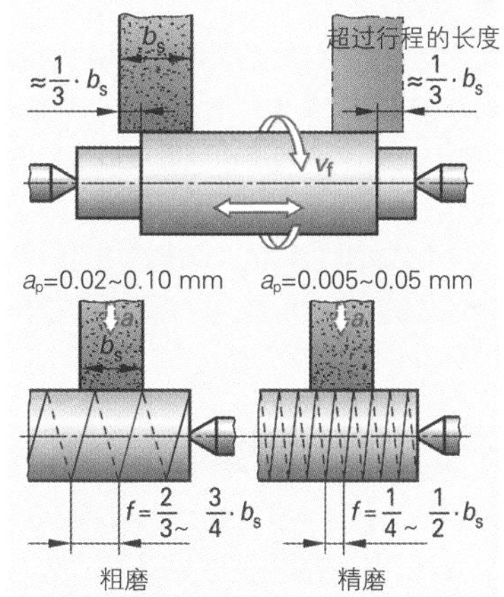

图 1：纵向磨削

切入磨削（横向–圆周磨削）时，砂轮持续进行切深进给，直至达到工件的精磨尺寸为止（图 2）。砂轮的宽度应略宽于工件，从而取消纵向进给。对于较长的工件首先应采取分段方式逐段“切入磨削”至精磨尺寸，随后用 1 到 2 次无切深进给的纵向磨削行程磨光工件。斜向切入磨削时，为了能够对高台肩面进行平面磨削，砂轮应倾斜 30°。

> 由于其单位时间内的高切削量，切入磨削是非常经济的一种磨削方法。

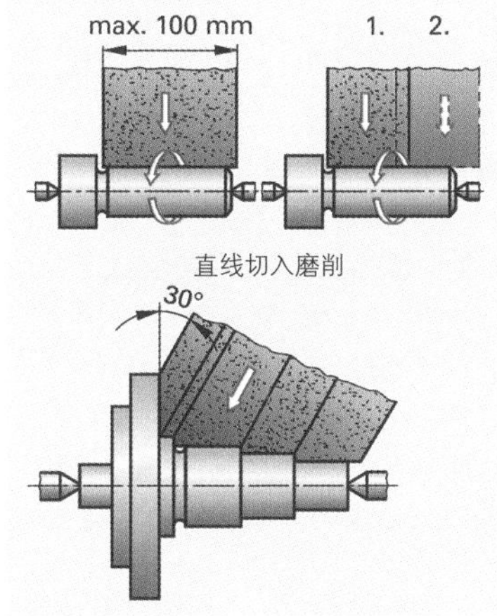

图 2：切入磨削

内圆–圆周磨削（图 3）

与外圆磨削相反，孔内内圆磨削时，磨具与工件的接触长度要长得多。其结果是切屑既薄又长，完全填满了磨具的容屑空间。磨具由于受到孔的直径限制，磨削时其尺寸变化很快。工件和磨削主轴都不允许承受较大的磨削力。因此，磨具的宽度和切深进给量都必须相应地选小一些。

> 磨具直径应达到孔径的 6/10～8/10。
>
> 磨具的有利选择条件是，粗粒度、小硬度且尽可能大的气孔开放的磨具。

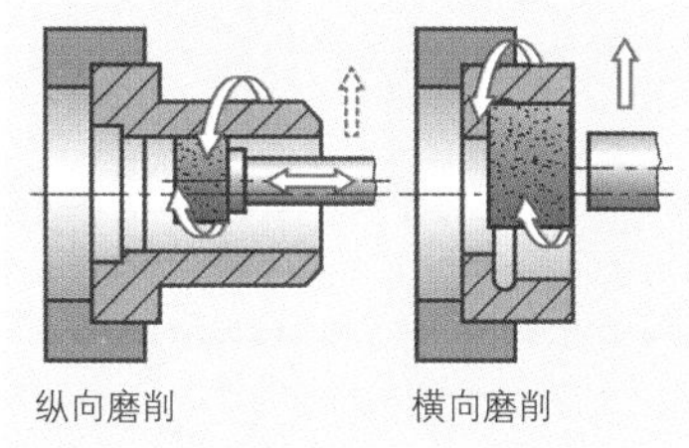

图 3：内圆–圆周磨削

无心磨削（图 4）。

无心连续磨削时，将工件导入支架、砂轮与磨床导轮之间并连续磨削。由砂轮执行磨削任务，与此同时，运行速度慢于砂轮且橡胶卷边的导轮通过其 2°至 15°的倾角执行进给任务。工件本身以与导轮大致相同的圆周速度旋转。这种磨削方法特别适用于无轴肩的圆柱体零件，例如圆柱销钉。

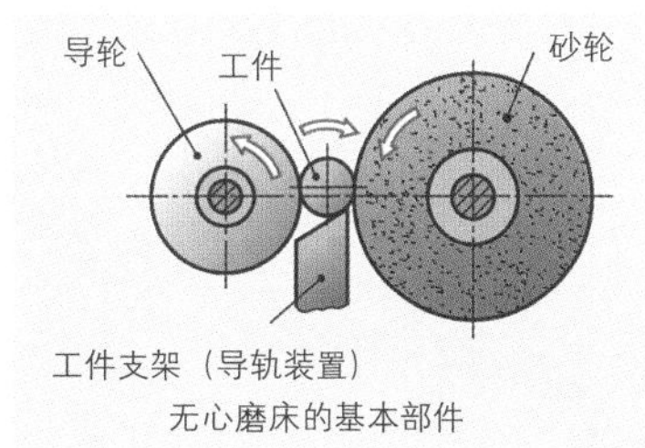

图 4：无心磨削

■ 圆周磨床

我们根据只磨孔或只磨外圆的加工任务类型，把圆周磨床划分为内圆磨床和外圆磨床（图1）。在外圆磨床上加装内圆磨削装置的磨床称之为通用圆周磨床。

外圆磨床和内圆磨床都适用于纵向磨削或横向磨削，我们把这类磨削划分为直线磨削和斜向切入磨削（图4和209页图2）。

操作规范：

对旋转工件的夹紧取决于磨削力的挤压：

- 短工件一般都采用“飞行式”紧固在卡盘或弹簧卡头内。
- 长薄工件夹紧在机床的两个顶尖之间，并用支撑架支承对抗挤压力。

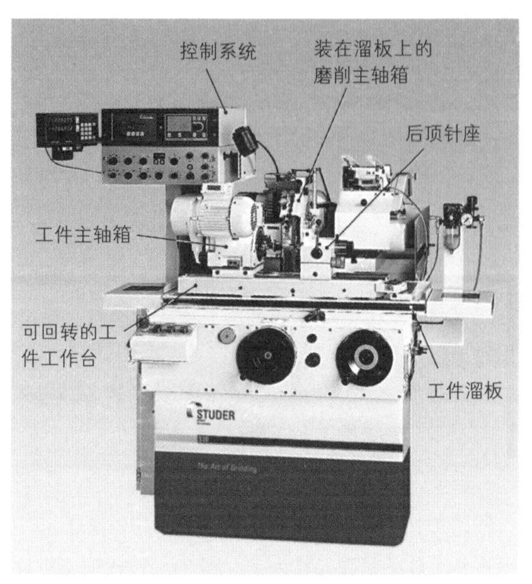

图1：外圆磨床

■ 计算机数字控制（CNC）圆周磨床

工件溜板的纵向运动（Z轴）与装有磨削主轴箱的横向溜板的进刀切深运动（X轴）构成轮廓控制系统的两大主轴线（图2）。

最重要的辅助轴是为能够磨削加工锥度而使工件工作台回转或磨削主轴箱回转的B轴。通过B轴还可以程控装有多个磨削工作轴的磨削单元的回转角度（图3）。这样便可以仅用一次装夹完成外圆磨削和内圆磨削。

计算机数字控制（CNC）磨削可以仅用一种砂轮形状通过轮廓控制磨削加工出多种不同的工件形状（图4）。即便是砂轮的成形修整也可以通过轮廓控制系统进行，非常灵活，就是说，仅用一个金刚石修整器即可把砂轮修整成各种不同的轮廓形状（图5）。

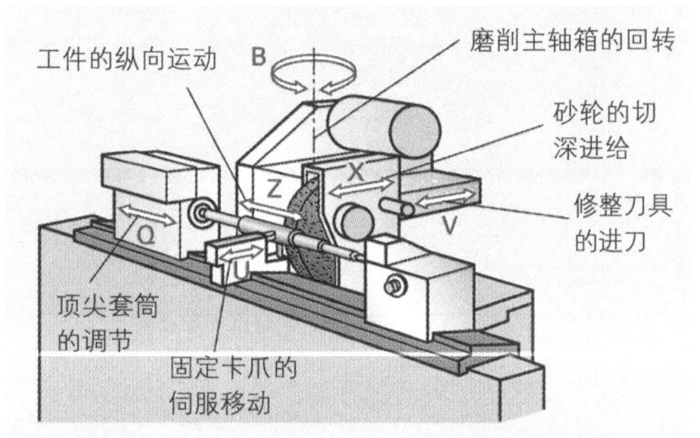

图2：计算机数字控制（CNC）外圆磨床的各种行程运动

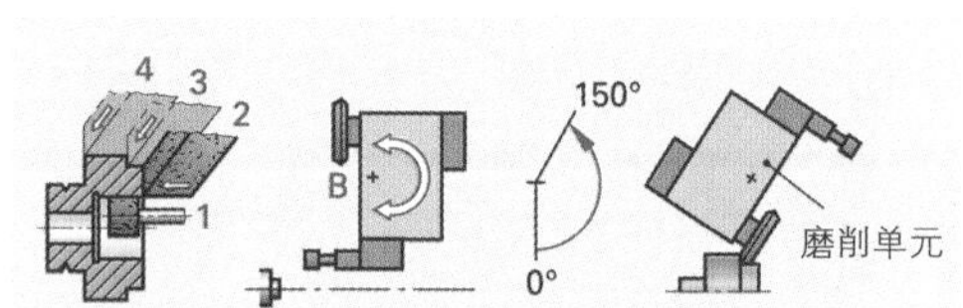

图3：计算机数字控制（CNC）双轴磨削单元

采用计算机数字控制（CNC）系统可使磨削加工过程优化、自动化和过程监控化。

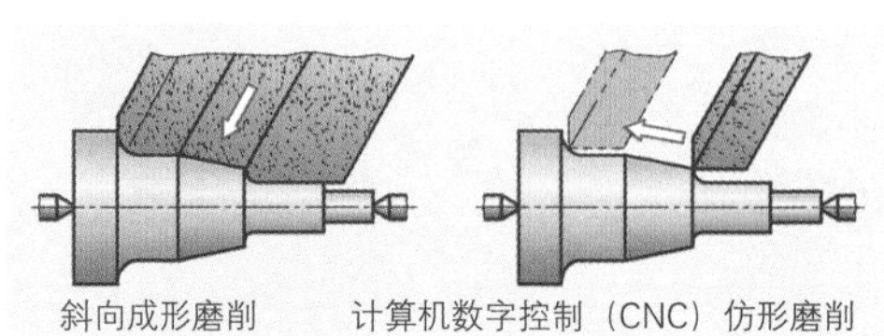

图4：成型磨削

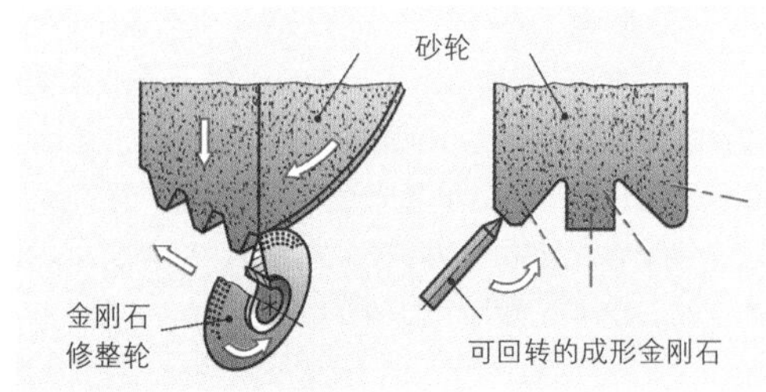

图5：轮廓控制的成形

■ 圆周磨削的工作计划

举例 1（图 1）：

斜向切入磨削一个主轴部件。现在需计划工作流程。

解题：

- 将工件夹紧在三爪卡盘上；
- 修整倾斜砂轮；
- 定位工件相对于砂轮的位置；
- 粗磨外圆（加工尺寸：0.3 mm）；
- 端面磨削轴肩（加工尺寸：0.1 mm）；
- 从轴肩拉回；
- 精磨外圆。

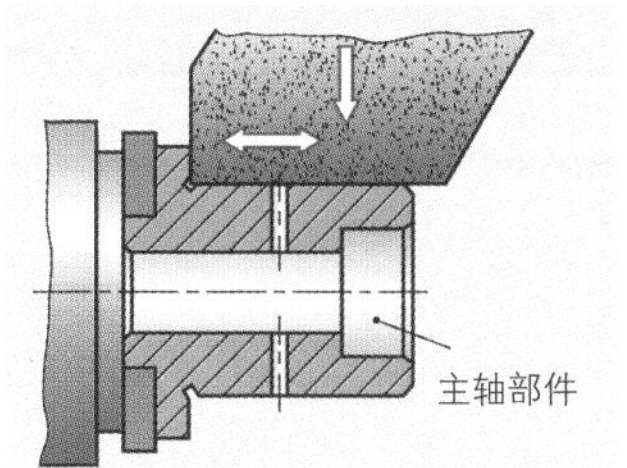

图 1：切入磨削

举例 2（图 2）：

已淬火铬钢滚珠轴承内环磨孔。现需选定砂轮（切削速度：25 m/s）以及磨床上的各设定量。

解题：

- 选择砂轮：37×16×10－A/F100K–6V–60
  选定机床设定量
- 速度比 q=80（见 205 页表 1）
- 进给速度 $v_f=\frac{v_s}{q}=\frac{25\cdot 60\ \text{m/min}}{80}=18.75\ \text{m/min}$
- 工件转速 $n_w=\frac{v_f}{\pi\cdot d}=\frac{18.75\ \text{m/min}}{\pi\cdot 0.004\ \text{m}}=149\ \text{r/min}$

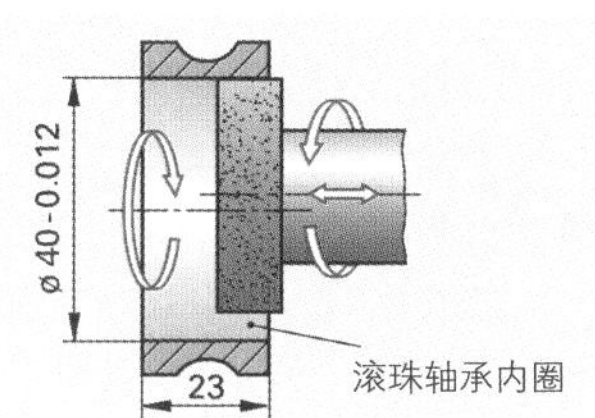

图 2：磨孔

举例 3（图 3）：

纵向磨削一根磨削余量 z=0.5 mm 的钢轴。现需计划工件转速 n_w 和工作台速度 v_T。

解题：

- 工作台速度 $V_T=1/3\cdot b\cdot n_w$
  （$1/3\cdot b$=选定的每圈纵向进给量）
  砂轮宽度选为 b=80 mm
- 工件进给速度 V_f=10 m/min（自选）
- 工件转速 $n_w=\frac{V_f}{\pi\cdot d}=\frac{10\ \text{m/min}}{\pi\cdot 0.095\ \text{m}}=33.5/\text{min}$
- 工作台速度 $V_T=\frac{1}{3}\cdot b_s\cdot n_w=\frac{1}{3}\cdot 80\ \text{mm}\cdot 33.5\frac{1}{\text{min}}$

  $V_T=893\ \text{mm/min}$

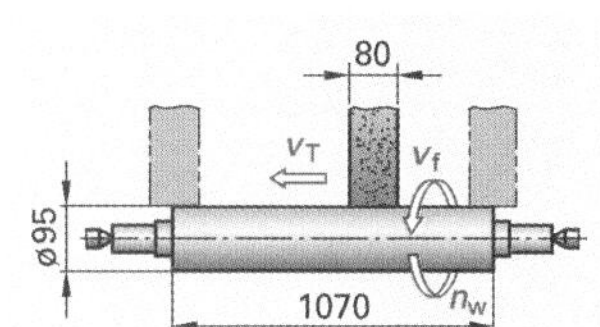

图 3：纵向磨削

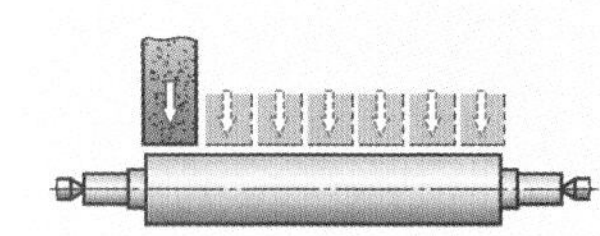

图 4：切入磨削

本小节内容的复习和深化：

1. 粒度 60 的磨具大概可以达到何种表面粗糙度？
2. 砂轮中黏结剂担负什么样的任务？
3. 成形磨削时采用陶瓷黏结剂有什么优点？
4. 如何理解砂轮的硬度？
5. 为什么磨损也与砂轮的硬度有关？
6. 为什么磨削硬材料时应采用软砂轮，而磨削软材料时却应采用硬砂轮？
7. 为什么推荐采用开放气孔的砂轮磨孔和强力磨削？
8. 为什么必须对砂轮进行修整？
9. 检验和紧固砂轮时必须注意哪些事故防范规定？
10. 磨削产生的热量将对工件产生哪些作用？
11. 与纵向磨削（图 3）相比，逐段切入磨削（图 4）有哪些优点？

3.8.11 拉削

拉削是一种使用多刃刀具的切削方式。拉削完成后，工件所得轮廓便是拉刀刀具规定的轮廓。

拉削时，通过交错的切削刃，使拉刀一个加工行程即可达到小切削厚度和大进刀量（图 1）。拉削的这个特点使其能够在短时间内加工高难度轮廓的工件，同时还能具备工件表面质量和工件形状的高精度。由于拉削刀具只能用于一种指定形状，这种加工方法也因此只能用于大批量生产。

■ 拉削加工方法的改型

推刀拉削是技术上最为简单的一种拉削方法。拉床推杆顶着推刀从工件旁边驶过，或顶入工件预加工的孔（图 2）。这种加工方法特别适用于中小批量生产。

其弱点在于相对单薄的推刀的纵向弯曲应力已濒临负荷极限。此外，此法只能加工长度小于拉床最大行程长度的工件。但这些弱点对于拉刀拉削则几乎不是问题。因为拉床拉力方向的可负荷性能更好，可以设定高于推刀的切削速度。因此，拉刀的刀具准备时间更短。虽然刀具和机床的技术成本较高，但仍值得投入大批量生产。

用于拉削工件内轮廓的拉刀称为冲头（图 3）。

拉刀拉削加工工件外轮廓的一种特殊方法是链式拉削。固定在链条上的工件托架夹紧工件，由链条牵拉经过固定的拉刀刀片（图 4）。

螺旋拉削是一种类似于螺孔切削的切削加工方法。加工时，工件装夹成可旋转的，并旋转穿过螺旋形排列的拉刀齿面，由此形成规定的螺距。这种方法同样也可用于外螺纹加工。

成形拉削。拉削时，刀具执行一个受控的圆形切削运动并由此产生成形面。如果工件还能绕着工件轴线旋转，那么，这种加工方法又可称为旋转拉削。

我们根据拉削成形轮廓和面的位置将拉削加工划分为内拉削和外拉削（图 5）。

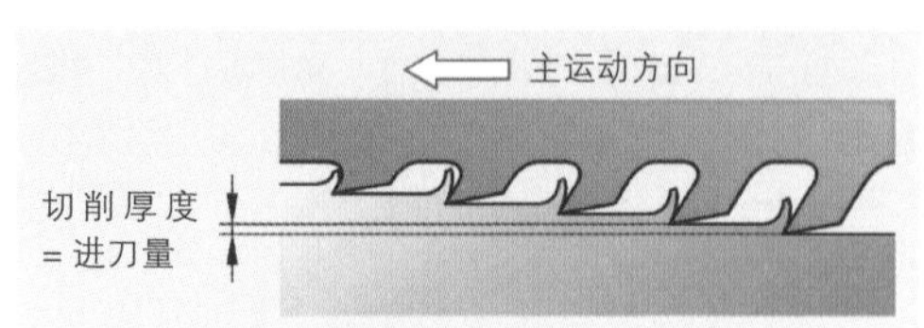

图 1：拉刀切削刃几何形状

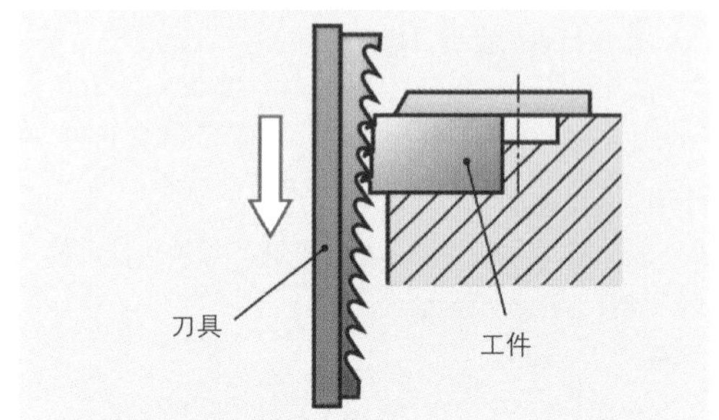

图 2：推刀

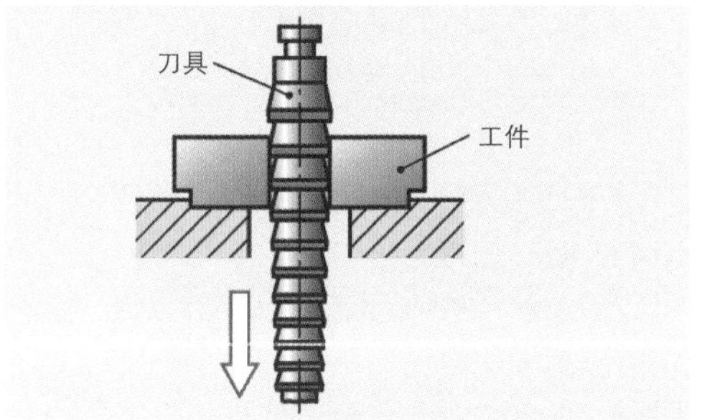

图 3：冲头

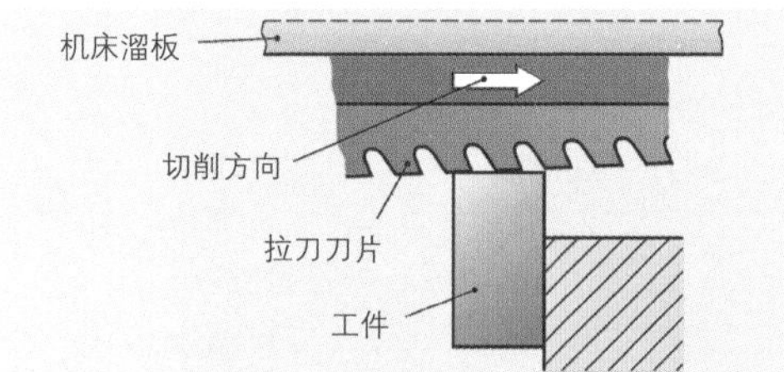

图 4：端面拉削的拉刀刀片

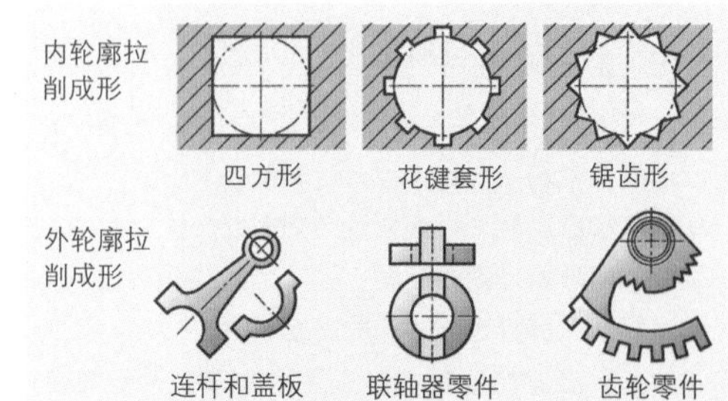

图 5：若干拉削加工的成型件

■ 拉床

拉床配装的多刃刀具以顶推或牵拉方式经过工件的待加工面。这种方法可以用一个加工行程即完成工件面的加工。

根据多种不同的拉削方法，拉床的切削运动大部分由刀具执行，但也有由工件执行。切削速度是工件表面粗糙度的重要影响因素。拉刀本身已确定了进刀量。

拉削加工参数值取决于工件材料以及刀具切削刃，可从刀具参考值表中查取。根据加工任务的不同，拉床划分为内拉削拉床和外拉削拉床。此外，拉床又分立式和卧式结构形式。

卧式拉床占地较大，因为此类拉床用于加工特长工件（图 1）。拉刀各部分由数控系统依序加入切削，通过合理分配拉刀，可使拉床长度明显小于拉刀的总长度。

图 1：卧式外拉床

图 2：立式内拉床

立式拉床由于其高度常放置在基坑内，或将操作台升高（图 2）。

不过，升降台拉床不必升高操作台。这里由工件实施工作行程。拉床由液压驱动，数字控制。

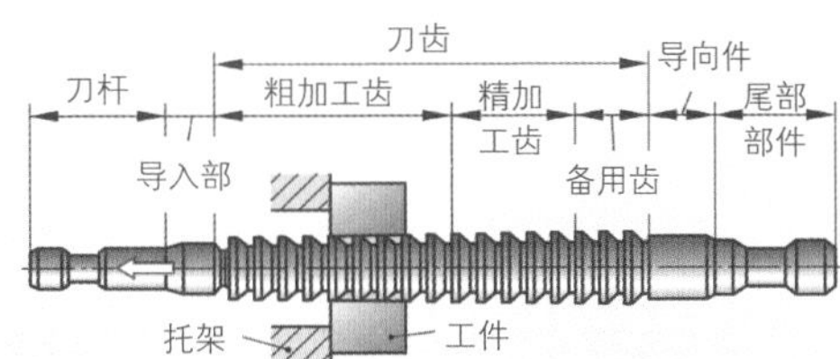

图 3：拉刀的原理性结构

■ 内拉削工件加工计划

首先由夹板夹紧工件，然后将悬挂固定在尾部支架上的拉刀送入工件孔，刀夹解锁。

■ 拉削刀具

拉刀一般由涂层的高速切削钢构成，或装有硬质合金可转位刀片。为使拉刀能够重磨，每一个拉刀尾部均配有校准件、备用齿（图 3）。

本小节内容的复习和深化：

1. 为什么拉削只用于中等和大批量生产才合理？
2. 推刀、冲头或拉刀刀片分别用于什么用途？
3. 请解释拉刀的结构与功能之间的关系。
4. 如何使卧式外拉床的长度小于其拉刀的长度？
5. 拉刀的备用齿用于什么用途？

3.8.12 精密加工

精密加工的一个典型应用举例是强制点火式发动机和柴油发动机的汽缸镜面（图 1）。一个发动机组中的汽缸内径必须全部加工到汽缸镜面与活塞环之间具备良好的滑动性能为止。

平面珩磨的表面因凸起平顶很小的表面粗糙度而具有良好的滑动性能（见 42 页）。工件材料的小切除量可产生高材料比（承重比）。表面上较深的浅槽担负着吸纳润滑油的任务。发动机或齿轮箱的跑合性能也因此得到改善。

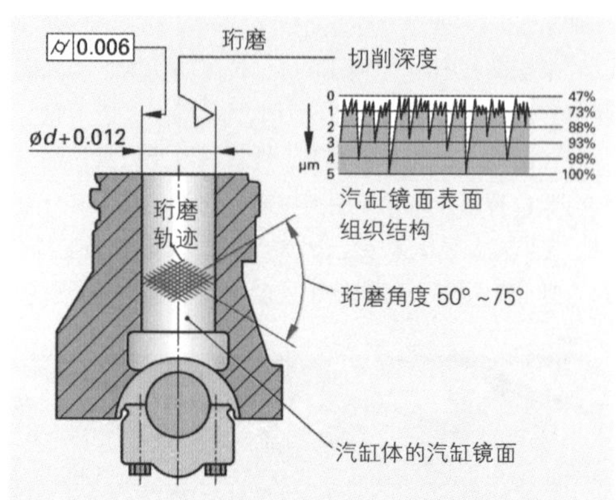

图 1：汽缸镜面的精密加工

■ 对发动机的要求（表 1）

- 汽缸镜面的高承载能力；
- 新发动机的跑合时间短；
- 通过高润滑能力和高材料比使汽缸镜面的磨损极小（图 2）；
- 燃料和油料的低消耗；
- 通过良好的防摩擦性能避免活塞被咬住。

防摩擦性能还受到工件材料硬度和应力的影响，或在加工时既已出现的表层材料组织变化等因素的影响。因此，磨削加工后的零件还必须进行精密加工，以消除因磨削热量和磨削压力导致的表层损伤。（图 3）。

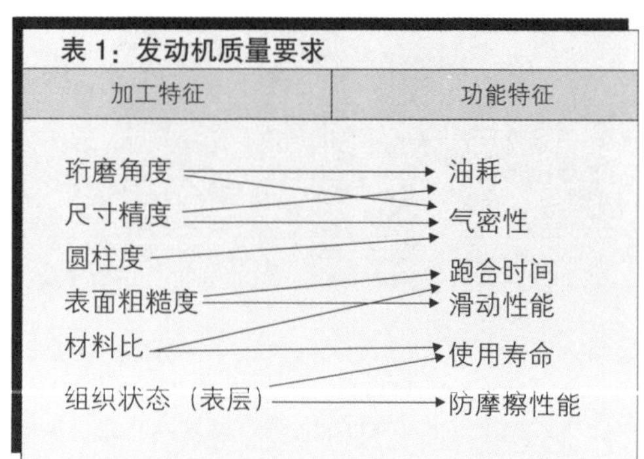
表 1：发动机质量要求

加工特征	功能特征
珩磨角度	油耗
尺寸精度	气密性
圆柱度	跑合时间
表面粗糙度	滑动性能
材料比	使用寿命
组织状态（表层）	防摩擦性能

■ 对精密加工方法的要求

- 滑动面和密封面的高材料比（承重比）；
- 极小的表面粗糙度，以提高材料比和耐磨强度。但由于滑动面润滑油的附着性能要求，有必要要求其表面粗糙度达到 R_z=1~3μm（图 2）；
- 高尺寸精度，高形状和位置精度。其公差等级应达到 4 级甚至更高；
- 工件表层没有因加工时的热量或压力受到损伤。

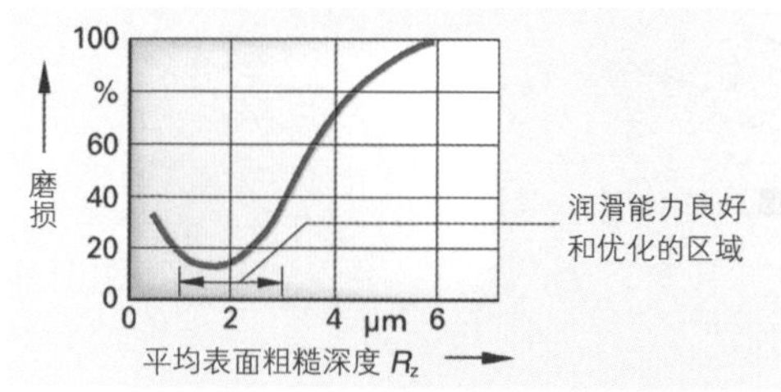

图 2：表面粗糙度对运行面磨损的影响

> 珩磨时，密封面和滑动面均仅有极小的压缩应力。这就提高了功能零件的承载能力和疲劳强度。
>
> 研磨零件的表层看不出因加工热量和压力造成影响的痕迹。

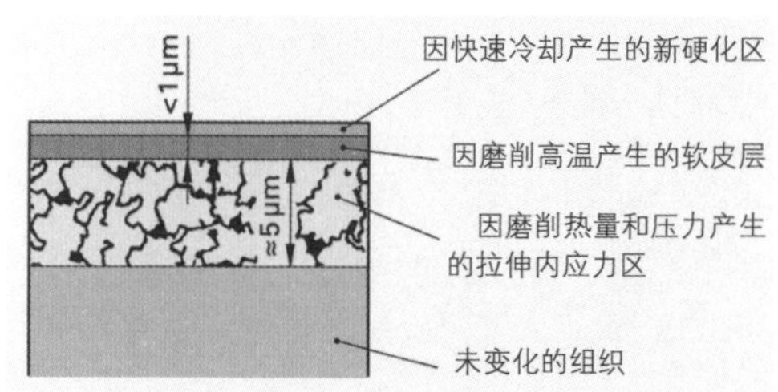

图 3：磨削加工所损伤的工件表面

3.8.12.1 珩磨

发动机的汽缸内径和连杆内径以及液压阀的控制分配座均需低磨损的润滑滑动面（图 1）。达到该要求最可靠的加工方法就是珩磨，因为珩磨面是网纹交叉浅槽型表面，具有优异的驻油特性。

> 珩磨的特点是，工件切削过程中，旋转运动和轴向运动重叠进行，工件表面的温升极低。

珩磨是用珩磨条上黏接的颗粒持续接触加工面的一种切削方法。根据行程长度，我们把珩磨划分为长行程珩磨和短行程珩磨。

■ 长行程珩磨

长行程珩磨时，刀具，即内珩磨头，做旋转运动和直线行程运动，使工件表面所产生的加工网纹按设定的角度交叉（图 2）。圆周速度 V_t 与轴向运行速度 V_a 共同产生切削速度 V_c。

根据孔径的大小，内珩磨头可在径向移动支架上装夹 3 至 12 个珩磨条。锥体心轴使珩磨条做闭合形切深进给运动。当孔径达到设定尺寸时，装有气动检测喷嘴的内珩磨头自动中断切深进给。

形状修正：相对较长的珩磨条以及闭合形切深进给所产生的大面积重叠可修正孔内径加工时的各种圆柱体形状偏差。通孔加工时，设定行程位置和行程长度的原则是，珩磨条必须能从孔内伸出其长度的 1/3（图 3）。如果预加工的孔有圆柱体形状偏差，需在小孔径端扩大超程，而在大孔径端缩小超程（图 4）。

如果底孔没有超程，可用短内珩磨头在底部进行短行程粗珩磨。

珩磨过程：珩磨条以 10 ~100 N/cm² 的压力压向工件。即便在粗珩磨时，小压力和低切削速度（小于 30 m/min）使工件表层温度也不会超过 100 ℃。

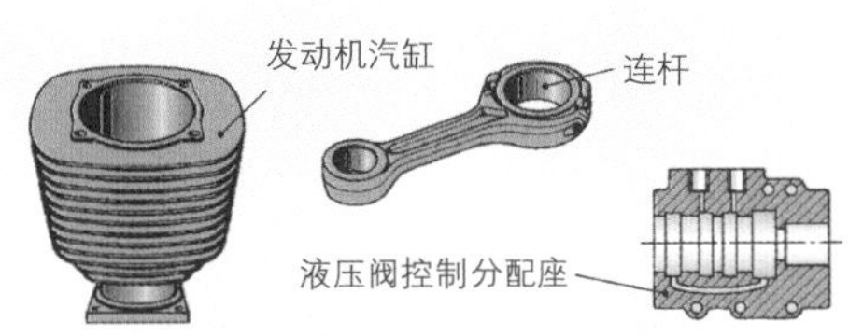

图 1：典型的长行程珩磨举例

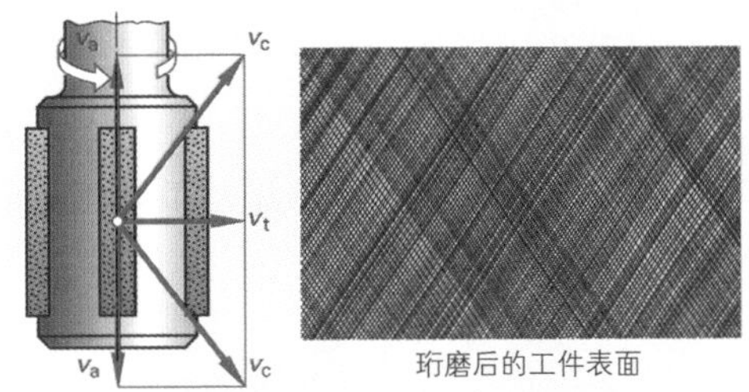

图 2：长行程珩磨时的各种运动和工件表面

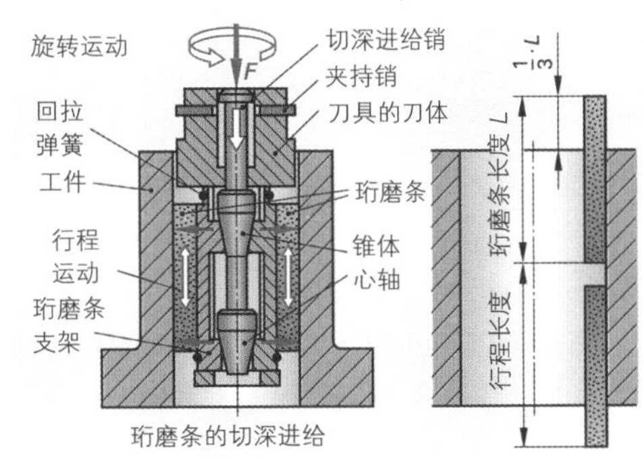

图 3：内珩磨头的切深进给和行程运动

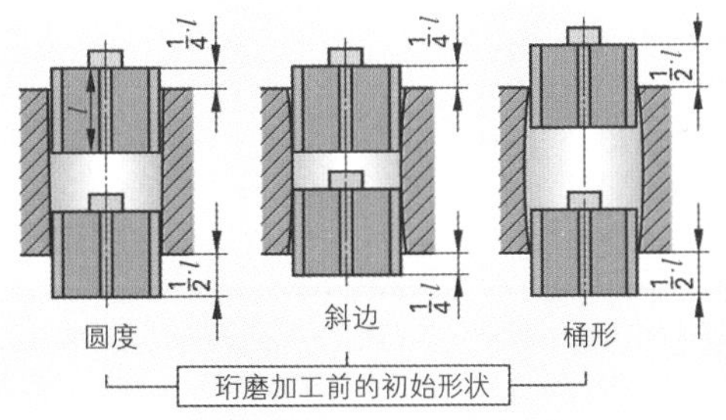

图 4：珩磨条超程对孔形的影响

珩磨过程开始时，工件表面粗糙的尖顶和波纹状峰顶被迅速削平。随着表面承重部分比例的增加，在始终保持的珩磨条压紧力作用下，珩磨颗粒降低了对工件表面的压入深度。珩磨条颗粒的负荷最后小到它们无法继续碎裂。这样，随着珩磨时间的延续，工件材料的切削、珩磨条的磨耗和工件表面粗糙度的下降均逐步降低（图 1）。

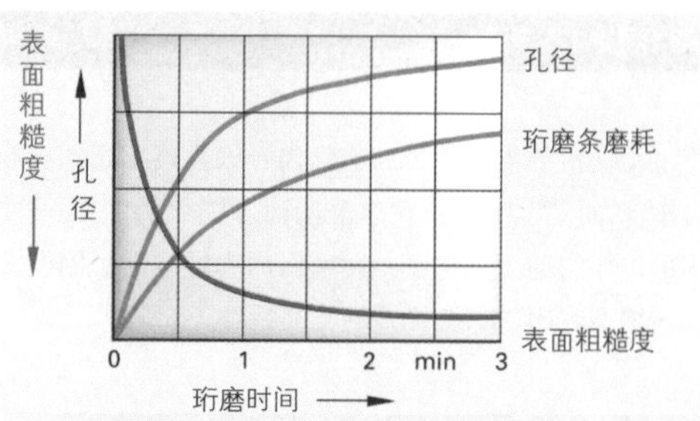

图 1：珩磨时间对工件材料的切削，珩磨条的磨耗和工件表面粗糙度的影响

> 随着珩磨时间的增加，尺寸和工件表面粗糙度的变化每分钟都在减少。

■ **珩磨条的结构**

珩磨条的构造与砂轮一样。珩磨条也应在压紧力小时能够自锐运行，就是说，虽然颗粒负荷小，但颗粒必须能够继续碎裂和脱离。珩磨条使用的磨粒种类大部分是金刚石和氮化硼，粒度规格为20~200 μm，粒度小也会使珩磨后的工件表面粗糙度小（R_z=0.1~10 μm）。

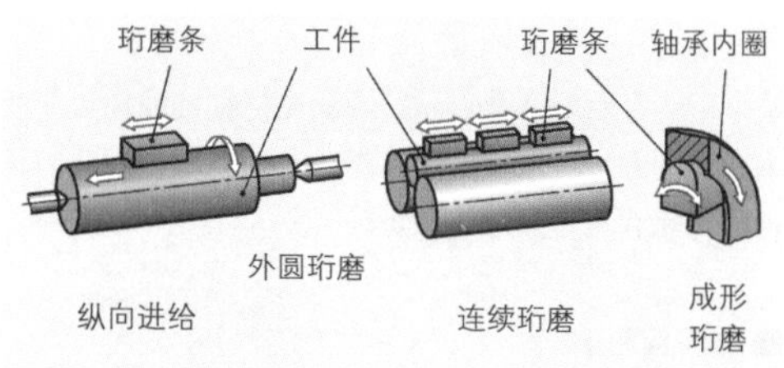

图 2：短行程珩磨方法

> 粒度规格、压紧力和切削速度均能影响珩磨所能达到的工件表面质量。

■ **短行程珩磨**

短行程珩磨主要用于圆柱体外表面精密加工，例如曲轴的轴颈或滚动轴承的滚道（图 2）。

通过消除磨削加工时产生的软皮和加工网纹，短行程珩磨可大幅度提高高负荷结构件的疲劳强度。

珩磨条固定安装在一个机电驱动或气动驱动的振动头内。振动头以横向偏离粗加工车削或磨削网纹1~6 mm 的方式在工件上纵向振动，这时振动头对旋转工件的压紧力为 10 ~40 N/cm²（图 3）。频度为2300~3000 r/min 的短快行程限制了珩磨条的规格，就是说，短行程珩磨只能减少珩磨条重叠区内的工件形状偏差。

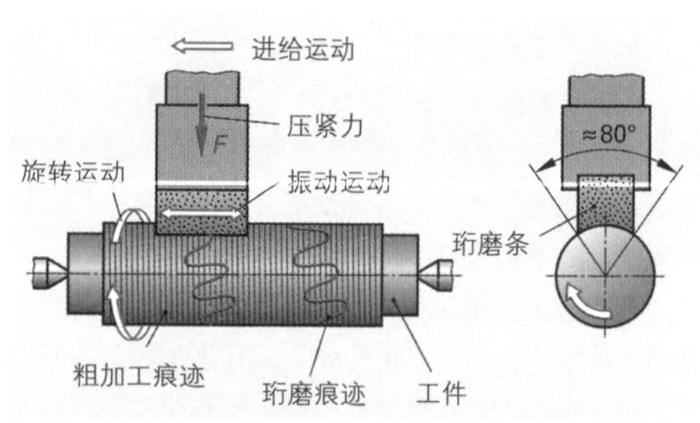

图 3：短行程珩磨时的各种运动

> 通过消除工件表面波纹，短行程珩磨可以明显改善工件的圆度，但对工件的圆柱体形状偏差几乎无法修正（图 4）。

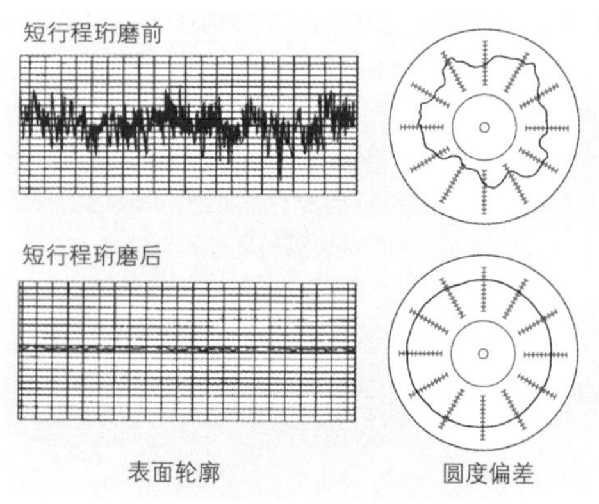

图 4：短行程珩磨时的工件表面和圆形形状

3.8.12.2 研磨

研磨时，无数个松散颗粒在研磨盘与工件之间滚动（图 1）。通过颗粒的滚动效应及其搓揉作用磨除工件材料的表面，与珩磨相反，研磨的加工痕迹是无方向的。

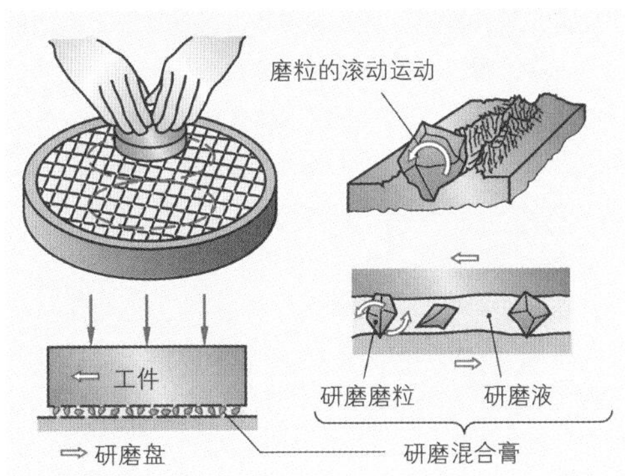

图 1：研磨过程

■ 影响研磨过程的因素

- 颗粒的粗粒度使材料的磨除量大，而细粒度产生的工件表面粗糙度小。
- 压紧力的上升使工件材料的磨除量也随之增大（图 2）。因此，研磨过程开始时采用大压紧力，研磨结束时改用小压紧力。
- 研磨速度对工件材料的磨除量和工件的表面质量影响较小。

研磨混合膏由研磨磨粒和水或研磨油组成（图 1）。为了只让磨粒的尖端突出于水膜或油膜之外，大粒度磨粒经常使用特制的研磨油。

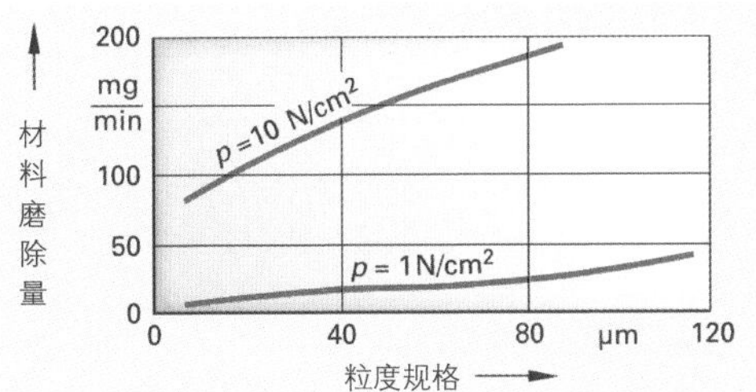

图 2：材料磨除量与磨粒粒度规格和压紧力的相关关系

研磨磨粒（研磨粉）应尽可能多地磨除工件材料并达到均匀的表面粗糙度。重要的是，粒度均匀、大小差异小，因为单个大磨粒容易造成工件表面划伤。一般常用的粒度代号是 400、500 和 600，其平均粒度规格分别是 9.3 μm、12.8 μm 和 17.3 μm。迄今为止经常使用的由碳化硅、天然刚玉和氮化硼组成的研磨粉已逐渐被金刚石磨粒所替代。

■ 单盘研磨机（图 3 和图 4）

单盘研磨机的特征是旋转的研磨盘和修整环。

研磨盘（工作盘）一般由微粒铸铁组成。中等硬度的研磨盘易于修整并有利于磨粒的滚动。因此，研磨后的工件表面是典型的麻面。

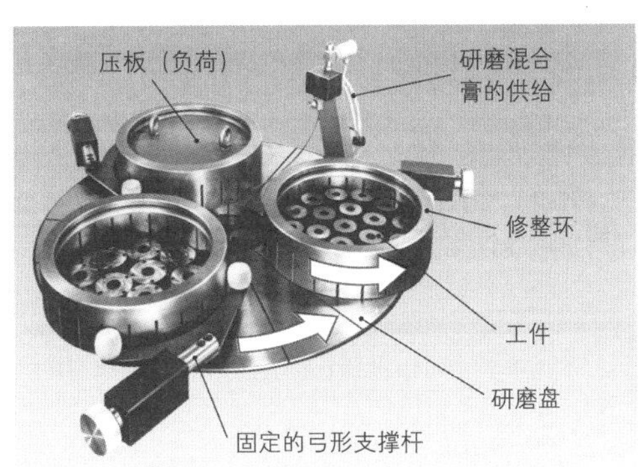

图 3：单盘研磨机的平面研磨

抛光研磨采用的是铜、钢或铝研磨盘。这种使用微粒的“软”研磨盘可加工出镜面。

修整环的任务如下：

- 夹持并导引工件在轨道上移动，这种轨道应能使研磨盘均匀地磨除工件材料。
- 通过修整环在研磨盘最大直径处以与研磨盘相同的旋转方向与研磨盘共同旋转的方式修整研磨盘。
- 分配研磨混合膏并去除从槽内到研磨盘边缘的研磨磨屑。

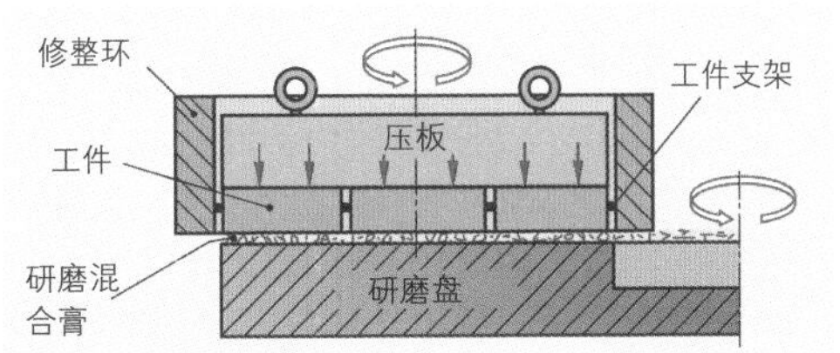

图 4：用压板的研磨

■ **研磨盘平面度的检验**

为在一个直径为 100 mm 的工件上达到 0.1 μm 的平面度，研磨盘的平面度必须至少达到这个平面度精度或更高。为了监视研磨盘的平面度，每个工作日应检测研磨盘平面度一至两次。检测用具采用精确的直尺或有多个检测触头的检测尺（图 1）。

如果单盘或双盘研磨机的研磨盘平面度超过允许偏差，必须修整研磨盘。如果外部切削量过大，研磨盘平面可能形成中间凸起的形状（图 1）。对此应采取补救措施：按每级 2.5 mm 向内调整修整环，直至达到所需平面度为止。如果研磨盘呈现出凹面形状，应向外调整修整环。

> 研磨盘的形状偏差取决于工件的材料和形状以及修整环的转速。

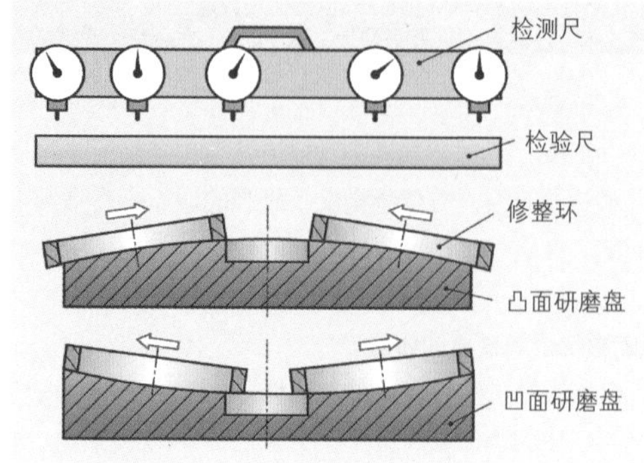

图 1：平面度偏差时修整环的调整

平面研磨时，研磨盘的平面度转移到工件上。压板提高了工件材料的磨除量（见 217 页图 4）。不平整的工件须用弹性中间垫圈顶向研磨盘。小型工件装入修整环工件支架的空白处。

平面平行研磨时，压板不用中间垫圈。压板底面必须具有高平面度并非常洁净。这种研磨方法可达到的平行度精度为 0.2 μm。

双盘研磨机可同时在两个研磨盘之间加工工件表面（图 2）。连续供给并计量的混合研磨膏和上研磨盘的压紧力同时作用，磨除工件材料。工件被送入齿盘（转盘）。通过研磨盘旋转方向的变换和工件超出研磨盘边缘的超程运行来达到研磨盘的均匀磨除。

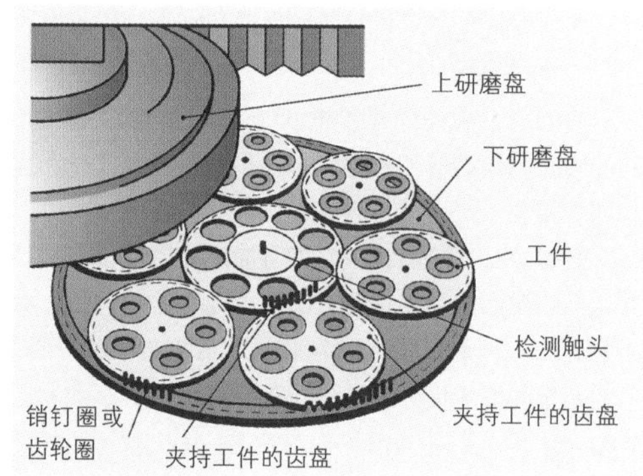

图 2：双盘研磨机

> 由于工件可能出现翻转现象，要求工件高度应低于支承面尺寸。

研磨的典型应用范例有，例如齿轮泵零件（图 3）。对于泵的功能而言，零件的端面平行度和齿轮宽度以及中间垫板非常重要。

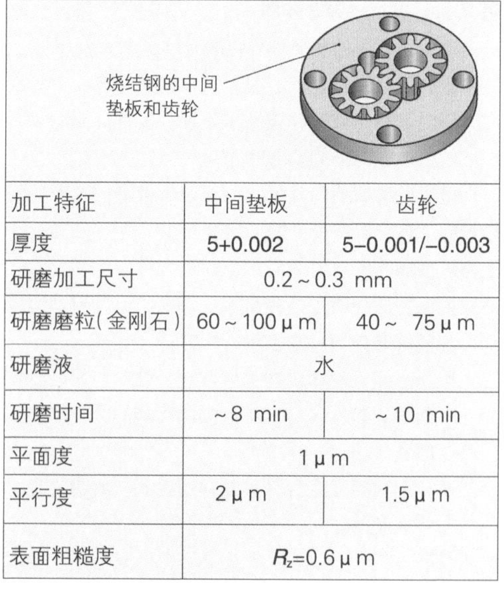

加工特征	中间垫板	齿轮
厚度	5+0.002	5−0.001/−0.003
研磨加工尺寸	0.2～0.3 mm	
研磨磨粒（金刚石）	60～100 μm	40～ 75 μm
研磨液	水	
研磨时间	～8 min	～10 min
平面度	1 μm	
平行度	2 μm	1.5 μm
表面粗糙度	R_z=0.6 μm	

图 3：齿轮泵零件平行度研磨

平面珩磨，又称精密磨削，它用黏接着聚晶立方氮化硼（CBN）的圆板或金刚石板（粒状物板）的加工板取代研磨盘（图 1）。用这种方法制作的加工板具有较大的中间空间，利于珩磨油或水的冲洗。

与研磨相比，平面珩磨的工件材料磨除量得到提高。例如对 0.6~0.8 mm 的留磨余量，可以在一分钟内达到±2 μm 的公差尺寸要求。

平面珩磨可达到的平行度为 0.5~2 μm，而研磨为 0.2~1 μm。

> 平面珩磨（精密磨削）是替代研磨的一种经济的加工方法。与磨削相比，平面珩磨在磨除工件材料时，采用大接触面、低切削速度和小压紧力。

外圆研磨同样在双盘研磨机上进行。转盘上工件的倾斜位置使上下研磨盘之间产生滚动运动和滑动运动（图 2）。为了保证研磨盘的平面度，偏心轮每转一圈，工件都要超出研磨盘的全部研磨面。

工件的线性接触使得例如喷嘴针、检测用圆柱体或液压控制活塞等零件在研磨加工后提高了直线度、圆柱度和尺寸精度（图 3）。

研磨加工方法总是推荐用于加工有平面或平行面并且尺寸精度要求极高的工件（图 4）。所有的工件材料都具有可研磨性，例如钢、硬质合金、铝、陶瓷和塑料。研磨对工件材料的影响只有在磨除功效和工件表面质量方面才会显现出来。

本小节内容的复习和深化：

1. 汽缸镜面的尺寸精度和表面粗糙度影响到发动机的哪些性能？
2. 对精密加工方法都提出了哪些要求？
3. 珩磨时工件表面的网纹状浅槽是如何形成的？
4. 长行程珩磨如何修正汽缸的桶形偏差？
5. 大压紧力对研磨过程产生哪些作用？
6. 为什么在研磨时研磨盘必须均匀磨除？

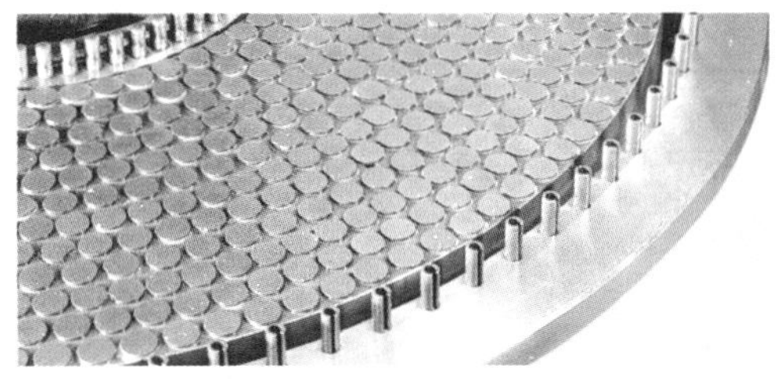

图 1：使用“粒状物板”进行平面珩磨

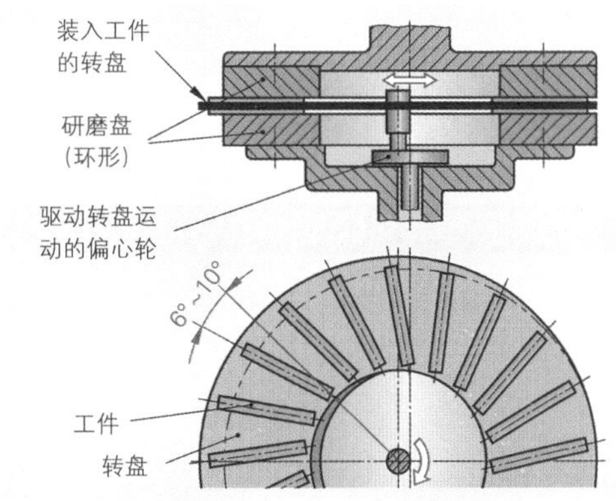

图 2：在双盘研磨机上做外圆研磨

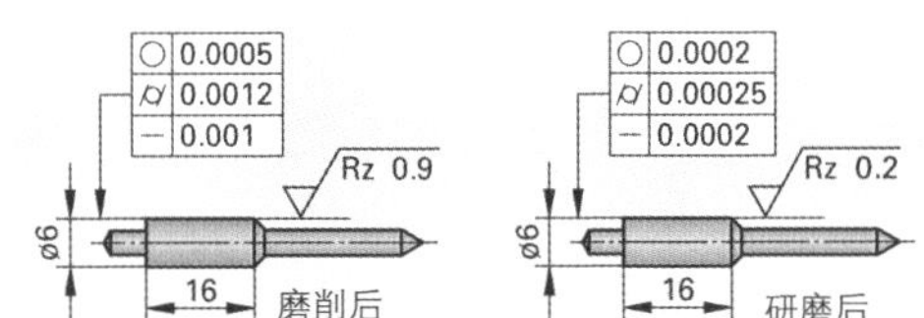

图 3：粗加工和研磨后的喷嘴针

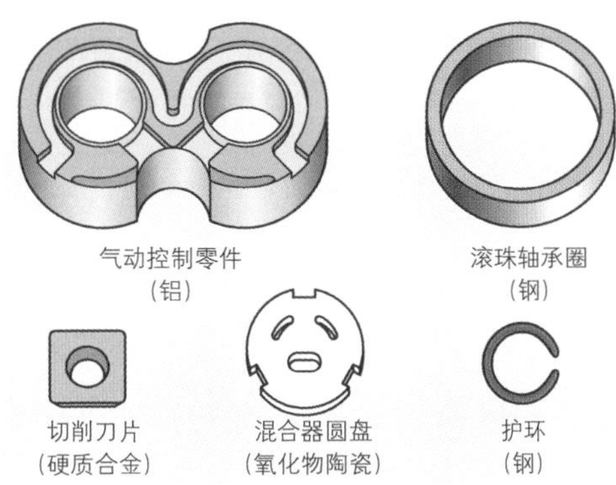

图 4：在单盘研磨机和双盘研磨机上研磨的零件

3.8.13 电火花蚀除

使用电火花蚀除切割法（电蚀法）可以加工所有导电的、任何硬度的材料。因此，这种加工方法特别适用于淬火钢、硬质合金等单个零件上难以加工的空心形状，沉孔和模具的模孔。

> 电火花蚀除切割法可以加工所有的金属材料。

我们把电火花蚀除切割法划分为两种：电火花沉入切割法和电火花切割法（线切割法）（图 1）。

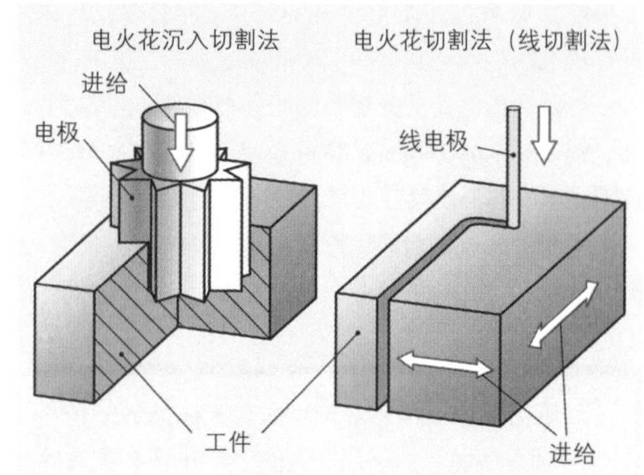

图 1：电火花蚀除切割法

3.8.13.1 电火花沉入切割

电火花沉入切割法是指通过电极在工件中加工出所需的形状。电极本身作成所需工件形状的对应件（见 222 页图 1）。

■ 沉入切割设备的结构

沉入切割设备由装备进给和位置控制系统的机床、产生放电电流的起电装置和一个装备有泵、过滤器和冲洗电介质装置的容器组成（图 2）。进给运动由数字控制系统控制。

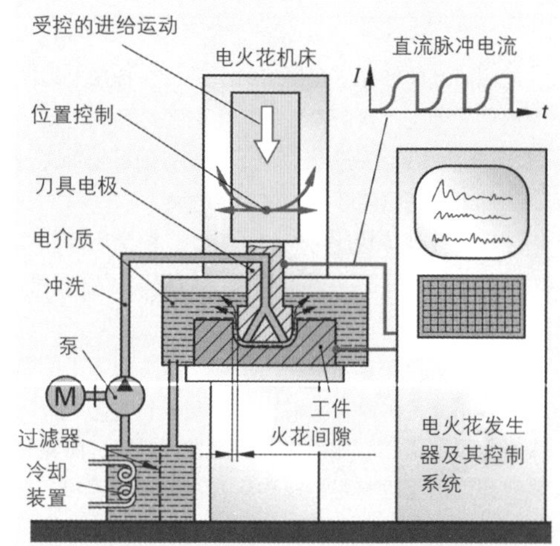

图 2：沉入切割设备的结构

■ 切割过程（图 3）

电压的生成：工件和电极均接入起电装置产生的 20~150V 直流脉冲电压。作为刀具的电极逐步接近工件，直至一个小的间距，即火花间隙为止。

放电过程：在电极与工件之间充满着绝缘工作液、电介质。在电场的作用下，在火花间隙最窄处聚集着电离子和工件材料微粒。这种聚集导致产生飞弧。放电电流一直上升到 0.5~80 A 可调范围的最大值。这时放电通道产生的温度最高可达 12000 ℃，它足以熔化和汽化工件材料微粒。

切割：放电通道在电脉冲结束时崩溃。工件材料微粒也从放电通道抛掷出去。每一个电火花产生一个小型弧坑形凹痕。切割后的工件形状就是由无数个这样的凹痕组成的结果。电极材料也同时被切除（磨损）。

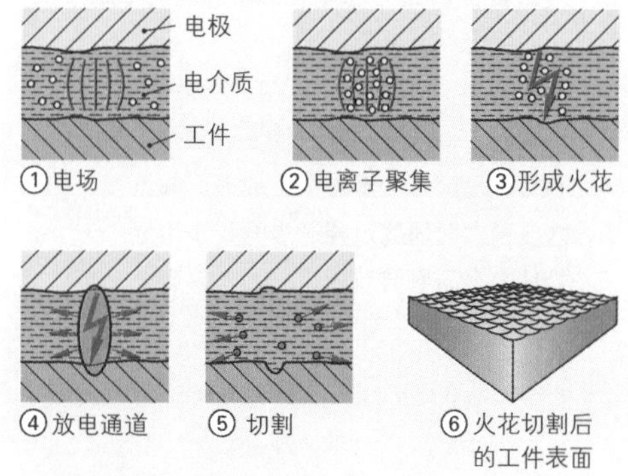

图 3：切割过程

■ 电火花切割加工特征值

起电装置产生序列脉冲和脉冲间隔。这里，电压 U、电流 I、脉冲持续时间 t_i 和脉冲间隔 t_0 等数值均为可调，一般由程序控制。每一个脉冲均由引弧电压作用放电通道的构成时间和自身的放电时间两部分组成（图 1）。设定的电流强度越大，脉冲间隔比例关系中的脉冲持续时间越长，所切割的工件材料量就越大，工件的形状精度和表面质量也越低（图 2）。

> 提高电流强度和延长脉冲都会增加工件材料切割量，但同时也降低工件的形状精度和表面质量。

起电装置的控制决定着工件的形状精度、尺寸精度、表面质量以及电极的磨损等（图 3）。

电火花精切割后，必须尽量保持工件材料表层组织（图 4）不变化或少变化，避免影响工件的功能和耐磨强度。

■ 火花间隙

火花间隙是作为刀具的电极与工件各边之间的中间空间。火花间隙越小，成型精度越高。根据各自不同的工件材料切割量和表面质量要求，火花间隙可达到0.03~0.1 mm。

■ 电介质

可用作电介质的有矿物油或人工合成碳氢化合物，电火花切割法时还可使用脱盐（去电离）水。切割物、分解产物和切割时产生的热量等必须由电介质冲洗带走。因此要求必须有效地冲洗、过滤、冷却和定期更换电介质。同时还要求抽吸切割产生的蒸气和分解产物，严格遵守劳动保护和火灾防护规定。

■ 材料切割量

沉入切割法每分钟可达到的工件材料切割量实际上取决于下列因素：

- 工件材料和电极材料；
- 电极的横截面积；
- 粗切割法还是精切割法。

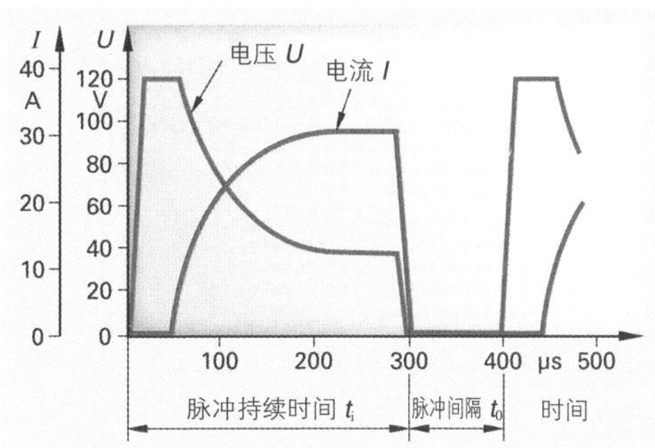

图 1：放电时间曲线图

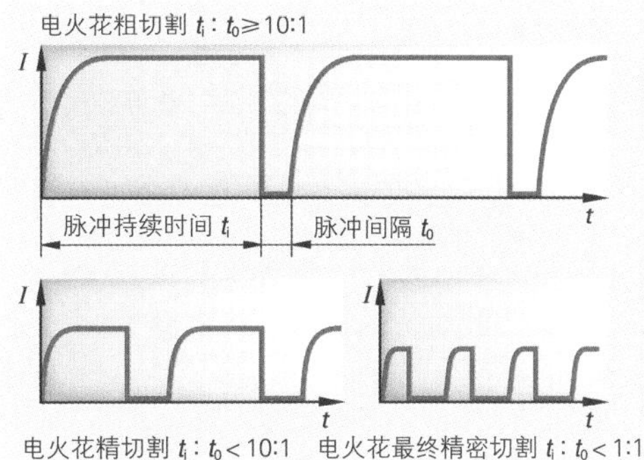

图 2：电火花蚀刻切割法的调节值

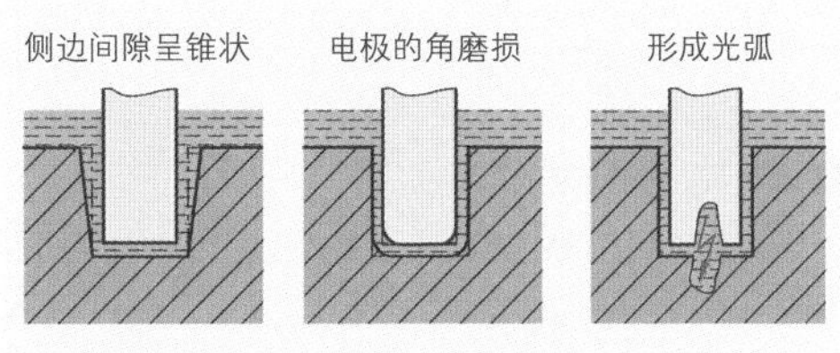

图 3：沉入切割法时的形状偏差

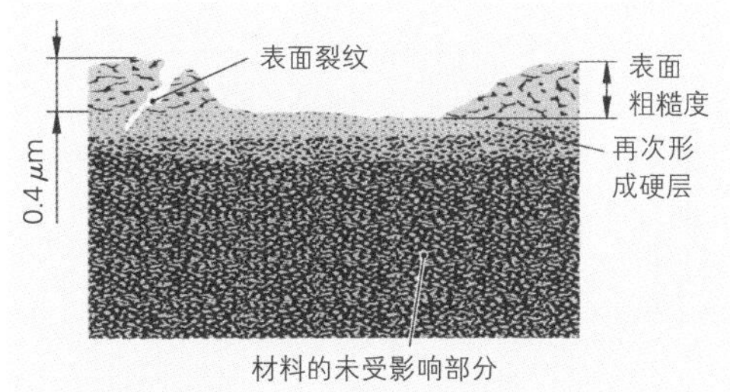

图 4：电火花切割后工件表面的组织变化

■ 电极

电极尺寸：电极制造时必须考虑下列因素，火花间隙的大小和电极的磨损。由于电火花切割精加工时的电流强度和因此产生的火花间隙小于其粗加工时的相应数值，精加工电极的尺寸公差下限也要小于粗加工电极的尺寸公差下限。

电极材料：电极材料必须导电，具有高熔点和低电阻。一般均采用石墨（图 1）、铜（图 2）、钨-铜和铜锌合金（表 1）。

表 1：电极材料

电极材料	电极的特性	用途
石墨	用高速铣削加工(HSC)方法容易加工，磨损小	钢和不锈钢
铜	容易加工，切割效率高，磨损程度中等	钢和不锈钢
铜－钨	加工硬质合金材料时自身磨损小	工具钢，硬质合金
黄铜线	可忽略黄铜线的磨损	用于线切割

电极制造：电极既可浇铸成实心材料，然后铣削、线切割，也可用零件组装。制造时，电极的毛坯件需装在夹紧装置上加工，电火花加工机床仍用这种夹紧装置装夹电极。

■ 电火花沉入切割的各种方法

单轴向沉入法：切割加工过程中，电极只按进给方向运动（参见 220 图 1）。

行星式切割法：切割加工过程中，电极在行星装置导引下沿 *X* 和 *Y* 轴方向运动。在 *Z* 轴方向上也可以有进给或无进给地执行这种运动（图 3）。

行星式切割法时，可以用同一个电极进行粗加工和精加工，并修正最终的切割尺寸。

轮廓控制式切割法：电极以及装夹电极的紧固台在 *X*、*Y* 和 *Z* 轴方向上的运动全部由数字控制系统控制。例如切割一个横截面，这种切割法可以切割出向下变窄或变宽的横截面。这种切割法还有一个受控的 *C* 轴，例如用该轴向的运动可以加工出螺旋槽（图 4）。

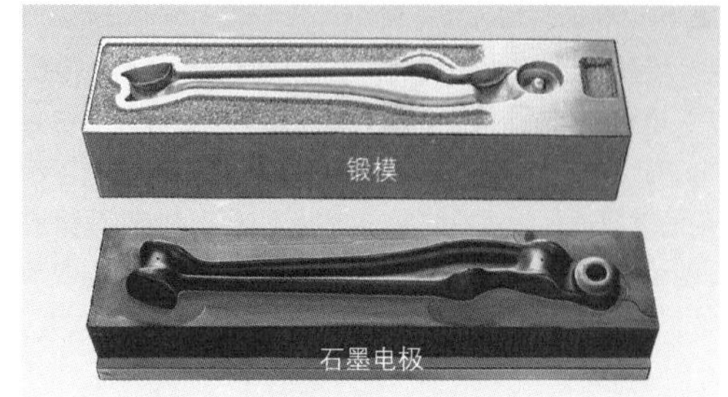

图 1：石墨电极和已经切割完毕的锻模

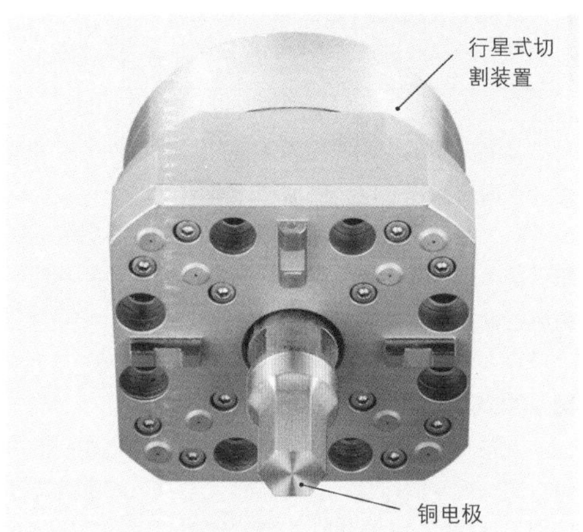

图 2：行星式切割装置中的铜电极

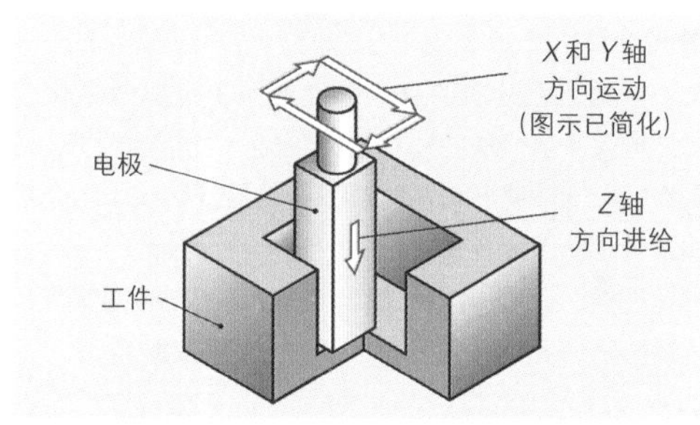

图 3：内四边形的行星式切割

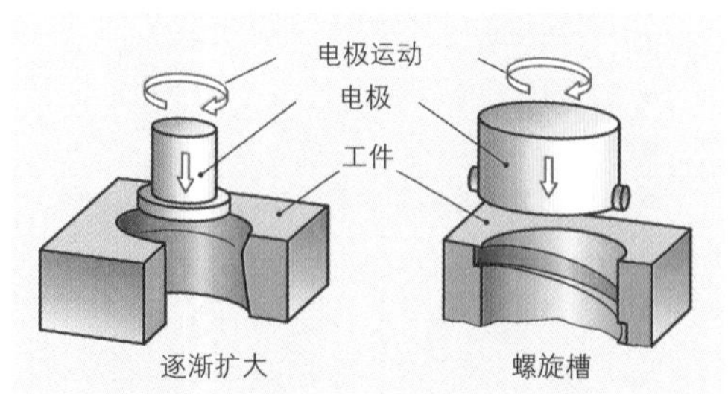

图 4：轮廓控制式切割

3.8.13.2 电火花切割法(线切割法)

线切割时由一根依序运行的黄铜线作为刀具电极。与沉入切割法一样，线切割法也是通过黄铜线与工件之间的放电实现工件材料的切割。线切割要求使用特种机床（图 1）。

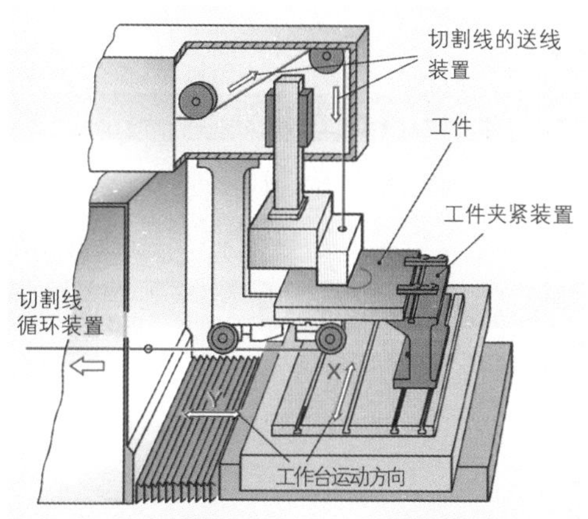

图 1：线切割机床

■ 切割过程

一根 0.1~0.3 mm 粗的线缠绕在线圈上，该线由一个驱动轮拉紧，从线圈拉向工件，穿过工件后送回线圈。工件上部和下部的送线装置支撑着该线，防止它振动，保证直线切割。

工件的切割在电介液槽中进行。电介液一般由脱盐水构成。

切割过程从一个由钻孔或电火花沉入切割法已制成的孔开始。切割线必须穿过该孔。

通过数字控制工作台运动，通过偏转切割线送线装置调控出切割线倾斜位置，使线切割法可以加工出各种各样的内外轮廓（图 2）。例如可以用相同的数控程序加工出导板，刀片和冲剪模具的冲剪凸模及其导板（见 127 页）。

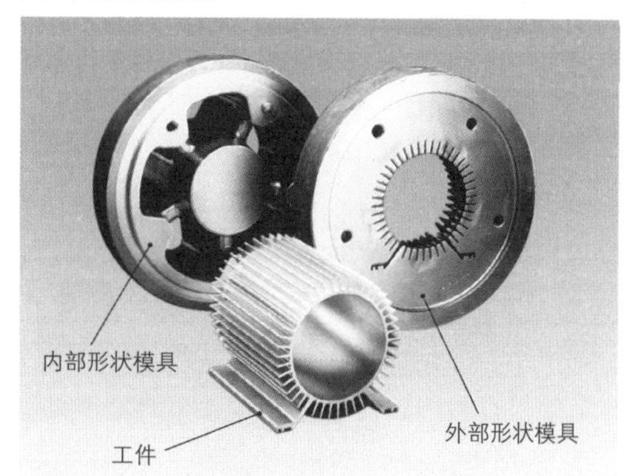

图 2：线切割法制造的挤压机模具

■ 工件的装夹

线切割时，须用特殊的工装或夹紧系统夹紧工件。工装的结构必须在切割过程中不能妨碍全部加工范围内的任何运行动作（图 1）。

电火花沉入切割法与线切割法的优点与缺点：

优点：

- 可在淬火钢和硬质合金材料上加工沉孔、通孔和螺纹；
- 还可以加工难度极高、角半径极小并且尺寸精度和形状精度要求极高的工件；
- 加工面均匀，但表面质量不是很高。

缺点：

- 电火花切割精加工时，工件材料切割量不大；
- 电极磨损导致尺寸和形状偏差；
- 机床成本高；
- 切割所产生的高温导致工件表面组织变化。

本小节内容的复习和深化：

1. 电火花切割法可以加工哪些材料？
2. 沉入切割法有哪些优点，例如与铣削加工相比？
3. 沉入切割法时，决定工件尺寸和形状精度的因素是什么？
4. 沉入切割法和线切割法的电极一般采用什么材料制成？
5. 沉入切割法与线切割法有哪些区别？

3.8.14 加工机床的工装和夹具

金属工件的加工采用加工机床切削加工方法。其特征是指定的运动、切削的量和装夹系统，如工装和各种各样的夹具。

3.8.14.1 一般要求

用工装可固定工件并在准确指定并可重复的位置上进行加工（图 1)。工装的作用还有，加工后对工件进行检测或在指定位置上装配结构件和部件。

工装的使用可带来下述优点：

- 缩短加工时间；
- 提高重复精度；
- 许多工件无工装无法加工；
- 缩短校准和装夹的辅助时间；
- 省略许多如划线和冲中心孔窝等辅助工作。

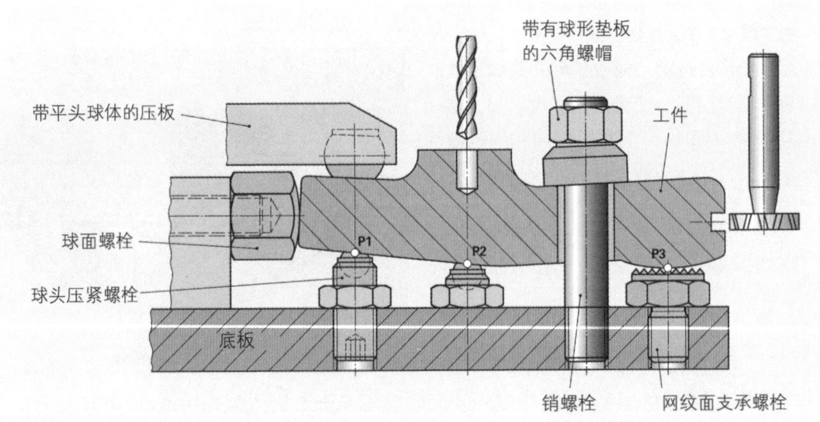

图 1：夹紧工装

三点支承

把未加工的原始工件在三个并不位于同一排的点上支承，以便于装夹（图 2)。支承点之间的间距应尽可能大。通过三点支承强制性地使工件在三点中的任何一点都牢固固定。工件的侧面用例如球面装置定位(图 1)。

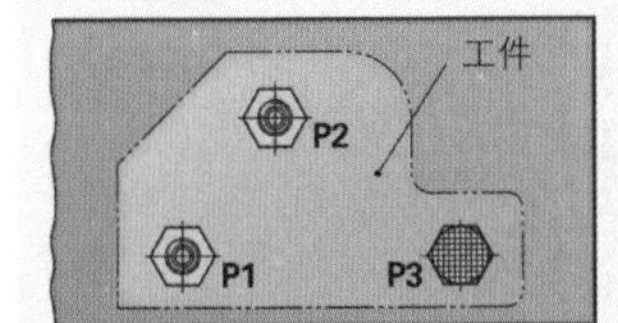

图 2：三点支承

加工机床对装夹工装的要求：

- 可安全稳固地夹紧工件；
- 夹紧时工件的变形尽可能小；
- 装夹的高重复精度；
- 夹具的易更换性；
- 夹具的多用途和可重复使用性；
- 操作简单、快捷和安全可靠；
- 工装成本尽可能小。

夹具的夹紧力可以是机械的、液压的、气动的或磁性的。

3.8.14.2 机械夹具

机械夹具的夹紧力来自螺栓、曲杆、凸轮夹紧或偏心轮夹紧。

优点	缺点
●夹紧力大； ●夹具自行夹紧。	●装夹费时； ●夹紧力不均匀，有扭曲变形的危险。

■ 夹紧螺栓、压板和压垫

一般采用T型槽螺栓、夹紧螺帽、压板和压垫把工件夹紧在机床上（图1）。

压板的作用相当于一个单边压紧杆（图1）。夹紧螺栓的位置越靠近工件，其夹紧力越大。据此，压板的位置也是同样道理，其间距 *a* 越小越好。

举例： 如果 F=4.6 kN，l_1 = 60 mm，l_2=95 mm（图1），问，夹紧力 F_{Sp} 应为多少？

解题：$F_{SP}=\frac{F \cdot l_1}{l_2}=\frac{4.6\ \text{kN} \cdot 60\ \text{mm}}{95\ \text{mm}}=2.9\ \text{kN}$

> 压板上夹紧螺栓与工件的间距应尽可能靠近。

夹紧螺帽由于其负荷很高，要求其高度至少达到约1.5×螺纹直径（图2）。在压板与夹紧螺帽之间应垫入一个已淬火垫圈。压板与工件之间的位置倾斜由球面垫圈和锥形垫板进行补偿平衡。用螺旋千斤顶可以无级调节高度（图2）。

校准件和支撑件用于工件的校直和支撑（图3）。重型工件还可以通过校直楔调整其与刀具的相对位置。在薄壁工件下还需要加入支撑件，以保证工件在加工过程中不会出现弯曲。

■ 平面夹具

使用平面夹具或深度夹具夹紧扁平工件时，应保证在加工过程中夹具对刀具无任何阻碍（图4）。通过夹紧螺栓的倾斜位置可在夹紧时使工件在靠紧夹具的同时压紧在机床工作台。

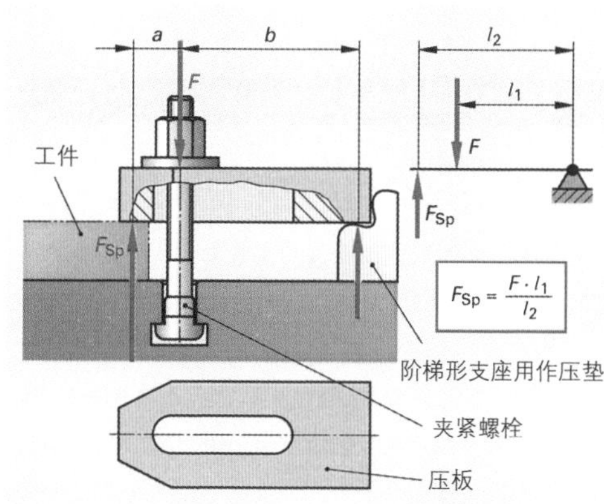

图1：压板

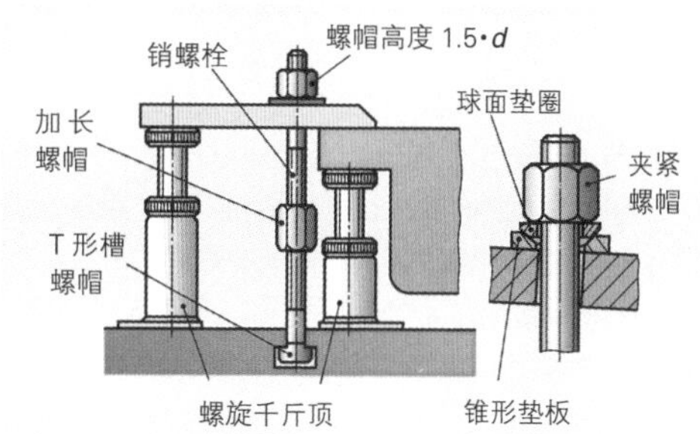

图2：可调式压垫

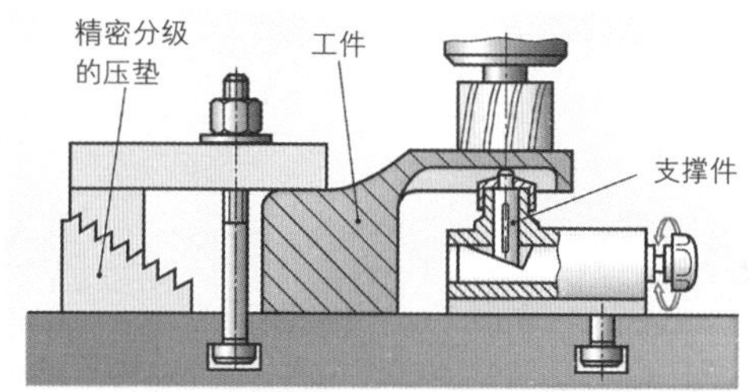

图3：支撑件和校准件

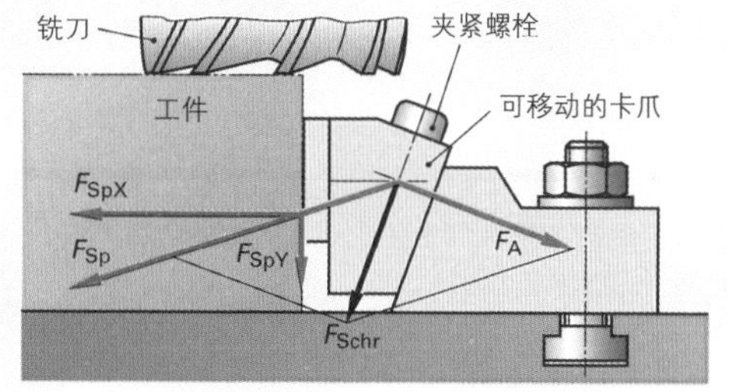

图4：平面夹具

■ 曲杆（或肘杆）夹具和偏心轮

曲杆夹具和偏心轮夹具大部分安装在工装上，用螺栓与工装连接。

曲杆夹具和偏心轮夹具的特性：

- 夹具的快速安装和拆卸；
- 夹具的自行夹紧；
- 用螺栓紧固仅使用很少的夹紧力。

按照曲杆原理（图 1）制作的夹具在三根连杆 A、B、C 全部连成一行后，可达到其最大夹紧力。从这个位置开始已无可能通过反作用力把曲杆拉回原位。如果曲杆超过其展开位置，可保证稳定牢固的紧固。这时曲杆处于自行夹紧状态。

曲杆夹具在超过其定中心线后将自行夹紧。

快装夹具的工作同样按照曲杆原理（图 2）。它仅用少量夹紧力即可保证快速装夹和定位。因此，快速夹具经常用于不要求很高夹紧力的焊接工装、钻孔工装或检验工装。

偏心轮夹具的夹紧力由自行夹紧的偏心轮产生（图 3）。

在偏心轮上，夹紧凸轮的中心点 M1 位于其旋转中心点 M2 之外（偏心）。因此，如果预计加工过程中将出现强烈振动，则不适宜使用偏心轮夹具。此外，这种夹具还可能因为振颤而自行松开，所以它也不适宜用于铣削工装。

■ 自位支撑

某些工件，例如铸件，常在非加工面装夹。由于这样的非加工面的平面度不精确，很容易倾斜，可能导致工件的夹紧不符合其结构要求而出现变形（图 4）。为避免夹紧过程中可能出现的变形，夹具必须能够与倾斜面相互匹配。某些夹具，例如自位支撑即可满足工件对夹具的这种要求（图 5）。

自位支撑可与工件形状良好匹配。其装夹可以不损伤工件表面。

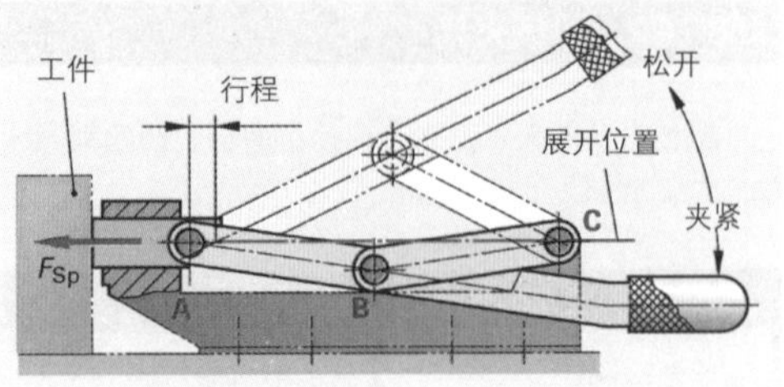

图 1：曲杆夹具

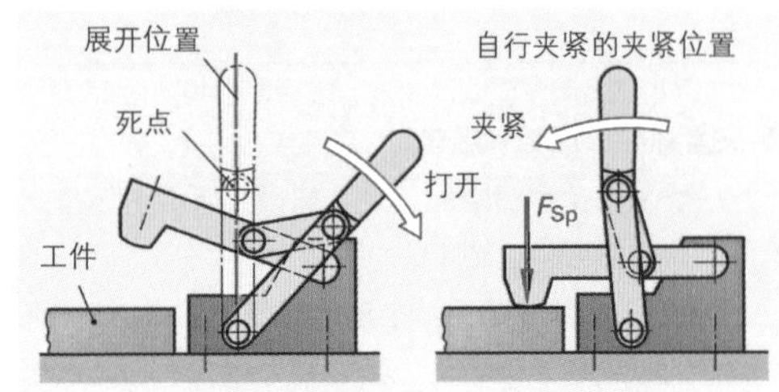

图 2：快速夹具

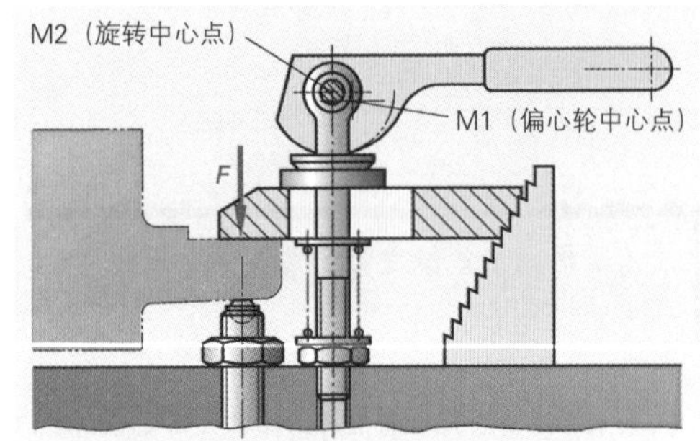

图 3：偏心轮夹具

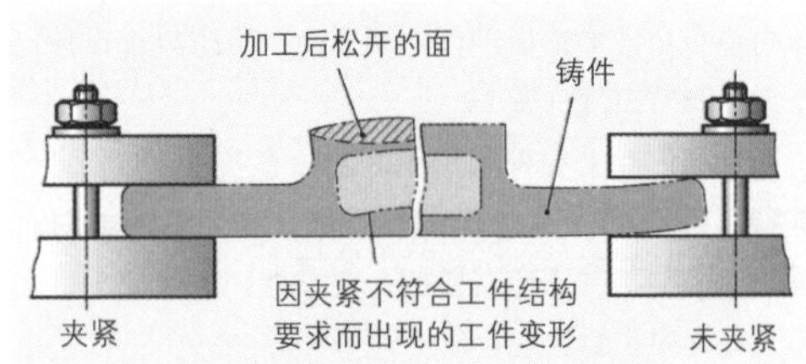

图 4：无自位支撑的装夹

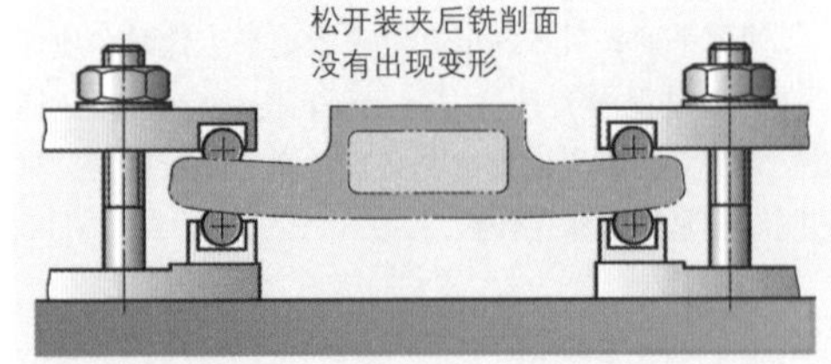

图 5：自位支撑

■ 机床虎钳

机床虎钳用于单件加工或小批量生产小型和中型形状适宜的工件（图 1）。其夹紧运动可以机械式，也可以液压式。通过手摇把机械动作产生机械式夹紧力，或通过高压芯轴进行液压增力（图 2）。

机床高压虎钳按预应力原理工作，目的是平衡夹具的或许还有工件的挠性，并避免因此而可能出现的夹紧力损失。为此，机械-液压式高压芯轴（图 2）的手摇把达到设定预夹紧力后立即打滑，停止受力。活塞只通过把手套筒进入液压油室，通过由此而生成的高压产生相应的夹紧力。

与机床液压系统连接后，这种动作过程也可以是液压-液压式。其启动控制可通过手动开关、脚踏开关或机床控制系统的电子脉冲。

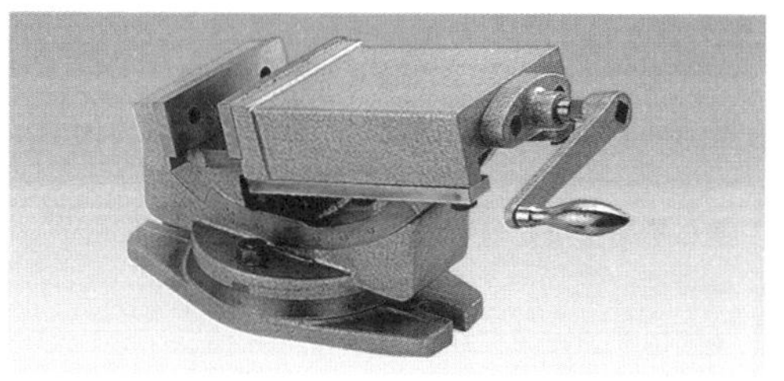

图 1：机床虎钳

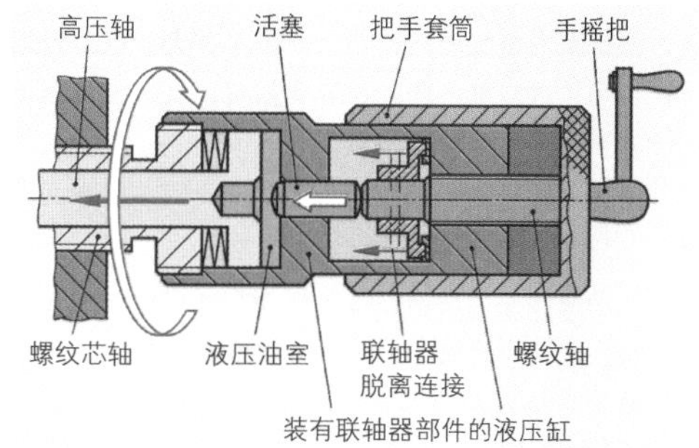

图 2：高压芯轴

3.8.14.3 磁性夹具

磁性夹板只能夹紧铁磁性（可磁化）材料。磁力线穿过待夹紧工件，把处于磁场内的工件牢牢夹紧（图 3）。电磁-恒磁夹板从夹紧到松开需要开关转换，或相反，只需要一个短电流脉冲。夹紧力产生的原理是，例如恒磁铁芯穿过电子线圈的磁场而具有磁性。加工过程中，工件被恒磁磁铁夹住。夹板不带电，也不发热。保证了加工的高精确度。

为了保证对不平和弯曲工件进行不变形装夹，宜使用装有可移动磁极的磁性夹板（图 4）。

> 磁性装夹可以快速、可靠和极少变形地夹紧工件。它可以实现五面加工，不受夹紧元件的任何限制。

磁化工件松开装夹后必须做消磁处理。

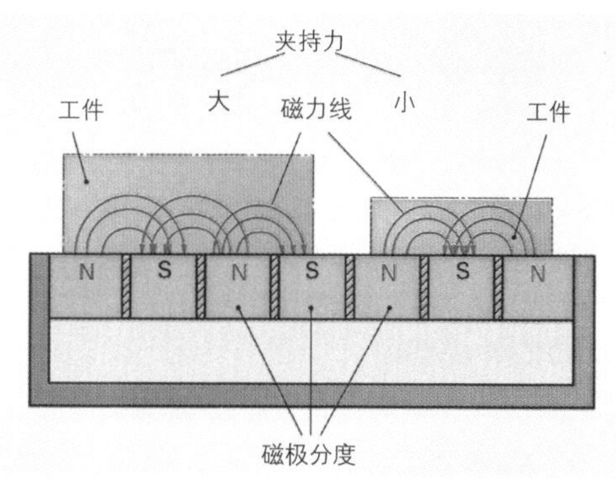

图 3：磁性夹具

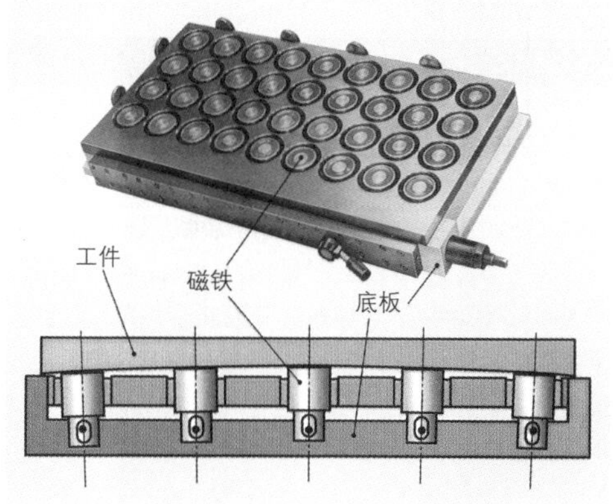

图 4：装有可移动磁极的磁性夹板

3.8.14.4 液压夹具

液压夹紧系统的优点

- 占用面积小，夹紧力大；
- 应用广泛；
- 可以快速形成夹紧压力；
- 夹紧装置的刚性大；
- 可通过机床控制系统设定和调节夹紧力（粗加工和精加工）；
- 所有夹紧点的夹紧力均匀，减少工件的形状偏差。

液压夹紧系统由增压器、控制阀和夹紧液压缸组成。可用于增压部分的部件有手摇泵、气动液压压力倍增器和电子液压泵组。

手摇泵用于装配和缺乏压缩空气或缺乏电力网的地方。

气动液压压力倍增器可将压缩空气设备的低驱动压力转换成液压式的高夹紧压力（见611页）。

电子液压泵组是装备在加工机床上最常见的液压夹紧装置（图1）。它由液压油容器、装有液压泵的电动机、限压阀、压力开关、换向阀和压力表组成。

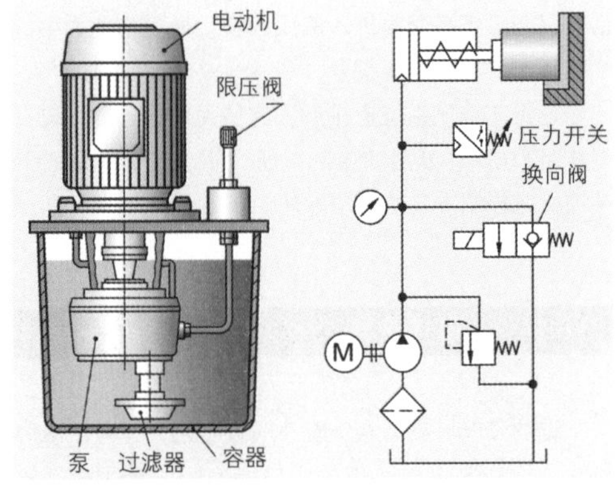

图1：电子液压泵组

夹紧液压缸可以作为压力缸拧入工装，或作为拉力缸拧入工装（图2）。

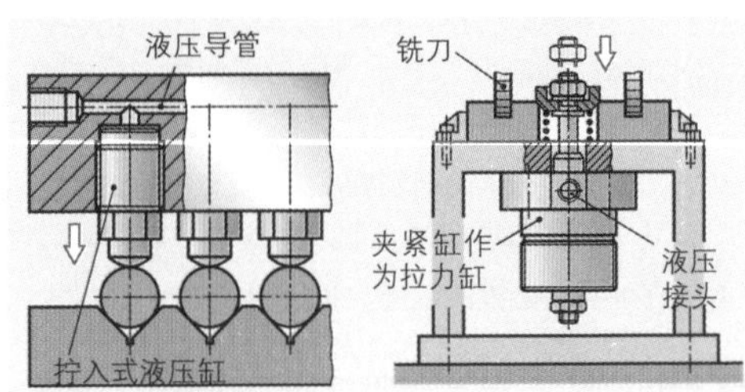

图2：夹紧液压缸

可回转夹具可将工件从上方放入（图3）。夹紧和松开时，总行程的一部分用于活塞以及夹板的旋转。接下来的夹紧行程把工件夹紧。

可回转夹具一般用于夹紧点必须位于工件的放入与取出之间的某点时。

> 液压夹紧装置明显缩短辅助时间，因此经常用于大批量生产。

3.8.14.5 气动夹具

气动夹紧缸适用于夹紧工装的快速关闭和打开运动。由于空气的可压缩性，气动夹紧装置常与自行夹紧的曲杆夹具组合使用。通过空气/液压油-压力倍增器可使气动装置的压缩空气压力从6 bar转换成最高达500 bar的油压。与液压夹紧缸联合使用，将会快速获得高夹紧力。压力倍增器适用于夹紧工件、冲压加工和装配工装。用压缩空气作为能量供给，还可以用于有爆炸危险的环境。

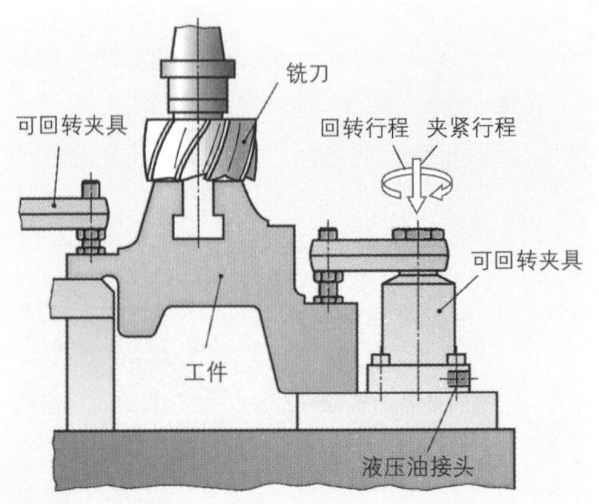

图3：可回转夹具

3.8.14.6 组合式夹具系统

组合式夹具系统（组件夹具）由可以彼此匹配并共同组合的元件组成。这些元件，例如底板、角件、结构件、定位件、支撑件、夹紧件和连接件等，通过可拆卸连接方式与夹具一起组装使用（图 1）。它特别适用于灵活多变的柔性加工任务。

整个夹具可根据具体需要拆卸。为了以后该夹具仍能按照此种方式重新使用，拆卸前需建立一个夹具文件，文件内包含下列各项内容：

- 夹具照片，并在照片上填写其实际尺寸；
- 所属各工件的图纸；
- 所有零件的明细表。

> 组合式夹具系统可以简便快捷地适应多变的工件形状。因此其应用非常灵活，适用面极广，还可在数控（NC）机床和加工中心上进行中小批量零件的加工制造。

■ **构造形式**

我们把组合式夹具系统划分为槽式组合系统和孔式组合系统。

槽式系统的组件有底板和各种可装入 T 型槽的结构元件（图 2）。用可插入接合的带槽底板把各元件连接起来，这样便可以在两个方向上 —— 槽纵向方向的横向和垂直向 —— 建立以工件形状为准的连接。组合式夹具组装时，可在槽纵向方向上任意移动各结构元件。保证其与工件多变的几何形状相匹配并做到无级调节。但槽式系统元件的制造成本高于孔式系统。

在孔式系统中，通过配合销和螺栓来连接各个元件（图 3）。底板的配合孔或位于螺纹孔上方（见 230 页图 1），或位于螺纹孔旁边（见 230 页图 2）。

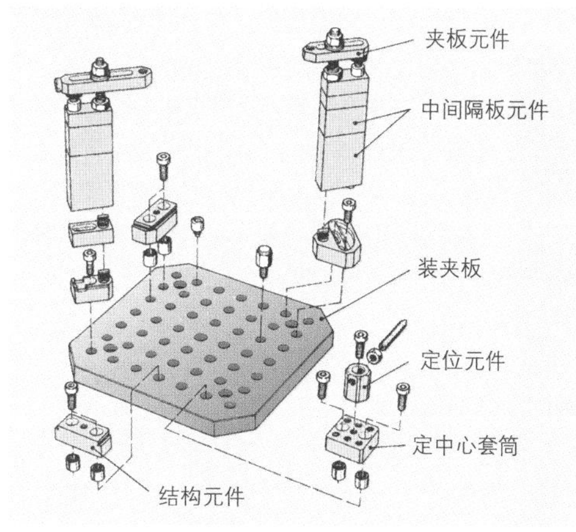

图 1：组合式夹具的各组成元件

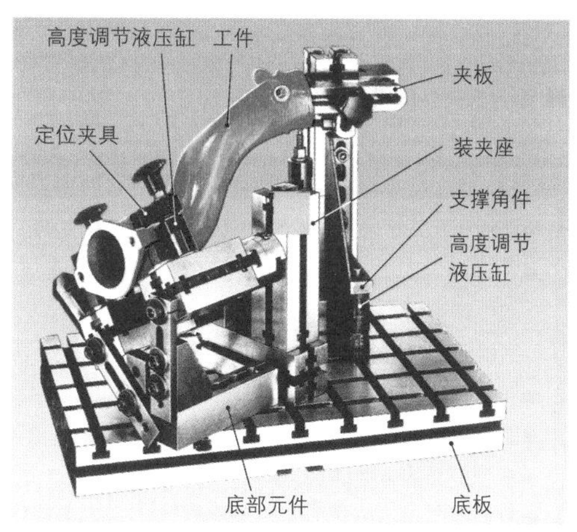

图 2：槽式组合系统

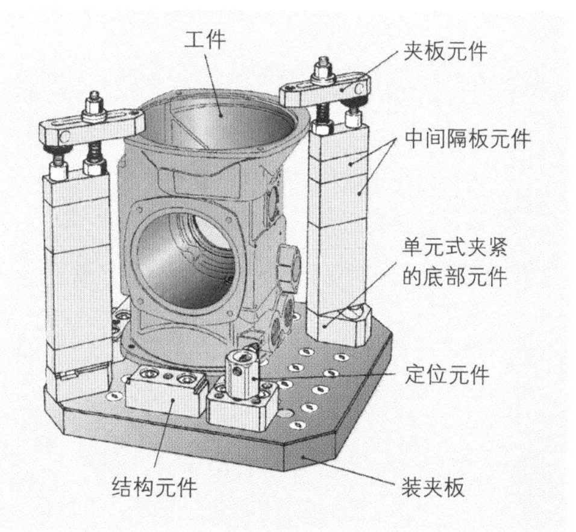

图 3：孔式组合系统

在图1所示的夹具系统中有多个固定孔和配合孔可供使用，每个孔既可用于定位，亦可用于夹紧。图2所示的夹具系统中所组成的网格更粗。孔式组合系统在任何方向都可以根据工件形状实现夹紧力的传递。它具有极佳的定位重复精度。紧固的可能性与网格的尺寸相关，所以不能单独用底板进行定位。使用结构元件可把一个网格分成两半。

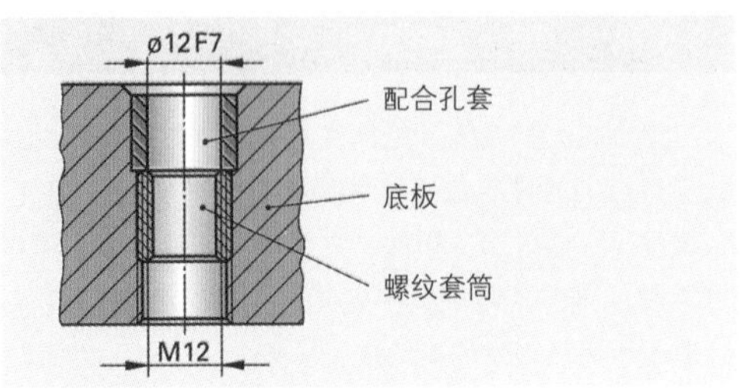

图1：螺纹孔内的配合孔

■ 计算机辅助计划

使用计算机辅助设计（CAD）设备设计组合式夹具系统需要提供计算机辅助设计（CAD）零件库，库内存储着全部可供使用的夹具系统零件的信息。零件库可简化新系统的设计，并提供夹具系统日后检修的技术资料以及类似设计的初稿。

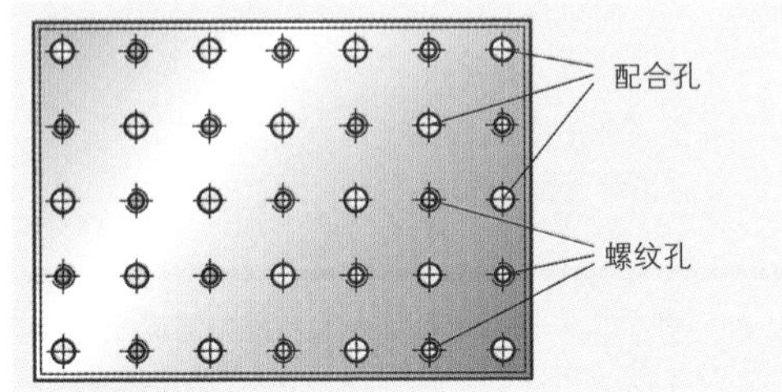

图2：螺纹孔旁边的配合孔

■ 组合式夹具的特征

槽式组合系统	孔式组合系统
●底板比孔式组合系统的厚，因为槽已使底板变薄。 ●在槽的走向上，根据零件形状在横向和垂直方向传递夹紧力，而在槽的纵向方向上则按照夹紧力的方向传递夹紧力。 ●可在槽的纵向方向上任意对结构件进行定位。 ●可很好地匹配工件的几何形状。 ●多种多样的结构件。 ●槽的纵向有结构件移动的危险。 ●制造成本更高。	●底板比槽式组合系统的更稳定。 ●根据零件形状向所有方向传递夹紧力。 ●根据孔网格的尺寸进行工件定位。 ●可任意插入结构件，不必进行部件预装配，因为从上部可随意接近各个孔。 ●工件定位的高重复精度。 ●仅使用底板无法进行工件定位。 ●制造更简单。

本小节内容的复习和深化

1. 切削加工时使用夹具有哪些优点？
2. 对加工机床的夹具应提出哪些要求？
3. 夹紧工件时三点支承有哪些优点？
4. 为什么用平面夹具夹紧时，工件要同时压紧在机床工作台上？
5. 请您根据曲杆原理解释工件的夹紧。
6. 使用自位支撑有哪些优点？
7. 使用磁性夹具有哪些优点？
8. 为什么使用电恒磁夹板夹紧工件具有特别高的加工精度？
9. 液压夹紧系统有哪些优点？
10. 为什么液压夹具恰恰在系列生产中具有优势？
11. 在哪种情况下宜采用可回转缸夹紧工件？
12. 组合式夹具特别适用于哪些用途？

3.8.15 加工举例:夹板

使用液压夹具将工件夹紧在工装中，或直接装夹在机床工作台上（图1和图2）。夹板1的作用是双面杆，夹紧时把压力缸12的压力传递到压紧工件的紧固螺栓10。夹紧力的大小可以通过液压缸的压力进行调节。当带有压紧螺栓2的活塞回程时，可手动抽回夹板。这时工件已松开，可从工装中取出。根据工件的不同厚度，夹板可略微斜置。夹板相对于六角螺栓5的倾斜位置由球面垫圈7和锥形垫板8给予平衡补偿。

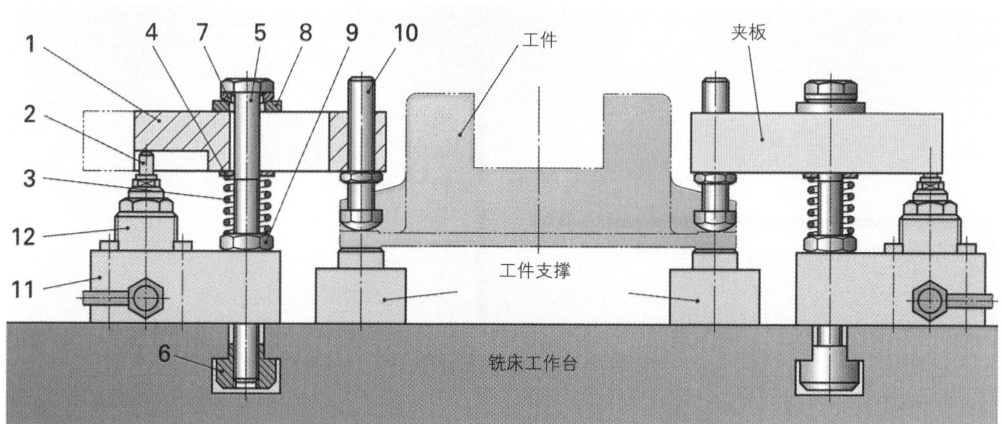

图1：液压夹具

液压夹具夹板的制造应按下列步骤计划进行。若使用切削加工方法，还应确定其切削数值。

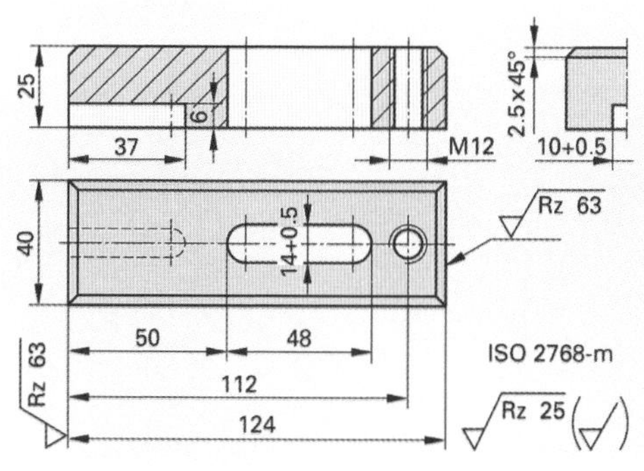

图2：夹板

序号	数量	名称	标准件缩写以及材料
1	1	夹板	C45E
2	1	压紧螺栓	16MnCr5
3	1	压力弹簧	DIN 2098-1.6×15×70
4	1	垫圈	ISO 7090-3-200HV
5	1	六角螺栓	ISO 4014-M12×130-8.8
6	1	螺帽	DIN 508-M12×25
7	1	球面垫圈	DIN 6319-C13
8	1	锥形垫板	DIN 6319-M12
9	1	六角螺帽	ISO 6768-M12
10	1	紧固螺栓	16MnCr5
11	1	底座	S235JR(St 37-2)
12	1	拧入式液压缸	ϕ16×12

图3：液压夹具的零部件明细表

■ 选择合适的材料

夹板1作为杆，应具有抗弯曲负荷能力，与压紧螺栓2和锥形垫板8的接触面应具有表面压力负荷能力。因此，其材料宜选择调质钢C45E。这种钢材在切削加工后，其抗拉强度经调质处理可达到900N/mm²，此外，还可对它进行表面淬火处理。

工作计划

加工工艺流程应制定在一份工作计划内（图 1）。在该计划中，除工艺流程各步骤外，还应进一步收入其他数据，如生产定单号，待加工的工件件数（批量的规模），计划投入的机床、刀具和工装以及工时定额等。工作计划的执行过程也是加工任务的完成过程。工作计划的每一个步骤均须由执行者签字认可并填入该步骤所需时间。企业方面将由此获得准确数值用于机床的配置和审核计算。

加工步骤

夹板应采用 45 mm ×30 mm 热轧钢板制作。

毛坯件截取长度，见图 2。

刀具：高速钢（HSS）锯片 φ200×2.5

表 1：高速钢（HSS）锯片的切削数值

加工类型		抗拉强度 R_m 达到下列数值的钢			铸铁，最大达 180HB
		最大达 600N/mm²	最大达 800N/mm²	最大达 1000N/mm²	
切削深度最大为 30 mm	v_c	35 ~ 40	25 ~ 30	15 ~ 20	20 ~ 30
	v_f	25 ~ 30	20 ~ 25	12 ~ 15	30 ~ 35

火焰淬火的 C45E 钢在供货状态下的抗拉强度为 650~800 N/mm²。从表 1 中可获得下列切削数值：

$V_c = 25$ m/min；　$V_f = 20$ mm/min

转速既可从转速曲线表（图 3）中选取，亦可自己计算：

$$n=\frac{V_c}{\pi \cdot d}=\frac{25\ \text{m/min}}{\pi \cdot 0.2\ \text{m}}=40/\text{min}$$

首先从钢板尾端直线锯切，然后把圆锯的止挡块调至夹板长度。求出并设定进给速度和转速值后，先加冷却润滑剂锯出第一块长 124mm 的工件。端面不再进行加工。如果锯切出来的长度符合设定长度，便可以按此尺寸继续下去。如果锯床装有自动棒料进给，则可以设定所需件数。

在无级变速驱动机床上，所有求算出的转速都可以直接设定。如需分级调节机床转速，使用高速钢 (HSS) 刀具时，由于其耐用度的原因，应选用低一级的转速。

工作计划 生产任务订单号：140782.2		编制者： 编制日期：2013 年 7 月 25 日
名称：夹板 材料：C45E 尺寸：45×30×124		批量规模：10 重量 / 单件：0.97 kg 完成日期：2013 年 8 月 10 日
加工步骤	加工过程	刀具
10	锯切[L(长度)=124]	高速钢(HSS)锯片 φ200×2.5
20	铣外表面 40×25	高速钢(HSS)套式立铣刀 φ63
30	铣 45° 倒角	高速钢(HSS) 90° 铣刀
40	铣槽 10×32	键槽铣刀 φ10
50	铣长孔 14×35	键槽铣刀 φ14
60	钻孔 φ10.2；沉孔	麻花钻头 φ10.2；锥形锪钻 90°
70	攻丝 M12	丝锥 M12
80	去毛刺	平面锉刀
90	调质(R_m=900N/mm²)	
100	槽表面淬火	
110	(表面)磷酸盐处理	

图 1：工作计划（节选）

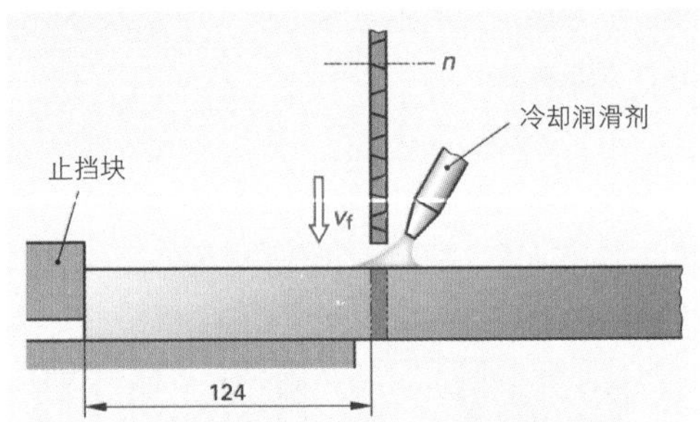

图 2：毛坯件截取长度

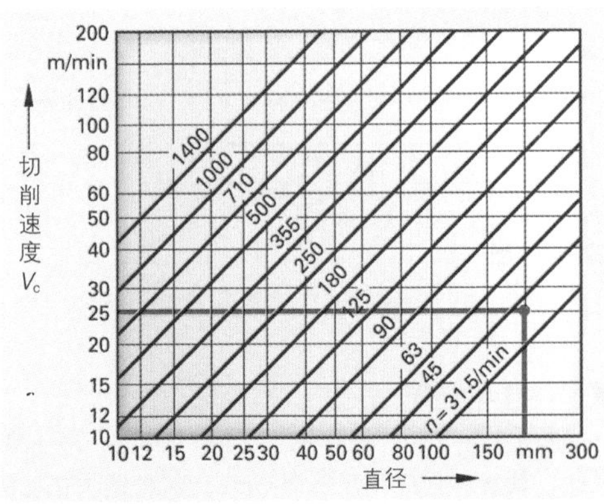

图 3：转速曲线表

铣外表面（图 1）

刀具：套式立铣刀φ63 mm，8齿，高速钢(HSS)。

将毛坯件单件装夹入机床虎钳，然后紧固在铣床工作台上。现在，工件有两个平行的底座，用套式立铣刀或铣削头平铣。若使用高速钢（HSS）铣刀，原则上应使用冷却润滑剂。如果加工出来的首件工件加工面的尺寸和表面质量符合所要求的数值，则可按照相同的设定加工其余的工件。

如果要求表面粗糙度 $Rz \leq 25\ \mu m$，可采用 $f_z = 0.1$ mm 的每齿进给量进行铣削。

C45E 的选定数值（表 1）（$R_m \approx 800\ N/mm^2$）：

$V_c = 25$ m/min，　$f_z = 0.1$ mm

$$n = \frac{V_c}{\pi \cdot d} = \frac{25\ m/min}{\pi \cdot 0.063m} = 126\ /min$$

选定：$n = 125$ r/min

$V_f = z \cdot f_z \cdot n = 8 \cdot 0.1\ mm \cdot 125/min = 100\ mm/min$

铣槽或铣长孔（图 2）

刀具：键槽铣刀φ10 mm和φ14 mm，2齿，高速钢(HSS)。

可直接用键槽铣刀铣 10mm×37mm 的槽和 14mm×48mm 的长孔，不用横向进给，因为槽宽的公差很大。首件工件需用坐标检测仪的探测触头校准边棱与铣削主轴中心线的相对位置。用铣刀刮平工件端部后，按刻度走完槽和长孔的长度并设立止挡块。为在工件上切深进给，键槽铣刀的横向刀刃必须长达中心线。在铣削过程中，装夹在机床虎钳上的工件必须显露在长孔范围内，以便铣刀铣最后一刀时可从工件上切出。

选定数值（表 2）：$V_c = 25$ m/min

$$f_z = 0.15\ mm,\quad n = \frac{V_c}{\pi \cdot d} = \frac{25\ m/min}{\pi \cdot 0.01\ m} = 796\ /min$$

（当 φ14: $n = 568$/min 时）

$V_f = z \cdot f_z \cdot n = 2 \cdot 0.15\ mm \cdot 796/min = 239\ mm/min$（170 mm/min）

用一把切削刃呈 90°锥角的立式铣刀铣出圆周 45°倒角。利用本次装夹还可用 φ10.2 mm 的麻花钻头打出 M12 螺纹孔的底孔。

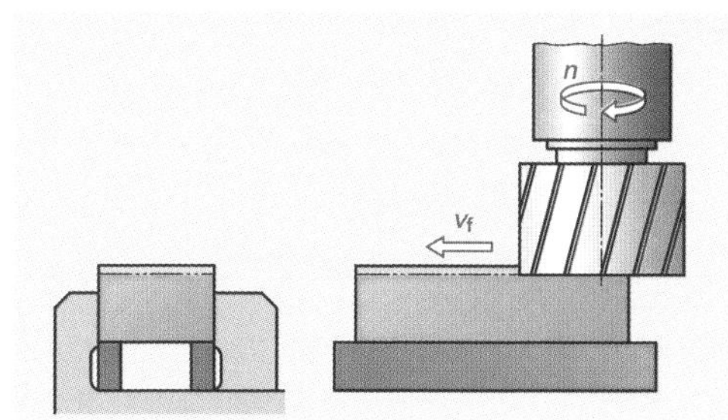

图 1：铣削外表面

表 1：套式立铣刀的切削数值，v_c 的单位：m/min，f_z 的单位：mm

加工类型		钢的抗拉强度如下			铸件
		最大 600N/mm²	最大 800N/mm²	最大 1000N/mm²	最大 180 HB
高速钢铣刀					
粗铣	v_c	30~40	25~30	15~20	20~25
	f_z	0.1~0.2	0.1~0.2	0.1~0.15	0.15~0.3
精铣	v_c	30~40	25~30	15~20	20~25
	f_z	0.05~0.1	0.05~0.1	0.05~0.1	0.1~0.2
硬质合金刀刃铣刀					
粗铣	v_c	80~150	80~150	60~120	70~120
	f_z	0.1~0.3	0.1~0.3	0.1~0.3	0.1~0.3
精铣	v_c	100~300	100~300	80~150	100~160
	f_z	0.1~0.2	0.1~0.2	0.06~0.15	0.1~0.2

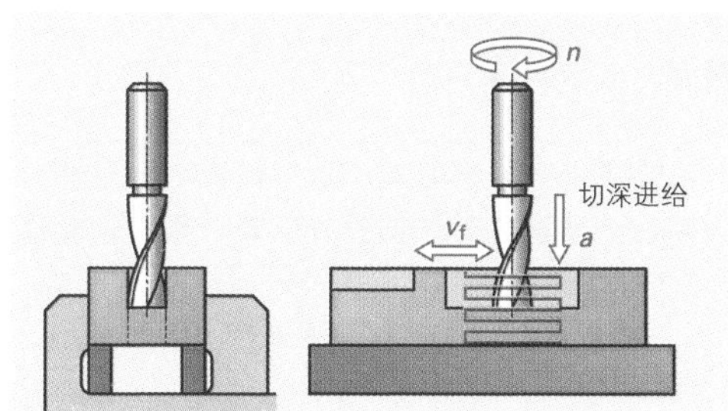

图 2：铣槽和铣长孔

表 2：立式铣刀的切削数值 mm

加工类型		钢的抗拉强度如下			铸件
		最大 600N/mm²	最大 800N/mm²	最大 1000N/mm²	最大 180 HB
高速钢铣刀					
粗铣	v_c	30~40	25~30	15~20	20~25
	f_z	0.1~0.2	0.1~0.15	0.05~0.1	0.15~0.3
精铣	v_c	30~40	25~30	15~20	20~25
	f_z	0.04~0.1	0.04~0.1	0.02~0.1	0.07~0.2

钻底孔

刀具：高速钢（HSS）麻花钻头 φ10.2 mm。

选定数值（表 1）：

V_c=25 m/min，　f=0.18 mm

$$n=\frac{V_c}{\pi\cdot d}=\frac{25\ \text{m/min}}{\pi\cdot 0.0102\ \text{m}}=780\ \frac{1}{\text{min}}$$

攻丝 M12（图 1）

攻丝前，先用锥形锪钻在螺纹底孔上打出一个 φ12.5 mm 的沉孔。

攻丝可在钻床上进行。使用切削油可减少摩擦并提高螺纹的表面质量和丝锥的耐用度。

选定数值（表 2）：V_c=10 m/min，

$$n=\frac{V_c}{\pi\cdot d}=\frac{10\ \text{m/min}}{\pi\cdot 0.012\ \text{m}}=265\ \frac{1}{\text{min}}$$

最后的结束步骤

切削加工结束后，先给工件去毛刺。接着检测尺寸、形状和表面质量。然后对整个零件进行调质处理，对 10 mm 宽的槽做表面淬火处理。调质后，对工件进行表面磷酸盐处理，目的是使表面获得防锈蚀保护和更美观的外表。

表 1：高速钢（HSS）麻花钻头的切削数值

工件材料	抗拉强度 R_m (N/mm²)	切削速度 v_c (m/min)	钻头直径 d 为下列数值时每圈的进给量 f（直径单位：mm；进给量单位：mm）				
			4	6.3	10	16	25
钢	最大 600	30 ~ 35	0.08	0.12	0.18	0.25	0.32
	大于 700	20 ~ 25					
	最大 1000						

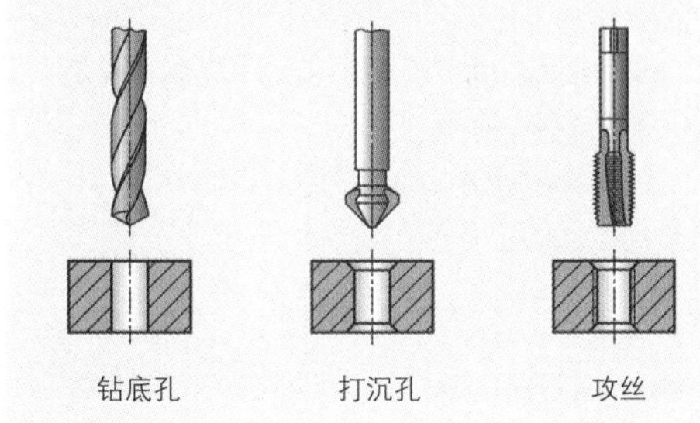

图 1：攻丝 M12

表 2：高速钢（HSS）丝锥的切削数值

工件材料	抗拉强度 R_m (N/mm²)	切削速度 v_c (m/min)	刀具类型按 DIN 1836
非合金钢	最大 600	16	N
	大于 700	10	H(N)
合金钢	最大 1000		

节约加工成本的措施

材料：若采用光亮拉拔的 40×25 直角角钢，可取消外表面加工；如采用 40×25 热轧钢，只通过端面磨削即可去除轧制氧化皮。

数控（NC）加工：在数控机床上，槽、长孔和螺纹孔只用一次装夹可全部加工完成。通过自动换刀还可缩短加工时间。

刀具：铣削时使用硬质合金刀具可提高切削速度，从而缩短加工时间。

制备时间和辅助时间：如果数个夹板同时装夹加工，便可缩短刀具更换时间。

更小的加工深度：有些加工方法要求特殊的机床和装置，例如热处理，或对环境条件要求苛刻的设备，例如磷酸盐处理设备。这类设备只有满负荷运转才有经济价值。因此，将此类加工转移到其他专业企业，将降低本企业的加工深度。

本小节内容的复习和深化

1. 为什么 16MnCr5 钢紧固螺栓需要自己加工制造？
2. 一个工作计划中需要包含哪些数据？
3. 请您编制一个加工制造紧固螺栓的工作计划。
4. 一个专业加工技术人员在编制工作计划时必须具备哪些专业知识？
5. 为什么液压夹具应该配备一个快速离合装置？请您对比“液压控制系统”一章的描述。
6. 铣削加工时，转速和进给量 f_z 的设定取决于哪些因素？请您借助配套的图表手册解释您的观点。

3.9 接合

机床、工装和仪器均由各个单独的零件组成（图1）。制造和装配时，需把各个零件连接起来，使其产生所需的功能。把各零件组成一个功能单元的连接，我们称之为接合。

接合起来的零件可以传递力或力矩。例如圆锯片主轴（图1）、力矩从轴（位置1）通过平键（位置2）传递到支座（位置3）。作用在自动调心球轴承（位置9）上的力则直接通过轴承箱孔或间接通过盖（位置10）和六角螺栓（位置11）传递到轴承箱体（位置7）。

> 我们把各零件之间的连接称为接合。通过接合可以在接合点产生或加强各零件的连接。

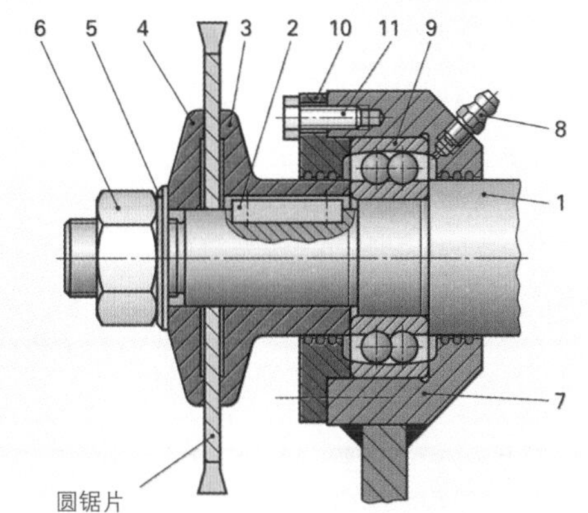

位置序号	数量单位	名　称	材料/标准件缩写标记	备注
1	1	轴	E295(St50-2)	Rd45
2	1	平键	DIN6885-A-8×7×30	
3	1	支座	S275JR(St44-2)	
4	1	夹紧垫圈	S275JR(St44-2)	
5	1	垫圈	ISO 7090-20-300HV	
6	1	六角螺帽	ISO 8673-M20×1.5-8-LH	
7	1	轴承箱	S275J2G3(St44-3N)	
8	1	润滑油嘴	DIN71412-AM6	
9	1	自动调心球轴承	DIN630-2206TV	
10	1	盖	S275JR(St44-2)	Rd90×15
11	6	六角螺栓	ISO 4017-M6×16-8.8	

图1：圆锯片主轴的支承机构

3.9.1 接合方式概览

根据力的传递方式，我们把接合划分为形状接合、摩擦力接合、预应力形状接合和材料接合四种接合（见237页表1）。

■ 形状接合

在形状接合中，工件通过内部彼此配合的形状相互连接起来。例如平键（位置2）把力矩从轴（位置1）传递到轮毂的支座（位置3，见图1和图2）。

> 形状接合由下列零件组成：
> - 平键
> - 销
> - 花键轴
> - 螺栓
> - 配合螺栓
> - 铆钉

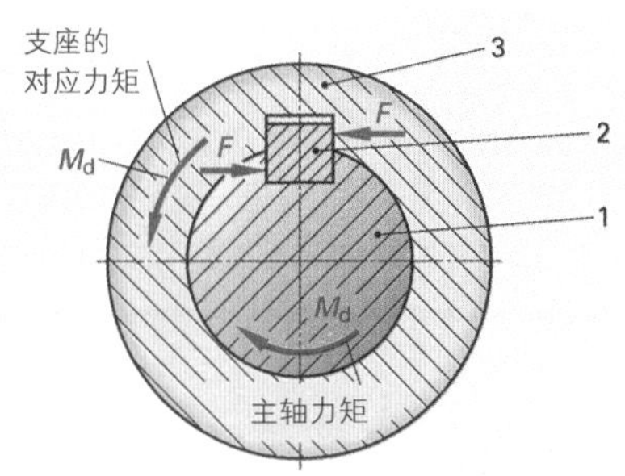

图2：形状接合中力矩的传递

■ 摩擦力接合

在传递力接合中，通过彼此压接在一起的零件所产生的摩擦力传递力和力矩（图3）。

例如圆锯片主轴（图1），上紧六角螺帽（位置6）后在支座（位置3）与夹紧垫圈（位置4）之间夹紧圆锯片。圆锯片接触点上的摩擦力带动圆锯片随主轴一起旋转。

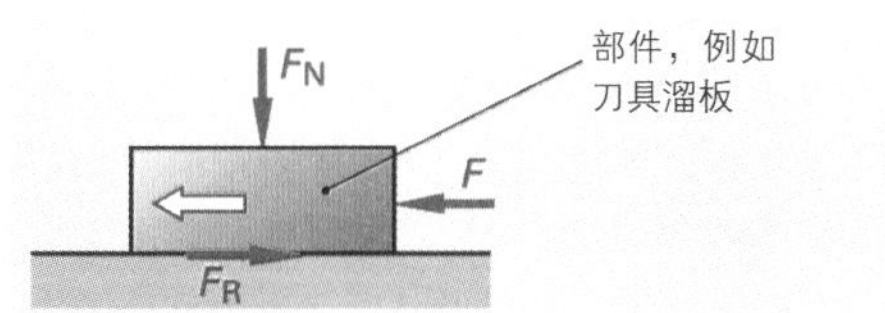

图3：摩擦力 F_R

摩擦系数 μ 应考虑的因素：
- 材料的表面特性。
- 润滑状态。
- 材料的配对接合。
- 摩擦的种类。

压紧力（法向力）相同时，粗糙的零件表面可传递的力大于光滑表面所传递的力。

已润滑的两表面之间产生的摩擦力小于两干燥表面之间的摩擦力。摩擦力还与零件之间是否相互运动有关（运动摩擦），或在力的作用下是否有相对移动有关（附着摩擦）。

摩擦力的作用方向总是与运动方向相反。

摩擦力接合是：
- 螺栓连接。
- 锥形连接。
- 夹紧连接。
- 单片离合器连接。

举例：用 25kN 的力上紧六角螺帽，使夹紧垫圈压紧圆锯片（图 1）。

问： 两个摩擦面时和 μ=0.1 时所产生的摩擦力 F_R 有多大？

解题：$F_R=\mu \cdot F_N \cdot 2=0.1 \cdot 25000\ N \cdot 2=5000\ N$

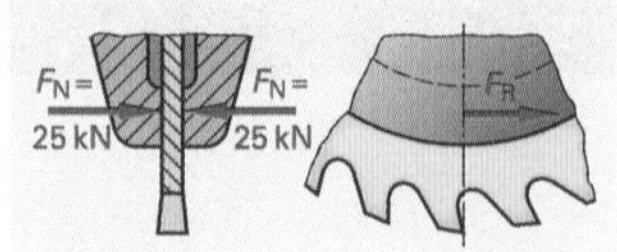

图 1：锯片

预应力形状接合

在预应力形状接合中，力矩的传递首先是力的传递。嵌入的楔键（图 2）夹紧轴和轮毂，而轮毂槽内楔键的侧面并没有紧贴槽的侧面。当超过摩擦力时，力矩主要通过形状接合传递，因为这时轴和轮毂槽的侧面紧贴着楔键。

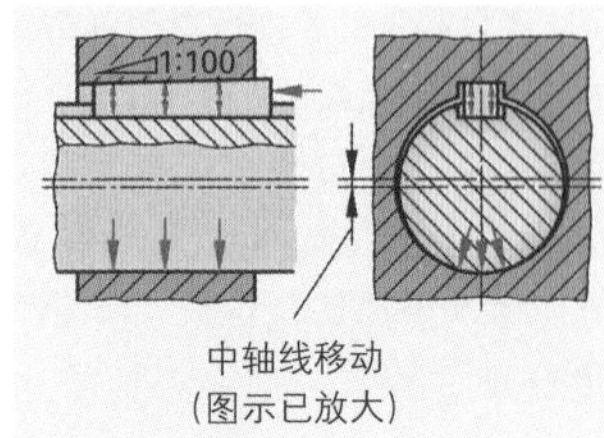

图 2：楔键连接

预应力形状接合是：
- 楔键连接。
- 锥形连接。
- 端面齿轮连接。
- 半圆键连接。

材料接合

在材料接合中，通过内聚力和黏附力把工件连接在一起。例如轴承箱体（见 235 页图 1）就是由两个部分焊接而成。

材料接合是：
- 电焊连接、钎焊连接和黏接连接。

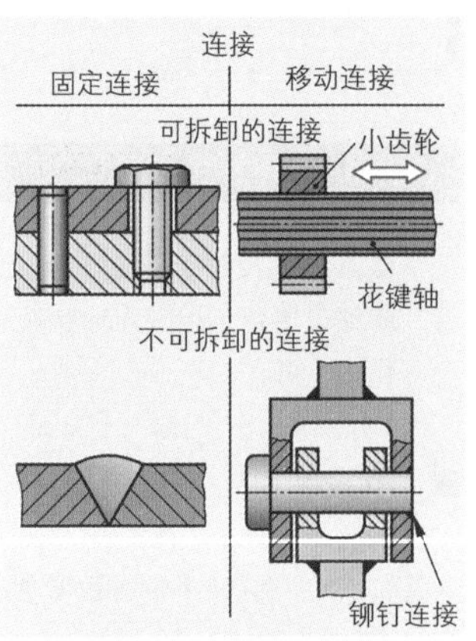

图 3：固定连接和移动连接

固定连接和移动连接

通过接合可产生固定连接和移动连接（图 3）。固定连接时，工件彼此之间始终处于相同的位置。而移动连接时，所接合的零件彼此之间的位置是变化的，例如花键轴上可轴向移动的小齿轮。固定连接和移动连接都可以是可拆卸的或不可拆卸的。可拆卸连接时，组装在一起的零件可以不受损伤地分解开来（图 4）。不可拆卸连接时，为了分解零件，必须破坏连接点或组件（图 5）。

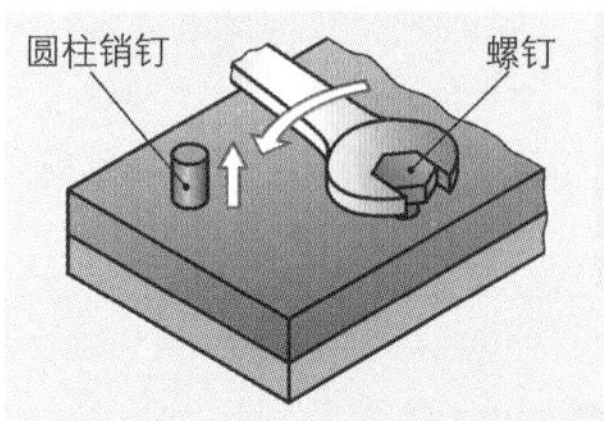

图 4：可拆卸的连接

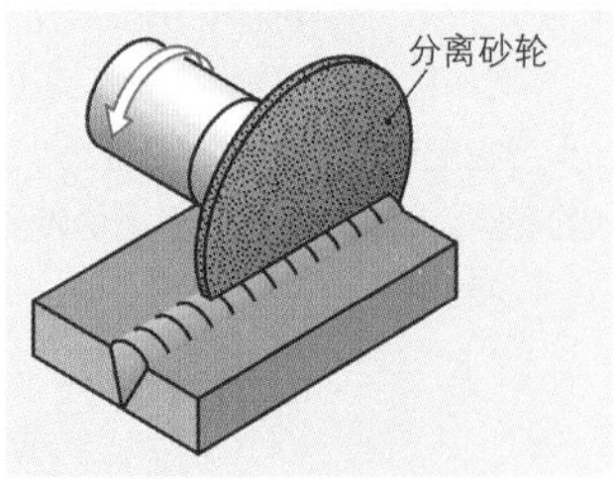

图 5：分离一个不可拆卸的连接

表 1：重要的接合方式概览	
通过内部彼此配合的形状相互连接所产生的形状接合	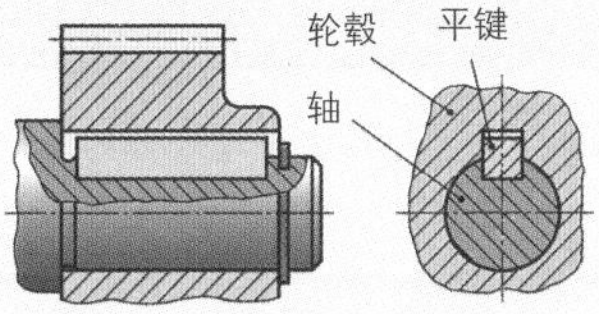 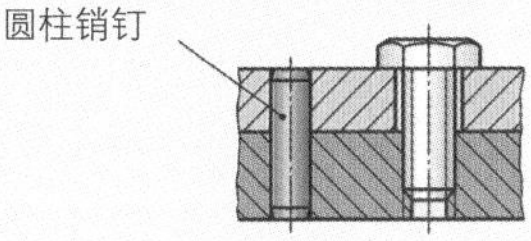 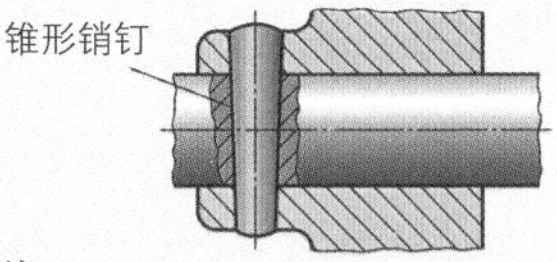 轮毂 平键 轴 平键连接 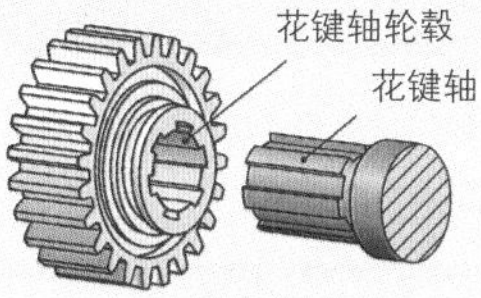 花键轴轮毂 花键轴 花键轴连接 圆柱销钉 锥形销钉 销钉连接 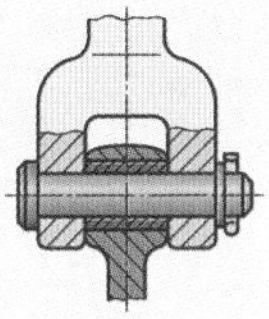 小轴连接 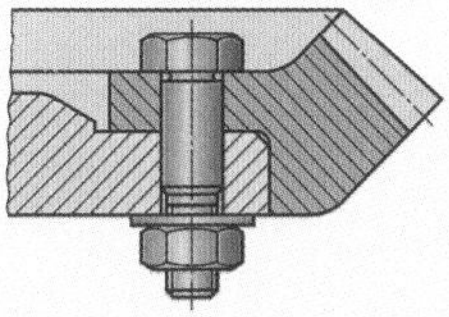 配合螺栓连接
通过摩擦所产生的摩擦力接合	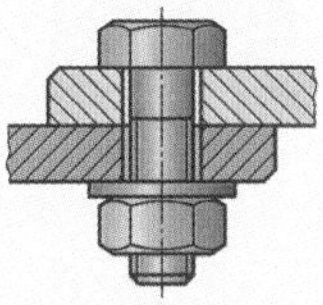 螺栓连接 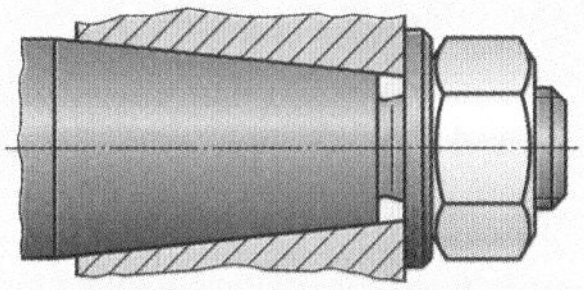 锥形连接 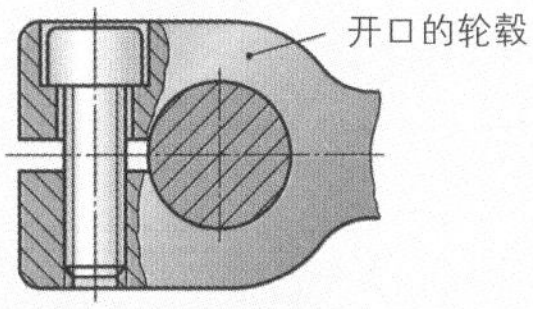 开口的轮毂 夹紧连接 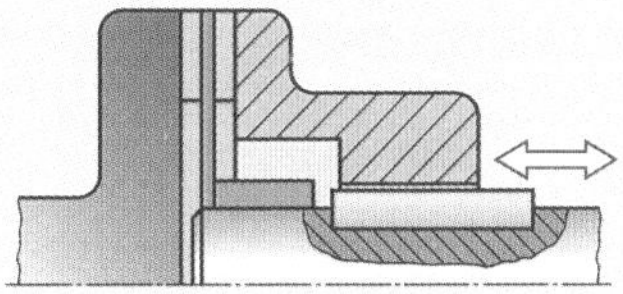 单片离合器连接
通过力和形状的连接所产生的预应力形状接合	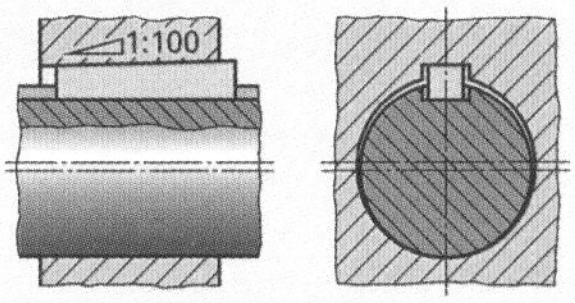 1:100 楔键连接 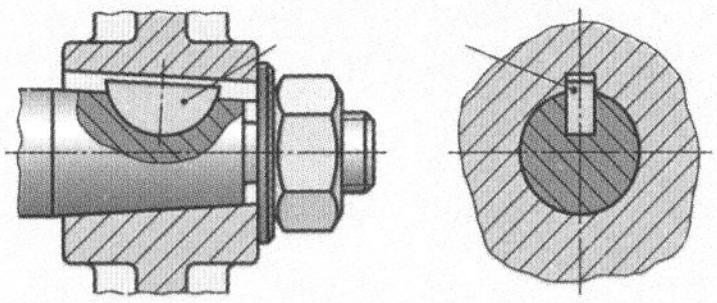 半圆键的锥形连接
通过内聚力和黏附力所产生的材料接合	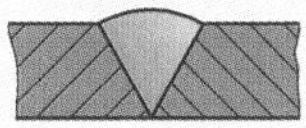 电焊 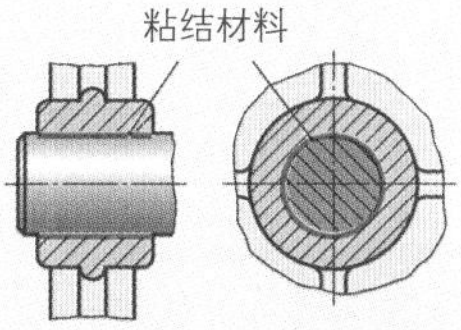 粘结材料 黏结连接 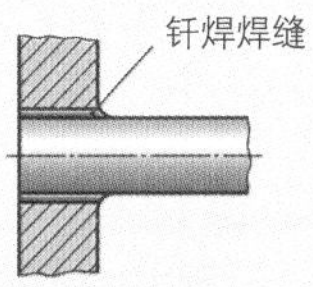 钎焊焊缝 钎焊连接

3.9.2 压接式连接和卡接式连接

3.9.2.1 压接式连接

组件接合时配合面的尺寸有裕量，便可以形成压接式连接。通过所出现的压接力，可以不加任何其他连接元件直接传递力和力矩。

> 压接式连接以力传递的形式直接传递力和力矩。

■ 纵向压入式压接连接

纵向压入时，组件通过压接接合起来（图 1）。由于压入内部的零件的锐利边棱在压入时可能磨损孔内表面的微凸体，从而扩大孔内径并降低附着力，因此，压入内部的零件都有一个最大 5°、长度从 2 至 5mm 的压入倒角。压入前在接合面涂油可防止组件咬住。

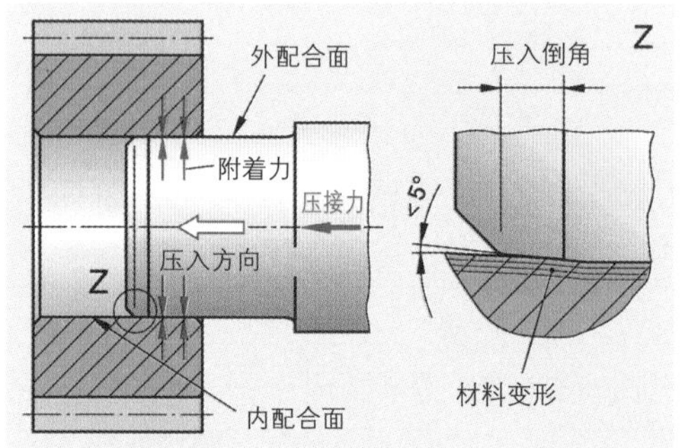

图 1：纵向压入式压接连接

■ 收缩式压接连接

压接式连接之前，先加热外部零件，然后套入内部零件。冷却后，通过外部零件的收缩形成压接式连接（图 2）。

> 我们把连接前加热的外部零件在冷却后内部配合面的尺寸变小称为收缩。

加热设备可以采用例如电感式加热装置、油槽和煤气燃烧器。

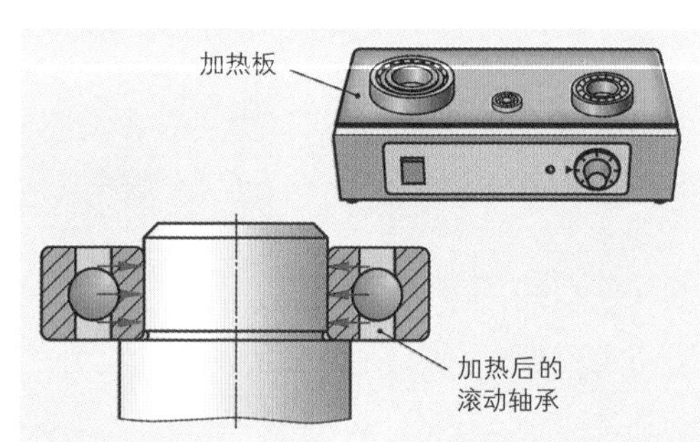

图 2：收缩式压接连接

操作规范

- 为避免材料组织出现变化，必须严格遵守加热温度。
- 大型和笨重零件必须加热均匀，否则极易出现变形。
- 加热前必须先拆除所有热敏感零件，例如密封件。

■ 冷却式（膨胀式）压接连接

如果外部零件由于其尺寸、形状或由于可能出现材料组织变化等因素不能加热，可冷却内部零件（例如轴），直至它可轻松放入外部零件（例如孔）为止（图 3）。

作为冷却剂，一般采用干冰（固体二氧化碳，最低达-79℃）和液氮（最低达-190℃）。重新回到正常室温后，内部零件膨胀，并与外部零件形成压接式连接。

所有使用冷却剂的工作都必须严格遵守事故防范规定。

> 我们把连接前冷却的内部零件在恢复常温后外部配合面的尺寸变大称为膨胀。

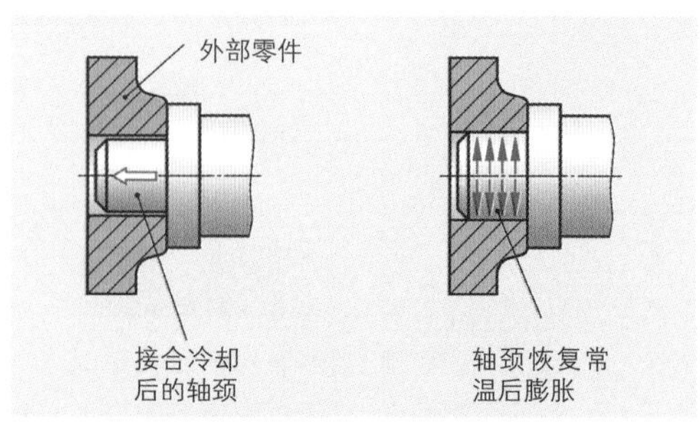

图 3：冷却式压接连接

■ 借助液压方法实施压接式连接

所谓液压方法，是指把机器油压入轴或孔配合面之间预先加工出来的环形槽内（图1）。这时组件出现弹性变形，只需稍加一点力，便可以相对移动。

用这种方法可以接合和分离有锥形配合面的零件。而收缩式压接连接主要用于圆柱形零件。只要轮毂覆盖着轴-环形槽，也可以用液压方法进行拆卸（图1）。拆卸时，由于配合面上仍有机器油，可视具体情况略施一定的力把轮毂完全拆下。

液压方法主要用于大型滚动轴承的装配和拆卸（见455页）。

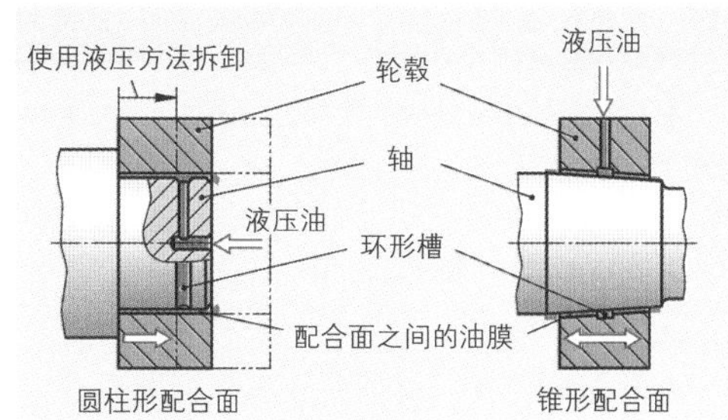

图1：液压形成的压接式连接

3.9.2.2 卡接式连接

卡接式连接时，充分利用材料——主要是塑料和弹簧钢——的弹性连接两个零件。

一个零件前端的球体、端面球头或钩子卡入另一个零件的后部切槽，形成一个形状连接（图2）。

连接中，至少一个零件由弹性材料制成，它在连接或松开时，凸起部高度范围内可以变形。

我们把卡接式连接划分为可拆卸式连接和不可拆卸式连接（图3）。不可拆卸式连接时，内部有一个阻止零件分离的端面。而可拆卸式连接中，零件前端凸起部可向两个运动方向倾斜。

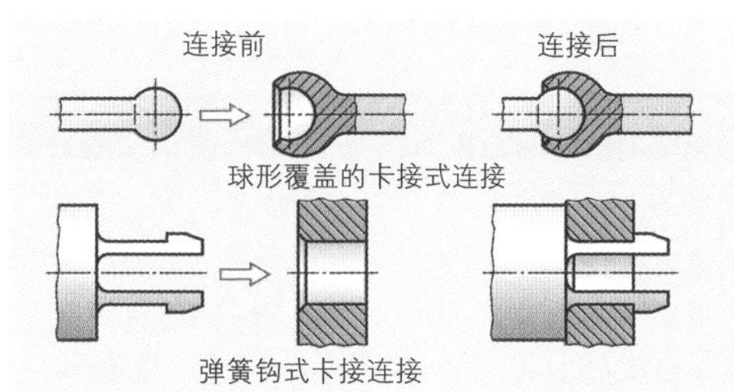

图2：卡接式连接的结构

> 卡接式连接时，其中一个连接零件有弹性变形，形成可拆卸或不可拆卸的卡接式连接。

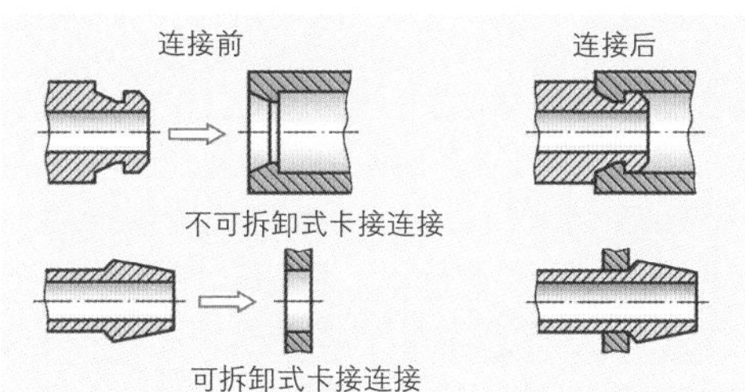

图3：卡接式连接的种类

卡接式连接加上紧固元件可把例如塑料装饰性板条与轿车车身连接起来。

用于卡接式连接的典型紧固元件是弓形夹和弹簧夹头，它们只需要较小的接合力，其加工偏差可以在孔内重叠抵消（图4）。

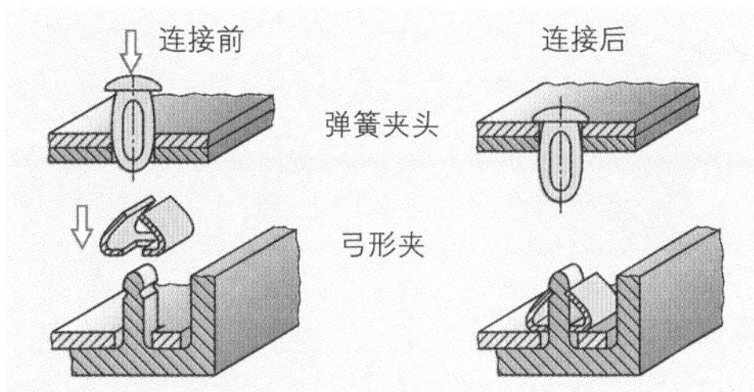

图4：加上紧固元件的卡接式连接

本小节内容的复习和深化：

1. 压接式连接时，加热工件时应该注意哪些操作规范？
2. 在哪些情况下应采用冷却式压接式连接？
3. 如何构成借助液压方法的锥形压接式连接？
4. 如何区别可拆卸式与不可拆卸式卡接式连接？

3.9.3 粘结

黏接是指把相同的或不同的材料通过一个硬化的中间层以材料接合的形式彼此连接起来的接合方法。

黏结连接主要用于：

- 结构零件的连接；
- 螺栓的保护；
- 接合面的密封。

黏接连接在工业中有着广泛的应用，如飞机和汽车制造业中的车身和外罩以及固定刹车摩擦片，在机床制造业中用于固定轴套和轴承，保护螺栓和密封箱体（图 1）。

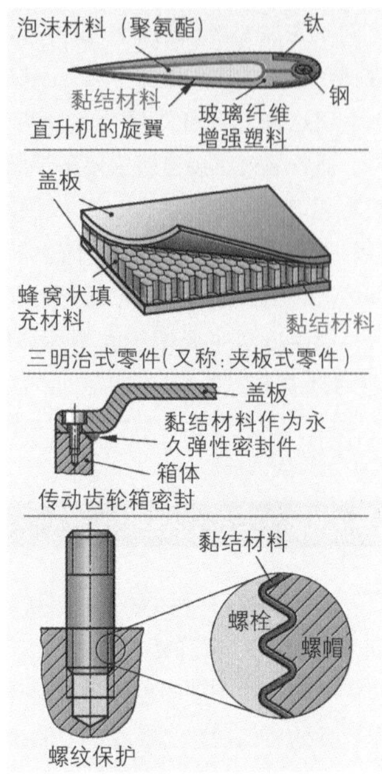

图 1：黏结连接

黏结连接的特性

优点：	缺点：
●材料组织不发生变化；	●需要较大的接合面；
●应力分配均匀；	●疲劳强度较低；
●众多的材料组合；	●耐热强度较低；
●密封连接；	●有些需要长时间和复杂的硬化过程。
●仅需要很少的调整；	

■ 黏结连接的基础知识

黏接连接的耐久性取决于黏接材料对接合面的附着力和黏接材料层内部的内聚力（图 2）。只有在接合面洁净、干燥并且表面容易打毛的条件下，才能够达到高附着力。稀薄液态的黏接剂经过硬化过程形成一层固体塑料层。为了充分利用所黏接的金属零件的强度，黏接重叠长度必须至少达到板厚的 5 至 20 倍（图 3）。

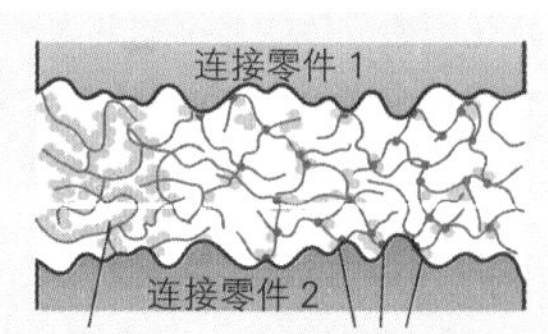

图 2：黏结连接时的各种力

黏接连接的承载能力不仅取决于接合面的大小，主要还取决于负荷的类型。黏接连接的设计主要用于承受剪切应力，而较少承受拉应力。不允许对黏接连接施加剥离负荷，因为它容易导致黏接撕裂（图 4）。有剥离负荷的零件必须采取特殊措施进行连接，例如卷边或铆接。

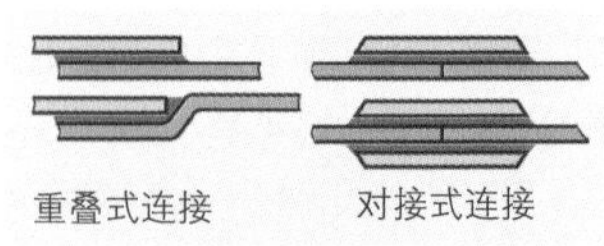

图 3：黏结连接的结构

> 黏接连接必须有较大面积，并且不允许施加剥离负荷。

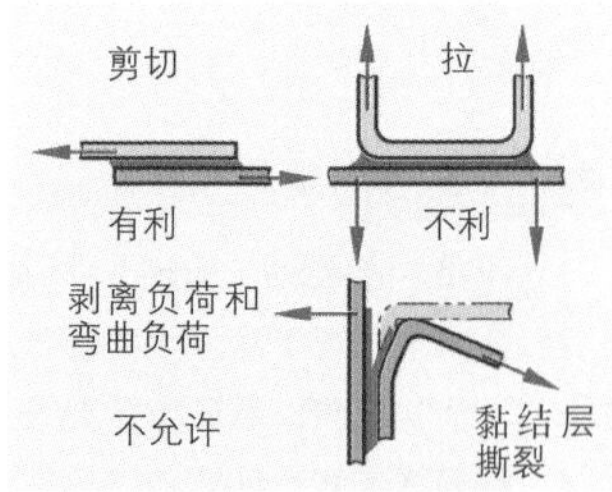

图 4：黏结连接的各种负荷

■ 黏结材料的种类

溶化型黏接材料在冷却后形成纯物理凝固体。

湿型黏接材料在溶剂挥发后硬化。

反应型黏接材料是最经常用于金属的黏接材料（见 241 页表 1）。按照其处理温度划分，可分为热黏接剂和冷黏接剂，按照其组分划分，可分为单组分黏接剂和双组分黏接剂。

表 1：反应型黏结材料

黏结材料		组分	硬化		抗剪强度 (N/mm²)	使用温度范围 (℃)	特性
			℃	硬化时间			
冷黏结剂	环氧树脂	2	20	48 小时	最大 32	–60 ~ +80	高强度和良好的弹性，加热可加速硬化
	丙烯酸盐	2	20	10 分钟	8~20	最大 +100	黏接剂和硬化剂分别涂抹，接合后才开始硬化
	聚氨酯	2	20	最长 80 小时	7~15	–200 ~ +30	硬化时间最多可以缩短到半小时；也可以在硬化时接触空气
	氰基丙烯酸盐	1	20	3~180秒	最大 25	–40 ~ +120	硬化时间极短（"快干胶"）；黏结剂层厚 0.2mm；也适用于弹性体
	厌氧黏结剂	1	20	6~24小时	最大 40	–60 ~ +200	在隔绝空气的条件下硬化；主要用于固定轴套和螺纹轴保护
热黏结剂	环氧树脂	2	120	15 分钟	最大 40	–60 ~ +80	高强度和高变形性；也用于填充较大的中间层空间
	酚醛树脂	1	180	120 分钟	最大 40	–60 ~ +200	高强度，高耐热性，变形性极小；硬化时必须加压
	聚酰亚胺黏结剂	1	400	–	25	–60 ~ +200	在隔绝空气和加压的条件下分若干阶段硬化；短时间可耐受最高 500℃

■ 黏结表面的预处理

机械性预处理，指用细砂喷砂处理或用砂布打磨。脱脂，要求在机械性预处理之后或化学性预处理之前进行。脱脂的方法有蒸汽脱脂、浸渍脱脂或用蘸有溶剂的干净抹布擦拭。也可以用酸洗这种化学预处理方法代替机械性预处理。它是预处理方法中最有效的一种，因为零件表面在洁净脱脂的同时还进行了打毛处理。零件经过酸洗或脱脂后，必须小心地使之干燥。

对零件黏接面的要求是，必须干燥、洁净、无脂、易打毛。

■ 黏结剂的处理

双组分黏接剂必须按所要求的量和正确的比例在涂抹前相互混合。它的处理时间（混合后的有效使用期）是有限制的。根据供货形式的不同，可分别采用注射枪、刷子、刮铲或粘贴膜等方法将黏接剂薄薄地均匀涂抹于黏接面。

■ 硬化

许多在涂抹过程中还是蜂蜜状黏稠的黏接剂在硬化开始时却变成稀薄液体状。因此，黏接时必须防止黏接零件移动，有些黏接剂在黏接时还必须加压。黏接剂硬化的时间和温度均取决于黏接剂的类型，需按照黏接剂制造商的说明执行。

黏结连接的操作规范

- 黏结面必须干燥、洁净、无脂、易打毛。
- 黏结剂应在接合表面处理后直接涂抹。
- 黏结剂层的厚度应为 0.1 ~ 0.3 mm。
- 硬化过程中，必须采取防止黏接零件移动的固定措施。
- 人体皮肤不宜接触处于未硬化状态的黏接剂。
- 黏接工作间应通风良好，因为黏接剂可能散发有害健康的蒸汽。

本小节内容的复习和深化：

1. 为什么黏接连接要求大接合面？
2. 如何预处理黏结面？

3.9.4 钎焊

钎焊是一种材料接合型接合方法和借助熔化补充金属 —— 焊料 —— 的材料涂层方法。焊料的熔化温度应低于待焊接母材的熔化温度。焊料浸湿，而不是熔化母材。钎焊经常在液体或保护气体中或真空状态下进行。

钎焊后形成不可拆卸的、材料接合型连接，这是一种固定的、密封的、导热和导电的连接（图 1）。被焊接的母材可以具有完全不同的特性和组分，通过焊接把两种材料连接起来。例如可以把硬质合金刀片焊接在结构钢的车刀刀柄上。

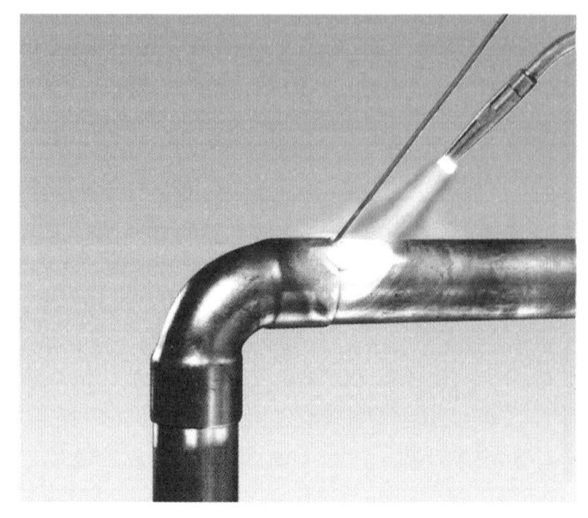

图 1：铜管钎焊

> 钎焊可以把相同类型的或不同类型的金属材料固定地、密封地和导热导电地连接起来。

3.9.4.1 钎焊的基础知识

■ **浸湿过程**

钎焊连接的前提条件是液态焊料浸湿基础材料。在这个过程中，液态焊料会迅速扩散在工件表面（图 2）。焊料渗入基础材料组织中，熔化了部分基础材料并形成一种合金（图 3）。我们把这种相互渗透的过程称为扩散。

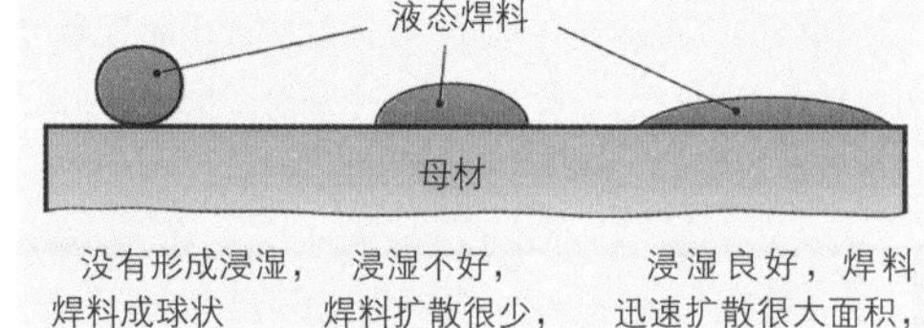

图 2：钎焊时的浸湿形式

良好浸湿效果的条件

- 基础材料与焊料可以形成一种合金；
- 焊接点是纯金属；
- 工件和焊料充分加热。

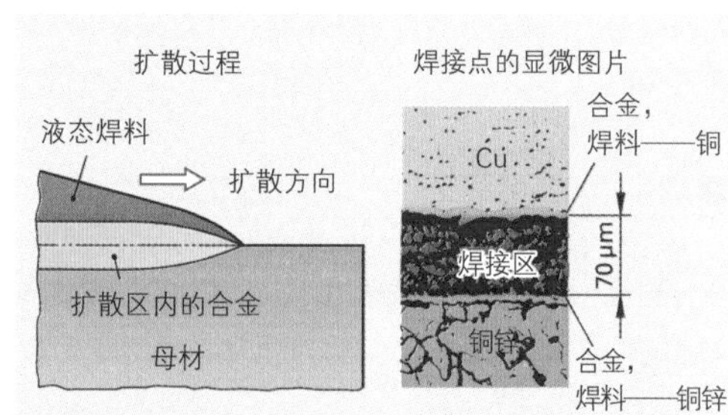

图 3：通过扩散形成的合金

■ **钎焊间隙和钎焊焊缝**

两个焊接面之间的间距对钎焊过程具有特殊影响。我们把两个焊接面之间小于 0.25 mm 的空间称为钎焊间隙。如果两个焊接面之间的空间大于 0.25 mm，则称为钎焊焊缝（图 4）。通过钎焊间隙两边密封且相对的两个面使两个工件之间形成的附着力和焊接接合力要大于液态焊料的聚合力。这种毛细作用把焊料吸入钎焊间隙。

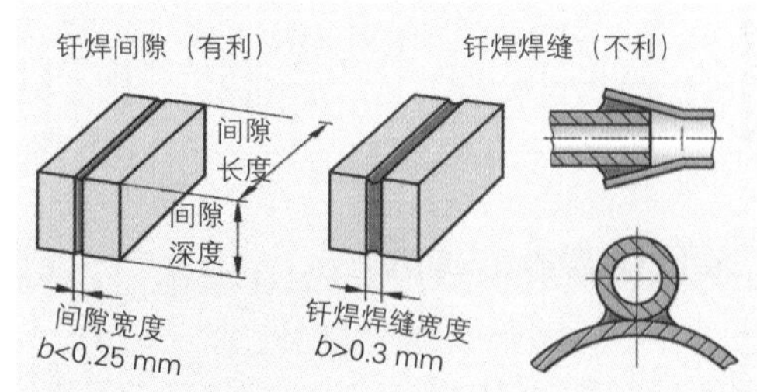

图 4：钎焊间隙和钎焊焊缝

钎焊宽度越小，毛细作用越大。如果钎焊间隙宽度标注正确，便可以产生一种足以克服焊料重力把焊料吸入钎焊间隙的充填压力（图 1）。

如果钎焊焊缝大于 0.3~0.5 mm，焊料便不能充分地吸入焊缝（图 2）。但如果钎焊间隙过小，焊料的填充不够充分，因为过小的间隙无法吸纳足够的焊药去除（材料表层的）氧化皮（见 246 页）。

> 钎焊间隙应为 0.05 ~ 0.2 mm。

焊接时应避免钎焊间隙深度超过 15 mm，因为这种间隙一般都填充得不充分。如果钎焊间隙标注正确，并且焊料选择正确，钎焊可以达到与母材相同的承载能力。

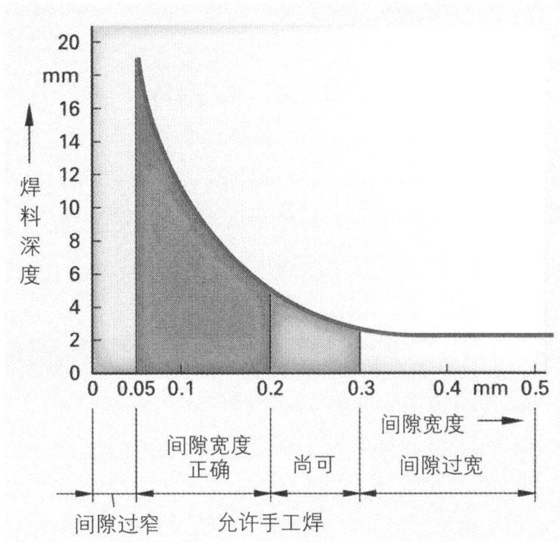

图 1：焊料深度与钎焊间隙宽度之间的相关关系

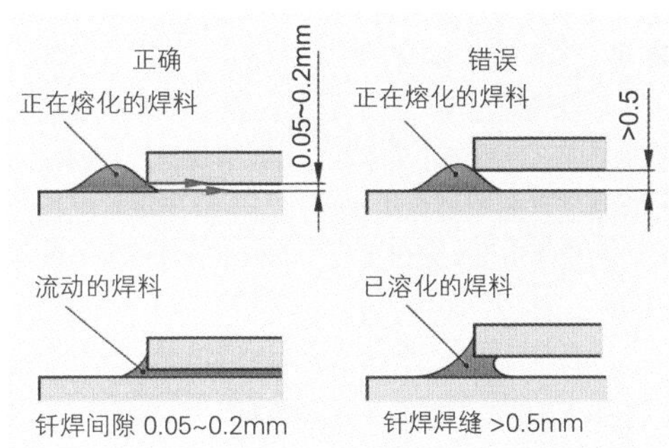

图 2：钎焊时的毛细作用

■ 钎焊温度

纯金属和由两种低共熔组分材料组成的合金都有一个固定熔点。低共熔合金的熔点低于单个纯基础金属的熔点。例如纯锡的熔点在 232 ℃，纯铅的熔点在 327 ℃，而由 63%锡与 37%铅组成的合金的熔点却在 183 ℃（图 3）。

不含低共熔组分的合金则没有固定熔点，只有一个熔化范围。

> 低共熔合金只有一个熔点，而其他组分的合金却只有一个熔化范围。

例如加热一种由 30%锡与 70%铅组成的合金，在 183℃时熔化的只有单个晶体。随着加热温度的升高，熔化的晶体越来越多。只有在达到曲线图表中 a–b 线时，合金才会完全熔化。与之相反，在从 183 ℃到 260 ℃这个熔化范围内只呈现出一种由熔化物与晶体组成的糊状混合物（图 3）。

凝固时，液态焊料首先再次变成糊状，接着才变成固体。如果在凝固过程中有振动，将会降低焊料的内聚性，并因此降低焊接强度。

> 焊接后的凝固过程中不允许出现振动。

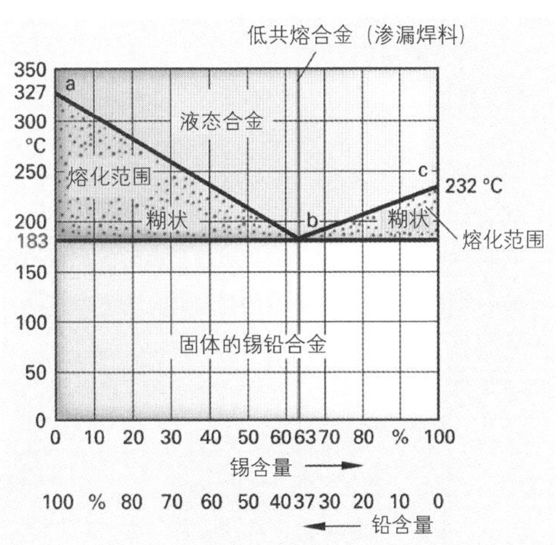

图 3：锡–铅状态曲线图表

一种焊料的工作温度是工件材料表面的最低温度，在该温度条件下，焊料可以浸湿、流动并形成合金。

当温度低于工作温度时，焊料与母材之间无法形成连接（“冷焊点”）。焊料和焊点必须至少达到工作温度范围（图 1）。但如果超出最大焊接温度，工件起氧化皮，焊料变脆。有效温度范围是指焊药可以在钎焊过程中浸湿工件时的温度范围（图 1）。

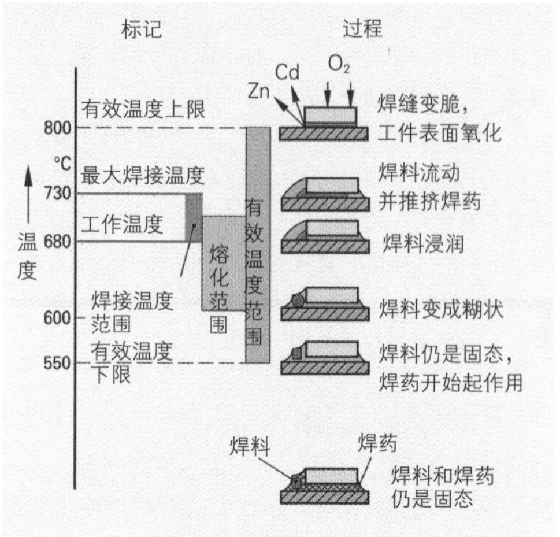

图 1：焊料 L–Ag30Cd 和焊药 FH10 的重要的焊接温度

钎焊操作规范

- ●应迅速均匀地加热工件和焊料；
- ●工作温度和焊接温度限制着焊接温度范围；
- ●焊药的有效温度范围必须大于焊接温度范围。

3.9.4.2 钎焊方法

■ 根据工作温度划分钎焊方法（表 1）

软焊料钎焊的工作温度低于 450 ℃。焊接连接要求密封或导电导热并对承载能力没有很高要求时，或待焊接零件材料属热敏感型时，一般采用软焊料钎焊。通过连接形状的造型还可以提高软钎焊焊点的承载能力（图 2）。

硬焊料钎焊的工作温度则超过 450 ℃。硬钎焊连接可用作对焊结构；硬钎焊时加大钎焊间隙深度可提高焊点强度（图 2）。

高温钎焊是一种在保护气体或真空中使用焊料的钎焊方法，其工作温度超过 900℃。

■ 根据焊料位置走向划分钎焊方法

焊料贴放式钎焊：此法焊接时，仅将工件焊点处加热至焊接温度。随后，焊料通过与工件的接触开始流动。

焊料插入式钎焊：此法焊接时，工件与设定的焊料量（焊料成形件）同时加热至焊接温度。

浸液钎焊：此法焊接时，将浸入到液体焊料池中的工件加热至焊接温度，熔化的焊料充填钎焊间隙。

表 1：钎焊方法和工作温度

软焊料钎焊	硬焊料钎焊	高温钎焊
低于 450 ℃ 使用焊药	超过 450 ℃ 使用焊药，在保护气体或真空中进行	超过 900 ℃ 在保护气体或真空中进行

焊点类型	钎焊间隙深度小	加大钎焊间隙深度	用辅助方法提高强度
板材直焊缝			
板材 T 形焊缝			焊点
圆形零件与板材			压入细牙花键
管的连接			卷边 胀口
软焊料钎焊适用范围	不适用	适用	非常适用
硬焊料钎焊适用范围	可能	非常适用	不必要的浪费

图 2：钎焊方法和焊点形状

钎焊的能量供给：

根据加热时的能量载体我们把钎焊划分为：

- 气体钎焊（气体火焰硬钎焊、炉中硬钎焊）。
- 固体钎焊（烙铁钎焊、金属块钎焊）。
- 液体钎焊（浸焊勺钎焊、浸液钎焊）。
- 射线钎焊（激光射线钎焊）。
- 电流钎焊（电阻加热钎焊、电感加热钎焊）。

气体火焰钎焊时用气体火焰加热待焊接零件。当焊点温度达到工作温度后才供给焊料。如果是插入的焊料成形件，加热的热能必须通过工件传导给焊料，否则将导致焊料温度过高（图 1）。

烙铁钎焊时用烙铁加热工件焊点处（图 2）。烙铁钎焊只适用于软焊料钎焊。烙铁可采用电或气体加热。可调温的钎焊烙铁特别适用于有长时间工作停顿的焊接或热敏感零件的焊接。

钎焊烙铁的尖端由铜或铜合金组成。加热后的烙铁尖在焊接开始前必须清除表面氧化皮，然后通过焊接添加物（如松香）均匀涂上焊锡。

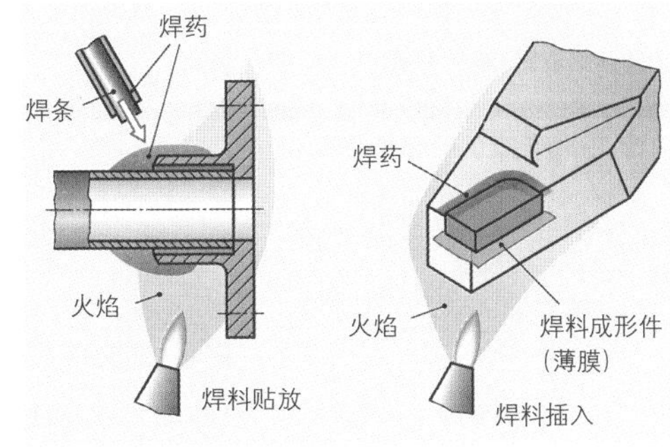

图 1：气体火焰钎焊

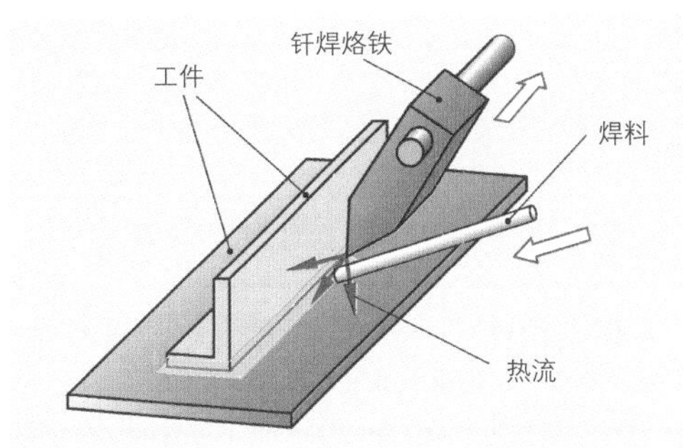

图 2：烙铁钎焊

3.9.4.3 焊料

焊料一般都使用合金，极少使用纯金属。焊料的熔点必须低于待焊接零件金属的熔点。我们把焊料划分为软焊料、硬焊料、高温焊料和铝材焊接焊料。焊料的供货形式多种多样，如块状、带状、薄膜状、条状、丝状、线状，还有焊料成形件以及粉末状和膏状（图 3）。

以组别划分用于重金属的软焊料，见表 1。

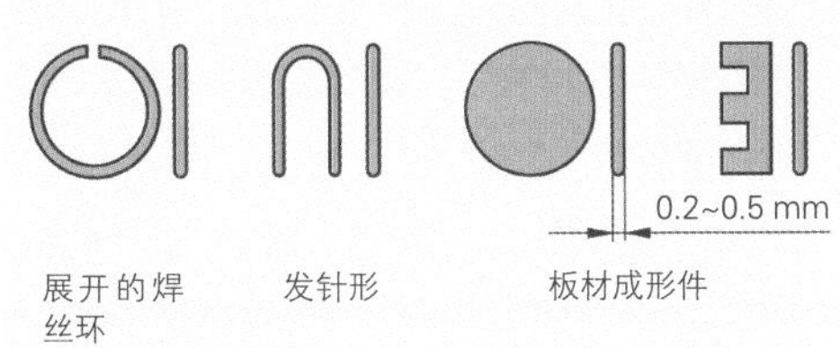

图 3：焊料成形件

表 1：用于重金属的软焊料（举例）

组别	合金编号	合金的缩写符号	熔点温度	应用说明
锡－铅	1	S-Sn63Pb37	183℃	精密仪器技术、电气技术和电子技术
	3	S-Pb50Sn50	183℃～215℃	电气工业、镀锡
	10	S-Pb98Sn2	320℃～325℃	制冷设备制造
锡－铅－铜	24	S-Sn97Cu3	230℃～250℃	电气装置制造、精密仪器制造
	26	S-Sn50Pb49Cu1	183℃～215℃	
锡－铅－银	28	S-Sn96Ag4	221℃	铜管安装、高级合金钢
	34	S-Pb93Sn5Ag2	304℃～365℃	用于高运行温度的装置

用于重金属的硬焊料是按照其组分、用途和工作温度划分的（表 1）。高纯度硬焊料也可用作高温焊料，它们主要是镍–铬合金或银–金–钯合金。

表 1：用于重金属的硬焊料（举例）

组别	缩写符号		熔点温度	应用说明
	EN 1044	DIN EN ISO 3677		
铜焊料	CU 104	B–Cu100(P)–1085	1083℃	钢、硬质合金刀片
	CU 303	B–Cu60Zn870/900	870℃～900℃	钢、铜、镍及其合金
含银硬焊料	AG 207	B–Cu48ZnAg800/830	800℃～830℃	钢、铜、镍及其合金
	AG 203	B–Ag44CuZn–675/735	675℃～735℃	
	AG 304	B–Ag40ZnCdCu595/630	595℃～630℃	
含磷硬焊料	CP 105	B–Cu92PAg650/810	650℃～810℃	铜和不含镍的合金，不用于钢或镍合金

铜焊料由无氧铜或铜与锌和锡的合金组成。它主要用作铁、铜和镍材料的硬焊料。其工作温度在 825 ℃至 1100 ℃。

含银硬焊料的工作温度低于铜焊料。含镉硬焊料的工作温度最低。镉有剧毒，只在有充分理由的例外情况并采取相应保护措施的前提下才允许使用。

含镉硬焊料特别在过度加热时，可能产生有毒蒸气。

3.9.4.4 焊药

金属加热后会迅速与氧气化合形成一个氧化层。该氧化层阻止了焊料的浸湿（图 1）。为了溶解该氧化层并阻止进一步氧化，钎焊时需使用焊药。另外，在保护气体或真空中进行钎焊也可以阻止氧化反应的发生。

焊药溶解氧化物并阻止氧化反应继续发生。

我们一般根据待焊接母材和焊接方法，但主要还是根据所使用焊料的工作温度来选择焊药。焊药必须在低于工作温度时才能发挥作用，超过最大焊接温度时则失去作用。因此，焊药是根据其有效温度范围划分的。

为使整个焊接面的焊接均匀牢固，液态或膏状的焊药大部分是在零件接合之前才涂抹在焊接范围。焊接后必须去除焊接点处残留的焊药，否则，这些残留物可能导致腐蚀。

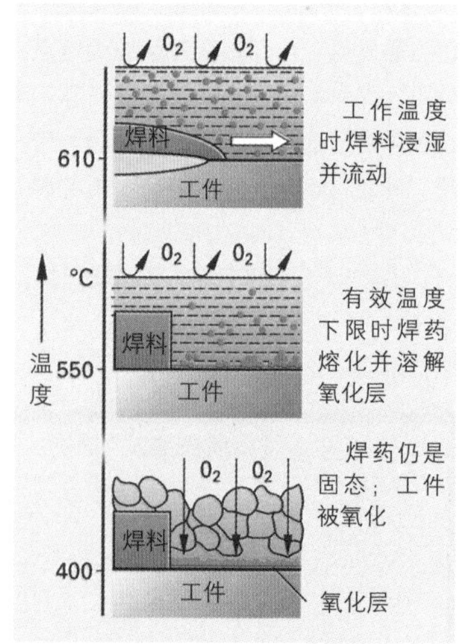

图 1：焊药 FH10 的作用方式

焊药使用操作规范：

- 焊接前必须彻底清洁焊点并涂抹焊药。
- 焊接后必须从焊点清除焊药残留物。
- 皮肤不宜接触焊药。
- 工作场所必须通风良好。

焊药的标记名称按国际标准用数字代表焊药类型、焊药基础成分和焊药活化剂，用字母 A 代表液态，B 代表固态，C 代表膏状（表 1）。迄今为止的标记名称中，字母 F 代表焊药，S 代表重金属，L 代表轻金属，H 代表硬焊料（表 2）。

表 1：用于软焊料的焊药（举例）

类型	残留物	成分，应用说明
3.2.2.A(F-SW 11)	强腐蚀性	氯化锌和氯化铵的含酸溶剂（钎焊酸），用于强氧化表面，但残留物必须擦去
2.2.1.C(F-SW 21)	轻腐蚀性	氯化锌和氯化铵加有机油或有机脂的膏状混合物（钎焊脂），主要用于铜钎焊，必须用溶剂擦去焊药残留物
1.1.1.B(F-SW 31)	无腐蚀性	天然或人工合成树脂（松香），主要用于电气或电子工业，残留物不必擦去

表 2：用于硬焊料的焊药（举例）

类型	有效温度	成分，应用说明
FH11	550℃～800℃	含氟和含硼的焊药用于工作温度从 600℃到 750℃的焊料。其残留物具有强腐蚀性
FH21	750℃～1100℃	含硼焊药（硼砂）用于工作温度超过 800℃的焊料。其玻璃状残留物具有吸水性和腐蚀性

3.9.4.5 钎焊焊接举例

一根用于高压煤气管道的薄壁精拉钢管与一个由铜-锌合金 G-CuZn15（黄铜）制成的球形套连接（图 1）。

钎焊方法：出于安全原因并由于管道端部的高机械负荷，要求该连接使用硬钎焊。

焊料和焊药：为保证钢管的强度，焊料必须是低工作温度。现在选定 AG 106。与该焊料匹配的焊药是膏状的 F-SH1。

焊接过程：用直径 1.5 mm 的焊丝弯成一个环（图 1），涂抹焊药后放入球形套内。同时给钢管也涂抹焊药，并插入球形套。钢管与球形套之间 0.2 mm 的直径差产生了 0.1 mm 的钎焊间隙。

焊接时，焊接件应垂直放置，用火焰均匀加热，尽可能使钢管和球形套同时达到 710℃的工作温度。一旦焊料熔化，球形套下沉，钎焊间隙在毛细作用下填满焊料。焊料凝固过程中务必避免振动，否则将无法保证焊接的强度。

冷却后，用 10%硫酸热溶剂酸洗去除氧化物和焊药残留物。接着，用冷水数次冲洗钢管，干燥后，薄涂一层油，防止腐蚀。

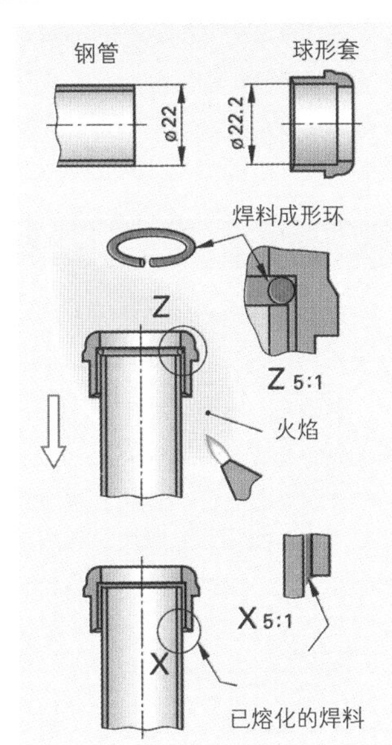

图 1：钎焊举例

本小节内容的复习和深化：

1. 如何理解钎焊？
2. 应对焊缝提出哪些要求？
3. 如何理解焊料的工作温度？
4. 如何区分软焊料与硬焊料？
5. 焊药的作用是什么？
6. 为什么大多数情况下必须擦去焊药的残留物？

3.9.5 熔化焊

熔化焊是把两个零件以材料接合的形式相互连接起来（图1）。焊接时，通过加热或摩擦使接合点的材料进入流动或塑性状态。在大多数焊接方法中都使用添加材料填充焊缝。

熔化焊由于其特殊的特性已在许多工程技术领域内得到广泛应用，例如基础设施建设和桥梁建筑中的钢结构件或轻金属结构件、汽车制造业、机器的支柱和容器，也可用于塑料零件的连接（塑料焊接见110页）。

> 熔化焊连接是材料接合型的、不可拆卸的连接。

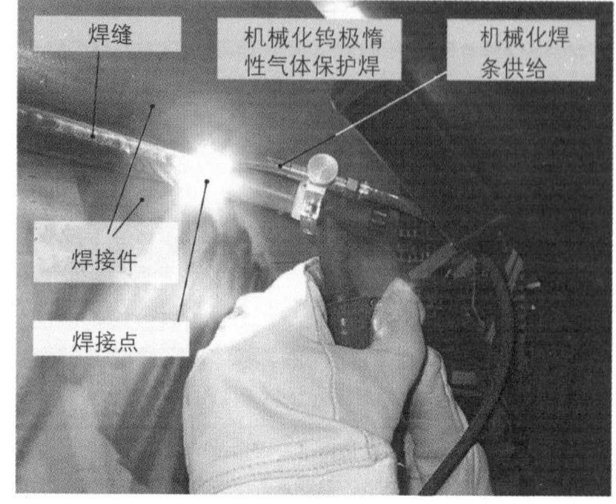

图1：焊接一条焊缝

熔化焊的优点和缺点：

优点：

- 多种形式和造型的可能性。可以取消相互连接零件的重叠部分和附加的连接元件，例如螺栓等。
- 焊缝的强度经常与母材的一样大，甚至大于母材。
- 焊缝构成密封的和不可拆卸的连接。

缺点：

- 焊接区材料组织的变化可能降低结构件的强度。
- 必须注意焊接零件的扭曲和收缩变形。
- 各种不同的材料并非都适宜于焊接，或仅有条件地适用于焊接。

3.9.5.1 熔化焊方法的划分

现已有一系列的熔化焊方法。种类繁多的熔化焊方法均按照国际标准 DIN EN ISO 4063 划分为几个大组：电弧焊、电阻接触焊、气焊、压力焊、射束熔化焊，以及其他类熔化焊方法（表1）。

熔化焊方法中，例如电弧焊和气焊时，是将待连接的零件在焊接点处熔化加热超过其熔点。但在压力焊方法中，例如摩擦焊，是将零件焊接点加热至膏状，然后把待连接的零件以压接形式连接。

熔化焊方法还可以继续细分：

- 根据待焊接母材划分，例如金属熔化焊和塑料熔化焊。
- 根据焊接目的划分，例如连接焊接和补焊。
- 根据操作类型划分，例如手工电焊和自动焊机。

表1：熔化焊方法的划分，按照 DIN EN ISO 4063（节选）

	标记数字
电弧焊	1
●手工电弧焊	111
●埋弧焊	12
●钨气体保护焊	14
●等离子焊	15
电阻接触焊	2
●点焊	21
●滚焊	22
●凸焊	23
气体熔化焊	3
●乙炔气焊	311
压焊	4
●超声波焊接	41
●摩擦焊	42
射束熔化焊	5
●电子束焊接	51
●激光束焊接	52
其他熔化焊方法	7
●螺柱焊	78

3.9.5.2 焊接点造型

设计时，必须在专用焊接计划中确定需焊接零件的焊接接头、焊缝类型、焊接位置和焊接顺序。对事关安全的重要结构件的焊接应保证整个焊接点横截面的贯通焊接。结构件的焊接特性取决于工件材料的可焊接性、结构的焊接安全性和加工过程中的焊接可能性。

■ 焊接接头和焊缝形状

我们把待焊接零件彼此相对的排列位置称为焊接接头（图 1）。决定焊缝形状的因素有：接头类型、待连接零件的厚度和焊接方法。

最主要的焊缝形状：喇叭型坡口焊缝、I 型焊缝、V 型焊缝、贴角焊缝、X 型焊缝和 U 型焊缝（图 2）。在图纸上用示意图符号标注这些焊缝。对于有些焊缝形状，必须在焊接前先对零件边棱做倒棱处理。倒棱处理一般采用铣削或射束切削（见 127 页）。

■ 焊缝的标记名称

焊缝的一个重要特性数值是焊缝厚度。V 型焊缝和贴角焊缝时，它相当于焊缝的高度（图 2）。较大的焊缝需多层焊接才能形成（图 3）。填充层前后还需有底层和覆盖层。如果要求焊缝表面平滑，还需磨去覆盖层范围内的突出部分和根部的突出部分。这里必须注意焊缝无缺口地平滑过渡到母材。

■ 焊接的位置

焊接位置已在 DIN EN ISO 6947 中标准化。最简单的焊缝是槽位置上的焊接焊缝。将待焊接零件夹紧并使焊接接缝按槽位置回转的焊接工装大大简化了焊接操作。大型结构件、建筑工地或大型管道焊接时，常必须在强制层焊接，例如突出部或横向位置。对此一般使用专用电焊条。这种焊接对焊工的技术能力提出了很高的要求。

> 许多焊接任务只允许使用考核合格的焊工。焊工技术考试已标准化，并必须定期反复举办。

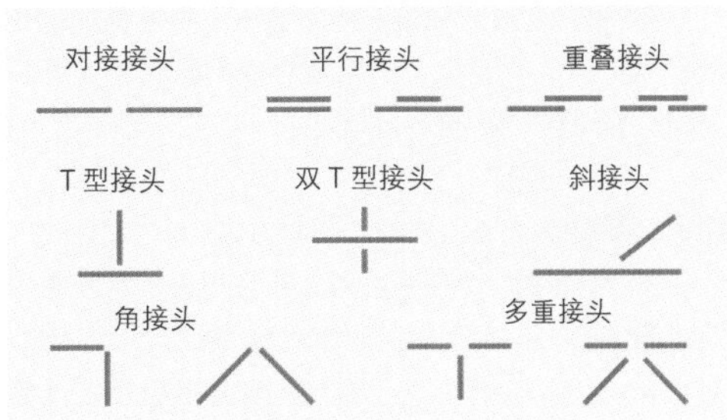

图 1：熔化焊和钎焊的焊接接头类型

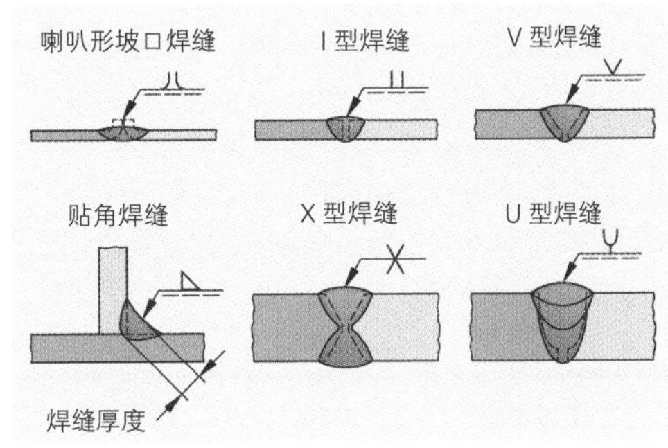

图 2：焊缝形状

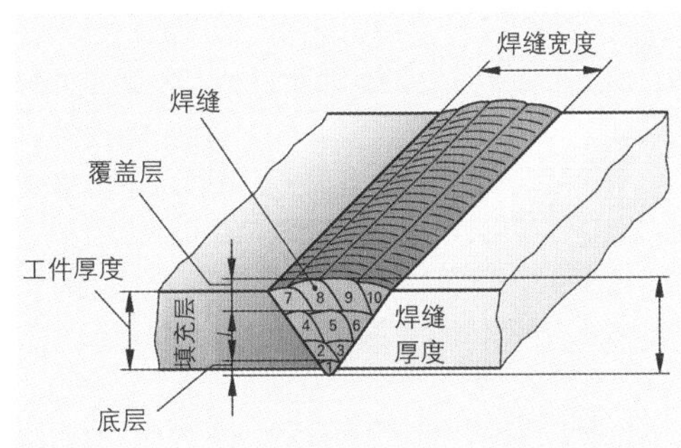

图 3：以一个厚 V 形焊缝为例，焊缝的各种标记名称

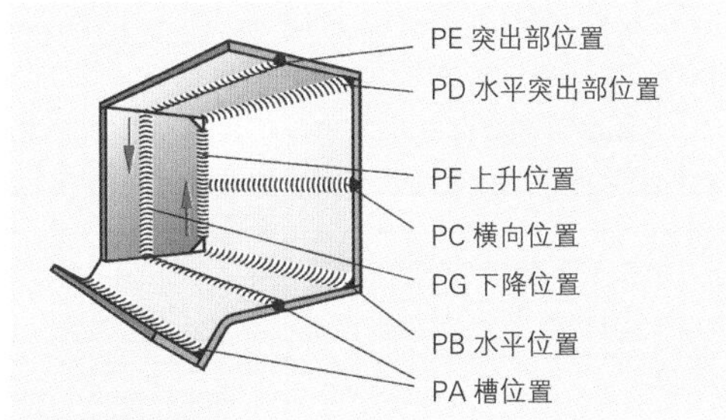

图 4：焊接位置

3.9.5.3 电弧焊

属于电弧焊这种焊接方法的有：手工电弧焊、气体保护焊（见 253 页）、等离子焊和埋弧焊。加热源是电极与工件之间产生的电弧。

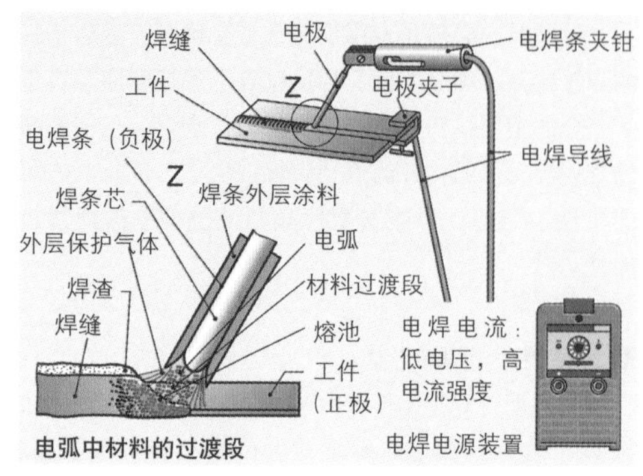

图 1：手工电弧焊设备

■ 手工电弧焊

手工电弧焊时，电焊条与工件之间的电弧形成一个闭合电流回路（图 1）。焊条的极性取决于焊条外层涂料的类型。一般而言，直流电焊接的电焊条接负极。这种接法使点火效果良好，焊透深度窄而深，同时，电焊条温升较低。电弧的高温在焊接点熔化了待接合材料的边缘以及由手工送入的电焊条。熔化区受到保护气体的保护，防止焊渣氧化。熔化物在冷却后形成焊缝。

电焊电源装置：在电焊电源装置中，采自电网电源并且电压为 230 V 或 400 V 的交流电变压成为电焊用的 15 V 至 30 V 低电压。采用直流电电焊时，交流电必须整流成直流电。

换流器

- 体积小，重量轻，功率强（例如 m=18kg，I 最大至 180A）
- 焊接电流：DC，AC
- 快速调节
- 高效率
- 可远程调控

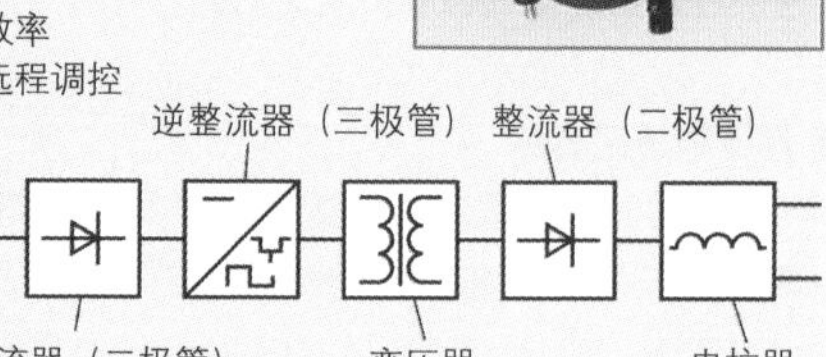

图 2：现代电子电焊电源换流器技术的电路框图

> 换流器是现代电子式电焊装置，其特点是：装置尺寸小，焊接电流大和功率强。它除提供直流电外，还供给正弦波形或矩形波形交流电，并具有大调节范围（图 2）。

电焊电源装置的特点表现在它的电流-电压特性曲线上。手工电弧焊时，该曲线应尽可能地陡然下降，这样可使焊工手抖产生的电弧长度不应有的变化极少或没有导致电焊电流强度的变化（恒定电流），而电压则自动匹配。

电焊电源装置的电焊电流强度可以调节，并由此决定着该电焊电源特性曲线组中的某一个特性曲线。该特性曲线与电弧的电阻特性曲线的交点便是电焊的工作点。该点标明电焊过程中的有效电压和电流强度（图 3）。

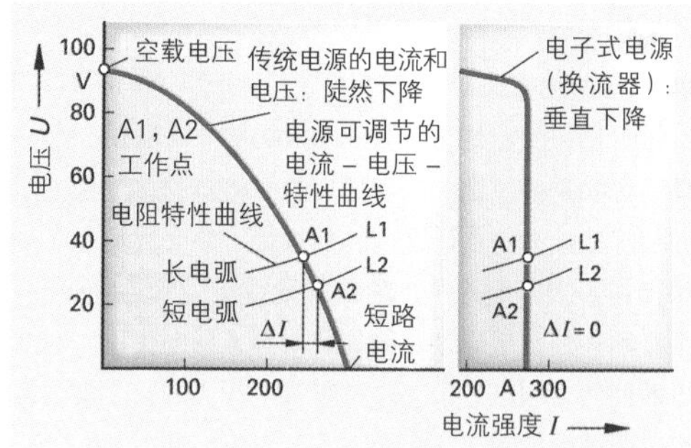

图 3：传统型和电子式电焊电源的电流-电压特性曲线

电焊电源的空载电压是电焊机接通电源后尚无负载时的电压。出于安全原因，空载电压受到限制（表 1）。

表 1：空载电压

工作条件	电流类型	
	直流电	交流电
普通工作条件	<113 V	<80 V
在锅炉内或狭小的工作空间内	<100 V	<42V
新的组合式电焊机	<113 V	<48 V

电焊条：由焊条芯和焊条外层涂料组成（图 1）。外层涂料在熔化后变成气体，该气体具有稳定电弧和屏蔽液态材料过渡段和熔池免受周边空气干扰的作用。正在熔化的外层涂料作为焊渣漂浮在焊缝上面。它阻止材料起氧化皮和焊接点的过快冷却。通过外层涂料的这些作用可减少收缩应力并阻止焊缝范围内的材料变脆。外层涂料一般含有提高焊缝强度和韧性的合金元素。

特性：从标准化缩写符号可看出电焊条的特性（图 3）。现有四种电焊条外层涂料的基本类型：R，B，C，A（表 1），混合型 RA，RB，RC，RR 以及各种外层涂料厚度。每一种电焊条类型都有着特殊的电焊特性，并适用于其典型的焊接任务。

电弧：是由电焊条短暂接触工件时点火引发的（图 2）。电焊条回拉若干毫米便使电弧形成电焊所需的长度。电焊条的电能在与阳极（正极）接触时立即升高温度。在负极产生的高温高达约 3600℃，而作为正极接通的工件上则产生约 4200℃的高温。

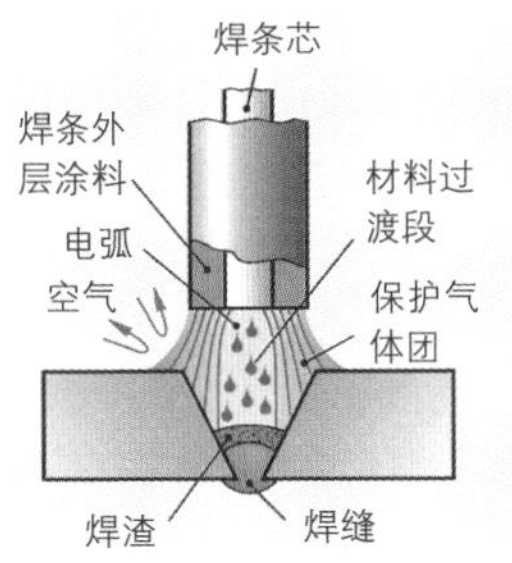

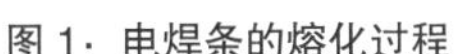
图 1：电焊条的熔化过程

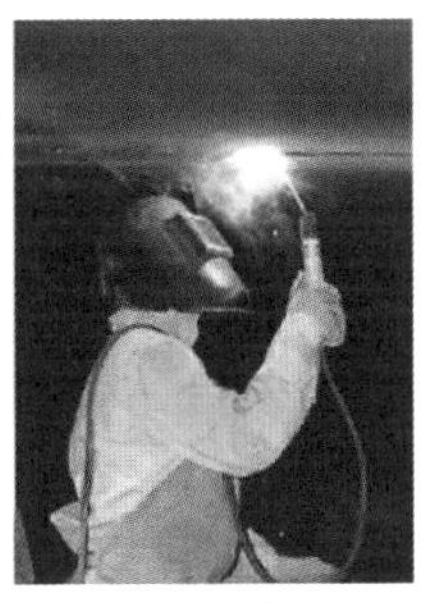
图 2：手工电弧焊

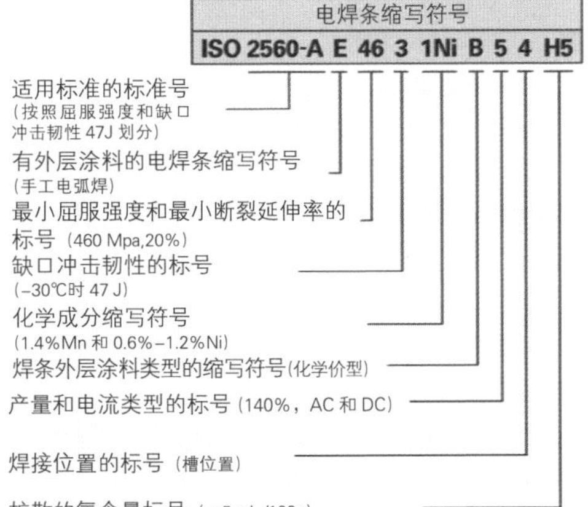

图 3：电焊条的标记名称（举例）

表 1：电焊条外层涂料的类型

	金红石型	化学价型	纤维素型	酸型
电焊滴液过渡特性	滴液过渡过程 R	材料精细滴液过渡过程 B	材料粗大滴液过渡过程 C	材料极精细滴液过渡过程 A
化学成分	金红石 TiO_2 45% 石英 SiO_2 20% 铁－锰 15% 四氧化三铁 Fe_3O_4 10% 方解石 $CaCO_3$ 10% 水玻璃	氟石 CaF_2 45% 方解石 $CaCO_3$ 40% 石英 SiO_2 10% 铁－锰 5% 水玻璃	纤维素 40% 石英 SiO_2 25% 金红石 TiO_2 20% 铁－锰 15% 水玻璃	四氧化三铁 Fe_3O_4 40% 石英 SiO_2 25% 铁－锰 20% 方解石 $CaCO_3$ 15% 水玻璃
优点	●易于焊接 ●美观平整的焊缝 ●交流电和直流电均可使用	●易于做出斜面焊缝 ●高机械质量 ●大部分使用直流电＋（DC+）	●焊透深度深 ●适用于所有焊点位置，尤其是下降焊缝 ●良好的机械质量	●焊透深度大 ●平滑平整的焊缝 ●中等机械质量
缺点	●不能用于所有的焊点位置 ●化学价型电焊条的焊接机械质量数值低 ●弥隙性能差	●略有些难以焊接 ●应再次干燥	●很难焊接 ●不能适用于所有的焊机 ●焊接时烟尘大	●只能有限用于强制层 ●有裂纹形成倾向

偏吹效应：电弧焊过程中，由于受到电磁场的影响，电弧会出现偏移，而这种电磁场在任何一种通电导体周边都会产生。如果电焊条垂直于工件，则磁场磁力线在朝向磁极的弯曲处聚集，而在其对应的反方向却稀疏。电弧偏移就出现在这个磁力线稀疏的区域（图 1）。

偏吹效应主要出现在直流电电焊时，尤其是钢材焊接。当它作用强烈时，可使电焊失败。通过把电焊条向偏吹的反方向倾斜，改变电极夹子在工件上的位置，改变焊接方向，使用厚外层涂料电焊条或使用交流电焊接等措施，可以降低偏吹效应。

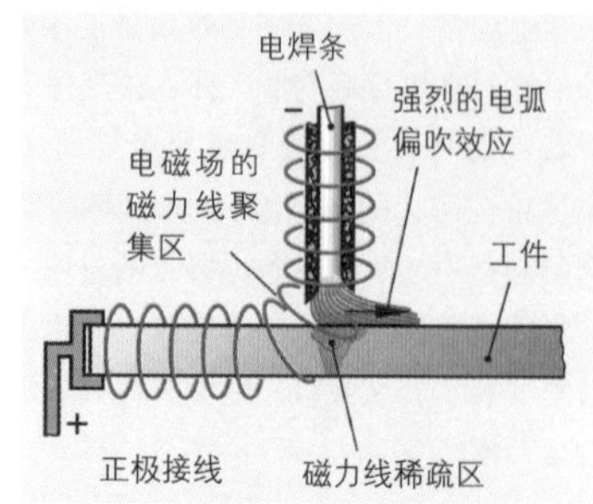

图 1：偏吹效果对电弧的影响

■ 手工电弧焊操作技术

电焊条的类型和直径由下列要素决定：材料厚度、焊接零件的材料和焊接类型（连接焊接还是补焊）。焊接时，必须通过连续供给电焊条才能保持电焊条熔化的稳定性，并保持电弧长度恒定不变。对电焊条把持稳定并做相应地移动可调整电弧的方向和压力，使流出来的熔化池不向焊接方向流去，从而避免出现焊渣孔和未熔合等焊接缺陷。如果正在烧熔的电焊条的剩余部分达到退火温度，表明焊接电流设定值过大。如果电弧难以点火和难以保持，流动的焊渣阻碍了正常焊缝的形成，表明焊接电流过小。

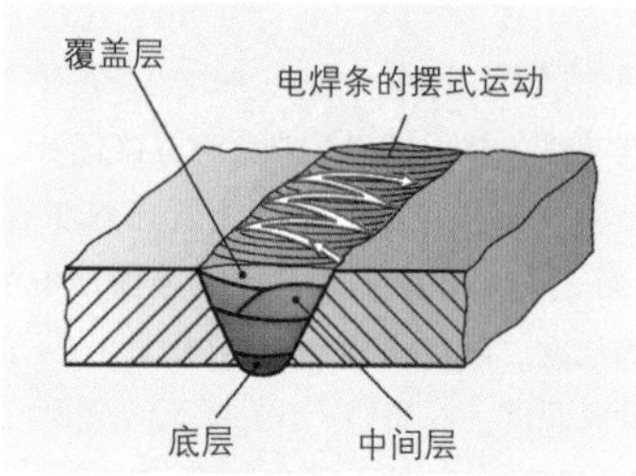

图 2：多层焊接

> 手工电弧焊时，电弧长度应大约与电焊条的焊条芯直径相同。

焊缝较大时应多层焊接（图 2）。前次焊层的焊渣必须完全清除。覆盖层应采用焊条摆式运动进行焊接。而上升焊缝需采用特殊的焊条运动进行焊接（图 3）。

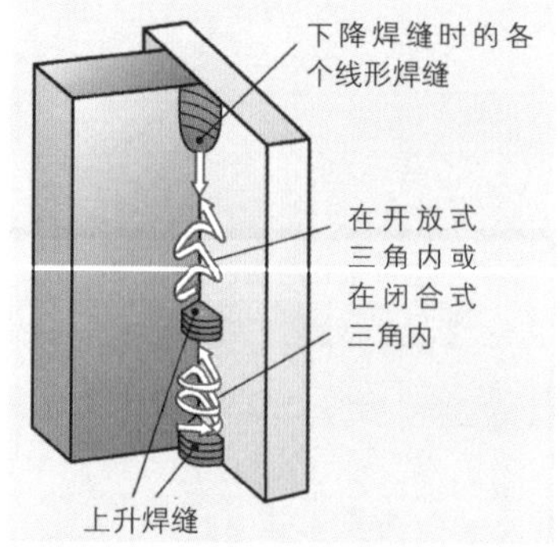

图 3：上升焊缝时电焊条的移动

手工电弧焊操作规范：

- 电弧焊操作时，应着合适的工作服和工作鞋：安全防护鞋，带有皮护颈的皮革防护服，带有侧边防护的护面罩。
- 手工电弧焊操作时禁止裸露胳膊和上身。电弧射线会对眼睛和皮肤造成伤害，焊渣喷溅会造成火灾。
- 手工电弧焊操作时，必须屏蔽工作场地，防止无关人员受到电弧射线的伤害（闪灼眼睛）。
- 只有在完全冷却后才允许清除焊缝上的焊渣，以保证焊缝范围能够慢慢冷却。清理焊渣时也必须穿戴护面罩。

本小节内容的复习和深化：

1. 何种电源装置适用于电弧焊？
2. 电焊条选择时需注意哪些因素？
3. 电焊条外层涂料在焊接时的作用是什么？
4. 如何才能降低电焊时的偏吹效应？

3.9.5.4 气体保护焊

重要的气体保护焊法有：熔化极惰性气体保护焊接法（MIG）、熔化极活性气体保护焊接法（MAG）、钨极惰性气体保护焊接法（WIG）和等离子焊法。气体保护焊的所有焊接方法中，电弧和熔池都受到保护气体隔绝外界环境的屏蔽。采用这种保护方法后，可以使用电焊条（一般直径为 0.8~2 mm）作为焊接时的附加材料。因此，我们把这种焊接方法划分为采用可熔金属焊条的焊接方法和采用不可熔钨焊条的焊接方法（表 1）。保护气体的选择主要根据焊接材料和焊接方法。可供选用的保护气体有惰性（不易起反应的）气体（Ar–氩气，He–氦气）、还原性气体（H_2–氢气）、氧化气体（CO_2–二氧化碳）和混合气体（表 2）。惰性气体主要用于有色金属和耐腐蚀铬镍钢的焊接，活性气体主要用于碳钢焊接。活性气体指有反应能力的气体，如二氧化碳（CO_2）和混合气体，例如常用的活性气体“Corgon 18”（氩气+18%二氧化碳）。

表 1：气体保护焊接方法

分类		缩写符号
电焊丝熔化的金属 – 气体保护焊接法	熔化极活性气体保护焊法	MAG
	熔化极惰性气体保护焊法	MIG
电焊丝不熔化的钨 – 气体保护焊法	钨极惰性气体保护焊法	WIG
	钨极等离子焊法	WP

表 2：保护气体的类型及其应用

缩写符号	气体分组	组成成分	用途
R	还原气体，混合气体	$Ar+H_2$	WIG，WP
I	惰性气体和混合气体	Ar,He, Ar+He	MIG，WIG，WP
M1	混合气体，弱氧化气体	$Ar+O_2$ $Ar+CO_2$	MAG
M2	↓	$Ar+CO_2$ $Ar+O_2$	
M3	强氧化气体	$Ar+CO_2+O_2$	
C		CO_2+O_2	

金属–气体保护焊（MIG，MAG）

采用 MIG/MAG 金属–气体保护焊（按照 ISO 857-1 气体保护金属电弧焊标准）时，直流电电弧在接为正极的电焊丝与工件之间燃烧（图 1）。电焊丝通过进给装置从一个电焊丝线圈放出，穿过软管送至焊枪。电焊丝的进给速度根据电焊丝烧熔的速度进行调控。焊枪中的焊接电流在电弧产生前很短时间内从电流导电嘴传输到电焊丝。由于电焊丝的横截面积很小，电焊丝末端的电流密度非常高，它足以产生大熔化功率和焊透深度。实心焊条和填充焊条用作附加材料。填充焊条的矿物填充料在焊缝表面形成防氧化和焊渣硬化的保护层。

调节：焊接前需调定焊接电压和电焊丝进给速度。它们的设定取决于工件材料、保护气体、工件材料厚度和电焊丝直径。在现代化电焊设备上可以调节各种不同的参数，例如基本电流和高电流，脉冲频率，还可调用与工件材料和材料厚度相匹配的专用焊接程序。MIG/MAG 焊接法特别适用于自动化焊接作业。

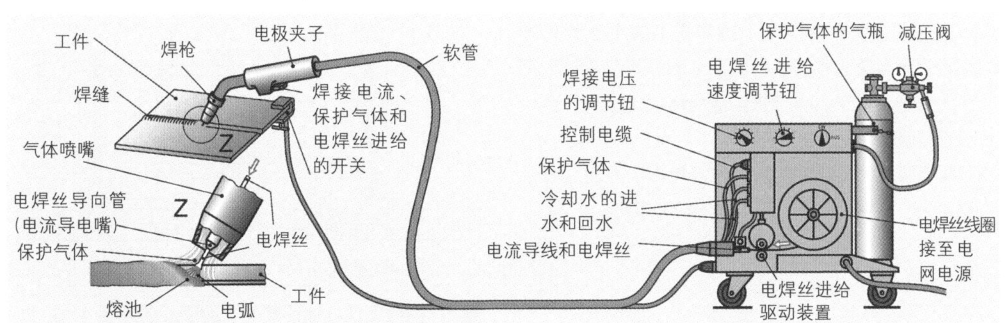

图 1：MIG–MAG 焊接设备

材料过渡段：电焊丝末端烧熔的材料以滴液形式进入工件并在这里熔化形成焊缝。电弧的类型决定着这个滴液过渡过程，期间，根据电焊丝的间距和滴液的大小也可能在电焊丝与工件之间出现短时短路（表1）。直流电可产生喷射形电弧和长电弧以及短电弧。脉冲电流（见255页）可在较小倾斜角度下实现无短路的材料滴液过渡。脉冲电弧焊接可以用于任何一种工件材料厚度，它可用于合金钢、轻金属、薄板和强制层焊接。与直流电焊接相比，采用脉冲电流焊接时工件材料的温度明显降低，从而大幅度降低焊接工件的扭曲变形和收缩应力。

表1：电弧的类型

电弧类型/缩写符号	材料过渡段	应用范围
喷射形电弧(*s*)	精细滴液，无短路	水平填充层的高熔化功率；中、厚板材
长电弧(*l*)	粗大滴液，有短路	
短电弧(*K*)	精细滴液，有短路	用于强制层，薄板
脉冲电弧(*p*)	可调节，抗短路	用于铬－镍钢和铝合金

焊接方法：熔化极惰性气体保护焊接（MIG）时，采用氩气或氦气做惰性（不易起反应的）保护气体。有色金属焊接、铝合金焊接和高合金钢焊接要求使用这种保护气体。

熔化极活性气体保护焊接（MAG）时，采用活性（有反应能力的）气体做保护气体。属于这类活性气体的有二氧化碳（CO_2）（其焊接方法的名称是MAGC）和由氩气与二氧化碳（CO_2）和氧气（O_2）组成的混合气体（其焊接方法的名称是MAGM）。这类保护气体可影响电弧中的材料过渡、烧熔深度、焊缝形状和电焊飞溅物的形成。这类保护气体的缺点是烧损合金元素，降低焊接金属的强度。通过对焊接附加材料的合理选择可以抑制这个缺点。熔化极活性气体保护焊接（MAG）主要用于要求大熔化功率的非合金钢和合金钢焊接。

钨极惰性气体保护焊接（WIG）

属于这类焊接法的有钨极惰性气体保护焊（WIG焊接法）和钨极等离子焊（WP焊接法）。两种焊接法均采用一种不熔化的钨电极。作为焊接附加材料的电焊条由手工进给送入电弧，然后在电弧中熔化。这类焊接方法所使用的电焊设备由一个可在直流电焊接与交流电焊接之间转换的电源装置和一个用软管与电源装置连接起来的焊枪组成。软管内装有焊接电流导线、保护气体软管、控制导线、大型焊枪还装有冷却水进水管和回水管（图1）。焊接所使用的保护气体是惰性气体氩气和氦气，或两者的混合气体。

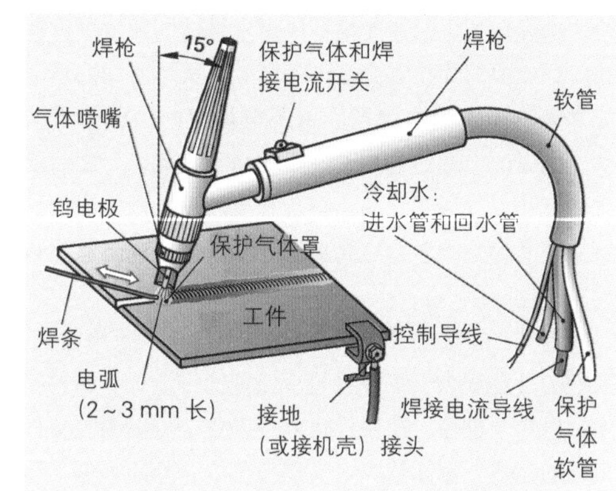

图1：钨极惰性气体保护焊（WIG）的焊枪

钨极保护气体焊接采用直流电，交流电或脉冲电流（见255页图1）。采用脉冲焊接电流可达到良好的焊缝弥隙性能和强制层内更稳定的焊接。通过电流缓慢的波动，可避免在焊缝端部出现焊缝缺陷，例如管材焊接时。

钨电极作为负极的钨极惰性气体保护直流电焊接主要用于合金钢、有色金属及其合金的焊接。

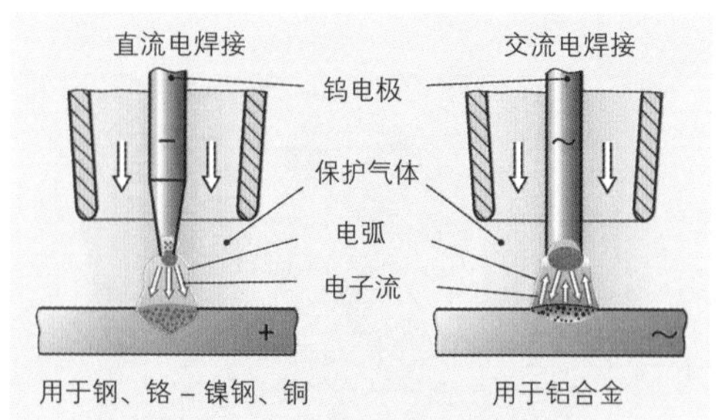

图2：钨极惰性气体保护焊（WIG）的电弧

钨电极端部磨尖后可使电弧燃烧稳定，焊接过程中更易控制移动。熔化区（“焊透深度”），既窄又深（见254页图2）。

钨极惰性气体保护交流电焊接主要用于铝材料和其他轻金属焊接。在交流电流的正半波区，电子从工件流向钨电极，并在这个过程中撕裂轻金属的高熔点氧化层。到了交流电流的负半波区，电子都流向工件，进而产生可熔化金属的热能。钨极惰性气体保护焊接方法（WIG）尤其适用于高合金钢和铝合金薄壁结构件和薄板的高级焊接连接（图2）。

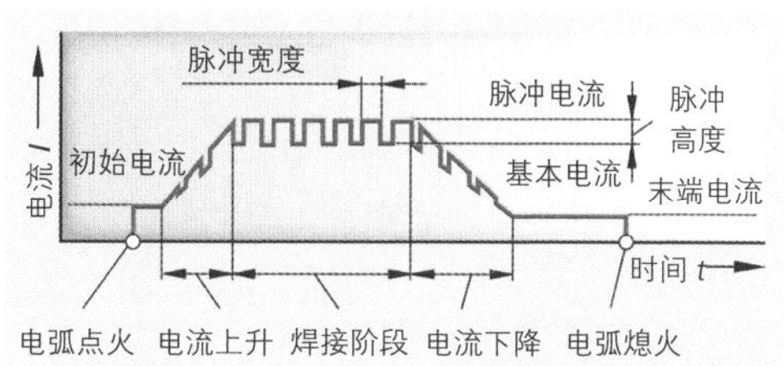

图1：脉冲直流钨极惰性气体保护焊（WIG）的电流特性曲线

钨极惰性气体保护焊（WIG）的操作技术

钨极惰性气体保护焊接（WIG）时，焊枪相对焊接方向倾斜约15°，焊枪与工件的间距为2~3 mm（电弧长度）（见254页图1）。附加材料（电焊条）由手工从侧面以轻触运动的形式送入。焊缝末端时，降低焊接电流可避免出现洼坑和裂纹。焊接电流关断后，焊枪喷嘴仍必须在焊接点上方停留一段时间，直至熔池在吹入的保护气体作用下冷却为止。

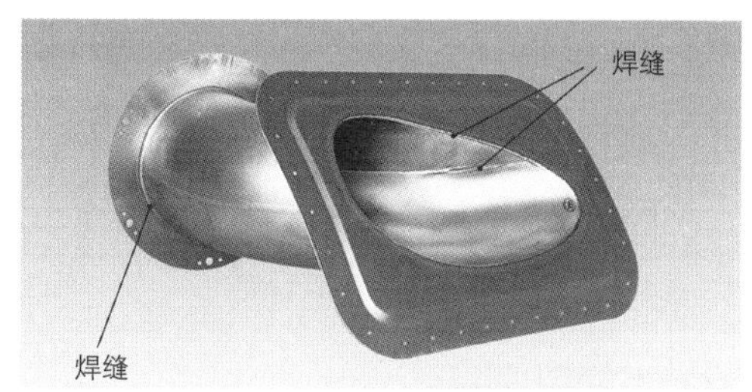

图2：用钨极惰性气体保护焊（WIG）方法焊接的结构件

钨极等离子焊接（WP）

在钨极惰性气体保护焊接（WIG）设备上加装一个特殊的等离子焊接喷嘴即可进行钨极等离子焊接（WP）（图3）。等离子射束（见123页）用作热源。通过电弧将保护气体流加热至等离子气态，喷枪尖部便产生等离子射束。等离子气体通过一个水冷铜喷嘴时收缩，作为高能量密度和高度聚集的等离子射束投放到焊接点。一个附加的保护气体护层稳定等离子电弧并保护熔池不受环境空气的干扰。高聚能等离子射束非常细，可以在厚板材上焊出极细的焊缝。由于焊缝极细，钨极等离子焊接（WP）也可用于微型焊接领域。使用微型等离子焊接方法可以焊接仅0.1mm厚度的薄板和堆焊。

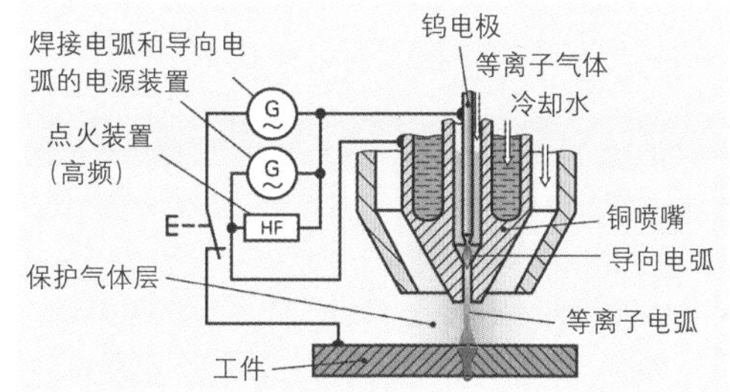

图3：等离子焊接

气体保护焊接的操作规范：

- 气体保护焊接时，焊接点必须防护强烈对流风，以避免保护气体层受到干扰。
- 由于气体保护焊接会产生有毒气体，焊接工作场地必须配装抽风设备。

本小节内容的复习和深化：

1. 与手工电弧焊相比，气体保护焊有哪些优点？
2. 使用钨极惰性气体保护焊（WIG）时，在何时应采用交流电，何时应采用直流电？
3. 如何区分钨极惰性气体保护焊（WIG）与熔化极惰性气体保护焊（MIG）和熔化极活性气体保护焊（MAG）？
4. 等离子焊接适用于哪些应用范围？

3.9.5.5 气体熔化焊

气体熔化焊，又称乙炔气焊，焊接时通过可燃气体-氧气火焰把待焊接零件的焊接点熔化。可燃气体一般使用乙炔气体。这种气体的火焰温度可达约3200℃。可燃气体一般取自气瓶，通过输气软管到达焊枪（图1）。为避免使用和维护时混淆可燃气体和非可燃气体，气瓶瓶体标有各种颜色做识别标记，并配装不同的接头(表1)。

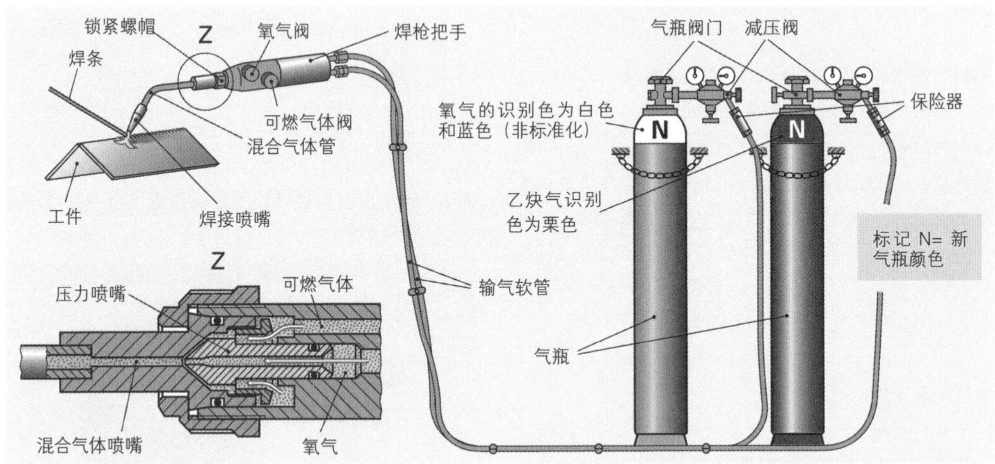

图1：气体熔化焊设备

气体熔化焊主要只用于小型维修工作。气体熔化焊可以在任何位置上进行。

气瓶维护保养规程：

- 氧气瓶附件必须与油和油脂隔离。氧气遇到这些物质将出现爆炸反应。
- 必须采取必要的防护措施，防止乙炔气瓶翻倒、碰撞、加热以及冰冻。否则乙炔气体分解，导致气瓶燃烧。
- 只有在卸下减压阀并安装正确防护罩后才允许运输气瓶。

表1：高压气瓶的各种接头和气瓶瓶肩的识别色 ①

气体类型		识别色	气瓶接头
*	氧气	白色	R3/4
可燃气体	乙炔气	栗色	弓形拉紧夹
	氢气	红色	W21.8×1/14
非可燃气体	氮气	黑色	W24.32×1/14
	二氧化碳	灰色	W21.80×1/14
	氩气	深绿色	W21.80×1/14
	氦气	棕色	W21.80×1/14
	压缩空气	浅绿色	R5/8

①圆柱形气瓶瓶体的识别色是非标准化的。“*”助燃

气瓶附件

气瓶附件包括气瓶阀门，带可调螺栓的减压阀和关断阀。此外还有一个保险器，它在火焰回流时关断燃气供给。

减压阀： 焊接时，气瓶内可燃气体的高压必须通过减压阀降至所要求的工作压力（图2）。气瓶压力表显示气瓶瓶内压力，工作压力表显示可调的工作压力。氧气的工作压力为2.5 bar,乙炔气的工作压力为0.25 ~ 0.5 bar。

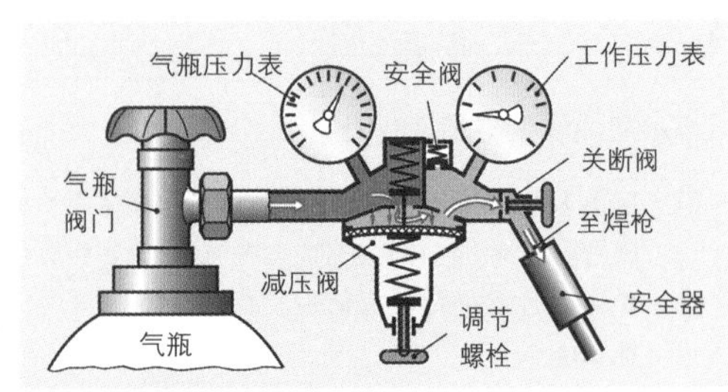

图2：减压阀

乙炔气-氧气的火焰大小由焊枪上的阀门调节（见 256 页图 1）。

正常调节火焰时，乙炔气与氧气的混合比例为 1∶1。这种混合比例的气体在第一燃烧阶段的燃烧是不完全的，因为若要乙炔气完全燃烧，要求氧气体积达到 2.5 倍。燃烧所产生的二氧化碳气和氢气在火焰中形成一个还原区。在这个焊接区内，焰心前约 2~4 mm 处的最高温度可达 3200 ℃。为达到完全燃烧仍缺少的氧气将在第二燃烧阶段从环境空气中抽取（图 1）。

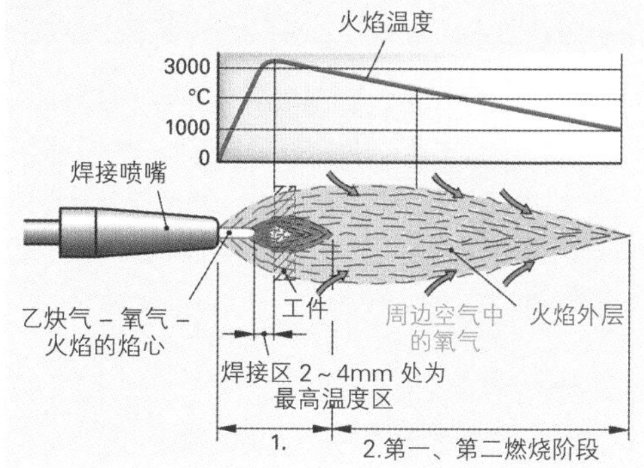

图 1：乙炔气-氧气火焰

■ 气体熔化焊的操作技术

焊枪和焊条把握姿态相同的条件下，有“向左”（图 2）和“向右”（图 3）两种焊接方法。

向左焊接法：焊接火焰指向焊接方向（图 2）。因此，熔池位于最高温度区之外，并可保持为小型熔池。这对于薄板焊接具有优点。此外，通过火焰驻留对焊接点的预热可达到较高的焊接速度。从而降低零件的焊接扭曲变形。焊条在焰心下方以轻触移动方式熔化滴入熔池。

向右焊接法：焊接火焰指向已焊完的焊缝（图 3）。因此，焊缝的冷却较慢并可改善焊接连接。焊接时，焊枪稳定地将焰心保持在熔池上方。这种热量聚集有利于焊接厚板材。焊条在焰心前方以圆圈运动方式熔化滴入熔池。

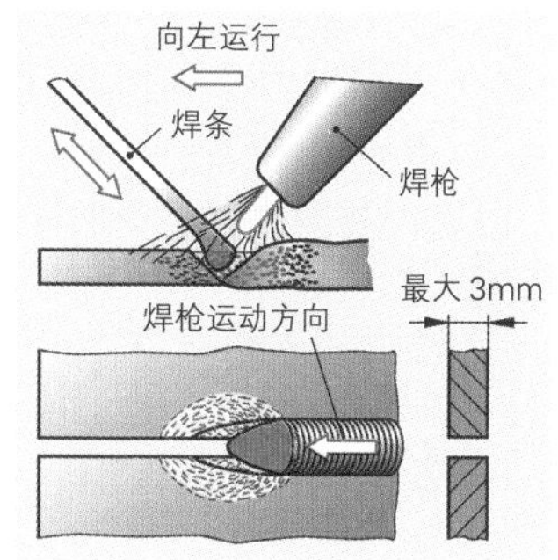

图 2：向左焊接法

> 向左焊接法可焊接的板材厚度最大为 3 mm。
> 材厚度超过 3 mm，宜采用向右焊接法。

焊条：在气体熔化焊中焊条作为附加材料熔化后填入焊缝。对于钢的连接焊接，焊条可分为 O I 极（用于非合金结构钢）至 O V 级（用于合金钢）。焊条的焊接性能可从图表手册中查取。

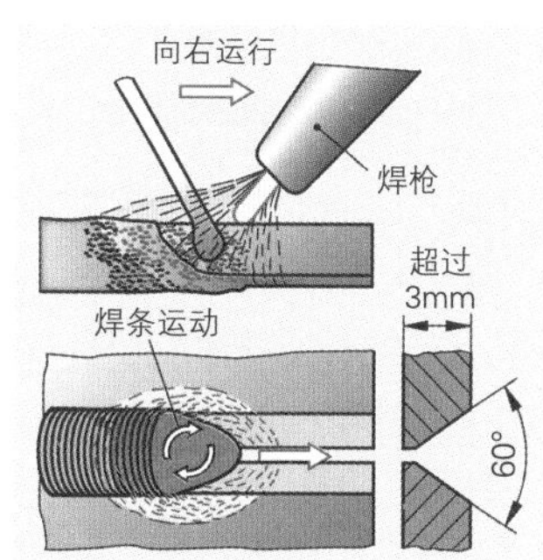

图 3：向右焊接法

气体熔化焊的操作规范：

- 为保护眼睛免受眩光和焊接飞溅物的伤害，焊接时必须佩戴深色玻璃护目镜。
- 在小空间里焊接时，需注意新鲜空气的通风。这里不允许使用瓶装氧气（火灾危险）。

本小节内容的复习和深化：

1. 在工作压力表上应调节出多大的气压供给焊接火焰？
2. 在何种情况下应采取向左焊接法，何时采取向右焊接法？
3. 维护保养气瓶时必须注意哪些规程？

3.9.5.6 射束焊接

射束焊接时，高能激光射束或电子射束接触并挤入工件后转换成热能，使工件材料熔化，并在凝固后形成一条细小的焊缝。射束焊接一般不需要附加材料。它可在真空或保护气体中进行，也可在裸露的大气环境中进行。

■ 激光射束焊接（图 1）

通过将激光束聚焦至直径小于 1 mm，焦点处便可获得高密度能量和高达 20000 ℃的高温。工件材料在此高温下气化，并沿射束方向形成毛细气流，等离子便产生于这种气流之中。因此，深处的工件材料也被熔化。激光焊接的焊缝深度最深可达其焊缝宽度的 10 倍（例如结构钢的焊缝深度最大可达 20 mm）。

高度机械化的激光焊接过程一般是静止不动的。激光焊接设备组成部件如下：激光发生器，激光束运行系统或工件运行系统，导引激光束的光学系统和光学聚焦系统。

激光射束焊接的优点：

- 可用于几乎所有的材料；
- 高焊接速度和高焊缝质量；
- 焊缝细小且深（图 2）。

激光射束焊接的缺点：

- 由于激光射束的危害性，要求严密屏蔽焊接点。

■ 电子射束焊接（图 3）

电子从阴极释放出来，在电场中由高电压加速奔向阳极，然后由透镜系统聚焦。电场的偏转系统将电子束引导至焊接点。电子碰撞焊接点时，其大部分动能转化成为热量，从而使工件材料熔化并气化。由此产生一个旋转熔化的气体通道。这种焊接方法可在一次焊接过程中对焊接最大厚度达 200 mm 的钢质工件。其焊缝细小，且呈轻微楔形坡口（图 4）。

电子射束焊接的优点：

- 适用于几乎所有的金属和合金材料以及混合型复合材料；
- 高焊接功率，工件几乎不变形；

电子射束焊接的缺点：

- 由于 X 线的危害性，要求严密屏蔽焊接点。

图 1：激光射束焊接站焊接开关组件

图 2：激光焊接齿轮

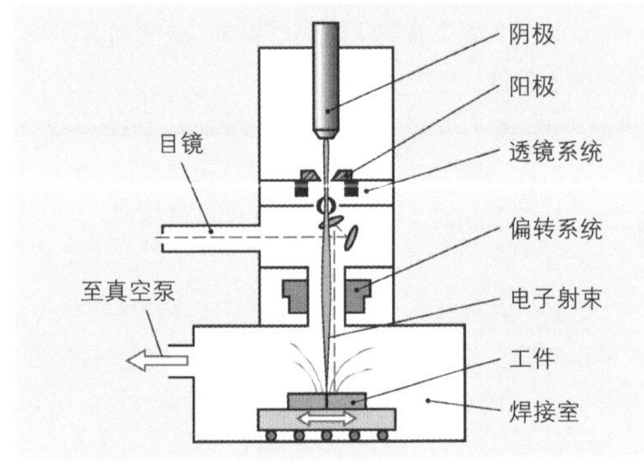

图 3：电子束焊接设备

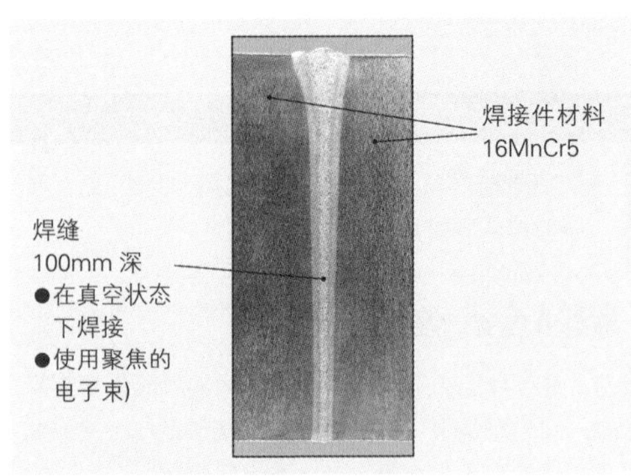

图 4：电子束焊接法在钢工件的深焊

3.9.5.7 压焊

采用压焊焊接方法时，将待焊接工件的焊接区加热至接近熔化温度，然后，通过压合使工件彼此连接起来。

■ 电阻压焊

电阻压焊法利用的是电流穿过焊接工件接触区时所产生的热能。根据焊接方法的流程，我们把电阻压焊划分为点焊、对焊（又称凸焊）和滚焊。

点焊（RP[1]）时，由各单个焊点把上下对应的两个板连接起来。两个水冷铜电极在焊点处压合待焊接的板。瞬间强电流从一个电极穿过板流入另一个电极。通过两板之间的高电阻产生所需的焊接温度，并形成透镜状焊点（图 1）。

对焊（RB①）时，两个工件由其凸起的部分相互焊接（图 2）。两个铜电极从上下两个方向压着待焊接工件。电流穿过板时，材料的凸起部分被熔化并与毗邻的零件焊接起来。

滚焊（RR①）时，两块待焊接板材穿过由两个铜辊构成的电极，并上下施压（图 3）。电流脉冲产生焊点。在高频脉冲频率作用下，焊点叠加在一起并产生一个彼此相连的、密集的焊缝。电阻压焊时，必须调谐匹配电流强度、时间、对工件材料的压力和焊接点的尺寸等数据。

■ 摩擦焊接（FR①）

摩擦焊接是指利用摩擦产生的热量进行焊接。焊接时，把其中一个待焊接工件放置在摩擦焊机上并处于旋转状态，然后去挤压另一个静止工件（图 4）。

通过摩擦，两个工件的接触面被迅速加热。一旦工件材料焊接接触面进入塑性状态，工件停止旋转。用附加的顶推力把两个工件压合并焊接在一起。焊接会产生小凸起。

应用范围：旋转对称工件，例如万向轴。

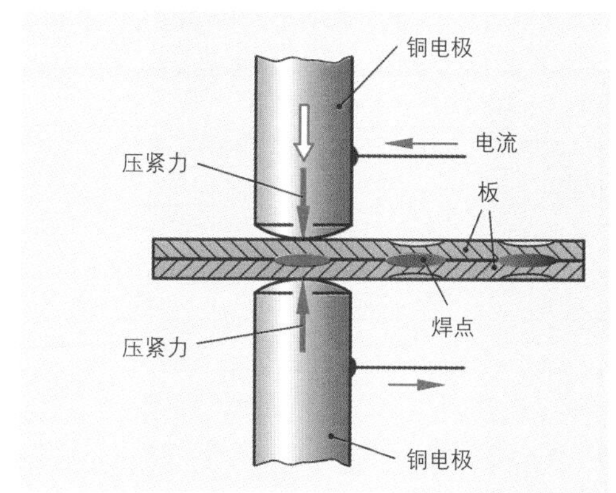

图 1：点焊

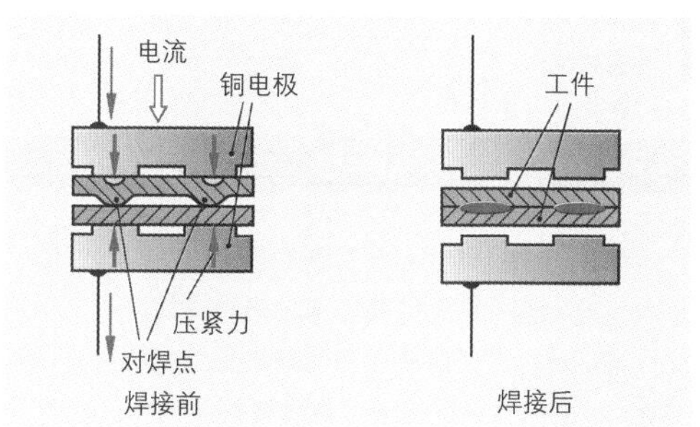

图 2：对焊

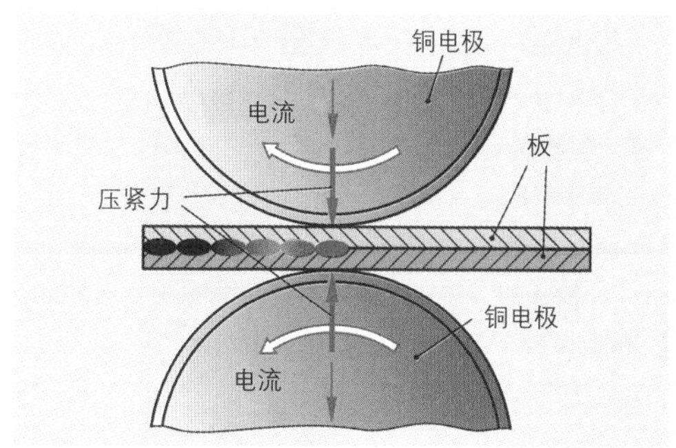

图 3：滚焊

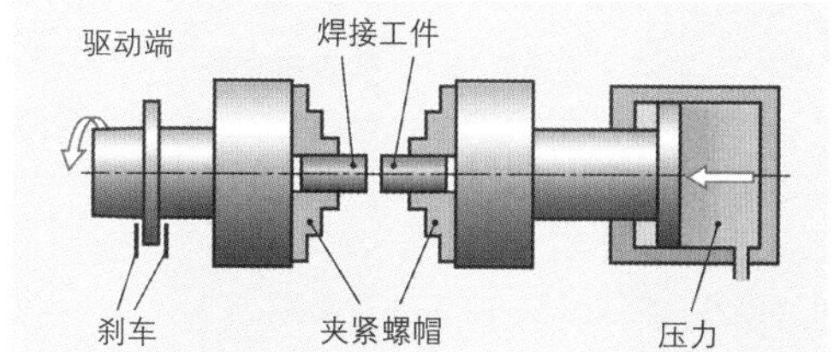

图 4：摩擦焊接法（示意图）

① 此处缩写符号均按 DIN EN ISO 857 标准。

3.9.5.8 根据应用范围和可焊接材料对比各种焊接方法

我们主要根据焊接零件的应用范围以及需焊接的材料来选择正确合适的焊接方法（表 1）。

表 1：各种焊接方法的应用范围

焊接方法	缩写符号 DIN ISO 857	识别号 DIN EN 24063	主要应用范围	可焊接材料
手工电弧焊	E	111	一般钢结构，金属结构	所有可焊接钢
熔化极惰性气体保护焊	MIG	131	所有厚度的结构件	铝和其他有色金属
熔化极活性气体保护焊	MAG	135	一般钢结构；高熔化功率	所有可焊接钢
钨极惰性气体保护焊	WIG	141	薄板材；航空和航天工业；管材附件和管结构	所有可焊接金属
钨极等离子焊接	WP	15	厚横截面；薄焊缝	钢，轻金属
气体熔化焊	G	311	管道；安装现场；维修工作	非合金钢
激光射束焊接	LA	751	精密零件	钢，轻金属
点焊	RP	21	板材，汽车车身制造	所有的金属
摩擦焊接	FR	42	旋转对称零件	金属，塑料

3.9.5.9 焊接连接的检验

焊接连接的质量不仅取决于所使用的焊接设备和工件材料，还取决于焊工的专业技能和可靠程度。钢结构制造业，管道制造业，机床制造业，核工业，交通制造业和航空航天工业等行业均对焊接质量提出很高要求。焊接件常常必须通过特殊检验手段进行验证。

无损伤检验（见 335 页）。这类检验主要有颜色渗入法，磁粉法，超声波检验法和 X 检验法。

如果必须验证机械强度数值或鉴定焊缝横截面，则需要进行破坏性焊缝检验（图 1）。属于破坏性检验的还有通过弯曲焊接样品 180°，检验未熔合缺陷或焊渣夹杂物（图 2）。弯曲后，合格焊缝不会出现破损，而不合格焊缝将出现断裂。

> 对于必须进行验收的焊接结构件，例如压力容器，只允许由考核合格的焊工实施焊接。

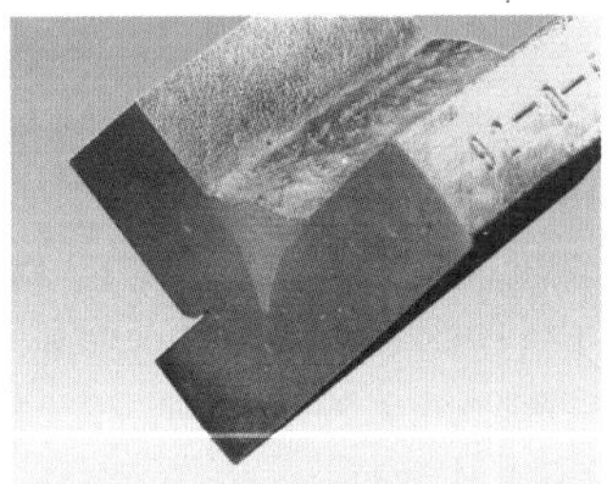

图 1：一个焊缝的剖面

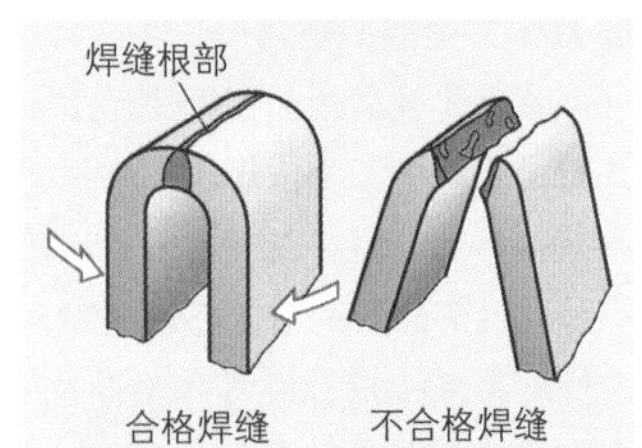

图 2：弯曲检验焊接样品

本小节内容的复习和深化

1. 与金属－电弧焊相比，激光射束焊接有哪些优点？
2. 为什么在激光射束焊接时可以采用较快的进给速度？
3. 为什么激光射束焊和电子射束焊时必须屏蔽工作场地？
4. 请描述点焊过程。
5. 摩擦焊适用于哪些工件类型？
6. 图 2 所示的弯曲试验可确定焊缝中的哪些缺陷？

3.10 新型加工方法

加工方法基本可划分如下：

削减型加工方法。此法通过去除工件指定部分产生所需的几何形状，例如通过铣削、车削或镗削等加工方法。

形状型加工方法。此法在保持工件原有体积的前提下改变其形状，例如通过模锻或深冲等加工方法。

增加型加工方法。此法通过各个原子的黏着（例如铸造）或改变体积要素的层结构（例如层构法）产生所需的几何形状。

我们把新型加工方法（英语：Rapid Technology，快速技术）理解为利用现有 CAD（“计算机辅助设计”的英语缩写）立体模型（三维结构）和直接利用 CAD 数据将无形状结构的原材料分层制造成产品。加工前，先用 CAD 立体模型由计算机控制产生一个分层模型（STL 文件）。然后采用计算机数字控制（CNC）技术，一般通过原型铸造法，即分层或分点方式制造工件（图 1）。制造过程中产生的几何形状和工件材料特性类似于铸造或堆焊所产生的几何形状和工件材料特性。

采用新型加工方法可以制造小件数、产品设计独到、结构极其复杂且带有精细细节的工件。迄今为止，新型加工方法主要用于如下领域：原型加工制造（样品制造、模型制造），小型精细结构件（微观系统技术、轻型自动化系统组件），复杂几何形状的高价值结构件（刀具制造、模具制造、锻模），空腔结构工件（轻质结构、医疗器械），相互叠加的自由锻面（航空和航天制造、汽车制造）。

新型加工方法的另一个重点领域是难以加工的工件材料，如陶瓷或特殊用途钢。

根据工件的计划用途选取适宜的加工工艺。最终产品加工和个性化系列产品加工（类似几何形状可比较的产品）可采用激光加工系统。激光精确地在指定点烧熔一种粉末，该烧熔材料形成所需的几何形状，并将材料按层烧熔连接。3D 打印技术系统主要应用于微观技术和生物技术。

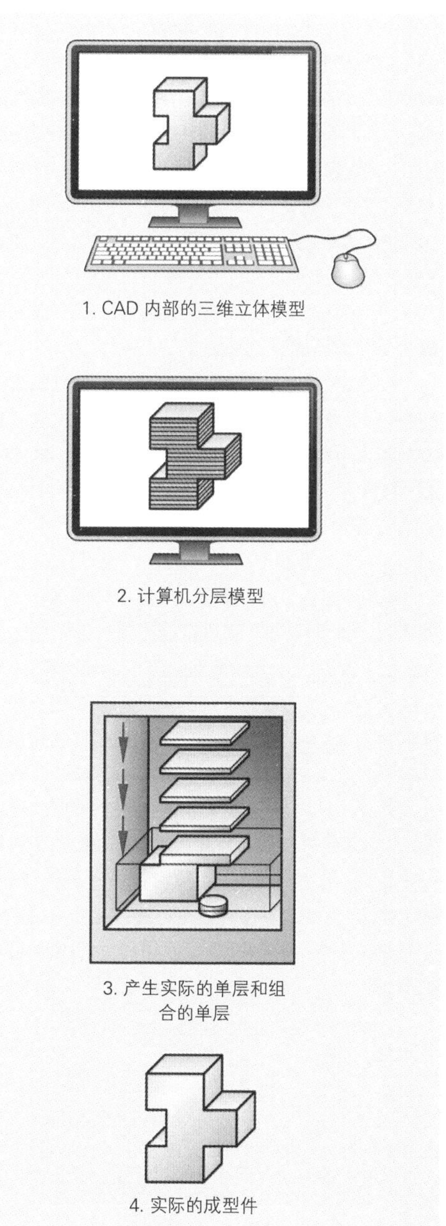

图 1：新型加工方法原理图

现在，按用途划分新型加工方法（表 1）。

3.10.1 快速原型设计

新型加工方法的前提条件是完整的 3D-CAD-立体模型（计算机辅助设计三维立体模型）。这种几何模型可使设计人员注意到工件的所有特性：模型可以旋转、翻转、上色以及其他多方面的操作。但这个模型还不能做到实际负荷试验、组装和拆卸试验以及其他测试。为了采用新型加工方法利用这个计算机模型制作一个实际的物理模型，对这个计算机模型进行数字切割，将它切成许多相同大小的、层厚约 0.02~0.1mm 的层。这里，快速原型设计方法可划分为两种类型：分层制作型和各层上下连接型。实际应用中常选用下述新型加工方法。

■ 立体平版印刷法（聚合法）

采用立体平版印刷法制作成型件的过程是通过激光射束（光学聚合作用）照射使液态的、可光硬化的塑料薄层局部硬化。这种塑料是碱性单体，例如人工或环氧树脂。由镜子和透镜系统将一个激光射束单位照射在树脂池表面并画出待生成结构件的轮廓（图 1）。凡激光射束照射的地方，液态树脂立即硬化。一层硬化后，由一个平台将成型件的这一层（层厚约 25μm）向下推。随后按前述方法继续硬化新的树脂层。由此，自下而上地生成一个成型件。3D 打印物体时需要支撑结构。因为成型件不可能在液态塑料池中打印成型，没有支撑结构，成型件将在塑料池中漂走。似支柱一样的支撑结构生成于可下降的平台，其组成材料与成型件完全一致（图 2）。打印完成后，必须实施机械式分离。成型件在机器中的聚合成型最高只能达到约 95%，接着应在一个紫外线室内继续交联。作为一种激光制作方法，立体平版印刷法具有最高的细节重复精度，最好的表面质量和最高精度。

表 1：新型加工方法的应用范围

原型制造（快速原型制造）	在原型设计制造和刀具制造领域加工概念模型和功能原型机。在先期系列试生产时（<1000 件）加工最终产品，例如医疗器械制造或汽车制造
模具制造（快速模具制造）	维修喷注模具和成型模具，加工小批量铝制先期系列模具
产品加工（快速加工）	加工复杂几何形状的系列产品。加工制造特殊功能特性的系列组件，例如喷注模具或医疗植入物

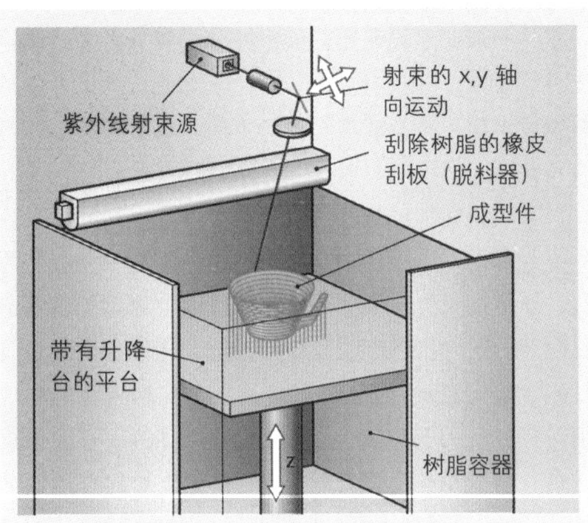

图 1：用立体平版印刷法制作一个成型件

图 2：带有支撑系统的细丝状成型件结构

■ 挤出法

用熔融并挤出热塑性材料制作模型的方法称为挤出法。这种方法又称作“熔层建模”（英语：Fused Layer Modeling，FLM）。其过程如下：热塑性材料线材，一般是塑料，在一个喷嘴内熔化，然后由喷嘴喷出软膏状长条至已事先完成的层上。层是通过与部分完成的模型共熔形成的。制作过程中，成型件必须受到支撑。使用有色材料可制成多色成型件。除专用的快速原型制作材料外，还可加工制作系列塑料产品，如系列产品特性相似的 ABS（Acrylnitril-Butadien-Styrol，丙烯腈-丁二烯-苯乙烯）（图 1）。

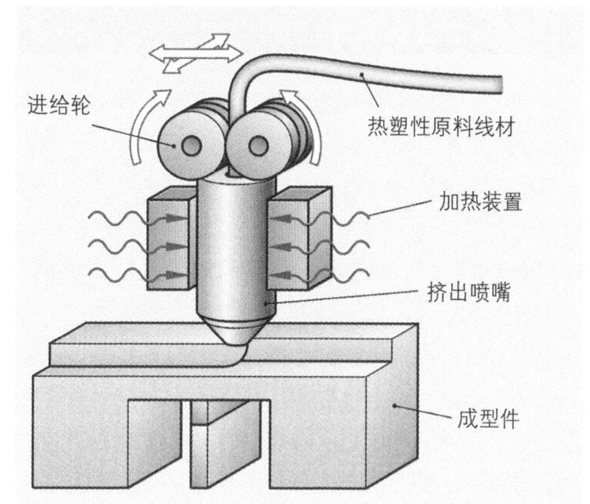

图 1：挤出法

挤出法的优点	挤出法的缺点
●在相对短时间内可制作大体积工件； ●挤出材料与系列产品材料非常相似； ●相对简单的技术转换； ●原材料的完全利用； ●不要求使用溶剂； ●在一个制作过程中可使用不同材料； ●挤出法也可以在办公室环境下使用。	●不能制作比挤出宽度更小的结构； ●不能表达制作出精细浅槽或精细纹路； ●挤出开始时总是形成一个突出端部，要求进行清整加工处理； ●可能形成塑料丝状物或形成冷凝水； ●喷嘴堵塞时必须进行清理。

■ 3D 打印法

3D 打印法是一种粉末结合法。借助一个打印头将液态结合剂喷涂至一个粉末基体上，随后按照所需轮廓硬化成为模型的实际层（图 2）。通过选择相应的粉末-结合剂组合，例如塑料、陶瓷或金属等，可以加工范围广泛的材料。模型制作完成后必须进行后续处理：浸润。对塑料工件一般采用环氧树脂，对贵重金属粉末工件采用青铜。塑料工件的 3D 打印是冷加工，陶瓷材料和金属材料需加热至最高 1200℃并烧结。模型的表面质量不好，必须作后续处理，但非常便宜。

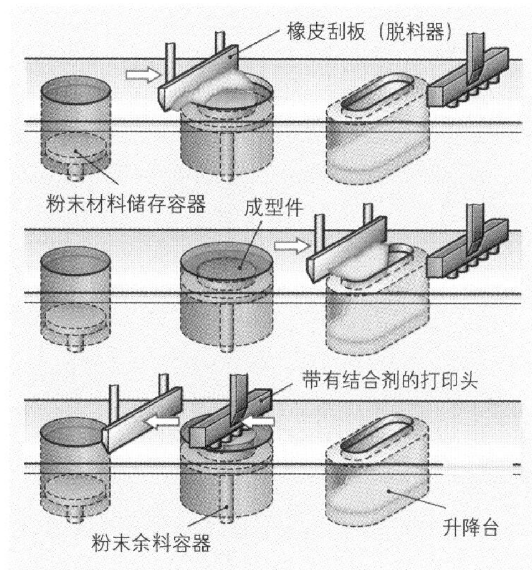

图 2:3D 打印法

3.10.2 优化铸熔法

优化铸熔法可划分为：激光堆焊法（Laser Metal Deposition ， LMD，激光金属沉积成形），又称快速模具制造法；及粉末基座激光烧熔法（Laser Metal Fusion ， LMF， 激光金属熔化法），又称快速制造法。

优化熔铸法通过激光射束在一个粉末基座内局部有限地烧熔 10μm（金属粉末）至 100μm（塑料粉末）的微粒（图 1）。这种优化铸熔法可以使用多种材料，如塑料粉末，金属粉末和陶瓷粉末以及人工树脂黏合砂。原则上可采用所有具有热塑性能的材料。待加工材料以粉末形式放入底盘，形成一个薄层。过程中，局部的粉末完全烧熔。烧熔后，粉末冷却凝固，形成一个固定的材料层。从工艺技术方面看，这里实际上是一个三维微观焊接过程。形成一个层之后，粉末基座下降一个层厚的高度，并从原料储存容器中取出粉末原料构成一个新层，然后烧熔。这个过程循环往复无数次，直至所有的层构成一个成型件为止。

随后，清洗制作完成的成型件上面黏附的粉末，并做后续处理。未能使用的粉末经过滤、清洗，重又送入制造过程。这种加工方法有利于环境，其主要优点是，采用高效低廉的 Cr-Co-Mo 合金制作产品。

与熔蜡方法（见 101 页）相比，主要在批次规模小的个性化批量生产中取得更小加工偏差的同时节省时间。

■ 快速模具制造法

快速模具制造法可称之为模具制造和模具应用的一种新方法。它适用于喷注模具或真空浇铸模具中不作切削加工或切削加工不要求质量的工件。原则上，此法适用于所有可以切削加工或应该切削加工的模具元件。尺寸相同时，此法也适用于半成品或模具基准，因为对于新法制造的工件总是要求更高的耐磨损强度。

快速模具制造法的一个特殊优点是，可以在任意流程中形成接近表面的冷却通道。这样可使喷注模具迅速均匀地冷却，从而缩短制作过程循环时间。

受损的昂贵成型件可采用激光堆焊法予以修复（图 2）。如果通过立体涂覆可使旧模具重新使用，将会比重新制造一个新模具节约超过 80%的时间和成本。采用耐磨材料局部涂层的方法可修补模具的负荷部分。

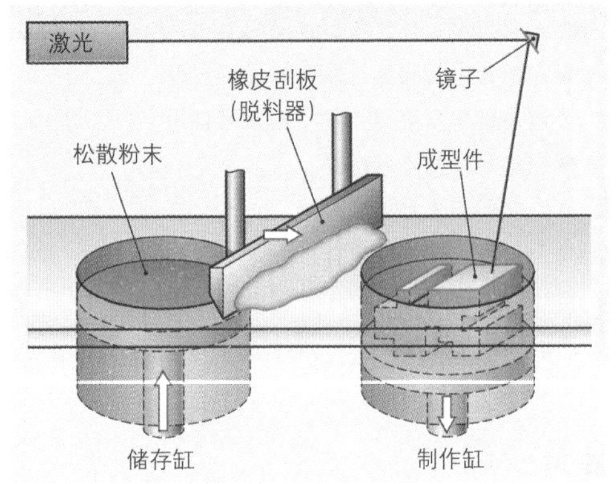

图 1：激光优化烧熔

图 2：采用优化铸熔法修复模具

■ 快速制造

快速制造指具有特殊要求的最终产品的新型制造法。其应用范围是小件数但高度个性化的产品制造，并且能够同时做到低廉的单件成本。

这种制造方法应用于轻质结构和按照自然界样品的仿生结构，例如航空与航天制造业（图 1）、汽车制造业和医疗器械（图 2）。此外，它还应用于喷注模具和锻模的制造。

采用此法时要求使用大范围的粉末状原料，例如钢，由镍、钛、钴、铝或铜构成的基本合金，还有 Al_2O_3，SiC 和 ZrO_2 为基础的工业陶瓷，以及嵌入金属矩阵的碳化钨或碳化钛。

采用快速制造法加工的最终产品具有良好的尺寸稳定性，其尺寸偏差小于 0.1 mm。

图 1：透平机叶轮的铸熔过程

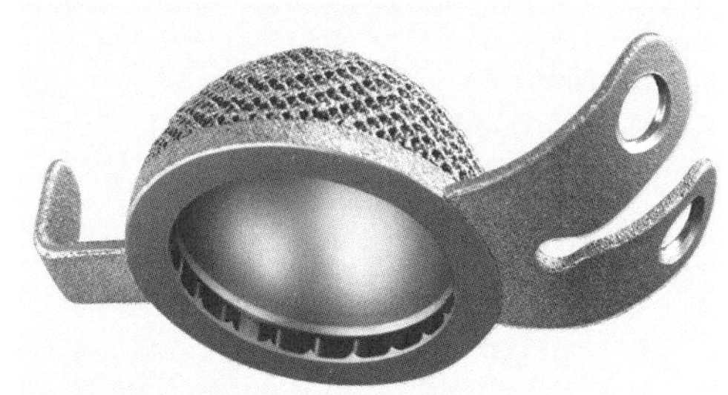

图 2：$TiAl_6V_4$ 制造的人工髋臼

优化熔铸法的优点	优化熔铸法的缺点
●密度几乎达到 100% 的材料组织结构； ●工件具有批量产品特性； ●工件具有高热负荷性能和高机械负荷性能； ●原料的广泛性（金属，塑料，陶瓷）； ●几乎不需要支撑结构； ●余料经过清理后可重新使用。	●制造室需预热； ●制造室冷却造成延迟； ●激光烧熔过程中，工件不均匀的热膨胀； ●昂贵的生产设备。

与原型制造中塑料件新制造技术结合采用优化铸熔法的 3D 打印技术。不同的打印头喷出最精细的液滴去结合涂覆的粉末，使产品具有不同的导热性能。这里，导热液体结合原物体，而其他液体的功能是热塑性隔热体，并涂覆在物体表层区。接着，一个作用于平面的红外线热源通过压板将已涂覆的层与下面的层熔化在一起。使用第二种阻热液体可避免产生锐利边棱，并获得良好的表面质量。这种加工方法显著缩短生产时间，因为热源是平面作用的，不像激光是点状作用的。

本小节内容的复习和深化：

1. 请列举并描述快速原型设计法。
2. 请描述优化铸熔法的制造过程。
3. 如何区分快速模具制造法与快速制造法？

3.11 涂层

许多工业产品在制造完成后，都会根据其用途进行表面处理或涂层处理，以此改善产品的某些性能，例如滑动性能，或提高产品的外观吸引力和使用寿命。

表面处理的作用是短时间防腐保护或为涂层做准备。

涂层一般都是在零件的表面涂覆一层薄薄的、固定附着的涂层，涂层的材料主要是油漆，塑料，金属，搪瓷或陶瓷。

选择预处理方法和涂层方法以及涂层材料时，必须考虑环境的承受能力和对人身健康的危害性。

3.11.1 油漆和塑料涂层

使用油漆和塑料涂层除了改善外观之外，其主要作用还是防腐保护。在有些情况下，这种涂层还应改善滑动性能，或防滑安全性能，或电绝缘性能。

只有对涂层面进行符合工艺要求的预处理并按工艺要求执行涂层作业，才能做出有效的、使用寿命长的油漆或塑料涂层。这类涂层作业由下列若干步骤组成：

- 通过洗刷和干燥过程清除零件表面附着的污物、油、油脂和水分。
- 通过处理做出有黏附力的基础面。钢材料用磷酸盐处理，铝材料用铬酸钝化处理。
- 涂层。在零件表面涂上一层或多层油漆或塑料。

■ 磷酸盐处理和铬酸钝化处理

磷酸盐处理：把钢零件，例如小汽车车身，浸入磷酸锌液槽（图1），或在一个仓室内给钢零件喷涂磷酸锌溶液。处理后，钢零件表面形成一个厚约 20μm，与基础材料紧密结合的磷酸铁层。这个表层将作为油漆层具有黏附力的基础面，它可阻止油漆层下面出现锈蚀。磷酸铁层也可作为底面保护和短时间防腐保护（见 539 页图 3）以及成形板材的滑动层。

铬酸钝化处理：铝材料零件经过酸钝化处理后在表面形成一个具有黏附力的基础面和防止油漆下面出现锈蚀的保护层。与磷酸盐处理一样，铬酸钝化处理也是将零件浸入液槽或表面喷涂，在零件表面形成一个铬酸层。

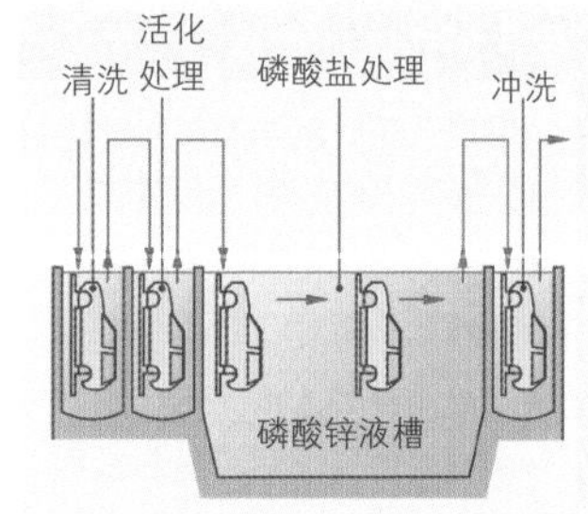

图 1：浸泡法磷酸盐连续处理汽车车身

■ 油漆和塑料涂层

油漆涂层分为多种方法，它们分别是喷涂法、喷漆法或浸漆法（图2）。

涂层材料油漆由液态黏合剂，例如醇酸树脂、丙烯酸树脂、聚氨酯树脂或环氧树脂，与用于防腐保护和着色的粉末状颜料组成。使用前用溶剂或水将油漆调成所需的合适浓度。涂覆后，要留有时间使溶剂挥发，油漆层硬化。现在宜优先选用微量溶剂油漆或水基油漆。

塑料涂层所使用的塑料是热固性塑料，根据涂层方法的不同，它们分别是例如聚酯树脂、聚氨酯树脂和环氧树脂，或热塑性塑料，例如聚氯乙烯（PVC）或聚酰胺。涂层方法分别有喷漆法和喷涂法（见 267 页）可供选用。

图 2：小汽车车身的喷漆

油漆和塑料涂层方法	优点⊕/缺点⊖	用途
毛刷刷涂 用毛刷在水平方向和垂直方向交替刷涂油漆	方法简单，工具成本支出很小⊕。油漆可以很好地渗入零件表面不平整和裂纹的地方⊕ 费时⊖	小型维修作业。给单件制造的钢结构件和机床支架刷底漆
喷漆（压缩空气喷漆） 2～6bar 的压缩空气雾化涂层材料（油漆）并把它喷涂到零件表面 零件 漆雾 无漆面 漆层 喷枪	只适合于平面的，不分节的零件。油漆损耗大（超范围喷涂多）⊕ 只能单面喷漆⊖	单件或小批量制造中平面零件的标准涂层方法
高压喷漆（无空气喷漆） 喷枪内的油漆被约 250bar 高压雾化成细雾状，然后从喷嘴喷出	细雾状雾化也适用于黏稠的油漆⊕ 不适用于有分节的零件⊖不能喷涂所有的面⊖	大型平面零件：船舶船体，大型油罐，钢结构件，机床外罩
静电涂漆（电子喷漆） 从喷枪头喷出细雾状油漆，喷出时细雾微粒被施加高压静电。它们沿着电磁场磁力线运动至接地的零件并附着在零件表面 漆雾（接为负极） 喷枪 接地的零件	可给精细分节零件所有的面均匀喷漆⊕ 油漆损耗小（超范围喷涂少）⊕ 使用的是无溶剂油漆，对环境有利⊕	在喷漆室对分节零件进行喷涂：如轿车车身，小批量和中等批量的机床罩壳 自行车车架
电泳涂漆（电泳浸漆） 接地的零件浸入带电漆液槽。零件自身也带电，油漆微粒借助电吸引力流向零件并附着在零件表面 汽车车身 带电的漆液槽	漆层均匀并能渗入到零件上不平整以及难以触及的地方和空腔部位⊕	轿车车身和其他分节很多的结构件的防腐保护涂层（防腐底漆）
静电粉末喷涂 在喷涂仓内，喷头喷出细雾状塑料微粒。喷出时施加高压静电，使它们沿电磁场磁力线运动至接地的零件并附着在零件表面。送入烘烤炉（200℃）后，粉末层熔化并硬化 接地的零件 塑料粉末云 喷头	含热固性树脂的无溶剂涂层材料⊕ 可回收利用超范围喷涂的油漆粉末。对环境保护有利⊕ 零件所有的面都可以涂层，涂层的附着状况良好⊕	小型和中型批量平面和分节零件的涂层
塑料喷涂 借助乙炔气－氧气火焰在喷枪内加热塑料粉末并以燃烧气体的热流将粉末喷涂到零件表面 喷涂粉末和燃气供给管 涂层 旋转的零件	含热塑性塑料的无溶剂涂层材料⊕ 用于小平面厚涂层⊕ 不能喷涂所有的面⊖	用于导向辊和导辊，输送辊的涂层 防滑地板涂层

对于高防腐保护质量等级要求的工业产品的涂层，例如轿车车身，可将多种涂层方法组合到一个连续涂层设备上，它包括例如下列步骤：清洗→磷酸盐处理→电泳涂漆→聚氯乙烯（PVC）喷涂底盘→二次静电喷涂→干燥。

对于简单的涂层，例如机床外罩，建议优先采用在磷酸盐处理的薄板零件表面做静电粉末喷涂或塑料喷涂。

3.11.2 金属涂层

金属涂层的主要目的是防腐保护和（或）提高零件表面的耐磨强度。它们也用于维修和更新零件的磨损面以及改善外观和屏蔽电磁场干扰。

可供使用的涂层金属材料有：

- 防腐保护：锌、镍、铬、钼、铬-镍-铁合金。
- 耐磨保护：硬镍、硬铬以及掺有润滑材料微粒和硬质材料微粒的镍层。

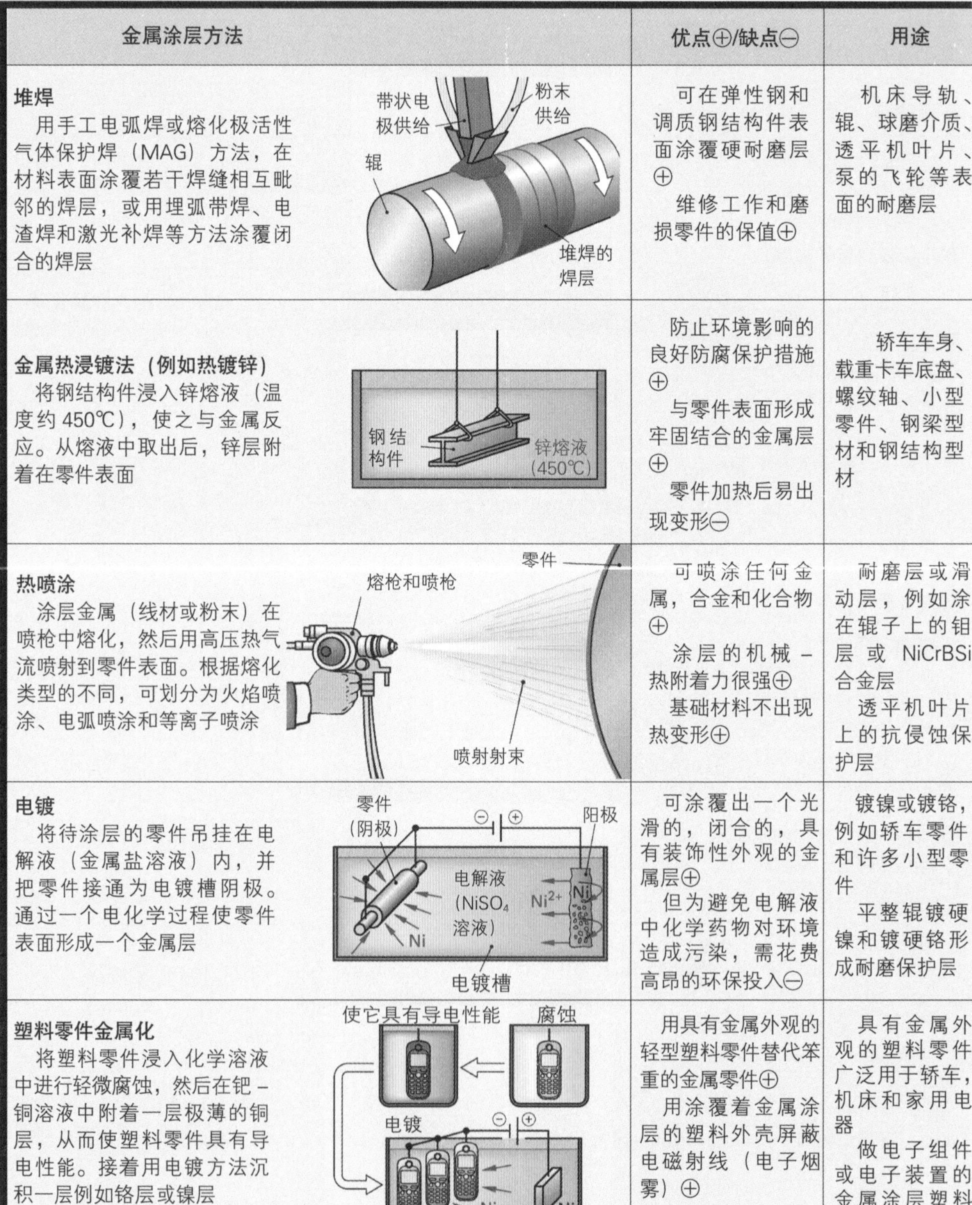

金属涂层方法	优点⊕/缺点⊖	用途
堆焊 用手工电弧焊或熔化极活性气体保护焊（MAG）方法，在材料表面涂覆若干焊缝相互毗邻的焊层，或用埋弧带焊、电渣焊和激光补焊等方法涂覆闭合的焊层	可在弹性钢和调质钢结构件表面涂覆硬耐磨层⊕ 维修工作和磨损零件的保值⊕	机床导轨、辊、球磨介质、透平机叶片、泵的飞轮等表面的耐磨层
金属热浸镀法（例如热镀锌） 将钢结构件浸入锌熔液（温度约 450℃），使之与金属反应。从熔液中取出后，锌层附着在零件表面	防止环境影响的良好防腐保护措施⊕ 与零件表面形成牢固结合的金属层⊕ 零件加热后易出现变形⊖	轿车车身、载重卡车底盘、螺纹轴、小型零件、钢梁型材和钢结构型材
热喷涂 涂层金属（线材或粉末）在喷枪中熔化，然后用高压热气流喷射到零件表面。根据熔化类型的不同，可划分为火焰喷涂、电弧喷涂和等离子喷涂	可喷涂任何金属，合金和化合物⊕ 涂层的机械－热附着力很强⊕ 基础材料不出现热变形⊕	耐磨层或滑动层，例如涂在辊子上的钼层或 NiCrBSi 合金层 透平机叶片上的抗侵蚀保护层
电镀 将待涂层的零件吊挂在电解液（金属盐溶液）内，并把零件接通为电镀槽阴极。通过一个电化学过程使零件表面形成一个金属层	可涂覆出一个光滑的，闭合的，具有装饰性外观的金属层⊕ 但为避免电解液中化学药物对环境造成污染，需花费高昂的环保投入⊖	镀镍或镀铬，例如轿车零件和许多小型零件 平整辊镀硬镍和镀硬铬形成耐磨保护层
塑料零件金属化 将塑料零件浸入化学溶液中进行轻微腐蚀，然后在钯－铜溶液中附着一层极薄的铜层，从而使塑料零件具有导电性能。接着用电镀方法沉积一层例如铬层或镍层	用具有金属外观的轻型塑料零件替代笨重的金属零件⊕ 用涂覆着金属涂层的塑料外壳屏蔽电磁射线（电子烟雾）⊕	具有金属外观的塑料零件广泛用于轿车，机床和家用电器 做电子组件或电子装置的金属涂层塑料外壳

3.11.3 特殊性能涂层

这类涂层除它们的耐磨防腐保护功能外，还具有完全特殊的性能，例如高导电性能，特强硬度，耐温性能等。这类涂层使用的涂层材料有：搪瓷、陶瓷和硬质材料，金属中掺入微粒的复合层以及零件表面所产生的氧化层。

特殊性能涂层方法	优点⊕/缺点⊖	用途
涂瓷漆 将钢零件浸泡在搪瓷粉末悬浊液中形成一个松散的细粉末状搪瓷粉末层。干燥后，粉末层在焙烧炉内经过约1000℃被烧制成搪瓷层 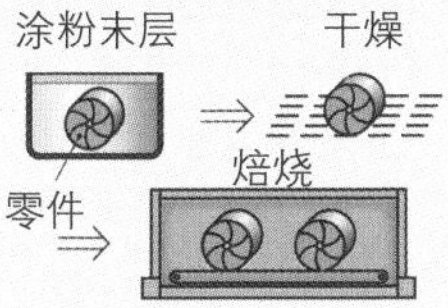 涂粉末层 干燥 焙烧 零件	这种涂层的电阻极大，易于擦洗，并耐高温⊕ 抗冲击负荷能力⊕ 价格不菲⊖	用于化学工业和食品工业中钢制泵座、管道和管道附件的内面涂层 热水器、泵工作轮
等离子喷涂和高速火焰喷涂 在等离子气体喷枪或高速喷枪中将金属粉末或陶瓷粉末熔化，然后高速喷向已加热的零件，并在零件表面形成一个附着牢固的涂层 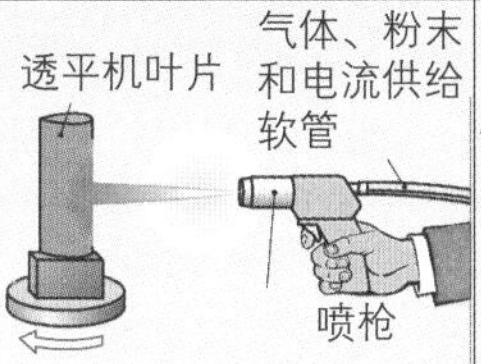 透平机叶片 气体、粉末和电流供给软管 喷枪	可涂覆高熔点单组分涂层和组合型复合涂层⊕ 涂层磨损后可补充和多次喷涂⊕	可做透平机叶片、耐磨刀片、刀具切削刃、压花辊的涂层材料：加入碳化钨微粒的 NiCr80-20 和陶瓷
电镀法沉积耐磨层和滑动层 在加入单组分微粒并均匀精细分布（悬浮）的电解液（金属盐溶液）中，沉积形成电镀层的同时，微粒也已掺入到镀层 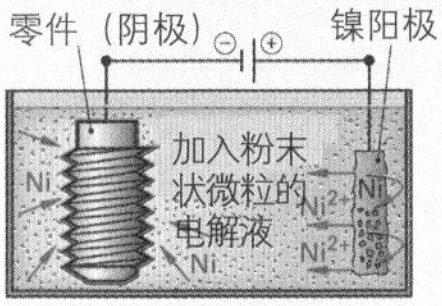 零件（阴极） 镍阳极 加入粉末状微粒的电解液 Ni Ni^{2+}	所形成的电镀层具有极佳的耐磨性能和滑动性能⊕ 电镀液的清除费用不菲⊖	用于开关元件、阀门滑块、压铸模、挤压螺杆等零部件的涂层，例如含有聚四氟乙烯（PTFE）和碳化硅（SiC）的镍涂层
化学蒸发沉积（CVD）涂层法（CVD 是英文 Chemical Vapor Deposition 的缩写） 在保护气体中，将一种气体状金属化合物导引到已加热超过 1000 ℃的待涂层工件上。工件热表面上金属化合物分解并沉积在工件表面，形成一个硬质材料层 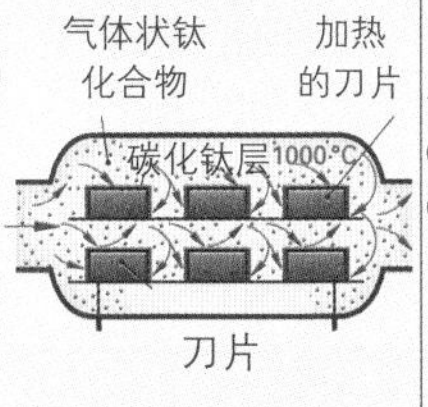 气体状钛化合物 加热的刀片 碳化钛层 1000℃ 刀片	可以使用氧化物、金属碳化物和金属氮化物进行涂层⊕，还可形成多层薄涂层⊕ 废气清除费用不菲⊖	用于刀具、可转位刀片、导轮、导纱器及其类似零件的涂层，其硬质材料层的组成成分有三氧化二铝（Al_2O_3）、碳化钛（TiC）和氮化钛（TiN）
铝零件的阳极氧化 将铝质零件在硫酸电解槽中接为阳极。在铝质零件表面沉积着原子状态的氧（O*），它们与铝一起形成一个密集的三氧化二铝（Al_2O_3）层 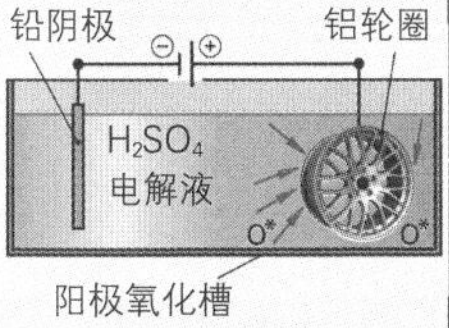 铝阴极 铝轮圈 H_2SO_4 电解液 O* 阳极氧化槽	可与零件交叉、牢固地结合成一个硬质三氧化二铝（Al_2O_3）层，该表层具有良好的耐腐蚀性能⊕。该表层还具有装饰性金属外观⊕ 电解液的清除费用不菲⊖	铝零件的防腐保护和美化外观：如轿车零件中的轮圈、变速箱箱体以及小型机床的结构件

本小节内容的复习和深化：

1. 采用哪些方法可使钢零件形成一个用于涂层的、有黏附力的基础面？
2. 与喷漆相比，静电粉末涂层法有哪些优点？
3. 堆焊用于哪些用途？
4. 电镀优先用于哪些金属涂层？
5. 用等离子喷涂可形成哪些涂层？
6. 哪些零件可使用化学蒸发沉积涂层法（CVD）？

3.12 加工企业与环境保护

加工方法的选择和加工设备的运行都应遵循下列原则：

- 不释放有损员工身体健康的有毒物质。
- 不向企业周边环境排放加重环境负担或损坏环境的有害物质。

凡有可能做到的地方，都必须完全避免有害物质。例如禁用石棉、软钎焊和防腐保护中继续弃用镉，以及用无毒清洁剂替代有损人身健康的冷清洁剂（碳氢化合物的氯化物 CKW，如四氯代甲烷和三氯乙烯）清洗油污的工件。

在技术上尚无法避免有害物质的地方，则应尽可能减少有害物质的使用量。例如在油漆时使用微量溶剂油漆。

只有当所有避免和减少有害物质的可能性都考虑周全的情况下，才允许在严格限制条件下在加工方法中使用有害物质。使用有害物质的机床和设备应采用闭合型材料循环系统，以保证在生产过程中无有害物质逸出。

无法避免的剩余材料，必须汇集起来，经过处理后，应尽可能多次重复使用（再利用）。无法继续利用的有害物质残渣必须按专业要求进行清理。

> 在环境保护中，对待有害物质有一个对应措施的顺序关系：尽可能避免 — 减少使用量 — 多次利用—对残渣做符合专业要求的清理。

■ 切削加工设备的废物清理

切削加工机床和加工设备的运行不可避免地会产生有害物质和垃圾。对于这些垃圾必须按照垃圾清除法律中的相关规定进行清理。为了保护工作人员的身体健康和创造一个不受污染的环境，空气和企业废水中的有害物质含量不允许超过其规定的极限值。

> 切削加工过程中废物的清理措施（图 1）：
>
> - 冷却润滑剂的油雾和悬浊液雾必须抽吸排出。措施：通过机床的封闭外罩抽吸和用过滤器分离油雾。
> - 金属切屑必须去油和清除。
> - 应采用磁铁分离装置和过滤器粗略清洗掉已使用过的冷却润滑剂中的金属磨损物、小切屑和各种污物。
> - 对已废弃的冷却润滑剂必须进行处理：沉积物可焚烧，或运送到特殊垃圾填埋场。

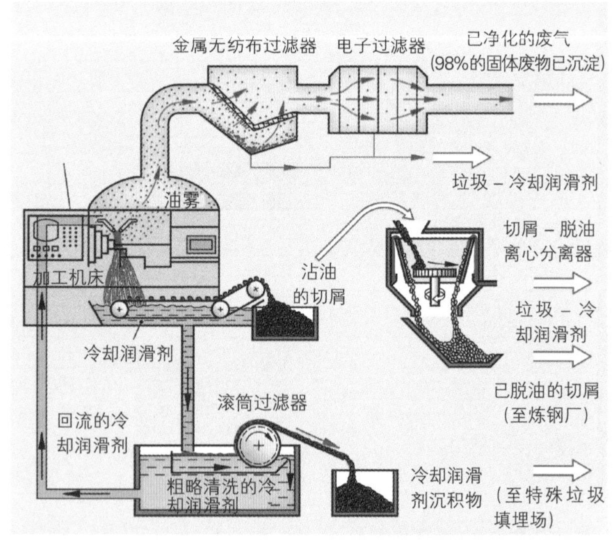

图 1：切削加工过程中废物的清理

切削加工中使用的冷却润滑剂对健康有害。冷却润滑剂是矿物油与众多各种用途（例如防腐蚀或细菌侵蚀的化学添加剂的混合产物。在敏感人群中可能引发皮肤疾病（油湿疹）和呼吸器官疾病（感染）。对此，使用机床外罩、油雾抽吸和皮肤软膏等将大有助益。

■ 工件的清洗

工件在加工成型之后并在继续处理之前，例如油漆之前，必须清洗掉其表面附着的冷却润滑剂残留物和污物。

以前清洗工件的方法是，将工件浸泡在冷清洁剂液体中。这种清洁剂由碳氢化合物的氯化物（德语缩写：CKW）组成，例如四氯代甲烷（缩写：Tetra）或三氯乙烯（缩写：Tri），这类物质对人身健康非常有害并污染环境。

为避免这类有毒物质，已开发出热蒸汽清洗设备。这类清洗设备使用热蒸汽和皂类洗涤用碱液（表面活性剂），其对沾有油或油脂的工件的清洗效果与冷清洁剂相同（图 1）。清洗后，含有污物的洗涤碱液送入一个净化设备做清洗处理。

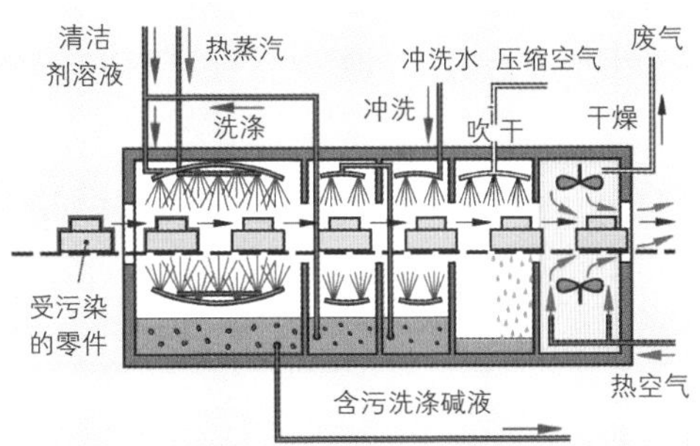

图 1：污染工件的清洗设备

■ 金属零件的油漆

使用溶剂基油漆对金属零件进行喷漆，油漆时雾化的溶剂和油漆沉积物将增加环境负担。

使用微量溶剂油漆进行喷漆，将减缓甚至避免造成环境负担。

同样对环境有利的涂层方法是喷粉油漆法（图 2）。粉末油漆法时，粉末状油漆微粒在喷头内被施加若干千伏的静电，随后受压向接通为另一极的零件方向喷去。带电油漆微粒受到零件的吸引，以静电形式附着在零件表面。接着，表面沾有松散油漆涂层的零件向前移动，穿过一个焙烧室，油漆微粒在约 200℃下熔化并硬化。未附着在零件表面的油漆微粒（超范围喷出的油漆微粒）将被捕捉回收，然后重新喷出。

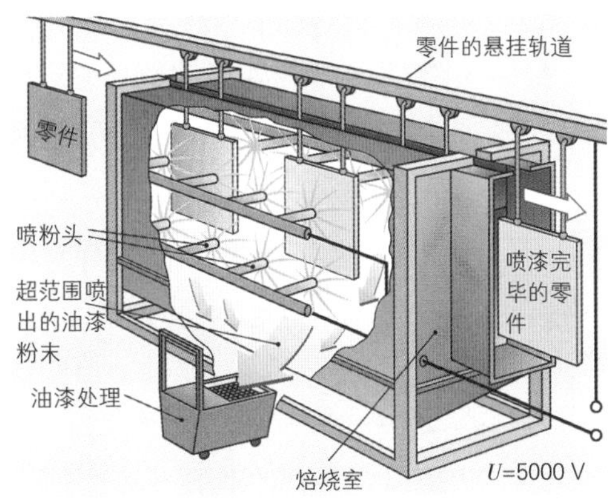

图 2：喷粉油漆车间的连续运行设备

■ 废气的净化

使用含污加工方法运行的金属加工企业的废气中包含着一系列有害物质（图 3）：

- 含重金属的细微粉尘和蒸气（铅、镉、锡等），它们主要来自铸造工厂，清整车间、熔化焊和钎焊设备。
- 氮氧化物和一氧化碳气体，它们来自燃烧设备、电焊车间、淬火炉、盐熔液等。
- 酸和有毒盐类的蒸气和气溶胶（雾），例如来自酸洗车间、热处理车间和电镀车间。

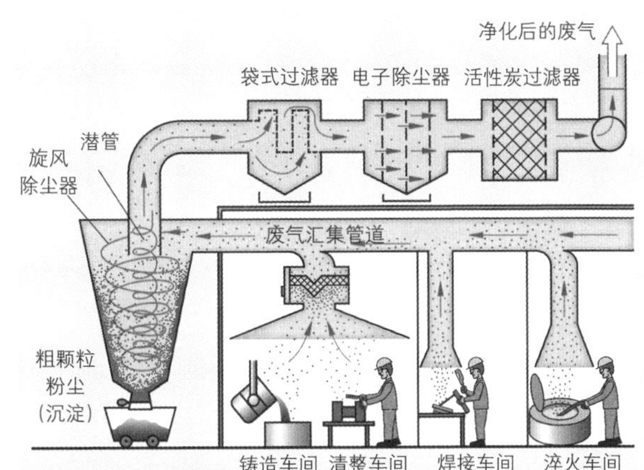

图 3：一个加工企业的废气净化设备

这类金属加工企业排出的废气必须经过废气净化设备的过滤和去毒处理。这类设备一般由若干级组成（见276页图3）。首先由旋风除尘器分离出粗颗粒粉尘和气溶胶。随后由袋式过滤器和电子除尘器分离出细颗粒粉尘。最后在活性炭过滤器中将有毒气体吸附滤除。

对人体健康有危害的主要是含有重金属铅、镉、锌，锰和铬等的细颗粒粉尘，它们产生于铸造、钎焊和熔化焊过程。使用二氧化碳气体做保护气体的熔化极活性气体保护焊（MAG）时形成的一氧化碳（CO）气体以及淬火时使用的淬火盐等，都是高毒性物质。因此，在工作场地范围内，应通过抽风和排风等措施供给足量无尘新鲜空气用于呼吸。

> 在含有毒性物质的工作空间内，不允许进食、饮水或抽烟。必须注意遵守如何接触有毒物质的操作说明。

■ 金属加工企业废水的净化

在金属加工企业中，许多工作场所都会产生污染废水：

- 例如来自磨刀房或湿法烟尘净化装置的沉积物和悬浮液。
- 来自切削加工车间、油漆车间和酸洗车间的废水，它们已受到油沉积物、油漆残留物或冷清洁剂的污染。
- 来自淬火车间和电镀车间含酸、碱和有毒盐类的废水。

金属加工企业所汇集的废水由一个多级净化设备进行净化处理（图1）。

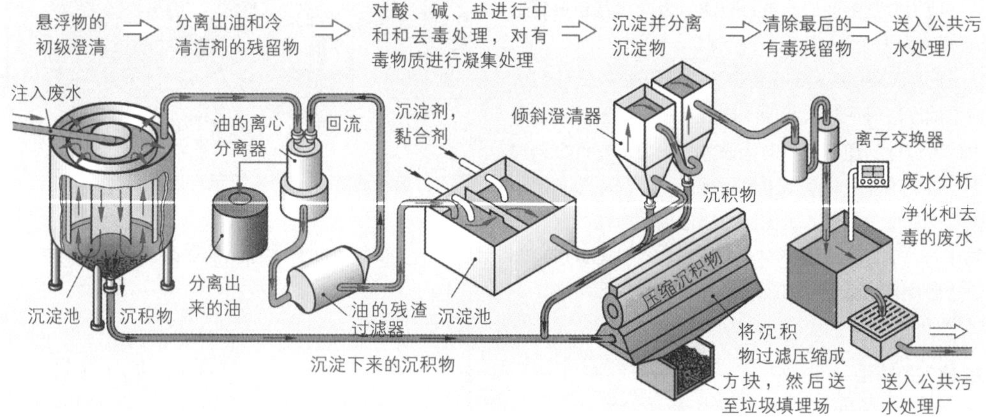

图1：金属加工企业废水的净化设备

■ 固体垃圾和有害物质的清理

加工过程中已使用过的有害物质和加重环境负担的固体垃圾必须首先汇集起来，经过处理后重新利用，或进行符合专业要求的清理。例如：

使用过的油（旧油），使用过的脱脂剂和清洁剂（四氯化甲烷，三氯乙烯），使用过的淬火盐 ⇨

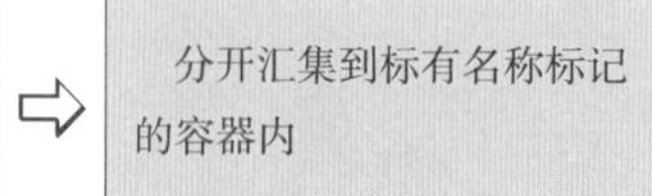
分开汇集到标有名称标记的容器内 ⇨

由专业企业进行处理和清理

本小节内容的复习和深化：

1. 请解释对待有害物质的原则要求：避免—减少—重复利用—清理。
2. 切削加工设备上有哪些废物清理区域？
3. 为什么必须净化处理焊接车间和淬火车间的废气？
4. 请您列举金属加工企业中若干个加重环境负担，因此必须搜集并清理的废物。

3.13　英语实践

■ Overview: Manutacturing technologies

Manufacturing processes can be classified according to the making , changing or maintaining the form of a workpiece . Casting is a process by which a liquid material is poured into a mold and then left to solidify. Forging or bending produces the shape of a workpiece by plastic deformation of a blank.

There are different joining methods to connect two or more components permanently or nonpermanently. Depending on the application , methods such as screw or pin joints, compression molding, soldering, gluing or welding can be used.

The shape of the workpiece can also be produced by cutting off excessive material during machining Common machining processes are drilling , milling and turning (Figures 1 and 2) .

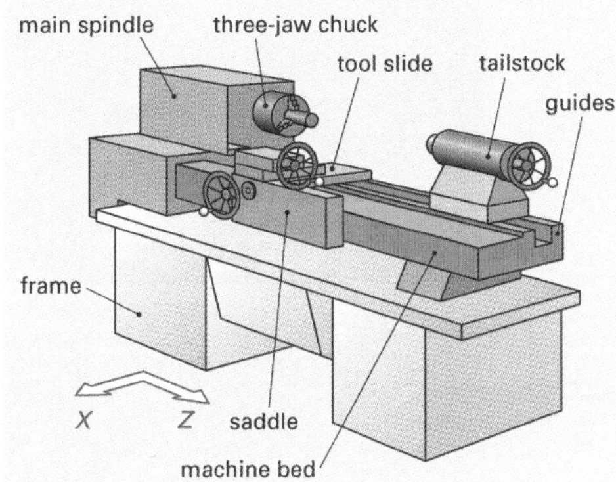

Figure 1: Components of a lathe

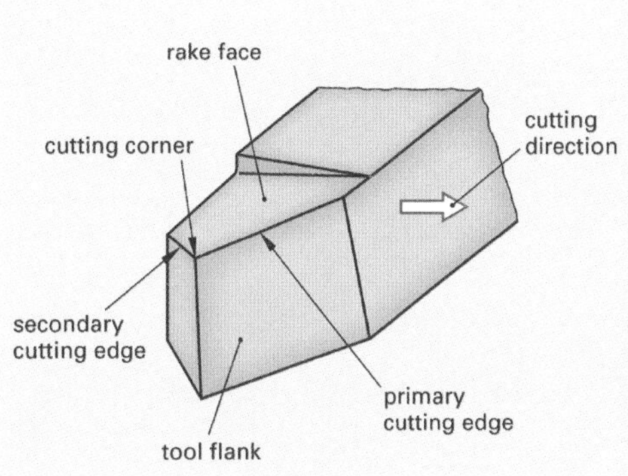

Figure 2: Cutting edges and surfaces of a cutting

■ I Work plan of a piston

The dimensions of the workpiece "piston" (Figure 3 and Table 1) are 41mm × 50mm. The material is nonalloy steel C15.

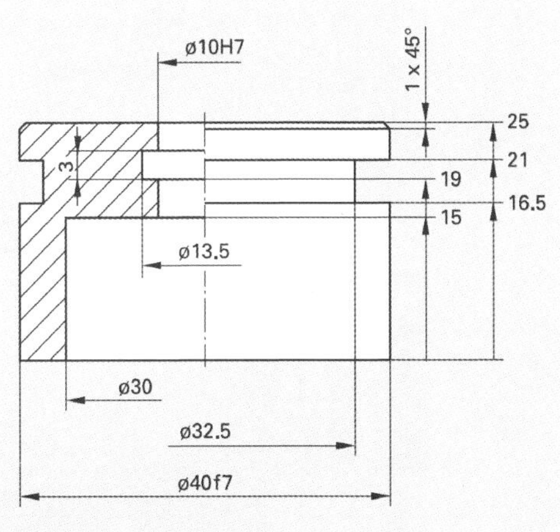

Table 1: Work plan of a piston

Nr.	Work steps
1	facing
2	centering with nc-centre drill
3	drilling 9mm, 28mm deep
4	drilling 28mm, 15mm deep
5	drilling 9mm turning to 10mm H7
6	drilling 28mm turning to 30mm
7	turning an internal recess 13.5mm,3mm wide
8	deburring all edges of the bores with an internal turning tool
9	turning the external diameter of 40f7, fit sized. length 26 mm
10	turninganexternalrecess32.5 mm,4.5 mmwide
11	deburring all sharp edges
12	grooving at 25.1mm length to o 20mm
13	I turning the chamfer of 1×45°
14	cutting off the workpiece at 25mm length
15	deburring the bore of 10mm in the second clamping position

4 加工自动化

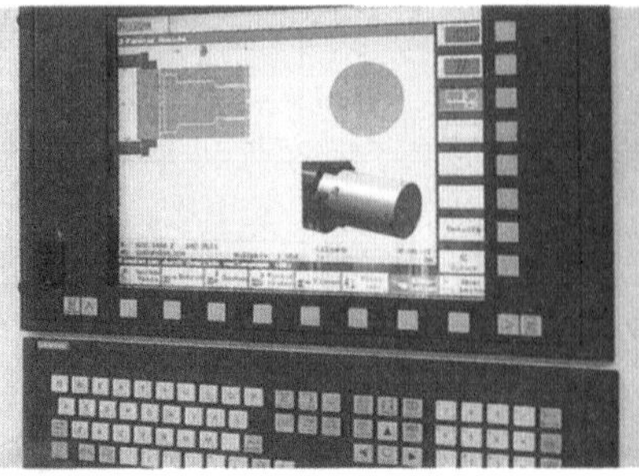

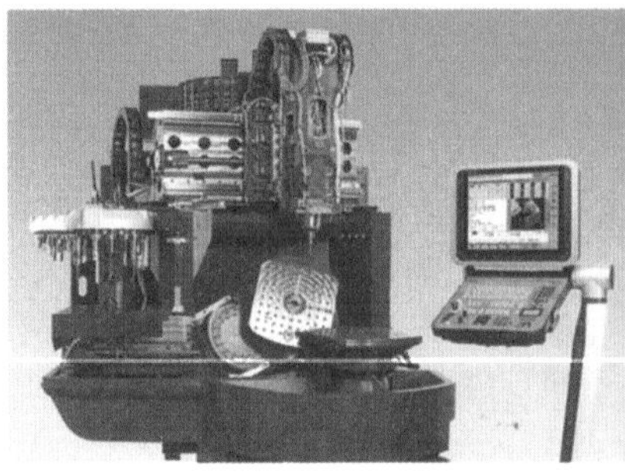

4 加工自动化

4.1 加工机床的计算机数字控制(CNC)系统

4.1.1 计算机数字控制机床(CNC)的特点

数字控制机床（数控机床）可以执行采用字母和数字编码的程序语句（表 1）。计算机数字控制（CNC）则可以随时修改控制指令。在机床上执行的、为程序优化而做的修改可以存储在控制系统内。直接数字控制（DNC）时，中央计算机发出的程序可管理若干台数控机床 。

计算机数字控制（CNC）程序可从一个数据载体读出，或从服务器复制。而程序的直接输入则通过一个操作区（图 1）。这种操作区可划分成若干个范围。屏幕用于显示程序语句、各轴的定位数值、图像或辅助文本。操作面板通常都配备字母数字键盘，它用于程序的手工输入。机床功能的控制指令，例如主轴的启动或停止和紧急停机等，均通过机床控制面板输入。出于环境保护和工作安全以及冷却润滑剂的高效利用等原因，大部分机床是全封闭的（图 2）。

表 1：数字控制的类型

符号	缩写	解释
NC	数字控制	通过数字进行控制
CNC	计算机数字控制	采用计算机进行数字控制
DNC	直接数字控制	通过高层计算机对多台机床实施控制

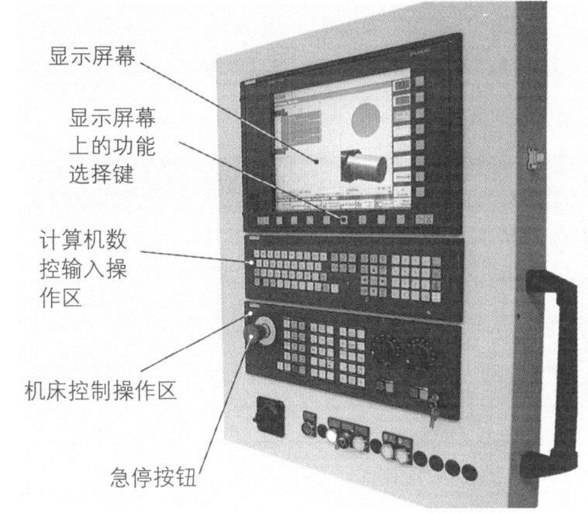

图 1：计算机数字控制（CNC）系统的操作区

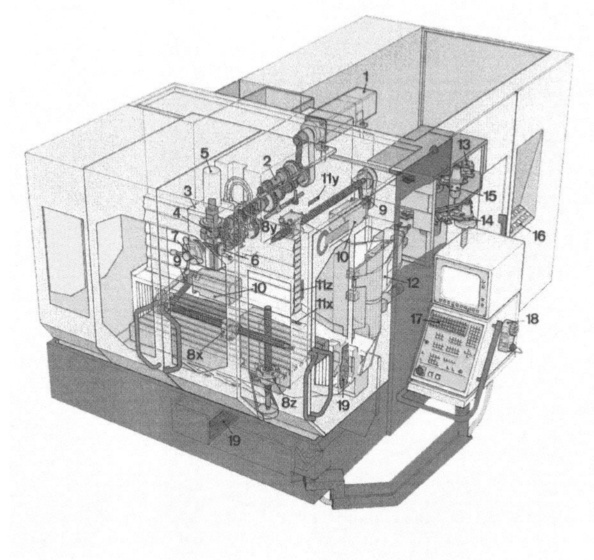

1. 交流主轴电动机
2. 三档变速箱
3. 垂直铣削头
4. 垂直方向行驶范围保护
5. 液压机械式刀具夹紧装置
6. 顶尖套筒精调装置
7. 镗杆
8. 滚珠丝杠传动
9. 防撞保护联轴器
10. 交流进给电动机
11. 直线位移测量系统
12. 立式换刀机械手
13. 刀库，32 个刀位
14. 镗孔刀具
15. 测量触头，无线式
16. 换刀机械手操作台
17. 计算机数字轮廓控制（系统）
18. 手工操作模式
19. 机床支脚，十字刀架和后座等处（灰口铸铁、人造大理石或复合材料）

图 2：一台计算机数字控制（CNC）铣床的构成部件

■ 驱动

主轴驱动和进给驱动的转速可以无级调节。

主轴驱动（图 1）

主轴驱动一般采用转速可调的交流（AC）或直流（DC）电动机，并用一台测速发电机测量电动机转速。该发电机产生一个输出电压作为转速标准值。在计算机数字控制（CNC）系统中，转速实际值与该转速标准值进行比较，若出现偏差，立即对电动机做出相应调整。

进给驱动（图 2）

进给驱动同样采用转速可调的交流（AC）或直流（DC）电动机。但在驱动电动机与滚珠丝杠传动之间装有一个过载保护联轴器，用于降低冲撞造成的损坏。

对进给驱动的要求

- 对工作台的大驱动力；
- 具有极大和极小的运行速度；
- 高加速性能和工作台的快速定位性能；
- 启动定位的重复精度高；
- 具有高刚性，用以保证各轴的定位精度。

计算机数控进给驱动中，还为转速调节增加了一个位置调节装置（图 3）。为每根轴都配装一个位移测量系统。

■ 位移测量系统

位移测量系统是位置调节回路中的一个组成部分。首先，测量机床工作台或刀具的定位（实际值），然后与设定值比较。进给电动机启动运转，直至实际值与设定值完全一致为止。位移测量系统有多种不同的工作方式（图 4），它主要根据精度、在机床上安装的可能性以及成本等因素进行划分。

直接位移测量系统可提供最准确的测量值。最常用的是增量位移测量系统。

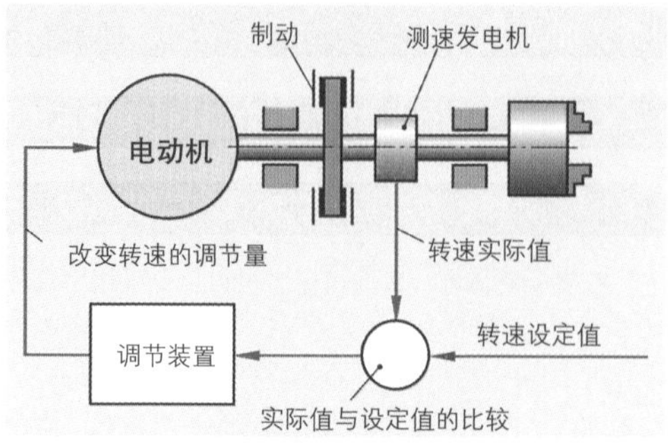

图 1：带转速调节装置的主轴驱动

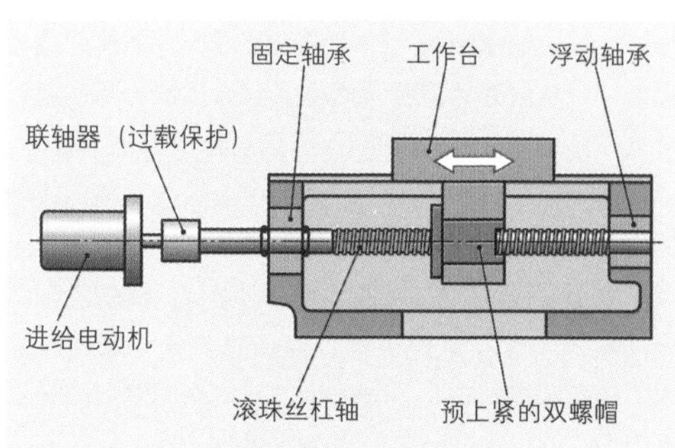

图 2：带滚珠丝杠传动的进给驱动

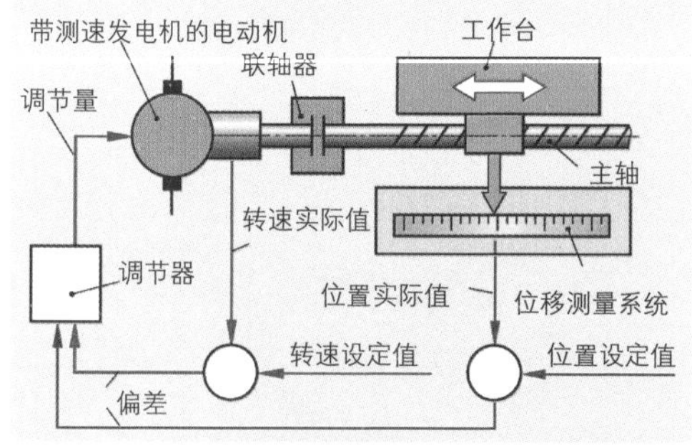

图 3：进给驱动的位置调节回路

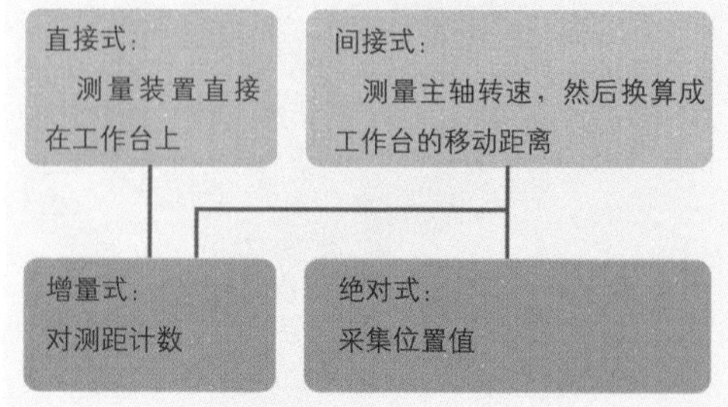

图 4：常用的位移测量系统

位移测量系统发出的测量信号有电感式或光电式。计算机数字控制（CNC）系统对这些测量信号进行处理。光电式位移测量系统由一个刻度尺或刻度盘与一个扫描装置（测量头）组成。

直接式位移测量（图 1）

直接测量位移时，测量装置安装在需定位的工作台上。刻度尺可以安装在工作台上，测量头安装在固定机座或移动机座上。为防止污染和损坏，测量装置必须加盖保护。

间接式位移测量（图 2）

轴编码器的刻度盘与进给主轴固定连接。进给电动机旋转运动时，对经过测量头的刻度盘刻度以及刻度盘圈数进行计数。计算机数字控制（CNC）系统根据所测的圈数和进给主轴的螺距计算出工作台的定位。计算机数字控制（CNC）系统的软件可以补偿例如因主轴螺距误差造成的系统偏差。测量系统可以全封闭，因此对污损不敏感。

增量式位移测量系统（图 3）

这种测量系统中，扫描光栅时将增加或减少等距的测距数量（增量）。计数脉冲的总和相当于工作台的移动距离。与光栅平行刻有已知定位的参考标记，其作用是在停电时或机床通电启动时可以确定工作台的位置。

> 增量式位移测量系统必须在接通供电电源后首先启动参考标记。

绝对式位移测量系统（图 3）

在绝对式位移测量系统中，为每一个测距刻度都分配有一个精确的数字值。扫描装置通过刻度尺上透光的和不透光的标记数来采集工作台的位置。机床电源接通后，不必启动参考标记即可确定机床各轴的定位。

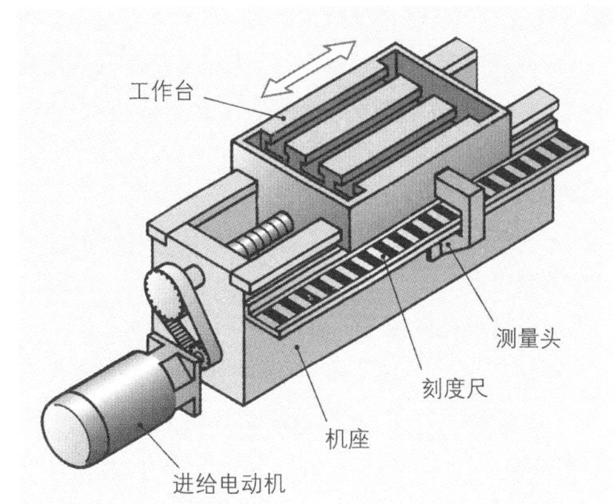

图 1：直接式位移测量

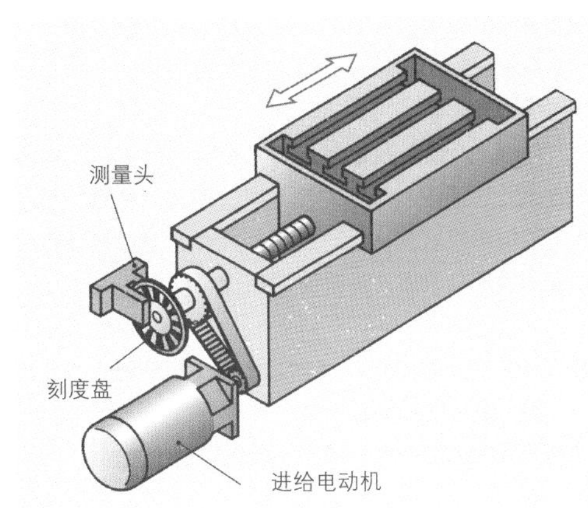

图 2：间接式位移测量

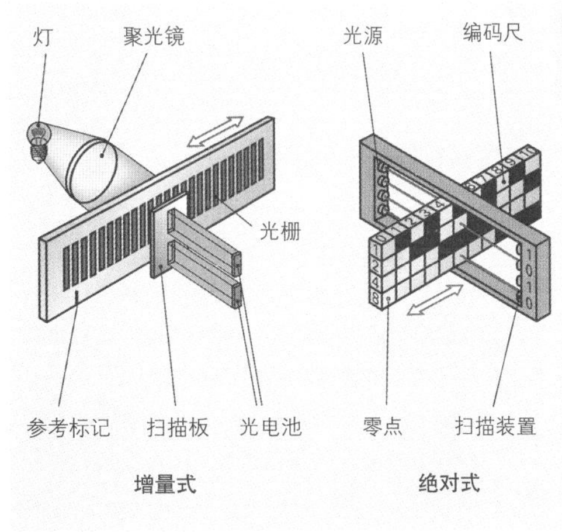

图 3：增量式和绝对式位移测量

■ 计算机数字控制（CNC）系统的结构和任务

计算机数字控制（CNC）系统最重要的任务是输入、存储、处理和输出数据并连续控制各调节过程，例如保持设定转速或工作台定位。

数据输入（图 1）

可用下列方式输入程序员编制的部分程序或进行程序修改：

- 通过操作区键盘直接在机床上手工输入。
- 通过光盘（CD）、USB 盘或通过数据线输入个人电脑（PC），或通过互联网接入服务器。

数据存储

数据均存储在电子存储器功能块内。

数据处理

控制系统中配有若干个微处理器。属于数据处理任务范畴的有例如刀具轨迹的计算，以及持续计算进给电动机位置调节装置的测量数据。

数据输出

通过一个适配控制装置将数据输出给机床。该装置放大并转换控制信号，使这些控制信号可以启动电动机、阀门以及其他执行机构。此外，通过接口还可以输出数据（程序，运行数据）。

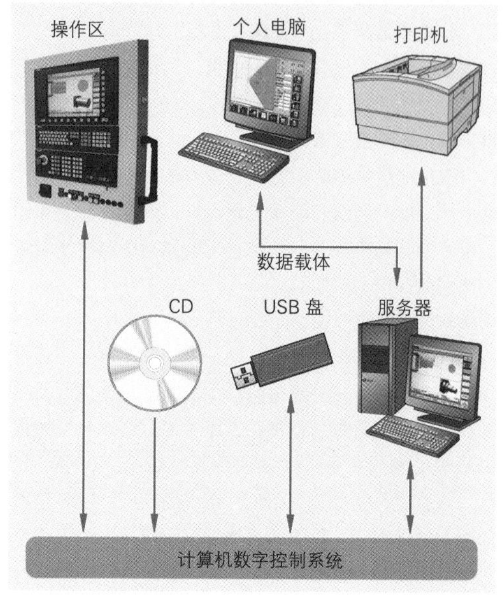

图 1：数据输入和输出的可能性

■ 使用计算机数字控制（CNC）加工机床进行加工的优点

与传统加工机床相比较，计算机数控机床具有众多优点。通过控制系统、计算机数控机床、刀具和切削材料等领域的不断研发，加工工效得到持续改进。

计算机数字控制（CNC）加工的优点

- 保持稳定的高加工精度；
- 加工时间短；
- 可制造复杂工件；
- 优化切削过程，简单快捷；
- 可简单重复所存储的程序；
- 高度灵活性；
- 良好的自动化可能性；
- 具备多台机床联合加工的可能性。

本小节内容的复习和深化：

1. 调节驱动电动机转速有哪些可能性?
2. 对进给驱动提出了哪些要求?
3. 为什么进给驱动要求有两个调节回路?
4. 如何区别直接式位移测量与间接式位移测量?
5. 直接式位移测量有哪些优点?
6. 增量式位移测量系统中，关断机床电源的影响是如何体现出来的?
7. 绝对式位移测量系统有哪些优点?
8. 在哪些情况下通过接口向计算机数字控制（CNC）系统输入数据?
9. 适配控制装置应执行的任务是什么?

4.1.2 坐标，零点和基准点

■ 坐标系

直角坐标系以工件为基准。坐标系各轴分别标记为 *X*, *Y* 和 *Z*（图 1）。*Z* 轴相当于主轴的轴线。因此，立式铣床的坐标系定义有别于卧式铣床。针对围绕某轴旋转运动的控制，我们使用字母 *A*，*B* 和 *C*。如果从零点出发向正轴方向看，正向旋转是顺时针方向旋转。

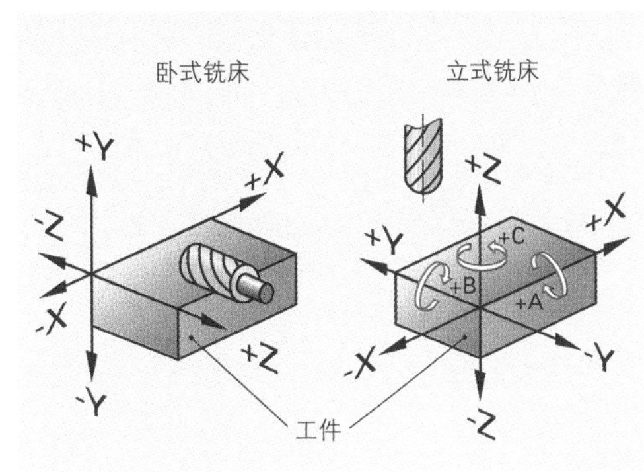

图 1：铣床的坐标系

坐标符号和行驶运动

编程时，我们始终假设刀具处于运动之中（图 2）。这样，当工作台代替刀具实施运动时，编制的程序便是一致的。例如立式铣床的铣刀在 *X* 轴方向的尺寸为 80mm，那么用于编程的数值是 *X*80。而事实上工作台向左运动，是 *X* 轴的负方向。

如果通过手工输入坐标值来启动工作台定位，那么必须注意机床的特性，好像刀具在运动。如果工作台向右运动，即向 *X* 轴的正方向运动，则输入的行驶运动方向为负。立式铣床的工作台也在 *Z* 轴运动（图 3）。如果要使工作台向下，即 *Z* 轴的负方向运动，那么输入的应是 *Z* 轴正方向的行驶运动。

> 在工作台行驶运动和坐标编程时，始终假设刀具在运动。

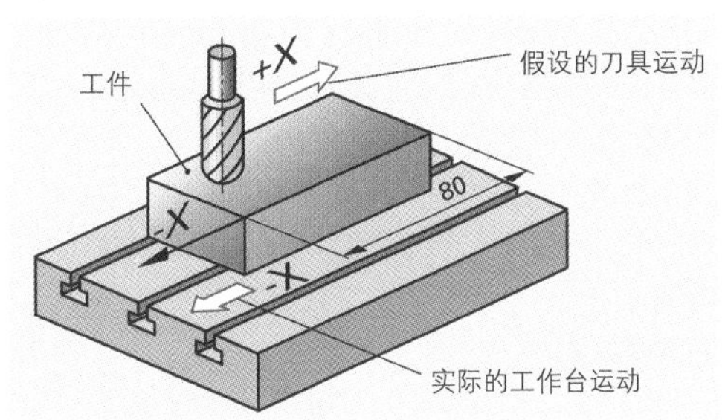

图 2：刀具和工件的运动

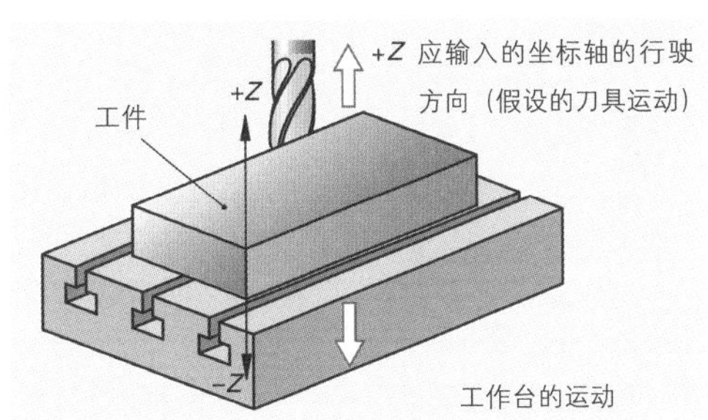

图 3：工作台在 Z 轴方向的行驶运动

■ 车床的坐标（图 4）

坐标轴符号规定的标准是，刀具向某轴正方向行驶运动时正好驶离工件。因此，根据刀具的位置，有多种不同的坐标系。正 *X* 轴表示向刀具方向。作为 *X* 轴坐标应输入直径。那么，例如在增量式尺寸输入时或刀具修正时，需要 *X* 轴的符号。

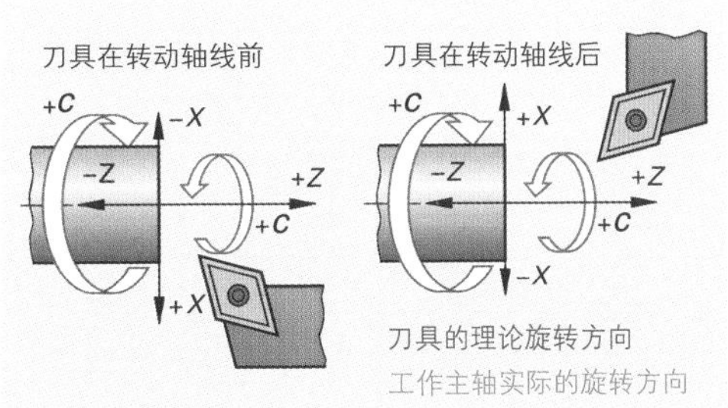

图 4：车床的坐标

若要明确确定加工位置，则需要坐标轴的方向和机床、工件和刀具之间基准点的位置。

■ 零点和基准点

机床零点 *M*

机床零点是机床坐标系的共用零点。它由机床制造商确定，因此无法改变。位移测量系统的尺寸均以该零点为基准。在车床上，机床零点一般位于卡盘接触面的主轴轴线上（图 1）。铣床的机床零点位置则因制造商的不同而迥然不同。一般位于加工空间的边缘范围内（图 2）。

参考点 *R*

为了校准增量式位移测量系统，在机床通电启动后，将工作台驶向机床零点。这一点并不是所有机床都能做得到。若无法做到，可将工作台驶向另一个已精确定位的点：参考点。通过机床操作面板的一个按钮发出控制指令，可使工作台驶向参考点。在显示屏幕上将显示各轴的实时位置。当工作台位于参考点时，显示屏所显示的数值相当于机床零点与参考点的间距。

刀架基准点 *T*

刀架基准点由刀具装夹轴线与接触面构成。计算机数字控制（CNC）系统已知该基准点的位置，从该基准点驶向参考点。

工件零点 *W*

工件几何形状编程时，所有尺寸都必须以机床零点为准。由于这样做相当麻烦，编程员便确定一个工件零点。选定工件零点的标准是，尽可能多地从图纸上选取坐标值，或能够在加工空间内轻易确定该点的位置（图 3）。机床零点与工件零点之间的坐标间距（XMW, YMW 和 ZMW）被视为零点位移，必须录入控制系统。这些修正值将在控制系统中存储和计算。采用这些数值可使编程员将所有尺寸都以工件零点为准。

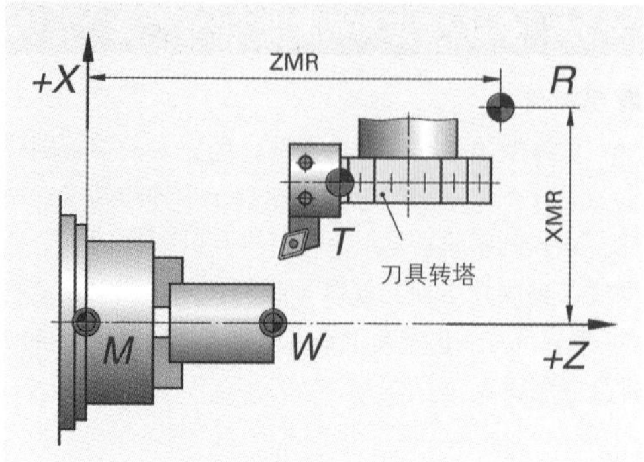

图 1：车床的零点和参考点

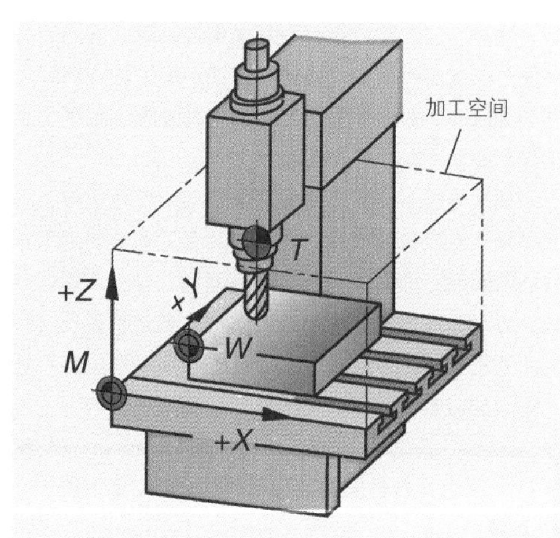

图 2：铣床的零点和参考点

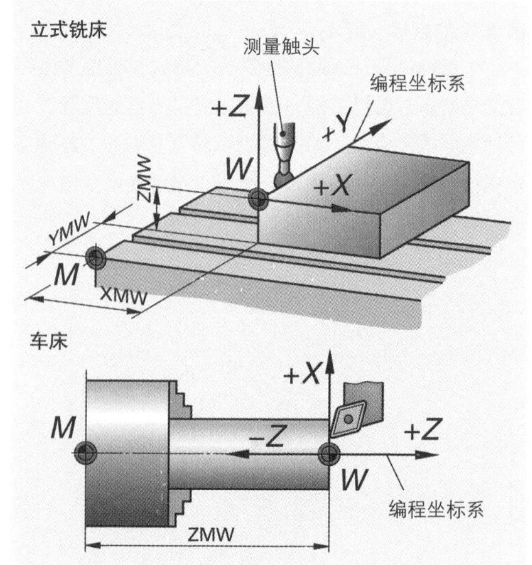

图 3：工件零点的有利位置

4.1.3 控制类型，修正

■ 控制类型

> 根据各种要求，计算机数控机床分别装备了点位控制、直线控制或轮廓控制。

点位控制（图 1）

这种简单的计算机数字控制（CNC）系统用于刀具必须定位于某个指定位置的加工机床。工件工作台或刀架应同时或先后达到加工位置。这种行驶运动是没有刀具切削的快速进给运动。采用点位控制的一般有例如计算机数控钻床、冲床或点焊机。

直线控制（图 2）

一般只有与轴平行的进给运动成为可能时才采用直线控制。所以，直线控制系统主要用于工件搬运装置和对简单加工机床的控制。

轮廓控制（图 3）

轮廓控制可使工件工作台或刀架同时在 2 个或多个轴线上进行编程规定的进给运动。为此，各轴的单轴驱动速度必须相互协调一致。这个任务由计算机数字控制（CNC）系统的内插补器完成。这是一个计算各轴相对位置与速度比例的软件程序，所以，工件工作台可以按照编程规定的路径运动（图 4）。如果插补仅用于两个轴线（例如 X 和 Y），采用 2D 控制（两维控制）即可。如果插补可以有选择地在三个不同的主平面中任意两个轴线组合之间转换，则采用 $2^1/_2$ D 控制（两维半控制）。通过程序语句 G17 至 G19（图 5）可以进行面的选择。3D 控制（三维控制）指工件工作台可以同时在所有三个轴线的编程规定路径上运动。

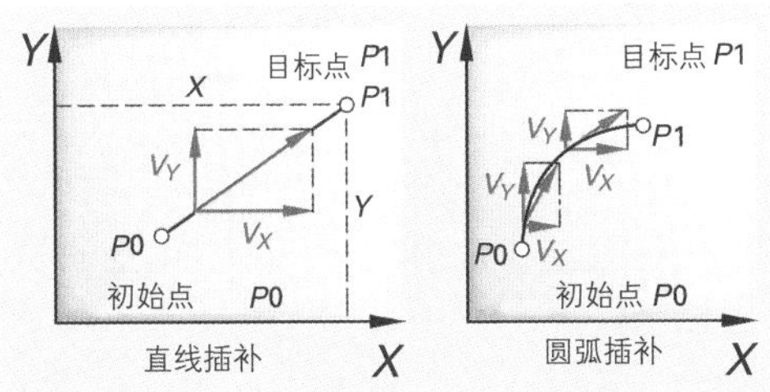

图 4：插补

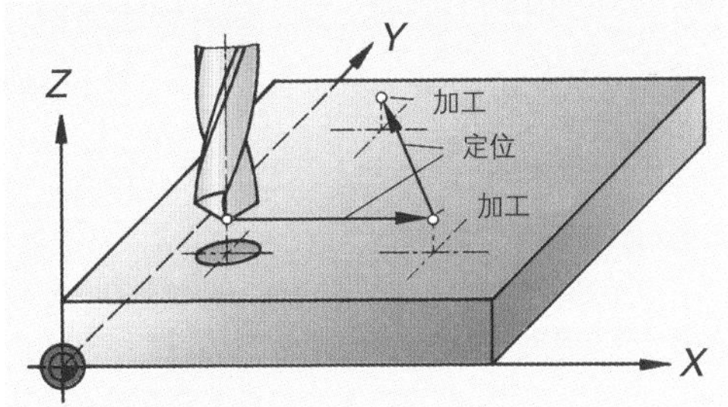

图 1：点位控制

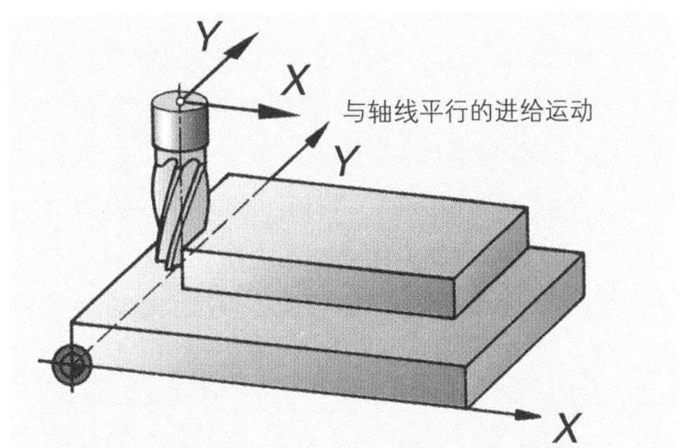

图 2：直线控制

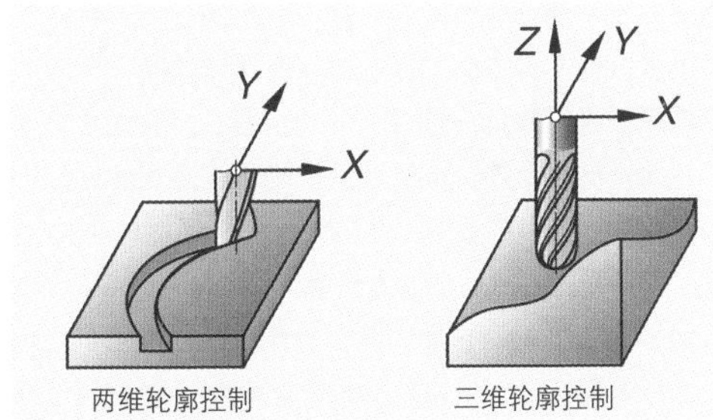

图 3：轮廓控制

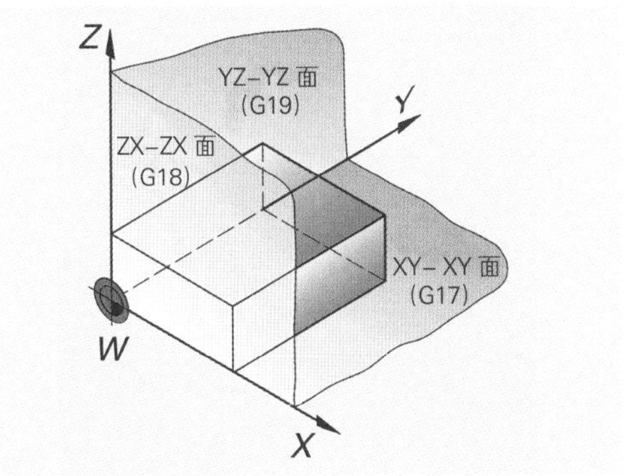

图 5：立式铣床的面选择

■ 刀具的检测和刀具的修正

控制系统在加工时用编程规定的工件尺寸计算刀具尺寸，目的是能够不依靠所使用的刀具编制出工件轮廓的程序。所以，事先必须对每一把刀具进行检测。

外部刀具检测

如果刀具检测在机床外部进行，例如在刀具预调仪或刀具检测仪上检测刀具，我们称为刀具的外部检测（图 1）。借助带有切削点 P 的光学刀刃识别使已夹紧的刀具手动或自动地驶入屏幕的十字线。现代图象处理技术可以做到与操作者技术水平无关的、非常精确的测量（图 2）。切削点 P 至工件参照点 E 的间距作为带有正确前置符号的修正值输入计算机数字控制（CNC）系统的刀具修正存储器，并借此配置相应的刀具（图 3）。输入时，可通过控制系统键盘手工输入，通过数据线联机输入，或通过存储器输入至刀柄的数据芯片。这种刀具的预设置可以大幅度地提高生产率。

内部刀具检测

有些数控车床装备有刀具光学测量装置。将各刀具的切削点 P 移至光学检测装置的十字线下，并将已测得的刀具修正值录入刀具修正值存储器。刀具修正值也可以通过刀具在工件上的刮痕计算求取。

刀具修正值的前置符号

如果没有刀具修正值可供控制系统进行计算（例如 $T0$ 时），则刀架基准点 T 覆盖编程规定的坐标数值。控制系统用刀具的正修正值计算对刀架基准点的修正尺寸（图 4）。调整刀架，使相应刀具的切削点 P 与工件编程规定的坐标数值相符。因此必须为修正值输入一个前置符号。

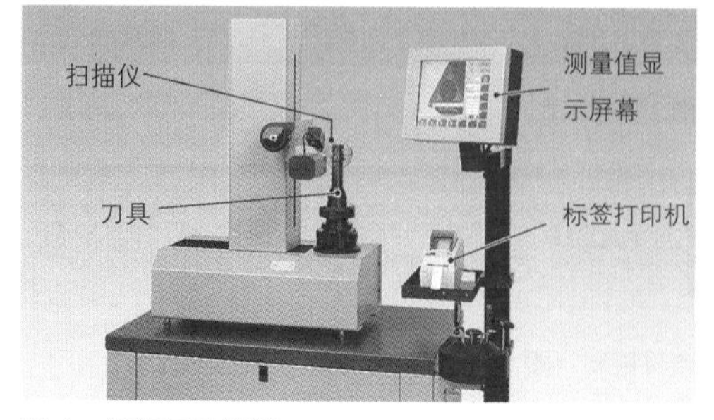

图 1：外部刀具检测

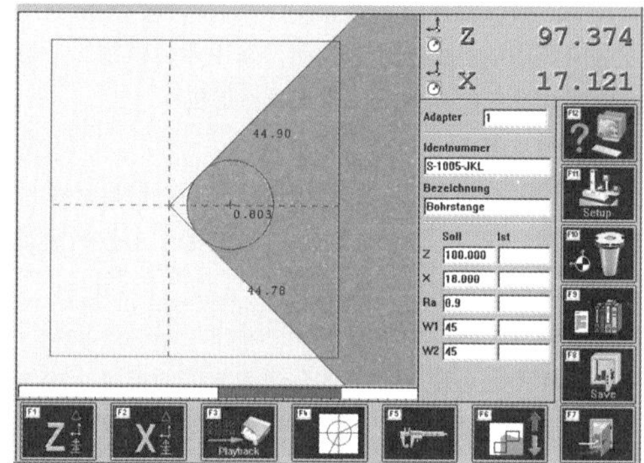

图 2：屏幕显示以及软件钥匙

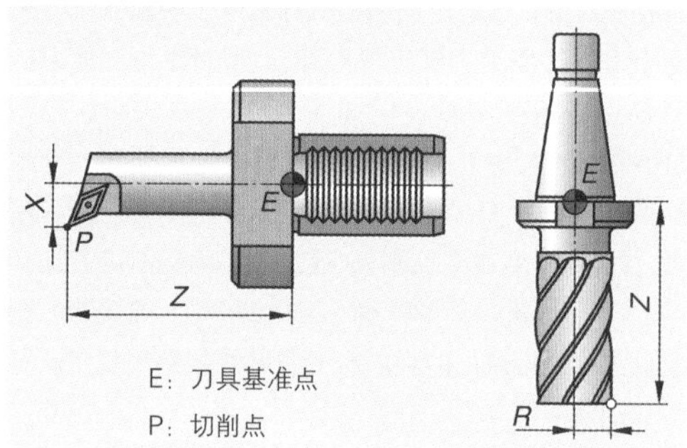

图 3：刀具修正尺寸

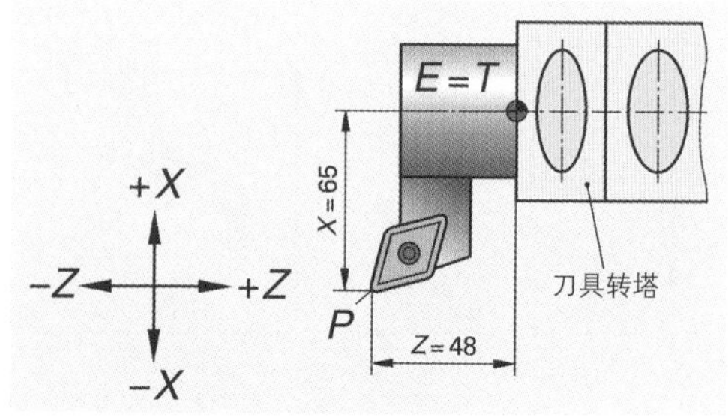

图 4：车刀的修正值

将切削点 *P* 推移至刀架基准点 *T*，即可产生刀具修正值的前置符号和修正尺寸。

本小节内容的复习和深化：

1. 如果在车床 Z–20 上编程，刀具应向哪个方向运动（图 1）？
2. 车床工作主轴的旋转运动是可控的。问：如果设定旋转角度为 30° ，工作主轴应向哪个方向旋转？
3. 立式铣床的机床工作台在 *X* 和 *Z* 两个方向上行驶（图 2）。
   （1）如果编程规定为 X100，机床工作台应向哪个方向运动？
   （2）如果编程规定为 Z–10，机床工作台应向哪个方向运动？
4. 为什么计算机数控机床需要一个参考点？
5. 一台车床上在指定位置上有参考点（图 3）。
   （1）如果驶向该参考点时无有效刀具修正值，那么该参考点可以覆盖计算机数控机床的哪个基准点？
   （2）如果已经抵达该参考点，应显示出哪些坐标数值？*X* 坐标显示为直径吗？
6. 如果无有效的零点位移，那么输入控制系统的坐标尺寸以哪个零点为基准？
7. 卡盘有设定尺寸（图 3）。如果工件毛坯件尺寸达 80 mm，请确定零点位移 ZMW。要求端面车 2 mm。
8. 如果车锥度，至少要求哪些控制类型？
9. 请解释内部刀具检测与外部刀具检测的区别。
10. 在刀具预调仪上检测两把刀具（图 4）。请您求出两把刀具的刀具修正值 *X* 和 *Z*，以及正确的前置符号。

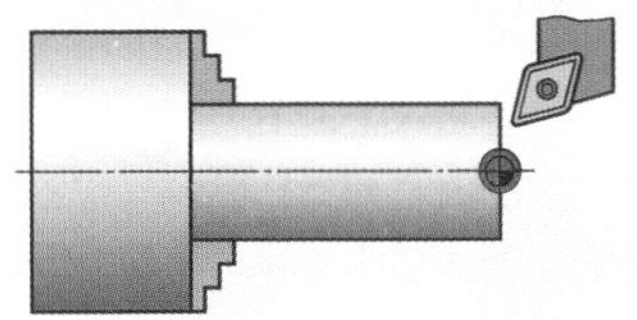

图 1：车床的行驶运动

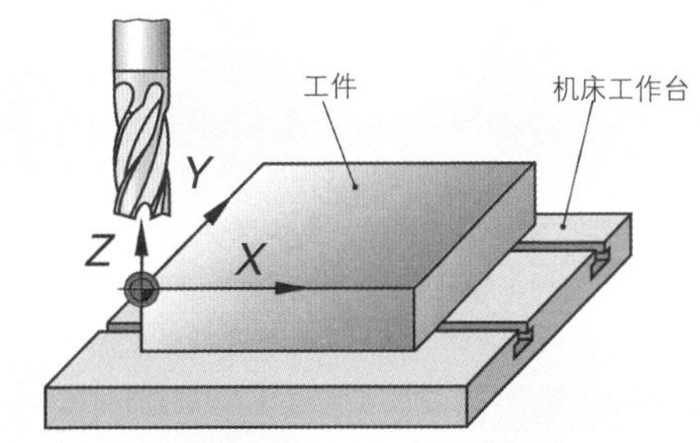

图 2：确定行驶运动

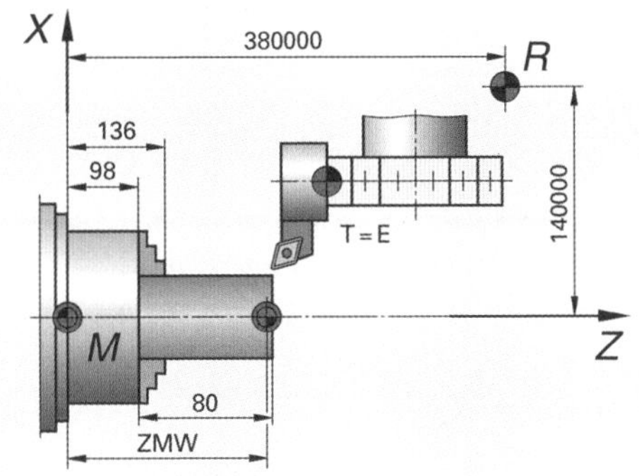

图 3：确定零点位移

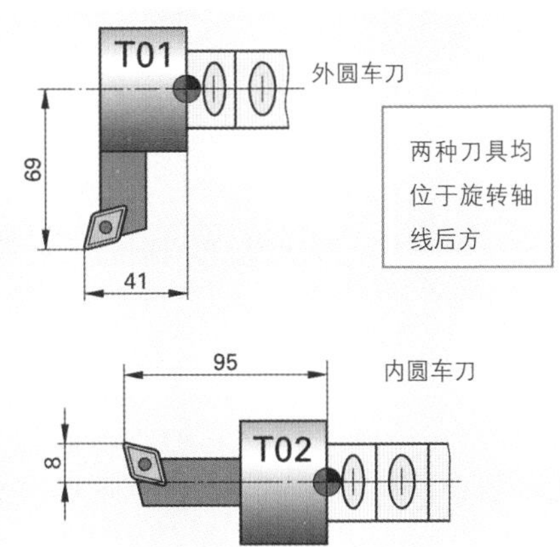

图 4：求取修正值

4.1.4　按照 DIN 标准编制计算机数字控制（CNC）程

在计算机数控机床上加工工件，其控制系统需要一个程序。这种计算机数字控制（CNC）零件程序包含所有加工所需的路径信息和开关信息以及辅助指令。

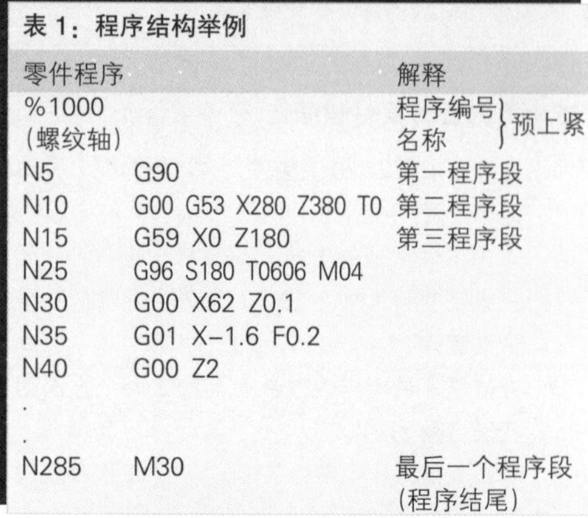

表 1：程序结构举例

零件程序		解释
%1000		程序编号 } 预上紧
（螺纹轴）		名称
N5	G90	第一程序段
N10	G00 G53 X280 Z380 T0	第二程序段
N15	G59 X0 Z180	第三程序段
N25	G96 S180 T0606 M04	
N30	G00 X62 Z0.1	
N35	G01 X-1.6 F0.2	
N40	G00 Z2	
.		
.		
N285	M30	最后一个程序段（程序结尾）

■ 程序的结构（表 1）

一个计算机数字控制（CNC）零件程序由程序编号和分步骤描写机床整个工作流程的程序段组成。各个程序段从上至下依序编写。它们的编号方式是连续式的，例如 N1, N2, N3…，或跳跃式的，例如 N 5, N10, N15…（N=编号）。控制系统预读若干程序段，以便对它们进行运算。如果程序段是跳跃式编号，则不用改变后续的程序段编号即可插入其他的程序段。

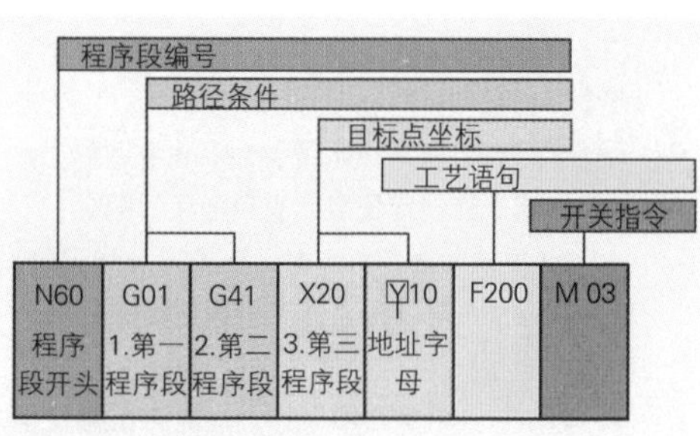

图 1：程序段结构举例

■ 程序段结构（图 1）

一个程序段由一个或若干个字组成，而字则由一个地址字母和一个数字组成。字在程序段中的排列顺序称为程序段格式。一个程序段以程序段编号为开始。随后是路径条件或其他的程序语句。

> 数控机床控制系统需要下列语句：
>
> - 路径条件（G），它确定运动的类型，例如快速进给、直线插补或圆弧插补、平面选择、尺寸标注类型、补偿等。
> - 控制工件工作台运动所需的几何语句（*X, Y, Z, I, J, K*…）。
> - 确定进给量（F=Feed），主轴转速（S=Speed）和刀具（T=Tool）所需的工艺语句（F.S.T）。
> - 开关指令（M），它用于机床功能，例如刀具更换、冷却剂供给和程序结束。
> - 循环程序或子程序调用，它用于频繁的周期性程序段。

现在，两位（数）的路径条件（G-函数）的含义根据 DIN 66025-2 已标准化（表 2）。有几个数字值可由控制系统制造商自由支配。开关功能的部分含义也已确定（见表 3）。

表 2：G 函数（节选）

代码	含义
G00	快速进给的定位
G01	直线插补
G02	顺时针方向圆弧插补
G03	逆时针方向圆弧插补
G40	取消刀具轨迹补偿
G41	刀具轨迹补偿，左边刀具
G42	刀具轨迹补偿，右边刀具
G53	删除零点位移
G59	可编程的零点位移
G90	绝对尺寸数据
G96	恒定的切削速度
G98	暂时可自由支配

表 3：M 函数（节选）

代码	含义
M03	主轴接通（EIN），右旋
M04	主轴接通（EIN），左旋
M05	主轴停止（STOP）
M08	冷却液接通（EIN）
M09	冷却液关断（AUS）
M30	程序结束并复位

路径信息

G-函数（G=几何函数）确定，刀具应如何到达后面的目标坐标。有几个几何函数在接通电源后已被激活，不必编程，例如G17、G40和G90。这种接通状态取决于控制系统和机床。存储的（形态的）有效几何函数一直处于激活状态，直至它们被其他的、反向作用的功能覆盖或删除为止（表1）。

用相应轴线地址字母和坐标数值列出待抵达的目标点，例如X100、Y20。在大部分控制系统中，坐标数值均已有效存储。因此，不必重新输入一个未修改的数值。但圆弧插补则相反，它要求列出所有目标点坐标，即便该坐标数值并未修改。

使用路径条件G94使工件工作台进给速度相当于F下编程规定的数值。G95的含义是，将在F下编程规定的数值作为进给执行，进给单位是毫米/每圈。若G96编程，则控制系统调控工作主轴转速，使在S下编程规定的数值相当于切削速度 V_c。用G97使工作主轴转速保持恒定。它相当于在S下编程规定的数值。

举例： G94 F200　轨迹速度200 mm/min；
G95 F0.2　进给0.2 mm（每圈）；
G96 S180　切削速度180 m/min；
G97 S950　转速950 r/ min。

用绝对尺寸和增量尺寸编程

使用绝对尺寸（G90）编程时，所有尺寸都以工件零点为基准（图1）。某个定位补充的修改并不影响其他的距离尺寸。根据需要，还可以转换为增量尺寸（G91）（图2）。这里的尺寸数据以刀具的前一个位置为基准。工件工作台按照编程规定尺寸向正或负方向行驶（增量=增加）。使用增量尺寸编程则与工件零点无关。

表1：存储的有效几何函数

节选自零件程序	解释
.	
.	
N8　G00 X-20 Y-10	快速进给的定位
N9　Z-5	G00的作用是形态的
N10 G41	激活刀具轨迹补偿
N11 G01 X0 Y0	直线插补
N12 X10 Y20	G01的作用是形态的
N13 Y24.5	G01的作用是形态的
N14 G02 X34.5 Y30 R10	顺时针方向圆弧插补
N15 G40	选择形态有效的刀具轨迹补偿G41
.	
.	

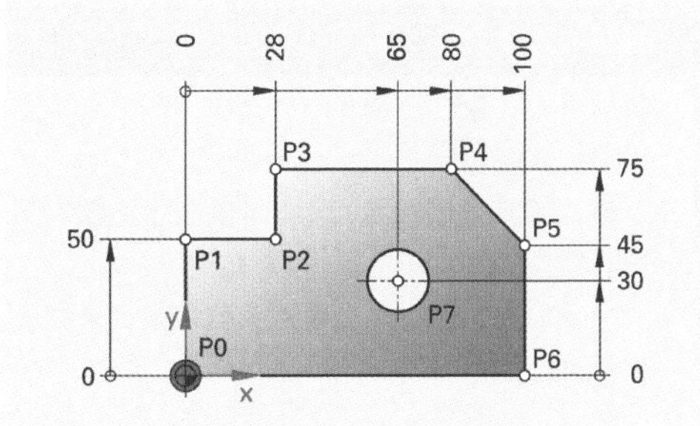

坐标表（G90）					
	X	Y		X	Y
P0	0	0	P4	80	75
P1	0	50	P5	100	45
P2	28	50	P6	100	0
P3	28	75	P7	65	30

图1：一个板的绝对尺寸

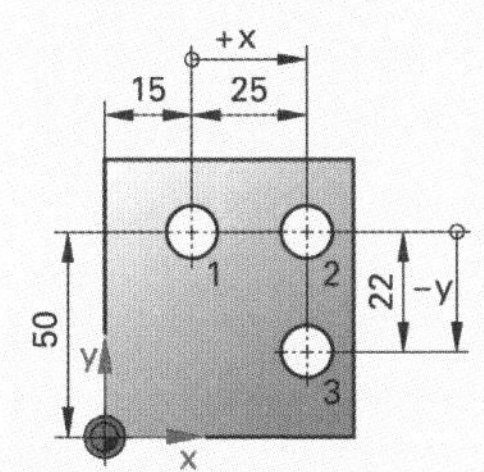

坐标表			
路径条件	定位	X	Y
G90	1	15	50
G91	2	25	0
	3	0	-22

图2：孔的增量尺寸

使用绝对尺寸（G90）编程时，所有尺寸都以工件零点为基准。

使用增量尺寸（G91）编程时，需列出相对于前一个点的增加量，并标出前置符号（链型尺寸）。

使用极坐标系编程

如果图纸中包含角度尺寸数据，采用极坐标的输入可简化编程。对于点 P1 至 P4 而言，控制系统需要其极位置、半径 *R* 和极角 φ（图 1）。从正 X 轴出发，逆时针方向转动的角度为正，顺时针方向转动的角度则为负。若用极坐标编程，可采用例如西门子控制系统（见 294 页）和 PAL 控制系统（图 2）。编程时需输入目标坐标和极角 φ。

直线插补

如果路径条件 G01 已编程，则以编程规定的进给速度驶向目标点。公差平均值应作为坐标值列出。

圆弧插补

如果工件工作台做圆形运动，为计算轮廓数值，控制系统除平面选择外，还需要三个数据（图 3）。

圆弧插补所需数据

- 旋转方向，G02 表示顺时针方向，G03 表示逆顺时针方向 。
- 目标点坐标（圆终点）。这些坐标始终要求列出，即便圆的目标点之一与起始点一致。
- 圆中点位置，通过标出中点参数或半径来标出圆中点位置。

圆中点位置的参数 I, J 和 K 已配属给轴 *X*, *Y* 和 *Z*（见图 4）。在大多数控制系统中，以增量法用 I, J 和 K 列出圆起始点与圆中点的间距，即便已存在路径条件 G90（绝对尺寸）。与简单的待编程半径数据相比，用参数标出的圆中点数据具有的优点：控制系统可以识别编程错误的目标点。

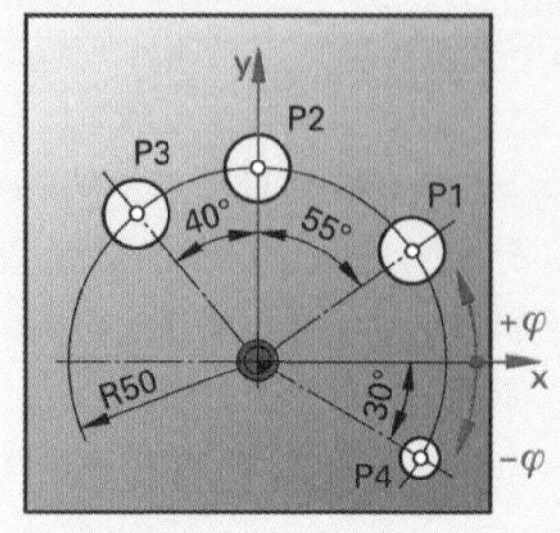

点	R	φ
1	50	35
2	50	90
3	50	130
4	50	−30 或 330

图 1：用极坐标表示的孔圆

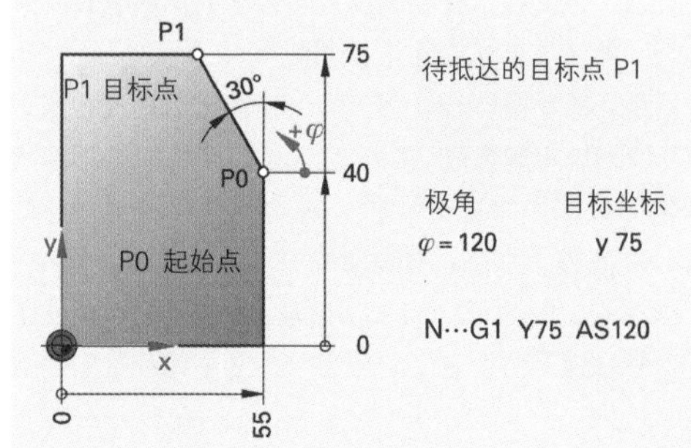

图 2：用极坐标表示的工件轮廓

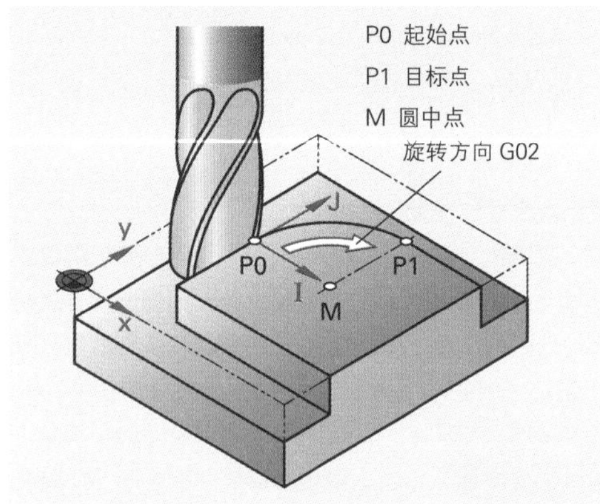

图 3：圆弧插补

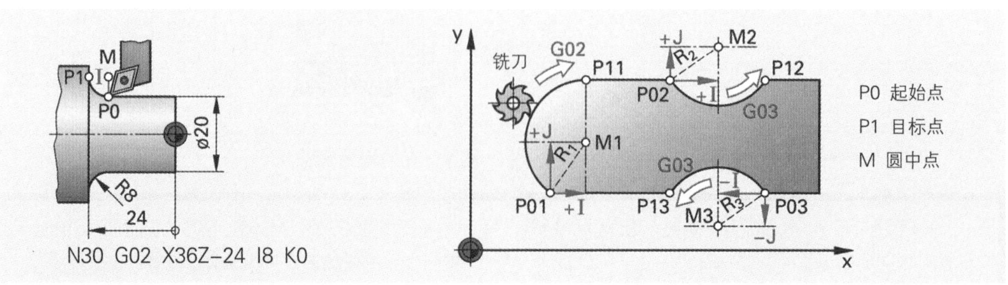

图 4：车削和铣削时的圆弧插补

■ 工件轮廓的编程

用于待铣削的工件（图 1）和待精车的车削件（图 2）的两个程序都只包含路径条件和坐标数值。在铣削件（见 301 页）和车削件（见 295 页）程序举例中对前面运行的零点位移程序段、刀具调用程序段和开关指令程序段均做出解释。在每一个程序段中都把各个待抵达的目标点作为坐标数值进行编程。表 1 所示是一个带解释的程序片段。

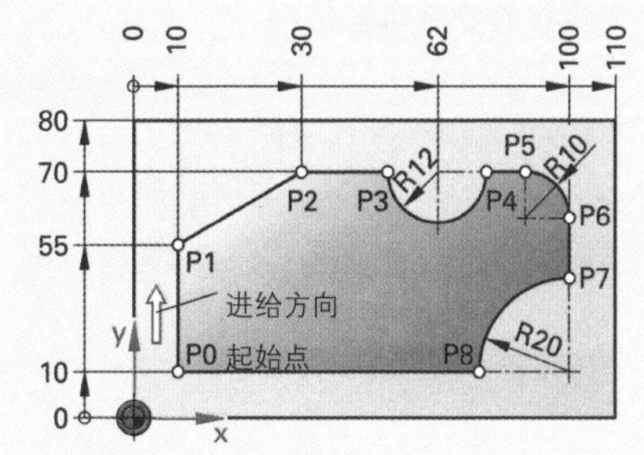

图 1：底板

表 1：加工工件轮廓（图 1）的程序片段	
零件程序	解释
%1007	程序开始，程序编号
.	准备的程序段，刀具调用和刀具的定位
.	
N50 G01 Y55	至点 P1 的直线插补
N55 X30 Y70	至点 P2 的直线插补
N60 X50	至点 P3 的直线插补
N65 G03 X74 Y70 I12 J0	至点 P4 的逆时针方向圆弧插补
N70 G01 X90	至点 P5 的直线插补
N75 G02 X100 Y60 I0 J-10	至点 P6 的顺时针方向圆弧插补
N80 G02 Y30	至点 P7 的直线插补
N85 G03 X80 Y10 I0 J-20	至点 P8 的逆时针方向圆弧插补
N90 G01 X9	过点 P0 最大 1mm 的直线插补

车削件的 X 坐标数值在绝对值编程（G90）时一般都列为直径，以便在编程时可以采用图纸尺寸。控制系统将直径换算成半径。在 Z 轴方向，从工件零点出发，既可标出直线的，也可标出圆弧的待抵达目标点。对圆编程时，还需以增量形式补充标出从圆起始点至圆中点的坐标 I 和 K（表 2）。现在来看精车轴颈（图 2）。车床编程时，用毫米/每圈为单位对进给运动进行编程。

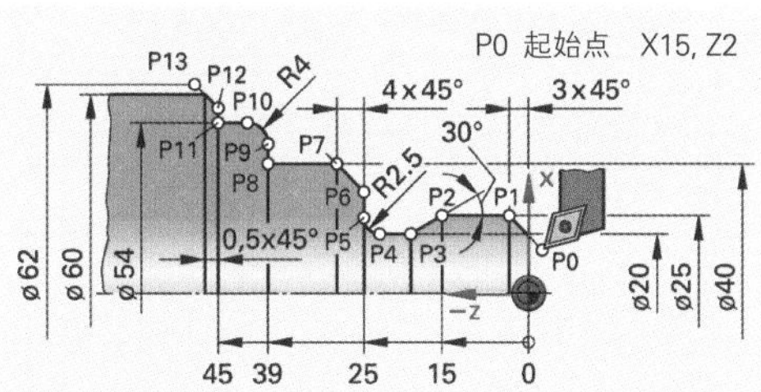

图 2：精车轴颈

表 2：精车轴颈（图 2）的程序片段	
零件程序	解释
N70 G01 X25 Z-3 F0.1	车倒角至 P1，进刀 0.1mm
N75 Z-15	纵向车削至点 P2
N80 X20 Z-19.33 F0.08	车削锥体轮廓至点 P3，进刀量更小
N85 Z-22.5 F0.1	纵向车削至点 P4，进刀 0.1mm
N90 G02 X25 Z-25 I2.5 K0	最大至点 P5 的顺时针方向圆弧插补
N95 G01 X32	端面车削至 P6
N100 X40 Z-29	车倒角至 P7
N105 Z-39	车台阶至 P8
N110 X46	端面车削至 P9
N115 G03 X54 Z-43 I0 K-4	最大至点 P10 的逆时针方向圆弧插补
N120 G01 Z-45	纵向车削至点 P11
N125 X59	端面车削至 P12
N130 X62 Z-46	车削至终点 P13，原始直径之外

本小节内容的复习和深化：

1. 计算机数字控制（CNC）程序中的几何函数有哪些任务？
2. 请您解释存储有效几何函数的作用？
3. 如果以恒定的切削速度 V_c=220 m/min 车削一个工件，其程序语句应是怎样的？
4. 为什么子程序的坐标大部分都作为增量尺寸输入？
5. 请您求出多孔圆盘（图 1）中从点 1 至点 5 的绝对尺寸极坐标。
6. 现在采用极坐标对轴（图 2）的工件轮廓进行编程。请您求出极角 φ1 至 φ5。
7. 控制系统若要执行圆形轮廓需要那些数据？
8. 用一个直径为 63 mm 并有 9 个刀片的铣刀头铣一块钢板。切削速度达到 120 m/min，进给速度为每齿 0.15 mm。问：必须使用哪些程序段对转速和进给速度进行编程？
9. 请您确定圆弧（图 3）的各几何函数和中点参数？
10. 请您编制精整工件轮廓（图 4）的程序段。只编程必要的路径条件、坐标和中点参数。
11. 请您编制精车轴颈（图 5）的程序段，包括路径条件，坐标和半径的中点参数。

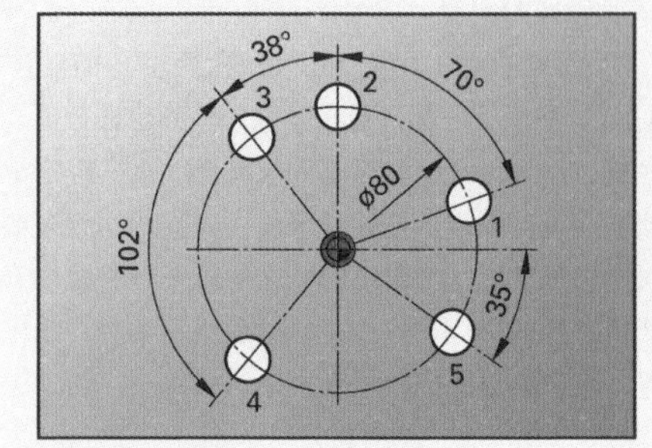

图 1：多孔圆盘

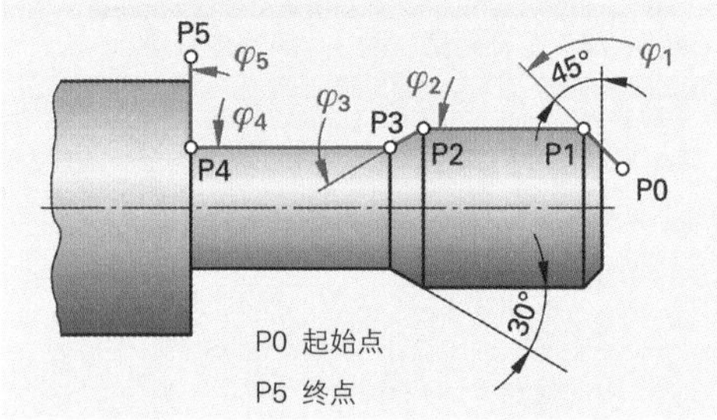

图 2：轴

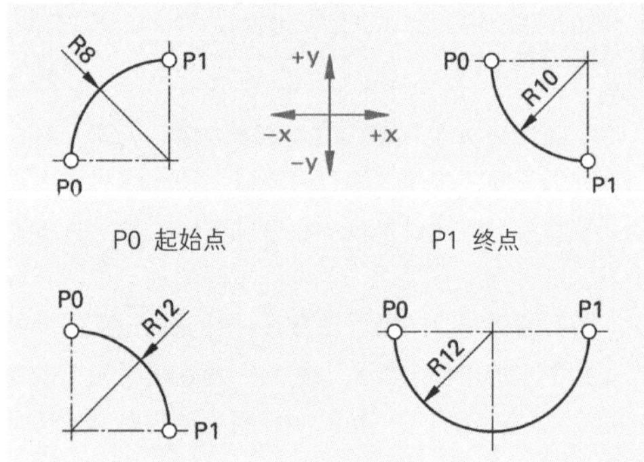

图 3：圆弧的编程

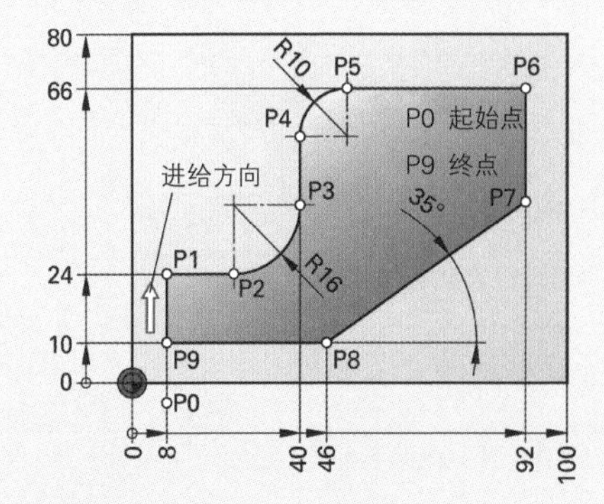

图 4：底板

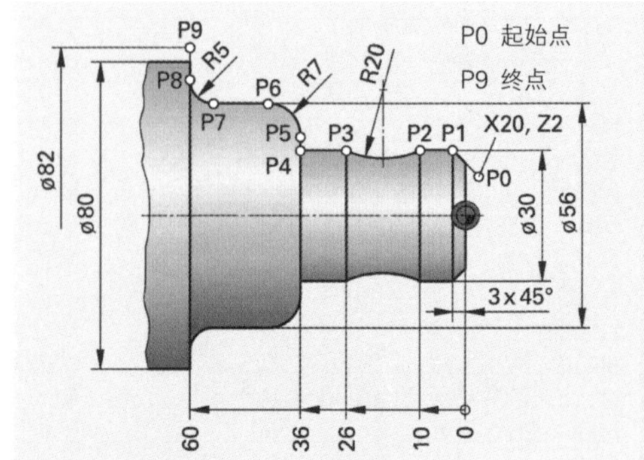

图 5：轴颈

4.1.5 循环程序和子程序

> 采用循环程序和子程序的目的是为了简化编程。

■ 加工循环

经常出现的各加工步骤的顺序，例如钻孔的运行，都由控制系统制造商预先编制程序，并作为循环程序寄存在控制系统内（图 1）。坐标、路径条件和工艺语句等均寄存在循环程序内，但并未配属任何数值。控制系统制造商用被称为参数的变量编制循环程序的运行。

编程零件程序时，程序员应在循环程序定义中确定，哪些语句适用于参数。在后面的程序段中调用和编制循环程序（图 2）。循环程序结束后，刀具应已重回与启动时相同的位置。

由于机床和控制系统制造商的不同，可供使用的循环程序也多有不同，例如用于钻孔、深钻孔、攻丝、铰孔、铣矩形槽和圆槽、铣长孔、车削和车螺纹等各种切削任务。

■ 子程序

零件程序员为经常出现的轮廓元素或加工顺序编制子程序，并存储在控制系统子程序存储器内。例如，如果一个工件切槽的尺寸相同，则切槽程序作为子程序仅需编制一次（图 3）。在零件程序（主程序）中，切槽刀在点 P1 定位后调用子程序。以增量方式输入切槽坐标值。位于子程序结尾的切槽刀再次回到点 P1。用 G90 转换至绝对尺寸输入后，控制系统用子程序结尾 M17 再次跳回至零件程序中跟随在子程序调用后面的程序段。通过再次调用子程序，可在点 P2 或其他各点上加工出相同的切槽。

从任意一个零件程序中均可调用子程序。在一个子程序范围内也可以调用其他子程序（图 4）。我们把这种设计称为多重调用。

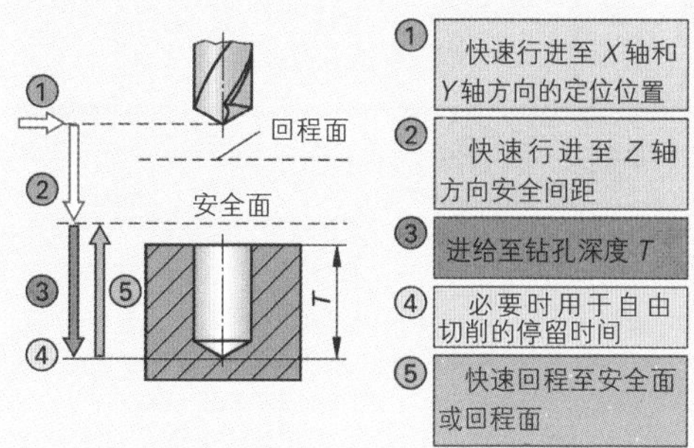

图 1：钻孔的运动流程

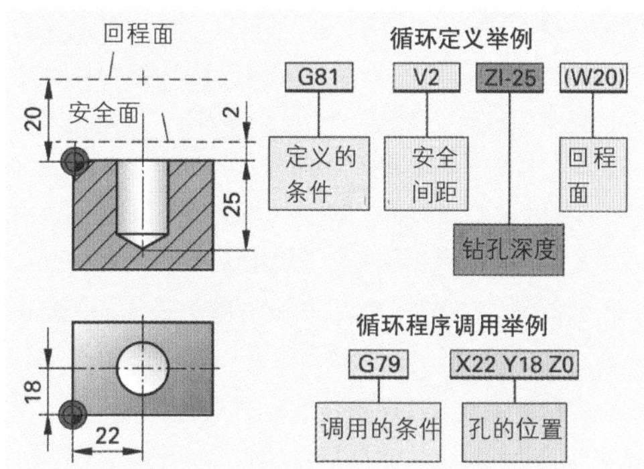

图 2：循环定义和循环程序调用

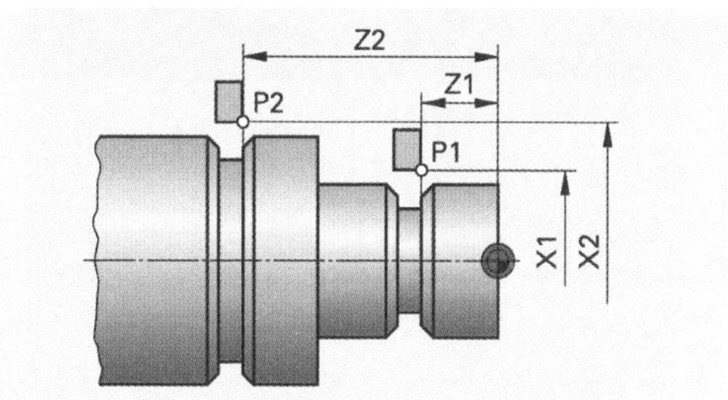

图 3：带有切槽的轴

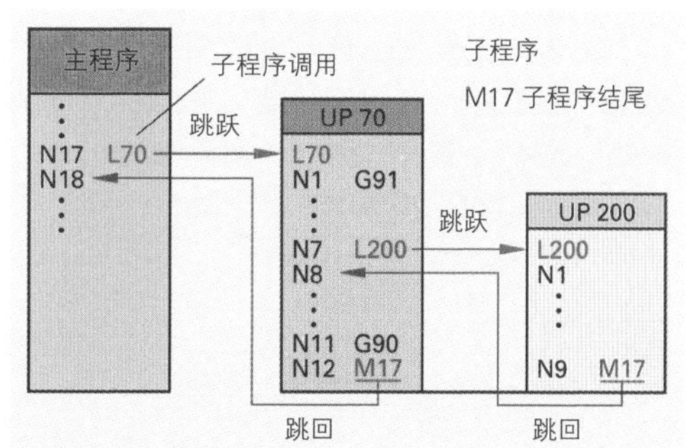

图 4：子程序的多重调用

4.1.6 计算机数控车床的编程

■ 刀具的调用和补偿

用地址字母 T 调用存放在刀具转塔站的刀具。

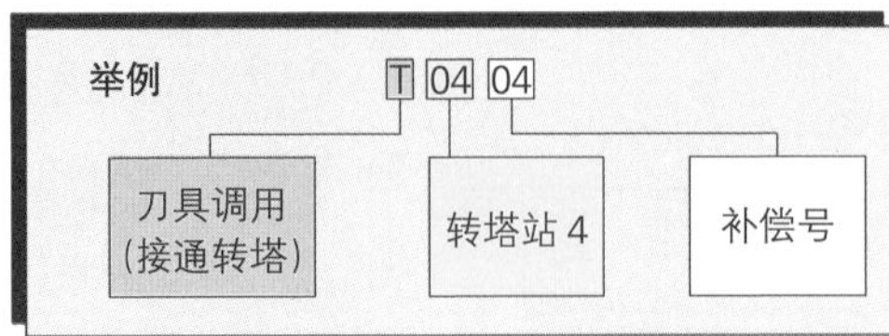

大部分计算机数控机床均配备一个方向逻辑（电路）。借此可使转塔按顺时针或逆时针方向通过较短路径转动到所调用的转塔站（图 1）。编程时必须注意，转塔在转动之前必须与工件保持足够的安全距离。有些控制系统装备了回程循环程序，以避免转动时发生刀具与工件的碰撞。编程员根据直径 d 和纵向差 ΔZ 的数据在工件周边划定一个保护区（图 2）。转塔转动之前，通过循环程序调用使转塔自动旋转到一个指定位置，在该位置上，即便转塔上最长的刀具也不会在转动时伤及保护区。为了计算转塔的合理位置，控制系统从刀具修正存储器中提取刀具尺寸。所有必要的补偿修正尺寸都按相应的补偿编号寄存在该存储器中。

车削刀具的补偿尺寸（图 3）

- X 轴方向的横向量 Q；
- Z 轴方向的刀具纵向补偿 L；
- 切削半径 r_{ε}；
- 以切削半径中点 M 为基准的刀具切削点 P 的位置。

由于在切削半径切线上测量车削刀具的 X 轴方向和 Z 轴方向，所以刀具切削点 P 就是控制系统的基准点。但只有进行与轴线平行的行驶运动时才能接触到刀具切削点 P。而在所有其他行驶运动时所接触的则是其他可能导致尺寸偏差的切削点。为了避免出现这种偏差，控制系统需要切削半径的量和刀具切削点的位置（图 4）。这些均应按图 4 所示与一个识别数字一起列出。

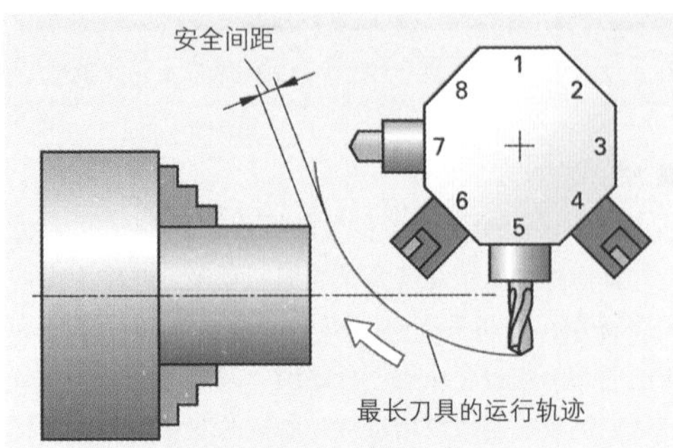

图 1：调用 T04 时刀具转塔的转动

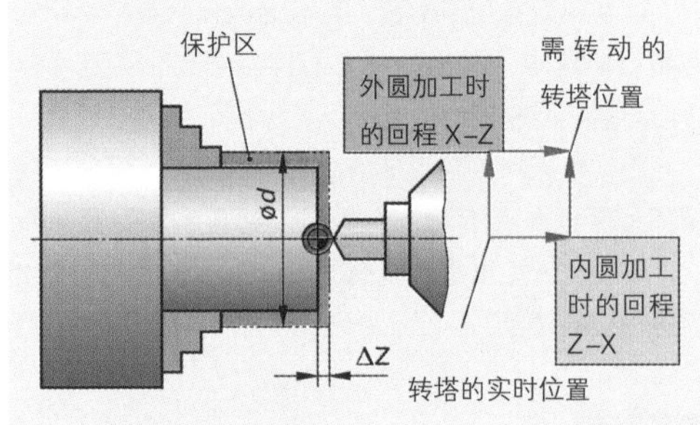

图 2：保护区和回程循环

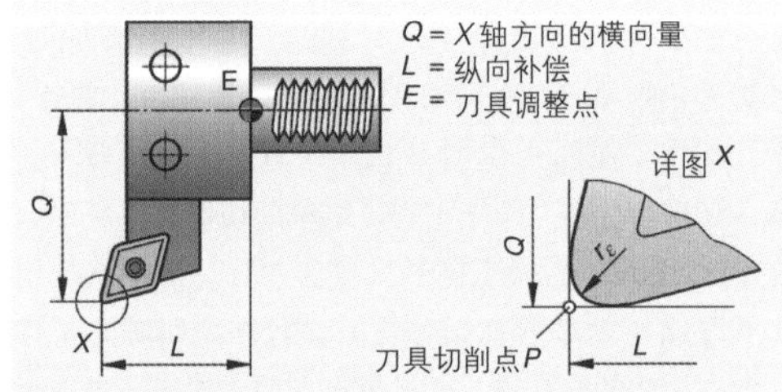

图 3：车削刀具的补偿尺寸

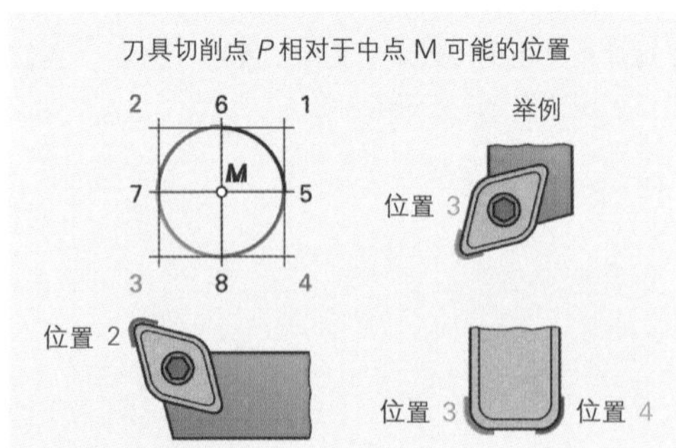

图 4：刀具切削点的位置

■ 切削半径补偿 SRK

编程时，需给出刀具应抵达的目标点 X 和 Z。在程序开始运行时，用编程规定的坐标覆盖刀具切削点 P。由控制系统计算出其中间点。当进行不与轴线平行的行驶运动时，将因切削半径而产生轮廓偏差（见图 1）。切削半径越大，轮廓偏差亦随之增大。通过路径条件 G41 或 G42 激活切削半径补偿 SRK，可以避免这种偏差。控制系统将计算出一个轮廓轨迹，用所调用刀具的切削半径引导切削半径的中点在该轮廓轨迹的等距线（与轮廓等距离的线）上移动。这样便可以避免轮廓偏差。如果刀具的进给方向位于轮廓的右边，可用 G42 激活切削半径补偿（图 2）。如果刀具的进给方向位于轮廓的左边，可用 G41 编程。用 G40 可删除切削半径补偿。

- G41 刀具位于轮廓的左边。
- G42 刀具位于轮廓的右边。

用 G41 或 G42 激活后，切削半径补偿在包含一个行驶运动的程序段结尾有效。这里，刀具设置的准则是，刀具应能正确执行所跟踪的轮廓。因此，在设置有效切削半径补偿时必须注意，设置点的 X 和 Z 轴编程规定数值必须足够大，以便保持足够的安全间距 l_a（图 3）。

设置有效切削半径补偿时，编程规定的设置位置与将抵达的工件边缘之间的间距必须达到切削半径 r_ε 和安全间距 l_a。

本小节内容的复习和深化：

1. 为了能够执行切削半径补偿 SRK，哪些量必须输入刀具补偿存储器？
2. 用有效切削半径补偿设置刀具（图 4）。请您确定待编程的纵向车削坐标值 Z 和端面车削坐标值 X。

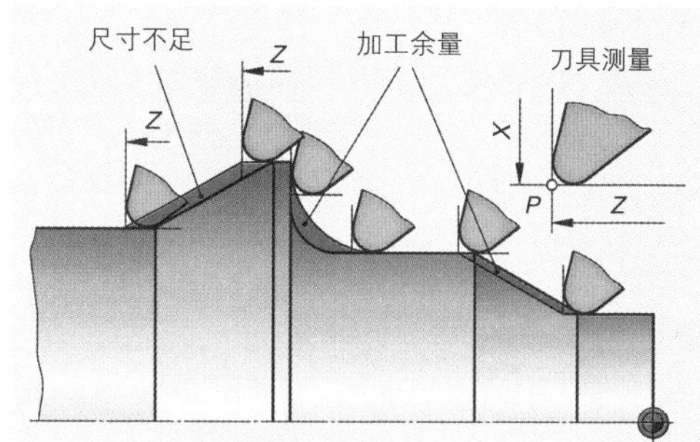

图 1：无切削半径补偿时的轮廓偏差

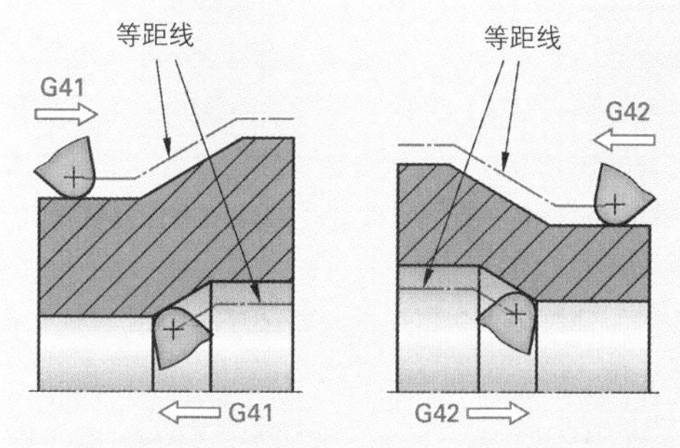

图 2：与进给方向相关的切削半径补偿 SRK

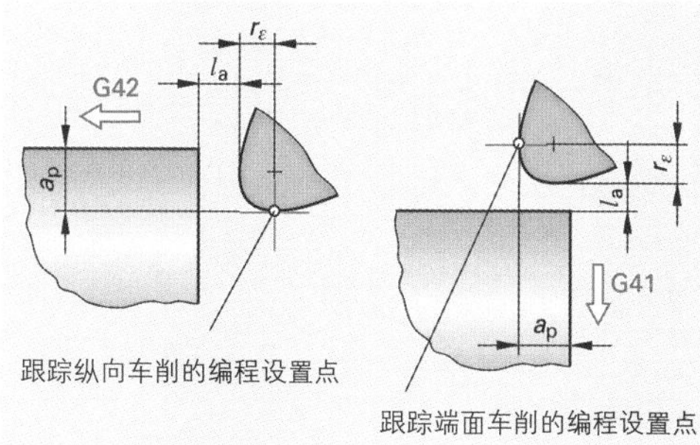

图 3：带有效切削半径补偿的设置点

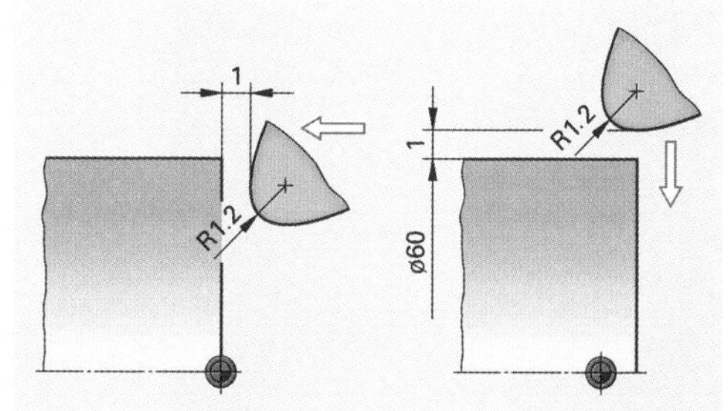

图 4：带有效切削半径补偿的纵向车削和端面车削

■ 加工循环程序

加工顺序流程总是相同的加工循环程序简化了编程。不同控制系统对加工循环程序的编制也各有不同。在下文循环程序举例中采用的是西门子控制系统 840D 和 PAL 控制系统的格式。

■ 切削循环程序

对工件进行粗车和精车，可使用切削循环程序。根据工件的不同进行径向或轴向进刀（图 1）。工件的精车轮廓寄存在一个子程序中，或寄存在零件程序中。

西门子控制系统 840D：在该控制系统中，按照循环程序调用 CYCLE95 在括号中给出的数据执行循环程序。其执行顺序必须严格遵守（表 1）。调用必要的刀具及其所属切削速度数据之后，编制粗车切削循环程序。粗车完成后，刀具驶向刀具更换点，更换精车刀具。此时，接通转塔，并输入新的切削速度。通过调用含精车数值的循环程序精车加工最终轮廓。GXZ73 是一个控制专用语句。

表 1：切削循环程序的参数

T7 D7		粗车
G96 S200		M4
CYCLE95		(,,L10'',4.0,1.5,0,0.4,0.1,1…)
GXZ73		回程至刀具更换点
T8 D8		粗车
G96 S240		M4
CYCLE95		(,,L10'',4.0,0,0,0,0.1,0.1,1,5…)
GXZ73		

在加工机床上输入程序时，在一个输入区内输入加工数据（图 2）。

PAL 控制系统：编程员在这里可用参数定义确定应如何执行循环程序 G81 或 G82。各个具体参数可从图表手册查取。图 3 所示是按 PAL 编制的粗车循环程序的编程举例。

■ 车螺纹循环程序

车螺纹时，以相同的主轴转速执行每一个切削步骤。刀具转塔的加速和制动需要一个进入和退出距离（图 4）。

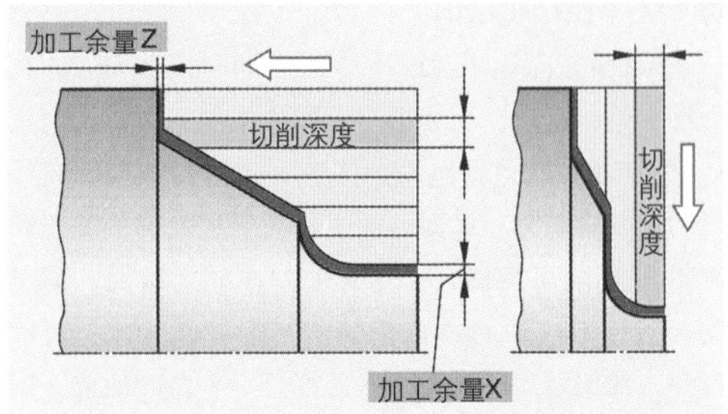

图 1：纵向车削循环程序和端面车削循环程序（切削循环程序）

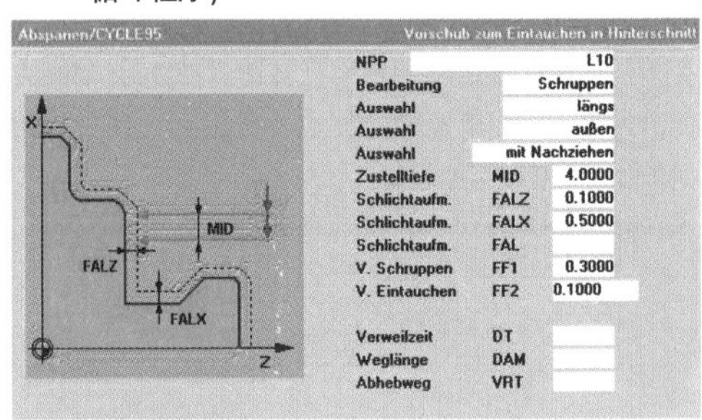

图 2：切削循环程序输入区

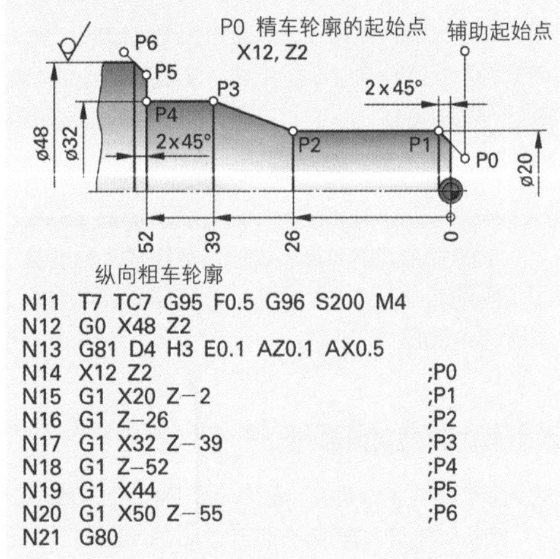

图 3：切削循环程序举例

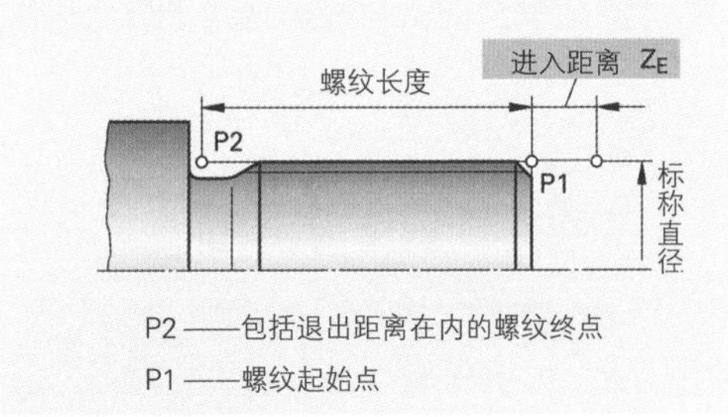

图 4：车螺纹循环程序

进入和退出距离的量取决于刀具转塔的加速质量(用机床特性值 K 表示) 及其进给速度。

举例：用 $V_c = 150$ m/min 车螺纹 M24×1.5。请问 n 是多大，进入距离 Z_E 是多少（机床特性值 K=600/min）？

解题：$n = \frac{V_c}{d \cdot \pi} = \frac{150000\ \text{mm/min}}{24\ \text{mm} \cdot \pi} = 1990\ \text{r/min}$

$$Z_E = \frac{P \cdot n}{K} = \frac{1.5\ \text{mm} \cdot 1990\text{r/min}}{600\text{r/min}} = 5\ \text{mm}$$

对退出距离可输入数值 0。然后由控制系统自动确定刀具转塔应制动的位置。如果需要的进入和退出距离小，则必须降低转速和进给速度。

采用西门子控制系统 Sinumerik 时，调用循环程序 CYCLE97 后，切削螺纹的待编程数值均在括号内列出。与切削循环程序相同，这里的顺序也是预先强制规定的。在加工机床上编程时，在一个输入区内输入数值（图 1）。采用 PAL 控制系统时，需输入循环程序 G31 规定的地址。

通过向螺纹面进刀可获得更好的切削进程，并保护刀具切削刃（图 2）。程序节选（图 3）所示为轴螺纹切削循环程序的编程。

本小节内容的复习和深化：

1. 为什么在车螺纹时需要进入和退出距离？
2. 该距离的长度取决于哪些量？
3. 通过哪些措施可以缩短车螺纹时的进入和退出距离？
4. 请您编制一段图 3 所示轴粗车和精车的零件程序片段以及所属的精车轮廓子程序。
5. 现以 V_c = 150 mr/min 车削螺纹轴（图 3）的螺纹。机床特性值 K 达到 600 r/min。请您确定车螺纹循环程序的参数。

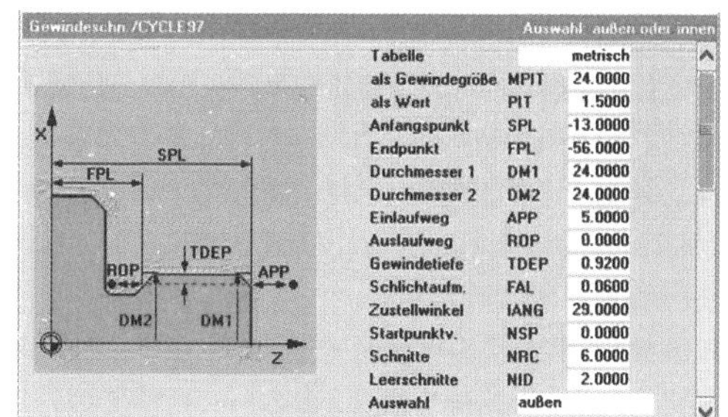

图 1：螺纹车削循环程序的输入区

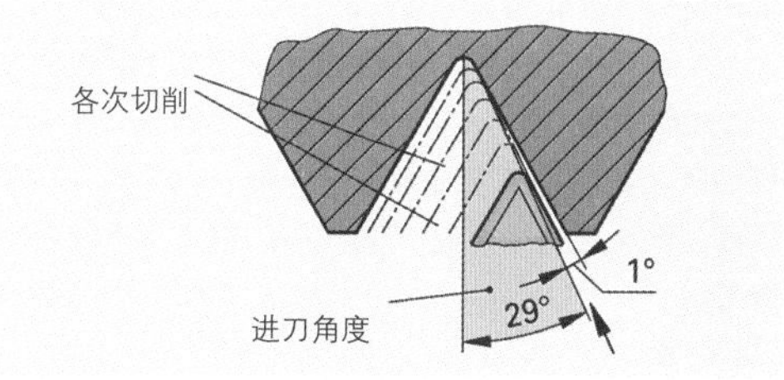

图 2：螺纹车削的螺纹面进刀

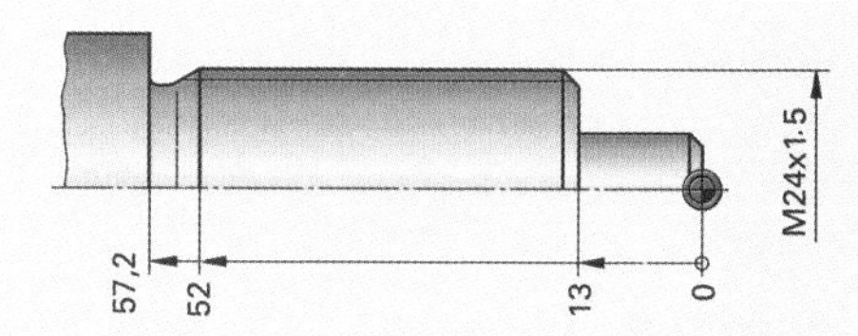

西门子控制系统 Sinumerik:
G0 X25 Z5
CYCLE97 (1.5, , -13,-56,24,24,5,0,0.92,0.06,29,0,6,2,1,1)

PAL 控制系统
G31 X24 Z-56 F1.5 D0.92 ZS-13 XS24 Q6 O2 H14

图 3：轴的螺纹循环程序

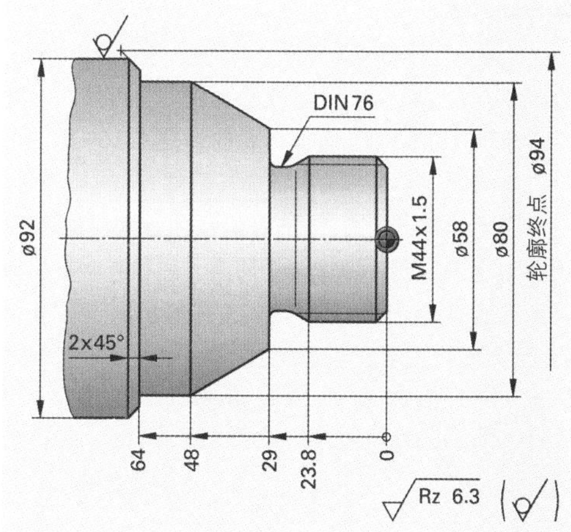

图 4：轴

■ 轮廓特性

使用轮廓特性可显著简化编程。在大部分控制系统中，程序段的结尾处可以增补行驶运动程序语句，在这样的语句中允许插入半径、倒角或退刀槽等内容（见图 1）。为了计算过渡点，控制系统还需要一个带有行驶运动的跟踪程序段。

极坐标同样可简化编程（见图 2）。用一个从正 *Z* 轴出发的角度数据和 *X* 轴或 *Z* 轴方向的目标点可以省略角度数据中的轮廓点计算。在这样的程序段中也可增补半径或倒角。

控制系统用一个双角度数据和目标点程序计算两条线的切削点（图 3）。在过渡点处可插入一个半径或倒角。如果后面紧跟着另一个带有行驶运动的程序段，那么在这个过渡点同样可以插入一个半径或倒角。

举例： 轴（图 4）。

通过使用轮廓特性可编制出下列精车轮廓的简单程序：

```
N5   G1ANG=90                        ;P1
N10  X32 Z–4 ANG=150                 ;P2
N15  Z–18
N20  ANG=210 RND=018
N25  X26 Z–32 ANG=180 RND=0.8        ;P3
N30  X48 CHR=1
N35  Z–50 RND=5                      ;P4
N40  ANG=90 RND=4
N45  X96 Z–68 ANG=140                ;P5
```

■ 车削切槽

如果车削的切槽带有倾斜和圆弧，可使用切槽刀的两个刀尖（图 5）。为避免轮廓偏差，可使用切削半径补偿（SRK）。在宽度为 *b* 的切槽刀 T09 的两个刀尖处测量，可得到一个切削点位置 A3 的补偿号，它不同于切削点位置 A4 的补偿号。设置切槽刀 T9 D9 后，首先在槽中部做一个切槽。回程并调整切槽刀至起始点 S1 后，用 T9 D9 和有效切削半径补偿 G41 车削左边轮廓。刀具更换为 T9 D10（同一个转塔位置，但不同的补偿号）后，从起始点 S2 出发，用有效切削半径补偿 G42 车削右边轮廓。

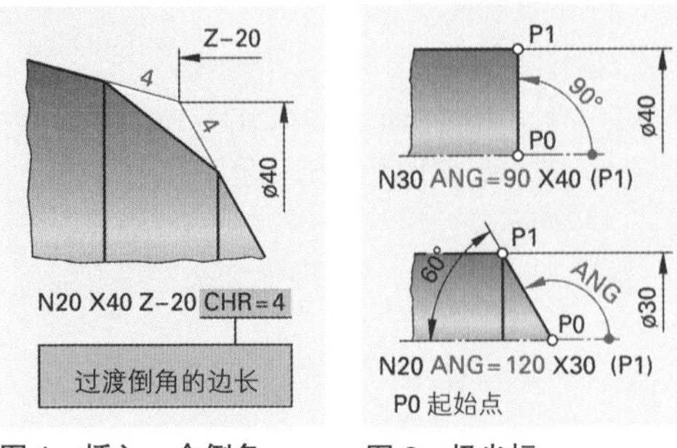

图 1：插入一个倒角　　图 2：极坐标

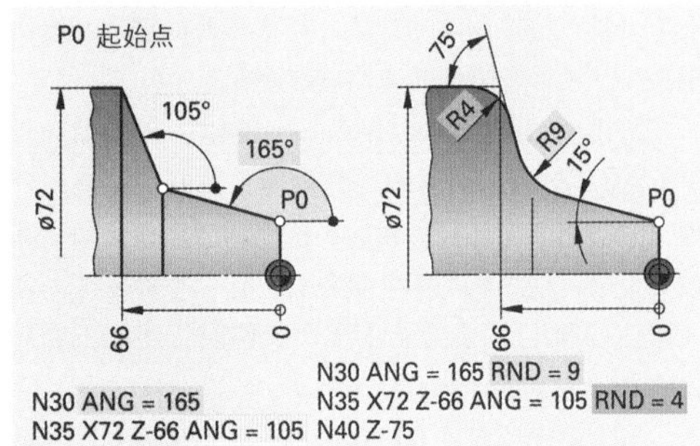

图 3：双角度数据和插入半径

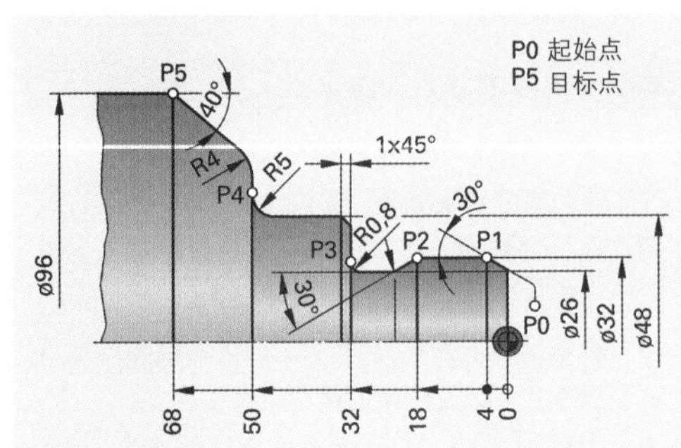

图 4：轴

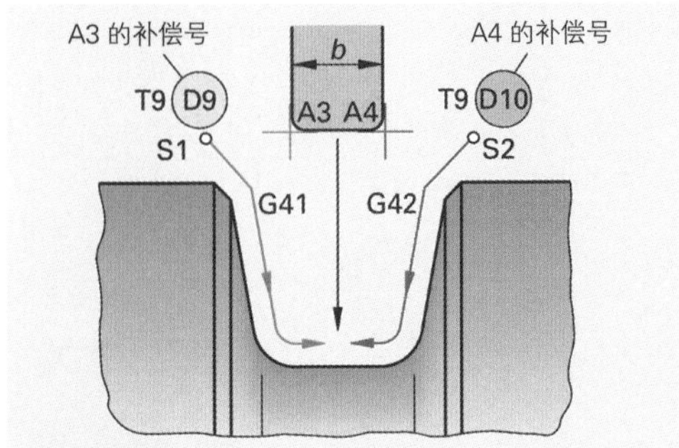

图 5：车削切槽

■ 车削件程序举例

编制螺丝堵头（图 1）的计算机数控（CNC）程序之前必须首先选定刀具（表 1），然后编制带有切削数据的安装调整单（表 2）。本编程举例中例外地采用了按 DIN 标准的控制系统专用语句。并介绍了西门子控制系统 Sinumerik 840D（表 3）和 PAL 编程（见 296 页表 1）。

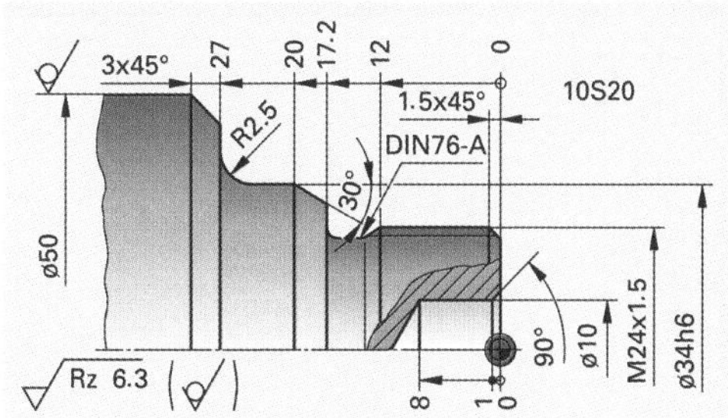

图 1：易切削钢螺丝堵头

表 1：所使用的刀具

刀具号	刀具名称	
T1	数控定心钻头 ø16 高速钢，右旋	
T6	端面车刀 r_ε0.8 HC–P20，左旋	
T7	偏刀 r_ε0.6 HC–P20，左旋，80°	
T8	偏刀 r_ε0.4 HC–P20，左旋，55°	
T11	螺纹车刀 HC–P20，右旋	过顶夹紧
T12		

表 2：（数控机床加工用的）安装调整单（已简化）

安装调整单	螺丝堵头	程序编号 1000		
零点位移：X0 Z175				
加工流程	刀具	r_ε	v_c(m/min)	f(mm)
1 车端面	T6	0.8	250	0.2
2 粗车外圆轮廓	T7	0.8	200	0.4
3 定中心	T1		31	0.13
4 钻孔 ø10	T12		37	0.27
5 精车外圆轮廓	T8	0.4	300	0.1
6 车螺纹	T11		150	1.5

表 3：螺丝堵头的计算机数控程序和子程序，控制系统：西门子 Sinumerik

程序段号	程序语句	解释
螺丝堵头		零件程序号
N5	G90 G0 G53 X280 Z380 D0	绝对尺寸数据，用快速进给抵达起始点，遏制零点位移，关断刀具补偿
N10	G59 X0 Z175	可编程的零点位移
N15	LIMS=5000	转速限制在 5000 1/min
N20	T6 D6 ;端面	刀具转塔行进至第 6 站（D6= 刀具补偿尺寸）
N25	G96 S150 M4	恒定的切削速度 150 m/min，左旋
N30	G0 X52 Z0 M8	安装车刀，冷却润滑剂开
N35	G1 X–1.6 F0.2	无车削余料的端面车削（–X=2·刀尖圆弧半径），进刀量 0.2mm
N40	G0 Z1	退出快速进给
N45	G0 X100 Z50	快速行进至指定刀具转塔位置
N50	T7 D7 ；外圆粗车	刀具转塔位置
N55	G96 S250 M4	恒定的切削速度 250 m/min，左旋
N60	CYCLE95	执行粗车切削循环程序
	("L10", 4.0,0.1,0.5,0.0,4.0,1.0,1.1…)	（必须遵守输入值的顺序，在加工机床控制系统上输入时，应在一个输入区（掩码）内进行输入操作，避免出现数值混淆）
N65	G0 X100 Z50	行进至指定刀具转塔位置
N70	T1 D1 ；定中心	刀具转塔位置
N75	G97 S822	恒定转速 822 1/min，主轴右旋
N80	G0 X0 Z1 M8	设置安全间距，冷却润滑剂开
N85	G1 Z–6 F0.13	定中心，车倒角，进刀量 0.15 mm
N90	G0 Z1	快速回程
N95	G0 X100 Z50	行进至指定刀具转塔位置

续表

N100	T12 D12；钻孔	刀具转塔位置
N105	G97 S1177 M3	恒定转速 1177 1/min，主轴右旋
N110	G0 X0 Z1 M8	设置，冷却润滑剂开
N115	G1 Z−11 F0.27	钻孔至孔深度加切入长度，进刀量 0.27mm
N12	G0 Z1	快速回程
N125	G0 X100 Z50	行进至指定刀具转塔位置
N130	T8 D8 ；精车外轮廓	刀具转塔位置
N135	G96 S300 M4	恒定的切削速度 300m/min，左旋
N140	CYCLE95（"L10"4.0,0.0,0.0,4.0,1.0,1.5，…）	执行精车循环程序
N145	G0 X100 Z50	行进至指定刀具转塔位置
N150	T11 D11；车螺纹	刀具转塔位置
N155	G95 S1989 M3	恒定转速 1989 1/min，右旋
N160	CYCLE97 （1.5，,0,−16.24,24.5,0,0.92,0.06,29.0,6.2,1.1）	螺纹数据，执行
N165	G0 X100 Z50	抵达起始点
N170	M30	程序结尾，复位
轮廓子程序 L10		
；螺丝堵头外轮廓		
N5	G0 X7 Z2	轮廓起始点
N10	G1 X24 Z−1.5	车螺纹倒角
N15	Z−12	纵向车削
N20	G1 X20.5 ANG=210 RND= 0.8	螺纹退刀槽切槽
N25	G1 Z−17.2 RND=0.8	纵向车削螺纹退刀槽
N30	G1 ANG=90	车削端面（切削点由控制系统计算）
N35	G1 X33.992 Z−20 ANG=150	车削 30° 倒角
N40	G1 Z−27 RND=2.5	带圆弧的纵向车削至下段轮廓
N45	G1 X44	车削端面
N50	G1 X52 ANG=135	车削 45° 倒角
N55	M17	子程序结束

表 1：螺丝堵头的计算机数控程序，控制系统：PAL

程序段号	程序语句	解释
N1	G54	从机床零点至工件零点的零点位移
N2	G92 S5000	转速限制为 5000 r/min
N3	G14 H0	行驶至刀具更换点
	；车削端面	加工顺序的解释
N4	G96 T6 S250 F0.2 M4	换上刀具 T6，f=0.2 mm，$V_{c\,恒定}$ =150 m/min，主轴左旋
N5	G0 X52 Z0.1 M8	快速定位，精车加工余量 0.1mm，冷却润滑剂开
N6	G1 X−1.6	车削端面至 $2\cdot r_\varepsilon$，过旋转中线
N7	G0 Z1	抬起（刀具）
N8	G14 H0 M9	行驶至刀具更换点，冷却润滑剂关
	；纵向粗车轮廓	
N9	G96 T7 S200 F0.4 M4	T7，f=0.4mm，V_c=200 m/min，主轴左旋
N10	G0 X50 Z1 M8	快速定位，冷却润滑剂开
N11	G81 D3 AX0.5 AZ0.1	纵向粗车循环程序，进刀量 3 mm，加工余量：X 0.5 mm，Z 0.1 mm
	；轮廓描述	
N12	G1 X21 Z0	精车最终轮廓的第 1 起始点
N13	G1 X24 Z−1.5	螺纹倒角
N14	G85 X24 Z−17.5 I1.15 K5.2	螺纹退刀槽循环程序，*X* 轴和 *Z* 轴的终点，退刀槽深度和宽度

续表

N15	G1 X30.759	车削端面至直径 X=（33.992 – 2•1.6166）mm = 30.759mm
N16	G1 X30.992 Z–20	倒角 30° 至 Z–20 mm 和 ø34h6 的公差平均值 =33.992 mm
N17	G1 Z–27 RN2.5	纵向车削，用 R=2.5 mm 倒圆至下一个轮廓元素
N18	G1 X44	端面车削至 X=44 mm
N19	G1 X52 Z–31	倒角 3x45° （最后一个轮廓点超过外径 1 mm）
N20	G80	轮廓描述结束
N21	G14 M9	行驶至刀具更换点，冷却润滑剂关
	；定中心和倒角	
N22	G97 T1 S822 F0.13 M3	T1，*f*=0.13 mm，*n*=822 r/min，主轴右旋
N23	G0 X0 Z1 M8	定位，冷却润滑剂开
N24	G84 ZA–6 U0.1 O1	钻孔循环程序，Z= –（0.5•10+1）mm=–6mm，停留时间 0.1 秒
N25	G14 H2 M9	行驶至刀具更换点，冷却润滑剂关
	；钻孔	
N26	G97 T12 S1177 F0.27 M3	T12，*f*=0.27 mm，*n*=1177 r/min，主轴右旋
N27	G0 X0 Z1 M8	定位，冷却润滑剂开
N28	G84 ZA–11 U1	钻孔循环程序，Z= –（8 + 0.3•10）mm=–11 mm，停留时间 1 秒
N29	G14 H2 M9	行驶至刀具更换点，冷却润滑剂关
	；精车轮廓	
N30	G96 T8 S300 F0.1 M4	T8，*f*=0.1 mm，V_c=300 m/min，主轴左旋
N31	G0 X10 Z1 M8	定位，冷却润滑剂开
N32	G42	进给方向的轮廓右侧进行刀刃半径修正
N33	G1 Z0	第 1 轮廓点（刀具切削刃在工件之外）
N34	G23 N12 N19	重复程序段 12 至程序段 19 的程序部分
N35	G40	取消刀刃半径补偿
N36	G14 H0 M9	行驶至刀具更换点，冷却润滑剂关
	；车削外螺纹 M24 x 1.5	
N37	G97 T11 S1989 M3	T11，*n*=1790 r/min，主轴右旋（刀具过顶）
N38	G0 X24 Z4.5 M8	定位，Z 轴方向的间距至少应达到 3•P，冷却润滑剂开
N39	G31 XA24 ZA–16.7 F1.5 D0.92 Q9 O2 H14	车削螺纹循环程序，终点 XA=24mm/ZA =–16.7mm，*P*=1.5mm，*t*=0.92mm，9 次切削，2 次空刀，两边交替进刀
N40	G14 H0 M9	行驶至刀具更换点，冷却润滑剂关
N41	M30	主程序结束，复位至程序开始

本小节内容的复习和深化：

1. 请您用极坐标为精车最终轮廓（图 1）编制程序。
2. 请您用极坐标为台阶（图 2）和过渡半径编制程序。
3. 请您编制一个车削螺纹轴轮廓（图 3）的子程序。

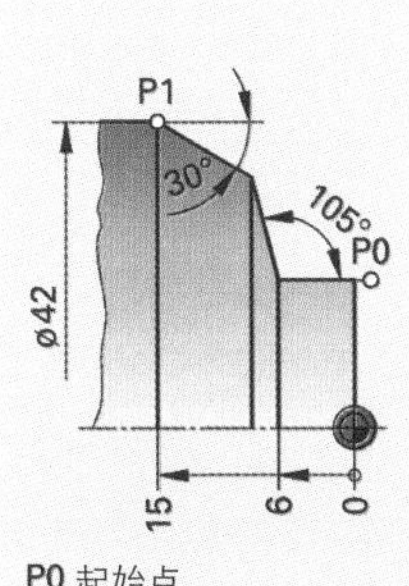

图 1：极坐标

图 2：带过渡半径的台阶

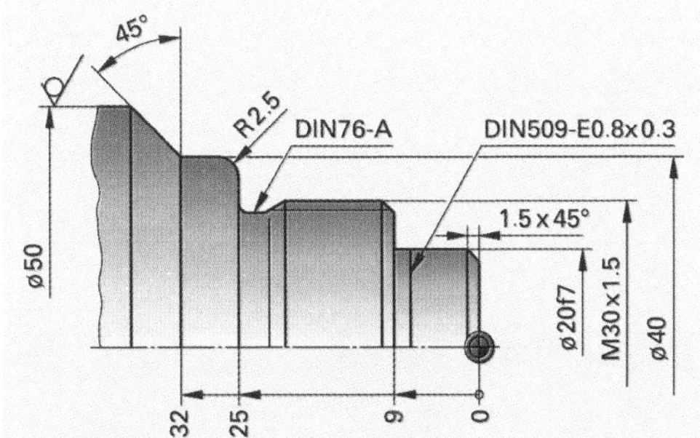

图 3：易切削钢螺纹轴

4.1.7 计算机数控铣床的编程

■ 刀具的更换和修正

铣床换刀可用两种方式：手工更换或使用换刀机械手和机床刀库更换。为使刀具切削刃达到 Z 轴方向的编程目标点，控制系统必须进行刀具长度修正（图 1）。为此所需的各刀具长度尺寸都必须寄存在刀具修正存储器内，一旦某刀具被调用，可立即进行相关计算。为使铣刀中心点对轮廓的偏置距离等于刀具半径，必须同时输入刀具半径。该半径也用于程序模拟。M 功能可启动自动换刀。

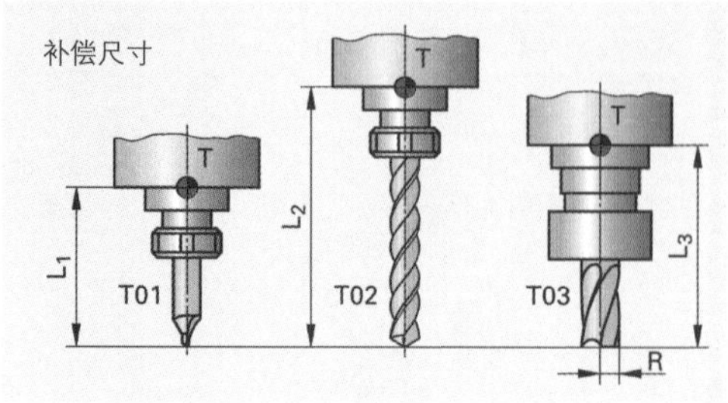

图 1：刀具长度修正和半径修正

■ 求取立式铣床的工件零点

控制系统必须知道以机床零点为基准的、装夹完毕后的工件准确位置。用三维测量触头或边棱测量触头可完成基准面的测量。边棱测量触头还可以检测 *X* 和 *Y* 轴方向的基准面（图 2）。工件在手工操作下缓慢地驶向装夹在刀具卡盘内的测量触头。触头在以极慢速度旋转的同时，下部液压缸偏心位移。边棱测量触头上下部分的两个轴线即将重合之前，下部液压缸的运动也几乎达到同心位置。继续接近时，下部液压缸开始向外侧移动。在该位置上，在考虑液压缸半径的前提下，可以识读出基准边与机床零点的间距，并将该间距输入控制系统零点位移存储器。

用塞规可确定 Z 轴方向的工件零点位置（图 3）。启动机床工作台向上运动，直至塞规在主轴凸起部下缘安放妥帖为止。在考虑到塞规高度的前提下，现在所显示的位置同样必须输入控制系统零点位移存储器。

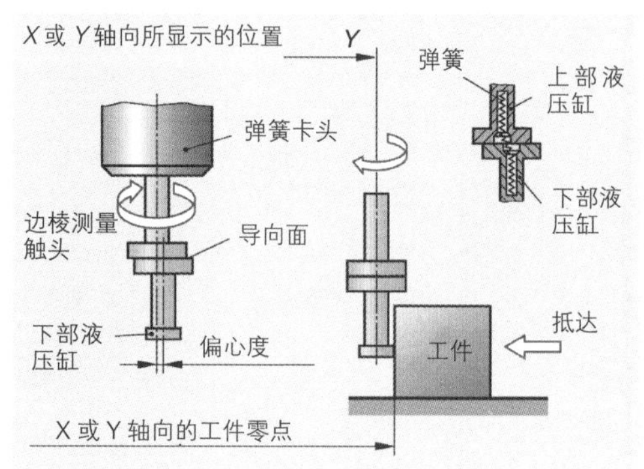

图 2：边棱测量触头抵达基准面

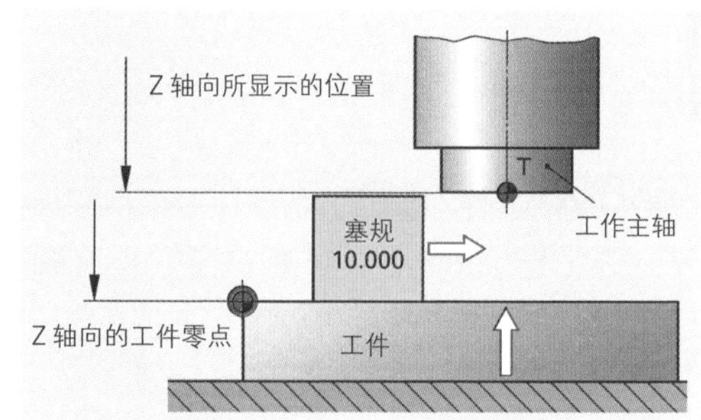

图 3：确定 Z 轴向的工件零点

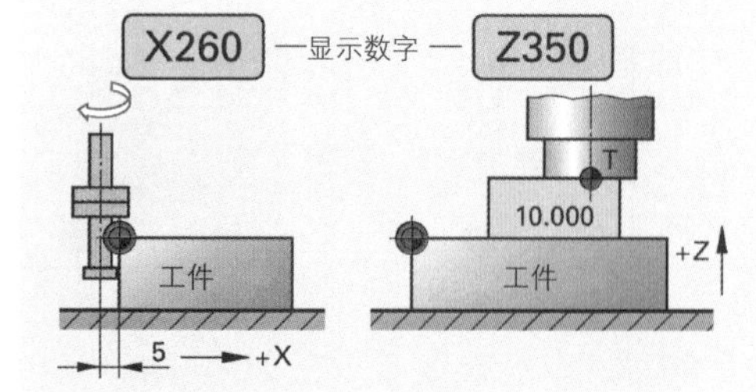

图 4：X 和 Z 轴向的工件零点

本小节内容的复习和深化：

请您确定所显示位置（见图 4）的零点位移坐标值。

■ 刀具轨迹补偿

编程时需给出刀具应抵达的目标点。刀具的行驶运动相当于刀具中心点的运行轨迹。铣轮廓时，刀具的运行轨迹必须与工件轮廓左边或右边的进给方向错开（图1）。刀具轨迹补偿可对工件的轮廓进行编程，编程过程中，控制系统需计算铣刀中心点的运行轨迹。如果铣刀进给方向位于工件轮廓左边，需用G41激活轨迹补偿。如果铣刀进给方向位于工件轮廓右边，可编程G42。用G40可删除轨迹补偿。

> G41 刀具位于轮廓左边。
> G42 刀具位于轮廓右边。
> G40 删除刀具轨迹补偿。

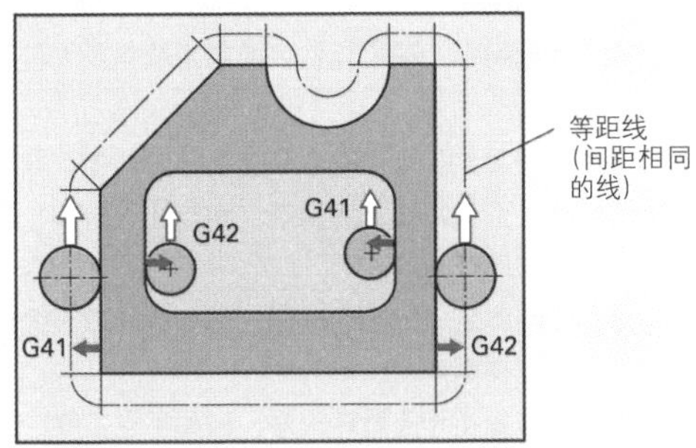

图1：刀具轨迹补偿

激活G41或G42后，第一个行驶运动可按下述准则执行，即铣刀中心点位于编程规定的目标点跟踪轮廓的垂直线上（图2）。铣刀中心点的间距相当于刀具半径，控制系统可从刀具存储器中提取实时刀具的刀具半径。为了避免因尚未结束的补偿运动造成轮廓损坏，应将工件范围之外的辅助点P1作为第一个轮廓点编入程序。

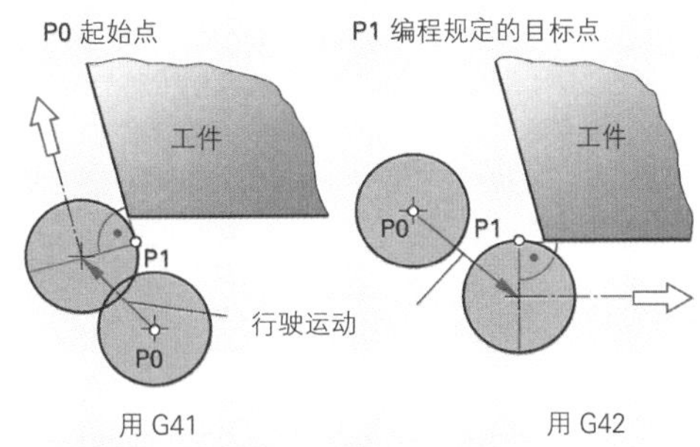

图2：激活刀具轨迹补偿后的行驶运动

■ 精铣加工余量的编程

为在粗加工时生成精铣加工余量，刀具修正更改时，仍不允许更改轮廓点。粗铣时，代替实际铣刀长度输入刀具修正存储器的是一个大于Z轴方向加工余量的数值（图3）。半径补偿值同样需要加大，增加部分就是加工余量。这样，进行有效刀具轨迹补偿时，铣刀中心点轨迹与轮廓的错位偏差量就是铣刀半径和加工余量。精加工时，只需将修正数值更换为实际的刀具尺寸即可，并不实际更换刀具本身。

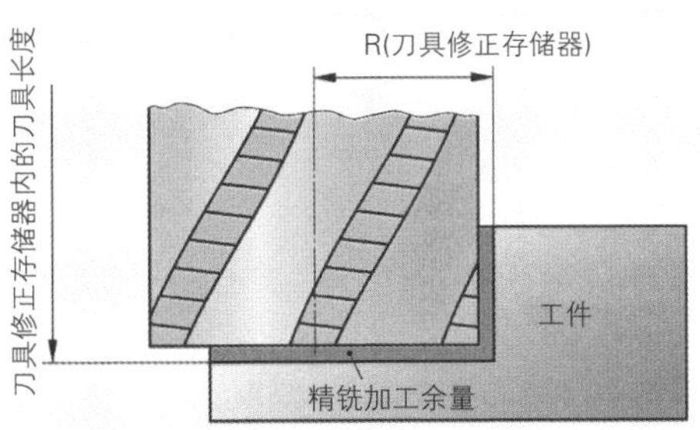

图3：通过刀具修正的加工余量

■ 沿切线抵达轮廓

精铣时，应沿切线抵达工件的精铣轮廓，以避免出现不必要的轮廓标记（图4）。铣孔时，铣刀同样应沿轮廓切线离开工件。

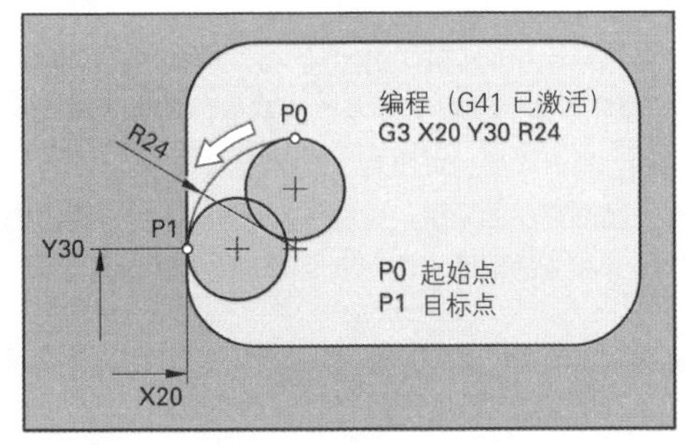

图4：沿切线抵近一个四分圆的内轮廓

■ 加工循环程序

为了简化编程，现代化铣床控制系统提供大量循环程序，如：

- ●用于频繁重复且含有多个加工步骤的加工循环程序，例如钻孔、切削螺纹和铰孔、铣槽、铣方槽和圆槽。
- ●用于样本定义的循环程序，例如在圆或直线上不同的样本点。
- ●用于坐标换算的循环程序，例如零点位移、镜像、旋转。
- ●特种循环程序，例如换行循环程序或轮廓精加工循环程序。

循环程序可在任意一点调用：用 G87 在某个极坐标上，用 G79 在笛卡尔坐标系某个定义位置上，以及在多个点上：用 G76 在直线上，用 G77 在分度圆上。如果循环程序已经运行完毕，刀具应重新回到与循环程序开始时相同的位置。

这里介绍的循环程序是按照 DIN/PAL 标准编制并源自下列加工实例，其流程在大多数控制系统中是相同的，但编程方式则因控制系统的不同而各有不同。

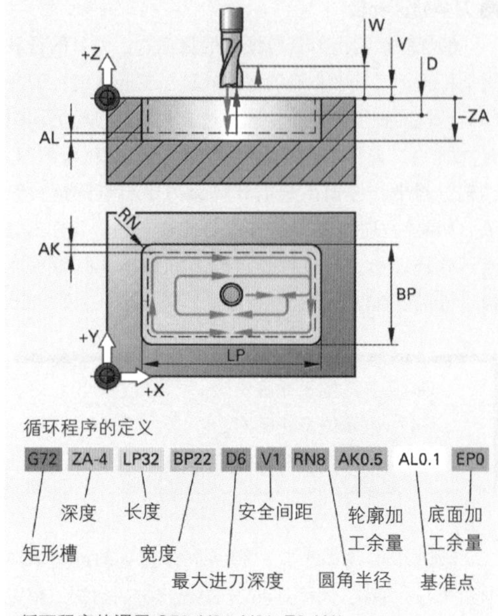

图 1：矩形槽铣削循环程序和在某点上调用循环程序

铣矩形槽循环程序（图 1）

循环程序的定义：用 LP、BP 和 ZA 设定矩形槽的尺寸，用 D 设定最大进刀深度。V 是安全间距，RN 是矩形槽圆角半径。用 AK 和 AL 可预设精铣加工余量。从矩形槽中心点（EP0）开始插入运动，也可以用矩形槽的拐角点作为起始点。然后，可以设定：插入的类型和切削数据，加工类型（粗铣、精铣）和加工方向（顺铣、逆铣），铣刀切削宽度，其单位是直径的%（覆盖），用 W 设定回程面。

循环程序的调用：用 G79 可在笛卡尔坐标系某定义点上执行实时循环程序。同样也可以实现形状元素的旋转。

钻孔循环程序（图 2）

循环程序的定义：用指令 G81 定义钻孔的执行。ZA 是孔深度，其以工件零点为基准。用 M 编程安全间距。如有必要，可用 W 设定回程面。

循环程序的调用：用 G77 在一个节度圆上执行加工，用相应的地址字母在节度圆上定义其钻孔点。

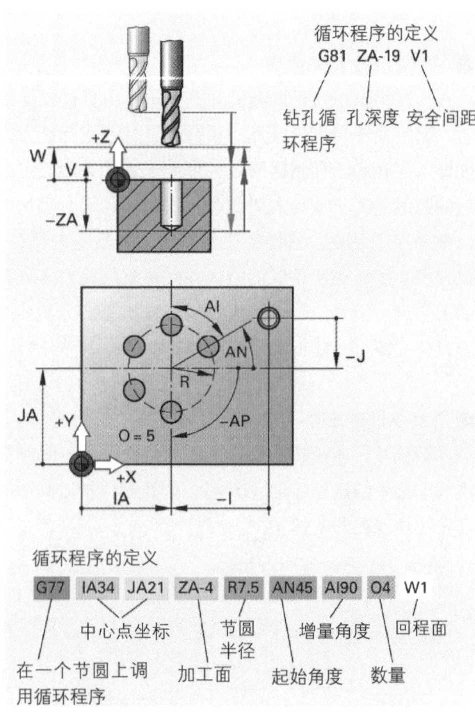

图 2：钻孔循环程序和在节度圆的多点上调用循环程序

■ 铣削程序举例

在一台配备刀库和换刀装置的计算机数控铣床上加工底板（图 1）。安装调整单包含底板的加工顺序和切削数据（表 1）。加工所用刀具列在表 2。

表 3 介绍按照 PAL 控制系统的编程方法。在另一个程序举例中介绍在配备 Heidenhain 控制系统的铣床上的加工（见 302 表 1）。

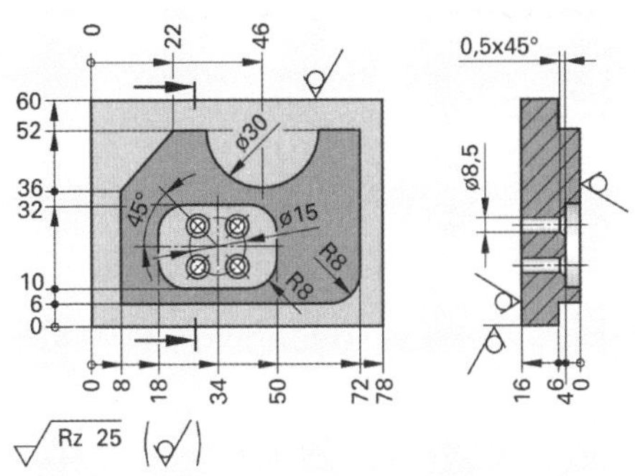

图 1：C15E 的底板

表 1：安装调整单（已简化）

加工顺序 \ 刀具数据和切削数据		ø (mm)	v_c (m/min)	f_z (mm)
		Z	n 单位:1/min	vf 单位:mm/min
1 铣轮廓	T4	25	120	0.1
		3	1528	458
2 铣矩形槽		25	150	0.06
		3	1910	344
3 定心钻和倒角	T6	12	50	0.1
		2	1326	265
4 钻孔		12	60	0.06
		2	1592	191
5 定心钻	T1	10	20	f =0.14
			670	
6 钻孔	T2	8.5	17	f =0.12
			637	

表 2：所使用的刀具

刀具编号	刀具名称
T1	数控定心钻头 ø16 高速钢，右旋
T4	立铣刀 ø25 HC–P20
T6	槽铣刀 ø12 高速钢
T12	麻花钻头 ø8.5 高速钢，右旋

表 3：底板的计算机数控程序，控制系统：PAL

程序段号	程序语句	解释
	；粗铣轮廓	解释加工顺序
N1	G54	从机床零点到工件零点的零点位移
N2	T4 F458 S1528 M13 TR0.5 TL0.1	换上刀具 T4，进给速度单位 mm/min，主轴转速单位 r/min,主轴右旋，冷却润滑剂开，精铣加工余量 0.5 mm（半径）和 0.1 mm（长度）的刀具精细补偿
N3	G0	快速行进
N4	G41 G45 D20 X8 Y6 Z–6 W1	左侧铣刀半径补偿，快速行进中在 XY 面和 Z 轴方向上预定位，以进给速度线性正切切入轮廓，D20= 直至第 1 轮廓点 X8/Y6 的行进路径长度，W1= 进刀面高于毛坯 1mm
N5	G1 Y36	直线铣削至 Y36
N6	G1 X22 Y52	直线铣削至 X22/Y52
N7	G1 X31	直线铣削至 X31
N8	G3 X61 Y52 I15 J0	左旋铣圆弧至 X61 Y52，中心点坐标增补至圆的起始点
N9	G1 X72	直线铣削至 X72
N10	G1 Y6 RN8	直线铣削至 X14，用 R8 倒圆
N11	G1X8	直线铣削至 X8
N12	G46 G40 D22 Z1	正切直线离开轮廓，选择铣刀半径补偿，D22= 以进给速度行进至 Z1 的行进路径长度

续表

程序段号	程序语句	解释
	；精铣轮廓	
N13	T4 F344 S1910	调用刀具 T4，无刀具精细补偿，进给速度单位 mm/min，主轴转速单位 r/min
N14	G23 N3 N12	重复从程序段 N3 至 N12 的程序部分
	；粗铣矩形槽	
N15	T6 F265 S1326 M13	换上 T6，进给速度单位 mm/min，主轴转速单位 r/min，主轴右旋，冷却润滑剂开
N16 V1	G72 ZA-4 LP32 BP22 D6 RN8 AK0.5 AL0.1 EP0	定义矩形槽循环程序：深度 4 mm，长度 32 mm，宽度 22mm，最大进刀深度 6 mm（0.5•d），安全间距 1 mm，圆角半径 8mm；轮廓加工余量 0.5 mm，底面加工余量 0.1 mm，基准点是槽中心点
N17	G79 X34 Y21 Z0 W1	在槽中心基准点 X34/Y21 调用实时矩形槽循环程序，将 Z0 作为加工面的坐标表面，W1= 在 Z=1 mm 时（绝对尺寸）的回程面
	；精铣轮廓	
N18	F191 S1592	精铣进给速度和主轴转速
N19 V1	G72 ZA-4 LP32 BP22 D6 RN8 EP0	定义矩形槽循环程序：深度 4 mm，长度 32 mm，宽度 22 mm，最大进刀深度 6 mm（0.5•d），安全间距 1 mm，圆角半径 8mm；基准点是槽中心点
N20	G79 X34 Y21 Z0 W1	调用矩形槽循环程序，编程与程序段 N17 相同
	；定中心	
N21	T1 F94 S670 M13	换上 T1，进给速度单位 mm/min，主轴转速单位 r/min（ø9.5mm），主轴右旋，冷却润滑剂开
N22	G81 ZI-4.75 V1	定义钻孔循环程序 G81，用于定中心和打沉孔，孔深（增量）4.75 mm（0.5•d），安全间距 1 mm
N23	G77 IA34 JA21 ZA-4 R7.5 AN45 AI90 O4 W1	在节度圆上用 X34 和 Y21 绝对中心点 I 和 J 的坐标调用实时钻孔循环程序，加工面 Z-4，绝对值，节园半径 R7.5，第一个钻孔位置起始角度 45° ，增量角度 90°。绝对值，4 孔位置，W1= 在 Z=1 mm 时（绝对尺寸）的回程面
	；钻孔	
N24	T12 F76 S637 M13	换上 T12，进给速度单位 mm/min，主轴转速单位 r/min，主轴右旋，冷却润滑剂开
N25	G81 ZA-19 V1	定义钻孔循环程序，钻孔深度是绝对尺寸
N26 AN45	G77 IA34 JA21 ZA-4 R7.5 AI90 O4 W1	调用钻孔循环程序，编程与程序段 N23 相同
N27	T0 M9	实时使用刀具放入刀库，冷却润滑剂关
N28	M30	程序结束，复位至程序开始

表 1：底板的计算机数控程序，控制系统：Heidenhain iTNC

程序段号	程序语句	解释
0	BEGIN PGM 底板 MM	程序开始；名称，尺寸单位
1	BLK FORM 0.1 Z X+0 Y+0 Z-16	毛坯件定义：主轴轴线，毛坯件长方体最小和最大点的坐标（图形模拟时需要）
2	BLK FORM 0.2 X+78 Y+60 Z+0	
3	；粗铣轮廓	解释加工顺序
4	TOOL CALL 4 Z S1528 F458 DL+0.1 DR+0.5	在 Z 轴换上刀具 4（tool call= 调用刀具），主轴转速单位 r/min，进给速度单位 mm/min，刀具长度和半径的 δ 值作为精铣加工余量
5	L X-15 Y-15 R0 FMAX	FMAX 快速行进中在一段直线上（L= 直线）预定位刀具的 XY 轴线位置，没有半径补偿（R0）
6	L Z+2 R0 FMAX M13	快速行进中在 Z 轴线上预定位（FMAX），主轴开，冷却润滑剂开
7	L Z-6 R0 F AUTO	用为刀具定义的进给速度（F AUTO）进刀至铣削深度

续表 1

程序段号	程序语句	解释
8	CALL LBL 1	调用子程序 1（轮廓）
9	；精铣轮廓	
10	TOOL CALL 5 Z S1910 F344	在 Z 轴线上重新调用刀具 5（或换上另一把铣刀，例如专用精铣刀），主轴转速单位 r/min，进给速度单位 mm/min
11	L X–15 Y–15 R0 FMAX	快速行进中在 XY 轴线上预定位，没有半径补偿
12	LZ+2 R0 FMAX M13	快速行进中在 Z 轴线上预定位，主轴开，冷却润滑剂开
13	L Z–6 R0 F AUTO	以进给速度进刀至铣削深度
14	CALL LBL 1	调用子程序 1（轮廓）
15	；粗铣和精铣矩形槽	
16	TOOL CALL 6Z S1326	
17	CYCL DEF 251 RECHTECK–TASCHE	在 Z 轴线换上刀具 6，主轴转速单位 r/min，矩形槽循环程序定义（粗铣和精铣）[循环程序定义的参数受图形支持，在一个输入区（掩码）内输入。]
18	L X+34 Y+21 R0 FMAX M13 M99	快速行进中在槽中心的 XY 轴线上定位，没有半径补偿，主轴开，冷却润滑剂开，调用前次定义的循环程序
19	；定中心和钻孔	
20	PATTERN DEF CIRCI (X+34 Y+21 D15 STATR+45 NUM4 Z+0)	定义样本圆（pattern= 样本；circle= 圆） 第一个加工位置：X 和 Y 轴线的孔圆中心，孔圆直径，偏振角，节度圆上加工位置的数量，加工应从 Z 轴坐标开始。加工样本一直有效（形态有效）至定义新样本为止。
21	；定中心	
22	TOOL CALL 1 Z S670	在 Z 轴线换上刀具 1，主轴转速单位 r/min
23	CYCL DEF 200 BOHERN	循环程序定义定中心
24	L Z+2 R0 FMAX M13	快速行进中在 Z 轴线上预定位，主轴开，冷却润滑剂开
25	CYCL CALL PAT FMAX	调用前次定义的样本圆 在各加工位置之间快速行进
26	；钻孔	
27	TOOL CALL 12 Z S637	在 Z 轴线换上刀具 12，主轴转速单位 r/min
28	CYCL DEF 200 BOHERN	循环程序定义钻孔
29	L Z+2 R0 FMAX M13	快速行进中在 Z 轴线上预定位，主轴开，冷却润滑剂开
30	CYCL CALL PAT FMAX	调用前次定义的样本圆 在各加工位置之间快速行进
31	L Z+100 R0 FMAX M30	快速行进至安全高度，主程序结束
32	；轮廓	
33	LBL 1	子程序 1 通过标记（Label）号或标记名称定义子程序的开始
34	APPR LCT X+8 Y+6 R10 RL F AUTO	首先行进至一段直线，然后在圆轨迹上正切接入轮廓（LCT=line circle tangential），左侧半径补偿（RL）
35	L Y+36	直线铣削至 Y36
36	L X+22 Y+52	直线铣削至 X22/Y52
37	L X+31	直线铣削至 X31
38	CC X+46 Y+52	中心点坐标（CC=circle center= 圆中心点）
39	C X+61 Y+52 DR+	按正旋转方向铣削圆弧（C=circle= 圆弧）至 X61 Y52，就是说，逆时针方向
40	L X+72	直线铣削至 X72
41	L Y+6	直线铣削至 Y14

续表 2（续前页表 1）

程序段号	程序语句	解释
42	RND R8	用 R8 整圆圆角（RND=rounding of corner）
43	L X+8	直线铣削至 X8
44	DEP LCT X-15 Y-15 R10	在圆轨迹上以正切连接形式（LCT）正切离开轮廓
45	LBL 0	子程序结尾
		子程序结束
46	55 END PGM Gundplatte MM	程序结束，名称，尺寸单位

■ 程序模拟

在现代化控制系统中可在计算机数控车床（图 1）的操作区模拟计算机数控程序，目的是查找程序错误。选择不同的屏幕图形可进行例如图形-动态加工模拟、透视表达法或多视角视图等（图 2）。通过详图放大（变焦拉近）可更好地识别轮廓偏差。但是，程序测试运行的无差错并不能保证它就是一个功能齐全的程序，因为某些细节仍无法检查出来，例如未激活的切削半径补偿功能。

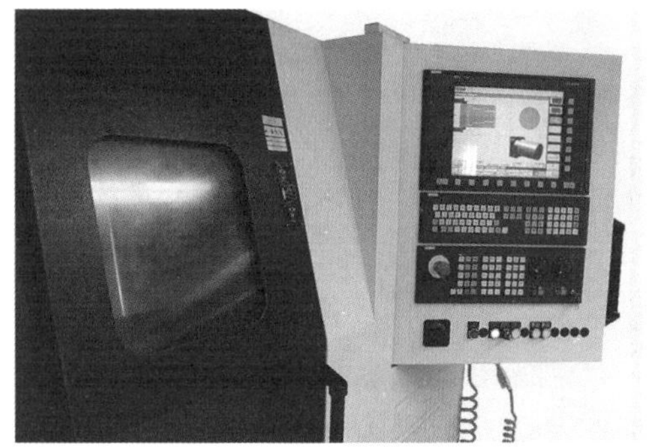

图 1：计算机数控车床的操作区

4.1.8 编程方法

计算机数字控制（CNC）程序的编制方式可以是人工的或计算机辅助的。计算机辅助编程时，一个工件的轮廓由各个轮廓元素（直线、圆……）按步骤组成（图 2）。必要的计算由几何图形处理器承担。用这种方式编制的程序采用控制系统专用格式。

车间编程时，直接在加工机床上编制和输入计算机数字控制（CNC）程序。在大多数控制系统中可以同时进行编程和运行，就是说，当另一个程序在机床上运行的同时，编制新程序。采用 AV-编程（AV：德语“工艺部门”的缩写译注）时，在一个编程工位上专门编制计算机数字控制（CNC）程序。

我们把 WOP 编程（车间编程）理解为一个统一的编程系统，该系统既可在机床上，亦可由工艺部门在图形软件支持下编制和修改符合车间实际工况的程序。这种编程不使用计算机数控代码和程序语句，而是使用便于理解的图形符号和输入掩码（图 3）。通过输入窗口以对话形式对所需的工件尺寸和装夹尺寸进行应答（等于交互式操作过程控制）。

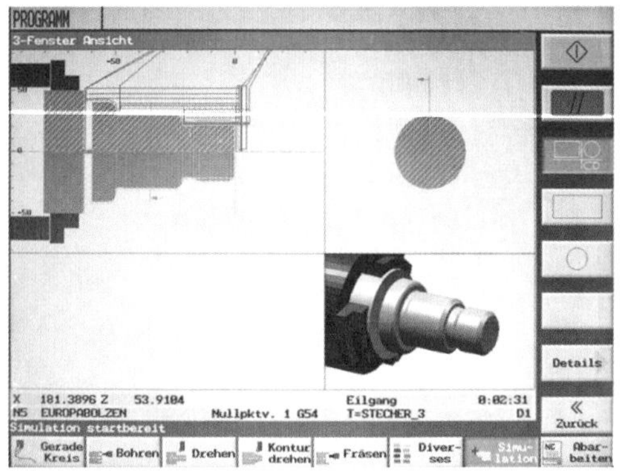

图 2：模拟图形

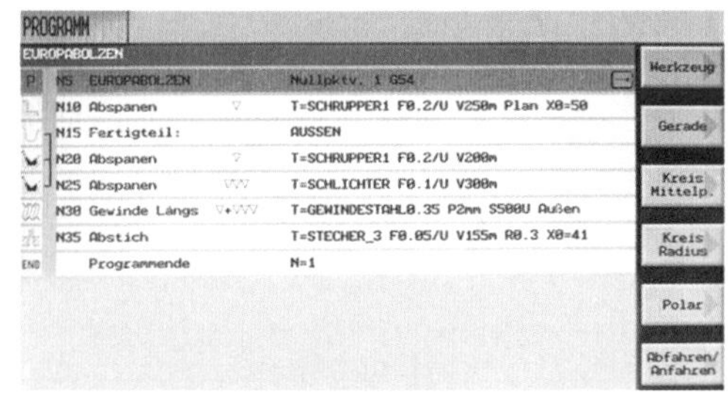

图 3：用于编程的输入区（掩码）

车间编程系统可以直接在机床上实施快速简单的编程。通过这种编程方式可以充分利用一线专业技术工人的丰富经验。工艺部门编程时，在一个与机床和控制系统无关的编程工位上编制程序。编程员在表述毛坯件和制成品时与所使用的加工机床无关。一台几何图形处理器承担未知轮廓点的计算任务。通过一台计算机辅助设计（CAD）耦合器还可以接受图纸的几何数据，并转换成计算机数字控制（CNC）程序。通过输入窗口对所选轮廓元素的加工过程进行定义（图1），例如车一个螺纹退刀槽或生成一个磨削加工余量。经过几何图形描述，由菜单自动生成加工步骤。针对每一个加工步骤都有建议使用的刀具，编程员可接受，也可修改该推荐刀具。

选定所使用的加工机床后，接着应求出与机床相关的切削数据、加工顺序和刀架配置（图2）。需为每一种加工情况提供可接受或可修改的切削数据。

经过后置处理程序（“程序翻译”软件）的运行，便生成一个控制系统专用的计算机数字控制（CNC）程序。该程序可在屏幕上显示，用于操作控制，还可模拟加工流程（图3）。

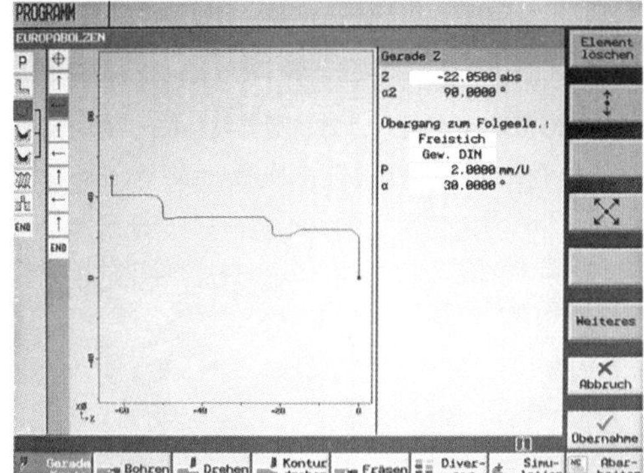

图 1：螺纹退刀槽的输入窗口

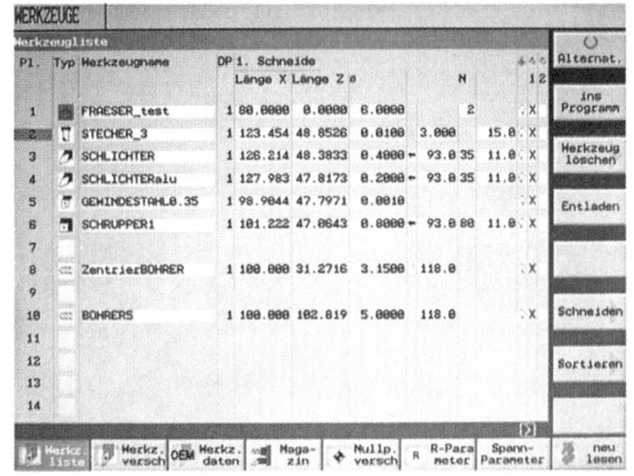

图 2：刀架的配置

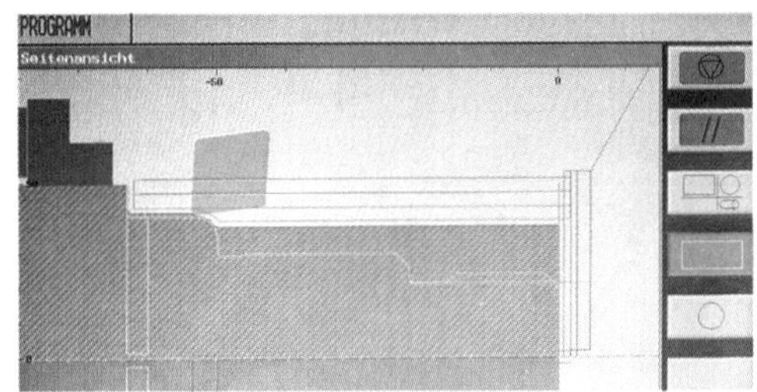

图 3：图形–动态模拟

本小节内容的复习和深化：

1. 如果采用右刃切削铣刀进行顺铣时，用哪一种几何函数可以激活轨迹补偿？
2. 激活轨迹补偿后，铣刀中心点应该到达哪个位置？
3. 请您描述粗铣时产生精铣加工余量的两种可能性。
4. 精铣时，铣刀必须用何种方式到达轮廓线，才能避免出现不必要的轮廓标记？
5. 模拟计算机数字控制（CNC）程序有何作用？
6. 车间编程系统有哪些优点？
7. 请您编制铣轮廓和渗碳钢盖板钻孔（图 4）的零件程序，所用刀具见 301 页。

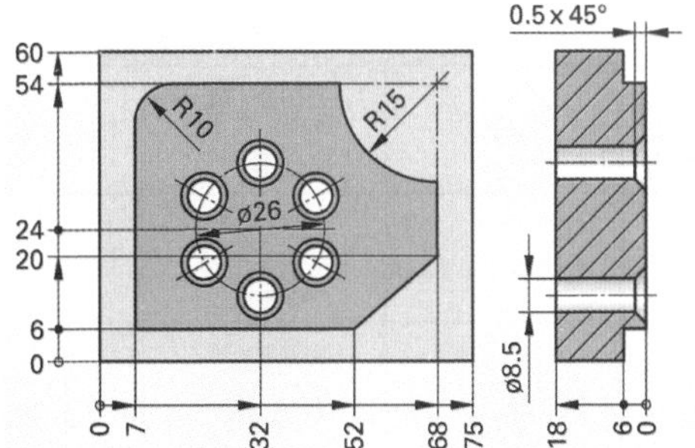

图 4：C15E 盖板

4.1.9 PAL 控制 5 轴加工

■ 配装刀具驱动装置的计算机数字控制车削程序举例

如果除车削之外还有铣削或钻孔等项加工需要在车削加工中心外面进行的话，为了完成全部加工任务，对此可使用配装刀具驱动装置的计算机数字控制（CNC）车床（图 1）。在这类加工机床上，Z 轴（主轴）执行旋转轴（即所谓的 C 轴）的任务。这样便可以加工那些非旋转对称的端面和外形轮廓面。加工轴颈时（图 2）采用配备刀具转塔的计算机数字控制（CNC）车床。

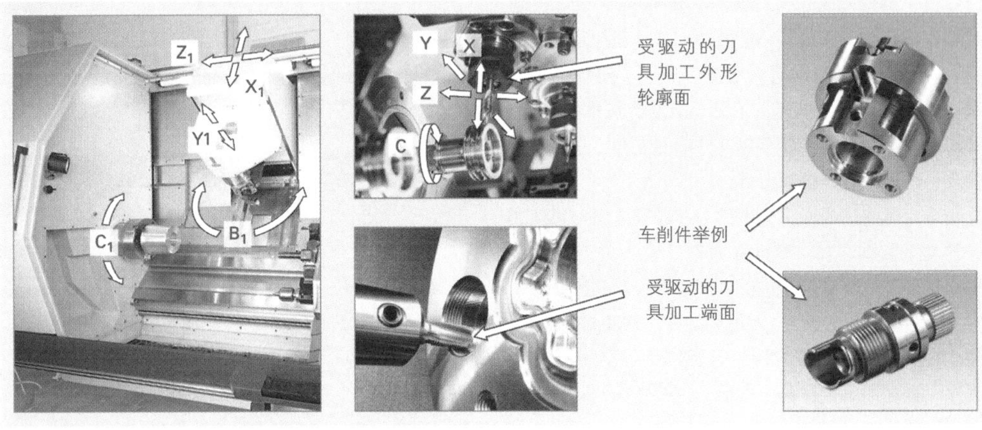

图 1：配装刀具驱动装置的计算机数字控制（CNC）车床

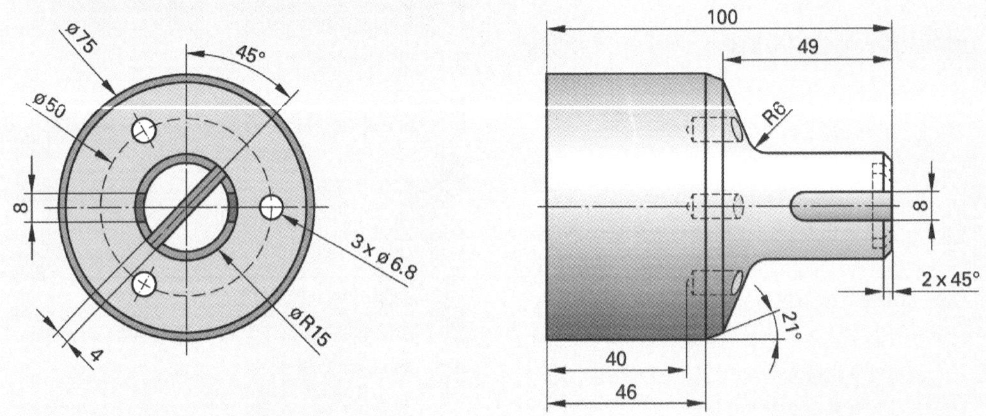

加工计划

1	车削端面		T1
2	纵向粗车轮廓		T1
3	纵向精车轮廓		T2

加工计划

4	定中心和钻孔		T7 T6
5	铣端面槽		T4
6	铣键槽	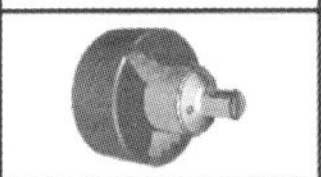	T5

图 2：轴颈

刀具的工艺数据收录在 307 页表 1 内，也可在 307 页表 2 的 PAL 编程法中

表 1：刀具的工艺数据

毛坯件尺寸：ø75•102		
刀具号	T1 拔荒车床	T1 精车车刀
直径 d/ 切削刃半径	0.8 mm	0.4 mm
切削速度 v_c	150 m/min	200 m/min
转速 n		
切削深度 / 横向进刀量	3 mm	0,5 mm
切削刃数量 z		
进给量	0.25 mm/U	0,15 mm/U
进给速度 v_f		
切削刃材料	P10	P10
刀具号	T4 轴向立铣刀	T5 径向立铣刀
直径 d/ 切削刃半径	4 mm	6 mm
切削速度 v_c	120 m/min	120 m/min
转速 n	9500 r/min	6300 r/min
切削深度 a_{pmax}		
切削刃数量 z	2	2
进给量 f 或每齿进给量 f_z	0.05 mm/U	0.05 mm/U
进给速度 v_f	950 mm/min	630 mm/min
切削刃材料	整体硬质合金	整体硬质合金
刀具号	T6 受驱动的钻头	T7 数控定心钻 90°
直径 d	6.8 mm	刀杆直径 10 mm
切削速度 v_c	60 m/min	60 m/min
转速 n	2800 r/min	1900 r/min
切削深度 a_{pmax}	25 mm	3.5 mm
切削刃数量 z		
进给量 f 或每齿进给量 f_z	0.14 mm/U	0.1 mm/U
进给速度 v_f	390 mm/min	190 mm/min
切削刃材料	整体硬质合金	整体硬质合金

表 2：轴颈零件加工程序

```
;主程序
N1 G54 G90 G18
N2 G92 S4000
N3 G96 S150 F25 T1 TC1 M4
;车削端面
N4 G0 X77 Z0
N5 G1 X-1.6
N6 G0 Z2
N7  X75
轮廓粗车
N8 G81 D3 H2 AZ. 2 AX.3 02
N9  G01 Z1×26
N10 G1Z-1 X30
N11 G01 Z-40 RN6
N12 G01 X7525 0RN-2
N13 G1  Z-56
N14 G80
N15 G14 H0
轮廓精车
N16 G96 S200 F.15 T2 TC1 M4 M8
N17 G81 DO H4 02
N18 G23 N9 N13 H1
N19 G80
N20 G14 H0
N21 M5
轴向定中心（极坐标）
N22 G97 S1900 F190 T7 TC1 M23
N23 P1=-48
N54 G17 C30
N25 G0 X25 Z-40
N26 G1 Z=P1
N27 G0 Z-40
N28 G0 CI120
N29 G23 N26 N28 H2
N30 GO CO
N31 G14 H0
轴向钻孔（极坐标）
N32 G97 S2800 F390 T6 TC1 M23
N33 P1=-62.3
N34 G23 N24 N29
N35 G0 X25Z-40
N36 GO CO
N37 G14 H0
端面槽（虚拟 Y 轴）
N38 G97 S9500 F950 T4 TC1 M23
N39 G17
N40 G0×15 Y1525
N41 G1-15 Y15
N42 G0 Z2
N43 G14 H0
铣键槽（极坐标）
N44 G97 S6300 F630 T5 TC1 M3
N45 G17 c90
N46 G0 X12.5z5
N47 G1z-25
N48 G0X17
N49 G0 Z5
N50 G0 Z5
N51 G0 X12.5 Z5
N52 G1 Z-25
N53 G0 X17
N54 G14 H0
N55 G0C0
N56 G15 M30
```

解释：

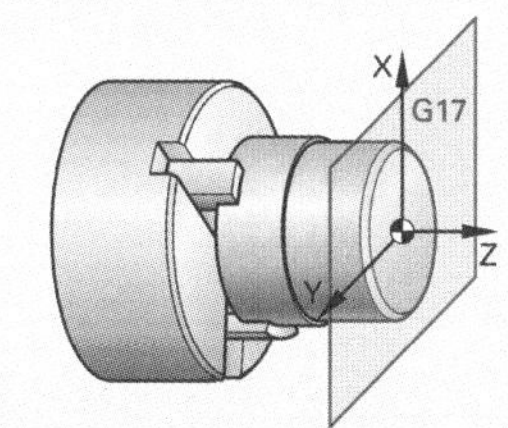

G17 C…
极坐标 X;C;Z 轴线上横向进给
C 是主轴的绝对旋转角度(从 0 到 360°)
CI 是相对旋转角度
用半径数据对 X 轴进行编程

G17
用虚拟 Y 轴在 G17 坐标系 XYZ 中编程
Y 轴线从 X 轴线与 C 轴线之间的一般运动中产生。

G18
取消附加轴插补

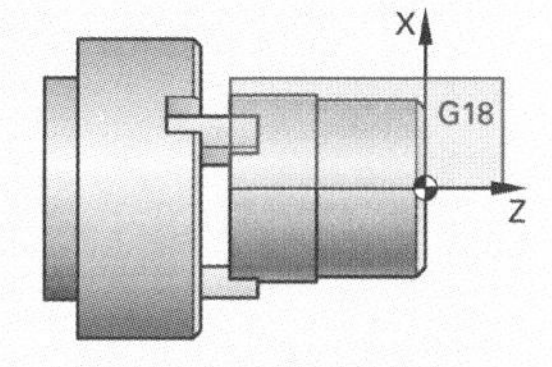

■ 计算机数字控制（CNC）多面铣削加工

如果需要将工件一次装夹即完成五面加工或完成五轴线轮廓，需使用计算机数字控制（CNC）5 轴加工机床。除线性 X-Y-Z 轴外，还附加两条旋转轴。我们把可回转的 X 轴命名为 A 轴，把可回转的 Z 轴命名为 C 轴（图 1）。与之相应的是 5 轴铣床。这类铣床可围绕 Y 轴（所谓的 B 轴）和 Z 轴回转。针对这类铣床围绕 Y 轴（所谓的 B 轴）的旋转运动，我们特意将之划分为两种结构；一种是刀具旋转（所谓的可回转铣削头）产生的旋转运动（图 2 右）；另一种是工件工作台可围绕 Y 轴旋转（图 2 左）。

加工支座（图 3）时可使用配装刀库和换刀机械手的计算机数字控制（CNC）5 轴铣床。这里所指铣床的 X 轴和 Z 轴均可回转。

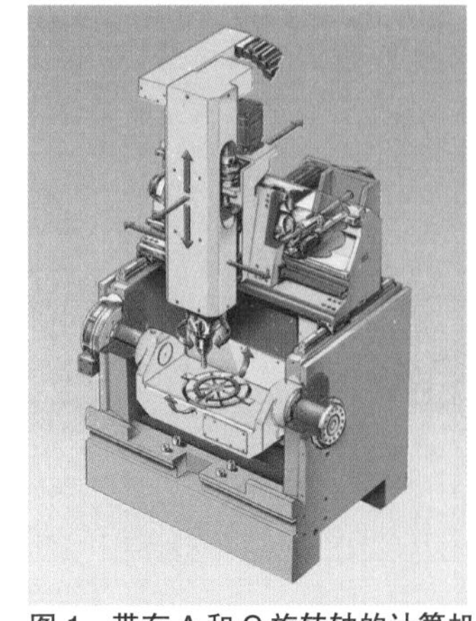

图 1：带有 A 和 C 旋转轴的计算机数字控制（CNC）5 轴铣床

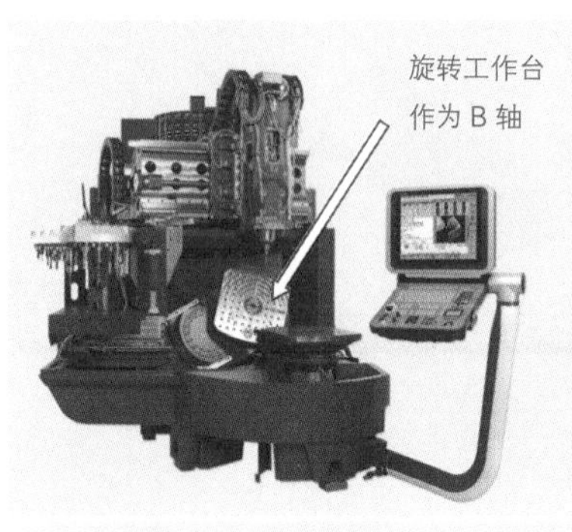

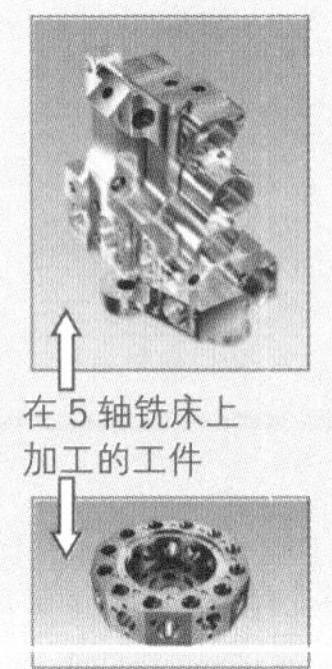

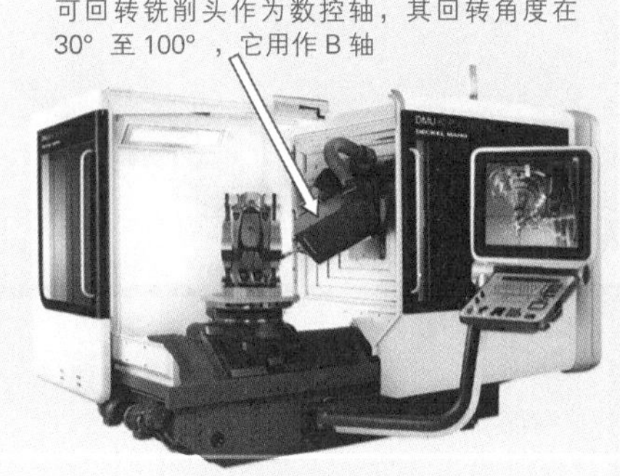

图 2：带有 B 和 C 旋转轴的计算机数字控制（CNC）5 轴铣床

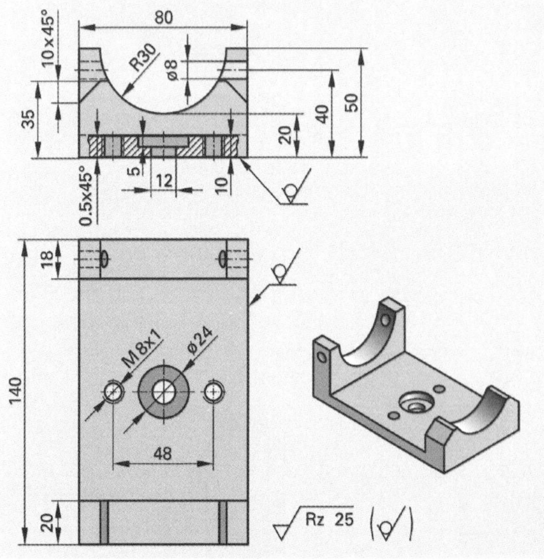

1	内面轮廓； 孔径 12mm； 圆形槽 24mm； 倒角 0.5 × 45° 螺纹 M8		T1 T2 T6 T3;T5
2	孔径 8mm		T4
3	圆形槽（右侧）		T1
4	圆形槽（左侧） 轮廓（左侧）		T1

图 3：支座及其附属的加工计划

表 1：刀具的工艺数据

毛坯件尺寸：140•80•50　　工件材料：S 235

刀具号	T1 立铣刀	T2 立铣刀
直径 d	25 mm	10 mm
切削速度 v_c	250 m/min	250 m/min
转速 n	3180 r/min	7950 r/min
切削深度 a_{pmax}	3 mm	5 mm
切削刃数量 z	4	4
进给量 f 或每齿进给量 f_z	0.05 mm	0,05 mm
进给速度 v_f	636 mm/min	1590 mm/min
切削刃材料	整体硬质合金	整体硬质合金

刀具号	T3 钻头	T4 钻头
直径 d	6.8 mm	6 mm
切削速度 v_c	60 m/min	60 m/min
转速 n	2800 r/min	2390 r/min
切削深度 a_{pmax}		
切削刃数量 z	2	2
进给量 f 或每齿进给量 f_z	0.14 mm/U	0.14 mm/U
进给速度 v_f	392 mm/min	334 mm/min
切削刃材料	整体硬质合金	整体硬质合金

刀具号	T5 丝锥	T6 清毛刺刀具
直径 d	8 mm	12 mm
切削速度 v_c	16 m/min	40 m/min
转速 n	266 r/min	1061 r/min
切削深度 a_{pmax}		
切削刃数量 z		2
进给量 f 或每齿进给量 f_z		
进给速度 v_f	1mm/U=636mm/min	0,15mm/U=636mm/min
切削刃材料	高速切削钢	高速切削钢

表 2：支座零件加工程序［带有 A–C–轴的计算机数字控制（CNC）5 轴铣床］

内面轮廓
```
N1 G54
N2 G17 T1 TC1 F636 S3180 M3 M6
N3 G72 ZA-40 LP102 BP130 D5
   V2W2 RN15 AKO ALO EPO
   DB80 01Q1 H1 BSO
N4 G79 X2 Y0 Z0
N5 G0 X-200 Y-200 Z250 M9
```
圆形槽 ø24
```
N6 G17 T2 TC1 F1590 S7950 M3 M6
N7 G73 ZA-45 R12 D5 V2 W55
   AKOALO DB80 01 Q1 H1
N8 G79 X0 Y0 Z-40
```
孔 ø12
```
N9 G73 ZA-52 R6 D5 V2 W55 AK0
   AL0 DB80 O1 Q1 H1
N10 G79 X0 Y0 Z45
N11 G0 X-200 Y-200 Z250 M9
```
倒角
```
N12 T6 TC1 F159 S1061 M3 M6
N13 G0 X0 Y0 Z0
N14 Z40
N15 X-10
N16 G1 Z-42.5
N17 G2 X-10 Y0|10 J0
N18 G0 Z10
N19 X-200 Y-200 Z250
```
多孔 ø6.8
```
N20 G17 T3 TC1 F392 S2800 M3 M6
N21 G81 ZA-53 V2 W2
N22 G79 X0 Y24 Z-40
N23 G79 X0 Y24 Z-4
Y24 G0 X-200 Y-200 Z25 M9
```
M8 螺纹
```
N25 G17 T5 S636 F636 M3 M6
N26 G84 za-53 F1 M3 V2 W2 S50
N27 G23 N22 N23
```
孔
```
N28 T4 TC1 F334 S2390 M3 M6
N29 G17 am-90
N30 G55
N31 G83 za-83 D20 V2 W2 DT1 UO
N32 G79 X-9 Y-40 Z0
N33 G0 X-200 Y-200 Z250 M9
```
第 1 圆形槽
```
N34 G17 cm-90: C 轴旋转
N35 G56
N36 T1 TC1 F636 S3180 M3 M6
N37 G73 za-20 R30 D5 V2 W2
    AI0 DB80 O1 Q1 H1
N38 G79 X40 Y50 Z0
N39 G0 X-200 Y-200 Z250 M9
```
第 2 圆形槽
```
N40 G17 CM90: Drehung c-achse
N41 G57
N42 G73 ZA-22 R30 D5 V2 W2
    AI0 DB80 O1 Q1 H1 M8
N43 G79 X40 Y0 Z0
N44 G0 X-200 Y-200 Z250 M9
```
左侧轮廓
```
N46 G1 Z0
N47 H22 L1 H6
N48 G0 Z2
N49 G0 X-200 Y-200 Z250 M9
```
旋转轴复位
```
N50 G17 AM0 BM0 CM0
N51 M30
```
子程序 L1
```
N1 G91
N2 G1 z-4
N3 G90
N4 G41
N5 G45 D15 X80 Y25
N6 G1 X80 Y25
N7 G1 X70 Y15
N8 G1 X10 Y15
N9 G1 X0 Y25
N10 G0 X2 Y52
N11 G0 X82 Y52
N12 G40
N13 G0 X110 Y50
N14 M17
```

解释

AM,BM 和 CM

是围绕各自轴旋转的角度

H0 旋转轴向内回转，NPV 保持静止

H1 旋转轴向内回转，NPV 一起旋转；H1 是预设的

H2 与 H1 相同，但带有刀具平衡运动

4.2 加工过程中的搬运机器人

4.2.1 机械手系统

在所有的运输、加工、装配和检查流程中，机械手搬运这一工作过程是必不可少的。合适的机械手系统完成相应的任务，例如装配线上的工业机器人（图1）。

机械手搬运系统组成一个材料流，将物料输送至各个加工工位和装配工位，并将该工位的物料送走。搬运只是这个材料流的部分功能，除之外还有输送和存放等功能。

机械手功能可划分为五个范围。为更简单地描述和记录这些功能，我们使用相应的符号（图2）。

车床的机械手装置用于装料和卸料，它主要执行线性（水平和垂直）或旋转运动。工件毛坯由机械手装置送至车床装夹工装，待加工过程结束，将完成加工的工件放入运输容器（图3）。

机械手系统的自由度使它能够执行这些运动。机械自由度f决定着独立运动的数量，例如将一个工件相对于其基准系统进行移动或旋转（图4）。机械手系统具有三种直线（线性）自由度，即在X轴、Y轴和Z轴方向的运动。这类移动改变了工件的位置。

三种旋转（转动）自由度改变了工件的方向。这里分别指A、B和C三种旋转。

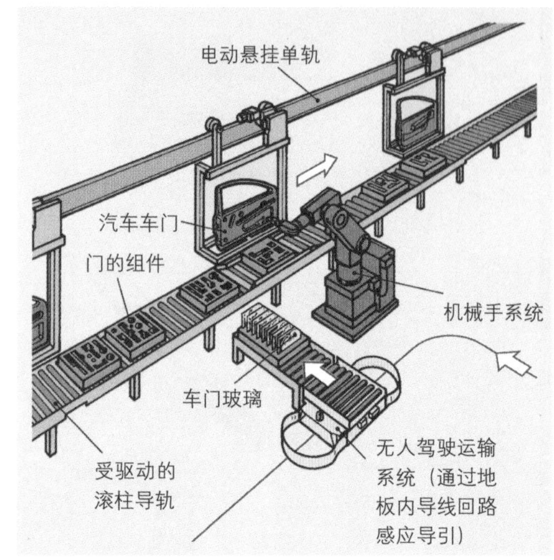

图1：借助机械手装置装配汽车车门

存放	改变数量	运动	保护	检查
有序存放	分支	定位	夹紧	检验
例如刀库、存储器	例如岔口、分配器	例如止挡块	例如机械手抓具、夹具	例如传感器、检验装置

举例：检验站的机械手搬运过程

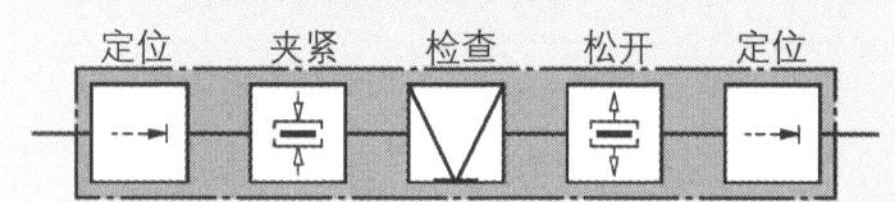

图2：机械手功能的符号表示法

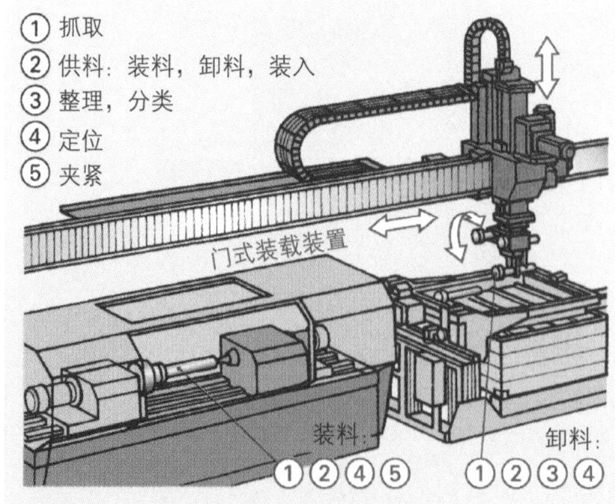

图3：车床装料和卸料的机械手功能

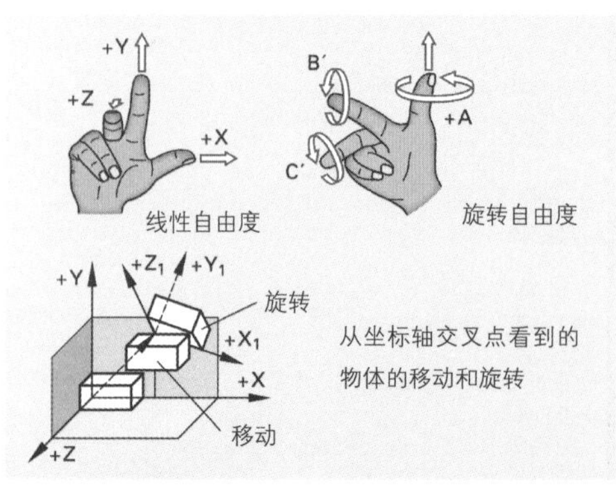

图4：一个物体的自由度

4.2.2 机械手系统的分类

机械手系统可分为机械手、装料装置和工业机器人。它们又划分出不同的控制系统和运动流程的编程方法（图 1）。

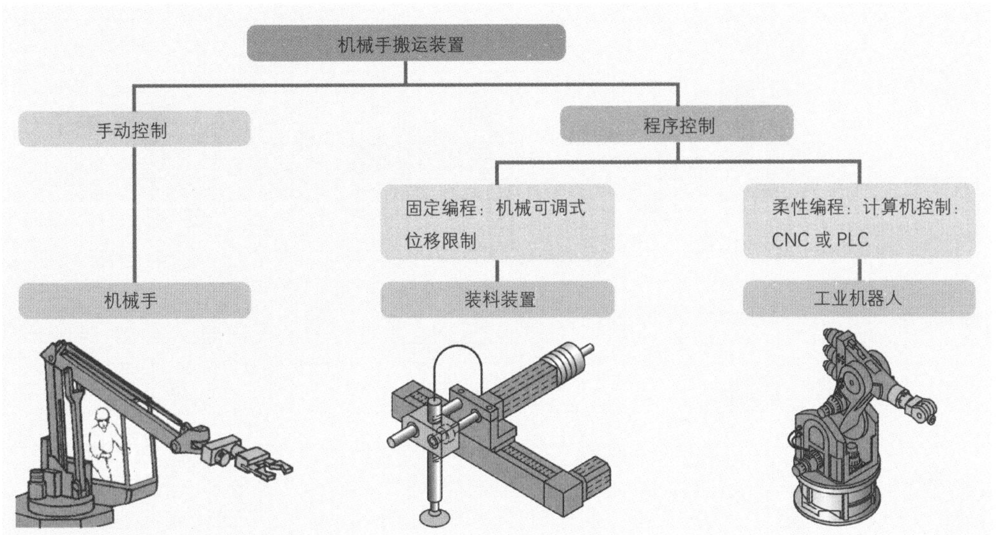

图 1：按控制系统类型划分机械手系统

机械手可通过操作工人的手工控制搬动重型零件或危险物品。遥控可使机械手在因高温、寒冷、高压或放射性危险而无法进入的空间使用。

装料装置是配备有机器人机械手的自动运动装置。它主要用于设计成点对点运动的大型系列化生产，例如从一个存储库中将工件或刀具送入机床。通过止挡块或限位开关可调节简单的运动过程，如升降运动和回转运动。

工业机器人在其工作空间范围内具有近乎不受任何限制的运动能力。因此，它可以完成加工和装配领域内多方面的任务。工业机器人也相应配备了机械手或工具。其运动可柔性编程或通过传感器控制。

4.2.3 工业机器人的运动学和结构型式

工业机器人的运动学结构是由参与一个运动的各轴的排列，类型和数量决定的。轴是工业机器人可引导的、相互之间独立驱动的运动元素。

我们把轴划分为：

旋转轴：可使机器人在旋转关节 A1 至 A6 上执行快速旋转运动（图 2）。

直线轴：可使机器人执行与 X，Y 和 Z 坐标轴线平行的、直线的、线性的轴向运动。

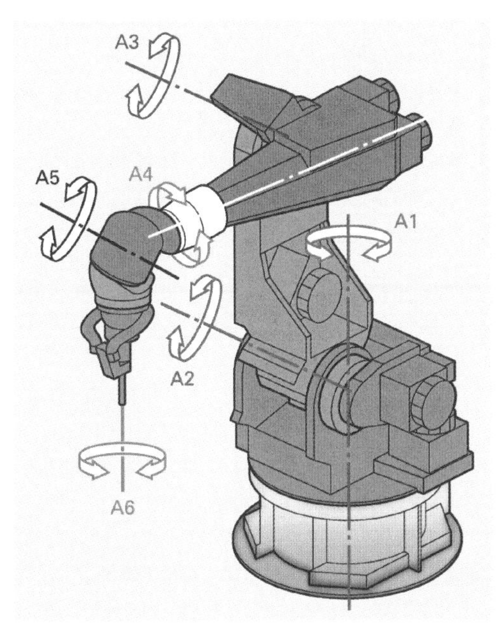

图 2：6 轴弯臂机器人

机器人的结构型式和运动可能性（运动学）以及机器人旋转（R）主轴或直线（T）主轴的数量决定着该机器人可能的工作空间（图 1）。这个工作空间可以是圆柱、球体或长方体形状。这些基本元素的混合型式称之为混合型，例如 Scara-1 型机器人的工作空间。

特征	结构型式		
	门式机器人	水平回转臂机器人	垂直弯臂机器人
运动轴线的排列 （运动学结构）	T 指直线	Scara- 型 R R T	R R R 指旋转 垂直支轴 R
轴的组合	3 个坐标结构的直线轴 TTT	1 个直线轴 2 个旋转轴 RRT(TRR)	3 个旋转轴 RRR
工作空间			
应用范围	装备刀具和工件 装配，装工件托盘	装配 钻孔、铣削 检验	焊接、打毛刺 油漆 装配

图 1：工业机器人的结构型式及其应用范围

工业机器人的功能特征与结构型式相关：

- 运动轴的数量：机器人每多一根轴（活节），其运动自由度就增加一步。最高自由度 f=6 要求至少应有六根运动轴。
- 工作空间：指可能的运动空间。该空间由所有轴的运动范围构成，同时它也指出机器人操作和维护人员的危险范围。
- 额定负荷：额定负荷总是小于最大允许负荷，可使机器人不受速度限制地运动。
- 速度：速度由各轴运动组成。
- 重复精度：这是偶尔出现的、范围在 ±0.01 ~ ±2 mm 的偏差，它是在相同条件下重复驶入某个位置时产生的偏差。
- 定位精度：它是额定负荷定位时所产生的最大偏差。

工业机器人的结构型式和特征根据其功率特征确定：如运动轴的数量、定位精度和重复精度以及速度等。

门式机器人是工作空间上方桥式安装的机器人。它特别适用于长距离和大负荷的快速运动。

水平回转臂机器人大部分用作装配机器人。它在垂直轴方向上具有高刚性，可在水平方向快速水平移动。根据其结构原则，它是与人类手臂最为相似的机械手臂。

垂直弯臂机器人。由于其结构型式，它又被称为活节机器人。其优点在于，与其制造尺寸相比，它的工作空间相对更大，它可快速运动，可在机械手或刀具的范围内任意校准。利用其运动的灵活性，它可执行许多焊接和油漆工作。鉴于这种机器人在加工和搬运方面的万能用途，我们又称它为万能机器人。

4.2.4 工业机器人的功能单元

驱动装置：大部分工业机器人的驱动装置由转速可调并配装电磁制动装置的直流伺服电动机构成。采用谐波减速传动机构（英语：Harmonic-Drive，见490页图1）或精密摆线减速传动机构（英语：Cyclo-fine）在很大程度上限制着电动机的高转速。它们使电动机的转速范围控制在每秒0.2至2圈。

传感器：传感器是机器人的“感觉器官”。现在机器人领域投入使用了大量具备各种不同功能的传感器（图1）。脉冲式（接触式）传感器可感知待加工工件的形状和位置。无接触式光学或电子传感器则将机器人工作空间的信息传输给控制系统，用以监视加工过程中出现的各种力和运动。

数字式绝对位移测量系统配装编码弓形片，采集直线轴以及旋转轴的实时位置信息。

模拟式自整角机：即所谓的同步分解器[①]用于旋转角度的采集，而线性电位器用于直线（线性）位移的信息采集，它们现在均已得到广泛的应用（图2）。

同步分解器安装在电机转子轴上。在结构上，它相当于一个装有转子绕组的交流发电机，其两个定子绕组相互错位90°。两个定子绕组接入电压。旋转时，转子内感应出一个相位位移的电压。该相位位移角 α_x 是各轴旋转角度的一个模拟量。

传感器类型	传感器功能
角步进发生器（弓形片）	确定位置，定位，速度，加速度
终端开关 光电开关	安全监视
感应式或电容式接近传感器：0.1…10 mm 光学距离传感器：1 mm…10 m 声波传感器：0.1…10 m 触头	检测间距 采集工件信息
触头 通过摄像机系统进行图形处理	采集工件轮廓信息，轨迹导引，识别位置和间距
力传感器	检测力，压力，扭矩

图1：传感器及其功能

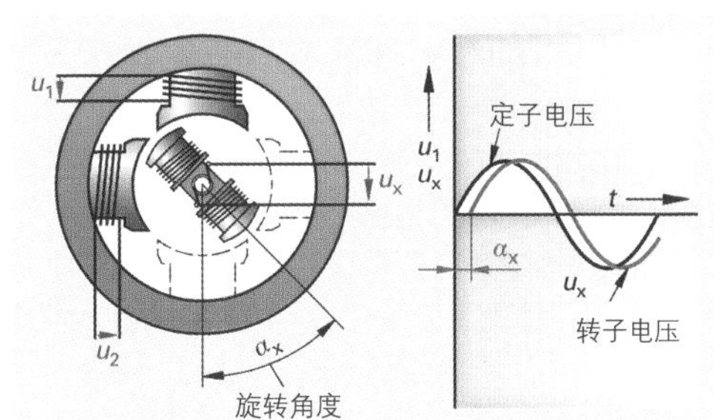

图2：用同步分解器采集旋转角度信息

4.2.5 工业机器人的编程

工业机器人的编程既可联机编程，即直接在加工单元内机器人操作面板上编程，也可脱机编程，即不与机器人连接，用一台PC编程机进行脱机编程（图3）。

示教编程（Teach-in）[②]时，用手动形式通过相应的操作面板从某空间点起动，完成机械手的全部工作过程。工作人员可对过程中所产生的程序进行测试和优化。手动速度和程序速度均可以无级调节。

图3：机器人编程方法

①该词源自英语 resolve，意为分解。
②该词源自英语 teach，意为数字。

文本编程法用语句（指令）形式在机器人程序语言中描述程序流程。针对各机器人系统已开发出多种不同的机器人程序语言。

图形交互编程法采用机器人单元（外围设备系统）的 CAD 数据，并采用线、面、体积模型形式的机器人数据。据此，可在机器人的机械手功能程序转入实际设备投入使用之前，在一个奢华的用户界面脱机虚拟编程和模拟机械手功能。

与计算机数字控制（CNC）加工机床编程不同的是，机器人行进的空间点是通过教学找到的。这里使用的是机器人专用操作单元（图 1）。该操作面板配装联动安全装置，例如认可键，不激活认可键，机器人无法启动。

4.2.6 坐标系统

若要描述某空间点相对于轴运动的位置，需要不同的坐标系统（KoSyst）。

WORLD 坐标系统：WORLD 坐标系统是一种固定定义的笛卡尔坐标系统。它是 ROBROOT 和 BASE 坐标系统的原始坐标系统。

在基本设置中，WORLD 坐标系统位于机器人底座，与 ROBROOT 相同（图 2）。

ROBROOT 坐标系统：使用 ROBROOT 可将机器人的位移定义给 WORLD 坐标系统。

BASE 坐标系统：BASE 坐标系统是一种用于描述工件定位的笛卡尔坐标系统。它针对 WORLD 坐标系统，必须由用户进行校准。

TOOL 坐标系统：TOOL 坐标系统是一种位于刀具中心点（TCP）的笛卡尔坐标系统。它针对 BASE 坐标系统。在基本设置中，TOOL 坐标系统的坐标轴交叉点位于法兰盘中心点。TOOL 坐标系统由用户移入刀具工作点（图 2）。

将刀具中心点（TCP）从法兰盘中心点移入刀具中心点（TCP）的优点在于，如果刀具在空间的位置是斜的，可使刀具向刀具进给方向（X_{Tool}）直线行驶。

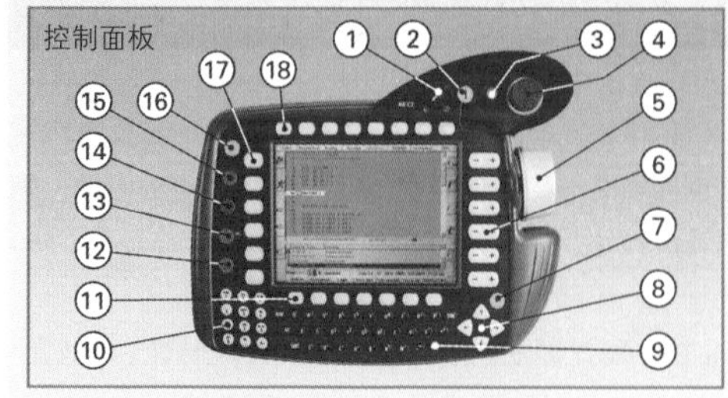

①运行模式选择键
②驱动系统开
③驱动系统关 /SSB-GUI
④急停按钮
⑤空间鼠标
⑥状态键，右
⑦输入键
⑧光标键
⑨键盘
⑩数字锁定
⑪软键
⑫启动 – 回程键
⑬启动键
⑭停机键
⑮窗口选择键
⑯ESC 键
⑰状态键，左
⑱菜单键

图 1：机器人程序员工位的控制面板

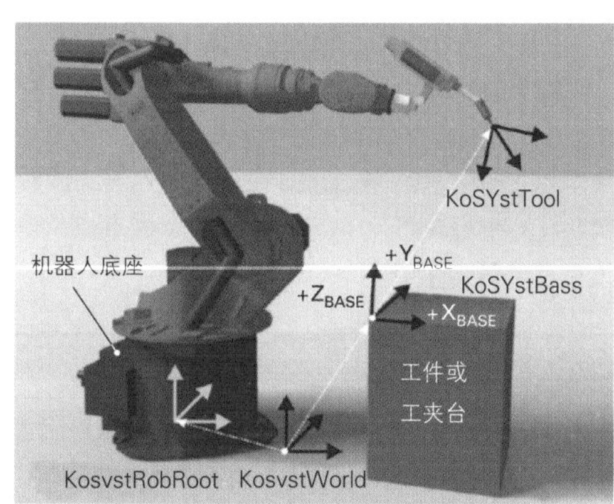

图 2：弯臂机器人坐标系统（KoSyst）概览

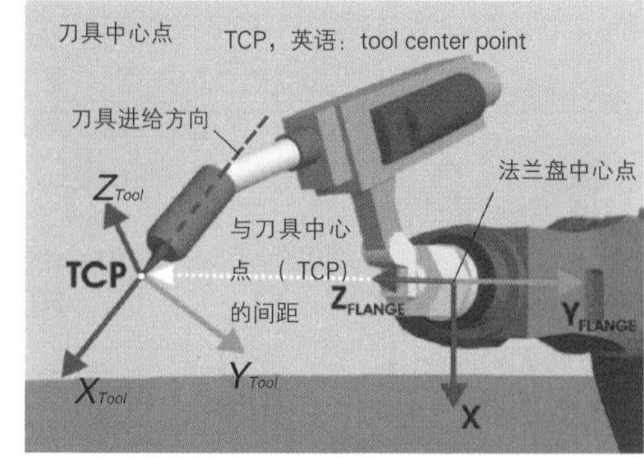

图 3：求取涉及法兰坐标系统的刀具中心点（TCP）

如果刀具，必要时还有工件已经测量完毕，可以开始用运动编程，编程语言是英语（图 1）。

4.2.7　工业机器人的运动类型

●点对点（PTP）运动（英语：point to point）

机器人引导刀具中心点（TCP）沿最快路径驶入目标点。机器人轴做旋转运动。其准确的运动轨迹事先无法看到。在程序行中选择点对点（PTP）（图 2），

例如：PTP ▾ P1 CONT ▾ Vel= 100 %

该程序行的意思是，从点 P1 的某个非危险点（例如 HOME 点）以 100%（手动行进时的速度例如达到 250mm/s）的速度按点对点运动方式行进。

●线性（LIN）运动（英语：linear）

机器人引导刀具中心点（TCP）以 2 m/s 的定义速度沿直线驶向目标点 P1。

例如：LIN ▾ P1 CONT ▾ Vel= 2 m/s

●圆形（CIRC）运动（英语：circular）

机器人引导刀具中心点（TCP）以 2 m/s 的定义速度沿圆形轨迹驶向目标点。该圆形轨迹由起始点，辅助点和目标点定义。

例如：CIRC ▾ P1 P2 CONT ▾ Vel= 2 m/s

点 P1 在程序行中是点 PAUX，它是一个辅助点，保证从起始点 PSTART 顺利抵达终点 P2（图 3）。

在线性运动 LIN 和圆形运动 CIRC 时可以直接输入速度，例如 vel=2 m/s（vel 是英语 velocity 的缩写，意为：速度），其单位不是百分比。

在上述三个举例中均使用了指令“CONT”①。它用于位置的拟合。

拟合意为：刀具中心点（TCP）离开了可准确驶向目标点的路径，它走的是另一条更为快捷的路径。图 4 所示便是一个点对点运动的拟合。图 4 中可看到，运行路径没有经过编程的点 P2。

线性运动时，如要拟合点 P2，必须给出直线运动允许与点 P2 的偏差间距（图 5）。这里不会产生圆形路径。

圆形运动时始终精确地驶向 PAUX。从圆到直线的过渡路径也没有圆弧。

① cont.是英语 continuous path 的缩写，意为：连续路径。

```
DEF my_program( )
INI

PTP HOME  Vel= 100 % DEFAULT
...
LIN point_5 CONT Vel= 2 m/s CPDAT1 Tool[3] Base[4]
...
PTP point_1 CONT Vel= 100 % PDAT1 Tool[3] Base[4]
...
PTP HOME  Vel= 100 % DEFAULT

END
```

图 1：带有运动指令的程序

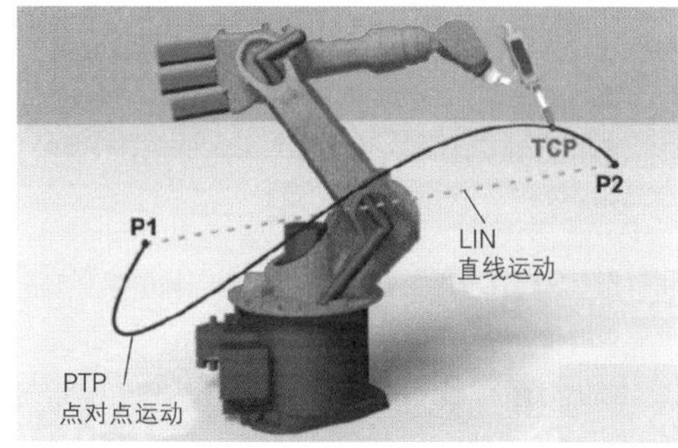

图 2：点对点运动和直线运动

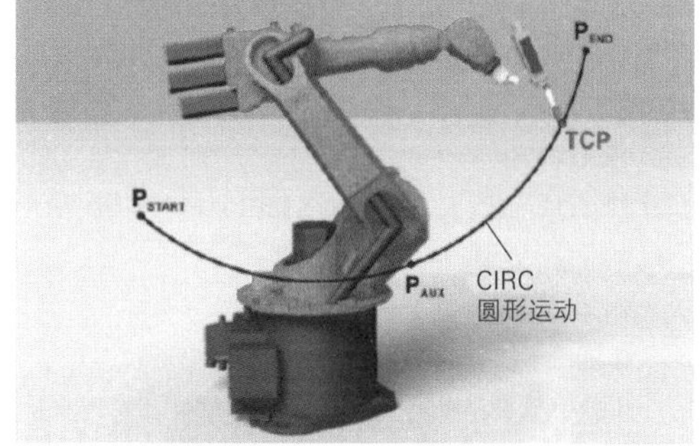

图 3：圆形运动

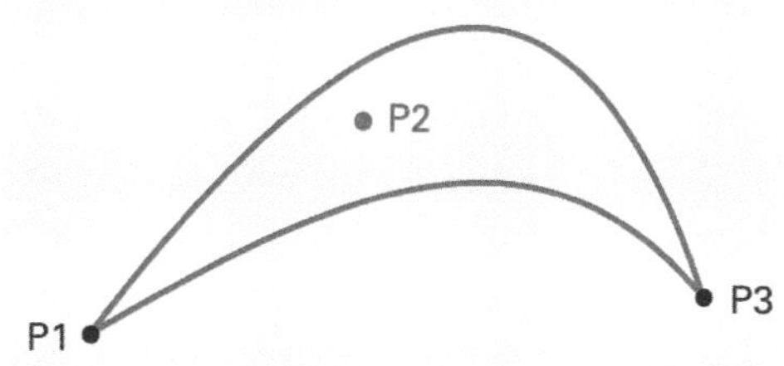

图 4：点对点运动时的拟合

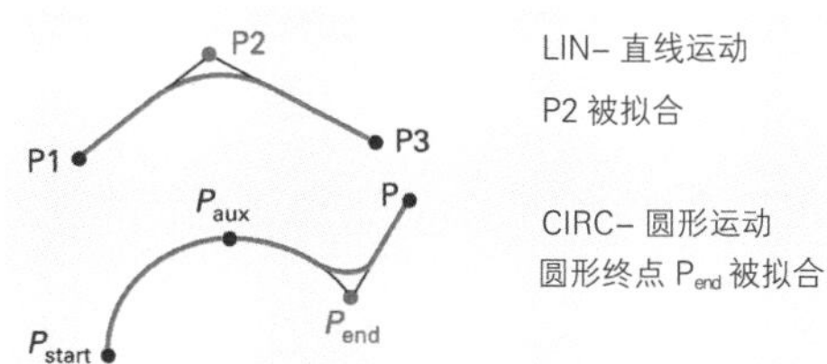

图 5：直线运动和圆形运动时的拟合

4.2.8 工业机器人与外围设备的通讯

属于机器人控制系统编程的还有执行与外围设备通信的指令。通信指接收和处理来自机器人单元的输入端信号。此外，机器人将外设输出端信号发送给机器人单元（图 1）。

这里使用了大量的数字输入端和输出端。从而大幅度降低了输入端和输出端模拟信号。这些信号中的物理量，例如压力、温度、转速等，被转换成为电子量，例如电压等，即数字化。

●用逻辑语句对输入（E）/输出（A）指令进行编程

OUT 1 State= TRUE

指令“OUT”用数字 1 控制机器人输出端。该指令设置为状态“TRUE”；它是逻辑“1”。

WAIT FOR [IN 7]

指令“WAIT FOR”设置为与信号相关的等待时间。此时，信号“TRUE”在机器人输出端 IN1 等待。图 2 所示为输入端指令 IN1 可在运动流程的哪一个位置停留。

“WAIT FOR”语句也可以与简单的逻辑连接 AND（与门）、OR（或门）或 NOT（非门）进行连接：

Wait for （IN1） and （IN2） 或

Wait for NOT （IN1 and IN2）

●机械手抓具的编程

机械手抓具是机器人的一个组成部件，它用来执行搬运任务，它被称为最终执行机构。它采用机械保持力、电磁保持力或气动保持力（例如真空）进行工作（图 3）。最终执行机构也可以是接合技术中的点焊焊钳，或喷漆技术中的喷涂工具。

在软件中，通过专用程序窗口接入机械手抓具。在程序中，机械手抓具被称为例如 GRP1。根据其类型的不同给抓具配属各种状态（打开/关闭）；此外，机器人控制系统的输入端和输出端也可以配属机械手抓具的工作状态（图 4）。

在程序中调用刀具，例如 GRP1（gripper 1=抓具 1），并给它配属状态（STATE）（图 5）。

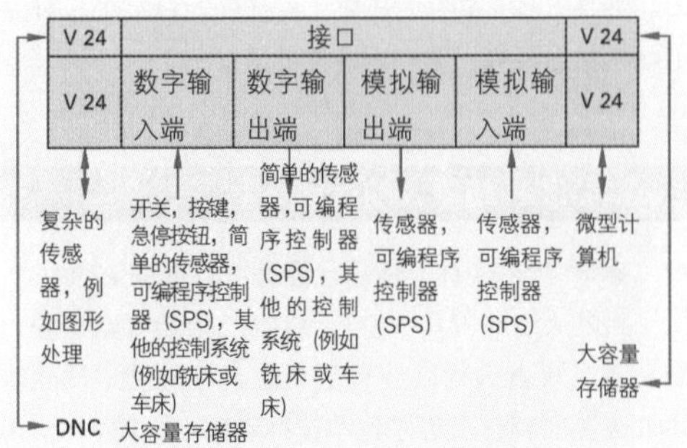

图 1：机器人接口

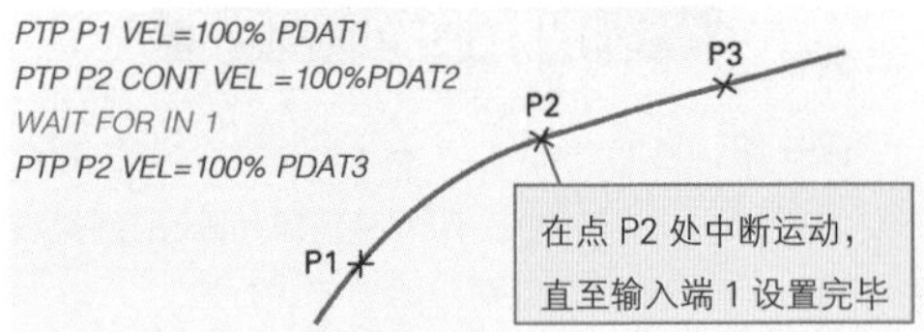

图 2：与信号相关的等待功能

图 3：用真空抓具搬运晶片

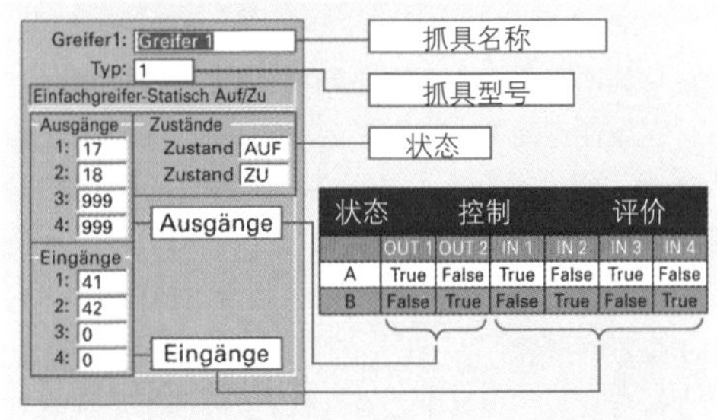

图 4：机械手抓具配置的程序窗口

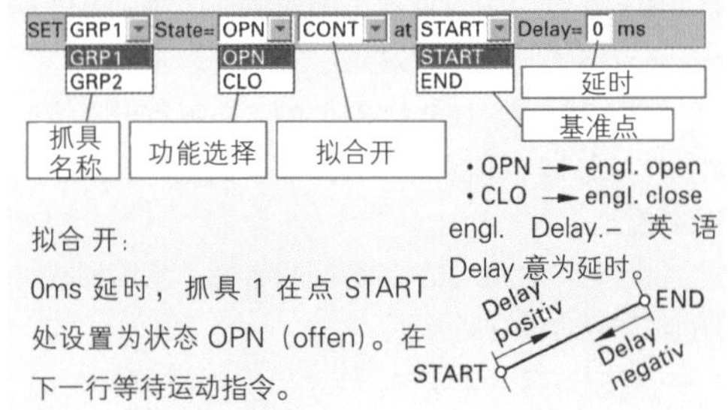

图 5：程序中的抓具指令

4.2.9 机械手系统使用安全事项

使用工业机器人过程中，若不注意安全规范，将对操作人员和机器设备造成极大危害。

机械手技术领域中的危险源主要存在于：

- 各轴的高运行速度；
- 各种不可预知的运行路径，例如点对点运动；
- 高负荷和快速运动的物体；
- 松开的、不定向飞行的零件；
- 与外围设备的碰撞。

其他的危险源产生于特殊的加工过程，例如焊接时的紫外线射线或放热（图 1）。

禁止或阻碍进入机器人单元的防护装置，例如：

- 围栏、护罩或工作单元的盖板；
- 安全激光扫描仪，监视工作单元前方和内部的防护区和警戒区（图 2）；
- 光电型光幕和光电开关（图 3）、安全开关垫；
- 采用安全锁或芯片卡进行人员识别检查。

在工业机器人单元范围内安装并给机器人编程时，上述安全装置部分失效。

但仍需保证高度的安全性，为机器人控制系统加装安全装置：

- 操作面板上的认可键：无论松开还是按下，机器人始终保持停机状态（见 314 页图 1）。
- 急停按钮（NOT-AUS）和停机按钮（STOPP）。
- 在安装运行和测试运行时，用运行模式选择开关可降低运行速度。测试自动功能时，人员必须离开机器人单元范围。
- 软件的限位开关限制各轴可能出现的回转空间和运动空间。

图 1：机器人焊接单元的隔离围栏和射线防护

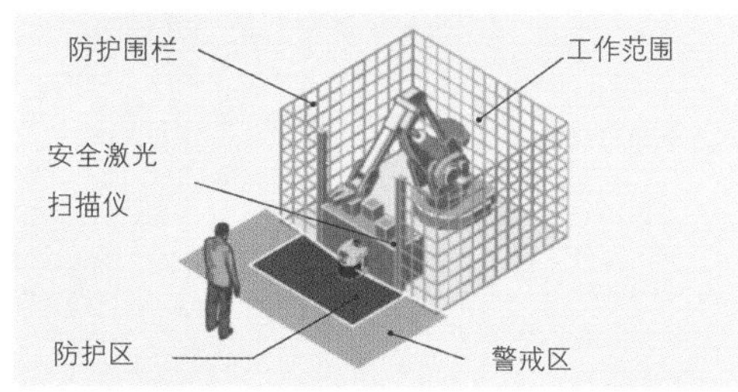

图 2：装备激光扫描仪的机器人单元入口处的安全防护

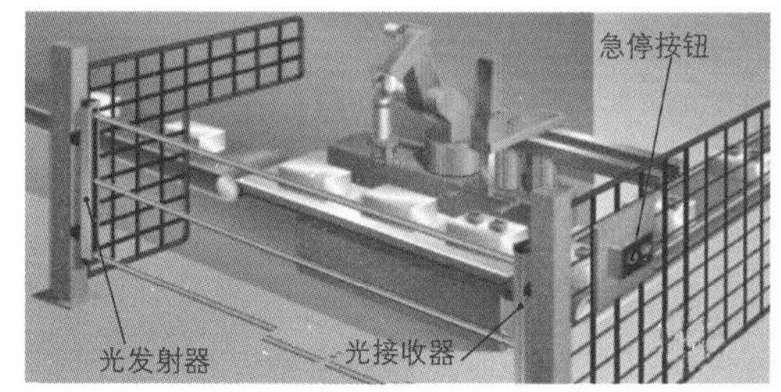

图 3：人员可进入范围的安全防护

本小节内容的复习和深化：

1. 工业机器人可以达到多少个自由度？
2. 旋转运动轴和线性运动轴都造就了哪些机器人制造类型？
3. 请您列举三个传感器类型以及它们在工业机器人上的功能。
4. 请您解释刀具中心点 TCP 的概念。
5. 机器人使用的是哪些传动机构类型？
6. 如何区分运动指令 PTP 与 LIN？
7. 请您列举工业机器人工作范围内的安全防护措施。

4.3 自动化计算机数字控制（CNC）加工机床

柔性加工概念中的标准加工机床是计算机数字控制（CNC）车床和加工中心。它们的自动化是自动化柔性加工的关键。

4.3.1 数控加工中心的自动化

除计算机数字控制系统外，加工中心（BAZ）自动化的重要组成部分还有刀库，装备换刀机械手的刀具输送机构，用于铣削和车削加工的圆分度工作台和回转工作台，以及工件托盘更换装置（图 1）。

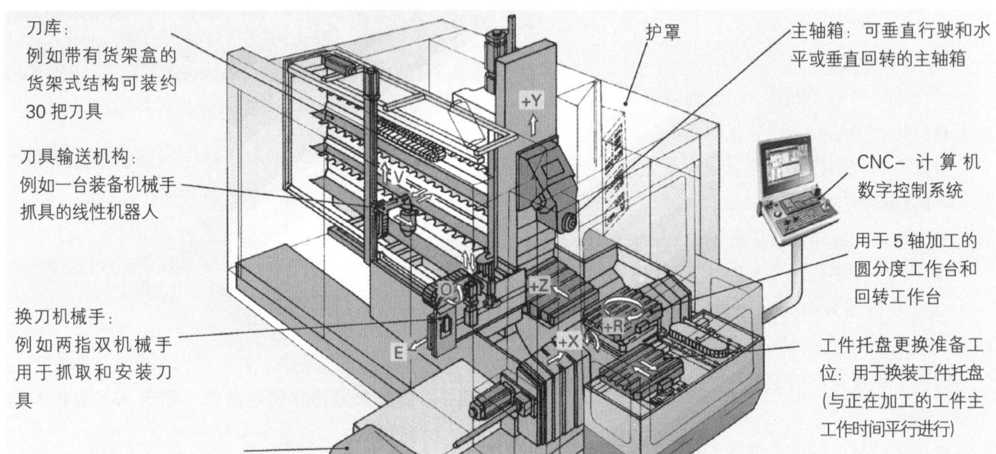

图 1：5 轴加工的计算机数字控制（CNC）加工中心自动化组件

计算机数字控制（CNC）系统是加工中心自动化的核心设备（图 2）。

计算机数字控制（CNC）系统可控制大量的其他部件和加工参数：

●驱动主轴的转速；

●可行驶的线性轴和旋转轴；

●更换和装入合适的刀具；

●更换和送入已装夹完毕的工件托盘；

●液压、电气、冷却润滑剂等的输送装置。

刀库中，加工所需刀具已装入刀架。

刀库可由线性货架排列组成（图 1），或制作成圆盘形刀库（图 3）。

刀库中，为节省空间，刀具与刀架（空心锥柄）采用卡接式连接排放在货架上。若干排货架或多个圆盘的刀库最大可容纳 200 把刀具。

换刀机械手用于从主轴箱自动抓取刀具，然后装入另一把刀具。换下的刀具或送回刀库存放，或在磨损时剔除出去。

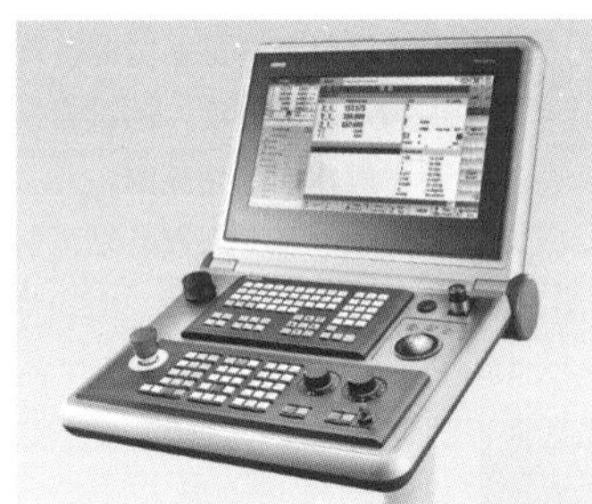

图 2：计算机数字控制（CNC）系统

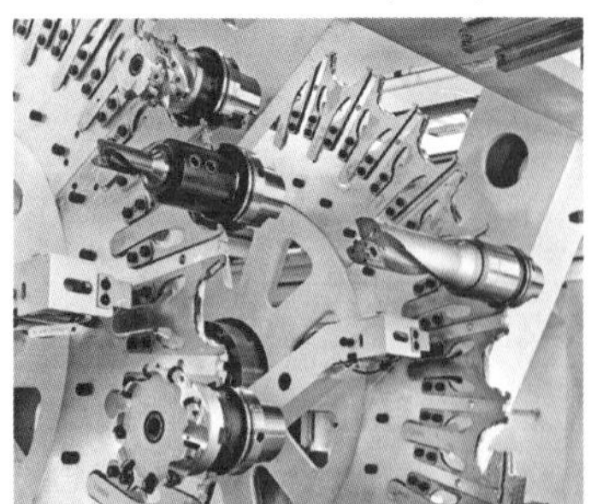

图 3：圆盘刀库

配装双机械手的线性机器人的自动换刀流程需若干步骤：

（1） 刀具输送机构，例如配装机械手的线性机器人，从刀库取出新刀具并驶向换刀机械手（见318图1）。

（2）双机械手换刀装置的其中一个机械手接过新刀具，然后驶向主轴箱（图1）。这里，第二个机械手将旧刀具从主轴箱取出。换刀机械手翻转，将新刀具装入主轴箱。

（3）另一个换刀机械手将旧刀具送入刀库已用的刀具货架存放。

换刀机械手从圆盘式刀库取刀和换刀的流程与上述相同。

计算机数字控制（CNC）加工中心装有5轴：三个线性轴X，Y和Z，以及回转轴A'和旋转轴B'（图2）。

旋转轴B'采用角运动可用于多面加工。它也可以不同转速执行完整的旋转运动。这个特性使它能够在加工中心对工件执行车削加工。

工作主轴可以垂直（见318图1）或水平排列（图2）。此外，工作主轴可以回转90°。

工作主轴水平排列时或从工件下部开始加工时，切屑掉落出加工空间，冷却润滑剂也顺畅地向下流出。

用于5轴加工的一次性装夹回转工作台/圆工作台是提高自动化程度和生产率的重要要素（图2）。采用此类工作台可在一次装夹的状态下完成工件的5轴加工。

图3所示的5面加工是通过圆分度工作台和在水平位置以及垂直位置均可执行加工任务的工作主轴完成的。这种加工方法可避免因工件多次装夹而浪费工时，同时避免工件多次装夹造成的定位偏差。

大多数加工中心均配装工件托盘更换准备工位（图4）。已加工完毕的工件在这里松开装夹，由专业技工换装毛坯件，与此同时，已送入加工工位的前一个工件正在执行主工作时间（加工）。

换装工件托盘的精密导轨与自动同步的零点装夹系统结合，保证了高度的过程安全性。

通过用于自动更换工件托盘和托盘存放器的自动搬运装置（机器人）可进一步提高自动化程度。

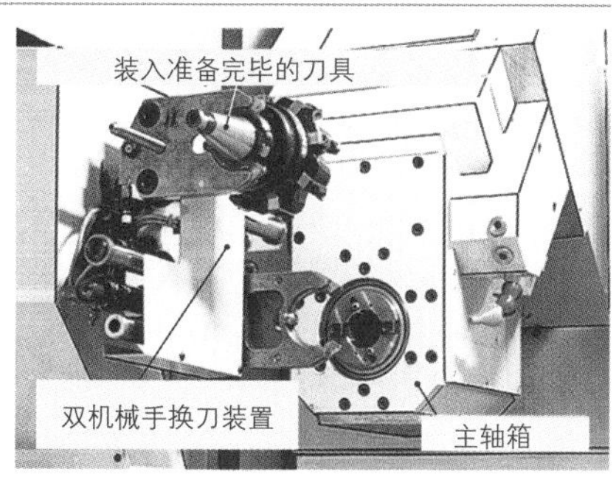

图1：主轴箱与换刀机械手

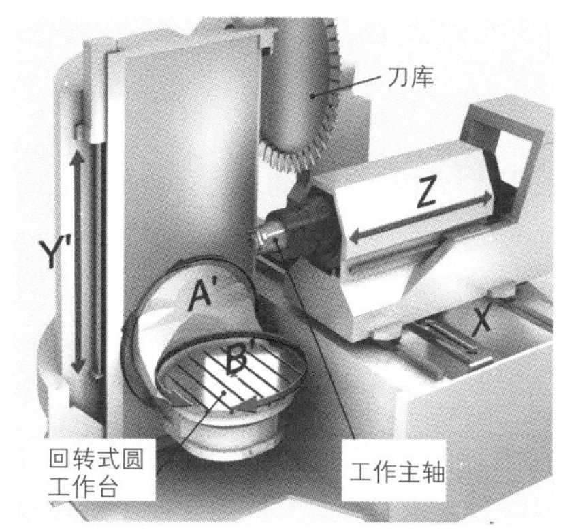

图2：加工中心的轴与水平主轴

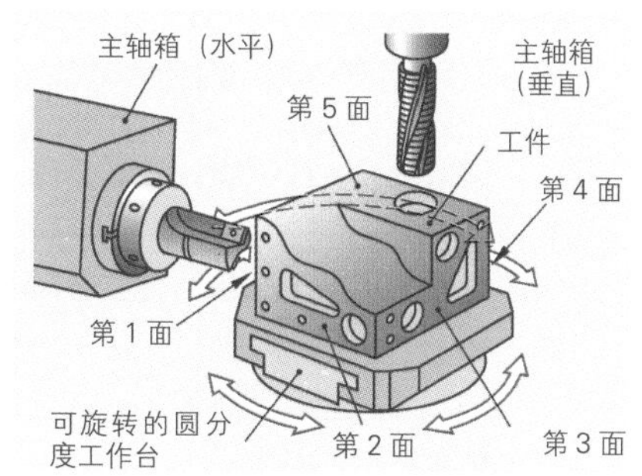

图3：在圆分度工作台的5面加工

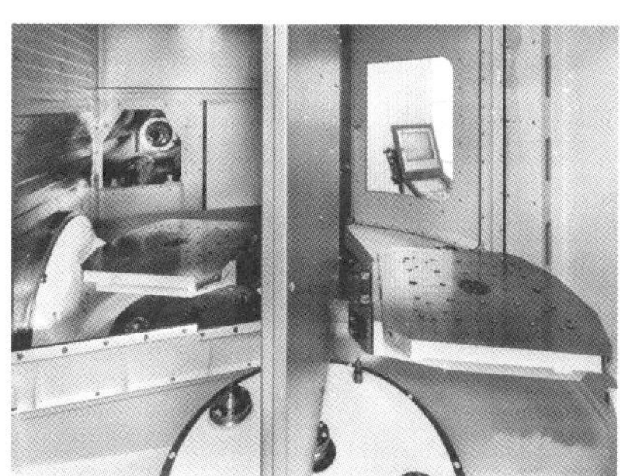

图4：工件托盘更换装置

4.3.2 数控车床的自动化

自动化计算机数字控制机床装备了可进一步提高机床自动运行能力的部件（图 1）。所有的自动化部件均由机床的计算机数字控制系统控制运行。

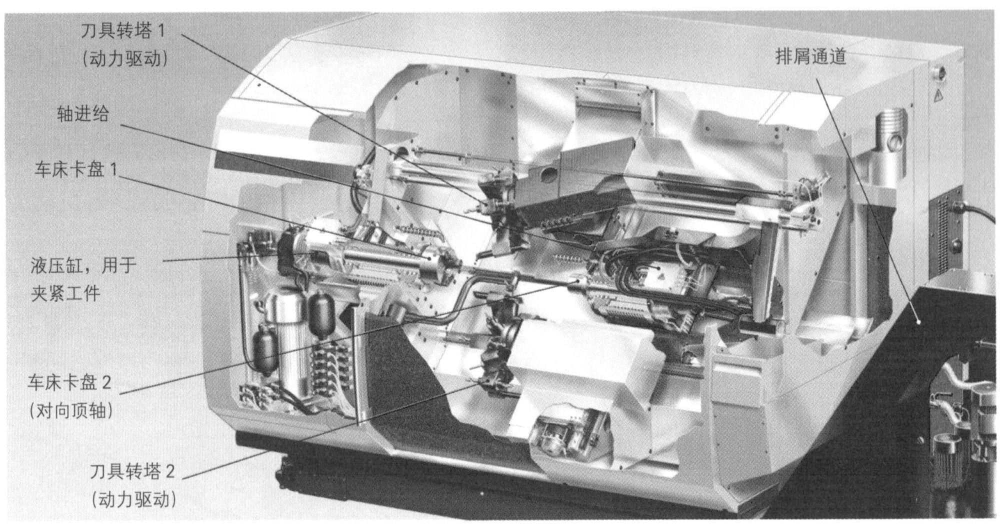

图 1：自动化计算机数字控制车床

自动化所需部件功能如下：

第二个受驱动的工作主轴（对向顶轴）：它使加工工件的第二边成为可能（图 1）。车削件的一边加工完成后，自动从车床卡盘中取出工件，并在对面卡盘内夹紧，然后加工另一边。

刀具转塔：计算机数字控制车床装备有快速更换刀具的一个或多个刀具转塔（图 1）。简单的刀具转塔上装有固定装夹的刀具（图 2）。一个转塔上装夹 10 至 20 把车刀。通过转塔的旋转和行进将刀具送至加工位置。转塔上车刀的选择应能完成一个工件的全部车削加工任务，而不必在转塔上更换装夹新刀具。

带有驱动装置的刀具转塔：从一个普通计算机数字控制车床装配出一台可完成全套加工任务的车削中心，转塔必须能够驱动刀具完成铣削和钻孔的加工任务。

为此，除固定装夹车刀的刀具转塔外，还需配备可驱动铣刀和钻头进行加工的另一个刀具转塔或刀架（图 3）。

使用这种刀具转塔可在主轴处于静止状态时，进行端面和侧面的铣削和钻孔加工。

通过将工作主轴配装成为可受控制的、可精细调节的 C 轴（步进单位：1/1000°–每步）以及配装可回转的刀具，可在车削件的外表面铣削精密轮廓并钻孔（图 3）。

图 2：带有固定装夹刀具的简单刀具转塔

图 3：带有加工刀具驱动装置的刀具转塔

其他的自动化外围设备，例如输送和取走原材料或毛坯件的装置，配套完成计算机数字控制车床的全套自动化。

这种装料卸料系统的控制系统作为外围设备的控制系统是独立的，但与车床计算机数字控制的加工程序是联网的，与车床“手牵手”共同运行。由此可实现“少人（Mann-arme）”加工或“无人（Mann-lose）”加工。

自动输送棒料

车削加工“棒料”时，计算机数字控制车床装备着一套自动棒料装载装置，该装置直接安装在车床上（图1）。计算机数字控制车床必须为此配装一根带有空心轴的驱动主轴。

例如3m长的棒料位于棒料库的斜台并滚落进入送料通道。送料顶杆将棒料从后方推入空心主轴，然后进入车床卡盘并夹紧。加工流程开始。加工完毕后，松开工件并送出加工空间。接着，卡盘打开，下个工件的棒料再次送入。

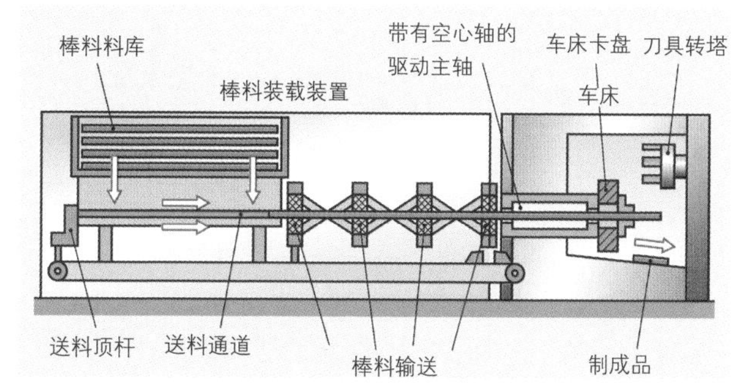

图1：穿过空心驱动主轴装入棒料

自动装载小型毛坯件

采用配装在计算机数字控制车床上的装置装载小型预成型毛坯件，例如锻压的轴承箱（图2）。例如使用脉冲输送带将毛坯件送入加工空间。一个可行驶并装有工件抓具的回转式装料装置抓取单个工件，并将它送入车床卡盘。加工完成后，工件落入斜台，由成品输送带送入工件托盘或放入格栅式料箱。

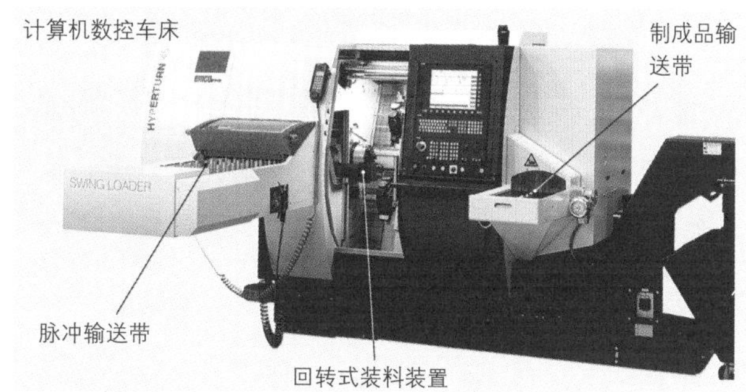

图2：用输送带和回转式装料装置执行装料任务

配装工业机器人的自动装料装置

如果车削毛坯件由较大的棒料型材或较大的锻压毛坯件构成，需用例如链式输送带运送毛坯件，用门式装载机搬运工件（图3）。为此，计算机数字控制车床在其侧边加装毛坯件脉冲输送带。带有机械手抓具的门式装载机从输送带取走毛坯件，行驶越过计算机数字控制车床，将毛坯件从车床上方送入加工空间并装入车床卡盘。加工完成后，装载机取出制成品，并送入制成品输送带。

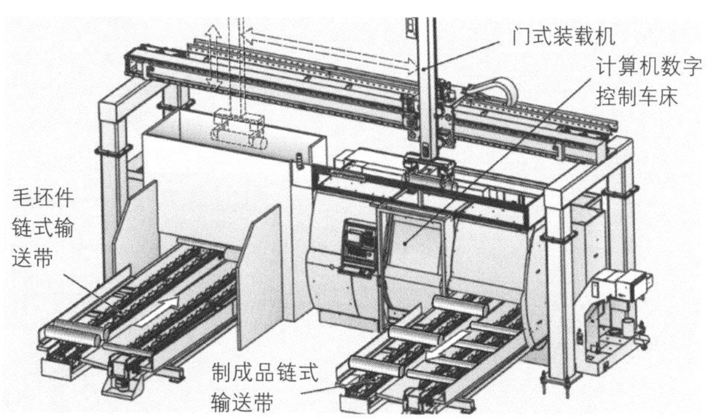

图3：用链式输送带和门式装载机进行自动装料卸料

4.4 自动化加工设备的运输系统

自动化加工设备的另外一个重要组件是大幅度自动化的运输系统。它将各个加工站链接成为一个加工设备(内部物流)。

例如图 1 所示便是一套自动化加工设备的运输系统示意图，该加工设备由两个柔性加工单元（FFZ1 和 FFZ2）与一台自动淬火机（HA）组成。从设备的一边输送刀具，从另一边向加工单元输送装入托盘的毛坯件。完成加工的工件（WSt）先送入仓库，随后外送至成品仓库。

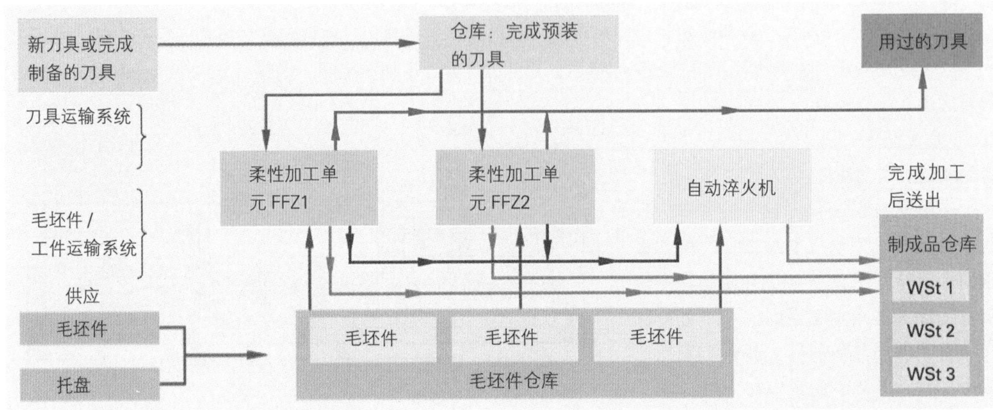

图 1：自动化加工系统的运输系统示意图

现已投入使用的运输系统多种多样，最重要的有：

链式输送带：它用于输送中等规模的工件(见图 2)。

装配站与加工机床之间的输送距离由直线段、转向段和提取段等分段组成。运输料斗和工件载具可运输各种工件和结构件。

在装配站，工件载具通过闸口进入站内，这里组装各个零件。其他装配站的流程完全相同。在加工机床，工件由机械手送入机床，加工完毕后再送回输送带（见 321 页图 3）。

悬挂输送带：用于输送较大型的结构件，例如轿车车身，并在结构件的所有面装配零件（见图 3）。

无人驾驶通道输送车：它沿地面的导引线行驶，主要用于运送较大型结构件或工件托盘至加工机床，或送入仓库，或从仓库取货（见图 4）。

运输系统的控制系统作为分控制系统已集成加入加工设备的主计算机。

图 2：结构件装配站的链式输送带

图 3：轿车零件加工中的悬挂输送带

图 4：装料的无人驾驶通道输送车

4.5 加工机床的监控装置

监视和检测装置，包括将所获取的数据通过有线或无线数据传输发送给机床控制系统，均是计算机数字控制（CNC）机床自动化加工的另一个重要前提条件。它保证机床的完善的可使用性和已加工产品的质量。

刀具耐用度监视

刀具耐用度监视时，机床控制系统采集一把刀具的所有使用时间，然后与输入的设定耐用度相比较。为此需在刀具支架内嵌入一个信息物理系统 CPS。该系统装有一个带微型发射器的传感器，传感器采集刀具使用时间，然后将数据无线发射给机床控制系统（图 1）。刀具尚能使用的剩余时间必须大于该刀具的下一个加工过程。

通过检测电流强度监视刀具的磨损状态

较大型刀具，其电网耗电也较大。因此，通过主轴驱动功率和驱动电机的耗电量可识别刀具状态。首先测取新刀具的耗电量 I_0（图 2）。随着刀具磨损的增加，其耗电量也随之增加，因为磨损的刀具需要更大的切削力。当达到磨损极限-电流强度 IVG 时，必须更换新刀。

钻孔和铣削刀具的激光检测系统

易断裂刀具，如细钻头或指形铣刀，需进行目视检查刀具的断裂（图 3）。红外-激光发射器-接收器系统在钻孔过程之前和之后均需照射钻头刃并检测反射回来的红外射线。红外射线检测值若出现变化，表明钻头刃断裂，并触发一个自动更换钻头的程序。

测量触头系统

测量触头系统由测量触头和装备电子信息采集和传输的测量头组成（图 4）。测量时，待主轴处于停机状态，测量触头进入加工空间，开始扫描各个测量点（参见 39 页）。

测量系统可执行一系列将计算机数控机床转化为独立且自动化加工的任务：

- 测量工件尺寸；
- 测量并校准装夹工装；
- 设置零点和基准点；
- 检测机床动力学，即加工时工作主轴的振动特性。

测量触头将测得的数据用无线电传输给机床控制系统。

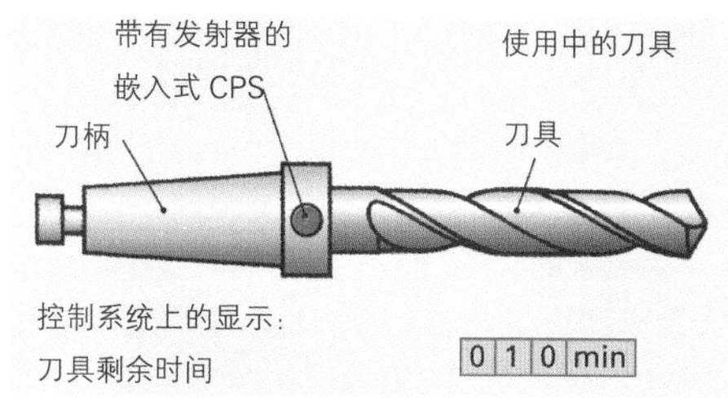

图 1：通过采集刀具使用时间监视一把钻头的刀具耐用度

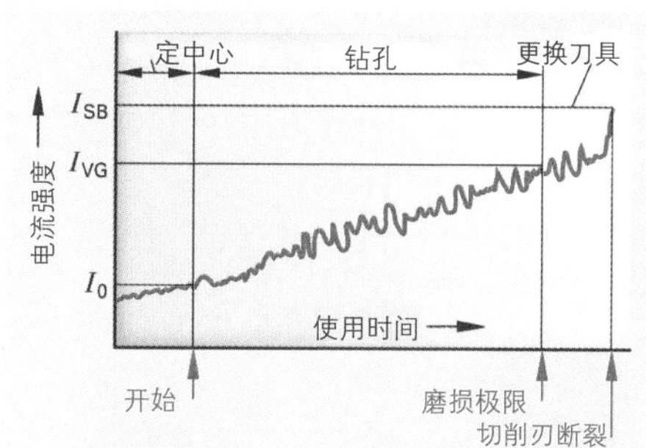

图 2：通过检测主轴驱动装置的电流强度监视钻头的刀具磨损状况

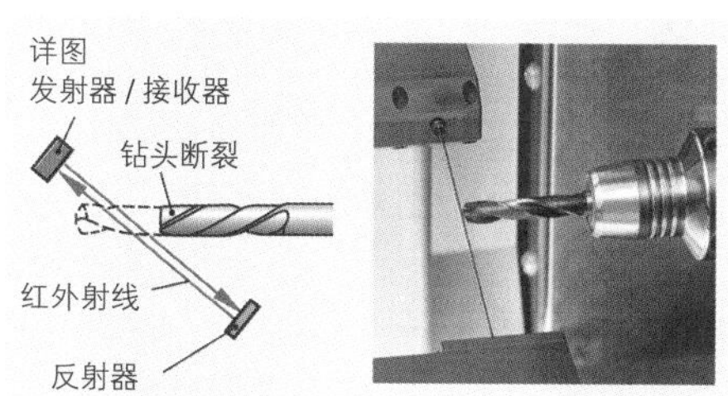

图 3：激光检测系统监视钻头或铣刀

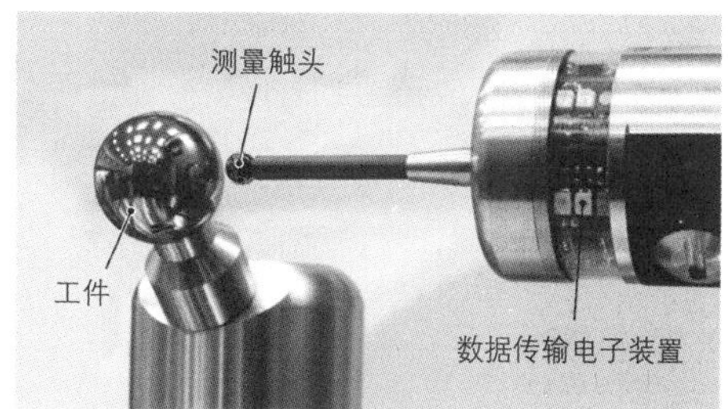

图 4：用测量触头检测工件

4.6 加工设备的自动化阶段

加工设备不断前行的自动化进程可分为如下几个阶段：

(1) 自动化加工机床

以普通机床为基础，施以自动化柔性更新后便是自动化计算机数字控制（CNC）车床和计算机数字控制（CNC）加工中心［图1(a)］。继续加装仓储和存储系统、装料和卸料装置以及运输系统和控制系统，由此诞生具有多种特征的自动化柔性加工设备。

(2) 柔性加工单元（FFZ）

若将普通加工中心与一个工件托盘循环存储站和一个过顶装料机器人相连构成一个单元，这便是柔性加工单元［见图 1(b)］。

工件存储站在一个有限时间段内，例如一个 8h 工作班次，向机床提供工件的坯件，同时接收加工完毕的制成件。

除单台计算机数字控制加工机床外，也可以将两台相同的机床（双机单元）与一台装料机器人和存储单元相连，构成柔性加工单元，用于中等批量的系列生产。

(3) 柔性加工系统（FFS）

如果将若干台加工机床通过控制系统和信息系统与一个共用输送系统和一个仓储或存储站相互链接起来，便生成一个柔性加工系统［图1(c)］。

刀具供给和毛坯件/制成工件的管理保证刀具、随行夹具、毛坯件和制成品在仓库和刀库内能够足量存放，自动提取，装夹并自动放回，例如用于一个星期的工作班次。

(4) 柔性加工设备（FFA）

柔性加工设备，又可称之为柔性加工岛，是在一个较大的运行范围内，将若干台计算机数字控制（CNC）加工机床和其他若干工作站、自动淬火机以及加工单元，例如装配工位，与搬运机器人、仓储设施以及运输系统链接起来构成的［图1(d)］。据此可将类似的工件，又称零件族，自动加工并装配成为成品部件。

各个加工机床、工作站、机器人、仓库、存储站、运输系统和装配站等，均由一台中央加工计算机控制和监视。

专业技工只需在调节和故障时才介入。他的任务主要是监视。

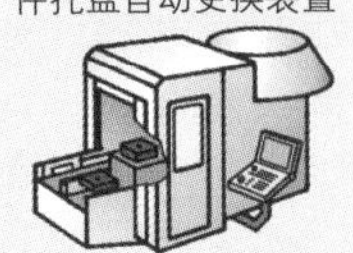

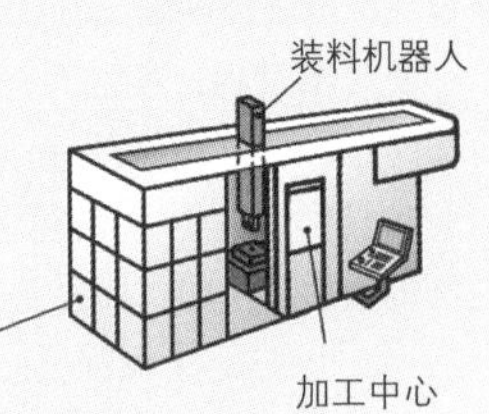

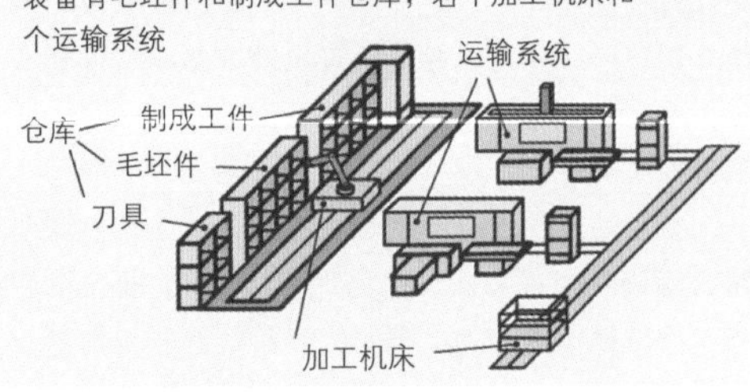

图 1：加工设备的自动化阶段

4.7 传动轴的自动化加工设备举例

图 1 所示是一台自动化柔性加工设备全自动加工传动轴和类似结构件（零件族）。

该设备的运行操作只需少数几个人：加工控制台的设备操作员、维护技工以及出现较大设备故障时的维修人员，及一个安装新加工循环程序的安装小队。

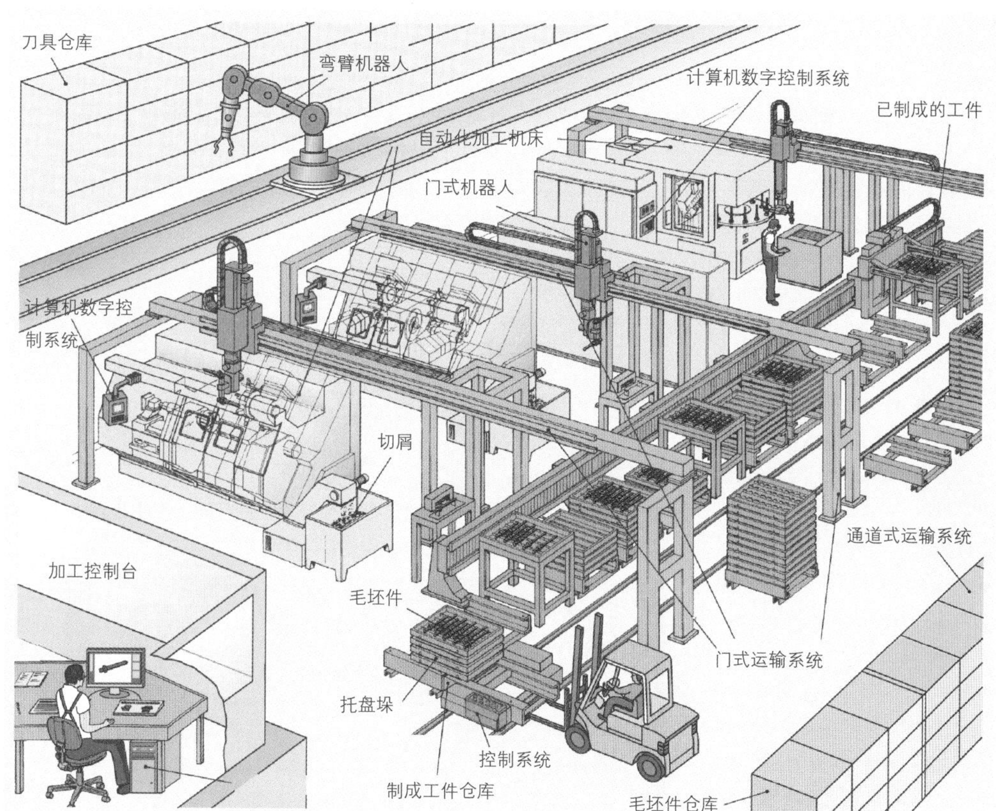

图 1：加工中小批量传动轴的自动化柔性加工设备

■ 自动化柔性加工设备的各组成部分（图 1）

- 加工：由计算机数字控制的自动化加工机床按照加工步骤依序对工件实施加工。
- 刀具供给：刀具的供给由刀具仓库保证。仓库内将刀具存放在例如 10 个卡式刀具盒内，然后由弯臂机器人将刀具送入加工机床的刀库。
- 材料运输：材料运输由若干相互衔接的运输系统予以实现。叉车将毛坯件托盘垛从毛坯件仓库取出，并送入通道式运输系统。门式机器人从托盘中取出毛坯件，送入加工机床，然后从加工机床上取出加工完成的制成工件并放入托盘，为下一道加工工序做好准备。

  加工完成的工件按照客户意愿放入托盘堆垛，送入制成工件仓库，准备向客户供货。
- 辅助材料运输：辅料，如冷却润滑剂和润滑剂，以及切屑的清除，均由通道运输车按需控制完成。

4.8 工业 4.0

今天，在工业 4.0 这个关键词推动下实施工业加工过程的进一步自动化。换上具有相同意义的概念就是“第四次工业革命”，“智能生产”或“物联网”。

> 工业 4.0 可理解为将加工系统的各个要素装备成为智能物体，并将各个智能物体数字化联网成为一个虚拟加工系统。

实现工业 4.0 的前提条件是智能物体，也可称之为智能化机床组件。所谓机床组件可理解为机床的各个要素，例如刀架、运输系统、电机主轴、测量触头等，这些组件内嵌入传感器/执行元件（图 1）。用 IT 业语言将这些组件称之为信息物理系统（CPS）。信息物理系统（CPS）内包含一个识别码、各种传感器、信息处理器、发射器-接收器，有些还配装执行元件。

信息物理系统（CPS）大约是豌豆大小，可嵌入机床组件内，或粘贴在机床组件上。它们是机床各组件的“眼睛”“耳朵”和“手”。

嵌入式 CPS 系统提高了智能机床组件数据的连贯性，将数据通过数据总线或无线电发送给中央计算机。

例如嵌入电机主轴内信息物理系统的传感器测量温度和振动。如果振动增强，温度升高，可得出切削速度错误或工件装夹错误的结论。

在一台工业 4.0 全数字化加工机床上，对所有机床重要的组件均装备了信息物理系统（CPS）（图 2）。它们按十分之一秒的节奏向中央计算机发送数据。

大量的智能机床组件和大幅度提高的检测量意味着极大的数据量。这里可称之为大数据。加工机床所使用的计算机有能力处理这种海量数据，并将处理结果上传互联网云。

在计算机上安装有一个主软件程序，它相当于源自加工机床智能组件的虚拟图像和信息物理系统采集的数据（图 3）。

子程序，例如自动维护子程序或毛坯件输送子程序，均是主程序的补充。

图 1：嵌入由编码器、传感器、信息处理器、发送器、接收器和执行元件等组成的信息物理系统后构成智能物体

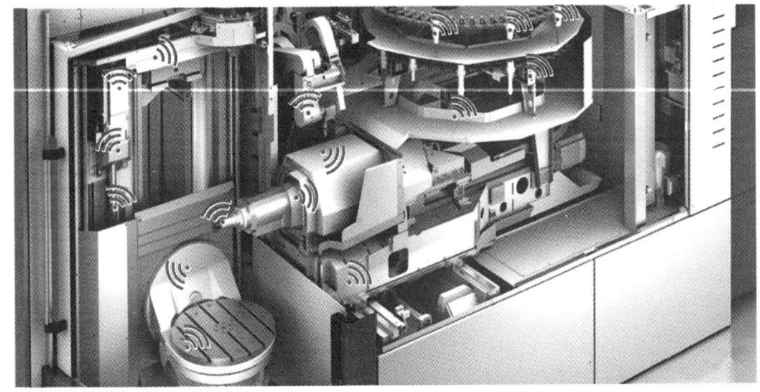

图 2：加工中心内装备信息物理系统的各个机器组件

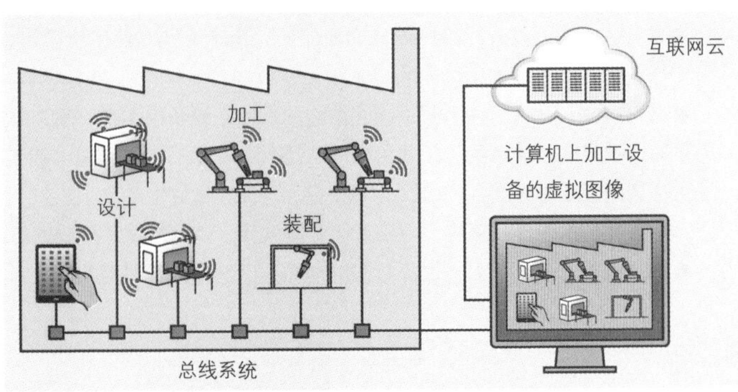

图 3：实际加工设备与计算机上加工设备的虚拟图像

与实际加工设备并行存在着计算机上的虚拟加工设备。由于与普通的文本互联网一样，这里涉及的是数字化的虚拟元素，也可以称之为加工设备互联网或一般称为物联网。

通过连接智能控制软件可以在虚拟加工设备上模拟加工过程，并利用信息物理系统（CPS）的执行元件在实际加工设备中控制和执行加工过程。

举例：

- 虚拟加工设备的子程序记录着例如刀具使用时间，检测由嵌入刀具的信息物理系统在切削加工时测得的刀具切削力（见 323 页图 1 和图 2）。如果超过设定的使用时间或最大切削力，刀具耗损报废。
  →对此，程序启动自动换刀。
- 测量触头系统（见 323 页图 4）向虚拟加工设备中运行的质量控制卡（见 87 页）提供数据。软件程序识别完成加工的工件是否超过公差范围的介入极限。
  →如已超过，通过调整加工参数，程序反馈公差范围之内的工件加工尺寸。
- 信息物理系统（CPS）采集毛坯件仓库内已装夹毛坯件的托盘存量（见 325 页图 1），并向中央计算机传递毛坯件识别标记和托盘数量。
  →程序执行毛坯件管理任务，就是说，例如如果毛坯件存量低于指定的最低存量，程序直接向毛坯件供货商提出已装夹毛坯件托盘的需求数量。

通过大量此类具体的控制系统，在计算机上轻点鼠标，即可用虚拟加工设备的软件程序启动实际的工件加工任务（图 1）。

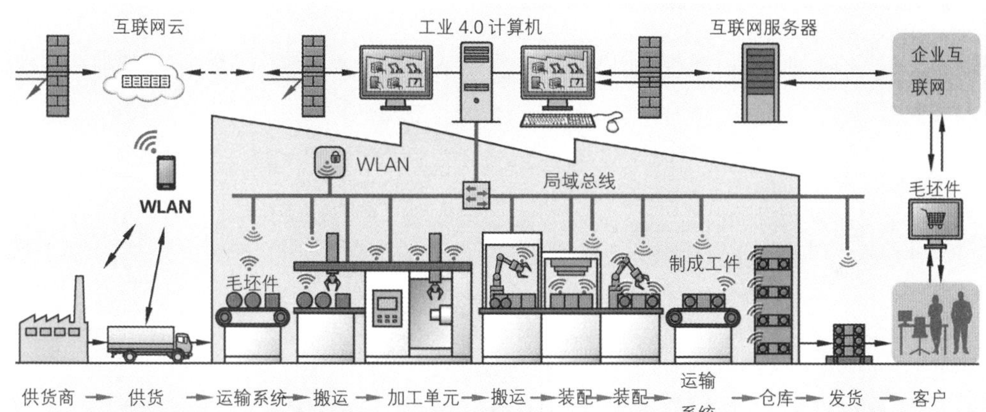

图 1：工业 4.0 结构的加工设备示意图

工业 4.0 系统处理和管理加工设备应执行的任务（图 1）：

- 管理订货、仓储和毛坯件供货。
- 用运输系统和机械手系统向加工单元供给毛坯件。
- 使用合适的刀具并提供足量的刀具存货。
- 控制和监视按照存储的计算机数字控制（CNC）程序加工和装配工件。
- 控制和监视用具体零件装配成最终制成件（产品）的过程。
- 检验制成件，控制仓储，向客户发货。

与此同时，对设备进行监视和维护，更换磨损刀具，监视加工质量，其所有动作均为使加工流程顺畅进行。

专业技工的任务是监视加工设备各组件的安装和功能，监视工业 4.0 控制的加工流程无障碍地进行。若出现故障，他应排除故障，或组织专业服务人员排除故障。

4.9 加工领域企业管理的要求与目的

对于加工企业而言，市场需求持续变化（图 1）。市场需要的是高产品质量，产品型号的高多样性和更短的供货时间。此外，随着技术的进步，产品在市场上仅经过较短时间即遭淘汰，并被其他新产品所取代（产品寿命短）。这种市场需求在个别产品上具有强烈的需求波动性。

加工企业必须提供物美价廉的高品质产品，并能够在加工时做出快速和灵活的反应（图 2）。

如果对各种不同产品的工装换装费用和加工过程费用低廉，那么这种加工便具有高度的灵活性。如果没有明显的成本增加即可加工任意顺序的不同工件，那么这种加工水平已达到批量规模 1 的优化的自动化柔性加工。但是，大部分情况下，小批量规模是有极限的。例如铣削件的批量规模很少低于 10，车削件很少低于 40。

> 通过自动化柔性加工，应能：
> ●加工任意顺序的可变批量规模的不同工件；
> ●以低廉的单件成本进行全自动加工。

下述若干因素对于经济的加工具有重要意义：

（1）低库存和机床停机时间少。通过计算机支持的市场需求计划，仓储管理和材料准备状况便可以达成这个目标。

（2）符合装配要求的批量规模。合理的批量规模可降低加工过程中临时仓储的存量和成本。加工工位所完成的工件数量正是装配工位在同一时间可直接消化的工件数量。我们称这种做法为适时生产①或与需求同步生产。

（3）短流程时间。它可降低准备时间和辅助时间（加工所需的全部工作），并及时准备原材料，刀具和计算机数字控制（CNC）程序。

（4）低单件成本。实现这一目标的方法是，加工机床的高利用率和加工每个工件的低间接成本（图 3）。做到低单件成本的措施有，例如自动从存储站取出工件，从而做到在人员休息时间仍能连续加工，用自动化加工设备和更有效的工业 4.0 设备实现 24h 全自动加工。

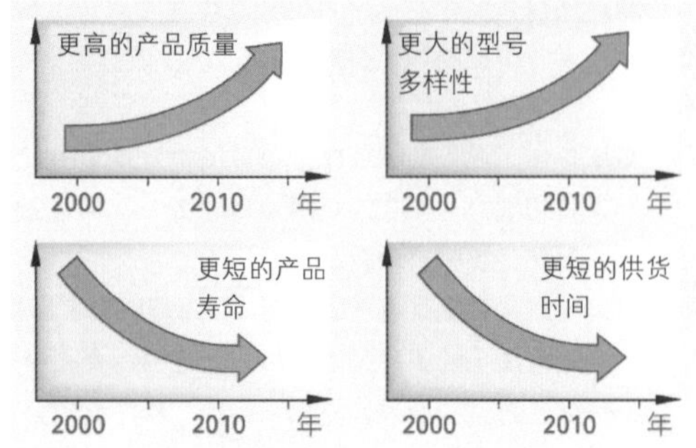

图 1：加工技术中的市场需求

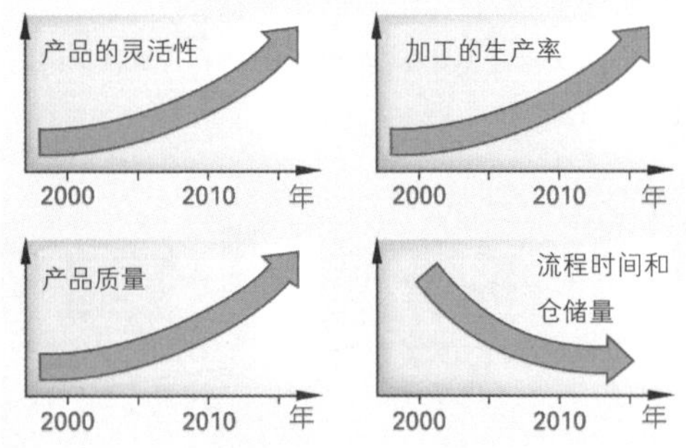

图 2：加工企业的企业目标

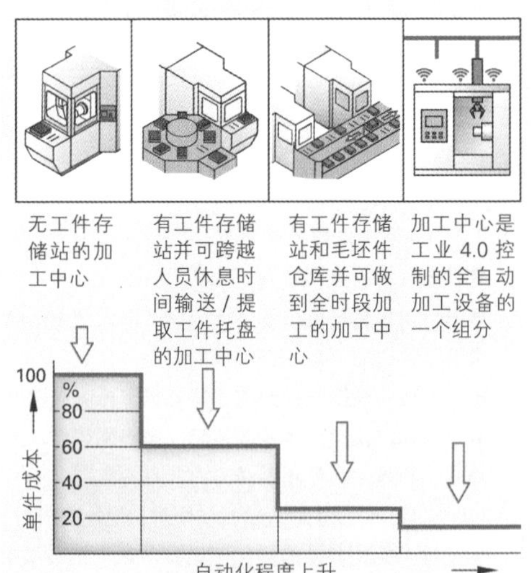

图 3：加工中心举例：与加工自动化程度相关的单件成本

①适时（Just-in-Time）等于在正确的时间点（指零库存）

4.10 加工设备的柔性与生产率的平衡

如果在曲线图表中将不同型号加工设备的批量规模通过工件多样性方框表达出来，便可得到一份加工设备应用范围的概览图（见图 1）。由于批量规模和工件多样性通过多个十位数范围（十个一组）表达，图表的轴线有一个对数分配。

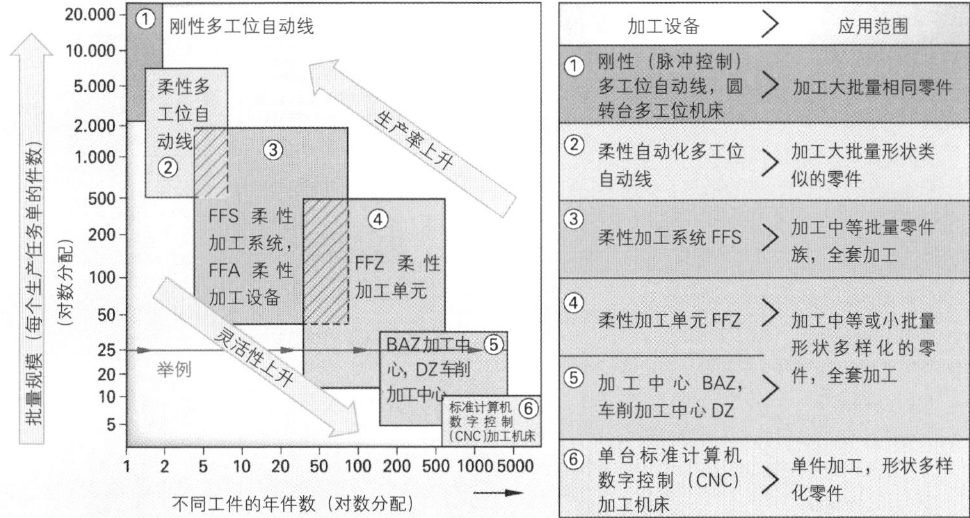

图 1：加工设备的应用范围

刚性自动化多工位自动线①具有高生产率，但其在工件多样性方面灵活性较低。此外，它的工装换装准备时间长，因为刀具或工件托盘的定位和行驶距离的机械式调节必须耗用大量时间。

柔性自动化多工位自动线②在高生产率状态下，其灵活性更高。

与之相比，单台标准计算机数字控制（CNC）加工机床⑥因其工装换装时间长导致生产率低下。但它具有高灵活性。

加工中心 BAZ 和车削中心 DZ⑤通过实施全套加工而具备更高的生产率，并同时兼顾高灵活性。这种加工中心取消了费时的工件改换装夹。

柔性加工设备③和④涵盖了高生产率大批量加工的多工位自动线①与高度灵活单件加工的加工中心和车削中心⑤之间的范围。加工设备的生产率向反方向延展。

对于尚处于企业研发阶段的工业 4.0 加工设备而言，可期待它从大到小批量规模时的高生产率和高灵活性。

对于一份加工任务单，将根据其批量规模和工件多样化使用运行成本最优的加工设备。从图表（图 1）中可确定这一点。

举例： 批量 25 件，根据其不同的工件多样性，适用的加工设备应选柔性加工单元 FFZ，或加工中心 BAZ（图 1）。

本小节内容的复习和深化：

1. 请您列举与加工流程、材料流和信息流相关的传统加工与自动化加工之间的区别。
2. 哪些是加工中心的自动化组件？
3. 什么是信息物理系统 CPS？
4. 车床上带有刀具驱动的刀具转塔有哪些优点？
5. 如何才能监视计算机数字控制（CNC）加工机床的刀具磨损？
6. 什么是装备工业 4.0 控制系统的加工设备的典型特征？

4.11 英语实践

Controls and operating modes of a CNC lathe

■ Operating elements of a control panel

The control panel of the CNC is divided into two areas

There is the screen and the keys for the program input (Figure 1). The buttons and switches on the machine control table enable different functions of the machine (Figure 2)

Layout of the control panel

① display

② alphanumerical keys

③ direction keys for the cursor

④ horizontal and vertical soft keys

⑤ input buttons

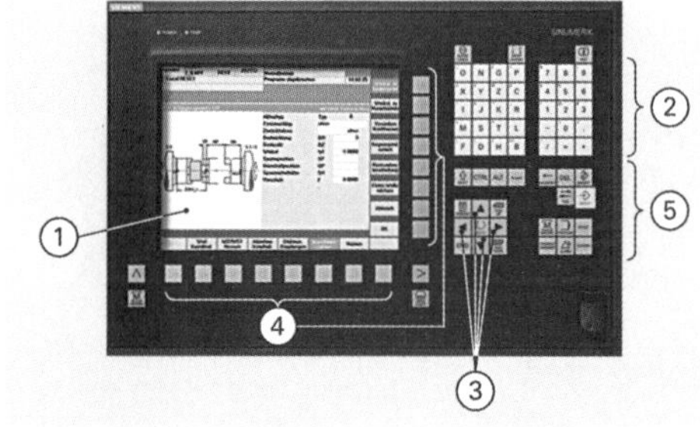

Figure 1: Control panel

Keys and switches of the machine control table

① key switch

② cycle start

③ spindle and feed, stop

④ feed- override

⑤ cool ant on/off

⑥ traverse for X -and z-ax

⑦ rapid mo

⑧ allowance for movement ith door open

⑨clamping open/ close

⑩ emergency stop

Figure 2: Machine control table

Instructions for setting up and operating a CNC lathe

■ Setting mode

During setup, alignment, the installation of tools and manual program input are completed in a CNC machine. In order to avoid misuse by unauthorized persons, the key switch①on the front panel must berotated to the SETUP position. After completion of the setup, this switch is rotated to the AUTO position and should then be removed.

For safety reasons, the setup is very mited when the sliding door is open. The axes, for example, can only be moved by the simultaneous operation of two controls, the corresponding of two controls, the corresponding axis key ⑥ and an enabling switch⑧.

> Safety note:
>
> There should be no obstacles in the traverse range.
>
> Do not put your arms in the traverse range.

■ Automatic operation

Before a CNC program can be started, the hydraulics must be turned on, the reference points must be turnd on, approached and a workpiece program must be created and selected. With the CYCLE START button ② the NC program is started. This is only possible if the sliding door is closed and locked. SPINDLE AND FEED STOP button (3 pauses the program. This means that all feed movements are stoppedimmediately, the spindles runs briefly for chip breaking.

5 材料工程

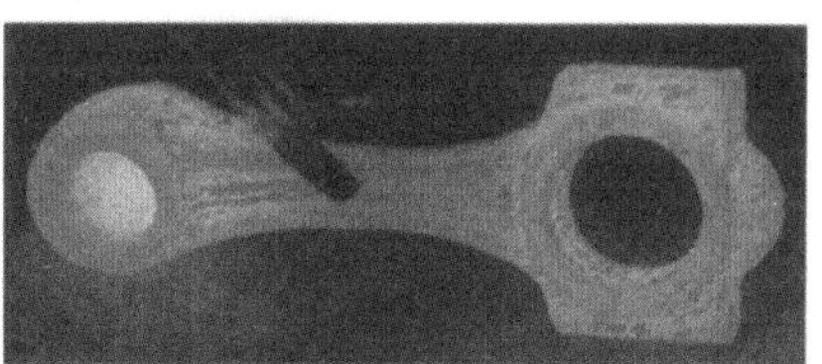

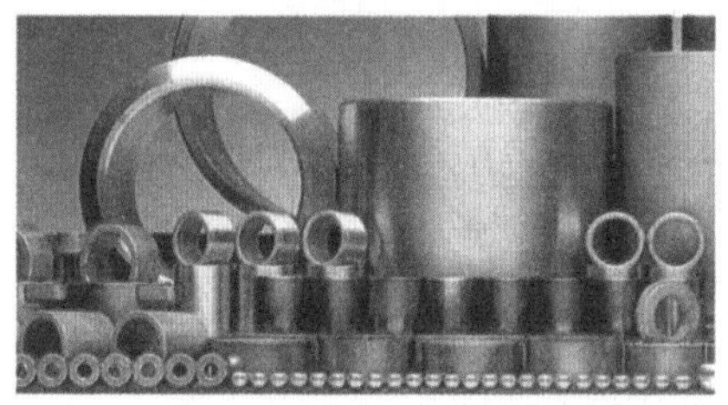

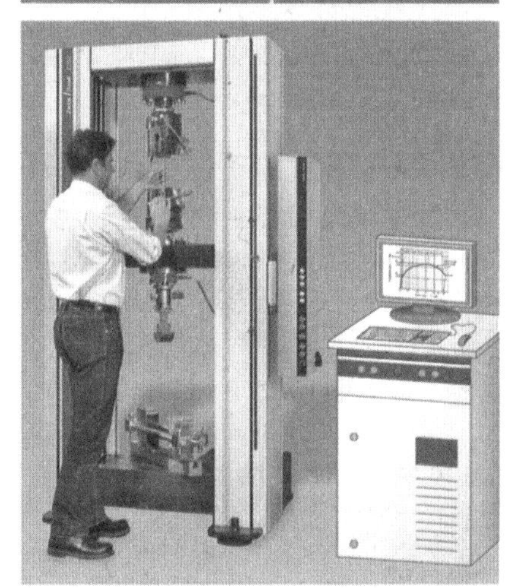

5 材料工程

5.1 材料与辅助材料概览

5.1.1 材料的分类

为概况性地了解材料的多样性，我们按照材料的组成成分或共同特性对材料进行分组（图 1）。

材料可分为三个大组：金属、非金属和复合材料。同时还可以把大组细分成各个小组，例如黑色金属中的钢和黑色金属铸造材料，或有色金属中的重金属和轻金属。

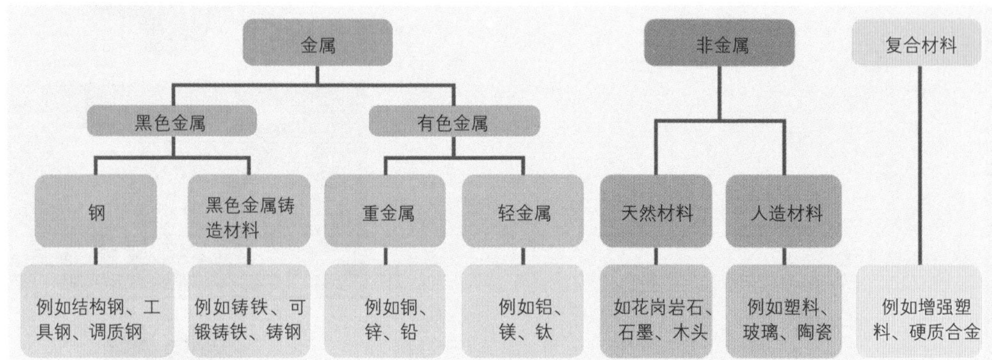

图 1：材料分组中材料的分类

■ 钢

钢是高强度的铁基材料。机器上吸收和传递各种力的主要零件均由钢制造，例如：螺钉、螺栓、齿轮、型材、轴（图 2）。

■ 黑色金属铸造材料

黑色金属铸造材料是铸造性能良好的铁基材料。可浇铸成机器零件，形状粗笨的零件最好的成形方法是浇铸成形，例如机床底座（图 2）。

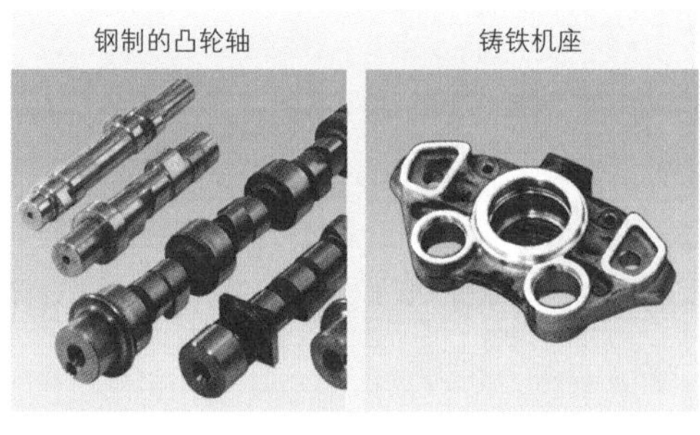

图 2：黑色金属材料制造的工件

■ 重金属（密度大于 5 kg/dm³）

重金属有铜、锌、铬、镍、铅等。我们大多是利用重金属特殊的材料特性：

例如铜，由于其良好的导电性能，铜用作线圈导线（图 3）。

例如铬和镍，把它们加入钢，可改善和达到某些指定的材料特性。

■ 轻金属（密度小于 5 kg/dm³）

轻金属有铝、镁和钛等。部分轻金属也具有高强度。它们的主要应用范围是轻型零件，例如轿车和飞机的零部件（图 3）。

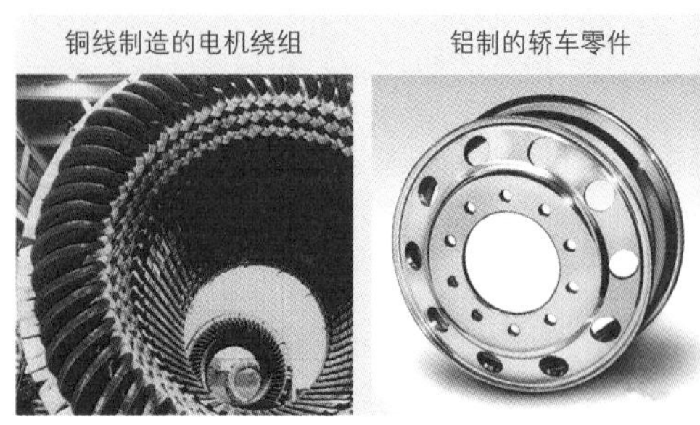

图 3：非铁金属（有色金属）制造的零件

■ **人造非金属材料**

属于人造材料的有一个大家族：塑料，还有玻璃和陶瓷。

塑料质地轻盈，绝缘，从类似橡胶到形状稳定以及坚硬如石等，种类繁多。其应用范围非常广泛，从轮胎材料到小型传动齿轮箱（见图 1）。

工业陶瓷材料主要利用其超强的硬度和耐磨强度，例如切削刀片、喷嘴、滑环等。

■ **天然材料**

天然材料是指自然界蕴藏的材料，如石材或木材。用途：例如花岗岩用作检验台的台面（图 1）。

■ **复合材料**

复合材料是由若干种材料组合而成，将各材料的优势特性集中体现于一种新材料。

例如玻璃纤维增强塑料（GFK），它具有高强度，兼具良好韧性和弹性，质地轻等特点，可用于制造轿车和飞机零件（图 2）。

另一种复合材料，硬质合金，则既有硬质材料颗粒的硬度，又有组合金属的韧性（图 2）。硬质合金主要用于切削材料。

塑料制成的小型传动齿轮箱

花岗岩石检验台台面

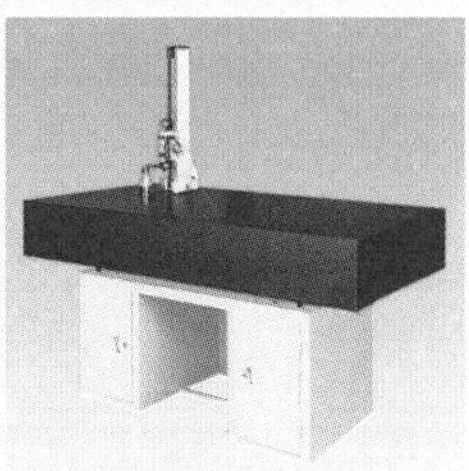

图 1：非金属材料制成的零部件

玻璃纤维增强塑料（GFK）制成的燃料箱

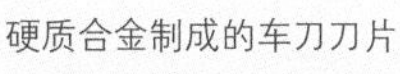

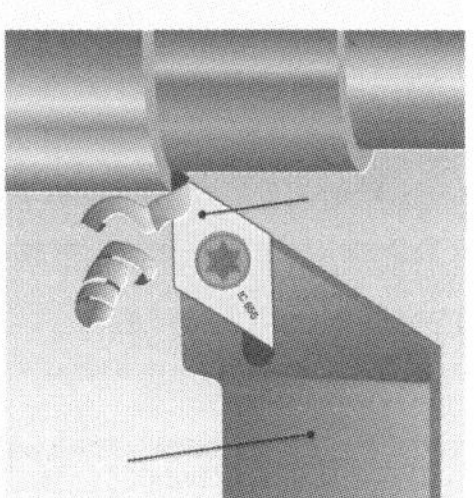

图 2：复合材料制成的零件

5.1.2 工业材料的制造

工业材料的制造宜从原材料开始（图 3）。大部分原材料均从它们在地壳的埋藏地挖掘出来，例如冶炼金属的矿石或制造塑料所需的石油等。通过化学转换的方法从原材料中制取工业材料，然后作为半成品和制成品进入市场交易。用这些工业材料制成工件。而天然材料则直接取自自然界。

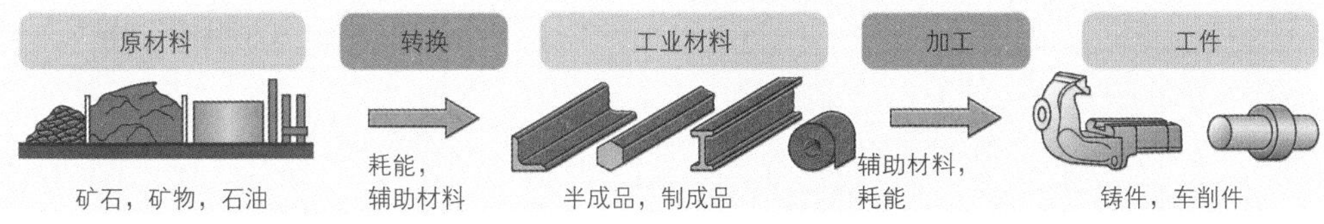

图 3：从原材料到工业材料的制作过程

5.1.3 辅助材料和耗能

制造工业材料和加工工件以及驱动机床时均需添加辅助材料和消耗能量（图 4）。例如车削工件时需要冷却润滑剂来冷却润滑刀具切削刃，需要润滑材料来润滑机床轴承，还需要电能驱动车床。

冷却润滑剂	磨料和抛光剂	清洁剂	钎焊和熔焊的辅助材料	涂层材料	润滑材料	燃料	液压油压缩空气	电能

图 4：辅助材料和耗能

5.2 材料的特性及选择

一台机器由数量繁多的、各种材料制成的零件组成。每一个零件都有一个指定的任务，并由适宜于完成该任务的材料制成。

举例：钻床零件的材料（图 1）。

例如手动进给传动齿轮箱的齿轮必须把人力传递到向下运行的钻床主轴。为此，齿轮需要一种高强度材料，例如调质钢。

钻头必须由高硬度材料制成，使它能够挤压进入被钻的工件并顺利地排出切屑。钻头由例如经过淬火处理的工具钢制成。

皮带传动机构的传动皮带必须具有弹性，能够传递大拉力。它可由例如类似橡胶并嵌入钢丝的塑料制成。

钻床的底座和工作台，由于其形状粗笨，必须浇铸成形。它们尤其应能减缓吸纳机床的振动。因此，铸铁是最适宜的材料。

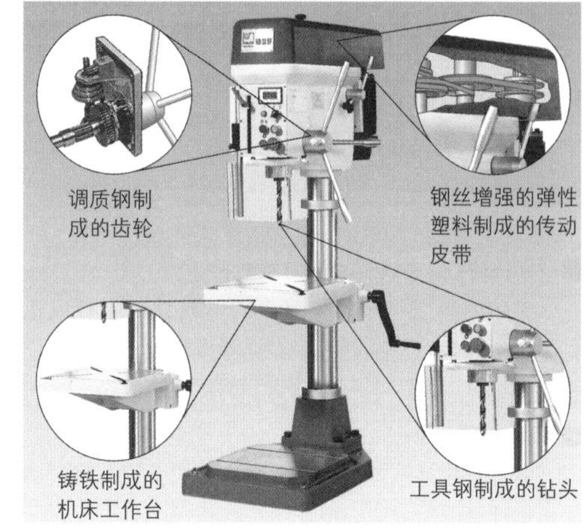

图 1：钻床零件的材料

5.2.1 材料的选择

选择机器零件合适的材料时，必须首先清晰地描述出该零件应完成的任务和因此对该零件材料的要求（表 1）。

表 1：材料的技术任务和材料的选择

对材料的要求	对材料性能的要求
该材料在其重量、熔点温度或导电性能等方面是否适合于该任务	可回答的是材料的物理性能，如密度、熔点温度和导电性能
该材料能否承受施加给它的各种力	可回答的是材料的机械－工艺性能，如强度、硬度、弹性
材料在滑动面耐磨吗	可回答的是材料的耐磨性能
采用哪一种加工方法可以实现零件加工的成本最优化	可回答的是材料的加工工艺性能，例如可铸造性和可切削性
零件的材料在实施预定使用目的时是否会受到周边材料或高温的侵蚀	这一性能指材料的化学－工艺性能，如抗腐蚀性能和抗氧化性能

工作原则

权衡所有观点，零件材料选择时应遵循的原则是：

- 该材料应能最好地满足零件功能的要求和技术要求。
- 零件加工和材料的价格应是最有利的。
- 零件材料加工时和使用后不会增加对环境的负担。

5.2.2 材料的物理性能

物理性能描述的是材料的特性，与材料的形状无关。表明材料性能的是物理量。

■ 密度

材料的密度应理解为一个物体的质量 m 与体积 V 的商。

密度 $\rho = \frac{m}{V}$

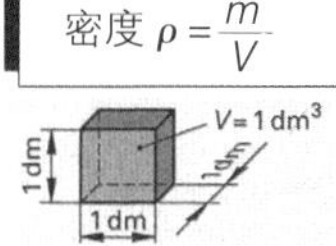

我们可以把密度形象地想象为一个边长 1 dm 的正方体的质量。固体和液体密度的单位是 kg/dm^3、g/cm^3 或 t/m^3，气体相对密度的单位是 kg/m^3（表 1）。

■ 熔点（熔化温度）

熔点是一种材料开始熔化时的温度。

熔点的温度单位一般采用摄氏度（℃）（表 2）。

纯金属都有一个准确的熔点。而金属混合物（合金），例如钢和铜锌合金，则有一个熔点范围。

■ 导电性

一种材料的导电性是指其导通电流的能力。

良好的电导体是银、铜和铝。它们都用作导体材料（表 3）。

我们把不能导通电流的材料称为绝缘材料。属于这类材料的有塑料、陶瓷、玻璃。

■ 热线性膨胀（图 1）

热线性膨胀系数 α 表明的是一个边长 1m 的物体在温度变化为 Δt=1 ℃时的纵向变形 Δl(图 1)。

在例如测量工具和装入零件或铸件方面必须考虑热膨胀 Δl。铸件在浇铸后将出现热收缩，因此必须加入尺寸余量予以补偿。

■ 导热性

导热性是一种材料传导进入其体内热能的能力程度（图 2）。

金属具有高导热性，特别是铜、铝和铁以及钢。导热性低的材料有塑料、玻璃和空气。因此它们用作阻热材料。

表 1：材料的密度

材料	密度：(kg/dm³)	材料	密度：(kg/dm³)
水	1.0	铜	8.9
铝	2.7	铅	11.3
非合金钢	7.8	钨	19.3
空气（0 ℃,1.013 bar）：密度 =1.29 kg/m³			

表 2：熔化温度

材料	熔点（℃）	材料	熔点（℃）
锡	232	铜	1083
铅	327	铁	1536
铝	658	钨	3387

表 3：以电导率为 100%的铜为参照，各种材料的导电性

材料	百分比	材料	百分比
铜	100%	锌	29%
银	106%	铁，钢	17%
铝	62%	铅	8%

热线膨胀 $\Delta l = l_1 \cdot \alpha \cdot \Delta t$

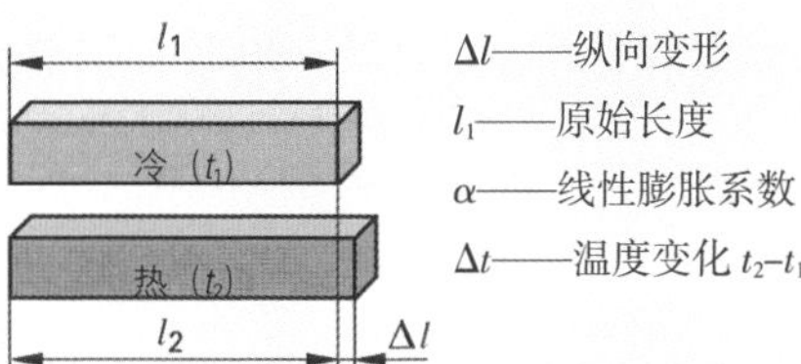

图 1：热线性膨胀

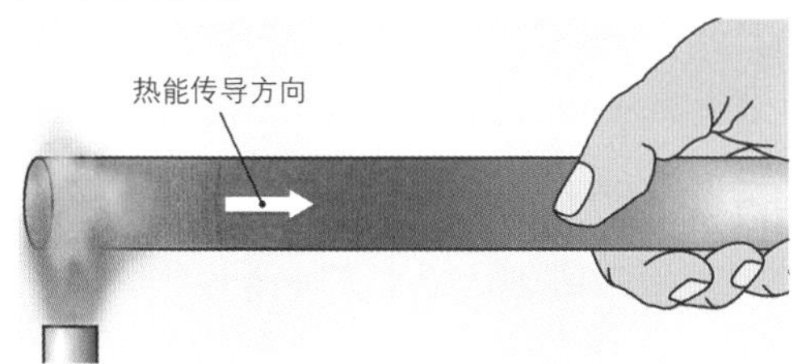

图 2：导热性

5.2.3 机械-工艺性能

机械-工艺性能表明材料在力作用下的材料特性。

■ 弹性变形和塑性变形

在一个力的作用下，不同材料的变形也是完全不同的。

例如淬火调质钢锯片可以在力的作用下弯曲，当取消该力后，它又可以回弹到它初始的直线形状（图 1）。这种性能我们称为材料的弹性变形或材料的弹性。例如锯片钢或弹簧钢具有纯弹性变形性能。

与之相反，一根铅棒在弯曲后，绝大部分便继续保持着弯曲状态（图 2）。这种材料的变形性能接近于纯塑性变形。这种性能我们称为材料的塑性。绝大部分的塑性可变形性出现在加热到可锻温度时，例如钢和熟铁。

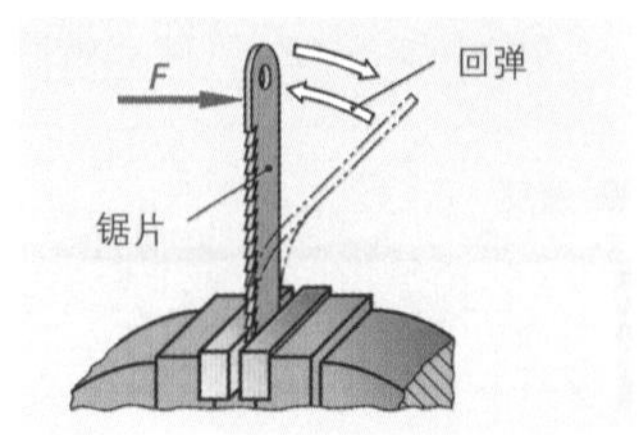

图 1：一个锯片的弹性

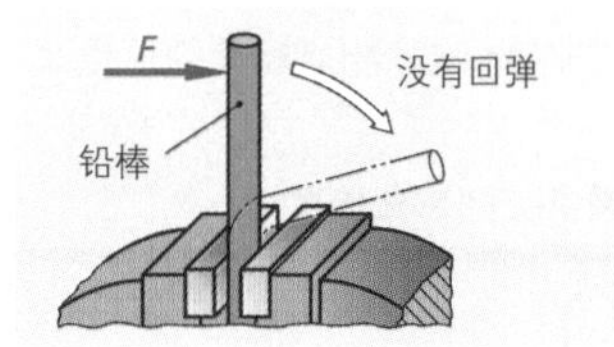

图 2：一根铅棒的塑性

■ 弹性-塑性变形性能

一根非合金结构钢方棒在弯曲时即显示出其弹性变形，同时还显示出其塑性变形：

强烈弯曲时，方棒仅部分回弹。它仍保持着塑性变形（图 3）。这表明，该材料在大负荷时具有弹性-塑性变形。

许多材料都具有弹性-塑性变形特性，例如未淬火的钢、铝合金和铜合金。

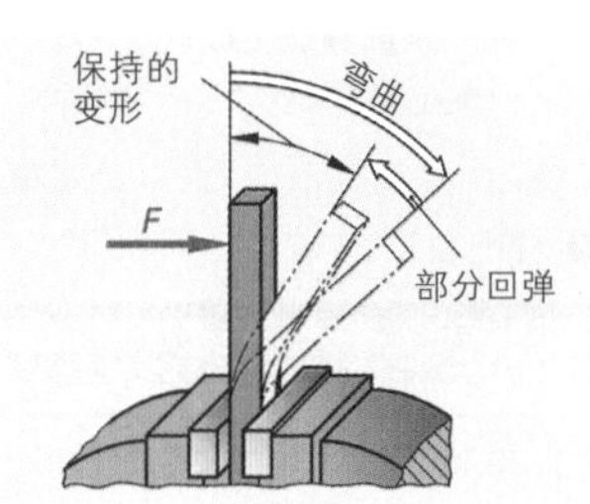

图 3：一根钢棒的弹性-塑性变形

> 不同的材料可以分别具有弹性变形、塑性变形和弹性 - 塑性变形等不同的变形性能。

■ 韧性，脆性，硬度

我们把可以弹性-塑性变形，但却施以强大阻力阻止变形的材料称为韧性材料。例如结构钢或不锈钢是韧性材料。

衡量韧性的尺度采用断口冲击韧性，单位：焦耳 (Joule)(J)。通过断口冲击韧性试验检测材料的韧性。试验时，一把重锤落下砸受检材料样品并测量可击穿样品所需的能量（功）。

我们把在打击负荷下破裂成碎片的材料称为脆性材料。陶瓷和玻璃，还有若干个铸铁类型和淬火不正确的钢属于脆性材料。

硬度应理解为一个材料对挤压进入其中的外来检测体的阻力（图 4）。硬材料有淬火钢、硬质合金等。相对软的材料有铝和铜等。

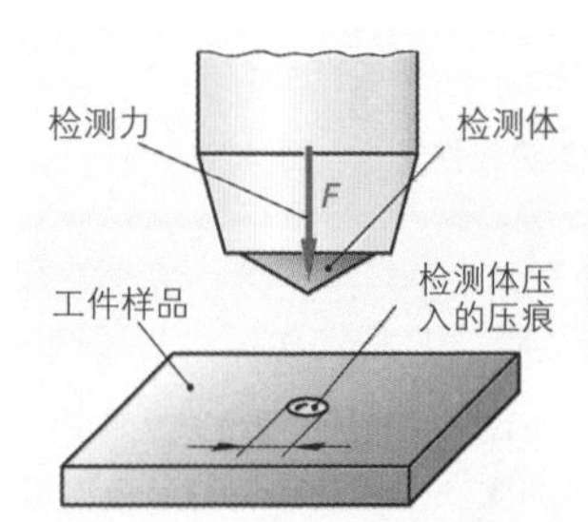

图 4：硬度的确定

■ 负荷的类型

根据力向零件作用的方向不同，在材料上所产生的负荷也各有不同。

如果两个力以从零件向外相反的方向同时作用在一个作用线上，零件上将出现拉力负荷（图 5）。

如果两个力以相对的方向同时作用在零件上，零件上将出现压力负荷。

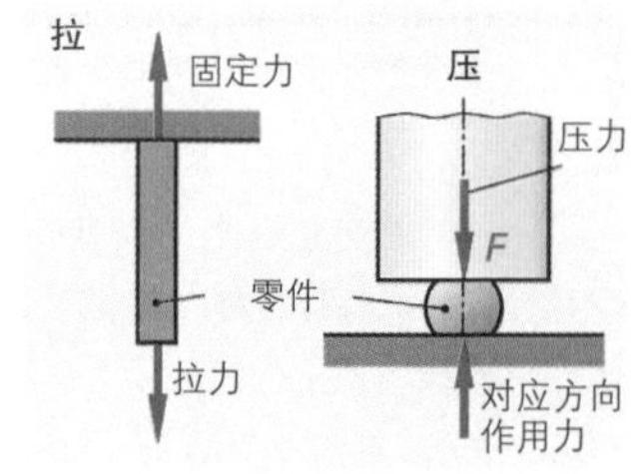

图 5：拉力负荷和压力负荷

其他的负荷有弯曲、剪切、扭转（扭曲）和纵向弯曲（图 1）。

一种材料对于每一种类型的负荷都有一个最大负荷极限，这个极限我们称之为强度。根据负荷类型的不同，这些负荷极限分别称为抗拉强度、抗压强度、抗弯强度、抗剪强度，等等。

在技术上，材料的拉力负荷特性数值意义最大。

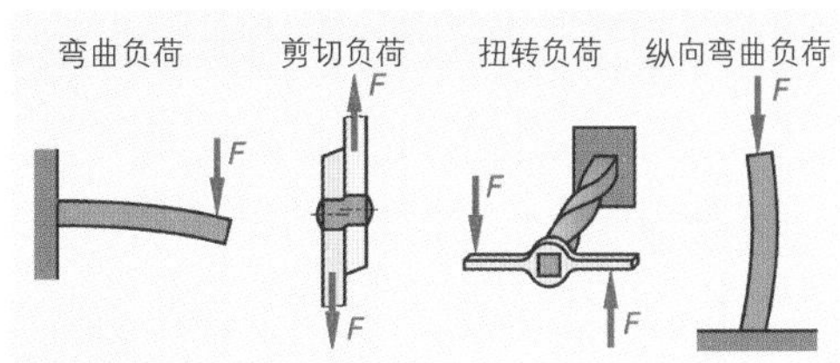

图 1：其他的负荷类型

■ 抗拉强度，屈服强度

为了描述作用到一个零件上，与零件尺寸无关的拉力负荷的量，我们用作用的力 F 除以零件横截面 S_0。这个量我们称为拉应力 σ_z，其单位是 N/mm^2。

拉应力 $\sigma_z = \frac{F}{S_0}$

我们把试验棒承受拉应力负荷时所出现的变形状态描述为一个材料可负荷性的特性值（图 2）。

试验棒承受一个小型拉力，首先仅出现弹性伸展变形。那么，如果拉力保持低于弹性变形极限力 F_e，则试验棒仍仅出现这种弹性变形。如果加大拉力，使之超过弹性变形力 F_e，试验棒开始出现明显的拉长变形。这时，我们称之为“材料被拉长了”。这种变形大部分是塑性变形。

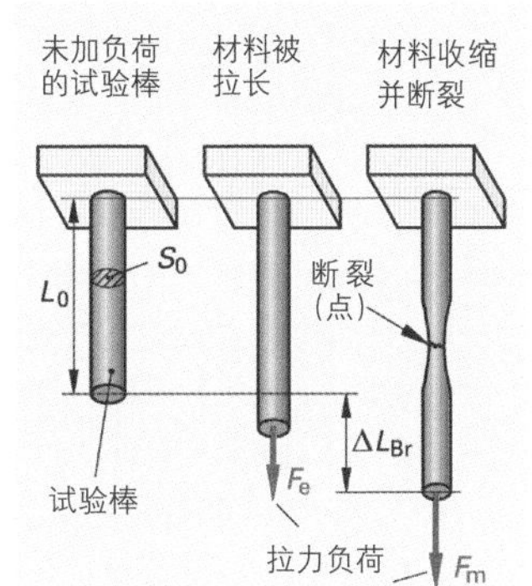

图 2：试验棒，未加负荷和施加拉力负荷

拉长变形开始之前直接作用到材料上的拉应力，我们称为屈服强度 R_e。它是力 F_e 与试验棒横截面 S_0 相除后的商，是一个材料尚未实际塑性变形之前可负荷性的特性值（极限值）。

如果加大作用于试验棒的拉力负荷并使之超过屈服强度，试验棒将开始收缩变细，直至最后断裂（图 2）。这种材料承受拉应力时的最大拉力 F_m 就是材料的抗拉强度 R_m。它是 F_m 与 S_0 相除后的商，是一种材料所能承受的最大拉应力。

屈服强度 R_e 和抗拉强度 R_m 都使用相同的单位 N/mm^2。例如钢 S235JR 的屈服强度是 $R_e \approx 235\ N/mm^2$，抗拉强度是 $R_m \approx 360\ N/mm^2$。

屈服强度 $R_e = \frac{F_e}{S_0}$

抗拉强度 $R_m = \frac{F_m}{S_0}$

■ 延伸率，断裂延伸率

通过一个作用力使试验棒延长（图 2）。从初始长度 L_0 拉伸到现在的拉长长度 ΔL，这个长度变化称为延伸率 ε。试验棒断裂后所保持的延伸率称为断裂延伸率 A，它是一种材料最大可能延伸的尺度。

延伸率 $\varepsilon = \frac{\Delta L}{L_0} \cdot 100\%$

断裂延伸率 $A = \frac{\Delta L_{Br}}{L_0} \cdot 100\%$

■ 耐磨强度

在两个相对运动的机器零件之间，例如一台车床的机床床身与纵向刀架溜板之间，会出现零件表面的摩擦和磨损（图 3）。除了零件配对和润滑剂的因素外，一个零件的耐磨强度还取决于各种负荷：各种力、速度、温度、持续时间、运动的类型和环境因素。

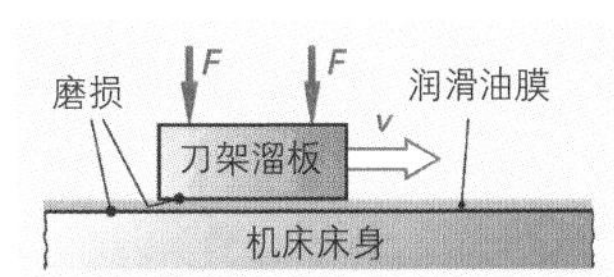

图 3：滑动面的磨损

5.2.4 可加工性

可加工性描述的是材料适应各种加工方法的性能（图 1）。

- 可铸性：如果一种材料可以形成稀薄熔液并完全充满铸模，凝固后的材料内部不会形成空腔（缩孔），我们称这种材料具有良好的可铸性。各种铸铁、铸铝合金和铜-锌铸造合金以及铸锌合金等，都具有良好的可铸性。
- 可成形性：这是一种材料在力的作用下通过塑性变形成为工件的能力。热成形方法有热轧和锻造等，冷成形方法有冷轧、弯曲、卷边和深冲等。

具有良好可成形性的材料有，低碳钢、熟铁以及铝的塑性合金和铜的塑性合金。无可成形性的材料是铸铁。

- 可切削性：指一种材料是否可以，以及在何种条件下可以用切削方法进行加工，例如车削、铣削、磨削等。可切削性的评价量是切削面的表面质量、切削条件和切削刀具的耐用度。

金属材料大部分都具有良好的可切削性，尤其是非合金钢、低合金钢和铸铁类，以及铝和铝合金。难以切削的是韧性很强的材料，如已软化的铜、不锈钢和钛，以及很硬的材料，如淬火钢。

- 可焊接性：它描述的是一种材料的可焊接性或不可焊接性。

具有良好可焊接性的材料是非合金钢和低碳含量的低合金钢。使用特殊焊接方法也可焊接高合金钢、铝合金和铜合金。

- 可淬火性和可调质性：这是指一种材料通过有目的的热处理可提高其硬度和强度的能力。

大部分钢，若干铸铁和可硬化的铝合金等材料都具有可淬性。

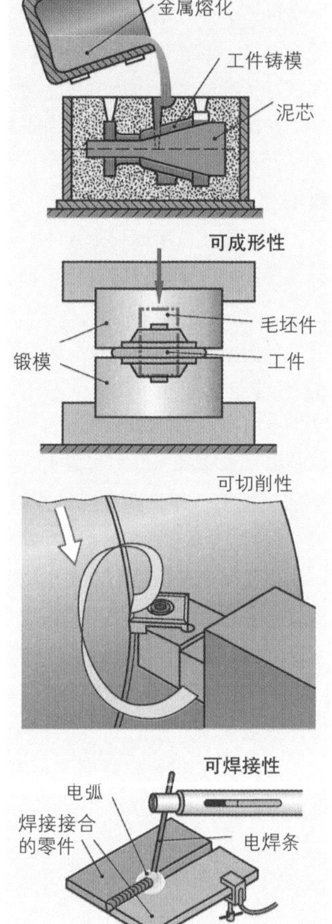

图 1：材料的可加工性

5.2.5 化学-工艺性能

化学-工艺性能涉及的是环境影响因素和侵蚀性物质（作用媒介）以及高温等所施加的可改变材料的作用。

- 腐蚀性：指在潮湿空气、工业环境、污水或其他侵蚀性物质破坏性作用下材料的特性。我们把通过化学和电化学过程从表面开始对材料的破坏称为腐蚀（图 2）。

耐腐蚀的材料有例如不锈钢以及许多铜铝材料等。对潮湿空气或工业环境不耐侵蚀的材料有非合金钢、低合金钢以及铸铁；它们很容易生锈。

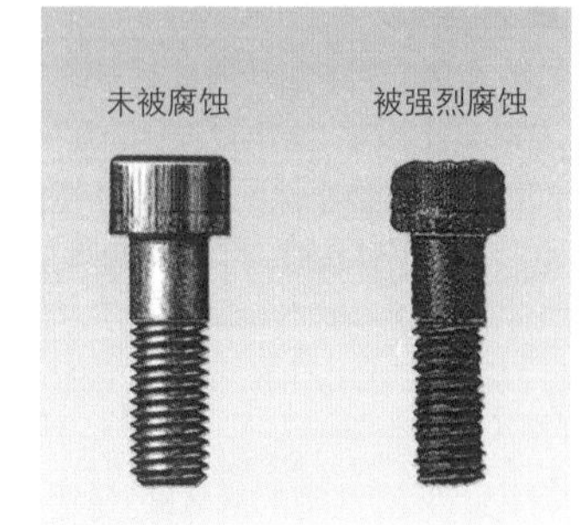

图 2：腐蚀

通过表面处理，涂漆或涂层等方法，可以在长时期内避免腐蚀。

- 耐氧化性：这种化学-工艺特性（图 1）描述的是材料在高温下的反应性能。
- 可燃性：有些材料，例如塑料，在材料选择时需特别注意其可燃性。

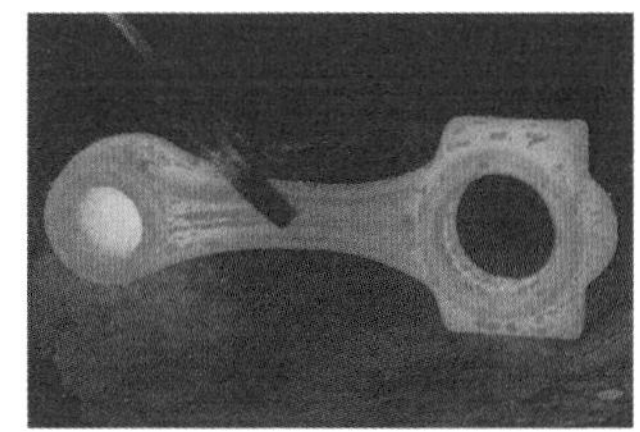

图 1：起氧化皮

5.2.6 环境的可承受能力，对健康的无害性

材料和辅助材料在其制造、加工和正确使用时，不应产生有害健康的作用。装置和机器在使用寿命结束后，其材料应能重新利用（重复利用）。

- 环境可承受的材料：使用最为频繁的金属材料，其大部分都是环境可承受的材料，如钢和铸铁，铝和铜等。这些材料对人体健康无害。它们完成使用寿命后可以分类搜集（图 2）、熔炼、处理成新的材料。
- 有毒材料：金属铅（Pb）和镉（Cd），其精细粉末被吸入人体内时有毒。因此，它们的使用应限制在最低程度。加工这类材料时，例如使用含铅和含镉的软焊料钎焊时，必须抽吸废气，使工作场地保持良好通风。这一条原则同样也适用于熔焊作业（图 3）。使用冷却润滑剂切削加工时，也应避免将冷却润滑剂雾吸入体内。
- 高毒性物质：如用于特种淬火方法的淬火盐（氰化物盐）。此类毒性物质的制造商均出具必须严格遵守的安全数据页和加工企业使用说明。

图 2：材料的重复利用

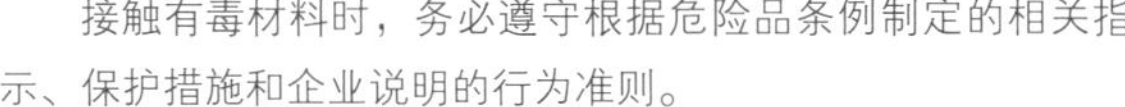

接触有毒材料时，务必遵守根据危险品条例制定的相关指示、保护措施和企业说明的行为准则。

图 3：废气的抽吸

本小节内容的复习和深化：

1. 请您把铜、铁、钛、锌、镁、铅和铝分别归类到轻金属组和重金属组。
2. 塑料的广泛用途建立它的哪些特性上？
3. 在下图中，铣刀和被加工工件由哪些材料组成？并请解释您的答案。

4. 现有一个工件，质量 6.48kg，体积 $2.4dm^3$。请问（1）该工件的材料密度是多少？（2）它可能是什么材料？
5. 请您描述一根钢棍的弹性 – 塑性变形性能。
6. 一种材料的屈服强度 R_e 和抗拉强度 R_m 指的是什么？
7. 请您列举出三种可加工性。并请您各用一种适合这种加工方法的材料来解释这些性能。
8. 如何才能避免金属零件的腐蚀？

5.3 金属材料的内部结构

在没有放大的原始尺寸下，金属是一个统一且无法识别其内部结构的材料整体（见图1左）。

但如果把一个金属零件已受侵蚀的表面放大约10000倍后观看，例如用电子显微镜，我们会发现，金属有一个特别复杂的微观结构（见图1右）。从图中可以辨认出金属由众多小小的、形状规律的颗粒组成，这种颗粒又称晶体。

> 我们把金属的微观结构称为晶体组织或晶体结构。

如果我们把一个晶体的角继续放大，例如放大10000000倍，我们将看到金属最小的微粒——原子（图1，下图）。原子以精确的间距和角度排列着。

如果把金属原子的中心点连接起来，那么连接线就形成一个空间栅格，我们称之为空间晶格或晶格。这种晶格典型的、最小的单位是单位晶胞。

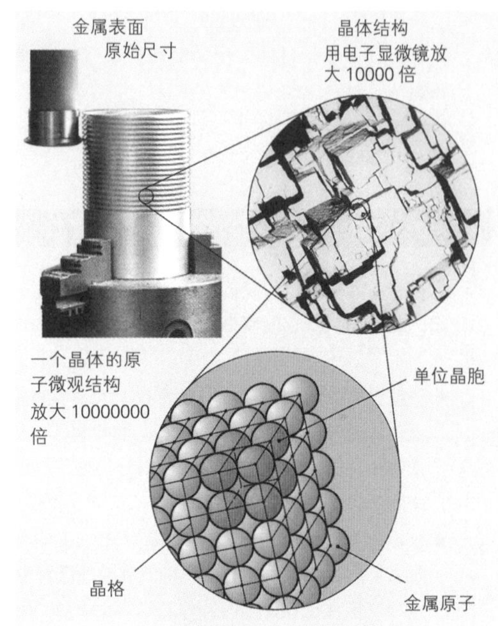

图1：金属表面和内部结构

5.3.1 金属的内部结构及其特性

■ **金属键和金属强度**

金属在固定结合状态下有固定的连接。其原因是金属键，它把单个的金属微粒连接起来。直接在矿石还原后通过金属原子的缔合炼取金属时，产生了金属键。在这个过程中松散结合的电子逸出金属原子（图2）。它们作为电子云围绕着金属原子键。电子可以在电子云中自由运动，但是它们不离开。它们用“电子链”的形式把金属原子[①]连接在一起。

> 金属键把金属微粒特别牢固地连接在一起，形成金属的强度。

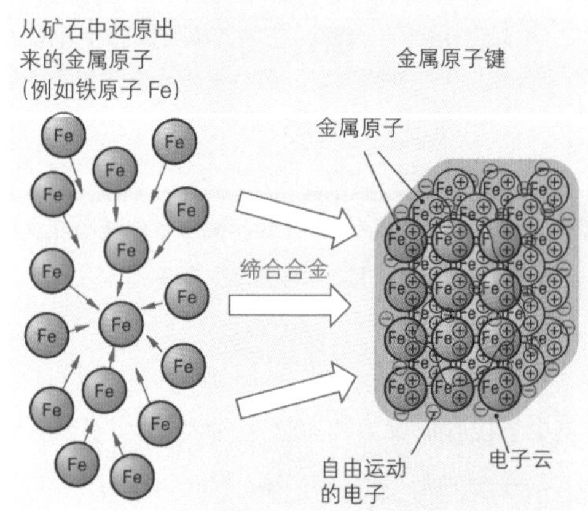

图2：金属键的产生过程（以铁为例）

■ **导电性**

向自由运动的电子施加一个电压可使它们运动（图3）。电子的运动形成电子流（电流）。

> 金属是良好的电导体。

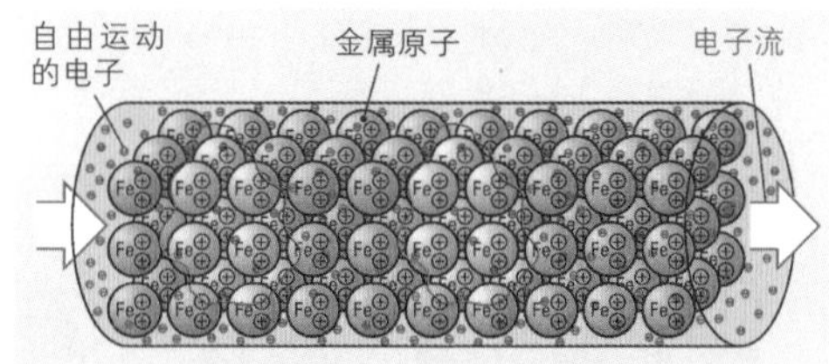

图3：一根金属线内的电流传导

①这里简称为金属原子。科学上准确地称谓必须是金属离子。

■ 金属的变形特性

小负荷下，金属出现弹性变形；大负荷下，金属在弹性变形之外还出现塑性变形。金属的这种变形特性建立在其晶体微观结构的基础上（图 1）。

如果作用力小，金属原子仅轻微地从它们的晶格位置中挤出，当作用力消失后，它们重又回弹至其初始位置。这就是弹性变形。

当作用力大时，晶体位置上的上部原子层可能从稳定的“上下重叠排列”位移到同样稳定的“对应间隙排列”。当作用力消失后，这种新的稳定排列层仍保持未变，即物体的变形（塑性变形）仍未恢复原样。位移后，金属原子之间的键合力又恢复到与原来大致相同的水平。因此，位移并没有造成物体的断裂，仅造成未恢复原样的变形。如果继续施加作用力，则该变形将继续下去，直至所有的金属原子层全部位移至物体的负荷区。只有继续施加负荷，才会导致物体断裂。

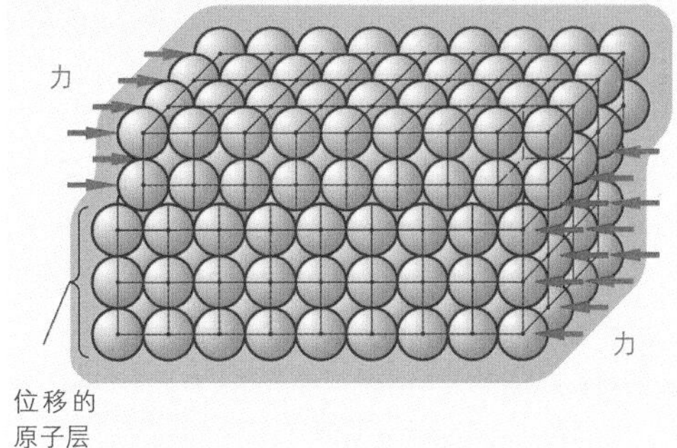

图 1：金属原子层的位移造成一个晶体的塑性变形

5.3.2　金属的晶格类型

不同金属的原子连接成各种不同的几何排列。它与金属的种类相关，部分地与温度相关。

> 金属晶格类型有三种：体心立方晶格、面心立方晶格和密排六方晶格。

借助一个单位晶胞便可用图形表述金属原子的排列（图 2）。

■ 体心立方晶格

在体心立方晶格（krz）中，金属原子的排列呈现如下规律：从原子中心点到原子中心点的连接线构成一个立方形（立方体）（见图 2，上图）。此外，还有一个金属原子位于正方体的中心。具有体心立方晶格结构的金属有，例如在低于 911℃的铁、铬、钨和钒。

■ 面心立方晶格

面心立方晶格（kfz）同样有一个立方体作为基本体，此外，在立方体每个侧面的中心都有一个原子（图 2，中图）。具有这种晶体形状的金属有铝、铜和镍以及超过 911℃的铁。

■ 密排六方晶格

具有密排六方晶格（hex）的金属有镁、锌和钛。在这种晶格类型中，金属原子构成一个六角棱形，每个底面的中心有一个原子，棱形内部有三个原子（图 2，下图）。

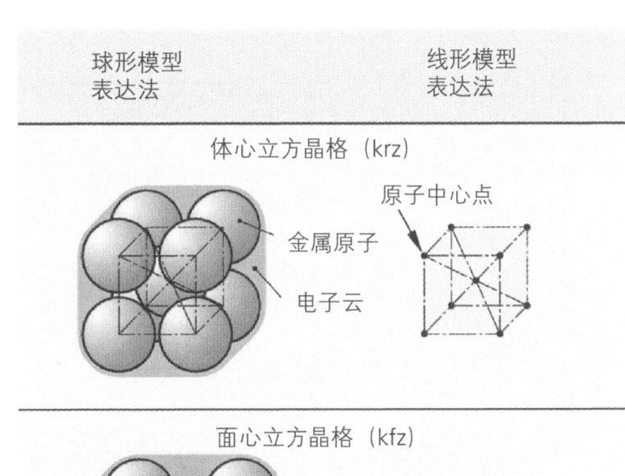

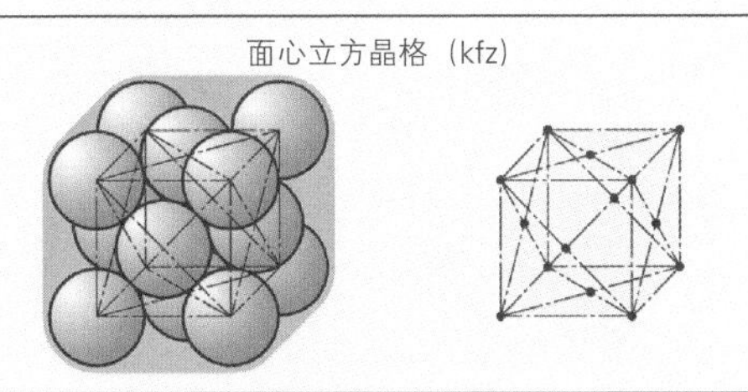

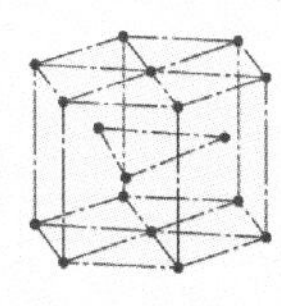

图 2：晶格类型

5.3.3 晶体的构造缺陷

金属的晶体并不是没有缺陷的理想晶体，它们有诸如空位、错位和外来原子等缺陷（图 1）。

空位是指一个晶格中未被金属原子占据的晶格位置。错位是指金属原子的整个一层发生位移或缺失。外来原子则指另外一个元素的原子置入到基本金属的晶格内。

> 构造缺陷造成晶格变形并导致强度提高。

例如发生在合金上的强度提高。这时，外来原子嵌入基本金属的晶格。

通过冷作硬化可产生提高强度的空位和错位。

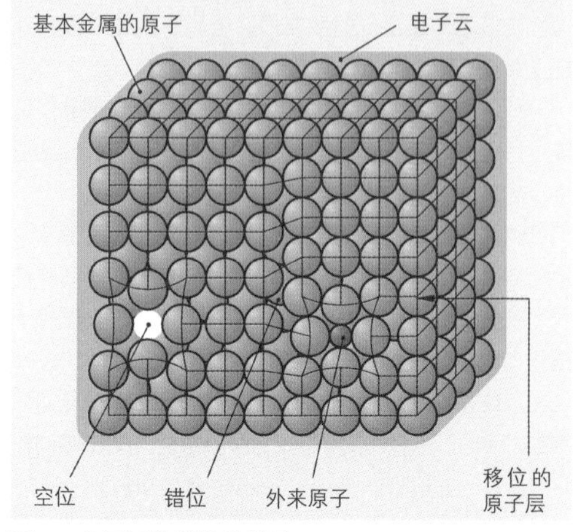

图 1：金属晶体的构造缺陷

5.3.4 金属结构组织的产生

金属材料的结构组织，即它的晶体排列（见 340 页图 1），在金属浇铸后从熔液凝固到固体金属体的过程中形成。

金属熔液的凝固不是突然出现的，它需经过若干中间阶段。

举例：纯铁的冷却和冷却时熔液所经历的过程（图 2）。

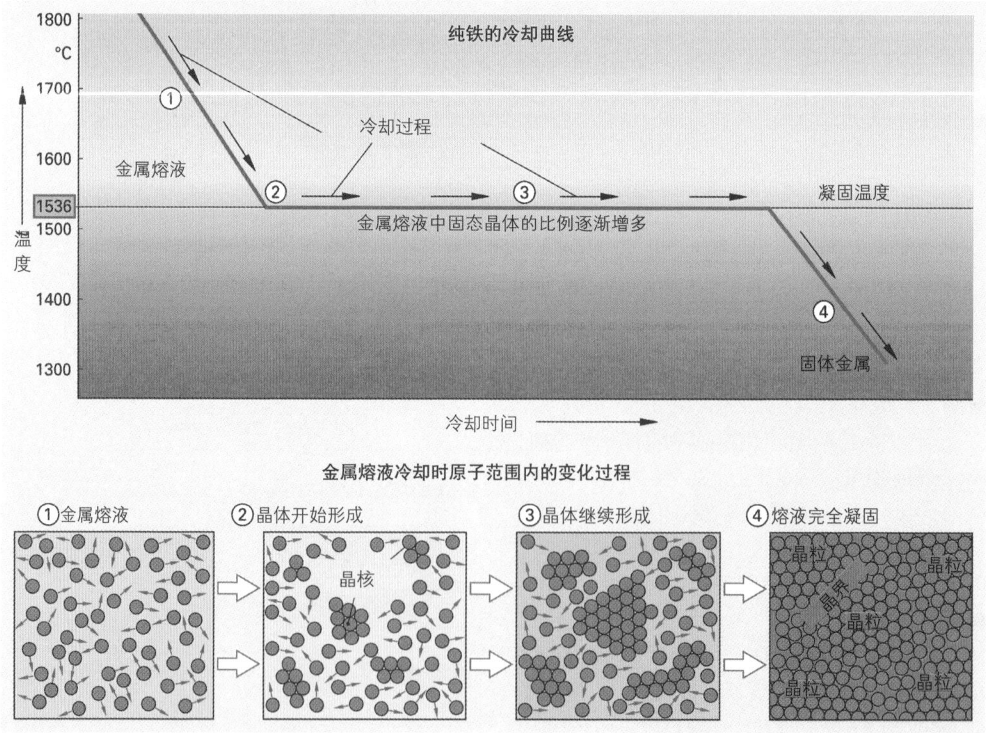

图 2：金属熔液的冷却曲线和结晶过程

在 342 图 2 所示之①至④冷却阶段发生了下列过程：

①金属熔液：在金属熔液中，金属电子在无序地自由运动。熔液冷却过程中，金属电子的运动逐渐放慢。

②晶体开始形成。金属熔液内部达到凝固温度（铁的凝固温度：1536℃）时，金属原子开始按照某一个晶体类型缔合。晶体开始生长的地方我们称为晶核。

③晶体继续形成：剩余熔液中越来越多的金属原子从晶核向外结出晶体。在整个结晶过程中，因为散发的热量都用于结晶，温度一直保持在凝固温度未变。在这一阶段，冷却曲线呈水平走向。

当熔液几乎完全凝固时，正在生长的晶体开始在其边缘相互挤撞。这种由此而产生的边缘不规则的晶体我们称为结晶小粒或晶粒；在晶粒之间边缘范围内的金属原子中，有一部分已不能排入晶格，于是它们便与外来原子一起在各个晶粒之间形成一个无序的边缘层，即晶界。

④熔液完全凝固：所有的金属原子都已找到自己的位置，熔液已经完全凝固。至此，材料的结构组织已经成形。由于热量的排出，这时已成固体的金属体的温度开始持续下降，冷却曲线的走向也开始向下。

5.3.5 组织类型和材料特性

一种材料的结构组织用肉眼是无法看到的。单个的组织晶粒太小（其尺寸范围在 1~100 μm），而且晶界也无法辨认。

为了看到材料的结构组织，我们需要采用特殊的技术：金相学。首先分割出核桃大小的一块金属材料，把它埋入浇铸树脂，把金属材料的一面磨光，然后抛光该面。用一种腐蚀剂腐蚀抛光的金属表面，并在金属显微镜下进行观察（图 1）。

显微镜所提供的图像称为显微照片。它显示出晶粒和晶界。

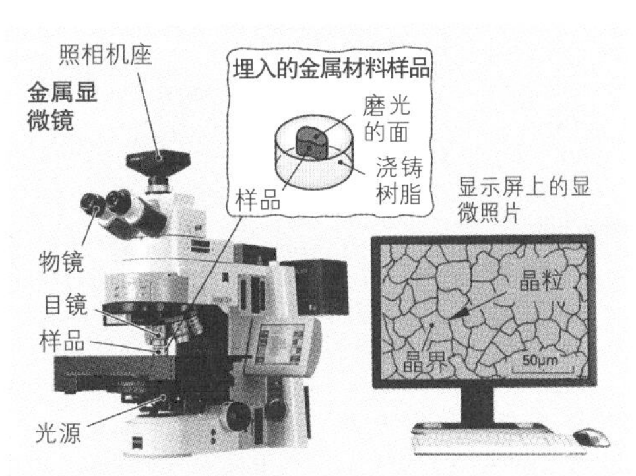

图 1：用金属显微镜放大的显微照片

■ 晶粒的形状

不同的金属和一种金属不同的晶格类型构成一定类型的晶粒形状（图 2）。

例如，纯铁构成圆晶粒（圆球体晶粒）。奥氏体组织铁材料的晶粒形状是多角形的（多面体晶粒）。淬火钢（马氏体组织）显示出的是针状组织结构（树枝状）。珠光体的片状渗碳体和灰口铸铁的片状石墨构成片状层（片状组织）。

组织的晶粒形状在例如冷轧加工时会改变。这时，晶粒向轧制方向拉伸，这时的组织有一种纹理。材料的强度因此在轧制方向得到提高，但其可延展性降低。通过再结晶退火处理，可以再次消除这种纹理。

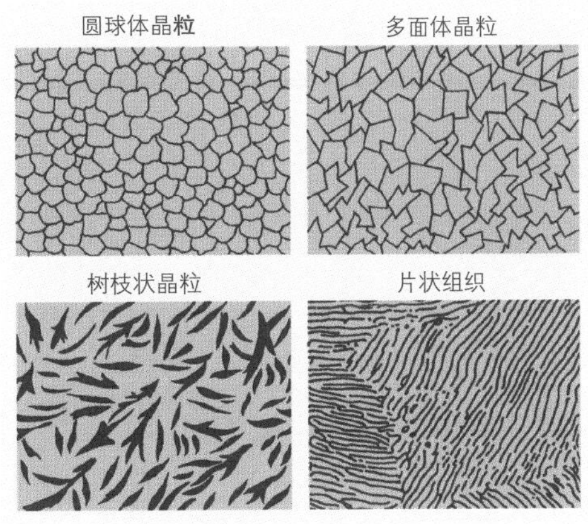

图 2：金属晶粒的形状

■ 晶粒的粒度

金属材料的晶粒粒度从小于 1μm 最大至 100 μm（图 1）。细晶组织材料比粗晶组织具有更高的强度和更好的延展性。

通过下列措施可获得理想的晶粒粒度：

- 热处理，例如正火热处理；
- 热成形，例如热轧；
- 添加合金元素，例如在细晶结构钢中加入锰。

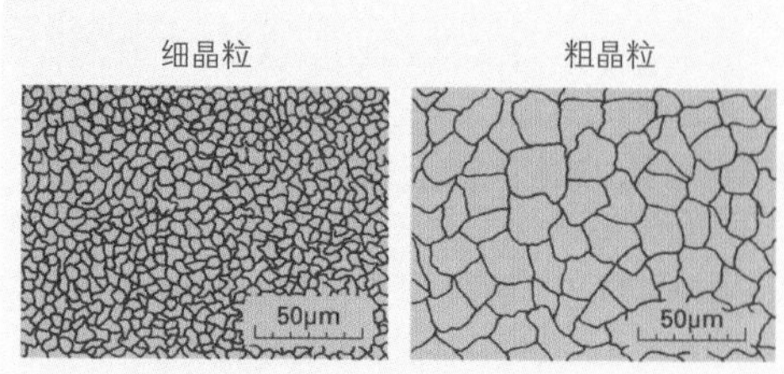

图 1：不同晶粒粒度的组织

5.3.6 纯金属和合金的结构组织

■ 纯金属

纯金属有一个统一的（均质）组织（图 2）。所有的晶粒都由相同的原子类型组成，并且其结构图均按相同的晶格类型。例如铁，铁原子是体心立体排列。晶粒在晶格取向上各不相同。

纯金属的强度相对较低。在工程技术上，大部分的金属都不能以纯金属使用，而是以合金的形式使用。

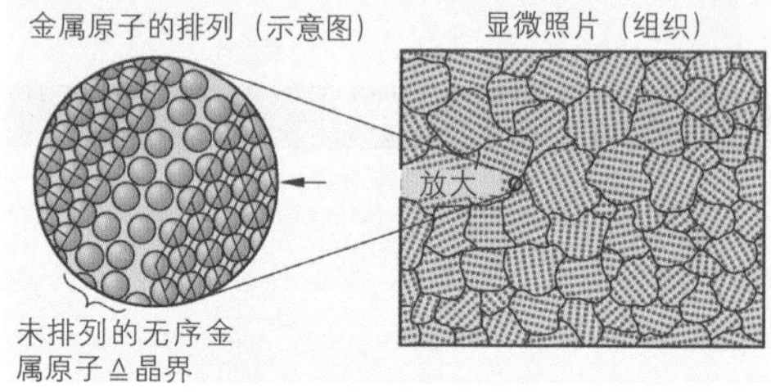

图 2：一种纯金属的内部结构

■ 合金

合金是若干种金属的混合体或金属与非金属的混合体。液态（熔液）时，合金元素均匀分布在合金中。熔液凝固时，根据基本金属和合金元素的不同，将形成各种不同类型的组织。

晶体混合型合金在合金熔液凝固时保持着各种金属原子没有混合，而是分离开来，它们的缔合是与各种类型的组织晶粒分开的（图 3）。

混合晶体型合金中合金元素的原子则在合金熔液凝固时均匀地分布到晶格中（图 4）。

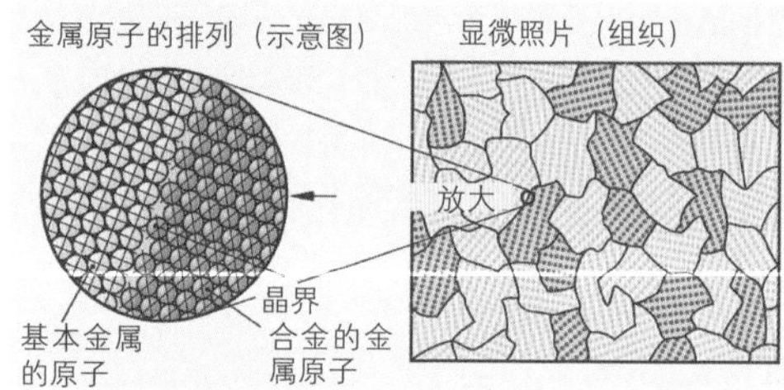

图 3：晶体混合型合金的内部结构

> 合金与它们基本金属的纯金属形式相比，大部分都已改善了材料性能，例如提高了强度，改善了防腐性能或增加了硬度。

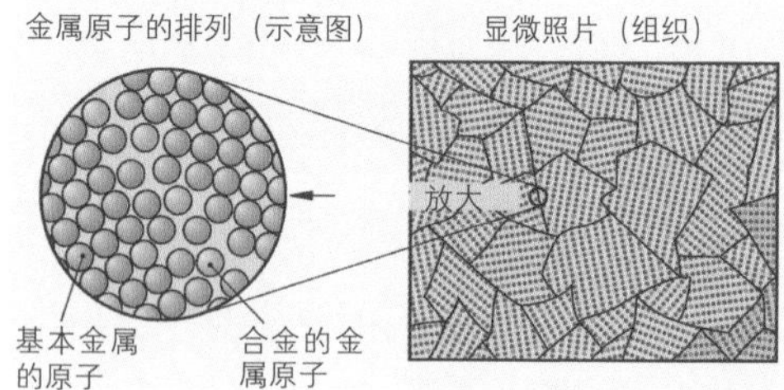

图 4：混合晶体型合金的内部结构

本小节内容的复习和深化：

1. 一种金属的结构组织给我们显示出什么内容？
2. 金属在原子范围内是什么样的结构？
3. 在金属中可找到哪三种晶格类型？
4. 有哪几种晶体构造缺陷？
5. 金属的弹性和塑性可变形性建立在什么样的基础上？
6. 金属组织是如何产生的？
7. 如何才能看到金属的结构组织？
8. 通过什么方法可以区分纯金属与合金在组织和性能上的差别？

5.4 钢和铸铁

我们把主要组成成分是铁的材料称为钢。一般情况下，钢的碳含量低于 2%，并且还添加了其他元素。钢可以通过成形（例如轧制）继续加工处理。

铸铁同样是铁基材料。它的碳含量明显高于 2%，同样可以含有其他元素。铸铁通过铸造制成工件。

钢和铸铁都可以通过有目的的冶炼、合金和热处理等方法获得完全不同的材料特性（图 1）。由于它们的制造成本低廉，使它们成为应用最多的金属材料。

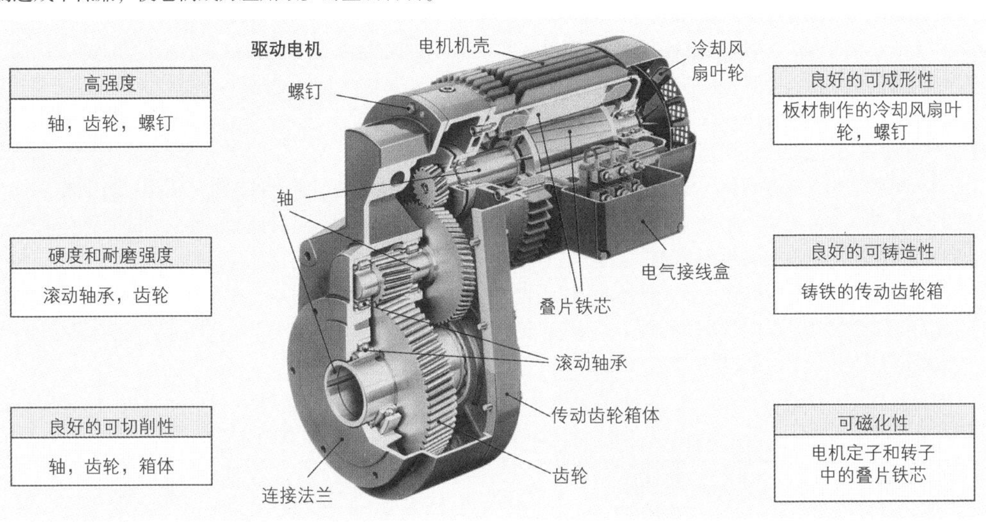

图 1：以驱动电机为例展示钢和铸铁的特性

钢和铸铁的其他典型特性

- 非合金状态下易受腐蚀；
- 高密度：ρ =7.85 kg/dm^3；
- 合金状态下耐腐蚀；
- 可重复使用。

5.4.1 生铁的冶炼

钢和铸铁均由生铁制成。在高炉中用铁矿石冶炼出生铁（图 2）。

高炉炼铁过程：高炉是一个由装入铁矿石、助熔剂和焦碳等组成的分有若干层的混合体。熔炼时，助熔剂吸收了铁矿石中的土质成分。炉外吹入的热风使焦碳部分燃烧，并为高炉填料提供熔炼热量。焦碳的剩余部分还原铁矿石，形成金属铁。金属铁含有焦碳释放的碳。由此产生的液态生铁汇集在高炉底部，由生铁出铁口导出高炉。

在高炉中，铁矿石通过还原反应转变成生铁。

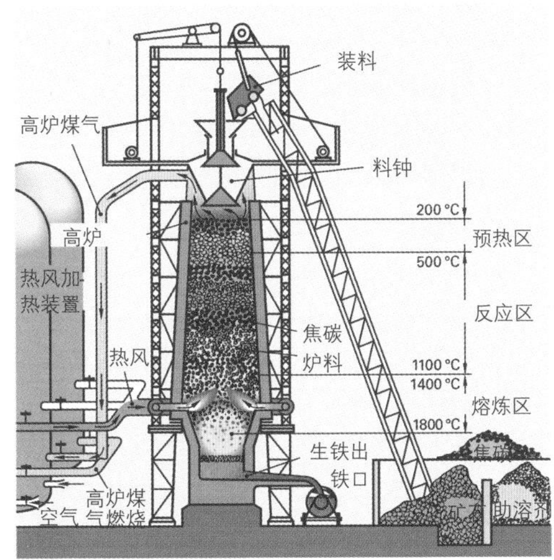

图 2：高炉冶炼生铁

5.4.2 钢的冶炼

5.4.2.1 精练

生铁中除主要成分铁之外，还含有约 4%的碳和不需要的或含量过高的伴同元素，如硅、锰、硫和磷等。生铁转变成钢的炼制过程中，必须降低碳含量，并几乎完全去除不需要的伴同元素。这个过程我们称为精练。

精练后，钢还要经过后处理（见 347）。

最重要的精练方法有氧气顶吹法、吹氧/吹惰性气体的组合转炉炼钢法和电炉炼钢法。

生铁精练成钢的过程是降低生铁中碳含量，最大程度地去除不需要的伴同元素的过程。

■ 氧气顶吹法

氧气顶吹法炼钢法在转炉（转化容器）内进行（图 1）。转炉在填料位置上装入废钢铁和液态生铁①。接着，转炉回复原位，压力为 8~12 bar 的氧气吹向生铁熔液②。氧气开始与铁的伴同物发生猛烈的还原反应。还原反应使熔液沸腾。现在加入石灰。石灰在熔液表面形成液体炉渣，并黏附着固体烧损物以及不需要的铁伴同物。精练过程中，生铁中的碳几乎完全燃烧变成作为煤气排出的一氧化碳和二氧化碳。精练过程结束时，出钢浇注前，加入所需的合金成分和脱氧剂。钢水通过转炉出钢口浇注到事先准备的钢水包后③，炉渣也从转炉边倾倒出去④。

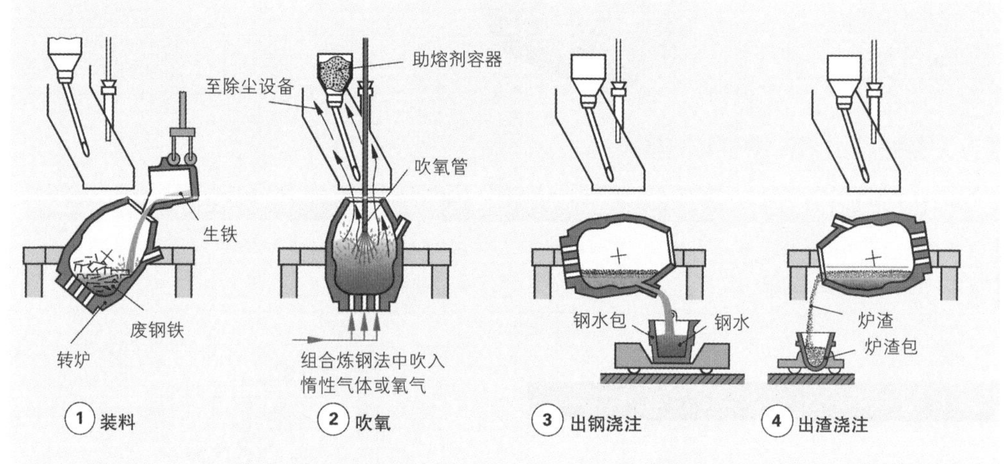

图 1：用纯氧顶吹转炉法和组合转炉炼钢法炼钢

■ 吹氧/吹惰性气体的组合转炉炼钢法

在纯氧顶吹转炉炼钢法中，从顶部吹入的氧气气流不能最优化地与钢水熔液混合。此外，废钢铁填料也受到限制，炉渣中含有许多氧化铁。而在组合转炉炼钢法中，吹氧的同时还从转炉底部将惰性气体，如氩气和氮气，吹入钢水熔液。这些气体更好地搅拌钢水熔液，从而可以加入更多废钢铁。此外还缩短了吹气时间，降低了铁和合金元素的流失。此法生产出的精练钢仅含有少量氧化物杂质，因此可以用于从软钢品种直到碳含量低于 0.02%的各种钢的精练。由于这些优点，现在大部分企业几乎只采用组合转炉炼钢法。

■ 电炉炼钢法

电炉炼钢法在电弧炉或电感炉中进行（图 1）。

电弧炉内的填料主要是废钢铁，还有部分海绵铁和生铁。此外，还添加用于形成炉渣的石灰和还原剂。从石墨电极流向熔炼物的电弧可产生最高达3500℃高温。所以，这种方法可以熔化作为铁合金元素的难熔的合金元素，如钨和钼。

> 电弧炉优先采用废钢铁制造钢（循环利用）。

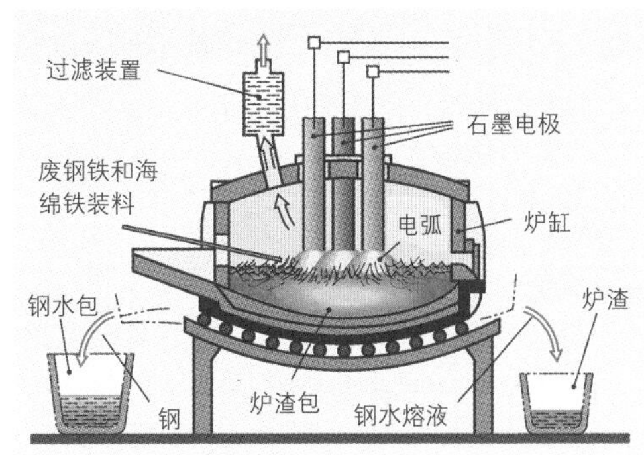

图 1：电弧炉的电炉炼钢法

5.4.2.2 钢的后处理

■ 脱氧

脱氧时需向钢水熔液中添加硅或铝。这些元素可黏住钢水凝固时自由逸出的氧。由于钢水熔液没有气泡，钢锭内也就不会形成气泡空腔（图 2）。钢水在凝固时脱氧（镇静）。凝固后的钢锭，其表层区与核心区的组成成分相同。因此，所有的钢均为脱氧浇铸。

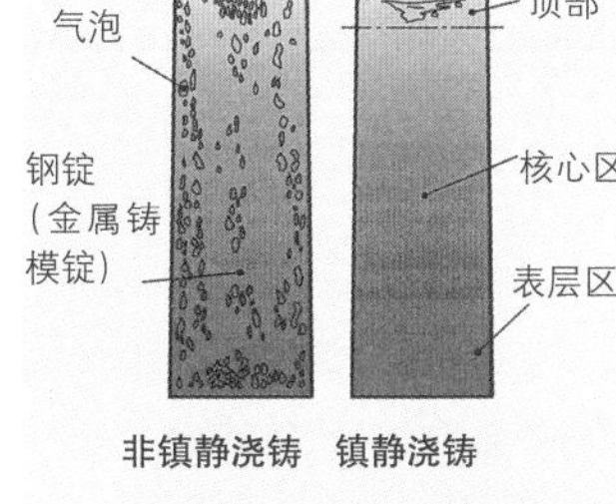

图 2：非镇静浇铸和镇静浇铸的钢

■ 真空脱气

脱氧后，钢凝固时其内部仍残留部分已溶解的气体，主要是氢。它们随着时间的推移将分离出来，严重影响钢材应力并在钢的组织内形成小裂纹，从而使钢材的延伸率和疲劳强度下降。将钢水先浇入一个真空容器，让钢水熔液内的气体完全逸出，就可以将这些气体抽吸出去（图 3）。

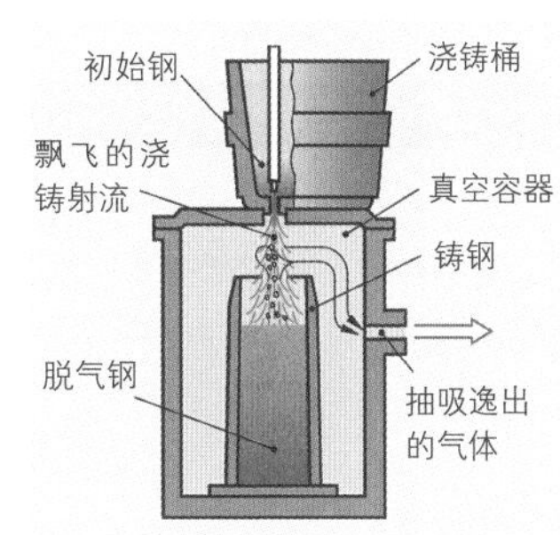

图 3：真空脱气

■ 吹洗气体处理

吹洗气体处理时，吹洗气体（氩气）从下部高压穿过钢水熔液，使之充分混合，从而使杂质漂浮在钢水表面。氩气吹洗处理可以替代或补充真空脱气。

■ 重熔法

重熔法用于制造特殊的纯优质钢。采用电渣重熔法时，将用电炉生产的优质钢钢锭作为熔炼电极浸入一个金属铸模的液态炉渣内（见图 4）。电流通过作为电阻的炉渣液体时将产生熔炼所需热量。熔化后的钢水滴过净化的炉渣，在水冷的铜锭模中凝固成一个组织结构极纯净极均匀的重熔钢锭。

> 将不需要的伴同物去除并进行后处理可提高钢的质量。

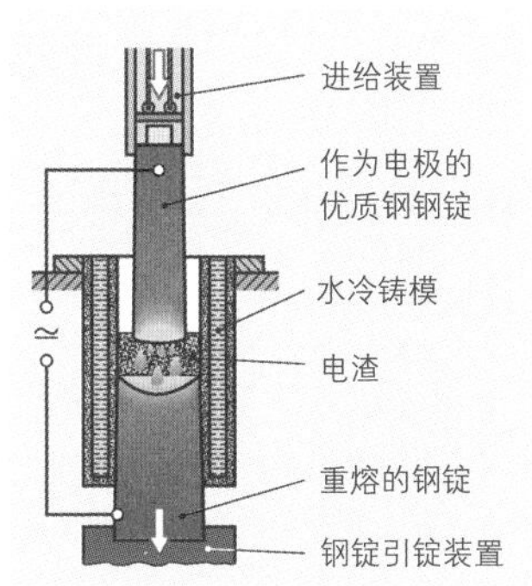

图 4：电渣重熔法

5.4.2.3 钢的浇铸

前述工序已处理完毕的钢水绝大部分送入连铸设备浇铸成可轧制的钢条形状（图 1）。极大型锻压件则浇铸成铸坯。

■ 连铸法

连铸时，液态钢水从浇包注入一个中间容器（图 1）。钢水从中间容器流出，连续穿过一个水冷铜锭模，并在该锭模中凝固形成其表面层。这时所产生的、内部仍是液态的钢条继续向下并从锭模拉出。钢条在一个装有许多轧辊的弧形冷却室水平转弯并喷水。出冷却室后，拉直钢条，并定尺剪切。

> 通过连铸法制造出来的初轧条钢是接近制成品尺寸的型材。因此，可以缩减后续的轧制工序。

此外，由于连铸时的快速冷却，使钢材的组织比铸锭法制造出的钢材更精细。这些优点使连铸法的使用远远超过了铸锭法（图 2）。

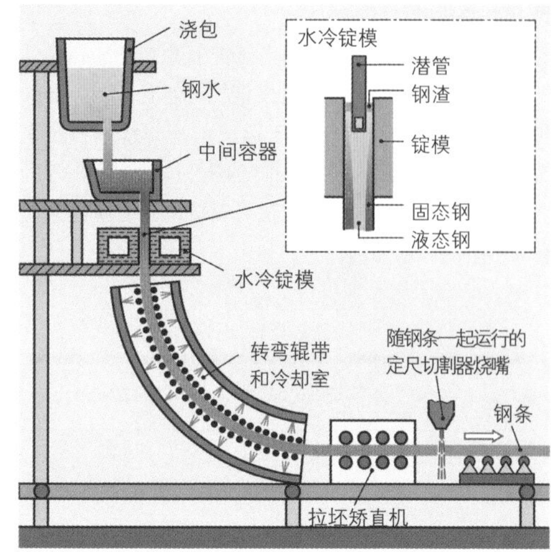

图 1：连铸设备

5.4.2.4 钢的继续处理

用连铸法或铸锭法浇铸的钢将继续通过轧、拉（见 117 页）、锻（见 119 页）和挤压（见 120 页）等工序加工成为半成品和制成品。

半成品是一种中间产品，例如初轧坯和板坯。它们将被继续加工成制成品。制成品则指型钢和条钢、板材、管材和线材等。

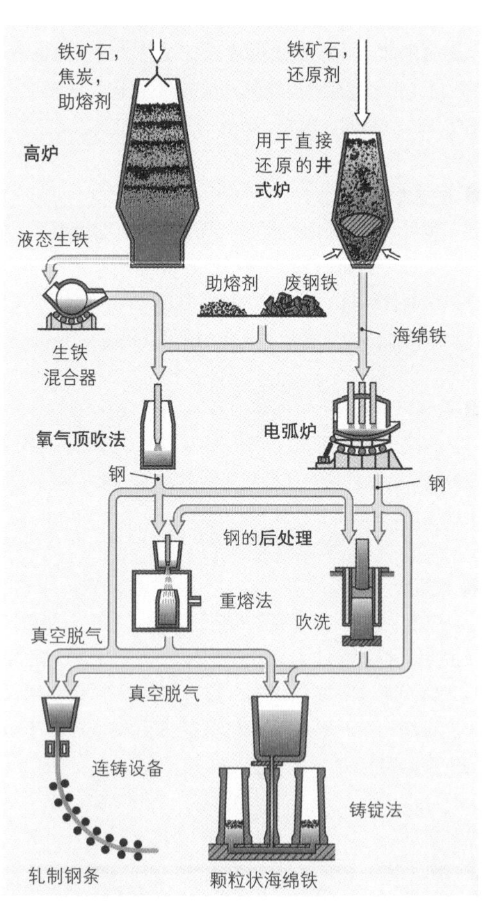

图 2：炼钢概览图

本小节内容的复习和深化：

1. 如何理解钢的“精练”？
2. 可采用哪些方法炼钢？
3. 钢的后处理有哪些目的？
4. 脱氧对钢组织有哪些作用？
5. 真空处理如何影响钢的质量？
6. 与铸锭法相比，连铸法有哪些优点？

5.4.3　钢的命名系统

在欧洲，钢的名称由欧洲标准 DIN EN 10027 统一规定。该标准的第一部分规定缩写名称的结构，第二部分规定材料代码的结构。

缩写名称主符号的制定既可根据钢的用途和特性，亦可根据钢的化学成分。

附加符号与各个钢组别或制造组别相关。

5.4.3.1　根据用途和特性制定钢的缩写名称

缩写名称由主符号和附加符号组成（图 1）。主符号由提示钢用途的标识字母和一个数字或另一个字母以及代表机械及物理特性的数字组成（表1）。用于各种钢的附加符号直接跟在主符号后面，没有空格符（表 2）。其他表示钢制品的附加符号允许带一个+号（见 351 页）。

机床结构钢和建筑工程钢的附加符号分为两组（表 2）。组 1 所含附加符号表示断口冲击试验和热处理以及其他特征的可能性。组 2 所含附加符号表示特殊性能，例如一种钢特殊的冷加工成形性能。

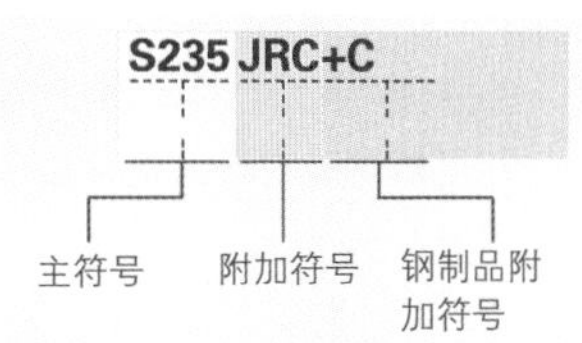

图 1：缩写名称的结构

表 1：根据用途和性能构成的钢缩写名称的主符号（节选）

用途	主符号（举例）		用途	主符号（举例）	
混凝土用钢	B	500①	压力容器结构钢	P	265①
用于冷轧成形的扁钢	D	X52②	轨道钢	R	260④
机床结构钢	E	360③	钢建筑结构用钢	S	235①
高强度扁钢制品	H	C400④	包装材料带材和板材	T	S550①
管材钢	L	360①	切削钢	Y	1770③
机械或物理性能					

①钢制品最小厚度的屈服强度 R_e　　③最低抗拉强度 R_m 的标称数值

②轧制状态 C，D，X 和两个符号或最低屈服强度 R_e　　④布氏硬度 HBW 的最小硬度

表 2：钢建筑结构用钢缩写名称的附加符号（节选）

组 1					组 2
断口冲击试验 单位：Joule			检测温度 单位：℃	A 时效硬化	C 特种冷加工成形
27J	40J	60J		M 热机械轧制	D 用于热浸镀层
JR	KR	LR	+20	N 正火或正火轧制	L 用于低温
J0	K0	L0	0	Q 调质	T 用于管材
…	…	…	…		W 耐气候影响

举例：钢建筑结构用钢。

钢建筑结构用钢的标示字母是 S。这种钢可以热轧型材和棒钢。它们用于钢建筑结构，例如大厅支撑结构，吊车设备和桥梁，当然也可以用于机器制造，例如焊接的机床床身。

非合金钢举例：

按 DIN EN 10025-2：　S 235　JRC

主符号	附加符号 组 1	附加符号 组 2
S　钢建筑结构用钢 235　最小屈服强度 $R_e = 235 N/mm^2$	JR　+20℃时断口冲击试验 27J	C　具有特殊的冷加工成形性能

5.4.3.2 根据化学成分制定钢的缩写名称

这类缩写名称是指不按其用途标记的非合金钢、不锈钢和其他合金钢。

根据化学成分制定的缩写名称划分为四个组：

■ 锰含量小于1%的非合金钢（易切削钢除外）

这类缩写名称由主符号和附加符号组成（表1）。

举例：

C35E是一种锰含量<1%的非合金钢（C），其碳含量为35:100 = 0.35%并达到规定的最大硫含量（E）。这种钢由于其碳含量用作调质钢。

■ 易切削钢和合金钢，其各种合金元素的含量均小于5%（高速钢除外），锰含量≥1%的非合金钢

其缩写名称由下列各项组成：

- 碳含量标示数字（标示数字=碳含量，单位：%·100）；
- 合金元素的化学符号，按其含量排序；
- 与系数相乘的合金元素含量（表2）。

举例（图1）：

22CrMoS3-3是一种合金钢（渗碳钢），其他元素的含量为22:100 = 0.22% C，3:4 = 0.75% Cr和3:10 = 0.3% Mo。硫（S）含量没有标明。

■ 某种合金元素的含量≥5%的合金钢（高速钢除外）

其缩写名称由下列各项组成：

- 标示字母X代表“高合金”钢；
- 标示数字指碳含量（标示数字=碳含量，单位：%·100）；
- 合金元素的化学符号；
- 直接用百分比标示的合金元素含量。

举例（见图2）：

X37CrMoV5-1是一种合金耐热工具钢，其他元素的含量为37:100 = 0.37% C, 5% Cr和1% Mo。钒（V）含量没有标明。

■ 高速钢

其缩写名称由下列各项组成：

- 标示字母HS代表高速钢；
- 合金元素的含量（书写顺序为W,Mo,V,Co），直接用百分比标示。

举例（图1）：

HS6-5-2-5是一种高速钢，合金元素的含量分别是6%钨、5%钼、2%钒和5%钴。

表1：根据化学成分制定名称的非合金钢的主符号和附加符号

主符号	
C和标示数字指碳含量（标示数字 = 碳含量，单位：%·100）	
附加符号	
E	最大硫含量
R	硫含量范围
C	冷加工成形的特殊性能
G	其他特征
S	用于弹簧
U	用于刀具
W	用于焊条
D	用于拔丝

表2：乘法系数

合金元素	系数
Cr,Co,Mn,Ni,Si,W	4
Al,Cu,Mo,Pb,Ta,v	10
C,Ce,N,P,S	100
B	1000

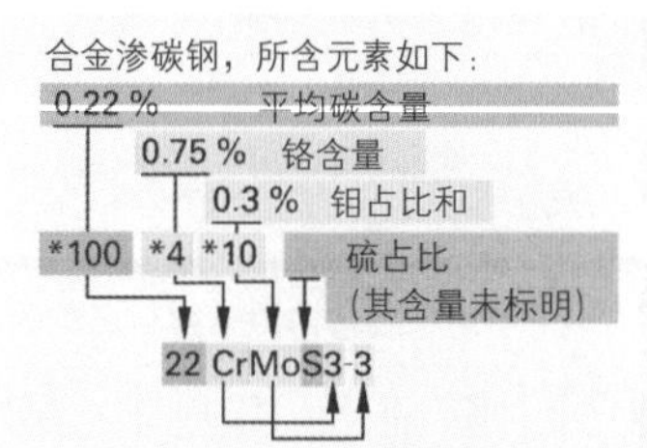

图1：各种合金元素含量小于5%的合金钢缩写名称的构成

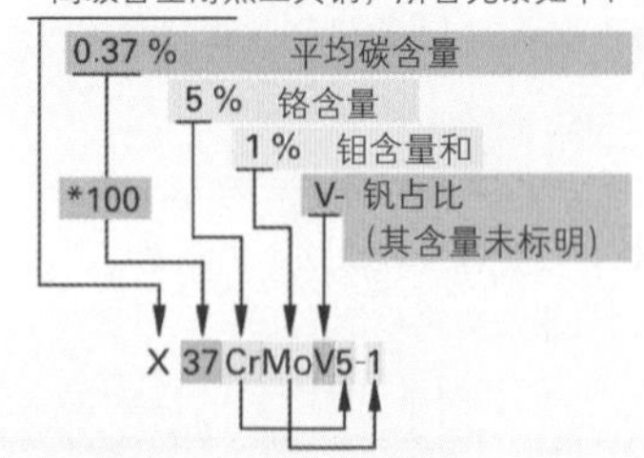

图2：至少一种合金元素≥5%的合金钢缩写名称的构成

5.4.3.3　钢制品的附加符号

如果钢在加工成钢制成品时，例如加工成为型钢，需做进一步处理，并通过缩写名称中的附加符号予以标明。这种符号涉及钢满足特殊要求的性能、表面镀层的种类或热处理状态（表 1）。附加符号由字母和数字组成。它用一个加号挂在钢原有缩写名称的后面。

举例：

S235J2+Z 是一种钢建筑结构用钢，其最低屈服强度 R_e = 235 N/mm²，断口冲击韧性试验为 27 J，试验温度-20℃（见 349 页），热镀锌。

X30Cr13+C 是一种不锈钢，其他元素的含量：碳 0.3%，铬 13%，冷作硬化。

表 1：钢制品的附加符号（节选）

符号	含义
特殊要求	
+CH	具有材料内核可淬火性
+H	具有可淬火性
+Z15	最小断面收缩率 15%
+Z25	最小断面收缩率 25%
+Z35	最小断面收缩率 35%
表面镀层的种类	
+AZ	铝锌镀层
+CU	铜镀层
+Z	热镀锌
+S	热镀锡
+SE	电解镀锡
热处理状态	
+A	球化退火
+C	冷作硬化
+N	正火
+QT	调质
+U	不做处理

5.4.3.4　带有材料代码的钢名称

所有金属材料都可用缩写名称或材料代码标记命名。

钢的材料代码由钢的主组别代码 1，标明钢组别的一个两位数代码和一个两位数的计数代码组成(00…99)，最后一组数字也可根据需要扩展为四位数字（9901…9999）。更换缩写名称时，例如将 St37-2 更换成为 S235JR，材料代码保持不变。代码索引可从表格手册中查取。

举例：

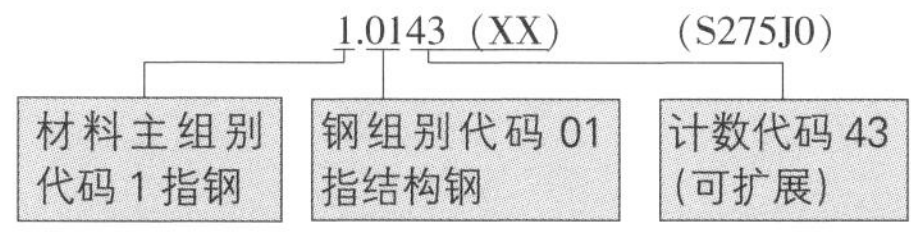

钢组别代码可划分为非合金钢和合金钢，然后又划分为优质钢和高级钢（表 2）。

专业图表手册中可查取完整的代码索引。

材料代码在更换名称时并不随之改变，例如 St37-2 改为 S235JR，材料代码没有变。

表 2：钢组别代码（节选）

代码	钢组
非合金优质钢	
01，91	普通结构钢，R_m < 500N/mm²
02，92	其他的，不用于热处理的某些结构钢，R_m < 500N/mm²
03，93	C < 0.12% 或 R_m < 400N/mm² 的钢
04，94	0.12% ≤ C < 0.25% 或 400N/mm² ≤ Rm < 500N/mm² 的钢
非合金高级钢	
11	结构钢，机械制造用钢和容器用钢，C<0.5%
12	机械制造用钢，C≥0.5%
合金优质钢	
08，98	具有特殊物理性能的钢
09，99	用于不同用途的钢
合金高级钢	
20…28	合金工具钢
32	高速切削钢，不含钴
33	高速切削钢，含钴
40…45	不锈钢
47，48	耐高温钢
85	渗氮钢

本小节内容的复习和深化：

1. 根据用途构成的钢缩写名称是什么结构？
2. 如何区分各种合金元素含量均低于 5% 或高于 5% 的合金钢缩写名称？
3. 请将下列材料名称归入正确的钢组：S355JR, 42CrMo4, X30Cr13。

5.4.4 按照组成成分和材质等级对钢的分类

钢的性能，例如抗拉强度、韧性和可成形性等，均取决于它的组成成分，组织和处理状态。在结构组织方面具有决定性因素的是组织成分，例如铁素体和珠光体，以及粒度，例如细晶粒和粗晶粒。

钢的分类可按照组成成分和材质等级进行划分。

■ 按照组成成分分类

●非合金钢

非合金钢中的合金元素不允许达到表 1 中所列举的极限数值。

●不锈钢

不锈钢中的铬含量至少应达到 10.5%，碳含量最多达到 1.2%。我们根据其主要特性把不锈钢分为耐腐蚀钢、耐高温钢和耐热钢。

●其他的合金钢

这类合金钢是指所有至少达到表 1 中一项极限数值并且是非不锈钢的合金钢。

表 1：非合金钢中所含合金元素的极限值

元素	%	元素	%	元素	%
Al	0.30	Mo	0.08	Te	0.10
Bi	0.10	Nb	0.06	Ti	0.05
Co	0.30	Ni	0.30	V	0.10
Cr	0.30	Pb	0.40	W	0.30
Cu	0.40	Se	0.10	Zr	0.05
Mn	1.65	Si	0.60		

■ 按照材质等级分类

生铁冶炼过程中残留在钢内的生铁伴同杂质残留含量对钢的品质具有很大影响（见 345 页）。这些生铁伴同杂质，如磷、硫、氢气等，在钢的冶炼过程和后续处理过程（脱氧，真空处理）中已经减少（见 346 页）。

根据钢内伴同杂质的降低程度和合金元素的含量精度，可把钢划分为优质钢和高级钢。

高级钢的特点是其组成成分的极高纯度和精确含量。只有高级钢通过热处理可保证其硬度值和强度值。

钢的主要材质等级可划分为四个等级：

●非合金优质钢；　　●合金优质钢；

●非合金高级钢；　　●合金高级钢。

分成四个主要材质等级的钢组举例：

非合金优质钢

钢组	举例
非合金结构钢	S275JO
非合金结构钢	E295
易切削钢	35S20
非合金调质钢	C60
非合金细晶粒结构钢	S355N
非合金压力容器用钢	P265GH

合金优质钢

钢组	举例
轨道用钢	R260Mn
电气用板材和带材	M390-50E
屈服强度更高的微型合金钢	H400M
屈服强度更高的磷合金钢	H180P

非合金高级钢

钢组	举例
非合金渗碳钢	C10E
非合金调质钢	C60E
非合金工具钢	C45U
用于火焰淬火和感应淬火的非合金钢	C45E

合金高级钢

钢组	举例
合金渗碳钢	16MnCr5
合金调质钢	50CrMo4
渗氮钢	34CrAlMo5
合金工具钢	115CrV3
高速钢	HS10-4-3-10

5.4.5 钢的种类及其应用

根据钢的用途，我们可把钢划分为结构钢或工具钢。用结构钢可制造机器零件和汽车零件，以及钢结构、容器制造和船舶制造等方面的零件。工具钢则用于切削刀具以及压铸铸模和锻模。

5.4.5.1 结构钢

结构钢必须根据其用途具备各种不同的性能：

足够的强度和韧性；　　良好的可成形性和可焊接性；

良好的可切削性；　　耐腐蚀性和耐磨强度。

属于结构钢的有下列钢组：

■ **非合金结构钢**

非合金结构钢用于钢结构和机器制造，是一个具备中等抗拉强度和屈服强度用于低负荷和中等负荷的物美价廉的钢种。供货状态下它已具备上述应用特性，因此不需作热处理。非合金结构钢以热轧或光亮拉拔的棒材和型材投入商业运营。钢建筑结构用钢具有良好的可焊接性。

举例：S235JO → 非合金结构钢，R_e = 235 N/mm²，
断口冲击韧性试验 0℃时为 27J。

■ **适宜焊接的细晶粒结构钢（图 1）**

这种钢的碳含量很低，其他元素所占比例亦很低，如铬、镍、铜和钒。因此它具有良好的可焊接性以及耐老化和脆性断裂。热机械后续处理可使它具有极佳韧性。适宜用于高负荷焊接结构。

举例：S275M → 非合金的，适宜焊接的细晶粒结构钢，
R_e = 275 N/mm²，机械热轧。

图 1：细晶粒结构钢制造的压力机焊接机架

■ **易切削钢（图 2）**

易切削钢提高了硫含量，添加了少量铅。这种合金成分使它在切削时的切屑变短。它适用于在自动车床上加工的车削件。

举例：10SPb20 → 非合金易切削渗碳钢，含碳 0.10%，
含硫 0.20%并添加了铅。

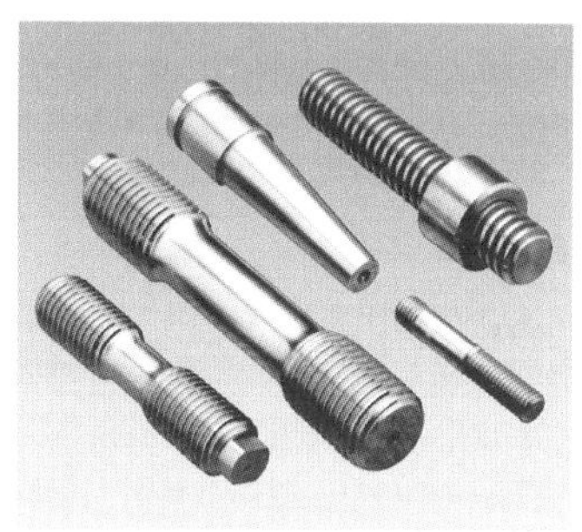

图 2：易切削钢制造的车削件

■ **渗碳钢（图 3）**

渗碳钢的碳含量较低。通过渗碳淬火（见 381 页）使它形成一个富碳表层区，该区可淬火。用它所加工出来的零件，核心区仍有韧性，但表层既硬又耐磨，例如齿轮。

举例：20MoCr₄ → 渗碳合金钢，含碳 0.20%，含钼 1%并含少量铬。

■ **氮化钢**

氮化钢在氮化时形成一个特别硬但很薄的表层（见 382 页）。这种钢特别适用于表面硬且具高耐磨强度的零件，例如阀门。

举例：31CrMoV₉ → 氮化钢，其合金元素的含量为：碳 0.31%，铬 2.25%，
少量钼和钒。

■ **调质钢**

调质钢中的碳含量介于 0.2%至 0.65%。通过调质（见 379 页）使它获得高强度，因此主要用于高动态负荷零件，例如转动轴。

举例：51CrV₄ → 调质合金钢，含碳 0.51%，含铬 1%和少量钒。

图 3：渗碳钢制造的齿轮

■ 特种用途钢

属于这类钢的有冷韧钢和不锈钢。

冷韧钢，即便在低温条件下，冷韧钢仍具有良好的韧性。这种钢用于例如低温技术和液态气体设备。

不锈钢，我们把不锈钢划分为耐腐蚀钢、耐高温钢和耐热钢。它用于对其中之一特性的需求或多种特性组合的需求，例如食品工业或透平机叶轮（图 1）。

举例： X10CrAl24 → 耐高温钢，特别能耐受含硫气体的起皮腐蚀。

图 1：用耐热钢制造的透平机叶轮

■ 钢板和压力容器用钢

根据厚度，钢板可分为极薄钢板（厚度小于 0.5 mm）、薄钢板（厚度从 0.5~3 mm）、中厚钢板（厚度 3~4.75 mm）和厚钢板（厚度超过 4.75 mm）。钢板由特殊钢种制成。钢板可用所有品种的钢制造。薄钢板主要用于汽车车身制造和家用电器（图 2）。中厚钢板和厚钢板主要用于承重结构，例如机械制造、容器制造、吊车设备制造和船舶制造。

压力容器和锅炉一般都由不易脆性断裂并可熔焊的耐热钢制成。

举例： DC03　软钢制成的冷轧钢板，屈服强度 $R_e = 240$ N/mm²

HC420LA　微合金钢制成的冷轧钢板，具有高屈服强度 $R_e = 420$ N/mm²

P265GH　压力容器钢制成的平板制品，屈服强度 $R_e = 265$ N/mm²

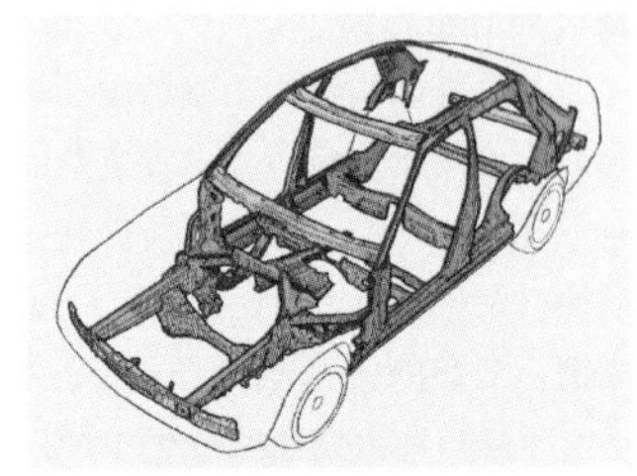

图 2：薄钢板制成的自承重轿车车身（厚度 1.5 至 2mm）

5.4.5.2　工具钢

刀具由工具钢制成。根据其使用时的温度，我们把工具钢分为冷作工具钢、耐热工具钢和高速切削钢。除少数钢品种之外，冷作工具钢组内的工具钢都是合金钢。工具钢在使用之前需淬火处理（见 375 页）。

■ 冷作工具钢

采用冷作工具钢制造的零件在使用时应能耐受的最高温度为 200℃。因此，这类钢适用于普通切削刀具，例如车刀，或切削刀片和冲剪凸模（见 124 页）以及用于深冲模具和压铸铸模（图 3）。

举例： X42Cr13 → 冷作工具钢，含碳 0.42%，含铬 13%。

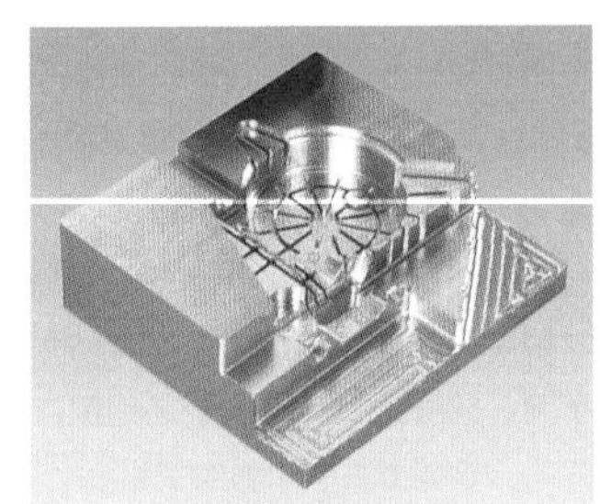

图 3：冷作工具钢制造的汽车雨刷器传动机构压铸模

■ 耐热工具钢

耐热工具钢的工作温度最高可达 400℃。这类钢的用途主要有挤压机的挤压凸模，轻金属和重金属的压铸模和锻模（图 4）。

举例： X38CrMoV5-3 → 耐热工具钢，含碳 0.38%，含铬 5%，含钼 3%和少量钒。

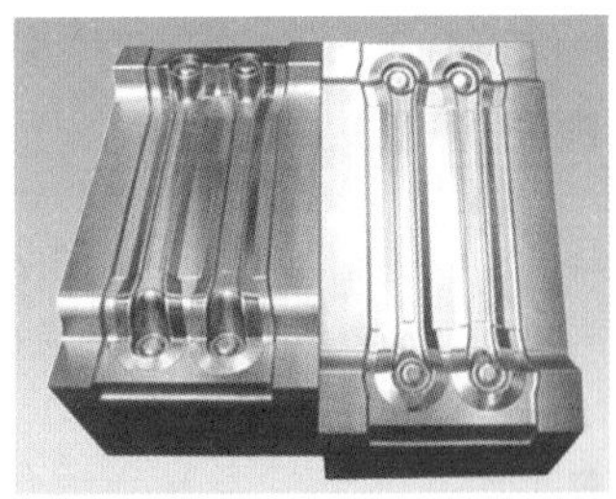

图 4：耐热工具钢制造的梅花扳手锻模

■ 高速切削钢

高速切削钢主要用于切削（见 137 页）和成形。由于其成分的原因，高速切削钢的工作温度可高达约 600℃。

举例： HS6-5-2 → 高速切削钢，含钨 6%，含钼 5%，含钒 2%。

5.4.6 钢的商业形式

熔炼后的钢用连铸法制成钢条，然后经过轧制、挤压和拉伸等处理，以多种不同钢制品形式投入商业运营(表1)。最常见的钢制品是型钢、棒钢、管材和空心型材、板材和带材以及线材。商业钢材都用标准化的缩写符号命名。

表 1：钢的商业形式（举例）

形状	举例	缩写名称
型钢	宽边 I 形钢梁（双 T 形钢梁），高 220 mm，由 S275JR 钢热轧制成	I 形型材 DIN1025-IPB220-S275JR
	高度为 240 mm 的 U 形钢，由 S235JR 钢制成	U 形型材 DIN1026-U240-S235JR
	非对等边角钢，边宽 100 mm 和 50 mm，边厚 8 mm，由 S235J0 钢制成	L 形型材 EN10056-100×5×8-S235J0
棒钢	由工具钢制成的热轧方钢，边长 10 mm	正方 EN10059 -10-C80U
	冷拔圆钢，直径 32 mm，ISO 公差范围 h8，由易切削钢 35S20 冷作成形	圆形 EN10278-32h8-EN 10277-3-35S20+C
	冷拔扁钢，宽 16 mm，厚 8 mm，由不锈钢制成	平板形 EN10278-16 ×8-EN 10088-3-X5CrNi18-10
管材、空心型材	正方形四角管，外部尺寸 115 mm×140 mm，管壁厚 8 mm，由 S275JR 钢制成	空心型材 DIN EN 10210-140×115×8-S275JR
	精密无缝钢管，外径 60mm，管壁厚 4mm，由 S355J2+N 钢制成	管 EN 10305-60×4-S355J2+N
	方形空心型材，宽 60 mm，壁厚 5 mm，镀锌，由 S355J0 钢制成	空心型材 EN 10210-60×60×5-S355J0，镀锌
带材 卷材	热轧钢板，板厚 4.5 mm，宽 2000 mm，长 4500 mm，由 S235J0 制成	板 EN 10029-4.5×2000×4500-S235J0
板材（平板）	软钢冷轧钢板，板厚 2 mm，最好的表面，无光泽	板 EN 10130-2-DC04-B-m
线材	由非合金钢 C4D 制成的镀锌钢丝，直径 5 mm	线材 EN 10016-5，镀锌
	圆形热轧弹簧钢丝，直径 8 mm，由调质钢 50CrV 制成	线材 DIN 2077-50CrV-8

本小节内容的复习和深化：

1. 根据哪些决定性特征对钢进行分类?
2. 如何区别高级钢与优质钢?
3. 钢被划分成了哪些主要材质等级?
4. 请您列举出至少四个属于结构钢的钢组。
5. 钢制品的名称由哪些部分组成?
6. 请您对下列钢种分别列出其缩写名称：非合金调质钢、合金渗碳钢、易切削钢和耐热工具钢。

5.4.7 钢和铸铁的合金元素和伴同元素

钢和铸铁的性能在很大程度上取决于它们所含的合金元素以及所需的或非所需的伴同元素（表 1）。

合金元素，例如铬、钨和钒，与基本材料铁形成混合型晶体或导致细晶碳化物析出。从而改善材料的抗拉强度，耐磨强度和耐腐蚀性等性能。

伴同元素，例如碳和硅，特别影响到强度和韧性。

表 1：钢和铁–铸件材料的合金元素和伴同元素

元素	该元素提高了下列性能	该元素降低了下列性能	应用举例
合金金属			
铝 Al	表皮抗氧化性，有助氮的渗入	–	34CrAlMo5 渗氮钢；炼钢时的脱氧剂
铬 Cr	抗拉强度，硬度，耐热性，耐磨强度，耐腐蚀性	延伸率（很小幅度）	X5CrNi18–10 不锈钢
钴 Co	硬度，刀具使用寿命，耐热性	较高温度时晶粒的生长	HS10–4–3–10 含 10% 钴的高速钢，用于例如车刀
锰 Mn	抗拉强度，淬透性，韧性（加入少量锰）	可切削性，冷加工可成形性，灰口铸铁中有石墨析出	28Mn6 调质钢，用于例如锻件
钼 Mo	抗拉强度，耐热性，刀具使用寿命，淬透性	回火脆性，可锻性（钼含量较高时）	55NiCrMoV7 耐热模具钢，用于例如挤压冲头
镍 Ni	强度，韧性，淬透性，耐腐蚀性	热延伸率	45NiCrMo16 用于折弯模具的冷作钢
钒 V	疲劳强度，耐热性，硬度	对高温敏感	H510–4–3–10 高速切削钢，含钒 3%，用于车刀
钨 W	抗拉强度，硬度，耐热性，刀具使用寿命	延伸率（很小幅度），可切削性	HS6–5–2–5 含 6% 钨的高速钢，用于例如拉刀
非金属伴同元素			
碳 C	强度和硬度（碳含量 C≈0.9% 时最大），淬硬性，形成裂纹（絮状物）	熔点，延伸率，可焊接性和可锻性	C60E R_m≈800 N/mm² 的调质钢
氢 H_2	因脆化而老化，抗拉强度	断口冲击韧性	炼钢时需去除， 例如用真空处理法
氮 N_2	脆化，形成奥氏体	耐老化性，深拉伸性	X2CrNiMoN17–13–5 奥氏体钢
磷 P	抗拉强度，耐热性，抗腐蚀性	断口冲击韧性，可焊接性	使铸钢和铸铁的熔液变稀薄
硫 S	可切削性	断口冲击韧性，可焊接性	10SPb20 易切削钢
硅 Si	抗拉强度，屈服强度，耐腐蚀性	断裂延伸率，可焊接性，可切削性	60SiCr7 抗拉强度为 R_m≈1600 N/mm² 的弹簧钢

5.4.8 铸铁材料的熔炼

铸铁的原始材料是铸造生铁、废钢、废铁和铸造车间的循环材料。铸造车间循环材料指例如铸件的冒口和出气口（见 99 页）。还要加入铁合金形式的合金元素。铁合金是指铁与一个高含量（例如 60%）合金金属的合金。

制造铸铁时，需将原始材料投入炉中熔炼。根据铸铁种类，投入原料和所使用热能的不同，使用的熔炉类型也各有不同。

化铁炉（图 1）：化铁炉，又称冲天炉，是使用最多的铸铁熔炼设备，主要用于生产片状石墨铸铁。

投入化铁炉的原料

- 铸造生铁、废钢铁、循环材料和合金元素；
- 作为加热材料和渗碳剂的焦碳；
- 用于形成炉渣的助熔剂（石灰石）。

化铁炉有一个耐火砖砌出的井筒形炉室。燃烧用空气，即“风”，从炉体下方通过喷嘴吹入炉内并燃烧焦碳。上升的燃烧热风加热从炉顶滑下的原料。铁在喷嘴上方不远处熔化并滴入炉床。液体铁从化铁炉流出，流入前炉，前炉的作用是一个汇集铁水的储蓄池。通过一个分离斜槽使铁水与较轻的炉渣分离开来。

热风化铁炉：这种化铁炉工作时使用预热空气用于燃烧。这样可以达到更高的炉温和更大的铁水流量。

感应坩埚炉（图 2）：这种炼铁炉既可以熔炼，也可以对铸铁熔液保温。感应坩埚炉由一个耐熔坩埚组成，坩埚四周排列着水冷铜线圈。交流电流经这些铜线圈时，坩埚内感应出一个电磁交流磁场，该磁场熔化坩埚内的原料。值得提出的是，交流磁场还产生搅拌运动，使合金元素能够均匀分布。

电弧炉：熔炼铸铁所使用的电弧炉是与熔炼铸钢相同的电弧炉（见 347 页）。

使用电弧炉可以达到很高的熔炼纯度和精确的组织成分。

二重法：采用二重法时，先使用化铁炉熔化铸铁，在浇铸之前把铁水注入感应炉熔炼合金。

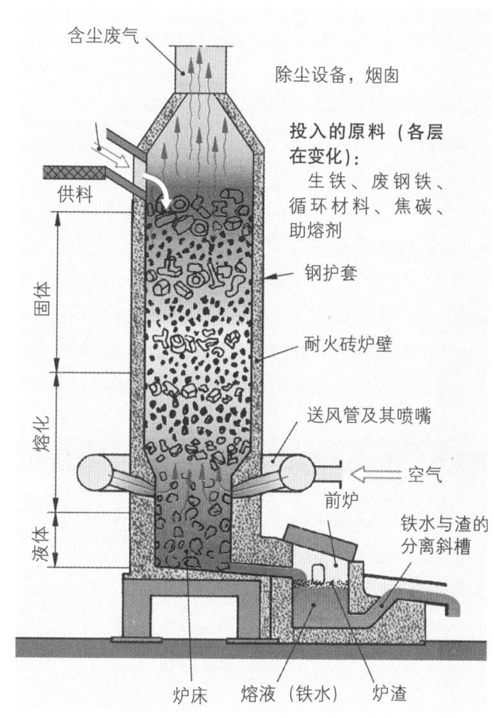

图 1：化铁炉

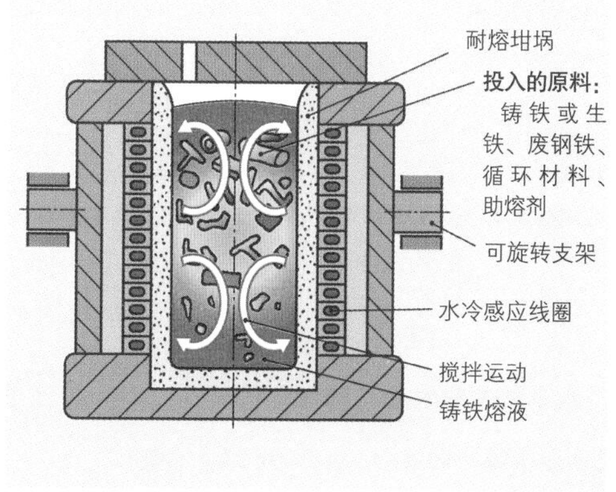

图 2：感应坩埚炉

5.4.9 铸铁

5.4.9.1 欧洲标准 DIN EN 1560 所述铸铁材料的缩写名称

标准规定，铸铁材料的缩写名称有 6 个部分，但不必完全写满。

举例：

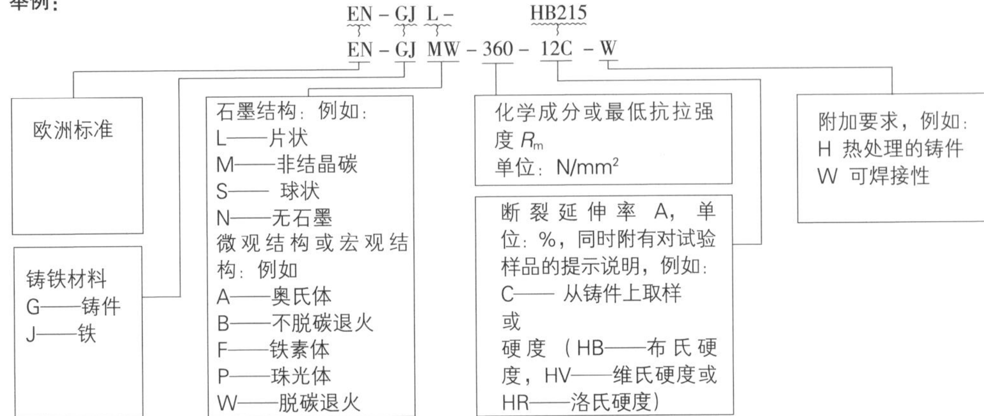

解释：EN-GJL-HB215：片状石墨（L）铸铁（GJ），硬度 HB215（布氏硬度）。

EN GJMW-360-12C-W：脱碳退火可锻铸铁（GJMW），抗拉强度 R_m=360 N/mm²，断裂延伸率 12%，试验样品从铸件上取样（C），适宜焊接（W）。

5.4.9.2 铸铁材料代码 DIN EN1560

铸铁材料的材料代码由 6 位字符构成（5 个数字和一个点），字符中间没有空格。其基本结构与 DIN EN 10027-2 所述钢材料代码结构相同。

举例：

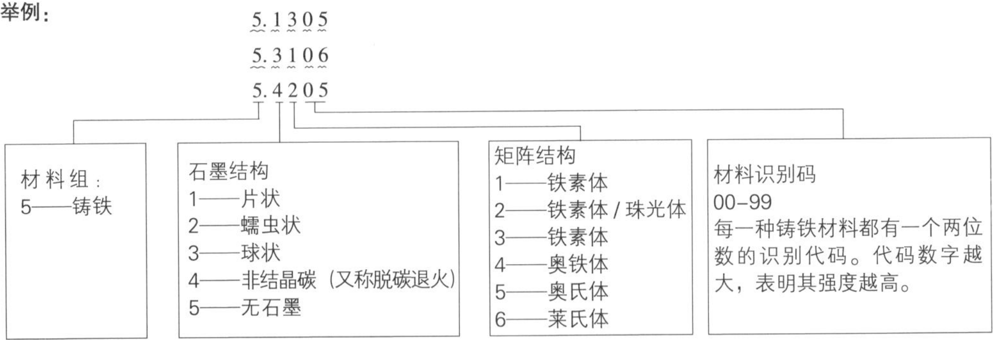

解释：5.1305：铸铁（5），片状石墨（1），珠光体矩阵结构（3），材料识别代码 05。

5.3106：铸铁（5），球状石墨（3），铁素体矩阵结构（1），材料识别代码 06。

5.4205：铸铁（5），可锻铸铁（4），铁素体/珠光体矩阵结构（2），材料识别代码 05。

本小节内容的复习和深化：

1. 请解释铸铁缩写名称 EN-GJL-200。
2. 请检索铸铁材料代码 5.3100。

5.4.10　铸铁材料的种类

5.4.10.1　片状石墨铸铁(EN-GJL)

片状石墨铸铁	
缩写名称(举例)	EN-GJL-200
密度	7.25 kg/dm³
熔点	1150℃～1250℃
抗拉强度	100～350N/mm²
断裂延伸率	约 1%
收缩率	1%

在显微镜下可看见片状石墨铸铁（灰口铸铁）的大部分碳都以精细片状石墨的形态嵌入组织（图 1）。

特性：嵌入浅色铁素体-珠光体基本组织内的黑色软石墨使铸铁的断裂口表面显现出灰色。它使材料具有良好的滑移性能、轻度可切削性能和减振性能。高达 2.6%至 3.6%的碳含量还使灰口铸铁具有良好的可铸造性。因此，用灰口铸铁也可以铸造出造型复杂的工件（图 2）。

在负荷状态下，灰口铸铁中石墨片的作用如同内部断口，它明显降低抗拉强度和延伸率。石墨片的大小取决于铸铁的冷却速度。与小石墨片相比，大石墨片更大幅度地降低了材料的强度。此外，强度还取决于基本组织。铁素体组织的材料强度最低，随着珠光体所占比例的增加，强度也随之增加（图 3）。与之相反的是，片状石墨铸铁的抗压强度是其抗拉强度的 4 倍。

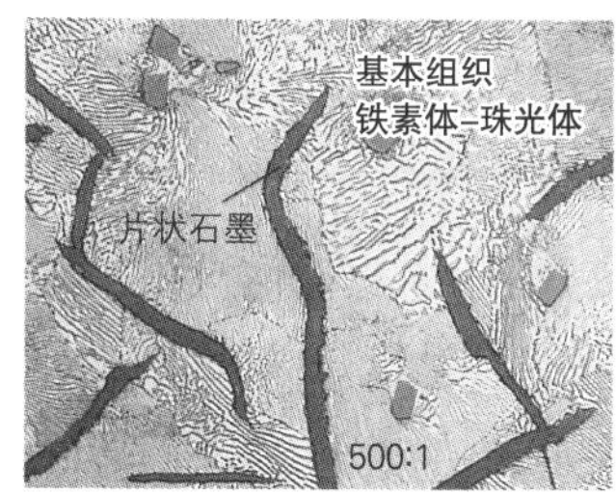

图 1：片状石墨铸铁的组织

> 由于片状石墨铸铁的许多特殊性能和低廉造价，使它成为应用最多的铸件材料。但铸铁中的片状石墨降低了材料的强度，其韧性极低。

划分:我们可按照抗拉强度，也可按照布氏硬度，把片状石墨铸铁各划分为 6 种类型：

EN-GJL-100…EN-GJL-350 或 EN-GJL-HB 155…GJL-HB 255

如果以硬度作为重要因素，例如用于易磨损件或用于加工方法，可选用按布氏硬度命名的标记名称。

应用：采用灰口铸铁可以制造例如加工机床的支架和滑动工作台，传动齿轮箱和曲轴箱。

蠕虫状石墨铸铁中含有蠕虫状石墨析出。因此，在导热性大致相同时，其强度大于灰口铸铁。它特别适宜于有热负荷的零件，例如汽缸座，汽缸盖和机动车刹车零件。

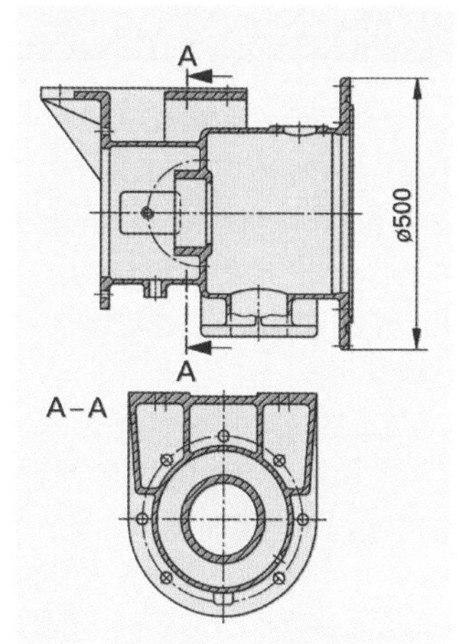

图 2：采用 EN-GJL-250 制造的压滤机机座

特性	铸铁			黑色可锻铸铁	非合金铸钢
	片状石墨铸铁		球状石墨铸铁		
组织显微照片 M 100：1					
析出碳类型	粗片状至细片状		球状	絮状	没有石墨析出
	石墨 + 带状渗碳体				
基本组织	铁素体至珠光体			铁素体	铁素体和珠光体
抗拉强度(N/mm²)	100～450		350～900	300～800	380～600

图 3：各种铸铁的组织

5.4.10.2 球状石墨铸铁(EN-GJS)

球状石墨铸铁	
缩写名称(举例)	EN-GJS-700-2
密度	7.2 kg/dm³
抗拉强度	350~900 N/mm²
断裂延伸率	22%~2%
收缩率	0.5%~1.2%

球状石墨铸铁中，石墨以球状嵌入类似钢的基本组织（见 359 图 3）。

性能：球状石墨只能在材料内部引起很小的断口作用。因此，球状石墨铸铁具有比灰口铸铁更高的强度和更好的断裂延伸率。在所有的铸铁种类中，球状石墨铸铁的特性最接近于钢。通过退火可提高该类铸铁的断裂延伸率，通过调质可提高其强度。球状石墨铸铁制成的工件也可以做表面渗碳处理。

> 球状石墨铸铁所含石墨呈球状。它具有高强度和高断裂延伸率。

应用：用于必须具有高强度和高断裂延伸率的铸件，例如齿轮、曲轴、泵壳和透平机座（图 1）。

图 1：采用球状石墨铸铁制造的轿车轮架

5.4.10.3 可锻铸铁(EN-GJMW 和 EN-GJMB)

可锻铸铁	
缩写名称(举例)	EN-GJMW-450-7
密度	7.4 kg/dm³
抗拉强度	350~550 N/mm²
断裂延伸率	12%~4%
收缩率	1.6%

可锻铸铁的原始材料是含碳约 3%、硅 1%和锰 0.5%的铁水熔液。将它浇铸成薄壁铸件（可锻铸件毛坯）。这种尚无法使用的脆硬毛坯件还要经过一个长时连续的热处理。根据退火处理的过程或根据所产生组织的外观，我们把可锻铸铁划分为脱碳退火可锻铸铁（白色可锻铸铁，缩写名称：EN-GJMW）和非脱碳退火可锻铸铁（黑色可锻铸铁，缩写名称：EN-GJMB）。

脱碳退火可锻铸铁，它的小型薄壁铸件毛坯在氧化炉环境中退火数日，进行脱碳。脱碳的表面层断裂面呈现出金属的亮光泽（图 2）。这种铸铁的机械性能与钢相同。但是其工件的脱碳深度最多只能达到约 5mm。在更深一点的横断面上，可见工件内部的碳化铁分解成了非结晶碳。

非脱碳退火可锻铸铁，它的铸件毛坯在中性炉环境（氮气）下退火数日。退火过程中，渗碳体（Fe_3C）分解成铁素体（Fe）和絮状非结晶碳（C）。其黑色粒状的断口组织（见 359 图 3）与壁厚无关，各处均相同。

性能：两种类型的可锻铸铁的韧性都优于片状石墨铸铁，都具有良好的可铸造性。特种品质的可锻铸铁 EN-GJMW-360-12 还具有可焊接性。

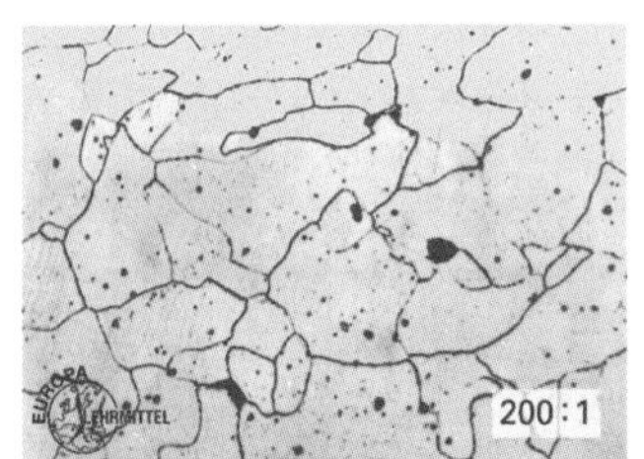

图 2：脱碳退火可锻铸铁的组织

> 脱碳退火可锻铸铁在其表层组织内含有较少的碳。而非脱碳退火可锻铸铁所含的碳呈絮状。

可锻铸铁种类的缩写符号。在其缩写名称 EN-GJMW 和 EN-GJMB 中加入了单位为 N/mm² 的抗拉强度和单位为%的断裂延伸率。

应用。可锻铸铁主要用于汽车制造业，例如连杆、转向轴护管和变速叉等。此外，它还用于机器制造，例如用于连杆和安装技术中的管道配件和阀座（图 3）。

图 3：采用脱碳退火可锻铸铁制造的安装件

5.4.10.4 铸钢

铸钢件体现出钢的优点与铸造技术可能性的结合，例如可以制造高强度和有韧性、其形状只有通过铸造才能达到的工件（图 1）。现有多种铸钢种类，其组成成分则视用途而定（表 1）。与钢不同的是，铸钢材料中含有少量提高可铸造性能的添加剂，例如磷。铸钢的名称是在钢的主符号前加上字母 G。

铸钢是在铸模中浇铸而成的钢。

表 1：铸钢种类举例	
普通用途铸钢	GE240
调质铸钢	G34CrMo4
不锈铸钢	GX6CrNi26-7
耐热铸钢	G17CrMo5-5
耐高温铸钢	GX40CrNiSi27-4
不可磁化铸钢	GX2CrNi18-11

图 1：用 GX5CrNi13-4 制造的水轮机转浆工作轮、叶片和轮毂

用途：铸钢用于大型机器制造中的高负荷零件，例如透平机机座、压力机支架和吊车吊钩，以及高负荷的机动车零件，但也用来制造机器中的小型零件。

5.4.11 钢与铸铁材料的碳含量对比

钢和铸铁材料的碳含量（表 2）与其他合金元素共同影响着材料的组织（见 344 页）。材料组织对于机械性能（见 336 页），例如抗拉强度，及加工工艺性能（见 338 页），例如可铸造性和可切削性或可变形性等，都具有决定性意义。

表 1：钢和铸铁的碳含量

	材料	碳含量（%C）
钢	结构钢，非合金	0.17 – 0.5
	渗碳钢，非合金	0.1 – 0.9 表面渗碳
	调质钢，非合金	0.2 – 0.6
	工具钢，非合金	0.5 – 1.4
	工具钢，合金	0.2 – 2.2
铸铁	片状石墨铸铁（GJL）	2.6 – 3.6
	球状石墨铸铁（GJS）	3.2 – 4.0
	可锻铸铁，脱碳退火（GJMW）	0.5 – 1.7 可锻的；2.5 – 3.5 非可锻的
	可锻铸铁，非脱碳退火（GJMB）	2.0 – 2.9
	铸钢（GS）	0.15 – 0.45
碳含量		0 1 2 3 %C

本小节内容的复习和深化：

1. 石墨析出使片状石墨铸铁具有哪些特性？
2. 与片状石墨铸铁相比，球状石墨铸铁有哪些优点？
3. 请解释材料名称：EN-GJL-300，EN-GJMW-400-5，GE240。
4. 如何区分白色可锻铸铁和黑色可锻铸铁？

5.5 有色金属

所有的纯金属及其铁不占最大比例的合金，我们统称为有色金属。我们把有色金属按其密度分为轻金属和重金属（表1）。

纯金属较软，它们一般都不用作结构材料。它们常与其他金属组成合金。通过合金提高其强度，从而使有色金属的应用范围大为扩展。

我们根据制造方法把有色金属分为塑性合金和铸造合金。

表1：有色金属的划分

有色金属	
轻金属及其合金 密度 < 5 kg/dm³ 例如铝	重金属及其合金 密度 > 5 kg/dm³ 例如铜

5.5.1 轻金属

最重要的轻金属是铝(ρ= 2.7 kg/dm³)，镁(ρ=1.7 kg/dm³)和钛(ρ= 4.5 kg/dm³)。由于它们重量很轻，耐腐蚀性能和强度良好，轻金属合金在汽车和飞机制造业得到广泛应用(见图1)。

图1：用 AlMgSi 塑性合金压锻制成的轿车轮圈

5.5.1.1 铝材料

■ 铝材料的特性

- 密度：约 2.7 kg/dm³（≈钢密度的 1/3）；
- 低熔点：≈ 660℃；
- 良好的可成形性，可焊接性和可铸造性；
- 耐气候变化，耐腐蚀。

■ 铝的塑性合金

铝与镁、锰、硅、锌和铜以及这些金属的化合物组成塑性合金。其优点是具有与铝类似的轻质量和近似于非合金结构钢类的强度：抗拉强度 R_m=200 N/mm² 至 450 N/mm²。

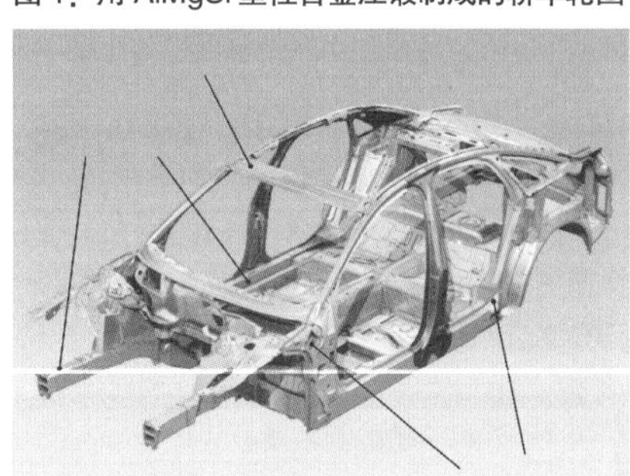

图2：采用不同铝合金焊接而成的高级轿车车身框架

含镁和锰的铝合金具有中等强度，通过锻压可增强其强度。采用这类合金可制造中等负荷的汽车零件，例如轿车轮圈（图1）。

举例： EN AW-Al Mg3：铝合金，含镁 3%，抗拉强度 R_m 最大达 300 N/mm²。

可时效硬化的铝塑性合金包含不同比例的镁和硅，锌和镁，或铜和镁。根据合金的造型进行硬化处理（见 363）。用这类合金可制造高负荷结构件（图2）。

举例： EN-AW-Al Cu4Mg1：硬化铝合金，含铜 4%和镁 1%，抗拉强度 R_m 最大达 425 N/mm²。

易切削合金，其合金成分除上述合金元素外还添加了铅(Pb)。切削时产生短切屑，因此用这类合金可制造特别适宜切削的零件。

举例： EN AW-AlCu4PbMg。

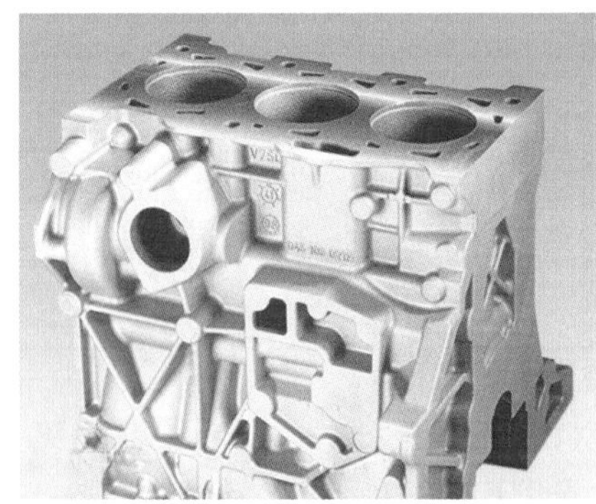

图3：用 AlSi 铸造合金制成的汽车发动机机座

铝铸造合金。

在机械制造业主要使用含硅 12%的铝铸造合金：EN AC-Al Si12。它具有良好的可铸造性，抗拉强度中等（R_m 最大达 170 N/mm²），耐腐蚀。采用 Al Si12 铝铸造合金可以制造要求造型复杂且重量轻的薄壁零件，如机座、汽车车身接合件、轿车发动机缸体（图 3）。

■ 铝合金的时效硬化

时效硬化由约 500℃的扩散退火、水中骤冷和时效硬化组成。可时效硬化的铝合金通过时效硬化可显著提高合金的强度。但其最终硬度不能立即见效，而需数天之后才能达到。

可硬化的铝合金用于例如制造 ICE（“德国高铁”，Inter City Express 的缩写）机车框架、飞机承重结构件以及船体等（图 1）。

图 1：采用耐海水腐蚀的铝合金 EN-AW 5083（Mg4.5Mn0.7）制造的船体

■ 铝合金的名称

根据欧洲标准 DIN EN 573，铝合金可用一个缩写名称或一个材料代码命名。塑性合金的缩写名称由字母 EN AW-Al 组成，而铸造合金的缩写名称由字母 EN AC-Al 组成（图 2）。字母名称之后是合金元素的符号和部分合金元素的含量，单位是百分比。在缩写名称的结尾也可以列出材料状态。

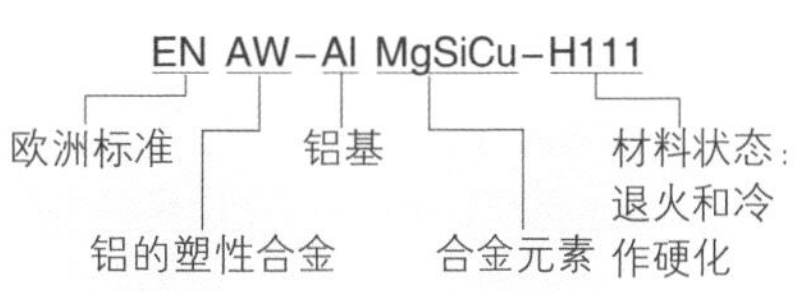

图 2：一种铝塑性合金的缩写名称

5.5.1.2 镁材料

镁最显著的材料特性是它的低密度：1.8~2.0 kg/dm³。因此它们是金属材料中密度最低的一组（其密度约为钢的 1/4）。镁合金在外观、耐腐蚀性能和强度方面均可与铝材料相媲美。

投入应用的主要是镁铸造合金，例如 EN MC-MgAl8Zn1。这类合金可制造轻结构的机壳或机座，例如传动箱体、发动机机座、机床机罩和小型装置的机壳（例如手提电脑机壳）（图 3）。镁铸造合金主要通过压铸成型，然后做后续切削精加工。

镁材料零件切削加工时存在着切屑燃烧的危险。因此，需采取保护措施。若发生火灾，必须使用火灾等级 D 的灭火器，不能用水灭火。

图 3：镁压铸件制成的链锯机壳

5.5.1.3 钛材料

钛的密度约为 4.5 kg/dm³，比钢轻 40%。它具有高强度\高韧性和高耐腐蚀性。但是钛是一种昂贵的材料。

非合金钛，如钛 1，用于例如医疗技术领域的人造髋关节以及类似产品。

合金钛，例如 TiAl6V4，其强度相当于合金调质钢：R_m 最大达 1000 N/mm²。用这种材料可制造飞机的高负荷结构件（图 4）。

图 4：钛合金 TiAl6V4 制造的喷气发动机叶片轮缘

本小节内容的复习和深化：

1. 有色金属铝、镁和钛的密度分别是多少？
2. 哪一种铝材料特别适宜于制造高负荷结构件？
3. 镁和钛具有哪些特殊的性能？

5.5.2 重金属

机器制造中用作结构零件的最重要的重金属有铜（Cu)、锡（Sn)、锌（Zn）及其合金。其他的重金属，如铬(Cr)、镍（Ni）和钒（V）等，可与钢组成合金。

5.5.2.1 重金属的缩写名称

重金属合金的缩写名称由基本金属的化学符号、合金元素的符号和单位是百分比的含量数据组成（图 1)。

铸造材料的前置字母可以表示铸造类型，例如字母 G 表示砂型铸造，字母 GD 表示压力铸造，等等。而后置字母可以是强度数据，例如 R420，表示抗拉强度为 420N/mm²。

非合金铜还有特殊的专用缩写名称。举例：Cu-DHP-R220。该缩写名称的含义将在下文予以解释。

铜-塑性合金还要添加一个数字缩写名称（材料代码)。所以，其名称由字母 CW 和一个数字代码组成（图 2)。该名称后可以附加一个表示合金组的字母。

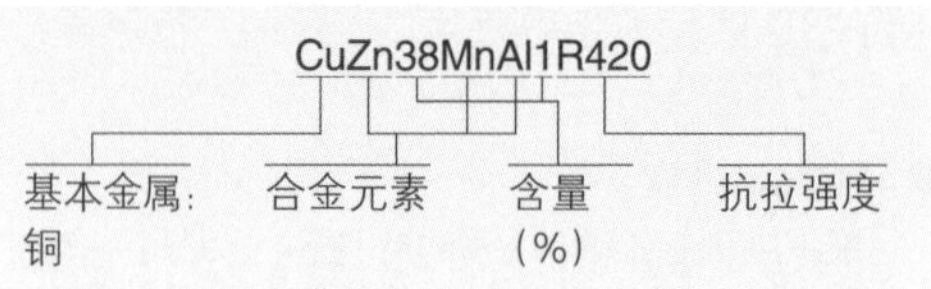

图 1：一种重金属合金的缩写名称

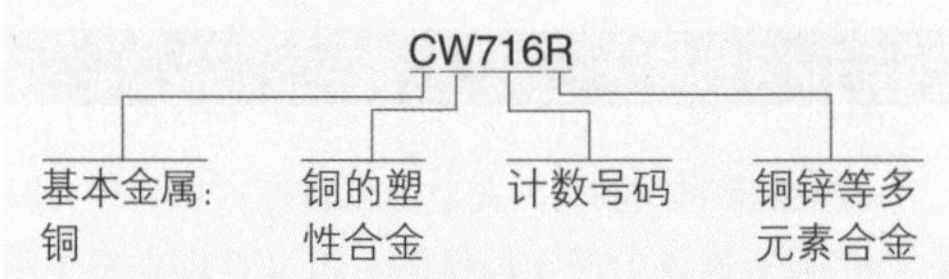

图 2：一种铜合金的数字缩写名称

5.5.2.2 铜和铜合金

■ 非合金铜

特性及其应用：

铜是一种红色金属，其密度为 8.94 kg/dm³，熔炼温度为 1083℃。

非合金铜在热轧状态下很软，具有良好的延伸性能。通过捶打或压延（冷硬化加工）使铜变硬。经过退火复又变软。铜具有高导热性和导电性。因此用于电线电缆（图 3）制造，在设备制造中，它用于冷热交换管。

具有良好可熔焊性和可钎焊性的铜类，如 Cu-DPH，应用于设备制造业。电气导线使用 Cu-ETP。

■ 铜锌合金（黄铜）

特性及其应用：

铜锌合金中含有 5%~40%的锌，呈金黄色，耐腐蚀，表面光滑。低锌含量的铜锌合金柔软，具有良好的可变形性，高锌含量合金更硬。通过冷作硬化加工可将该合金的抗拉强度从 250 N/mm² 提高至约 600 N/mm²。铜锌合金具有良好的可变形性、可铸造性和可切削性。采用这种合金可制造管道附件、耐腐蚀螺钉、小型车削件等（图 4)。部分合金除加锌外还加入了其他合金元素。

举例：CuZn36Pb3→铜锌铅塑性合金，含锌 36%，含铅 3%；用于易切削车削件。

图 3：采用 Cu-ETP 制造的铜导线用作电导线

图 4：铜锌合金制成的车削件

■铜锡合金（锡青铜）

铜锡合金的锡含量介于2%~12%之间，呈金褐色。

铜锡合金耐腐蚀，具有高抗拉强度，高耐磨强度和良好的滑动性能。随着锡含量的增加，强度和耐磨性能也随之提高。通过冷作硬化处理（例如冷轧）可使其硬度达到“弹簧硬度”，此时的抗拉强度更可达 750 N/mm^2。

铜锡合金适用于制造蜗轮、主轴螺帽、接触弹簧、滑轨和导轨以及轴承套（图 1）。

铜锡合金举例：

CuSnSP：塑性合金，具有极佳的滑动性能和高耐磨性能，例如用于电机中的高负荷滑动轴承

G-CuSn12Pb：加铅的铸造合金，具有极佳的耐磨性能和防摩擦性能，例如用于滑动轴承套（图 2）。

■铜锡锌铸造合金

这种合金具有良好的可铸造性、耐腐蚀性、可切削加工性和良好的滑动性能。可以用于制造例如管道附件和泵壳（图 3）。

举例： G-CuSn6Zn4Pb2。

■铜铝合金

这种合金以高强度、韧性和耐腐蚀性能而见长，尤为突出的是极佳的耐海水侵蚀性能。因此，它们优先用于造船工业以及与海水接触的设备制造和化学工业设备制造。

举例：

CuAl7Si2：耐海水侵蚀的合金，用于船舶制造。

CuAl10Fe3Mn2：耐腐蚀、耐磨损的塑性合金，用于例如蜗轮和阀门座。

■铜镍合金

铜镍合金（银色）有弹性，具有良好的导电性能和耐腐蚀性能，其外表面与银相似。这种合金用于制造例如弹性电气触点、钥匙、绘图仪器、水管管道附件、设备外壳和“银币”（图 4）。

举例： CuNi9Sn2：弹性电气触点。

合金 CuNi44 有一个特点，它又可称为康铜。该合金具有恒温电阻性能，因此用于制造电阻。

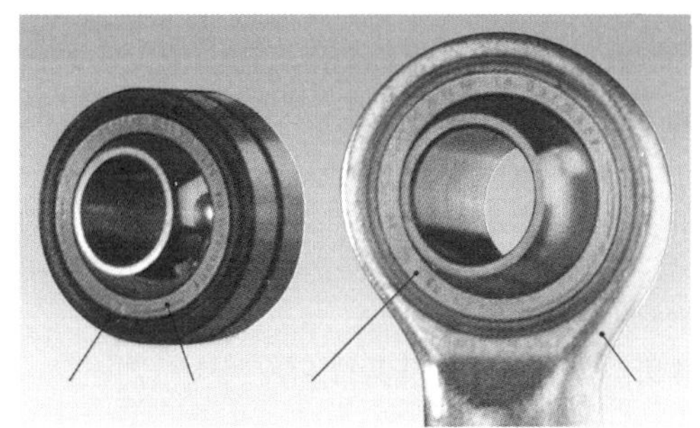

图 1：铜锡合金 CuSn8P 制成的关节轴承和带有轴承套的万向接头

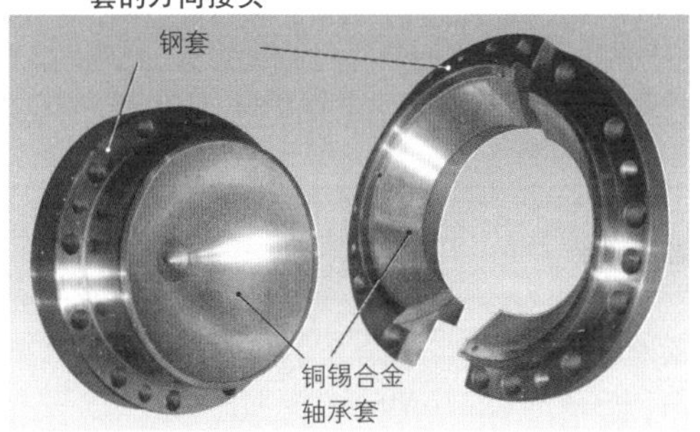

图 2：铜锡铸造合金 G-CuSn12Pb 制成的球形罩、轴承套

图 3：铜锡锌铸造合金制成的泵壳

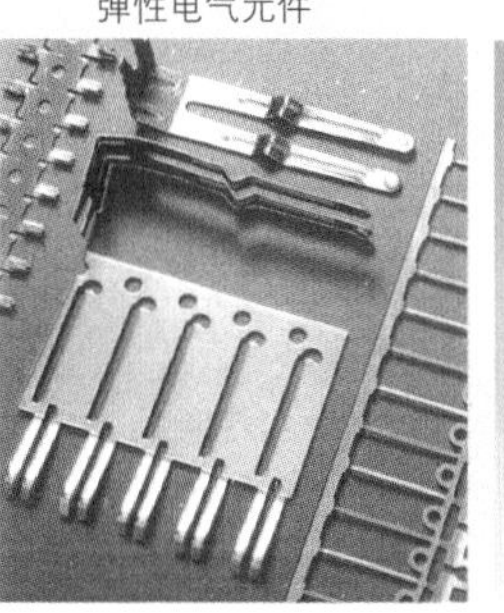

图 4：铜镍合金制成的零件

5.5.2.3 其他的重金属合金

■ **锌合金**

锌合金（密度约为 7 kg/dm³，熔炼温度约为 420℃）中所添加的合金元素主要是铝和铜。它特别适用于薄壁压铸件，当然也适用于塑料制造中的吹模和拉伸模。

举例： G-ZnAl6Cu1 用于重型铸件。

■ **锡合金**

锡/铅合金可制作成软钎焊焊料（锡铅焊料）。它的熔化范围从 180℃~325℃（见 233 页）。

举例： S-Sn60Pb40 是一种含锡 60%、含铅 40%的软钎焊焊料。

■ **镍合金**

镍可以与例如铬、锰、镁、铝和铍组成合金。根据添加的合金金属，镍合金分别具有高强度、高弹性、极好的耐高温和耐腐蚀性能（图 1）。

举例： NiCr22Mo9Nb： 用于例如耐热管道附件。

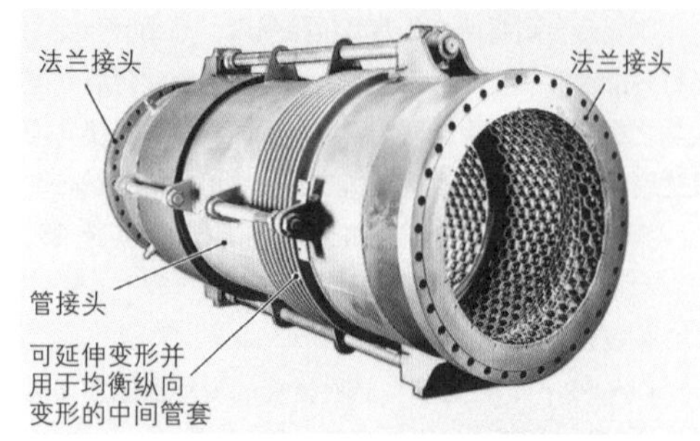

图 1：耐腐蚀的镍合金 NiCu30Fe 制造的化学装置

5.5.2.4 合金金属

许多金属作为结构材料使用并无意义，例如铬和镍，但它们作为合金金属却意义非凡（表 1）。例如不锈钢中主要包含的合金金属就是铬和镍，高速切削刚中主要含有钨、钼、钒和钴。

高熔点金属如铬、镍、钒、钴和锰主要改善钢的耐腐蚀性能和机械性能，而最高熔点金属如钨、钽、钼和铌则提高合金的耐热性能。

表 1：合金用重金属的熔点及其应用①

金属	熔点（℃）	用途
高熔点合金金属		
铬 (Cr)	1903	合金金属，用于钢，电镀覆层，镀硬铬，例如用于刀具
镍 (Ni)	1453	合金金属，用于钢和铜，电镀覆层，热电偶，电池
钒 (V)	1890	合金金属，用于钢
钴 (Co)	1493	合金金属，用于钢，硬质合金，恒磁材料
锰 (Mn)	1244	合金金属，用于钢，铜和铝
最高熔点合金金属		
钨 (W)	3380	合金金属，用于钢，硬质合金，熔焊电极，电气触点材料
钽 (Ta)	3000	校准质量块，真空技术，医疗技术，硬质合金
钼 (Mo)	2600	合金金属，用于钢，耐磨层，加热元件，X 线管
铌 (Nb)	2410	合金金属，用于钢

①其举例请参见第 349 页钢的相关章节

5.5.2.5 贵重金属

属于贵重金属的主要有金、银和铂，当然还有铱、铑、锇和钯。

工程技术上，金和银用于导电材料和电气触点材料，铂用于热电偶和实验室仪器。

本小节内容的复习和深化：

1. 铜合金的缩写名称中包含哪些说明符号?
2. 请您列举出两种铜合金，以及它们所含的具体合金元素和它们的特性。
3. 哪些重金属和重金属合金适用于制造滑动轴承?
4. 下列重金属分别适用于什么用途：铜，锡，铬，钨，铂?

5.6 烧结材料

烧结材料采用金属粉末通过多级制造方法制造而成，其流程可简述为：毛坯件压力成型，然后烧结。这种制造技术称为初始材料粉末冶金法或基于加工制造的烧结技术。

5.6.1 金属烧结成型件的制造

烧结成型件的制造分为若干个加工阶段（图 1）。

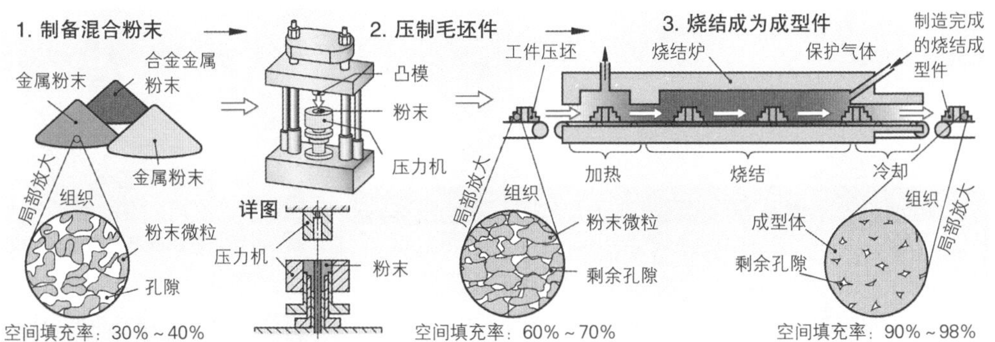

图 1：采用金属粉末加工制造烧结成型件

粉末混合：粉末微粒已经具备所需成分，或混合不同金属粉末获取所需的混合粉末。为了在接下来的压制工序中便于压紧，在粉末中添加了脱模剂。

压制成形：将已定量的金属粉末在压模中以最高达 1000 bar 的压力压制成工件压坯（见图 1 详图）。压制过程中，粉末颗粒变形并扩大了接触面，但它们的孔隙空间却缩小了。通过黏结和机械夹紧，使压坯（毛坯件）结合得更紧密。

烧结：连续通过烧结炉，使压坯达到最终强度。烧结过程中，将压坯加热到指定温度，即低于烧结材料熔点温度约 25%，例如，烧结钢的加热温度达到 1000℃至 1300℃。

在烧结温度下，毗邻的粉末微粒彼此焊接在一起，形成材料桥。在烧结过程的后续流程中，材料桥不断加大，最终形成致密的烧结成型件组织。

> 烧结是对已压制成形的金属粉末的一种退火方法。烧结时。通过扩散和再结晶，最终产生的烧结成型件具有一种致密的组织。

如果对烧结件提出特殊要求，可通过不同的后续处理方法提高所要求的性能（图 2）。

整形：通过室温条件下的整形，可再次精密压制精确的尺寸和高表面质量。

压锻：压锻温度下对烧结件进行压锻，可使工件组织更为致密，形状精度更高，同时还提高了强度值。压锻后可进行后续的淬火和调质，再次提高工件的强度值。

浸渍：压力浸渍可使润滑剂填充烧结滑动轴承的孔隙。处理后的轴承可以长时间自润滑，免维护。

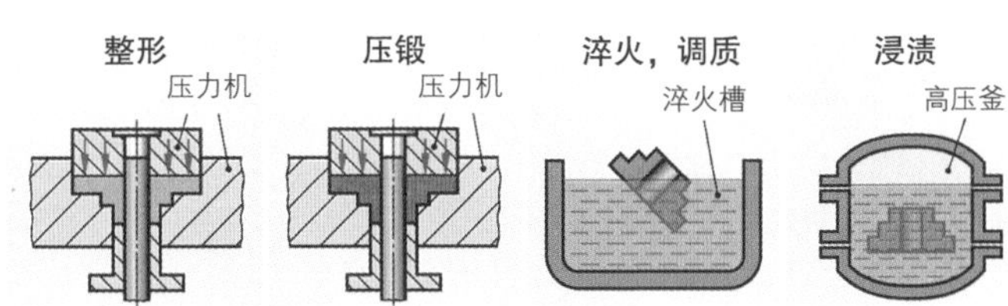

图 2：烧结工件的后续处理法

5.6.2 烧结成型件的特性及其应用

烧结零件的特性取决于多种因素：粉末材料、粉末微粒的粒度、压制压力和烧结温度等。压力低，零件材料疏松；压力高，则材料致密且强度高。

粗孔隙烧结零件。这类零件采用青铜、黄铜或不锈钢的金属球状粉末烧结而成，用作例如过滤器和电焊气体管道的火焰止回阀（图 1）。

自润滑滑动轴承由细孔隙轴承材料制成，其孔隙内已灌入润滑剂（图 2）。使用时轴承发热，使润滑剂从孔隙流出，起到润滑轴承的功能。

采用中等强度的钢烧结零件可以制造大量中小型烧结成型件（图 3）。

这类成型件安装在许多机床和设备中，其所需数量巨大：连杆、齿轮、皮带轮、闭锁机构、凸轮、曲柄等。

烧结技术的优点	烧结技术的缺点
●制造便于安装的、价格低廉的零件； ●仅要求少量的后续处理工作； ●既可制造疏松的，也可制造致密的烧结零件； ●通过相应的粉末混合可选择材料性能。	●要求使用价格昂贵的挤压模具，因此只适用于大批量生产； ●工件尺寸受限； ●要求挤压力大，因此压制成本高； ●不能制造最大负荷成型件（零件的可负荷性受限）。

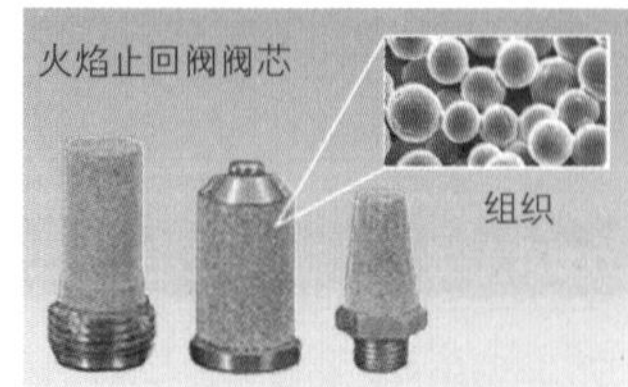

图 1：烧结青铜制造的火焰止回阀

图 2：烧结青铜制造的免维护滑动轴承

图 3：用于机床和设备的烧结钢成型件

5.6.3 特种烧结材料

采用烧结技术可制造传统铸造技术无法制造的特殊材料，例如：

粉末冶金工具钢：它采用工具钢粉末通过高温高压压制后，经烧结而成。这种材料具有最佳的工具钢性能。采用这种材料可制成丝锥、立式铣刀、铰刀等刀具（图 4）。

硬质合金：硬质合金是由硬质细晶碳化物微粒［例如碳化钨（WC）］与某种柔韧的结合金属，一般采用钴（图 4），组成的复合材料。采用粉末混合物的液态烧结方法制成。烧结时，钴熔化，将碳化物微粒结合成为一种组织致密的成型件。硬质合金用于制造切削刀片。关于其更详细的性能和用途介绍，请参阅 137 页。

切削陶瓷和工业陶瓷材料：它们由铝氧化物（Al_2O_3），二氧化锆（ZrO_2），碳化钛（TiC）或氮化硅（Si_3N_4）组成。通过将上述材料粉末在 1500℃至 2500℃高温下烧结（燃烧）制成。这类材料主要用于制造切削刀片和其他工业零件。更详细的介绍，请参阅 369 页。

粉末冶金工具钢

用碳化钨－钴复合材料制成的硬质合金切削刀片

用 Al_2O_3 制成的切削陶瓷小刀片

用氮化硅 Si_3N_4 制成的轴承滚珠

图 4：采用烧结技术制造的特种材料

本小节内容的复习和深化：

1. 制造烧结成型件包括哪些制造阶段？
2. 如何理解烧结？
3. 与传统铸造技术相比，烧结技术有哪些优点？
4. 为什么烧结滑动轴承可以免维护？

5.7 陶瓷材料

陶瓷材料是非金属无机材料，它用压制成型的粉末毛坯件烧制而成。

现代陶瓷材料，又称工业陶瓷或高效陶瓷，在机械制造业用作内置式零件，在加工技术中用作刀具，现在，它的用途逐步增加（图 1）。它所承担的特殊任务只有借助其材料特性才能完成。

■ 陶瓷材料的特性

陶瓷材料有一个共同的、与钢有明显区别的特性外形。

陶瓷材料重要的特性如下：
- 高硬度和高耐压强度；
- 有滑动性能的材料表面具有高耐磨强度；
- 耐高温，最大可耐受约 1500℃；
- 可耐受腐蚀和化学药剂；
- 密度小，为 2～4 kg/dm^3；
- 大部分陶瓷对电绝缘。

但是，陶瓷材料不可变形，对强烈打击很敏感。它不能承受切口应力集中效应，例如会在断口处裂开，也不能承受大拉力负荷。

基于陶瓷材料的这些特性，陶瓷材料制成的零件既可承担特殊任务（图 2），亦可作为特殊零件装入部件（图 3）。陶瓷材料零件承担的主要是耐磨和耐高温任务。

■ 陶瓷材料的制造

陶瓷材料由制成粉末的初始材料经过下列阶段制造而成（图 4）：

（1）粉碎并混合：将初始材料的粉末粉碎，加水混合成初始混合料。

（2）造型：对毛坯件（湿型坯件）造型。可通过模压湿粉末混合料造型，或将糊状粉末膏喷注和挤压成型。

（3）烧制：以 1400℃至 2500℃的高温把毛坯件烧制成陶瓷零件。即把粉末微粒烧结成零件。

（4）最终加工：如果零件要求有光滑的滑动面，需要磨削加工陶瓷零件。

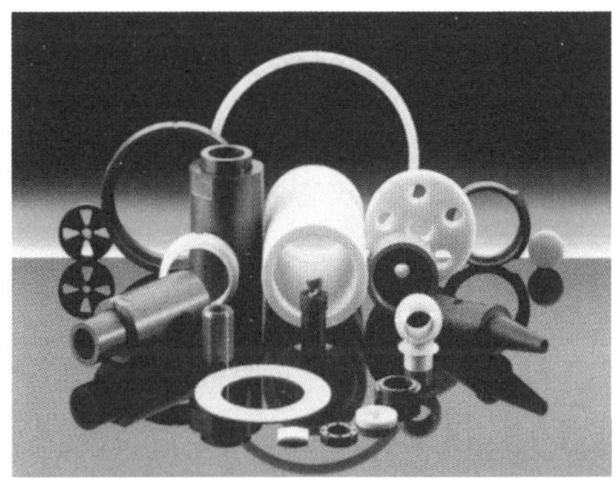

图 1：用陶瓷材料制造的零件

图 2：陶瓷制成的运动汽车高效刹车盘

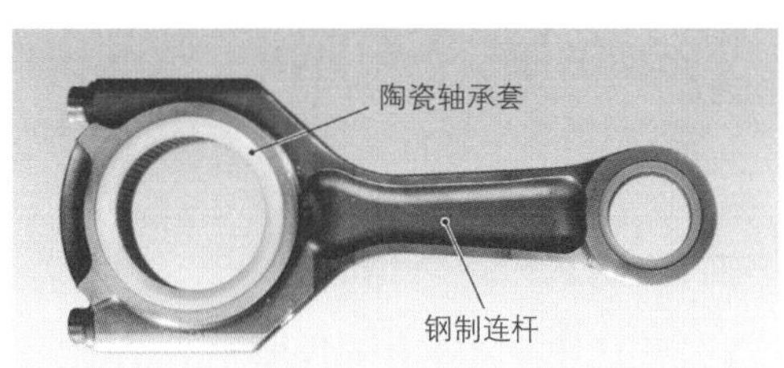

图 3：连杆中的陶瓷轴承套

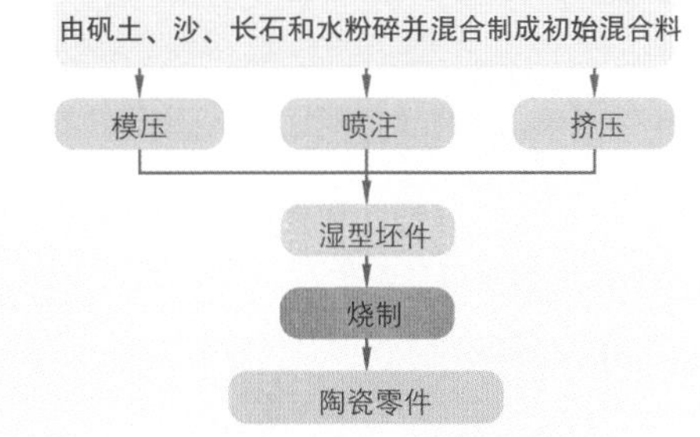

图 4：陶瓷材料的制造工序（示意图）

■ 陶瓷的种类及其应用

硅酸盐陶瓷

这种陶瓷材料，又称工业瓷或工程瓷，由 50%矾土（Al_2O_3），25%石英砂（SiO_2）和 25%长石（$KAlSi_3O_8$）烧制而成。

工业瓷的碎片白色致密。它具有良好的机械强度，但易碎，可耐受许多化学制剂，同时还具有非常优异的电绝缘性能。工业瓷的主要用途是机床、电加热装置、开关和灯具上的绝缘件（图 1）。

图 1：用工业陶瓷制成的加热元件支架

氧化物陶瓷

高密度烧结氧化铝（Al_2O_3）是最重要的氧化物陶瓷材料。它具有高抗压强度、高硬度和高耐磨强度以及耐高温性能和良好的导热性能。它可以加工成为例如喷丝嘴、密封垫圈、导纱器、弯曲辊、滑环密封圈和切削刀片（图 2）。压力烧结氧化锆（ZrO_2）也可以用于类似用途。

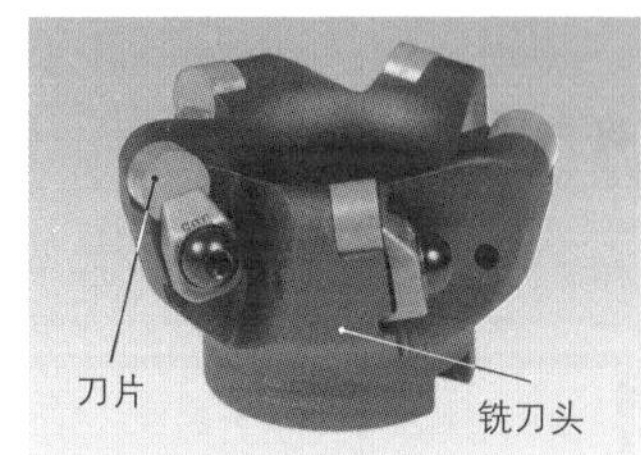

图 2：用氧化铝陶瓷制成的铣刀刀片

非氧化物陶瓷

最重要的非氧化物陶瓷材料是碳化硅和氮化硅。

碳化硅陶瓷（SiC），除高硬度、高耐磨强度和耐高温等特性之外，它还具有低热膨胀性、高导热性和对酸以及金属熔液的最佳耐受性。它可以加工成温度计的保护套管、铝熔液的熔池内衬、加热棒和滑环密封环（图 3）。

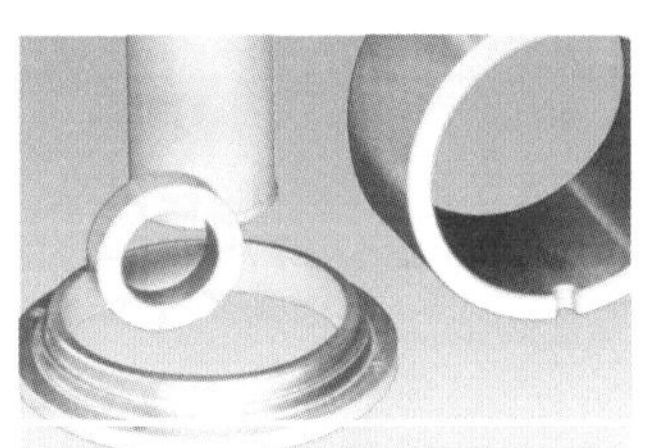

图 3：用碳化硅制造的滑环

氮化硅陶瓷（Si_3N_4）具有独特的组合特性，就是说，它兼具硬度、耐磨强度和耐高温性能、耐化学制剂以及高抗压强度和良好韧性等特性于一身。氮化硅陶瓷可以用于高机械负荷和快速运动的零件，例如滑环、轴承滚珠、滚动体和铸件加工的刀具（图 4）。

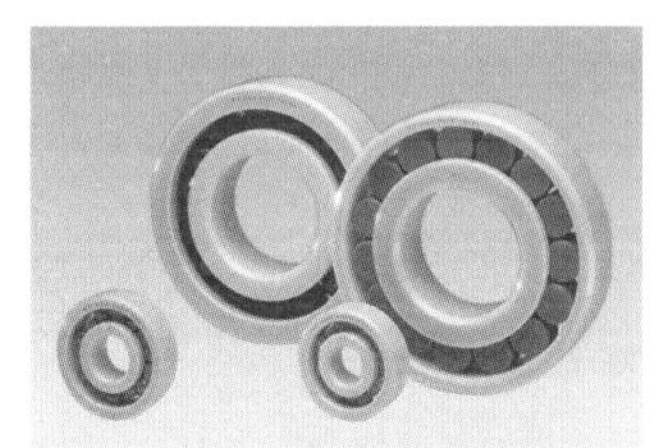

图 4：用氮化硅制造的滚动轴承

碳陶瓷

这种由碳和例如碳化硅组成的复合材料集合了耐高温性能和最强的抗拉强度、抗压强度和耐磨强度等多项顶级特性。这种材料可用于制造例如高效刹车盘等（见 369 图 2）。

■ 陶瓷涂层

具有高强度和高韧性的钢零件需要陶瓷的表面特性时，可以采用陶瓷涂层。陶瓷涂层的特性是：极高的硬度和抗压强度、耐磨强度、化学制剂耐受性和电绝缘性能。经常采用的陶瓷涂层由氧化铝和二氧化钛组合而成。用等离子喷涂法涂覆在轮、导纱器和辊的表面（图 5）。

图 5：钢零件的陶瓷涂层

本小节内容的复习和深化：

1. 陶瓷材料具有哪些特殊的性能？
2. 烧结的氧化铝用于什么用途？
3. 为什么在钢零件上做陶瓷涂层？

5.8 钢的热处理

热处理可以按需改变钢和铸铁的性能，尤其可以提高其硬度、强度和可加工性。材料性能改善的原因是材料组织的改变。

5.8.1 铁的组织类型

铁在制造过程中获取了一定量的碳。这个碳含量在一定程度上是不利的，因为碳含量过高，铁会变脆。但另一方面，铁内一定量的碳又是通过热处理提高许多材料性能的前提条件。

铁内碳含量这些作用的原因就在于它对材料内部结构 —— 组织的影响。

通过对慢慢冷却的铁组织研究之后，我们认识到，根据碳含量的不同，铁也有着各种不同的组织类型（图 1）。

工业纯铁构成一种由卵形晶粒组成的组织。我们称这种组织类型为铁素体或 α–铁。这种铁组织较软，易成型，可磁化。

> 含碳 0.1% ~ 2% 的铁称为钢。

钢内所含的碳不是纯碳，而是碳的化学化合物碳化铁 Fe_3C。我们称这种组织成分为渗碳体。它既硬又脆。

当钢内碳含量较少（0.1%~0.8%）时，渗碳体以薄条状形式（条状渗碳体）析出并穿过铁素体晶粒 [图 1（b）]。

含碳 0.8% 的钢（共析钢）内，所有的铁素体晶粒都布满了条状渗碳体 [图 1（c）]。由于这种组织的外观在显微图像中像珍珠贝的闪光层，我们就称这种组织为珠光体。

含碳低于 0.8% 的钢（亚共析钢）组织中同时含有铁素体晶粒和珠光体晶粒。我们称这种组织类型为铁素体–珠光体–组织 [图 1（b）]。

含碳高于 0.8% 的钢（过共析钢）组织中含碳较高，以至于条状渗碳体不但富集在珠光体晶粒内，还有渗碳体沉积在晶界（晶界渗碳体）[图 1（d）]。组织中渗碳体所含比例越高，钢就越硬，但也就越脆。

> 含碳 2.5% ~ 3.7% 的铁称为铸铁。

除含碳之外，铸铁还含有很大比例的硅。硅的作用是，使绝大部分碳不以化学化合物渗碳体 Fe_3C 的形式，而是以纯碳 C 的片状石墨的形式析出。

一般而言，铸铁件中的析出类型如下：超过 0.8% 的碳以片状石墨形式析出在晶界处，其余的碳结晶成为条状渗碳体。因此，铸铁的组织由一个珠光体基质或铁素体–珠光体基质与夹存在晶粒之间的片状石墨组成 [图 1（e）]。

(a) 工业纯铁

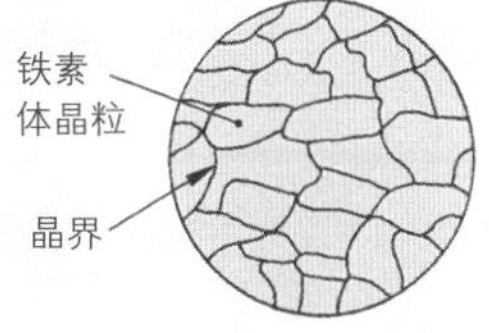

铁素体组织

(b) 含碳 0.5%的铁

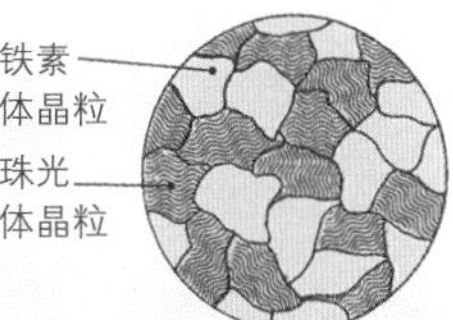

铁素体 – 珠光体组织

(c) 含碳 0.8%的铁

珠光体晶粒（铁素体中条状渗碳体）

珠光体组织

(d) 含碳 1.6%的铁

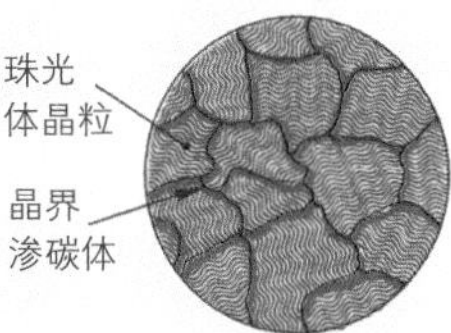

珠光体 – 渗碳体组织

(e) 含碳 3.5%的铁

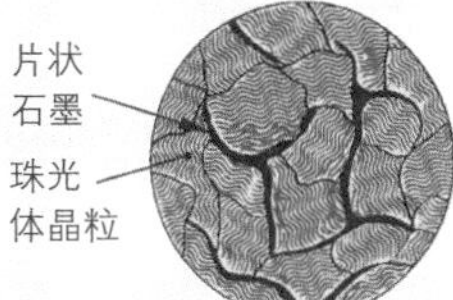

珠光体基本组织中的片状石墨

图 1：不同碳含量铁材料的组织类型

5.8.2 铁-碳状态曲线图

铁在室温下和在最高 723℃温度下将因碳含量的不同而呈现出不同的组织（见 371 图 1）。若把铁加热至超过 723℃，它将出现另外一些组织类型。

铁-碳状态曲线图展示一幅铁以某种碳含量在某种温度条件下将呈现某种组织类型的概览图（图 1）。

曲线图表中贯穿的和中断的线条划定了组织范围。例如 P-S 线把铁素体-珠光体组织范围与奥氏体-铁素体组织范围分离开来，或 G-S 线把奥氏体-铁素体组织范围与奥氏体组织范围分离开来。

在铁-碳状态曲线图中，还在碳含量线上方填入了室温下和最高 723℃温度下的组织类型。举例：含碳 0.5%的铁具有铁素体-珠光体组织，含碳 1.2%的铁具有珠光体-晶界渗碳体组织。两种组织范围的相对分界线在碳含量 0.8%处。这里是纯珠光体组织。

> 超过或低于组织分界线时，组织类型出现转化。

举例： 含碳 0.8%的钢熔液在冷却时，从 1480℃开始在熔液中形成奥氏体结晶。低于 1380℃后，整个材料凝固，它由奥氏体晶体组成。继续冷却到 723℃时，奥氏体组织转化成为珠光体组织。

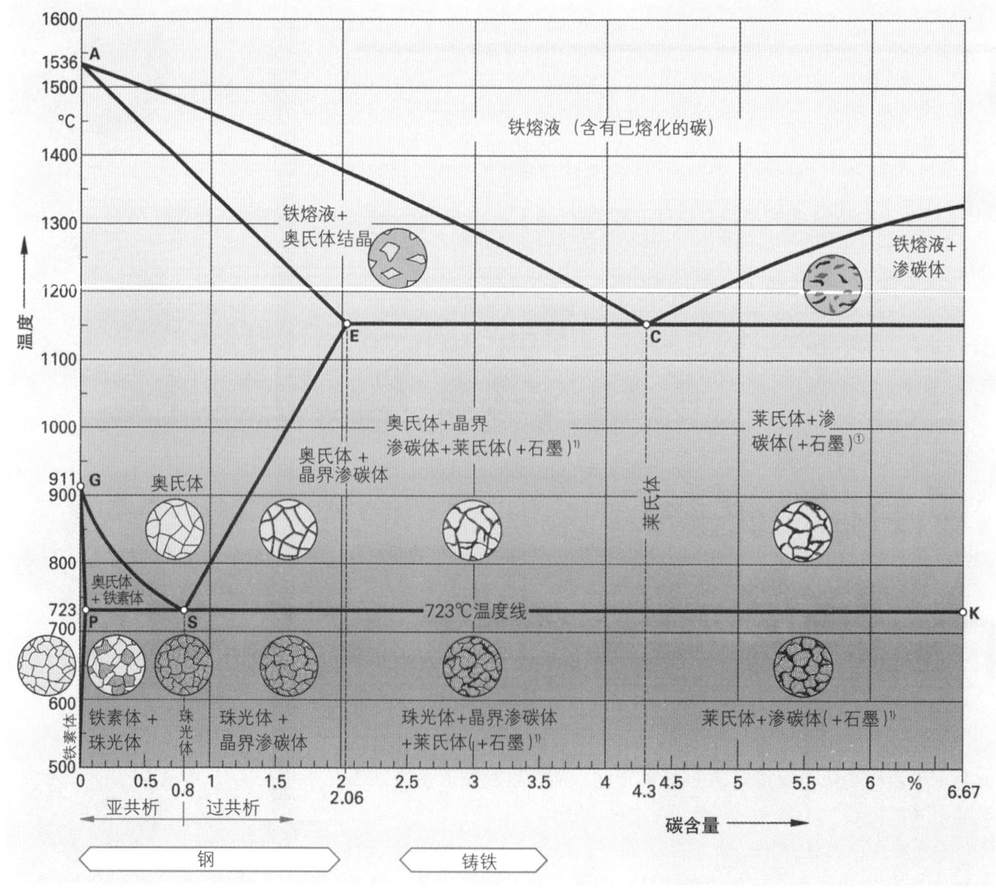

图 1：铁-碳状态曲线图（不同碳含量铁的组织范围）

①在碳含量超过 2.06%并且含硅的铁（铸铁）中，一部分碳以石墨形式析出（图 1）。

5.8.3 加热时的组织和晶格

铁-碳状态曲线图对于钢具有特殊的意义（图 1）。

钢的碳含量最大达到约 2%。其热处理温度最大达到约 1100℃。

钢的热处理是为了改善其某些性能。热处理过程中，材料内部经历了多方面的变化过程。

把含碳的铁（钢）加热至 723℃，其组织开始发生转化。这种组织转化的原因就是晶格的改变（见图 2）。加热到 723℃时，体心立方体（krz）铁素体晶格开始转变成面心立方体（kfz）奥氏体晶格。从相邻条状渗碳体中跑出来的一个碳原子插入到面心立方晶格已空出的正方体中心。这样便产生混合晶体。我们把由此产生的组织称为奥氏体或 γ-铁。奥氏体形成角形组织晶粒，它有韧性，易成形，但与铁素体相反，它不能磁化。

在含碳 0.8%的钢（珠光体组织）内，这种转变在 723℃时已完全完成（见图 1 的 S 点）。

而在含碳低于 0.8%的钢内，723℃时，铁素体-珠光体组织中的珠光体部分开始向奥氏体转变。组织中其余的铁素体部分在 P-S 线与 G-S 线的温度范围内逐渐转变成奥氏体。G-S 线上方是已转变成奥氏体的整个组织。

在含碳高于 0.8%的钢内，珠光体-晶界渗碳体组织中的珠光体在超过 S-K 线后转变成奥氏体。而晶界渗碳体在 S-K 线与 S-E 线之间的温度范围内随着温度的上升逐渐熔解到原已存在的奥氏体内。S-E 线上方的组织只由奥氏体组成。

加热钢时所描述的这些过程在缓慢冷却时却以相反的顺序进行。就是说，奥氏体在 723℃时重又变回珠光体，面心立方体奥氏体晶格又转变回复到体心立方体铁素体晶格。

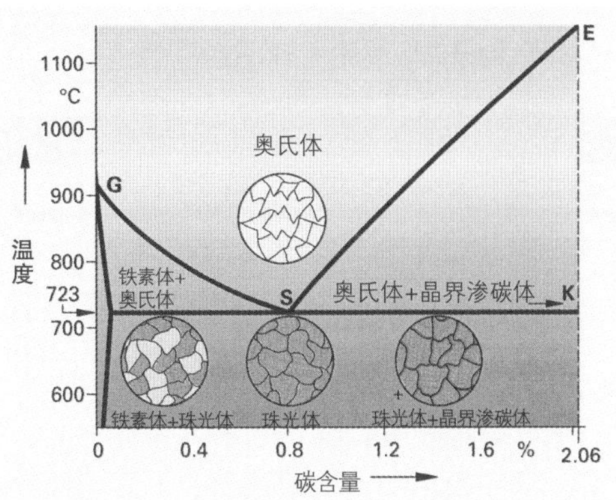

图 1：铁-碳状态曲线图中钢的拐角曲线

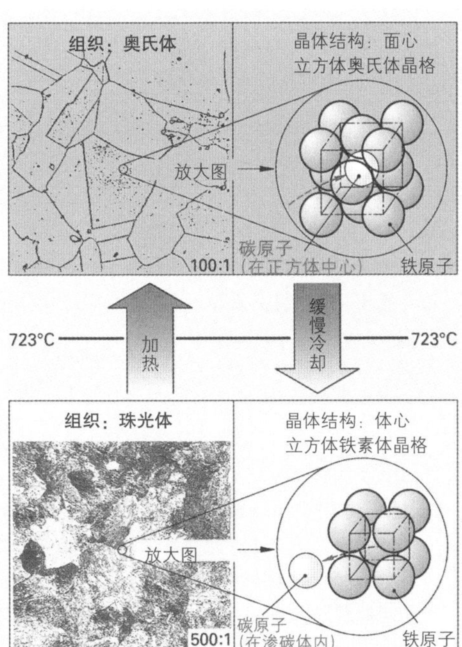

图 2：含碳 0.8%的钢在 723℃时其晶格和组织的变化

本小节内容的复习和深化：

1. 含碳 0.8%的铁在温度超过或低于 723℃时都有哪些组织？
2. 铸铁中含有哪些组织成分？
3. 从铁 – 碳状态曲线图中可以识读出哪些内容？
4. 从铁 – 碳状态曲线图可以看出含碳 0.4%钢的哪些组织成分？
5. 把含碳 1%的钢从 20℃加热到 1000℃，其组织将会出现哪些变化？
6. 钢在低于 723℃和高于 723℃时会出现哪些晶格？

热处理类型概览

我们把通过热作用引起并保持的材料组织和性能变化称为热处理。热处理方法可划归为如下几种：

退火	淬火	调质	表面淬火	渗碳淬火	渗氮淬火	碳氮共渗

5.8.4 退火

退火是一种热处理方法，它有缓慢加热，保持退火温度一定时间和缓慢冷却等几个步骤。

■ 退火方法

我们根据退火温度的高低和退火时间的长短来区分退火方法（图 1）。

- 去应力退火：去应力退火时，通过材料的塑性流动降低了工件的内部应力。这种内部应力产生于浇铸、轧制、锻造或焊接等阶段。采用这种方法时，需将工件在 550℃~650℃之间退火 1~2h（图 1）。
- 重结晶退火（中间退火）：当材料组织因冷作成形时扭曲而需恢复到未扭曲组织状态时，便采用这种退火方法。通过在 550℃~650℃温度范围内数小时之久的退火，可形成全新的组织（图 2）。
- 球化退火：采用这种退火方法时，根据钢的碳含量不同，将钢分别加热到 680℃至 750℃间的温度范围，然后在该温度下保持若干小时。采用摆动退火也可以达到这种效果。摆动退火时，温度在 PSK 线附近上下变动若干次（图 1）。通过球化退火使条状渗碳体转化成晶粒渗碳体（图 3），从而使材料更容易成形和切削。
- 正火：若要消除材料中的不均匀组织或粗晶粒组织，需采用这种退火方法。它是在紧靠 GSK 线上方区域的温度范围内的短时退火（图 1）。退火时将形成全新的晶粒，产生一种均匀的细晶粒组织（图 4）。这个过程我们又称为组织再细化。
- 扩散退火：我们把这种退火方法理解为 1050℃至 1250℃的长时间退火。它的作用是平衡工件在浇铸时出现的浓淡差异（偏析）。

■ 退火缺陷

若未能遵守退火温度和退火时间，将导致出现无法预料的组织变化。如果长时间大幅度超出退火温度，将导致材料的损坏甚至毁坏。

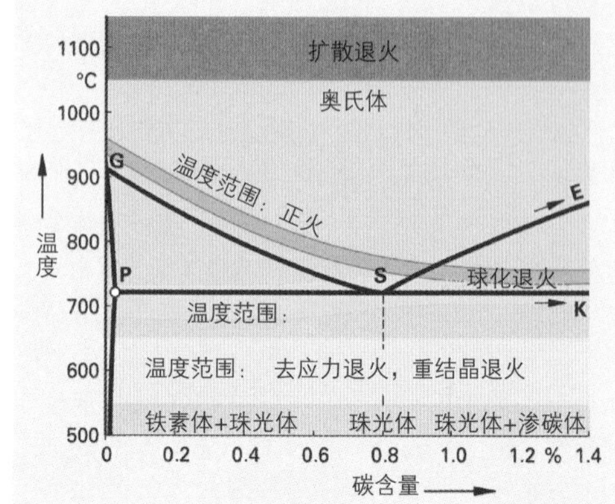

图 1：非合金钢的退火温度，已标入铁–碳状态曲线图

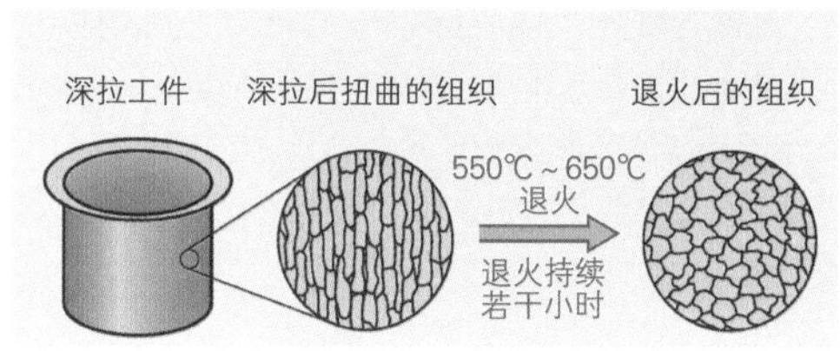

图 2：重结晶退火

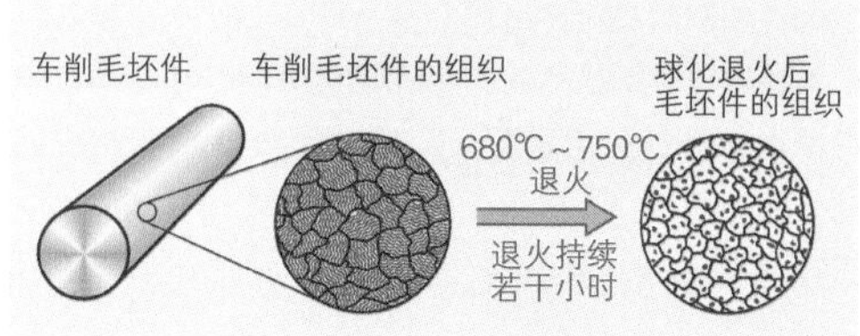

图 3：球化退火

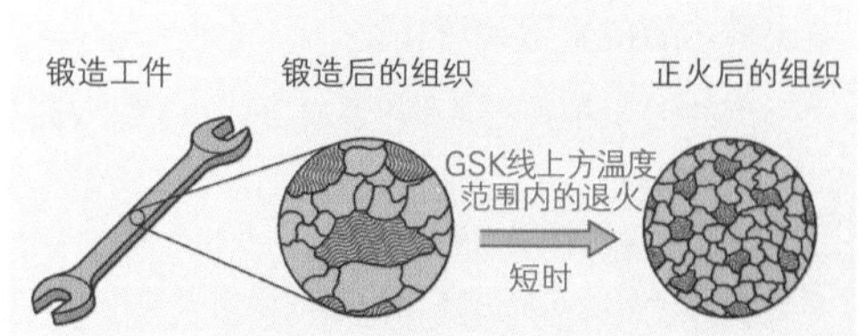

图 4：正火（组织再细化）

5.8.5 淬火

淬火由若干道工序组成（图 1）。首先把工件加热到淬火温度，接着保持温度。然后使工件骤冷，即把工件浸入水或油中。通过淬火使钢变得非常硬，但也变脆，易折断。所以，工件接着还需进行回火处理，即把工件加热到回火温度。然后让工件在空气中冷却。这时，钢便达到使用硬度。

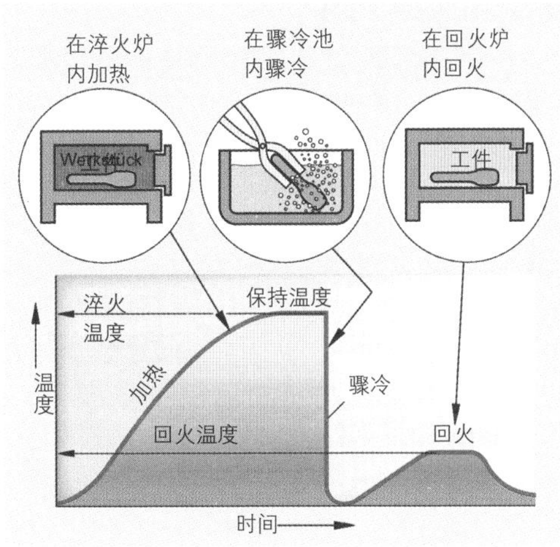

图 1：淬火时的温度变化过程

> 淬火是一种使钢变硬并耐磨的热处理方法。

淬火主要针对刀具和有耐磨要求的零件（图 2）。

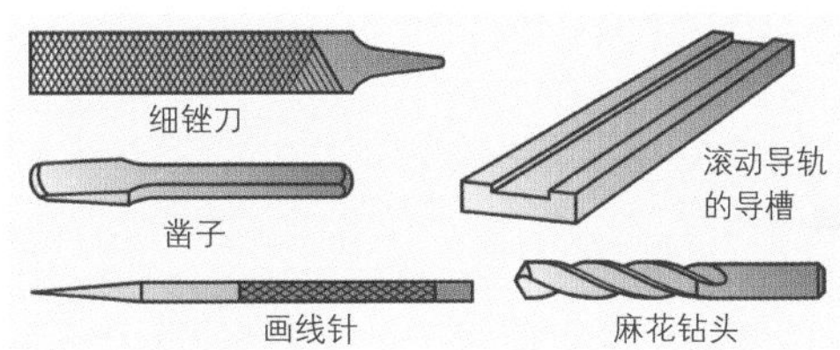

图 2：淬过火的工件

■ 淬火时材料的内部变化过程

- 钢加热至超过铁–碳状态曲线图 GSK 线时，体心立方体铁素体晶格转变成面心立方体奥氏体晶格（见 373 页图 2）。晶体中心空出的位置被一个来自组织成分为渗碳体（Fe_3C）的碳原子占据。在显微照片中，这种转变后的奥氏体组织清晰可辨。
- 缓慢冷却。如果缓慢冷却奥氏体化钢，将使转变过程回到原状。即又重新产生一个体心立方晶格（见 373 页图 2）。碳原子从正方体中心逸出（扩散），并与铁原子组成渗碳体（Fe_3C），它以条状渗碳体形式析出。于是又产生了与加热前一样的珠光体组织。
- 骤冷。但若将奥氏体化钢以极快速度冷却，面心立方体奥氏体晶格将在低于 GSK 线后立即转变成体心立方体铁素体晶格（图 3）。晶体中心的碳原子根本没有时间从晶格中逸出。那么现在占据晶格中心位置的是一个碳原子，附加一个铁原子。这样就使晶格强烈扭曲形变。于是产生一种我们称之为马氏体的细针状组织。这种组织非常硬，但也脆。

马氏体只在工件以足够快的速度骤冷（至少应达到的冷却速度），并且钢材料含有足够的碳含量时才会产生。

> 只有碳含量大于 0.2%的钢才适宜淬火。

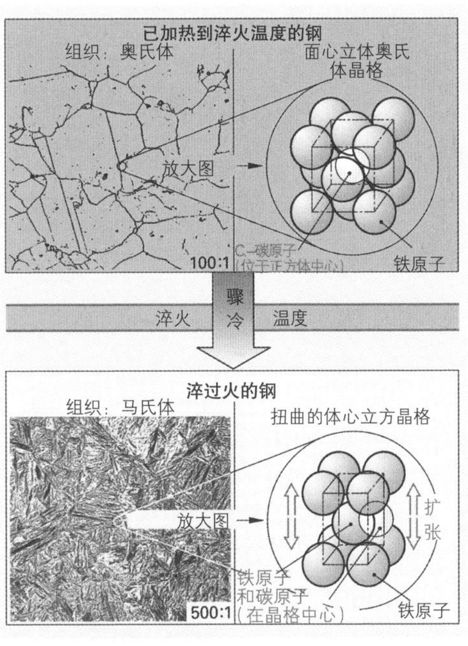

图 3：骤冷时的组织转变

■ 加热和保持淬火温度

将工件置入一个预加热的淬火炉（图 1），然后把工件所有截面都加热到淬火温度（热透），并在淬火温度上保持一定时间。

非合金钢的淬火温度视其碳含量而定，并可在铁–碳状态曲线图上识读该温度（图 2）。它应超出 GSK 线约 40℃。这样才能保证铁素体–珠光体组织转变成奥氏体。如果淬火温度过低，将导致部分工件范围（软斑）不能淬火。但如果淬火温度过高，将导致产生脆性很大的粗针状淬火组织。

含碳大于 0.8%的非合金钢在淬火之前需先进行球化退火，使它由铁素体的、渗碳体晶粒小的基质组成（见 374 页图 3）。淬火时将产生沉积有渗碳体晶粒的细针状马氏体基质。

合金钢的淬火温度大部分都高于非合金钢的淬火温度，保持时间也更长。这些信息均已写入材料标准，我们可以从标准中查取，也可阅读钢铁制造商的热处理规范。

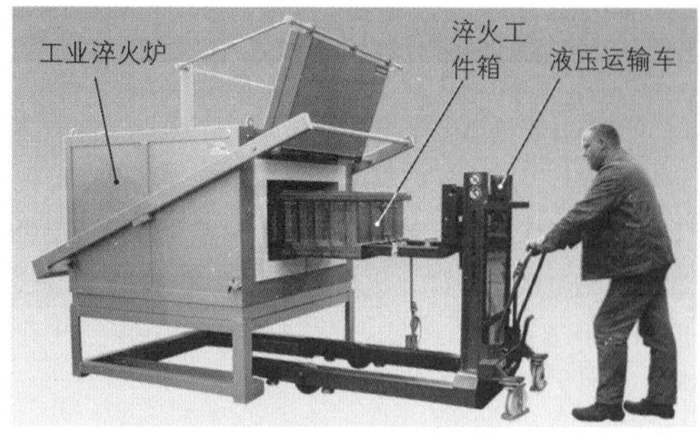

图 1：工业淬火炉的运送

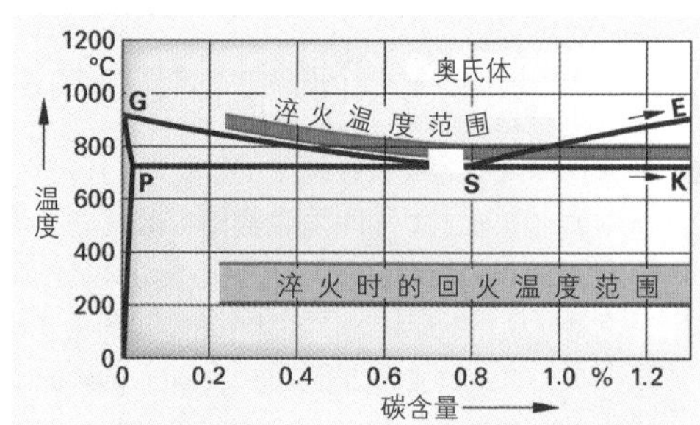

图 2：在铁–碳状态曲线图中非合金钢的淬火温度和回火温度

■ 骤冷

迅速冷却加热至淬火温度工件的方法有如下几种：浸入水或油或乳浊液中，或用空气吹冷。骤冷时重要的是，工件保持浸泡状态并在冷却液中运动，它可避免冷却不均匀和因此产生的淬火变形（见图 3）。此外，还必须保证热工件表面所形成的气泡应迅速消融，因为粘附在工件表面的气泡有绝热作用，它会阻止工件均匀冷却。

■ 回火

骤冷后的钢变得非常硬和脆。由于马氏体既硬又脆，钢现在内部组织的张力过大，这可能导致淬火变形和淬火裂纹，施加负荷时，还可能出现脆性断裂。为降低钢组织的脆性，刚淬过火的工件需加热至回火温度，并在该温度下保持一定时间，然后再慢慢冷却。非合金钢和低合金钢的回火温度为 200℃至 350℃（图 2），高合金钢的回火温度为 500℃至 700℃。回火处理可降低钢的脆性，使钢保持一定程度的韧性。回火会使硬度微量降低。

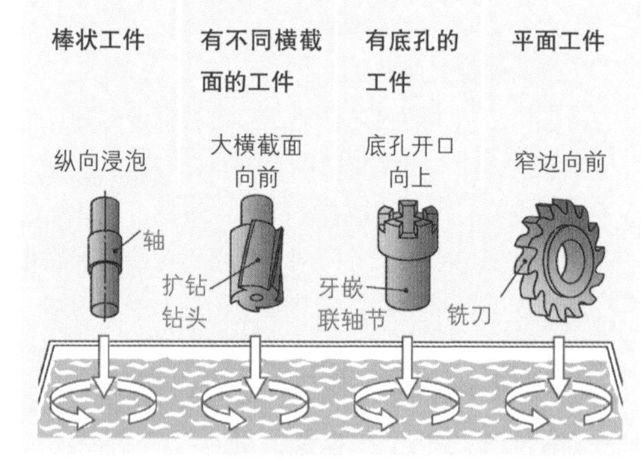

图 3：骤冷时正确的浸泡方式

回火时，裸露的工件表面形成回火色。通过回火色可以判断回火温度。为使回火色清晰可辨，待回火的工件表面必须磨出一块裸露的面。

■ 淬火冷却介质

根据所使用淬火冷却介质的不同，可适时调整冷却速度（图 1）。

- 水的冷却效果最大。用水可淬火冷却非合金钢，例如 C60U，因为这种钢在淬火时需要极迅速的骤冷效果（至少应达到的冷却速度）。
- 油的冷却效果比水柔和。因此，淬火变形和淬火裂纹出现的危险更小。用油可淬火冷却低合金钢，例如 $50CrMo_4$。
- 水-油乳浊液或水-聚合物乳浊液的冷却效果介于水与油之间。
- 骤冷槽热浴液是一种 200℃至 500℃的盐溶液。工件在热浴液中冷却淬火，保持浸泡 5~15 min，然后在空气中自然冷却。
- 流动空气的冷却效果最柔和。它用于高合金钢的冷却，例如 HS6-5-2-5。

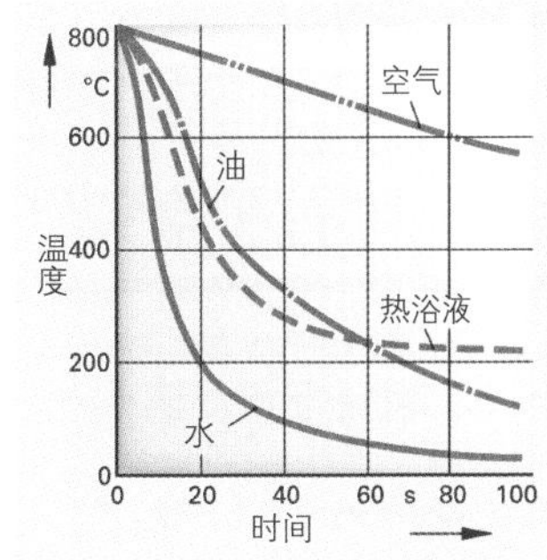

图 1：不同冷却介质的冷却曲线

■ 淬火深度

骤冷时，工件表层的热量比其内部热量更快导出。因此，工件表面的冷却速度最快，但随着工件的厚度增加而逐步减慢。由于冷却速度的差异，若是非合金工具钢，则只在其表层形成马氏体，而在工件内部产生珠光体（图 2）。

因此，非合金钢只有 5 mm 厚的淬火表层，而材料内核并没有淬火。它的淬火没有淬透。实际应用中，有许多用途仅需要浅表层淬火，例如齿轮。而在其他用途中则需要淬透的工件，例如滚动轴承。合金钢大部分都是淬透的。

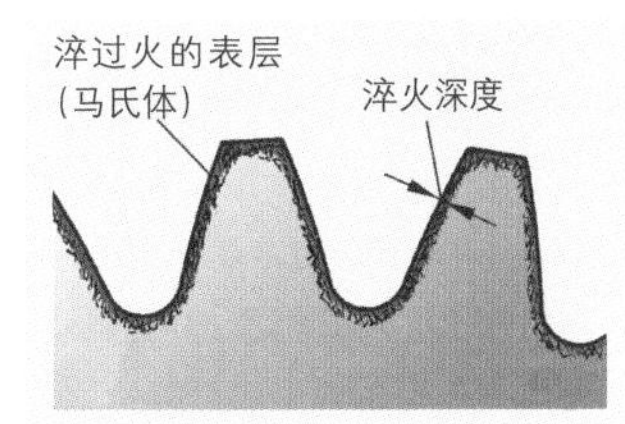

图 2：用淬火非合金钢制成的齿轮剖面

■ 淬火变形和淬火裂纹

工件淬火后会出现尺寸和形状的改变，即所谓的淬火变形（图 3）。如果冷却速度极快，甚至可能出现淬火裂纹。

淬火变形和淬火裂纹出现在两个阶段（图 4）：

浸入冷却介质时，材料表面极快地冷却并因此收缩（第一阶段）。这时，尚处于高温的工件内部仍保持着原有尺寸并阻止表面的收缩。由此便在材料周边产生过大张力、变形或裂纹。随着时间的推移，材料内部也逐步冷却并开始收缩（第二阶段）。但这时材料内部的收缩却受到已凝固表面的阻止。于是在核心区与表层之间产生过大张力、变形或裂纹。此外，由于马氏体的形成，还会产生过大张力，因为马氏体的体积比铁素体的体积大 1%。

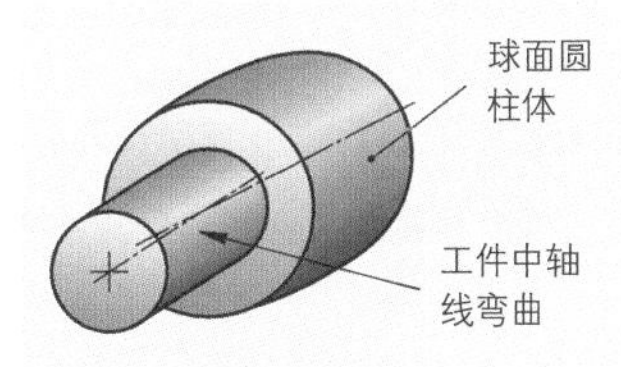

图 3：淬火变形

1. 第一阶段：热的材料内部阻止表层收缩

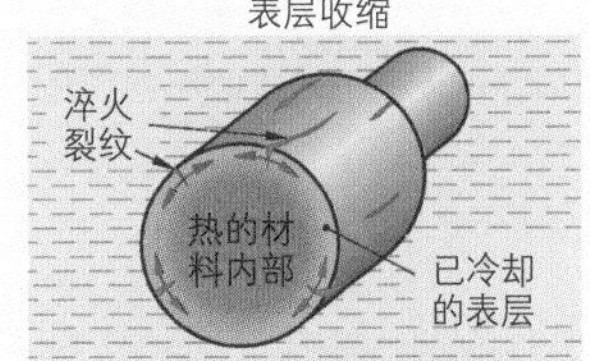

2. 第二阶段：已凝固的表层阻止材料内部收缩

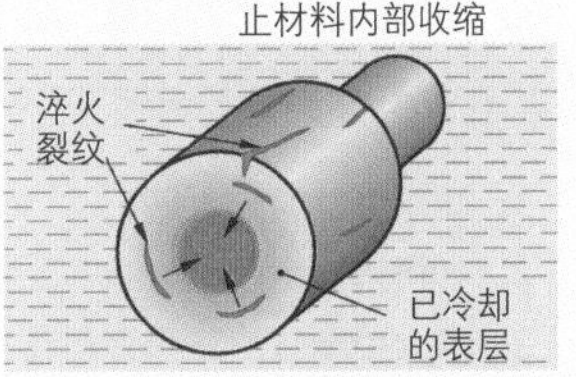

图 4：淬火变形和淬火裂纹的产生

> 通过下列措施可做到变形小和无裂纹的淬火：
>
> - 使用较为柔和的冷却介质。
> - 中断淬火：工件只在水中短暂骤冷，随即取出，然后放入油槽冷却。
> - 分阶段淬火：工件首先放入例如 450℃的盐浴槽内冷却，然后在空气中冷却。

■ 合金元素的影响

许多合金元素，例如铬、钨、锰和镍，降低了形成马氏体的临界冷却速度，就是说，即便冷却速度放慢，也能形成淬火组织。因此，合金钢不允许在淬火时浸入水这种强烈的冷却介质，只允许在油、乳浊液或热浴液中冷却。有些合金元素比例较高的合金钢甚至在空气中冷却都能形成马氏体。

> 非合金钢和低合金钢用水或油作为冷却介质淬火，而高合金钢则用油或空气淬火。

■ 工具钢的淬火工作步骤

符合工艺要求的热处理可使工具钢达到其应有的硬度、耐磨强度和足够的韧性。

制造商供货的工具钢一般都处于球化退火状态（见354页）。

热处理由若干个工作步骤组成（图1）。

前期加工（锯、锻、粗加工等）后，用600℃至650℃去应力退火方法消除工件内的加工应力。接着进行精加工，例如精整加工。然后，通过一个或若干个预热阶段将工件加热至淬火温度，这样可以保证工件整个横截面都能够热透。待整个工件热透后，迅速将工件加热达到淬火温度，并在该温度下保持一段时间，直至工件材料完全转变成奥氏体为止。

根据钢的种类，将钢分别在水、油、热浴液或空气中骤冷淬火。如果工件冷却至约80℃时，为了使温度均衡，应将工件直接放入一个100℃至150℃的炉内。

骤冷和温度均衡后，必须立即将工件回火，以避免产生应力裂纹。合适的回火温度数值可从所涉及钢种类的回火曲线图表中按最终所需硬度查取（图2）。

钢材制造商在材料数据页中均对本种类钢的热处理做出说明。

淬火后，钢的硬度应以仅可进行磨削加工为宜。因此，工件在淬火前必须留有加工余量，以便通过磨削消除淬火变形造成的形状变化。

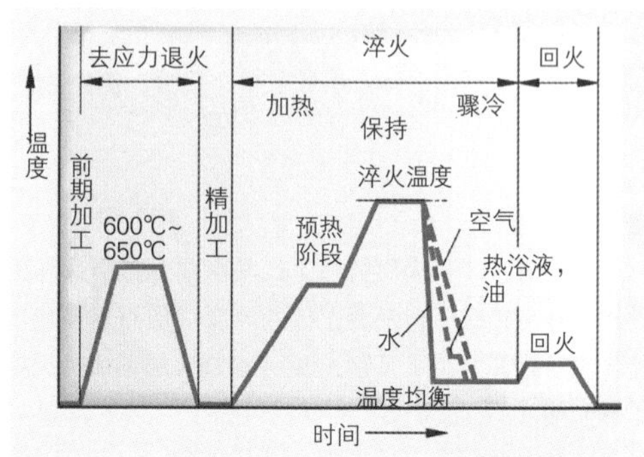

图1：工具钢热处理的温度–时间–结果曲线图

表1：热处理温度，单位：℃

钢	球化退火	淬火	冷却介质
C80 W1	680～710	780～820	水
60WCrV7	710～750	870～900	油
X155CrVMo12–1	780～820	1020～1050	油/空气
HS6–5–2	770～840	1190～1230	空气/油

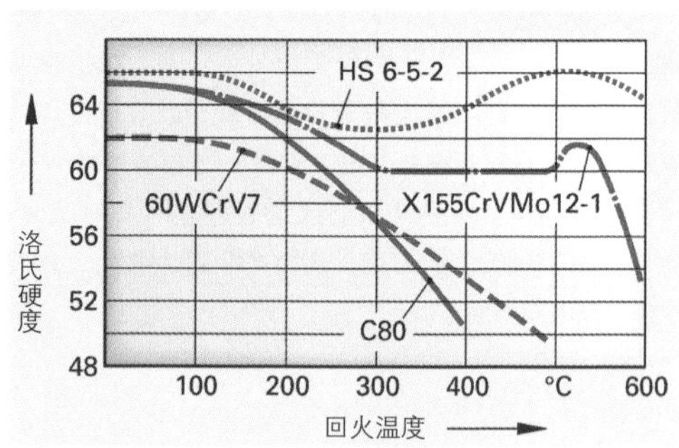

图2：不同种类钢的回火曲线图表

本小节内容的复习和深化：

1. 现有哪些退火方法？
2. 如何消除粗晶粒组织？
3. 淬火由哪些工作步骤组成？
4. 骤冷时将产生哪些组织？
5. 非合金钢的淬火温度是多少？
6. 现在都使用哪些冷却介质？
7. 车削零件是如何产生淬火变形的？

5.8.6 调质

接受高负荷和冲击负荷的零件需要高强度，但同时也需要高韧性。满足这种性能要求的是合适的调质钢。调质钢的热处理方法是：淬火后，接着在 500℃至 700℃回火。这种热处理方法称为调质。

调质主要用于传动轴、曲轴、螺纹轴、杆、螺钉、连杆等零件（图 1）。

通过调质使零件具有高强度和高韧性。

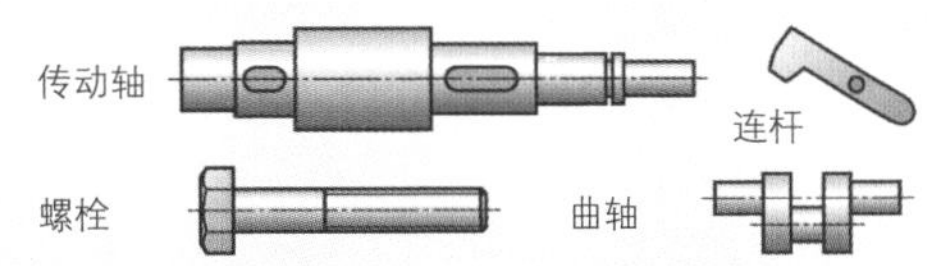

图 1：调质的零件

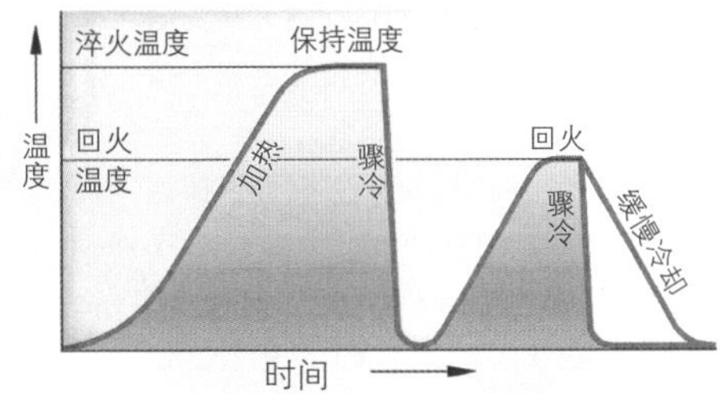

图 2：调质时的温度变化曲线

调质时的回火温度在 500℃至 700℃间，明显高于淬火后的回火温度（见图 2）。

非合金钢和合金钢都可以调质。非合金调质钢中含碳 0.2%至 0.6%，合金调质钢中添加了少量的铬、钼、镍或锰。

非合金调质钢：C35，C45E，C60E。

合金调质钢：28Mn6，42CrMo4。

通过调质可达到的强度：非合金钢最大可达 500 N/mm²，合金钢最大可达 850 N/mm²。

■ 调质曲线图表

淬火后的钢非常硬，并具有高强度，但很脆，易断裂。而后续的回火工序降低了硬度、抗拉强度和屈服强度，但增加了材料的韧性和断裂延伸率。

从调质曲线图表可以看到钢通过回火所获得的机械性能（图 3）。

举例： 调质钢 C45E 回火至 550℃可达到如下机械性能：抗拉强度 R_m=730 N/mm²，屈服强度 R_e=390 N/mm²，断裂延伸率 A=16 %。

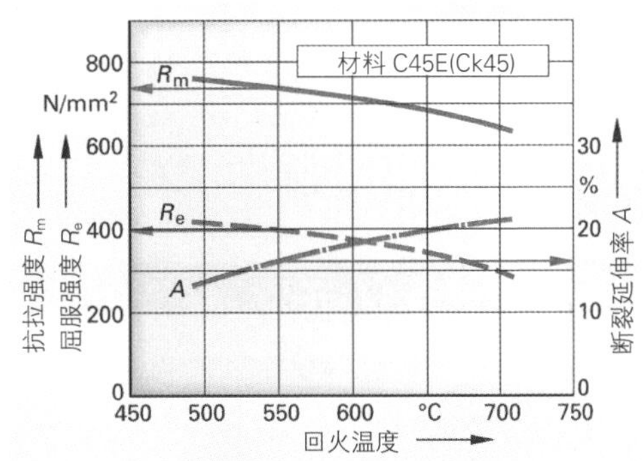

图 3：C45E 钢的调质曲线图表

■ 调质时材料内部的变化过程

骤冷后形成针状马氏体（图 4），一种脆硬组织①。

回火至 400℃时，部分马氏体分解变成精细分布的铁素体和在剩余马氏体中析出的针状渗碳体②。随着回火温度的增加，马氏体的分解加快。回火温度达到 550℃时，马氏体已完全分解成铁素体和针状渗碳体③。当回火温度达到 700℃时，针状渗碳体终于聚集成为渗碳体晶粒④。

① 骤冷后的淬火组织：粗针状马氏体，60HRC

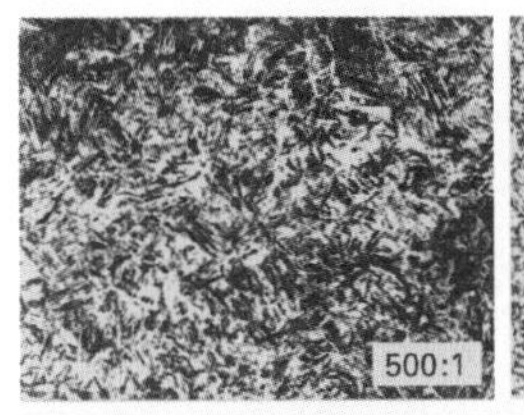

② 回火组织：保持 400℃ 1 小时，41HRC，马氏体，铁素体，针状渗碳体

③ 回火组织：保持 550℃ 1 小时，23HRC，铁素体，针状渗碳体

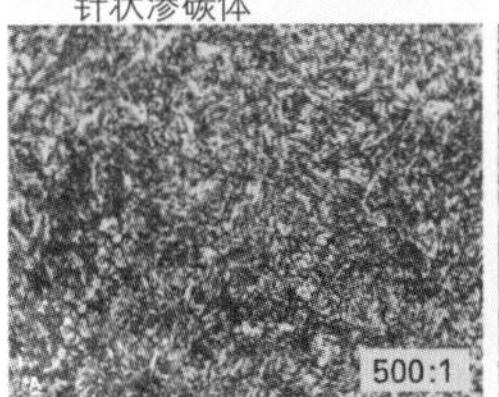

④ 回火组织：保持 700℃ 1 小时，14 HRC，晶粒状渗碳体

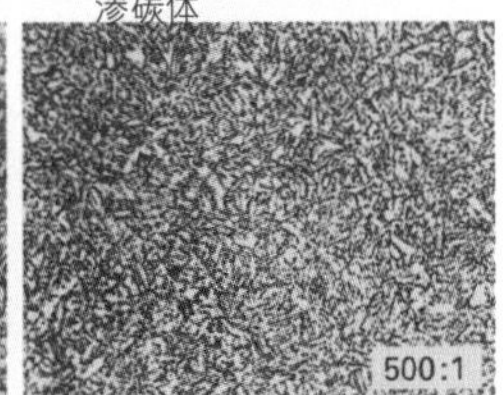

图 4：淬火和回火后的组织

■ 调质钢的热处理

调质钢的热处理方法有退火处理和调质。从表 1 可查取各种热处理的温度数值。

退火处理时，根据需要可分别采用球化退火和正火，前者的目的是使条状渗碳体转变成细晶粒渗碳体，后者的目的则是获得均匀细密的组织。

调质是调质钢的标准热处理方法。调质的目的是使材料获得高强度和高屈服强度以及高韧性（高断裂延伸率）。

根据回火的温度，可使材料通过回火达到更高的强度或更好的韧性。因此，我们将调质钢分为硬调质钢和韧性调质钢。

从调质曲线图表中可读取达到所需硬度与韧性比例而要求的调质钢回火温度，钢材制造商为每一种标准化调质钢都制订了这样的调质曲线图表（图 1）。

表 1：若干调质钢的热处理温度（℃）

钢	球化退火	正火	调质	
			淬火[①]	回火
C35E	650 ~ 700	860 ~ 900	840 ~ 880	550 ~ 660
34Cr4	680 ~ 720	850 ~ 890	830 ~ 870	540 ~ 680
34CrMo4	680 ~ 720	850 ~ 890	830 ~ 870	540 ~ 680

①低限值适用于水中淬火，高限值适用于油中淬火

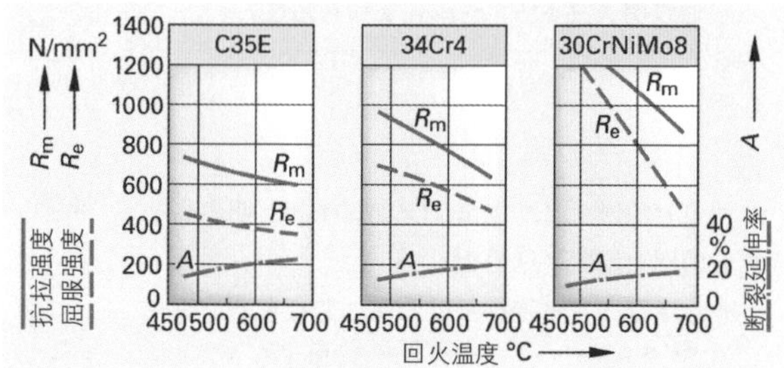

图 1：不同钢的调质曲线图表

5.8.7 表面淬火

当一个工件既需要有坚硬耐磨的表面，又需要高强度和有韧性的内部时，可采用表面淬火的方法满足这种要求。这就要求工件表面必须能够经受磨损、冲击性和交变性机械负荷，例如轴、小轴、齿轮和导轨面（图 2）。

表面淬火也有若干种方法。

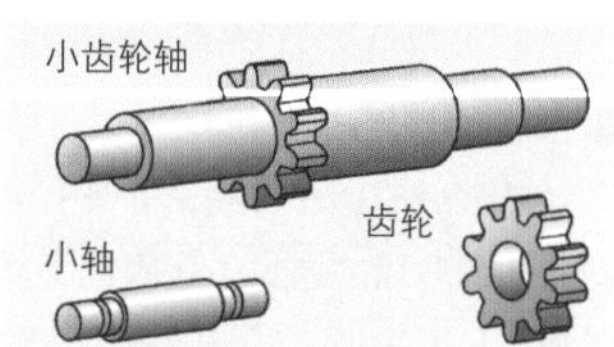

图 2：表面淬硬而内部仍有韧性的零件

■ 表面淬火

表面淬火时，可淬火钢工件很薄的外表层通过高温迅速加热，然后立即骤冷淬火。

工件深层范围的组织在短时加热过程中尚未达到淬火温度，因此保持着未淬火状态。表面淬火特别适用于非合金调质钢和合金调质钢，例如 C45E（Ck45）或 42CrMo4。

表层加热也分若干种方法：

(1) 感应淬火：感应淬火时，通过工件表面的涡流产生热量。这种涡流来自一个高频交流感应线圈（图 3）。工件以均匀的速度穿过高频感应线圈，只在其表层加热到淬火温度，接着在一个喷水装置中骤冷淬火。淬火深度可通过工件穿过感应线圈的速度和电流频率进行调节。感应淬火特别适用于旋转对称零件。

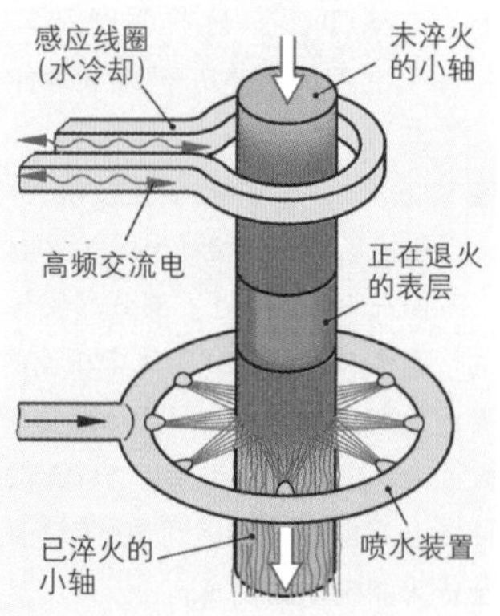

图 3：感应淬火

(2) 激光淬火：激光淬火用于一个工件的小范围表面淬火，例如凸轮和轴的轴颈。激光射束将需淬火的面加热至淬火温度，紧接着用喷水装置骤冷淬火。

(3) 火焰淬火：火焰淬火时先用燃烧器火焰将工件表面迅速加热至淬火温度，然后用喷水装置骤冷淬火（图 1）。淬火时，将依序前后排列的加热火焰和喷水装置缓慢地掠过工件。表层淬火的深度可通过燃烧器行进的速度进行调节。燃烧器和喷水装置的形状可与工件形状相匹配。

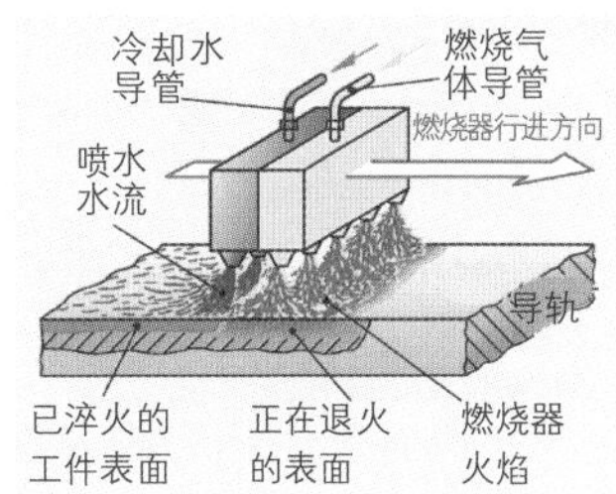

图 1：一个导轨工件的火焰淬火

■ 渗碳淬火

渗碳淬火，即把碳富集在低碳钢的表面（渗碳），接着进行淬火（图 2）。通过渗碳淬火可使工件表面成为淬硬的高碳表层，而工件内部仍保持着未淬火的低碳柔韧状态。

渗碳

适宜于渗碳淬火的钢含碳为 0.1%至 0.2%，例如 C10E。由于这类钢的含碳量低，不适宜淬火硬化。把工件放入可释放碳的渗碳剂中，在 880℃至 980℃高温下退火数小时，使碳富集在工件表面，这个过程又称渗碳。渗碳时，碳渗入工件表层，使该表层淬火硬化。工件表层的含碳量取决于渗碳剂，而渗碳深度则取决于热处理的温度和时间。作为渗碳剂，可使用固态、液态或气态材料。

在固态渗碳剂中渗碳（粉末渗碳）：将工件埋入装满焦炭–木炭粒料的箱子（图 2），然后把箱子送入退火炉。在退火温度下，粒料和空气形成一氧化碳和二氧化碳气体。这些气体渗入工件表层，并与工件中的铁组成碳化铁 Fe_3C。渗碳层的厚度最大可达 1mm。

在液态渗碳剂中渗碳：将工件浸入并保持在可释放碳的盐溶液（氰盐）中（图 2）。注意，氰盐溶液有剧毒。这里的工作必须严格遵守接触有毒物质职业协会的有关规程。氰盐残留物和含氰盐的洗涤水等，必须按照专业规定回收处理。

在气态渗碳剂中渗碳：工件在一个气密炉中渗碳（图 2），炉中流动着可释放碳的气体。一般常用主要成分为一氧化碳 CO 和氢 H_2 的混合气体作为渗碳气体。由于这种混合气体有毒并有爆炸危险，操作时必须严格遵守安全保护条例。

淬火和回火

渗碳后的工件只有紧接着通过淬火和回火（图 2），才能形成所需的应用特性。淬火只针对工件表层，工件内部仍保持未淬火和应有的韧性。

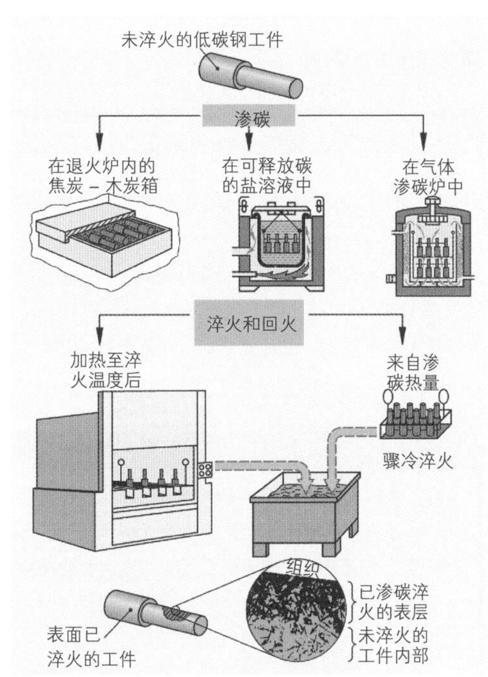

图 2：渗碳淬火的工作流程

渗碳钢的热处理

渗碳钢（碳含量 0.1%至 0.2%）的热处理由若干步骤组成（表 1）：

- 正火；
- 渗碳；
- 骤冷淬火和回火。

通过渗碳可使工件表层的碳含量增加到 0.6%至 0.8%，从而使马氏体淬火成为可能。渗碳后，表层组织已不同于工件内部的组织。这种差异可能导致在组织过渡区段出现淬火裂纹。为避免这种现象出现，渗碳淬火时采用不同的温度控制（图 1）。

直接淬火：用渗碳的热量直接淬火。骤冷前从渗碳温度冷却至淬火温度。

简单淬火：渗碳后先把温度冷却至室温，接着再加热进行淬火。

等温转变后淬火：先在盐浴池内将温度冷却到 500℃至 550℃，并在池内保持（图 1）。接着进行淬火，这样可加大表层硬度，并使淬火表层与内部很好地连接。

表 1：若干渗碳钢的热处理温度（℃）

钢	正火	渗碳淬火		
		渗碳	骤冷	回火
C15E	880～920	880～980	880～920	150～200
17Cr3	900～1000		860～900	150～200
17CrNi6-6	900～1000		830～870	150～200

方法和温度控制	结果
直接淬火	表层硬度高，内部组织软，晶粒变粗变大，工件变形小，能耗成本低
简单淬火	表层硬度高，工件内部组织的性能得到改善
热浴槽内等温转变后淬火	表层硬度高，工件内部有韧性但具有高强度，裂纹和变形危险小

图 1：不同的渗碳淬火方法

渗氮淬火（渗氮）

> 渗氮淬火，即把氮富集在氮化钢工件表面，产生一个极硬且极耐磨的薄表层。

渗氮淬火使材料的硬度提高，但这不是建立在马氏体形成的基础上，而是工件表面形成的超硬的氮化合物（氮化物）。

将氮富集在工件表面的渗氮过程是：将工件浸入可释放氮的盐浴液，以 560℃至 580℃进行退火，或将工件放入氨水流动的氮化炉，以 500℃至 520℃进行退火。工件表层所渗入的氮与钢中的铁和合金元素结合，形成非常硬的金属氮化物。这种氮化物可使渗氮淬火层达到钢所能达到的最大硬度（最大达 1200HV）。渗氮深度可达到几十个丝。

渗氮淬火的优点

- 渗氮后不需再加热、骤冷和回火，因为硬度直接在渗氮层产生；
- 渗氮淬火后的零件不会出现变形，因为工件只加热到约 500℃；
- 即便使用时温度最高达到 500℃，渗氮层的硬度仍能保持（耐回火）；
- 通过渗氮淬火可产生一个特别硬的、耐磨并且滑动性良好的工件表面。

渗氮淬火的缺点是：渗氮层与基本材料之间的粘连较弱，平面压力大时，可能导致渗氮层剥离。

渗氮淬火用于测量主轴、控制凸轮、挤压机蜗杆、挤压模具等。

5.8.8 加工举例：夹板的热处理

231 页加工举例的继续：

231 页加工举例中描述的夹板在切削加工完成后，调质达到抗拉强度 700 N/mm²，并在槽范围内进行表面淬火硬化（图 1）。处理后，零件已具有高强度和良好韧性，以及槽底高硬度。这种工件由适宜调质和火焰淬火的 C45E 钢制成。

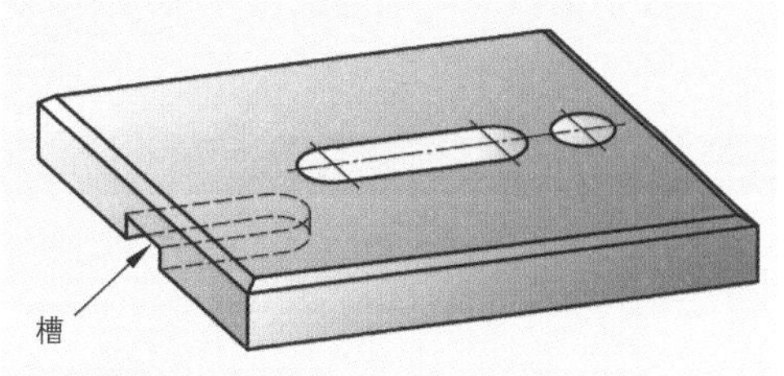

图 1：夹板

■ 夹板的调质

从图表手册中查取 C45E 钢（材料代码 1.1191）的调质条件。它们是：

淬火温度：820℃~860℃,水冷却或油冷却。

回火温度：550℃~660℃。

现在选定淬火温度为 830℃，骤冷方法采用油槽冷却，以避免水这种强冷却介质造成淬火变形。

从 C45E 钢调质曲线图表查到，达到抗拉强度 700 N/mm² 所需的回火温度是 630℃（图 2）。在上文中所标明的温度下进行调质：先在淬火炉中加热至淬火温度，随即在油槽内骤冷，接着回火。

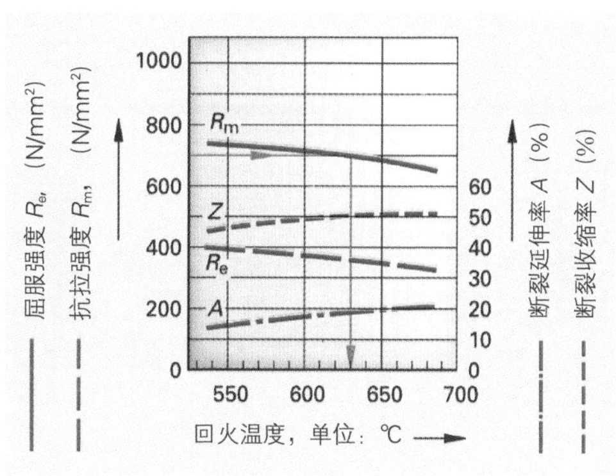

图 2：C45E 钢的调质曲线图表

■ 槽的表面淬火

夹板应在槽范围进行表面淬火，使它能够承受压紧螺栓的平面压力（见 231 页图 1）。从图表手册查知，表面淬火温度从 820℃至 900℃。淬火后，硬度至少达到 55HRC。

表面淬火时，采用燃烧器火焰在工件的槽范围内迅速加热，达到淬火温度后立即放入水槽骤冷。从槽范围工件表面的退火色判断淬火温度。通过与退火色色板进行对比，便可近似得出淬火温度。

用洛氏硬度检验法检验槽底范围实施的表面淬火。

本小节内容的复习和深化：

1. 调质后，工件应获得哪些性能？
2. 调质由哪些工作步骤组成？它们如何区别于淬火？
3. 从钢的调质曲线图表中可以看到哪些信息？
4. 34Cr₄ 钢制成的工件在调质时以 550℃回火可达到哪一种屈服强度？
5. 表面淬火是如何进行的？
6. 渗碳淬火时如何使工件表面具备可淬火性？
7. 有哪些渗碳方法？
8. 有哪些渗碳淬火方法可用于渗碳钢？
9. 如何理解渗氮？
10. 渗氮层有哪些特性？
11. 一个锤子用 C80U 制成，如果要求其表面硬度至少达到 60HRC，请您用图表手册查取这种材料的淬火条件。

5.9 塑料

塑料，又称 Plaste 或 Plastik，是人工合成的有机材料。它由各种原料，例如石油，经过化学转换（人工合成）后制成。塑料被视为有机材料，因为它由有机碳或硅的化合物组成。

5.9.1 特性及其应用

在现代工业领域内，塑料作为工程材料占有重要的地位。它在应用方面的多面性基于它的特殊性能以及制成各种性能相差甚远的塑料的可能性（表 1）。

塑料的典型性能

- 低密度；
- 根据不同的种类，可硬，可弯曲或富有弹性；
- 电绝缘，隔热；
- 耐气候变化，耐化学药剂；
- 表面光滑，有装饰性；
- 加工成形的成本低廉。

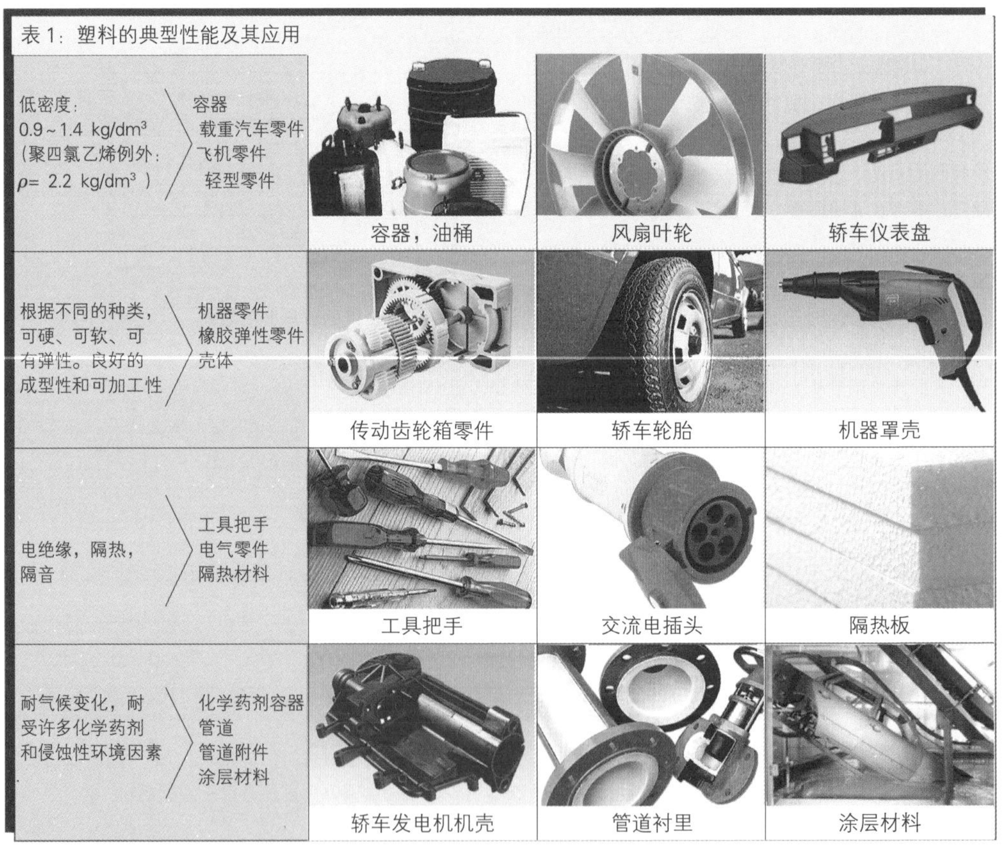

表 1：塑料的典型性能及其应用

性能	应用	示例 1	示例 2	示例 3
低密度：0.9～1.4 kg/dm³（聚四氯乙烯例外：ρ= 2.2 kg/dm³）	容器 载重汽车零件 飞机零件 轻型零件	容器，油桶	风扇叶轮	轿车仪表盘
根据不同的种类，可硬、可软、可有弹性。良好的成型性和可加工性	机器零件 橡胶弹性零件 壳体	传动齿轮箱零件	轿车轮胎	机器罩壳
电绝缘，隔热，隔音	工具把手 电气零件 隔热材料	工具把手	交流电插头	隔热板
耐气候变化，耐受许多化学药剂和侵蚀性环境因素	化学药剂容器 管道 管道附件 涂层材料	轿车发电机机壳	管道衬里	涂层材料

但是塑料也有限制其应用的性能

- 与金属相比，其耐热性能较差；
- 部分塑料可燃；
- 其强度明显低于金属的强度；
- 部分塑料不耐溶剂；
- 塑料只能有限的回收利用。

5.9.2　化学成分及其制造

绝大部分塑料由大分子（巨分子）缔合的碳化合物组成。除碳之外，塑料中还含有氢元素，部分塑料还含有氧、氮、氯和氟。

塑料由主要原料石油或天然气制造而成，其制造分为两个步骤（图 1）：

- 活性半成品的合成。这类半成品多由单个分子组成，因此被称为单体（本词源自希腊语 Mono，意思：单个）。
- 数千个单分子连接成巨分子（大分子）。这里所产生的物质称为聚合物（本词亦源自希腊语 Poly，意思：许多）。

单个分子可以按照不同的反应类型缔合成巨分子：聚合反应、缩聚反应和加聚反应。

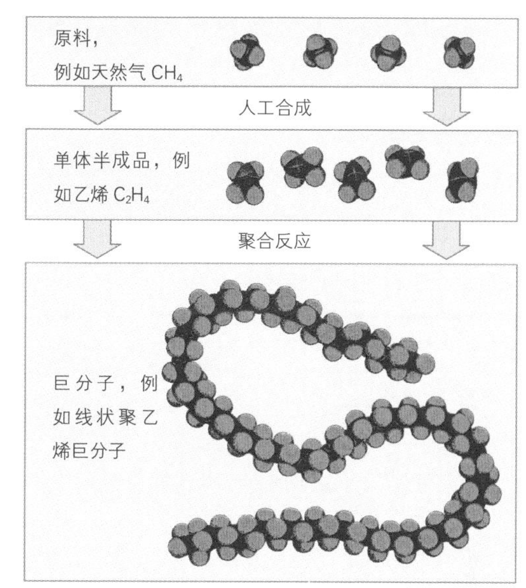

图 1：制造塑料时分子范围内的各变化过程

■ 聚合反应

聚合反应时，单独的单体类型活性分子在双键的提升作用下彼此串联，形成巨分子。

举例：由乙烯串联形成聚乙烯，它们形成的是线状巨分子。

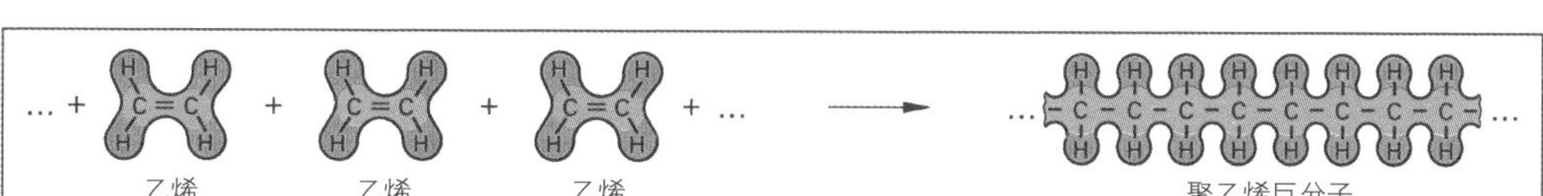

■ 缩聚反应

缩聚反应时，相同类型或不同类型的分子在某种低分子材料 —— 例如水（H_2O）或氨（NH_3）—— 的分裂作用下，连接成巨分子。

举例：聚酯树脂①的形成，它们形成的是细网眼网状巨分子。

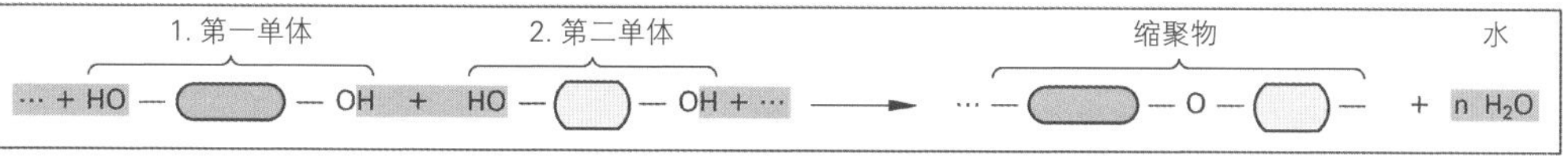

■ 加聚反应

加聚反应时，相同类型或不同类型的单体分子不用相邻分子的分裂作用即可连接成巨分子。

举例：聚氨酯②的形成，它们形成的是细网眼或宽网眼网状巨分子。

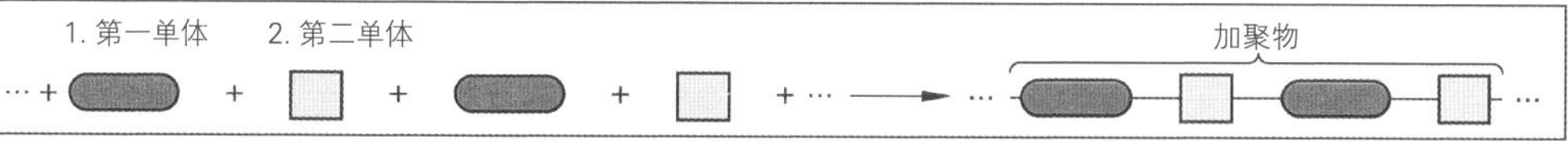

①、②式中的符号  表示构造复杂的分子部分。

5.9.3 工艺分类和内部结构

我们把塑料按其内部结构分为三个组：热塑性塑料，热固性塑料和弹性塑料。每一个塑料组都有其特殊的内部结构，加热时都有类似的机械特性。

■ 热塑性塑料

热塑性塑料由线状巨分子组成，这种巨分子相互之间没有网状连接点（图 1）。这种塑料通过巨分子连接成环以及作用在巨分子之间的摩擦力来获得其强度。室温下，热塑性塑料硬而有弹性。随着温度的增加，其弹性也随之增加，若继续加热，弹性变软，最后变成液体。热塑料液冷却时，它从液体，经过软态和弹性态，直到最后又变回到原来得硬塑料。

> 热塑性塑料可热成形，可焊接。

由于这种塑料在加热时会变软，所以我们称它为热塑性塑料（本词源自希腊语 Thermo，意思：热）。超过极限温度时，它会分解。

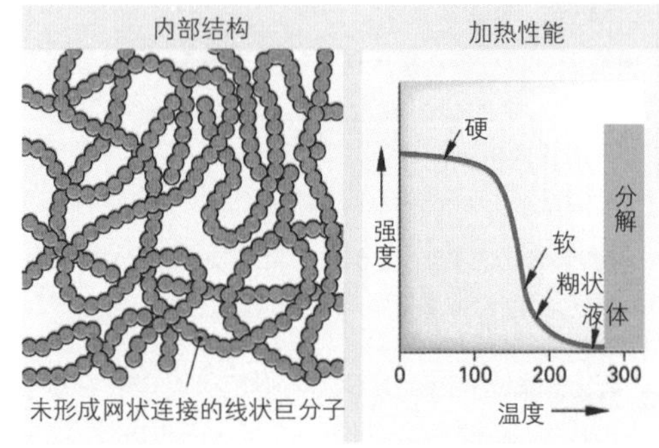

图 1：热塑性塑料

■ 热固性塑料

热固性塑料由通过化学键在许多点织成细网眼且呈网状连接的巨分子组成（图 2）。通过加热仅能轻微地改变热固性塑料的机械性能，因为巨分子的网状连接点不允许出现移位。由于这种塑料在加热时仍能保持其硬度和强度，所以我们称它为热固性塑料（本词源自拉丁语 durus，意思：坚固）。如果加热至超过分解温度，热固性塑料不经变软阶段直接分解。

> 热固性塑料不具备可成形性，不能焊接。

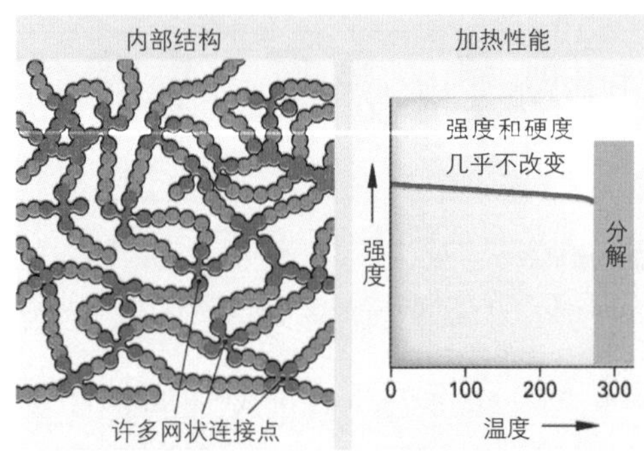

图 2：热固性塑料

■ 弹性塑料

弹性塑料由内部卷绕成团并在少数点上织成宽网眼的网状巨分子组成（图 3）。在外力作用下，弹性塑料可弹性变形百分之数百，外力消除后，它又能回复到原来形状。因此，我们称这种橡胶弹性体为弹性塑料。加热后，这种弹性塑料的橡胶弹性特性仅有轻微变化，它只是变得有点软。但若加热温度过高，它将分解。

> 弹性塑料具有橡胶弹性，不会热变形，也不能焊接。

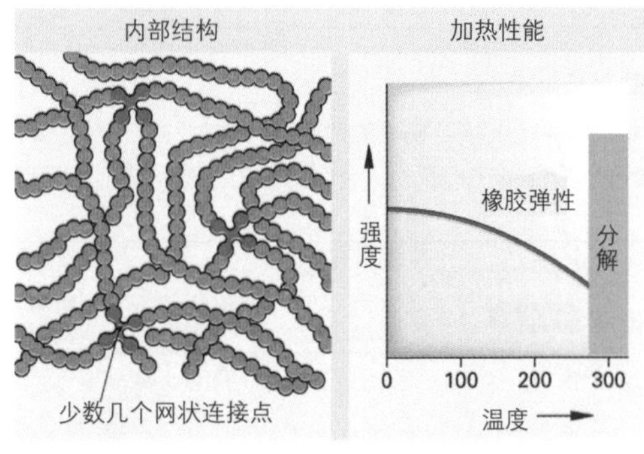

图 3：弹性体

5.9.4 热塑性塑料

就数量而言，热塑性塑料是一个最大的塑料组。这是因为热塑性塑料种类繁多，并且其性能相差甚远。第二个原因是它们的制造成本低廉，可通过注塑和压塑大批量制造塑料零件。此外，热塑性塑料可以通过热成形和焊接继续加工。

■ **聚乙烯（PE）**

性能：无色，蜡状，表面有滑动性。形状的热稳定性最大达 80℃，可耐受酸和碱。可大批量制造，价格低廉。

低压聚乙烯：坚硬，不易弯曲。

高压聚乙烯：柔软，容易弯曲。

用途：低压聚乙烯（坚硬）用于：容器、管道、槽罐、轴承内环（图 1）。高压聚乙烯（柔软）用于：软管，用于包装和收缩的弹性薄膜。

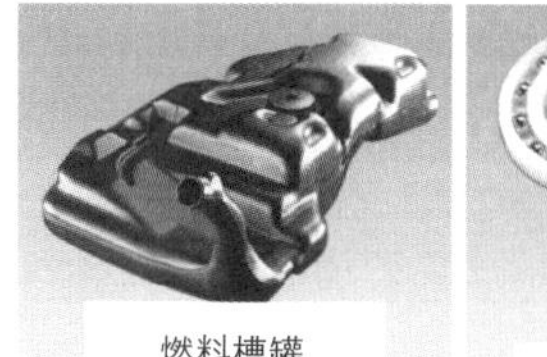

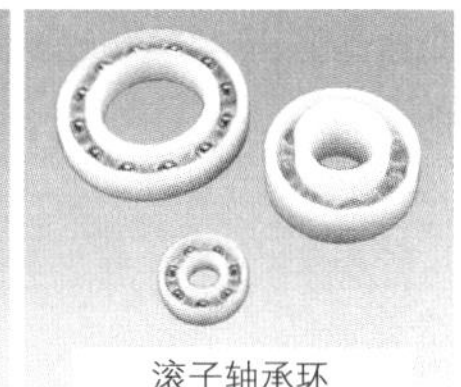

图 1：聚乙烯的典型用途

■ **聚丙烯（PP）**

性能：与低压聚乙烯（坚硬）的性能非常类似，但其形状的热稳定性最大达 130℃。

用途：洗衣机零件、载重卡车零件、容器、燃料槽罐。

■ **聚氯乙烯（PVC）**

性能：无色，可耐受化学药剂。

硬聚氯乙烯：硬，有韧性，难以打碎。

软聚氯乙烯：软橡胶弹性或皮革状。通过添加软化剂可以把软聚氯乙烯制成硬聚氯乙烯。

用途：硬聚氯乙烯包括排水管道、机壳、窗框、阀门。软聚氯乙烯：人造皮革、软管、套鞋、防护手套、电缆包皮（图 2）。

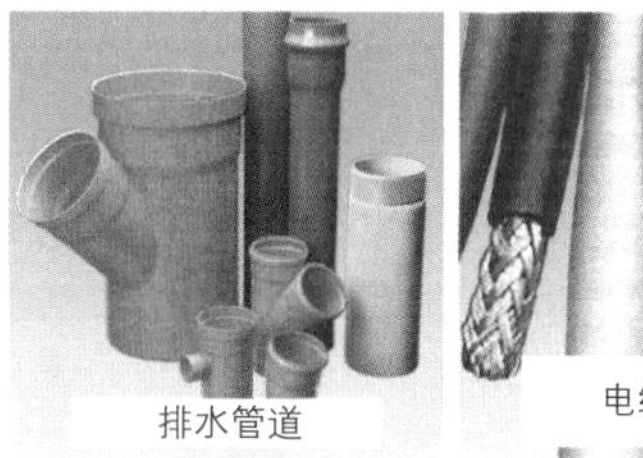

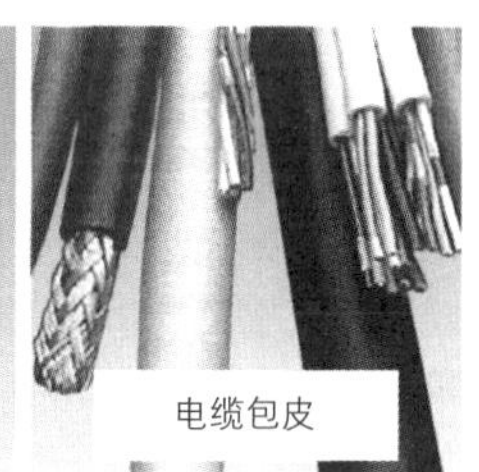

图 2：聚氯乙烯的典型用途

■ **聚苯乙烯（PS）**

性能：表面质量高，可以耐受稀释的酸和碱。纯聚苯乙烯坚硬，脆性大，抗打击性差。

图 3：聚苯乙烯的典型用途

聚苯乙烯-异分子共聚物：为了消除聚苯乙烯的脆性，在聚苯乙烯的原始材料中添加丙烯腈，具有橡胶弹性的丁二烯或两者都有（丙烯腈-丁二烯-苯乙烯共聚物（ABS 共聚物），苯乙烯-丙烯腈共聚物（SAN 共聚物）和丙烯腈-苯乙烯-丙烯酯共聚物（ASA 共聚物））。通过这些添加材料可制造既有刚性又有冲击韧性的塑料品种。

用途：机器和装置的外壳，坚硬的轿车外壳和成型件（图 3）。

发泡的聚苯乙烯：加入发泡剂可使聚苯乙烯发泡。产生出一种内部微孔闭合性结构的硬泡沫塑料，其密度很低，只有约 0.02 kg/dm³，但具有极佳的隔热性能。这种塑料的商业名称是：聚苯乙烯泡沫塑料（Styropor, Hostapor）。

用途：隔热板、包装材料。

■ **聚碳酸酯（PC）**

性能：透明，不褪色，透光不失真；高强度，具有冲击韧性，不易碎；可耐受稀释的酸和碱；在热环境中形状稳定，尺寸的高稳定性，良好的电绝缘性，良好的可加工性，可通过注塑成型。

密度 $\rho = 1.2$ kg/dm³（只有窗玻璃的一半重）。

用途：不易碎的镶装玻璃，排风扇、电气开关和电气插头、绘图仪器（图 4）。

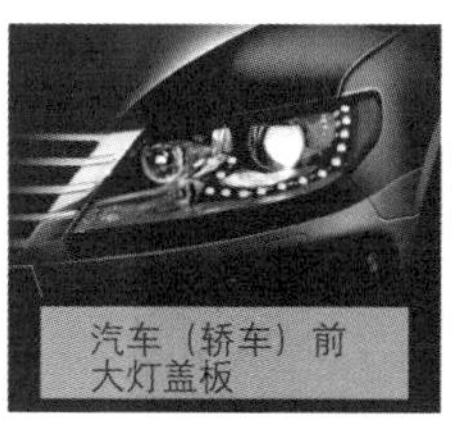

图 4：聚碳酸酯的典型用途

■ **共混聚合物**

共混聚合物是若干种塑料混合而成的产品（blend 是英语词，意为：混合）。通过混合，创造出新的、兼具各塑料性能的复合性能塑料。举例：ASA+PC 共混聚合物就是一种丙烯腈-苯乙烯-丙烯酯共聚物与聚碳酸酯的混合物。它的形状热稳定性最大达到约 120℃，耐气候变化，不会发黄，很适宜注塑成型。

用途：外壳、轿车零件和电器零件（图 1）。

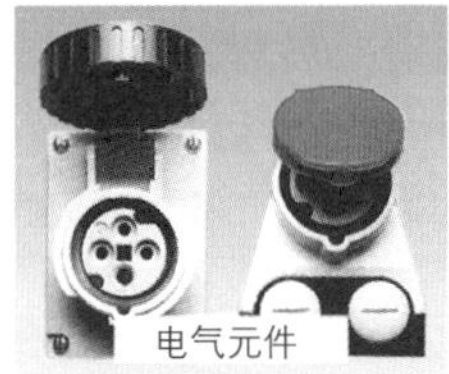

图 1：共混聚合物的用途

■ **聚酰胺（PA）**

性能：白色乳状，表面具有滑动性，耐磨损；可耐受化学药剂和溶剂；坚硬，有韧性，高抗拉强度，最大可达 70N/mm^2。

用途：齿轮、轴承套、滚珠轴承保持架、滑动导轨、轿车进气罩（图 2）。

聚酰胺纤维：聚酰胺可以纺成纤维（贝纶纤维、尼龙纤维）。用它们可以制造抗断裂的织物以及线和绳。

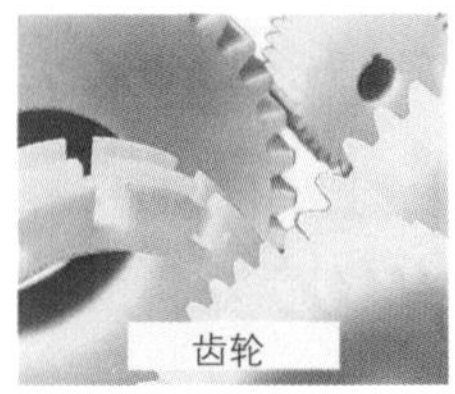

图 2：聚酰胺的典型用途

■ **丙烯酸酯玻璃（又称有机玻璃，PMMA），聚甲基丙烯酸甲酯**

性能：无色，透明，不褪色，可加工成光学玻璃；坚硬，有韧性，难以打碎；可以耐受稀释的酸和碱以及环境杂质，可溶于若干种溶剂。

密度 ρ= 1.18 kg/dm^3 (只有窗玻璃的一半重)。

用途：防护眼镜、透明罩壳、屋顶玻璃、卫生洁具、汽车后灯（图 3）。

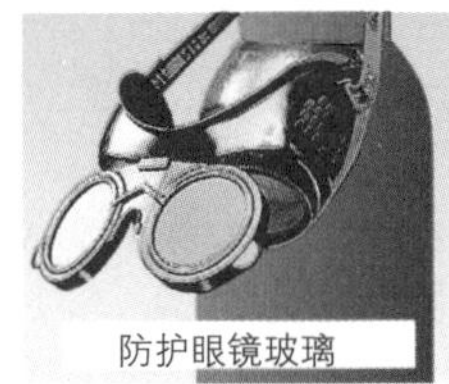

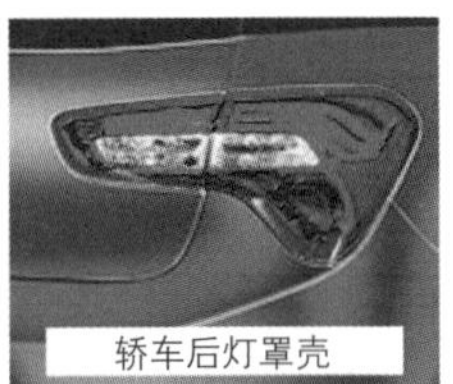

图 3：丙烯酸酯玻璃的典型用途

■ **聚四氟乙烯（PTFE）**

性能：白色乳状，蜡状，表面有滑动性，软，可弯曲并有韧性，耐磨损；可耐受大部分的化学药剂。可耐受的温度范围很大：从-150℃至+280℃。密度 ρ= 2.2 kg/dm^3。商业名称：Hostaflon, TF, Teflon（泰富龙）。

用途：导轨滑动面、涂层材料、润滑剂、密封件、轴承套（图 4）。

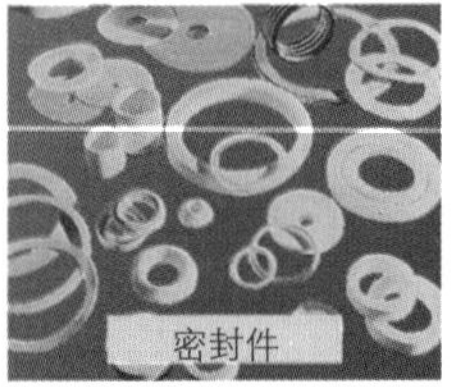

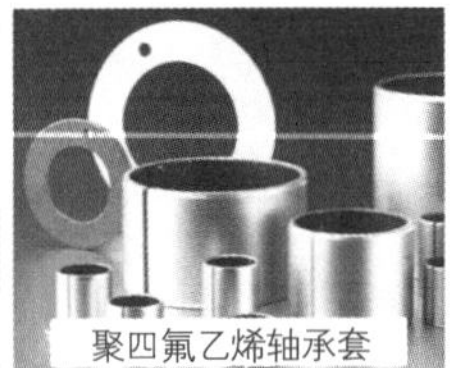

图 4：聚四氟乙烯的典型用途

■ **聚缩醛（POM）**

性能：白色乳状，表面具有滑动性，耐磨损，高强度，高硬度，高刚性，即便在低温下仍保持良好的韧性，良好的弹簧性能（良好的卡接式接头连接）。

可以耐受溶剂以及稀释的酸和碱；可毫无问题地继续加工。

用途：齿轮、链条节、钩子（图 5）。

图 5：聚缩醛制造的零件

■ **聚丁烯对苯二酸酯（PBT）**

性能：象牙色；表面光滑，耐磨损；高刚性；形状的热稳定性最大达 140℃；可耐受燃料、润滑剂和溶剂；加工便利；具有良好的电绝缘性能。

用途：电气元件、外壳、电路板（图 6）。

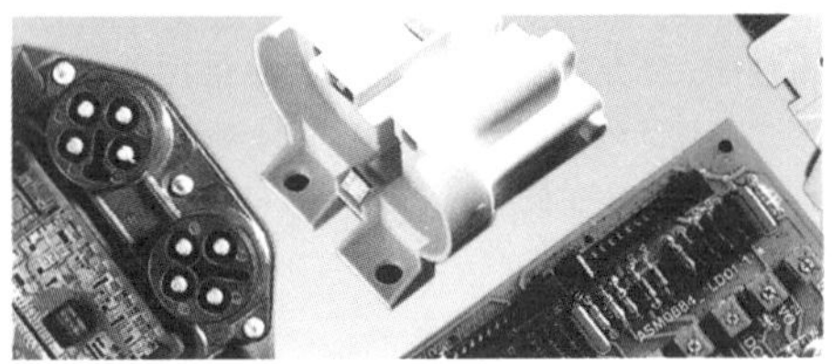

图 6：聚丁烯对苯二酸酯的典型用途

5.9.5 热固性塑料

热固性塑料既可作为制成品直接投入使用，例如外壳、型材、成型件等，亦可作为液态半成品提供给用户，例如作为基本树脂、浇铸树脂、黏结剂、油漆或密封材料等。

液态半成品由未结成网状的巨分子组成，通过添加硬化剂或施加压力和高温使材料内部结成细眼网状结构，从而形成可作为成型件的固态形状。这个过程我们称为硬化，热固性塑料是可硬化塑料。热固性塑料的成型件在初始形状成型时已经硬化。

硬化后，热固性塑料已不能再变形，因为加热不能使这种塑料软化。因此，这种塑料不能焊接。

热固性塑料一般都具有比热塑性塑料更好的形状热稳定性，在各种不同的热固性塑料类型中，形状热稳定性最高可达 220℃。过度加温后，热固性塑料将不经变软直接分解。由于热固性塑料半成品大多具有树脂状外观，我们又把热固性塑料称为树脂。

■ **不饱和聚酯树脂（UP）**

性能：无色，透明，表面有光泽。根据不同种类，分别从坚硬和脆性到韧性良好和有弹性。液态树脂有良好的黏附性和可浇注性。可耐受燃料以及稀释的酸和碱。

用途：可作玻璃纤维增强塑料零件的基本树脂（图 1），作金属的黏接树脂、防划痕油漆的清漆树脂、铸模的浇铸树脂，纤维的原始树脂。

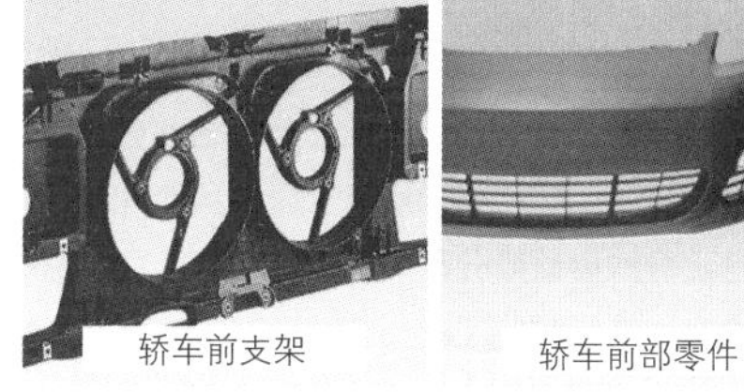

图 1：增强型不饱和聚酯树脂的用途

■ **环氧树脂（EP）**

性能：从无色到蜜黄色，硬弹性，有冲击韧性。可粘接在金属上，具有良好的可浇注性。可耐受弱酸、弱碱、盐溶液和溶剂。可耐受温度最高达 180℃。

用途：可用作粘接树脂、清漆树脂和浇铸树脂以及模塑材料、铸造车间砂箱泥芯和玻璃纤维增强塑料等的黏合树脂（图 2）。

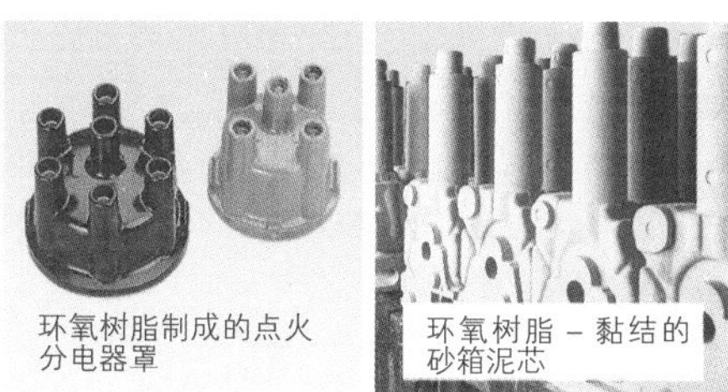

图 2：环氧树脂的典型用途

■ **玻璃纤维增强的聚酯树脂和环氧树脂**

聚酯树脂和环氧树脂的大部分都作为黏合树脂与玻璃纤维一起用于制造玻璃纤维增强塑料零件（GFK,CFK）(见 393 页)。

■ **聚氨酯树脂（PUR）**

性能：蜜黄色，透明。根据不同种类，分别从硬弹性和有韧性直到橡胶弹性。具有良好的黏附性。可耐受弱酸、弱碱、盐溶液和许多溶剂，可发泡。

用途：硬聚氨酯树脂有轴承套、齿轮、滚轮。

中等硬度聚氨酯树脂有齿形皮带、缓冲器、防撞保险杠（图 3）。

软聚氨酯树脂：密封件、电缆包皮。

聚氨酯尤其适宜做油漆（DD 油漆）以及浇铸树脂和黏接剂。

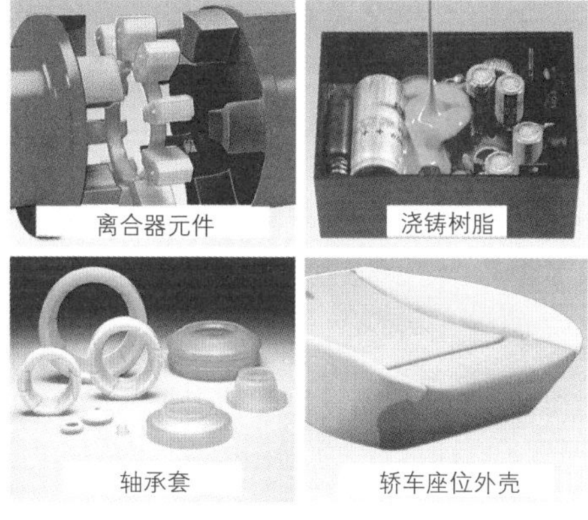

图 3：聚氨酯树脂的用途

此外，聚氨酯树脂还可以发泡：根据内部结构成网的程度，可做成硬泡沫材料或软泡沫材料，这类材料主要用于隔热或车身衬里以及防撞吸收材料等。

具有防撞吸收性能的聚氨酯树脂整体泡沫材料可用于轿车的车内面料（见 109 页图 5）。这种材料具有皮革状外观和发泡的零件内部，它仅用一个工作流程便可制作完成，就是说，是整体制造。

用途：仪表盘支架的罩壳、方向盘、门。

5.9.6 弹性塑料

弹性塑料，口语中又称橡胶（英文名称：rubber,缩写字母：R），大部分由宽网眼网状聚合物组成。根据内部结构成网的程度，分为软橡胶状或硬橡胶状。这种材料的显著特性是高弹性，目前最高的可达百分之数百。

■ 天然橡胶（NR）

它的原始材料是从采自一种热带树木的汁液中制成的天然树胶。天然橡胶以它的最高弹性和冷态柔韧性而闻名，因此，它主要用作轮胎橡胶混合物和某些特殊用途（例如气球或海绵等）的混合物成分。

今天所使用的弹性塑料的大部分材料均为人工合成制造，例如苯乙烯-丁二烯橡胶、丙烯-丁二烯橡胶、氯丁橡胶、硅橡胶和聚氨酯橡胶。

■ 苯乙烯-丁二烯橡胶（SBR）

性能：具有良好的耐磨损强度、高耐热性和抗老化性，良好的弹性。

用途：苯乙烯-丁二烯橡胶是普通用途中最常用的橡胶材料（图1）。其中使用最多的是用于轮胎生产。轮胎橡胶混合物的典型成分配方是：苯乙烯-丁二烯橡胶42%，天然橡胶18%，炭黑28%，其他添加材料12%。苯乙烯-丁二烯橡胶其他的用途有：径向密封环、皮碗、橡胶减震器等。

图1：苯乙烯-丁二烯橡胶的典型用途

■ 硅橡胶（SIR）

性能：白色乳状，防水，防黏接剂。根据其制造方法，分别从硬弹性到软橡胶弹性。可耐受润滑油，但不耐受强酸、强碱和溶剂。

可耐受温度最高可达+180℃，最低至-40℃仍保持弹性。

用途：皮碗、电气插头、塑料铸模、填缝材料、密封件（图2）。

溶液状态：绝缘漆、防水涂料。

图2：硅橡胶制作的密封件

■ 热塑性聚氨酯弹性体 PUR (T)

因为其具有热塑性特性，因此这种弹性塑料可以采用成本低廉的加工方法成型制造，如注塑法和挤压法。

性能：高耐磨强度、高化学耐受性，可制造出不同的硬度。

用途：硬弹性热塑性聚氨酯弹性塑料用于滚轮（图3）、齿轮、滑雪靴。软弹性热塑性聚氨酯弹性塑料用于电缆包皮、软管、密封涨圈。

图3：热塑性聚氨酯弹性塑料制成的零件

5.9.7 弹性塑料的特性数值

采用特殊检测方法求取塑料的特性数值（见408页）。

■ 抗拉强度，屈服点应力

不同塑料的机械负荷特性曲线也各有不同（图4）。硬刚性塑料，例如聚酰胺（PA）、聚碳酸酯

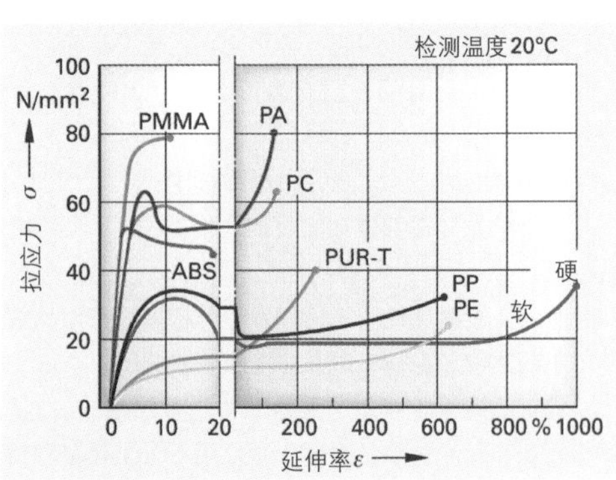

图4：不同塑料的应力-延伸率曲线图

（PC）、丙烯酸酯玻璃（PMMA）和各种不同的聚苯乙烯–共聚物（ABS类），其抗拉强度和屈服点应力可达50～80 N/mm²。

少数硬塑料，例如聚乙烯（PE）、聚丙烯（PP）、热塑性聚氨酯弹性塑料（PUR–T），它们的抗拉强度数值介于30～40 N/mm²。

如果把这些抗拉强度数值与抗拉强度达到300～1500 N/mm²的钢材相比，我们马上就发现，纯塑料只适宜于制造小负荷零件。通过使用高强度玻璃纤维或碳素纤维增强，便可获得一种纤维增强型塑料，其抗拉强度与非合金钢相仿（见393页）。

■ **刚性**

标志着一种材料形状稳定刚性特征的是弹性模量，不同的塑料类型在室温条件下（20℃）的弹性模量数值从500～3500 N/mm²（图1）。随着温度的上升，塑料的弹性模量数值急剧下降。

如果与弹性模量达到210000 N/mm²的钢相比，我们又发现，塑料的刚性实际上更小。因此，未做增强处理的塑料不适宜制造高机械负荷零件。

纤维增强塑料，例如玻璃纤维增强聚酰胺（GF-PA），它所具有的弹性模量明显增加，因此，它具有较强的刚性。此外，它还具有较高的蠕变强度。与它约达2 kg/dm³的较低密度相结合，这种塑料适合用于高负荷的轻型结构（汽车制造和飞机制造）。

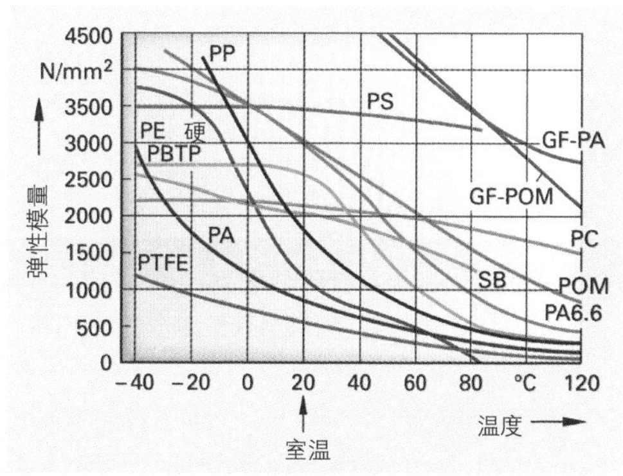

图1：不同塑料与温度相关的弹性模量（刚性）

■ **高温耐受性**

短时使用具有重要意义的维卡氏软化温度进行检测，可发现不同塑料的差别很大。例如，聚氯乙烯的形状稳定性耐受温度只能达到约70℃，与之相比，聚酰胺的形状稳定性可一直保持至约200℃（图2）。

对使用期限意义重要的持续使用温度将塑料的长期使用温度限制为约130℃，即便是形状热稳定性好的塑料也不例外，例如聚酰胺（图2）。

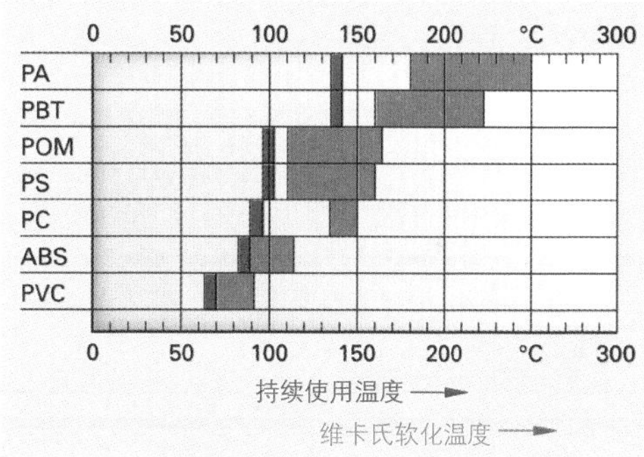

图2：塑料的耐热性能

本小节内容的复习和深化：

1. 塑料有哪些典型性能？
2. 哪些性能限制了塑料在工业方面的应用？
3. 塑料可分成哪几个组？
4. 为什么热塑性塑料可以焊接，而热固性塑料和弹性塑料却不能？
5. 缩写名称PE、PA、PUR是什么意思？
6. 请您列举出三种热塑性塑料的名称、缩写符号及其典型用途。
7. 为什么人们把热固性塑料又称为硬化塑料或树脂？
8. 聚氨酯树脂有哪些用途？
9. 与非热塑性和热固性弹性塑料相比，热塑性弹性塑料有哪些优点？
10. 用哪些特性数值来测定一种塑料在升温时的形状稳定性？
11. 与钢相比，塑料有什么样的抗拉强度和刚性（弹性模量）？

5.10 复合材料

> 我们把由若干种单个材料组合成的一种新材料称为复合材料。

用于机械制造的重要的复合材料是，例如玻璃纤维增强塑料，简称 GFK，或由一种韧性金属与硬质材料微粒组成的硬质合金（图 1）。

合金不属于复合材料。在合金中，各单个材料（合金元素）已经融合或特别细密地分布。而在复合材料中，各单个材料自身组织没有改变，它们以较大的微粒形式出现。

玻璃纤维增强塑料制成的德国高铁车头前罩

硬质合金制成的可转位刀片

图 1：复合材料制成的零件

5.10.1 内部结构

在复合材料中，各个相互匹配的单个材料互相组合起来，把各材料的优良性能汇集到一种新材料中，同时掩盖有缺陷的性能。

例如在玻璃纤维增强塑料中，玻璃纤维的高抗拉强度与塑料的韧性组合起来。与此同时，玻璃纤维的脆性和塑料的低强度则被掩盖掉。

玻璃纤维	+	**塑料**	→	**玻璃纤维增强塑料（GFK）**
（高强度，脆性）		（低强度，韧性）		（高强度，有韧性）

在硬质合金中则是硬质材料（例如碳化钨）的硬度与金属（例如钴）的韧性结合在一种材料中。硬质材料的脆性和韧性金属的低硬度在组合后的新材料中均不再出现。

硬质材料	+	**韧性金属**	→	**硬质合金**
（高强度，脆性）		（软，韧性）		（高强度，有韧性）

> 通过对单个材料合适的选择和组合，可以制造出其性能正好符合工业技术要求的复合材料。

我们把复合材料中提高强度的材料称为增强材料。把另一种保证复合材料复合在一起的材料称为结合剂或矩阵。

根据各材料复合后的形状，我们把复合材料划分成若干不同的复合材料种类（图 2）。

- 纤维增强型复合材料，例如玻璃纤维增强塑料（GFK）或碳素纤维增强塑料（CFK）；
- 微粒增强型复合材料，例如硬质合金；
- 渗透型复合材料，例如润滑材料浸泡的烧结轴承；
- 覆层型复合材料，例如电镀薄板、双金属材料；
- 结构型复合材料，例如轿车保险杠。

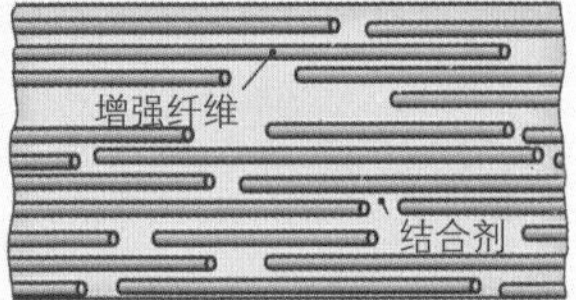

渗透型复合

浸泡的空腔

固体材料晶格

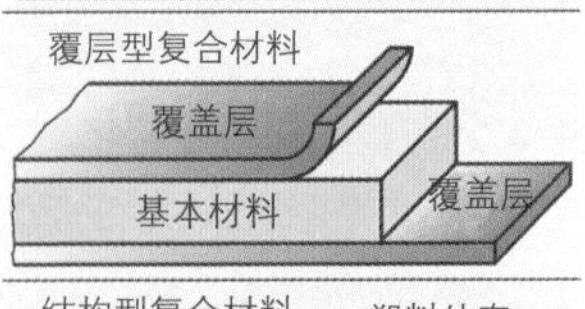

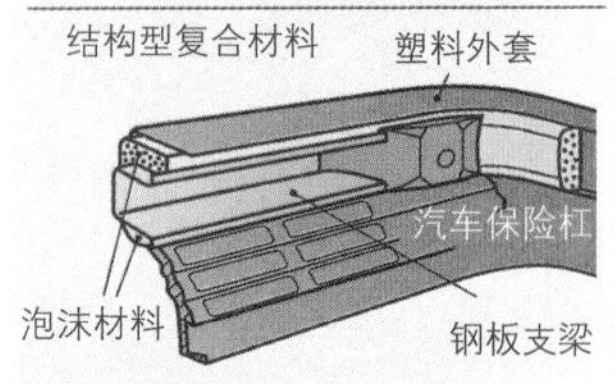

图 2：复合材料种类

5.10.2 纤维增强塑料

纤维增强塑料由一种塑料基本材料加入增强强度的玻璃纤维或碳素纤维复合而成。

一般由热固性塑料作为塑料基本材料，如聚酯树脂和环氧树脂，但也可采用热塑性塑料。加入的纤维具有高抗拉强度（最高达 1500 N/mm²）和低密度（为 1.8 至 2.5 kg/dm³）。单根纤维的厚度从 10~100 μm，为了更方便运输，通常把数千根纤维合并成条（英语：Rovings，意为：粗纱）或加工成织物、垫或纤维网。

对于普通负荷的零件，将玻璃纤维加入塑料，即可制成玻璃纤维增强塑料，简称 GFK（图 1）。

对于要求具备极高负荷和形状刚性的零件，需采用高强度和高刚性但很昂贵的碳素纤维。这种碳素纤维增强塑料的缩写名称是 CFK 或 Carbon。

Carbon 是英语单词 Carbonfiber-reinforced Composite 的缩写，意为碳纤维增强型复合材料。

纤维在复合方向上，即它加入复合材料时所处的方向上传递其高抗拉强度（图 2）。对于那些主要在单个方向上经受负荷的零件，就在这个方向加入纤维。如果零件在所有方向上都有负荷，则从所有方向加入纤维。

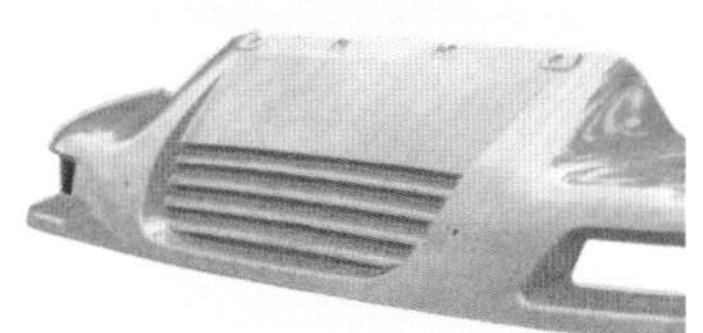

图 1：玻璃纤维增强塑料（GFK）制成的载重汽车发动机罩

纤维在一个方向，纤维成股放入

纤维在所有方向，纤维垫或纤维织物

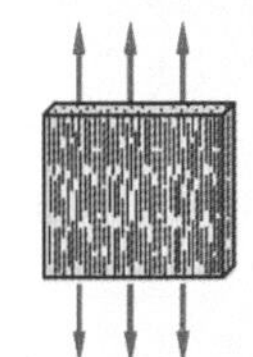

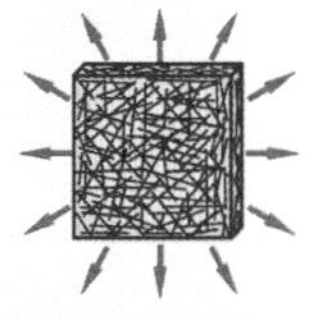

在一个方向上很大的增强效果

在所有方向上平均的增强效果

图 2：纤维的排列和增强方向

■ 性能和应用

一种纤维增强塑料的性能取决于其所采用的塑料和纤维的类型，以及纤维在材料总体积中所占的比例和纤维在零件中的排列。材料的强度随纤维含量的增加和纤维在某个方向的取向而增强。

玻璃纤维增强塑料（GFK）和碳素纤维增强塑料（CFK）均具有极高的抗拉强度，最高达 1000 或 1500 N/mm²（表 1）。但其密度极低：1.5~2.0 kg/dm³。玻璃纤维增强塑料（GFK）具有良好的刚性，而碳素纤维增强塑料（CFK）则具有高刚性（高弹性模量）。因此，两种材料均已达到调质钢的抗拉强度，碳素纤维增强塑料（CFK）还接近调质钢的刚性（表 2）。由于这两种材料的密度只有 1.5 ~2.0 kg/dm³，即只有钢密度的 20%至 25%，所以将这两种材料称为轻型结构材料。

与另一种轻型结构材料铝（$\rho_{Al}=2.7$kg/dm³）相比，碳素纤维增强塑料（CFK）的密度明显更轻，同时却具有更高的强度和刚性。因此，碳素纤维增强塑料（CFK）特别适宜于用作高负荷轻型结构材料（图 3）。

图 3：碳素纤维增强塑料（CFK）制成的风力发电机转子叶片

■ 用途

玻璃纤维增强塑料（GFK）和碳素纤维增强塑料（CFK）的主要用途在汽车制造业（车身零件、载重汽车的板簧、万向轴），船舶制造业（船体、桅杆、油箱）和飞机制造业（结构零件、机身零件、飞机机翼）。

玻璃纤维增强塑料（GFK）和碳素纤维增强塑料（CFK）在机器和设备制造业的用途也非常广泛。如制造齿轮、容器、转子叶片（图 3）。

表 1：纤维增强塑料的性能

	GFK	CFK
抗拉强度，单位：N/mm²	最大至 1000	最大至 1500
弹性模量，单位：N/mm²	最大至 30000	最大至 160000
密度 ρ，单位：kg/dm³	约 2.0	约 1.5

表 2：金属材料的性能

对比	调质钢	铝合金
抗拉强度，单位：N/mm²	最大至 1500	最大至 500
弹性模量，单位：N/mm²	210000	约 70000
密度 ρ，单位：kg/dm³	约 7.8	约 2.7

5.10.3 纤维增强型塑料的制造方法

根据所需零件的形状和规格以及数量，玻璃纤维增强塑料（GFK）和碳素纤维增强塑料（CFK）零件有许多不同的制造方法。

使用长度约 1mm 短纤维增强的热塑性塑料和热固性塑料的模塑原料一般都通过注塑（见 105 页）或模压方法（见 108 页）制成小型零件，例如齿轮、连杆或盖板等。

预制层合塑料（英语单词：Prepregs），采用连续层压法（图 1）制造。制作时，在一个分离薄膜表面连续涂上树脂和玻璃纤维垫，然后盖上第二个分离薄膜。接着把预制层合塑料按需裁切，分层送入加热的模压模具压制成型，并固化为成型件。

中型零件，例如需要大批量制造的汽车发动机罩壳（见 393 图 1）或仪表盘支架，一般通过热模压法制造（图 2）。其制造方法是，首先裁切喷有薄层树脂的纤维垫，放入压力机压制成预模压件。预制件放入压力机下部模具，并与上部模具合模，抽真空。现在喷涂液态树脂并浸渍预模压件。加热的压模继续前进，模压件制成最终尺寸，并在几分钟之内硬化成形。

纤维树脂喷涂法大部分用于制造中型至大型零件以及预制层合塑料（图 3）。首先，在压缩空气喷涂器中切碎玻璃纤维，与此同时，切碎的玻璃纤维随正在固化的塑料雾喷向模具。短纤维与塑料雾滴一起在模具表面形成一种层合塑料。它在模具表面固化或作为预制层合塑料送入压模进行热压和固化。

大型零件，例如赛艇艇身，风力发电机转子叶片和飞机机翼，通过层压法制作而成（图 4）。制作时，人工或由机器人逐层放置已加固的型芯，然后喷入树脂浸泡。用手工滚压的方法挤出层间的空气和多余的树脂。最后，热模压固化成型。

湿卷法，把流动的、正在热固化的塑料拉制成纤维条（图 5）。完全吸入纤维条后将它卷绕成一个线轴。用这种制造方法可以制造旋转对称的零件，如圆管、容器和槽罐。

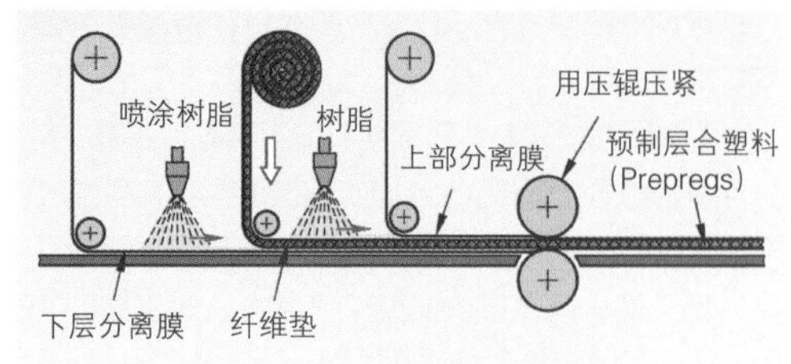

图 1：预制层合塑料的连续层压法

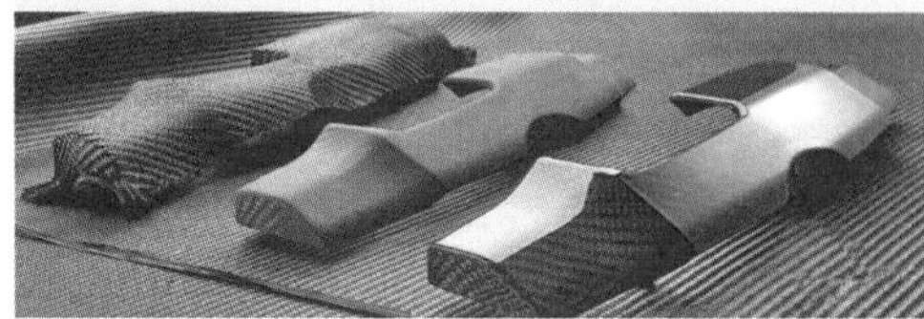

图 2：热模压法制造的仪表盘支架

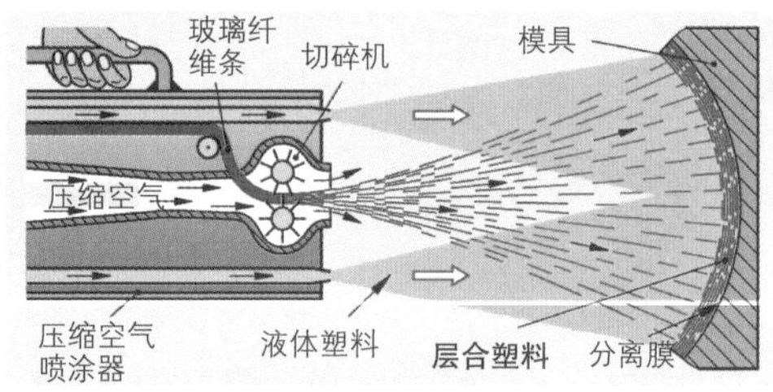

图 3：纤维树脂喷涂的层合塑料

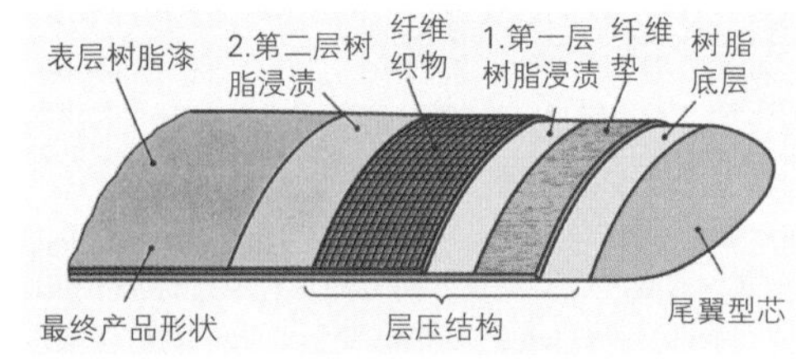

图 4：层压法制造的飞机尾翼

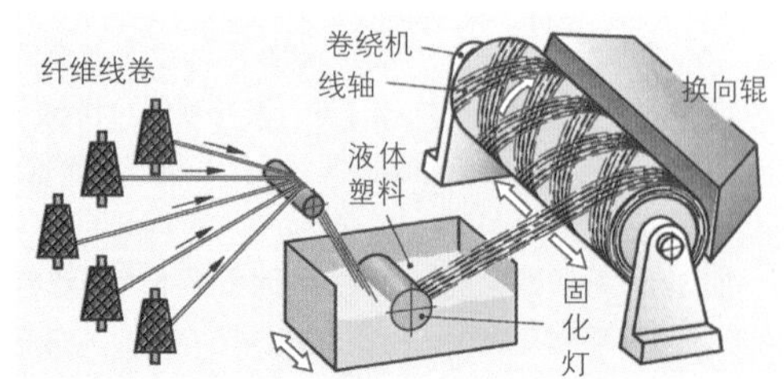

图 5：湿卷法制成的飞机油箱

5.10.4 微粒增强型和渗透型复合材料

■ **塑料模压材料**

它由一种热塑性或热固性塑料原料（结合剂）与在塑料原料中细密分布的添加材料微粒组成。一般常用聚酯树脂以及热固性塑料如聚酰胺（PA）、聚甲醛、聚缩醛（POM）和苯乙烯共聚物 ABS 作为塑料原料。添加材料是石粉、玻璃粉或烟灰。与纯塑料相比，模压材料同时具有较高的韧性和强度。它通过注塑或模压加工成小型零件，如杆、把手、电气元件、外壳等（图 1）。

图 1：塑料模压件制成的电气端子排

■ **人造大理石**

人造大理石又称矿物铸件，是一种微粒增强型复合材料，由 80%的环氧树脂与用作添加剂的 20%细碎花岗岩颗粒通过模压、压制和硬化等工序制成。人造大理石在机器制造业的主要用途是加工机床的床身（图 2）。床身由用人造大理石浇注的铸铁件组成。人造大理石机床床身具有比灰口铸铁床身更好的减振特性，从而提高了加工机床的加工精度。

图 2：人造大理石的车床床身

■ **磨具和珩磨条（图 3）**

它们由颗粒状磨料（白刚玉颗粒、碳化硅颗粒和金刚石颗粒）和一种塑料结合剂、软陶瓷结合剂或金属结合剂组成。在这种复合材料中，脆硬的磨料颗粒执行切削任务，结合剂的作用是使磨料结合在一起，保持强度和韧性。

图 3：硬质磨粒和结合剂制成的磨具

■ **硬质合金和陶瓷切削材料**

硬质合金由一种脆硬的碳化物颗粒（增强微粒）的晶格与一种填充在碳化物碎片之间空间内的金属结合剂（大部分是钴）组成。这样的组合产生出的复合材料既具有碳化物颗粒的硬度和耐磨强度，又具有钴结合剂的韧性。它用作切削材料（图 4）。

氧化陶瓷切削材料由白刚玉微粒（Al_2O_3）与一种陶瓷 ZrO_3 结合剂组成。混合陶瓷切削材料中还添加了碳化钛（TiC）颗粒和碳氮化钛（TiCN）颗粒。

图 4：硬质合金（碳化钨颗粒与钴结合剂）制成的可转位刀片

5.10.5 覆层型复合材料

■ **树脂胶合板**是由浸泡树脂的薄木板压制成的层压板（图 5）。它的机械性能与可加工性能与硬木类似。它的主要应用领域是模型制造。

■ **胶布板（Hgw）和胶纸板（HP），又称纤维板，**是层压复合材料，它们由浸泡过树脂的织物板或纸板层压并硬化成为复合板。具有角质类韧弹性性能，可加工制成密封件和印刷电路板。

■ **电镀板** 电镀板是在一种廉价的基本材料表面（大部分是非合金钢）涂覆一层防锈和防酸的薄层（图 6）。电镀板主要用于化工设备制造。

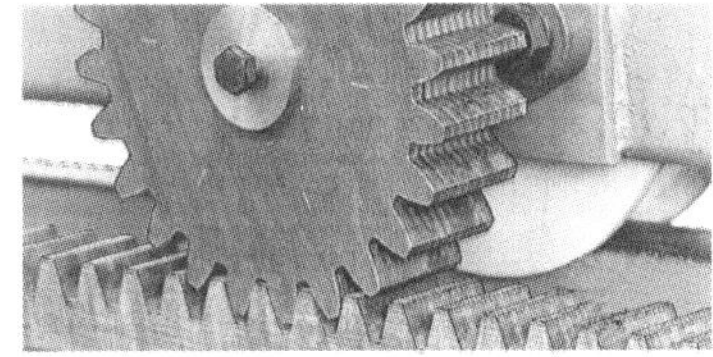
图 5：齿轮传动（模型）

图 6：化工设备

■ **双金属**是由两种不同金属的薄板经过上下叠加的轧制和压焊制成的薄板条。如果加热双金属板，它便会向两种材料中热膨胀率低的材料那边弯曲。

双金属主要用于温度计中可以张开和收缩的双金属盘簧（图 1）以及电气开关中的自动开关触点（热敏开关）。

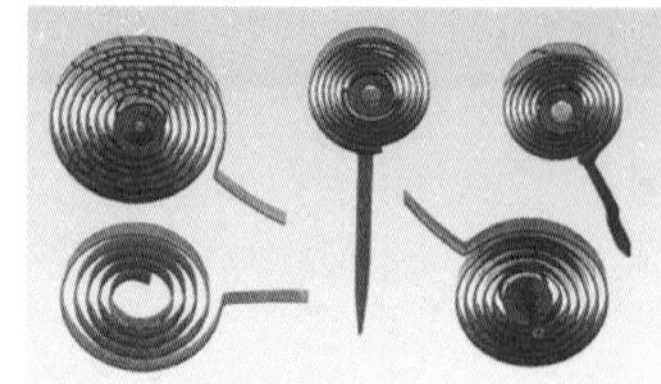

图 1：双金属盘簧

5.10.6 结构型复合零件

结构型复合材料零件是由若干种材料组成的零件（结构型），分为多种不同的结构件。通过在一个零件内多种材料的组合，使零件达到单个材料无法达到的某些性能。

结构型复合零件要求质量轻、高机械刚性和形状稳定性，与此同时，还需具有大能量吸收能力。例如现代化的轿车保险杠就是一种结构型复合结构件，它由塑料壳、泡沫填充材料和钢板组成（图 2）。在该结构件中，每一种材料都有其特殊的任务。

受到轻度撞击时，由纤维增强型聚丙烯组成的硬弹性塑料外壳保证整个保险杠的形状稳定性和弹性，不会留下撞击凹痕。

中度撞击时，聚氨酯泡沫材料芯通过持续形变吸收撞击能量，使保险杠受到的损伤保持在有限程度。

重度撞击时，钢板芯将撞击力传导至减振器。通过减振器的形变保证汽车乘员仓不受损害，从而保护汽车乘员。

现代化的轿车车身就是一个结构型复合结构件。它由多个不同材料的零件组构成（图 3）。

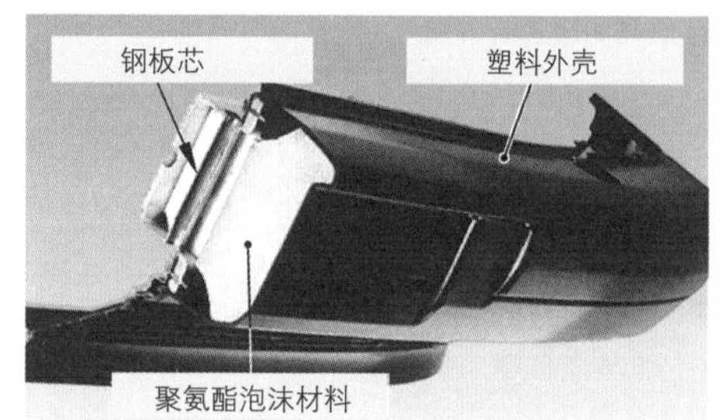

图 2：复合结构的轿车保险杠

轿车乘员仓是一个由热成形或冷成形高强度钢板构成的成型件。即便受到强烈撞击，它仍能保持基本形状不变，保护乘员不受伤害。通过有限的变形吸收撞击产生的强大动能。

发动机和车轮悬挂系统的支撑和承重鞍形支座采用铸铝材料制成。它承受来自车轮的冲击和撞击以及发动机的重力。

发动机罩、车身的车轮罩和门，均由软钢板与铝合金组成的薄复合板制成。发生小型车祸时，它们通过变形吸收大部分的撞击动能，起到保护乘员的作用。

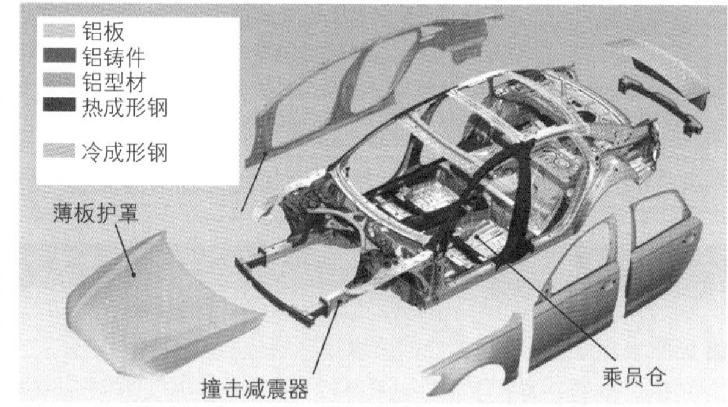

图 3：多种材料组合（复合结构形式）的现代化轿车车身

本小节内容的复习和深化：

1. 与单一材料相比，复合材料有哪些优点？
2. 缩写名称 GFK 和 CFK 是什么意思？
3. GFK 和 CFK 有哪些特殊性能？
4. 请您描述 CFK 结构件的热模压制造方法。
5. 磨具有哪些结构？
6. 请您描述轿车车身不同材料的复合结构形式。

5.11 材料检验

材料检验有三个任务范畴：

- 确定材料的工艺性能，例如强度、硬度和加工性能。通过检验可获得一种材料可使用性方面的信息。
- 检验已制成的工件，例如裂纹或热处理的缺陷。通过检验可阻止有缺陷工件投入使用并造成损失。
- 找出导致工件断裂的原因（图 1）。通过检验可选定合适的材料并在日后的应用中避免类似损害的发生。

图 1：断裂的空心轴，材料因素可能是断裂的原因

5.11.1 加工性能检验

工艺检验的目的：为某种用途或某种加工方法而检验一种材料或半成品的性能（图 2）。

弯曲试验和折曲试验:其目的是，检验棒材和焊缝的变形能力［图 2（a）］。将一个样品装在弯曲试验装置内弯曲，直至出现裂纹为止。测量出现裂纹时弯曲的角度，该角度作为一个度量值。如果没有出现裂纹，把样品继续折弯，最大达 180°。

往复弯曲试验：其目的是，检验钢板或钢带［图 2（b）］数次弯曲之后的性能。把样品来回往复地弯曲，直至出现裂纹为止。弯曲的次数作为一个度量值。

埃利克森杯突试验：其目的是，提供关于板材可深冲性能的近似值。直至出现裂纹的压入深度 IE 可作为特性数值［图 2（c）］。

顶锻试验：其目的是，检验铆钉和螺钉材料的热顶锻性能。材料必须能够锻压至原始材料高度 1/3 时仍没有裂纹［图 2（d）］。

锻平试验：其目的是，检验钢的可锻性。试验时，把一块赤热状态的扁平样品用手工锤的锤头锻打至原宽度的 1.5 倍［图 2（e）］。锻打过程中，不允许出现裂纹。

焊缝试验：其目的是，判断焊缝的质量。将一块焊接样品夹入台钳或用锤子敲弯，直至焊缝出现断裂为止［图 2（f）］。观察并判断断口组织和可能出现的焊接缺陷。

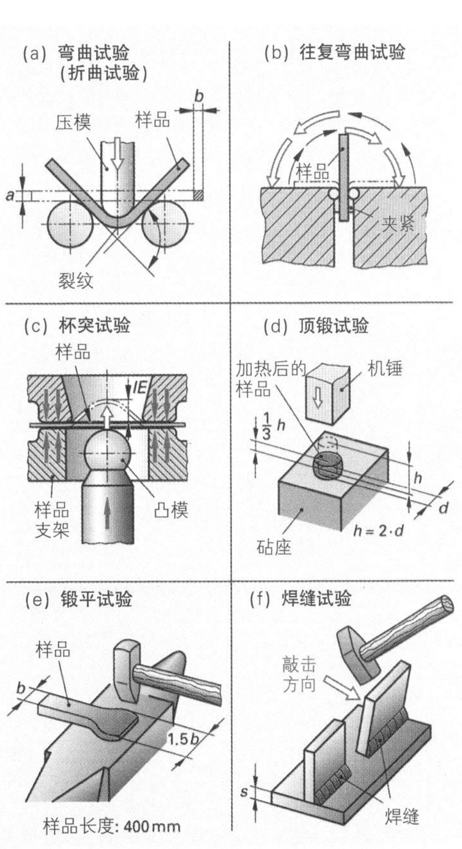

图 2：工艺检验的检验方法

5.11.2 机械性能检验

我们把使用打击式、快速施加式或交变式负荷的检验方法称为动态检验，例如断口冲击韧性试验、疲劳强度检验和零件的运行负荷检验。

如果负荷是缓慢施加或恒定保持的，则我们称这类检验为静态检验。属于这类检验的有拉力试验、压力试验、剪切试验以及硬度检验。

5.11.2.1 拉力试验

拉力试验用于确定一种材料在拉力负荷下的机械特性值。试验时采用一块圆形或平板形拉力试样（图 1，右上图）。若采用圆形拉力试样，则要求其初始测量长度 L_0 是其直径 d_0 的 5 倍。

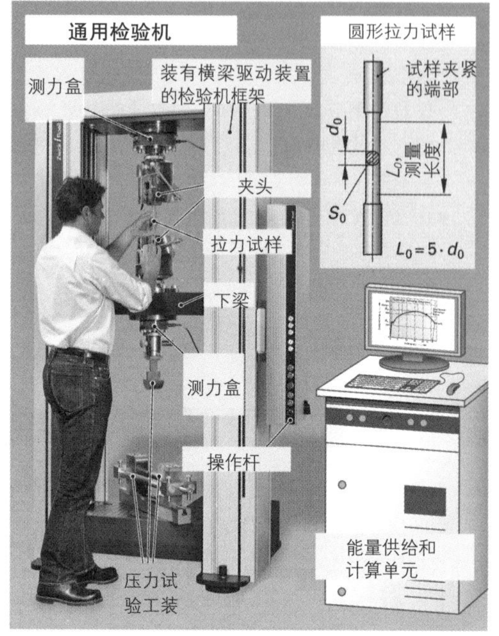

图 1：通用检验机，拉力试验

■ 试验过程

拉力试验在通用检验机上进行（图 1）。

拉力试样的两端分别夹紧在检验机的上下夹头内。然后启动检验机。装有下部夹头的下梁缓慢地向下拉，向拉力试样缓慢地施加持续增加的拉力。在拉力的作用下，拉力试样被拉长（图 2，上图）。直到拉力达到最大值时，拉力试样仅被拉长，没有明显可见的横截面变形。随后，拉力试样约在其中部收缩，那里的拉长变形明显，最后的断裂就发生在这个部位。拉力试样收缩过程中，拉力一直在下降。断裂时，拉力下降为零。

■ 试验值计算

拉力试验过程中，一台测量装置持续测量作用在拉力试样上的拉力 F 和试样拉长时的长度变化 ΔL。检验机的计算单元从拉力 F 和拉力试样横截面 S_0 中计算出拉应力 σ_z。

用长度变化 $\Delta L = L - L_0$ 计算出延伸率 ε。

拉应力 $$\sigma_z = \frac{F}{S_0}$$

延伸率 $$\varepsilon = \frac{L-L_0}{L_0} \cdot 100\% = \frac{\Delta L}{L_0} \cdot 100\%$$

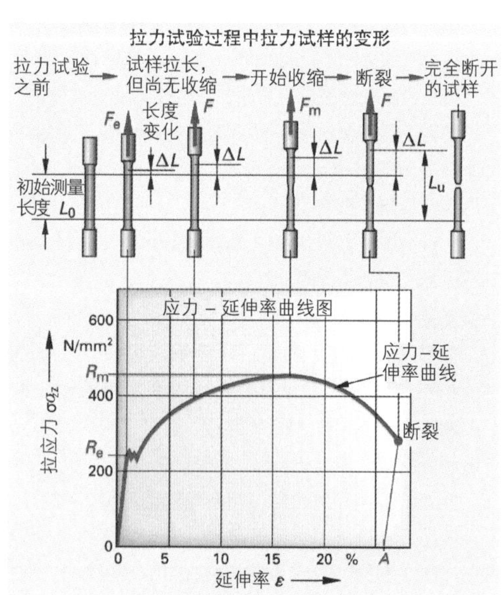

图 2：拉力试样的变形和屈服点清晰可辨的钢（S235JR）的应力–延伸率曲线图

在检验机监视器上，两个测量量 σ_z 和 ε 均绘成应力–延伸率曲线图中的曲线（图 2，下图）。

■ 屈服点清晰的材料特性值

非合金结构钢，例如S325JR（St37–2），有一个清晰屈服点的应力–延伸率曲线（见398图2）。在该曲线上，应力σ_z在初始范围内与延伸率ε成比例上升（以相同的幅度）。因此，该曲线在初始范围内是一条直线。

用霍克定律可描述这种应力σ_z与延伸率ε之间的比例关系（见右边的框）。公式中的系数E称为弹性模量，它是材料刚性的一个特性值。钢的弹性模量是E_{Stahl}=210000 N/mm²。

当达到一定应力值时，拉力试样在拉力保持不变的前提下明显变长：试样被“拉长”了。这个应力值我们称为屈服强度R_m。在应力–延伸率曲线图中（见398图2），该曲线呈水平状。

拉力试样的应力根据拉长的范围缓慢增长，直至达到曲线的最高点。拉应力的这个最大值，我们称为抗拉强度R_m。

之后，曲线再次下降。拉力试样不断收缩，直至最后断裂。拉力试样断裂后仍保持的延伸称为断裂延伸率A（见398图2）。

计算公式

胡克定律：$\sigma_z = E \cdot \varepsilon$

屈服强度：$R_e = \dfrac{F_e}{S_0}$

抗拉强度：$R_m = \dfrac{F_m}{S_0}$

断裂延伸率：$A = \dfrac{L_u - L_0}{L_0} \cdot 100\%$

举例：一根圆形拉力试样，初始直径d_0=8 mm，初始长度L_0=40 mm，现在进行拉力试验。达到屈服强度的拉力为F_e= 11810 N，最大拉力为F_m=18095 N。拉力试样断裂后测量其仍保持的测量长度L_u=50.8 mm。问：（a）屈服强度是多少？（b）抗拉强度是多少？（c）断裂延伸率是多少？

解题：$S_0 = \dfrac{\pi}{4} \cdot d^2 = \dfrac{\pi}{4} \cdot (8\ \text{mm})^2 = 50.265\ \text{mm}^2$

a）$R_e = \dfrac{F_e}{S_0} = \dfrac{11\,810\ \text{N}}{50.265\ \text{mm}^2} = 235\ \dfrac{\text{N}}{\text{mm}^2}$

b）$R_m = \dfrac{F_m}{S_0} = \dfrac{18\,095\ \text{N}}{50.265\ \text{mm}^2} = 360\ \dfrac{\text{N}}{\text{mm}^2}$

c）$A = \dfrac{L_u - L_0}{L_0} \cdot 100\% = \dfrac{50.8\ \text{mm} - 40\ \text{mm}}{40\ \text{mm}} \cdot 100\% = 27\%$

■ 无清晰屈服点的材料特性值

无清晰屈服点的材料，例如铝和铜或调质钢，它们的应力–延伸率曲线上没有屈服点。这类曲线从开始呈直线上升，然后无过渡地直接进入弯曲曲线并达到抗拉强度R_m。达到抗拉强度R_m后立即下降，直至断裂（图1）。

这里，位于曲线最高点的应力仍称为抗拉强度R_m，断裂时保持的延伸也仍称为断裂延伸率A（其计算公式请参见本页上部的计算公式）。

由于这类材料的应力–延伸率曲线走向图中缺少一个屈服点，而屈服强度对于强度计算非常重要，作为替代，我们引入了0.2%–屈服强度$Rp_{0.2}$这个概念。这是在拉力试样的拉力负荷消失后仍保持0.2%延伸率时的应力值。

用一根与曲线初始直线平行的、穿过点ε = 0.2%的平行线即可在应力–延伸率曲线图上确定0.2%–屈服强度$Rp_{0.2}$（图1）。

举例：图1所示铝材料的0.2%–屈服强度是$R_{p0.2}$ = 120 N/mm²。

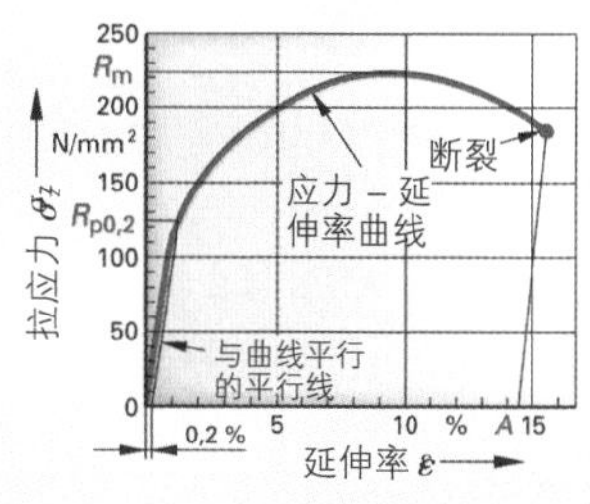

图1：未形成清晰屈服点的某种铝合金的应力–延伸率曲线图

■ 材料对比

每一种材料都有一个典型的应力–延伸率曲线。如果把不同材料的曲线都填入一个曲线图表中，便可以识别出各种材料不同的可变形特性（图2）。

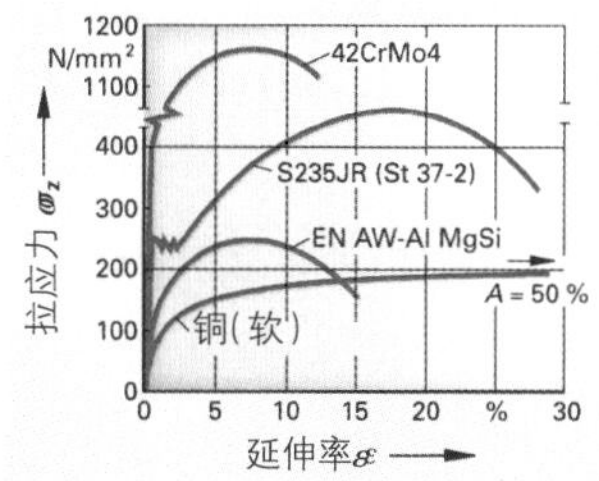

图2：不同材料的应力–延伸率曲线图

5.11.2.2 压力试验

在通用检验机（见 398 页）上也可以进行压力试验：用缓慢增加的压力 F 压一个压力试样，直至试样断裂或出现裂纹（见图 1）。脆硬材料，例如铸铁或淬火钢，在压力下会破碎成若干个大块。韧性材料，例如未淬火钢，在压力下会变成桶形，并在压力方向出现裂纹。

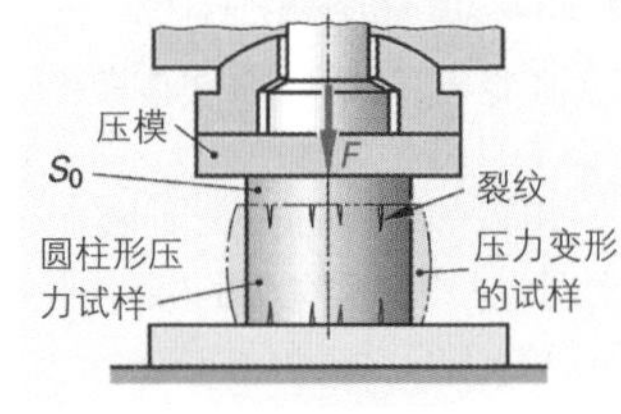

图 1：压力试验

在一个压力试样上可达到的最大压应力称为抗压强度 σ_{dB}。

抗压强度 $\sigma_{dB} = \dfrac{F_m}{S_0}$

5.11.2.3 剪切试验

剪切试验的目的是检验一种材料在剪切时的承载能力。

试验时，将一根圆棒形试样放入通用检验机的剪切工装，然后缓慢并逐步增加地施加剪切负荷，直至材料剪断（图 2）。

剪切强度 $\tau_{aB} = \dfrac{F_m}{2 \cdot S_0}$

测出剪断所要求的最大剪切力 F_m 并计算两个剪切面（$2 \cdot S_0$）的剪切强度 τ_{aB}。

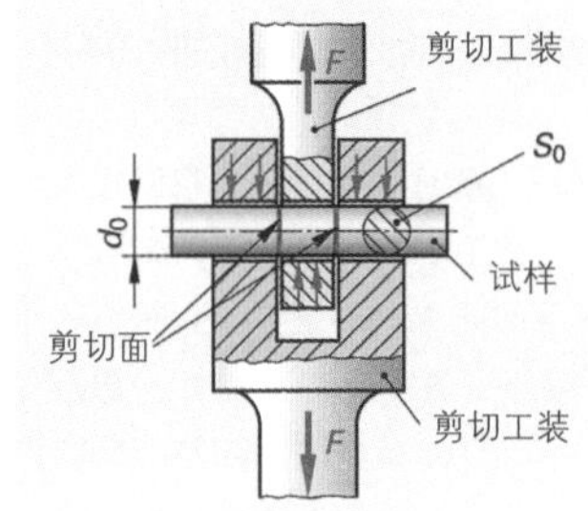

图 2：剪切试验

5.11.3 断口冲击韧性试验

将一个带有 U 形或 V 形断口的标准化试样装入冲击装置，用下落的摆锤打击它（图 3）。摆锤击穿试样，或通过冲击使试样变形。

试验时所耗用的是摆锤开始时所蓄积的势能。摆锤摆回折返点，该点由显示仪上的一个极限指示器限定。摆锤运动延缓的时间越长，说明试样的材料韧性越好。

初始点与折返点的高度差是表示已消耗冲击功 W_v 的一个数值。从显示仪可读到这个数值，最后给出的检测结果以焦耳（J）为单位。

举例：现在给出的检测结果是：$KU = 68$ J。

［用一个 U 形断口标准化试样试验检测，测得所耗用的冲击功达到 68（J）焦耳］

断口冲击韧性试验表明一种材料的韧性。

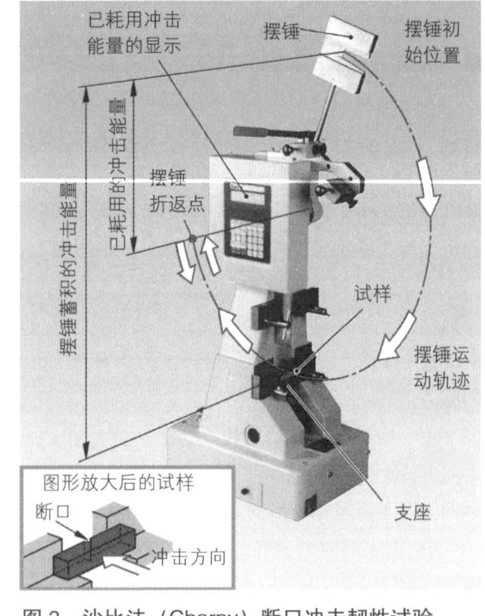

图 3：沙比法（Charpy）断口冲击韧性试验

本小节内容的复习和深化：

1. 一种有清晰屈服点的材料的拉力试验可以提供给我们哪些材料特性值？
2. 0.2%－屈服强度指的是什么？
3. 如何进行断口冲击韧性试验？
4. 对 $d_0 = 16$ mm, $L_0 = 80$ mm 的拉力试样进行拉力试验后得出如下测量值：屈服点的拉力 $F_e = 55292$ N，最大拉力 $F_m = 96510$ N，断裂后的测量长度 $L_u = 96.8$ mm。请计算屈服强度、抗拉强度和断裂延伸率。

5.11.4 硬度检验

> 硬度是材料对抗检验物体强行进入该材料时的一种阻力。

■ 维氏硬度检验

维氏硬度检验时，一个金刚石制造的四角棱锥体的锥尖以检验压力 F 压入试样，然后测量锥尖所产生压痕的对角线（图 1）。

通过测量压痕的两个对角线 d_1 和 d_2 来确定对角线 d（图 1），并产生平均值：$d = (d_1 + d_2) / 2$。

维氏硬度由检验压力 F（单位：N）和棱锥体压痕对角线 d（单位：mm）计算得出，其计算公式是：

$$HV = 0.189 \cdot \frac{F}{d^2}$$

举例：棱锥体压痕 d =0.47mm，检验压力 F = 490.3N，计算结果是：

$$HV\ 50 = 0.189 \cdot \frac{490.3}{0.47^2} = 419$$

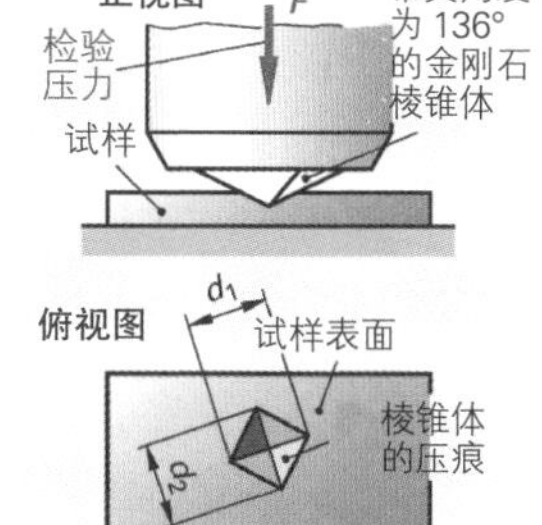

图 1：维氏硬度检验

检验的实施：硬度检验一般都在通用硬度检验机上进行（图 2）。用检验压力 F 把检验压入体——例如金刚石棱锥体压入试样，10~15s 后取出检验压入体并把它转向一边。然后，一个光学放大装置降至所产生的压痕上方，将压痕投影到一个荧光屏上。在荧光屏上可用一个测量条准确地测量压痕。

宏观范围的维氏硬度检验时须采用下列检验压力：49.03 N(HV5)至 980.7 N(HV100)。

> 维氏硬度检验时，仅采用一个检验压入体，既可检验软材料，亦可检验硬材料。

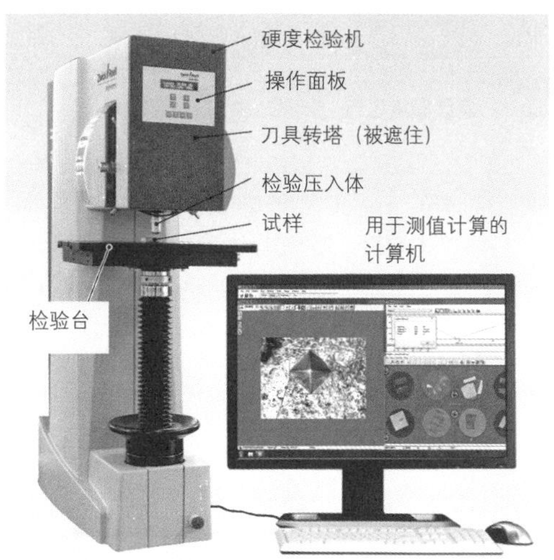

图 2：通用硬度检验机

缩写符号：我们用一个缩写符号来标注维氏硬度。该缩写符号由硬度值，识别字母 HV 和检验条件组成（见右边举例）。

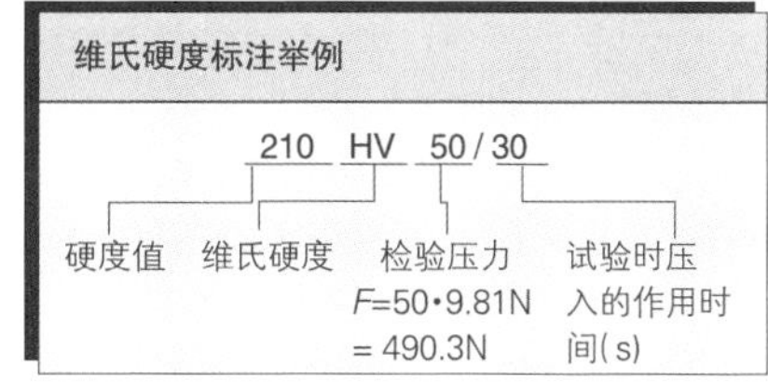

如果压入的作用时间仅为 10~15s，可以在缩写符号中把这项数据取消，例如 360 HV50。

对于软材料和中等硬度的材料（最大硬度达到 350HV）而言，维氏硬度检验与布氏硬度检验所得出的数据值相同。材料硬度增加后，两种检验的结果数值才开始出现差异。

维氏小负荷硬度检验和维氏微观硬度检验：如果检验压入体的压痕需要尽可能小，则一般都采用小负荷硬度检验仪。小负荷硬度检验的检验压力为 2N~50N（HV0.2 至 HV5），产生出来的压痕需用安装在硬度检验仪上的显微镜才能测量。小负荷硬度检验用于检验较薄的淬火层和加工完毕的工件。微观范围（例如单个组织晶粒）的维氏硬度检验所使用的检验压力小于 2N。

努氏硬度检验：这种检验的方法类似于维氏硬度检验，它用于检验脆硬材料，例如陶瓷。检验压入体是一种菱形金刚石棱锥体。

■ 洛氏硬度检验

洛氏硬度检验的实施由四个工作步骤组成（图 1）。事实上，该检验是由硬度检验机自动完成并计算。

首先，检验压入体以预检验压力（例如 98 N）压入试样①，然后把压入深度测表回零②。现在施加实际检验压力［例如 HRC（洛氏 C 硬度检验的缩写 – 译注）检验法 1373 N］③，短暂停留后再移开检验压入体。显示屏上直接显示出检验压入体压入试样所留下的压痕深度 h 的洛氏硬度值④。

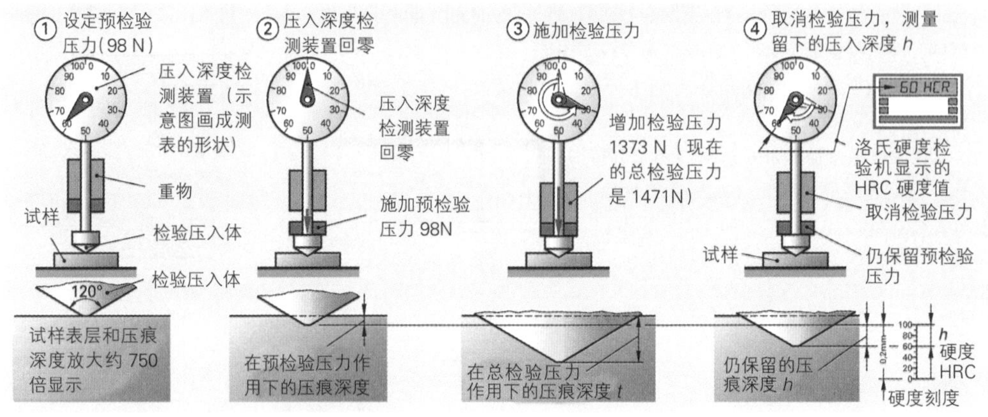

图 1：洛氏硬度检验（HRC）的工作流程

检验硬材料时，一般都使用锥尖角度为 120°的金刚石锥体作为检验压入体［例如 HRC 和 HRA（洛氏 A 硬度检验的缩写 – 译注）检验法时］。

检验软材料时，则使用一个直径为 1.59 mm 或 3.175 mm 的淬火钢球［例如 HRB（洛氏 B 硬度检验的缩写 – 译注］和 HRF［洛氏 F 硬度检验的缩写 – 译注）检验法］。

为了能够检验不同硬度的材料，应使用不同的检验压力。

例如：HRA: F = 490.3N，HRB: F = 882.6N，HRC: F = 1 373N。

缩写符号：洛氏硬度的缩写符号由硬度值和所使用方法的字符组成（见举例）。

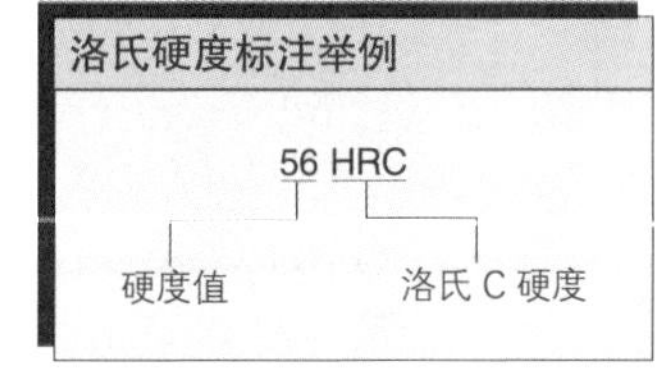

> 使用不同的洛氏硬度检验方法可分别检验软材料和硬材料。

■ 布氏硬度检验

布氏硬度检验时，使用一个硬质合金球以某检验压力压入试样，然后测量球面压痕的直径（图 2）。

布氏硬度 HB 由检验压力 F（单位：N）和试样上球体压痕的表面计算得出。实际上，显示屏所示的检验压力 F 和压痕直径 d 已在机内直接计算出硬度值 HB 并在屏上显示。

通用硬度检验机可设定检验压力，球体压痕直径 d 则从 d_1 和 d_2 的平均值中计算得出（图 1）：

$$d=\frac{d_1+d_2}{2}$$

举例： 用 D = 2.5 mm 的检验球并以检验压力 F = 1839N 做布氏硬度检验，现测出压痕直径平均值 d = 1.35 mm。硬度检验机的计算单元据此算出其布氏硬度值为 121HBW。

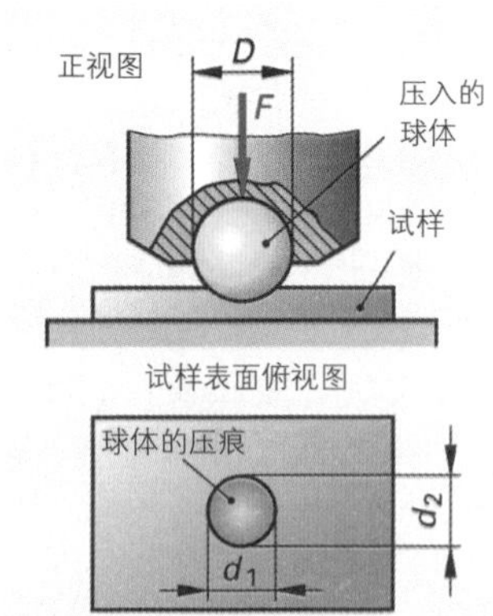

图 2：布氏硬度检验

布氏硬度检验的实施：布氏硬度检验与维氏硬度检验一样，一般都在通用硬度检验机上进行（见 401 页图 2）。

可供使用的大型检验球有多种规格：1 mm、2 mm、2.5 mm、5 mm 和 10 mm。所选择的检验压力必须与载荷级别 a 相等，载荷级别 $a = 0.102 \cdot F/D^2$。因此，通过大致相同的硬度对应各自的载荷级别便可以确定一种材料的材料组。硬度检验机可对应检验球直径自动设定检验压力。

布氏硬度检验只能检验软材料和中等硬度材料。

缩写符号：布氏硬度值用一个缩写符号标注。该符号由硬度值、识别字母 HBW（硬质合金检验球检测布氏硬度）和检验条件（见右边的举例）组成。

如果试验时压入的作用时间仅为 10~15s，缩写符号中可以省略这项数据。

硬度和抗拉强度：对于非合金钢，可从其布氏硬度值 HBW 近似计算出其抗拉强度 R_m。该换算公式为：$R_m \approx 3.5 \cdot \mathrm{HBW}$。

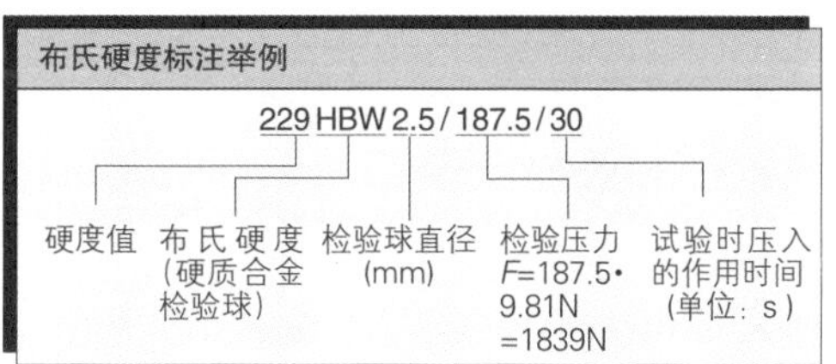

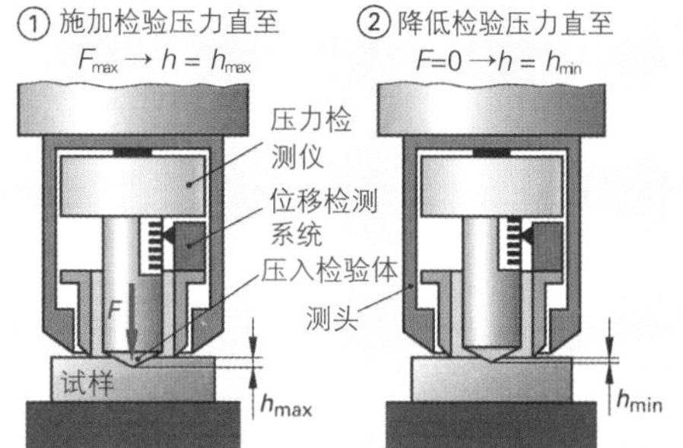

图 1：通用硬度检验

马氏硬度检验

这种检验时，用一个维氏检验压入体（金刚石棱锥体）以一个稳定增加的检验压力压入受检材料的检验试样，达到最大检验压力后卸载（图 1）。宏观范围检验压力从 2~30000N。检验时，压力检测仪连续测量瞬间检验压力 F，位移检测系统测量与之相关的压痕深度 h。在连接测值计算机的显示屏上可绘制出检验压力/压痕深度曲线图（图 2）。

硬度检验机计算单元根据下列公式计算出马氏硬度 HM，并把计算结果显示在监视器上。

马氏硬度用下列缩写符号标注。

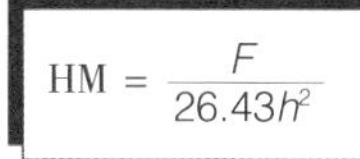

$$\mathrm{HM} = \frac{F}{26.43h^2}$$

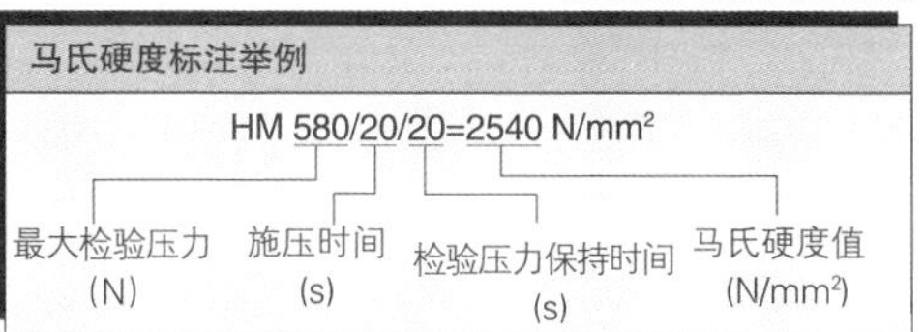

以秒为单位的施压时间和施压保持时间数据可以取消。

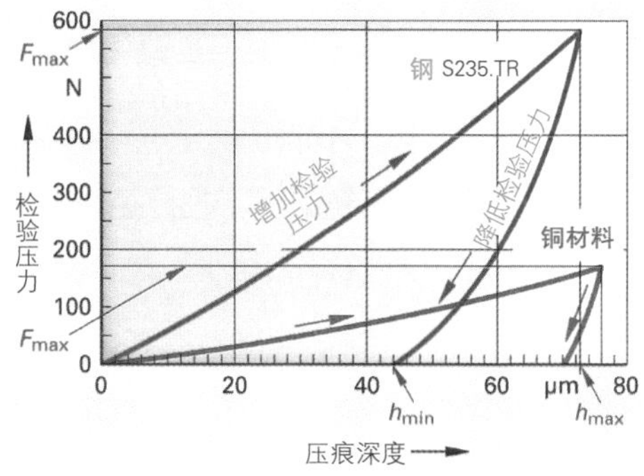

图 2：监视器显示钢和铜的检验压力/压痕深度曲线图

马氏硬度检验的优点

- 可以检验从塑料到硬质合金所有材料的硬度；
- 通过 h_{max}/h_{min} 的比例可以确定弹性材料 / 塑性材料的材料特性；
- 检验过程可实现自动化。

■ 移动式硬度检验

对于大型零件或难以接近的零件部位的硬度检验均采用小型便携式硬度检验仪（图 1）。

检验时，把硬度检验仪放在零件表面，按下按钮即可进行检测。所测得的硬度值直接显示在检验仪或随身携带的仪器上。

UCI 检验法：其基本原理是，不同的材料硬度使检验仪发出的超声波回波发生变化。

回跳硬度检验法：检验时，一个小钢球碰撞受检零件表面。然后从钢球回跳的速度计算出零件材料的硬度。

使用 UCI 检验法检验小齿轮轴齿面硬度

使用回跳硬度检验法检验铸件硬度

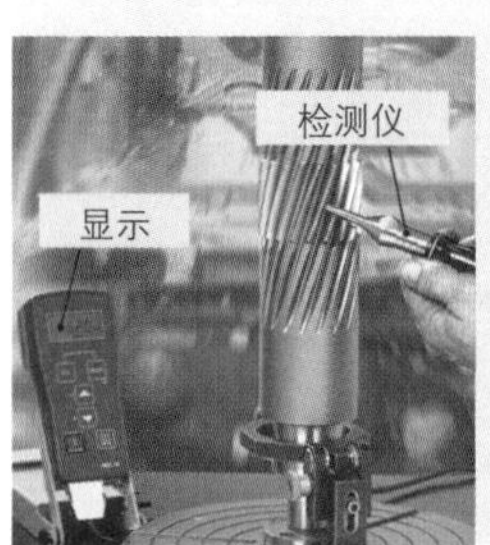

检测仪　显示

图 1：移动式硬度检验

■各种硬度检验法的对比

检验法	检验压入体	检测值	各检验法的特性及其应用
布氏法（HB）	钢球	压痕直径	检测值准确并可重复。用于软材料和中等硬度材料，例如非合金钢、铝合金和铜合金
维氏法（HV）	金刚石棱锥体	压痕对角线	可通用；也可用于小负荷硬度检验和微观硬度检验。可检软材料直至极硬材料，表层和组织微粒
洛氏法	锥体或球	压痕深度	直接显示硬度值。根据检验压力和检验压入体可检验软、硬材料
马氏硬度法（HM）	金刚石棱锥体	检验压力 / 压痕深度	可通用于软材料直至极硬材料、薄材料表层和组织成分

一种材料适用于哪种硬度检验方法，从下面的对比图中可查出答案（图 2）。从该图可清晰看出布氏和洛氏硬度检验法应用范围的局限，以及维氏和马氏硬度检验法应用范围的通用性。

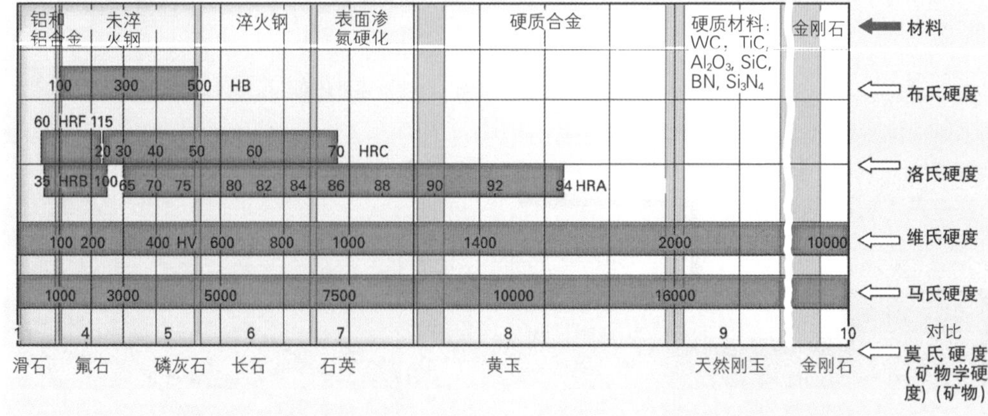

图 2：不同硬度检验法的应用范围及其硬度值的对比

本小节内容的复习和深化：

1. 如何进行维氏硬度检验？
2. 微观硬度检验有何目的？
3. 哪些材料适宜采用布氏和维氏硬度检验法？
4. 与布氏硬度检验法相比，马氏硬度检验法有哪些优点？
5. 一块淬火钢工件用维氏硬度检验法 HV50 检验，现得到压痕对角线是 0.35 mm 和 0.39 mm。问：该钢材料的维氏硬度值是多大？
6. 何种情况下宜采用移动式硬度检验仪？
7. 哪一个 HRC 硬度相当于 800 HV？

5.11.5 疲劳强度检验

机器上的各结构零件长时间频繁反复地接受各种负荷。尤其是某些机器零件，例如螺纹轴、静轴和动轴。即便交替出现的负荷远远低于材料的抗拉强度，但这些零件还是可能出现断裂。我们称这种类型的断裂为疲劳断裂（图 1）。

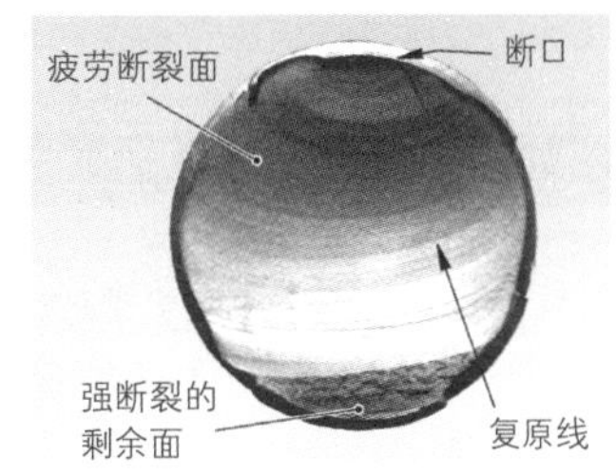

图 1：一根轴的疲劳断裂面

从断裂面的典型外观可以判断出疲劳断裂。它有一个断口，一个含复原线的疲劳断裂面和一个强断裂的剩余面。

一般采用振动疲劳试验检验材料的疲劳强度。试样在快速变化的速率中（例如，振动频率为每秒50次）接受交替出现的拉力负荷和压力负荷（图 2）。

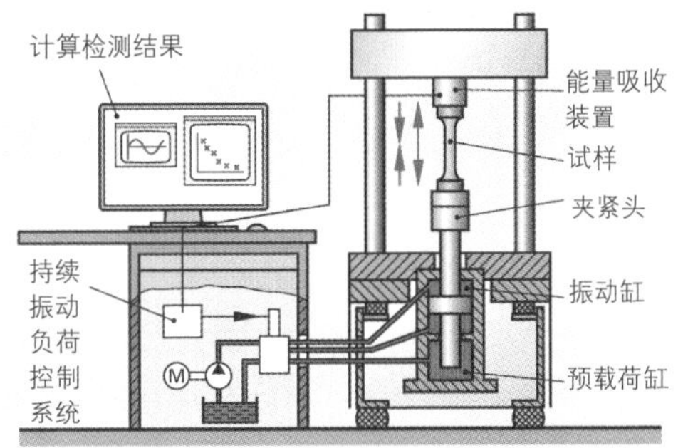

图 2：配装控制和计算单元的振动疲劳试验机

疲劳强度检验可以用于各种不同负荷范围（见图 3）。如果负荷可以在零点（σ_m=0）左右范围内波动变化，我们便称这种负荷为交变负荷。如果应力平均值处于压力范围（σ_m<0）或拉力范围（σ_m>0），我们将分别称它们是压力重复负荷和拉力重复负荷。应力的最高值称为应力振幅 σ_A。

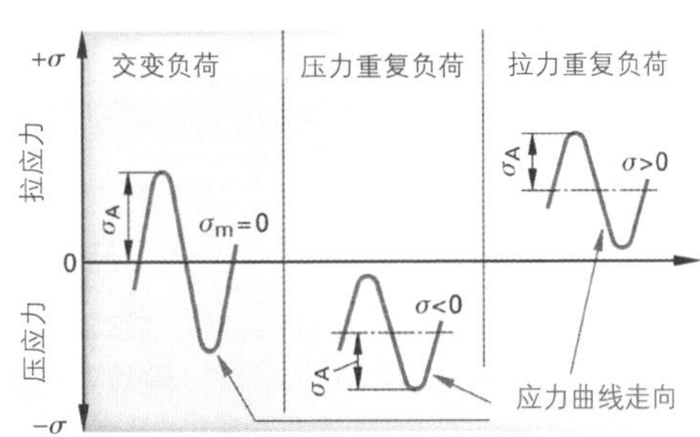

图 3：振动负荷范围

一次振动疲劳试验需进行到试样断裂为止，或直至试样承受住 10^7 = 10000000 次交变负荷为止。试样断裂时，需测量断裂–振动次数 N。

一个振动疲劳试验系列由约 10 次单独的、针对同一材料试样的试验组成。交变负荷的应力振幅 σ_A 从屈服强度 R_e 的应力振幅开始，逐次试验递减。各次试验的结果均绘入一个曲线图（图 4）。将各个测量点连接起来后便构成一个所谓的韦勒疲劳曲线（奥古斯特·韦勒，材料研究科学家）。该曲线首先下降，从约 10^6 = 1000000 次交变次数开始，其走向呈水平状。这时的应力被称为振动疲劳强度 σ_D。

如果一种材料接受小于振动疲劳强度的交变应力负荷，它在无休止频繁出现的振动中不会疲劳，我们称该材料有疲劳强度。例如图 4 所示合金钢在 180 N/mm² 交变负荷作用下可以耐疲劳。但如果材料接受的交变应力大于其振动疲劳强度，达到断裂振动次数后，材料将会断裂。我们称该材料有持久强度。例如图 4 中所示材料在 500 N/mm² 交变负荷作用下，其持久强度仅维持到约 5000 次振动。

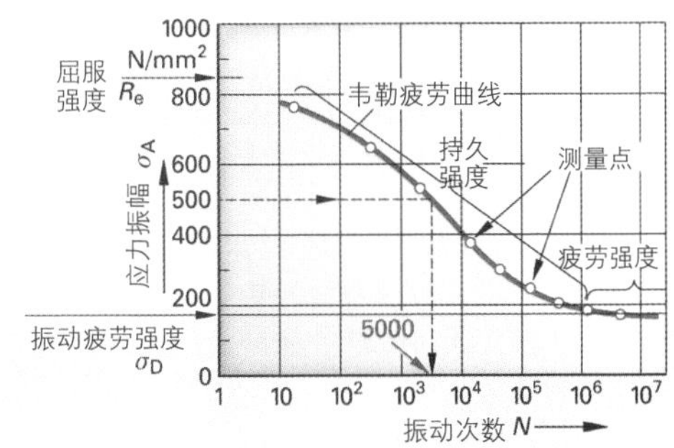

图 4：一种合金钢的韦勒疲劳曲线

结构强度：在振动疲劳试验中所取得的材料特性数值也适用于光滑的棒状试样。机器的结构件都有适应其功能的结构件形状。为了获取一个具体结构件承载能力的结论，必须在振动疲劳试验中检验具有结构件形状的试样。这时所取得的疲劳强度我们称为结构强度。

5.11.6 零件-运行负荷检验

零件在运行过程中将受到大量同时作用的各种负荷。例如一个挖掘机动臂便同时受到拉力、压力、扭力和振动负荷。这些叠加在一起的负荷及其作用无法从一根材料试样棒检验出来，只能在已加工制造完毕的零件上检验。

运行负荷检验时，用日后运行将出现的负荷检验已加工完成的零件。

检验时，零件安放在一个检验台上，接受各种模拟运行负荷的检验。例如挖掘机动臂将接受由一个液压缸产生的挖掘机动臂纵向和横向交变作用力（图 1）。零件的薄弱点将会出现变形或断裂。

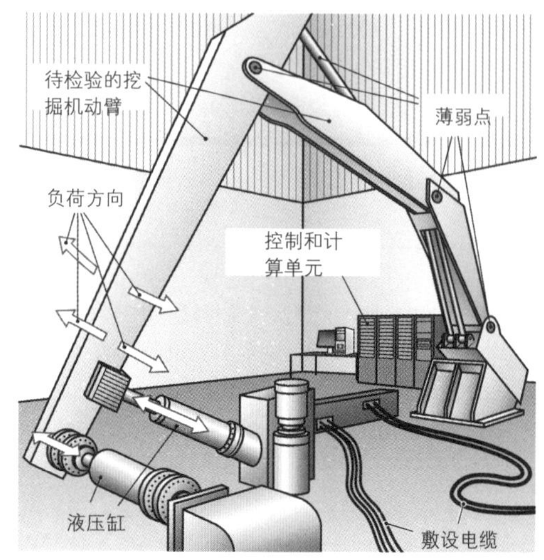

图 1：挖掘机动臂运行负荷检验

5.11.7 材料的无损伤检验

材料无损伤检验的目的是，确定那些必须承担高负荷并要求绝对安全可靠的零件中的缺陷（裂纹、杂质），例如压力管道、压力容器、大型管道和反应釜上的焊缝。材料无损伤检验不需要提取材料试样，也不会对受检零件造成损害。

■ 渗透法检验

这种也以毛细法、吸入法或渗透法等名称而著名的检验适用于发现直达材料表面的、最细的发状裂纹。

金属油漆检验法：用红色颜料喷涂在受检零件表面，颜料在毛细作用下渗透进入已存在的发状裂纹。接着彻底清洗零件。然后再在零件表面喷涂一种白色颜料，这种颜料渗入裂纹后，把刚才渗入的红色颜料排挤出来。原先使用放大镜都难以辨认的裂纹，这时已是清晰可辨。

荧光检验法：检验时，其实施步骤与金属油漆检验法相类似，但所使用的渗入材料是含荧光物质的渗透液。喷涂渗透液后，在一个昏暗的房间内，通过紫外光束的照射，缺陷点的发光使它暴露无遗。

■ 超声波检验法

使用超声波检验可以确定材料内部缺陷。超声波检验仪由一个超声波探头和一个带有荧光屏的检测仪组成（图 2）。检验时，将超声波探头放在工件上面。它向材料发出超声波。超声波穿透工件，在前后壁反射的同时也把工件内部存在的缺陷反射回来。返回的声波将其振幅显示在荧光屏上。从荧光屏上所显示振幅的位置与大小便可识别出工件内部缺陷的位置与大小。

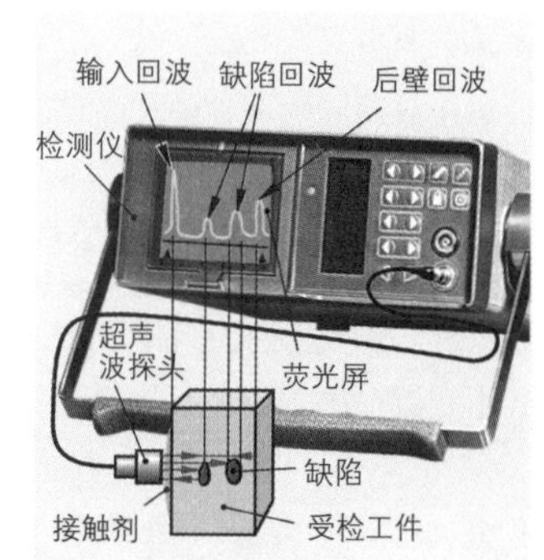

图 2：超声波检验

■ X线或伽马射线检验法

X线检验时，把受检工件放入X线管的射线通道内（图1）。用电视摄像机拍摄受检工件的透视图并输出至监视器。透视图上，受检工件内的缺陷显示为较亮的部位。X线可透视最大厚度为80 mm的钢块和最大厚度为400 mm的铝。

伽马线检验时，所使用的射线源是一种放射形物质，例如160钴。在工件透视图胶片上，工件内的缺陷也显示为较亮的部位。

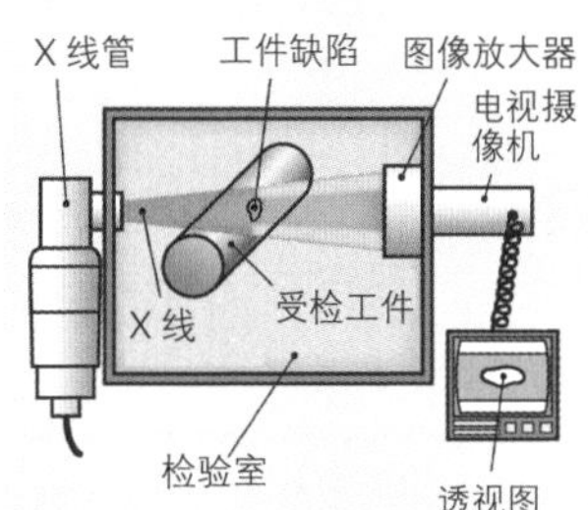

图1：X线检验法

> X线检验或伽马线检验均只允许专业人员操作。小心：射线危险。

■ 磁粉检验法

检验前，先将受检工件磁化。检验时，磁力线将密集在工件的缺陷点和裂纹处。然后用混合有细小铁粉的煤油冲洗工件，由于缺陷处磁力线密度较高，所以铁粉主要聚集在缺陷处，清晰地显示出裂纹（图2）。

表面裂纹　　工件内部缺陷

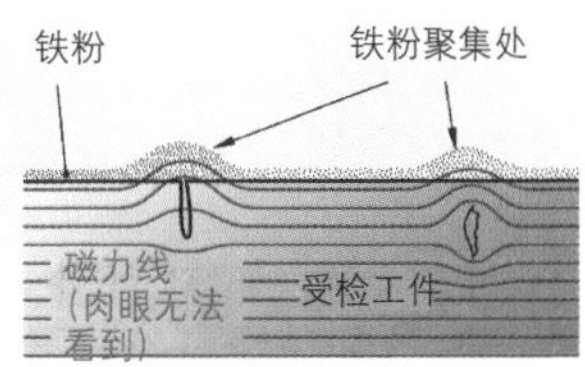

图2：磁粉检验法

5.11.8 金相试验

金相试验使我们可以看见材料的组织。

■ 未放大的组织图像

把一种金属刚磨过的磨削面压在一张相纸上面，使钢内部的铁伴同元素磷和硫的分布清晰可见（见图3，左图）。这种所谓的“鲍曼试验印痕”用于检验偏析。

通过在磨削面上涂腐蚀剂可使组织晶粒的取向，即“纤维走向”，清晰可见（图3，右图）。这种走向用于检查工件的变形。

一根曲轴的鲍曼试验印痕

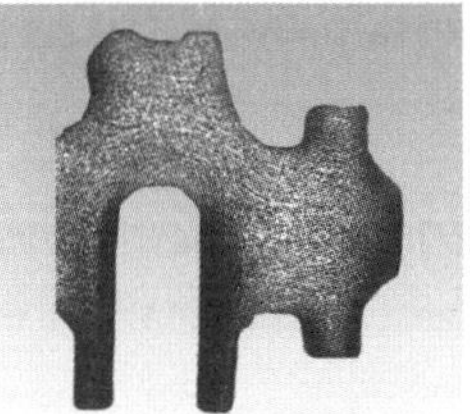

一个锻件上的纤维走向

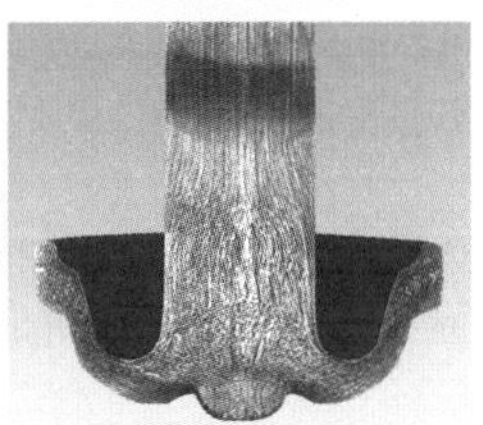

图3：未放大的组织图像

■ 显微镜组织图像

在金属显微镜下观察抛光的和腐蚀的金属表面时，可看到组织的显微图像（图4，左图）。显微图像用于检查例如工件热处理时的组织状态。

使用电子显微镜还可以看到最多放大至10000倍不平整表面聚焦清晰的图像（见图4）。用这种显微镜可以研究例如材料断裂过程。

一种正火钢的显微图像（C45）

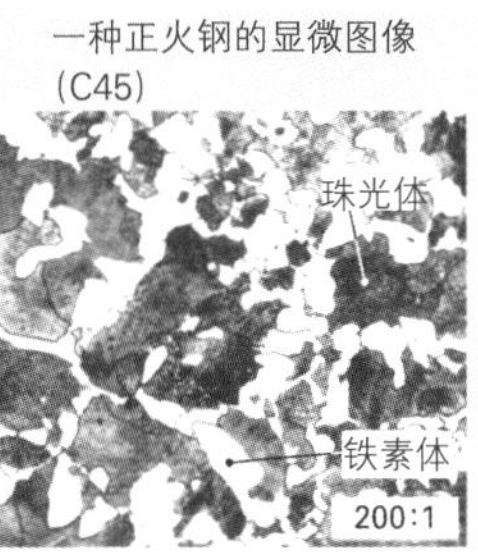

玻璃纤维增强塑料断裂面的电子显微镜图像

玻璃纤维断裂面

已变形的塑料结合剂

5000:1

图4：显微镜组织图像

本小节内容的复习和深化：

1. 疲劳断裂面看上去是什么样的？
2. 零件－运行负荷检验用于什么目的？
3. 如何进行超声波检验？
4. 纤维走向和显微图像可显示出什么？

5.11.9 塑料特性数值的检验

■ 机械特性数值

塑料的拉力试验与金属的拉力试验相比，所使用的检验设备和检验工作流程均完全一样（见 398 页）。试验时所使用的试样一般是平板试样。试验时同样测量拉力和试样拉长的长度。用这些测量值可绘制出应力-延伸率曲线图（图 1）。从曲线图中可读取一种塑料的机械特性数值：抗拉强度 σ_B、屈服点应力 σ_S（如果有的话）和断裂延伸率 ε_R。

塑料的类型可按照其变形特性划分为三大类：
- ●硬刚性塑料，例如聚苯乙烯、硬聚氯乙烯或丙烯酸酯玻璃，曲线类型①。它们最重要的特性数值是抗拉强度 σ_B。
- ●硬的，但可弯曲的（柔性）塑料，具有良好的屈服点应力 σ_s，例如硬聚乙烯或聚酰胺，曲线类型②。
- ●橡胶弹性塑料，具有极佳的断裂延伸率 ε_R，例如苯乙烯－丁二烯橡胶或软聚乙烯，曲线类型③。

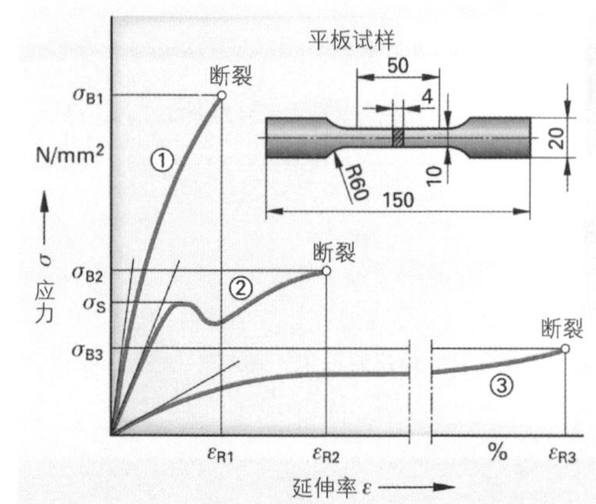

图 1：应力-延伸率曲线图中各种不同塑料的变形特性

另一个重要的材料特性数值是弹性模量 E，它标志着一种材料的刚性。它是应力与延伸率的商（$E=\sigma/\varepsilon$），相当于应力-延伸率曲线在曲线开始的上升坡度（图 1）。

检验塑料硬度的方法有两种：一种是钢球压入法（与洛氏 HRB 硬度检验法类似，见 402 页）；另一种是肖氏硬度锥尖压入法。

塑料的蠕变，即塑料在微小的、但长期持续的负荷下出现的缓慢、但持续进行的变形，这种特性可采用持久拉力试验进行检验。试验时，塑料试样需经受数周和数月之久恒定的拉力负荷，并测量试验过程中所出现的延伸变化。经过长时间的试验后，可获取材料延伸率 ε 的蠕变曲线图。

■ 加温条件下形状稳定性的特性数值

维卡氏软化温度用于估算短时允许的上限温度，在该温度下，试样在一定的负荷下仍能保持其形状稳定性。检验时，将一根横截面面积为 1 mm² 的钢针以50 N 的压力压入塑料试样（图 2）。检验在一个加温室内进行，检验以室温开始，然后以 50℃/h 的增温速率缓慢加热。钢针压入塑料试样内达 1 mm 深时的温度，我们称为维卡氏软化温度 VST B/50。例如，聚丙烯（PP）：VST B/50 = 154℃。采用三点弯曲试验在缓慢升温并施加恒定负荷的条件下求取的数值称为耐温形状稳定性温度 HDT。例如塑料聚丙烯（PP）的耐温形状稳定性温度 HDT=115℃。

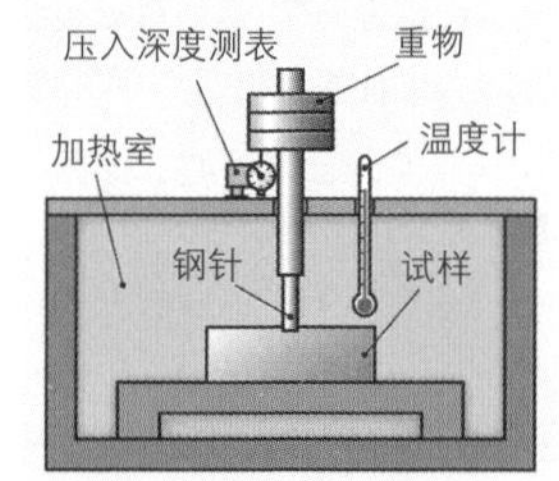

图 2：维卡氏软化温度检验

■ 塑料的特殊性能

采用特殊的检验方法可检验塑料的下列性能：

- ●阻燃性和可燃性；
- ●对气候条件、老化和化学药剂的耐受性；
- ●钢球回弹试验－弹性塑料的弹性；
- ●低温脆性；
- ●电气绝缘性能；
- ●置入水中的吸水性。

5.12 工程材料和辅助材料的环境问题

在金属加工制造企业中所使用的材料除大量无害材料之外，如钢、铝和大部分塑料等，还有一系列有害健康并加重环境污染的材料和辅助材料。例如工程材料中的铅和镉，以及辅助材料中的冷清洗剂、冷却润滑剂和淬火盐。

金属加工企业环保工作的目标应是尽可能避免使用有问题的材料。如果这一点在技术上无法达到，则应该通过更新加工方法尽量减少使用有害材料的数量，降低接触这些材料的机会（见 270 页）。垃圾和废弃物应通过制备和重复使用（循环利用）重新回到加工过程（图 1）。无再利用价值的垃圾必须运送到特种垃圾填埋场。

图 1：金属垃圾的分类汇集

有害健康并加重环境污染的物质不允许直接进入我们的环境。

■ 工程材料和辅助材料的选择

应尽量只使用、生产、加工和排放那些对人体健康无害并且对环境也不会造成损害的工程材料和辅助材料。

评估一种材料时，必须考虑到其对环境影响的整体因素：这种影响始于材料的制造，主要体现在其使用阶段中的无害化使用，还包括其可循环利用性。

■ 材料制造过程中的能源消耗和环境污染

能源消耗：从天然原材料（初级制造）中制取工程材料需要很高的能源消耗（表 1）。尤其是铝和铜的冶炼。

实际上，从废旧金属，即从循环利用的材料中制取金属所需耗费的能源要小得多。

大部分废旧金属都是可以循环利用的。而对于塑料，人们正在探寻适宜的循环利用方法。

环境污染：制取金属过程中所产生的烟尘和废气极大地加重了环境的负担。通过耗资巨大的废气净化装置可使废气的污染降低到环境可以接受的程度。

表 1：制造 1 吨工程材料所需的能源消耗，单位：kW·h（千瓦·时）

工程材料	初级制造	通过循环利用制取
铁 / 钢	4300	1670
铝	16000	2000
铜	13500	1730
聚乙烯（PE）	3500	–
聚氯乙烯（PVC）	4000	–

而对于塑料，环境对它的接受程度有着很大的区别。许多塑料在制造过程中是没有问题的，例如聚乙烯，相比之下，聚氯乙烯（PVC）由于含氯的原始材料和中间产品有毒性，其生产过程就必须采取范围广泛的环境保护措施。这一点同样也适用于聚氯乙烯废料的燃烧。

■ 金属的循环利用

大部分加工方法都会产生材料废料，如切屑、冲剪边料、铸造废料和报废工件（图 1）。即便是金属加工制造的产品，例如机床、轿车、家用电器等，使用过后也会丢弃在垃圾场，必须清理运送出去。

这些垃圾废料和废旧装置设备是一个充满价值的原材料来源，完全可以引入材料的循环利用（图 2）。但它们必须分类汇集，或分类分开。

金属的循环利用已经实施很长时间了。钢铁材料几乎 100%具有循环使用价值。铜和铝材料由于其小型零件居多，它们的回收利用率达到约 75%。

图 1：金属垃圾和废旧设备

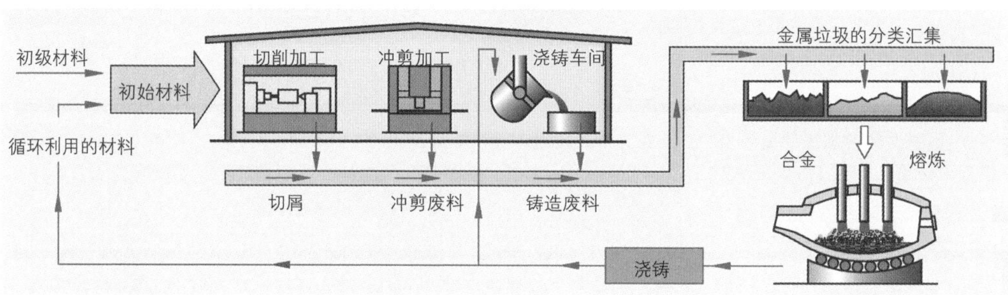

图 2：一家金属加工企业的物料流和金属循环利用的方法

■ 塑料的循环利用

塑料的循环利用现在尚处于起步阶段。在汽车制造业已经取得初步成果：把废旧汽车的热塑性塑料零件粉碎成粒料，用它制造新的零件（图 3）。但前提条件是分类回收汇集或将废旧零件分类。通过零件的易拆卸性和打印的分类识别标记可简化日后的分类工作。

分类识别标记举例：ABS 类型 207；它的含义是丙烯腈-丁二烯-苯乙烯共聚物，类型 207。

废旧轿车保险杠

粉碎成塑料粒料

制造成新零件

新零件：槽罐，外壳

图 3：塑料的循环利用（举例）

■ 辅助材料的循环利用

许多辅助材料也可以在使用后进行加工制备，重新使用。

- 使用过的润滑油和切削油
- 使用过的冷却润滑剂
- 使用过的电镀废液

分类汇集

分离出异物、污物和已经无用的部分，添加有效材料和添加剂，加入新材料

> 使用过的冷却润滑剂、润滑油和切削油以及使用过的化学药剂等不允许倾倒进入下水道、水体和土壤。

5.13 英语实践

Classification of material

To provide an overview of the variety of materials, they are classified in material groups according totheir composition or common properties

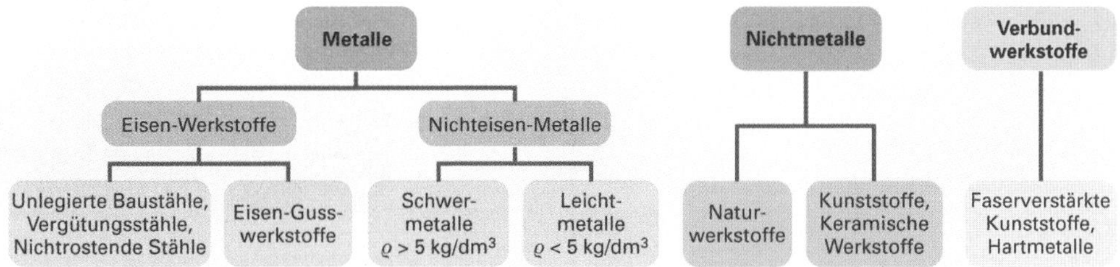

Steels are iron-based materials with a highstrength. They are used mainly for machine partsto withstand and transfer forces:e.g.screws,bolts,gears, profiles, shafts. There are approximately 2000 standardized steels. Most commonly usedsteel grades are alloy steels, quenched and tempered steels and stainless steels.

Cast iron materials are easy to cast. They arepoured into a mold to make complex components,for example housings, or cylinder blocks.

Heavy metals are for example copper, zinc, chromium, nickel, lead. They are usually used due tospecial material properties:

Copper, for example, has good electrical conductivity for winding wires.

Chromium and nickel are alloying elements usedfor example in order to achieve and improve certain steel properties.

Light metals are aluminium, magnesium and titanium. They are lightweight materials with a high strength. Their main area of application are lightweight components in cars and airplanes, etc.

Natural materials are naturally occurring substances such as granite, marble or wood.

Plastics are lightweight and electrically insulating. The hardness varies from rubbery to extremely rigid. Their use is extremely versatile and ranges from materials for tires to components of small gears.

Industrial ceramic materials are used mainly because of their hardness and resistance to wear Uses include cutting inserts, nozzles and seal rings.

Composites contain several materials, such asglass - reinforced plastics or metals from carbide powder and cobalt.

Important properties of materials

The hardness of a material is defined as the resis tance of a material to withstand the force of a specimen.

The density σ or a material is calculated from the mass m of a compoent divided by its volume V.

$$\sigma = \frac{m}{V}$$

The melting point o is the temperature of a material when it begins to melt or become liquid.

Corrosion is the attack and destruction of metallic materials by chemical and electrochemical reactions from other materials or elements in the environment.

The thermal expansion coefficient a is the change in length Al of a part with the length of 1 m attemperature change of △=1°C.

The tensile strength R_m, is the matea rial's resistance to tension. It is calculated by the highest existing force F_m divided by the cross section of a component S_0.

$$R_m = \frac{F_m}{S_0}$$

The yield strength R_e, isthe stress at which a material deforms permanently.

Θ

$$R_e = \frac{F_e}{S_0}$$

Elongation at fracture means the quotentof the compressed length $\triangle L_{Br}$ and the initial length L_0, which a probe has withstand till it fracture. It is normally written as percentage.

$$EI = \frac{\triangle L_{Br}}{L_0} \cdot 100\%$$

6 机床和设备

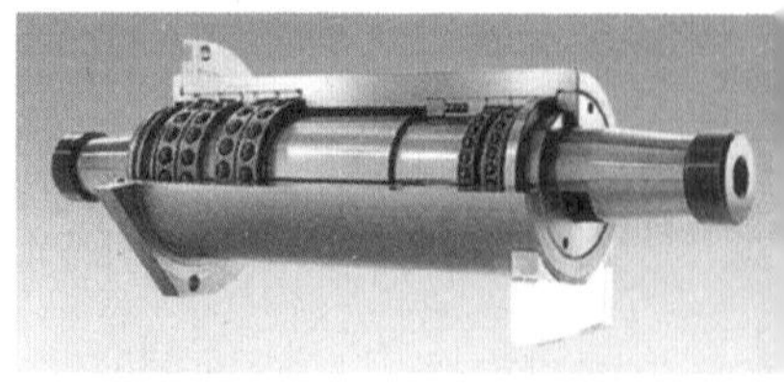

7 电工学

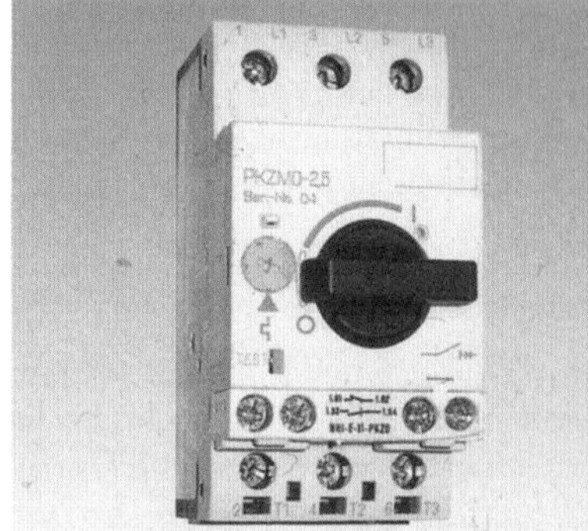

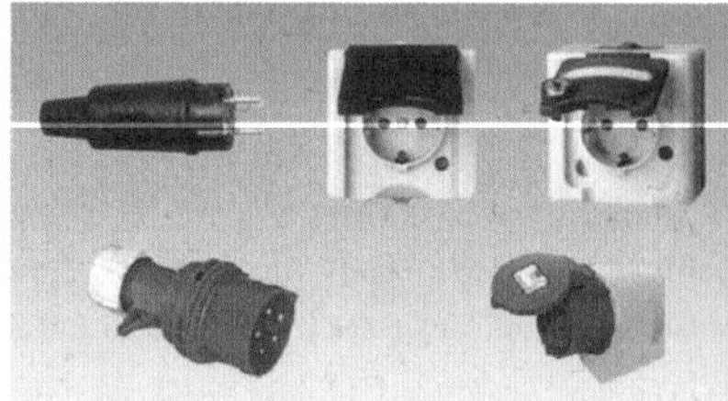

8 装配,试运行,维护保养

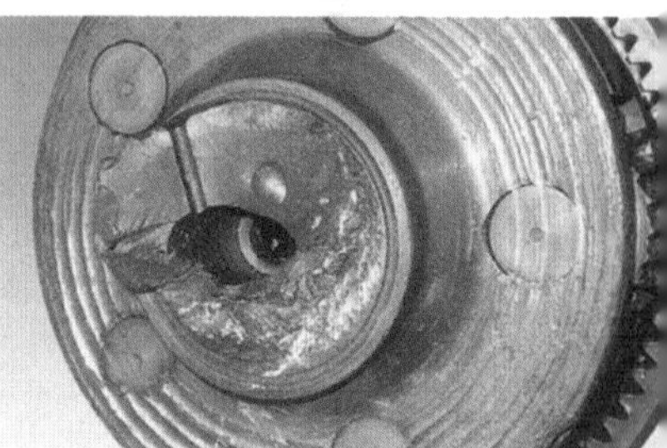

6 机床和设备

机床支持人的工作。它通过机床操作者的指令，或按照程序语句自动控制等方式执行加工步骤。现代化机床是提高加工生产率的主要前提条件。

6.1 机床的分类

机床：技术系统

为了认识一台机床的功能和作用方式，我们可以把机床概括性地视为一个可向它供给能量、材料或信息的技术系统。它们在机床内进行转换，然后又离开机床（图 1）。

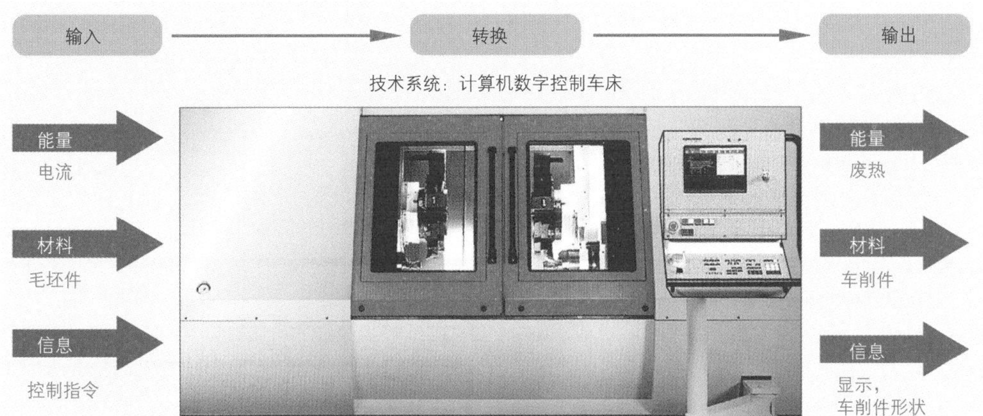

图 1：作为技术系统的机床，以一台计算机数字控制（CNC）车床为例

按照系统技术的观察方法，我们可以根据机床的主要功能把机床划分为三种机械类型：

- 能量转换机械：动力设备；
- 材料转换机械：工作设备；
- 信息转换机械：电子信息处理装置（EDV）。

6.1.1 动力设备

从其主要功能而言，动力设备是用于能量转换的机械装置。输入机床的能量在这类机械上被转换成为某一个指定使用目的所要求的能量形式。

举例： 轿车发动机是一种动力设备。燃料中所储藏的化学能在发动机内被转换成为驱动轿车行驶所需要的动能。

借助能量流的图示形式可使我们清晰地看到这个转换过程（图 2）。图中，能量输入动力设备。经过动力设备的转换，能量已成为可以使用的能量形式。

动力设备的辅助功能：

- 材料流，例如，燃料进入发动机和燃烧气体排出发动机。
- 信息流，指信号的输入和输出。

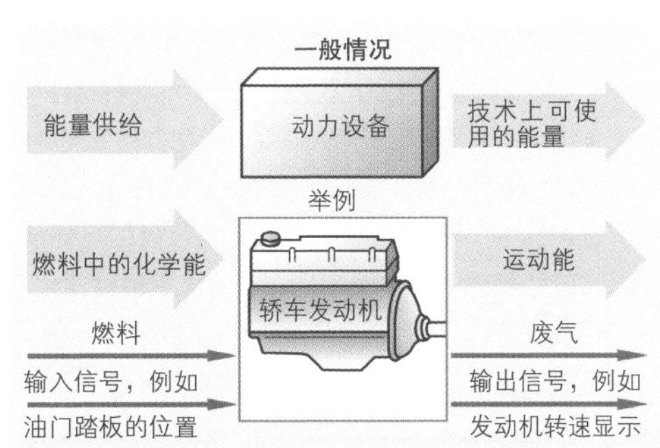

图 2：技术系统：动力设备，以轿车发动机为例

6.1.1.1 动力设备的物理学基础

为了详细描述动力设备的作用效果和质量，我们需要引入若干物理学概念，例如功、能、功率、效率。

■ 功

> 我们把运动过程中力 F 与距离 S 相乘的积称为功 W：$W=F\cdot S$

功的单位是焦耳（J）。

1N 的力作用在 1m 距离上所做的功为 1J：1J = 1N·m。

例如举起一个工件时所作的功称为抬举功（图1）。被举起的工件上储藏着抬举功。

举例：用抬举力 $F=44.15\text{N}$ 将一个 $m=4.5\text{kg}$ 的工件举至高度 2.4m 处。请问，这里所作作的抬举功是多少？

解题：$W=F\cdot S=44.15\text{N}\cdot 2.4\text{m}=105.96\ \text{N}\cdot\text{m}$

同样，材料切削时或轿车加速时也都在作功。

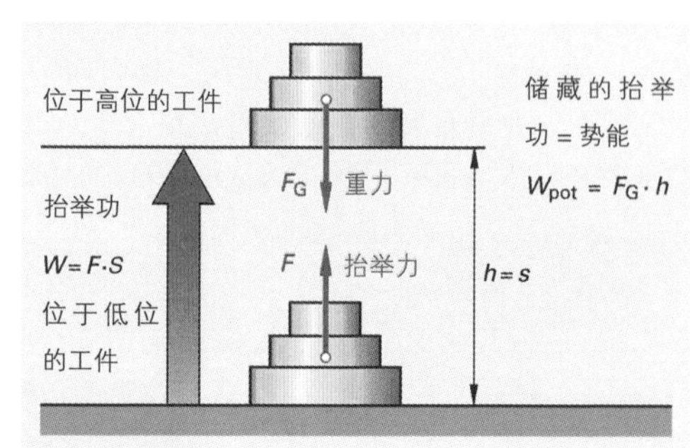

图 1：功和能

功	$W=F\cdot S$
势能	$W_{pot}=F_G\cdot h$ $W_{pot}=m\cdot g\cdot h$
重力加速度	$g=9.81\dfrac{\text{m}}{\text{s}^2}=9.81\dfrac{\text{N}}{\text{kg}}$ $1\text{N}=1\dfrac{\text{kg}\cdot\text{m}}{\text{s}^2}$
动能	$W_{kin}=\dfrac{1}{2}\cdot m\cdot v^2$

■ 能

一个物体中所储藏的功或它可以作功的能力，我们统称为能。

能的单位是焦耳（J）。能以下列不同的能量形式出现：

- 势能 Wpot（位置能），例如一个被举起工件中所储藏的抬举功。势能从工件重力 F_G 和抬举高度 h 中计算得出。

一个物体的重力 F_G 是该物体的质量 m 与重力加速度 g 的乘积：$F_G=m\cdot g$。重力加速度 g 是一个引力常数：$g=9.81\ \text{m/s}^2$。

- 动能 W_{kin} (运动能) 是运动物体所储藏的能量。它取决于物体的质量 m 与物体的速度 V。
- 热能储藏在被加热的物体内，例如推动透平机转动的热气。
- 电能可以取自电力网，它能推动电动机工作。
- 化学能储藏在化学化合物内。当化合物破裂分解时，化学能便得以释放。例如燃料的燃烧过程。

能的转换：不同的能量形式之间可以相互转换。例如电动机把输入的电能转换成电动机主轴的动能和热能（图 2）。

能量守恒定律同样也适用于能。

> 能既不能产生，也不能消失。它只能从一种能量形式转换成另一种能量形式。

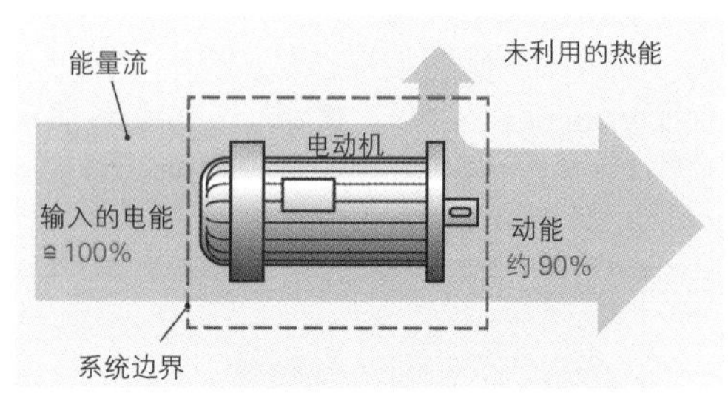

图 2：电动机的能量流

能量守衡。在技术上，为判断一台机器的有效功率，需将输入能量与输出能量进行对比。为此，我们在技术系统周边划定一个想象的边界，并以该边界为基础，观察进出该系统的能量（见 414 图 2）。一般情况下，我们用百分比来表述能量的守衡状况。

■ 功率

为了能够对机器进行相互比较，需对一台机器所转换的能量和已作的机械功加入转换和作功所需的时间。

我们称单位时间 t 内所做的功 W 是功率 P。

功率 $P=\frac{W}{t}=\frac{F\cdot s}{t}=F\cdot v$

功率的单位是瓦，单位符号：W；由英国物理学家詹姆斯·瓦特命名。瓦的若干个基本倍数单位是：千瓦（kW）、兆瓦（MW）和吉瓦（GW）。

其换算关系：1kW = 1000W，1MW = 1000kW = 1000000W；1GW = 1000MW = 1000000kW。

举例：一架电动升降机在 12s 内把一台重力为 F_G= 15400N 的加工机床提升了1.8m。问：在这段时间里升降机所完成的功率是多少？

解题：$P=\frac{F_G\cdot h}{t}=\frac{15400\text{N}\cdot 1.8\text{m}}{12\text{s}}=2\,310\text{W}=2.31\text{ kW}$

■ 效率

在机器或装置中只有一部分所输入的功率可以转换成为技术上可使用的功率。其余部分的功率，例如在有运动部件的机床上转换成摩擦热，或在热力发动机和电力设备上以废热的形式流失。这部分功率在技术上大部分是不能利用的。

技术上可使用功率 P_2 与输入功率 P_1 之间的比例被称为效率 η。

效率 $\eta=\frac{P_2}{P_1}$

效率既可以用十进制数字也可用百分比数字表达，例如 η = 0.85 或 η =85%。效率的数值总是小于 1 或小于100%，因为由于损耗，技术上可使用的功率 P_2 总是小于所输入功率 P_1。

举例：一台电动机向一个齿轮传动箱输入 12kW 功率。齿轮传动箱的传动轴传输给升降机的功率为 10.8kW。请问：齿轮传动箱的效率为多大？

解题：$\eta=\frac{P_2}{P_1}=\frac{10.8\text{kW}}{12\text{kW}}=0.9=90\%$

6.1.1.2 动力设备的种类

■ 电动机。电动机是工业领域内最常用的、固定的动力设备（见图 1）。例如在加工机床、起重设备、运输系统、泵、压缩机等设备上它被用作驱动单元。

电动机把电能转换成为动能。电动机以高效率为其特点（η =70% ~ 95%）。

电动机的制造尺寸可从仅数瓦到数万千瓦。电动机的运行噪声低，振动小，它可以立即进行驱动作业，并可短时超负荷运行。此外，电动机非常利于环境保护，因为它根本不产生废气。

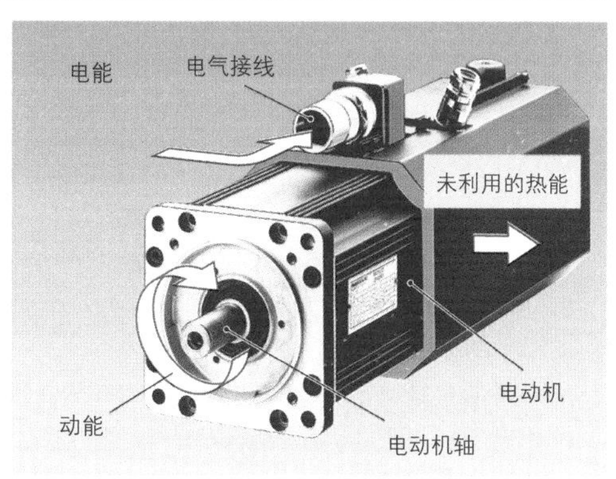

图 1：电动机的能量转换

■ **内燃机** 内燃机是这样一种机器，在其内部通过燃烧将一种燃料中所储藏的化学能转换成热能，然后通过热动力转换（热能—力—转换）再次转换成动能。属于内燃机的机器有如燃气轮机、柴油发动机和汽油发动机（图 1）。它们主要用于非固定式机器的动力单元，例如机动车或建筑机械。它的效率达到 30%至 40%。

内燃机通过力-热能-耦合转换模式可在现代技术中用作微型发电站。例如由一台柴油发动机驱动一台发电机产生电能。柴油发动机的余热用来作为建筑物的暖气供给。一台这样的设备其总效率最高可达 90%。

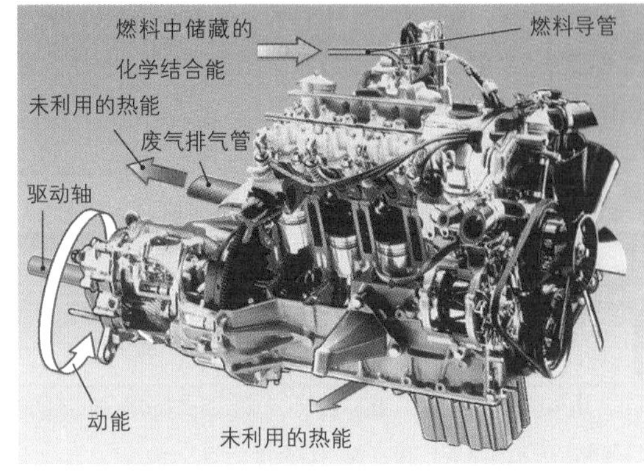

图 1：汽油发动机的能量转换

■ **液压动力设备** 这类机器有，例如水力发动机、液压发动机和液压缸（图 2）。在液压动力设备中，将液体所具有的流体能和压力能转换成运动零件的机械能。例如，水力发动机驱动发电机的转子转动。液压发动机产生的是旋转运动，而液压缸产生的是直线运动。通过施加到液压零件上的高压，可在狭小的空间里产生巨大的力。这种力用来驱动机器零件运动。

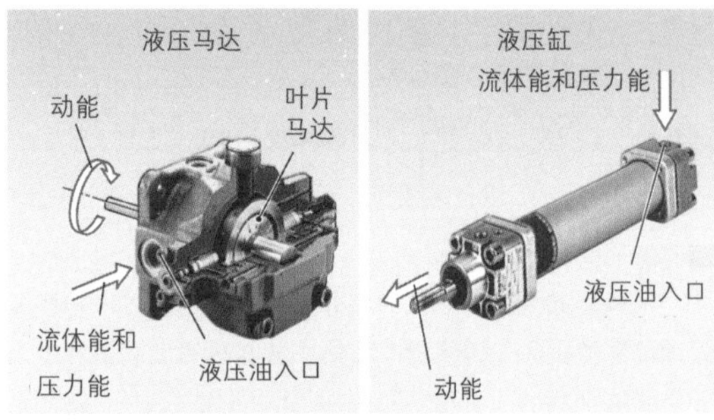

图 2：液压动力设备中的能量转换

■ **气动动力设备** 这类机器有，例如风力发动机、控制系统的气压缸或气动扳手上的压缩空气马达（图 3）。在这类机器中，运动的或处于压力之下的空气所具有的流体能和压力能转换成运动零件的机械能。

气动动力设备常常用于气动冲击式扳手、加工机床和控制系统内压缩空气驱动的气压缸和气动马达。

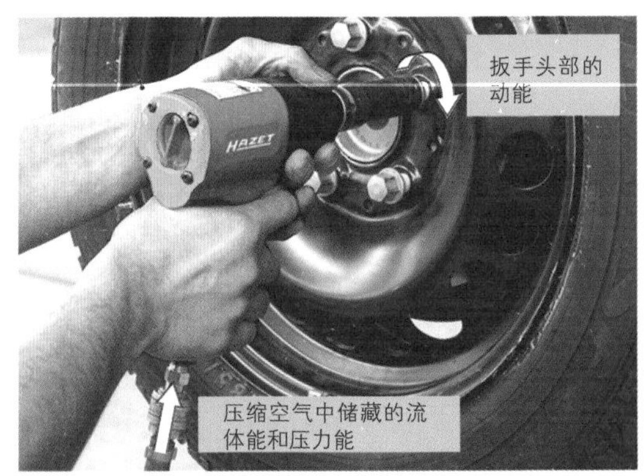

图 3：气动扳手的能量转换

本小节内容的复习和深化：

1. 动力设备和工作设备有哪些主要功能？
2. 请您用手绘草图解释内燃机的能量流。
3. 用哪些物理量可以描述机器的工作能力？
4. 如何理解一台机器的效率？
5. 一个模锻锤（$m = 1.2\text{t}$）从 0.8m 高处落到锻件上时，是哪种能使模锻锤砸向锻件？
6. 一台升降机的电动机在运行过程中从电网获取的功率为 8.4kW。电动机和升降机变速箱的总效率达到 82%。升降机在 20s 内可把多重的物品提升到 4m 高度？

6.1.2 工作设备

从其主要功能看，工作设备是用于材料转换的机械装置（图 1）。

使用工作设备并借助能量可使材料：

- 从一个地方运输到另一个地方（材料运输）；
- 转变成另一种形状（材料变形）；
- 转变成另一种能量状态（材料状态改变）。

举例：在车床上，使用电能驱动把棒料制作成车削件（材料变形）。

用泵和升降机可以运输材料（材料运输）。

用退火炉可以改变材料的组织（材料状态改变）。

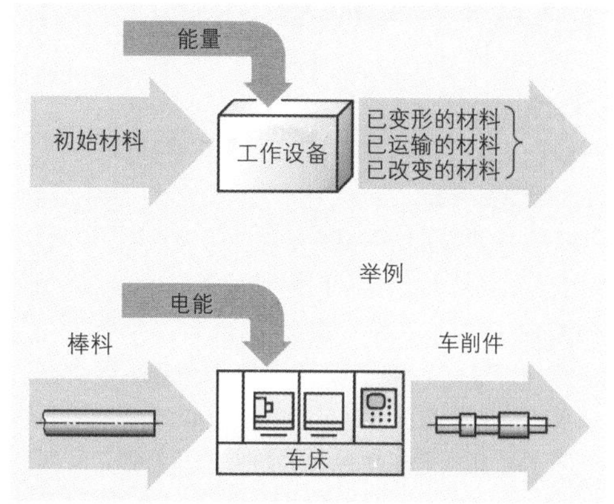

图 1：作为技术系统的工作设备

6.1.2.1 工作设备的物理学基础

为了能够描述工作设备内材料、材料量和材料输送，我们需要使用若干个物理量。

■ **质量** *m*。一个物体的质量以千克（kg）或吨（t）为单位标出。1 t = 1000 kg。

■ **密度**（ρ）。密度表明的是单位体积 *V* 内一个物体的质量 *m*。密度单位：固体和液体采用 kg/dm^3，g/cm^3 或 t/m^3，气体采用 kg/m^3。

$$\text{密度}=\frac{\text{质量}}{\text{体积}} \qquad \rho=\frac{m}{V}$$

■ **材料类型**。根据材料的用途不同，其类型的划分也各有不同的方法：

- 根据其物态，我们可把材料分为固体、液体和气体。
- 在生产和加工过程中，我们又把材料分为无形材料：液体、粉末、粒料等，与具有一定几何形状的材料：半成品，工件，零件。

■ **材料运输**。材料运输的标志是速度和物流。速度 *v* 是一个物体单位时间 *t* 内所移动的距离 *s*。速度单位：m/s, m/min, mm/min, km/h。

$$\text{速度}=\frac{\text{距离}}{\text{时间}} \qquad V=\frac{s}{t}$$

我们用转速 *n*，又称转动频率，描述一个机器零件的旋转运动。它表明物体在单位时间 *t* 内转动的圈数 *z*。转速单位：r/min 或 min^{-1} 或 1/s 或 s^{-1}。

$$\text{转速}=\frac{\text{转动的圈数}}{\text{时间}} \qquad n=\frac{z}{t}$$

我们用质量流 $\dot{m}$ 来描述固体材料所输送的量，用体积流 *V* 来描述液体和气体材料所输送的量。这里涉及的是单位时间 *t* 内所运送的质量 *m* 以及单位时间 *t* 内所输送的体积 *V*。质量流以及体积流单位：kg/s 或 t/h 以及 L/s，L/min 或 m^3/h。

$$\text{质量流}=\frac{\text{质量}}{\text{时间}} \qquad \dot{m}=\frac{m}{t}$$

$$\text{体积流}=\frac{\text{体积}}{\text{时间}} \qquad \dot{V}=\frac{V}{t}$$

与适用于能量的定律（见 414 页）相类似，这里适用于物质的定律是物质不灭定律：物质既不能产生，也不能毁灭，它只能转换。

物质平衡表明，进入到一个系统的质量正好与从该系统出来的质量大小相等（图 2）。例如车床上作为棒料所输入的材料质量正好与车床制造出的车削件和所产生切屑的质量总和相等。

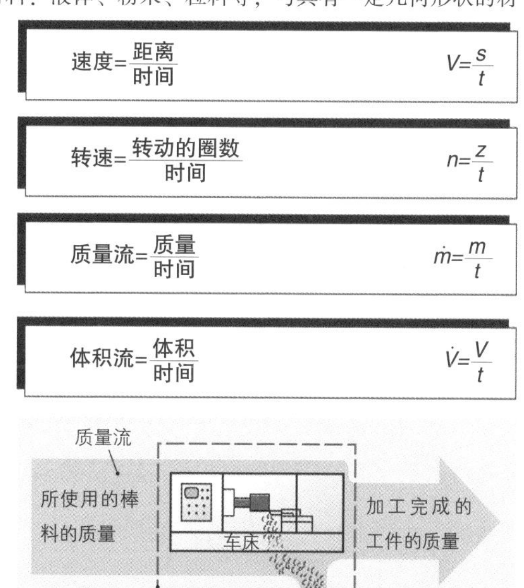

图 2：一台加工机床的物质平衡

6.1.2.2 工作设备的类型

在金属加工企业中经常使用的工作设备有运输装置，加工机床，热处理炉，以及空调设备和暖气设备。

■ 运输装置

运输装置属于工作设备，其任务是运输材料。

升降机和起重机设备

升降机和起重机设备都用于向上提升材料，装卸材料，装配机器，运送重型平板车和向加工机床输送重型工件。在加工车间内一般都安装桥式起重机（行车）。它的组成部件有：起重机主梁、起重机桥架、起重机小车和电动绞车（电葫芦）（图 1）。桥式起重机以它的四种运动形式：提升，下降，小车行驶和起重机行驶，可以覆盖一个加工车间的所有区域，可以把材料运送到车间内的任何一个点。

在一个有限的工作范围内，如果加工区域内有频繁的工件装卸任务，可在这里加装一个回转式吊车。

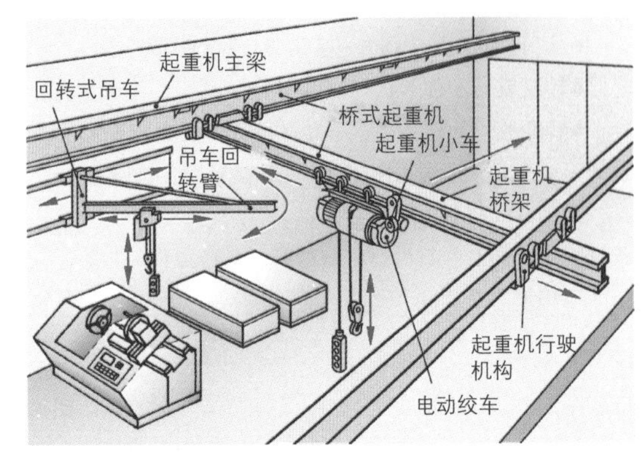

图 1：加工车间起重机设备

输送带，运输系统

在一台加工设备的两个加工工作站之间的工件运输由输送带完成（图 2）。大型系列生产时一般采用输送带和悬挂式输送带，后者根据工件尺寸和工件形状将分别采用环形链条或辊道等不同形式。输送带应能保证连续不断的材料流；工件存储器的作用是缓冲器。较小的工件装在料箱内运输。料箱的移动运输既可使用轨道式运输车，也可使用叉车。工件从输送带或料箱取下并装入加工机床，这些工作在自动加工设备上均由机械手完成，例如门式装载机。

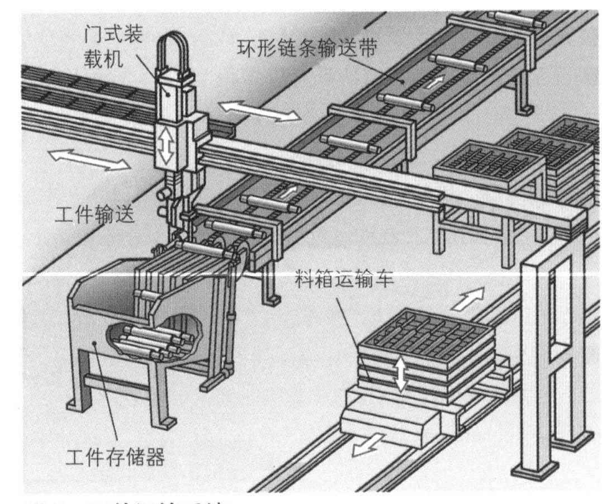

图 2：工件运输系统

泵，压缩机

泵的作用是输送液体材料，而压缩机则用于输送气体材料和产生压缩空气。在泵和压缩机中，驱动机械的能量作为流体能和压力能转移给液体或气体。这类机械有多种不同的结构型式（图 3）。

叶轮泵：这种泵轴向吸入液体，由叶轮带动液体旋转，最后径向压入管道网。

活塞式压缩机：向下行驶的活塞将气体吸入，向上行驶的活塞将气体压缩并排出。

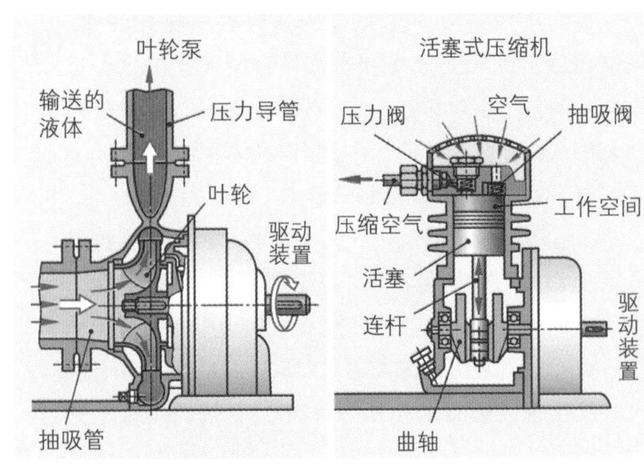

图 3：泵和压缩机结构型式

■ 加工机床

加工机床是用于加工工件（使工件变形）的工作设备。

根据加工方法的不同，我们把加工机床划分为：

用于塑型加工的加工机床

用于塑型加工的加工机床有如低熔点有色金属（如铝或锌）的压铸机，烧结零件的模压机，或塑料零件的挤压机（见图 1 和 104 页图 1）。

提供给这类机床的初始材料是无形材料，例如金属熔液、金属粉末或塑料粒料。它们在加工机床内经过塑型加工成为半成品或制成品。

用于成型加工的加工机床

用于成型加工的机床如弯曲机、深冲冲床和锻压机（图 2）。提供给这类机床的初始材料是已经过制备的毛坯件，例如成形下料件、板材下料件或棒材下料件。它们在加工机床内加工成形。

用于切削加工的加工机床

切削加工机床有，例如锯床、磨床、钻床、铣床、车床和加工中心（图 3）。提供给这类机床的初始材料是棒材下料件或成形下料件以及经过前期加工的工件。在切削加工机床中，通过切除切屑将工件加工成形。

切削材料所需的能量由机床内置电动机提供。

■ 热处理炉，暖气设备

热处理炉和暖气设备均是制取热能的设备（属于工作设备），其目的是提高材料的温度，使材料内部的组织结构发生转换（组织改变）。

连续式热处理炉（图 4）加热钢质工件，接着骤冷，从而获取所需的材料组织改变。经过热处理，钢的机械性能得到大幅度提高，例如硬度和强度。

暖气锅炉是一种暖气设备，它加热热量载体（空气或水），然后通过管道将热量输送到需要热量的房间。

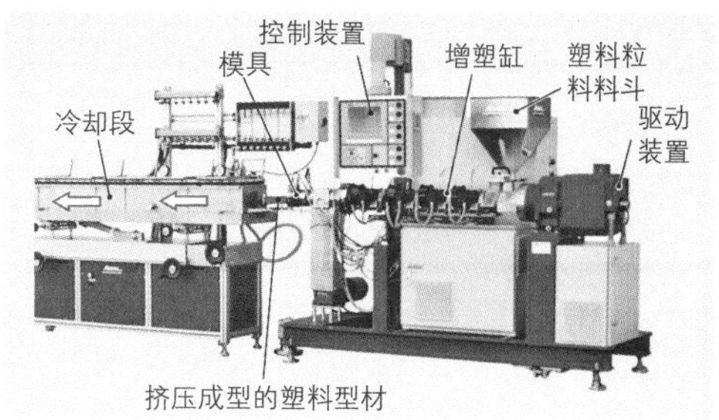

图 1：塑料管材和型材挤压机

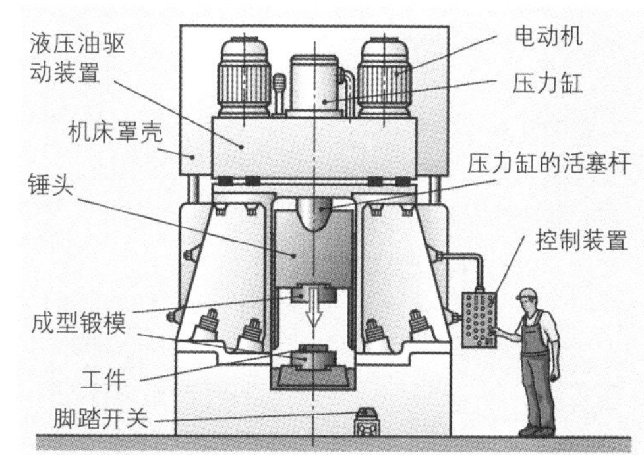

图 2：制造锻件的锻压机

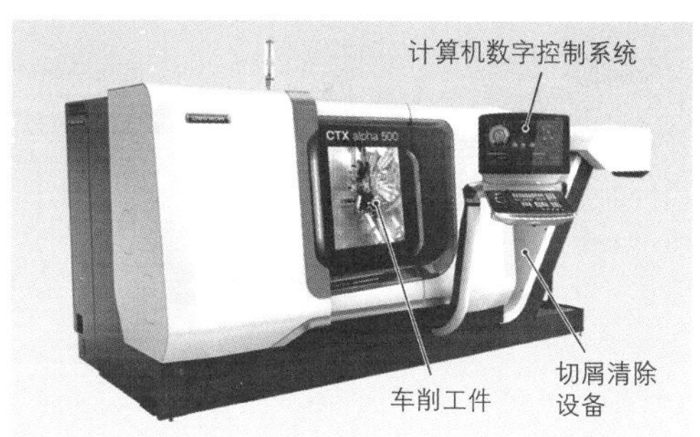

图 3：用于切削加工的车床

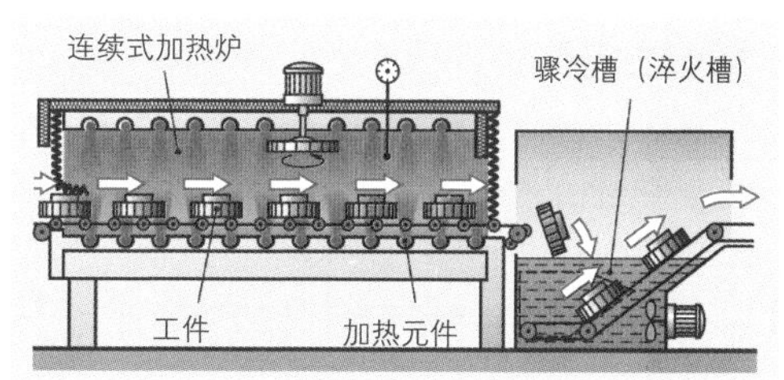

图 4：用于淬火的连续式热处理加热炉

6.1.3 数据处理装置

数据处理装置收取数据和输入指令（信息），经过处理后再输出数据和控制指令（图 1）。

数据处理装置一般也可称为信息转换机。

> 数据处理装置的工作方式我们简称为数据输入处理输出法则（EVA 法则）：数据 — 输入 — 数据处理 — 数据输出。

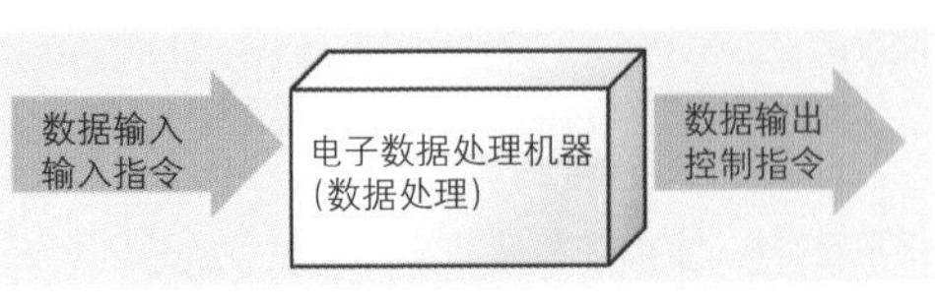

图 1：作为技术系统的数据处理装置

数据处理装置由若干个部件，即所谓的硬件组成（图 2）。

数据输入：由数据输入装置进行数据输入，例如计算机数字控制（CNC）系统的键盘或操作面板。

数据处理：数据处理的任务由计算机完成。计算机由中央处理器以及内部和外部存储器组成。由程序，即软件向计算机提供工作指令。

数据输出：数据输出可以作为检测数值或图形形式等显示在监视器上，或以操作指令形式发给加工机床的伺服电机。

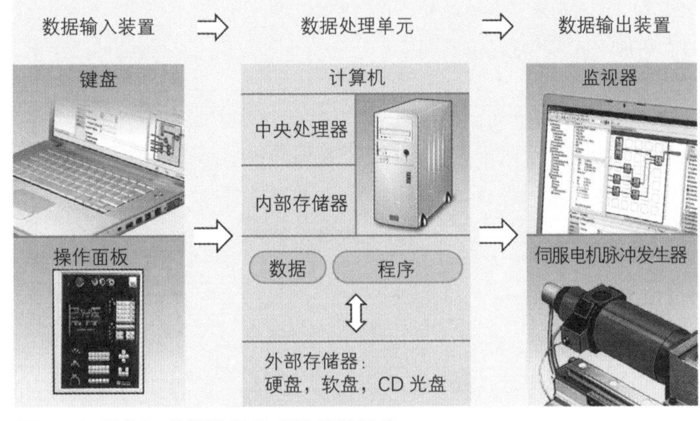

图 2：各部件组成的数据处理装置的结构

■ 数据处理的装置和设备

当今时代，电子数据处理装置已广泛应用于个人和职业生活：袖珍计算器、个人电脑、手提电脑、平板电脑、智能手机等。

计算机数字控制（CNC）系统可以自动控制一台加工机床上的每一个加工步骤。

CAD 系统（英文 Computer Aided Design 的缩写，意为：计算机辅助设计）用于在屏幕上制作设计图纸。

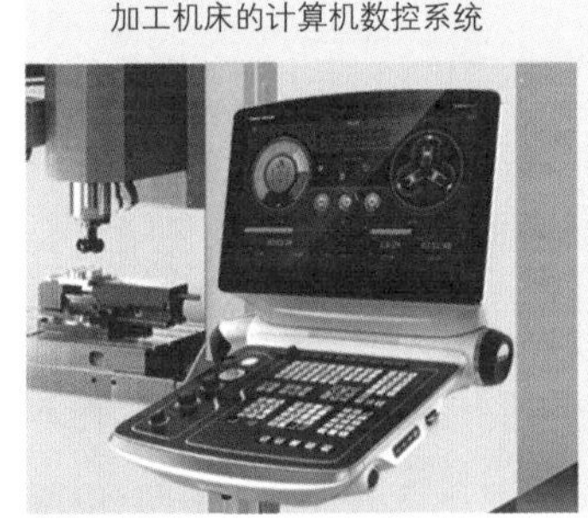

图 3：企业内的数据处理装置

本小节内容的复习和深化：

1. 请您参照 193 页图 3 所示加工中心解释材料改形加工机床的概念。
2. 湿松散材料用环节输送带送入 12 m 长的隧道式干燥炉。问：如要达到干燥 1.6 min，输送带速度必须是多少？
3. 请问密度公式是什么？
4. 电动机 3 s 转达 36 圈，请问它的转速是多少，单位：r/min？
5. 用哪个公式计算输送带上的物流？
6. 能量从叶轮泵驱动轴输入，从压力管道输出，请问，期间经过哪些转换过程（参见 418 页图 3）。
7. 如何理解输入— 处理 — 输出（EVA）法则？

6.2 机床和设备的功能单元

我们可以把机床和设备根据其设计结构划分成部件（又称结构单元）。例如，一台立式钻床就由下列部件组成：电动机、皮带传动、钻床主轴、工作台、机床底座和控制系统等（图 1）。

此外，我们也可以把机床和设备根据其各部件所完成的任务（功能）划分成功能单元。例如，一台立式钻床的功能单元有：驱动、转矩传递、钻削、支撑和控制等单元。

相同的功能可由不同的单元完成。例如转矩从电动机到钻床主轴的传递就有若干种可能性：通过齿轮传动箱、通过皮带传动机构或通过摩擦轮传动机构等。

通过将一台机床划分成若干功能单元，可使我们更好地理解与各单元结构形式密切相关的机床工作方式。

> 通过对各功能单元的任务以及它们共同作用的了解，可使我们认识机床或设备的工作方式。

6.2.1 机床的内部结构

一台机床就是一个技术总系统（图 1）。它由一系列具备指定子功能的子系统和单元组成。

机床总系统有一个总功能或主要功能。例如一台钻床，它的总功能是在工件上钻孔。

一台机床的总功能需通过若干个子功能单元才能实现（图 1）。

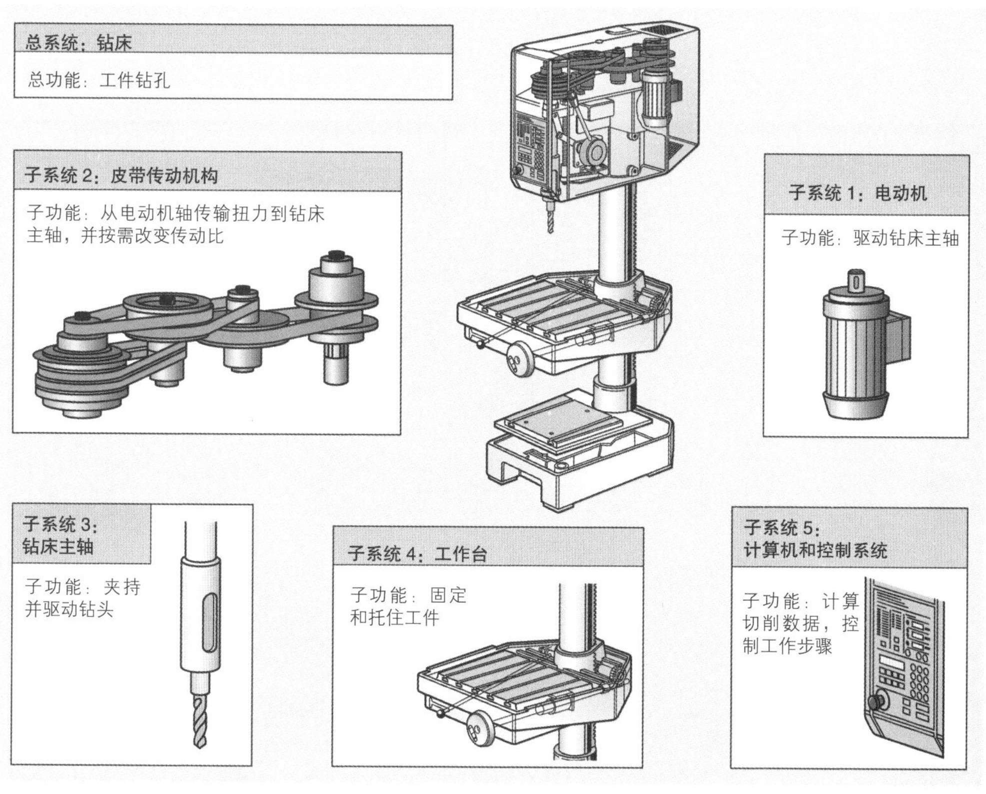

图 1：一台钻床划分成多个具备子功能的功能单元

一台钻床的子功能：例如电动机对钻床主轴的驱动，转矩从电动机轴到钻床主轴的传递，用于钻孔的钻头，钻床工作台对工件的固定和支撑，钻头进给运动的控制和防止皮带传动机构伤及操作人员的防护罩。

在机床上（见423图1），我们可以看到类似的功能单元。一台机床的子功能：对机床主轴的驱动，转矩从电动机轴到机床主轴的传递，对工件的切削加工，工件进给和横向进刀的控制，刀架溜板的支撑和导向以及机床的护罩。

机床用它数量有限的典型的功能单元满足其总功能需求。

所有机床和装置的部件都可以划分成少数几个功能单元

- 驱动单元；
- 支撑和承重单元；
- 加工单元；
- 环境保护和工作安全单元；
- (扭力)传输单元；
- 连接单元；
- 测量、控制和调节单元。

■ 机床的基本技术功能

如果把一台机床的各个功能单元继续细分下去，我们将会看到，各功能单元需通过所谓的机床基本技术功能的共同作用才能执行其各自的功能。

举例： 一台机床的驱动单元（电动机）便是由若干个具备机床基本技术功能的组件组成的。如电缆的功能是传导电流到电动机；电动机绕组的功能是把电能转换成机械转动的功能；电动机轴的功能是把电动机内部产生的转矩传递给传动机构；滚动轴承的功能是支撑和承重电动机轴。

机床的基本技术功能由机床的各部件执行。

表1所示是基本功能的选择和执行该基本功能所需投入的机床部件。

表1：机床的基本功能及其所使用的机床部件（举例）

功能	说明		
传导，运输	液体通过管道传输，固体材料通过振动槽输送。电能通过电缆传导，转矩通过轴传递		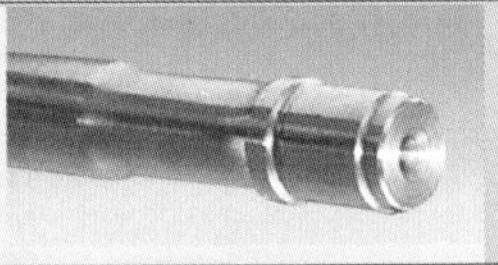
变换，转换，传动	转速通过齿轮对传动 电能在电动机绕组中转换成机械能。		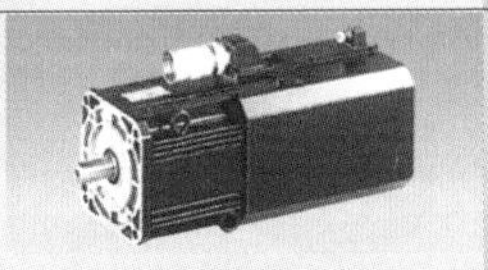
连接，接合	零件之间的连接由例如螺钉完成 电气导线的连接由插座和插头完成	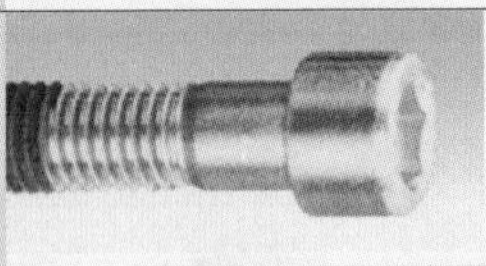	
分离，分开	分离指例如板的剪切，工件的切削或支架的气割 用开关可以切断电流或信号（分开）	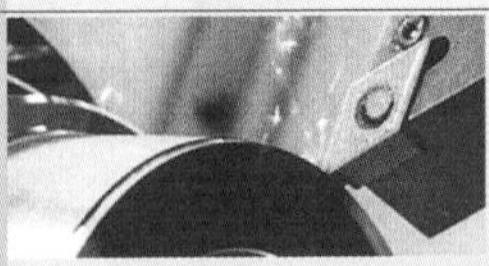	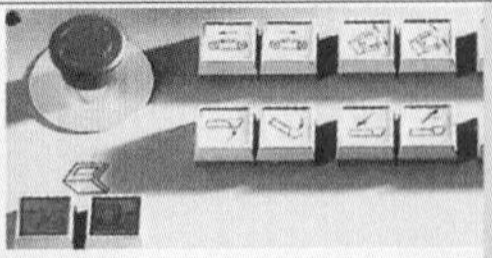
存储	气体存储在压力气瓶内，工件存放在料箱内 电能可以存储在蓄电池内，机械能存储在弹簧内		

6.2.2 计算机数控(CNC)加工机床的功能单元

即便是计算机数控（CNC）加工机床也可以划分成若干部件，它们类似于普通机床和设备的典型功能单元（图1）。

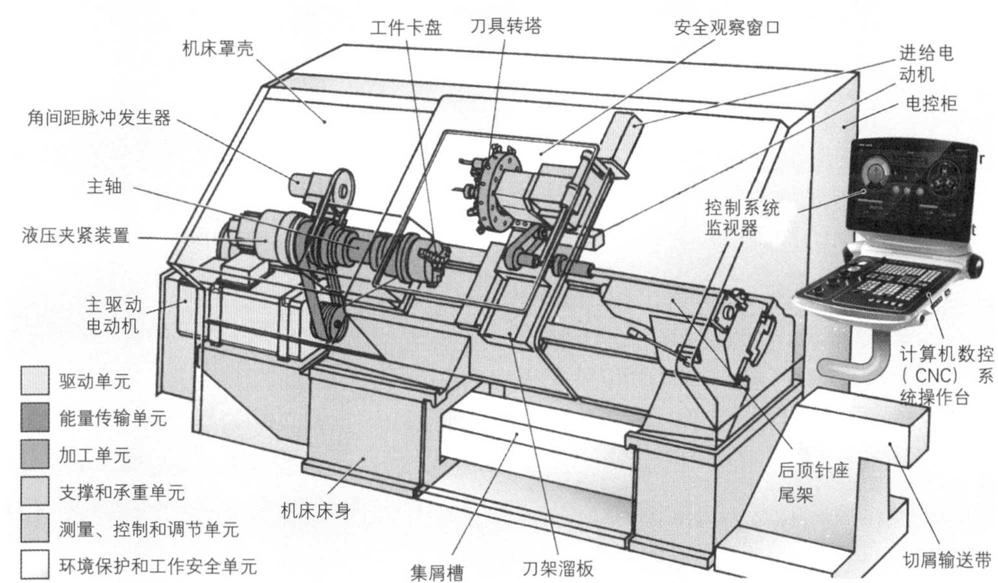

图1：计算机数控（CNC）斜床身车床及其功能单元

■ 驱动单元

驱动单元提供驱动机床所需的机械能。在加工机床上，它就是用于主驱动装置、进给驱动装置、液压泵和切屑输送带等部件的电动机。一台计算机数控（CNC）车床完整的驱动单元由电动机和安装在电控柜内的控制单元组成（图2）。后者保障电动机的电源供给并实施无级变速。

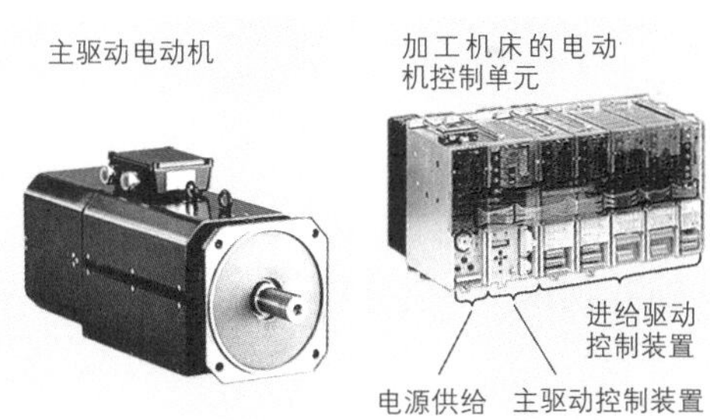

图2：主轴驱动单元（电动机）和电动机控制单元

■ 能量传输单元

由驱动单元提供的动能必须传输到加工单元，并将输出转速变换成符合加工单元所需的转速。能量传输单元的组件有皮带、轴、主轴、联轴器、齿轮和变速箱（图3）。

在计算机数控（CNC）机床（图1）上，能量传输由主驱动电动机通过皮带传动机构、联轴器、主轴和工件卡盘，最后传输到工件。

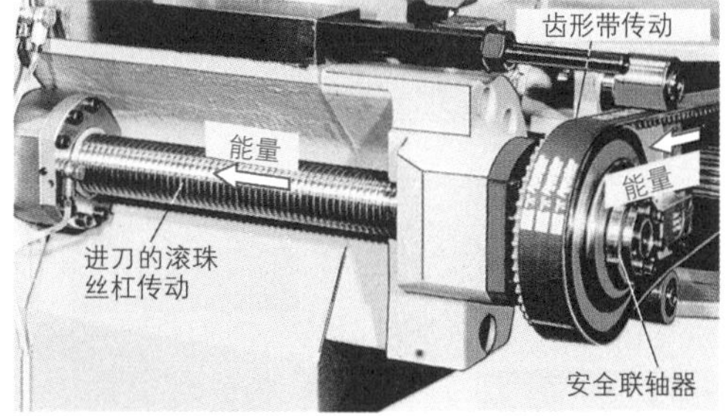

图3：能量传输单元

■ 加工单元

加工单元是机床执行其主要功能的重要部分。一台车床的主要功能是通过车削方法切削加工工件。在计算机数控（CNC）车床上，加工单元由装有工件装夹装置（卡盘）的工作主轴和安装切削工件的刀具的转塔组成（图1）。

■ 支撑和承重单元

一台机床的基本支撑和承重单元是机床床身（图2）。机床所有其他的部件均安装在床身上。必须运动的部件由导轨支撑，例如刀架溜板。转动的零件在轴承内运行，并将作用在它们身上的力传导给机床床身。

■ 连接单元

连接单元的作用是在零件与部件之间建立连接。连接元件有销钉、卡钩、螺钉、螺帽和用于轴-轮毂连接的平键，夹紧元件和刀架等（图3）。

■ 测量、调节和控制单元

测量装置检测例如转速、运行距离、工件尺寸或电动机的功耗。

组合式测量调节单元可保证机床按照选定的运行量运行。例如在计算机数控（CNC）机床上对进给距离的测量。偏离设定值时，调节装置立即修正进给运动，直至达到设定值为止。

控制单元的作用是让机床的工作步骤和过程自动运行。例如在计算机数控（CNC）机床上，通过操作台把所需的加工流程（程序）输入并存储在控制单元内（图4）。机床便在控制指令的指引下自动完成输入的工作流程。

■ 环境保护、废物清除和工作安全单元

为了保护操作人员的安全，机床均装有封闭式罩壳。它阻挡飞溅的切屑，然后由切屑输送带运走切屑。在罩壳内抽吸冷却润滑材料雾。安全观察窗口使整个加工过程一目了然。急停开关可使整个机床立即停机。

图1：车床的加工单元

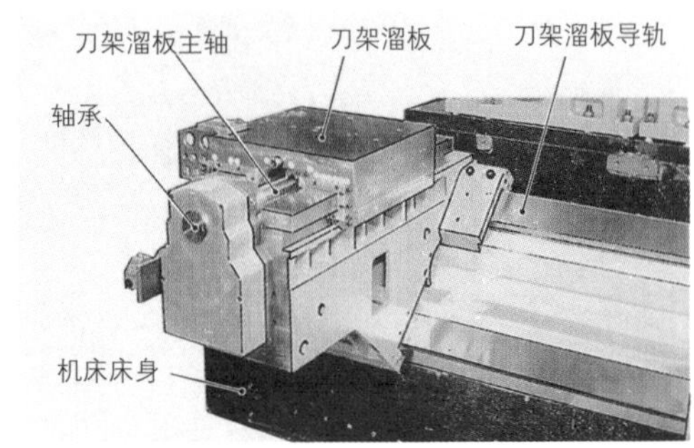

图2：计算机数控（CNC）斜床身车床的支撑和承重单元

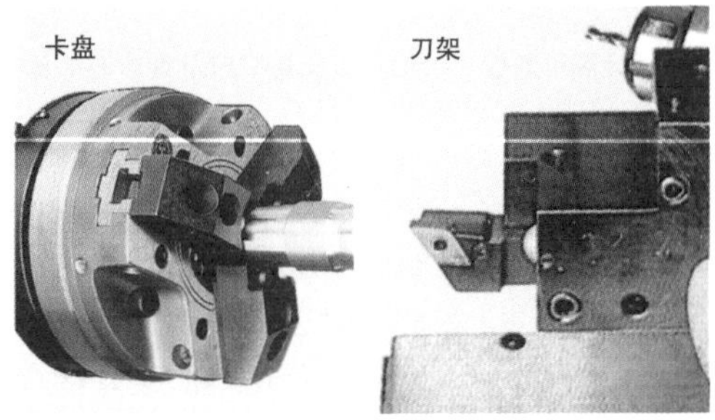

图3：车床的连接单元

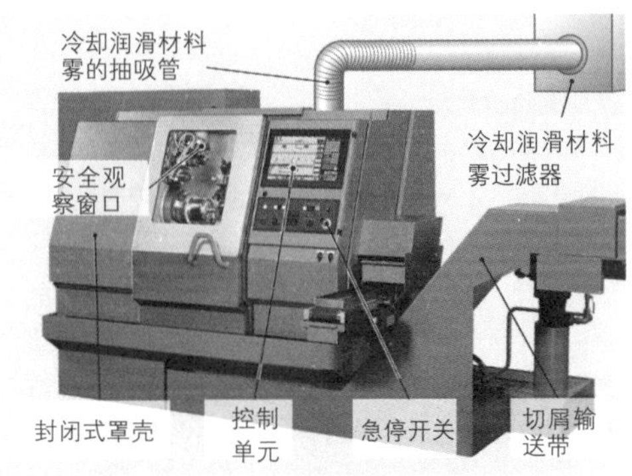

图4：调节和控制单元，环境保护、废物清除和劳动保护单元

6.2.3 空调设备的功能单元

空调设备的任务是为房间内的工作人员创造一个舒适健康的室内环境并提供富氧洁净的呼吸空气。

一个装有大量加工机床和热处理炉的大型车间，在夏季散发出大量热量，当自然通风已经不能排除令人无法忍受的炎热时，必须要求安装空调设备。而在冬季则要求安装暖气设备，但在例如热处理盐浴池工位或在焊接工位上，除暖气外，还要求安装可调控的空气交换装置，以便将有损健康的废气迅速抽走。

空调设备包括中央空调装置和通风管道系统，前者负责空气的净化、加湿或干燥，后者负责空气的进风和排风（图 1）。

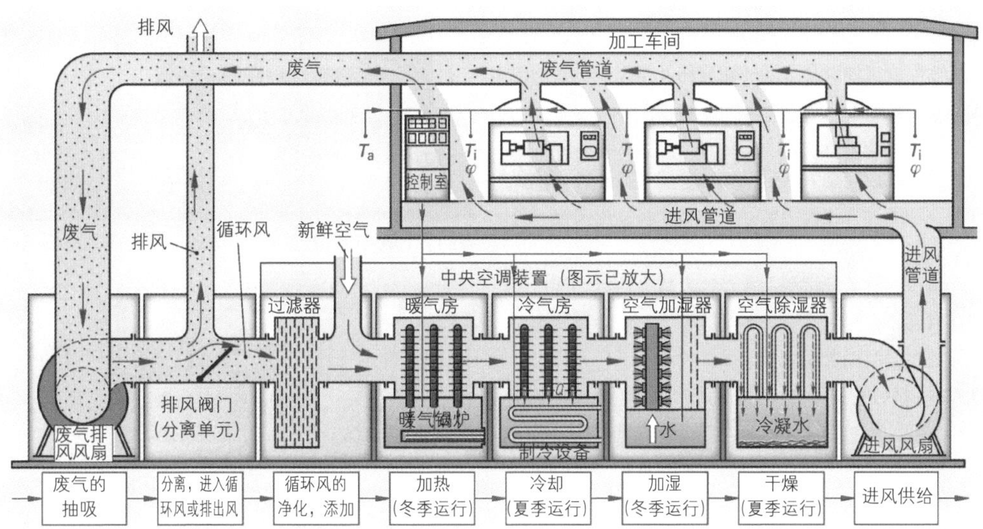

图 1：加工车间的一个装有各个功能单元的中央空调装置（示意图）

中央空调装置由一系列以组合部件形式并按先后顺序开启的部件组成，各部件中均装有具体的功能单元。空气将依序流经这些功能单元。

废气排风扇从加工车间抽吸废气，并把它压入中央空调装置。排风阀（分离单元）把废气部分分离出来，通过排风管道排放出去。进入循环的空气（循环风）经由一个过滤器净化，然后加入新鲜空气。

混入新鲜空气的循环风现在进入暖气锅炉。暖气锅炉在冬季运行，它把冷循环风加热到所需的室内温度。暖气锅炉在夏季停止运行。夏季投入运行的是制冷设备，它把过热的循环风温度降至适宜的室内工作温度。

空气加湿器的运行时间在冬季，它为干燥的暖气加湿。到了夏季它停止运行，夏季运行的是空气除湿器，它把湿热的夏季循环风中多余的湿气抽掉。在既不要求暖气也不要求冷气的过渡季节，如春季和秋季，中央空调装置的运行只作为室内通风以及空气净化。

控制室执行对中央空调装置的监视、调节和控制。控制室测量室外温度（T_a）、加工车间的室内温度（T_i）和湿度（φ），按照预设置的设定值调控各功能单元的运行。

本小节内容的复习和深化：

1. 立式钻床由哪些功能单元组成（见 421 页图 1）？
2. 请您列举出机床的三个基本功能及其所使用的部件。
3. 一台计算机数控（CNC）车床的测量、调节和控制单元有哪些任务？
4. 中央空调装置（见图 1）装有哪些功能单元？

6.2.4 机床的安全装置

机床安全装置的作用是保护工作人员（人身保护），保护机床的使用价值（机器保护）和保护环境免受有害物质和有损健康物质的污染（环境保护）。

■ 人身保护

安全的技术造型：机床的构造和外罩壳形状必须以无任何危险为前提。例如现代化的加工机床就安装了全封闭式机床罩壳，它由防溅保护仓、推拉门和安全窗组成（图 1）。这种安全防护罩避免了运动中的机床零件或工件以及飞溅的切屑伤及操作人员，同时也阻止了操作人员吸入冷却润滑材料雾。

安全联锁装置：推拉门装有一个安全接触开关。只有当推拉门完全关闭时，机床才能开始运行。如果该门在加工运行过程中被打开，机床将立即关断，停止运行。

调节维修运行状态：在操作面板上将机床运行模式由自动转换为调节维修运行状态（手动运行状态），这时的推拉门安全接触开关已被关断，工作人员可以在推拉门打开的状态下对机床进行调节或维修工作。但这样的工作只允许有经验的专业人员执行。

保护栏杆：压力机和自动搬运装置的工作区域必须用保护栏杆隔离，不允许人员进入。

开关和状态检查灯（图 2）：使用钥匙开关可以阻止其他人员未经许可擅自开动机器。急停开关用于紧急情况下机器的立即停机。功能状态检查灯通过亮灯显示部件的功能是否处于正常状态，而故障显示灯则通过亮灯来通报某处部件已出现故障。专业人员看一眼操作面板便能够迅速掌握机器的运行状态。

在某些机床上，例如压力机，还装有附加安全装置（图 3），如双手开关，要求必须双手同时操作，开关才能有效，从而使机器的危险区域内不可能有手的存在。光电开关，当手进入机器的危险区域时，光电开关使机器立即停机。

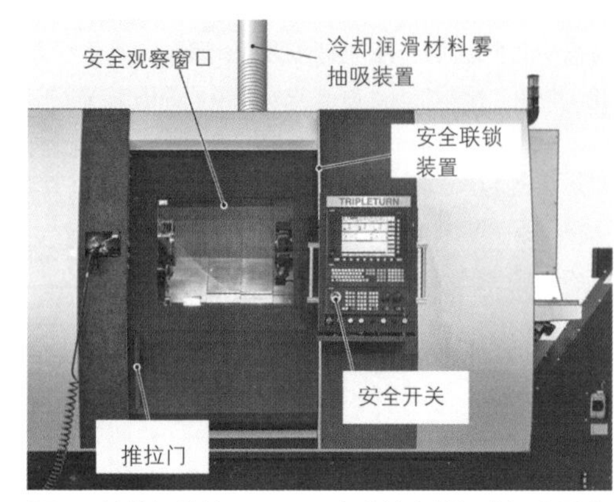

图 1：计算机数控（CNC）车床的全封闭式机床罩壳

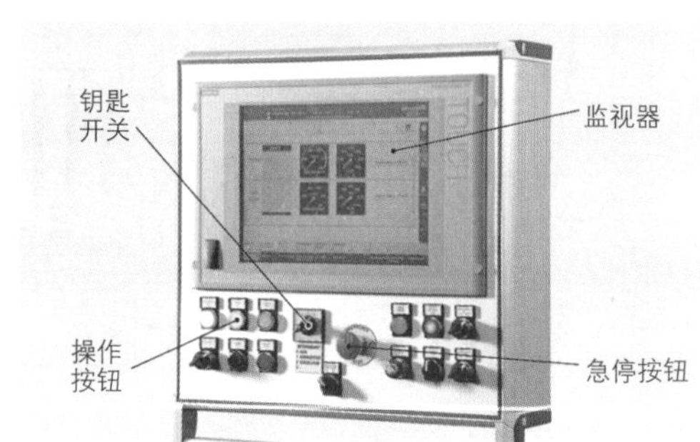

图 2：压力机控制系统的操作面板

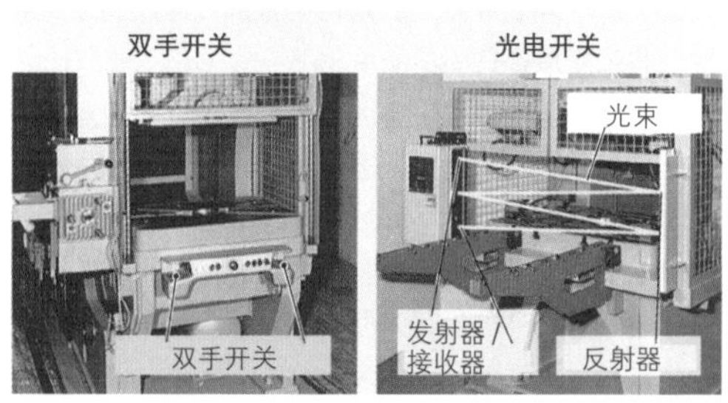

图 3：压力机的安全装置

安全规则

- 在机器工作区域内进行维修和保养工作时，必须用操作台的钥匙开关和电控柜的主开关将机器置于停机状态；
- 在加工运行过程中不允许把安全装置置于关断状态；
- 电气操作和电气维修只允许由电气专业人员进行；
- 必须立即排除液压系统任何有密封缺陷的渗漏现象（火灾危险，坠落危险）。

■ 机器保护

限位保护：通过使用限制运动距离的限位钮，保护机器可运动部件避免强力运动造成碰撞损坏（图 1）。装有限位凸块的机器运动部件在运动中碰到限位钮后触发限位开关，立即关断该部件的行进运动。三个加工轴向（X, Y, Z）以及辅助装置都必须安装限位保护。

通过保护性离合器的中间连接可避免驱动单元和能量传输单元部件（轴、联轴器、变速箱）的机械过载（图 2）。离合器的结构形式各有不同，一种是在超过设定负荷时离合器空转打滑，另一种是立即关断机器。

在切削加工机床上，切屑特别容易损伤导轨，因此导轨面一般采用伸缩式盖板或排屑器来实施保护。

控制系统操作面板上的电子故障显示或润滑油油压监视器负责对润滑系统进行监视。

> 一台机器的运行安全主要通过其润滑系统的无故障运行来保证。

碰撞保护：为了避免刀具与工件卡盘或后顶针座发生碰撞，许多加工机床的控制系统都配备了限制工作区域的电子防撞保护功能。把卡盘和后顶针座所处区域作为保护区域输入控制程序（图 3）。刀具的运动不允许进入该区域，从而排除了碰撞的可能性。

电气保护：电气保护部件安装在位于机器背面的电控柜（图 4）。它保护电气部件在运行过程中不受电流的损坏。如过载保护熔断器和电动机保护开关等在电流强度过高时，立即关断电源供给。

■ 环境保护

每一台机器都不允许任何有害物质流入环境。为此目的，加工机床安装了全封闭式罩壳（见 426 页图 1）。

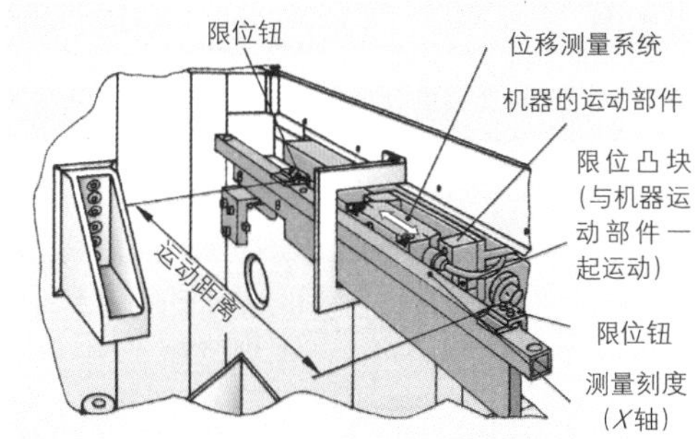

图 1：X 轴运动路径上的限位钮

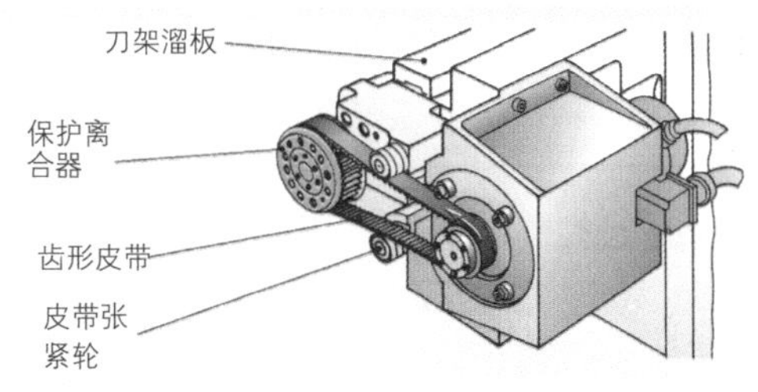

图 2：保护离合器

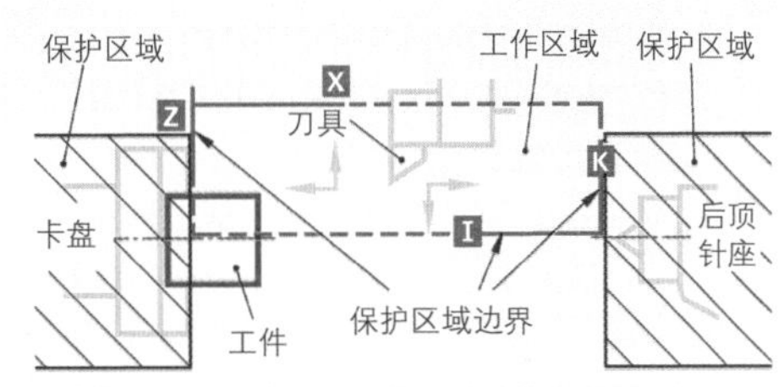

图 3：保护区域设置的监视器图

图 4：加工机床的电控柜

本小节内容的复习和深化：

1. 请您列举出三种安全开关，并描述它们的工作方式。
2. 限位钮有哪些任务？
3. 安全保护区是如何起作用的？

6.3 连接的功能单元

6.3.1 螺纹

转动的圆柱体表面某点作与圆柱体轴线平行的运动后，便形成一条螺旋线。圆柱体转动时该点的运行路径相当于螺纹的螺距 P。展开螺旋线后得到一个斜面（图 1）。圆周与展开的螺旋线之间的夹角是螺纹的螺旋角 α。

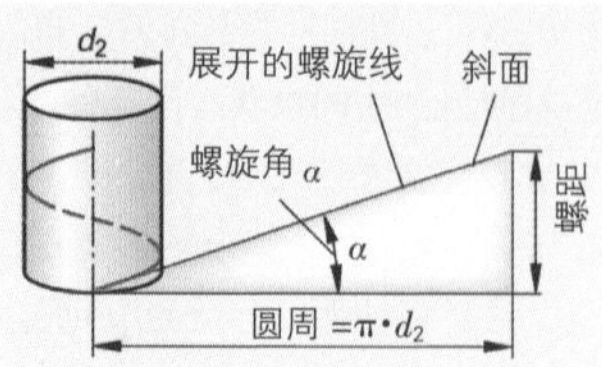

图 1：螺旋线

■ 螺纹上的各种名称

螺纹上各种重要的名称（图 2）

- 标称直径。
- 螺纹底径。
- 螺纹啮合角。
- 节圆直径。
- 螺纹断面形状。
- 螺距。

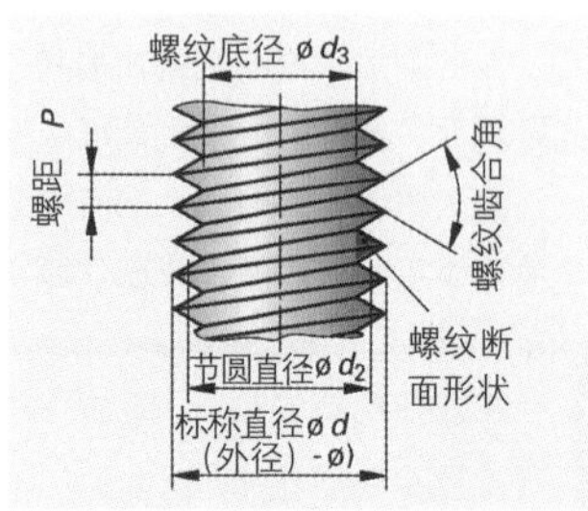

图 2：螺纹上的名称

■ 螺纹类型

工程技术上所使用的螺纹可以根据其用途、螺纹断面形状、旋转方向和螺纹线数进行划分。

根据用途划分

有紧固螺纹的螺钉和螺帽把零件相互紧密地连接起来（图 3，左图）。为了防止螺纹自动松开，紧固螺纹都采用单头尖角螺纹。这种螺纹的小螺旋角和大螺纹啮合角可产生很大的摩擦力。

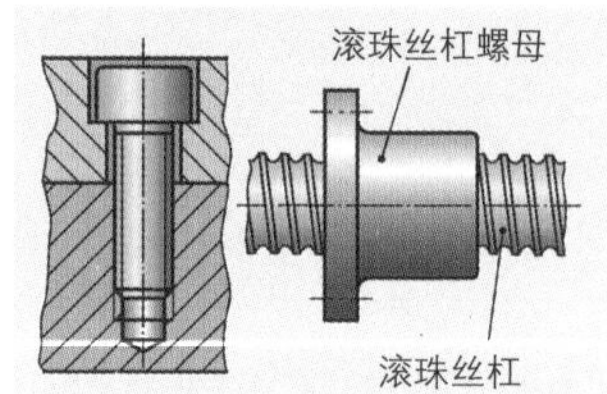

图 3：紧固螺纹和传动丝杠螺纹

垂直或平行作用于斜面的力 F 的分力分别称为法向力 F_N 和斜坡切向力 F_H（见图 4 和图 5）。小螺旋角时，斜坡切向力也小，但法向力大，因此所产生的摩擦力也大。所以，紧固螺纹总是自锁螺纹。

传动丝杠螺纹可将旋转运动转换为直线运动（图 3，右图）。传动丝杠螺纹是自锁或非自锁螺纹。自锁传动丝杠螺纹，例如螺旋千斤顶和加工机床进给主轴的梯形螺纹，始终处于运行负荷状态。

这种螺纹具有大螺距和小螺纹啮合角，其主要目的就是降低摩擦力，抵消自锁（见 493 页滚珠丝杠传动）。在停机状态下，这种螺纹轴需要位置定位（计算机数控机床的定位控制）。由于附着摩擦力与滑动摩擦力之间的差别很小，不会向后滑动（见 446 页），从而确保刀具溜板的准确定位。

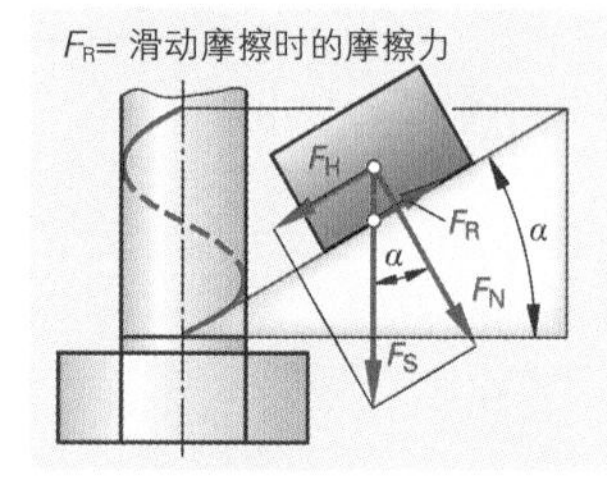

图 4：非自锁螺纹

举例： 一个梯形螺纹 Tr20×4（α=4.05°）受到 F=8 kN 的轴向负荷。滑动摩擦系数达到 μ=0.12。通过计算应该得知，该螺纹是否是自锁螺纹。

解题： $F_H=F\cdot\sin\alpha = 8\,000\text{ N}\cdot0.0706=565\text{ N}$

$F_N=F\cdot\cos\alpha = 8\,000\text{ N}\cdot0.9975=7\,980\text{ N}$

$F_R=\mu\cdot F_N=0.1\cdot7\,980\text{ N}=798\text{ N}$；$F_R=\mu\cdot F_N = 0.12\cdot7\,980\text{ N}=958\text{ N}$

该螺纹是自锁螺纹，因为它的斜坡切向力 F_H 小于计算出来的摩擦力 F_R。

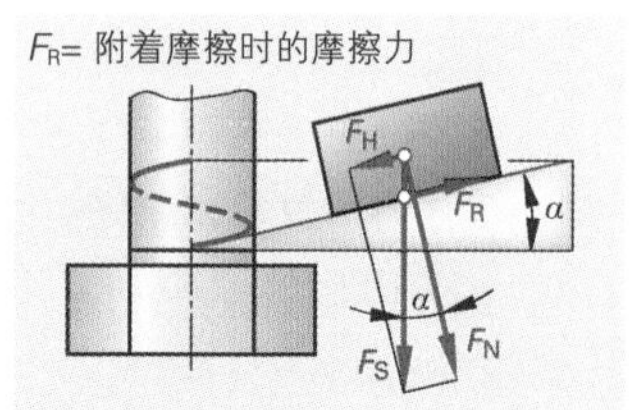

图 5：自锁螺纹

根据螺纹断面形状划分

米制国际标准（ISO）螺纹：米制国际标准螺纹的螺纹啮合角为60°（图1）。根据其螺距的大小又可细分为调节螺纹和细牙螺纹。调节螺纹在螺纹名称上只标出缩写字母M和标称直径，例如M16。这类螺纹主要用于紧固螺纹。在标称直径相同的情况下，细牙螺纹的螺距小于调节螺纹的螺距。在螺纹名称上除标出标称直径外，还标出螺距（例如M16×1.5）。

管螺纹：管螺纹的螺纹啮合角为55°（图2）。管的外螺纹按管径标注，单位是英寸（1 in = 1″= 25.4 mm）。圆柱形外螺纹和内螺纹使用字母G（例如G 3/4），这里指非密封连接。如果要求金属密封螺纹，需在圆柱形内螺纹（例如Rp 3/4）上加锥形外螺纹（例如R 3/4）。其标注名称如前例所示，使用字母Rp或R。

梯形螺纹：梯形螺纹的螺纹啮合角达到30°（图3）。这类螺纹大多用作传动丝杠螺纹，例如螺杆挤压机。其螺纹名称包含缩写字母Tr、标称直径和螺距（例如Tr 24×6）。

锯齿螺纹：锯齿螺纹的螺纹啮合角达到33°（图4）。由于螺纹断面形状呈非对称形，所以这类螺纹可在单方向承受高负荷。这类螺纹大多用作传动丝杠螺纹，例如加工机床的弹簧卡头。其螺纹名称标注的是缩写字母S，标称直径和螺距，例如S24×5。

> 根据螺纹断面形状，螺纹可主要划分为尖角螺纹、梯形螺纹和锯齿螺纹。

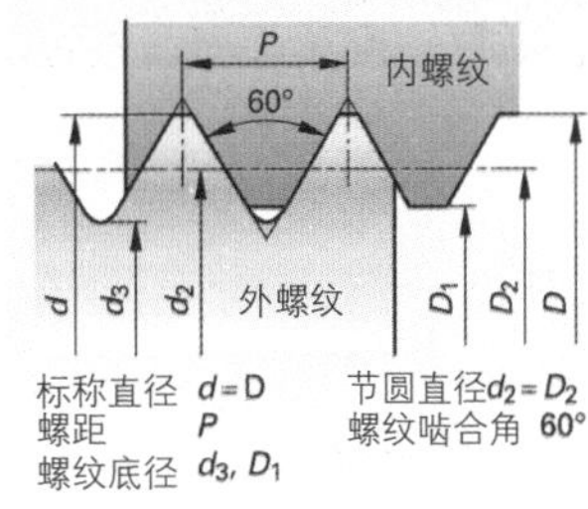

图1：米制国际标准（ISO）螺纹

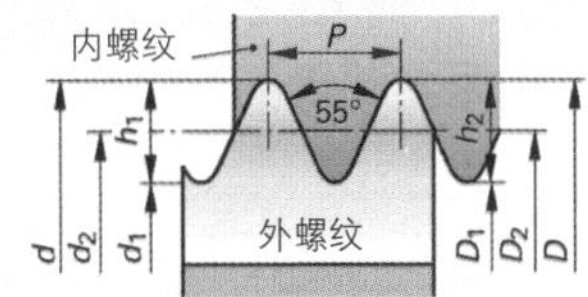

图2：管螺纹（圆柱形）

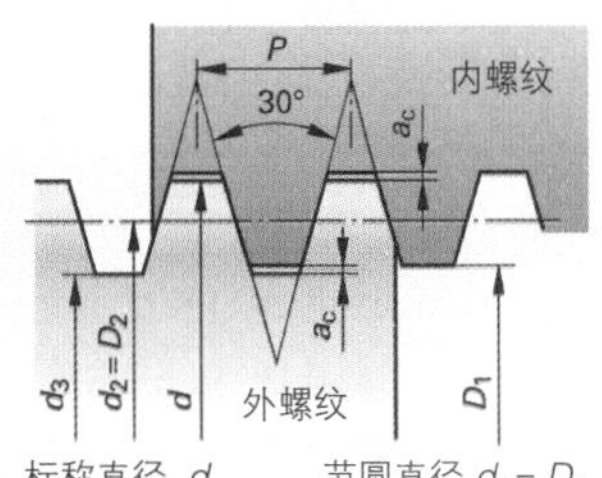

图3：梯形螺纹

根据旋转方向划分

左旋螺纹的上紧方向是逆时针转动方向，它一般用于右旋螺纹容易松动的部位，例如砂轮盘的固定，或在确定旋转方向的同时又要求指定运动方向，例如车床的横向进刀轴。左旋螺纹必须加注缩写字母“LH”（“左手”的缩写），例如M 16-LH。

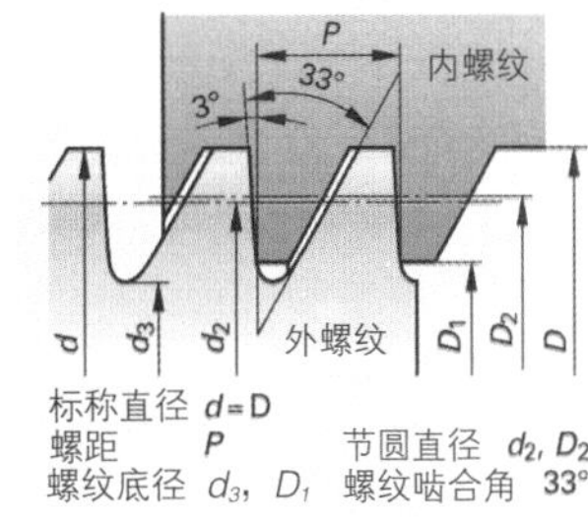

图4：锯齿螺纹

根据螺纹线数划分

若要求转动时有大的轴向运动，应采用多线螺纹，例如螺杆挤压机（图5）。多线螺纹的螺纹名称在标称直径和螺距后标注分度 P，例如Tr 32×18 P6（18:6 = 3线梯形螺纹，标称直径32 mm，螺距18 mm，分度6 mm）。

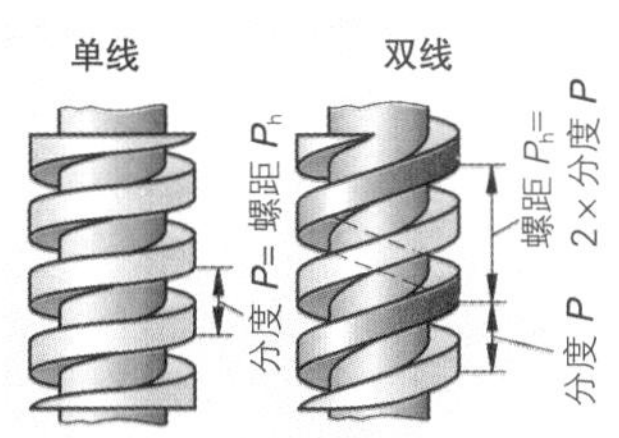

图5：单线和双线螺纹

本小节内容的复习和深化：

1. 螺纹最重要的尺寸是哪些尺寸？
2. 如何根据用途划分螺纹？
3. 紧固螺纹有哪些任务？

6.3.2 螺钉连接

螺钉连接的结构型式可分为贯穿螺栓、夹紧螺钉和双头螺栓（图 1）。使用贯穿螺栓时，通过上紧螺帽将待连接的零件相互压紧。使用夹紧螺钉可把有内螺纹的两个工件连接起来。使用双头螺栓时，螺帽代替了螺钉头。

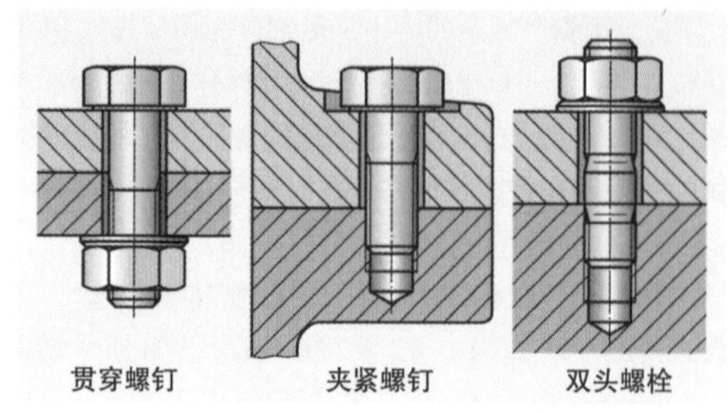

图 1：螺栓连接

■ 螺钉

螺钉不允许经受剪切负荷（例外：铰孔螺栓）和弯曲负荷。为了避免弯曲负荷，一般采用平底锪钻加工，例如铸件上的螺钉头支承面（图 1 中）。

螺钉可根据其头部形状、杆部尺寸、螺纹尺寸和其他细节进行划分（见图 2 和图 3 和 429 图 1）。

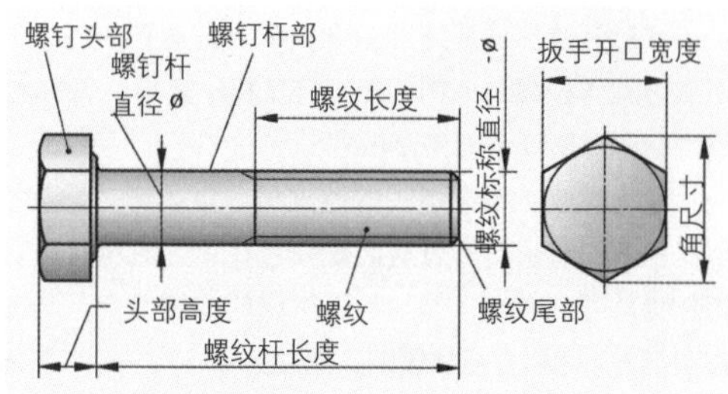

图 2：六角螺钉上的各种名称

根据螺钉头部形状划分

六角螺钉给扳拧工具提供了良好的导向。六角螺钉的螺纹结构是调节螺纹或细牙螺纹，某些型号螺钉的螺纹甚至达到头部。这类螺钉在头部下方大多都配有圆形凸肩。

螺钉间距小或螺钉头部不允许突出工件平面时，应采用内六角圆柱螺钉。内六角圆柱螺钉是连接牢度高的螺钉，其制造类型分为长头部（$h = d$），短头部和有或无扳手导孔等。

> 六角螺钉和内六角圆柱螺钉是机械制造中使用最多的螺钉。

内六角沉头螺钉的头部高度低于内六角圆柱螺钉的头部。这类螺钉大多用于连接壁厚度较小的工件。它的锥形头部便于在工件上定中心。

一字槽螺钉便于用螺丝刀紧固。因此，这类螺钉只提供相对较小的螺纹尺寸。它易于达到的夹紧力明显小于六角螺钉。

十字槽螺钉。由于其紧固面更深更大更便于螺丝刀对中心，十字槽螺钉比一字槽螺钉上得更紧。

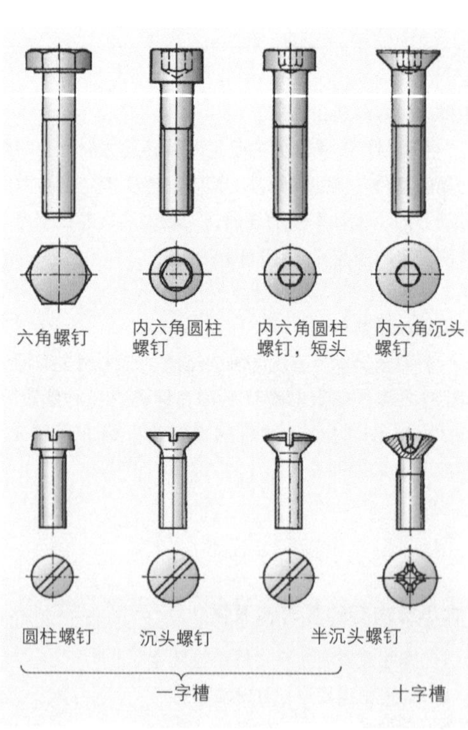

图 3：螺钉的头部形状

根据螺钉杆部形状划分

双头螺柱：双头螺栓用于保护零件的内螺纹，例如透平机和轴承箱（图 1）。通过有力地拧入双头螺栓或使用黏接剂保护，可防止紧固时螺栓一起转动或螺帽松动。对于那些必须经常松开的螺钉连接，宜使用双头螺栓代替带帽螺钉。

膨胀螺钉：膨胀螺钉的细长螺钉杆在紧固时出现弹性膨胀（图 2），例如用于连杆和高压法兰连接。因此，膨胀螺钉不需要锁紧螺帽。膨胀螺钉的杆直径达到螺纹底径的约 90%。装配时必须给这种螺钉施加大紧固力，以保证它能充分发挥功能（见 437 页）。

> 膨胀螺钉常用于动态负荷并要求较长螺杆的部位。

铰孔螺栓（又称密配螺栓）：用于必须承受横向力的螺钉连接，或工件处于应相互锁紧的位置时（图 3）。铰孔螺栓连接的成本高，因为螺栓杆是磨削加工的，螺孔是铰孔加工的。

平头螺栓：主要用于保护工件与轮毂在动轴或静轴上的位置。这类螺栓的尾部常常淬火，根据在轴上固定的类型不同，螺栓的形状也各有差异（图 4）。

自攻螺钉：自攻螺钉均已淬火并且是大螺距锐角螺纹（图 5）。它用于连接板厚最大达 2.5 mm 的板材。在拧入时，它会自动攻出螺帽螺纹。

自钻孔螺钉：其结构与自攻螺钉的相同，但它在螺钉杆的端部增加了一个钻头尖，用于自钻底孔（图 5）。自钻孔螺钉可以钻穿厚达 10 mm 的板。

旋压流态自攻螺钉：它要求螺钉高速拧入。通过施加在螺钉上的压力在螺钉锥尖与板材之间产生摩擦热，在热量的作用下，板材料开始熔成流态。螺钉在由此方式形成的底孔内挤压出螺帽螺纹（图 6）。冷却后，内螺纹收缩，紧贴在拧入的旋压流态自攻螺钉上。因此，这类螺钉一般都不需要附加锁紧螺帽。

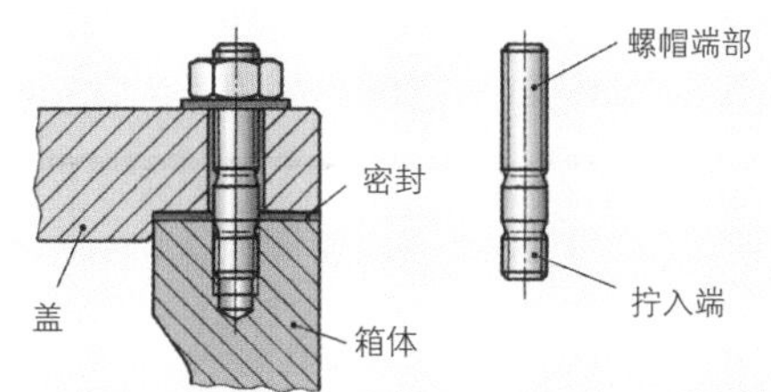

图 1：双头螺栓

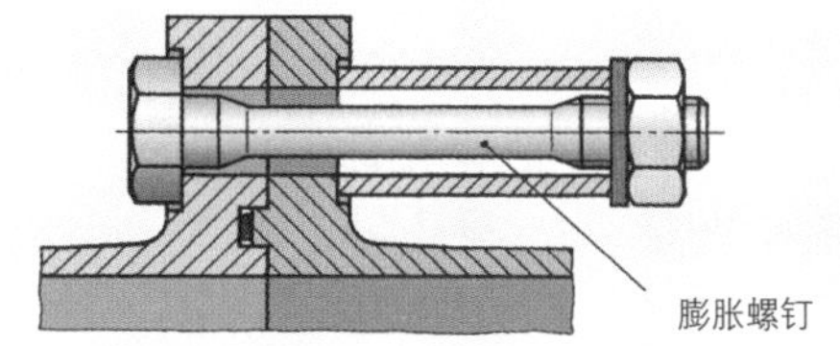

图 2：膨胀螺钉

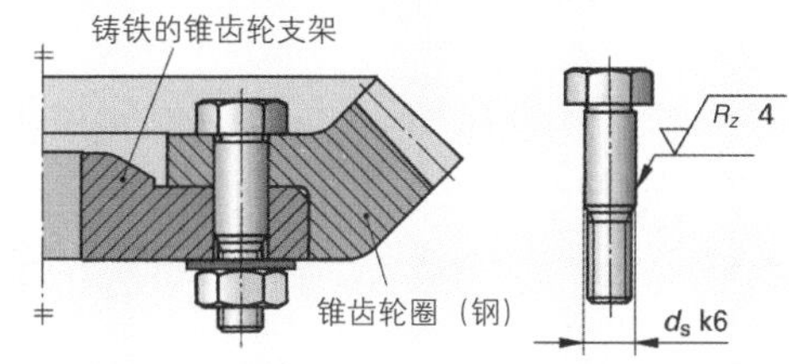

图 3：铰孔螺栓

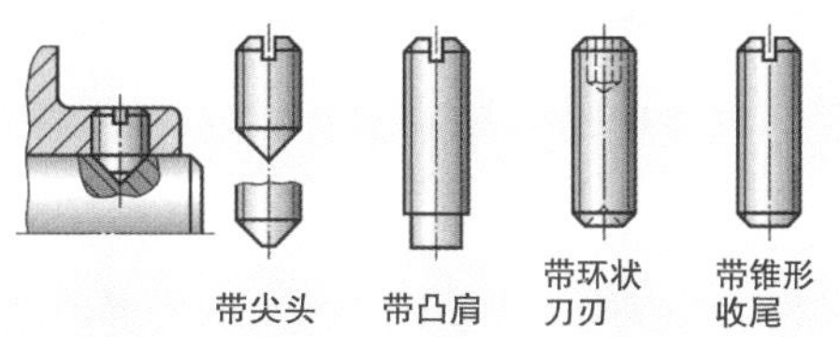

图 4：平头螺栓

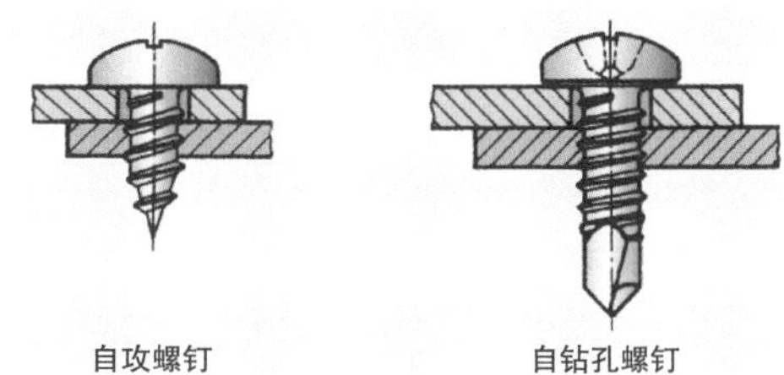

图 5：自攻螺钉和自钻孔螺钉

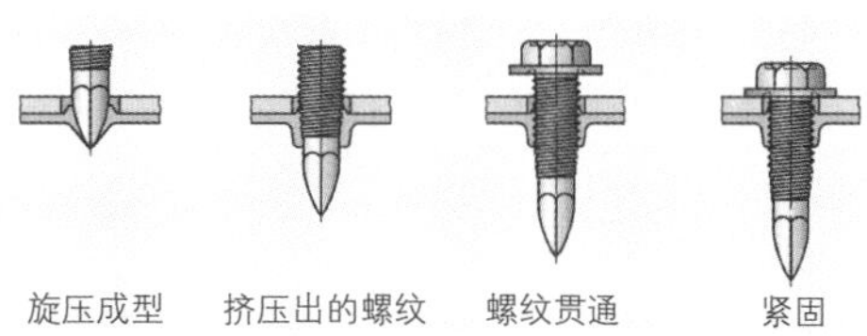

图 6：旋压流态自攻螺钉

■ 螺帽

我们把螺帽根据其用途制造成各种不同形状（表 1）。

表 1：螺帽

形状	名称 / 用途	形状	名称 / 用途
	六角螺帽 与六角螺钉、一字槽螺钉和双头螺栓连接		**冠状螺帽** 当螺钉连接需用开口销保护时，宜采用这种螺帽
	闷盖螺帽 可防止螺纹尾部的损伤和锈蚀；保护尖锐的螺钉尾部不受损伤		**翼形螺帽** 如果螺钉连接需要经常松开，例如工装，宜采用这种螺帽
	滚花螺帽 如果某螺钉连接需经常用手松开，例如工装，宜采用滚花螺帽		**带槽螺帽** 用于调节和重调轴向间隙和固定轴上的滚珠轴承
	锁紧螺帽 用于管螺纹连接		**吊环螺帽** 用作机器吊装运输时的吊环

六角螺帽一般与六角螺钉配合使用。

作用在螺钉上的拉力通过螺钉头部和螺帽传递到零件上。上紧螺钉连接时，螺钉将会膨胀，而螺帽则相反，它将轴向收缩。于是在螺钉螺纹与螺帽螺纹之间便产生螺距差，在螺距差的作用下，受力的螺帽螺纹中第一线螺纹的负荷最大。在螺帽随后的螺纹线上，负荷逐步下降（图 1）。

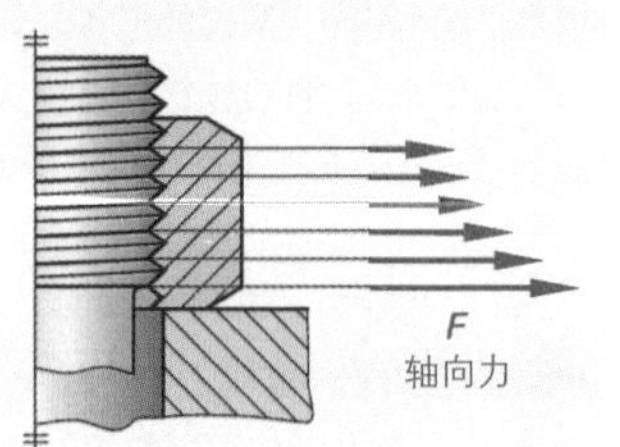

图 1：螺纹线上力的分布

■ 螺套

抗剪切强度较低的材料，例如轻金属、塑料和木材，它们的内螺纹在负荷较大时容易切断。

使用由成型线材制成的螺套可以在例如铝和铝镁合金这类金属材料中加工出高负荷螺纹（图 2）。这类螺套也可用于下列用途：必须修复有受损螺纹的工件，或经常拧入拧出的螺钉螺纹，例如柔性夹具系统中的夹板。由于合金钢制造的螺套可承受大紧固力，因此在使用高强度螺钉时，可以使用较小的螺纹直径，从而减轻质量。

自攻螺套由铜锌合金制造，它的外螺纹可在拧入的螺纹中自行攻丝或型压成螺纹（图 2）。它适宜用于塑料和木材。

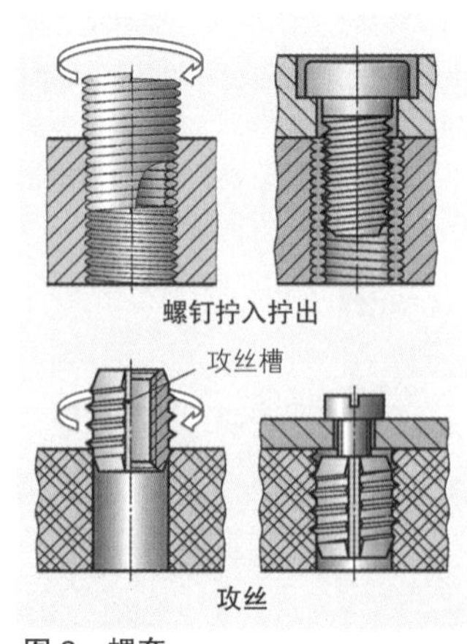

图 2：螺套

■ 螺钉的强度等级

非合金和合金螺钉的强度等级用标注在螺钉头的两个数字标明，例如 10.9（十点九）（表 1 和图 1）。第一个数字乘以 100 用于计算其抗拉强度 R_m。两个数字的积再乘以 10 即得出其屈服强度 R_e。

举例： 六角螺钉 ISO 4017 – M12×50 – 10.9

●$R_m = 10 \cdot 100\ \text{N/mm}^2 = 1000\ \text{N/mm}^2$

●$R_e = 10 \cdot 9 \cdot 10\ \text{N/mm}^2 = 900\ \text{N/mm}^2$

不锈钢螺钉的强度等级标注为 A2。不锈和耐酸螺钉的强度等级为 A4。强度等级用一个两位数的数字标明（表 1 和图 1）。该数字乘以 10，即可算出其抗拉强度 R_m。

举例： 六角螺钉 ISO 4017 – M12×50 – A2·50

●$R_m = 50 \cdot 10\ \text{N/mm}^2 = 500\ \text{N/mm}^2$

由于继续延长有危险，螺钉不允许超过其最小屈服强度 R_e 以及 0.2%屈服强度 $R_{p0.2}$。出于安全方面的原因，允许应力应该更低。这些均通过安全系数 v 予以标明。安全系数为 1.5 至 3。

表 1：螺钉强度等级与接合件材料的对应表

螺钉			连接
强度等级	抗拉强度 R_m (N/mm²)	屈服强度 R_e 以及屈服强度 $R_{p0.2}$ (N/mm²)	接合件材料
6.8	600	480	所有的结构钢 R_e<350N/mm²
8.8	800	640	
10.9	1 000	900	合金钢 R_e<350N/mm²
12.9	1 200	1 080	高硬度调质钢
A2–50	500	210	不锈钢
A2–70	700	450	
A4–50	200	210	不锈钢和耐酸钢

拉力负荷时受到威胁的横截面是应力横截面 A_s。该横截面可以计算得出，或从图表手册查取。

允许应力 $\sigma_{z\,zul} = \dfrac{R_e}{v}$

计算螺钉中应力 σ_z 的方法是：作用于螺钉杆的拉力 F 除以应力横截面 A_s：

拉应力 $\sigma_z = \dfrac{F}{A_s}$

举例： 用 n=6，强度等级 10.9 的螺钉密封一块封闭法兰。接受的总力达到 F_{ges} = 288kN，安全系数 v= 1.5。请问，必须使用哪一种规格的螺钉？

解题： $\sigma_{z\,zul} = \dfrac{R_e}{v} = \dfrac{900\ \text{N/mm}^2}{1.5} = 600\ \text{N/mm}^2$

$\sigma_{z\,zul} = \dfrac{F}{A_s}$； $F = \dfrac{F_{ges}}{n} = \dfrac{288\ 000\ \text{N}}{6} = 48\ 000\ \text{N}$

$A_s = \dfrac{F}{\sigma_{z\,zul}} = \dfrac{48\ 000\ \text{N}}{600\ \text{N/mm}^2} = 80\ \text{mm}^2$　选择：M12

（A_s=84.3 mm² →图表手册）

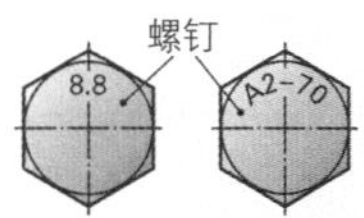

图 1：螺钉和螺帽强度等级的标记

■ 螺帽的强度等级

非合金和合金螺帽的强度等级用一个数字标明，例如 10。该数字乘以 100 便是该螺帽的最小抗拉强度 R_m。

举例： 六角螺帽 ISO 4032 – M12 – 10

●$R_m = 10 \cdot 100\ \text{N/mm}^2 = 1000\ \text{N/mm}^2$

不锈钢螺帽的名称标注与螺钉的相同（对比六角螺钉举例）。

举例： ISO 4032 – M12 – A2·50

与螺钉配对使用的螺帽必须具备至少与螺钉相同的等级强度（表 2）。

表 2：螺帽的强度等级

强度等级	
螺帽	配用的螺钉
6	6.8
8	8.8
10	10.9
12	12.9
A2–50	A2–50
A2–70	A2–70
A4–50	A4–50

从强度等级 8 开始，螺帽上必须标注其强度等级（图 1）。

■ 螺钉的防松动保护

有控制的紧固动作在螺钉上产生一个紧固力 F_V，该力紧固了螺钉的连接，例如使用无附加元件的长螺钉时。

防压实保护：由于材料的蠕变以及压实，例如螺钉的塑性变形，可能导致紧固力下降。我们把例如螺纹和螺钉头部下方表面粗糙度的压平称为压实。

> 防压实保护可平衡蠕变和压实，阻止紧固力的下降。

属于防压实保护的元件有夹紧垫圈和碟簧，它们的形状相同，只是尺寸方面有差异（图 1）。其他的弹性元件，例如弹簧垫圈、齿形垫圈和带齿垫圈，从螺钉强度等级 8.8 以上已无效果，因为它们在紧固力较大时已无弹性。

防松动保护：经受轴向强烈动态负荷的螺钉连接可能在例如螺钉与螺帽之间的螺纹啮合面出现因连接元件变形而导致的滑动运动。这时的螺钉连接可能向松动方向转动。

> 防松动保护阻止螺钉连接向松动方向转动。

我们经常采用的防松动保护是棘齿螺钉、棘齿螺帽和黏结剂（图 2）。棘齿螺钉和棘齿螺帽都有径向止动棘齿，它们在螺钉连接紧固时向工件方向压紧，棘齿的形状使它自动防止螺钉连接向松动方向转动。只要工件的硬度小于棘齿的硬度，这种螺钉和螺帽的紧固性能就可以一直保持良好。

黏结剂，例如涂在螺钉螺纹上的黏结剂，封装在薄壳里，由一层薄薄的硬化剂包裹着。拧入螺钉时，这层薄壳裂开；黏结剂与硬化剂混合，24h 之内完全硬化。即便在已淬火的表面也可以使用黏结剂。

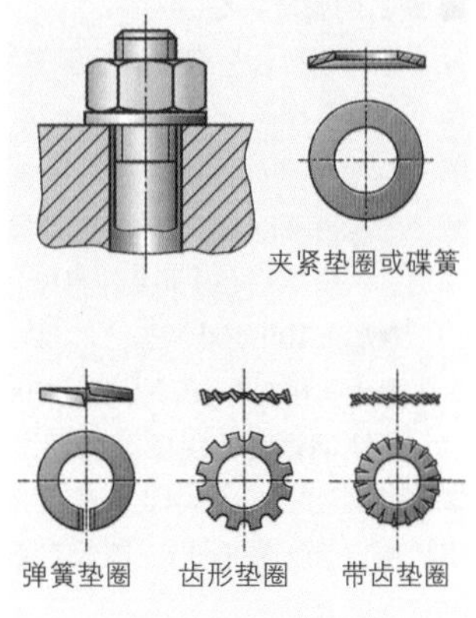

图 1：防压实保护

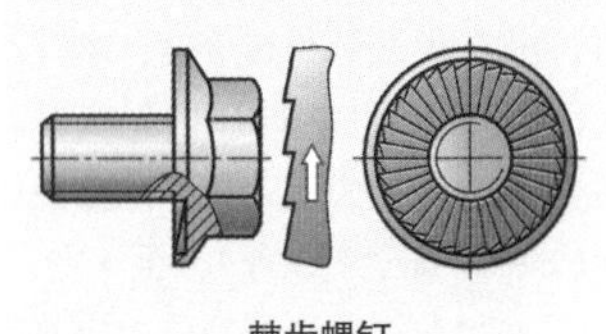

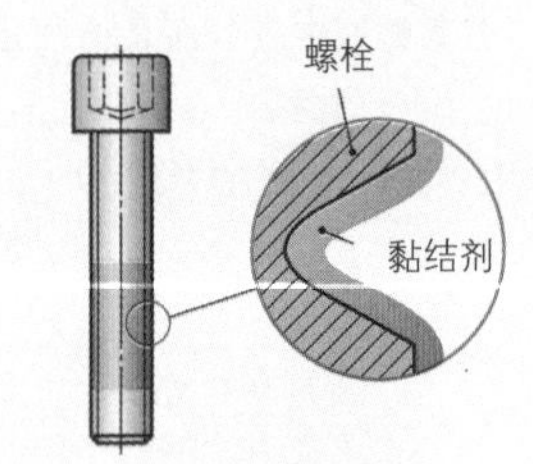

图 2：防松动保护

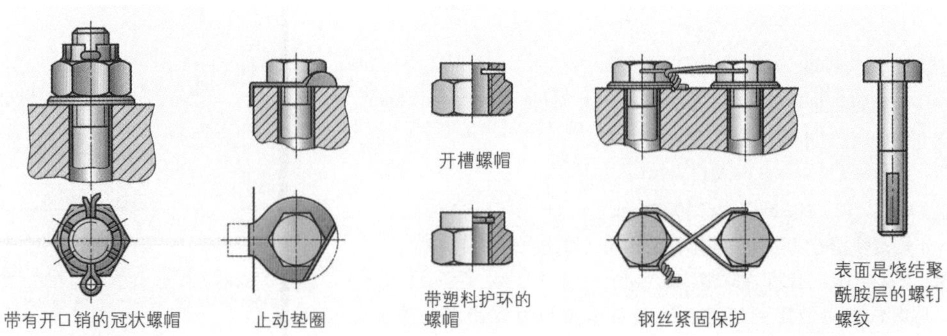

图 3：防脱落保护

防脱落保护：螺钉连接松动后，由于例如振动等原因，可能会完全分离脱落。

> 防脱落保护阻止连接的零件完全分离脱落

用于防脱落保护的有，例如带开口销的冠状螺帽、止动垫圈、开槽螺帽、带塑料护环的螺帽、钢丝紧固保护、和塑料涂层螺钉（见 434 图 3）。

■ 螺钉连接的紧固

手工紧固时经常使用的工具有：用于六角螺钉的固定扳手、梅花扳手或套筒扳手，用于带槽螺帽的月牙扳手（图 1），用于圆柱螺钉的内六角弯角扳手，用于一字槽、十字槽和内星形槽螺钉的螺丝刀等（图 2）。

扭矩紧固：扭矩紧固法时，一般采用测矩扳手将螺钉上紧到一个可调力矩（图 3）。

大批量生产时采用气动或液压驱动并可预选力矩的自动扳手，或脉冲扳手，后者沿正切方向向螺钉连接传递回转冲击力（回转脉冲）(图 4)。所有这些紧固方法中，由于所施加力矩中的大部分要求用于克服螺钉头部或螺帽与支承面和螺纹线上差异巨大的摩擦力，导致紧固力的波动非常大。为了达到足量的紧固力并为安全起见，必须选用大螺钉直径。

> 螺钉连接的安全性取决于螺钉紧固时所达到的紧固力 F_V。

转角控制式紧固法：首先用小力矩上紧螺钉。然后继续上紧到一个已计算求出的转角，以达到要求的紧固力。在这种紧固方法中，紧固力的扩散丢失相对很小。

屈服强度控制式紧固法：螺钉材料的负荷强度达到其屈服强度。与转角控制式紧固法相同的是，由于这种方法的紧固力扩散丢失相对很小，一般都用于较小的螺钉。

超声波技术紧固法：紧固力扩散丢失最小的紧固方法是超声波技术在紧固方法中的应用。采用这种方法时，螺钉头部安装一个约 40 μm 厚的传感器。传感器把自动扳手施加到螺钉头部的电压脉冲转换成一个超声波脉冲，该脉冲至螺钉尾部后反射回来，由传感器再次接收（图 5）。脉冲波的运行时间取决于螺钉负荷的大小：随着紧固力增大，超声波的波速降低。此外，由于螺钉的延伸，超声波的通道必须更宽。超声波运行时间与紧固力直接构成比例关系。达到指定的紧固力后，自动扳手立即关断。

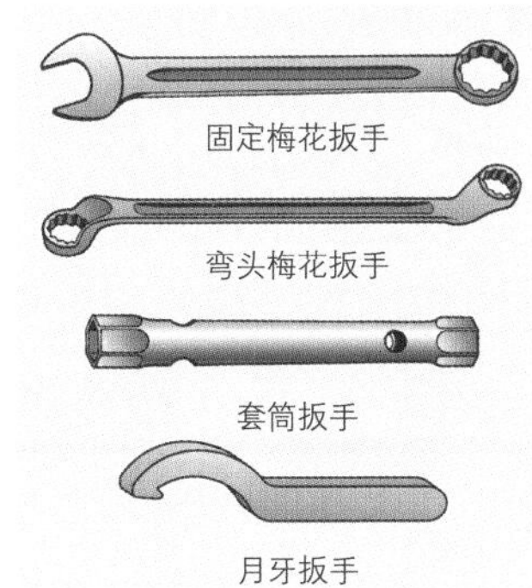

图 1：扳手

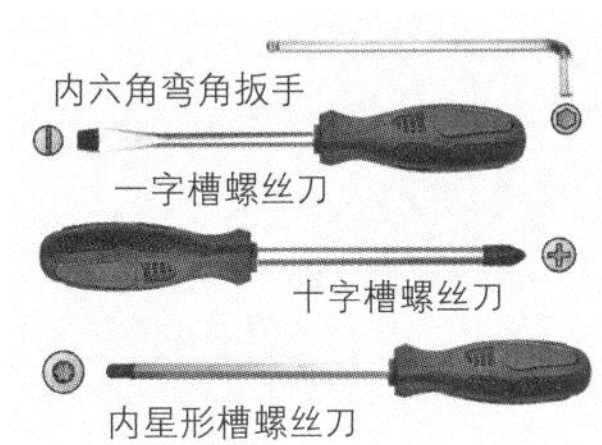

图 2：螺丝刀

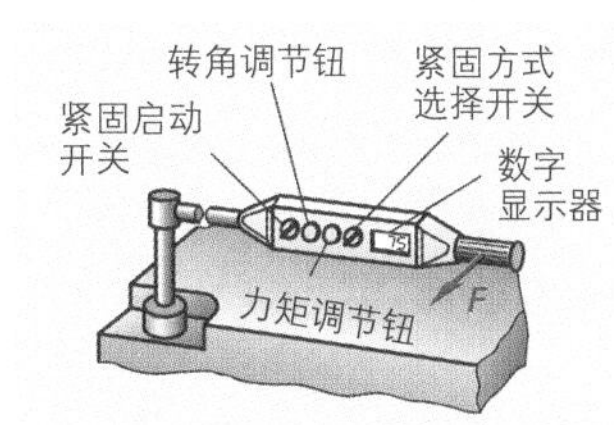

图 3：电子式测矩扳手

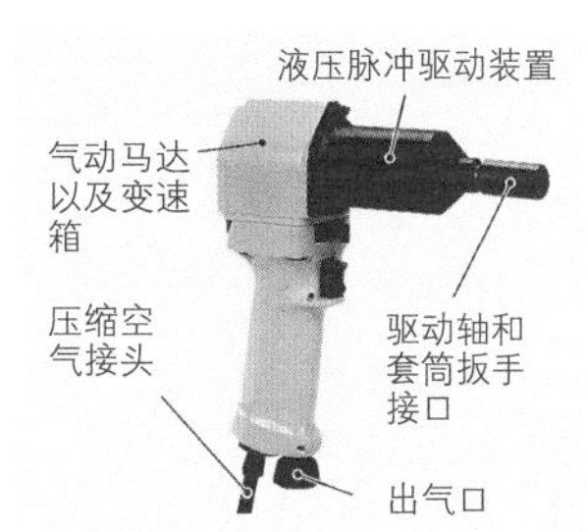

图 4：脉冲扳手

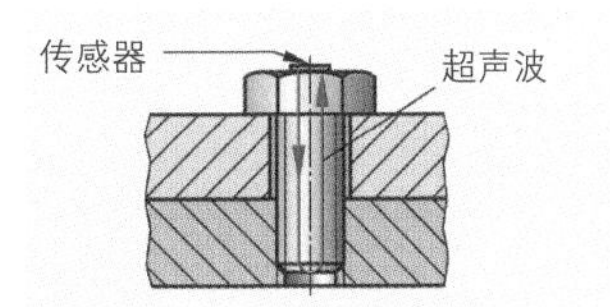

图 5：超声波控制的紧固方法

■ 力的传递与负荷

紧固螺帽或螺钉时作用的力矩是 M_A（图 1）。通过螺距（斜面）在螺钉杆部产生一个拉力（紧固力 F_V），该紧固力使螺钉拉长（弹性延伸）。作为对紧固力的反作用力产生了顶力 F_S，该力使零件上下压在一起（顶住）并相互夹紧（图 2）。

紧固力过大时，螺钉出现塑性变形并可能折断。

> 紧固螺钉时必须使用正确的紧固力。

如果不考虑摩擦力，最大紧固力 F_V 只取决于螺钉的规格和螺钉的材料。但由于螺纹线的摩擦力，螺钉紧固时不仅受到拉力负荷，同时还受到扭力负荷的作用。由于这种复合负荷的作用，最大紧固力 F_V 随着摩擦力的增加而变小（表 1）。

紧固力 F_V 由紧固力矩 M_A 产生。手工紧固时，紧固力矩是臂力 F_1 与扳手有效长度 l 的乘积（图 1）。

为了达到规定的紧固力，随着摩擦力的增加，紧固力矩必须更大（表 1）。

> 紧固力矩 $M_A = F_1 \cdot l$

由于存在着紧固力矩过大可能导致螺钉出现永久变形或断裂的危险，对紧固力矩规定了最高值，该值可从表中查取（表 1）。

如果用一根套管延长固定扳手的力臂 l，则可以超过允许表值。

举例： (a) 用一个 l = 200 mm 的固定扳手上紧一个强度等级为 8.8，摩擦系数 μ = 0.12 的 M10 螺钉需要用多大的臂力？

(b) 如果用一根 500 mm 套管延长固定扳手的有效长度，则允许紧固力矩可增加的系数 x 是多大？

解题： (a) 查表 1 可知，最大紧固力矩达到 M_A=46 N·m

$$M_A=F_1 \cdot l;\ F_1=\frac{M_A}{l}=\frac{46\ \text{N}\cdot\text{m}}{0.2\ \text{m}}=230\ \text{N}$$

(b) $x=\dfrac{500\ \text{mm}}{200\ \text{mm}}=2.5$

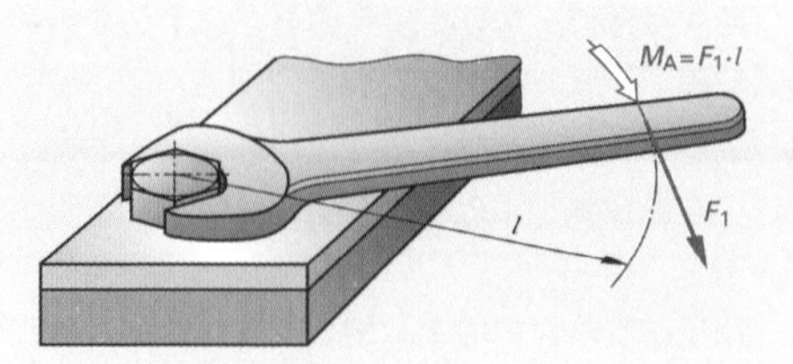

图 1：紧固力矩

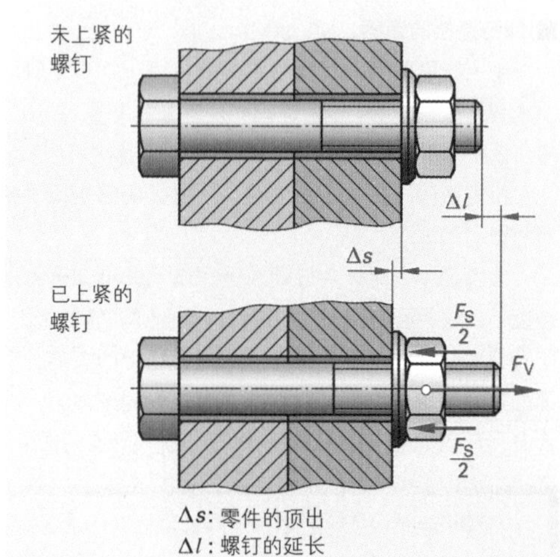

图 2：紧固力的作用

表 1：螺纹杆的紧固力和紧固力矩

螺纹标记名称		最大紧固力 F_V (kN) 最大紧固力矩 M_A (N·m)								
		强度等级								
		8.8			10.9			12.9		
		摩擦系数 μ								
		0.08	0.12	0.14	0.08	0.12	0.14	0.08	0.12	0.14
M8	F_V	18.6	17.2	16.5	27.1	25.2	24.2	31.9	29.5	28.3
	M_A	17.9	23.1	25.3	26.2	34	37.2	30.7	39.6	43.6
M10	F_V	29.5	27.3	26.2	43.3	40.2	38.5	50.7	47	45
	M_A	36	46	51	53	68	75	61	80	88
M12	F_V	43	39.9	38.3	63	58.5	56.2	73.9	68.5	65.8
	M_A	61	80	87	90	117	128	105	137	150
M16	F_V	81	75.3	72.4	119	111	106	140	130	124
	M_A	147	194	214	216	285	314	253	333	367
M20	F_V	131	121	117	186	173	166	218	202	194
	M_A	297	391	430	423	557	615	495	653	720
M24	F_V	188	175	168	268	250	238	313	291	280
	M_A	512	675	743	730	960	1060	855	1125	1240

由紧固力矩 M_A 产生一个圆周力 F_U，该圆周力导致产生一个大紧固力 F_V（图 1）。紧固力 F_1 已定时，紧固力 F_V 便取决于螺纹的螺距 P（螺旋角）：大螺旋角产生较小的紧固力 F_V，而小螺旋角产生较大的紧固力 F_V。

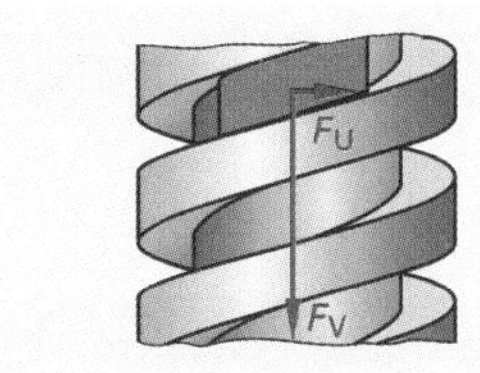

图 1：作用在一个螺钉上的力

紧固力（无摩擦）	$F_V=\frac{M_A \cdot 2 \cdot \pi}{P}$

螺纹啮合面以及螺帽或螺钉头部在支承面上的上下方向滑动会产生摩擦损耗。这种摩擦降低了紧固力 F_V，因为螺纹摩擦力矩和头部摩擦力矩反作用于紧固力矩 M_A（图 2）。最大可达 90%的摩擦损耗体现为效率 η 之内。

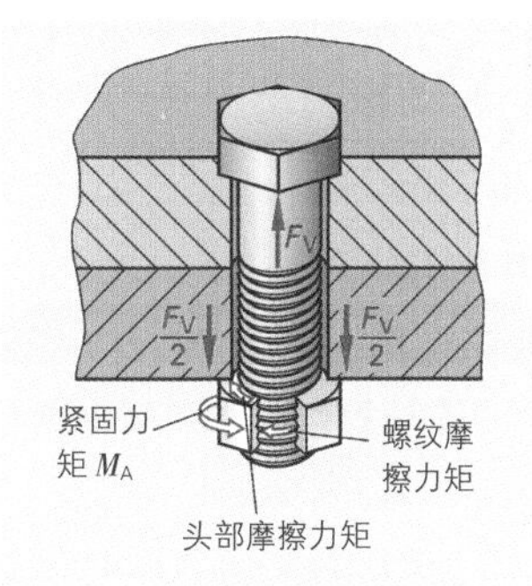

图 2：作用在一个螺钉连接上的力矩

紧固力（有摩擦）	$F_V=\frac{M_A \cdot 2 \cdot \pi}{P} \cdot \eta$

举例： 如果用 M_A=55 N·m 力矩上紧一个 M12（P=1.75 mm）的螺钉（η= 0.11），请问紧固力 F_V 应是多大？

解题： $F_V=\frac{M_A \cdot 2 \cdot \pi}{P} \cdot \eta=\frac{55000\ \text{N} \cdot \text{mm} \cdot 2 \cdot \pi}{1.75\ \text{mm}} \cdot 0.11=21722\ \text{N}$

对于所要求的紧固力 F_V，可以通过下式计算其紧固力矩 M_A。

紧固力矩	$M_A=\frac{F_V \cdot P}{2 \cdot \pi \cdot \eta}$

举例： 如果上紧一个 M16（P=2 mm）的螺钉所需紧固力 F_V=100kN，同时效率达到 η=15 %，请问必须选择多大的紧固力矩 M_A？

解题： $M_A=\frac{F_V \cdot P}{2 \cdot \pi \cdot \eta}=\frac{100000\ \text{N} \cdot 0.002\ \text{m}}{2 \cdot \pi \cdot 0.15}=212\ \text{N} \cdot \text{m}$

如果螺钉连接还必须加上一个运行力 F_B，则螺钉杆的延伸将更大（图 3），但夹紧力将因此降低。但夹紧力永不允许为零，否则零件将彼此分离。

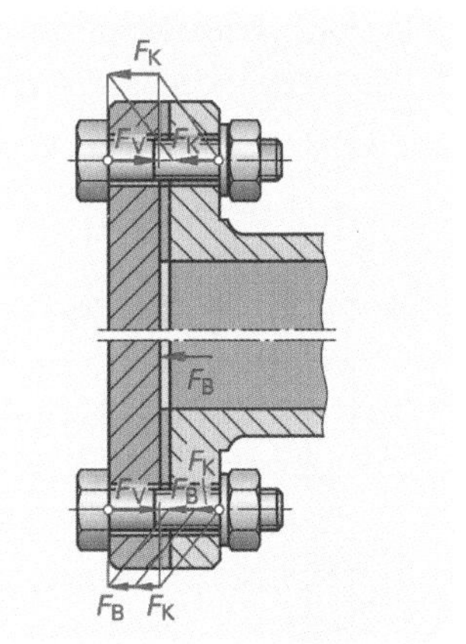

图 3：出现运行力的螺钉连接

本小节内容的复习和深化:

1. 如何才能根据头部形状划分螺钉？
2. 如何才能在铝合金的内螺纹中传递较大的力？
3. 为什么一个螺钉的拉应力不允许大于 R_e 或 $R_{p0.2}$？
4. 一个强度等级为 8.8 的螺钉的最小抗拉强度和最小屈服强度是多大？
5. 一个与强度等级为 10.9 的螺钉配合使用的螺帽必须具备多大的最小抗拉强度？
6. 防松动保护与防脱落保护之间的区别在哪里？
7. 为什么在紧固力 F_V 完全利用的条件下可以使用较小直径的螺钉？
8. 现在用强度等级 12.9 的 M16 螺钉连接两块板。如果紧固力 F_V=110 kN，那么针对 R_e 的保护措施有哪些？
9. 如果上紧一个 M10 螺钉所需紧固力 F_V=70 kN，同时效率达到 η=0.12，请问必须选择多大的紧固力矩 M_A？

6.3.3 销钉连接

■ 使用目的

销钉用于可拆卸式连接。

销钉的用途

- ●用于固定位置的定位销（图 1）；
- ●用于摩擦力接合式和（或）形状接合式连接中的固定销；
- ●避免零件出现损伤的抗剪销。

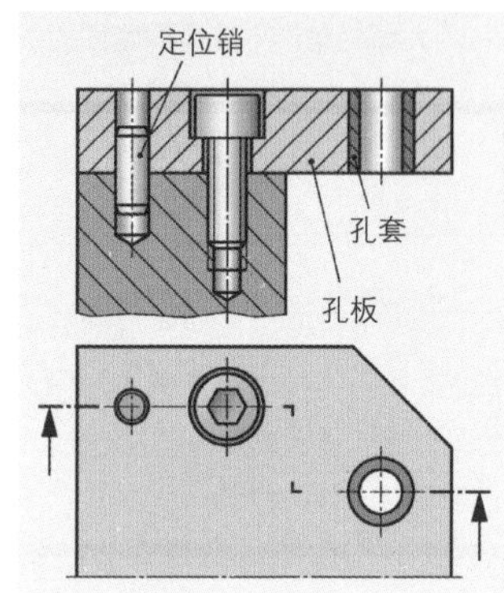

图 1：定位销

■ 销钉的形状

根据形状可把销钉划分为

●圆柱销　●锥形销　●刻槽销

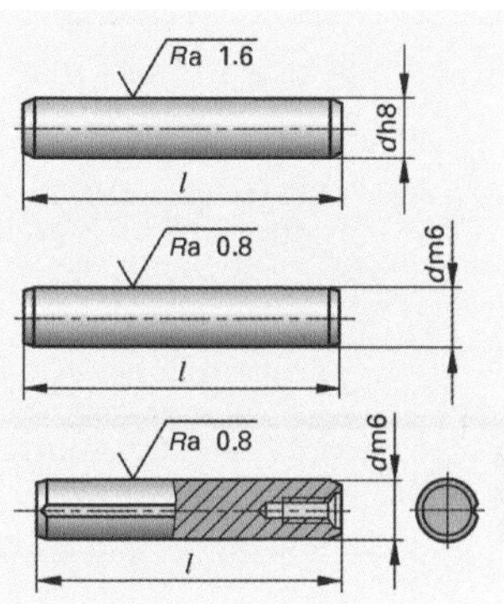

图 2：圆柱销

圆柱销主要用作定位销（图 1）。未淬火圆柱销的公差等级为 h8 和 m6，淬火圆柱销公差等级为 m6（图 2）。淬火圆柱销用于高负荷零件。为了简化装配，圆柱销均已倒角。

为在装配时使空气从底孔中排出，常使用带有纵向凹槽的圆柱销。为便于拆卸，这类销钉还配有内螺纹（图 2）。

淬火圆柱销在其名称中已标明直径、长度和材料。未淬火圆柱销的名称还增加了公差等级，例如圆柱销 ISO 2338-6m6-30-St。根据孔和销的实际尺寸，铰出的孔（公差等级 H7）在配合时可能产生间隙配合或过盈配合。

举例： 现用圆柱销 6m6 连接两块带有 6H7 孔的板。请问：最大间隙和最大过盈尺寸是多少？

解题： 经查表得知 6H7/m6 的配合如下：

孔最大尺寸　G_{oB}=6.012 mm

孔最小尺寸　G_{uB}=6.000 mm

轴最大尺寸　G_{oW}=6.012 mm

轴最小尺寸　G_{uW}=6.004 mm

最大间隙 $P_{SH}=G_{oB}-G_{uW}$=6.012 mm−6.004 mm =0.008 mm

最大过盈尺寸 $P_{uH}=G_{uB}-G_{oW}$=6.000 mm−6.012 mm =−0.012 mm

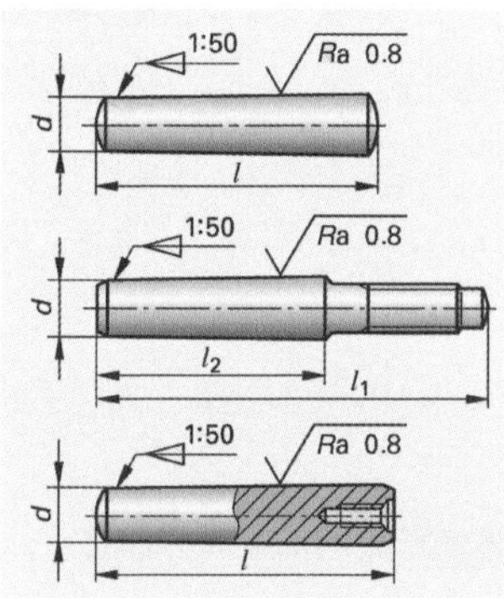

图 3：锥形销

锥形销主要用作固定销。其锥度为 C = 1:50（图 3）。锥形销名称中所标明的是形状、小锥端直径、长度和材料，例如锥形销 ISO 2339-A-5×40-St。用锤子将锥形销打入铰出的孔时，销钉呈弹性夹紧。但这里所产生的摩擦力接合式和形状接合式连接中却没有防振动保护。若需从底孔中拆卸锥形销，宜使用带有外螺纹或内螺纹的锥形销（图 3）。

刻槽销主要用于连接小负荷并且很少拆卸的零件（图 4）。在刻槽销的圆周上有三个纵向槽，在打入用麻花钻钻出的销孔时，销钉的变形属弹性变形。

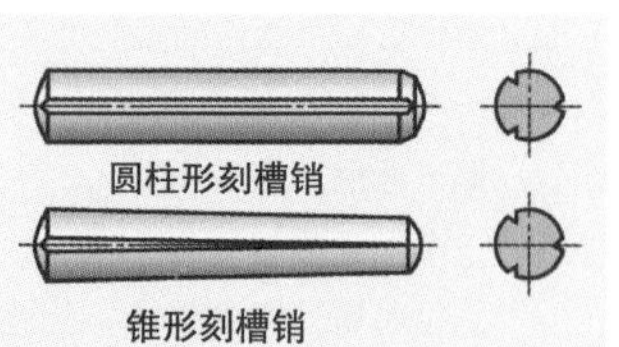

图 4：刻槽销

销钉连接的理想状况是，销钉尾部伸入至零件销孔内的长度大约相当于销钉直径（图 1）。因此，工件较厚时，应对销孔扩孔，以便于用绞刀修整并简化装配。拆卸销钉时可以再打通孔（图 1）。

对于必须经受较大横向力的销钉，必须考虑到其受威胁的横截面可能剪断的危险（图 2）和销孔的允许压强（表 1）。用作用于最危险横截面的力 F 除以销钉横截面 S 即可计算出剪切应力：

剪切应力 $\tau_a = \dfrac{F}{S}$

允许剪切应力是机械制造和设备制造的一个经验值。它取决于不同的负荷状况（见 474 页）。对于未淬火销钉推荐下列数值：

负荷状况		
Ⅰ（安静的）	Ⅱ（膨胀的）	Ⅲ（交变的）
τ_{azul} = 80 N/mm²	τ_{azul} = 60 N/mm²	τ_{azul} = 40 N/mm²

用力 F 除以投影面 A 即可计算出销孔内的压强 p。

压强 $p=\dfrac{F}{A}$

举例： 将一个齿轮装入一根 d_W = 40 mm 的轴，用一根圆柱销 ISO 2338 固定。传递扭矩达到 $M = 65N \cdot m$。如果出现膨胀负荷，销钉直径必须至少达到多大？负荷横截面的数量为 $n = 2$。

解题： 膨胀负荷达到 $\tau_{a\,zul}$ = 60N/mm²（表上部）

$$M = F \cdot \frac{d_w}{2}$$

$$F=\frac{2 \cdot M}{d_W}=\frac{2 \cdot 65000\ \text{N/mm}}{40\ \text{mm}}=3250\ \text{N}$$

$$S_1=\frac{F}{\tau_{a\,zul} \cdot n}=\frac{3250\text{N}}{60\text{N/mm}^2 \cdot 2}=27.1\ \text{mm}^2$$

$$d=\sqrt{\frac{4 \cdot S_1}{\pi}}=\sqrt{\frac{4 \cdot 27.1\ \text{mm}^2}{\pi}}=5.9\ \text{mm}$$

选择：d=6 mm

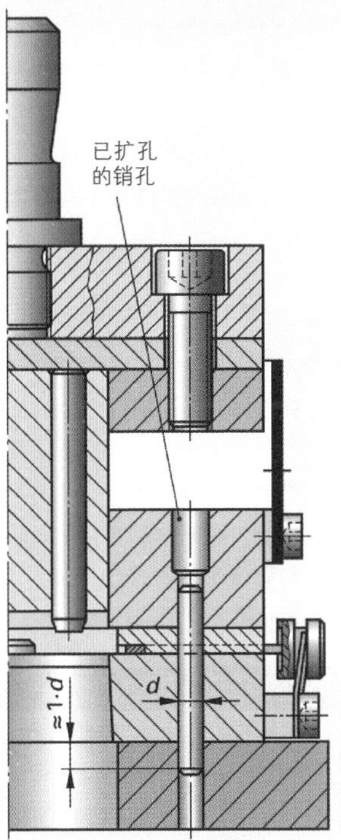

图 1：装配完毕的圆柱形销

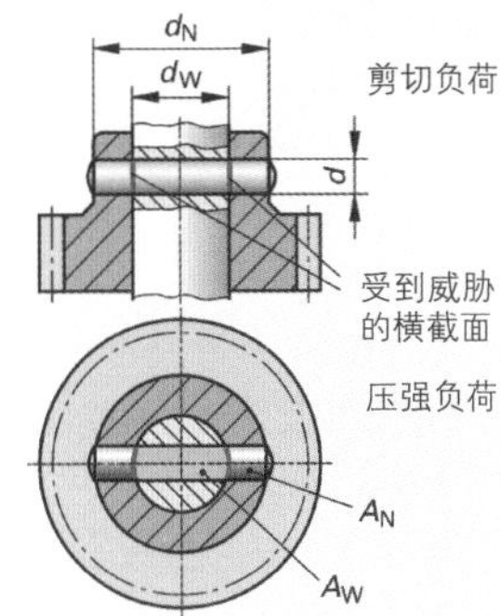

图 2：受到威胁的销钉横截面

表 1：静止零件的允许压强

材料	压强 p_{zul} (N/mm²)
S235	70
E295	75
EN-GJL-150	50
EN AC-AlSi	30
EN AW-AlCu4Mg1	45

本小节内容的复习和深化：

1. 定位销用于哪些用途？
2. 未淬火圆柱销（DIN EN 2338）的公差等级是多少？
3. 为什么将带有纵向槽的圆柱销用于底孔？
4. 用 8h8 圆柱销接合 8H7 孔时将出现有间隙配合。请问，最大间隙和最小间隙分别是多大？
5. 锥形销的锥度是多大？

6.3.4 铆钉连接

■ 任务

铆钉形成的是不可拆卸连接。

固定铆钉连接可以传递很大的力。固定和密封铆钉连接则必须在传递大力的同时密封相互连接的零件。超级密封铆钉连接要求连接零件的同时对它们密封。

在现代机器制造业中，传统的铆钉几乎已经完全被电焊代替（见248页）。但在薄板连接时，例如轿车和车身制造，固定铆钉连接的重要意义却日渐上升。在飞机制造业中，铆钉连接更是无法取代的连接方法，因为这个行业大量采用可硬化的铝合金或钛合金，而这两种合金的强度将因焊接而大幅度下降。例如，制造一架空中客车需用350万个铆钉（图1）。超级密封铆钉连接在管道制造业以及高压技术和真空技术领域也得到广泛应用。

图1：空中客车飞机铆钉连接的外轮廓

与焊接相比，铆钉的优点

- 无材料组织变化，因此在待连接的板材内不会引起强度降低和变脆；
- 不同的材料以及表面优化改进的板材，例如抛光或涂层，都可以用铆钉接合；
- 在仅允许单面接触的板材上也可以实施铆钉连接；
- 能源消耗更低；
- 没有因气体和光辐射对健康造成危害。

■ 铆钉的类型

我们可以根据铆钉的头部形状、杆部结构和铆接方法划分铆钉（图2）。

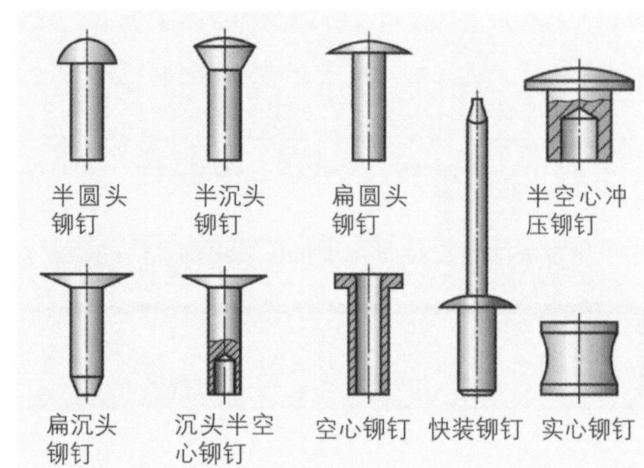

图2：铆钉类型

■ 铆接方法

锤击铆接：已加工成形的铆钉由铆钉扁头、杆部和铆钉镦头组成（图3）。铆钉的钻孔和沉入部分用拉铆器一起压入。通过镦扁把铆钉孔完全充满。接着把伸出铆钉孔的铆钉杆做成铆钉镦头形状。

摆动铆接：摆动铆接时，铆接工具在围绕着铆钉轴线做摆动式圆周运动，将待成型的材料压成所需的铆钉头部形状（图4）。

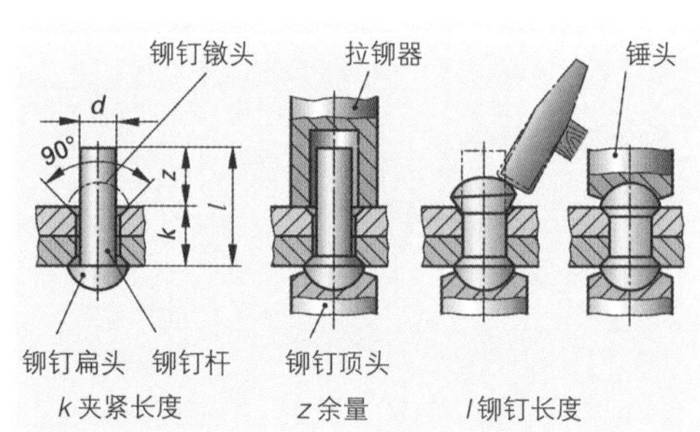

图3：锤击铆接

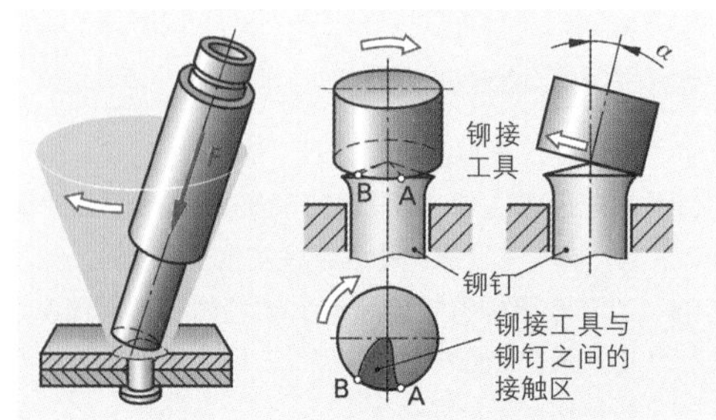

图4：摆动铆接

快装铆钉：当铆接部位只能单面接触时，宜使用快装铆钉。快装铆钉由铆钉套和铆钉芯组成。铆钉杆部有一个设定断裂点。用铆接工具将铆钉芯头部拉入空心铆钉突出的杆尾部，从而产生塑性变形并形成铆钉镦头。当达到最大可能的压紧力时，铆钉芯在设定断裂点拉断（图1）。

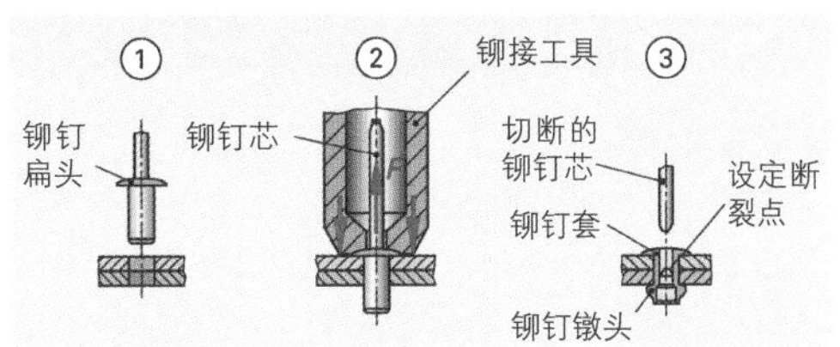

图1：快装铆钉

冲压铆接：冲压铆接时，铆钉自己冲出它的铆钉孔。我们把冲压铆钉分为半空心铆钉和实心铆钉。

半空心铆钉首先冲穿阳模面薄板。接着，铆钉继续向前挤压，并同时使阴模面薄板变形。材料被挤压入阴模的空腔，形成铆钉镦头（图2）。由阳模面薄板冲裁形成的部分填充空心的铆钉杆，并封闭在杆内。由于阴模面薄板没有冲穿，这种铆钉连接非常坚固并且密封。

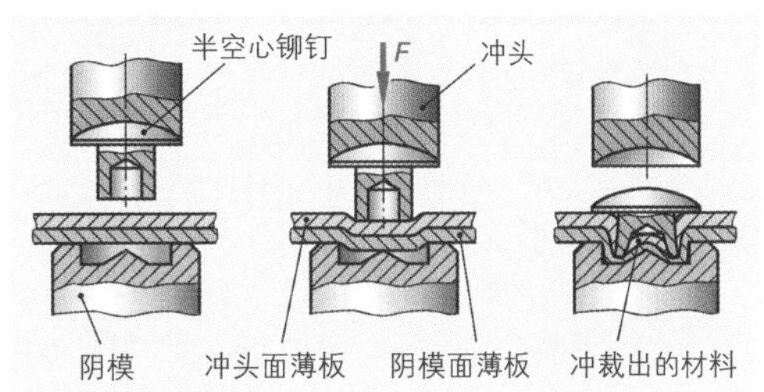

图2：半空心铆钉的冲压铆接

实心铆钉在铆接过程中没有变形。它贯通了需连接的薄板；冲裁出的材料穿过阴模掉下去。冲头和阴模在其端面都有突出部。这样，当冲头行程到底时，接合件的材料已被挤入铆钉的咬边范围（图3）。

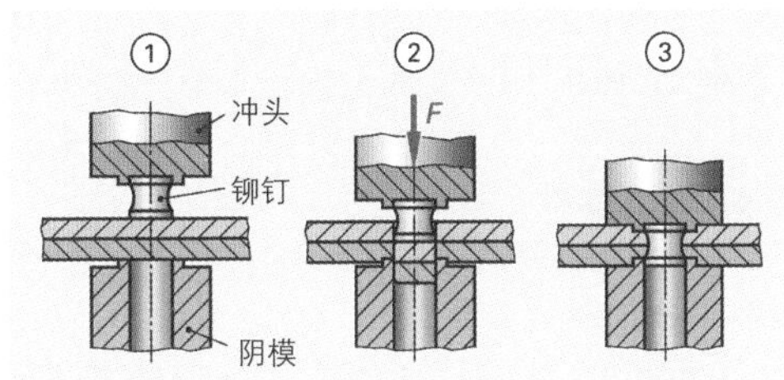

图3：实心铆钉的冲压铆接

■ 类似铆接的其他方法

混合接合法：采用此法时，通过冷压成型，而不是用铆钉，使两板相互连接起来。冲头将待连接的部分冲入阴模。一旦冲头达到阴模底部，材料立即横向流动。两板之间形成形状接合型连接（图4）。

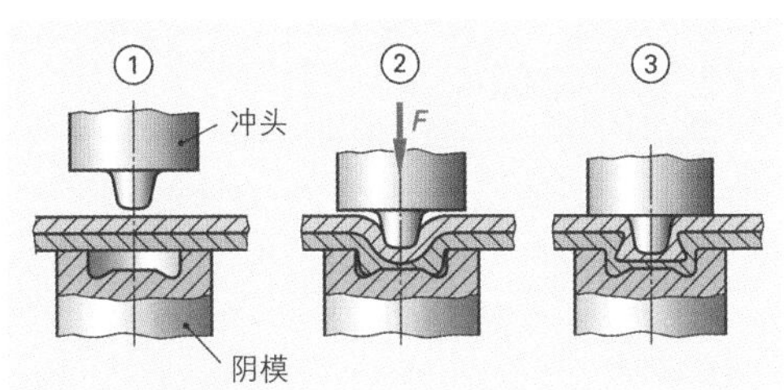

图4：混合接合法

■ 铆钉材料

铆钉材料一般使用钢、铜、铜锌合金和铝合金，在特殊情况下还使用塑料和钛。为避免连接点在加热时出现电腐蚀和穿孔，铆钉应尽量使用与被铆接零件相同的材料制造。

> 铆钉应具备足够的强度和良好的可变形性能。

本小节内容的复习和深化：

1. 如何才能按照对铆钉连接所提出的要求对其进行划分?
2. 与焊接相比，铆接有哪些优点?
3. 在什么情况下使用快装铆钉?
4. 冲压铆接有哪些优点?
5. 铆钉用哪些材料制成?
6. 为什么零件与铆钉应使用相同材料制作?

6.3.5 轴－轮毂连接

■ 任务和类型

机器部件如联轴器和齿轮等必须与轴连接后才能传递转矩。转矩传递的方式可以是形状接合型、预应力形状接合型、摩擦力接合型或材料接合型等多种形式（见237页表1）。

> 轴－轮毂连接传递转矩。

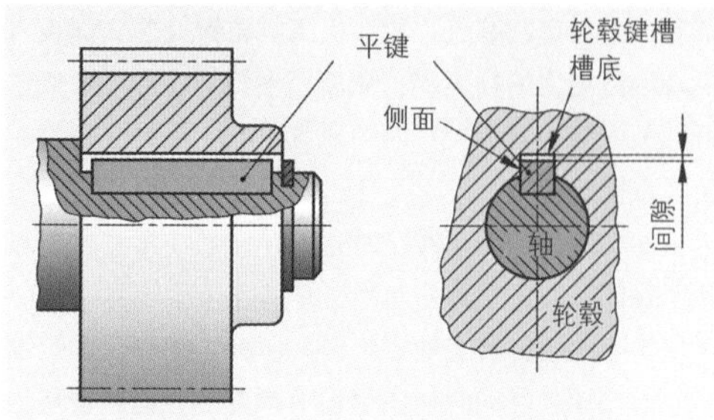

图1：平键连接

■ 形状接合型连接

平键连接是纯粹的夹持型连接。平键平行的侧面正好位于轴键槽和轮毂键槽内（图1）。在平键背面与轮毂键槽槽底之间存在着间隙。这种连接不宜经受冲击型负荷，因为冲击型负荷将造成平键和键槽侧面塑性变形并使之受到破坏。对于执行转换功能而必须装入轴的齿轮而言，其平键则通过相应的公差实现动配合。

平键的形状(图2)

A形的端面为圆端面。这类平键适宜装入键槽铣刀铣出来的轴键槽。

B形的端面为平端面。这类平键要求轴键槽用圆盘铣刀或立铣刀加工。

C形与形状A类似，但补充了一个固定螺钉孔，固定螺钉将平键固定在键槽内。

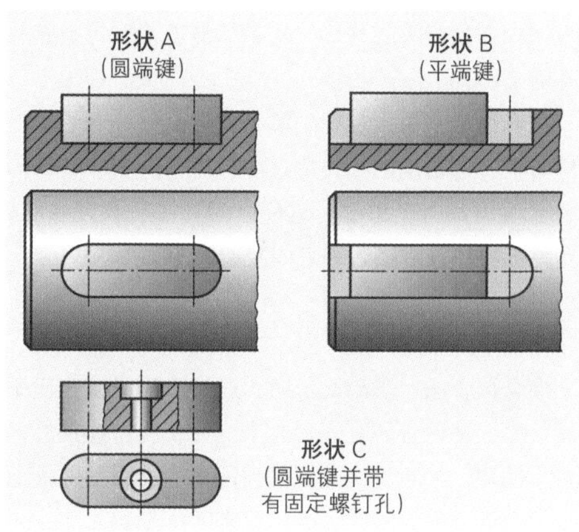

图2：平键的形状

花键轴连接用于高负荷夹持型连接，例如加工机床的变速箱传动轴。花键轴的偶数键槽数需要的平键数也是偶数，这样，转矩可以通过均匀的圆周分布进行传递（图3）。花键轴连接中的轴和轮毂在配合合适的情况下可以轴向位移。因此，这类连接也用于滑动齿轮（图4）。轮毂在轴上的定中心大部分采用按轴和轮毂内径定中心的方法（图3）。

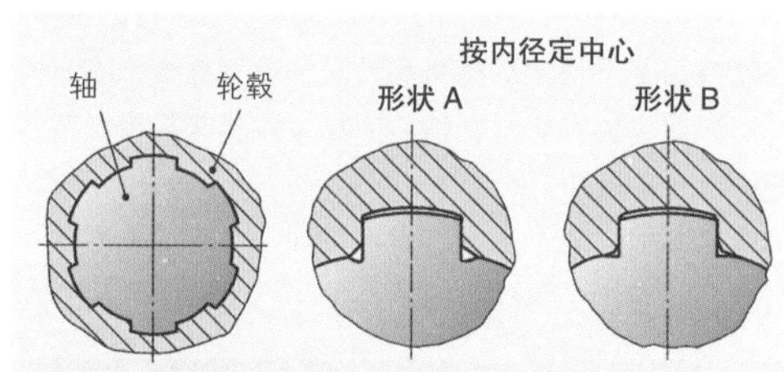

图3：花键轴轮廓形状

> 可轴向位移的零件多采用花键轴连接，这种连接方法可以传递大转矩。

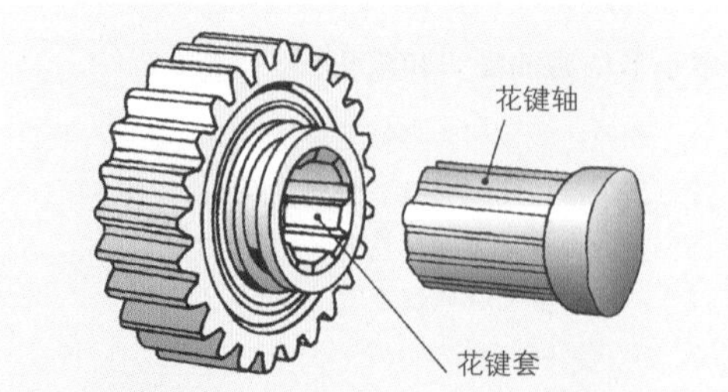

图4：花键轴连接

外花键连接，与花键轴连接相比，外花键连接由于其更精确的齿距使轴与轮毂的连接更少损耗（图 1）。因此，这种连接可在直径相同时传递更大的转矩。由于齿数众多，外花键连接特别适用于冲击型负荷。此外，轴与轮毂的角度位置可以逐齿逐步地改变，例如在杠杆上。

外花键连接根据齿面形状划分。绝对大部分使用的渐开线花键（英语：involute spline）连接中，齿形与齿轮的相同，而齿数则取决于轴的直径和模数。

平行啮合花键的轮齿呈楔形齿面（英语：straight sided spline）。齿的两个面构成平行面。

锯齿形花键（细牙花键）的齿面呈锯齿状（英语：serration spline），尖齿顶。

外花键连接要求高加工精度，以使所有齿面均参与转矩传递。轴和轮毂基本上可以轴向位移，这一点在许多应用实例中得到充分利用。

多边形轴连接是高定心精度的轴-轮毂连接方式。由于这种连接实际上没有开槽产生的切口应力集中效应，因此与平键连接相比，它可以传递更大的转矩（图 2 和图 3）。

> 多边形轴连接是自定心且无切口应力集中效应。

■ 预应力形状接合型连接

楔键连接时，用坡度为 1:100 的楔侧面小间隙地插入轴键槽和轮毂键槽，形成连接。通过楔键的嵌入使轴和轮毂相互夹紧（图 4）。这种夹紧使轴与轮毂相互之间的中心轴线略有微小偏移，但这种偏移不会损害相互连接零件的功能。

由于中心轴线的偏移而产生的不平衡使得楔键连接不适用于高转速连接。

端面齿连接是自定心连接元件端面径向排列的齿相互啮合的连接（图 5）。端面齿连接可因其高分度精度而用于圆分度工作台，因其体积小而用于变速箱。

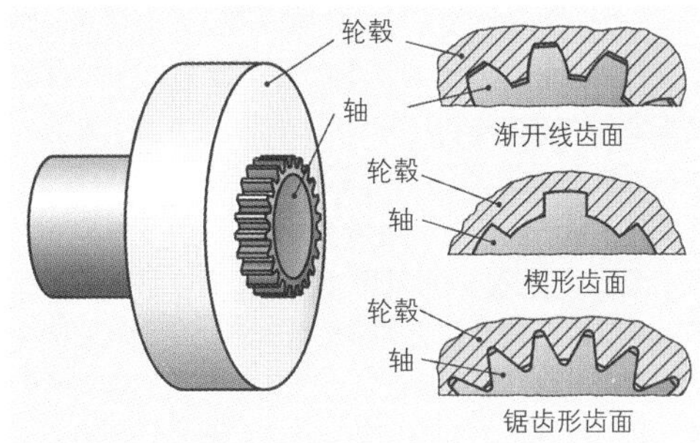

图 1：外花键连接

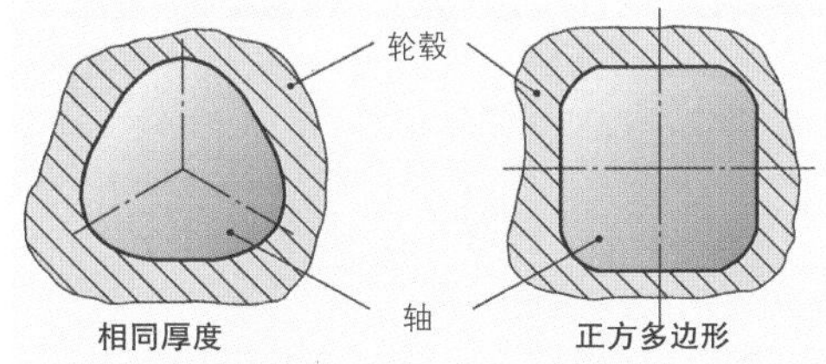

图 2：多边形轴轮廓

图 3：变速传动箱的多边形轴连接

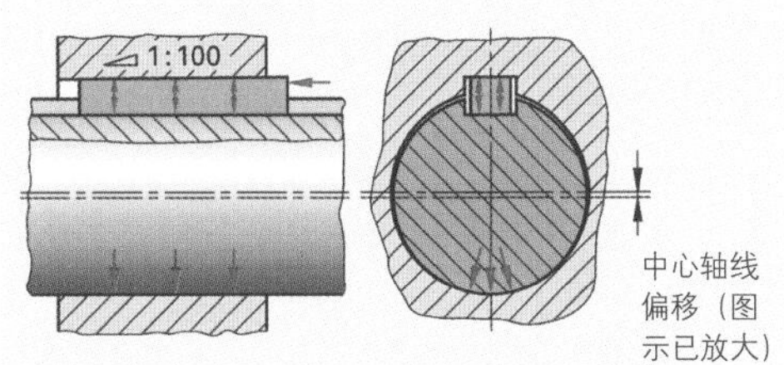

图 4：楔键连接

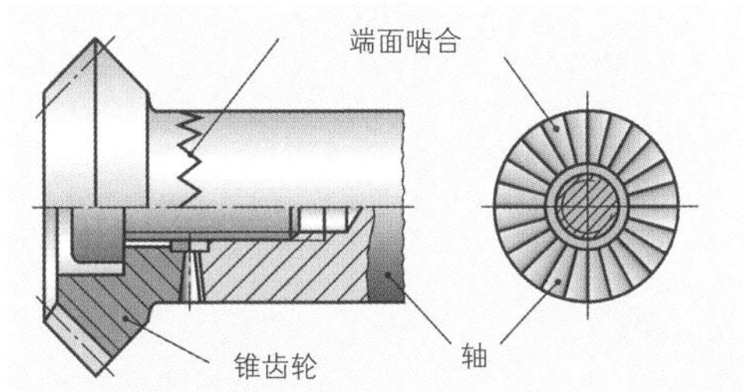

图 5：端面齿连接

圆楔连接是通过非圆接合横截面实现连接的，横截面圆周上一般分布着三个圆键（图 1）。圆楔段的形状呈对数螺旋线形。由于轮毂的圆楔轮廓比轴的圆楔轮廓约大 0.03 mm，两个零件可以轴向有间隙接合。将轮毂在轴上旋转一个预先计算的角度，或施加一个指定的紧固力矩，即可使两个零件相互夹紧。由于圆楔段有一个小坡度，在高径向跳动精度时，该连接在两个方向上均自锁。圆楔接合轮廓是根据负荷和所要求的径向跳动精度采用压铸、计算机数控（CNC）高速铣或高速磨以及成型磨等方法加工的。

> 圆楔连接可以在两个转动方向上传递大转矩。

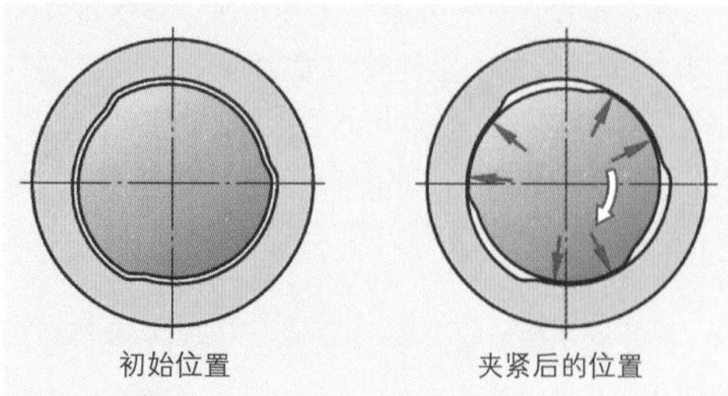

图 1：圆楔连接

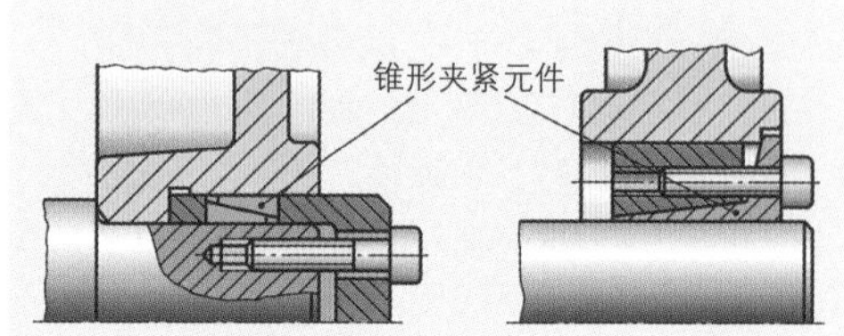

图 2：环形弹簧夹紧连接

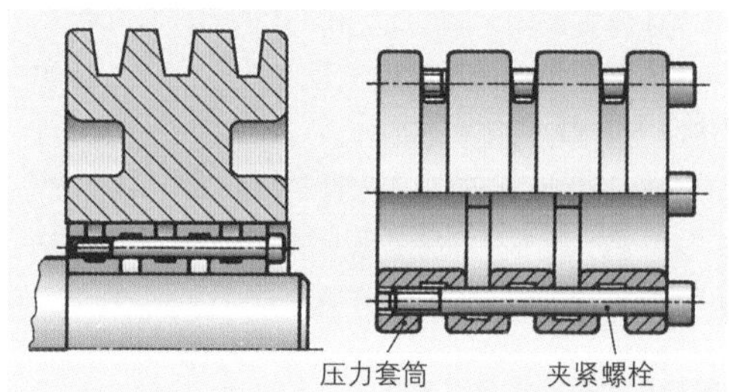

图 3：压力套筒

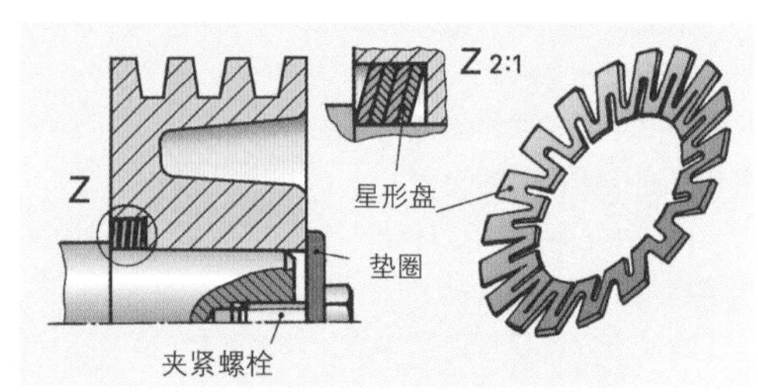

图 4：星形盘连接

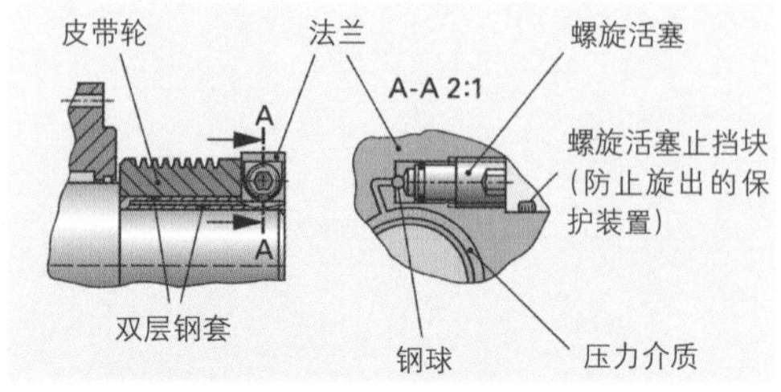

图 5：紧固套

■ 摩擦力接合型连接

摩擦力接合型连接时，轮毂和轴可以在任何一个角度位置上夹紧。轴设计成光滑的，没有因槽或横孔而降低强度。

环形弹簧夹紧连接是通过锥形夹紧元件的相对夹紧实现的（图 2）。螺钉所产生的轴向力使环形弹簧径向延伸或压缩，同时将轴和轮毂夹紧在一起。

压力套筒由弹力钢制成，在外径和内孔有环形槽（图 3）。通过上紧夹紧螺栓，使径向略微倾斜的壁板垂直于轴线，同时直径也有些微变化。

星形盘连接是通过锥形面并且径向开槽的圆盘的轴向夹紧实现的（图 4）。锥形圆盘自身平展（垂直于轴线）导致向外部孔和轴施压。圆盘的数量取决于待传递的转矩大小。

紧固套通过液压产生的力将轴和轮毂连接在一起（图 5）。轴与轮毂之间是一个双壁的、灌入压力介质并装有法兰的钢套筒。法兰内装有一个螺旋活塞，旋入时，它将补充的压力介质压入套筒。套筒因介质的压入而向轴和轮毂方向膨胀，并产生一个摩擦力接合型连接。一个钢球在此阻止压力下降。

■ 轴保护装置

形状接合型轴-轮毂连接和零件，如可在轴上或孔内移动的滚动轴承，必须做轴向固定保护。这种保护是形状接合型或摩擦力接合型。

形状接合型轴保护：轴向夹持力的大小取决于保护元件的结构形式和机器零件的设计造型（图1）。例如，轴上的卡槽必须与轴端保持足够的间距。受保护机器零件的接触面应尽可能大面积地与卡圈接触。如果机器零件已采用大倒角或倒圆等措施实施了保护，则应使用附加支圈或圆周上均匀分布着凸齿的卡圈。

大部分形状接合型保护元件均要求对轴进行加工。这将缩减轴的横截面，导致额外的切口应力集中效应或不平衡。

摩擦力接合型轴保护：摩擦力接合型保护元件，例如带槽螺帽或十字孔螺帽，可以避免上述缺点。除任意一个零件的轴向位置固定之外，还可以通过在轴的细牙螺纹上转动螺帽精确调节，例如圆锥滚子轴承或圆柱滚子轴承的间隙。实现这种保护紧固作用的途径有二：一是用内六角螺钉使开槽的十字孔螺帽变形（图2上图）；二是通过螺销，螺销把安全销压在轴螺纹的螺纹螺旋面上（图2下图）。

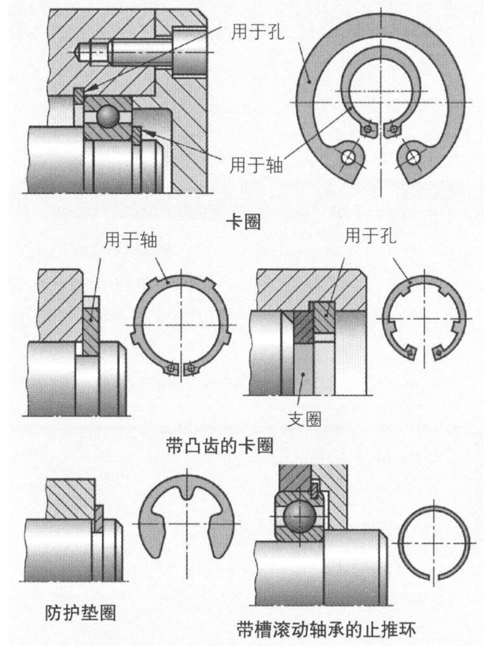

图1：形状接合型轴保护

轴保护使用的是下列保护元件：

- 卡圈；
- 带凸齿的卡圈；
- 防护垫圈；
- 止推环；
- 带槽螺帽。

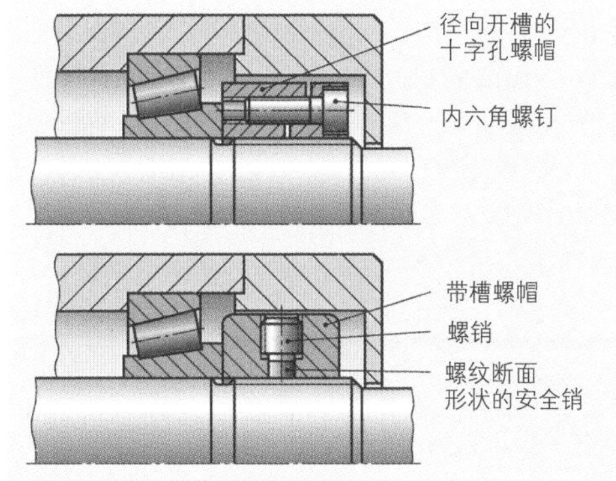

图2：摩擦力接合型轴保护

本小节内容的复习和深化：

1. 轴－轮毂连接可以划分成哪些组？
2. 花键轴连接有哪些接合类型？
3. 平键连接与楔键连接的区别在哪里？
4. 平键连接时转矩的传递是如何实现的？
5. 为什么平键连接不适用于冲击型负荷？
6. 在什么情况下宜采用外花键连接？
7. 环形弹簧夹紧连接时转矩的传递是如何实现的？
8. 为什么多边形轴所能传递的转矩大于花键轴连接？
9. 采用何种方式可紧固轮毂防止其轴向移动？
10. 支圈有哪些功能？

6.4 支撑和承重功能单元

轴承和导轨的任务是精确导引机器零件，以尽可能小的摩擦损耗将力从运动的机器零件传递到静止的机器零件（图 1）。

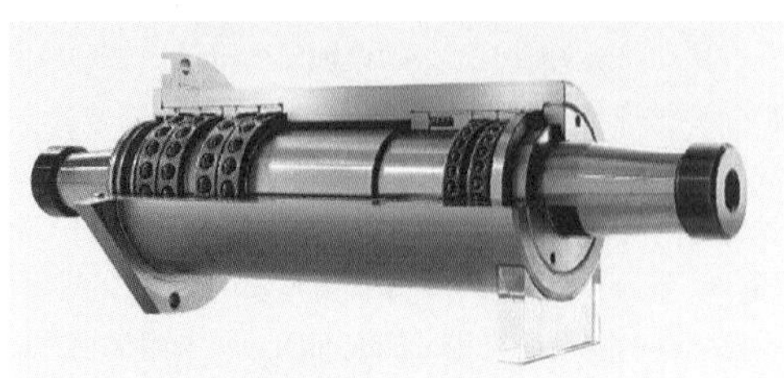

图 1：加工机床的主轴

6.4.1 摩擦和润滑材料

机器零件相互运动时，其相互接触的界面就会产生阻碍运动的摩擦。润滑材料应避免零件相互之间的接触，减少运动零件之间的摩擦和因摩擦而导致的磨损（图 2）。

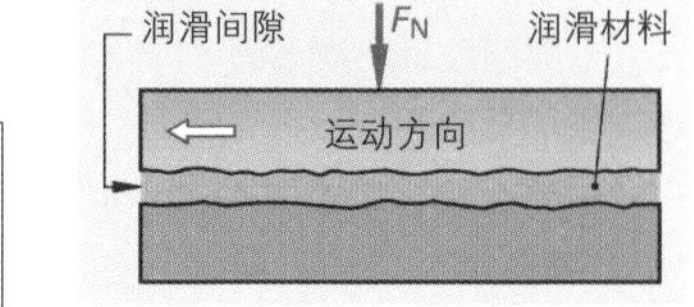

图 2：通过润滑材料分离的滑动面

下述公式用于计算两个刚性实体之间的摩擦力（图 3）：

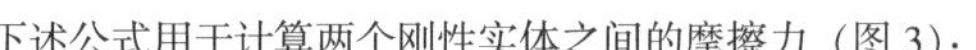

摩擦力 $F_R=\mu \cdot F_N$

式中摩擦系数 μ 分为：$\mu=\mu_0$（黏附摩擦），$\mu=\mu_G$（滑动摩擦），$\mu=\mu_R$（滚动摩擦）

影响摩擦力的因素，如表面质量、材料的配合性、润滑状态和摩擦类型等，均由摩擦系数 μ（无尺寸的）表达。摩擦系数通过试验求取（见表 1）。

如果使一个物体由静止状态缓慢进入相同形式的运动状态，这时可以确定，使物体进入运动状态的力大于使物体停止运动的力。因此，黏附摩擦总是大于滑动摩擦。静止状态下，相互接触的界面"顶尖部分"互相勾住，与之相比，运动状态下，接触界面上下之间相互滑动。如果接触界面的滑动越过顶尖部分，表明它们之间已没有静止状态时那么深地相互介入。随着滑动速度和润滑的增加，材料配合性的作用大幅度下降。慢速滑动时，例如刀架溜板在导轨上的滑动，黏附摩擦与滑动摩擦持续交替进行。这将导致黏滑（Stick-Slip-Effekt：黏滑效应）并妨碍刀架溜板的准确定位。

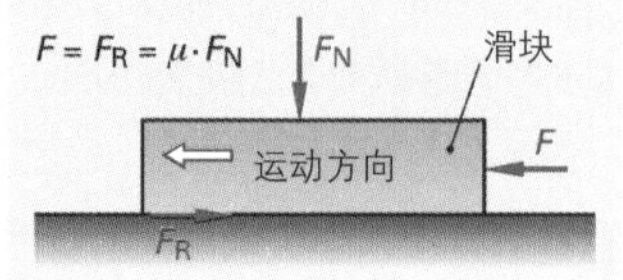

图 3：有效力

轴承内，摩擦力 F_R 引起一个摩擦力矩 M_R，它反作用于旋转运动。

摩擦力矩 $M_R=F_R \cdot r$

摩擦产生的摩擦能必定导致产生热能。

摩擦功 $W_R=F_R \cdot v \cdot t$

举例： d=40 mm 的主轴颈受力 F_N=2.5 kN，主轴转速达到 n=500 min，摩擦系数 μ=0.04，运行时间 t=5h。问：F_R、M_R 和 W_R 各是多大？

解题： $F_R=\mu \cdot F_N=0.04 \cdot 2\,500\ \text{N}=100\ \text{N}$

$M_R=F_R \cdot r=100\ \text{N} \cdot 0.02\ \text{m}=2\ \text{N} \cdot \text{m}$

$W_R=F_R \cdot v \cdot t=F_R \cdot \pi \cdot d \cdot n \cdot t$

$=100\text{N} \cdot \pi \cdot 0.04\ \text{m} \cdot 500\ \text{r/min} \cdot 300\ \text{min}=1.88\ \text{MJ}$

表 1：摩擦系数

材料 \ 摩擦因素	黏附摩擦 μ_0 干燥	黏附摩擦 μ_0 已润滑
钢 – 钢	0.15 ~ 0.3	0.1 ~ 0.12
钢 – 铸铁	0.18 ~ 0.2	0.1 ~ 0.2
钢 – 铜锌合金	0.18 ~ 0.2	0.1 ~ 0.2
钢 – 摩擦片	0.6	–
材料 \ 摩擦因素	**粘附摩擦 μ_G 干燥**	**粘附摩擦 μ_G 已润滑**
钢 – 钢	0.1 ~ 0.12	0.04 ~ 0.07
钢 – 铸铁	0.15 ~ 0.2	0.05 ~ 0.1
钢 – 铜锌合金	0.15 ~ 0.2	0.05 ~ 0.1
钢 – 摩擦片	0.5	–
材料 \ 摩擦因素	**滚动摩擦 μ_R**	
钢 – 钢	0.005	
橡胶 – 沥青	0.015	

固体摩擦：固体摩擦时，滑动面相互接触，表面平整性提高（图1）。如果材料配合性不良并且压强很大，表面将被焊住（咬死）。

混合摩擦：混合摩擦产生于运动开始或润滑不足时。混合摩擦时，滑动面在某些点仍然接触（图2）。所出现的摩擦力和磨损均小于固体摩擦。但对于长时间持续运行而言，这种摩擦状态仍不允许存在。

液体摩擦：理想条件下，润滑材料充分注入滑动面，致使其两个滑动面完全分离（图3）。因此，这时的摩擦力极小；该摩擦力是因润滑材料分子彼此的滑动而产生。

图1：固体摩擦

图2：混合摩擦

图3：液体摩擦

■ 摩擦类型

滑动摩擦出现在两个相互滑动的工件之间，例如滑动轴承（图4）。

滚动摩擦可称为在相互滚动的工件之间必须克服的阻力。滚动摩擦时，两个工件之间的接触界面呈点状或线状，例如圆柱滚子轴承中圆柱滚子与内环之间（图5）。

混合滚动摩擦是一种同时出现滑动摩擦和滚动摩擦的摩擦类型。滚动轴承的滚珠与轴承外环的接触呈一条线，就是说，接触到滚珠凹槽的不同直径（图6）。由于接触直径的不同，在滚珠通道已定的条件下，滚珠在凹槽圆周上所经过的路径却不相同。因此，滚珠的滑动与滚动结合在一起。所以，无论如何都必须润滑滚动轴承。

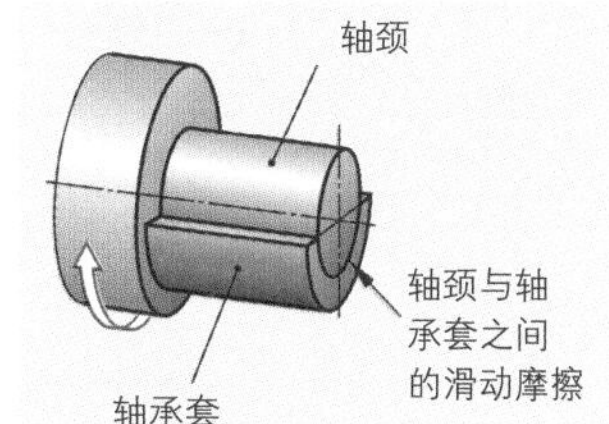

图4：滑动摩擦

润滑材料最重要的任务

●减少摩擦；	●降温；
●缓解冲击；	●排除磨损微粒；
●防腐蚀；	●降噪。

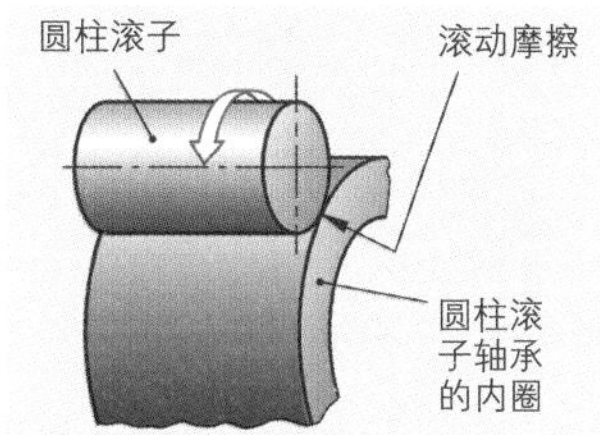

图5：滚动摩擦

润滑材料应具备的特性

●耐压；	●粘度变化小；
●内部摩擦小；	●高闪点；
●不含酸，不含水；	●高燃点；
●有黏附能力；	●低流变极限；
●不含固体成分；	●抗老化。

润滑材料的性能：黏度（粘滞性）是衡量润滑材料分子之间发生内部摩擦的一个尺度。高黏度液体（例如蜂蜜）是黏稠的，而低黏度液体（例如水）是稀薄的（见448图1）。我们把检验条件下润滑材料正好可以流动时的温度称为流变极限。闪点是润滑材料挥发成为可燃气体时的温度。而达到燃点时，由润滑材料的气体自燃后可以继续燃烧。发火点是润滑材料气体与空气混合后可以自燃时的温度。

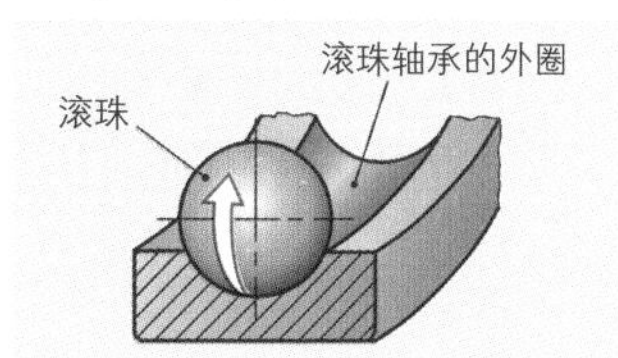

图6：混合滚动摩擦

■ 润滑材料类型

液体润滑材料：用于液体润滑材料的主要是矿物油或人工合成润滑油。矿物油提炼自石油，其中含有用于提高黏度、抗压强度和抗老化性能的添加剂。人工合成润滑油具有比矿物油更好的黏度-温度特性（图 1）以及更高的抗老化性能。但比矿物油贵。

润滑脂是膏状润滑材料，由矿物油和（或）人工合成油以及浓缩剂（钡基、钠基或锂基皂）组成（图 3）。也可以包含添加剂和（或）固体润滑材料（DIN 51825）。除润滑功能外，润滑脂还应具有密封防水和防研磨材料，以及防腐蚀保护和防尘等功能，同时又不能损坏零件功能。

固体润滑材料（表 1）：固体润滑材料主要用于因滑动速度过低而无法形成油或脂润滑膜或运行温度过低或过高等特殊条件。用作固体润滑材料的有石墨粉、二硫化钼（MoS_2）和塑料聚四氯乙烯（PTFE）。石墨和二硫化钼的粉末微粒呈薄片状。在润滑间隙中，它们整平材料表面的不平整部位，并分离零件的接触界面，使滑动只发生在润滑材料内部（图 2）。同时自己也相互补充整平（图 2）。固体润滑材料大多以膏状或润滑漆膜的形式涂覆在材料表面。润滑漆膜是与人工树脂组合的固体润滑材料。它主要用于例如螺纹主轴和滑动导轨（图 3）。

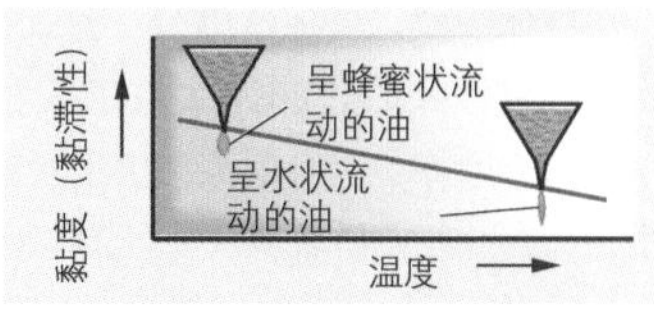

图 1：黏度与温度的相互关系

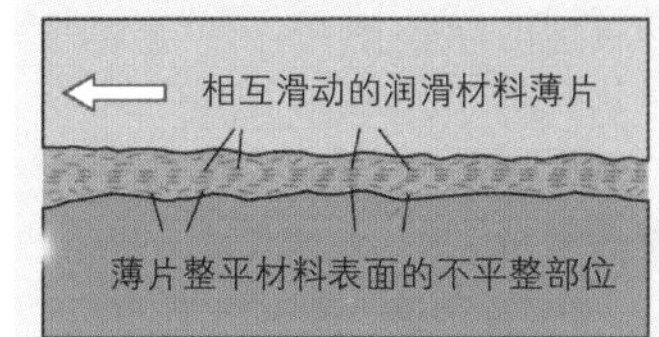

图 2：填充了固体润滑材料的润滑间隙

表 1：固体润滑材料

	颜色	工作温度(℃)	滑动摩擦系数 μ
石墨	灰黑色	-120 至 +600	0.1 至 0.2
二硫化钼	灰黑色	-100 至 +400	0.04 至 0.09

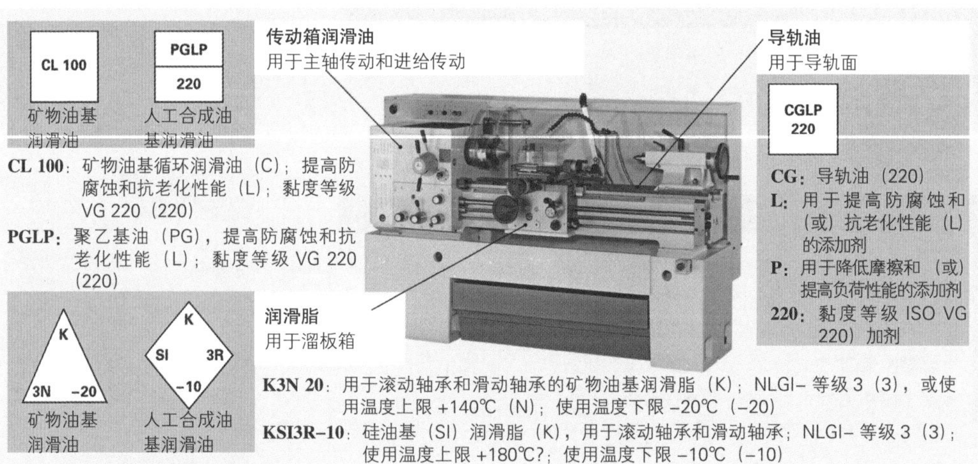

图 3：一台车床的不同润滑类型

本小节内容的复习和深化：

1. 如果 m=80kg，摩擦系数 μ=0.09，问：移动一个后顶针座需要多大的力？
2. 摩擦类型分为哪几种？
3. 向心球轴承中出现的是哪一种摩擦类型？
4. 润滑材料的任务是什么？
5. 滑动过程中出现焊住（咬死）现象的原因是什么？
6. 如何理解润滑材料的黏度？
7. 哪些情况下宜使用固体润滑材料？

6.4.2 轴承

轴承引导和支承承受径向和轴向力的动轴和静轴。根据机器零件之间所出现的摩擦类型，可把轴承划分为滑动轴承和滚动轴承（图 1），又可根据轴承的受力方向，把轴承划分为径向轴承和轴向轴承（图 2）

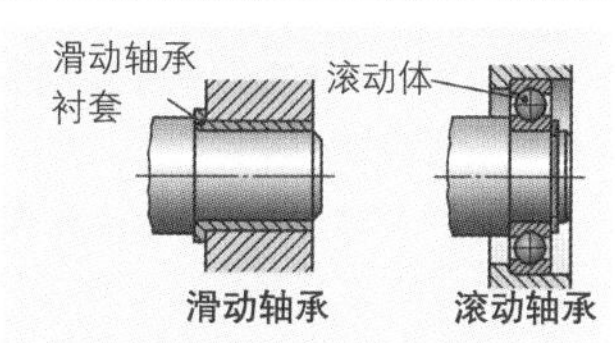

图 1：滑动轴承和滚动轴承

6.4.2.1 滑动轴承

滑动轴承：轴颈在轴承套或轴承衬套内转动（图 1）。轴承必须承受的轴承力 F 在转动时产生一个其作用方向正好与运动方向相反的摩擦力 F_R（见 446 页）。

> 为使摩擦力和由此而产生的摩擦力矩保持在低水平，滑动面之间必须涂覆足量的润滑材料。

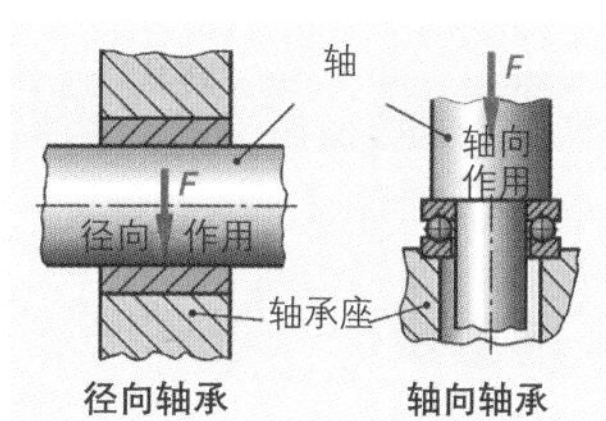

图 2：径向轴承和轴向轴承

这里把润滑分为液体动态润滑和液体静态润滑。

■ 液体动态润滑

在液体动态润滑的滑动轴承中，轴颈的旋转运动产生润滑油膜（图 3）。轴在启动时，其轴颈与轴承尚未被润滑油膜完全分离（混合摩擦）。随着转速的增加，从无负荷端加注的润滑油从轴颈进入逐渐变窄的润滑间隙。在润滑间隙逐步升高的压力作用下，轴被抬起，从而减少了摩擦。当滑动速度足够大时，滑动零件之间的间距也变得足够大，以至于轴颈悬浮在润滑油膜表面（液体摩擦）。

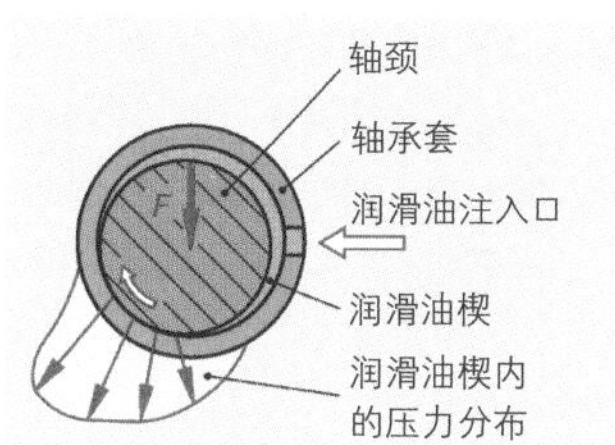

图 3：润滑油楔内的压力分布

多面滑动轴承中拥有多个润滑间隙（图 4）。当轴颈处于偏心位置时，相关润滑间隙内的油压升高，迫使轴颈立即回到正中心位置。

装有翻转片的液体动态润滑轴向滑动轴承可以承受极高的轴向力，例如立轴水轮机的推力轴承（图 5）。

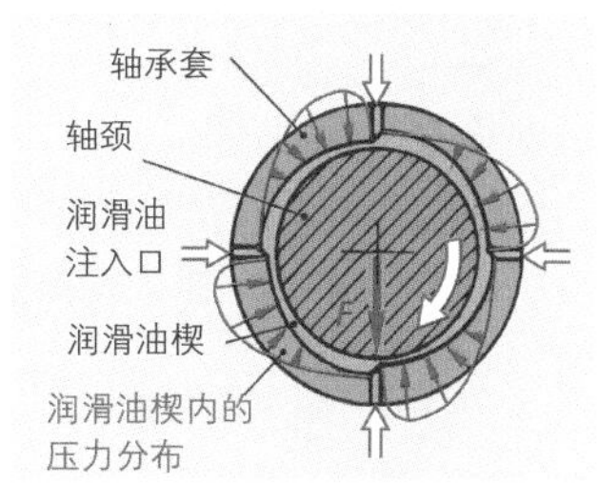

图 4：液体动态润滑的多面滑动轴承

■ 润滑装置

润滑材料必须通过润滑孔和配油腔注入滑动轴承。注油点应选在轴承的非负荷端。

润滑脂可以通过例如油嘴或薄油管从中央润滑装置压入轴承部位。

在油浴润滑的滑动轴承上，润滑油通过旋转零件，例如浸入式润滑油环或润滑油圈，输送至润滑点。

对高负荷轴采用循环润滑装置，以供给足量的润滑材料。油泵以 0.5~3bar 的压力将润滑油压入轴承间隙。润滑油从润滑点又流回储油容器。对于因高负荷而温升很高的轴承，所供给的润滑油必须先经过油冷却器冷却。

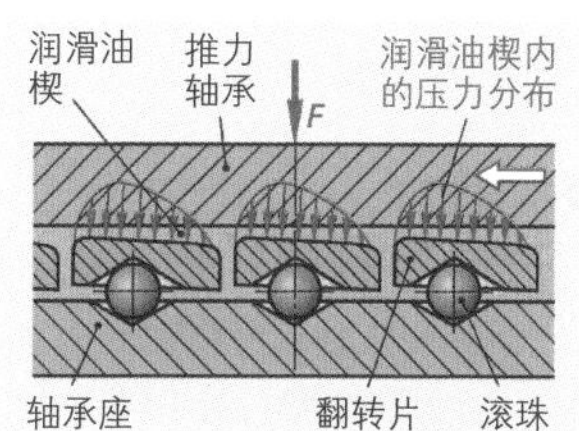

图 5：装有翻转片的轴向滑动轴承

液体静态润滑

在液体静态润滑的滑动轴承中，润滑油被压入轴承圆周均匀分布的配油腔（图 1 和图 2）。每个配油腔都能提供恒定体积流量的润滑油。轴承外围油压由特殊油泵维持。

轴接受负荷时，其中心点向作用力方向偏移。由于润滑油的体积流量恒定不变，较窄间隙端的油压上升，而另一端的油压则下降。其作用是将轴推回轴承中心位置。即便在停机状态下和启动阶段，轴与轴承套也不接触。因此排除了黏滑（Stick-Slip）现象出现的可能性。如果要求高负荷量和高径向跳动精度，则液体静态润滑也用于例如车床主轴。

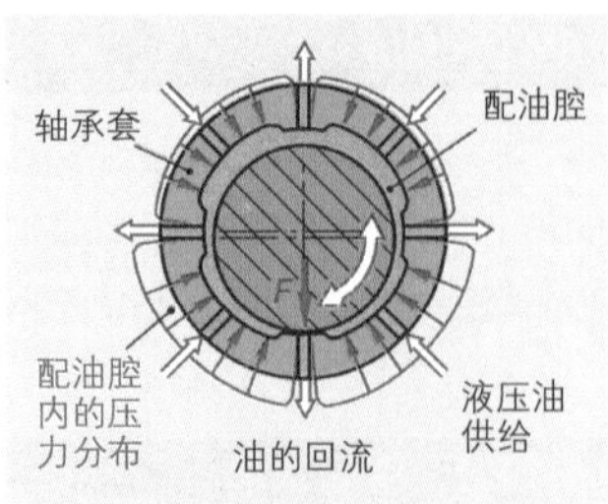

图 1：液体静态润滑径向轴承

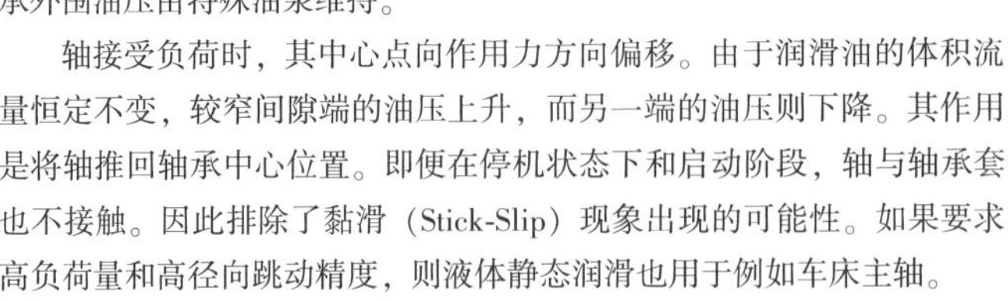

优点	缺点
●启动时无磨损； ●温升小； ●高径向跳动精度； ●无黏滑现象；	●复杂昂贵的润滑装置； ●要求对润滑系统做认真仔细的监视。

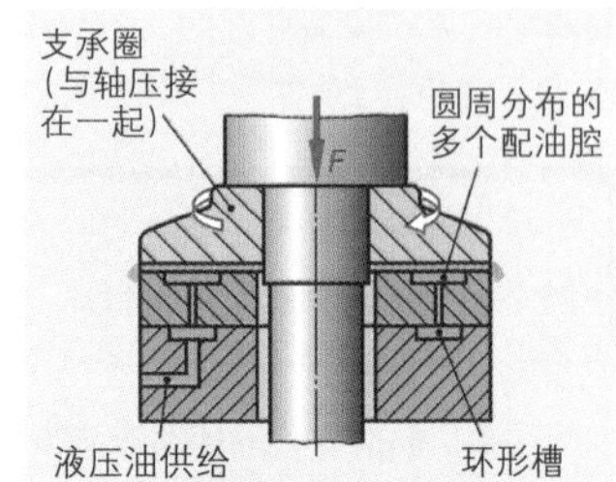

图 2：液体静态润滑轴向轴承

少维护和免维护滑动轴承

少维护滑动轴承：这类轴承装有一个润滑材料储备装置，它可以在较长时间内，例如数月之久，提供足量润滑材料。

润滑材料自动供给系统除用于滑动轴承外，也用于滚动轴承（见 452 页）和导轨（见 458 页），其制造类型是单点自动润滑系统或多点自动润滑系统。

单点自动润滑系统采用电化学驱动形式。拧入活化螺栓后，一个烧结的例如锌钼合金片落入柠檬酸，并与柠檬酸反应，形成一种电蚀元素（图 3），造成合金片分解；分解过程产生氢气。气体压力使膜片膨胀。膨胀的膜片推动隔离活塞运动并将位于活塞前端的润滑材料（润滑脂或润滑油）缓慢压入润滑点。

多点自动润滑系统大多由小型驱动电机驱动。

免维护滑动轴承：这类轴承所装备的润滑材料储备量足以维持轴承的全寿命使用期限（图 4）。

免维护滑动轴承有，例如塑料聚四氯乙烯（PTFE）滑动轴承，浸泡过润滑材料的烧结轴承以及轴承摩擦层中含有固体润滑材料的轴承。

免维护复合滑动轴承也可由一个含烧结黄铜摩擦层的钢质外支承圈组成。在摩擦层中含有细密分布的固体润滑材料石墨（图 5）。因此，这类轴承除具有良好的机械性能外，其摩擦很小，适用于最高达 350℃的运行温度。

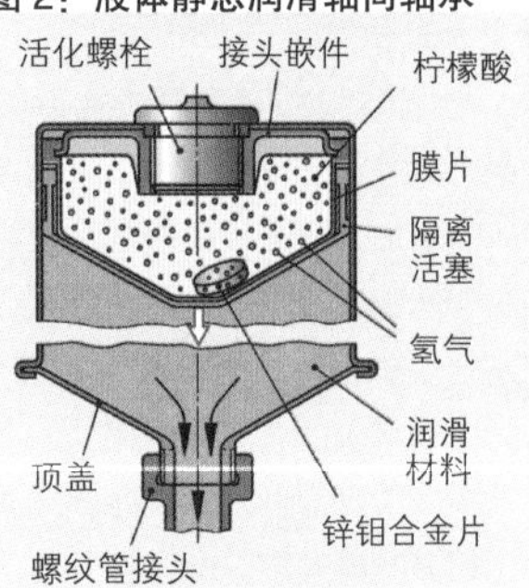

图 3：润滑材料自动供给装置

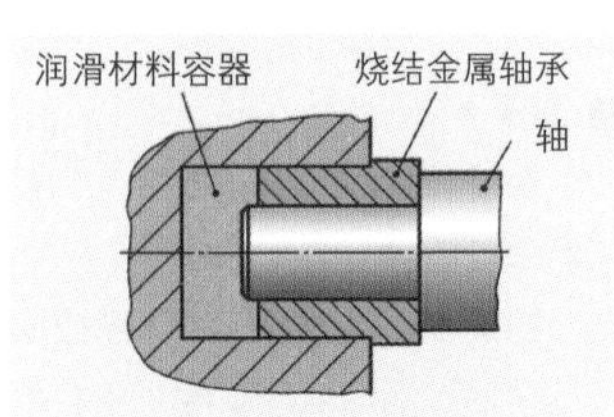

图 4：免维护烧结金属轴承

滑动材料

在滑动轴承中，轴承材料、轴颈材料和润滑材料都必须相互匹配。

适宜用作轴承材料的是铜、锡、铅、锌、铝的合金以及烧结金属、塑料，例如聚酰胺，对于级别较低的用途还可使用片状石墨铸铁。

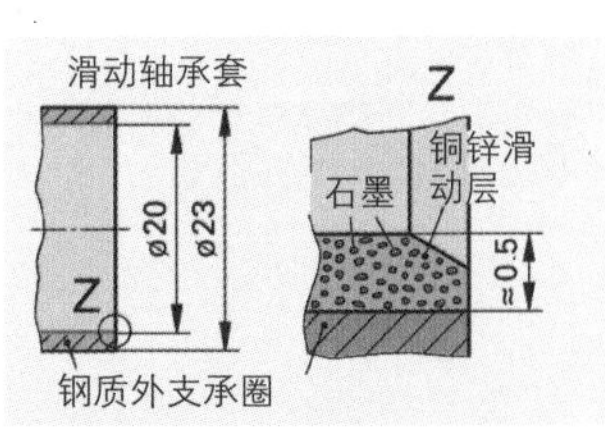

图 5：免维护滑动轴承的结构

轴承材料应具备的性能

- 高耐磨强度；
- 良好的防摩擦性能；
- 高导热性；
- 对润滑材料的良好润湿性；
- 对磨耗的浸没能力。

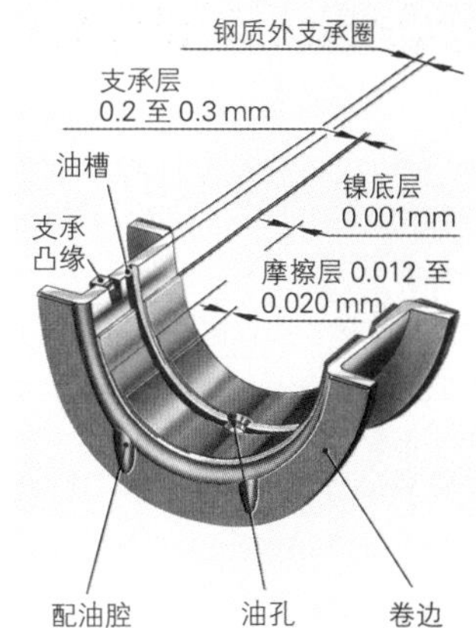

图 1：多层滑动轴承

多层滑动轴承用于高负荷和高转速工作轴，例如曲轴（图 1）。它由一个钢质外支承圈和多个轴承金属薄层组成。它在狭小的安装空间内仍具有高承载能力。

轴承材料的允许压强差异极大。从图表中可查取经验值（表 1）。

力 F 越大并且受力面积 A 越小，则压强 p 越大。

压强	$p=\frac{F}{A}$

表 1：允许的压强

材料	允许压强 p_{zul} (N/mm^2)
SnSb12Cu6Pb	15
PbSb14Sn9CuAs	12.5
G-CuSn12	25
EN-GJL-250	5
PA 66	7

受力面积 A 相当于轴颈投影面积（图 2）。

举例： 一个直径 d=50 mm，长度 l=40 mm 的轴颈应承受的力 F=50 kN。

问：据表 1 所查，应采用何种材料？

解题： $p=\frac{F}{A}=\frac{F}{d\cdot l}=\frac{50000\ \text{N}}{50\ \text{mm}\cdot 40\ \text{mm}}=25\ \text{N/mm}^2$

$p=25\ \text{N/mm}^2$ 的 G-CuSn12 适宜做滑动轴承材料。

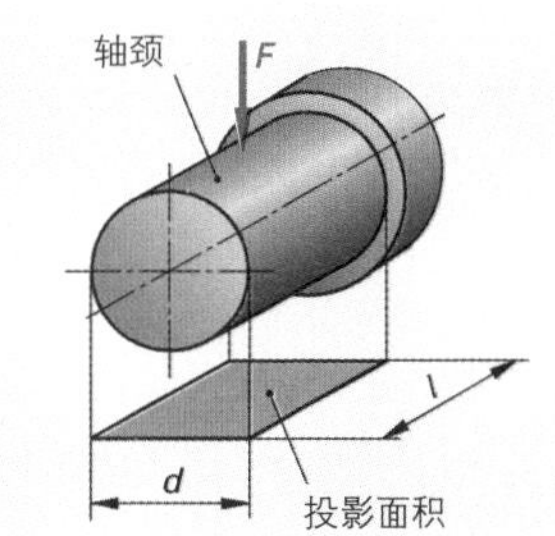

图 2：投影面积

在轴承中所消耗的摩擦功 W_R（见 446 页）将转换成热能。

举例： 一个由 SnSb12Cu6Pb 制成的滑动轴承应承受的轴承力为 F=15 kN。

问：如果 $d\approx 0.8\cdot l$，则轴承的 d 和 l 尺寸必须多大？

解题： $A=\frac{F}{p}=\frac{15\ 000\ \text{N}}{15\ \text{N/mm}^2}=1000\ \text{mm}^2$

$A=d\cdot l=0.8\cdot l\cdot l=0.8\cdot l^2$

$l=\sqrt{\frac{A}{0.8}}=\sqrt{\frac{1000\ \text{mm}^2}{0.8}}=35\ \text{mm}$

$d=0.8\cdot l=0.8\cdot 35\ \text{mm}=28\ \text{mm}$；应选择 $d=30\ \text{mm}$

本小节内容的复习和深化：

1. 产生黏滑（Stick-Slip 效应）的原因是什么？
2. 液体动态润滑的滑动轴承中如何形成润滑油膜？
3. 为什么液体动态润滑的滑动轴承的运行是无磨损的？
4. 与液体动态润滑相比，液体静态润滑有哪些优点和缺点？
5. 为什么润滑油温升强烈时必须使用油冷却器？
6. 促使润滑油强烈温升的原因可能是什么？
7. 润滑油循环润滑系统是如何运行的？
8. 哪些材料可以用作轴承材料？
9. 如果一根轴的轴颈 d=30 mm，l=25 mm，轴承部位必须承受的力为 F=9 kN，那么哪些材料可以在这里用做轴承材料（表 1）？

6.4.2.2 滚动轴承

在滚动轴承中，两个套环之间滚动的滚动体将力从轴颈传递到轴承座（图1）。传递过程中所产生的滚动摩擦小于滑动轴承的摩擦。与液体动态润滑的滑动轴承相比，滚动轴承尤具优势的是，它在低转速和启动时摩擦更小。

滚动轴承中用作滚动体的是滚珠、滚柱、圆锥滚柱、鼓形滚柱和滚针（图2）。滚动体可以呈单列或双列排列。保持架使滚动体相互间保持均匀间距，并在拆卸轴承时防止滚动体滚落。

套环与滚动体由滚动轴承钢加工而成，例如100Cr6或100CrMo6。轴承保持架由钢板或铜锌板制成，大量采用铜锌或聚酰胺塑料。

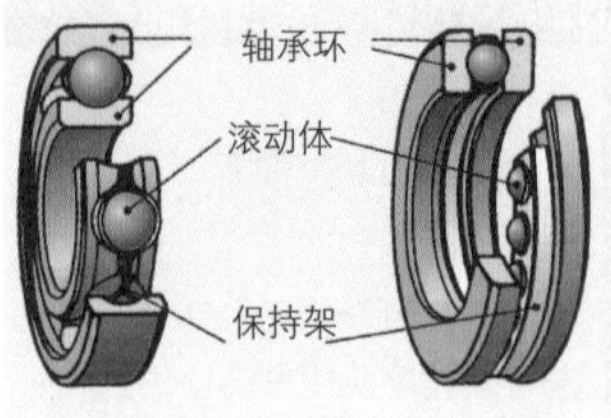

图1：滚动轴承

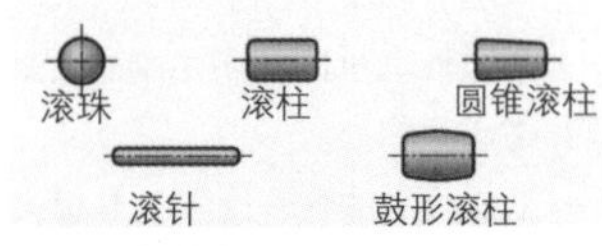

图2：滚动体

与滑动轴承相比，滚动轴承的优点	缺点
●摩擦小，温升慢，润滑材料消耗少；	●对污染，冲击和高温敏感；
●低转速时具有高承载能力；	●噪声较高；
●标准件的可更换性强；	●较大的安装直径；
●自动调心轴承可补偿轴的弯曲；	●相同制造尺寸和较小减振缓冲条件下承载能力较小。

混合轴承：如果对一个轴承结构提出运行精度、转速和刚性等方面的最高要求，例如对一台加工机床工作主轴的轴承结构，则宜采用陶瓷滚动体的滚动轴承（见368页）。由于轴承环与滚动体的材料差异，我们把这种轴承称为混合轴承。

陶瓷滚动体由氮化硅（Si_3N_4）组成。与钢质滚动体相比，它的密度更低，热膨胀更小。此外，它的硬度更高，电导绝缘性更好，抗压强度更高，对润滑材料的要求也更低（表1）。

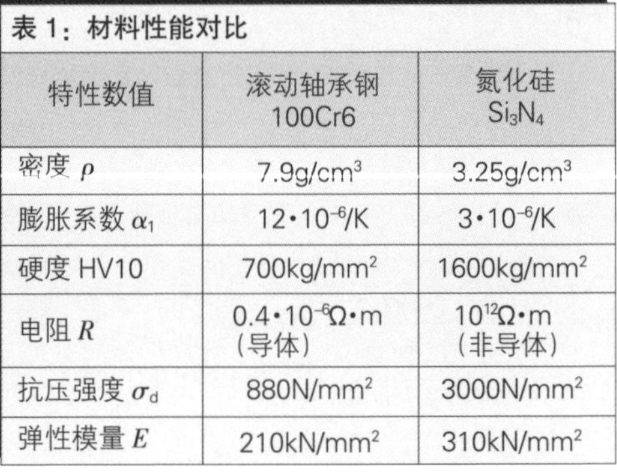
表1：材料性能对比

特性数值	滚动轴承钢 100Cr6	氮化硅 Si_3N_4
密度 ρ	7.9g/cm³	3.25g/cm³
膨胀系数 α_1	$12 \cdot 10^{-6}$/K	$3 \cdot 10^{-6}$/K
硬度 HV10	700kg/mm²	1600kg/mm²
电阻 R	$0.4 \cdot 10^{-6}\Omega \cdot m$（导体）	$10^{12}\Omega \cdot m$（非导体）
抗压强度 σ_d	880N/mm²	3000N/mm²
弹性模量 E	210kN/mm²	310kN/mm²

由于其密度小，滚动体对轴承外环的离心力以及由此而产生的摩擦也大幅度减少。因此，混合轴承的运行温度不高，可以承受较高转速（图3）。由于其热膨胀较低，在预加应力条件下装入的轴承，其摩擦和运行温度更低。高硬度和抗压强度以及钢-陶瓷-摩擦配合的低咬死可能性使这种轴承具有高轴承刚性和大耐磨损强度。

全陶瓷轴承：全陶瓷轴承中，轴承环也由氮化硅加工制成。这类轴承可以耐受众多酸碱的化学腐蚀，耐高温能力最高可达800℃，并且不会被磁化。如果将这类轴承装入泵内，它可采用所输送的介质作为它的润滑材料，例如水或酸。

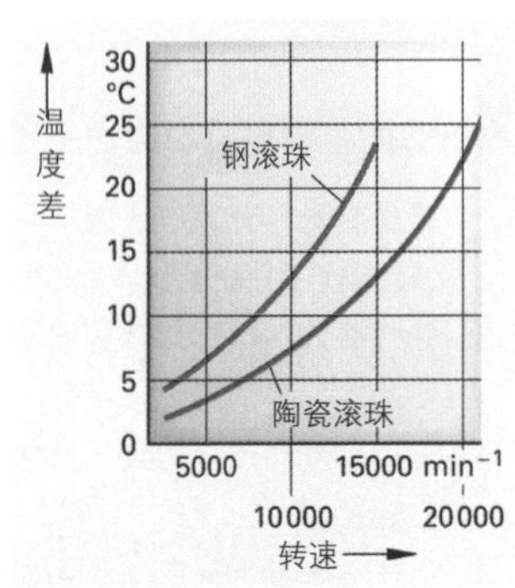

图3：滚动轴承的温升

■ 滚动轴承的类型

根据滚动体的基本形状，我们把滚动轴承分为滚珠轴承和滚柱轴承（图 1）。

滚珠轴承

单列和双列结构的向心滚珠轴承适用于中等径向和小型轴向负荷以及高转速。

向心推力滚珠轴承可以接受单向轴向力和径向力。这种轴承一般都是成对安装并预加应力。

推力滚珠轴承和推力滚柱滚子轴承只接受轴向轴承力。它与向心轴承联合安装。

滚柱滚子轴承

滚子轴承用于径向高负荷和大型轴。

圆锥滚子轴承可以接受大径向力和一个方向的轴向力，这种轴承一般都是成对安装。

自动调心滚珠轴承、自动调心滚子轴承、鼓形滚子轴承和推力球面滚子轴承均可以补偿因例如加工偏差和轴纵向弯曲造成的同心偏差。

滚针轴承仅需要很小的安装空间，它也可以在轴与轴承套之间不安装套环（滚针保持架）。

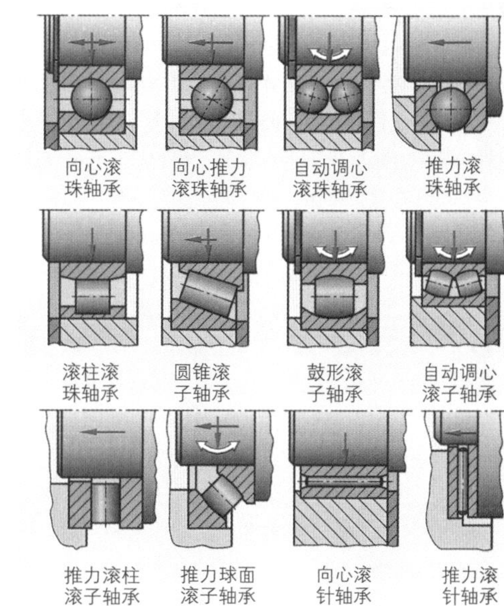

图 1：滚动轴承类型

■ 轴承的排列

固定轴承和浮动轴承：在轴的轴承结构中，一般将一个轴承作为固定轴承，而另一个轴承则作为浮动轴承进行安装（图 2），两个轴承都承受径向力负荷。轴向不运动的固定轴承主要接受总轴向力，与之相比，浮动轴承则可以在轴膨胀时做轴向移动。这样将防止套环内的滚动体卡得过紧。

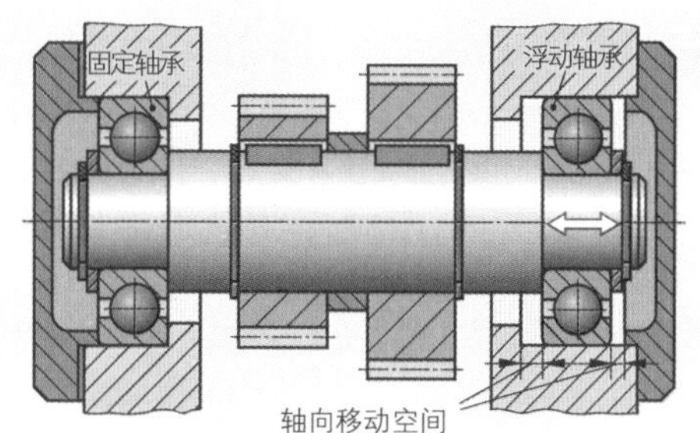

图 2：固定轴承和浮动轴承

> 无止推挡边的滚柱轴承和滚针轴承均可自动补偿轴承内的轴向移动。

反向结构：反向结构中，两个轴承都可以接受轴向力，但每次只能接受一个方向的轴向力（图 3）。这种排列结构在温度变化时不允许有轴向移动，因此它只能用于短轴。

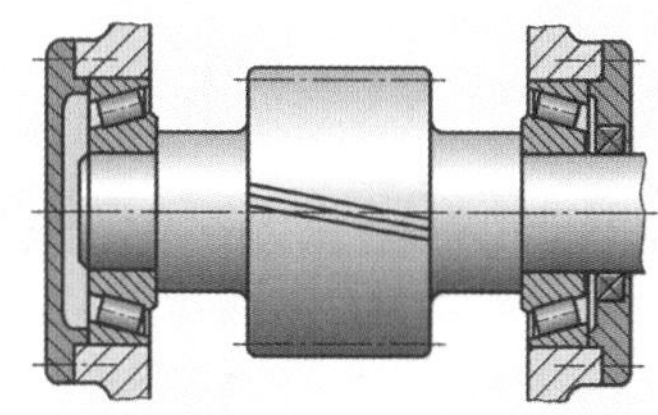

图 3：反向结构

浮动轴承结构：浮动轴承结构中，规定安装间隙为 0.5~1 mm。这种规定可降低装配成本。轴向力的每一次方向变换时轴都可以轻微移动。浮动轴承结构同样也只适用于短轴（图 4）。

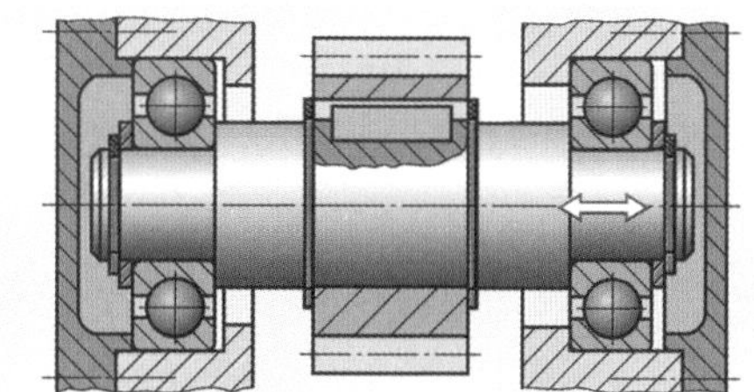

图 4：浮动轴承结构

■ 运行状况

在不可拆卸并起浮动轴承作用的滚动轴承上，有一个轴承环必须能够轴向移动。其轴向移动的前提条件是轴承环与轴或支座之间的间隙配合。那么在何处允许间隙配合则取决于运行状况。我们把运行状况理解为轴承环在负荷方向上相应的运动。这里，我们把负荷分为切向负荷和点负荷。

切向负荷：我们把轴承旋转一周过程中，轴承环轨道上每一个点都接受的一次性负荷称为切向负荷（图 1，上图：轴承内环；下图：轴承外环）。接受切向负荷的轴承环必须在负荷越大时，接合得越紧。如果在零件之间留有配合间隙，轴承环将会在圆周方向“游动”；轴承环和它的配合件将因此受到损坏（配合缝隙腐蚀）。

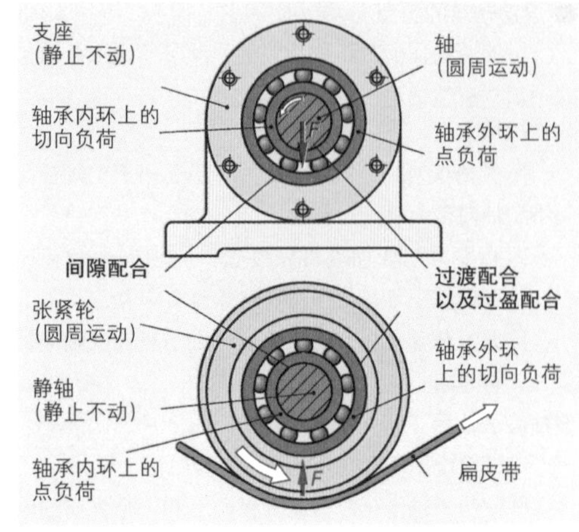

图 1：运行状况

点负荷：我们把始终作用在轴承环上同一点上的负荷称为点负荷（图 1，上图：轴承外环；下图：轴承内环）。点负荷时，轴承环不游动。因此轴承可以在安装时留有小间隙，使它能够作轴向移动。

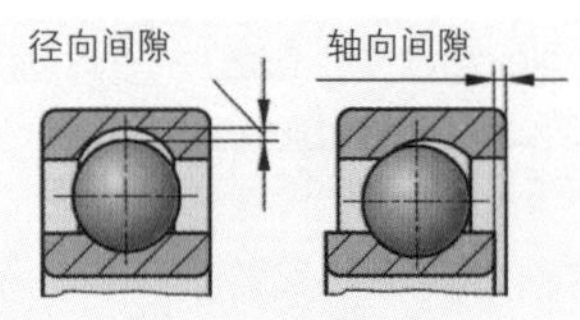

图 2：径向间隙和轴向间隙

■ 滚动轴承的安装

滚动体与轴承环之间，在轴向和径向两个方向一般都留有小间隙（图 2）。这种间隙称为轴承间隙。径向轴承间隙在轴承装配时由于过盈配合而降低，而在运行状态时因零件热膨胀而降低。在运行状态下仍然存在的间隙称为运行间隙。运行间隙越小，轴承传动的运行精度越高。达到加工机床工作主轴高精度运行的方式可以是例如这种预加应力的轴承结构，就是说，运行间隙为负。预加应力的方法有二：一是用调节螺帽轴向移动轴承环；二是装入调节垫圈（图 3）。带有锥形孔和夹紧套筒的轴承的轴承间隙可通过上紧夹紧螺帽进行调节。筒的轴承的轴承间隙可通过夹紧螺帽进行调节。

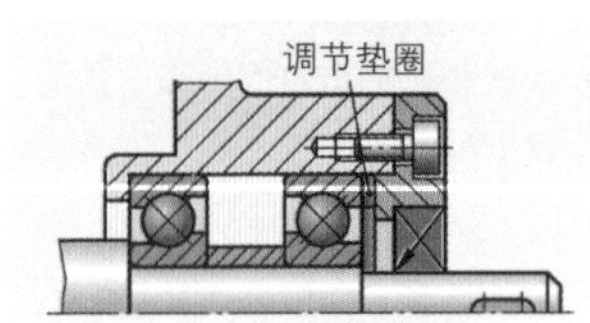

图 3：预加应力的轴承结构

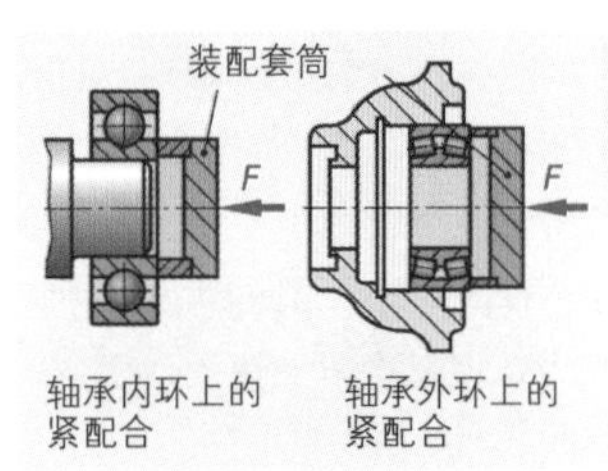

图 4：用滚动轴承紧定套装配

滚动轴承装配时需特别注意的事项

- 滚动轴承对污损和腐蚀非常敏感，因此在装配时必须注意保持工作现场的高度整洁。轴承在装配前应一直保留在原始包装内，轴承表面涂覆的防锈油只允许在装配时擦去，如果有要求的话。
- 轴承装配时主要应注意：压紧力不能通过轴承滚动体来传递（图 4）。因此，装配套筒必须始终用紧配合套接在轴承环上。
- 使用机械或液压压力机可以更快速更准确地装配滚动轴承（图 5）。

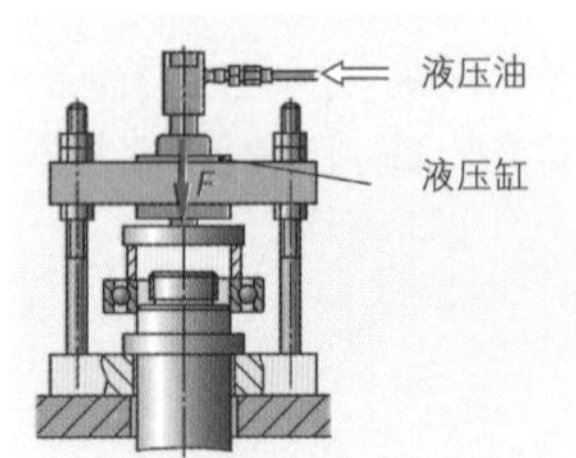

图 5：用液压压力机装配

装配滚动轴承的其他方法

- 装配较大型轴承时压入力更大。因此，装配前应将轴承浸泡在油池内，用电加热装置加热到 80℃至 100℃。
- 带锥形孔的轴承可以套入轴的锥形轴颈，或用开槽的夹紧套筒将轴承固定在圆柱形轴上（图 1）。
- 带锥形孔的大型滚动轴承可使用液压方法装配（图 2）。装配时，先向配合面压入液压油，使轴承内环略微扩径。接着用手或用环形活塞压力机将轴承推入轴颈。

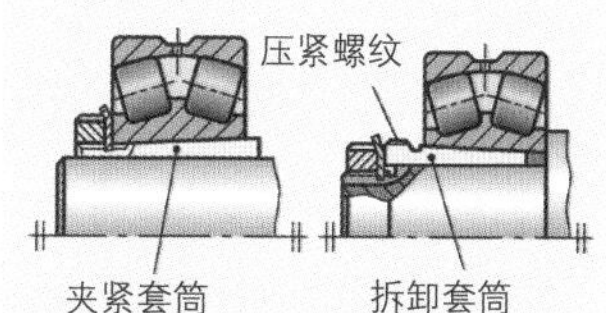

图 1：夹紧套筒和拆卸套筒

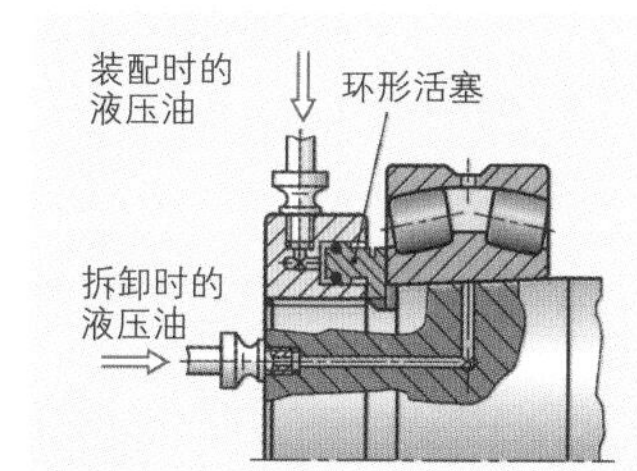

图 2：液压方法

滚动轴承的拆卸

拆卸滚动轴承必须使用合适的拆卸工装。必须注意，拆卸力不能通过轴承滚动体传递（图 3）。使用拆卸套筒时，将拆卸套筒套在装配完毕的滚动轴承上，上紧压紧螺帽即可轻松地完成拆卸（图 1）。使用液压方法也可以拆卸大型的、紧密接合的滚动轴承（图 2）。

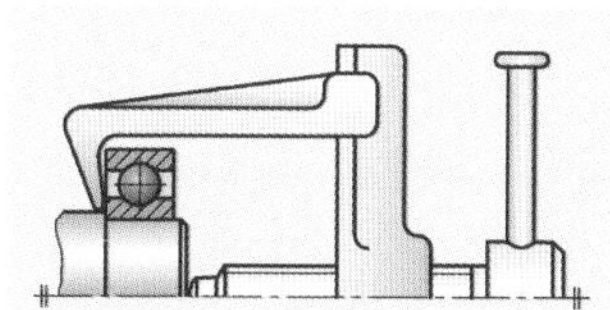
图 3：滚动轴承的拆卸

滚动轴承的润滑

在滚动轴承中，润滑材料构成滚动体与轴承环之间的分离层。此外，润滑材料还保护轴承免受锈蚀，润滑脂还能阻止污物的进入。

> 润滑滚动轴承时，只允许使用滚动轴承制造商推荐的润滑材料。

润滑脂：由于其再次加油的简便易行以及良好的密封性能，大部分滚动轴承均使用润滑脂进行润滑，有过半的轴承空腔被润滑脂填满。装有密封垫圈的滚动轴承在制造商处已经加注了足够该轴承使用期限内所需的润滑脂。

润滑油：对于滚动轴承而言，只有在必须排除因高转速产生的摩擦热时，或相邻机器部件（例如传动箱齿轮）同样采用润滑油润滑时才使用润滑油。

根据润滑油导入方式的不同，我们把润滑油润滑分为油浴润滑、循环润滑、油雾润滑和油-气润滑。

油浴润滑时，轴承下部的滚动体有一半浸泡在油池内（图 4）。通过轴承的旋转运动使整个轴承零件都能得到充分润滑。

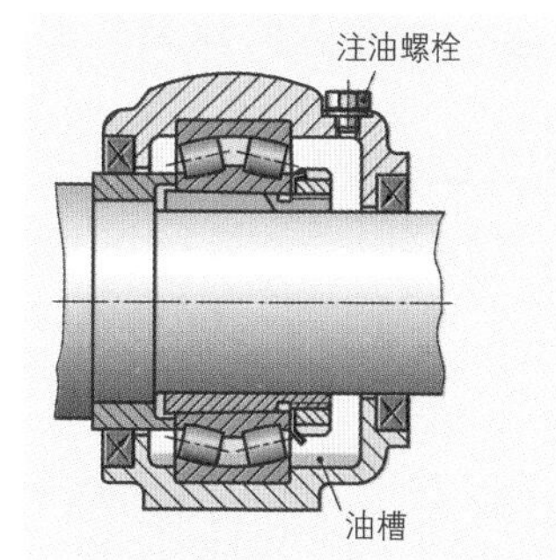

图 4：油浴润滑

循环润滑时，通过油泵向轴承输送润滑油（图 5）。从轴承流出的润滑油通过回油管道又流回润滑油箱。

对于高速运转的轴承需使用油雾润滑或油-气润滑。油雾润滑时，润滑油被压缩空气喷成雾状并吹送到润滑点。而油-气润滑则是按一定的时间间隔将油雾吹入轴承。

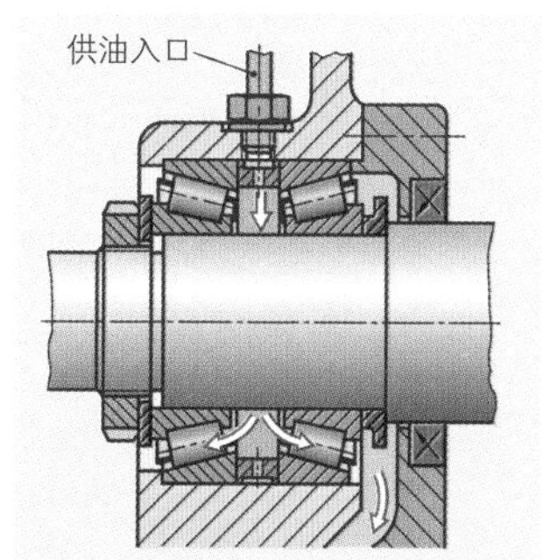

图 5：循环润滑

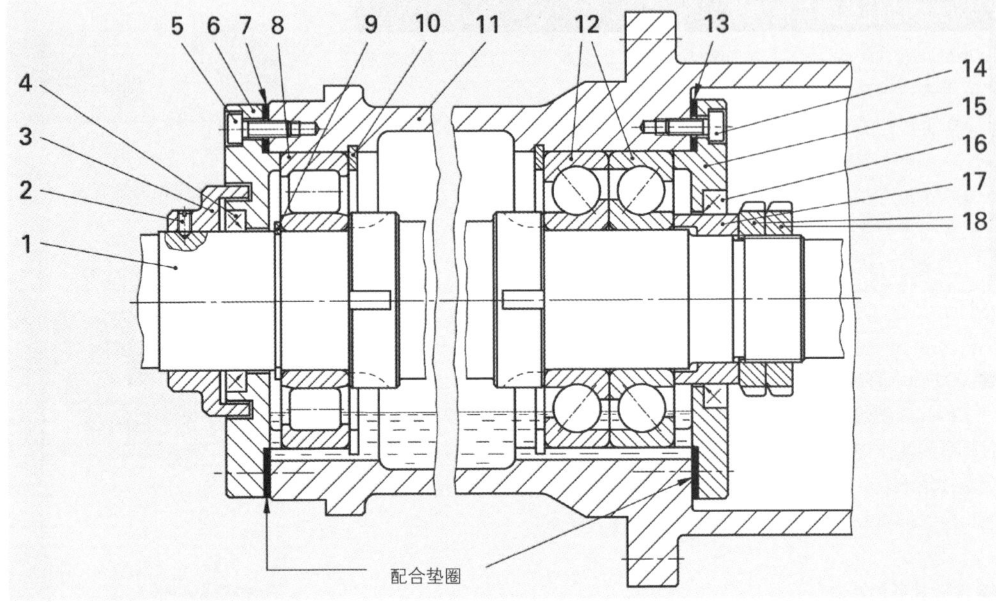

图 1：一根泵轴的轴承结构

本小节内容的复习和深化：

下列第 1 至第 16 题需以图 1 泵轴的轴承结构作为答题依据。

1. 泵轴的轴承结构中使用的是哪些类型的轴承？
2. 哪个轴承用作浮动轴承？
3. 为什么在泵轴的轴承结构中要求有一个浮动轴承？
4. 这里使用的是哪一种润滑类型？
5. 出于何种原因位置 3 突入轴承盖的膨胀区 6？
6. 图中标记的位置 4 和 16 应担负什么任务？
7. 如果泵轴始终以相同力方向施加负荷的话，位置 8 的哪一个轴承环承受切向负荷？
8. 如何才能使位置 10，12 和 15 之间无间隙？
9. 如何安装轴承 8？
10. 如果需要更换轴承 12，必须以什么顺序拆卸轴承结构的各个零件？
11. 螺销 2 的作用是什么？
12. 为什么泵轴 1 在间隔轴套 17 范围内的直径要小于位置 12 范围内的直径？
13. 对于泵轴 1 在位置 4 范围内的表面质量必须提出何种要求？
14. 出于何种原因要求相邻位置 8 和 12 的泵轴 1 轴环必须有槽？
15. 如何才能简化对必须承受切向负荷并位于位置 8 的轴承环的装配？
16. 为什么有一个槽位于支座 11 的下部范围？
17. 与滑动轴承相比，滚动轴承有哪些优点和缺点？
18. 为什么混合轴承在负荷相同的条件下温升却比传统滚动轴承低？
19. 为什么必须承受切向负荷的轴承环应以过盈配合接合？
20. 如何理解滚动轴承的运行间隙？
21. 如何理解点负荷？
22. 安装滚动轴承时必须注意的事项是什么？
23. 如果在接合时产生过盈配合，那么滚动轴承的装配将对轴承间隙产生哪些影响？
24. 如何才能安装预加应力的滚动轴承？
25. 拆卸滚动轴承时必须注意的事项是什么？

6.4.2.3　磁性轴承

磁性轴承中，电磁力（见 479 页）对所支承的轴定中心。与轴共同转动的铁磁转子可以不接触定子孔，因为转子“悬浮”在成对相对排列安装的电磁体磁场内（图 1）。

传感器始终监视着转子的中间位置（图 1）。传感器的检测信号送入一个电子计算装置。当转子与其设定位置出现偏差，通过功率放大器改变电磁体磁场绕组中的励磁电流，迫使转子重新回到设定位置（图 2）。

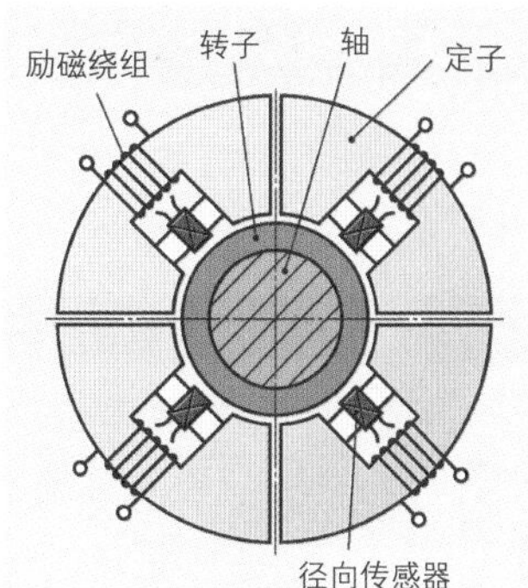

图 1：向心磁性轴承

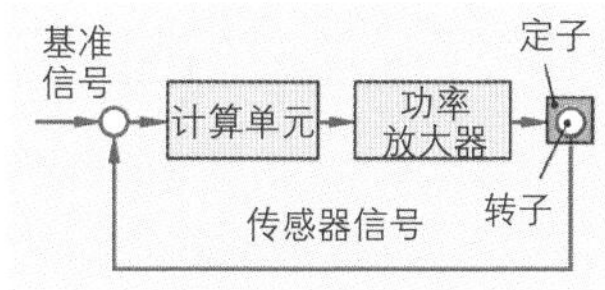

图 2：磁性轴承的控制回路

> 磁性轴承既可以是向心轴承结构，也可以是推力轴承结构。

向心轴承：在向心轴承中，转子由一个环形铁片叠片组构成。同样由叠片组构成的定子上还有励磁绕组（图 1）。

推力轴承：推力轴承的圆片状转子由实心钢组成。定子中有两块环形磁铁以及轴向传感器。（图 3）。

为在出现例如停电并使叠片组表面因此受到损坏的情况下避免定子与转子相互接触，在定子中装入了一个滚动轴承形式的限动轴承（图 4）。限动轴承与转子之间存在的间隙小于磁性轴承内的轴承间隙。

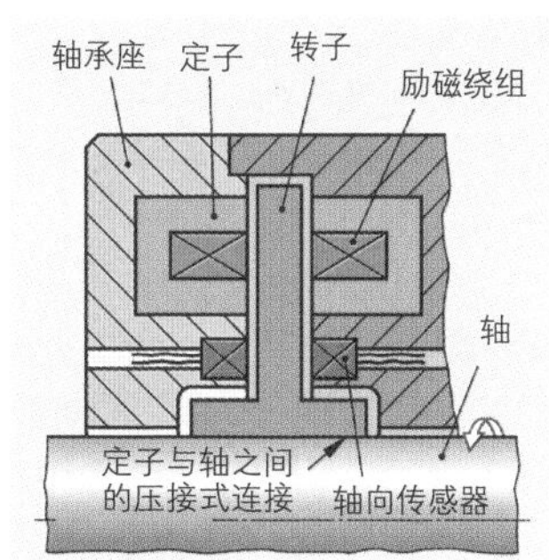

图 3：推力磁性轴承

与滚动轴承和滑动轴承相比，磁性轴承的优点

	磁性轴承	滚动轴承	滑动轴承
摩擦	很小	小	中等
磨损	无磨损	中等	大
运行噪声	无运行噪声	中等	小
温升	非常小	小	中等
圆周速度	最高 200 m/s	最高 100 m/s	最高 50 m/s
润滑	无	润滑脂或润滑油	润滑油

一个成套的磁性轴承结构由至少两个向心轴承及其所属的径向传感器和装有轴向传感器的双面作用推力轴承组成。

应用范围：高速转子轴承结构可广泛应用于离心机、泵、压缩机、透平机和机床刀具主轴（高速切削-HSC）；还有不允许使用润滑剂的半导体工业真空室。

装有磁性轴承的机床工作主轴一般都通过安装在主轴上的异步电动机启动（图 4）。

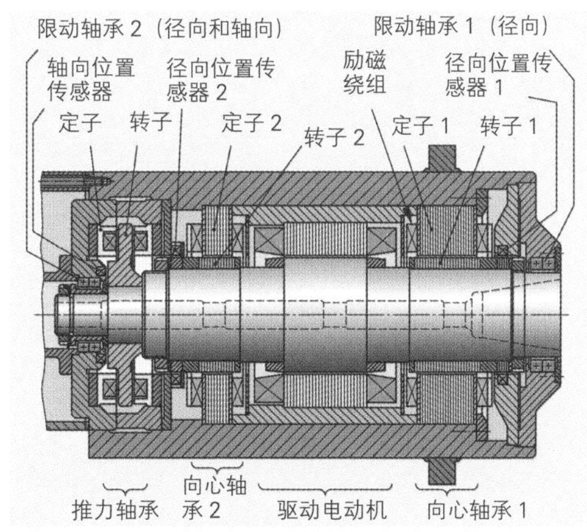

图 4：由磁性轴承支承的机床刀具主轴

本小节内容的复习和深化：

1. 磁性轴承是如何工作的？
2. 限动轴承有哪些任务？

6.4.3 导轨

导轨使机床零件的直线运动成为可能，例如加工机床的刀架溜板（图 1）。

导轨性能

导轨必须具备下列性能：

- 通过小间隙和高刚性达到高导向精度；
- 可重调导轨间；
- 小摩擦和低磨耗；
- 尽可能优良的减振性能；
- 维护简单，便于润滑；
- 可密封防尘和防切屑。

根据导轨轨道的形状和力的传递方向，可将导轨分为开放式导轨和封闭式导轨；又可根据摩擦类型将导轨分为滑动导轨和滚动导轨。

■ 导轨的形状

根据导轨的形状可将导轨分为 V 形导轨、燕尾槽形导轨和圆形导轨。为了充分利用各种导轨类型的优点，可以组合多种不同导轨。

平面导轨：平面导轨的制造最为简单。在指定用途的前提下，它只需要一条可以调节导轨间隙的调节板以及一条防止刀架溜板顶起的压板即可（图 2）。平面导轨只能承受垂直于导轨轨道的力。

V 形导轨，由于其倾斜的导轨面，使它也可以承受小横向力。出现磨耗时，它可以自动重调。其压板也是防止刀架溜板顶起。V 形导轨经常与平面导轨组合使用（图 3）。

燕尾槽形导轨：燕尾槽形导轨通过其形状可防止工作台顶起。用一块调节板可调节间隙或补偿磨耗（图 4）。燕尾槽形导轨的结构高度很低，但它的造价很高。

圆形导轨：其制造简单精确（图 5）。通过其槽或与其他类型导轨的组合，使该种导轨可以有效防止扭转。

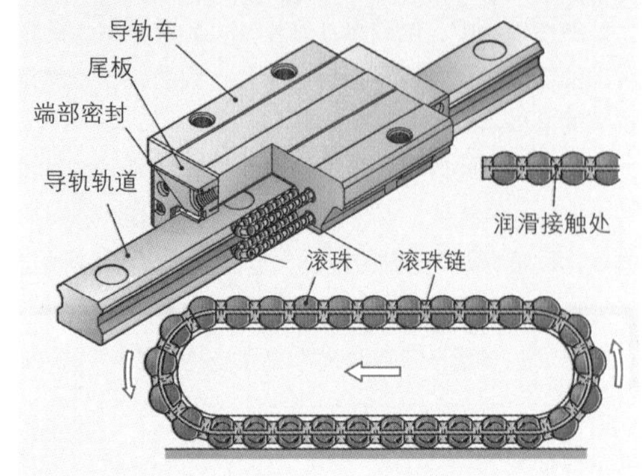

图 1：轨道式导轨

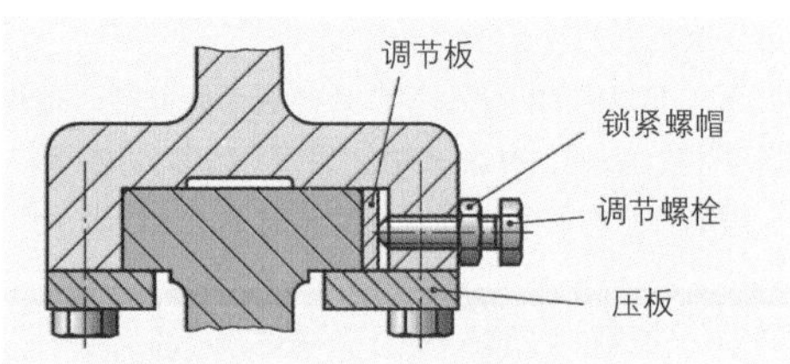

图 2：平面导轨

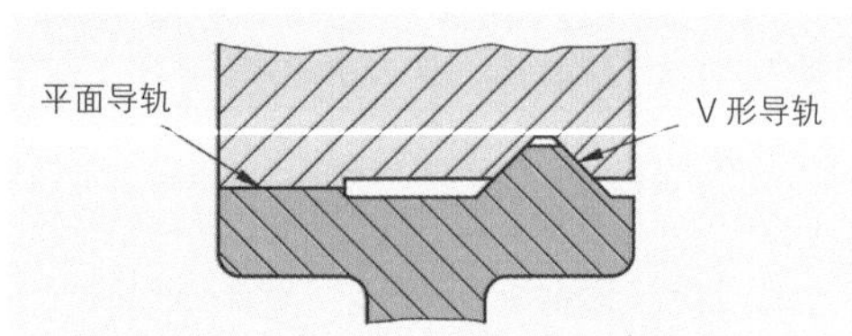

图 3：组合式 V 形–平面导轨

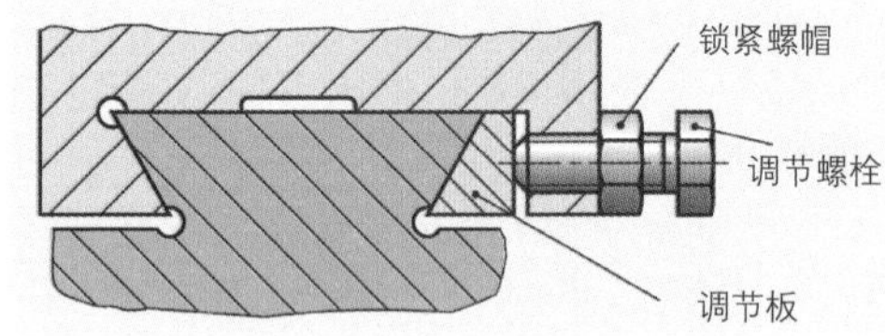

图 4：燕尾槽形导轨

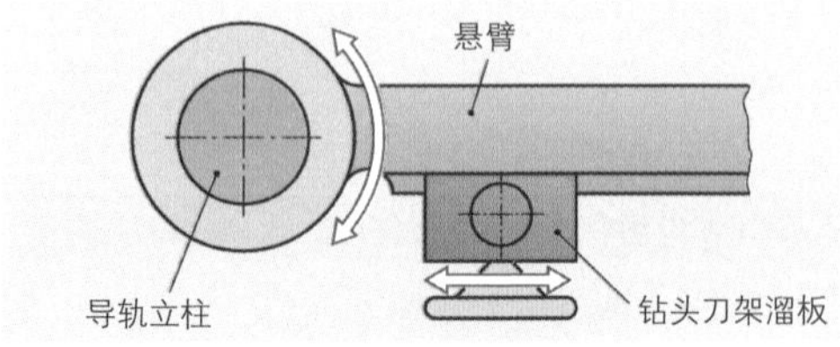

图 5：摇臂钻床的圆形导轨

开放式和封闭式导轨

在开放式导轨上，刀架溜板只能承受指定方向的力。如458页图3所示组合式导轨，它可承受大垂直力，但所能承受的横向力却较小。

封闭式导轨可以传递所有与运动方向垂直的力(见458图1和图5，以及图1)。

滚动导轨和滑动导轨

滚动导轨具有与滚动轴承相同的优点和缺点（见452页)。它通过位于例如导轨轨道与导轨车之间滚珠或滚柱的滚动实现力的传递（图1)。由于压强高，用螺栓固定在例如加工机床床身或刀架溜板上的导轨轨道和导轨车在其运行轨道范围内均已淬火和精磨。

在移动距离很长的滚动导轨上，滚动体离开负荷区后，旋即进入回程通道并重新回到负荷区的起始端(图2)。实践证明，滚珠套筒适于圆形导轨轨道的滚动导轨。这种圆形导轨除允许直线运动外，还允许旋转运动。抗扭曲的滚珠导轨装备着开有滚动凹槽的轴(图3)。

在使用滚轮的滚动导轨上，精磨的圆形钢导轨固定在铝质支承轨道内（图4)。钢轴引导着导轨车，而导轨车的滚轮在钢轴上无间隙滚动。除直线运动导轨外，还采用了弧形、半圆形和圆形支承轨道，它们可以用于例如装配或运输装置。

滑动导轨的润滑方式与滑动轴承的相同（见449页)。由于滑动速度低，液体静态润滑的导轨上经常出现混合型摩擦。因此，加工机床一般都采用塑料涂层导轨，这种导轨具有良好的滑动和减振性能，并且成本低廉（见458图1)。此外，其黏附摩擦系数很小，大约与其滑动摩擦系数相仿。这样就在很大程度上避免了黏滑（Stick-Slip-Effekt：黏滑效应)。这类导轨的塑料衬层一般都是粘贴在预先加工成形的导轨型材上。

> 滚动导轨和滑动导轨大多在机器制造和搬运装置中用于溜板的精确引导。

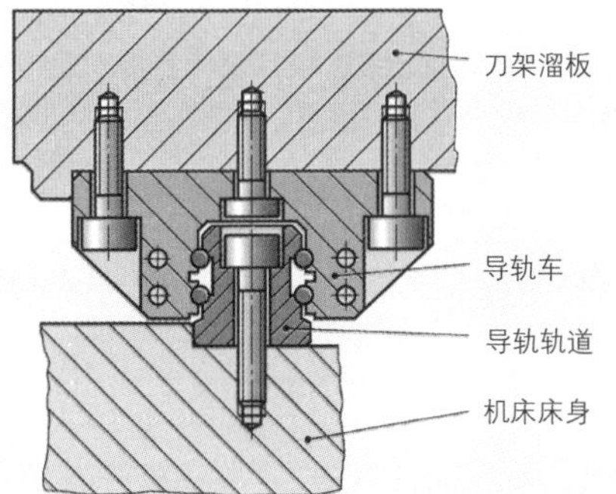

图1：已装配完毕的滚动导轨

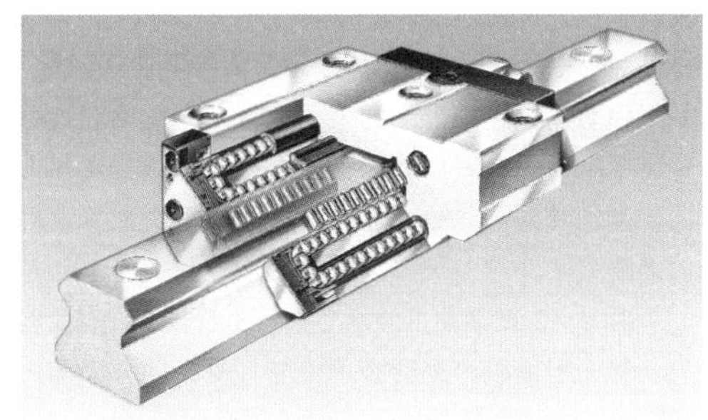

图2：回程导轨的滚动体

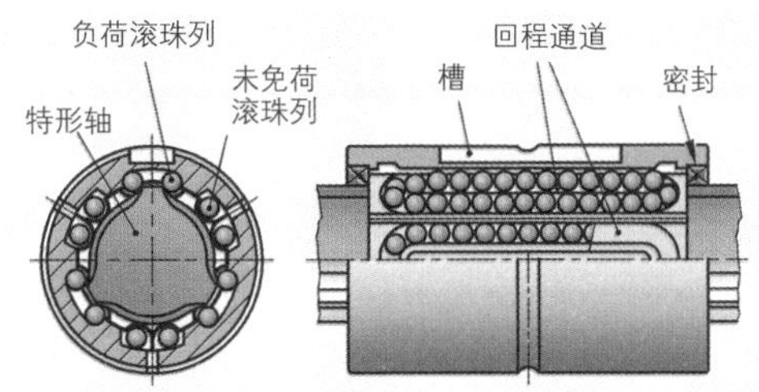

图3：抗扭曲的滚珠导轨

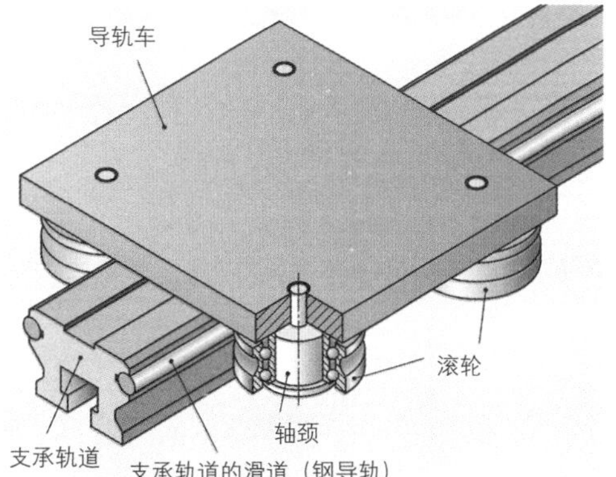

图4：使用滚轮的滚动导轨

在液体静态润滑的导轨结构中，由一个油泵向若干个例如排列在溜板上的配油腔泵送液压油。液压油通过配油腔缝隙重又渗透出来，使溜板在油面上漂浮(图 2)。溜板与导轨轨道面之间的摩擦已被降低至润滑油自身极低的液体摩擦。

如果液压油无压力，溜板将落至配油腔边缘。机床接通电源后，油泵立即启动，开始连续输油，一个控制器将液压油均匀分配到各个配油腔。使配油腔内的油压迅速升高，达到可将溜板抬升到离配油腔边缘约 0.025 mm 高度的压力。现在，溜板可以几乎无摩擦地在导轨上移动。

为使导轨可以在不改变溜板与导轨的垂直位置以及配油腔缝隙宽度的前提下承受各种不同的大负荷或切削力，各个配油腔内的压力必须与负荷相匹配。如果因为例如一个较大的负荷而使某个配油腔缝隙宽度变窄，那么该油腔的压力上升。控制器便加大向该配油腔的输油量，迫使该配油腔重新恢复正确的缝隙宽度。

因为一个配油腔只能承受和传递垂直于它表面的力，那么配油腔的排列必须能够接受不同方向的力(图 3)。

在由压缩空气代替液压油的空气静态滑动导轨中，其摩擦更小于液体静态滑动导轨。

> 采用液体静态滑动导轨和空气静态滑动导轨都可避免出现黏滑。

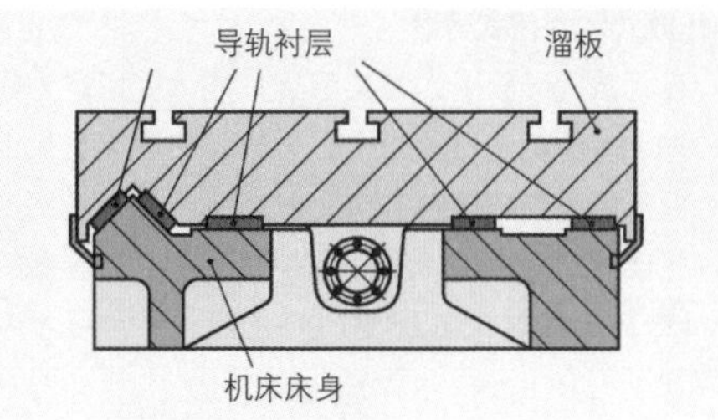

图 1：塑料涂层的溜板导轨

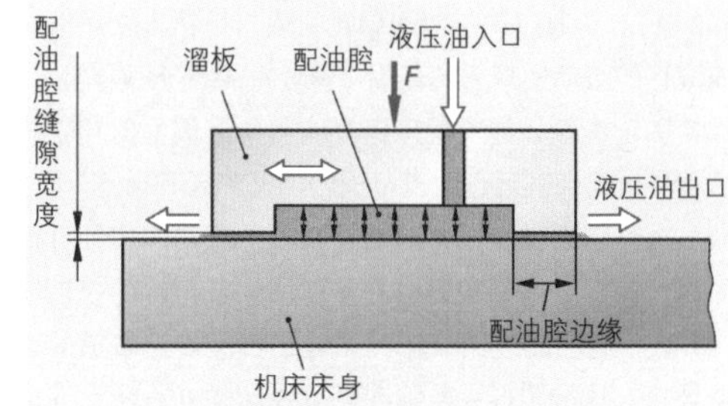

图 2：液体静态滑动导轨原理

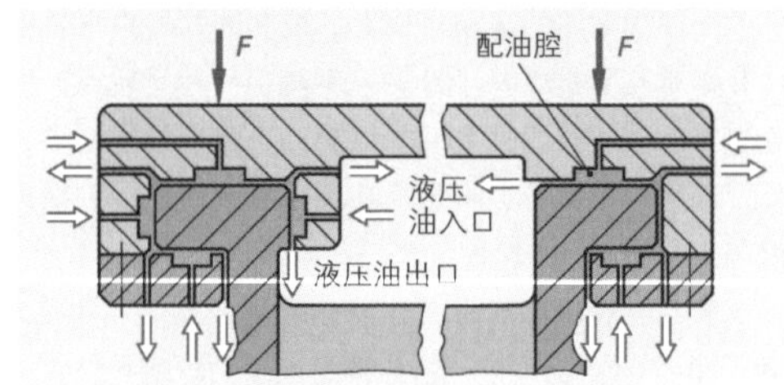

图 3：液体静态润滑的溜板导轨

本小节内容的复习和深化：

1. 导轨应具备哪些性能?
2. 根据导轨轨道形状可把导轨分为哪几种类型?
3. 圆形导轨上可进行哪几种运动?
4. 如何理解封闭式导轨?
5. 开放式导轨有哪些缺点?
6. 为什么在液体静态润滑的导轨上常常出现混合摩擦?
7. 为什么不希望在导轨上出现黏滑（Stick-Slip-Effekt：黏滑效应)?
8. 在哪些导轨上可以避免出现黏滑?
9. 不限制移动距离的滚动导轨是如何工作的?
10. 为什么空气静态滑动导轨的摩擦小于液体静态滑动导轨?
11. 参见图 3，若要使图中溜板在有负荷时仍能通过力 *F* 保持在正确的高度位置，需选用哪几个配油腔?
12. 为什么图 3 的溜板在力 *F* 增大时仍能保持在同一高度位置上?
13. 参见图 3，若要使溜板在非垂直切削力出现时仍能保持在正确位置上，需选用哪几个配油腔?
14. 空气静态滑动导轨是如何工作的?

6.4.4 密封

■ 密封的任务

密封的任务是阻止或减少零件接合处液体、气体或固体材料（如灰尘）等物质的泄露或渗透（图 1）。

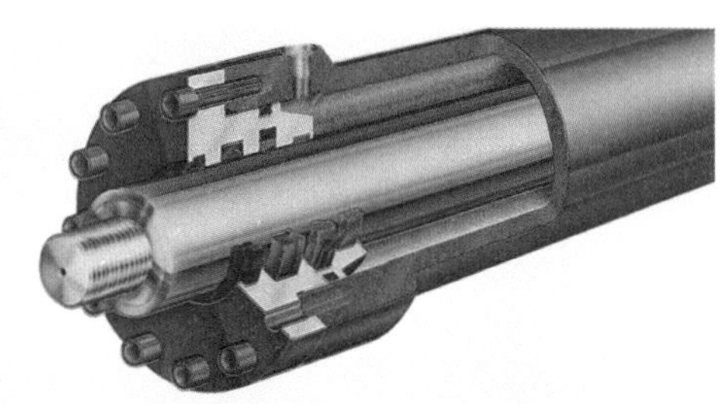

图 1：一个液压缸活塞杆的密封

■ 密封的类型

我们把密封分为静止（静态）密封和运动（动态）密封（表 1）。

表 1：密封类型

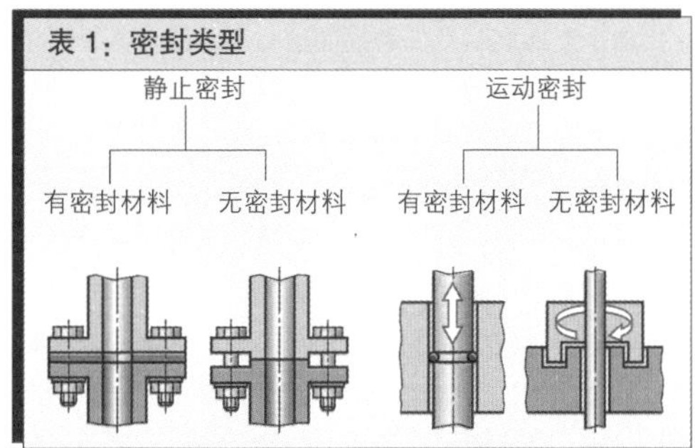

静止密封

静止密封是在两个没有相对运动的零件之间形成的密封。

> 密封件在安装时产生弹性或塑性变形。

密封垫：密封垫有宽大的接触面（图 2）。如果要求承受高压，密封垫还需配上金属覆层或金属卷边。

成型密封件：经常使用的成型密封件是圆形密封圈（O 形环）。与密封环共同使用的是橡胶弹性 O 形环，例如作为预应力元件密封液压缸中的活塞和活塞杆（图 4）。

液体密封材料：液体密封材料完全充填了密封面表面凹陷处，并在涂覆后硬化成为弹性物质（图 3）。

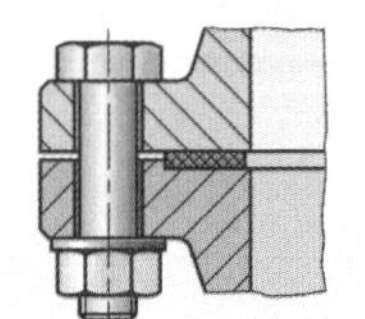

图 2：密封垫

Z

Z

密封材料

图 3：液体密封材料

运动密封

运动密封是在两个相对运动的零件之间形成的密封。由于密封无法完全形成，总是会出现小泄露。这类密封可分为接触型密封和无接触型密封。

接触型密封：接触型密封件是压入运动零件上的密封。为了消除摩擦，要求密封面光滑坚硬。滑动面不整洁以及润滑缺乏或润滑错误都将加快运动部位和密封件的磨损。因此，使用接触型密封的同时要求必须采用静止密封。

V 形皮碗用于密封例如液压机的活塞杆。皮碗的作用相当于槽形密封圈的减压器。装在槽形密封圈内的滑环保证系统的灵巧性。支环对密封元件产生预应力（图 5）。

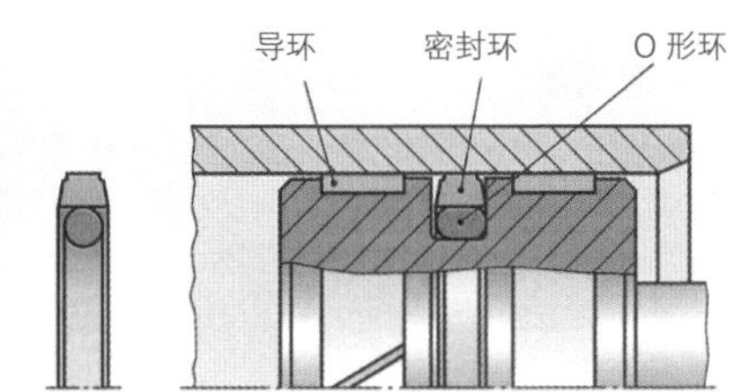

图 4：活塞密封

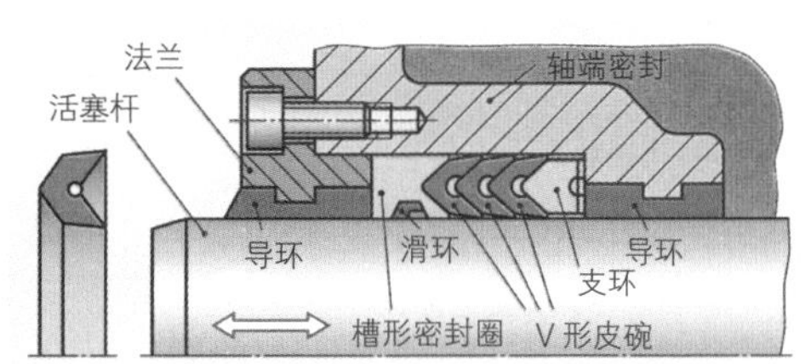

图 5：装有 V 形皮碗的轴端密封

槽形密封圈主要用作液压缸活塞杆的密封件。其密封效果产生于自身的预应力和安装时密封唇口的压合。槽形密封圈相对于活塞杆是动态密封，相对于液压缸体是静态密封（图 1）。

防尘圈安装在液压缸内，其作用是将活塞杆携带的污物和切屑挡在液压缸外（图 1）。

径向轴密封环是一种带有特殊唇口形状的皮碗（图 2）。它用于压力较低的轴密封。密封边以及密封唇口都可以阻挡润滑油外泄。根据需要，径向轴密封环还配有防止污物渗入的保护唇口。

滑环密封用于压力中等以及高压轴的密封（图 3）。它由两个平面磨削且低磨损的密封环组成，其材料可采用例如塑料、陶瓷、硬质合金或石墨。一个滑环与轴一同旋转，而另一个对应滑环则固定在支座上。通过弹簧将两个滑环压在一起。

无接触密封。无接触密封通过一个可形成迷宫式密封的窄缝隙实施密封。不可分离支座的迷宫式密封呈轴向方向排列（图 4），而可分离支座的迷宫式密封呈径向方向排列（图 5）。缝隙密封大多用于润滑脂润滑的轴承。如果缝隙内填满润滑脂，密封效果明显提高（图 5）。

> 静态密封用于密封静止零件，动态密封用于密封相对运动的零件。

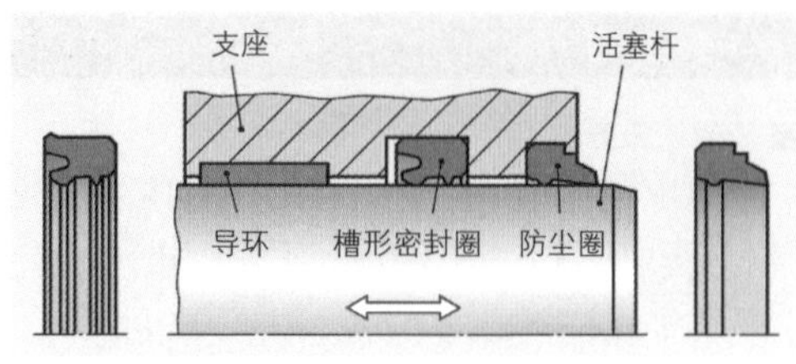

图 1：槽形密封圈和防尘圈

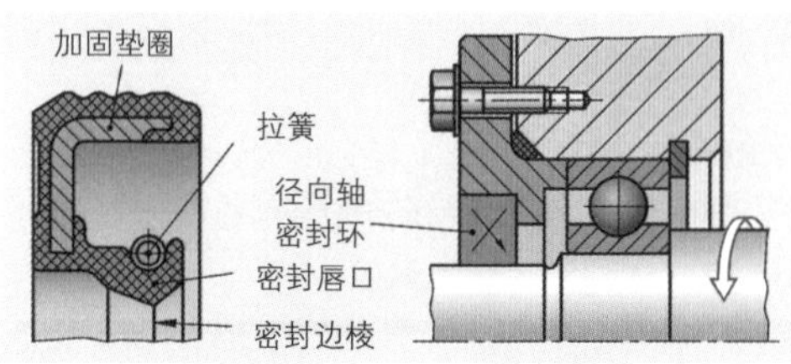

图 2：径向轴密封环

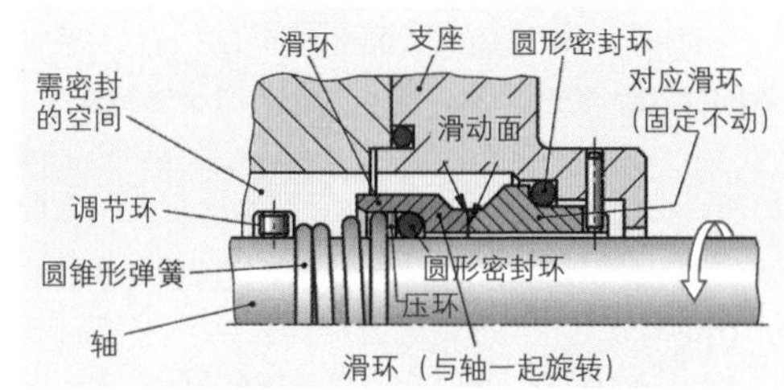

图 3：滑环密封

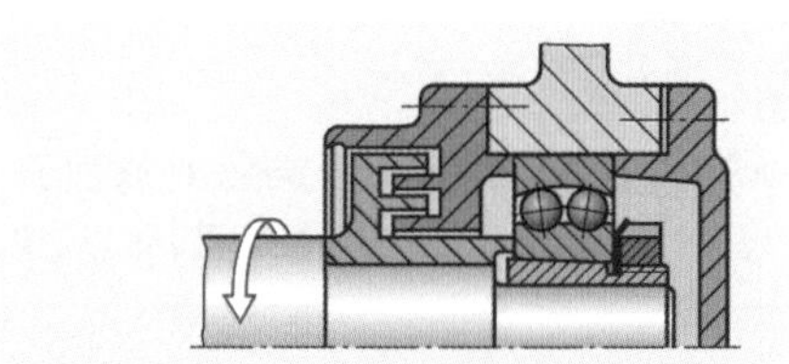
图 4：一个自动调心滚珠轴承的轴向迷宫式密封

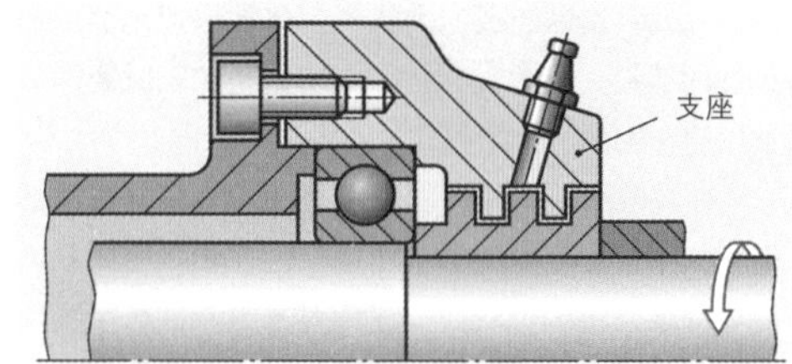

图 5：一个向心滚珠轴承的径向迷宫式密封

■ 密封材料

根据各种用途的不同要求，密封材料必须能够塑性变形或弹性变形，必须能够耐受化学药物，必须具备耐高温、抗老化以及耐磨损等特点，而其自身的摩擦也必须非常小。根据这些要求，一般常用的密封材料有石墨、塑料，例如聚四氟乙烯；金属，例如软质钢、铜、铅，以及由永久弹性塑料制成的密封膏。

本小节内容的复习和深化：

1. 密封分为哪几种类型？
2. 静止密封如何达到密封效果？
3. 径向轴密封环用于哪些用途？
4. 迷宫式密封如何实现密封作用？

6.4.5 弹簧

弹簧在负荷下出现弹性变形（图 1）。导致该变形所消耗的功存储在弹簧内，负荷消失时，该功重又释放出来。

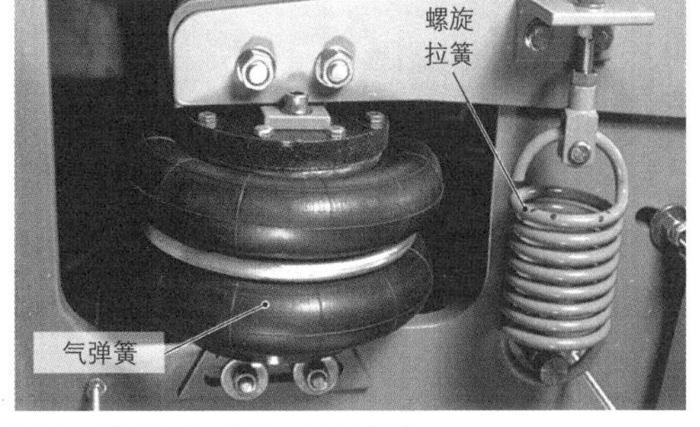

图 1：纺织加工机械中的气弹簧

■ 任务

弹簧的作用：吸收冲击和振动（机动车的悬挂，离合器的橡胶弹簧），叠压机器零件（联轴器弹簧），存储张紧能量（端部夹头）和使机器零件回位（单程作用的气动缸）。

■ 性能

使弹簧变形所需的力随着弹簧行程的增加而增大。弹簧特性曲线描述这种力与弹簧行程的相互关系。弹簧特性曲线用于判断弹簧的性能。其走向可以是线性的、累加的或递减的（图 2）。

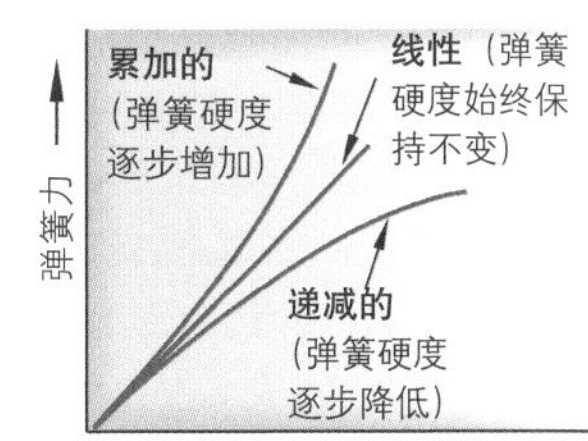

图 2：弹簧的特性曲线走向

> 弹簧特性曲线上升的陡度越大，弹簧变形所需的力也越大。

特性曲线呈线性时，双倍的弹簧行程需要双倍的力。力的变化较小而弹簧行程较大的弹簧称为“软弹簧”，而力的变化很大但弹簧行程却很小的弹簧称为“硬弹簧”（图 3）。

我们把弹簧力 F 与弹簧行程 s 的比例关系称为弹簧伸缩率 R。

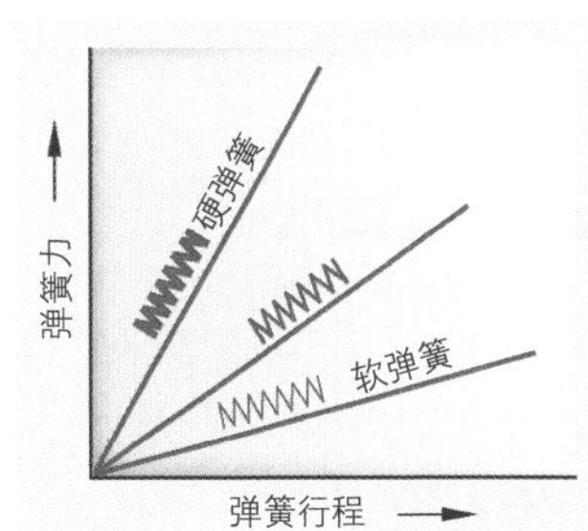

图 3：弹簧硬度与弹簧特性曲线

> 弹簧伸缩率 $R=\frac{F}{s}$

举例：欲将一个弹簧伸缩率 R=60 N/mm 的压簧压缩 s=3 mm，请问所需的力 F 为多大？

解题：$F=R\cdot s$=60 N/mm · 3 mm=180 N

■ 弹簧的类型

根据弹簧的负荷类型，可将弹簧分为压簧、拉簧、弯曲弹簧和扭簧。或根据弹簧的外观形状，可将弹簧分为螺旋弹簧、扭杆弹簧、碟形弹簧、环形弹簧、橡胶弹簧和气动弹簧。

螺旋弹簧主要由一根按圆柱体形状盘绕的弹簧钢丝制作而成，一般用作拉簧和压簧（图 4）。这类弹簧的特性曲线呈线性，因此特别适宜于长弹簧行程。

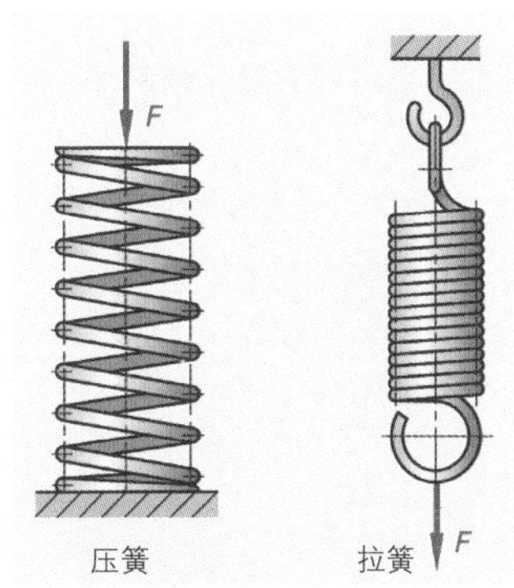

图 4：螺旋弹簧

螺旋扭簧是按弹簧盘绕方向受力的圆柱体形状螺旋弹簧（见 464 图 1）。它用于例如止动爪的复位弹簧。

扭杆弹簧一般都是圆形横截面。受力后，位于张紧部分之间的弹簧横截面出现弹性扭转（见 464 图 2）。扭杆弹簧主要用于例如机动车的车轴悬挂和力矩扳手的力矩测量。

碟形弹簧是由轴向受力的锥形圆盘组成的压簧（图 3）。

> 碟形弹簧适用于小弹簧行程但大弹簧力的用途。

碟形弹簧可以同向或反向逐层叠加成弹簧组。同向叠加时弹簧力加大，而反向叠加时弹簧行程加大。碟形弹簧用于例如刀具制造、机床制造和工装制造。

螺旋碟形弹簧可以替代层层叠加的碟形弹簧柱。一个螺旋碟形弹簧由两个相同并用螺钉连接的螺旋压簧组成，其横截面与碟形弹簧类似，由弹簧带钢制造（图 4）。螺旋碟形弹簧主要用于例如铣刀夹紧系统中产生夹紧力。

环形弹簧由闭合的、在其锥形面上互相接触的钢环组成（图 5）。当一个轴向力作用在环形弹簧上，外环向外弹性扩展，而内环却弹性压缩。

环形弹簧所承受的负荷可以大到使稍高的内环端面互相接触，形成一个整块（图 5）。通过锥形面的摩擦达到良好的减振效果。环形弹簧用于例如轧钢设备中轧制材料的弹簧减振装置，以及铁路车辆的缓冲器。

橡胶弹簧主要用于减缓振动和冲击，例如用于联轴器。在金属套筒内或金属板之间硫化或粘接的橡胶元件可以承受剪切负荷和压力负荷（图 6）。

气动弹簧用于例如机动车悬挂。这里，作为弹簧元件的是空气或某种气体。需减缓的力通过运动的活塞作用于封闭在一个气缸内的气体。气动弹簧的特性曲线呈累加型，因此常与液压减振器组合使用（例如缓冲器）。

■ 弹簧的材料

制造弹簧所使用的材料大部分是弹簧钢，通过淬火、调质或冷作成形（深拉）使其达到高强度和高弹性。在弹簧制作前可对钢丝进行热处理，也可在弹簧制作完成后，例如碟形弹簧和扭杆弹簧，再进行热处理。弹簧钢一般都是非合金钢或加入硅和铬的合金钢。

本小节内容的复习和深化：

1. 弹簧的用途是什么?
2. 如果要求弹簧压缩 5.5 mm 所需的力达到 400 N，问，该压簧的弹簧伸缩率应有多大?
3. 弹簧可分为哪几种类型?
4. 在碟形弹簧上，如何才能在弹簧力不变的条件下延长弹簧行程?
5. 环形弹簧组成的悬挂是如何工作的?

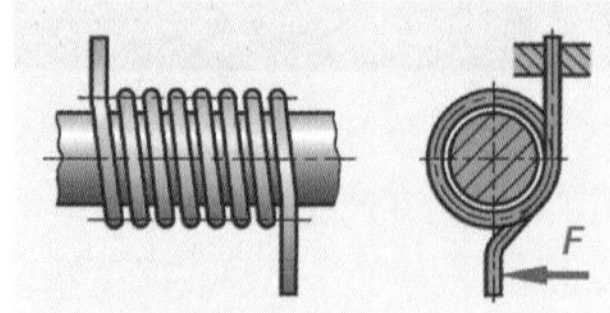

图 1：螺旋扭簧

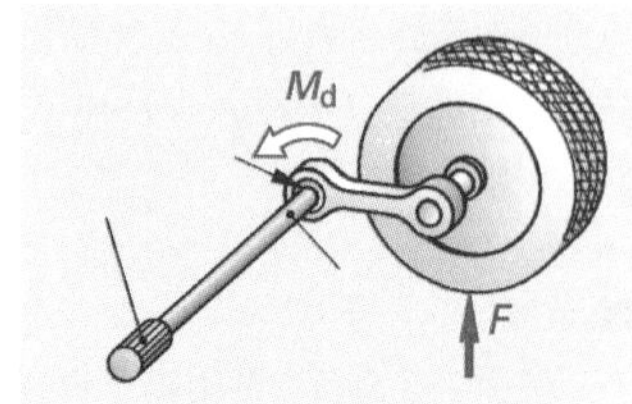

图 2：扭杆弹簧

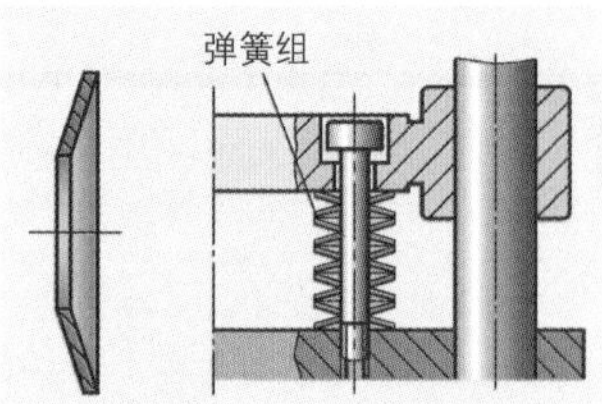

图 3：碟形弹簧

图 4：螺旋碟形弹簧

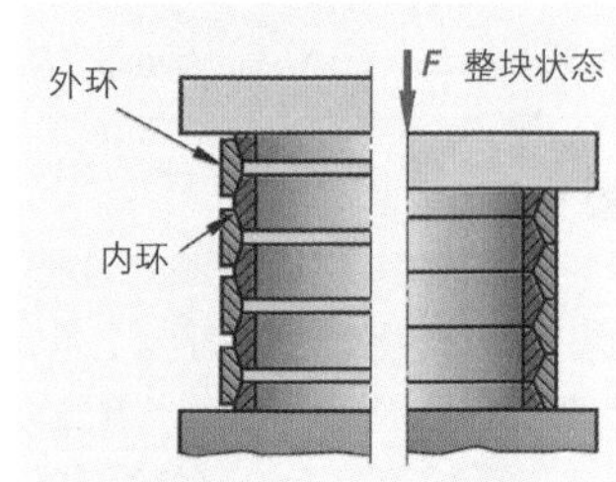

图 5：环形弹簧

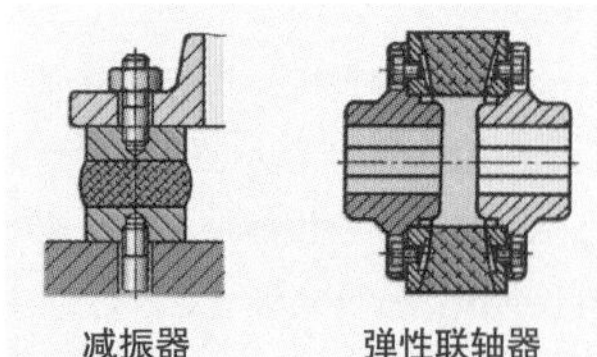

图 6：橡胶弹簧

6.5 能量传输功能单元

6.5.1 动轴和静轴

动轴传递旋转运动和转动力矩以及由此产生的能。而静轴正相反，它用于支承转动的零件，它不传递能。

■ 动轴

动轴直接由电动机和联轴器驱动，或通过齿轮、链条和皮带驱动。

力，设计结构，轴承结构

力：作用于轴的力可使轴弯曲，而扭矩可使轴扭曲（图 1）。

设计结构：轴的直径必须大到无法超过所允许的弯曲应力和扭曲应力。直径的分级以所属部件（联轴器、密封件、轴承、齿轮等）的内径为准，同时也以这些部件的装配方法为准。

两个直径之间的过渡段出现增强的切口应力集中效应。这种应力集中效应降低轴的疲劳强度。但通过过渡段整圆或标准化退刀槽等方法可降低切口应力集中效应（图 2）。

轴承结构：动轴一般由两个轴承支承。轴承将轴上所出现的径向力和轴向力传递给轴承座。但特别细长的轴以及内燃机的曲轴和凸轮轴必须由两个以上的轴承支承，以避免出现纵向挠曲和振动。

结构形式

根据其功能，可将动轴划分为驱动轴和传动轴、主轴、万向轴以及曲轴和凸轮轴。

驱动轴

驱动轴将转矩传递到其他的轴、机器或刀具上。如图 3 所示，由皮带轮驱动的锯床轴将转矩传递到锯片。

传动轴的任务是与齿轮共同作用，改变转速（见 465 页至 469 页）。传动轴（图 4）由驱动法兰驱动。而传动则通过左齿轮 z_1 或右齿轮 z_2。通过齿轮联轴器即可交替使用这两个齿轮执行传动变速任务。

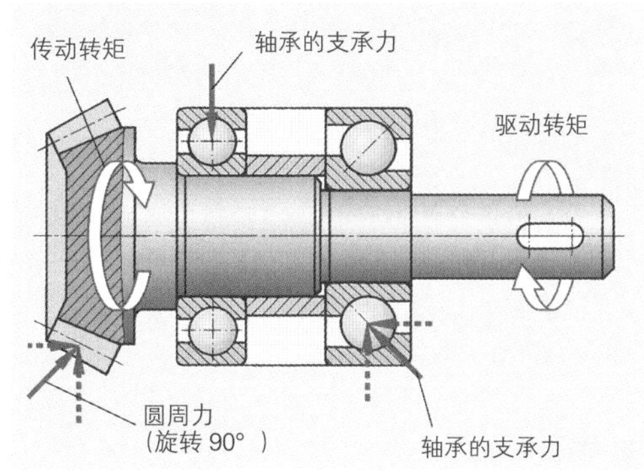

图 1：动轴上的力

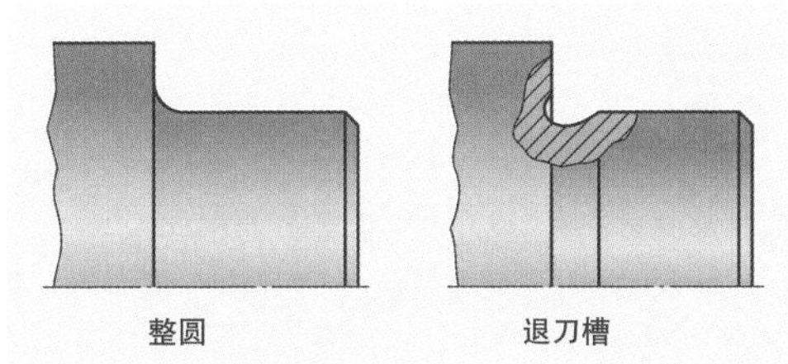

图 2：动轴上的直径过渡段

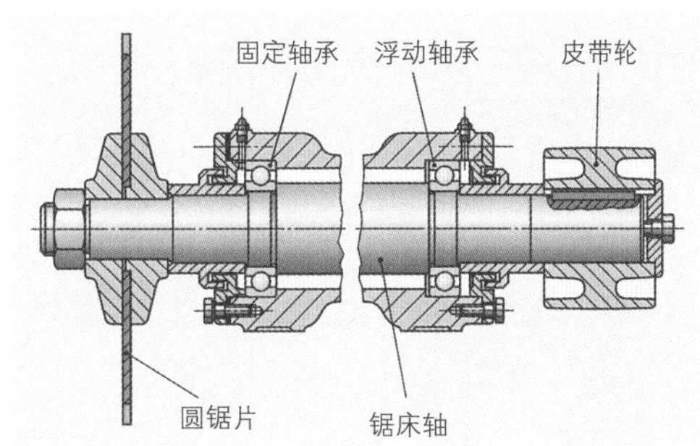

图 3：圆锯轴

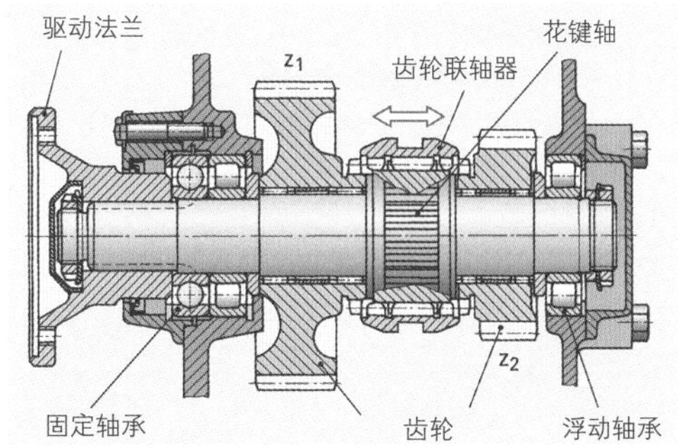

图 4：传动轴

主轴

加工机床上执行切削和进给运动的轴称为主轴(图 1)。例如通用车床，除夹持夹具的主轴外，还有一根车螺纹的丝杠和负责刀架溜板进给运动的光杠。高速运转的主轴都必须认真地做动平衡。

万向轴

在与静轴径向错位安装或在能量传递过程中能使静轴移动的部件之间的连接一般采用万向轴（见 468 页）。万向轴主要用于机动车发动机与主传动之间以及拖拉机对附属装置的驱动。

■ 静轴

静轴用于支承旋转的或振动的机器部件。

结构形式

我们把这类轴分为固定轴和旋转轴。小型固定轴可称为活节螺栓。

固定轴

在必须固定以防止其转动的固定轴上，待支承的零件都由滚动轴承或滑动轴承支承（图 2)。

活节螺栓将一个固定零件，例如轴承座，与一个运动零件，例如肘节杆，连接起来（图 3)。如果运动时活节螺栓与零件有咬死的危险，则需要装入轴衬套。但必须保证零件只在轴衬套范围内相对转动，例如通过活节螺栓与轴承座之间的过盈配合或夹紧活节螺栓等措施。

旋转轴

在旋转轴上，轴与车轮构成一个固定单元，即便轴承相距较远，这种单元依然非常稳定（图 4)。此外，两个车轮一起只需要两个轴承。轴承由固定的轴承座提供润滑。

本小节内容的复习和深化：

1. 如何区分动轴和静轴?
2. 动轴的直径取决于什么因素?
3. 为什么动轴必须至少由两个轴承支承?

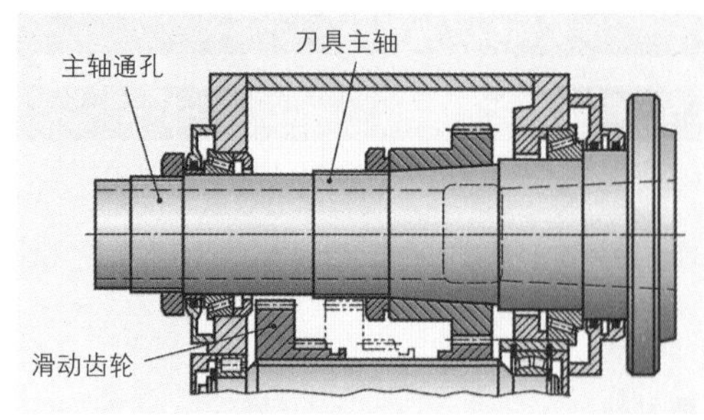

图 1：车床工作主轴

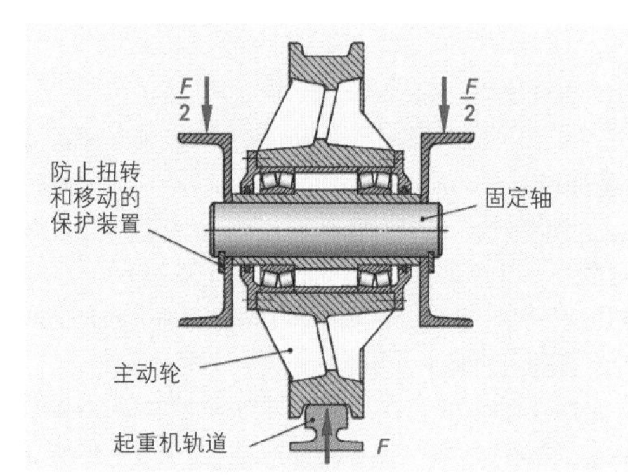

图 2：起重机主动轮的固定轴

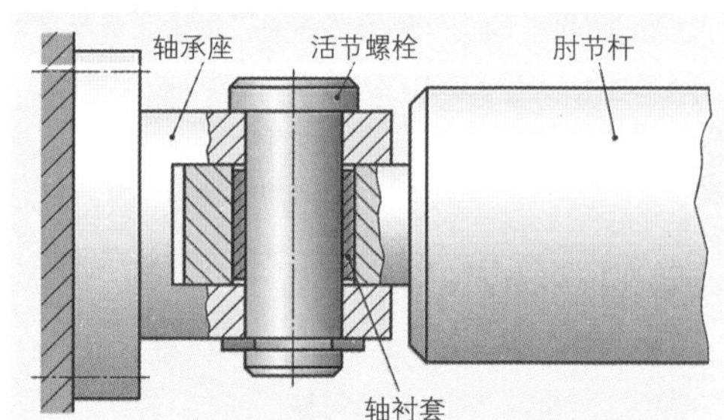

图 3：装有活节螺栓的活节

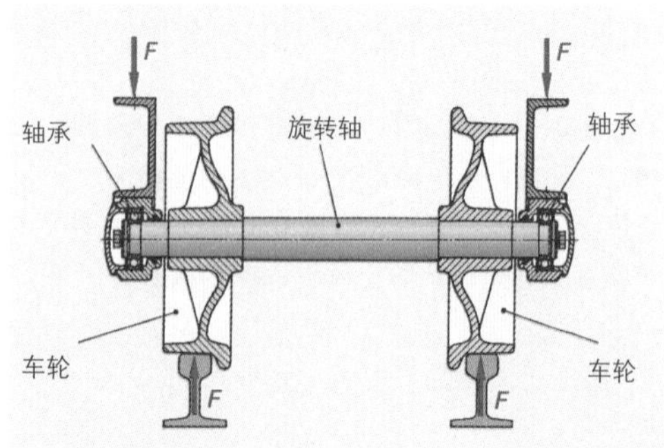

图 4：轨道机车的旋转轴

6.5.2 联轴器

联轴器用于两个动轴之间的能量传递。它可以执行多种不同的任务：

- 动轴之间的连接，例如发动机轴与传动轴的连接（图 1）；
- 中断或传递转矩，例如机动车离合器；
- 转换变速档位，例如加工机床的变速箱；
- 保护机器防止过载，例如数控机床出现碰撞事故时；
- 减缓冲击，例如输送设备的离合器；
- 补偿轴的偏移移动，例如万向联轴器（图 1）。

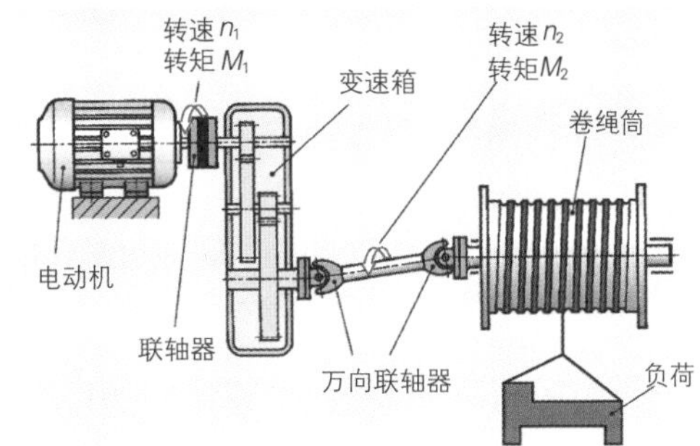

图 1：联轴器的应用

> 联轴器类型划分主要依据其所需完成的任务。一个联轴器的制造尺寸则取决于所需传递的转矩。

联轴器可分为非离合式联轴器和离合式联轴器（又称离合器）以及特殊用途联轴器（图 2）

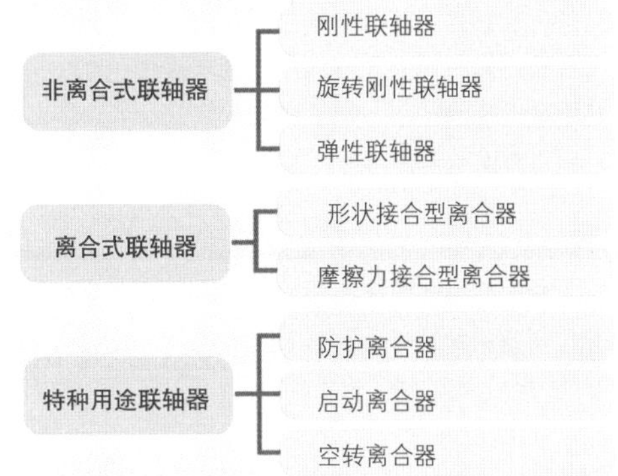

图 2：联轴器的结构类型

6.5.2.1 非离合式联轴器

在非离合式联轴器上，驱动轴在运行过程中不能与从动轴分离。

■ 刚性联轴器

刚性联轴器用于两个轴向方向上固定连接的同心轴之间的力传递。但这种联轴器不能补偿轴的移动。

刚性联轴器一般都是成本低廉、制造尺寸小并用于简单驱动的联轴器。但在转矩和转速极高时，也可与锻接法兰连用。

圆盘联轴器（又称凸缘联轴器）：圆盘联轴器通过定心凸缘或定心环来实现轴法兰之间的定中心（图 3）。

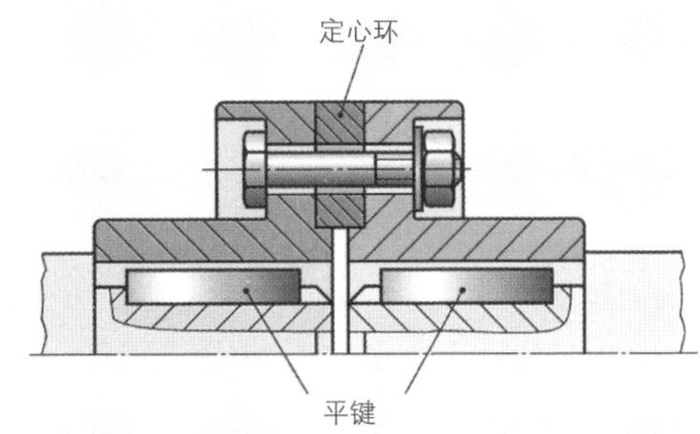

图 3：圆盘联轴器

带锥套的壳形联轴器：这种结构形式将两个直径相同的定心轴连接起来（图 4）。通过开槽的锥形紧固面，不用平键即可将联轴器按摩擦力接合方式固定在轴端。但这类联轴器不适宜用于交变冲击负荷。

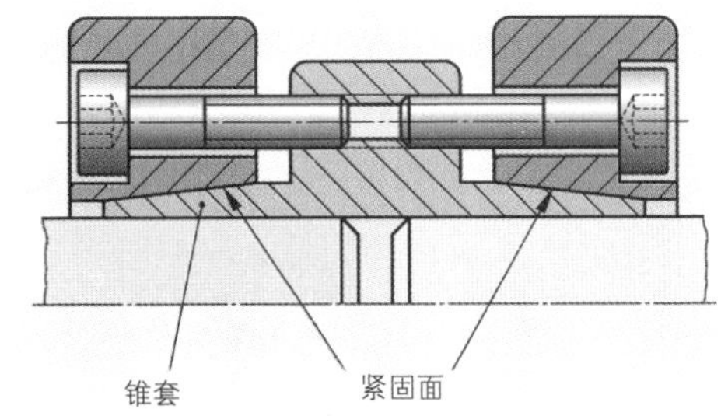

图 4：带锥套的壳形联轴器

■ 旋转刚性联轴器

这种联轴器可用旋转刚性方式传递旋转运动，并同时补偿轴的偏移移动。

弧齿联轴器的特点是小型制造尺寸传递大转矩和允许高转速（图 1）。在两个轴端各固定一个联轴器轮毂，其外圆为鼓形齿。鼓形齿与支座内直齿齿轮啮合，从而实现形状接合式的转矩传递。传递过程中，两轴之间可能会出现微小的轴向和径向偏移。

万向联轴器可以补偿比弧齿联轴器更大的轴偏移移动。同步万向节中，由滚珠传递两轴之间的旋转运动。

罐形万向节是可做轴向移位的同步万向节（图 2）。这种联轴器中装有滚珠，滚珠安放在保持架内，按直线轨迹运行。它允许的径向偏移最大达 20°，轴向移位最大达 30 mm。

同步万向节主要用于机动车的主传动。

> 同步万向节在径向偏移较大时仍能准确无误地传递驱动轴转速。

万向轴（万向节轴）由两个万向联轴节和一个用于纵向补偿的滑动件组成（图 3）。在加工机床制造业中，万向轴用作多轴钻床的主轴驱动和小型铣床工作台的进给驱动。

■ 弹性联轴器

弹性联轴器也可以与旋转刚性联轴器一样补偿轴的径向和轴向偏移。通过其圆周方向附加的挠性，使这种联轴器可以缓冲冲击和振动，实现软启动。弹性联轴器经常用于转矩变化幅度很大的工作设备的驱动，例如活塞泵和活塞压缩机。它的弹性元件采用橡胶成型件、螺旋弹簧和板簧以及橡胶波纹套（图 4）。金属弹簧联轴器也用于高温运行的机床或设备。为达到无间隙运行，弹簧件都以预应力状态安装。

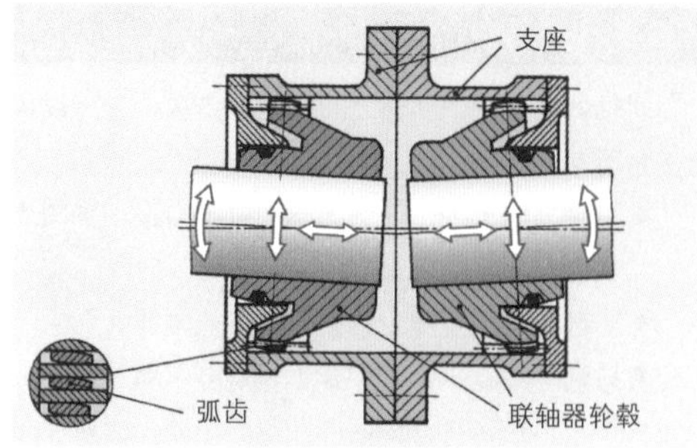

图 1：弧齿联轴器

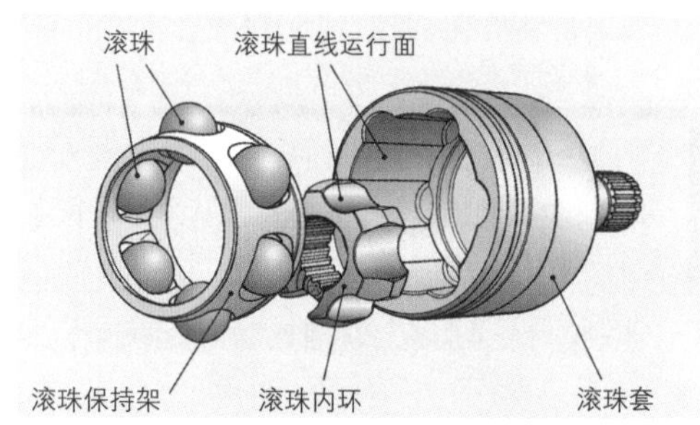

图 2：罐形万向节

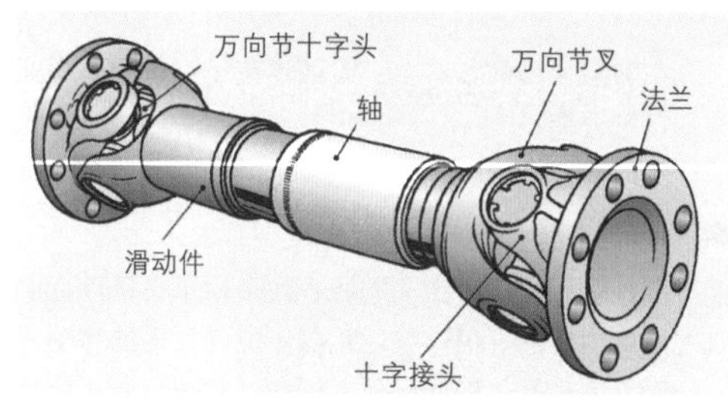

图 3：万向轴的十字接头

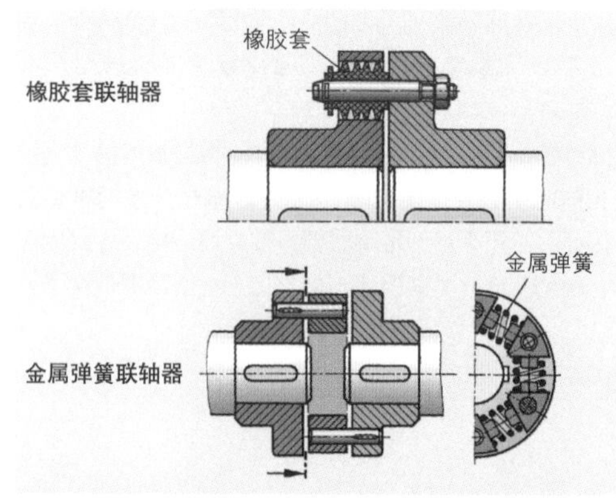

图 4：弹性联轴器

金属波纹管联轴器一般都用于机械制造业。例如进给驱动，它将伺服电动机与滚珠丝杠连接起来，使之即便在极低转速时仍能保证刀架溜板平稳均匀地运行（图 1）。金属波纹管联轴器所能传递的转矩从 0.1 N· m 至 4 kN· m，转速最高可达 13000 r/min。

特殊几何形状的波纹管保证了高抗扭强度（图 2 和图 3）。同时它还能补偿轴的轴向偏移、径向偏移和角度偏移。金属波纹管由高级合金钢制成。联轴器与轴的连接主要通过圆锥套筒、夹紧套筒、支撑圆锥体或弹簧卡头套筒以摩擦力接合形式来实现。

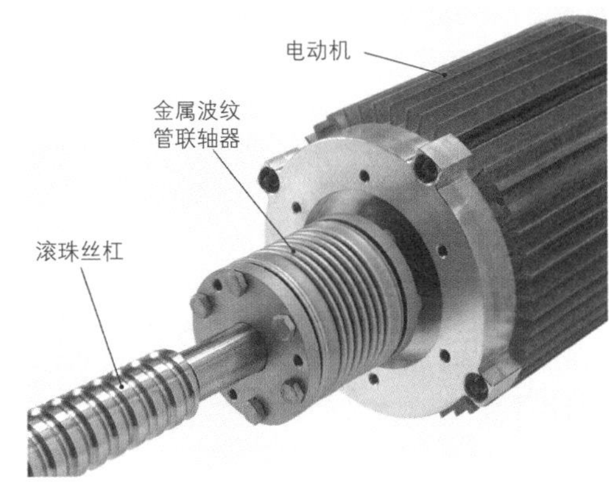

图 1：装有金属波纹管联轴器的驱动单元

金属波纹管联轴器的优点

- 无间隙传递转矩；
- 惯性矩小；
- 高抗扭强度；
- 使用温度最高可达 250℃；
- 装配简单快捷；
- 即便在高转速时仍能保证转矩传递的安全可靠；
- 可补偿轴的轴向偏移，径向偏移和角度偏移；
- 免维护。

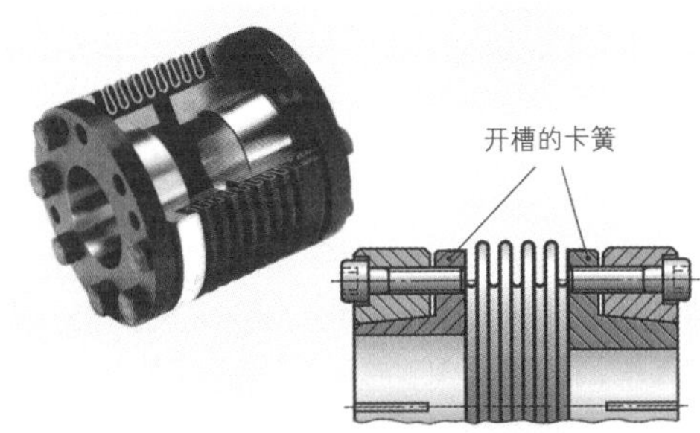

图 2：装有弹簧卡头套筒的金属波纹管联轴器

6.5.2.2 离合式联轴器（离合器）

当两轴连接可按时段断开时，宜采用离合式联轴器。根据转矩传递的类型，我们把离合式联轴器分为形状接合型和摩擦力接合型离合器，其操纵方式可以是机械式、液压式、气动式或电磁式。

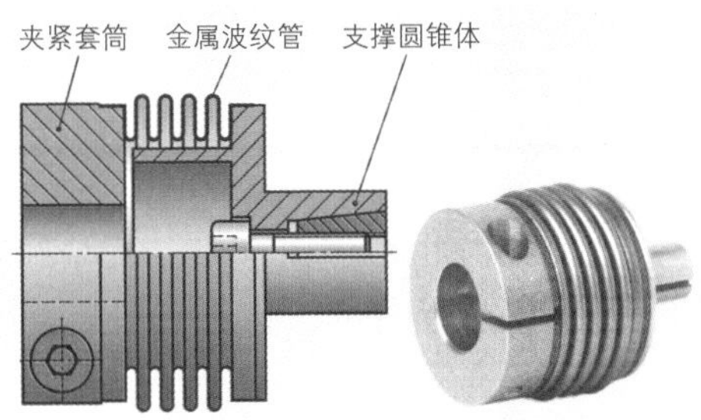

图 3：装有支撑圆锥体和夹紧套筒的金属波纹管联轴器

■ 形状接合型离合器

在这类离合器上，通过相互啮合的离合器元件（夹爪、齿、螺栓等）传递转矩（图 4）。在连通状态下，不需要外部闭合力来维持力的传递。离合器和轴运动部件之间的连接通过滑动弹簧连接或成型轴来实现。齿式联轴节用于变速箱制造。

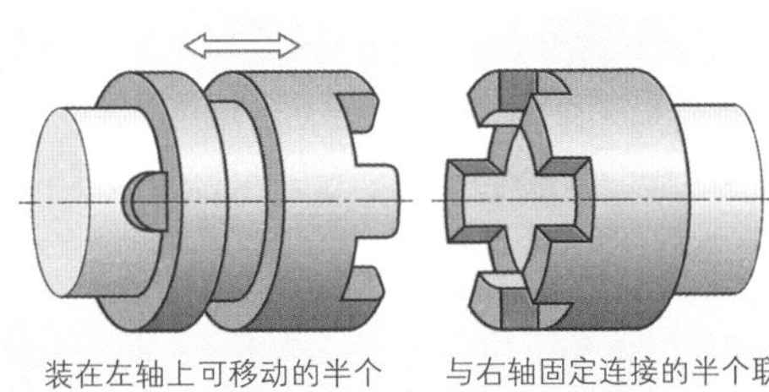

图 4：爪式离合器

形状接合型传动离合器只在静止状态下或两轴转速差极小时才可实施接合操作。

■ 摩擦力接合型离合器

摩擦力接合型传动离合器上转矩的传递是通过摩擦实现的。即便在离合器连通状态下，也必须有一个外部闭合力将摩擦面压紧接合。离合器也可以在有负荷和高转速时接合，因为从动轴在联轴器接合状态下逐步被带动。由于每一个接合过程都会出现摩擦热和磨损，使用时必须配备足够的散热通道。

根据摩擦面的数量和类型，我们把这类联轴器分为单片圆盘摩擦离合器、多片圆盘摩擦离合器和锥形离合器。

单片圆盘摩擦离合器：通过弹簧力（压簧或膜片弹簧）将离合器压板压向一个可轴向移动的离合器片（图 1）。离合器片借助该压力压迫曲轴上的飞轮。通过离合器片两边的摩擦片衬里将飞轮的转矩经由离合器片传递给变速箱驱动轴。若要脱离连接，借助脱接器和脱接叉克服联轴器片的弹簧张紧力，抬起离合器压板即可。单片圆盘摩擦离合器大多用于机动车。

多片圆盘摩擦离合器：又称盘式离合器，装有一个叠片组，其中的盘片交替性地在外部与离合器壳体，在内部与轴在旋转方向上形成形状接合型连接，但这种连接仍然可做轴向移动。离合器接合时，盘片彼此压紧在一起。离合器的接入运动可以是机械式、液压式、气动式或电磁式（图 2）。

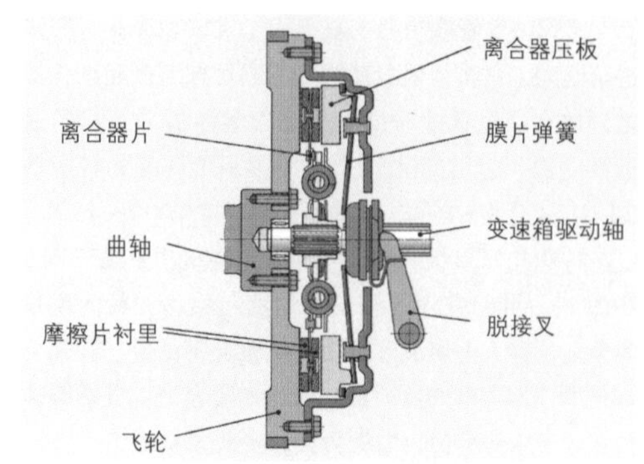

图 1：单片圆盘摩擦离合器

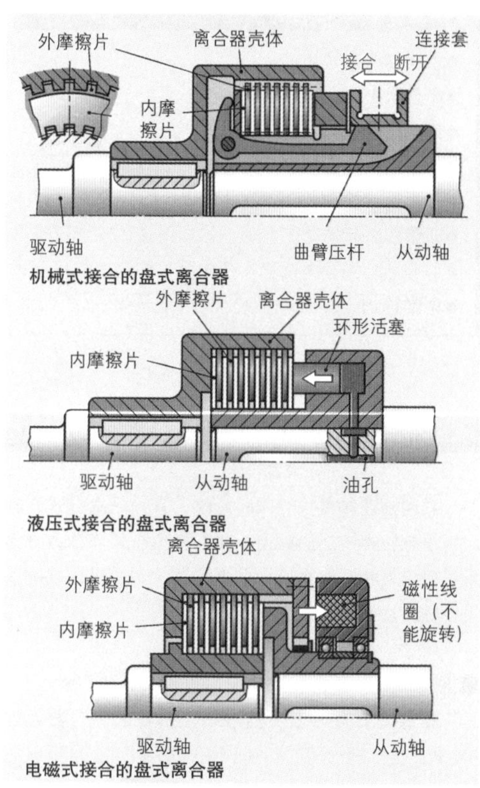

图 2：盘式离合器

摩擦力接合型离合器在静止状态和运行状态均可实施接合操作。接合过程可以是机械式、液压式或电磁式。

6.5.2.3 特殊用途联轴器

防护离合器应在超出允许转矩的情况下，立即切断两轴之间力的传递。

抗剪销、安全销离合器：最简单的保护性联轴器是抗剪销和安全销联轴器（图 3）。其设计结构是，当转矩超过允许值时，它们自行剪断。

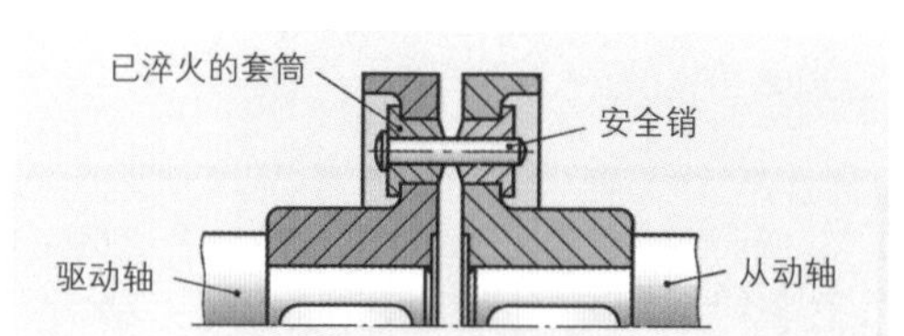

图 3：安全销离合器

滑动离合器：其结构与盘式离合器或单片圆盘摩擦离合器的相同，也是通过摩擦片衬里以摩擦力接合形式传递转矩（图 1）。通过调节压簧张紧力可调节传递的转矩。当超过允许转矩时，离合器打滑空转，切断力的传递。

卡槽式离合器：卡槽式离合器使用有刻度的调节螺帽，通过调节碟形弹簧的张紧力来调节极限转矩（过载转矩）（图 2）。过载时，滚珠从原槽位弹出；离合器的接合件也因此脱离其轴向行程。一个传感器以机械式或无接触式方式采集接合件脱离行程的动作，在 2~3 ms 之内关断驱动（图 3）。离合器在依序排列的任意一个滚珠槽位上均可让滚珠自动退回原槽位。从而使离合器在排除过载故障后可以立即处于自动就绪状态。

防护离合器：数控机床上的防护离合器，例如滞后误差离合器，通过一个测量系统确定驱动轴与从动轴之间的转速差（滞后误差）。这种滞后误差可能导致产生过载或碰撞；若出现这种滞后误差，急停系统将立即关断机床驱动。

启动离合器

启动离合器主要安装在动力设备与工作设备之间。这种离合器可以使动力设备（例如内燃机）无负荷启动。直到达到一定转速后才自动与工作设备接合。

空程离合器

空程离合器或解脱离合器通过安装在离合器驱动与从动零件之间的止动爪、夹紧元件、滚柱或滚珠等实现转矩的传递（图 4）。如果驱动轴转速大于从动轴，将迫使圆柱形滚柱向外顶出，卡在驱动轴与从动轴之间。离合器壳体也一起动作。如果与上述情况相反，即离合器壳体转速大于主动轴，则滚柱向内收缩，切断力的传递。

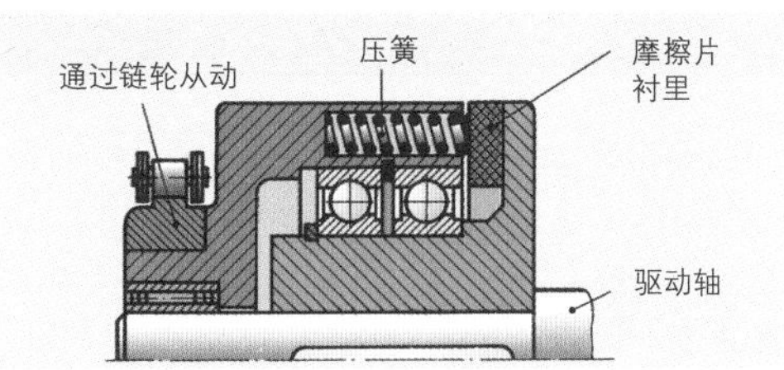

图 1：滑动离合器（又名：摩擦保险离合器）

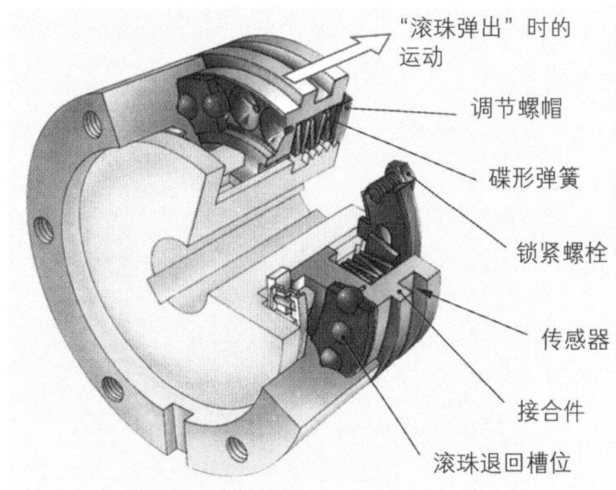

图 2：卡槽式离合器

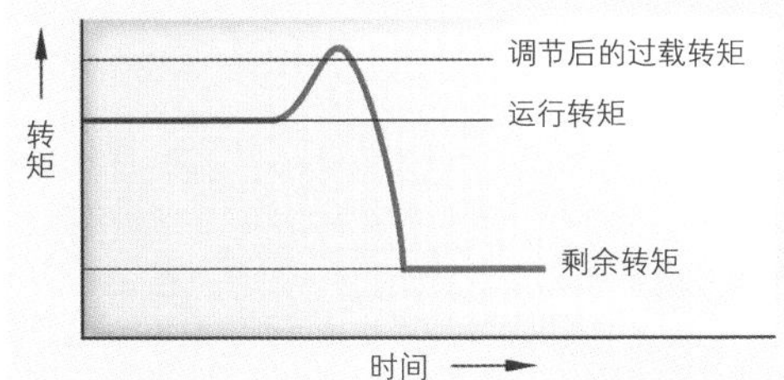

图 3：卡槽式离合器的接合特性

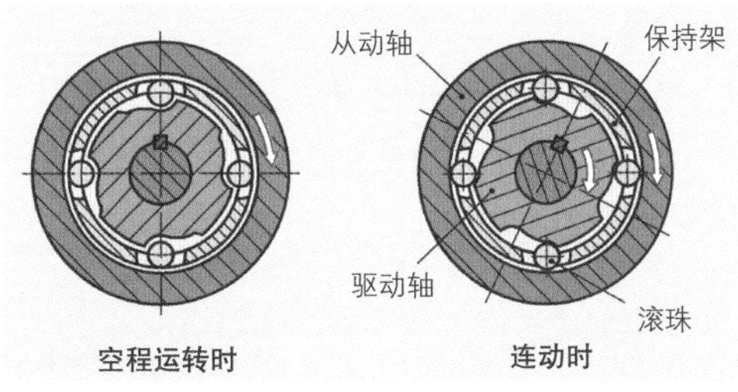

图 4：空程离合器

本小节内容的复习和深化：

1. 联轴器有哪些任务？
2. 单片离合器是如何工作的？
3. 弹性联轴器应用在何处？
4. 金属波纹管联轴器有哪些优点？
5. 盘式离合器是如何离合的？
6. 卡槽式离合器有哪些优点？
7. 空程离合器应完成哪些任务？

6.5.3 皮带传动

皮带传动属于牵引传动（见 491 页）。它在间距大于齿轮传动的两轴之间传递转矩和转速。由于所有皮带均由橡胶塑料或纺织物制成，其特性较之齿轮传动或链条传动有很大区别。

■ 皮带传动的优点和缺点

优点	缺点
●力的弹性传递； ●运行噪声低，可缓冲冲击； ●轴间距可以很大； ●不需要润滑； ●维护费用低；	●因皮带膨胀延伸易打滑； ●并因此造成传动比例不准确； ●工作温度受限； ●因皮带必需的张紧力增加了轴承负荷。

■ 皮带的张紧

为使皮带能够传递功率，所有的皮带都必须张紧（图 1）。皮带张紧方法如下：

- 当轴距固定时，在预应力状态下安装，或使用张紧轮；
- 当轴距可以扩大时，移动或转动电动机。

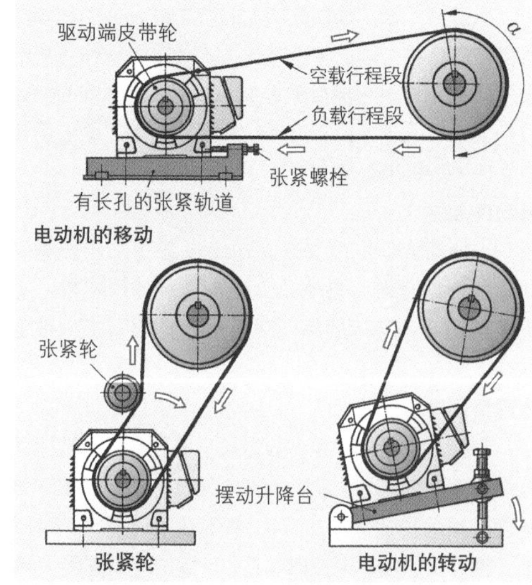

图 1：皮带张紧方法

■ 结构形式

根据皮带轮带动皮带的类型，我们把皮带分为无齿皮带（摩擦力接合型）和有齿皮带（形状接合型）。

无齿皮带

无齿皮带通过皮带与皮带轮之间运行面的摩擦传递拉力。根据运行面的形状，可把无齿皮带分为平面皮带和三角皮带。

平面皮带

皮带轮的圆周力和可传递的转矩基本上取决于张紧力、皮带与皮带轮之间的摩擦系数和皮带的接触角度。

结构：平面皮带大多是两层或多层结构。运行面表层由铬鞣皮革组成，面对钢或铸铁运行面它具有良好的摩擦系数。承受拉力的内层由具有高抗拉强度和低延伸率的塑料组成。

特殊性能：通过皮带的高柔韧性可达到如下若干性能：传动比最大 20:1，小轴距，皮带运行速度高（最大 100 m/s）和传动功率大（图 2）。

应用举例：在加工机床，纺织机械和造纸机械方面的传动，以及滚柱式输送机和传送带的传动。

图 2：平面皮带传动举例

三角皮带

带负荷时，三角皮带嵌入皮带轮槽内并紧压槽侧面。由此产生的大法向力可产生大摩擦力并传递大转矩（图 1）。

结构：三角皮带由一个聚酯材料拉力条、局部横向纤维增强的橡胶内芯和抗磨损的表层织物组成。侧面敞开的三角皮带则取消这个表层。

特殊性能：因楔形作用所产生的摩擦连接使三角皮带所需张紧力小于平面皮带。但由于三角皮带的高横截面，其弯曲阻力也因此相对很高。三角皮带底部的齿可以降低这种弯曲阻力。

结构形式：针对不同的使用要求，现已开发出多种不同外形的三角皮带（表 1）。

有齿皮带（同步齿形带）

同步齿形带传动时，力的传递不是由摩擦，而是由皮带齿的形状接合来实现。有齿皮带把平面皮带和三角皮带的优点与链条的防打滑性能结合起来。

结构形式：同步齿形带的制造分单面齿带和双面齿带以及各种不同的齿形（图 2）。

特殊性能：同步齿形带传动的特点是：皮带预应力小，并因此致使轴承负荷小。同步齿形带适用于中小功率的无打滑传动。

应用举例：有齿皮带常用于加工机床的进给传动、复印机（图 3）、打印机、硬币自动收银机、凸轮轴传动等。

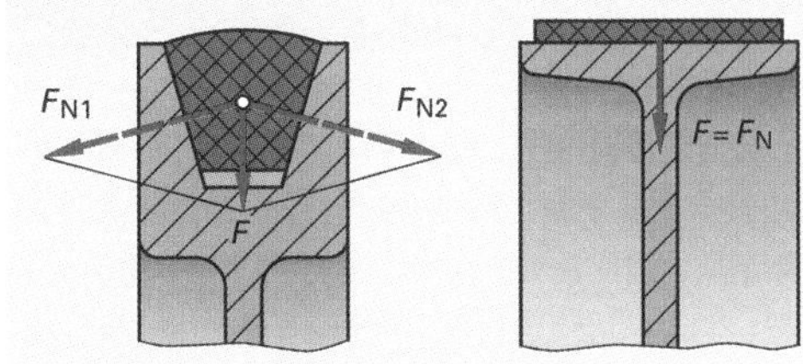

图 1：三角皮带和平面皮带的各种力

表 1：三角皮带结构形式

外形	性能
窄三角皮带	
	通用；可传动大功率；皮带轮大于普通三角皮带；属于应用最为广泛的皮带类型
侧面敞开的三角皮带	
	可传动特大功率；皮带轮直径更小，可耐受更高运行温度
复合式三角皮带（动力带）	
	对振动和冲击敏感，在皮带轮槽内不会发生扭转；适用于大轴距和小皮带轮
多股三角皮带（肋形带）	
	柔韧性好；抗弯曲变化；无延伸；皮带轮上力的分布均匀
宽三角皮带	
	具有极好的抗弯强度和外形匹配性能；用于转速可调的传动（见 491 页）

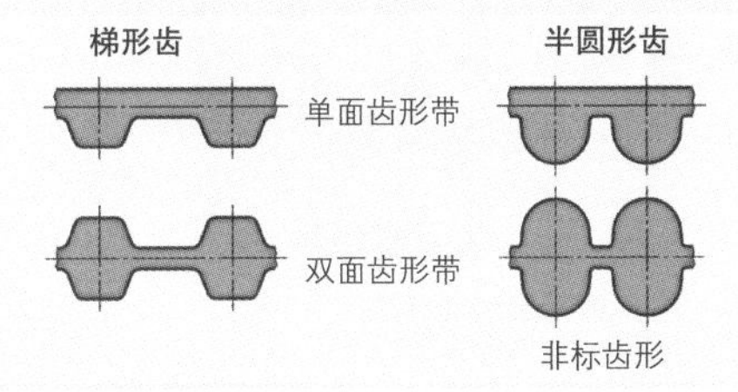

图 2：有齿皮带外形

图 3：影印机的双面齿形带

本小节内容的复习和深化：

1. 平面皮带传动有哪些特殊性能？
2. 现有哪些三角皮带外形？
3. 如何理解侧面敞开的三角皮带？
4. 同步齿形带传动的特点是什么？

6.5.4 链条传动

与皮带传动一样，链条传动也属于牵引传动。它传递两个或多个轴之间的旋转运动。链条大多由调质钢制成，因此其负荷强度大于皮带，但质量也大于皮带。

图 1：型钢加工设备的链条传动

■ 性能及其应用范围

链条传动一般多用于传动比要求精确，传动轴距较大并且拉力大等条件下的传动。它还具有良好的抗环境因素影响能力，因此可用于例如成型机（图 1）、输送设备、双轮车、起重机、木材加工机械和建筑机械。

优点	缺点
●力传递时无打滑； ●恒定的传动比； ●传递力很大； ●对湿度、污染和高温几乎不敏感；	●链条运行速度受限； ●运行噪声大； ●要求润滑； ●冲击负荷时有振动倾向。

■ 链条的结构形式

链条可分为环形链和活节链（图 2）。环形链只用作起重链，而活节链大多用于链条传动。活节链又分为层式套筒滚子链，销链和套筒链。

图 2：环形链和活节链

层式套筒滚子链（图 3）：淬火和精磨的滚子在链轮齿面滚动所产生的摩擦小，因此磨损也小。链轮、滚子和套筒之间的润滑油膜大幅度降低了传动噪声。

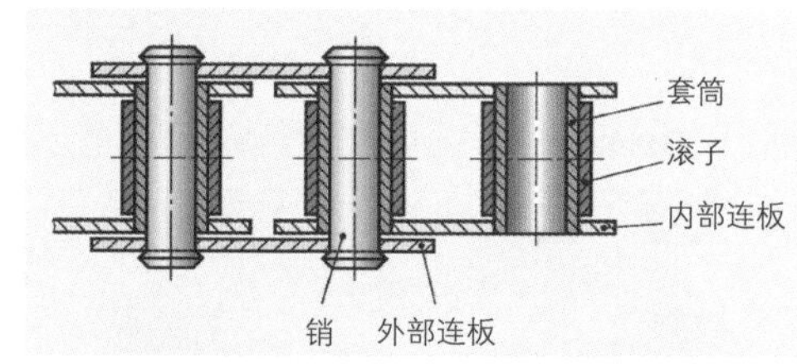

图 3：层式套筒滚子链结构

层式套筒滚子链应用举例：

- 机动车发动机的控制链；
- 摩托车驱动链；
- 输送设备中的输送链。

如果需传动的力特别大，例如钢加工设备（见图 1），应使用多层套筒滚子链（图 4），如双层、三层或四层套筒滚子链。

图 4：多层套筒滚子链

销链（下 475 图 1）：这种链条是活节链中结构形式最简单的一种，因为它只由连板和销钉组成。属于销链的有格氏活节链和费氏活节链。格氏活节链用于小功率和链条速度最大 0.5 m/s 的传动。

费氏活节链纯粹是起重链，它不是通过链轮，而是通过换向轮引导。其用途是，例如叉车的升降链以及配重链和平衡锤链。

作为销链的特殊类型，齿链的运行噪声小，适宜于速度达到 30 m/s 的传动。例如用于内燃机的控制链。

套筒链：这种链条的内部连板压接在套筒上（图1）。套筒活动安装在与外部连板固定铆接的销钉上。与销链相比，套筒链由于其销钉与套筒之间压强较小，因此它的磨损更小。套筒链可制作成小分节的输送链。

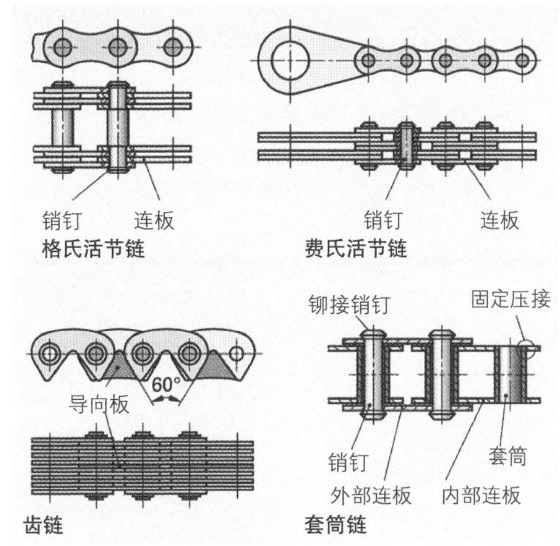

图 1：活节链的结构形状

■ 链轮和链条的张紧

链轮（图 2）：链轮的尺寸和形状均由链条的尺寸、链轮齿数以及传递转矩等因素确定。链轮体本身可分为两种基本制造形状。带轮毂的链轮传递较大转矩。如果传递转矩较小，则使用链轮盘。

传动排序：链条传动的使用寿命和可靠性均取决于链轮的排列位置（图 3）。链轮的水平排列有利于链条平稳安静运行。与水平线的倾角最大达到 60°之前尚无需张紧装置和导向装置。为使链条无故障地运行在链轮齿上，负载行程段应在上部。

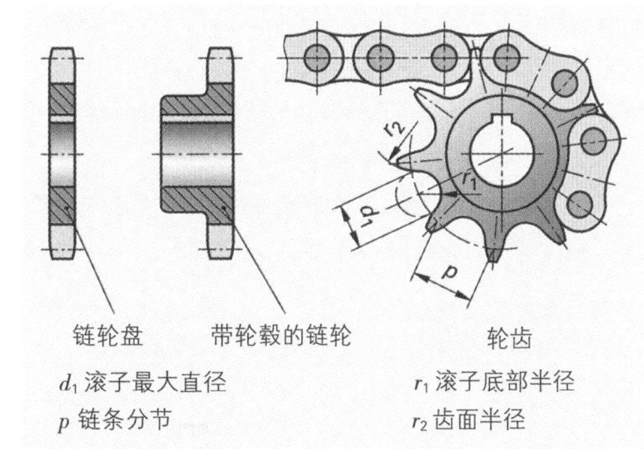

图 2：链轮

> 链条传动在水平排列时，其空载行程段的垂度必须达到 1%～2%。

链条张紧器：链条张紧装置的任务是补偿因磨损、非均衡负荷或热膨胀等导致的链条延长，并缓冲振动。

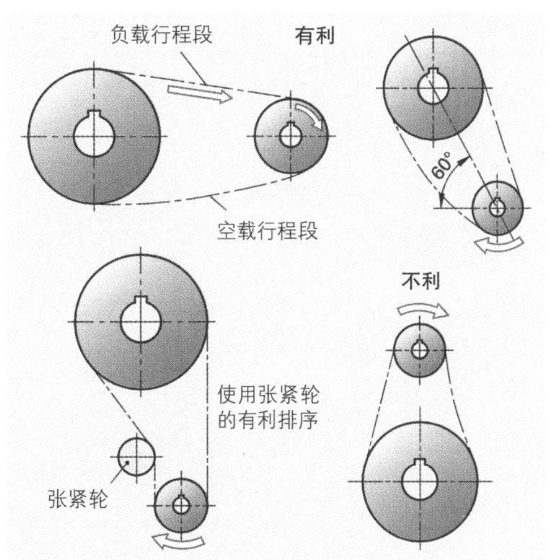

图 3：传动排序

本小节内容的复习和深化：

1. 链条的结构形式基本上划分为哪几个组？
2. 请您解释链条区别与皮带的四个特征。
3. 请您解释层式套筒滚子链的结构，并列举出它的优点。
4. 齿链有哪些特征？请您列举出它的一个应用范围。

6.5.5 齿轮传动

齿轮传动将一个轴的旋转运动传递到另一个轴（图 1）。传动过程中，两个齿轮的齿以形状接合形式相互啮合，不会出现打滑现象。这种传动方式既可以传递很小的力，例如精密机械，也可传递很大的力，例如轧辊驱动，同时还能保持极高的传动比。此外，齿轮所需的轴间距较小。

> 齿轮可传递旋转运动，并在传递过程中改变转速、转矩或旋转方向（图 2）。

■ 齿轮的基本尺寸

轮齿尺寸（图 3）：齿距 p 决定一个齿的基本尺寸。齿距作为弧度从齿轮的节圆上测出。为得到一个没有余数的整数，可用齿距 p 除以数值 π。由此可得模数 $m=p/\pi$。模数的数值已标准化，并有长度单位，例如 m=2 mm。其他的轮齿尺寸，例如齿高 h，均与模数相关。许多轮齿的齿高 h 达到 $h=13/6 \cdot \text{m}$。内啮合齿轮要求其模数必须相同。

齿轮尺寸（图 3）：一个齿轮的基本尺寸取决于模数 m 和齿数 z。涉及到两个齿轮的节圆 $d=m \cdot z$，齿顶圆直径 $d_a=d+2 \cdot m$。一个齿轮的齿顶圆与另一个齿轮的齿根圆之间必须有间隙，这就是齿顶间隙 c。

> 若已知一个齿轮的模数、齿数和齿顶间隙，即可计算出加工一个齿轮所需的所有尺寸（参见图表手册）。

■ 传动比

如果两个齿轮的齿数不同，则在传递旋转运动时，其转速和转矩均会改变（见 486 页）。

■ 轴间距

两个齿轮之间的轴间距 a 由两个齿轮的节圆直径 d_1 和 d_2 决定：$a=(d_1+d_2)/2$。

举例： 已知一个齿轮：齿数 z=20，模数 m=2 mm，齿顶间隙 $c=0.2 \cdot \text{m}$。问：其节圆直径和齿顶圆直径是多大？

解题： $d=m \cdot z$=2 mm·20=40 mm

$d_a=d+2 \cdot m$=40 mm+2·2 mm=44 mm

图 1：一个变速箱内的齿轮

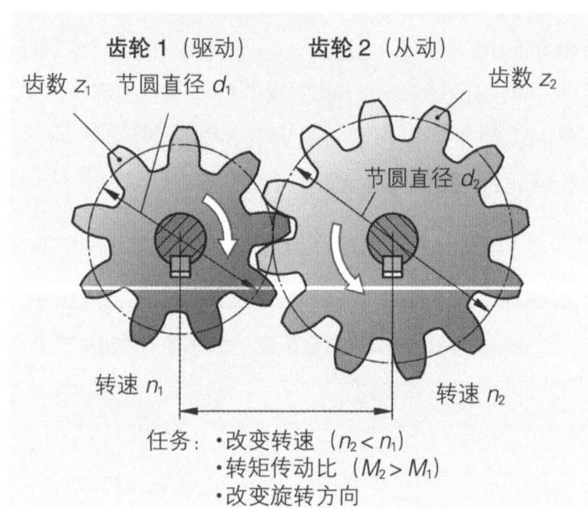

图 2：齿轮的任务

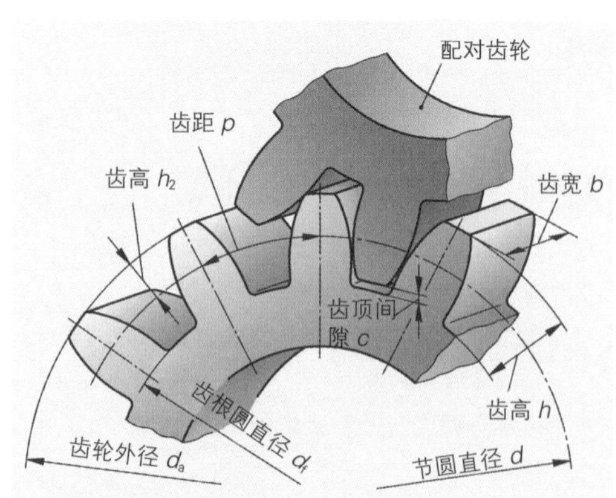

图 3：齿轮基本尺寸

■ 齿面形状

相互啮合的两个齿轮，其齿面相互滚压。在这个过程中，齿面打滑应降低到最小程度，从而使磨损、温升和噪声都保持为低水平。此外，应尽可能采用简单刀具以有利的成本进行制齿加工。装配时出现的轴间距微小误差不允许在运行中导致零件损坏。

渐开线齿形。当齿面弯曲曲线相当于一条渐开线时，上述条件便可以得到满足（图 1）。

当一根丝线在一个圆柱体上展开时，即产生渐开线。这种渐开线曲线中只有一小段展开线用于齿轮的齿面。

> 在机械制造业和汽车制造业中均使用渐开线齿形的齿轮。

一般采用一种齿面角为 40°的齿条加工渐开线齿形（图 2）。齿条与齿轮的接触点在一条直线，即啮合线上。这条啮合线正好以半个齿面角，即 20°的齿形角（又称压力角），与节圆正切。

正常情况下，齿廓中心线与齿轮节圆相切。这种情况下的齿轮我们称为零啮合齿轮（N–齿轮）。

少于 17 齿的齿轮在零啮合齿轮的情况下，将会出现齿根切（图 3）。根切的出现将降低齿强度，恶化齿面啮合状况。如果将齿廓中心线相对于节圆直径向外推移，即可避免根切。

除渐开线齿形外，在精密仪器制造业中，越来越多地采用弧形齿齿形，而在大型机械制造业中，机器转盘中也更多地使用圆柱针齿齿形。

■ 齿轮的类型

根据相互啮合齿轮轴的位置，可将齿轮传动分为直齿轮传动、圆锥齿轮传动、（交错轴）斜齿轮传动和蜗杆传动（表 1）。

■ 直齿轮传动

双轴平行时，通过直齿轮的外啮合和内啮合实现转矩的传递。根据齿相对于旋转轴的位置，我们又可把轮齿齿形分为直齿、斜齿和人字形齿（表 2）。

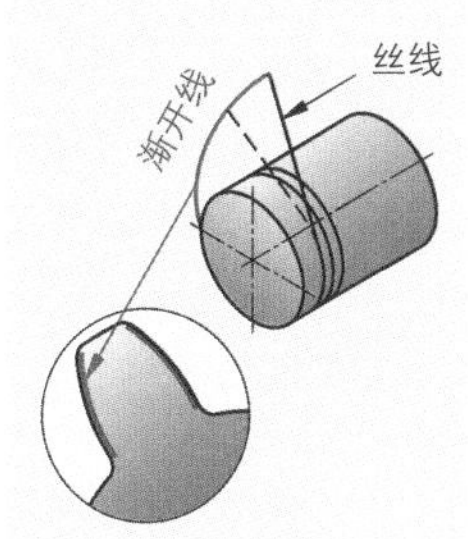

图 1：渐开线的产生

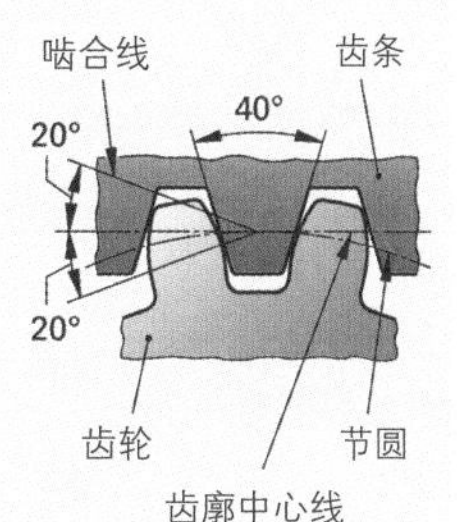

图 2：齿条与零啮合齿轮

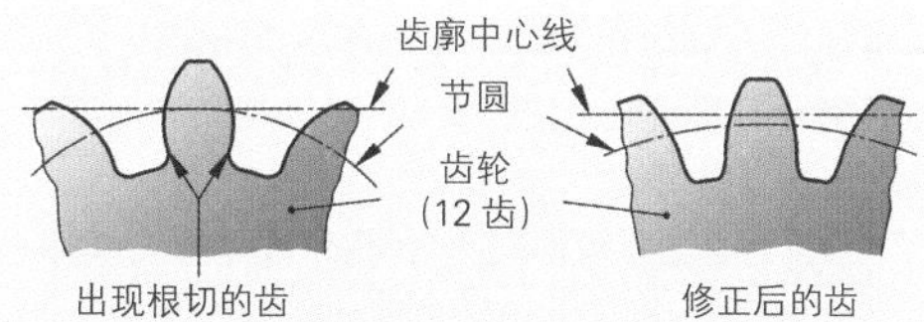

图 3：根切和齿廓中心线外移

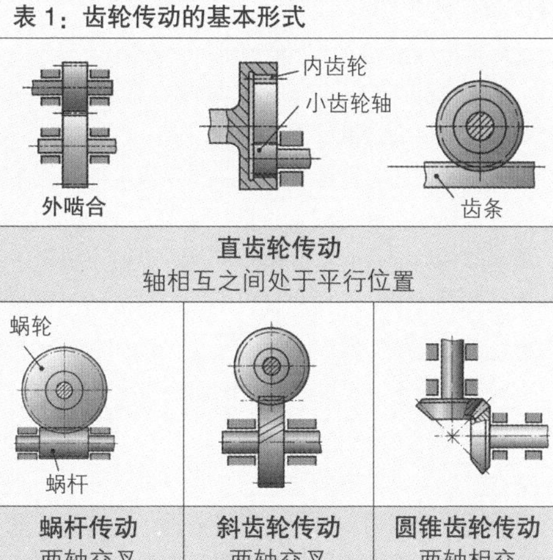

表 1：齿轮传动的基本形式

外啮合	内齿轮 / 小齿轮轴	齿条
直齿轮传动 轴相互之间处于平行位置		
蜗轮 / 蜗杆		
蜗杆传动 两轴交叉	斜齿轮传动 两轴交叉	圆锥齿轮传动 两轴相交

表 2：直齿轮的齿形类型

齿形	特点
直齿形 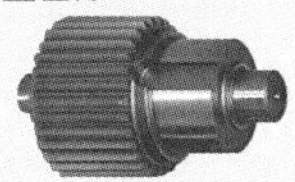	• 摩擦损失小 • 产生的噪声大 • 对齿形误差敏感
斜齿形 	• 较低的运行噪声 • 更好的高速性能 • 更低的效率 • 对齿形误差不敏感 • 人字形齿可以平衡轴向力
人字形齿 	

■ 圆锥齿轮传动

两轴交叉时，宜采用直齿圆锥齿轮传动、斜齿圆锥齿轮传动或弧齿圆锥齿轮传动。在弧齿圆锥齿轮传动时，由于轮齿的特性形状，轴的位置甚至可以相互错开（图 1）。

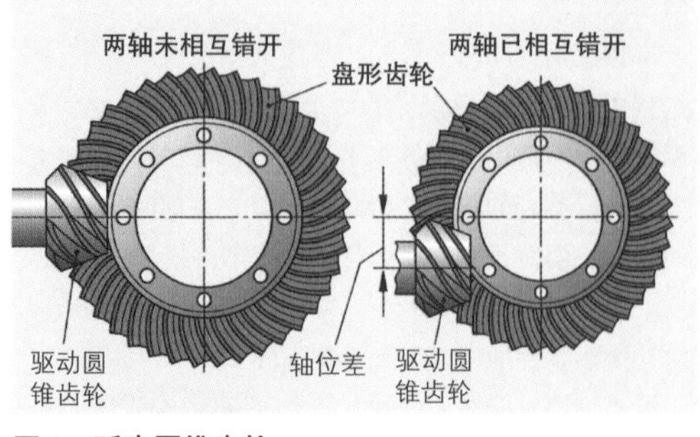

图 1：弧齿圆锥齿轮

■ 蜗杆传动

凡是两轴交叉角度为 90°，并且要求大传动比的部位，例如最大可达 100:1，均需采用蜗杆传动（486 页图 1）。蜗杆的结构有左旋蜗杆和右旋蜗杆，以及单头蜗杆和多头蜗杆。单头蜗杆的螺旋角比较小，造成这种蜗杆的摩擦更大，磨损更高。若螺旋角小于 5°，还会出现自锁现象。

蜗杆传动运行噪声低，可传递大转矩。但在蜗杆上会出现必须由轴承承受的较大轴向力。

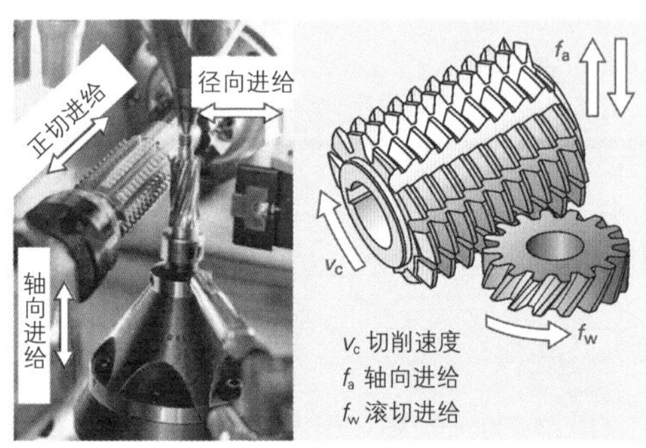

图 2：斜齿直齿轮的滚铣法

■ 齿轮的制造

齿轮的制造方法主要是切削加工方法。

采用滚切法加工齿轮时，只对切削刀具有要求，与每个模数所需的齿数无关。

采用滚铣法时，滚铣刀前后排列成一个“齿条”，如同排列在一个螺旋线上（图 2）。工件（齿轮毛坯）必须在滚铣刀旋转时按其齿距 p 进行类似于螺旋运动的移动。齿轮毛坯在切削过程中做螺旋运动，从而可以对它进行连续切削。

其他的滚切法有滚刨齿、滚切法插齿（图 3），分度滚磨和剃齿。

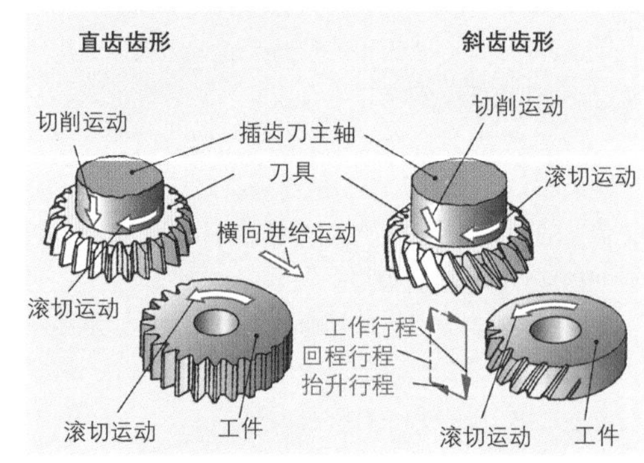

图 3：直齿轮的滚切法插齿

成型法有成型铣和成型磨。在简单的加工机床上即可采用成型法加工齿轮。但针对每一种模数、每一种齿数和每一种齿廓变位都要求一把自己单独的成型刀具，因为该刀具的齿廓形状必须准确地与待加工的齿槽相符。

根据用途的不同，齿轮加工既可以直接完成制齿，也可以先预加工齿形，经过齿面以及常见的齿根淬火后，再经过精磨、剃齿、滚压、珩磨和研磨等工序完成加工。

本小节内容的复习和深化：

1. 齿轮的任务是什么？
2. 如何理解齿轮的模数？
3. 如何理解渐开线？
4. 齿轮传动分为哪几种基本形式？
5. 斜齿直齿轮有哪些优点和缺点？
6. 齿轮加工中的滚切法分为哪几种？

6.6 驱动单元

6.6.1 电动机

大部分加工机床均由电动机驱动（图 1）。

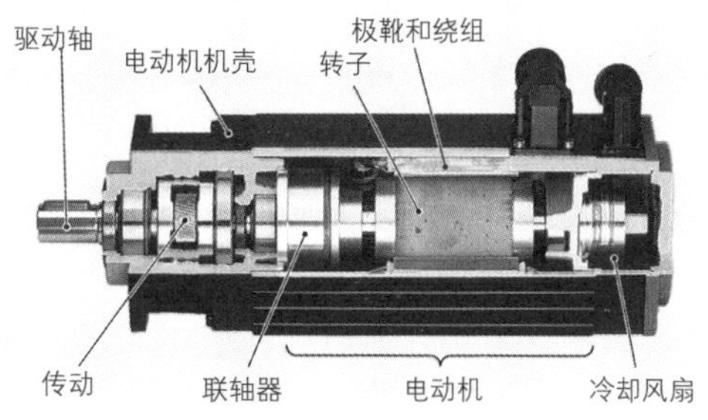

图 1：加工机床的进给驱动电动机

电动机的重要特性

- 与电网的连接简单易行；
- 可立即处于就绪状态；
- 维护少，损失小；
- 可提供极小至极大的功率；
- 运行噪声小，环境友好型。

6.6.1.1 功能原理

电动机由电磁力驱动。如果把一个通电导体置入例如一个恒磁磁体的磁场内，磁力线将重叠（图 2）。

当电流进入图 2 中（a）时，导体增强了右侧磁场，却减弱了左侧磁场。这时产生一个使导体向左侧运动的力。如果电流方向相反（b），则导体受到一个使之向右运动的力。如果把导体以环线形式排列装入一个磁场，则在线环内以旋转形式交替作用着两个力。

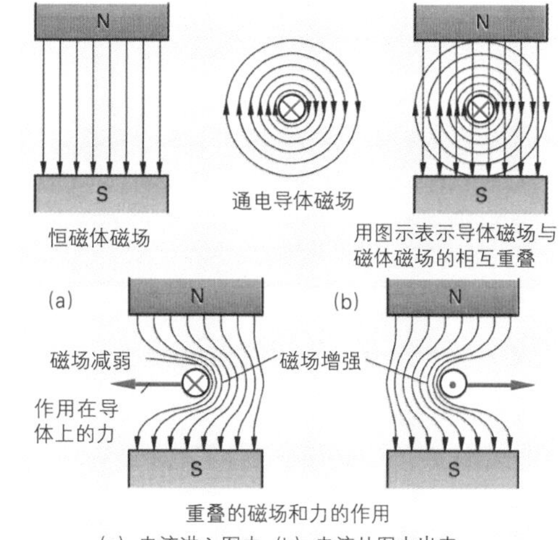

图 2：恒磁磁场对通电导体的作用

电动机内，在一个旋转体内缠绕了许多线环，构成转子。电动机机壳内，围绕着转子排列着例如四个由极靴和绕组组成的电磁体，它们构成定子。接通交流电后，转子和定子的磁场出现重叠，从而使转子进入旋转运动。这时，转子的转速与电压和频率成比例关系。

电动机的主要区别特征是驱动电流的类型。据此，我们把电动机分为交流电动机，直流电动机和通用电动机（表 1）。

表 1：电动机结构形式

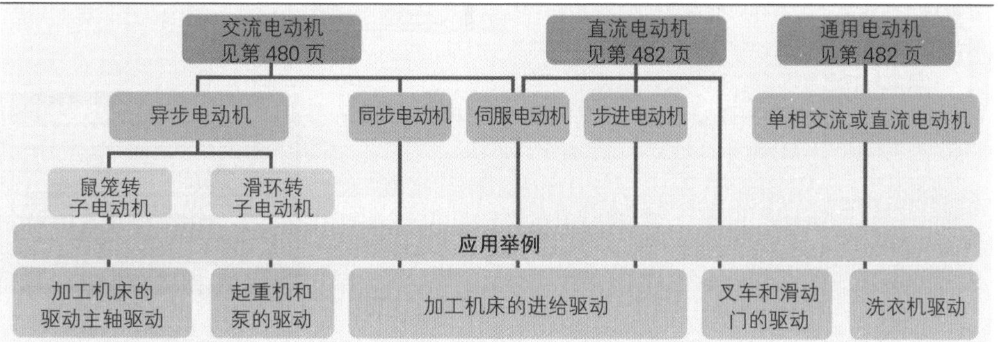

6.6.1.2 交流电动机

使用最为广泛的交流电动机是交流异步电动机。其主要组成成分是，电动机机壳内固定嵌入的极靴和绕组（定子），支承在定子中可旋转的转子（图 1）。转子的结构既可以是鼠笼转子，又可以是滑环转子。定子由三个相互错位 120°的线圈 U1、V1 和 W1 组成(图 2)。接通电网电源后，三个线圈依序先后流通上升和下降的交流电流 I_1、I_2 和 I_3。从而在定子中产生一个有极偶（N 极和 S 极）的循环磁场（旋转磁场）。定子磁场在铝导体转子线棒内感应产生涡流，该涡流在转子内也能产生一个强磁场。定子磁场和转子磁场相互排斥，从而使转子进入旋转运动。转子由定子的旋转磁场推动着旋转。

一个极偶时，转子大约以定子磁场的频率（=电网频率，例如 50Hz）做旋转运动。这相当于 3000 r/min 的转速。两个极偶时，转子转速减半，n=3000 r/min:2=1500 r/min，当三个极偶时，转子转速仅及单极偶时的 1/3，n=3000 r/min:3=1000 r/min。

> 可极性转换的电动机中，转速可逐步转换。

电动机功率铭牌上已标明电动机的特性数据（表 1 和图 3）。

■ **交流异步电动机**主要是鼠笼转子结构（见 481 图 1）。在这类电动机中，用短接环将铝导体线棒与转子两端短接。因此，这类电动机又可称为短接转子电动机。旋转的定子磁场在导体线棒内感应（产生）出一个电压，并以此产生电流。电流的产生又在转子中形成一个磁场。定子磁场与转子磁场相互作用，使转子按定子的旋转磁场方向旋转。转子的转速总是略小于旋转磁场的转速，因为否则将不再感应出电压。这时，电动机未与旋转磁场同步旋转，而是异步旋转。

旋转磁场转速与转子转速的差称为转差率。根据电动机负荷的大小，转差率可达到电网频率的 3%至 7%。因此，交流异步电动机的转速达到的例如不是 1500 r/min，而是 1460 r/min。

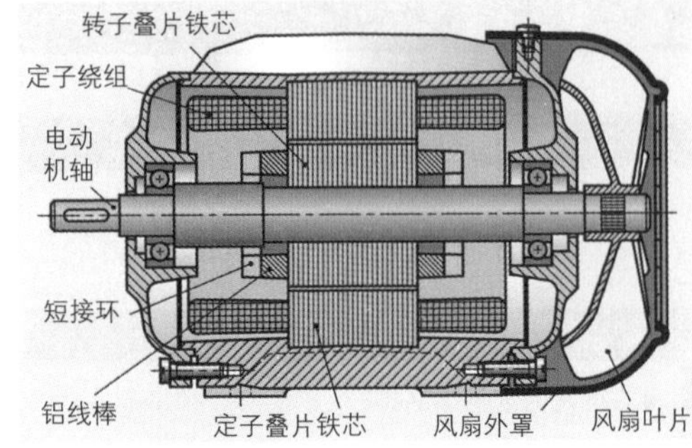

图 1：交流电动机结构

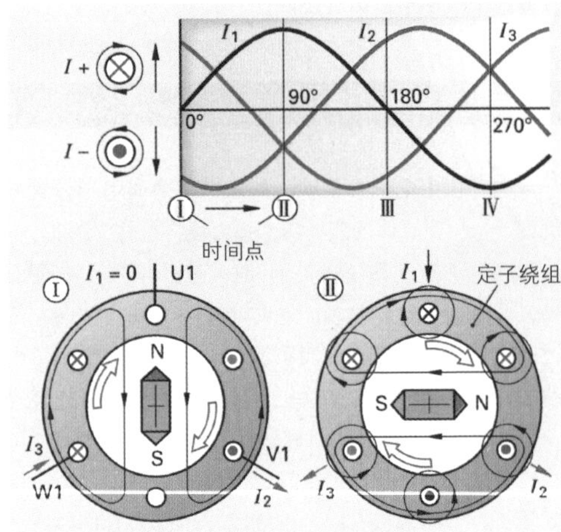

图 2：一个双极电磁旋转磁场的产生

表 1：一台电动机的特性数据

铭牌数据	含义	铭牌数据	含义
D-Motor	交流电动机	cosø0.89	功率因数
440 V	额定电压	1460 r/min	额定转速
16.6 A	额定电流	绝缘等级 B	绝缘等级
9kW	额定功率	IP44	保护方式

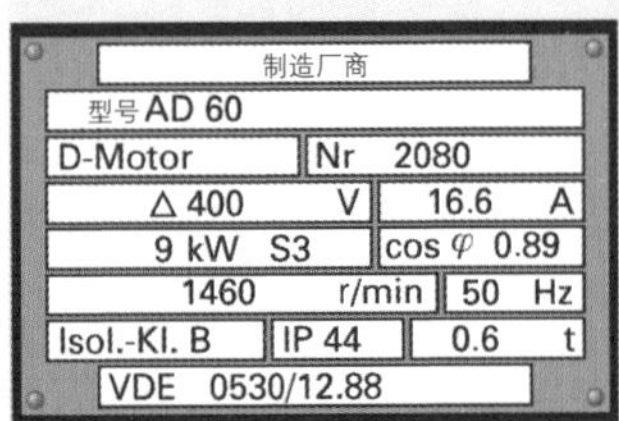

图 3：交流电动机的功率铭牌

■ 交流异步电动机的运行特性

电动机接通电源后出现一个启动转矩 M_A（见图2）。它使电动机启动，直至电动机在额定转矩 M_N 时达到其额定转速 n_N 为止。如果负载转矩下降至零，转速将提高至空转转速 n_L。如果负载转矩上升，转速可最低下降至最大转矩（原文是“倾覆转矩”——译注）时的转速 n_K。倾覆转矩 M_K 是电动机所能发出的最大转矩。如果负载超过最大转矩，电动机转速减慢，直至停止转动，就是说，电动机被“倾覆”了。电动机在达到功率铭牌上所标明额定转速时达到其额定转矩 M_N。异步电动机在空转转矩与额定转矩之间的范围内运行。

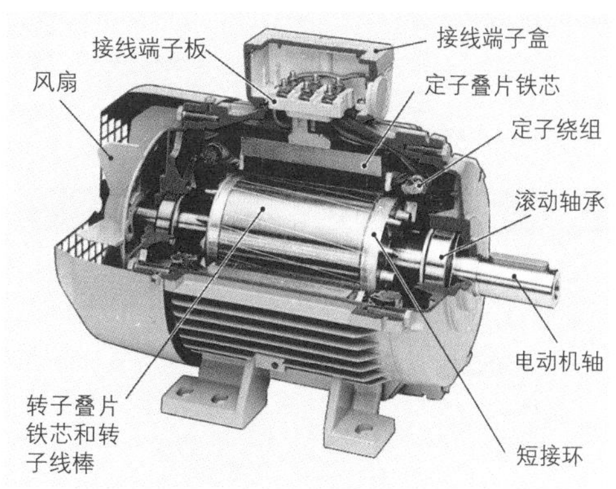

图 1：鼠笼转子电动机

交流异步电动机的特征

- 结构简单而牢固，因为不必向转子输入电流；
- 少维护，故障率低；
- 可通过变频器以电子方式调节转速；
- 适宜用于持续运行和间断运行；
- 负载时转速仅略微下降；
- 启动转矩有限。

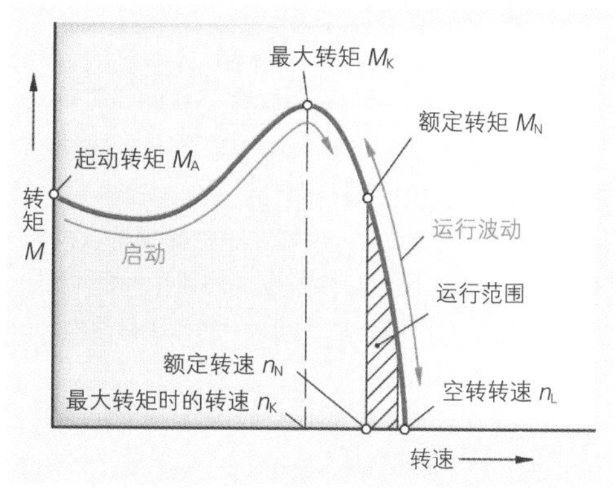

图 2：异步电动机的运行特性

交流异步电动机可以完成范围极为广泛的驱动任务，例如加工机床的主轴驱动，或驱动泵、压缩机和输送设备。

交流异步电动机的一种特殊结构形式是滑环转子异步电动机。这类电动机适宜于要求大启动转矩的用途，例如建筑起重机。

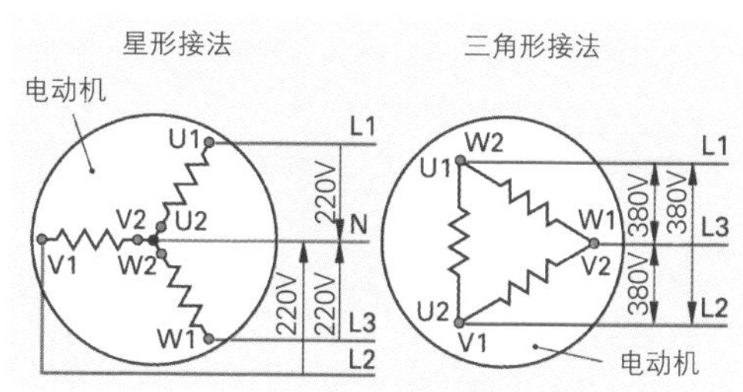

图 3：电动机绕组中的星形-三角形转换开关

■ 交流异步电动机的启动控制

大型电动机启动时耗用电网的大电流。导致电网电压下降。为了避免电网出现不允许的电压剧烈波动，当交流异步电动机的启动电流超过 60 A 时，不允许直接接通电网。因此，此类电动机装有一个启动控制装置。

- 采用星形—三角形转换开关时，首先向电动机绕组的（星形）Y 位置供电 220 V，然后向（三角形）位置供电 380 V 全电压（图 3）。
- 电子均调启动装置通过电子方法降低端电压和电动机电流来实现保护性启动和关机，避免因启动和关断造成冲击性负载和转矩骤变。它可以针对每一种用途优化匹配。
- 通过换频器控制启动，主要在非常频繁地开关驱动时取得高节能效果。

■ 交流同步电动机

转子以与旋转磁场频率相同的速率转动。这时的电动机是同步运行。这类电动机的转速只取决于电网频率，便于采用电子控制方式。

交流同步电动机的特征

- 即便在不同负载下，转速仍能保持恒定；
- 过载时电动机立即“停止运转”并保持停机状态；
- 例如在连接 50 Hz 电网时需要特殊的启动辅助措施。

6.6.1.3 直流电动机

如果将一个导通直流电并受轴承支承可旋转的线环置入磁场，例如一个恒磁磁场见［图 1（a）］，环线一侧的磁场变得密集［图 1（b）1］，而另一侧则变得稀疏［图 1（b）2］。这样便产生一个使线环旋转的转矩。达到位置［图 1（c）］时，电流必须转换极性，以使线环能够继续旋转到位置［图 1（d）］。为此，应给线环接上一个整流子。整流子的作用是使电流始终按照所需方向流动。

直流电动机的组成部件包括：装有导电转子绕组（线环）的转子，嵌入电动机机壳并装有定子绕组的极靴（他励励磁），或装有恒磁体的极靴（恒磁铁励磁）。电流也供给转子，电流换向由整流子和炭刷完成（图 2）。

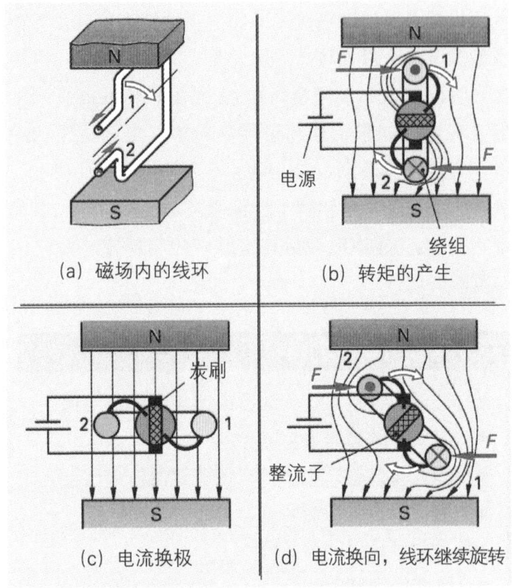

图 1：直流电动机原理

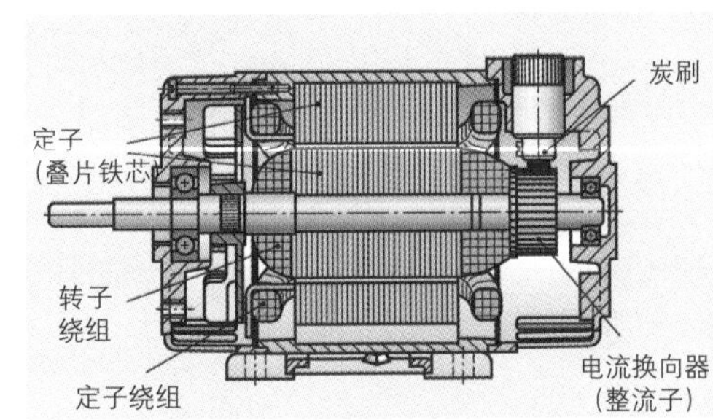

图 2：他励励磁直流电动机

应用：

- 他励励磁电动机用于较高功率范围，例如电梯、输送设备和包装机。
- 恒磁铁励磁电动机用于小功率范围，例如汽车雨刷器。

6.6.1.4 通用电动机

通用电动机是直流电动机的一种特殊形式。连接交流电时，励磁电流方向和转子电流方向同时改变，以使电动机保持其固有的旋转方向。所以通用电动机也可以由单相交流电驱动。它因此用于许多家用电器和小型电器装置，例如吸尘器、手工电钻或电风扇（图 3）。它的高转矩与其总重相关，但转速却与负载密切相关。

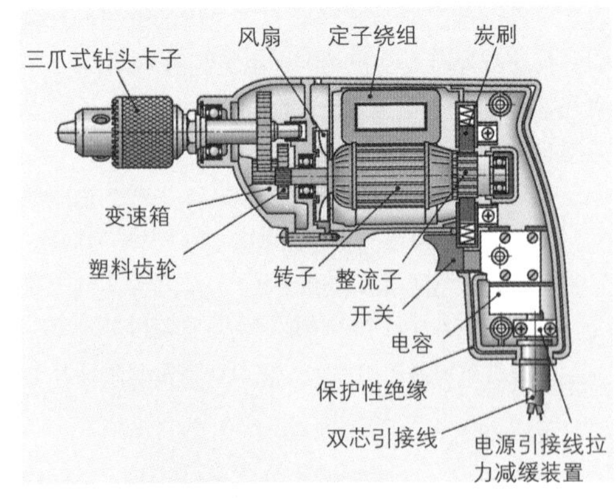

图 3：装有通用电动机的手工电钻

6.6.1.5 加工机床的电气传动

影响加工机床传动的因素：启动和制动特性，功率和扭矩曲线以及角度定位方式，它们直接关系到加工过程质量和产品质量（见 484 表 1）。

实际上，我们把电气驱动分为主轴传动和进给传动（图 1）。任何一种现代化电气传动都是一个由电动机和电子控制装置组成的传动系统。控制装置位于加工机床的电控柜。它控制着转速、电动机转矩特性曲线以及电动机的启动。

■ 主轴传动

主轴传动大部分使用交流异步电动机。它通过三角皮带传动机构驱动主轴（见 491 页图 3），或作为主轴内置式电动机直接安装在主轴上（直接传动）。

直接传动：主轴直接传动所采用的方法是，将液体冷却的交流异步电动机或无外壳同步内置式电动机直接安装在工作主轴上（见图 2）。这种结构可取消安装件，如可升降的电动机安装平台、皮带传动和滚珠丝杠传动等。同时也能因此在很大程度上避免因横向力、换向间隙和振动等引起的干扰因素。

直接传动的特征

- 因取消弹性传动元件而达到高抗扭刚性；
- 高减振性能和运行平稳性；
- 低运行噪声；
- C 轴运行定位精度 < 0.01°；
- 圆周误差小于 0.5 μm；
- 采用常规主轴传动用于高速切削加工（HSC）。

主轴传动的特性曲线：切削加工机床的主轴传动要求在功率恒定不变时具有较大的转速调节范围。大部分主轴传动是在额定转速 n_{nenn} 与最大转速 n_{max} 之间转矩下降状态下运行的（图 3）。控制系统的电子装置保证了这种转矩特性曲线。

与主轴传动相反，进给传动需要在转速变化的同时要求用于恒定进给力的转矩也应恒定不变。这种转矩特性曲线也可通过电子控制装置予以实现。

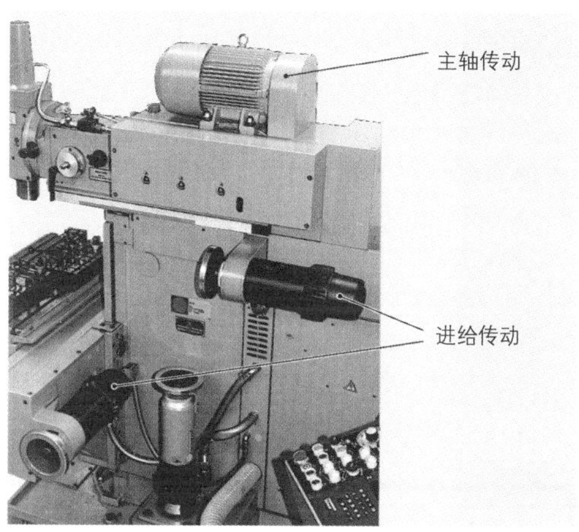

图 1：主轴传动和进给传动

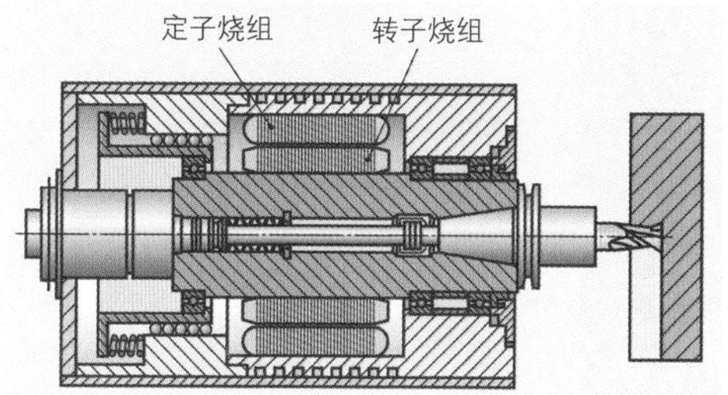

图 2：铣削主轴的直接传动

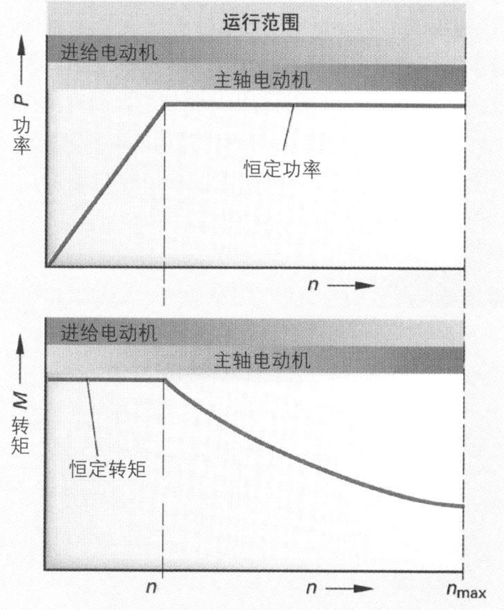

图 3：主轴传动和进给传动的特性曲线

■ 进给传动

加工机床的进给传动（伺服电动机）通过轴的运动产生工件轮廓（图 1）。伺服电动机大部分采用无刷恒磁励磁交流同步电动机。由一个电子控制装置通过改变频率和电压来调控转速。

进给传动的重要特性数值：

- 转矩：因为恒定进给力要求转矩也恒定不变；
- 转速：进给速度和快速运动的转速；
- 快速反应：当转速变化时，通过转子的小惯性力矩以及短加速时间和短制动时间实现快速反应。

伺服电动机的技术特征是：静态转矩从 0.5~500N·m，功率最大达 26kW，额定转速范围从 1200~6000 r/min。

> 进给传动在恒定转矩范围内进行。

表 1：对传动的要求

主传动
●通过转速的无级调节和大范围调节实现功率的恒定 ●最低转速时仍能达到高径向跳动精度 ●角度定位的可能性，例如更换刀具时或钻孔操作时
进给传动
●加速和制动时的强大动力 ●停车状态下的高止动力矩 ●尽可能无前冲振动的定位启动 ●小位移增量的横向进给

图 1：交流伺服电动机

步进电动机：加工机床的部分进给传动采用步进电动机。步进电动机与简单易操作的控制装置配置，用于较小型计算机数控（CNC）加工机床。现在的步进电动机技术已能将电动机转动一圈分解成最高达 10000 步。具体到一个螺距为例，如 5 mm 的滚珠丝杠，其定位精度将因此达到 5 至 10 μm。尤其在加工较简单的单个零件和小批量零件时，这种机床的加工成本最为经济。

通过用电流脉冲控制定子极绕组的启动，使转子以步进形式按控制电流（例如最大达 40 Hz）的脉冲频率进行旋转。每来一个控制脉冲，转子便向前转动一个步进角度（图 2）。步进角度的数值取决于电动机的结构形式。步进电动机的结构简单。它特别适用于较低转速和转矩（例如最低达 15 N·m ）时的定位任务。

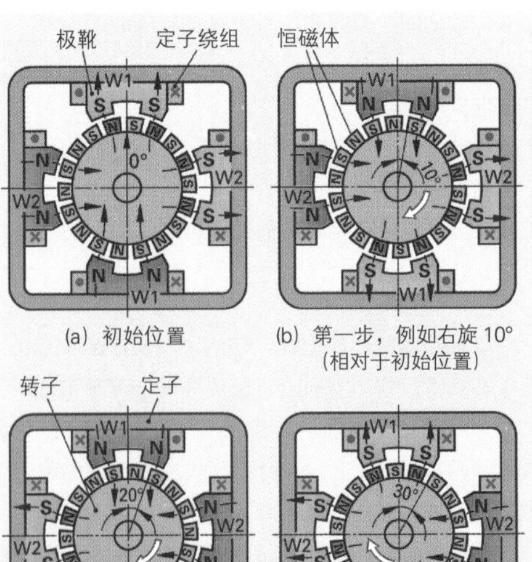

图 2：步进电动机的工作方式

■ 交流主轴驱动电动机和进给驱动电动机的电子控制系统

变频器调节和控制交流电动机的转速。变频器将固定的电源频率转换成一种可变的电动机频率。电动机转速按所产生的电动机频率进行比例地变化。

结构：变频器可划分为四个主要部件（图 1）。整流器从电网交流电中生成一个脉冲式直流电压。中间电路的电容对该直流电压进行滤波。反向变流器内的半导体根据控制电路的启动导通或切断信号，从而将直流电压转换成一个可变频率的交流电压。

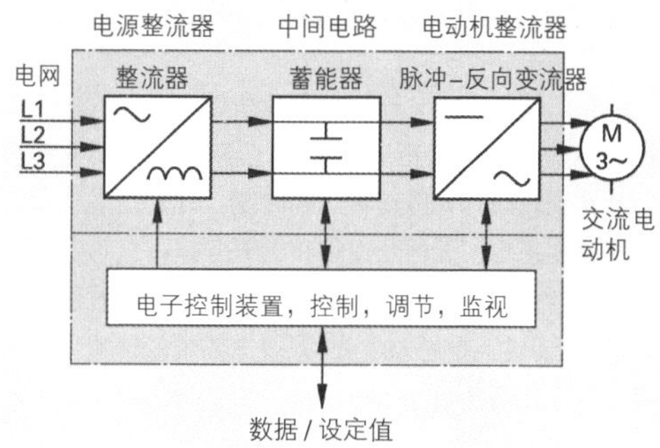

图 1：变频器

6.6.1.6 直线电动机驱动

当要求直线运动必须精确和快速时，应采用直线电动机。例如加工中心的进给传动，可以显著缩短快速行程时间和刀具更换时间，它的直线传动加速度可高达 20 m/s²，其进给速度可达 120 m/min。

加工机床的进给传动大部分采用同步直线电动机。它相当于一个在平面上展开的交流同步电动机。初级部分包含有三相绕组，次级部分是恒磁体（图 2）。当绕组与电源接通，平面内便产生一个同时吸引次级部分的、运动的电磁行波场。加工机床内，大部分的次级部分都固定安装在机床床身，而装有绕组的初级部分则作为运动溜板驱动进给单元。使用直线电动机的问题是，机床内部产生高温。因此，直线电动机大多采用水冷或隔热措施。

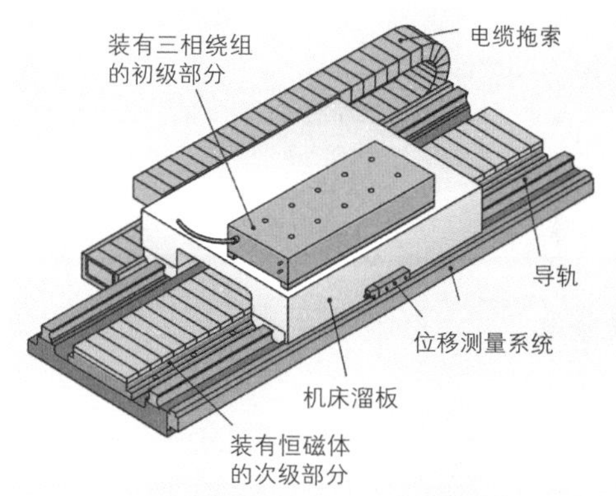

图 2：直线电动机传动结构

直线电动机的特征

- 用于切削速度最高达 600 m/min 和加速度最高达 100 m/s² 的高速切削（HSC）；
- 非常快速和非常精确的定位，例如在加工中心的定位精度可达 0.003 mm；
- 进给力最大可达 20000 N；
- 无换向间隙，因为没有使用主轴；
- 没有运动零件的力的直接传递，因此达到高静态刚性和动态刚性；
- 高重复精度，例如磨床上可达 0.1 μm；
- 除导轨外，没有机械磨损件。

本小节内容的复习和深化：

1. 根据电流类型可把电动机分为哪几种类型?
2. 交流异步电动机的典型特性是什么?
3. 请您讲解一台交流异步电动机的结构和功能。
4. 为什么较大功率的交流异步电动机需要启动控制装置?
5. 请您解释对加工机床主轴传动和进给传动的要求。
6. 请您讲解一台直线电动机的结构。

6.6.2 变速箱

我们把装入一个箱体并配装齿轮、链条或皮带的传动机构称为变速箱（图 1）。它安装在驱动电动机与从动轴之间。它传递转速和转矩。我们把变速箱分为换档变速箱、无档变速箱和无级变速箱。

尽管许多机床上都已经装备了转速控制电动机(伺服电动机，参见 484 页)，但当要求低转速大转矩时，常常仍需加装一个变速箱。

应用范围：

- 机动车变速箱：加速或山路行驶时，通过“低”档增大转矩。
- 机器人轴驱动：机器人的各轴必须在高负荷和低速时仍能均匀运动。
- 加工机床：切削加工时，例如大直径粗车加工时，变速箱提高驱动电动机不足的转矩。

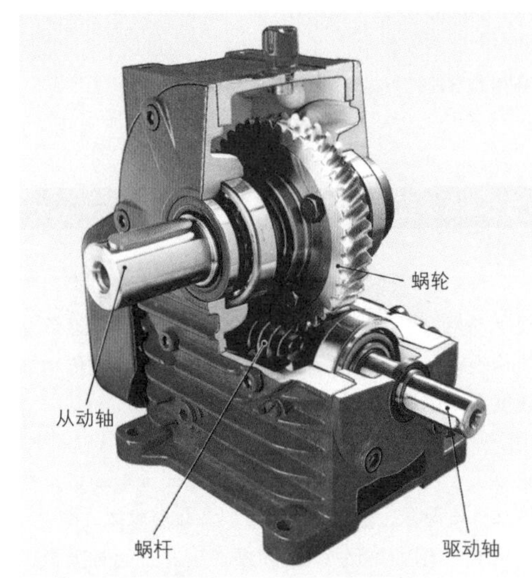

图 1：蜗杆传动箱

> 变速箱改变转速、转矩和转动方向。

变速箱特性数值：转速、转矩和功率

齿轮传动变速箱、皮带传动变速箱和链条传动变速箱中，两轮的圆周力 F_u 和圆周速度 v 相同，但其直径 d_1 和 d_2 却不相同（图 2）。

$$v_1=v_2 \qquad \frac{n_1}{n_2}=\frac{d_2}{d_1}$$

$$n_1\cdot\pi\cdot d_1=n_2\cdot\pi\cdot d_2$$

齿轮传动适用公式：

$$n_1\cdot m\cdot z_1=n_2\cdot m\cdot z_2 \qquad \frac{n_1}{n_2}=\frac{z_2}{z_1}$$

$$n_1\cdot z_1=n_2\cdot z_2$$

驱动转速 n_1 与从动转速 n_2 的比例称为传动比 i。用驱动轮与从动轮的齿数比 z_2/z_1 或用直径比 d_2/d_1 可计算得出传动比。

转矩适用公式：

$$\frac{M_2}{M_1}=\frac{F\cdot d_2/2}{F\cdot d_1/2}=\frac{d_2}{d_1}=i$$

摩擦降低了从动转矩 M_2，但并未改变传动比 i。应考虑效率 η 导致的损失。

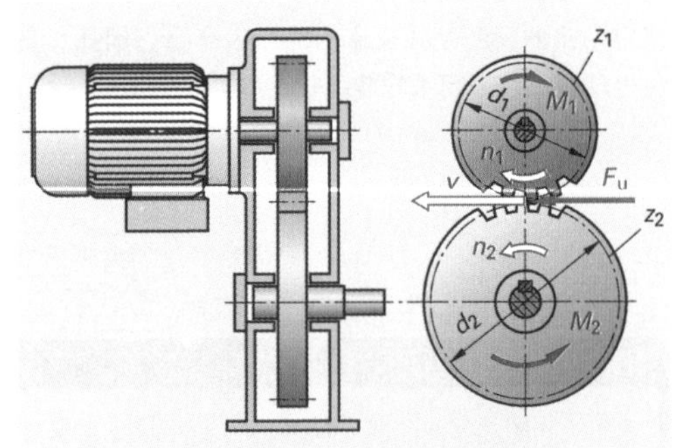

特性数值	驱动	从动
转速	n_1	n_2
齿数，直径	z_1，d_1	z_2，d_2
转矩，功率	M_1，P_1	M_2，P_2

图 2：单挡齿轮变速箱

> 传动比 $i=\frac{n_1}{n_2}$；$i=\frac{d_2}{d_1}$；$i=\frac{z_2}{z_1}$

> 理论从动转矩 $M_2=M_1\cdot i$

> 实际从动转矩 $M_2=M_1\cdot i\cdot\eta$

举例：单挡齿轮变速箱（图 1），

其 i，z_2 和 M_2 各是多少？

解题：$i=\frac{z_2}{z_1}=\frac{65}{21}=3.1$

$$n_2=\frac{n_1\cdot z_1}{z_2}=\frac{1400\frac{1}{\min}\cdot 21}{65}=452\frac{1}{\min}$$

$M_2=M_1\cdot i\cdot \eta=250\ \mathrm{N\cdot m}\cdot 3.1\cdot 0.88=682\ \mathrm{N\cdot m}$

输出功率 P_2 小于输入功率 P_1。与转矩一样，应考虑效率 η 导致的损失。

旋转驱动时，可从转矩 M 和相关点转速 n 中计算出指定位置的功率 P。

举例：变速箱的 P_1=12 kW；$n_1=1400\frac{1}{\min}$；η=0.90；

i=5.62（图 2）。

问：其 M_1，n_2，M_2 和 P_2 各是多少？

解题：$$M_1=\frac{P_1}{2\cdot\pi\cdot n_1}=\frac{12000\frac{\mathrm{N\cdot m}}{\mathrm{s}}}{2\cdot\pi\cdot\frac{1400}{60}\ \frac{1}{\mathrm{s}}}=81.85\ \mathrm{N\cdot m}$$

$$n_2=\frac{n_1}{i}=\frac{1400\frac{1}{\min}}{5.62}=249\frac{1}{\min}$$

$M_2=M_1\cdot i\cdot \eta=81.85\ \mathrm{N\cdot m}\cdot 5.62\cdot 0.90=414\ \mathrm{N\cdot m}$

$P_2=P_1\cdot \eta=12\ \mathrm{kW}\cdot 0.90=10.8\ \mathrm{kW}$

多档变速箱驱动量与从动量之间的相互关系与单档变速箱的相同。总传动比 i 是初始转速 n_a 与最终转速 n_e 的比例，与先后顺序的齿轮变速档位的乘积 $i_1\cdot i_2\cdot i_3\cdots$相等。

举例：起重机的行驶传动（图 3）。

问：传动比 i，i_1，i_2 和行驶速度 v 是多少？

解题：$i_1=\frac{z_2}{z_1}=\frac{70}{17}=4.12$

$i_2=\frac{z_4}{z_3}=\frac{60}{16}=3.75$

$i=i_1\cdot i_2=4.12\cdot 3.75=15.45$

$$n_e=\frac{n_a}{i}=\frac{1400\frac{1}{\min}}{15.45}=90.6\frac{1}{\min}$$

$$v=\pi\cdot d\cdot n=\pi\cdot 0.4\ \mathrm{m}\cdot 90.6\frac{1}{\min}=114\frac{\mathrm{m}}{\min}$$

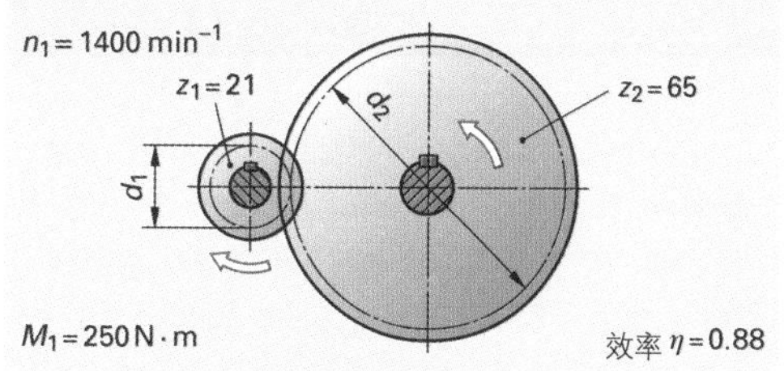

图 1：单挡齿轮传动变速箱

旋转运动时的功率 $P=2\cdot\pi\cdot n\cdot M$

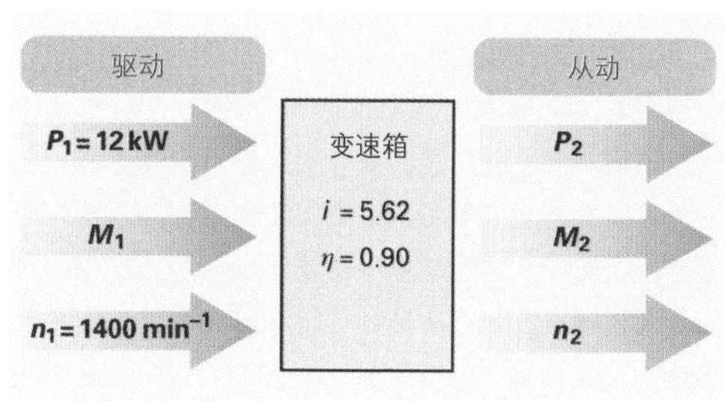

图 2：变速箱示意框图

总传动比 $i=\frac{n_a}{n_e}$ $i=i_1\cdot i_2\cdots$

单传动比 $i_1=\frac{Z_2}{Z_1}$ $i_2=\frac{Z_4}{Z_3}\cdots$

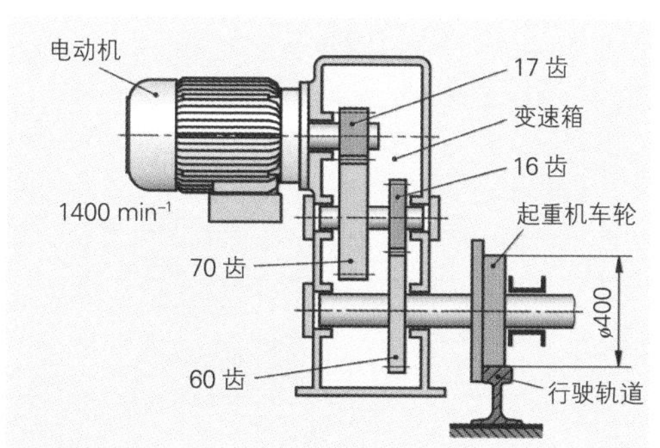

图 3：起重机的行驶传动

6.6.2.1 换挡变速箱

滑动齿轮变速箱：在滑动齿轮变速箱中，通过一个轴向滑动的齿轮组在传动轴上调节出若干个传动比档位（图 1）。齿轮组的滑动可以是手动，也可以通过液压缸或气动缸，甚至通过电动机来执行。滑动齿轮变速箱不能在载荷状态下变换速度，它只能在两轴速度差较小时或在静止状态下变换速度。图 1 所示变速箱中的从动轴可有三个不同的转速。

离合器变速箱：在离合器变速箱中，离合器把不同的齿轮对连接起来。它使所有的齿轮都保持持续啮合状态（图 2）。例如，当连通离合器 K2 并因此使驱动轴上连动但无负载的齿轮 z_3 挂上从动轴时，可获得传动比 z_4/z_3。其他的离合器此时均处于松开状态。如果使用摩擦力接合式离合器，例如盘式离合器，可以在负载状态下变换速度。

齿轮离合器型离合器变速箱（图 3）：与滑动齿轮变速箱一样，它只能在参与变速的齿轮处于静止状态下才能变速。汽车变速箱使用的是齿轮离合器。但由于汽车必须在行驶过程中变速，变速前，先由一个同步装置将需连通的齿轮和“传动离合器”加速至相同速度。达到这种同步之前，传动离合器不能移动，因此也就无法连通所需的档位（同步闭锁）。

> 通过移动齿轮或离合器，可在换档变速箱中变换出不同的传动速度。

与离合器变速箱组合的调速电动机（图 3）。通过电动机的无级调速和双齿轮传动，在工作主轴上总是有两个可供使用的无级转速范围，例如从 25 r/min 至 430 r/min 和从 400 r/min 至 6000 r/min。因此，在切削循环和端面车削时，便能够以恒定速度进行切削。两个可变换的传动档位（z_2/z_1 以及 z_4/z_3）和附加连通的固定传动档位（z_6/z_5）提高了来自电动机的转矩。所以，即便在大直径工件加工时，也能达到大切削截面积。

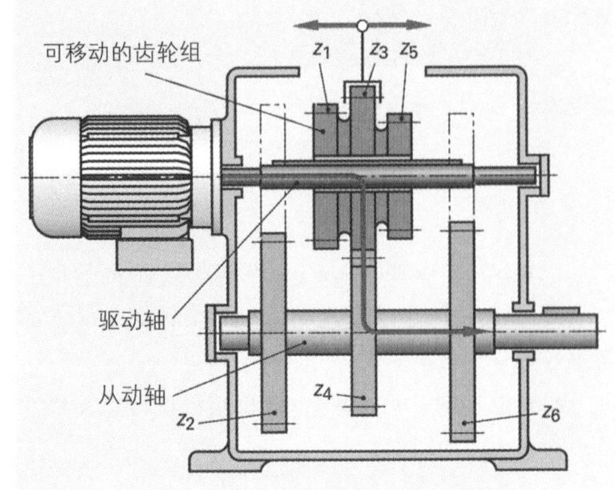

图 1：滑动齿轮变速箱

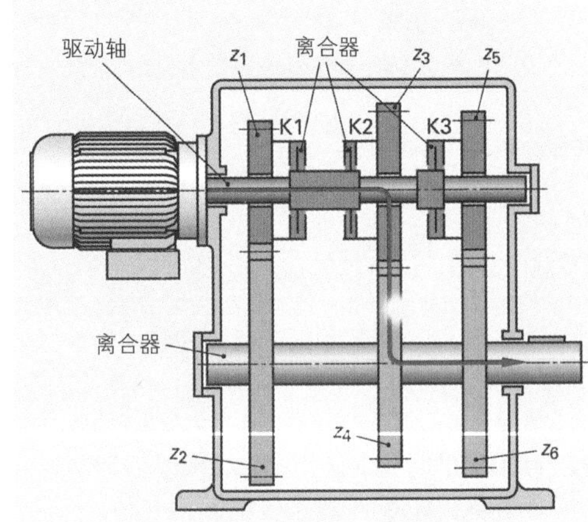

图 2：离合器变速箱

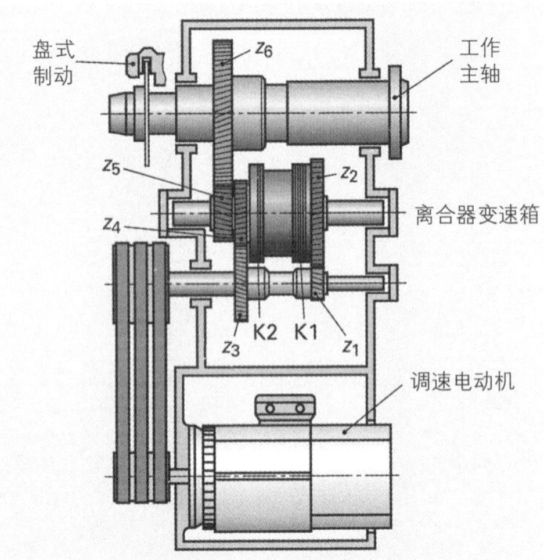

图 3：车床的主轴传动

6.6.2.2 无档变速箱

无档变速箱用于要求大转矩小转速的传动。在这类情况下，例如机器人各轴的驱动，在驱动电动机与传动轴之间安装无档变速箱，用大传动比将转速变慢。属于这类变速箱的有直齿轮变速箱、蜗轮蜗杆变速箱和圆锥齿轮变速箱、行星减速器和双圆弧齿形谐波齿轮（Harmonic-Drive）变速箱（Harmonic-Drive 原是公司名称）。

直齿轮变速箱、蜗轮蜗杆变速箱和圆锥齿轮变速箱

变速电动机（图 1）。两个齿轮档位各有一个约 i=4 的传动比。因此，从动轴转速小于电动机转速 4·4=16 倍，而输出转矩却大于输入转矩 16 倍。实际上，每个齿轮档位大于 i=6 的传动比是不可能的，因为传动齿轮的齿数显得太小。此外，若传动比过大，将不利于轮齿的齿形。更大的传动比只有通过其他的齿轮档位才能达到。

优点：可用于从很小到很大的各种功率，坚固耐用，传动非常精确和均匀。

应用举例：用于驱动输送带、船舶螺旋桨、轧机机座、印刷机等。

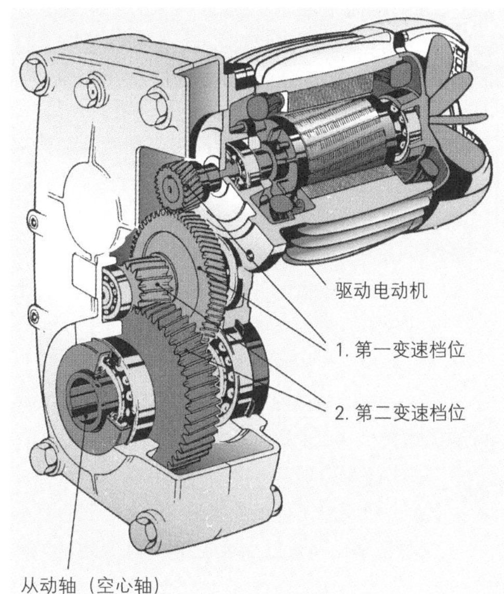

图 1：变速电动机

6.6.2.3 行星减速器

简单的行星减速器由一个位于中央位置的太阳轮、内齿轮、行星齿轮和行星齿轮托架等组成（图 2 和图 3）。所有的齿轮均始终处于啮合状态。

图 2 和图 3 所示的行星减速器由太阳轮驱动（n_1）。行星齿轮托架（n_2）执行从动。内齿轮是固定轮，不能转动。这种结构的减速传动比最大可达 $i=n_1/n_2=10$。

由于行星减速器不仅可由太阳轮驱动，还可通过内齿轮或行星齿轮托架驱动，因此，仅用一个减速箱可变换出多种不同的传动比。所以行星减速器特别适宜用于汽车的自动变速箱。

优点：适用于大小转矩以及大小驱动转速，结构紧凑，驱动和从动均在同一根轴。

应用举例：机器人的主传动、圆分度工作台、加工机床刀库、飞机的风门调节等。

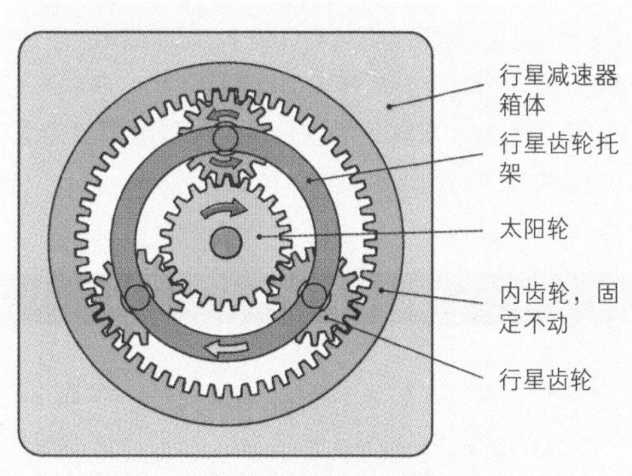

图 2：行星减速器的零件名称和旋转运动

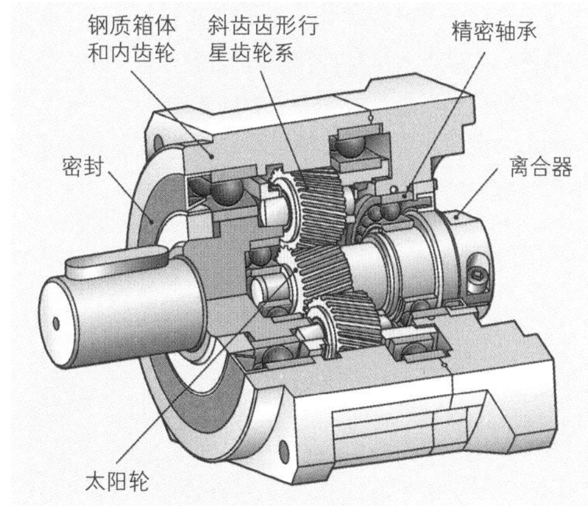

图 3：行星减速器

6.6.2.4 双圆弧齿形谐波齿轮（Harmonic-Drive）变速箱

结构（图 1）：通过下列零件将驱动转速减慢成低速：

- 一个有外齿的柔性圆柱形钢套（"柔性花键"）；
- 一个有内齿的刚性圆柱形外环（"圆花键"）；
- 一个椭圆形钢盘和同样是椭圆形的热压配合滚珠轴承及其薄轴承环（"波浪生成器"）。

钢套的外齿比外环的内齿少两个齿。

功能：受驱动的椭圆形钢盘通过滚珠轴承外环使薄壁钢套变形。从而使钢套的外齿在大椭圆轴线范围内与外环的内齿啮合。

旋转时，啮合范围也跟着变化（图 2）。若固定住外环，则作为从动运动的钢套在驱动盘每转动一圈时，相对于驱动方向的外环就少两齿。

通过精密轮齿的高齿数，例如 z=200，所得到的减速传动比非常高，例如 i=200:2=100。

优点：传动比最大可达 160:1，无间隙传动，免维护，结构紧凑，安装体积小。

应用举例：机器人的轴传动、飞行模拟器传动、大型抛物线天线的伺服机构、印刷机传动。

6.6.2.5 无级变速箱

无级变速箱可在驱动转速恒定不变时，在最小与最大转速之间无级调节从动转速。 通过调节驱动盘与从动盘的有效直径，可获得各种不同的传动比。

无级变速箱的驱动盘直接或通过一个滚动元件或牵引工具以摩擦力接合形式或形状接合形式带动从动盘转动。无级变速箱有多种不同结构。

摩擦轮变速箱：它有一个锥形驱动轮，装有驱动轮的电动机相对于从动轮轴进行径向移动，从而改变锥形驱动轮的有效直径（图 3）。

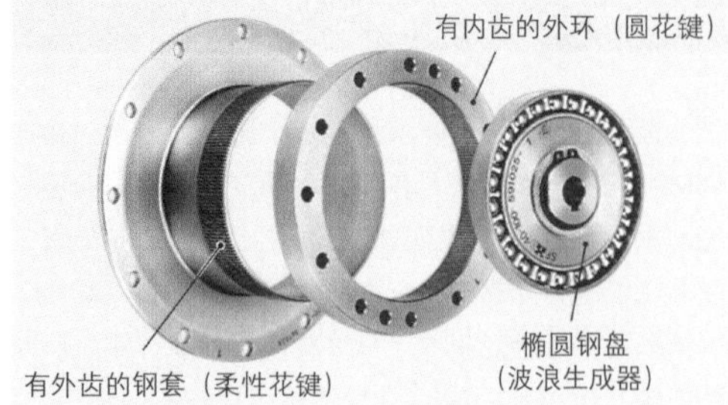

图 1：双圆弧齿形谐波齿轮（Harmonic-Drive）变速箱

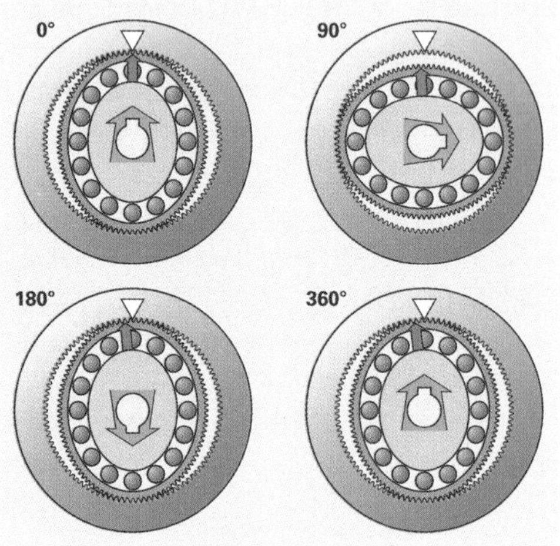

图 2：双圆弧齿形谐波齿轮变速箱的旋转运动

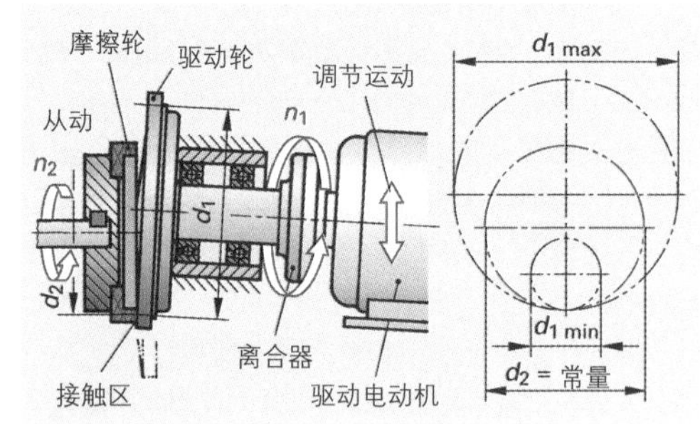

图 3：摩擦轮变速箱

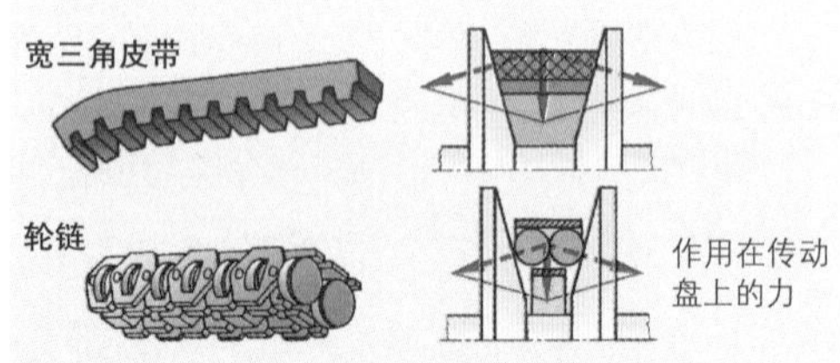

图 4：摩擦力接合型变速箱的牵引工具

牵引变速箱通过皮带或链条将驱动轴的运动传递给从动轴（见 490 页图 4）。它一般有两个锥形轮副，其轮间距可变（图 1）。通过不同的设定可以改变运行直径，从而使传动速度变快或变慢。

> 无级变速箱改变锥形轮的直径，并据此改变传动比。

无润滑运行的驱动大多数采用宽三角皮带做牵引工具。宽三角皮带的运行安静，可有效缓冲振动。宽三角皮带的带轮调节距离更大，因此可以达到比普通三角皮带更大的传动比范围。

本小节内容的复习和深化：

1. 变速箱有哪些任务？
2. 机械式变速箱可分为哪些结构型式？
3. 如果驱动电动机只有一个转速，那么如何用滑动齿轮变速箱实现 6 个不同的转速？
4. 无级变速箱有哪些优点？
5. 哪种变速箱可以使高传动速度变为低速？
6. 图 2 所示滑动齿轮变速箱在 910 r/min 时以 40 kW 驱动。其齿数达到：
   z_1=34；z_2=54；z_3=44；z_4=44；z_5=25；z_6=63。
   问：(a) 各变速档位的传动比是多大？
   (b) 在变速箱传动效率为 92% 和最大传动比时，功率、转矩和转速各是多少？
7. 一台车床的主轴传动（图 3）按照图 4 所描绘的特性曲线运行。
   问：(a) 电动机转速在 500 r/min、2000 r/min 和 4000 r/min 时的输出转矩是多大？
   (b) 电动机与主轴之间的齿形皮带传动比为 i=2.5。它是如何影响主轴的转矩和转速的？

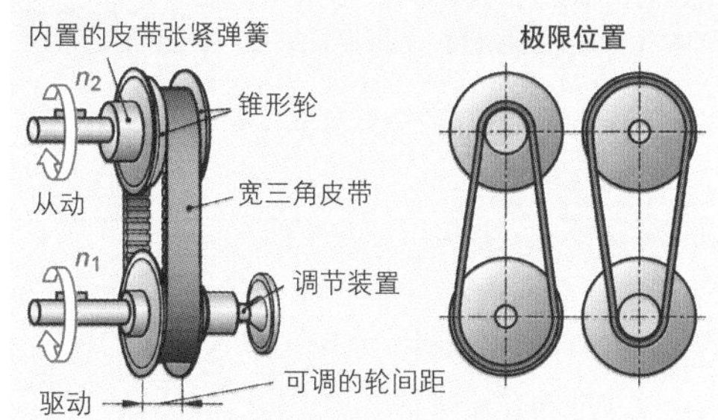

图 1：宽三角皮带变速箱

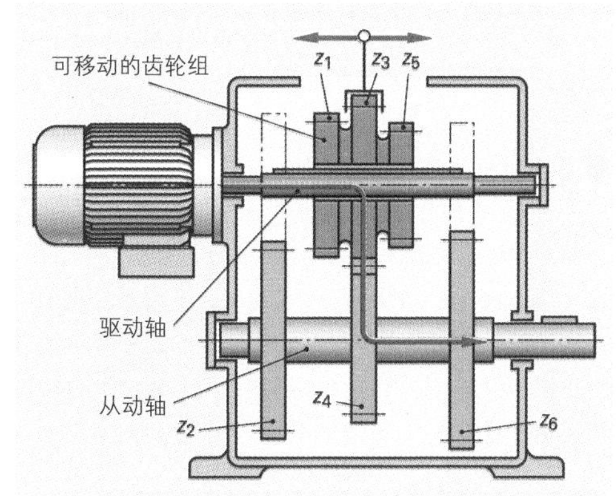

图 2：滑动齿轮变速箱

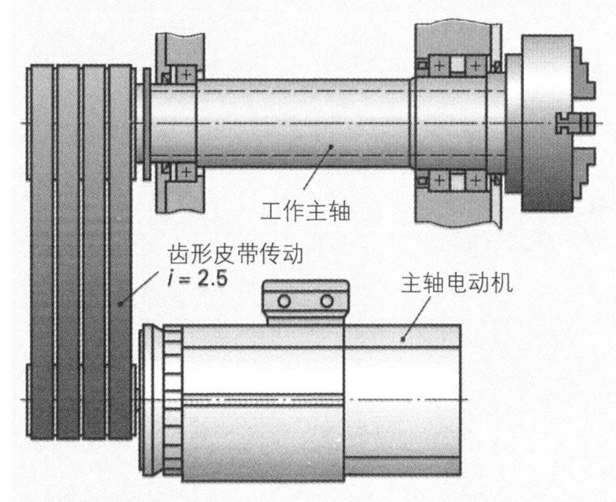

图 3：主轴传动

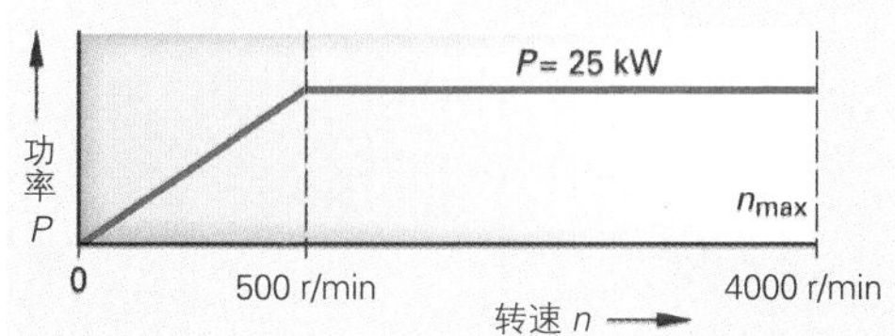

图 4：主轴传动的特性曲线

6.6.3 直线运动的传动（线性传动）

机床上的许多运动都设计为直线（线性）运动。

直线运动举例：

- 加工机床的进给运动；
- 输送装置的运动；
- 叉车的提升运动；
- 压铸机的（模具）关闭运动；
- 装配流水线的输送运动；
- 压力机的行程运动。

直线运动可由气动压力缸或液压缸驱动，或将旋转运动转换为往复运动。

■ 压力缸驱动的直线运动

气动压力缸：有活塞杆和无活塞杆气动压力缸用于驱动力小、移动快速的场合（图 1）。

液压缸（见 597 页）与气动压力缸相反，它能以小缸径提供大驱动力。气动和液压缸的行程都可以通过止档予以调节，或通过连接位置调节电路的位移检测系统进行控制。

■ 由旋转运动转换的直线传动

电动机是可靠和价廉物美的动力源。现在必须把旋转运动转换成直线运动。这种转换可通过皮带传动、链条传动和齿轮传动，或带螺母的丝杠来实现。直线电动机直接产生直线运动。

■ 皮带传动和链条传动

在输送装置中，由变速电动机驱动的皮带或链条输送工件或工件托架（图 2 和图 3）。其输送速度相当于从动皮带轮的圆周速度。

举例： 用变速电动机（n_{mot}=1420 r/min，i=60:1）通过一个 d=80 mm 的皮带轮驱动输送带。

问：输送速度 v 是多大？

解题： $v=\frac{\pi \cdot d \cdot n_{mot}}{i}=\frac{\pi \cdot 0.08\ \text{m} \cdot 1420 \frac{1}{\text{min}}}{60}=5.95\ \text{m/min}$

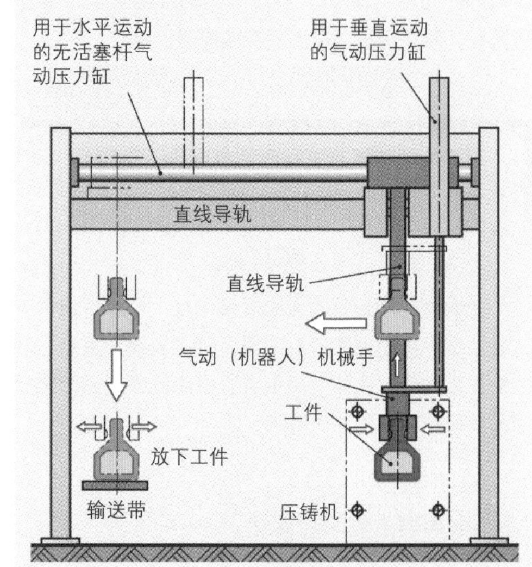

图 1：压铸机配套的输送装置

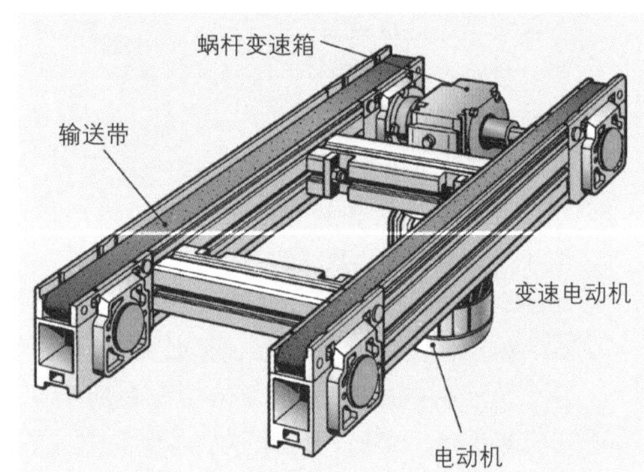

图 2：输送带的设计结构

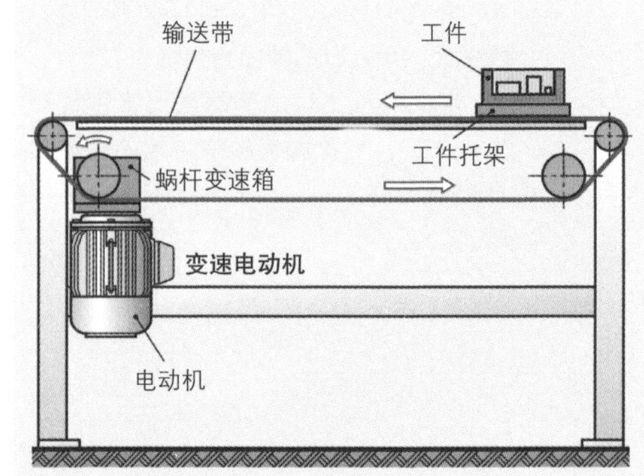

图 3：输送带

■ 带螺母的丝杠

用螺母和丝杠驱动时，被驱动的是丝杠。它移动着固定在待运动零件上的螺母。从转速 n 和丝杠的螺距 P 可计算得出进给速度 $v=n \cdot P$。

现主要采用梯形丝杠和滚珠丝杠传动用于直线传动。

梯形丝杠可用于例如普通车床或台钳的丝杠。它的摩擦相对较大，因此可以自锁。在静止位置时，一般不必加以特别固定。

滚珠丝杠传动却与之相反，它特别灵便，可无间隙调节，但不能自锁（图 1）。滚珠丝杠传动时，滚珠的运行沟道位于丝杠内，螺母经过淬火和精磨。由于丝杠转动时滚珠轴向移动，必须通过回程通道将移动至螺母端部的滚珠送回来。滚珠丝杠传动主要用于数控机床的进给传动（图 2）。它还允许用无黏滑（Stick-Slip-Effekt：黏滑效应）的极低速度移动，从而能使刀架溜板在极精确的定位位置启动。但由于滚珠丝杠传动不能自锁，机床工作台在静止位置时，必须通过例如卡紧措施进行固定。

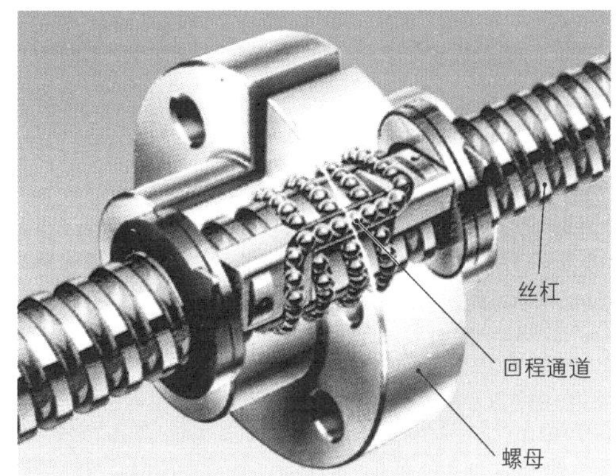

图 1：滚珠丝杠传动

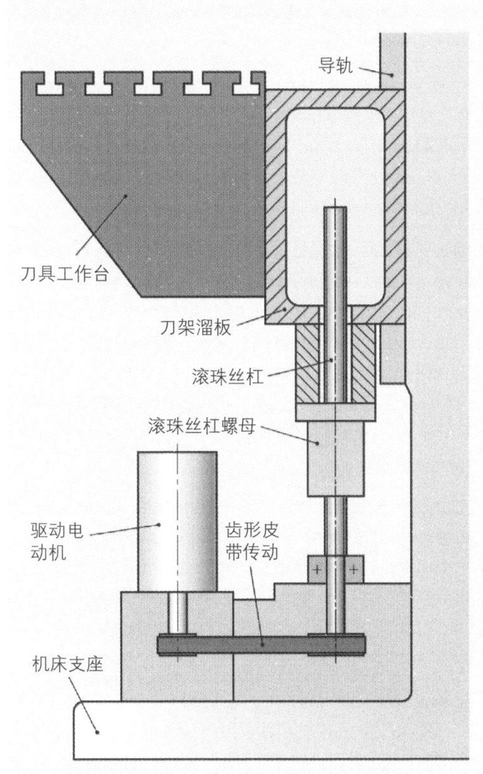

图 2：数控铣床 Z 轴的传动

滚珠丝杠传动的优点

- 摩擦小，非常轻便；
- 可无间隙调节；
- 高负荷下挠性变形仍然很小。

■ 齿条和齿轮驱动

镗床的顶尖套筒大多通过与一个齿条啮合的齿轮的旋转运动来驱动。车床简单的丝杠和光杠纵轴方向的进给传动也由齿轮和齿条驱动。

本小节内容的复习和深化：

1. 有哪些直线运动传动类型？
2. 如何才能调节液压进给传动的速度？
3. 滚珠丝杠传动有哪些优点？
4. 机床溜板以 v=4000 mm/min 的速度移动。机床内滚珠丝杠传动的螺距 P=4 mm。问：要求丝杠转速应为多少？

6.7 英语实践

Functional units and basic tasks of a conventional lathe

The overall function of a machine or an appliance can easily be identified. The main task of the conventional lathe (Figure 1) is turning cylindrical work-pieces and removing material.

A detailed analysis of the machine or the equipment is necessary to see how the main task is fulfilled. The operation of the machine can be clearly illustrated if the different units of the system are categorized. The example of the conventional lathe shows which units are relevant to perform the main task of "turning". Each of the color-coded functional units in Figure 1 fulfill a specific task.

The drive unit is usually an electric motor in a lathe. The main transmission unit, in conjunction with a control unit can change the speed. By operating the control lever, the gears are pushed apart and it changes the configuration of the spur gears.

The work units allow the "turning" of the work-piece. For the feed movements of the longitudinal and cross slide, the feed-gear unit and transmission unit is needed. The guiding unit allows the linear movement of the carriage. The disposal unit with its chip tray is used to collect the chips. All functional units are attached or integrated in the support and structural unit.

In general, several basic functions are necessary to ensure that the main task of each unit is achieved. Table 1 illustrates some of the basic functions of the different units of a lathe. The implementation of the basic functions is achieved by using specific machine elements.

For example: the main transmission unit consists of several gear pairs. Their basic function is the transformation of speeds. The gears are attached on shafts in order to transmit the torque. Gears and shaft are connected by a fitted key. There are ball bearings on each shaft to support and enable a smooth rotation.

> By using machine elements, the basic functions of a machine or a unit can be realized. Their concurrence lead to the formation of functional units.

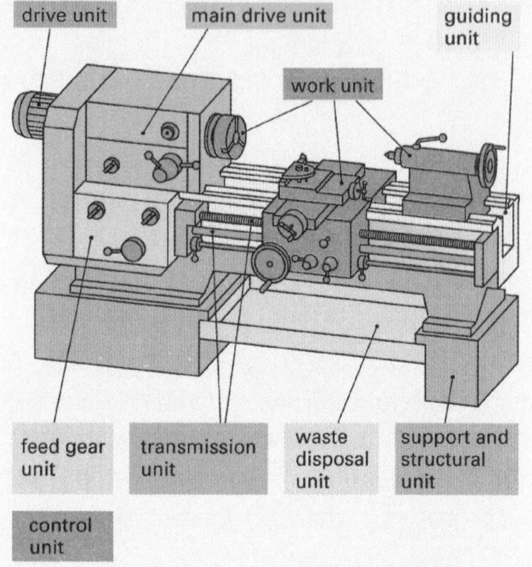

Figure 1: Individual functional units of a conventional lathe

Table 1: Functions of a conventional lathe

functional unit	main tasks
drive unit	• converting and providing energy • transmitting the torque
main drive unit and feed gear unit	• transforming the speeds • transmitting the torque • connecting drive and work unit
transmission unit	• converting the rotational movement into a linear feed motion
control unit	• moving the gears • setting the slide motion
work unit	• performing the main task "turning"
guiding unit	• guiding of the slide • guiding tailstock
waste disposal unit	• chip collection • collection of cooling lubricant
support and structural unit	• supporting the functional units

7 电工学

现代化加工技术、交通技术、信息技术，控制系统和新闻通信技术等许多机器、装置和设备都包含有电子或电气元件。它们都使用电进行工作。由于通过电线输送电能简单快捷，使得电的应用无处不在。电能在机器装置内转换成另一种能量形式或直接以合适的电压、电流和频率投入使用。

在机械加工技术领域，电能在能量转换过程中扮演着非常重要的角色：电能转换成机械能，例如电动机，电能转换成热能，例如感应淬火，等等。

在自动化技术领域，电能更是大量应用，如电子气动系统、继电器和接触器控制的液压系统，以及泵的驱动等。

7.1 电流回路

电流只在闭合的电流回路中流动。电流回路至少由一个电流发生器，一个用户以及进线和回线组成(图1)。

在这个闭合回路中，电流从电流发生器流向用户，然后再从用户返回。

- 电流只在闭合回路中流动；
- 电流回路至少由电流发生器、用户和进出导线组成。

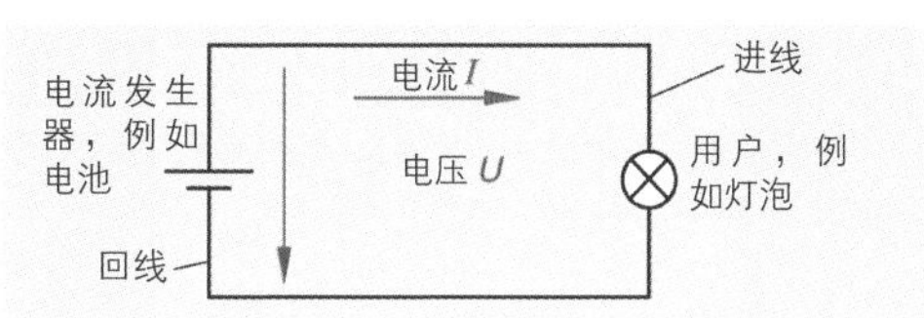

图1：电流回路

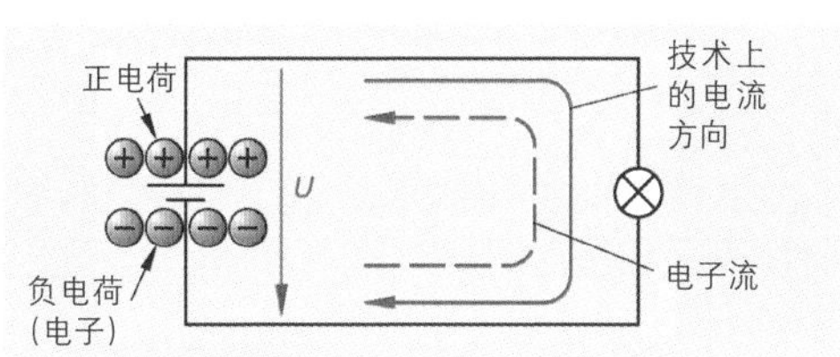

图2：电压和电流

7.1.1 电压

电压产生于电荷分离。正负电荷相互吸引在一起。要分离这对电荷，必须做功。这个功蕴藏在带电粒子内。分离电荷重新建立平衡的努力被称为电压(图2)。

分离电荷所作的功被称为电压。

电压的单位是伏特（V），根据物理学家亚历山德罗·伏特（Alessandro Volta）的名字命名。

电压 U 的测量单位是伏特（V）。

实际运行中，有不同的电源可用作电压的供给源(表1)。电压又分为直流电压和交流电压（图3）。直流电压的电压值始终相同，与之相反，交流电压的电压值始终变化。

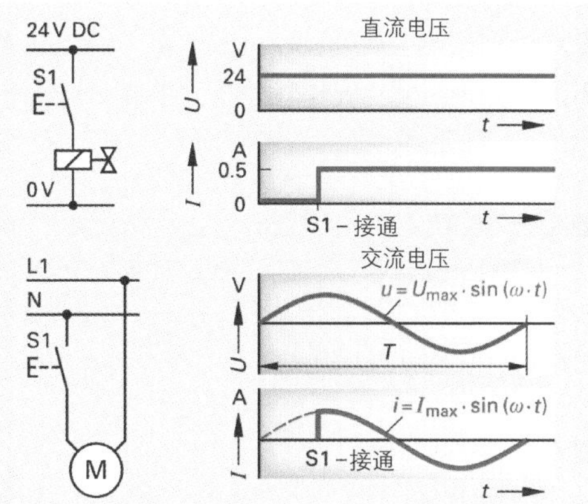

图3：直流电压和交流电压

表1：电源

电源	额定电压
单节电池	1.5 V
汽车蓄电器	12 V
交流电网	220 V
三相电网	380 V

7.1.2 电流

如果一个电气用户连接进入一个电源，不同的电荷便可以建立平衡。这里，电子从电源的负极通过用户流向正极。我们把流动的电子称为电流。每秒流过导体横截面的电子越多，电流也就越大。

> 通过用户或通过导线流动的电子被称为电流。

电流强度的单位是安培（A），根据物理学家安德烈·安培（André Ampere）的名字命名。

> 电流的测量单位是安培（A）。

电气用户除采用不同电压之外，还可以采用不同电流强度进行工作（表 1）。

表 1：不同用户的电流强度

用户	电流强度
电子式游标卡尺	0.1 A
白炽灯泡	0.5 A
10 kW 电动机，400 V	18 A
电焊变压器	300 A
电弧炉	150000 A

■ 电流方向

开始时，电流方向规定为从正极到负极。后来，人们才发现，电子是从负极向正极运动。但在技术上仍保留初期的规定：从正极到负极。因此，这种规定称为技术上的电流方向（见 495 图 2）。

■ 电流的作用

单凭肉眼是看不到电流的。我们只能根据电流的作用来识别电流的存在（表 2）。这种作用也可以用来测量电流和电压。

表 2：电流的作用

物理效应	用途
热效应	
电流流过的导体会发热	感应淬火 电烙铁
电磁效应	
电流流过的导体周围会产生一个磁场	电动机，继电器，电磁吸盘
光效应	
电流流过的金属丝会发热并同时发光	白炽灯泡 卤素灯
电流可激发气体发光	荧光灯，节能灯
某些半导体在电流经过时发光	发光二极管（LED）
化学效应	
电流分解导电液体，即所谓的电解	电解铝，电镀技术
生理效应	
电流可作用到生命体。大于 50mA 的电流即有生命危险	心脏起搏器，电篱笆，治疗神经创伤或肌肉损伤

■ 电流和电压的测量

电流测量仪测量流经它的电流。因此，电流测量仪必须接入电路（图 1）。

电压测量仪测量电流回路中两点之间的电压差。因此，它必须与用户并联或接入电源。

> 电流测量仪与用户串联，电压测量仪与用户或电源并联。

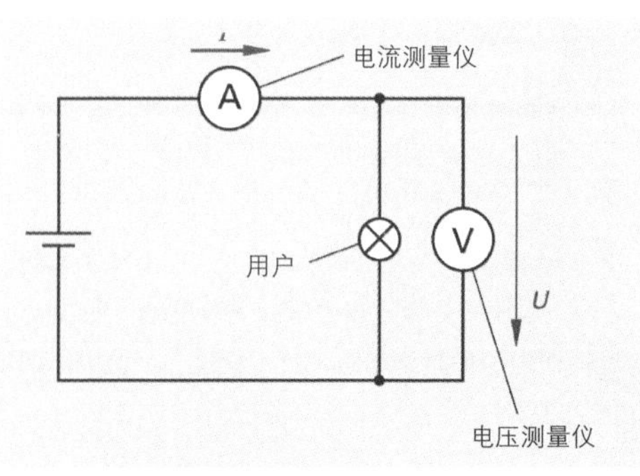

图 1：电压和电流的测量

7.1.3 电阻

在一个装有电源和用户（电阻）的电流回路中流动着一股电流。

电流的大小取决于用户电阻的大小。电压 U 相同时，流过小电阻 R 用户的电流 I 大，流过大电阻 R 用户的电流 I 小（图 1）。电压、电流与电阻之间的相互关系称为欧姆定律（图 2）。该定律称：电流回路中电流强度 I 是施加电压 U 与用户电阻 R 的商。

欧姆定律	$I=\frac{U}{R}$

用户电阻的单位是欧姆（Ω），根据物理学家乔治·西蒙·欧姆（Georg Simon Ohm）的名字命名。

电阻的测量单位是欧姆（Ω）。

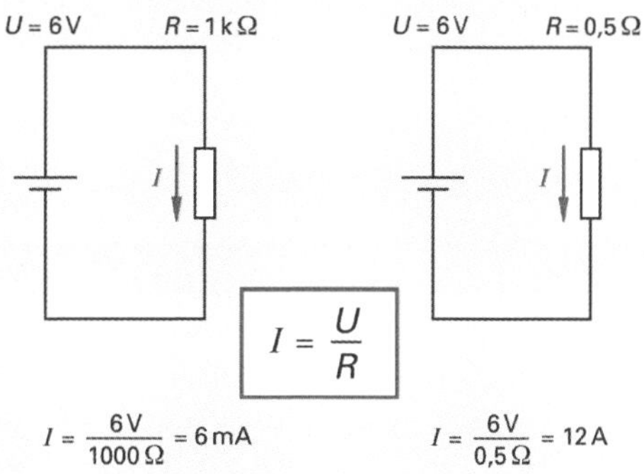

图 1：小电阻电路和大电阻电路

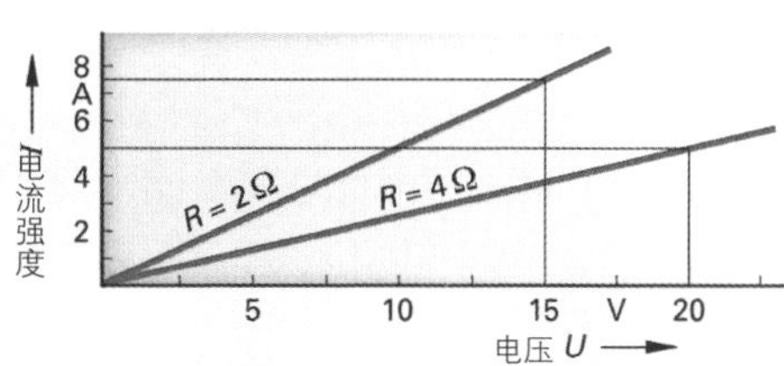

图 2：欧姆定律曲线图

■ 电阻率

一种材料的电阻率表明该材料的导电性能。其测量条件是：测量横截面为 1 mm^2，长度为 1 m 的金属丝的电阻（表 1）。

表 1：电阻率 ρ

材料	电阻率 ρ，单位：$\frac{\Omega\cdot mm^2}{m}$
铝	0.0265
金	0.0220
铜	0.0179
银	0.0149
钨	0.0550

■ 导体电阻

电路的导线也有电阻。该电阻称为导体电阻。导体电阻取决于导体材料的电阻率 ρ、导体长度 l 和导体横截面 A。

导体电阻	$R_1=\frac{\rho\cdot l}{A}$

■ 与温度相关的电阻

几乎所有导体材料的电阻都会随着温度的变化而发生电阻变化。电阻变化 ΔR 取决于电阻的导体材料（表 2）和温度差 Δ $_{\circ}\vartheta$

这里又分正温度系数热敏电阻和负温度系数热敏电阻。正温度系数热敏电阻又称为 PTC[①]电阻。这种电阻随温度的上升而加大。负温度系数热敏电阻又称为 NTC[②]电阻。这种电阻随温度的上升而下降。该电阻的计算基础是 20℃时所测到的电阻数值（R_{20}）。

与温度相关的电阻变化	$\Delta R=R_{20}\cdot\alpha\cdot\Delta\vartheta$

与温度相关的电阻	$R_{\vartheta}=R_{20}+\Delta R$

表 1：温度系数 α

材料	α，单位：K^{-1}
铝	0.0040
金	0.0037
铜	0.0039
康铜（镍铜合金）	± 0.00001
石墨	–0.0013

①PTC（Positive Temperature Coefficient，正温度系数）。
②NTC （Negative Temperature Coefficient，负温度系数）。

7.2 电阻电路

若干个电气元件的连接称为电路。在这种电路中，电阻（用户）可以串联，也可以并联。如果串联电路和并联电路同时出现，我们称为混合电路。

7.2.1 电阻的串联电路

在电阻的串联电路中，所有的电阻均前后相连(图 1)。这种连接方法在圣诞树灯泡装饰中可为一例。在这种电路中，任何一点的中断都会导致整个电路的中断。

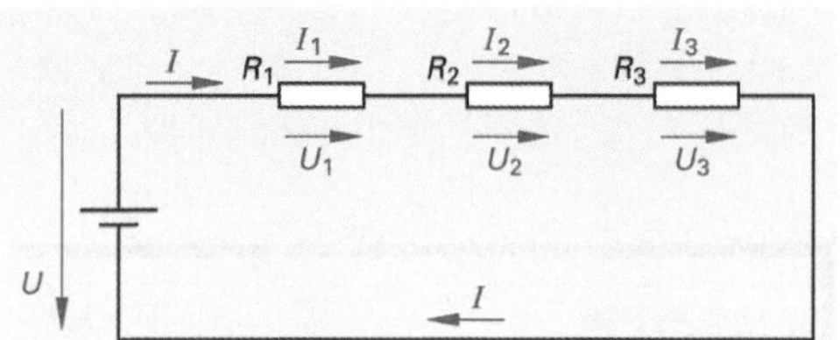

图 1：电阻的串联电路

■总电流

给电路中串联电阻接入电压 U，流过的电流为 I。根据欧姆定律，电流的大小取决于串联电路的总电阻 R。电流强度在串联电路的任意点上均相同，因为流过每个电阻的电流均相等。所以，流经每个电阻的电流公式：$I=I_1=I_2=I_3=\cdots=I_n$ 。

总电流	$I=I_1=I_2=I_3=\cdots=I$

串联电路中，任何点的电流均相同

■总电压

串联电路中，每个电阻构成总电压的一部分，例如电阻 R_1 的分电压是 $U_1=I\cdot R_1$。总电压分布给每个电阻（电压分布）。这种现象又称为电阻的电压降。由于串联电路中各点电流均相等，所以，大电阻的电压降大于小电阻的电压降。

分电压 $U_1+U_2+\cdots+U_n$ 的总和产生总电压 U。

分电压	$U_1=I\cdot R_1$；…；$U_n=I\cdot R_n$

总电压	$U=U_1+U_2+\cdots+U_n$

串联电路中，分电压的总和与施加给该电路的总电压相等

■总电阻

串联电路的各个电阻 R_1，R_2，…，R_n 可以汇合成一个总电阻 $R=R_1+R_2+\cdots+R_n$，即所谓的等效电阻。电压 U 相同时，等效电阻吸收的电流与串联电路单个电阻吸收的电流相等。

总电阻	$R=R_1+R_2+\cdots+R_n$

串联电路中，总电阻等于各分电阻之和

举例： 现在串联两个电阻 $R_1=30\ \Omega$，$R_2=80\ \Omega$，并施加电网电压 230 V（图 2）。

问：电流强度 I 和分电压 U_1 与 U_2 各是多少？

解题： $R=R_1+R_2=30\ \Omega+80\ \Omega=110\ \Omega$

$$I=\frac{U}{R}=\frac{230\ \text{V}}{110\ \Omega}=2.091\ \text{A}$$

$U_1=I\cdot R_1=2.091\ \text{A}\cdot 30\ \Omega=62.7\ \text{V}$

$U_2=I\cdot R_2=2.091\ \text{A}\cdot 80\ \Omega=167.3\ \text{V}$

$U=U_1+U_2=62.7\ \text{V}+167.3\ \text{V}=230\ \text{V}$

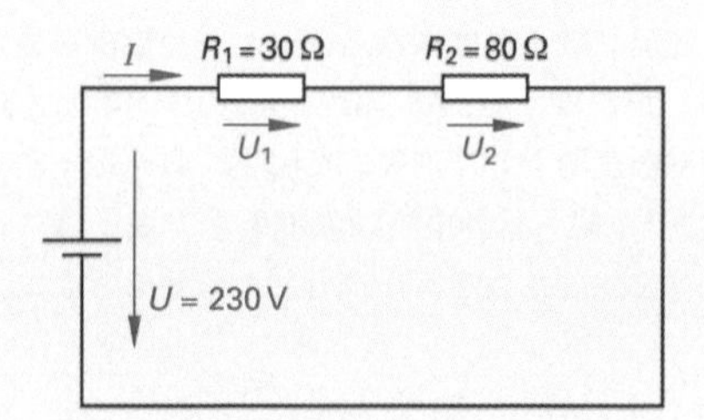

图 2：两个电阻组成的串联电路

7.2.2 电阻的并联电路

并联电路中的电阻并联连接。这种连接方式使多个用户同时接入一个电源成为可能。

■总电压

并联电路中，每个电阻的电压 U 均相同。所以，总电压等于分电压 $U=U_1=U_2=\cdots=U_n$。

■总电流

向电路中并联的电阻施加电压 U，产生电流 I。流经每一个电阻的电流都是分电流 I_1，$I_2\cdots I_n$，电流流过并联的每一个电路导线段（图 1）。流经每一个电阻的电流都是总电流的一部分。

各分电流 $I_1+I_2+\cdots+I_n$ 之和产生总电流 I。

■总电阻

各个分电阻的大小决定着分电流 $I_1+I_2+\cdots+I_n$ 的大小。采用欧姆定律可计算出各个分电流，例如 $I_1=U/R$。

电路中，流经小电阻的是大电流，而流经大电阻的是小电流。并联电路的总电阻（等效电阻）总是小于并联电路中最小的分电阻。

举例： 两个并联电阻 $R_1=48\ \Omega$ 和 $R_2=72\ \Omega$，电压为 $U=24\ \text{V}$（图 1）。问：下列数值分别为多大：

(a) 分电流 I_1 和 I_2；

(b) 总电流 I；

(c) 总电阻 R。

解题： (a) $I_1=\dfrac{U}{R_1}=\dfrac{24\ \text{V}}{48\ \Omega}=0.50\ \text{A}$

$I_2=\dfrac{U}{R_2}=\dfrac{24\ \text{V}}{72\ \Omega}=0.33\ \text{A}$

(b) $I=I_1+I_2=0.50\ \text{A}+0.33\ \text{A}=0.83\ \text{A}$

(c) $R=\dfrac{R_1\cdot R_2}{R_1+R_2}=\dfrac{48\ \Omega\cdot 72\ \Omega}{48\ \Omega+72\ \Omega}=28.8\ \Omega$

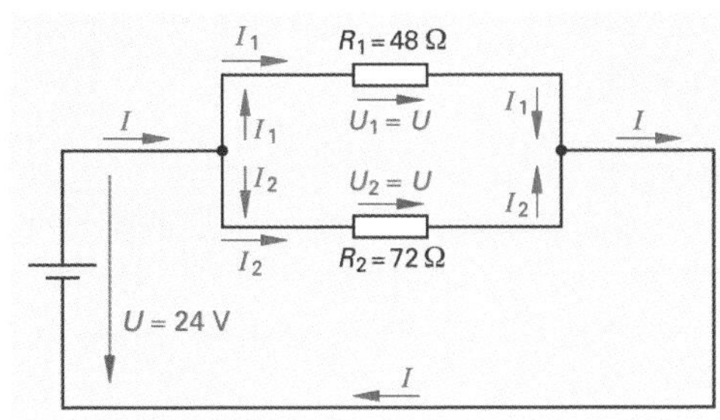

图 1：电阻的并联电路

总电压	$U=U_1=U_2=\cdots=U_n$

总电压等于分电压

分电流	$I_1=\dfrac{U}{R_1}$；$I_2=\dfrac{U}{R_2}$；…；$I_n=\dfrac{U}{R_n}$

总电流	$I=I_1+I_2+\cdots+I_n$

总电流等于各分电流之总和

总电阻	$R=\dfrac{1}{\dfrac{1}{R_1}+\dfrac{1}{R_2}+\ldots+\dfrac{1}{R_n}}$
2 个电阻的总电阻：	$R=\dfrac{R_1\cdot R_2}{R_1+R_2}$

电阻的并联电路中，总电阻小于最小的分电阻

本小节内容的复习和深化：

1. 电流具有哪些作用？请您为每一种作用列举一个实例。
2. 检测仪器在测量电流时应如何接线？在测量电压时又应如何接线？
3. 向一个用户供电的进线中断，将会出现哪些影响：
   (a) 在一个并联电路中，
   (b) 在一个串联电路中？
4. 为什么实际上所有企业和家庭，所有机器或装置都采用并联接法？

7.3 电流类型

根据电流方向和电流强度的时间曲线，我们把电流分为直流电和交流电（图 1）。交流电的一种特殊形式是三相电流。

■ 直流电（DC①）

直流电以保持不变的电流只向一个方向流动（图 1，左图）。

直流电以保持不变的电流强度只向一个方向流动（图 1，左图）。

例如电池提供低电压直流电。较大电流强度的直流电则通过整流器从交流电中产生，或通过直流发电机直接产生。

直流电的应用举例：

- 长度测量仪（见第 28 页）；
- 直流电动机（见第 482 页）；
- 电镀涂层技术（见第 268 页）；
- 电弧焊接（见第 250 页）。

■ 交流电（AC②）

交流电的电流方向和电流强度始终在变化（图 1，中图和右图）。电流在正负最大值，即峰值之间协调地摆动。每秒振荡的次数称为频率。电流频率的单位规定为赫兹（Hz），根据物理学家海因里希·赫兹（Heinrich Hertz）的名字命名。欧洲电网的电流频率达到 50 Hz。

交流电的应用举例：

- 供电电网（图 2）；
- 加工机床的电动机（见 483 页）；
- 电焊技术（见 250 页）。

■ 三相交流电（三相电流）

三相交流电由装有三个绕组的发电机产生（图 3）。三个绕组各产生一个 50 Hz 电流。向电网供电的是三相交流电。

三相交流电供电电网共有 5 条导线：L1, L2，L3，N 和 PE。L1，L2 和 L3 是供电导线。三相交流电共用的回线称为零线 N。PE（英语：protection earth 的缩写）是接地保护线，用于接机壳引走故障电流。

常规电网相线与零线之间的电压达到 220 V，两根相线之间的电压达到 380 V，例如 L1 与 L2 之间。

三相交流电的应用举例：

- 大功率驱动电动机（见第 480 页）；
- 金属熔炼炉（见第 347 页）。

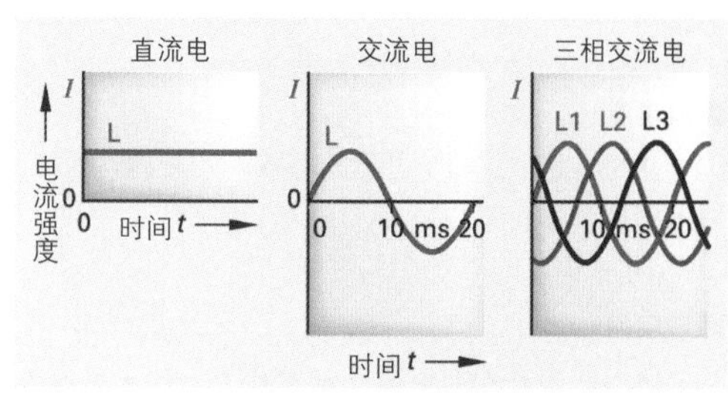

图 1：不同电流类型的电流强度时间曲线

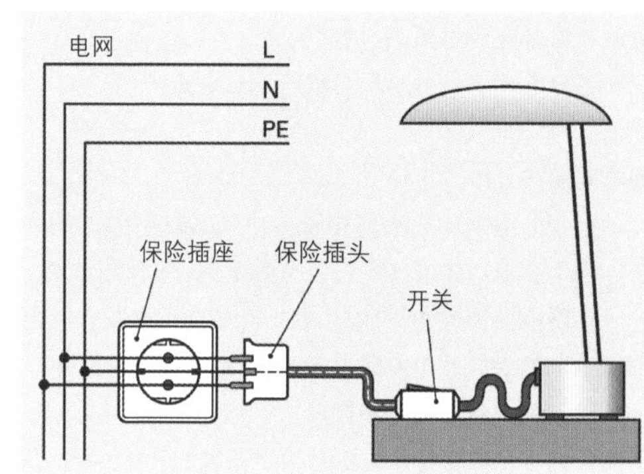

图 2：电灯通过保险插座与交流电网连接

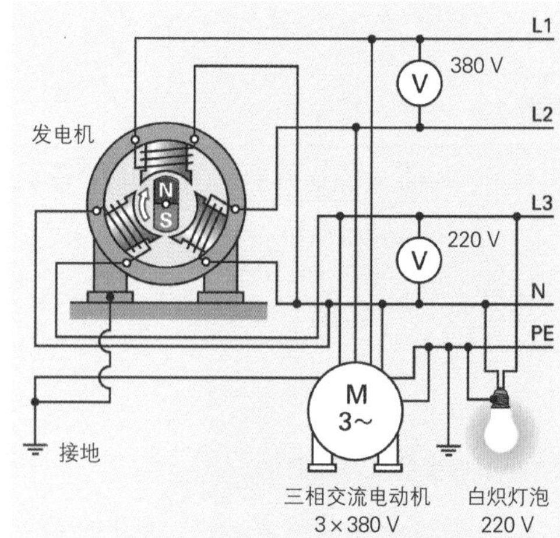

图 3：为三相五线制交流电网供电的发电机

① DC 是英语 direct current 的缩写，意为直流电。

② AC 是英语 alternating current 的缩写，意为交流电。

7.4 电功率和电功

供电企业向所有用户的电气机器和装置提供电能。

> 单位时间内从电网取用的电能称为电功率。电功率的测量单位是瓦（W）、千瓦（kW）或兆瓦（MW）。

电气设备，例如镀锌槽，在其功率铭牌上标明的是从电网取用的功率，而电动机却标明其所输出的功率（图 1）。

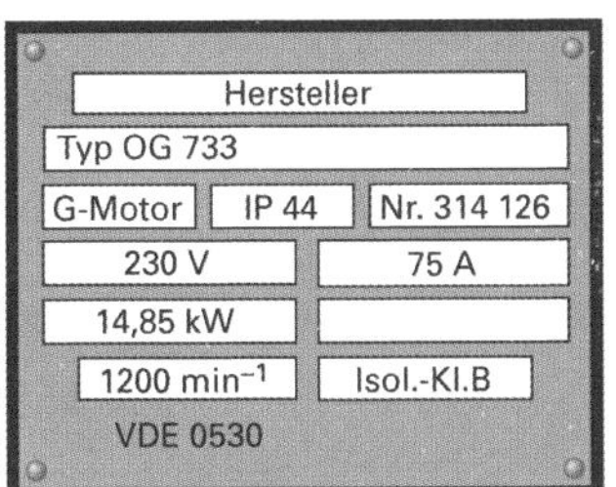

图 1：直流电动机功率铭牌

■ 直流电和无电感交流电或无电感三相交流电的电功率

用户使用直流电时，所施加的电压 U 和电流 I 越大，其功率 P 也越大。如果用户除电阻外没有电感元件（线圈）或电容元件（电容器），该法则同样也适用于交流电用户（图 2）。

> 直流电和无电感交流电电阻用户的电功率 $P=U\cdot I$

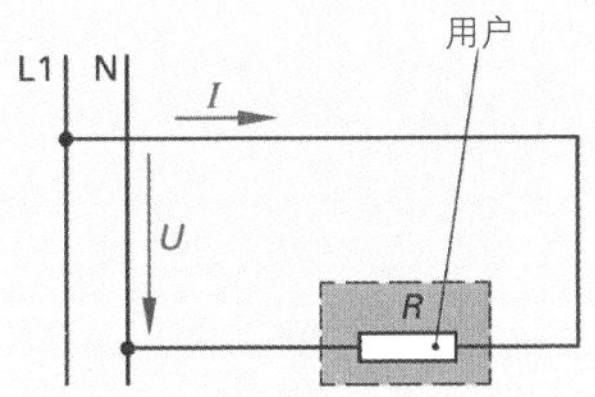

图 2：电路中电阻用户的直流电功率

三相交流电的电流曲线在时间上相对位移。用耦合系数 $\sqrt{3}$ 计算其功率（图 3）。

> 三相交流电电阻用户的电功率 $P=\sqrt{3}\cdot U\cdot I$

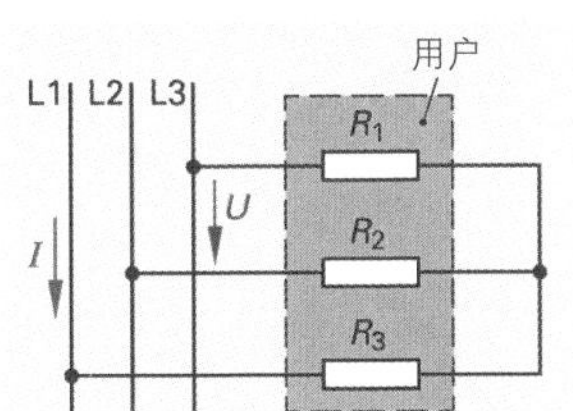

图 3：三个电阻用户电路中的三相交流电功率

■ 有电感和电容部分的交流电和三相交流电的用户电功率

如果用户除电阻外还有线圈和电容器，将导致电流与电压之间出现时间位移（相移）。这种相移减少了在用户处实际转换的电功率，又称有效功率，所以计算有效功率时需乘以功率因数 cosφ。

> 交流电的有效功率 $P=U\cdot I\cdot \cos\varphi$

> 三相交流电的有效功率 $P=\sqrt{3}\cdot U\cdot I\cdot \cos\varphi$

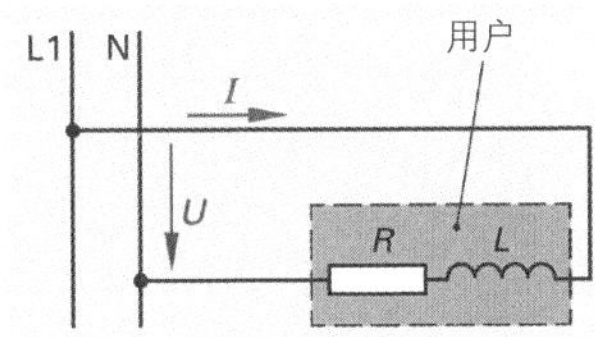

图 4：电阻和电感用户的交流电功率

举例：一台三相交流电动机的制造商提供如下数据：U=400 V，I=26.6 A，cosφ=0.87，η=93.5%。问：(a) 耗用和 (b) 输出的功率各为多少？

解题：(a) $P_1=\sqrt{3}\cdot U\cdot I\cdot \cos\varphi=\sqrt{3}\cdot 400\ \text{V}\cdot 26.6\ \text{A}\cdot 0.87=16033\ \text{W}$

(b) $P_2=P_1\cdot\eta=16033\ \text{W}\cdot 0.935=14990\ \text{W}$

■ 电功

一个用户的功率 P 越大，运行时间 t 越长，其电功也越大。

> 电功 $W=P\cdot t$

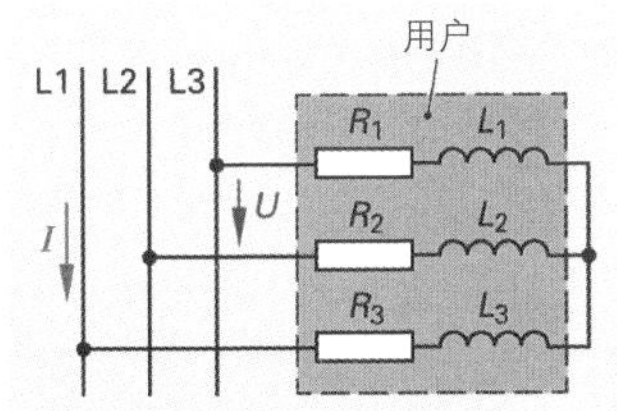

图 5：电阻和电感用户的三相交流电功率

电功单位是瓦秒（Ws）和千瓦·时（kW·h）。

电功用计数器测量，其测量单位是 kW·h。

7.5 过流保护装置

为避免因过高电流产生过载损坏电气设备以及生产能力，需用过流保护装置（简称熔断器）对它们实施保护。熔断器是一种装置，它在电流超过最大允许值时切断电路。

> 熔断器保护导线和电气设备免受过载和短路的损坏。

我们把熔断器分为熔断保险丝、自动安全装置和电动机保护开关。

■ 熔断保险丝

这种熔断器在内部装有一根线状或带状熔断丝（图 1）。熔断保险丝安装在用户的电源进线处。电流过高时保险丝熔断并切断电路。

熔断保险丝的熔断电流从 10~50 A。其颜色各有不同，保险丝底部触点也有多种不同直径（图 1）。这样可保证大电流保险丝不会用于小电流。

小型保险丝用于保护电子装置，称为仪器保险丝或细保险丝。这类保险丝用于保护检测装置的仪表设备和电子装置。根据其熔断特性，这类保险丝可分为超快速保险丝（FF）、快速保险丝（F）、中速保险丝（M）、慢速保险丝（T）和超慢速保险丝（TT）。

> 保险丝不允许修补或跨接。

> 更换保险丝时，务必使用符合制造厂商规定熔断电流的保险丝。

■ **导线保护开关**，又称自动安全装置，装有立即切断和延迟切断电路的两个机构（图 2）。双金属开关用于电网过载持续时发挥作用，电磁开关则在短路时立即切断电路。

■ **电机保护开关**是电动机的接通和关断开关（图 3）。此外，它装有双关断机构。负载持续过高时的热敏触发保护电动机绕组，以及在瞬间强电流时的电磁触发（过载保护）。

> 保护电动机免受过载和短路危害的电机保护开关必须安装在电动机进线的起始端。

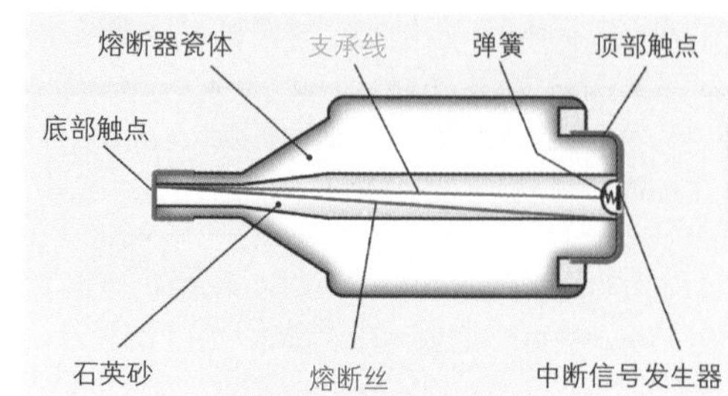

图 1：螺旋式熔断器的保险丝

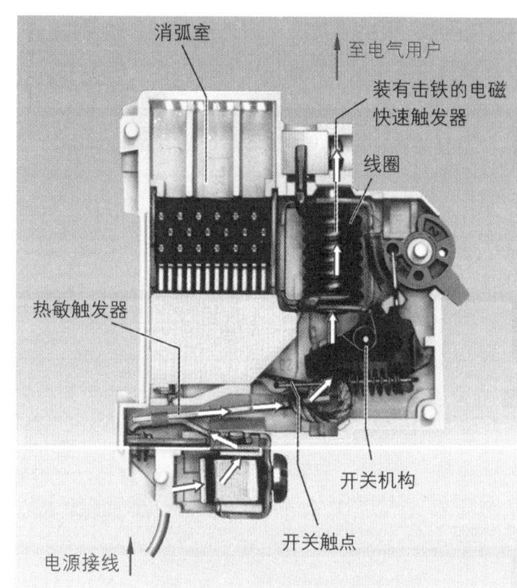

图 2：导线保护开关（已打开）

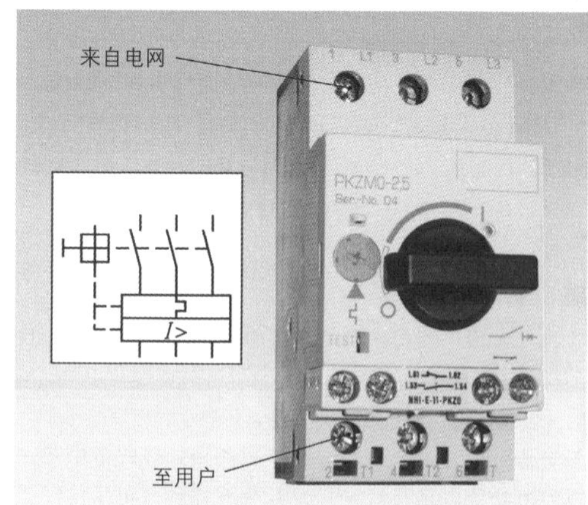

图 3：三相交流电动机的电动机保护开关

7.6 电气设备的故障

电气装置和设备主要因维护缺失而导致技术缺陷引发电气事故。

■ 电流在人体内的作用

如果电流流过人体，例如接触到带电导体，达到一定电流强度时将导致呼吸肌麻痹。其直接后果是无法松开导体、痉挛、平衡障碍、心脏停跳和呼吸停止。

超过 50mA 的电流和 50V 的交流电压都将导致生命危险。

在电气设备旁工作时或电气事故后，必须严格遵守五条事关性命的安全规则，同时也务必遵守安全规则的顺序（表 1）。

表 1：在带电电气设备旁工作时的安全规则	
1. 关断电源	断开所有未接地的导线 关断自动安全装置 悬挂禁止标牌
2. 严格保护，防止开关复通	取出并妥善保管保险丝 开关上锁（挂锁） 从现场拿走熔断器
3. 确定设备的无电状态	由专业电气工作人员使用合适的测量仪表进行检测或检测电压
4. 接地和短路	必须首先为需进行操作的零部件接地，并使之短路
5. 遮盖带电的相邻零部件	必须避免工作人员用工具或辅助装置接触导电或带电零件，因此必须穿戴身体保护用具，例如防护安全帽和手套

■ 电气设备的故障

绝缘故障可能导致电气设备出现短路、接地、导线短接和接机壳（图 1）。

两个带电导体之间如果没有绝缘而发生接触，将出现短路。预先接通的保险丝在出现短路时立即切断短路所产生的巨大电流。

带电导体直接接地或直接连接接地零件，都会出现接地。出现接地时，保险丝也会立即切断接地电流。

导线短接出现在例如错误地跨接某个开关而导致整个设备无法正常关断时。

接触接机壳的电气设备时，电流流经人体进入大地（图 2）。这种故障电流的大小取决于人体的电阻和接地线的导电性。如果接触设备者与良好的接地管道（水管、煤气管或暖气管等）有连接，流经他身体的可能是危险的强电流（图 3）。

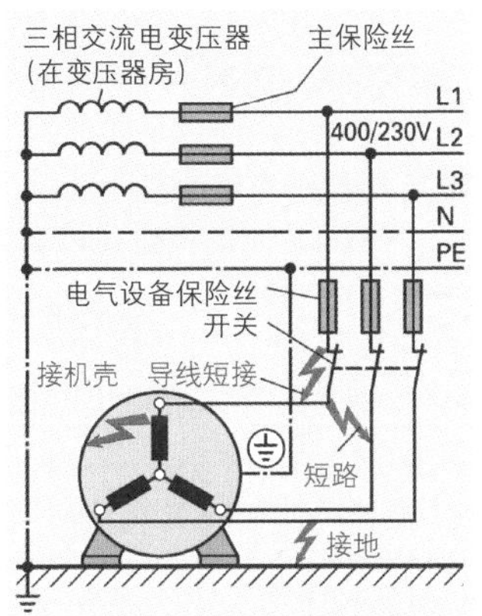

图 1：短路、接地、导线短接和接机壳

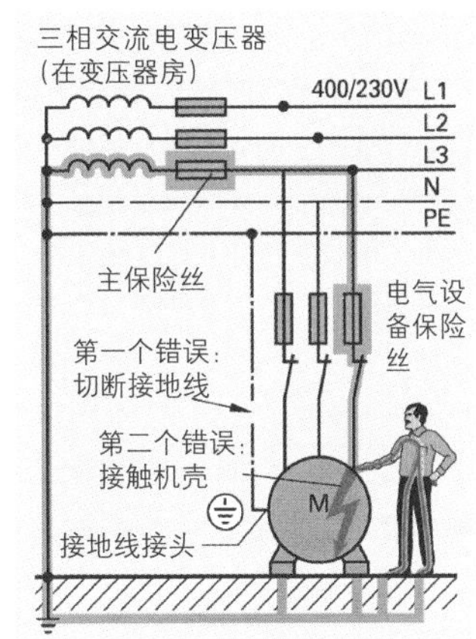

图 2：接机壳接通电流

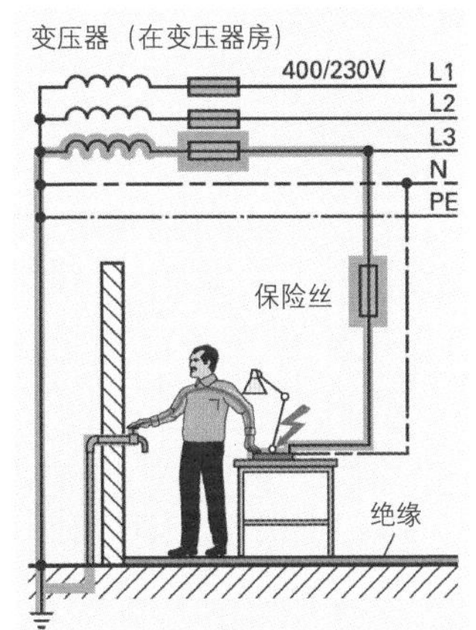

图 3：故障电流回路

7.7 电气设备的保护措施

工作电压方面，规定所有交流电压超过 50 V，直流电压超过 120 V 的机器设备均必须采取防止接触高电压的保护措施。

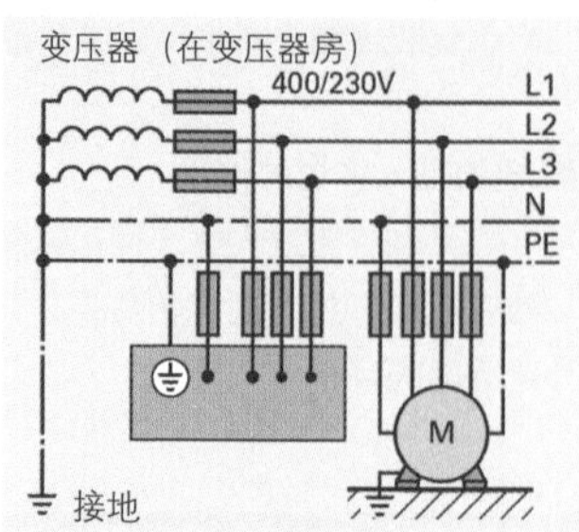

图 1：电力网接地线

■ 电力网和电气设备的接地线

所有建筑物的电力网均配装接地线（PE=protection earth，英语“接地保护”的缩写）。接地线与建筑物地基相连，将外部电流导入地下（图 1）。

带电设备的机壳均用电源电缆内黄绿色接地线与供电系统接地线插座连接（图 2）。

如果设备接机壳功能完好，故障电流可通过接地线流走。如果某人接触到带电机壳，人体的大电阻使流经身体的是小电流，因为小电阻的接地线已引走大部分电流。

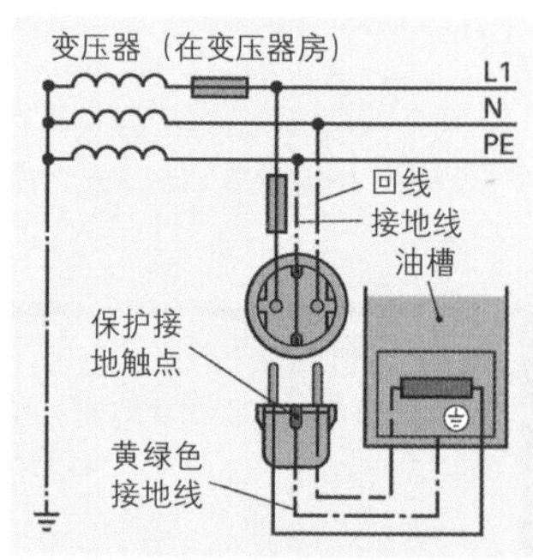

图 2：设备上的保护接地触点插头和接地线

活动设备的电气连接采用带保护接地触点的插接式连接（图 2）。要求电气连接线必须是三芯线：进线、回线和接地线（黄绿色）。小型固定设备要求在设备上固定安装保险插头。

保护绝缘：保护绝缘指对所有在故障状态下可能带电的金属零件进行绝缘处理。例如连接交流电源的剃须刀和部分手提式电钻便采用了这种保护措施。在采取保护绝缘措施的电钻中，变速箱采用塑料齿轮，使钻头主轴与电动机实现电气分离。这种电钻的机壳和开关必须附加绝缘。

低电压：出于安全原因，凡无法避免人体接触其带电零件的电气设备均只允许使用低电压。例如在锅炉或狭小空间内使用的电焊机，其电压最高只允许达到 50 V。电铃和儿童电动玩具的电压最高允许达到 25 V。

■ 保护措施的标记

电气设备的电气保护措施均以标识符号形式标注在设备功率铭牌上（表 1）。

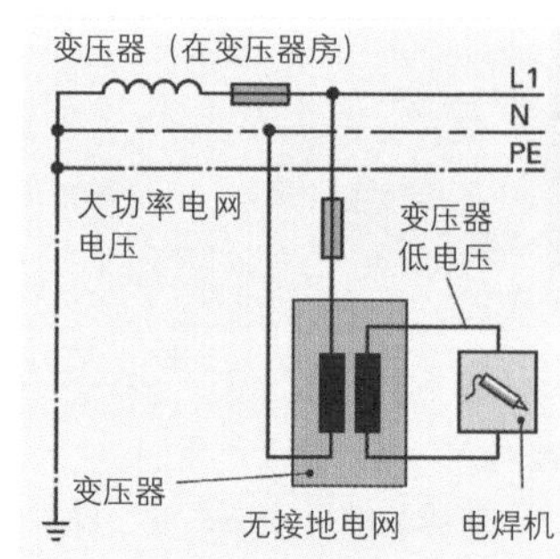

图 3：使用变压器进行保护性分离

■ 保护性分离

保护性分离指在用户与电网之间连接一个变压器（图 3）。这种变压器只允许低电压接入用户，拒绝电力网高电压进入用户。变压器输出端只允许连接一个用户。

保护性分离用于例如混凝土搅拌机、湿磨机、电焊机旁的工作和浴室的电动剃须刀插座等。

表 1：保护措施的符号

标识符号	保护等级	用途
⏚（圆内接地符号）	保护等级 I 保护措施是接地线	保护等级III 低电压保护
⧈（双方框）	保护等级 II 保护绝缘 没有接地线的连接点	装有塑料机壳的设备，例如手工钻机
◇III（菱形内III）	保护等级III 低电压保护	额定电压最高达 AC50 V 或 DC120 V 的小型装置

■ 故障电流保护开关（FI 开关）

通过在设备开关盒内安装故障电流保护开关，可保护单台设备或一个空间免受故障电流的侵害（图 1）。在建筑物的许多区域，例如潮湿的房间或露天的设备，按规定均必须安装故障电流保护开关。

故障电流保护开关功能的基础是测量电流进线和回线的电流强度。无故障运行状态下，进线电流与回线电流相等。若因接机壳出现损坏，导致部分回线电流通过接地流失。故障电流保护开关立即对电流差做出反应，在 0.2 s 之内关断设备电源连接。检测按钮 T 可以模拟故障电流：按下检测按纽，保护开关必须立即断开。

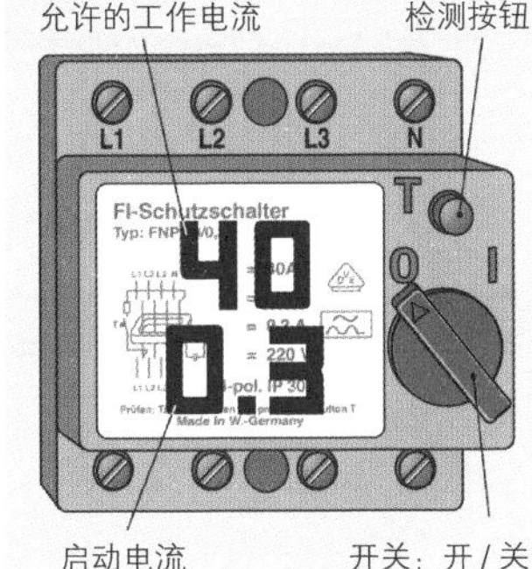

图 1：故障电流保护开关

■ 装备电气设备机壳保护电气设备（IP 保护方式）

电气装置和设备必须按照其使用用途和安装地点通过机壳的结构类型进行保护，以防止意外接触、异物和水进入装置和设备。保护方式用缩写符号表示，缩写符号由标识字母 IP（Internationale Protection，国际保护的英语缩写）和两个表示保护程度的标识数字（表 1）组成。如果一台设备内某个部件的保护方式与其他部件的有所差异，必须将两个部件同时标出，例如电动机 IP 21，端子盒 IP 54。

表 1：电气设备的 IP 保护方式

第一个数字	接触保护和异物保护	第二个数字	防水保护
0	没有特殊保护	0	没有特殊保护
1	防护固体异物（$\phi > 50$ mm）进入	1	防护垂直水滴
2	防护固体异物（$\phi > 12$ mm）进入	2	防护垂直水滴，电气设备最大倾斜角度 15°
3	防护固体异物（$\phi > 2.5$ mm）进入	3	防护倾斜度最大 60° 的喷溅水
4	防护固体异物（$\phi > 1$ mm）进入	4	防护所有方向的喷溅水
5	防尘保护；防接触全保护	5	防护所有方向的喷射水
		6	防护水的喷射水，海洋巨浪
6	防尘密封保护；防接触全保护	7	防护压力和短时条件下的浸泡
		8	防护持续浸泡

举例：某电动机的保护方式 IP 44 = 防护固体异物（$\phi>1$ mm）进入并防护所有方向的喷溅水。

灯、加热装置、电动机驱动的装置、电动工具和电子医疗装置的 IP 保护方式也可以用图形符号表示（表 2）。

表 2：IP 保护方式的图形符号

图形符号	保护方式	IP 标示数字	图形符号	保护方式	IP 标示数字
	防护水滴	IP 31		防水密封	IP 67
	防护雨水	IP 33		防压力水密封	IP 68
	防护喷溅水	IP 54		防尘	IP 5X（X= 缺省的标识数字）
	防护喷射水	IP 55		防尘密封	IP 6X

7.8 操作电气设备的提示

大部分致死的电气事故原因都可以追溯到有缺陷的插接式连接和导线。因此，特列出如下提示，以供遵照执行：

关于接触电导线和电气设备的提示

- 导线和插接式连接若有破损，必须立即切断电源。
- 机床和设备如果出现故障，必须立即用急停按钮或总开关停止运行。
- 电气装置和设备的安装、改动和维修均只允许由电气专业人员执行。
- 禁止使用两相和三相插头。
- 导线不允许修补和加长，例如通过芯线绞合或用未经允许的绝缘胶带加长导线。
- 禁止接触导电的裸线或未包皮导线，例如架空导线，包括禁止直接使用工具、铁钳或吊车吊臂。

电气设备、插接式连接和导线必须符合 VDE 规范（VDE=Verband Deutscher Elektrotechniker，德意志联邦共和国电工学会的德语缩写）或欧盟（EU）规范。只允许使用贴有 VDE 或 EU 检验符号的电气设备（图 1）。

图 1：电气设备的检验符号和保护符号

■ 插接式连接

移动式小功率电气装置，例如手提钻机或工作灯，应使用橡胶绝缘保险插头连接 230V 电力网。

大功率电气设备，例如移动式干燥机，必须使用 CEE（CEE - Internationale Commission für Regeln zur Begutachtung Elektrotechnischer Erzeugnisse，电工制品鉴定规则国际委员会的德语缩写）标准的圆插头（图 2）。

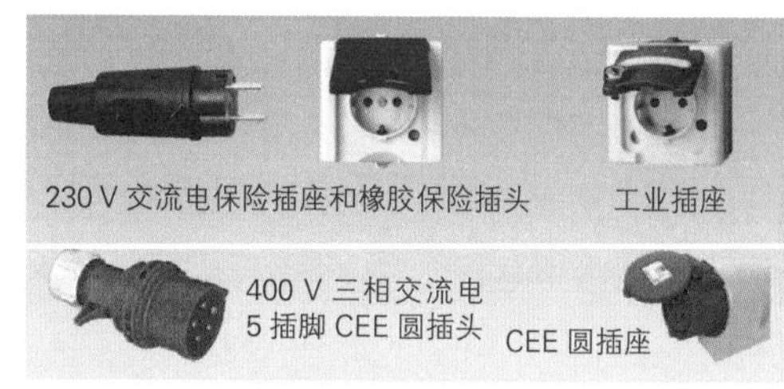

图 2：工业插接式连接

现在已有大量 3 脚、4 脚和 5 脚以及各种电压和电流类型的 CEE 插接式连接装置。这类插头的槽/弹簧以及保护接地插脚更大的直径可保证其不可混淆性。

固定机器和设备，例如电动机，应以接线方式连接电力网。电动机有接线盒，电源线和各线均固定接入盒内端子（图 3）。电动机的连接接线只允许由专业电气人员操作。

图 3：电动机电气接线

本小节内容的复习和深化：

1. 交流电网和三相交流电网有哪些导线？有多少导线？
2. 用哪个公式计算三相交流电的功率？
3. 如何计算电气设备已耗用的电功？
4. 保险丝有哪些类型？它们用在何处？
5. 短路、接地、导线短接和接机壳是如何产生的？
6. 电气设备接机壳后，电力网接地线可提供哪些保护？
7. 装有接地线的电气设备标有哪些标示符号？
8. 故障电流保护开关如何工作？
9. CEE 插头有哪些保护措施？

7.9 英语实践

Electrical Engineering

Almost all machinery, devices and equipment in advanced manufacturing, transportation, information and communication technology include electrical components. Within these systems the electrical energy is converted into other forms of energy, such as mechanical energy or thermal energy.

mportant technical terms in electrical engineering

The closed circuit

Electric current can only flow when the electrical circuit is closed. The circuit consists of a power source (e.g. socket), live and negative conductor (e. g. copper wires) and an electrical device (e.g. motor).

The electrical voltage

Electric voltage is produced by the separation of positive and negative charge carriers. Examples of power sources are batteries or the power grid of the energy supplier. E is the voltage in Volts (V).

The electric current

Electric current is defined as the flow of electrons through conductors in a closed circuit. Electricity cannot be seen, you can recognize it only on its effects. It heats the conductor. It causes a magnetic field in the area around it. It lights gas and separates conductive liquids. The electric current I has the unit ampere (A).

The electrical resistance

Electrical resistance is the measurement of the interference of flowing electrons in electrical conductors. It depends on the material of the electrical conductor (e.g. copper or gold), the length and the cross section of the conductor.

Rule: the longer and the smaller the cross section of the conductor, the larger the electric resistance.The electrical resistance R is measured in ohms (Ω).

Ohm's Law

Ohm's law describes the correlation between electric current, electrical voltage and electrical resistance in a closed circuit.

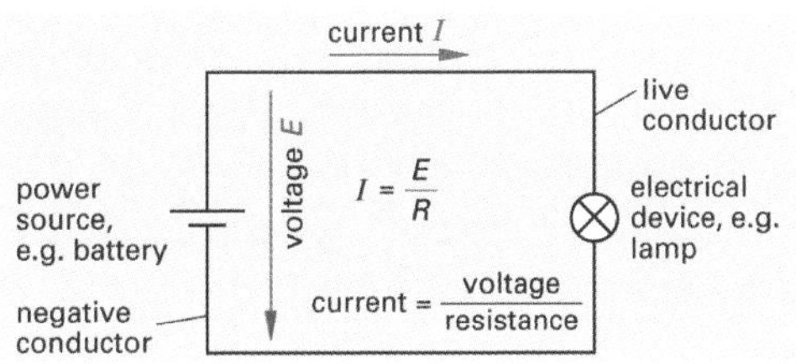

Figure 1: Electrical Circuit

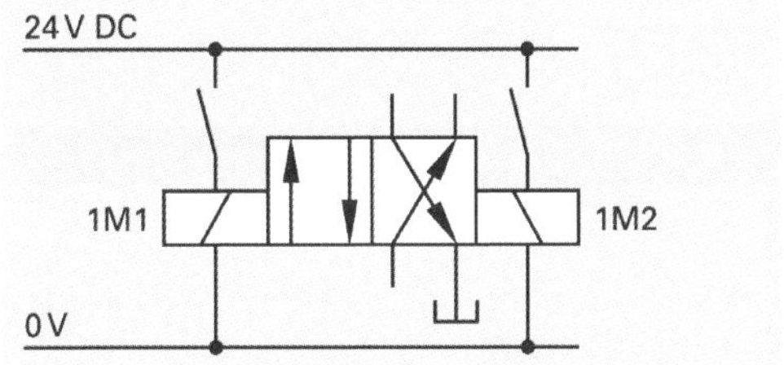

Figure 2: Circuit of a magnetic valve

Sample: The coil of a solenoid valve 1M1 has a resistance R = 48 Ω (Fig 2). Calculate the current I in the closed circuit.

Solution: $I = \frac{E}{R} = \frac{24\text{V}}{48\ \Omega} = 0.5\ \text{A} = 500\ \text{mA}$

How to handle electrical devices

To avoid accidents with electrical appliances note the following:

- Damaged cables, connectors and devices should be immediately removed from use.
- Changes to and repair of electrical appliances should only be carried out by a qualified elec – trician.
- Cables must not be patched or extended.
- When replacing fuses on electrical devices or systems the correct fuse rating must be used.
- Electrical appliances, connectors and cables must comply with VDE regulations and should have the VDE test mark (Figure 3).

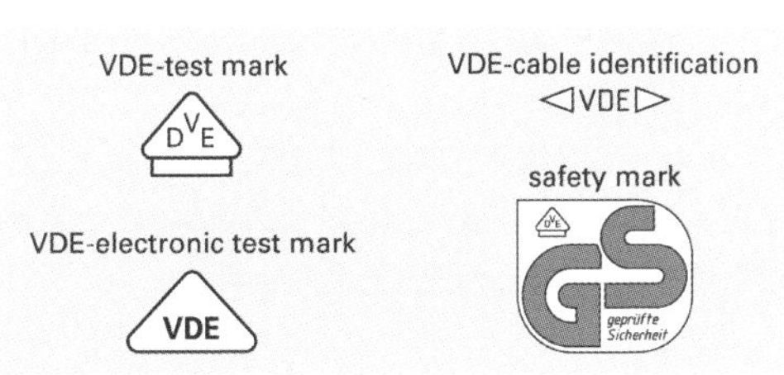

Figure 3: VDE–test mark

8 装配，试运行，维护保养

8.1 装配技术

机械制造业的装配包含了将自制加工零件和外购件组装成一台具有指定功能的产品所需做的所有工作。

8.1.1 装配计划

■ 前提条件

装配计划在设计阶段即已开始。设计师对零件进行设计造型时，已应考虑到该零件是否能够简捷快速组装，并在必要时简单快速拆卸。例如图 1 所示滚动轴承在有台阶的轴上可更快地装配。

装配质量必须得到保证，待装配的零件必须能够满足其功能，必须整洁，无毛刺。

■ 装配计划

除装配所要求必备的图纸外，装配计划包含了所有装配工艺执行过程的指示说明。

装配计划的组成成分

- 组装的顺序；
- 装配所需的装配工装、工具和辅助装置；
- 测量和检验装置；
- 装配的预计时间。

属于装配计划的还有在规定时间放置在装配现场以供装配使用的所有物品（图 2）。

■ 装配步骤

部件装配：在许多情况下，首先有目的地将零件装配成部件（图 3）。为了保证机器的精度和可使用性，部件装配时已开始检查零件的相互位置。一旦确定有误，必须通过重调或返工排除偏差。

整机装配：整机装配指将各部件装配成完整的机器或装置（图 4）。

拆卸：为了检验或维修，大型机器设备也为了便于更好地运输，需拆卸已完成整机装配的产品。与装配一样，拆卸也需要事先制订周密的计划。

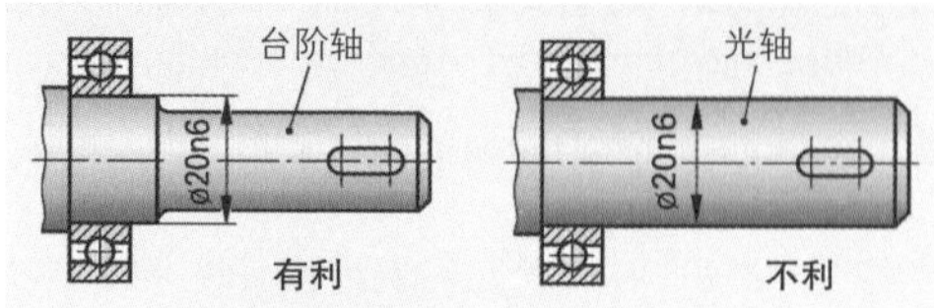

图 1：有利于装配的合理设计

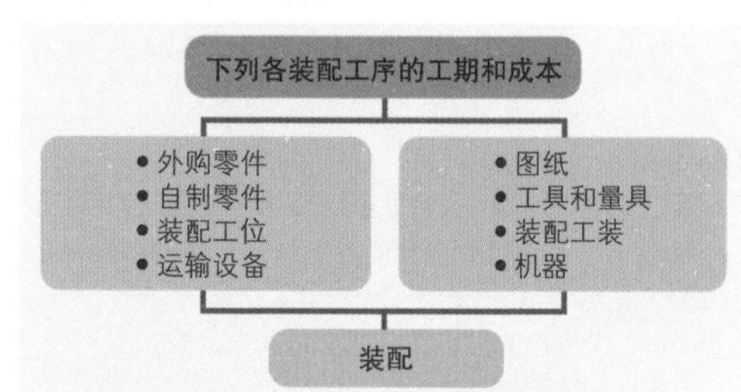

图 2：装配计划

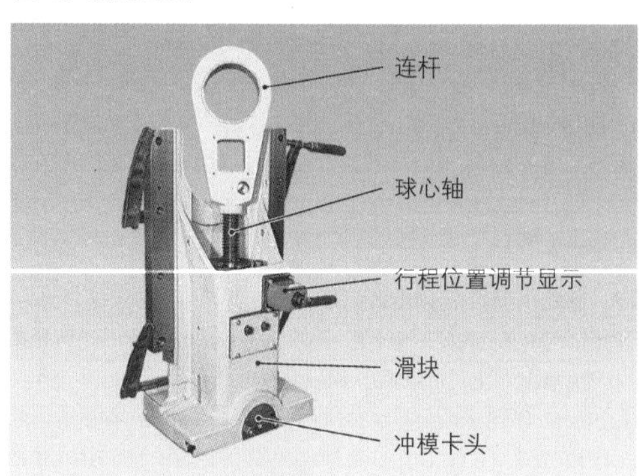

图 3：偏心压力机滑块部件

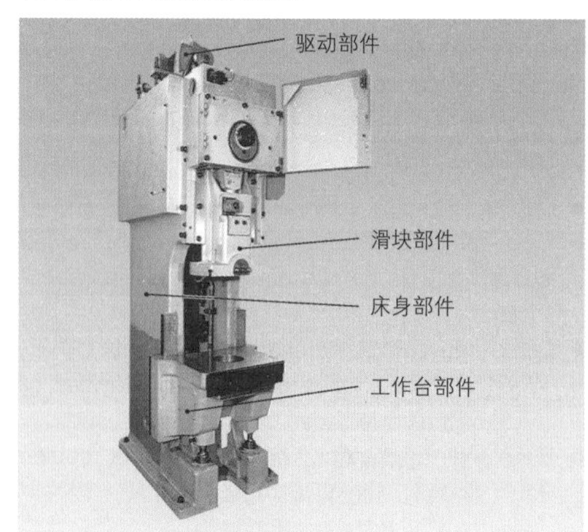

图 4：整机装配完毕的偏心压力机

8.1.2 装配的组织形式

■ 不分支和分支的装配流程

在不分支装配流程中，装配工作依先后顺序进行（图 1）。而在分支装配流程中，部分装配工作同时进行（图 2）。

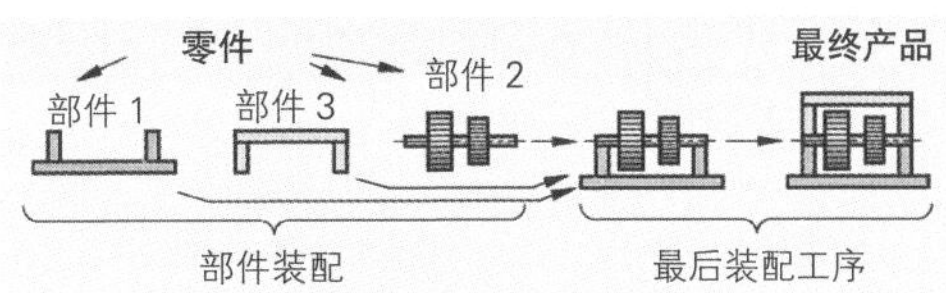

图 1：不分支装配流程

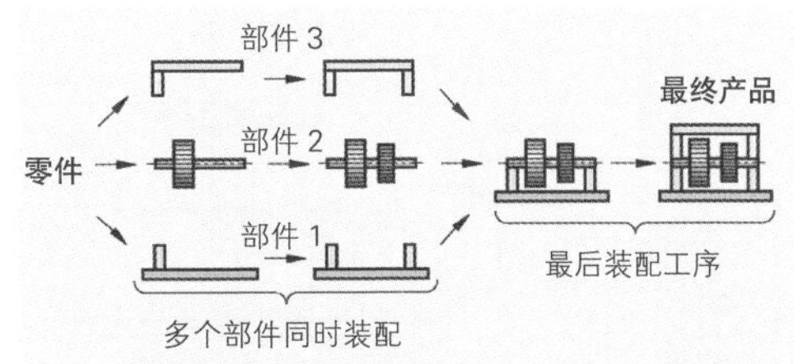

图 2：分支装配流程

■ 流动装配原则

流动装配时，产品，如汽车，在传送带或悬挂轨道上以装配对象和装配工位移动的形式进行装配。这种装配形式用于较大型的系列生产。流水线装配（图 3）时，产品，例如最后装配工序的变速箱，从装配工人身旁经过。

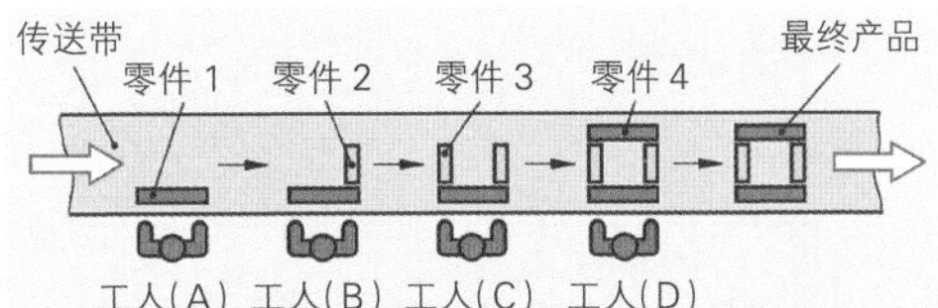

图 3：流水线装配

■ 固定装配原则

循环装配（又译：固定工位装配）：指按循环顺序进行装配，例如铣床。这时流动的是工人，他们按规定的工作顺序和节奏到各个具体的固定装配工位执行装配任务（图 4）。

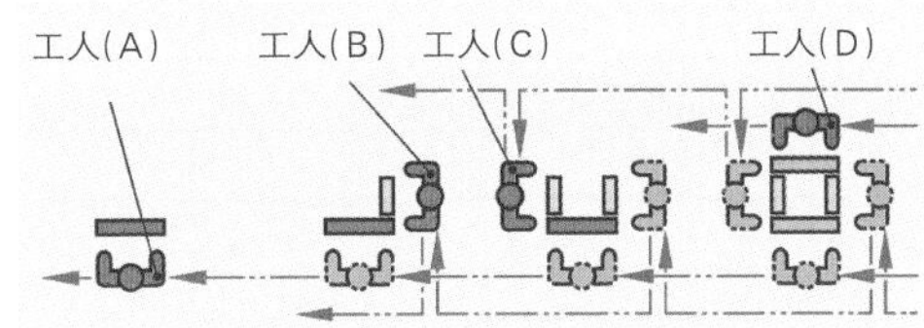

图 4：固定工位装配

工地装配：指在一个固定地点进行组装。例如大型加工机床和压力机的装配（图 5）。这种装配形式的优点是，重型机器零件在装配过程中不必搬动。但其缺点是，零件、预装部件以及装配工装等都必须运送到装配工位。

装配组：流水线装配所需的装配时间短于固定工位装配，因为前者的工人总是只用少数几个手柄做着相同的工作动作。因此，为了避免工作过程过于单调，若干个工人可以组成一个装配组。一个这样的装配组可以装配例如一个部件或整台机器。

8.1.3 装配的自动化

装配大部分是手工工作，因此，装配流程难以自动化。只有大批量生产的装配自动化才有意义。例如汽车制造业中，小轿车的挡风玻璃由机器人装配。

> 装配自动化应该：
> - 提高产品质量；
> - 缩短装配时间；
> - 提高劳动生产率。

图 5：计算机数字控制（CNC）车床的固定工位装配

8.1.4 装配举例

8.1.4.1 压缩气缸的装配

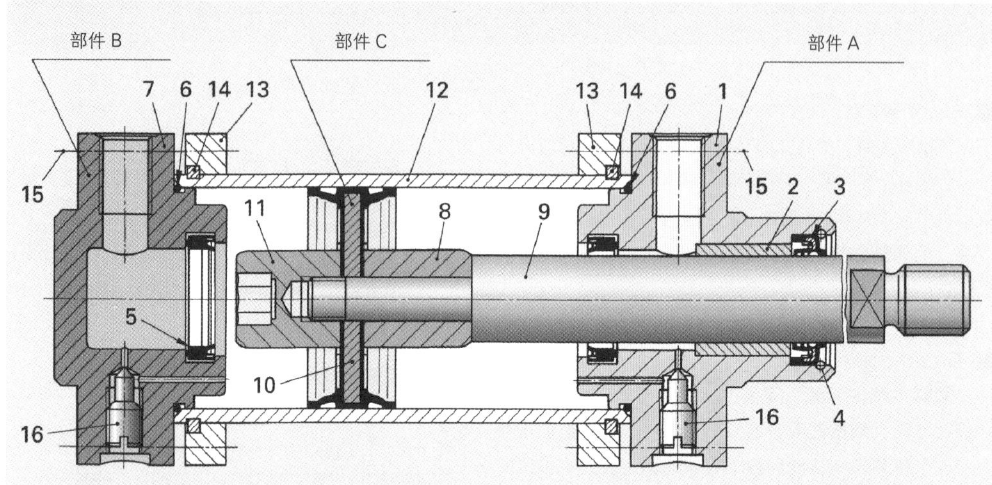

零部件明细表：压缩气缸					
位置号	数量	名称	位置号	数量	名称
1	1	前盖	9	1	活塞杆
2	1	导向轴套	10	1	活塞
3	1	防尘密封环	11	1	减振活塞
4	1	卡紧环	12	1	气缸缸体
5	2	减振密封环	13	2	气缸法兰
6	2	圆密封环	14	2	防护环
7	1	后盖	15	8	圆柱螺钉
8	1	减振活塞	16	2	减振螺钉

图 1：压缩气缸 - 总图和零部件明细表

压缩气缸（见图 1）由部件 A（气缸头）、部件 B（气缸底）和部件 C（活塞）组成。首先组装各个部件，接着将各部件加上其他散件组装压缩气缸。

■ 部件 A

首先在导向轴套 2 的外圆周薄涂一层润滑脂，用液压压力机把它与前盖 1 压接起来（见 511 图 1）。这里需使用辅助装置：一根有台阶的芯轴，它帮助导向轴套的内圆定中心。现在用一个套筒将防尘密封环 3 压入已涂润滑脂的内孔，直至支承面。接着用卡紧环 4 固定防尘环 3 的位置。

减振密封环 5 由橡胶弹性塑料制成，可用手工压接起来，装入孔内。松开后在孔槽内为密封环 5 定中心，在槽内，该环必须有少许轴向间隙。接着，将已预先涂毕润滑脂的圆密封环 6 装入前盖规定的槽内。该密封环在装配时不允许有任何损坏。

部件 B

部件 B 由后盖 7 和密封环 5 和 6 组成（图 2）。它们的装配与部件 A 相应的密封环装配相同。

部件 C

部件 C 包括所有与活塞 10 固定连接的零件（图 3）。

首先将减振活塞 8 推入已薄涂润滑脂的活塞杆 9 轴颈上。用同样方法将由橡胶包皮的金属盘制成并有两个密封唇的活塞 10 推入活塞杆。接着，将减振活塞 11 拧入活塞杆螺纹，用六角扳手按规定力矩上紧螺丝。上紧时用一个叉形扳手卡住零件 9 的扳拧面，作为反向固定。这样可使两个零件同时上紧，并使活塞 10 与减振活塞 8 和 11 的端面密封。

总装（最后装配工序）

装配顺序：首先把气缸法兰 13 套在气缸缸体 12 上并推入到位，将防护环 14 装入缸体外圆预刻的槽内（见 510 图 1）。

将部件 C 装入部件 A 之前，必须在活塞杆 9 上薄涂一层润滑脂，然后插入前盖的导向轴套 2。此时务必注意，不得让密封件有任何损伤。

接着向活塞 10 润滑脂仓灌注润滑脂。润滑脂仓位于密封唇与导向件之间，在轴向排列的隔片上分布着大量储油槽。现在，将通过活塞杆与部件 A 连接的活塞小心地插入气缸缸体 12，装配时，务必注意不得损伤密封件，随后用前盖将它压向气缸孔，直至气缸端面与前盖 1 紧密连接，气缸倒角的孔与圆密封环 6 完全密封为止。

现在拧入四个圆柱螺钉 15：用交叉方式先分别将它们拧入螺孔，然后在加力上紧，最后按规定力矩上紧。这四个螺钉的作用是连接前盖与气缸法兰。

现在连接部件 B 与气缸法兰。

最终检验：最终检验从检验灵活性开始。检验时，轴向移动活塞的活塞杆，直至其端部位置。

拧入减振螺钉 16 后进行密封性检验。首先用约 1 bar 压力检验所有的密封件，接着用约 6 bar 压力检验两个气缸空腔的密封性。

在接下来的功能检验中用减振螺钉 16 调节终端位置的减振性能。接着根据孔上边缘的机械变形程度上紧减振螺钉，以防脱落。

粘贴型号铭牌后，将压缩气缸封装塑料薄膜，待运出厂。

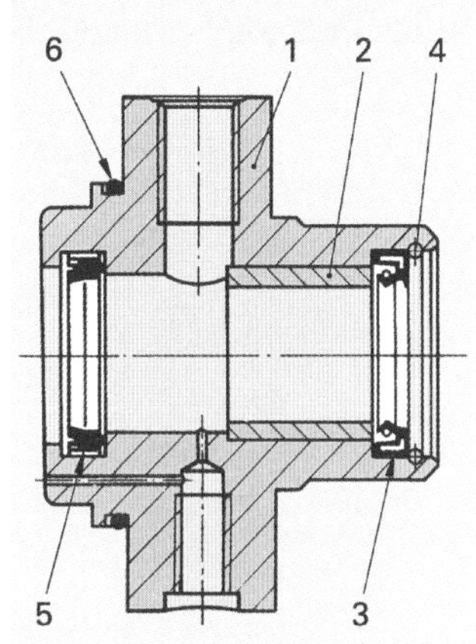

图 1：部件 A

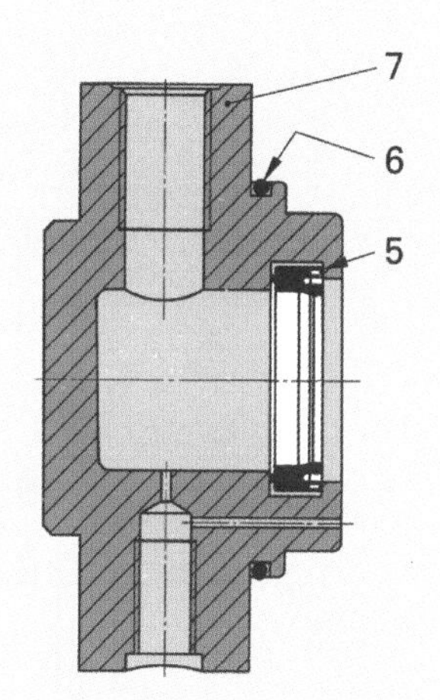

图 2：部件 B

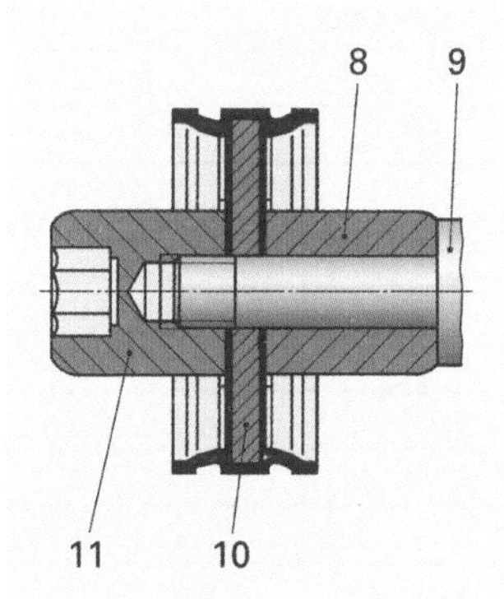

图 3：部件 C

8.1.4.2 锥齿轮变速箱的装配

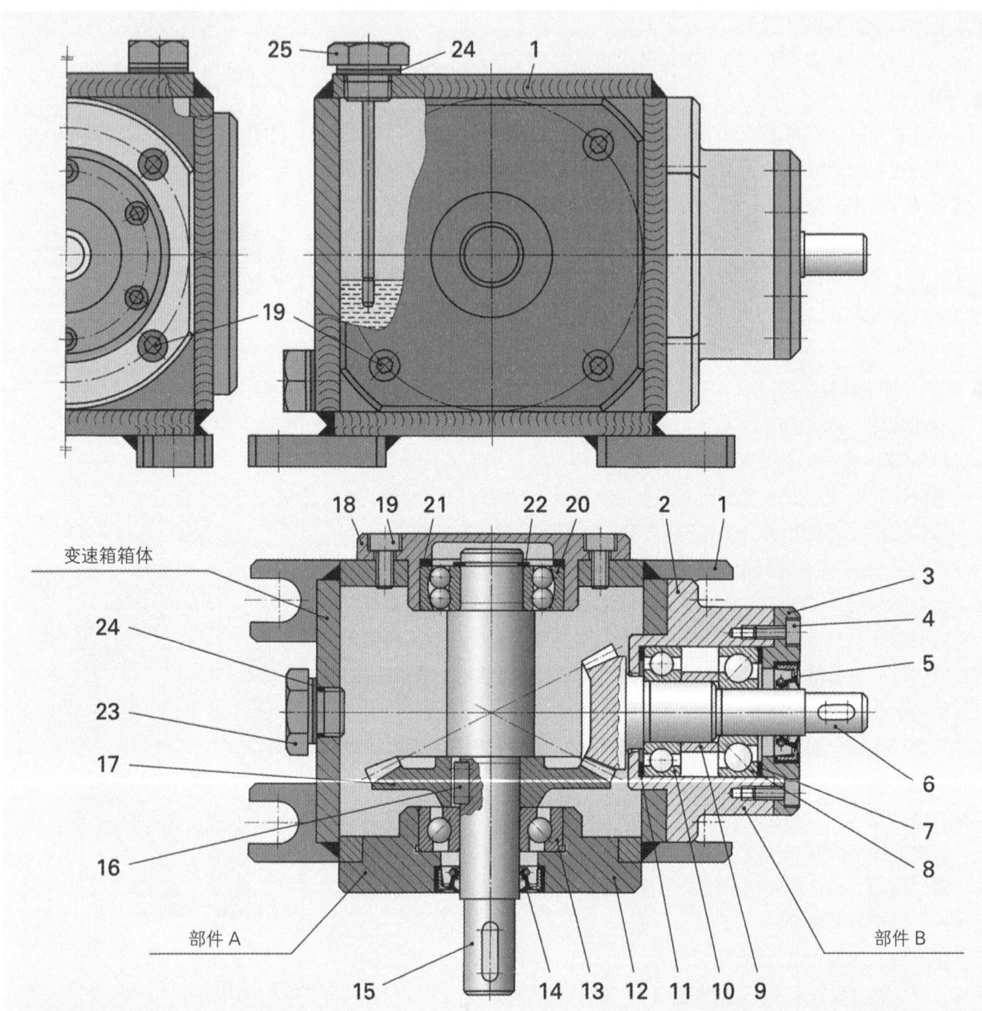

锥齿轮变速箱								
位置号	数量	名称	位置号	数量	名称	位置号	数量	名称
1	1	变速箱体	10	1	向心滚珠轴承	19	12	圆柱螺钉
2	1	轴承箱	11	1	调节垫圈	20	1	自动调心滚珠轴承
3	1	轴承盖	12	1	轴承箱	21	1	弹性间隔垫圈
4	6	圆柱螺钉	13	1	向心推力滚珠轴承	22	1	防护环
5	1	径向轴密封环	14	1	径向轴密封环	23	1	螺塞
6	1	锥齿轮轴	15	1	轴	24	2	平面密封环
7	1	调节垫圈	16	1	平键	25	1	带标尺的螺塞
8	1	向心推力滚珠轴承	17	1	锥齿轮			
9	1	间隔垫圈	18	1	轴承箱			

图 1：锥齿轮变速箱 - 总图和零部件明细表

锥齿轮变速箱（见 512 图 1）分两个部件先后组装完成。

变速箱装配的一般规则

- 如果变速箱体系焊接而成，必须严格清洗焊缝和箱体内面。
- 必须去除加工毛刺，所有边棱必须倒角。
- 清洗后，箱体内面应涂防护漆。
- 轴和箱体在装配前必须检查其尺寸。
- 检查配合面的形状公差和轴承支承部位的表面粗糙度。
- 装配工位必须无尘。
- 滚动轴承表面的防锈油只允许在装配前擦掉。

■ 部件 A

部件 A 包含最后装配工序前必须与轴（15）接合的所有零件（图 1）。部件 A 的装配应按装配计划执行（表 1）。

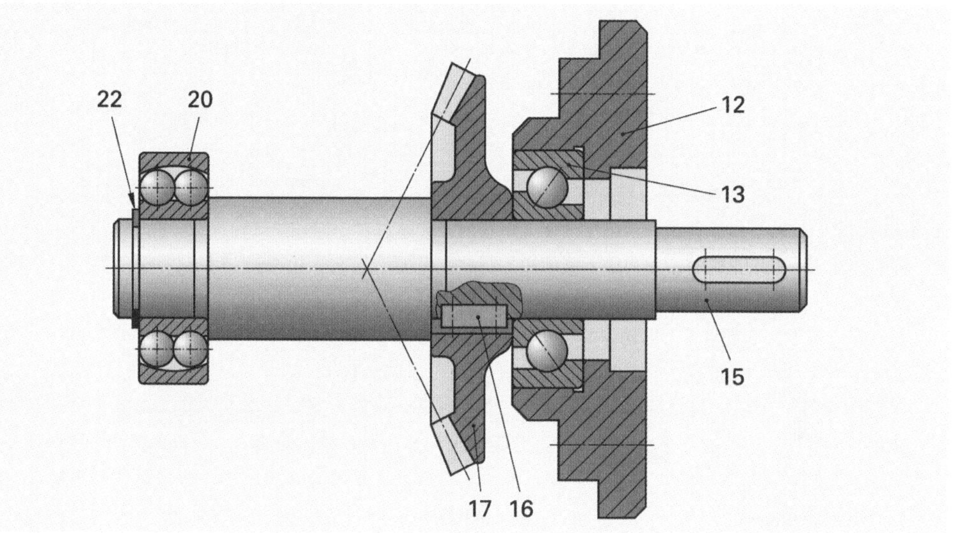

图 1：部件 A

表 1：部件 A 装配计划

序号	装配过程	工装或装置	装配提示
1	给零件打毛刺并清洁，检查零件是否完整		
2	将平键 16 装入轴 15		
3	将锥齿轮 17 压入轴 15	液压压力机，装配套筒	轴上先薄涂一层润滑油，孔槽须与平键校准
4	将滚动轴承 13 压入轴 15	加热装置，液压压力机，装配套筒	滚动轴承加热至 100 ℃，接合力必须作用在轴承内环，请检查轴承间隙
5	将滚动轴承 20 压入轴 15	与序号 4 相同	与序号 4 相同
6	装入防护环 22	护环安装钳	
7	将轴承箱 12 套入滚子轴承 13		孔内薄涂一层润滑油
8	检查轴 15 运行的灵活性		

■ 部件 B

部件 B 包含所有必须在轴承箱 2 内装配的零件。它们分别是零件 2、6、8、9、10、11（图 1）。装入调节垫圈 11，该垫圈在最后装配工序时需用另外一个垫圈换下，然后将向心滚珠轴承 10 推入轴承箱孔，直至零件 10–11–2 之间无间隙为止。

间隔垫圈 9 在变速箱内将轴向力传递给向心推力滚珠轴承 8 内环，现在借助推装入孔的向心推力滚珠轴承为间隔垫圈定中心。

压入锥齿轮轴 6 时，需用一个套筒顶住向心推力滚珠轴承 8 的内环。

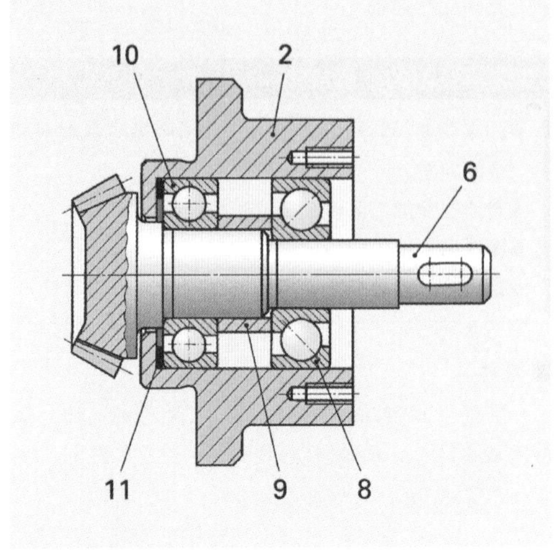

图 1：部件 B

■总装（最后装配工序）

安装部件 A

首先在轴承箱 12 与变速箱 1 的接触面上涂覆液体密封材料，然后将部件 A 与自动调心滚珠轴承 20 一起装入变速箱体内（见 513 图 1）。装配时，将轴承箱推入变速箱并转动，使轴承箱的通孔与变速箱的螺孔对准中心。

拧入并略微上紧圆柱螺钉 19，使轴承箱与变速箱相互连接。将弹性间隔垫圈 21 装入轴承箱 18 后，在端面涂覆液体密封材料，然后将该轴承箱推入变速箱孔内，并越过自动调心滚珠轴承 20 的外环。

校准轴承箱后，用正确的紧固力矩上紧两边的圆柱螺钉 19。接着，检查轴 15 的运行灵活性。

安装部件 B

装入变速箱时，务请注意齿轮轮齿的位置。检查齿隙，以求出锥齿轮 17 与锥齿轮轴 6 之间的齿间隙。然后根据锥齿轮轴 6 的轴向位置用相应厚度的调节垫圈 11 予以调整配合。

首先将轴承箱 2 推入变速箱孔，直至达到三个例如 0.8mm 间隙塞尺的厚度为止，注意，这三个塞尺应均匀地径向分布在变速箱右侧支承面。现在，快速短促地来回转动锥齿轮轴 6，以确定其转动流畅性和仍存在的间隙。通过用越来越薄的间隙塞尺探查，最后求出并确定正确的安装尺寸。如果在塞入例如 0.4mm 间隙塞尺时仍转动流畅无阻，须将部件 B 从变速箱内取出并拆开，因为必须用一个比垫圈 11 厚 0.4mm 的新垫圈替代它。

重新装入部件 B 后，用四个已预先在其接触面上涂覆了液体密封材料的圆柱螺钉将其固定在变速箱内。接着确定垫圈 7 的正确厚度。方法：在一个已装入、但现在仍太厚的垫圈的基础上，用间隙塞尺确定轴承箱 2 与轴承盖 3 之间接触面的间隙。然后装入一个薄于塞尺尺寸的垫圈 7，上紧 6 个圆柱螺钉 4 后，接触面之间不应该再有间隙。

现在装入两个径向轴密封环 5 和 14。注意，径向轴密封环的安装位置：密封唇必须全部向内。

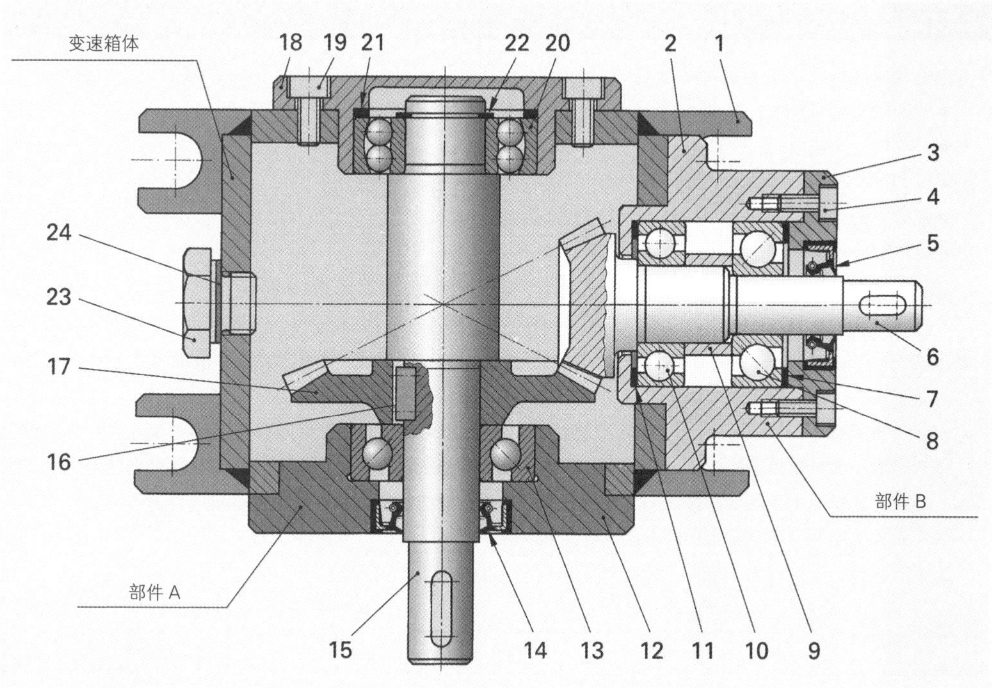

图 1：锥齿轮变速箱（剖面）

安装轴密封环时，需使用薄壁和两端都有长外锥的套筒将密封环套入轴。使用这种装配套筒可以避免越过平键接合时损伤轴密封环的密封唇。由于轴密封环外径与轴承孔之间尺寸过大，需用套筒将轴密封环毫不卷边地一直压入至接触面。

■ 加注润滑油

上紧垫入平面密封环 24 的螺塞 23 后，通过螺塞 25 的螺孔将润滑油注入变速箱。通过螺塞 25 的标尺检查润滑油的正确油位。由于齿面压强很大，务必使用规定的润滑油。最后，垫入平面密封环 24 后将螺塞 25 拧入变速箱，并上紧。

■ 试运行

通过数小时载荷试运行检验锥齿轮变速箱。试运行期间主要需确定因摩擦而产生的温升是否保持在规定极限范围内。此外，必要时需检查变速箱体的密封性。

试运行后，放掉已含有磨损微粒的变速箱润滑油。然后封住排油口。将整个部件 B 从变速箱中取出，对锥齿轮齿面做斑点检验。重新装入部件 B 后，重新加注润滑油。现在，该锥齿轮变速箱已装配完毕。

本小节内容的复习和深化：

1. 流动装配有哪些优点？
2. 如何理解工地现场装配？
3. 为什么大型机器实行固定工位装配？
4. 变速箱装配时必须注意哪些一般性规则？
5. 为什么密封件装配时必须小心谨慎？
6. 在哪种情况下滚动轴承的外环必须先于内环装配？
7. 机器的试运行有何目的？

8.2 试运行

一台机床或设备的试运行一般均包括如下内容：

- 机床的安装和校准；
- 建立电气连接；
- 设定调整控制系统和调节系统；
- 通过不同工作流程的试运行检查机床或设备的功能；
- 并以验收纪要的形式确认所有功能符合要求。

设定调整控制系统和调节系统的工作占据了整个试运行阶段工作量的约 90%。

一台机床或设备的试运行阶段应尽可能短，以便它能够迅速投入生产过程。试运行的费用达到新设备总投资费用的 5%~20%。这笔费用的多寡主要取决于试运行阶段的时间长短。若出现故障和损坏可能还会大幅度增加试运行费用。

尚在设备或机床研发阶段和装配规划中就已事先系统地做出周密准备是成功并迅速完成试运行的前提条件。试运行成功的重要因素是机床制造厂商装配人员扎实的系统知识和机床设备知识，以及他们的试运行工作经验。质量管理的应用和试运行损伤纪要可指导我们采取正确的工作方式，避免出现新的错误。

加工设备的研发一般都采用步进方式进行（图 1）。

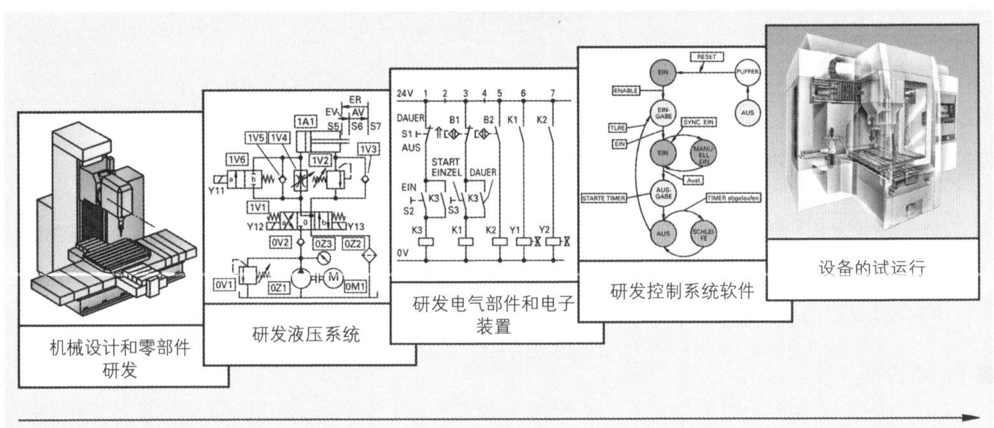

图 1：加工设备步进式研发的工作流程

机械设计、液压、电气和电子的研发以及控制系统软件的研发等都是按先后顺序逐步进行的。试运行、测试和控制系统软件的优化都只能在真实的机床上进行。这是这种传统工作方式的重要缺点，因为只有在研发后期才能发现和排除软件错误。大多数情况下，错误或缺陷的排除需耗费大量的时间和金钱。此外，由于安全技术方面的风险，许多故障状况根本无法检验。

缩短研发和试运行时间的必要性迫使我们将步进式研发方式改为平行和跨专业式研发方式。一种解决方案是采用涉及所有参与研发专业范围的虚拟样机。用这种方式可以在研发和设计的早期阶段就已经能够测试并优化机床设备的运行性能以及故障特性，而在此时，实际成形的机床尚未存在呢！通过软件研发与机械、液压、电气和电子等研发近乎同步的工作方式可以直接看到软件研发对另两个专业领域的反馈结果。重要的是，在试运行模拟状态下，试运行模型可以模拟出运行条件下机床的几乎所有状态。

8.2.1 机床或设备的安装

机床或设备的工作效率和加工精度取决于正确和专业化的安装。为此，必须严格遵循制造商随机附上的安装说明书。

■ 运输

运输前，必须固定机器的所有运动部件。用吊车运输时，必须使用机器制造商指定的悬吊点（图 1）。

> 只允许在制造商指定的部位对机器进行起吊、支撑、移动和固定。

■ 入厂检验和清洗

首先检查机器及其附件的完整性，如确定有损坏，宜立即通报供货企业。用柔软的抹布擦去涂抹在导轨面和机器其他裸露零件上的防锈油，并立即在导轨面涂上润滑油。

■ 安装

加工机床的安装必须认真仔细并符合专业要求。机床可用地脚螺钉固定在机床地基上，或安放在可调防振垫板上。机床的地基接合与位置尺寸等均按照安装图所标示的尺寸和说明（图 2）。

机床安装条件

- 具备支撑能力的无振动底座或地基；
- 安装地点的室温平均，无大幅度变动；
- 机床所有的面都易于人员接近，以便实施保养和维修；
- 墙壁与向外运动的机床工作台之间必须保持安全间距，避免因工作台卡住而出现事故。

■ 校准

校准时，例如校准车床，首先将刀架溜板运行至导轨中间位置（图 3）。然后在 a、b、c 和 d 点纵向放置水平仪，在 e 和 f 点上横向放置水平仪，校准整个机床的水平。校准铣床时，需首先将工作台准确地置于水平位置，以便更轻松地进行后续检验，例如检验铣削主轴内锥的径向跳动。

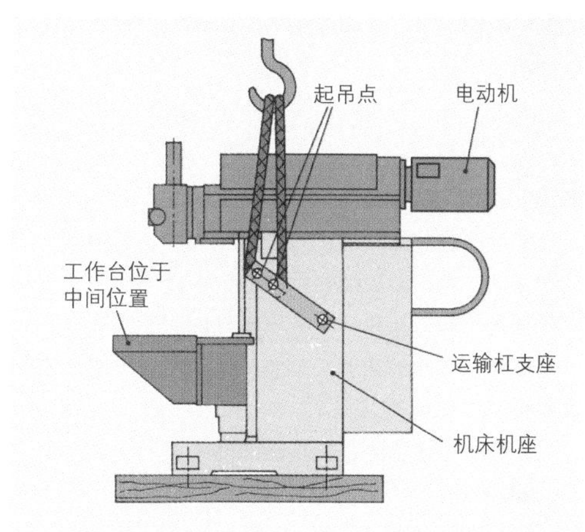

图 1：铣床的运输

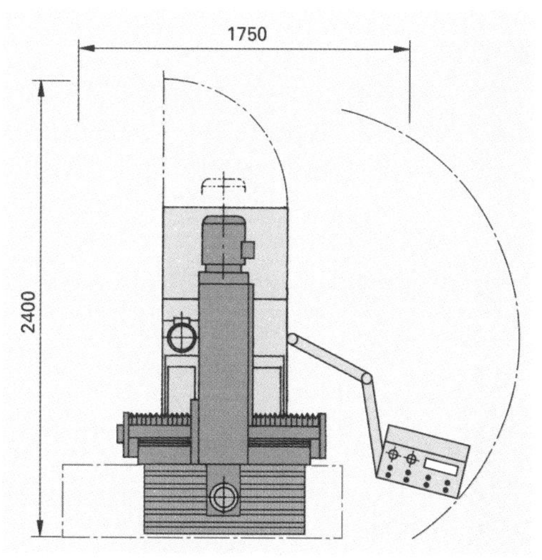

图 2：铣床安装图

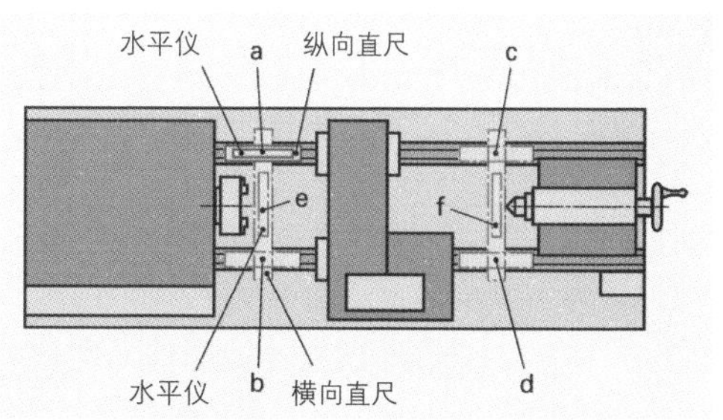

图 3：车床的校准

8.2.2 机床或设备的试运行

一般情况下，机床或设备的试运行均按照所有机床类似的示意图进行（图 1）。

除此之外，针对特殊部件还有特别说明。

■ 电气部件（图 2）

在加工设备范围内，电气部件大多是整个设备的次级系统。因此，装配前已由电气部件制造商对电气部件做过检验。这些检验必须出具证明，证明电气部件已达到所要求的功能。此外，试运行时仍应由授权人员检查下列各项：

- 检查主电路和控制电路的网络；
- 检查各电线电缆是否有破损；
- 检查并装入熔断器；
- 检查电压；
- 检查冷却系统。

■ 气动部件

气动部件试运行时对装配人员存在着事故风险，例如气动执行机构（压缩空气气缸、气动马达）的功能缺陷。为有效规避这类风险，建议采用下列措施：

- 核查技术数据（气压、电气-气动设备中的电路电压）；
- 核查各管线和接头的密封性；
- 检查各气动元件和阀门的基本位置；
- 在无工件条件下逐步测试各流程顺序，必要时重新调整；
- 在无工件条件下核查全部控制流程；
- 带工件试运行；
- 将机床移交客户。

> 试运行期间，请勿将手放入气缸行程范围，因为即便小气缸也能造成身体损伤。

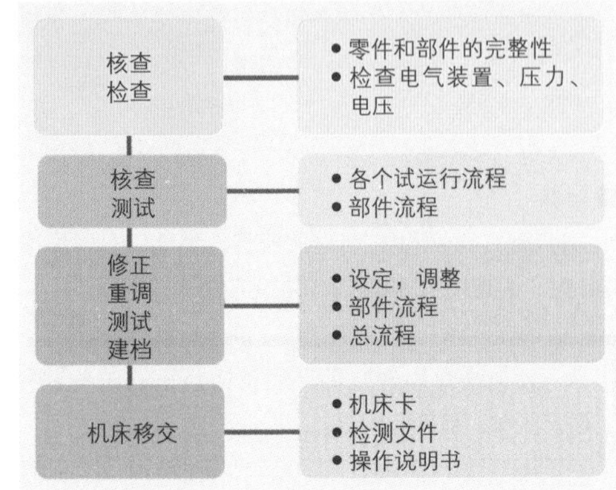

图 1：机床和设备试运行功能框图

图 2：电气部件

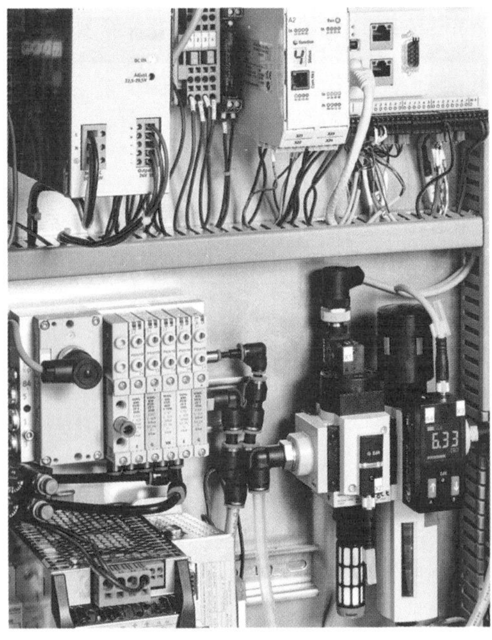

图 3：电气-气动部件

■ 液压部件（图 1）

由于高压和强力，液压部件的试运行尤需谨慎并系统地进行。请注意下列各项：

- 检查管道的位置、压力状况、固定以及管道的弯曲半径；
- 检查油箱料位、过滤器、吸油管、输油装置和蓄压器；
- 灌注设备制造商认可并符合规定黏度的液压液；
- 按设备制造商给定数据设定并铅封限压安全阀；
- 液压泵启动后排除液压系统内空气，达到运行温度后再次排气；
- 检查整个设备是否有泄漏点。

■ 机械部件（图 2）

无故障运行对机械部件的要求是极小的公差。试运行前，请注意下列各项：

- 轴–联轴器的动作灵活性；
- 检查润滑状况；
- 检查联轴器零件的校准；
- 检查最大径向力；
- 检查联轴器运行状态下的动平衡；
- 目视检验机床外表面和形状。

■ 试运行时的故障诊断

> 机床设备未满足至少一项要求即可称为故障。故障将导致事故或系统障碍。

从原因上看，机床设备出现的大部分故障是零件缺陷、装配错误或试运行故障。由于各种故障经常与成本以及对人员和机床的危险相关，因此实施系统故障诊断（对故障进行界定）非常重要。明显的故障可通过听、闻和看进行检查。如故障轴承发出的哨声噪声，导线接线的溶蚀点发出的胶皮烧焦味，或漏油点冒烟等。隐匿的故障可通过故障诊断系统予以检查确定，例如压力测量、电压、电流或电阻测量。

8.2.3 机床或设备的验收

■ 验收

DIN（德国工业标准）8605 和 VDI（德国工程师协会）的多个标准已尽可能详细地规定了加工机床验收和安装的内容。

图 1：一台设备的液压部件

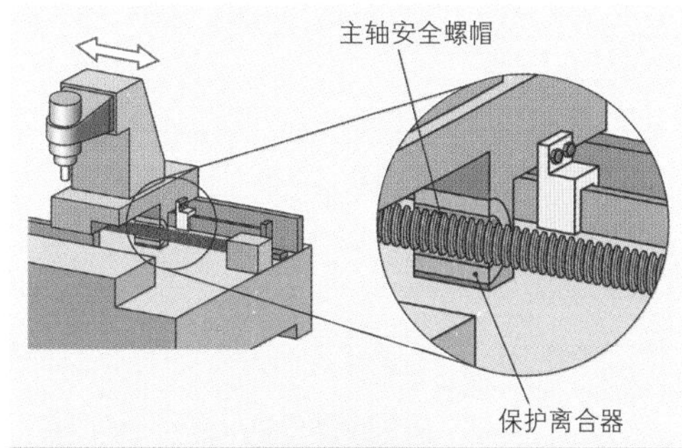

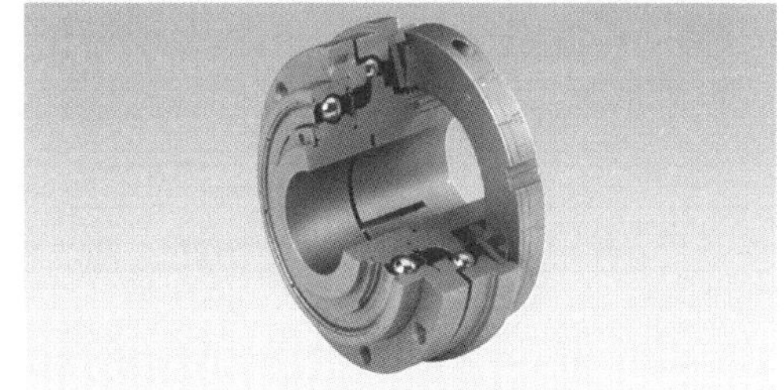

图 2：机械部件（保护性离合器）

图 3：故障诊断系统的显示器界面

属于加工机床验收检验的项目是：直接测量的几何尺寸检验，例如进给轴线的直角度，使用标准工件的检验和加工机床的能力检验等（见 83 页）。

几何尺寸检验：几何尺寸检验应理解为对尺寸、形状和位置的检验，例如紧固台与主轴轴线以及它们之间的相互运动等。需检验的有直线度、平行度、直角度和进给轴线的径向跳动等。

使用标准工件的检验：首先为待检机床确定检验用的标准工件和加工条件，例如切削速度和进给量。通过这些标准条件才能判断机床的性能，例如定位精度，进给驱动的反向不灵敏区，圆度偏差，尺寸和角度偏差或加工面的平行度和表面质量。在检验纪要中将记录各项检验的结果。

■ 机床卡

机床卡由机床制造商随机发运。卡中包含机床的特性数据，用于加工计划和核算。机床卡正面填写机床名称、制造商、机床型号和机床编号，以及该机床的制造年份和购置年份（图 1）。机床卡背面是例如电动机功率数据和变速箱变速档级等。

万能铣床机床卡			
机床名称：万能铣床		制造样机	流水号
制造商：		工厂编号：	订购：
供货商：		制造年份：　购置：	供货：　日期 / 编号
机床特性		附件 / 特殊装置	成本核算点
工作范围		数控圆工作台，4 轴，ϕ500 mm	地点
铣削主轴位置，垂直	铣削主轴到悬臂工作台上边缘的最小和最大间距 105/605 mm		机床组
	铣削主轴到数控圆工作台上边缘的最小和最大间距 110/610 mm	无分度轴的万能工作台 ϕ650 mm × 395 mm	成本等级
	铣削主轴到铣削头旋转轴的间距 120 mm		商品等级
铣削主轴位置，横向	铣削主轴到悬臂工作台上边缘的最小和最大间距 115/615 mm	有分度轴的万能工作台 ϕ650 mm × 395 mm	
	铣削主轴到数控圆工作台上边缘的最小和最大间距 120/620 mm	悬臂工作台 ϕ900 mm × 528 mm	特别适用于：
	铣削主轴到铣削头旋转轴的间距 110 mm	数控分度头	单件加工和刀具制造
		触点式测量系统	复杂的计算机数控铣削加工
	主轴头 0° ~ 90°		
	顶尖套筒 ϕ100 mm　可驶出 75 mm		
纵向运动　自动 630(875) mm			
主轴滑座的横向运动　自动 500 mm			
垂直运动　自动 500 mm			
铣削主轴　在前轴承内的直径　水平 / 垂直 80/55 mm			
刀具夹紧装置 Sk 40 DIN 69871 带夹紧轴 DIN 69872 –19			
悬臂工作台的装夹面 900 mm × 528 mm			
T 形槽，数量 7，宽度 14H7 mm 63 mm			
上螺钉的面至第一个 T 形槽的垂直间距 47 mm			
装有安全装置的保护仓			
垂直换刀器 HTC 16			

图 1：机床卡（正面）

本小节内容的复习和深化：

1. 请您解释加工设备步进式研发流程。
2. 请您列举机床或设备的重要安装条件。
3. 气动装置试运行时必须重点检查哪些要点？
4. 如何确定试运行时出现的故障？
5. 对一台机床或设备应进行哪些验收检验？

8.3　维护保养

8.3.1　维护的工作范围及其定义

零件、机床或整套设备在生产和制造过程中顺畅无误的工作流程以及零件、机床或设备使用寿命的最大化等均要求优化维护。

维护这一概念应理解为维护、保持、重新恢复和改进一台机床或设备功能状态所采取的全部措施。维护包括保养、检查、维修和改进（图 1）。

出于成本原因，企业对维护工作的投资仅能完成其加工目的所需的最基本要求。

在这方面的投资规模常取决于企业规模。所以，大型企业设有一个维护保养部门，负责执行机床或设备制造商推荐的保养规定，以及企业内部对机床或设备维护保养的补充规定。

在中等规模企业中，维护大多仅限于机床或设备制造商推荐的保养规定。例如，机床操作人员或设备维修人员更换过滤器或润滑油，执行清洗润滑计划规定的工作等。

而在小型企业中，一般并未组织按计划地进行维护。维护工作取决于机床或设备操作人员的兴趣和责任。常常是直到出现故障时才由专业人员采取措施。

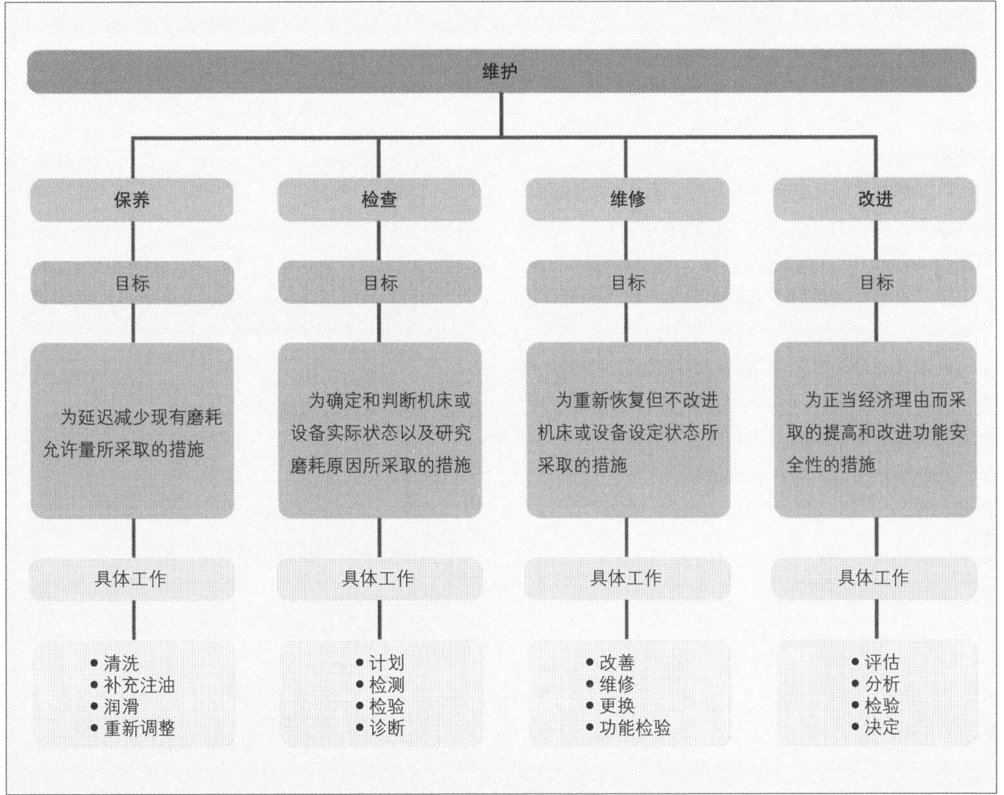

图 1：维护所包含的各工作范围一览表

8.3.2 维护的概念

磨耗和磨耗允许量

磨耗是指减少一个零件的磨耗允许量，例如轴或刀具，例如可转位刀片。

磨耗允许量，这一概念应理解为一个零件或刀具在必须更换之前所允许磨耗的最大尺寸范围。磨耗的原因有磨损、老化或腐蚀。

在零件或刀具的使用期限内，磨耗是不均匀的(图 1)。启动阶段（第一阶段）的磨耗很大。在这个阶段，旋转零件磨耗掉的是表面粗糙度。在第二阶段，磨耗曲线的走向趋于平缓。第一阶段零件“已磨平”的表面磨耗明显降低。但在第二阶段结束时，单位时间内的磨耗量重又增加。

当总磨耗允许量消耗殆尽时，该零件或刀具已到必须更换的程度，因为磨耗曲线在第二阶段后呈超比例上升趋势，已不能继续保证零件的功能或刀具的切削功能。

我们把零件或刀具从开始使用直至磨耗允许量耗尽的时间称为使用时间（图 1 和图 3）。

举例：图 2 所示是一个可转位刀片的磨耗曲线。可转位刀片的磨耗主因是切削后面磨损、月牙洼磨损和边棱磨损。切削长度达到 8000 m 后，刀片的磨耗允许量消耗 0.25 mm。

机床和整台设备亦如零件一样，有一个磨耗允许量（图 3)。这个磨耗允许量可供机床或设备试运行时使用。如果消耗了该磨耗允许量，则要求进行维修。通过维修可重新恢复一个磨耗允许量。如果在机床上安装一个经过改进的零件，将扩大磨耗允许量（图 4)。

已磨耗的可转位刀片通过转位可构成一个新的磨耗允许量。如果使用一个磨耗层更厚的可转位刀片，可增大现有磨耗允许量。

从商业角度看，磨耗允许量相当于零件或机床的折旧时间。

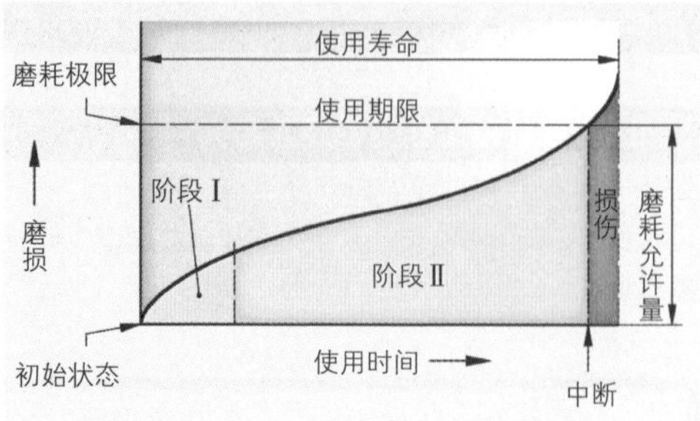

图 1：普通磨耗曲线

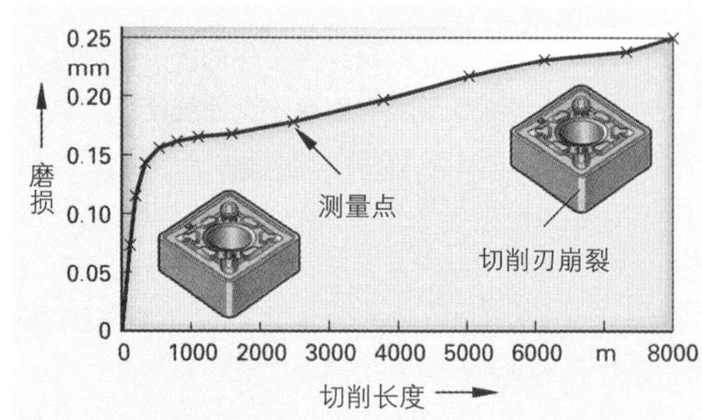

图 2：一个可转位刀片的磨耗曲线

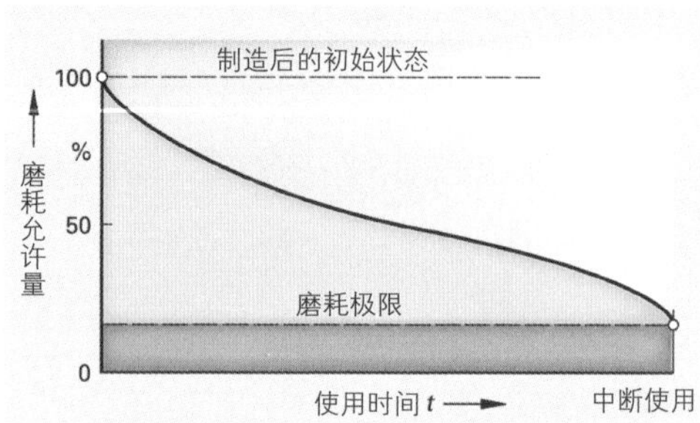

图 3：磨耗允许量的耗尽

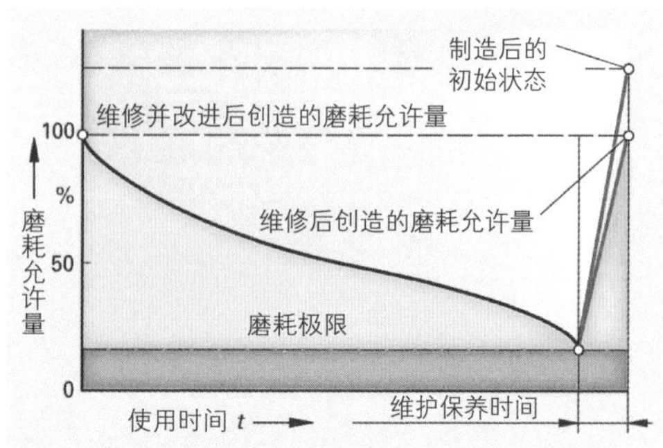

图 4：维修或改进后创造的磨耗允许量

8.3.3 维护的目的

维护的主要目的是提高企业的经济性能。此外还兼顾保护企业员工的人身健康和生活环境。

■ 经济目的

维护的经济目的是以最有利的成本保证技术设备以及生产系统的生产能力。

维护保养可由企业自身人员（企业内维护）或由其他企业实施。

如果企业确定实施企业内维护，则企业必须将自己的员工培训成为具备责任意识的机床操作人员，并培养他们对生产和加工中出现非正常现象和故障的高度敏感性。

■ 人性关爱目的和生态目的

维护保养的人性关爱定向应使企业员工获得身体健康和工作能力，并且爱护环境和资源。

因此，对于例如冷却润滑剂或废油等，必须专业化搬运、仓储和清除都必须考虑环境保护。无论如何都不允许随意倾倒，或将这些废料直接排入露天下水道或公共水体。

8.3.4 维护方案

我们把维护方案分为三种（表 1）。

■ 周期性维护

周期性维护是按固定时间间隔执行的保养（见 456 页）。因此，它属于一种预防性维护。易损件都有一个根据经验预期的使用寿命，例如密封件、轴承或滤油器等。在使用寿命结束之前，必须更换这个零件。

预防性维护时所执行的维护措施与现在尚存的磨耗允许量无关。这类维护工作的目的是，避免因超过磨耗极限而造成损伤，并在机床或零件无论如何都不允许出现失误时，或法律规定要求进行定期检查时，实施预防性维护。

达成维护工作经济目的的条件

- 设备的长运行时间；
- 设备的高使用性；
- 单个零件的高可信度；
- 避免生产故障；
- 避免生产中断；
- 识别并排除薄弱点；
- 识别并阻止可能出现的损伤；
- 减少维护保养时间。

维护工作的人性关爱目的和生态目的

- 提高劳动安全性；
- 提高设备安全性；
- 遵守法律规定；
- 避免增加环境负担；
- 避免环境破坏；
- 避免材料浪费。

表 1：维护方案

周期性维护	按固定时间间隔执行的、规定的维护工作
临时性维护	刀具或机床的磨耗允许量损耗后实施的维护工作
应急性维护	刀具或机床出现损伤时才进行的维护工作

周期性维护的优点

- 维护措施良好的可计划性；
- 备件库存时间最小化；
- 减少非预见性停机事故；
- 机床达到高可信度；
- 人员投入的计划保障。

周期性维护的缺点

- 磨耗允许量不能耗尽到磨耗极限；
- 不能充分利用零件的使用寿命；
- 备件的高需求量；
- 高维护成本；
- 难以找出机床停机的故障特性。

■ 临时性维护

临时性维护同样属于预防性维护，它建立在检测监视磨损零件的磨损尺寸和更动设定尺寸的基础上。

举例：检查并重调刀架压入刀具夹头的深度的设定尺寸（图1）。设定尺寸的小公差保证弹簧卡头准确地卡入刀架槽，并将刀架向圆锥配合方向上紧。但设定尺寸可能因例如污损或磨损而被迫改变。一旦确定了尺寸偏差，便可以进行清理，或必须更换刀具。

更换磨损零件的条件有二：

- 超过允许的尺寸偏差（图2）；
- 磨耗允许量磨耗殆尽。

因此，为求出切削加工中的磨耗允许量，目前已采用“智能车刀”进行研究性试运行（图3）。这类车刀达到磨耗极限时，可转位刀片上装备的磨耗传感器向控制系统发出信号，使刀具得到及时更换。

临时性维护以对机床或设备抽检或持续监视而获得的补充知识为前提。

临时性维护的优点

- 零件和设备使用寿命有效利用的最大化；
- 利用对磨耗允许量的识别可制定标有具体日期的维护计划；
- 运行安全性得到充分保证；
- 零件更低的仓储成本；
- 零件更长的可使用性。

临时性维护的缺点

- 提高了检测技术的费用；
- 增加了检查装置；
- 提高了计划的资金投入；
- 提高了成本；
- 增加了人员投入。

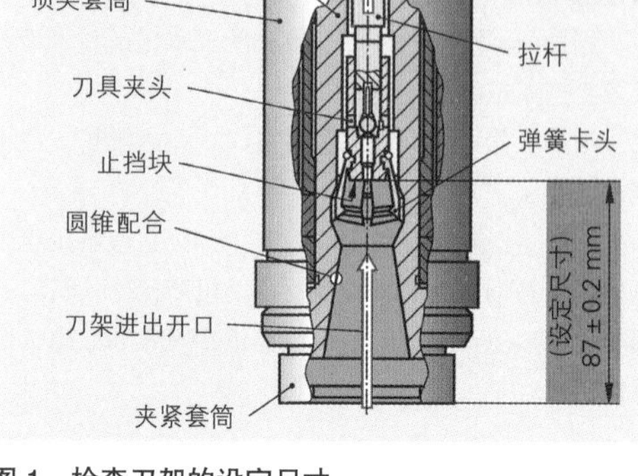

图1：检查刀架的设定尺寸

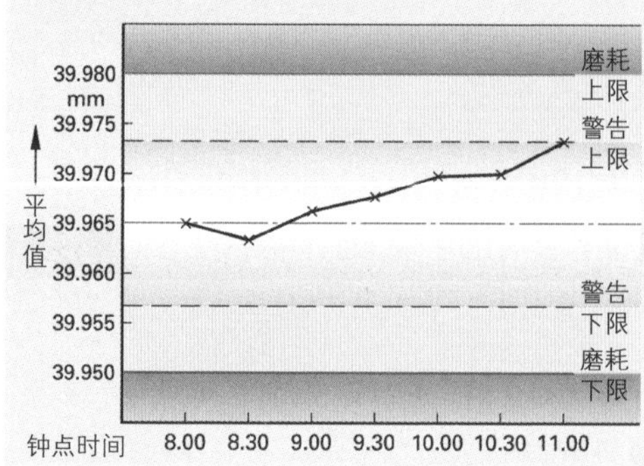

图2：质量控制卡

图3：装装有磨耗和温度传感器的可转位刀片

■ **应急性维护**

当机床在加工过程中因故障而停机或未能保证达到所要求的质量时，需实施应急性维护。导致应急性维护的原因一般是磨耗允许量消耗殆尽。如果已经找出故障原因，例如刀具夹紧装置故障，将更换无故障的新备件（图 1）。故障零件的拆除和备件的安装都必须按照用户使用手册的拆卸说明和装配图进行。必须安装机床制造商认可的备件。

举例： 驱动电机的三角皮带开裂（图 2）。维护时必须更换新三角皮带。更换时，需注意皮带轮定中心。

应急性维护的优点

- 充分利用总磨耗允许量；
- 对计划的投入资金少。

应急性维护的缺点

- 突然的和无法预测的机床停机；
- 此类维护经常处于紧迫的时间压力之下；
- 备件的购置和仓储费用高；
- 若无仓储备件，加工中断成本高。

■ **符合设备运行规律的维护**

加工企业的维护优化取决于企业规模和企业战略。预防性和临时性维护的组合经常是经济实用的优化方案。将易损件更换的必要性限制在正确需求的范围内，使维护成本和停机时间最小化。

举例： 钻头无法继续无间隙固定在刀具夹紧装置内

解决方法： 按照钻床的备件名称向机床制造商订购刀具夹紧装置，并按照相应的安装说明装入钻床

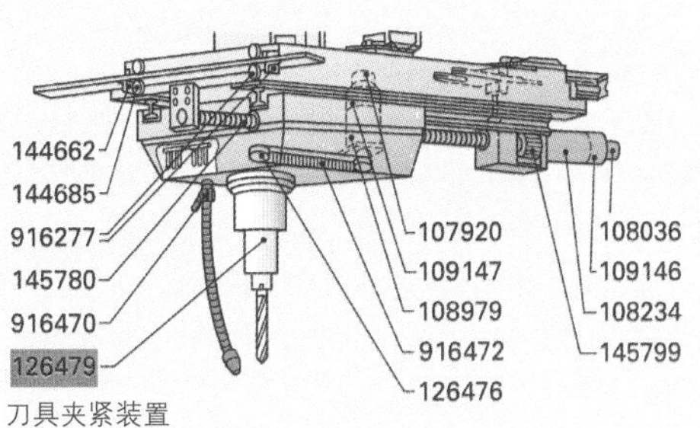

图 1：钻床的刀具夹紧装置

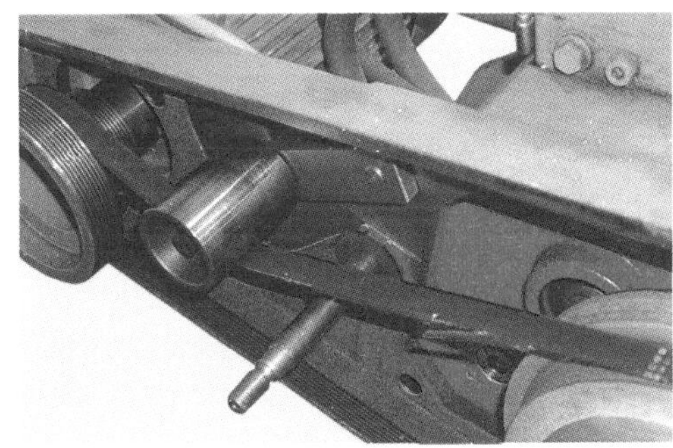

图 2：皮带传动机构的三角皮带开裂

图 3：倾斜床身车床

本小节内容的复习和深化：

1. 应将加工技术中维护保养的概念理解为哪些措施？
2. 如何区别大型企业与小型企业之间的常见维护措施？
3. 请您解释机动车轮胎这个举例中磨耗与磨耗允许量的概念。
4. 通过维护工作应达到哪些经济目的？
5. 一家企业的压缩空气站预防性更换滤油器。问：这采取的是什么维护措施？
6. 请您为一台倾斜床身车床部件的每一种维护方案列举一个范例（图 3）。

8.3.5 保养

保养属于预防性维护措施。通过保养可延缓设备或机床使用期限内磨耗允许量的减少（图 1），从而保证在一个较长时间段的加工过程无故障。

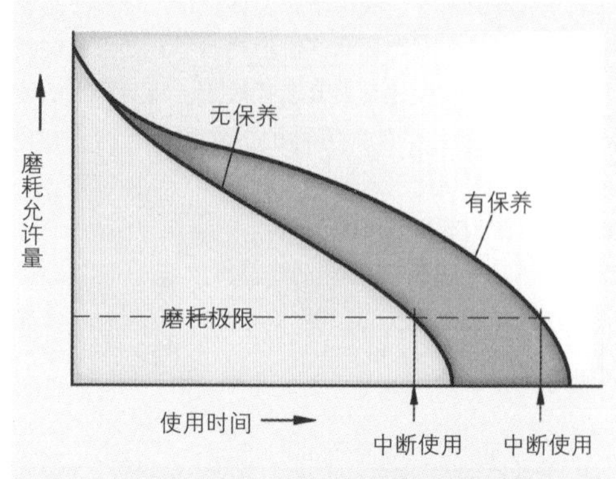

图 1：无保养和有保养条件下，磨耗允许量的消耗状况

机床运行期间，必须监视其运行质量，例如已加工工件的尺寸稳定性，监视其是否出现异常噪声或振动，以及液压管道和润滑油管道的密封状况。

保养包含所有为保持一台机床正常运行状态所采取的措施（表 1）。包括：清洗、润滑、补充、重调、更换和封存。

举例：一个加工中心的保养工作。

清洗

使用铁屑钩或扫帚清扫加工区和机床区的切屑和污物。

清洁工作宜使用完整无脱纱的抹布或清污棉纱。不允许使用压缩空气，因为压缩空气的高压可能将切屑或污物吹入机床的密封件。

润滑

在机床滑动轨道和导轨面或刀具夹紧系统处涂润滑油、涂润滑脂或喷涂润滑油。必须使用机床制造商规定的润滑材料。

补充

为机床冷却润滑装置和导轨中央润滑系统补充加注冷却润滑剂和润滑油，为润滑系统油箱加注润滑油。

重新调整

检测并校准刀具。重新张紧三角皮带或齿形皮带。

更换

必要时，对切屑和喷溅物防护装置、回转接头、管道、电缆、软管、防尘圈和过滤器等实施更换。

封存

例如，需要仓储的刀具应涂覆防止环境影响和锈蚀的涂层。

表 1：保养工作

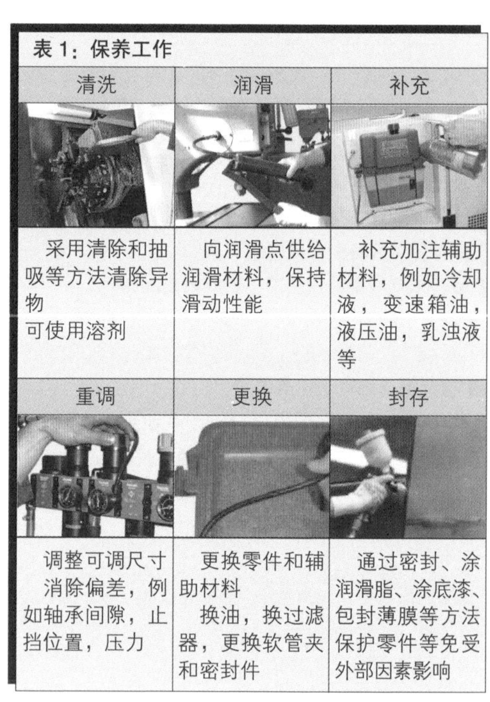

清洗	润滑	补充
采用清除和抽吸等方法清除异物 可使用溶剂	向润滑点供给润滑材料，保持滑动性能	补充加注辅助材料，例如冷却液，变速箱油，液压油，乳浊液等
重调	**更换**	**封存**
调整可调尺寸消除偏差，例如轴承间隙，止挡位置，压力	更换零件和辅助材料 换油，换过滤器，更换软管夹和密封件	通过密封、涂润滑脂、涂底漆、包封薄膜等方法保护零件等免受外部因素影响

一个工作日或一个班次结束后，应由机床操作者对机床进行定期保养。

专业人员保养时要求具备详细准确的工作说明。这种说明可列入例如机床保养和检查计划（图 1）。

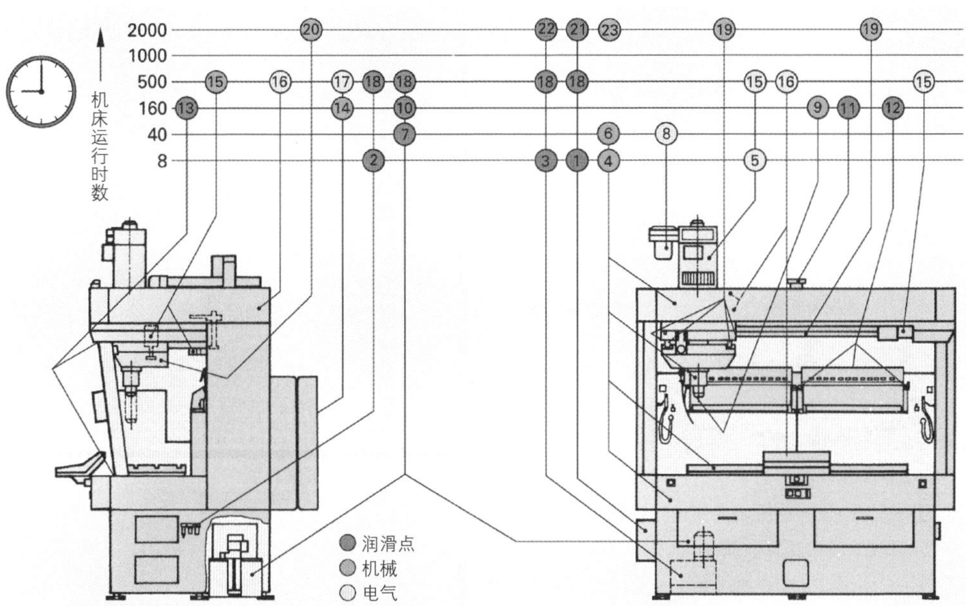

图 1：一台加工中心的保养和检查计划

正常的保养和检查周期应在机床运行 8 h、40 h、160 h、500 h 和 2000 h 后进行（表 1）。这意味着每 8 个运行小时就必须执行一次保养计划表所列举的保养工作，40 个运行小时后需增加相应的保养工作，160 个运行小时后继续增加相应的保养工作，以此类推。

表 1：一台加工中心的保养工作

保养时间点	所需做的工作（○圆圈内的编号，参见本页图 1）
8 个运行小时 （每天单班运行）	• 检查中央润滑系统的润滑油位①，气动保养单元②和液压系统③，必要时补充润滑油 • 一般性清洁机床，尤其是加工区和导轨面的切屑和冷却润滑材料的残留物④ • 检查驱动电动机的运行噪声和温升状况⑤
40 个运行小时 （每周单班运行）	• 彻底清洗整台机床，尤其是终端开关、导轨面、盖板、观察窗口、运动部件⑥ • 清空和清洗储屑槽并清洗冷却润滑材料系统过滤网⑦ • 检查电动机冷却风扇过滤网，清洗，必要时更换⑧
160 个运行小时 （每月单班运行）	• 检查机械零件的功能状况，如刀架⑨ • 更新冷却润滑材料⑩，检查导轨和滚珠丝杠表面润滑油膜的形成状况 • 给冲杆⑪、刀库⑫和推拉门导轨⑬涂油 • 检查并清洗风扇电动机⑭
500 个运行小时 （每季单班运行）	• 检查、清洗或更新电动机的炭刷和集电器⑮ • 检查限位开关和急停开关的功能状况⑯ • 检查保护触点的熔损状况以及熔断器（电控柜内）⑰ • 检查液压系统、冷却润滑系统和润滑系统的软管接头状况⑱
2000 个运行小时 （每年单班运行）	• 检查导轨表面磨损和润滑油膜形成状况⑲，必要时重新调整 • 检查齿形带驱动，重新张紧⑳ • 更换中央润滑系统㉑的润滑油和液压系统㉒的液压油 • 更换磨损件㉓

尤其需要定期保养的是液压设备、导轨和冷却润滑装置。机床制造商对允许使用的润滑材料和液压液已做具体规定（表1）。说明书内使用的是保养工作符号。维护保养计划中列举了详细的位置号，便于顺序排列清晰易辨。

尤其重要的是，务请注意使用正确的润滑材料以及润滑材料和冷却润滑材料的兼容性。

■ 功能检验

保养措施实施后，机床应重新恢复到运行就绪状态。现在可以摘除封锁和警告提示牌，重新建立能量供给连接，并通告在场工作人员，保养工作已经结束。

必须通过功能检验证明机床已具备工作能力。

■ 制作文件资料和记要

机床和设备的制造商不承诺任何保养工作时不遵守保养周期方面强制性规定或使用错误润滑材料而造成损伤的保证。所有已执行的保养工作和所出现的故障都必须在运行日志中详细记载，或记录在保养表内（表2）。

已执行的保养工作和所使用的辅助材料以及已更换的零件都必须在相关文件上记录，并由保养人员签字。

接着应完成验收纪要。在这份纪要中，除机床数据外，还应记载所有已执行的保养工作及其所需时间。

> 在实际工作中，维护、检查和保养常常与检查一起执行。

表1：润滑工作和润滑材料（用于527页图1所示加工中心）

润滑点	①	②	③
机器部件	中央润滑	油雾润滑器	液压系统
保养工作符号及含义	补充加注	油压	补充加注
润滑材料	CG–LP68	HLPD22	HLPD22
润滑点	⑦	⑪	⑫
机器零件	冷却润滑材料	冲杆	刀库
保养工作符号及含义	补充加注	手工加油	手工加油
润滑材料	CG–LP68	CG–LP68	CG–LP68

表2：液压设备保养表

序号	保养工作	结果
1	目视检查（实际状态）	
1.1	外部状态	
1.2	噪声	
.		
2	保养工作	
2.1	清洗全部部件	
2.2	检查油箱料位	
2.3	补充/更新油箱料位	
2.4	清洗/更新滤油器	
2.5	清洗/更新空气过滤器	
2.6	消除泄漏点	
2.7	重新调整压力	
3	再次试运行	
3.1	用压力表检查压力	
3.2	检查漏油	
.		

机床号：　　日期：
保养人员：
姓名：　　签字：

本小节内容的复习和深化：

1. 为什么保养工作也属于预防性维护措施？
2. 一台车床在一个工作日结束时应进行哪些典型的保养工作？
3. 从机床的维护保养计划中可读取哪些说明？
4. 为什么在保养中必须使用机床制造商规定的润滑材料？

8.3.6 检查

所有确定和判断一台机床实时状态的措施均属于检查。这种对实时状态的获知在保养和维修时也是必要的。各零件磨损和磨耗后的实时状态将记录在案。

> 检查机床或技术系统时，将采集其磨耗状态和与设定状态的偏差。

除纯检查行为外，确定磨损和磨耗原因并得出有益日后使用的必要结论也具有重要意义。因此，检查还提供了用于维护保养措施规划和控制的重要信息。

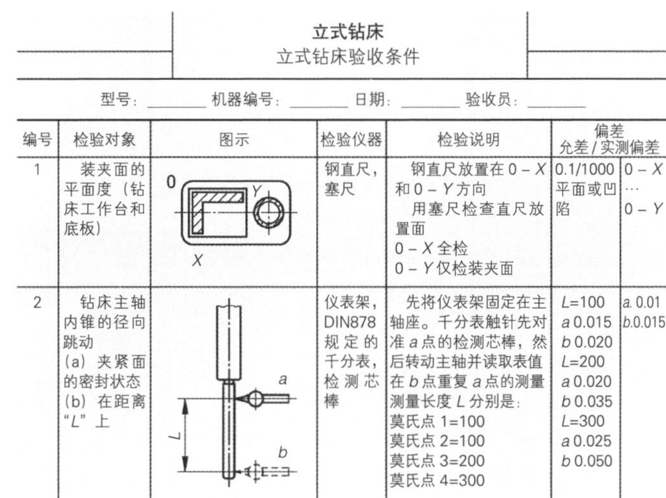

立式钻床
立式钻床验收条件

型号：______ 机器编号：______ 日期：______ 验收员：______

编号	检验对象	图示	检验仪器	检验说明	偏差 允差	实测偏差
1	装夹面的平面度（钻床工作台和底板）	0 Y X	钢直尺，塞尺	钢直尺放置在 0 – X 和 0 – Y 方向 用塞尺检查直尺放置面 0 – X 全检 0 – Y 仅检装夹面	0.1/1000 平面或凹陷	0 – X … 0 – Y
2	钻床主轴内锥的径向跳动 (a) 夹紧面的密封状态 (b) 在距离“L”上	a L b	仪表架，DIN878 规定的千分表，检测芯棒	先将仪表架固定在主轴座。千分表触针先对准 a 点的检测芯棒，然后转动主轴并读取表值在 b 点重复 a 点的测量 测量长度 L 分别是： 莫氏点 1=100 莫氏点 2=100 莫氏点 3=200 莫氏点 4=300	L=100 a 0.015 b 0.020 L=200 a 0.020 b 0.035 L=300 a 0.025 b 0.050	a. 0.01 b.0.015

图 1：立式钻床首次检查验收记要

状态 Z_0 至 Z_n 用于确定检查时间：

- 首次检查（Z_0）：机床安装和首次试运行结束后进行首次检查。根据检验规定，需对首次检查制作一份验收纪要（图 1），在纪要中需详细记录受检对象、检验仪器以及允许偏差和实测偏差（设定状态 $Z_0 = 100\%$）。
- 定期检查（Z_1、Z_2、Z_3）：在维修保养计划框架内按固定时间间隔实施的检查。
- 特殊检查（Z_s）：如果确定加工精度超出允差或出现严重的运行故障，例如钻镗主轴与装夹工装发生碰撞，对此可要求进行特殊检查。

在磨耗曲线表中可一目了然地综观一个技术系统的使用寿命和已执行的检查（图 2）。

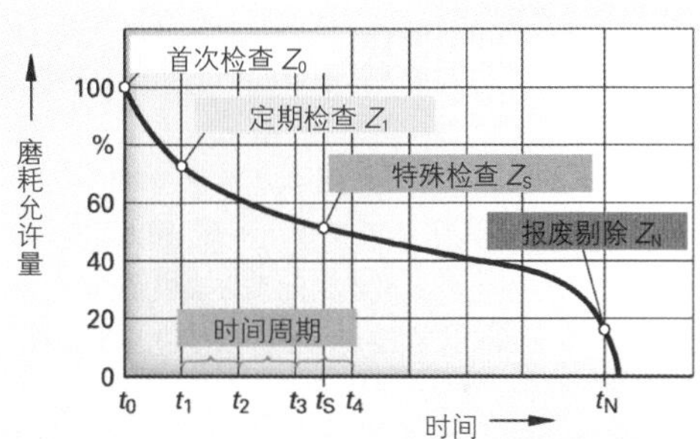

图 2：一个技术系统使用寿命期间的检查周期

主要在大型工业加工和生产设备采取的检查措施可分五个步骤实施：

（1） 编制检查计划（图 3）：该计划应符合各企业或运行设备的特殊要求，因此属强制性计划。计划中应包含关于地点、日期、方法、仪器和措施等方面的数据和说明。

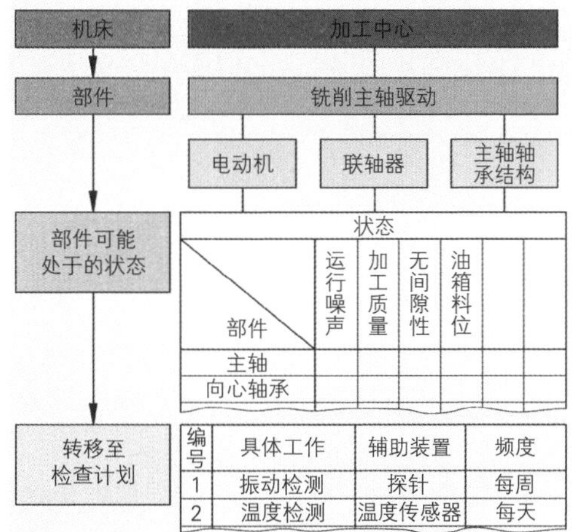

图 3：检查计划的编制及其转换的举例

(2) 准备措施：准备相应的工位装备（例如工作台），布置安全和防护措施，使机床或设备退出生产运行。

(3) 执行检查工作。

(4) 评估检查结果。

(5) 在故障分析的基础上得出必要的结论。

这里，可采取不同的方式方法获取实际状态。

直接的简短检查。由机床操作人员凭借天然感觉器官在机床开始运行和运行过程中直接进行简短检查（表1）。对磨损和磨耗的间接提示，例如未能满足要求的加工质量，对质量控制卡的评估结果，或例如液压系统出现泄漏等，均属此类间接提示。

通过客观分析或诊断可补充或代替主观观察。对此宜使用测量和检验仪器，包括评估计算软件（图1）。为了求取和计算这类测量数据，要求专业人员具备深厚的专业技能和知识。

图2举例所示是在一定频率下具有说服力的三个骤降信号。通过某种分析方法和与未受损轴承的对比可以得出结论，该轴承外环存在损伤。当滚过损伤点时，曲线图上便产生周期性单个跳动。

使用内置传感器和适用的状态监视装置可在机床生产运行过程中实施远程检查。对于难以接近的设备，例如风力发电机，可使用此类方法进行检查，并通过远程服务系统传输检查结果，以便进一步分析和计算。

如果检查确定了个别零件异常的强烈磨损或损伤，必须准确地找出损伤原因（图3）。

摩擦学知识在此提供了富有价值的信息。摩擦学描述和分析因摩擦产生的磨耗与磨损之间的关系，负荷、运动类型、温度和周边环境对零件产生的影响。

表1：简单检查的做法	
看	液体料位，零件的裂纹
听	电动机、主轴的运行噪声
闻	废气，烧焦的密封件
摸	粗糙的表面，温度
读	压力和温度的数值显示

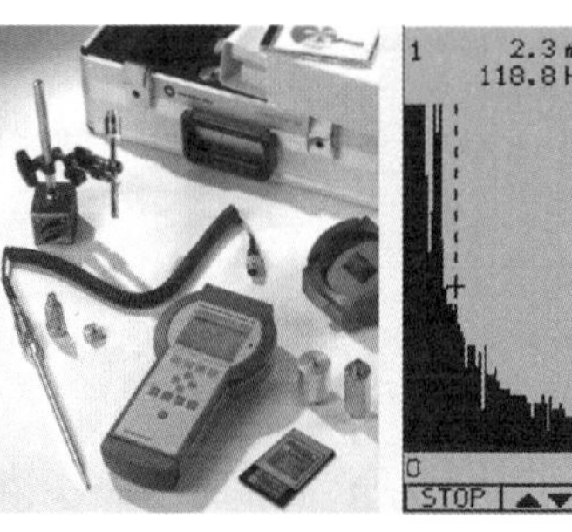

图1：震动分析仪器以及显示器的显示软件

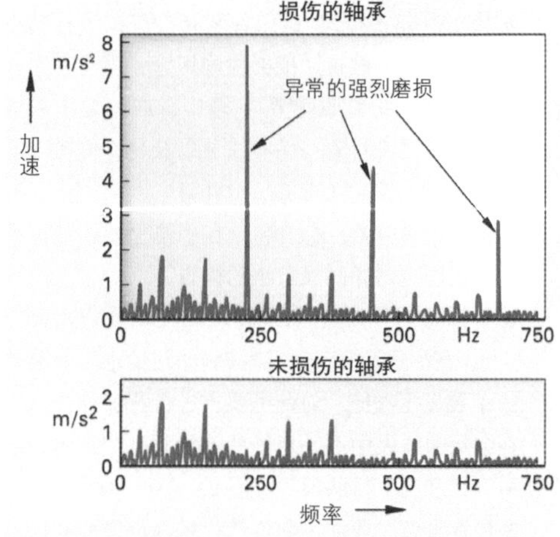

图2：轴承的频率走向对比

图3：圆锥滚柱轴承外环运行面的疲劳损伤

摩擦学①描述了摩擦、磨损和润滑之间的相关关系。它为磨损（图 1）划分出四种致损原因：

- 黏附：基本面与对应面相对滑动时，如果润滑不充分，将导致严重磨损。
- 磨粒磨损：硬微粒挤入表层，产生条纹。
- 疲劳损坏：因持续性冲击负荷而产生，例如轴承环内滚动体滚动时的交变负荷。
- 摩擦化学反应：疲劳损伤的表面在同时侵入的侵蚀性物质作用下开始氧化。

借助 EDV（“电子数据处理”的德文缩写）采集、汇总和计算总检查结果（图 2）。从数据材料的分析中可得出下一步的处理步骤。较小的保养措施可在检查后直接执行。

设备的磨耗允许量耗尽时，必须实施彻底维护和维修。

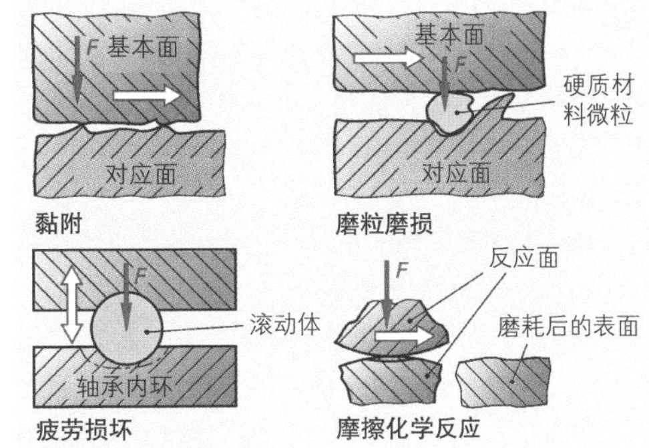

图 1：摩擦学的磨损机制

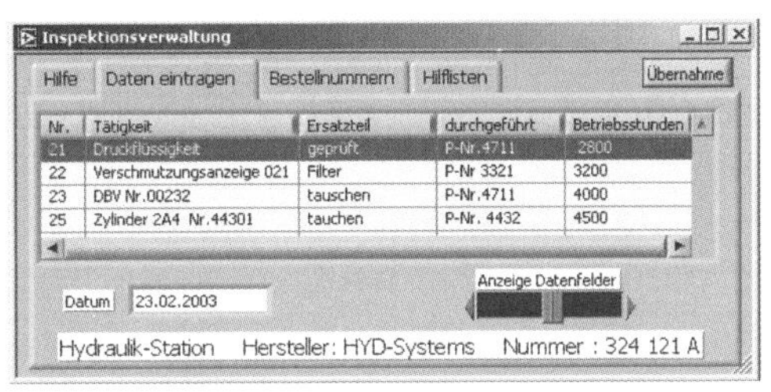

Nr.	Tätigkeit	Ersatzteil	durchgeführt	Betriebsstunden
21	Druckflüssigkeit	geprüft	P-Nr.4711	2800
22	Verschmutzungsanzeige 021	Filter	P-Nr 3321	3200
23	DBV Nr.00232	tauschen	P-Nr.4711	4000
25	Zylinder 2A4 Nr.44301	tauchen	P-Nr. 4432	4500

图 2：检查数据的 EDV–管理

8.3.7 维修

> 维修包括使机床或系统重新处于正常运行状态所采取的所有措施。

维修是维护保养工作中花费最昂贵的部分，一般情况下，它将导致机床代价不菲的中断使用。原则上，无法避免因锈蚀、缺陷或材料疲劳、强力断裂和疲劳断裂以及操作错误和运行故障等导致的维修。

根据维护方案的不同，将分别执行周期性维修、临时性维修和应急性维修。

磨损的或有缺陷的零件必须根据其技术可行性和经济性实施更换或维修和修补（图 3）。

图 4 显示维修流程。其前提是实际状态与设定状态的对比以及系统地查寻原因。但必须清楚应在哪些范围寻找故障原因，例如机械、电气或液压等范围。找到原因的前提是对系统的高度理解。

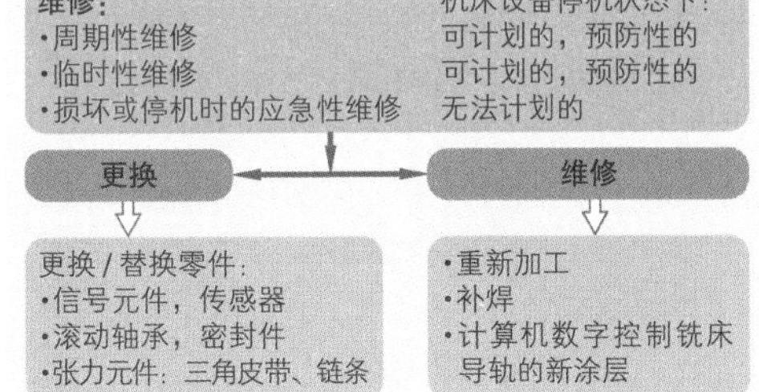

图 3：维修措施

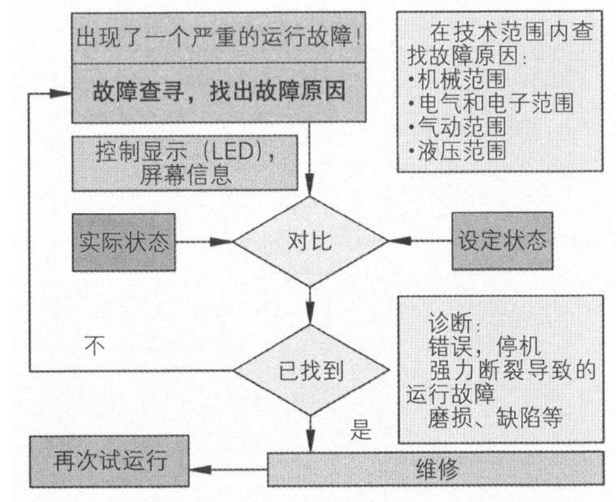

图 4：维修流程示意图

①摩擦学，源自希腊语，指摩擦理论研究。

维修举例：

在一台（刀具、零件）装夹设备上，工业机器人的机械手不能正确回转。发出摩擦噪声时出现非受控运动。估计这里出现的是机械故障，例如齿形皮带故障。

机器人制造商提供的检查和保养说明规定，运行2000 h后应更换该齿形皮带。

现在，按照操作规范关断设备主开关，停止设备的运行。更换磨损零件可能不需要较大的投入和成本，本企业内部也具备其必要的专业知识。参照操作说明的装配图可简化机壳的拆卸（图 1）。

工作步骤：

(1) 拆除机壳零件，位置号 10。
(2) 在齿形皮带和齿形皮带轮上做校准点标记（图 2）。
(3) 松开三个固定螺钉，拆除磨损的齿形皮带。
(4) 在新齿形皮带上做校准点标记。做标记时保持齿形皮带的张紧状态。
(5) 通过齿形皮带盘装入新皮带。对齐校准点。
(6) 向方向 a（张紧）或方向 b（松弛）推移电动机，直至皮带下垂度正确为止。
(7) 用皮带下垂度检测仪测量皮带的下垂度（图 3）。
(8) 齿形皮带下垂度和负荷数据可查阅表 1。
(9) 皮带张紧度调整正确后，上紧电动机固定螺钉。
(10) 如果出现定位偏差，必须重新设定基准点。
(11) 盖上盖板，上紧螺钉。
(12) 试运行工业机器人。在皮带正确张紧度状态下上紧电动机螺钉。
(13) 如果出现定位偏差，必须重新设定基准点。
(14) 盖上盖板，上紧螺钉。
(15) 试运行工业机器人。

维修工作结束后，应将所进行的各项工作记录建档。在机床故障表中可查询此方面的信息（见 533 图 1）。

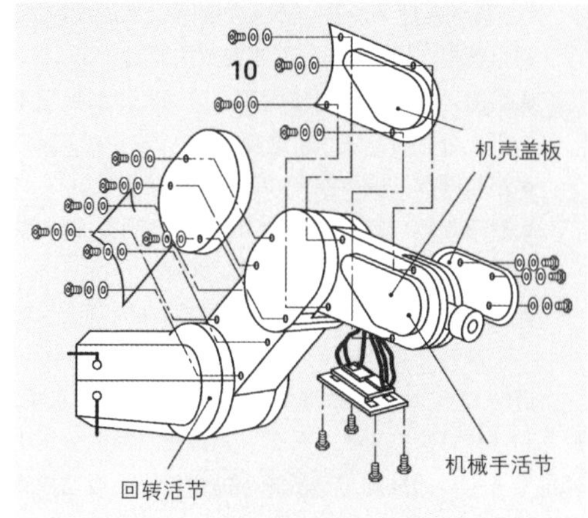

图 1：拆卸机壳的装配顺序图

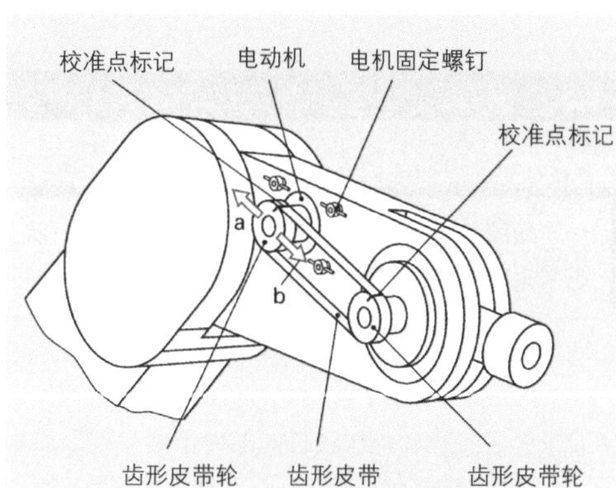

图 2：更换机器人机械手活节上的齿形皮带

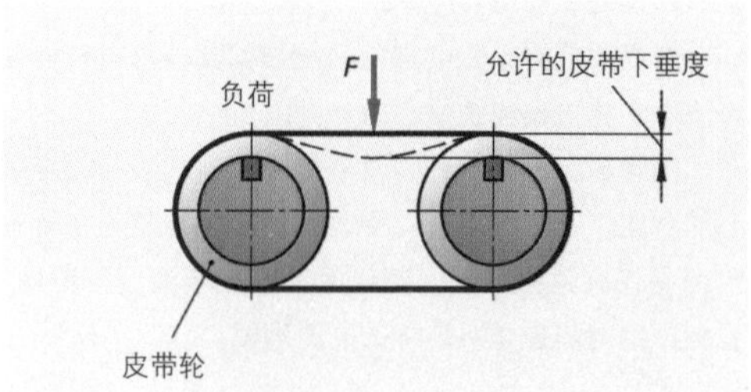

图 3：调整皮带张紧度

表 1：	皮带下垂度	负荷
机械手活节	2.0 mm	0.5~0.9 N
机器手回转活节	1.2 mm	0.5~0.9 N

8.3.8 改进

优化设备可使用性的基础是对技术资料的评估利用，例如机床故障列表。

机床故障列表用于指导保养、检查和维修工作（图 1）。

通过较长时间汇集的数据可查找出故障部件。故障统计列表集中存储着一台加工中心的全部维护保养数据（表 1）。评估汇总数据时，直方图显示，工件托盘更换器（Pwe）导致停机时间增加（图 2）。类似问题也出现在主轴箱（Spi）。对该部件各零件做进一步分类整理的结果显示，主要因工件托盘更换器的输送链条导致停机（图 3）。

这类数据的汇集为选择不同的维修保养战略或确定维修保养周期提供了必要的信息。

这类数据也为维修或改进系统薄弱环节奠定了基础。

在维护保养的意义上，改进包含着提高功能能力的含义，例如通过消除系统或设备的薄弱环节来提高其运行能力和效率。

改进可包含下列内容：

- 装入强度更高、耐磨性能更好的零件。通过更换合适的材料，例如换用高合金钢或陶瓷，通过热处理，例如表面淬火如渗氮，通过采用新型复合材料或新涂层等，可以达到更高强度以及更好耐磨性能。
- 更换更便于维护保养的设计：易损件简单快捷的拆卸和安装，放弃妨碍操作的罩壳和盖板，改善零件的易接近性，将检查和诊断的可能性列入系统。
- 系统更动：机械部分，例如变速箱，由伺服电机替代，机电控制和调节装置由电子组件替代，例如比例阀。
- 更换资质更佳的制造商，其产品能够满足更高要求。

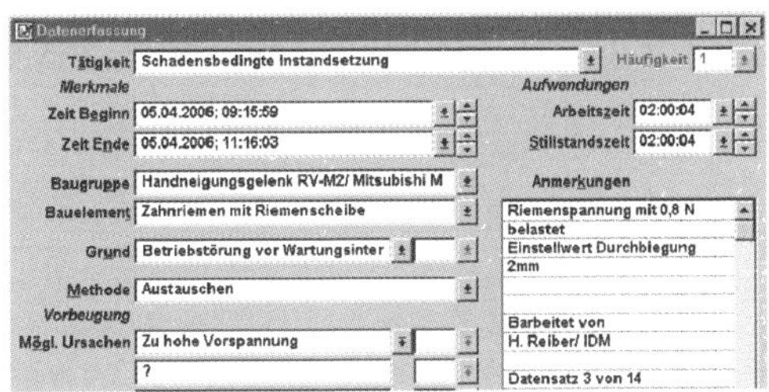

图 1：故障表的数据采集窗口

表 1：装有工件搬运装置的计算机数字控制（CNC）加工中心部件表	
Arb	加工中心的工作室
Bbt	X/Y 平面工作台
Hyd	液压系统（刀具装夹）
Kms	冷却液系统
Pas	工件托盘存储器（外部设备系统）
Pwe	工件托盘更换器（外部设备系统）
Pnm	气动系统（工作室门锁装置）
Spi	主轴箱
Wes	刀具更换系统

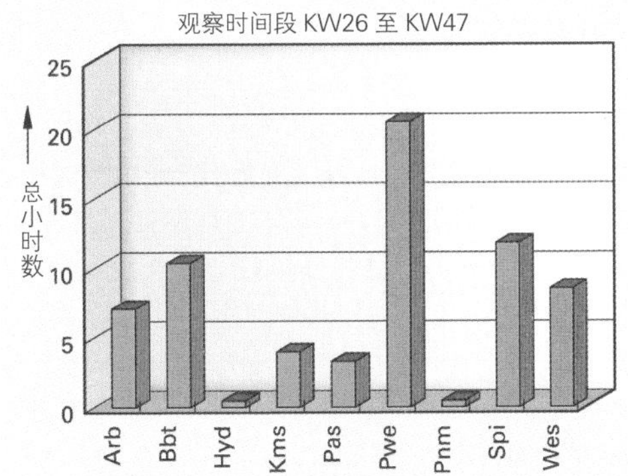

图 2：加工中心各部件停机时间

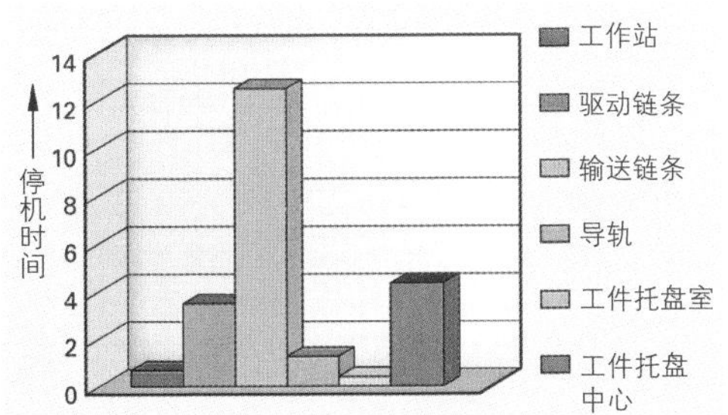

图 3：工件托盘更换器各零件的停机时间

8.3.9 找出故障点和故障源

找出故障点和故障源的简易方法：

- 目视检查指定部位，例如被夹住的切屑、污损的触点等；
- 注意不正常的机器噪声，并立即找出原因；
- 用手小心触摸某些部位，例如轴承座，检查是否温度过高；
- 检查液压系统的工作压力；
- 检查电源部分，主要是触点和插接式连接点。

这些简单检查的目的是尽可能缩小故障点的发生范围，例如电气或电子系统、液压系统或机床某个机械部件等。

图 1 所示是查找故障点和缺陷的系统性查找方式。

如果无法查出故障原因并且设备已自动关机，那么故障点的查找也将困难重重。这种情况要求维修人员拥有丰富的经验，对故障机器以及整个系统具备精良的专业知识。

完整的设备资料对机床的学习了解颇有助益，如附有故障点查找指南的设备操作说明书，带有零部件明细表或电路图和功能流程图的总图纸。此外，在现场仔细观察并与操作人员和机床维修人员进行相关信息的交谈，同样具有重要意义。

应系统地进行故障的查找和排除工作，例如计算机数字控制（CNC）车床。如果图 2 压力监视器 2（–BP10）确定三爪卡盘的夹紧压力不够，它将立即关机。与此同时，机床压力表显示出这个故障。机床内置了两个测量接头，以便获取液压系统的实际状态。通过这两个测量接头可测量压力和体积流量。在通向夹紧液压缸的供液管道上，应测量调压阀之前（P1）和之后（P3）的压力。现测出输出端（P3）压力过小。由此可推断出该调压阀有故障的结论。更换调压阀时必须注意，应先将液压蓄能器的压力降为零。

找出并排除故障原因后，例如更换阀门，必须将该故障记录在案。

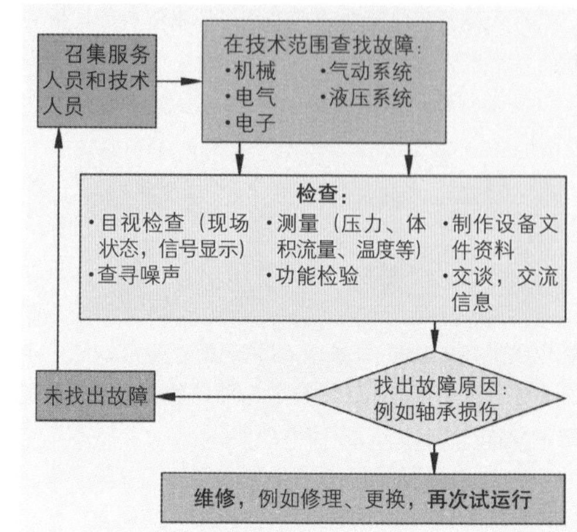

图 1：故障查找流程示意图

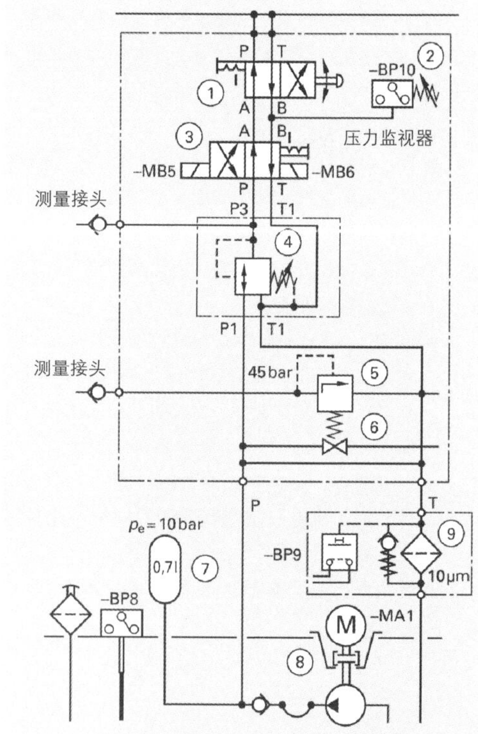

1	4/2 换向阀	6	关断阀
2	压力监视器	7	液压蓄能器
3	4/2 换向阀	8	液压装置
4	减压阀	9	回流过滤器
5	限压阀		

图 2：装夹系统液压图

8.4 腐蚀与防腐蚀

我们把腐蚀这个概念理解为因材料环境的化学或电化学反应而对金属材料产生的侵蚀和破坏。

腐蚀剂（作用物质）是指零件周边对零件材料发生作用并导致腐蚀的物质，例如室内空气，有或无工业污染的露天空气环境，海洋大气，淡水和咸水，土壤或化学药剂等。

因腐蚀而导致对轿车、机器和钢结构等金属物体的损害是巨大的(图 1)。

采用适宜的防护措施可以部分地避免这种损害。

图 1：被腐蚀毁坏的零件

8.4.1 腐蚀的原因

腐蚀过程是根据不同的实际情况和不同的作用方式进行的。据此，我们把腐蚀分为电化学腐蚀和高温腐蚀。

> 机器上最常见的腐蚀损害是以电化学腐蚀为基础的损害。

■ 电化学腐蚀过程

出现电化学腐蚀时，腐蚀过程发生在金属表面的一个导电水层（电解液）中。工件表面一层极薄的湿气膜或工件缝隙残留水，还有工件上的手工焊接斑点等都足以成为电解液。

钢潮湿表面的电化学氧化腐蚀

处于潮湿空间和露天堆放时，潮湿气候在金属零件表面形成一层湿气膜。在这种条件下，表面裸露的非合金钢和低合金钢零件仅存放几天便会密布锈斑（图 2）。以这种腐蚀为基础的腐蚀过程源于空气中氧气与铁材料表面水结合后对材料的作用。

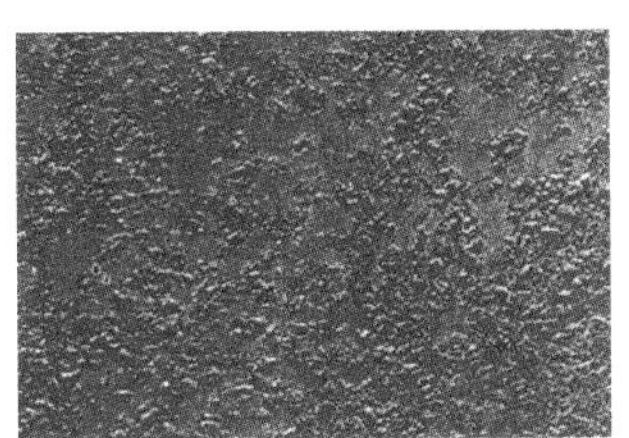

图 2：裸露钢表面的铁锈

现在用一个水滴下材料区域内正在进行的腐蚀过程做出解释（图 3）：

在水滴中央，铁作为 Fe^{2+}离子溶入水。这个材料区域的作用相当于一个小范围的阳极（局部阳极）。

在水滴的边缘区域，溶解在水中的氧气形成的 OH^-离子与溶解的铁离子 Fe^{2+}发生反应，首先形成氢氧化铁 $Fe(OH)_3$，然后从中形成铁锈 $FeO(OH)$。铁锈成环状沉积在水滴边缘。

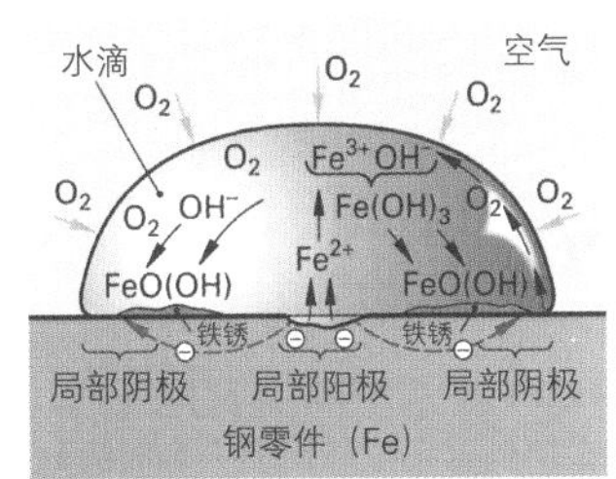

图 3：电化学氧化腐蚀过程

在钢表面可以观察到开始形成的斑点状铁锈（图 2）。锈蚀继续发展，从这个部位向外扩展，直至吞食整个零件表面。

腐蚀电池的电化学腐蚀

这种腐蚀以在原电池内进行的腐蚀过程为基础。一个原电池由两个来自不同金属的电子组成，两种金属都浸泡在一种导电液体（电解液）内（图 4）。在这种溶液中，两种金属中非贵重的那种金属溶解：它被腐蚀了。

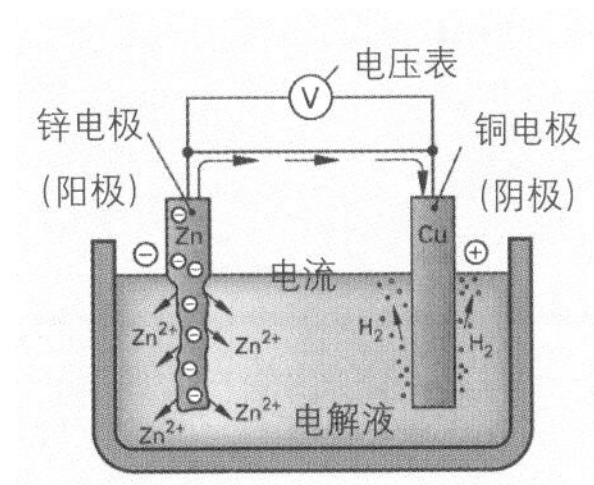

图 4：原电池

锌/铜原电池中的锌电极（阳极）以Zn^{2+}离子形式溶入溶液，与此同时，在铜电极（阴极）处通过水分解产生氢气。两个电极之间形成一个取决于电极材料的小电压。

通过测量可获取各电极材料的电压；我们把这种电压称为标准电位，并将它们列入金属标准电压等级（图 1）。氢-零电位的左边是非贵重金属，右边是贵重金属。在一个原电池中溶解的是位于左边远端的金属，例如在锌/铜电池中溶解的是锌（见 535 图 4）。

从标准电位差可计算出原电池电压的大小。

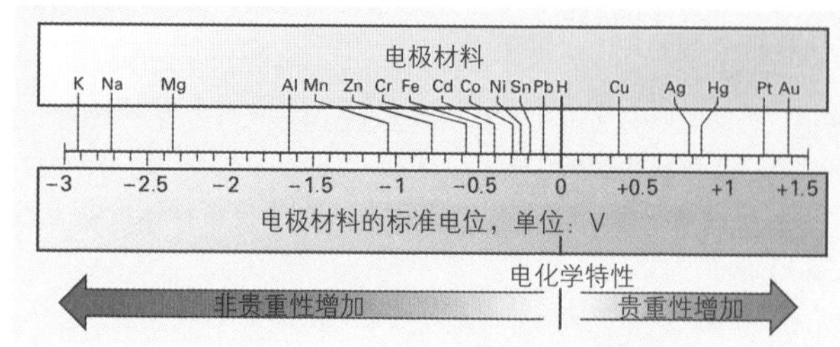

图 1：金属的电压等级

举例： 锌/铜原电池。铜的标准电位达到+0.34 V，锌的标准电位是−0.76 V。那么现在该原电池的电压是+0.34 V−（−0.76 V）=+0.34 V+0.76 V=1.1 V。

在机器和零件的许多部位都具备原电池形成的条件。我们称这些范围为腐蚀电池。形成腐蚀电池要求具备两种不同的金属（电极）和一些液体（电解液）。

典型的腐蚀电池有，例如钢零件上金属涂层的破损部位，或由不同材料制成的两个零件之间的接触部位，以及合金中的不同组织成分（图 2）。在这些部位的每一种非贵重金属都会因电解液的溶解而受到破坏。

钝化：在实际情况中，有些金属的特性与金属电压等级表中所列举的并不相同。

举例： 钢的镀铬层。一个腐蚀电池形成时，按照电压等级，溶解的应该是左边远端的金属，本例中应是铬。但是，镀铬钢的腐蚀图却显示是底层锈蚀和铬层的开裂处锈蚀。导致这种锈蚀的原因是铬表面形成铬氧化层而产生的钝化作用。所以钢被腐蚀了。

铬的钝化作用也是含铬钢耐腐蚀的原因，例如不锈钢 X5CrNi18-10。

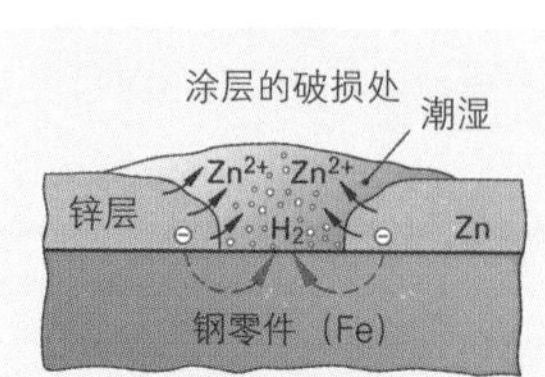

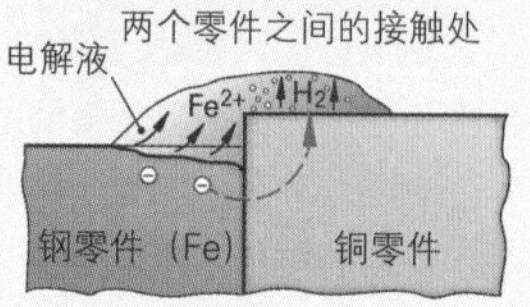

图 2：腐蚀电池

■ 高温腐蚀

高温腐蚀时，材料直接与侵入的材料发生反应，这里没有潮湿的共同作用。

举例： 退火锻件在热变形时起氧化皮（图 3）。这里，铁（Fe）与空气中的氧气（O_2）发生反应生成氧化皮（Fe_2O_3）：$4Fe + 3O_2 \rightarrow 2\,Fe_2O_3$。

在普通环境温度下，金属材料与干燥气体只在例外的情况下才发生反应，例如与具有侵蚀性的氯气。只有在提高温度的条件下，金属才会与干燥空气发生反应。因此，我们把这种腐蚀类型称为高温腐蚀或简单地叫作起氧化皮。

图 3：起氧化皮的锻件

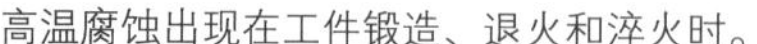

高温腐蚀出现在工件锻造、退火和淬火时。

8.4.2 腐蚀类型及其现象

根据材料和腐蚀作用材料的不同，各种腐蚀类型均形成其独特的现象图。

- 均匀的面腐蚀（图 1）：工件表面近似于均匀和缓慢地受到腐蚀的侵蚀。这种腐蚀类型出现在露天摆放的未涂层的非合金结构钢的零件表面或锻件起氧化皮。
- 洼槽腐蚀和穴状腐蚀（图 2）：这种腐蚀大部分是平面腐蚀附带洼槽和穴状腐蚀。
- 点状锈蚀：不锈钢与含氯离子作用介质接触后，例如海水或含氯水，也会导致材料上出现单个带有针刺形细沟形点状锈蚀（图 2）。这种腐蚀类型对于承压导管或压力容器极具危险。
- 接触腐蚀（图 3）：这种腐蚀出现在两种不同材料制成的两个零件直接相邻接触并具备潮湿条件（电解液作用）时。两种金属中的非贵重金属在这种腐蚀电池作用下因溶解而遭到破坏。

  接触腐蚀产生于例如滑动轴承，滑动轴承衬套由另外一种与轴承套不同的金属制成，例如螺栓与连接件分由不同材料制成的螺纹连接。
- 裂纹腐蚀（图 4）：这种腐蚀出现在被阻断了空气进入，并且电解液中存在着不同氧浓度的裂纹缝隙内。例如两个零件之间的配合间隙（配合锈蚀），或通孔与螺栓之间的间隙，或上下连接的点焊焊接板，等等。
- 自然风腐蚀（图 5）：这种腐蚀出现在例如部分盛水的容器中。腐蚀的侵蚀主要发生在液位下方不远的部位。其原因是水表面与水较深层不同的氧浓度。
- 选择性腐蚀（图 6）：其腐蚀的侵蚀主要（选择性地）沿着材料的某些组织区域发展。

  根据受到破坏的组织划分选择性腐蚀：
- 晶间腐蚀，其侵蚀破坏沿着晶界发展。
- 穿晶腐蚀，其侵蚀破坏穿过晶粒发展。

  由于选择性腐蚀出现在晶粒范围内，单用肉眼无法辨认，这种腐蚀也因此特别危险。
- 应力裂纹腐蚀和振动裂纹腐蚀（图 7）：这种腐蚀产生的原因是电化学侵蚀（例如在工业环境内）与零件的强拉力负荷共同作用。根据作用介质和负荷类型的不同，这种腐蚀的走向也分为晶间腐蚀或穿晶腐蚀。

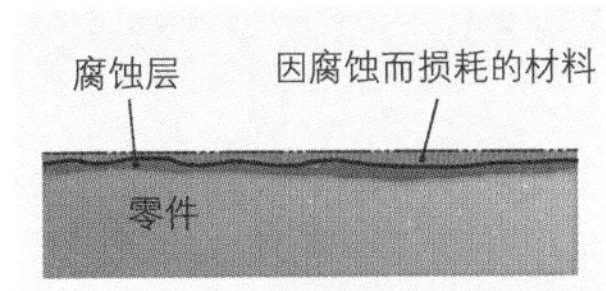

图 1：均匀的面腐蚀

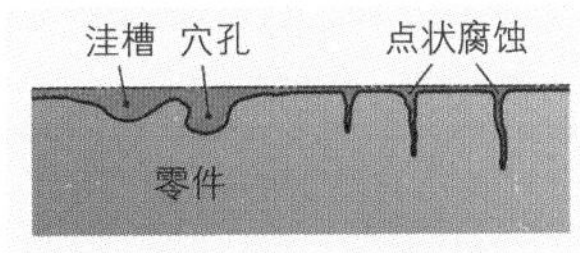

图 2：洼槽腐蚀、点状腐蚀

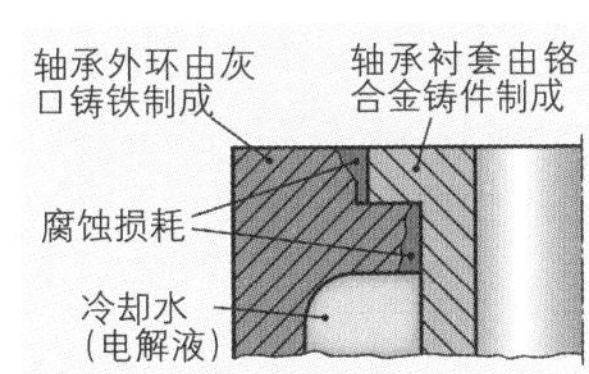

图 3：接触腐蚀

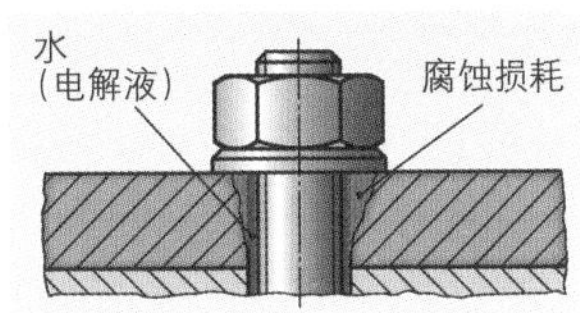

图 4：裂纹腐蚀

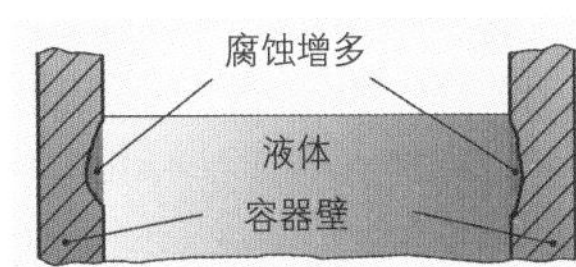

图 5：自然风腐蚀

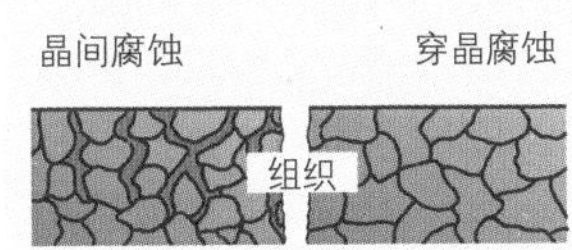

图 6：选择性腐蚀

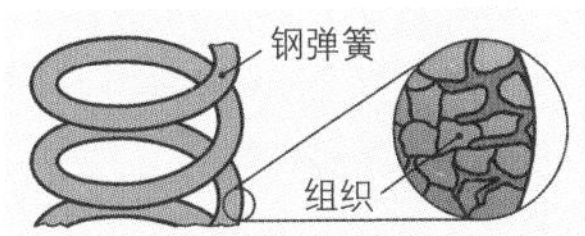

图 7：应力裂纹腐蚀

8.4.3 防腐蚀措施

零件在加工、仓储或装入机器等环节都有可能受到腐蚀的侵害。采取适当的防护措施可以阻止腐蚀的发生。

■ 选择合适的材料

一个零件最好、最经济的防腐措施是选择合适的材料，所选材料在预计环境条件下不会受到侵蚀。对此要求我们充分了解材料对各种作用介质的防腐性能（表 1）。

表 1：金属材料的防腐性能

材 料	防腐性能的一般性描述	干燥的室内空气	自然环境	工业环境	海洋环境	海水
非合金钢和低合金钢	耐腐蚀性低。无防护措施只能在干燥的室内使用	●	◔	◔	○	○
不锈钢（X5CrNiMo17-12-2）	一般都具有耐腐蚀性，但化学药剂的侵蚀仍能产生腐蚀的危险	●	●	◐	◐	◐
铝和铝合金	一般都具有良好的耐腐蚀性。例如：含铜的铝合金	●	◐	◐	◐	●…◔
铜和铜合金	很好的耐腐蚀性，尤其是含镍的铜合金	●	●	◐	◐	●…◔

符号的解释：●完全耐腐蚀 ◐相当耐腐蚀 ◔不耐腐蚀 ○不能使用

出于技术原因，例如由于强度要求，或出于成本原因，常常无法选择按防腐蚀观点可能是最佳的材料。那么只能通过防腐蚀措施保护指定采用的材料。

■ 符合防腐保护的设计

零件和机器的设计应避免出现或产生受到腐蚀威胁的部位。图 1 所示是若干举例：

- 通过在一个部件中采用相同材料或零件之间的隔绝层等措施，隔离预计出现接触腐蚀的部位。
- 通过符合工艺规范的焊接连接，或由螺栓连接代替等措施，避免出现缝隙。多使用闭合性型材，例如管。
- 工件表面尽可能平滑，例如采用磨削或抛光。
- 避免出现锐角断口或陡峭的横截面过渡，从而避免工件上出现切口应力集中效应。

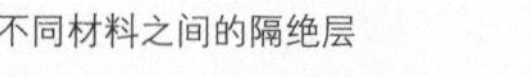

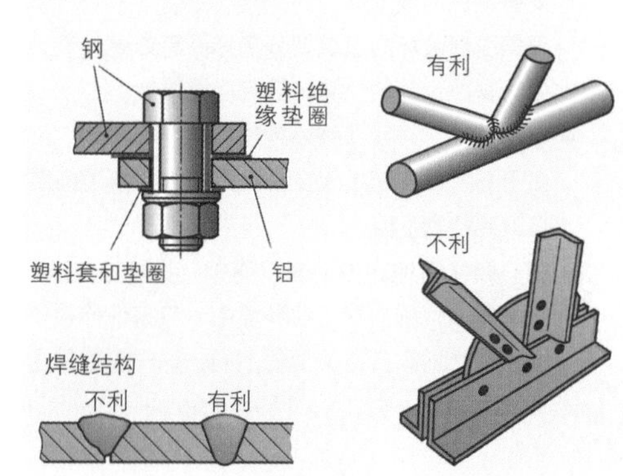

图 1：符合防腐保护的设计造型

■ 降低环境物质的侵蚀性

在许多情况下，环境物质并不都具有侵蚀性，仅有个别物质成分具有侵蚀性，例如空气中的湿气或冷却润滑剂中的酸离子。从环境物质中消除腐蚀性物质，才能真正降低或完全排除腐蚀的侵害。用简单的方法即可部分地取得这样的效果。

举例： 在冷却润滑剂和润滑剂中添加防蚀剂。防蚀剂会结合夹杂的侵蚀性成分，例如盐离子或酸离子，使它们无害化。

■ 切削加工期间和之后的防腐措施

在切削加工期间，通过在冷却润滑剂中添加防蚀剂来阻止工件出现腐蚀。防蚀剂是具有钝化作用的油性或盐类物质。它可以在工件表面形成一层肉眼无法看见，仅有几个分子层厚度的防护膜。

切削加工后，立即去除沾在工件表面含有冷却润滑剂的水，保护工件直至下一个加工工序。具体做法是，把工件浸入含有防蚀剂和排水添加剂的防腐保护油。

工件在加工完成后进入仓库之前，必须在清洗和干燥后涂一层薄薄的清漆（图1)，或用防腐保护油浸泡过的专用油纸包裹。

图1：用清漆保护的工件和刀具

■ 铁材料表面的防腐保护层

对于非合金钢和低合金钢以及铸铁，应在零件表面涂覆一层薄膜或保护层。根据所要求的保护期限，被保护材料表面所要求的特性以及腐蚀侵蚀物质等项要求的不同，所使用的保护层也各有不同。

●表面裸露的钢零件的防腐保护

机器上有许多零件的表面要求保持裸露，以便满足它们的功能要求，例如滑动导轨、导轨、主轴、齿轮、滚动轴承内环、测量工具、液压活塞等（图2)。耐腐蚀的前提条件是，这些待保护面都是磨削面或抛光面，并涂了含有防腐保护油或防腐保护脂的油或油脂。

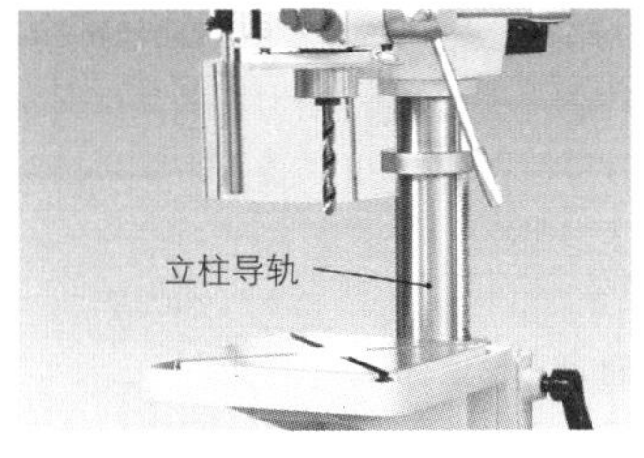

图2：用防腐保护油保护的立柱导轨

●通过表面化学处理进行防腐保护

把工件浸泡在一个处理槽内，通过化学反应，在工件表面形成一个随材料共生的、微孔的、仅有几个微米厚的反应层。接着涂含有防腐保护油的油，使反应层内的微孔闭合，从而在工件表面形成一层防水保护膜。

常用的表面化学处理方法是磷化处理、发黑和铬酸钝化。它们为在车间和加工企业内部使用的零件提供了充分的防腐保护（图3)。

但这些处理方法不适宜于露天存放的长期防腐保护。只有磷层适合做涂漆的底层，防止油漆的底层锈蚀（见266页)。

图3：磷化处理的刀具转塔

●防腐保护涂漆

防腐保护漆主要涂覆在例如机器底座、钢板罩壳和钢支承结构。在零件表面涂一层油漆，它能保护零件免与外界接触。其保护期限一般可达数年之久。

防腐保护漆的有效作用时间主要取决于待上漆表面符合工艺要求的预处理。该表面要求必须绝对无油脂，不能黏附任何污物和锈迹。已生锈的零件应用例如喷丸或打磨的方法去除锈迹。在洗涤碱液中清洗的目的是去脂（见266页)。对钢零件做磷化处理，对铝零件做铬酸钝化，或涂一层蚀洗用涂料（一种含铬酸和磷酸的溶液)，通过这些措施可达到良好的油漆黏附效果，防止出现底层锈蚀。

防腐保护漆的涂覆方法有：喷涂、静电喷漆、粉末喷漆或浸漆（见 267 页）。

简单的防腐保护涂漆，例如加工机床外部罩壳上的涂漆，一般都由一个底漆层和一个面漆层组成，并涂覆在经过磷化处理的钢板上（图 1）。油漆由结合剂，例如醇酸树脂和聚氨酯树脂，及微粒颜料混合而成。而复杂的防腐保护涂漆，例如轿车车身，最多由 6 层涂漆组成。

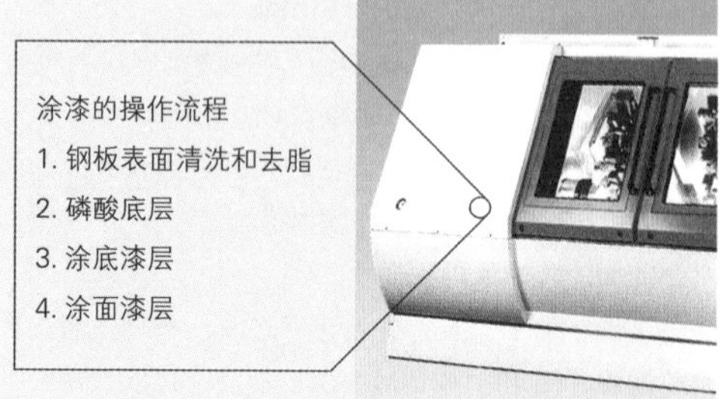

图 1：涂漆的（车床）钢板罩壳

■ 金属涂层

热镀锌：为钢零件表面涂一层锌，是一种用于露天条件的良好的防腐保护措施（图 2）。热镀锌的方法是，将零件浸泡在锌熔液槽（见 268 页）。

电镀沉积金属涂层：这种涂层不但具有防腐保护功能，还具有装饰性外观效果，例如用于轿车的装饰性零件。优先使用的涂层金属是镍和铬以及铜-锌-铬等多层涂层。

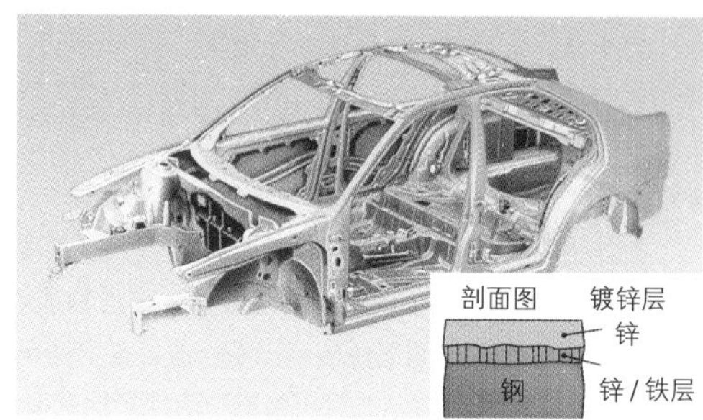

图 2：全镀锌的钢制轿车车身

■ 阴极防腐保护

带有消耗阳极的阴极防腐保护：实施时，将待保护的零件，例如一根将在地下敷设的管道，与一块镁板连接。借助地下的潮湿产生一个原电池，电池中溶解的是非贵重金属镁板（又称为消耗阳极）。而管道是阴极，因此得到了保护。

邻近电源供电阳极的阴极防腐保护：实施时，作为阴极的零件与一个电池的负极连接，与此同时，石墨阳极挂在电池的正极（图 3）。这样的连接使零件作为阴极得到防腐保护。

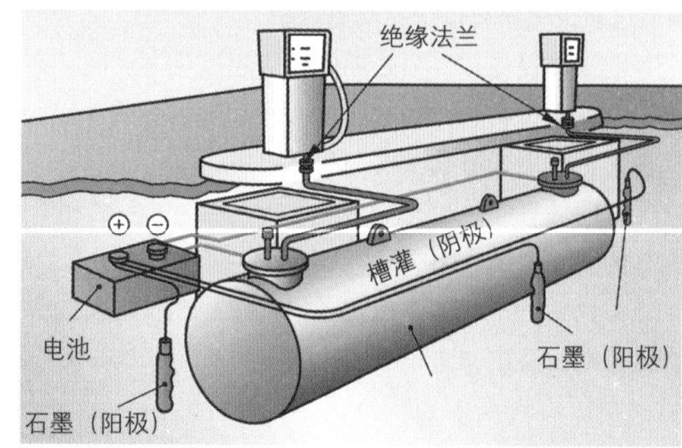

图 3：邻近电源供电阳极的阴极防腐保护

■ 铝材料的防腐保护

铝材料具有一定的天然耐腐蚀性，通过阳极氧化处理后，铝的防腐性能得到提高。

阳极氧化处理时，零件作为阳极悬挂在一个电解液槽的格内（见 269 页）。在铝零件的表面形成一层坚硬的、具有耐腐蚀性能的、固态附着的 Al_2O_3 氧化层（图 4）。这种电氧化铝层是透明的，因此铝零件的原始金属光泽依然得到保留。

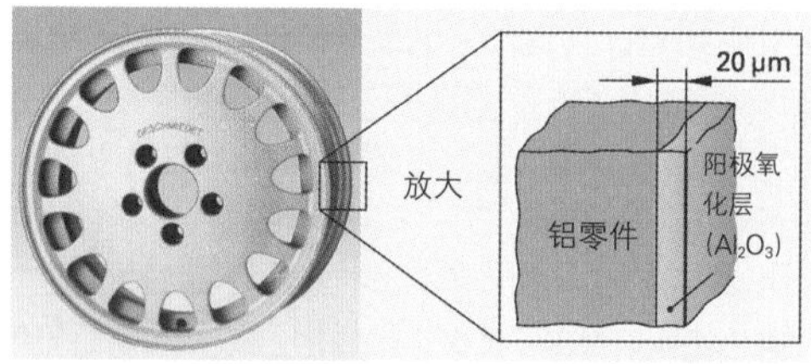

图 4：阳极氧化的铝轮圈

本小节内容的复习和深化：

1. 氧腐蚀时发生了什么事情？
2. 在原电池中发生了哪些电化学过程？
3. 腐蚀可分为哪几种类型？
4. 通过哪些措施可以避免切削加工过程中的腐蚀？
5. 涂覆防腐保护漆之前，钢零件表面应做哪些处理？

8.5 损伤分析和避免损伤

如果机床上某个零件出现损伤（图 1），必须尽快更换该零件。

机床的停机时间将导致很大的经济损失。此外，零件损伤还可能导致事故或人身伤害。

■ 损伤检验

为避免同类损伤再次发生，应进行系统的损伤检验（图 2）。

> 损伤检验（损伤分析）用于探查损伤原因，避免此类损伤在日后再次发生。

首先确定不用辅助手段也可识别的、清晰的损伤检验结果，例如断裂处的照片，零件上出现的裂纹或变形。同时采集材料数据（材料成分、处理状态）、损伤环境（负荷类型和最大负荷量）和环境条件（温度、腐蚀介质）。

如果难以判断损伤原因，则必须采用费用更高的检验方法，例如显微镜组织检验，扫描电子显微镜材料表面检验（REM），振动检测或零件运动负荷检验等（见 542）。

■ 损伤原因

从损伤检验结果推断损伤原因（图 3）。

辨别错综复杂的损伤原因需要常年积累的经验或经过良好训练的专业人员。

查寻损伤原因时，集成在机床软件中的损伤分析系统颇有助益。该系统可提供对故障部件（机械、液压、电气或电子等）的提示，并可直接列举出故障零件的名称。

> 通过排除损伤原因并实施维修，重新建立对加工质量的保证。

因此，损伤原因的查获和排除也是质量管理体系的重要组成部分（见 72 页）。

图 1：断裂的驱动轴

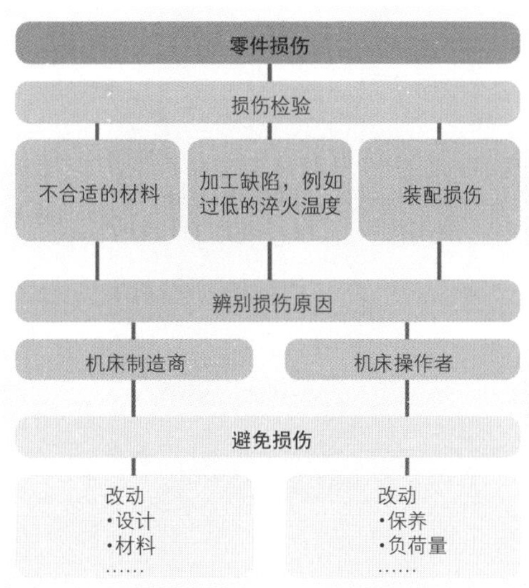

图 2：损伤分析示意图

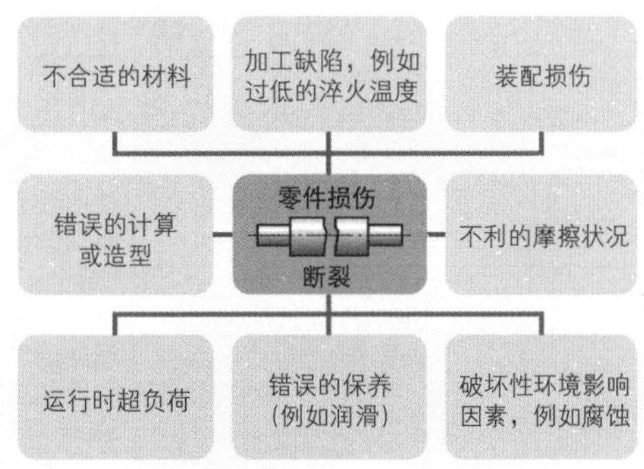

图 3：各种可能的损伤原因

■ 避免损伤

查出的损伤原因可作为故障机床的制造商以及操作者避免日后重现此类损伤并借此改进功能安全性的基础。机床制造商避免损伤所采取的措施是，例如可以采用其他材料，改动零件形状，增加过载保护（例如摩擦保险离合器）等。

机床操作者应采取的措施是，例如改善冷却条件以避免过热损坏，改进润滑和保养以避免零件咬死造成损伤，或避免因允许负荷下降造成超负荷损伤等。

表 1 所示是典型的损伤图和据此进行的损伤检验。

表 1：损伤状况和可能的损伤原因

损伤状况 ↓ 检验方法	损伤图	损伤类型→损伤原因	避免损伤的措施
零件断裂 ↓ 根据电子扫描显微镜照片做断裂面分析		**强力断裂** →因过高的力产生超负荷 **疲劳断裂：** →因过高的交变负荷（振动）产生超负荷	• 设计上改进零件形状 • 加强零件尺寸的测量 • 采用负荷承载性能更高的材料
零件断裂 ↓ 腐蚀点		**点状腐蚀** →腐蚀性作用介质 **晶粒间应力裂纹腐蚀** →大负荷时侵蚀性介质	• 避免接触腐蚀性介质 • 使用耐腐蚀材料 • 零件涂层
零件断裂 ↓ 材料组织损伤，显微镜的显微照片		**粗颗粒** →局部过热造成颗粒生长 **晶界扩大** →氧气和高温造成 **扭曲，凸起，熔化** →热变形	• 避免过热 • 使用耐热或耐氧化脆化的材料
焊缝缺陷 ↓ 超声波探伤检验，显微镜的显微照片		**焊缝根部缺陷** →焊接填充料用量过小 **未熔合** →焊接温度过低	• 检查焊机和焊接填充料 • 注意焊接条件
运行噪声升高 ↓ 滑动面的摩擦学检验［扫描电子显微镜材料表面检验（REM）照片］		**细纹，细沟，刀具的月牙洼磨损** →滑动磨损 **凹坑** →滚动磨损或冲击磨损 **摩擦氧化** →振动磨损 **细槽，波纹，凹槽** →流体侵蚀	• 缩短润滑周期 • 工件表面淬火 • 密封摩擦面

8.6 零件的负荷和强度

施加在机器零件上的力和扭矩是产生这些零件负荷的原因。

负荷的类型（表 1）

- 拉力。
- 剪切力。
- 扭力（扭转）。
- 压力。
- 弯曲力。

在狭长零件上，属于负荷类型压力的是折弯。折弯时，受到压力负荷的零件试图向力的垂直方向偏移，例如冲裁模的薄壁凸模。

两个上下叠压的零件接触面的负荷称为单位面积压力。例如滑动轴承的轴承套受到轴颈的单位面积压力。

在一个机器零件上常见同时出现多种负荷类型。例如传动轴在受到齿轮径向力和圆周力的同时受到弯曲和扭力负荷。我们称这类情况为组合负荷。

在工件内部，负荷会产生应力。应力的大小取决于力和横截面的大小，在弯曲负荷、折弯负荷和扭力负荷时还取决于横截面的形状。应力标注的单位是每平方毫米牛顿（N/mm^2）。

我们称可导致一个材料开始出现破坏的应力为该材料的强度。

每一种负荷类型都对应着一种强度，例如负荷类型拉力所对应的强度称为抗拉强度，负荷类型压力所对应的是抗压强度。

■ 负荷类型

施加在零件上的力可以按时间段设定为不同的量（见 544 图 1）。

静态负荷时（负荷状况Ⅰ），作用在机器零件上的力上升，使应力从零一直上升到最大值并保持。

举例： 接通电源后，一个风扇驱动轴的扭转应力将从零上升到其最大值，并保持恒定不变。

动态负荷时，应力的量，必要时还有应力的方向都在持续变化。

动态重复负荷时（负荷状况Ⅱ），应力在零与最高值之间波动。

举例： 打开一个发动机阀门时，气门摇杆受到的是弯曲应力。

动态交变负荷时（负荷状况Ⅲ），应力在正负最高值之间持续波动。

举例： 一根旋转轴上交变的弯曲应力，它同时还包含着每旋转半圈改变一次方向的拉应力和压应力。

表 1：负荷类型

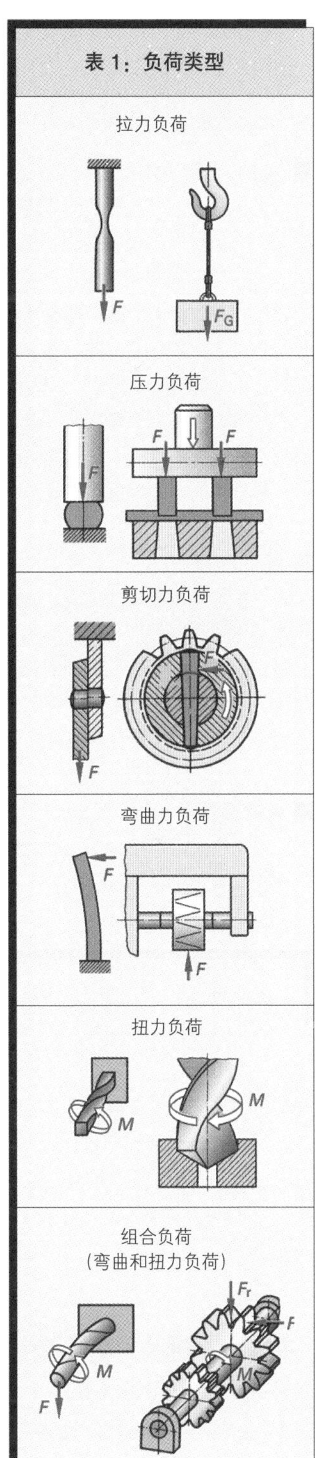

普通动态负荷时，应力在最高值与最低值之间不均匀地波动（图 1）。

举例： 外圆铣削时，铣削主轴上因为切削力的波动而产生的扭转应力。

受到动态负荷的零件因材料疲劳和切口应力集中效应所造成的危害远大于静态负荷。出于这个原因，其疲劳强度（见 405 页）小于静态负荷零件的强度。

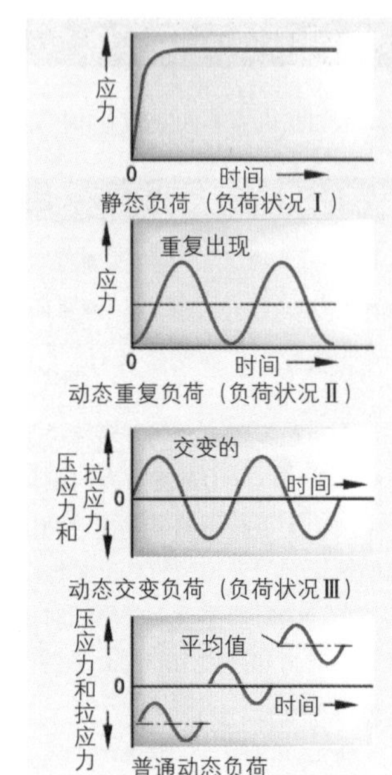

图 1：负荷类型

切口应力集中效应

无切口工件上的力线均匀流过横截面，但在有切口的横截面上，力线却密集在切口范围（图 2）。因此，切口范围内的应力更大。

为避免出现疲劳断裂（见 405 页），计算有切口工件的允许应力 σ_{zul} 时需用切口应力集中效应系数 β_K 除以标准极限应力 σ_{lim}。

切口应力集中效应系数 β_K 的大小取决于切口的大小和形状（图 3），亦取决于材料和负荷类型；一般可设定为 1.3 与 3 的数值。

切口的作用主要集中在零件的横截面变化方面，例如轴倒棱、槽和凹槽。片状石墨铸铁内石墨片的作用就如同内部切口。

通过轴倒棱的圆角和卸载切口可以降低应力峰值（图 4）。

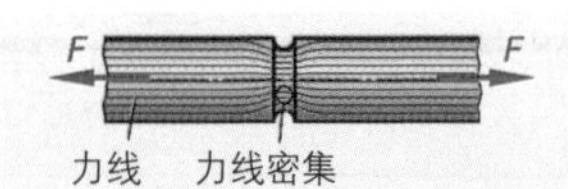

图 2：有切口的拉杆上力线的分布

标准极限应力

零件的标准极限应力 σ_{lim} 是在零件出现损伤性形状改变，断裂或材料疲劳时所出现的应力。它取决于材料、负荷状况和负荷类型。例如拉力静态负荷时，韧性材料的标准极限应力采用屈服强度 R_e 或 0.2%屈服强度 $R_{p0.2}$，而脆性材料的标准极限应力采用抗拉强度 R_m（见 398 页）。动态负荷时，疲劳强度是标准极限应力。

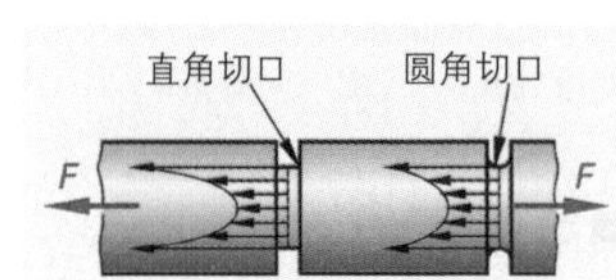

图 3：不同切口形状时拉杆内的应力分布

允许应力

出于安全方面的原因，零件的允许应力必须低于标准极限应力。我们用安全系数 v 除以标准极限应力 σ_{lim} 即可得出允许应力 σ_{zul}。

允许应力 $$\sigma_{zul} = \frac{\sigma_{lim}}{V}$$

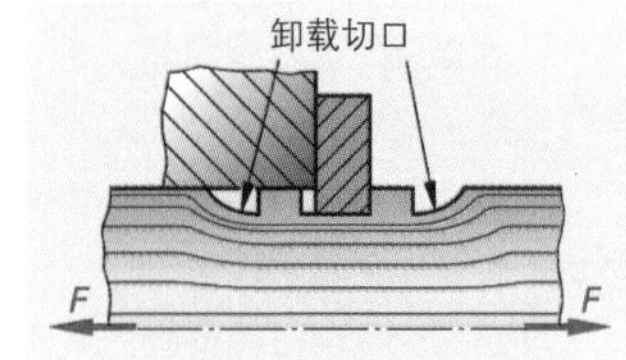

图 4：卸载切口上的力线分布

举例： 配重块的提升钢丝绳材料的屈服强度 $R_e = 540\ \mathrm{N/mm^2}$。请问，安全系数 $v = 1.8$ 时的允许应力是多少？

解题： $\sigma_{zul} = \frac{R_e}{v} = \frac{540\ \mathrm{N/mm^2}}{1.8} = 300\ \mathrm{N/mm^2}$

本小节内容的复习和深化：

1. 负荷类型分为哪几种？
2. 如何理解一种材料的强度？
3. 避免切口应力集中效应应采用哪些措施？
4. 为什么允许应力必须小于标准极限应力？

8.7 英语实践

Maintenance: Contamination of lubricants and hydraulic fluids

Maintenance involves inspection, repair and improvements. This entails measures for the preservation, identific ation, restoration and improvement of the functional state of a machine or system performance.

During the lifetime of a plant, costs occur caused by functional breakdown, downtime and associated maintenance measures. An important criteria is the state of the working medium: 70 % of the failures of lubrication and hydraulic systems are caused by the fluid.

Impurities and contamination of the fluid significantly affect the function of hydraulic and lubricating fluids. Contamination is caused by the integrated components such as valves, cylinders, pumps, tanks, hydraulic motors, hoses, tubes or by contamination from outside, e.g. by ventilation or defective seals (Figure 1).

The severity of the component's damage essentially depends on the material of the particles,their shape (round or sharp edge) and their size and number.

Rule: The harder the particles, the greater the damage to components. Another factor is the operating pressure: the higher the pressure, the higher the amount of the particles, which are forced into the lubrication gap.

The majority of these solid particles are smaller than 30 microns (μm) and not visible to the naked eye. Particularly critical are particles that are as large as the fit clearance of the moving parts (Figure 2).

The solid contamination is classified in accordance to ISO 4406/1999 (Figure 3). To determine the level of contamination, the solid particles, present in 100 ml of liquid, are counted, ordered by size/number and divided into areas.

The level of contamination is determined by elec – tronic particle counters and is indicated by a triple combination of numbers, e.g. 21/18/15. If counting of particle numbers is carried out microscopically, it is expressed by a double combination of numbers, e.g. 18/15th

Many manufacturers recommend certain purity levels for system pressures of 100 to 160 bar in different components(Figure 4).

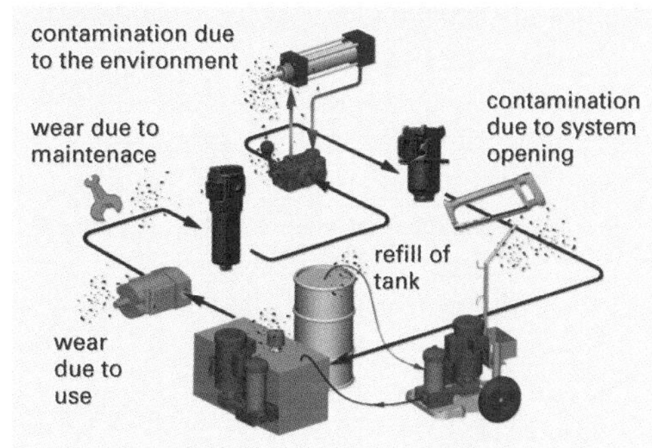

Figure 1: Formation of contamination in hydraulic systems

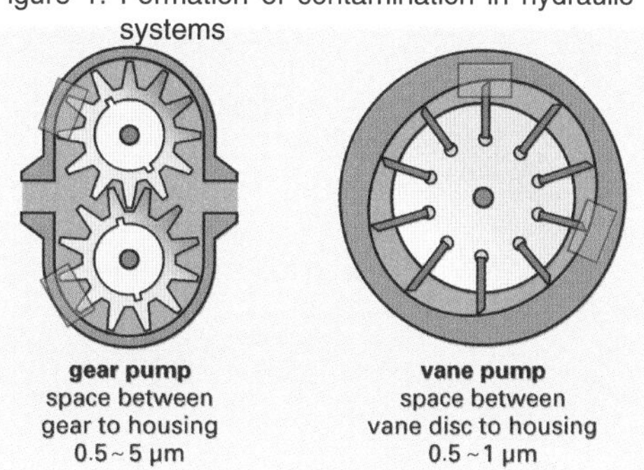

Figure 2: Fit clearance of hydro pumps

ISO code*	Amount of particles/100 ml from	to
5	16	32
6	32	64
7	64	130
8	130	250
9	250	500
10	500	1000
11	1000	2000
12	2000	4000
13	4000	8000
14	8000	16000
15	16000	32000
16	32000	64000
17	64000	130000
18	130000	260000
19	260000	500000
20	500000	1000000
21	1000000	2000000
22	2000000	4000000
23	4000000	8000000
24	8000000	16000000
25	16000000	32000000
26	32000000	64000000

Determination by...
...electronic particle counters
21 / 18 / 15
>4 μm_c >6 μm_c 14 μm_c

...microscopic counting
– / 18 / 15
>5 μm_c 15 μm_c

* according to ISO 4406

Figure 3: Determination of the level of contamination

System/application/components	Purity level
Fresh oil	21/19/16
Pumps/engines	
• Axial piston pumps	18/16/13
• Radial piston pumps	19/17/13
• Gear pump	20/18/15

Figure 4: Recommended purity levels

9 自动化技术

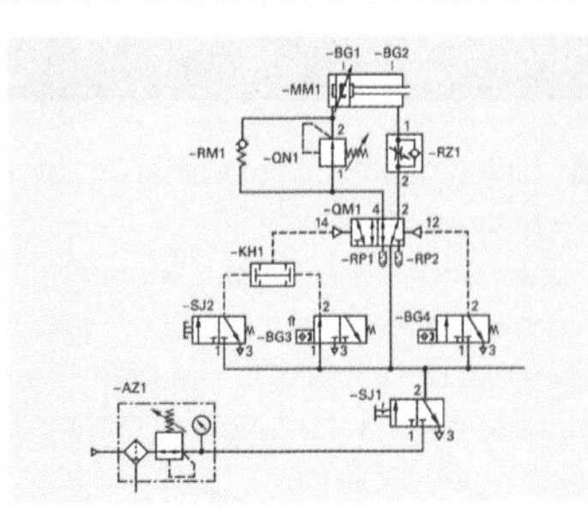

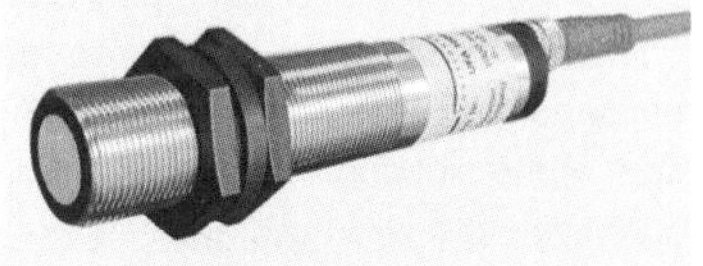

10 技术项目

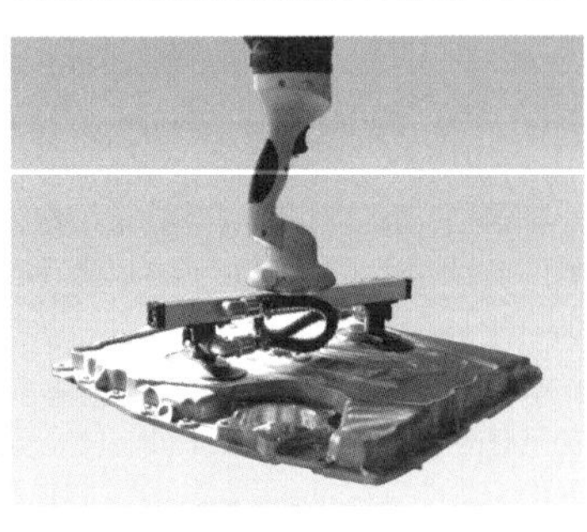

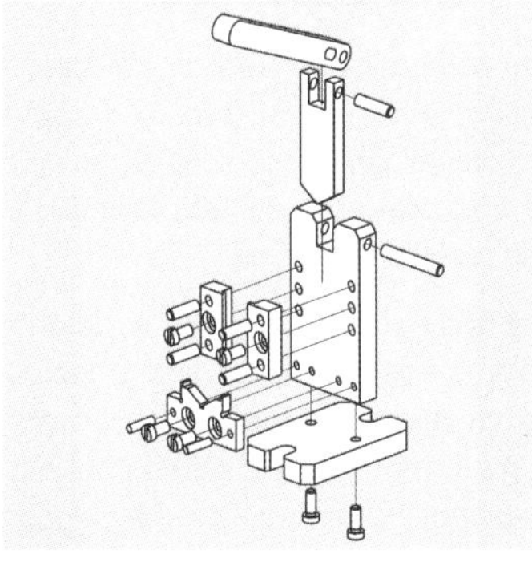

9 自动化技术

9.1 控制与调节

机床和设备的自动化需借助控制技术和调节技术。例如，将一台车床工作主轴驱动电动机的转速转换至1000 r/min，我们称这个过程为控制。而调节则与之相反，调节是测量转速的实际值，然后将该测量值与设定值进行比较，并在出现偏差时调回设定值。

9.1.1 控制技术的基础知识

控制按照E-V-A(输入-处理-输出)原则工作

- 输入信号，例如通过开关、按钮和传感器；
- 处理信号，例如通过继电器内的逻辑电路；
- 输出信号，例如向驱动电动机输出信号。

驱动机床工作台时（图 1），控制装置通过开关接通电动机，电动机驱动主轴转动。机床工作台向外行驶，直至凸轮抵达限位开关并触发停机信号。由于故障而导致与设定行驶距离的偏差将不会得到采集和修正。这种接通和关断，我们称为控制。

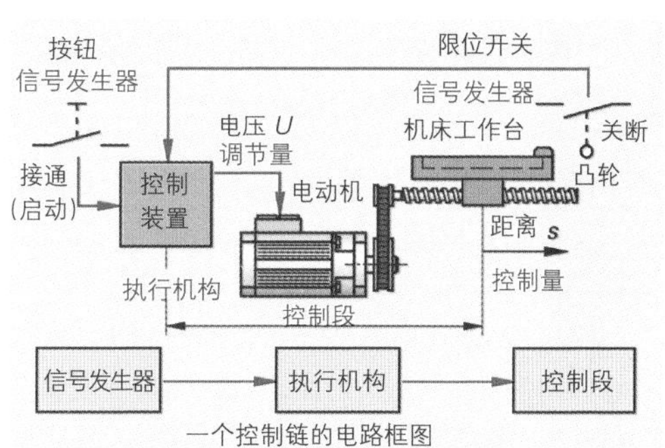

图 1：控制系统举例

■ **基本概念**

我们用标准化概念命名控制元件（图 1）：

启动按钮命名为信号发生器，执行机构是控制装置，调节参数是启动电动机的电压 U。机床工作台行驶的距离 S 命名为控制量。机床上受到信号影响的结构单元称为控制段。

简称为控制系统的整个设备可以简化图示为一个电路框图，图中将控制系统的各个元件用矩形方框表示（图 1）。方框之间的信号流用作用线表示。调节量不会对控制量发生反馈作用。因此，我们称之为一个控制链或一个开环控制过程。

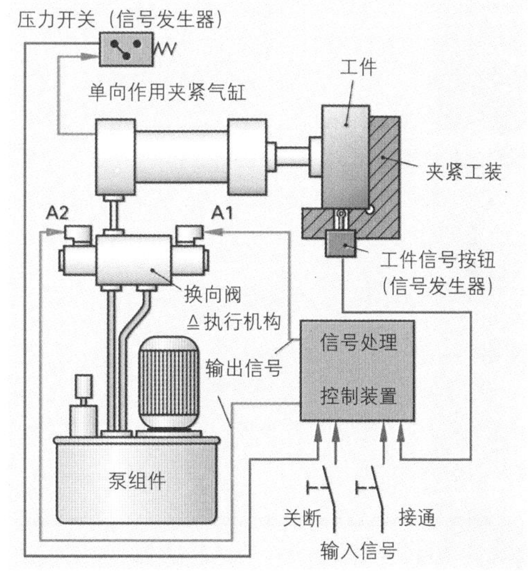

图 2：液压夹紧装置

控制时，不修正实际量与设定量之间的偏差。

■ **控制的举例（图 2）**

夹紧气缸的活塞只在工件已进入夹紧工装并且压迫到接通开关时才允许伸出。两个输入信号的连接导致打开气缸前进的换向阀。如果达到夹紧压力，压力开关发出工件加工信号。通过关断开关和信号 A2 使气缸活塞收回。

■ 控制的类型

我们根据信号处理和编程划分控制。

根据信号处理的不同类型划分控制

逻辑连接控制：若要接通机床工作台的进给驱动电动机（-MA1），必须满足如下条件：防护格栅（-BG1）已关闭，工作台处于终端位置（-BG2）和按下开关（-SJ1）（图1）。为获得输出信号-MA1，三个输入信号必须“与”门连接。

> 逻辑连接控制系统中，只有当信号已经彼此逻辑连接时，才能满足接通的条件。

过程控制：过程控制时，运动过程以步进形式进行。时间型过程控制时，通过例如凸轮开关（图2）、时间继电器或时钟脉冲发生器发出信号。

过程型过程控制时，当前一个工作步骤结束后，才能开始下一个工作步骤（图3）。按下按钮开关-SJ1启动后，机床工作台进入工作位置。这里，限位开关-BG1发出钻孔单元快进信号。接着，-BG2发出切削进给信号，并以此逐步进行下去。

时间型过程控制时，如果某一个工作步骤有误或根本没有执行，后续的工作步骤仍然照常执行。这很可能导致出现故障。因此，相比之下，过程型过程控制更为安全稳妥。

当工作步骤与所行驶过的距离，例如工作台所行驶的距离相符时，与过程相关的程序控制又可称为步进框图控制（图3）。

根据编程的不同类型划分控制

连接型程序控制：气动控制中（图4），各组件按照线路图通过导管彼此连接。若要更改控制流程，必须重新铺设管道。

> 连接型程序控制时，程序流程已由各组件及其连接固定预设完毕。

编程型程序控制［SPS=可编程序控制器（德语缩写）］：编程型程序控制时（图4），由程序确定控制流程（见615页）。

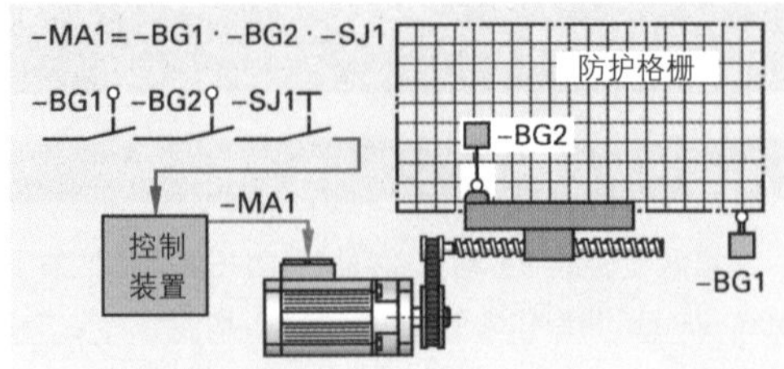

图1：逻辑连接控制

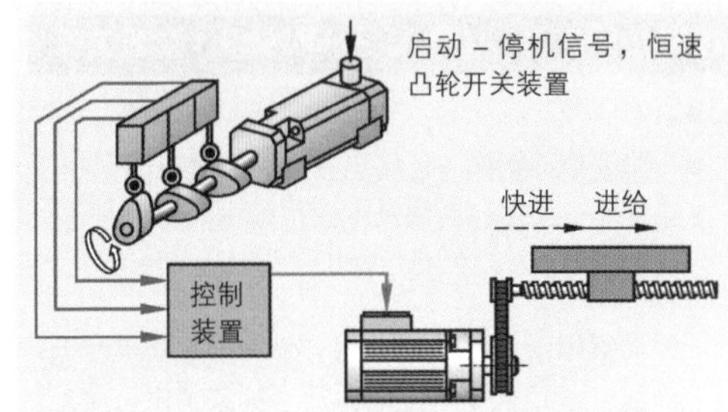

图2：时间型过程控制

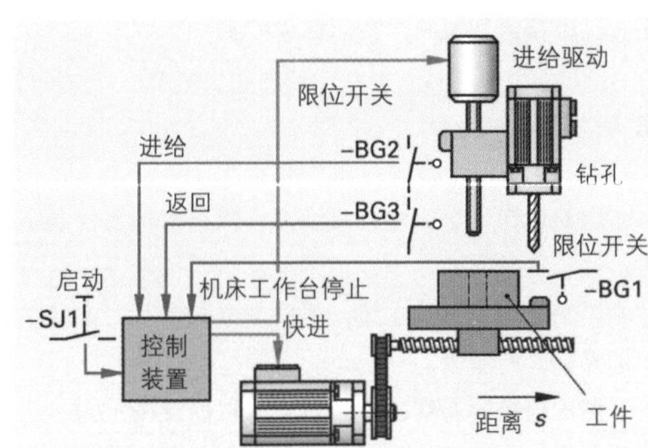

图3：过程型过程控制

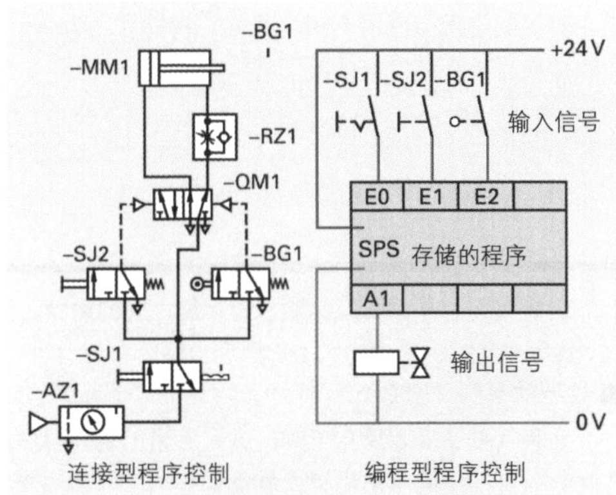

图4：连接型程序控制和编程型程序控制

9.1.2 调节技术的基础知识

在工程技术中，使用调节装置使工作过程自动化。那么调节装置的任务是，达到或保持规定的数值，例如转速、位置、速度和温度等。

定值调节（又称：恒量调节）：如果必须使一个规定数值始终保持不变，例如车削时的转速，那么我们称之为定值调节。

顺序调节：如果刀具按照一个事先计算的数值连续运行，例如轮廓车削时的直径，则我们称之为顺序调节。

调节过程举例：

- 端面车削时的转速调节。
- 机动车的速度调节（自动驾驶仪）。
- 淬火炉的温度调节。
- 气动设备的压力调节。
- 激光切割设备的喷嘴间距调节。

■ 举例：计算机数控（CNC）车床的转速调节（图1）

测速发电机对工作主轴转速（调节量）进行例如数字式测量，并在对比点与转速设定值连续比较（指令变量）。若出现偏差，例如因切削力波动（干扰量）导致出现偏差，调节器将重调转速，补偿与转速设定值的差。

通过调节量的实际值连续不断地与设定值比较，调节始终构成一个闭合回路。因此，我们称之为调节回路（图 2）。

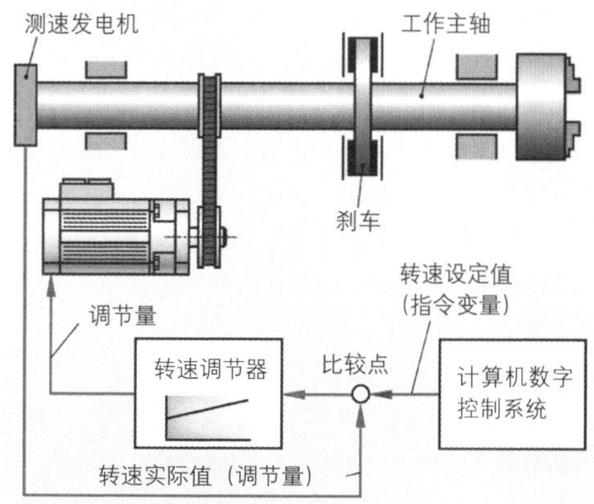

图 1：车削转速调节

每一个调节都可以用三个过程表述其特征：

- 调节量的测量；
- 与指令变量的比较；
- 通过调整进行补偿。

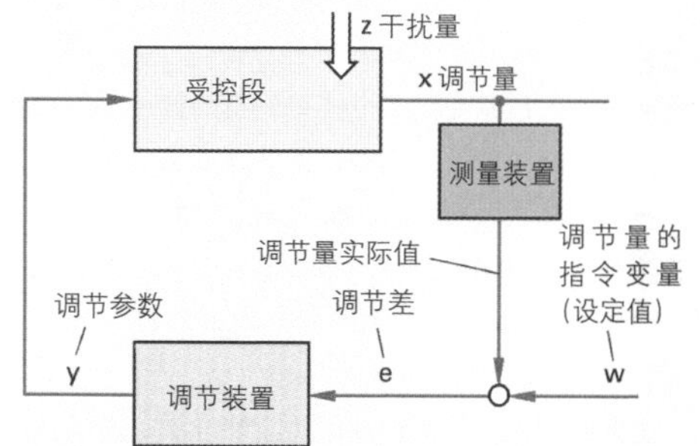

图 2：调节回路框图

调节器和补偿装置共同构成调节装置。受调节装置控制的单元称为受控段。

■ 位置调节举例（图 3）

每台计算机数控 (CNC) 机床除转速调节装置外，还有一个位置调节装置，目的是使刀具或机床工作台能够按照程序规定的设定值运行（见 276 页）。位置调节回路的受控段（图 3）包括驱动电动机、滚珠丝杠、机床工作台和测量装置。

机床工作台的位置被连续测量并与程序设定值比较。如果实际值与设定值有所偏差，机床工作台立即移动，直至达到设定值为止。

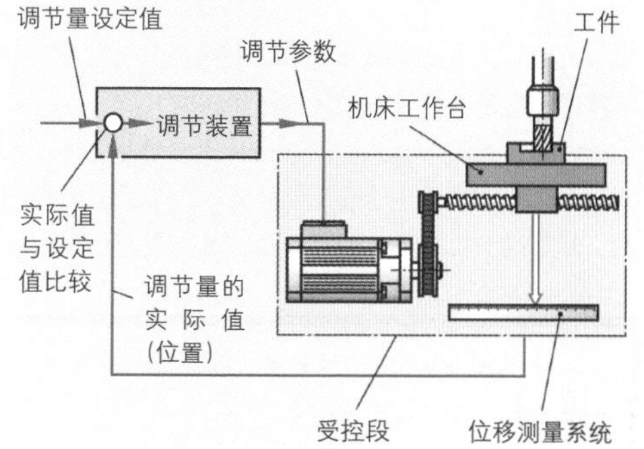

图 3：进给驱动的位置调节回路

■ 调节器类型

根据作用方式，我们把调节器分为非连续性调节器和连续性调节器。

非连续性调节器

非连续性调节器有两个甚至多个开关位置。调节器通过分级开关改变调节参数。如果调节器只有两个开关位置：接通（EIN）和关断（AUS），这种调节器又称为两点式调节器。

两点式调节器作为例如双金属调节器用于温度调节回路（图 1）。当接通电炉加热装置时，双金属弹簧的触点首先是闭合的。加热装置加热时，双金属弹簧出现弯曲，断开触点（达到温度上限值）。只有当温度因冷却而重新降至低于温度下限值时，触点才会重新闭合，再次接通加热装置。

接通温度和关断温度的差就是两点调节器的开关差。通过延迟导热将炉温设定在两个极限温度之间的某个温度值（图 2）。

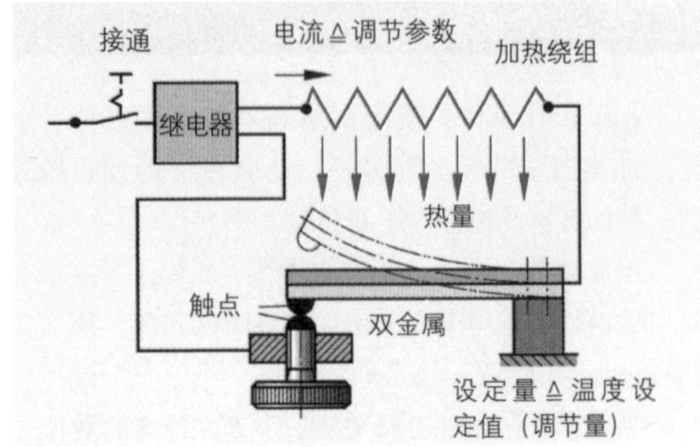

图 1：电炉加热装置的非连续性调节器

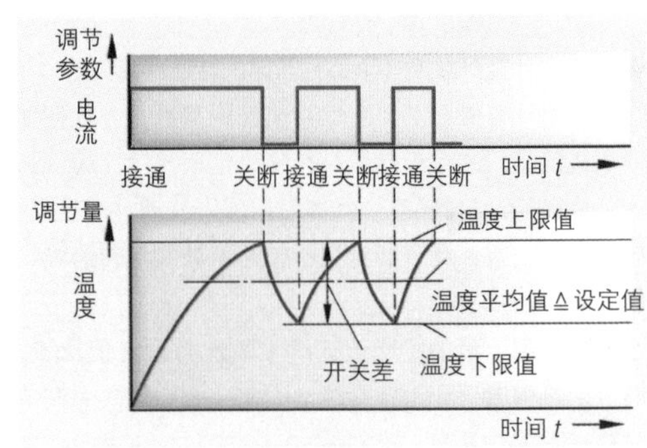

图 2：两点调节器的调节特性

连续性调节器

连续性调节器无级（连续）采集调节量 x，然后在调节范围内同样无级地改变调节参数 y（图 3）。这种调节器可以比非连续性调节器更准确地保持调节量，例如水箱的水位。

为了试验连续性调节器的特性，我们跳跃式改变输入信号 x，然后观察输出信号 y 如何反应（图 4）。观察期内输出信号变化的方式我们称为调节器的过渡函数或阶跃函数响应。连续性调节器又可分为比例调节（P-调节器）、积分调节器（I-调节器）、比例积分调节器（PI-调节器）、差动调节器（又称：微分调节器）（D-调节器）和比例积分差动调节器（PID-调节器）。

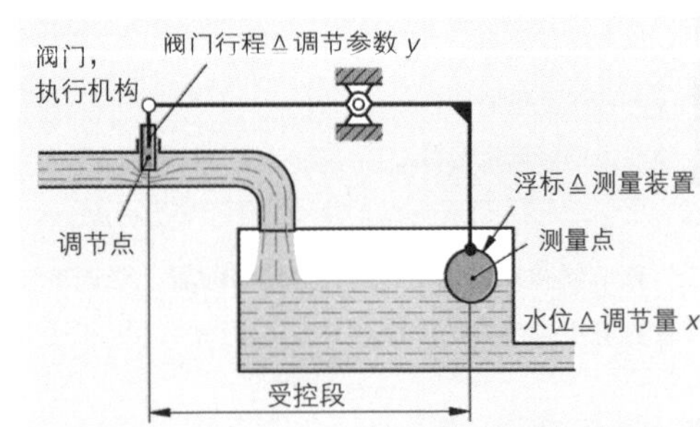

图 3：连续性调节器

比例调节器：如果例如因为故障导致进水管道的进水量（干扰量）升高，则水箱水位也将升高（图 3）。随水位升高的浮标通过一根杆启动减少进水量的阀门。阀门位置的变化与浮标杆的传动比成比例。这里，调节器的阶跃函数响应与输入信号的变化成比例关系（图 4）。

进水管阀门必须关闭到相应位置，使进入水箱的进水量尽管由于供水量较大却仍然保持稳定不变。为此还要求更高的浮标位置和水箱水位。就是说，比例调节器能保持一个与设定值恒定不变的偏差量。

> 比例调节器（P- 调节器）能对信号变化迅速做出反应，但却有一个保持不变的调节偏差。

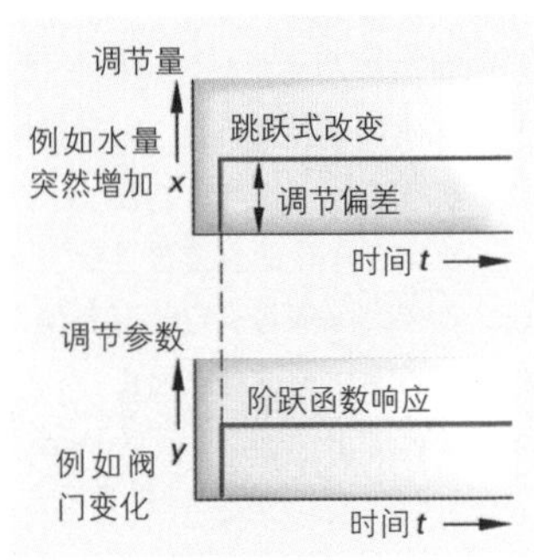

图 4：比例调节特性

积分调节器：在积分调节器（I-调节器）中，调节量跳跃式变化作用于调节参数的速度变化（图1）。积分调节器输入端的调节偏差（e_2，e_1）越大，执行机构的调节速度越快（见特性曲线1和2）。

例如，一个积分调节器可保持水箱水位稳定不变（图2）。当水位达到设定值，电位器的分压抽头立即为零。电动机停止转动。如果浮标下降，电动机重新通电。水位下降得越多，通电电压越高。就是说，水位下降得越多，电动机的转速也相应地越快。同时，阀门打开得也越快。阀门的调节速度直接取决于浮标的调节偏差。如果浮标重新浮起，则电压方向改变，从而使电动机的旋转方向变化，阀门关闭。这时，在没有调节偏差的条件下重又达到设定值。

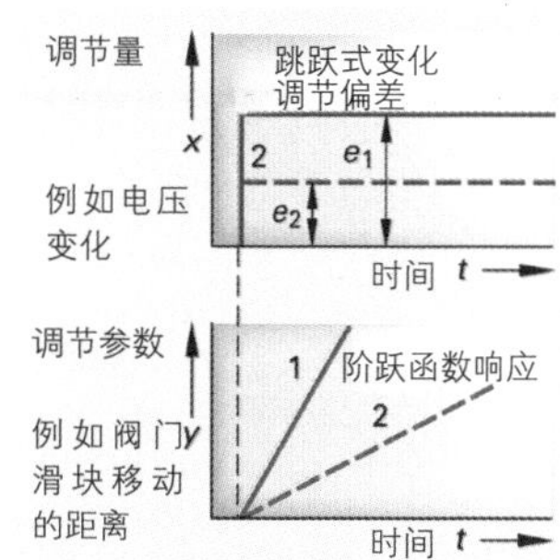

图1：积分调节特性

> 积分调节器慢于比例调节器，但它完全消除了调节偏差。

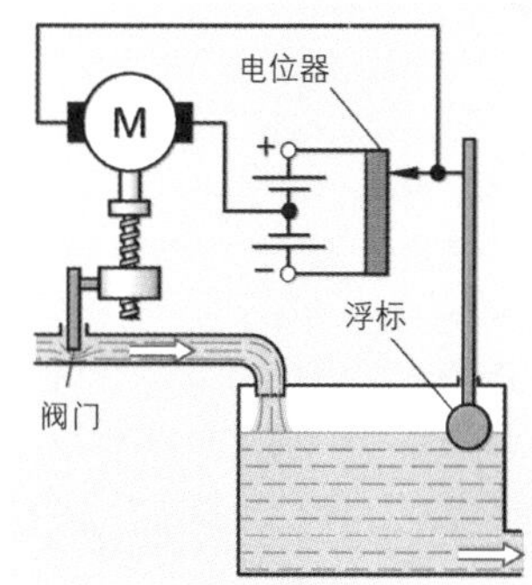

图2：积分调节器

比例积分调节器：比例积分调节器中并联了一个比例调节器和一个积分调节器。这样，比例积分调节器结合了比例调节器的优点：可快速调节和积分调节器的优点：不允许存在调节偏差。这类调节器可用于例如数控机床中机床工作台定位时的位置调节。

差动调节器：差动作用调节器（D-调节器）中，当调节偏差 e 变化极快时，调节参数 y 也在极短时间内迅速改变，并迅速返回至其初始值（图3）。调节偏差变化越快，调节参数的变化也越大。由于差动调节器只在短时间内改变调节参数，它不能补偿固定的调节偏差。它只能与一个比例调节器、积分调节器或比例积分调节器联合使用。

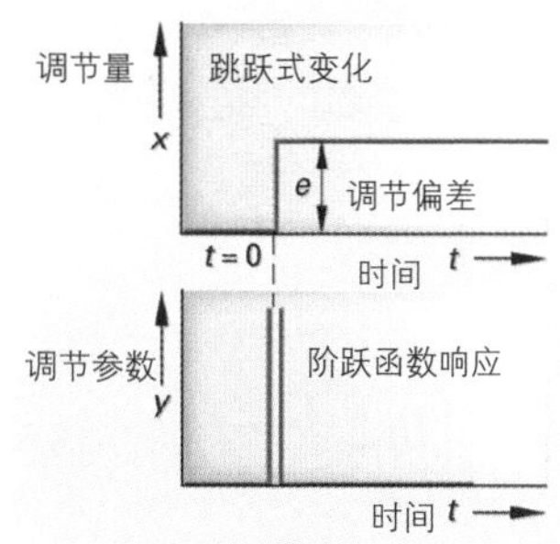

图3：差动调节特性

> 调节器的差动部分（D- 部分）加速了调节参数，使调节器极快地介入调节。

比例积分差动调节器（PID-调节器）：比例积分差动调节器的作用速度更快于比例积分调节器。根据跳跃式变化的输入信号（图4），调节参数通过差动影响，短时间内改变调节参数（P1）。由于调节器的比例部分作用在与调节偏差成比例并使调节参数变化极快的调节上，该调节将不再回到其初始值（P2）。现在给调节器的积分部分加上调节参数的新数值，从而使调节偏差重新回到零。

使用比例积分差动调节器可以调节例如直流电动机的转速。它可使电动机在不同负荷条件下仍能保持转速恒定不变。

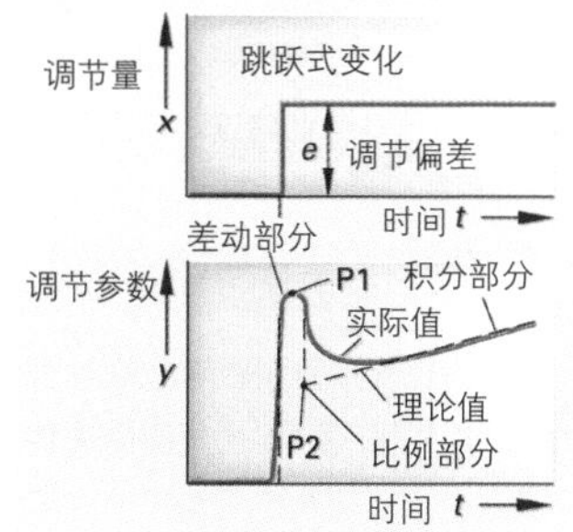

图4：比例积分差动调节特性

> 比例积分差动调节器组合了比例调节器、积分调节器和差动调节器的优点。它反应快速，并能完全消除调节偏差。

为了准确表述调节回路中各重要部分，这里采用了标准化图形符号（表 1）。

表 1：控制技术和调节技术的图形符号

图形符号	含义	图形符号	含义	举例：压力调节
	测量点，传感器		信号或测值转换器	设定装置：手动－自动 测值转换器 PID 电流 压力 电子调节器 电子伺服传动 受控段
	执行结构，执行点		调节器，通用	
	伺服传动，通用		设定装置，通用	

■ 电子调节器

调节技术中，信号处理几乎只使用电子调节器。

举例：配装比例积分差动调节器的比例阀。

使用比例阀可以无级调节例如液压缸的动作速度（图 1）。该阀有一个位移寄存器，它可电子式测量阀门行程并将该行程转换为控制电流。它还可以通过比例积分差动调节器重新调整设定值，并传输给比例电磁铁。

举例：液压马达的转速调节。

压铸机的偏心轴由一个液压马达驱动。为使马达转速保持恒定不变，使用的是比例积分调节器（图 2）。执行机构是一个比例阀。测速发电机提供转速实际值。如果转速下降，由比例积分调节器调节阀的流量。从而改变转速。

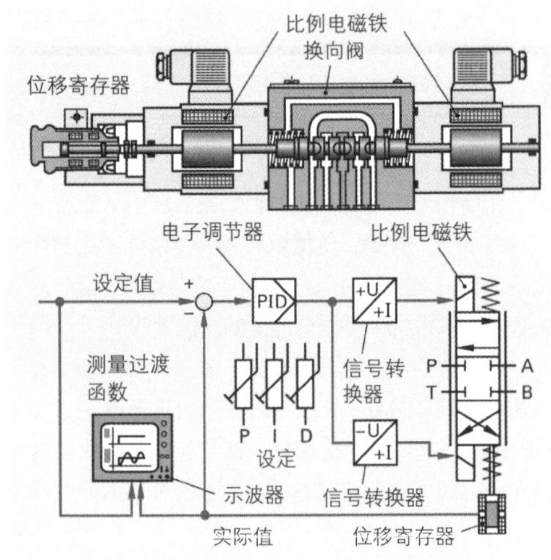

图 1：配装比例积分差动调节器的比例换向阀

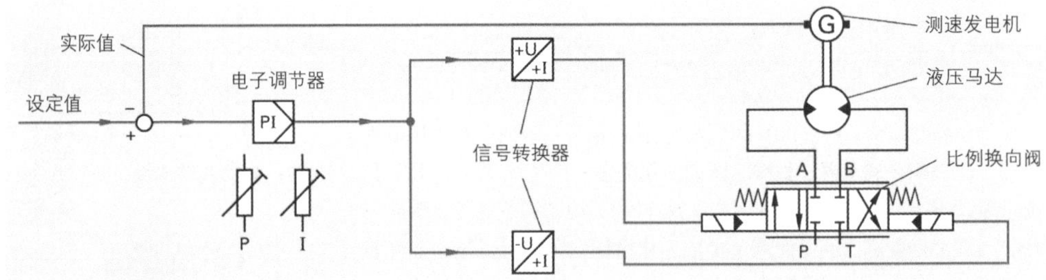

图 2：液压马达的转速调节

本小节内容的复习和深化：

1. 逻辑连接控制有哪些特性？
2. 如何区别过程控制的两种类型？
3. 如何区别连接型程序控制和编程型程序控制？
4. 如何区别非连续性调节器和连续性调节器？
5. 比例调节器和积分调节器有哪些特性？
6. 连续性调节器的差动部分是如何作用的？
7. 请您列举出比例积分差动调节器的两个应用实例。

9.2 控制系统的基础知识和基本组件

机床、装置和整个设备的功能均由它们的控制系统决定。控制系统由信号发生器、控制元件、开关装置和驱动元件（执行元件）组成。这些组件可由电气驱动、液压驱动、气动或机械驱动。但是，控制系统的基本结构和功能却可以不受其驱动类型的制约。

9.2.1 控制系统的工作方式

控制系统接收来自信号发生器的信号，在自己的控制元件内“处理”这些信号，然后向开关装置发出开关指令。于是，受开关装置控制的驱动元件按照指令执行机器上的各种运动。

控制系统举例：

工件分类装置（图 1）

任务：现在由分类装置的输送带供给长工件（W1）和短工件（W2），并在这里进行分类。

分类过程：工件在分类装置内经过三个传感器-BG1、-BG2 和-BG3。长工件在通过传感器的短暂时间里遮盖住全部三个传感器，而短工件只能单独遮盖中间的传感器。传感器信号依序发给控制系统（见 556 页），并以开关指令形式将信号处理结果输出给 5/2（五位两通）换向阀。该阀控制气动气缸。气缸将长工件顶入左边岔道。岔道在该位置一直停留到传感器又采集到下一个短工件信号时为止。这时，气缸将岔道向右移动。岔道在这个位置上同样需停留到下一个长工件信号出现时为止。

控制系统的部件

我们可以把控制系统细分为控制部分和动力部分（图 2）。控制部分和动力部分通过接口连接。控制部分所接收和处理的信号将通过接口传输给动力部分，在动力部分由开关装置控制驱动元件的运动。

为使控制系统尽可能保持小型化，驱动控制部分的电压或压力常常小于动力部分的电压或压力。但在接口处，必须放大控制部分的输出信号。

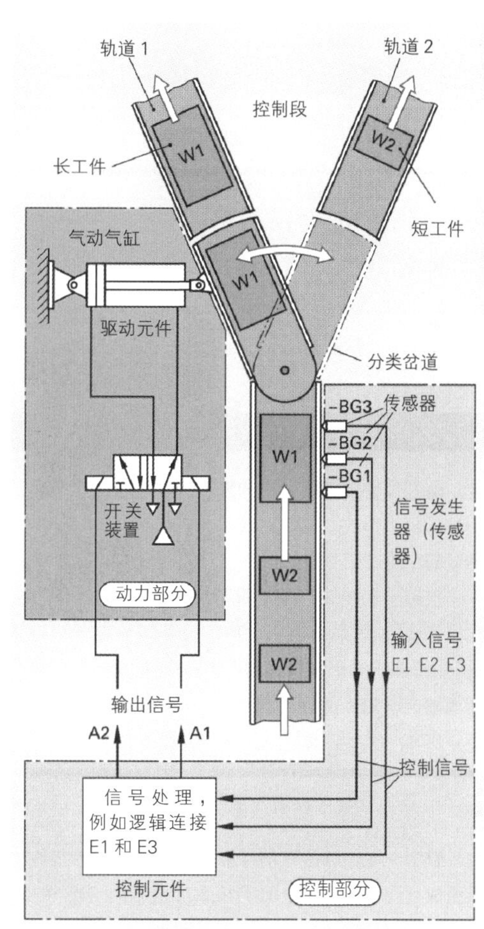

图 1：工件分类装置的控制系统

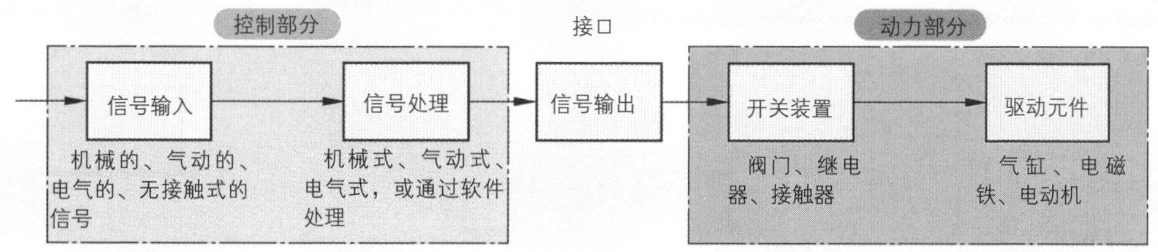

图 2：控制系统各部件

9.2.2 控制系统的组件

控制系统由信号发生器，例如开关和传感器；控制元件，例如继电器和微处理器；开关装置，例如单稳态或双稳态阀门，以及驱动元件，例如气缸、接触器和电动机等组成（表1）。

表1：控制系统的结构（EVA原则）

控制系统组件	元件
信号发生器［信号－（E）输入］	开关、按钮、传感器
控制元件［信号－（V）处理］	双向阀、换向阀、继电器
驱动元件［信号－（A）输出］	气缸、机械手、压缩机、泵、接触器、电动机

根据信号输入和信号处理的类型，又可将装入控制系统的元件划分为三类（表2）。

表2：控制系统信号处理元件

控制系统类型	元件
模拟控制系统	恒压阀、无级变速箱、模拟传感器
数字控制系统	位移测量系统、微处理器、数字传感器
双元控制系统	按钮开关和手动开关；换向阀、双元接近开关

9.2.2.1 信号类型－信号形式

由开关和传感器发出并影响控制流程的信号都有不同的信号形式。据此，信号可分为模拟信号、数字信号和二进制信号。

模拟（连续的）信号随着输入量的变化而持续变化（图1）。例如，机床工作台位移距离越长（输入量），使测表的测轴伸出得越长，则测表指针的旋转角度越大（输出量）。气动测量触头（见34页）和模拟传感器（见583页）发出的都是模拟信号。

> 模拟信号可设定任意数值。

数字（非连续的）信号由一个分级数值的最终数量组成（图2）。例如，计算机数控机床上一段10 mm距离的数字信号由距离测量装置玻璃标尺上的10000个脉冲组成。如果需要数值信号，模拟信号可在一个模拟-数字转换器中转换成数字信号。

> 所有的计数过程均产生非连续数值。

二进制（双数值）信号只接受两种数值或状态（图3）。这两种数值可以表示为1和0，接通（EIN）和关断（AUS）。两个限位开关-BG1和-BG2（图3）在被超越时通过转换凸轮发出一个信号，使进给电动机停机。

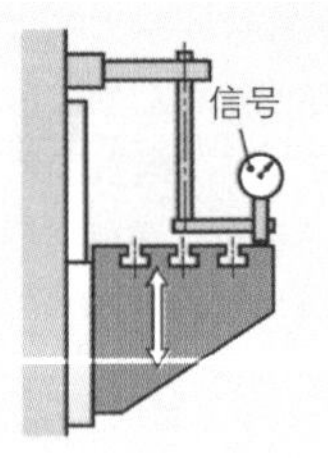

图1：模拟信号

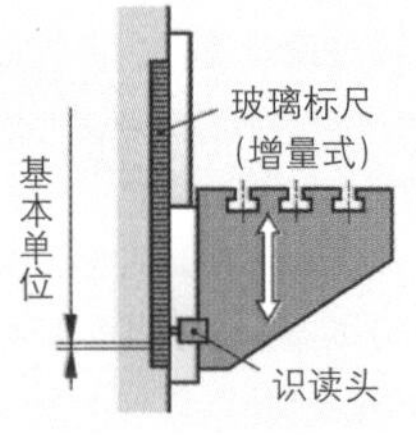

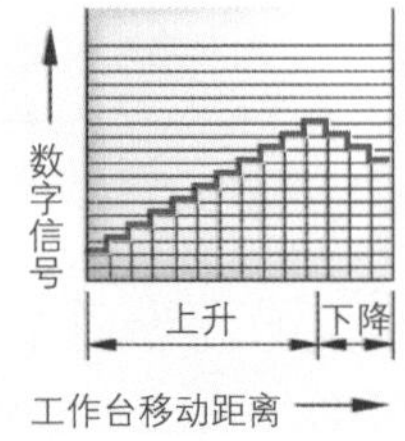

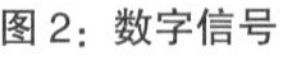

图2：数字信号

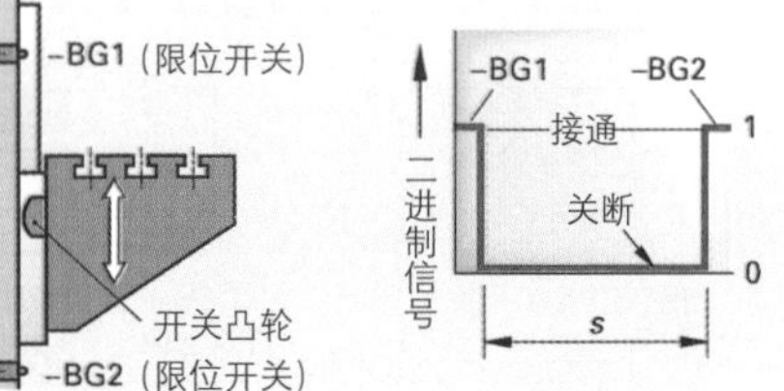

图3：二进制信号

操作静态元件（如开关）可使信号状态发生跳跃式变化。问题出在动态信号发生器（例如三极管），因为这里缺少反向特性。剩余电流或剩余电压以及电压波动都可能产生错误信号。因此，便由信号发生器（例如一台可编程序控制器）定义一个高（电平）范围和一个低（电平）范围（图1）。如果信号电平处于安全范围，有可能导致出现错误接通。因此应使信号发生器具有例如快速锁定功能（见579页）。

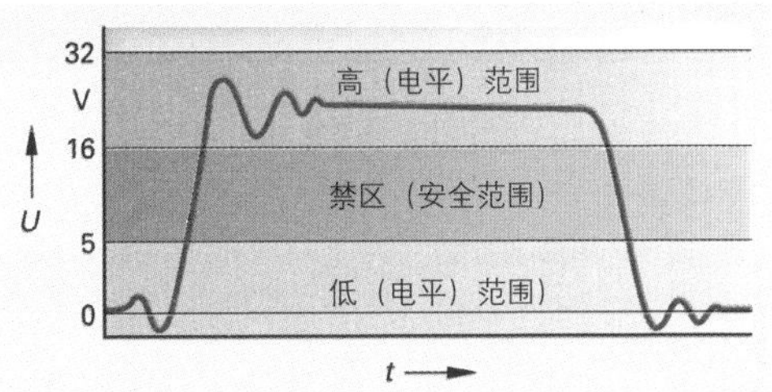

图1：可编程序控制器输入端0–1信号

> 二进制信号是信息表达的最小单位，其名称比特（bit）由二进制的英语单词（binary digit）派生而来。

如果用几何图形描述信号类型，模拟信号像一个球，数字信号像一个骰子，而二进制信号像一个硬币（图2）。

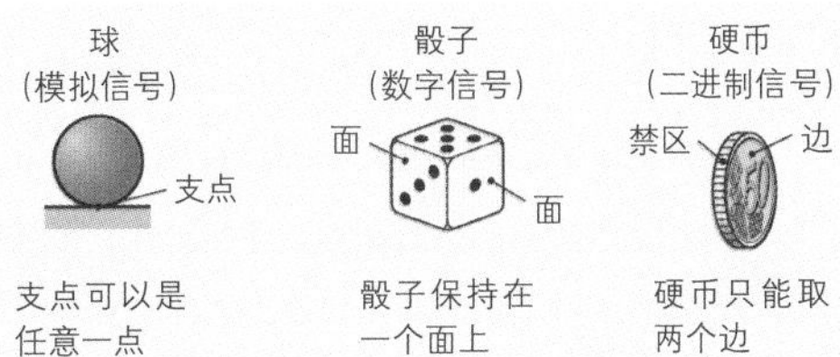

图2：信号的表述

9.2.2.2 信号发生器结构类型

信号发生器可划分为机械定位开关（限位开关）和传感器（图3）。

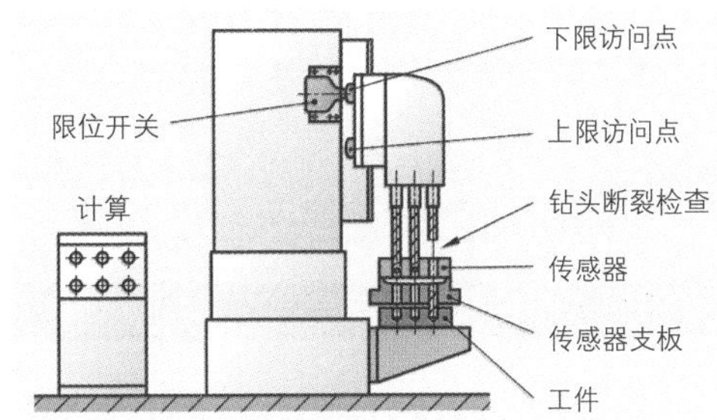

图3：控制技术中的信号发生器

■ 机械定位开关

开关

开关主要用于启动和停止机床上的运动流程和工作过程。开关是二进制工作元件。开关的操作可以是手或机械，例如通过开关凸轮、电磁或压缩空气以及油压。

按钮开关只在操作它的过程中才发出信号。气动或液压换向阀也可以用作按钮开关（图4）。

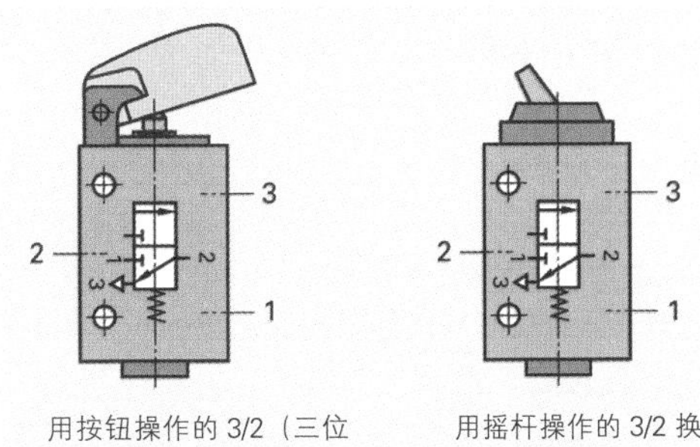

图4：用作按钮开关和手动开关的气动阀门

手动开关，在操作它时卡入孔内，随后发出一个持续信号。

急停开关是一种装有红色蘑菇状按钮的手动开关。按下后，开关卡入孔内并闭锁，只有当危险解除后，才允许解锁释放。

> 按钮开关发出短信号，手动开关发出持续信号。

电气开关（见579页）可以配备若干对触点，例如每一对都有一个常开触点和常闭触点或一个转换触点。

限位开关由一个结构单元内极限位置上的凸轮触发。为避免损伤，其安装位置必须使它们的碰触方式是“摩擦接触”（图5）。

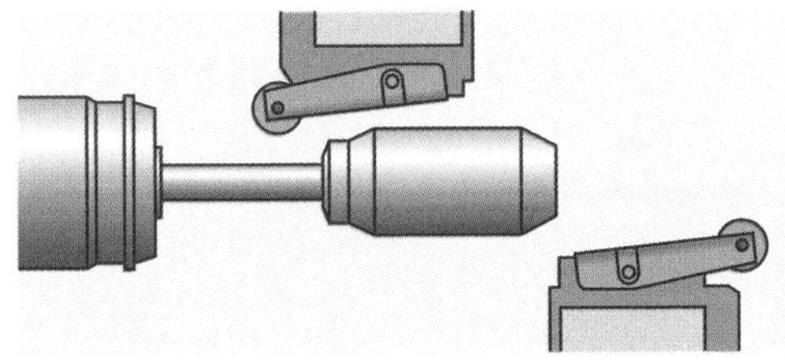

图5：限位开关的正确操作

9.2.2.3 控制元件

来自信号发生器的信号经过控制元件的“处理”，其结果输出给开关装置。

属于信号处理的有：

- 输入信号的连接；
- 输出信号的延迟；
- 信号连接的存储；
- 信号的放大。

可通过装置（硬件），也可以通过程序（软件）进行信号处理。硬件可由机械装置、气动装置、液压装置、电气和电子装置组成。软件则用于可编程序控制器（SPS）、计算机数字控制（CNS）和过程控制系统。

举例： 分类岔道控制（见553页图1），当长工件经过并同时发出三个输入信号E1、E2和E3时，气动缸将岔道推向左边。如何实现这三个信号彼此之间的逻辑连接？

解题： 这三个信号可以通过例如两个双向阀用气动方式实现彼此的逻辑连接（图1）。

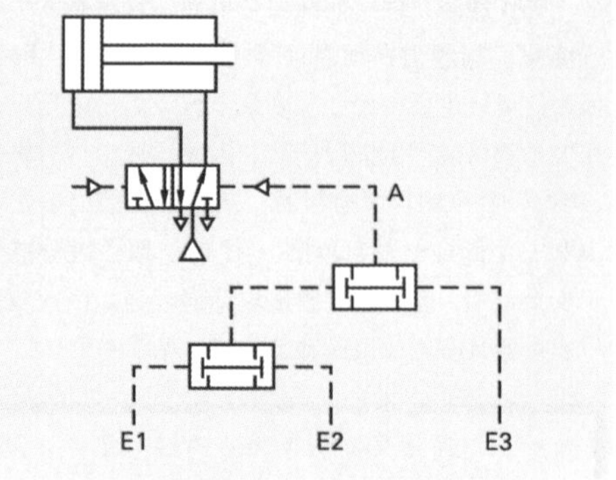

图1：三个输入信号的气动“与”门连接

9.2.2.4 信号的逻辑连接

用“与”门、“或”门和“非”门等基本功能可实现所有的信号逻辑连接。函数公式（逻辑代数）、真值表、逻辑图、程序和电路图等都可表达信号逻辑连接（见556和表1）。

■ “与”门连接

“与”门连接时，只有当两个输入信号E1和E2同时存在时，才能获得输出信号A（表1）。通过例如气动双向阀或通过两个串联的常开触点可以实现“与”门连接。

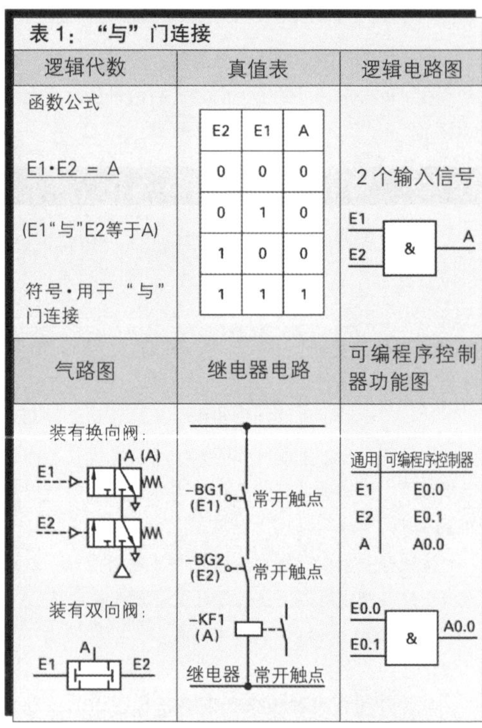
表1：“与”门连接

逻辑代数	真值表	逻辑电路图
函数公式 E1·E2 = A (E1“与”E2等于A) 符号·用于“与”门连接	E2 E1 A 0 0 0 0 1 0 1 0 0 1 1 1	2个输入信号 E1, E2 → & → A
气路图	继电器电路	可编程序控制器功能图
装有换向阀： A (A) E1 E2 装有双向阀： A E1 E2	-BG1 (E1) 常开触点 -BG2 (E2) 常开触点 -KF1 (A) 继电器 常开触点	通用 | 可编程序控制器 E1 | E0.0 E2 | E0.1 A | A0.0 E0.0, E0.1 → & → A0.0

举例： 液压虎钳（图2）只允许在两个按钮开关同时按下（E1=1，E2=1）时才允许闭合（A=1）。问：如何使输入信号彼此连接？

解题： E1和E2通过“与”门功能连接（表1）。当E1=1“与”E2=1时，即可得到输出信号A=1。这时，夹紧液压缸顶出。

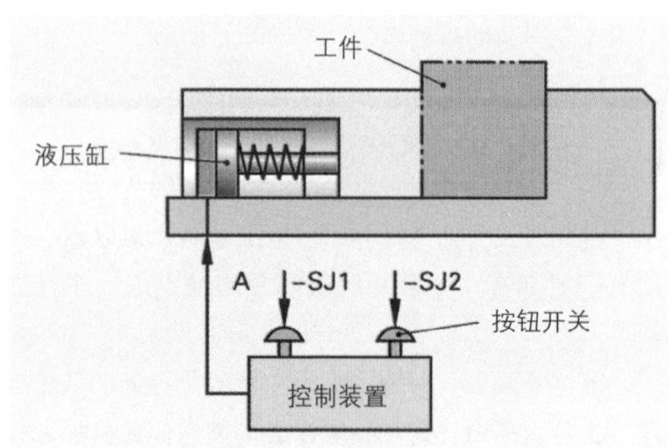

图2：简化的双手操作示意图

当向两个输入端同时施加一个信号（E1=1“与”E2=1）时，“与”门连接向其输出端发出一个信号（A=1）。

■ 信号逻辑连接的表达法

使用逻辑代数可以设计或简化控制系统。这里，用函数公式描述逻辑连接。

在真值表中将列举出所有通过逻辑连接产生输出信号 A 的输入信号 E1、E2……的组合可能性。三个输入量时，其组合的可能性为 $2^3=8$， 4 个输入量时，其组合的可能性为 $2^4=16$。为了简化表达，一般只列举出可产生输出量 A=1 的组合。

在逻辑电路图中，各逻辑连接均采用标准化符号表达。其结构和识读方向均为从左至右。

逻辑连接也可以用程序描述，例如语句表。这种程序可用特殊的或一般的编程语言编写。输出信号输出给受控装置。

举例： 请用一个逻辑电路图和一个真值表描述分类岔道左边位置的控制系统（见 553 页图 1）。

解题： 长工件短时间内同时遮盖全部三个传感器。这时所得信号为：E1=1 “与” E2=1 “与” E3=1。只有出现这种组合时，才允许发出输出信号 A=1（图 1）。

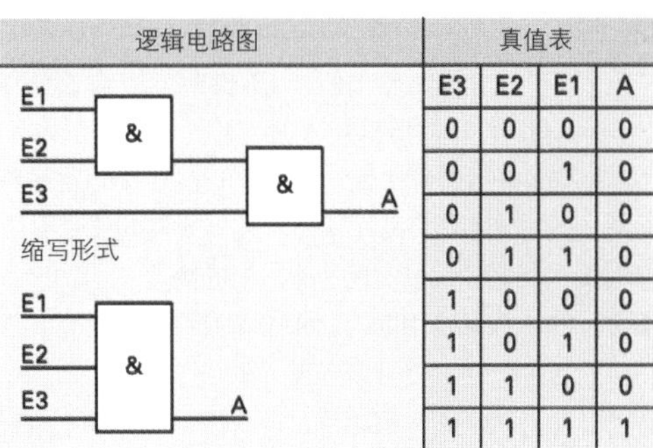

E3	E2	E1	A
0	0	0	0
0	0	1	0
0	1	0	0
0	1	1	0
1	0	0	0
1	0	1	0
1	1	0	0
1	1	1	1

图 1：三个输入信号的“与”门连接

■ “或”门连接

“或”门连接时，当输入信号 E1=1 或输入信号 E2=1 或两个输入信号均为 1 时，才发出输出信号 A=1（表 1）。通过例如一个转换阀或并联的常开触点可以实现“或”门连接。

举例： 通过输送带两边某一边的一个按钮开关或从控制台发出指令，可使输送带停止运转。请用一个逻辑电路图和一个真值表描述这里的逻辑连接。

解题： 当三个输入信号中至少有一个信号 E1 “或” E2 “或” E3 存在时，即可发出输出信号 A=1（图 2）。

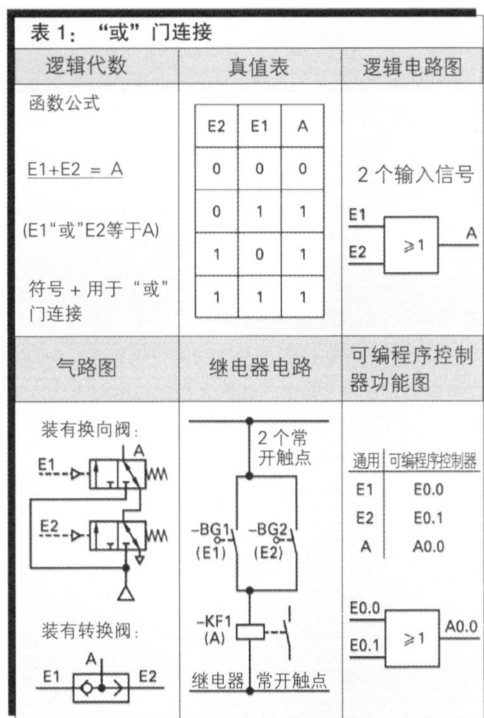

表 1：“或”门连接

逻辑代数	真值表	逻辑电路图
函数公式 E1+E2 = A (E1“或”E2等于A) 符号 + 用于“或”门连接	见下表	2 个输入信号

E2	E1	A
0	0	0
0	1	1
1	0	1
1	1	1

气路图	继电器电路	可编程序控制器功能图
装有换向阀： 装有转换阀：	2 个常开触点	

通用	可编程序控制器
E1	E0.0
E2	E0.1
A	A0.0

当输入端其中之一或所有输入端都有一个信号（E1=1 “或” E2=1）时，“或”门连接向其输出端发出一个信号（A=1）。

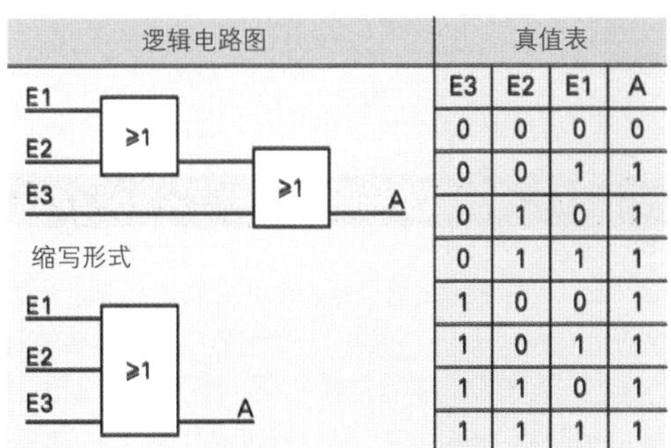

E3	E2	E1	A
0	0	0	0
0	0	1	1
0	1	0	1
0	1	1	1
1	0	0	1
1	0	1	1
1	1	0	1
1	1	1	1

图 2：三个输入信号的“或”门连接

■ "非"门连接

"非"门连接使输入信号 E1 换向。当输入信号 E1=0 和相反时，输出信号 A 为"1"（表 1）。因此，"非"门连接也称为"否"（否定）门连接。通过例如带有零位通路的 3/2（三位两通）换向阀或带有常闭触点的继电器可以实现"非"门连接。

举例： 当电气导线中断时，一个信号灯接通发亮。借助一个继电器可以实现"非"门功能。

解题： 电流图。若电流电路 1 的导线中断，继电器释放。电流电路 2 的常闭触点闭合，从而接通信号灯（图 1）。

> "非"门连接使输入信号换向。将输入端信号"1"转换成输出端信号"0"，将输入端信号"0"转换成输出端信号"1"。

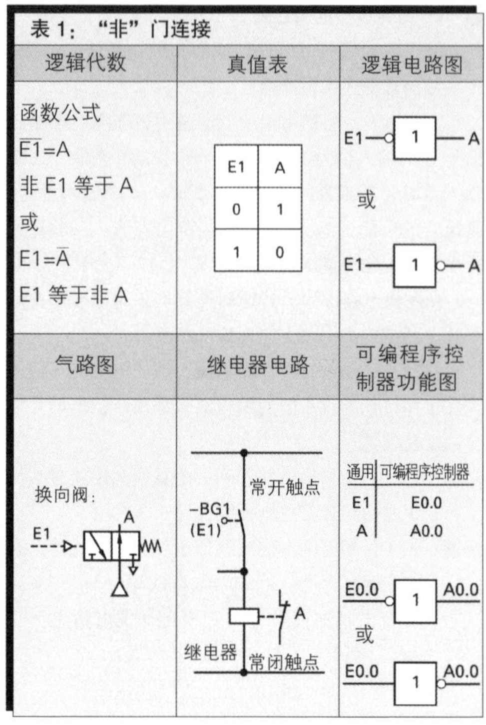

表 1："非"门连接

逻辑代数	真值表	逻辑电路图
函数公式 $\overline{E1}=A$ 非 E1 等于 A 或 $E1=\overline{A}$ E1 等于非 A	E1 | A 0 | 1 1 | 0	E1 — 1 — A 或 E1 — 1 — A
气路图	**继电器电路**	**可编程序控制器功能图**
换向阀： E1 A	常开触点 -BG1 (E1) A 继电器 常闭触点	通用 | 可编程序控制器 E1 | E0.0 A | A0.0 E0.0 — 1 — A0.0 或 E0.0 — 1 — A0.0

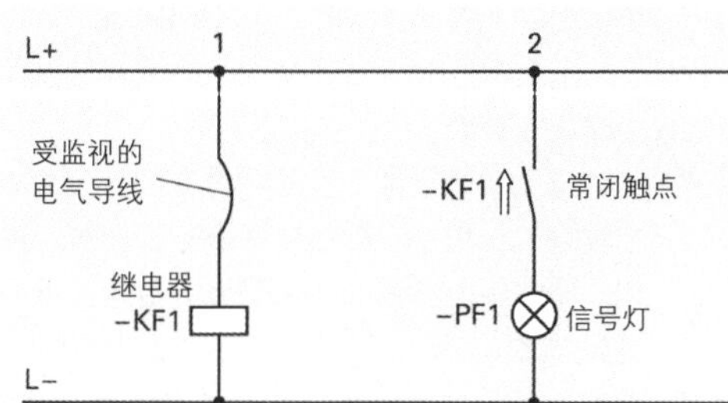

图 1：监视电气导线状态的"非"门功能

■ 多种基本功能的逻辑连接

控制时，常常是多种基本功能彼此连接。这里，也可以通过逻辑电路图和真值表直观综览地表达这些逻辑连接。在计算机中，可用合适的软件编制出逻辑电路图，并通过图形模拟功能检测逻辑电路图。

举例： 请表述分类岔道（见 553 页图 1）中下列操作的逻辑连接：

(a) 当一个长工件经过传感器（A1=1）时，回转到轨道 1。

(b) 当一个短工件经过传感器（A2=1）时，回转到轨道 2。

解题： 按下面所述连接输入信号 E1, E2 和 E3：

(a) E1"与"E2"与"E3 = A1。

(b) $\overline{E1}$"与"E2"与"$\overline{E3}$= A2。

逻辑电路图：E3 E2 E1 & A1 & A2

真值表

E3	E2	E1	A1	A2
0	0	0	0	0
0	0	1	0	0
0	1	0	0	1
0	1	1	0	0
1	0	0	0	0
1	0	1	0	0
1	1	0	0	0
1	1	1	1	0

图 2：控制分类岔道的逻辑电路图和真值表

9.2.2.5 开关装置和驱动元件

控制元件的输出信号输出给开关装置。属于开关装置的有控制压力缸的阀门，继电器以及接通和关断电动机的接触器。驱动元件（"执行元件"），如压力缸、电动机、加热装置、显示屏幕或打印机等，均作为控制链的最后环节执行控制系统指定的各个步骤。

9.3 气动控制

我们把气体力学理解为关于气体特性，特别是空气特性的理论。在工程技术中，气体力学主要包括压缩空气的制取以及在控制和驱动机器方面的应用。气动控制系统可用于例如轨道机动车和汽车的关门装置、包装机、搬运系统和装配工具等。

9.3.1 气动设备的划分

气动设备可划分为三个部分（图 1）。

- 压缩空气的制取，属于该部分的有压缩机、冷却器、干燥器和压缩空气容器。
- 压缩空气的处理，属于该部分的有过滤器、调压阀，必要时还有油雾器和主阀门。
- 气动控制系统，属于该部分的有换向阀、关断阀和流量控制阀以及气动缸和压缩空气马达。

我们可用图形或气路图表示气动设备及其组件。气路图使用的是国际标准化符号。标准符号可实际简化草案设计、对气路功能的理解、气动控制系统的装配和故障查询，因此可在全世界范围内通用。

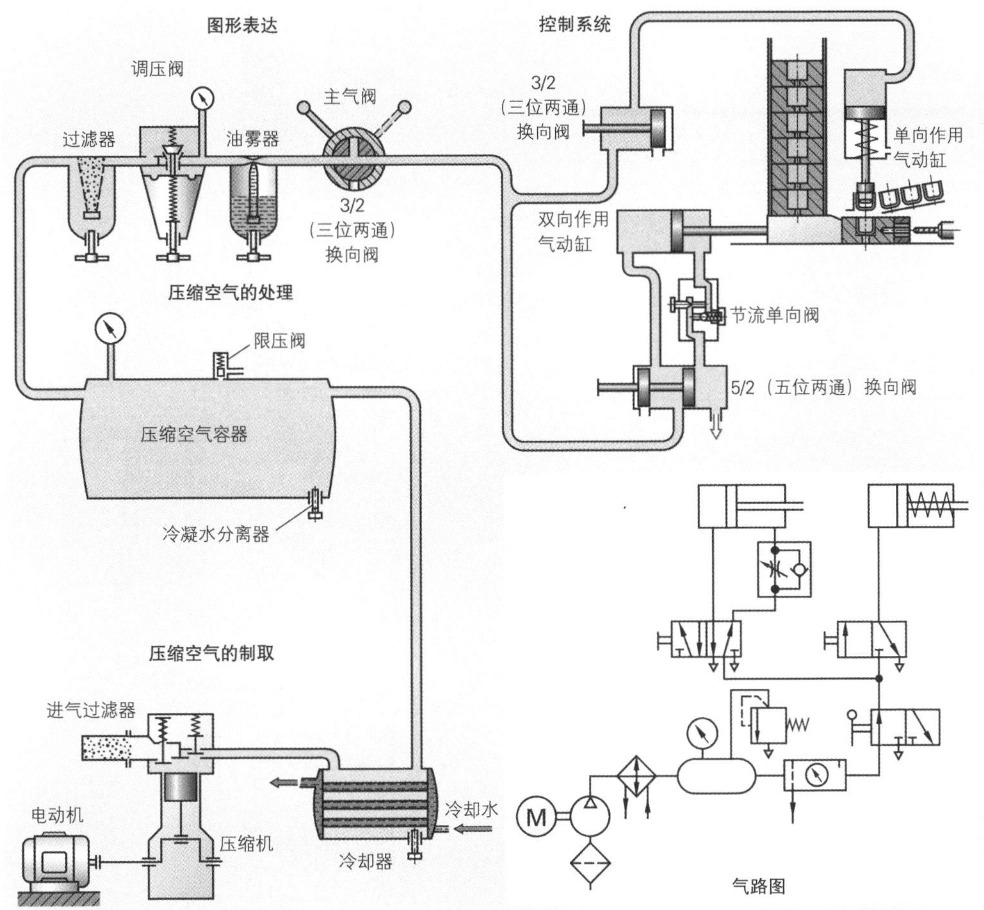

图 1：一个气动设备的图形表达和气路图

9.3.2 气动系统的组件

9.3.2.1 压缩空气设备

■ 压力单位和压力类型

用力 F 使面积为 A 的活塞压向一个封闭的空气量，便在那里产生高压 p_e（图 1）。

压力	$p_e=\frac{F}{A}$

压力的单位是帕斯卡（Pa）和巴（bar）：

$$1\,\mathrm{Pa}=1\frac{\mathrm{N}}{\mathrm{m}^2}=0.00001\,\mathrm{bar};\quad 1\,\mathrm{bar}=10\frac{\mathrm{N}}{\mathrm{cm}^2}$$。

举例：图 1 所示气动缸，$F = 4\,\mathrm{kN}$，$A = 78.5\,\mathrm{cm}^2$。

问：它将会产生多大的压力 p_e?

解题：$p_e=\frac{F}{A}=\frac{4000\,\mathrm{N}}{78.5\,\mathrm{cm}^2}=51\frac{\mathrm{N}}{\mathrm{cm}^2}=5.1\,\mathrm{bar}$

高压 p_e 是绝对压力 p_{abs} 与实时大气压力 p_{amb} 之间的压差。它可以是正的，也可以是负的（图 2）。负高压常被称为“低压”。

高压	$p_e = p_{abs} - p_{amb}$

举例：用绝对压力 $p_{abs} = 7$ bar 驱动一个气动压力机（图 3）。当大气压力 $p_{amb} = 1$ bar 时，可供使用的压力为 $p_e=p_{abs}-p_{amb}=7\,\mathrm{bar}-1\,\mathrm{bar}=6\,\mathrm{bar}$。

压力表所显示的一般是高压。

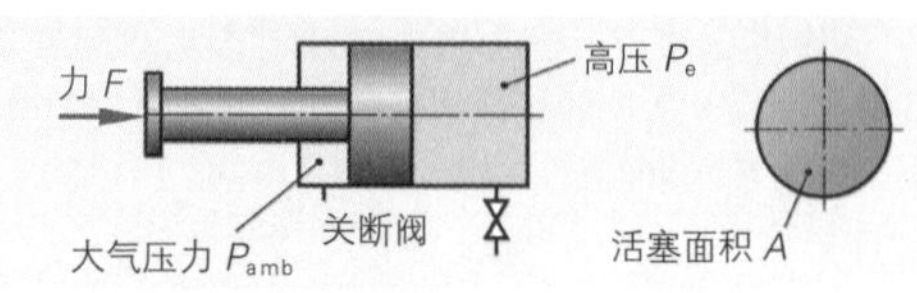

图 1：压力的产生

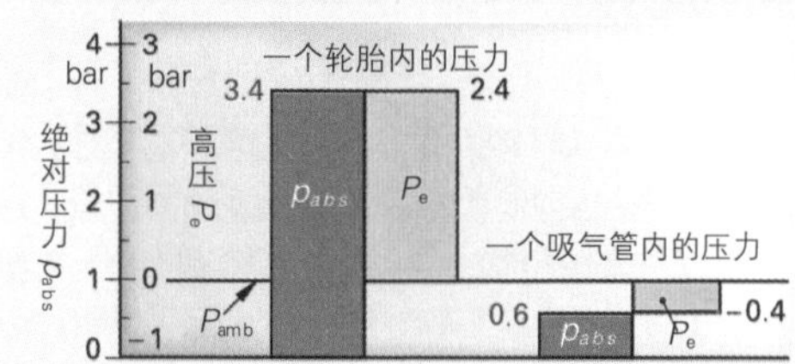

图 2：绝对压力和高压

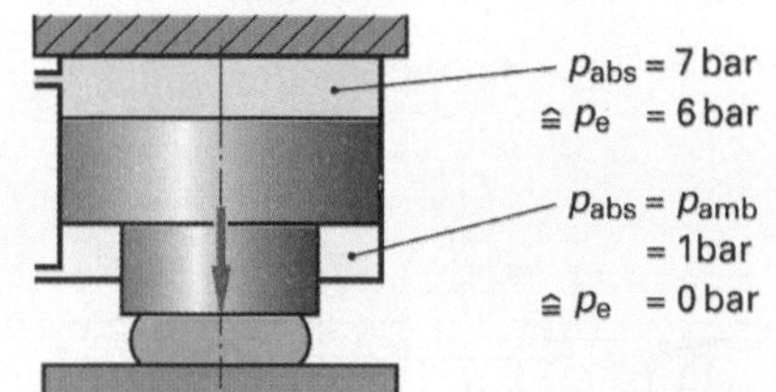

图 3：气动压力机的各种压力

■ 压缩空气的制取

使用活塞式压缩机、薄膜式压缩机或螺旋式压缩机均可制取压缩空气（图 4）。压缩机通过过滤器抽取空气，再通过冷却器将空气压入压缩空气容器（见 561 图 1）。

压缩时，常温的空气在冷却器中冷却。需分离冷却过程所产生的冷凝水。通过将压缩空气冷却至 4 ℃（冷干燥），即可获取残余湿度含量极低的压缩空气。

如果压缩空气容器的压力达到最大压力，将停止输入压缩空气。此时，压缩机的电动机也应停机（停机控制）或在驱动电动机运行期间，将抽吸阀置于打开位置（卸载控制）。

压缩空气容器的任务

- 存储和冷却压缩空气；
- 排除剩余的空气水分；
- 平衡压力波动。

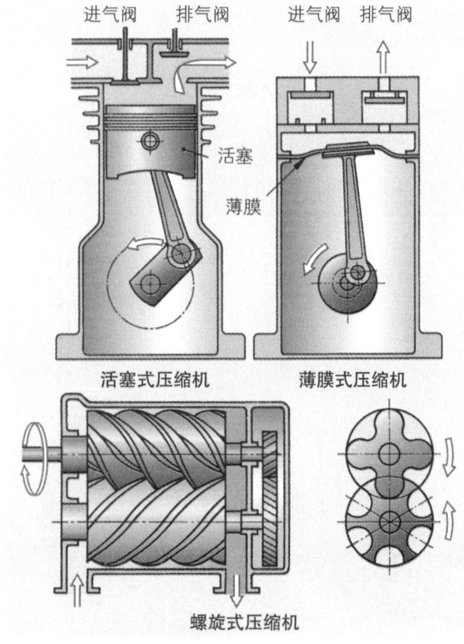

图 4：压缩机的结构型式

■ **压缩空气的配气和处理**

压缩空气通过管道从压缩空气容器输送至用气点(图1)。

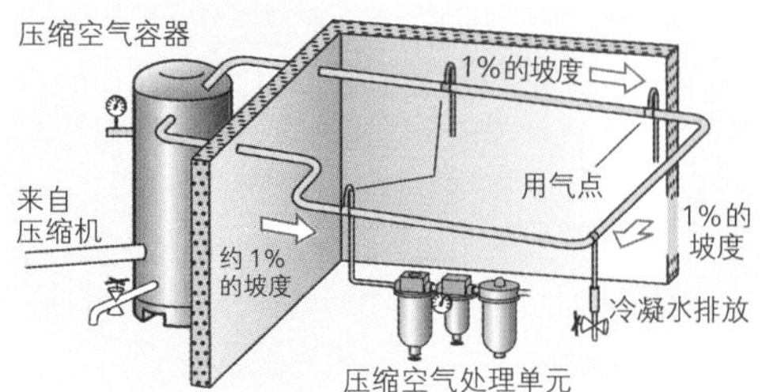

图1：压缩空气的分配

对压缩空气管网的要求

- 压缩空气管网应铺设成环形管路，以保证维修时仍能供气。
- 管道横截面的选取应以所产生压力损耗不大于0.2 bar为准。
- 管道铺设时应有一定坡度，便于冷凝水排出。

位于气动控制系统气缸和阀门之前安装的是处理单元（维护单元）(图2)。该单元由压缩空气过滤器、调压阀和压缩空气油雾器组成。过滤器清除压缩空气中残留的杂质。调压阀保持控制系统中的压力稳定。油雾器则向压缩空气中混入细密雾化的油，以润滑运动零件并防止锈蚀。

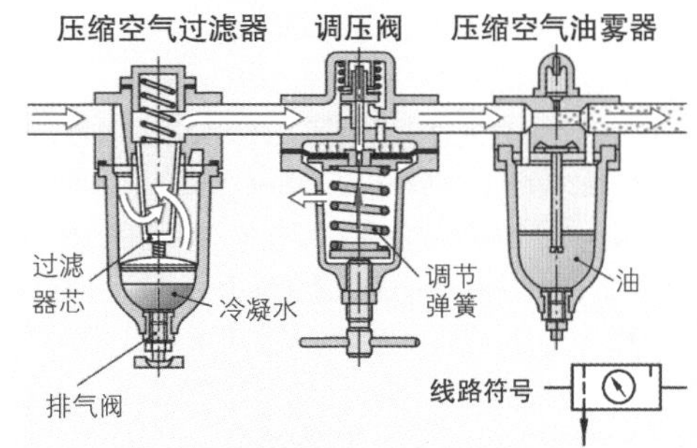

图2：压缩空气处理单元

许多气动控制系统要求使用无油和高纯度压缩空气，例如计算机工业和食品工业中的气动控制系统。这类气动控制系统中必须拆除油雾器。现在，在其他的用途中，对无油压缩空气的需求日渐增多，以保护操作人员和环境免受含油废气的污染。

9.3.2.2 气动工作元件

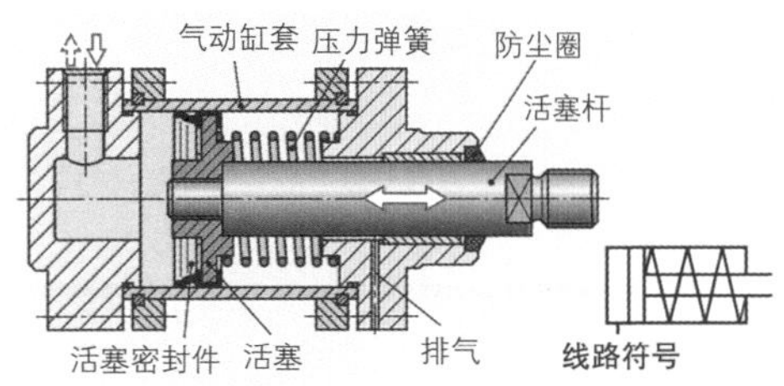

图3：单向作用气动缸

■ **压缩空气气缸**

压缩空气气缸执行往复运动。我们将压缩空气气缸分为单向作用气动缸和双向作用气动缸。

单向作用气动缸中，压缩空气推动活塞只向一个方向运动（图3)。一个内置弹簧将活塞拉回初始位置。

双向作用气动缸中，压缩空气推动活塞向两个方向运动（图4)。安装在气缸终端位置的缓冲器在活塞行程的终端对活塞执行制动。被活塞压缩的压缩空气不再通过大型中孔排出，因为这股压缩空气被缓冲轴颈阻断。现在，该压缩空气必须从狭窄的节流缝隙中穿过，因此形成反向压力。活塞受到弹性制动后，低速回到终端位置。通过改变节流缝隙可调节活塞回程速度。

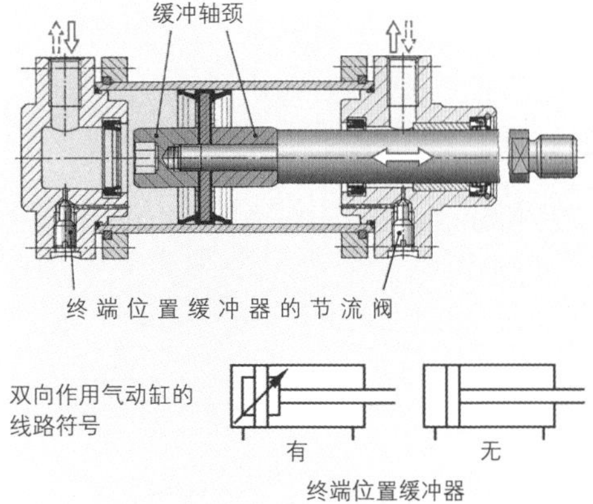

图4：装有两端可调式终端位置缓冲器的双向作用气动缸

在气路图中，压缩空气气缸与所有其他气动部件一样用线路符号表示（见 561 图 3 和图 4）。也可以无接触式扫描探测活塞终端位置。为此，需在活塞上安装一个环形永久性磁铁，同时在气缸套上安装无接触式开关（见 585 图 3）。当活塞经过这个开关时，一个触点闭合，触发一个电信号。一个二极管显示触点的开关状态。

无活塞杆气缸

气动缸的制造可分为有活塞杆式或无活塞杆式。

无活塞杆气缸所需安装面积小于有活塞杆气缸（图 1）。在直接驱动的无活塞杆气缸中，活塞通过开槽气缸套上的传动件与夹持器连接（图 2）。气缸套内槽由一个钢带密封，并由第二根钢带防护外部污物进入缸内。在另一种结构的无活塞杆气缸中，活塞上固定着一根通向气缸盖并在那里转向的钢绳或钢带（图 2）。任何一种无杆压力缸类型中的夹持器都设计成滑块结构，它在气缸套上运动，并能承受力载荷。

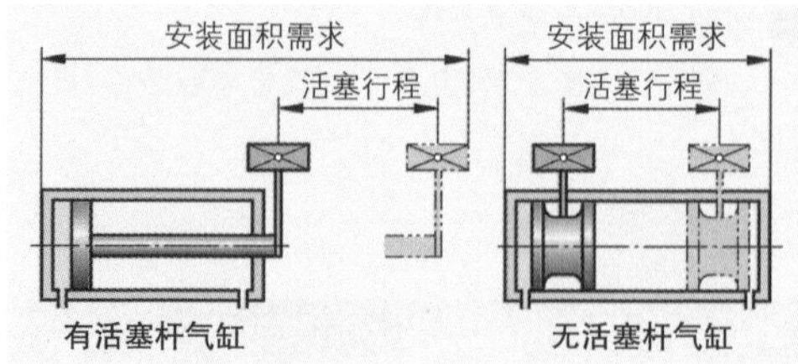

图 1：气动缸安装面积需求

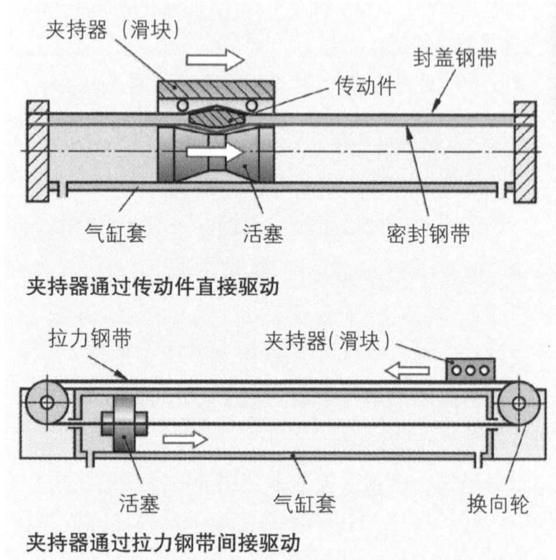

图 2：无活塞杆气缸的结构型式

■ 气动缸的活塞力

我们所得到的有效活塞力 F 是理论活塞力 $F_{th} = p_e \cdot A$ 与作用于活塞和活塞杆导轨上的摩擦力 F_R 之间的差（图 3）。

气缸的效率 η 也考虑到摩擦力。

有效活塞力

$$F = F_{th} - F_R$$

$$F = F_{th} \cdot \eta$$

$$F = p_e \cdot A \cdot \eta$$

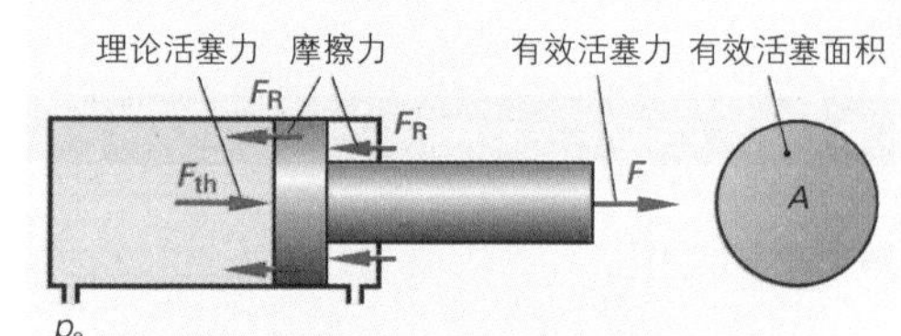

图 3：气动缸的活塞力

单边活塞杆气缸的有效活塞力在收回时小于伸出时，因为有效活塞面积中少了活塞杆面积。

举例：气缸（图 4）伸出时的有效活塞力：

$$F = p_e \cdot A \cdot \eta =$$

$$= 60\,\frac{\text{N}}{\text{cm}^2} \cdot \frac{\pi \cdot (10\ \text{cm}^2)}{4} \cdot 0.90 = 4241\ \text{N}$$

收回时的有效活塞力：

$$F = p_e \cdot A \cdot \eta =$$

$$= 60\,\frac{\text{N}}{\text{cm}^2} \cdot \frac{\pi \cdot (10^2 - 2.5^2)\ \text{cm}^2}{4} \cdot 0.85 = 3755\ \text{N}$$

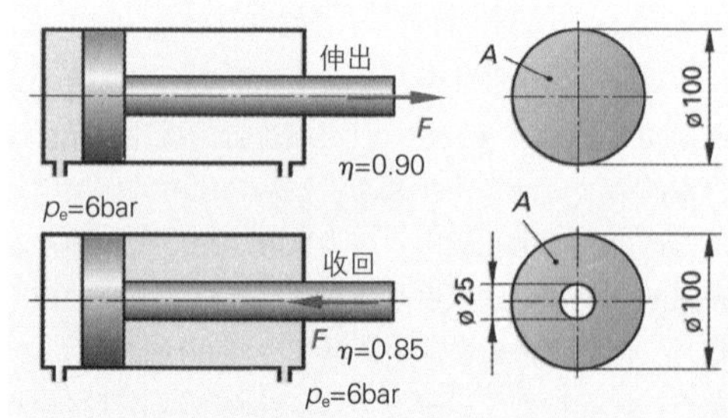

图 4：气动缸活塞伸出和收回时的活塞力

■ 压缩空气马达

压缩空气马达是驱动气动扳手、手工砂轮机、起重设备和其他有旋转作功运动的机器。压缩空气马达的结构形式有膜片式马达、活塞式马达和齿轮气动马达。

膜片式压缩空气马达由带有圆柱形孔的机壳和带膜片的转子组成，膜片把镰刀形工作空间分隔成若干个压力室（图 1）。供给的压缩空气推动偏心转子在槽内可径向移动的膜片上方旋转。由于压力室在旋转运动时增大，致使压缩空气压力降低，并通过出口排至外界。马达所发出的扭矩取决于压缩空气的压力和膜片的负荷面积。双旋转方向压缩空气马达有两个压缩空气接头，它们根据所需的马达旋转方向通过一个 4/2（四位两通）换向阀交替供给压缩空气。

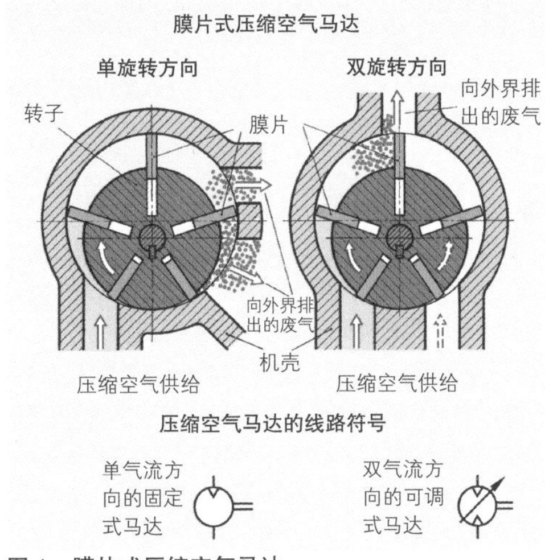

图 1：膜片式压缩空气马达

■ 气动工作元件的应用举例

在自动装配和加工机床上（图 2），双向作用气动缸-MM1 将机座从重力料库顶推至一个止挡块处并夹紧。接着，单向作用气动缸-MM2 压紧由振动输送机输送的套筒。随后，由钻孔进刀主轴钻出侧面尚缺的孔。钻孔主轴的进给运动由双向作用气动缸-MM3 驱动，而旋转运动则由膜片式压缩空气马达驱动。位于夹紧点后面的水平方向气动缸-MM4 将已加工完毕的工件从机床内顶出。整个时间流程可用 GRAFCET（法语“顺序功能表图”的缩写）表述（见 571 页）。

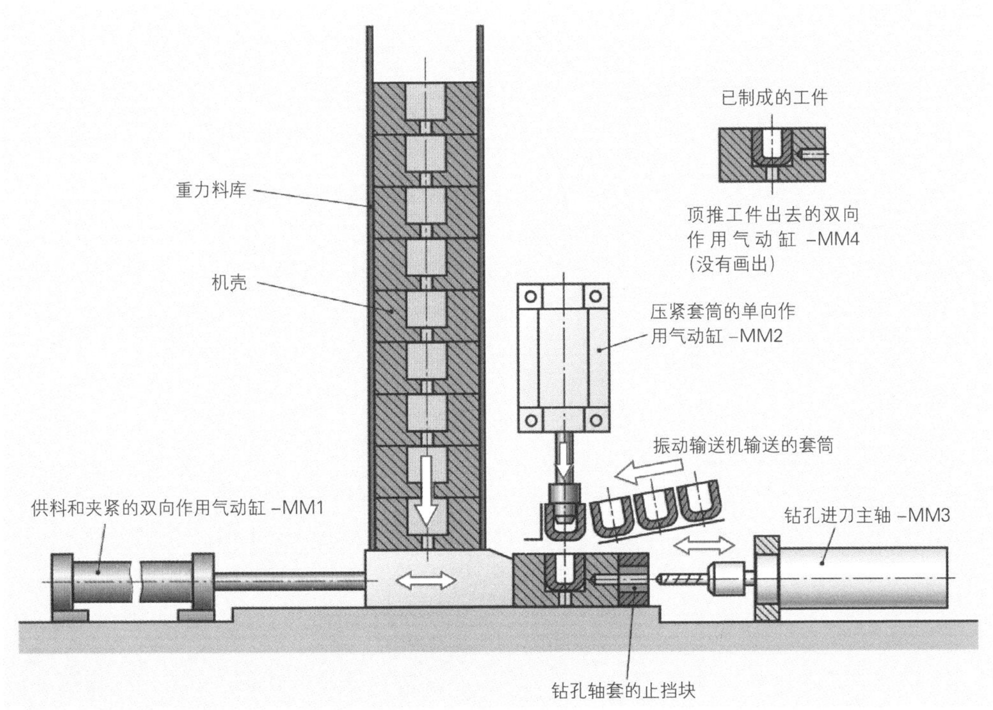

图 2：自动装配和加工机床

9.3.2.3 阀门

根据阀门的功能，我们把阀门分为换向阀、关断阀、流量控制阀和压力阀。

■ 换向阀

换向阀控制着压缩空气的启动、停止和流动方向。因此，使用换向阀可以控制气动缸和压缩空气马达的运动以及其他换向阀的开关位置。

功能（图 1）：控制活塞的移动决定着换向阀各接头之间的不同连接（通路）。换向阀位于开关位置 a 时，压缩空气从压力接头 1 流向左侧工作管道 4。这时，压力缸活塞伸出。被活塞压入右侧缸室的空气通过换向阀工作管道 2 进入排气出口 3。

换向阀位于开关位置 b 时，压缩空气从 1 流向 2，并在那里进入右侧缸室。从左侧缸室压迫过来的空气从 4 流到 5。这时，活塞收回。

名称：换向阀的名称根据其接头的数量和开关位置的数量而定。如图 1 所示的换向阀有 5 个接头（1、2、3、4、5）和 2 个开关位置（a 和 b）。据此，我们称之为 5/2（五位两通）换向阀。

线路符号：我们用标准化线路符号表示换向阀（图 2）。线路符号由彼此相连的矩形方框组成，它们分别表示接头和开关操作。每一个方框代表一个开关位置。接头导管从表示停止位置的方框出来。

开关操作类型：换向阀的开关操作有手动、脚动、机械式、电磁式、压力式或两种方式的组合式（图 3）。开关操作符号分别从左侧或右侧与线路符号方框相连。左边的开关操作作用于换向阀左边的开关位置，右边的开关操作作用于换向阀右边的开关位置（图 2）。

接头名称：气动换向阀中，压力接头、排气接头和工作管道接头均用数字命名（图 1），而液压换向阀则与之相反，其接头均用字母命名（601 页图 2 和图 3）。

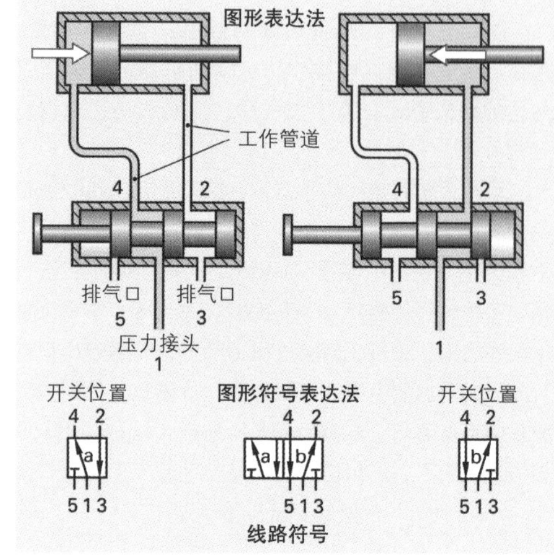

图 1：换向阀的表达法

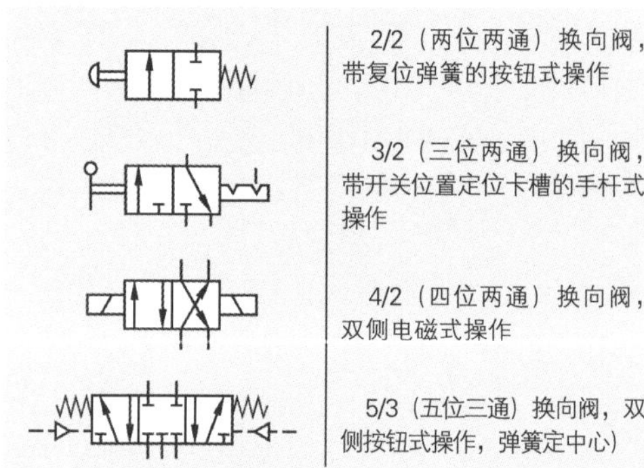

图 2：换向阀的线路符号

手动开关，脚动开关	机械式开关
通用	推杆
按钮（手动）	弹簧
手杆（手动）	滚柱推杆
踏板（脚动）	滚柱杠杆，有一个开关操作方向
压力开关	**电子开关**
直接	电磁式
	2 级开关
间接，通过控制级	电磁和压缩空气控制

图 3：换向阀的开关操作类型

换向阀的直接控制：在非自动化机床上，气动缸和气动马达的运动均通过手动或脚动踏板操作阀门“直接”触发。例如压缩空气气动扳手，在它的机壳内装有一个 3/2（三位两通）换向阀，通过按钮便可以开或关（图 1）。位于开关位置“a”时，压缩空气马达进气。螺旋主轴旋转。如果松开换向阀手杆，弹簧压迫换向阀回到开关位置“b”。马达的进气被关断。

换向阀的间接控制：如果要求气动缸的运动必须自动进行，控制气动缸的换向阀则不能再由手动操作。它由其他换向阀或传感器的信号控制。例如压入销钉的气动缸，当它到达前端的终端位置时，触发 3/2（三位两通）换向阀-SJ1，气动缸自动收回（图 2）。

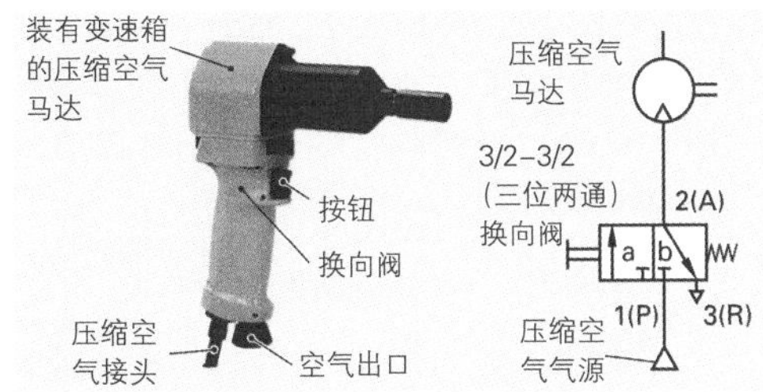

图 1：压缩空气马达的直接控制

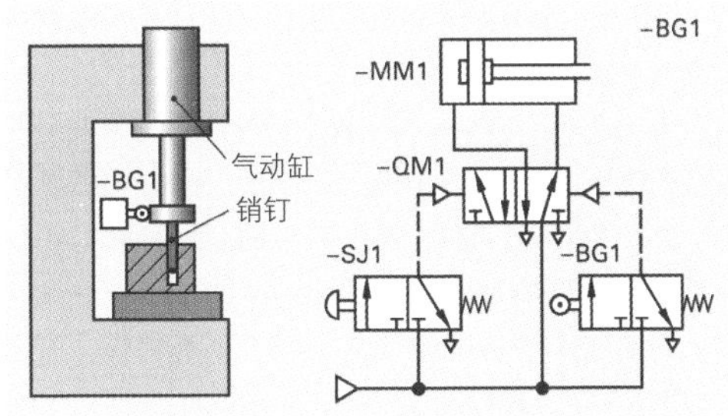

图 2：压缩空气气缸的间接控制

■ **关断阀**

关断阀用于阻断压缩空气向某个方向的流动。

压缩空气推动阀内的关断元件，使之总有一个朝外的接头是关断的。

单向阀（又称止回阀）让压缩空气只能从 A 流向 B，它阻断了从 B 到 A 的流通方向（图 3）。

转换阀有两个可换边关断的接头 P1 和 P2 以及一个输出接口 A（图 4）。无论输入接头 P1 或输入接头 P2 接入压缩空气，关断元件都会立即把未接入压缩空气的另一个输入接头关断，同时把压缩空气导向输出接头 A。这里，转换阀的作用相当于一个“或”门逻辑连接。

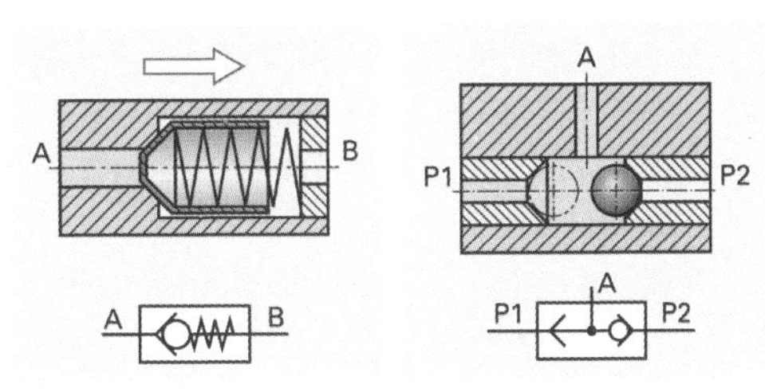

图 3：单向阀　　图 4：转换阀

用转换阀可以从两个空间分离的点控制一个例如双向作用气动缸（图 5）。无活塞杆气缸-MM1 推动车床工件室的滑门。两个换向阀-SJ1 或-SJ2 可使阀门-QM1 进入开关位置“a”，从而使滑门打开。换向阀-SJ3 或-SJ4 则使滑门再次关闭。

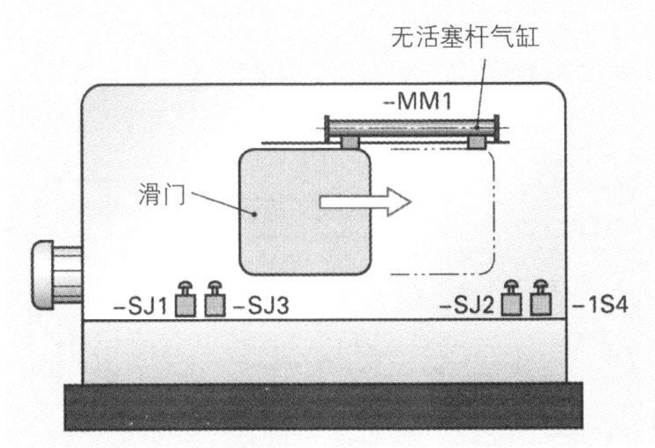

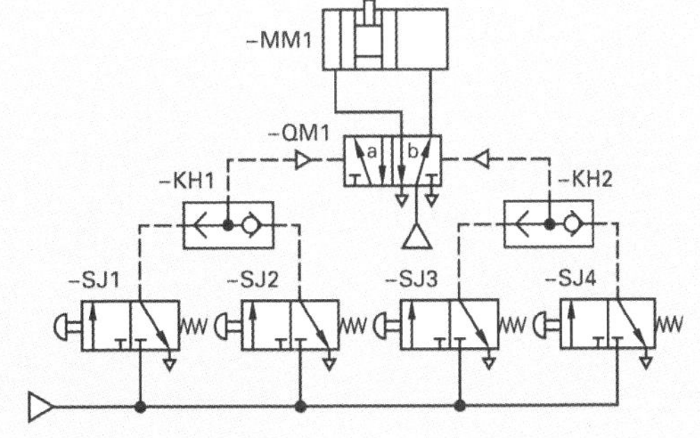

图 5：从两点控制一个滑门

快速排气阀直接装在气缸上。它使气缸回程时排出的压缩空气不是通过换向阀回到气缸内，而是直接排放到外界（图 1）。通过较短的通道使排出的废气气流阻力降低，提高活塞的回程速度。

快速排气阀可以安装在例如要求启动极快的气动离合器上。

双向阀有两个输入接头 P1 和 P2，以及一个输出接头 A（图 2）。如果两个接头中只有一个接入压缩空气，关断元件便关断与输出接头 A 的连接。只有当输入接头 P1 和 P2 同时进气，气流才可以流向输出接口 A。可以说，双向阀将两个输入信号连接成一个输出信号（“与”门逻辑连接）。

双向阀用于例如需双手操作的控制系统和安全气路（图 3）。只有在防护栅栏关闭后，同时按下换向阀-BG2 和启动阀-SJ1，才能使压力机的气动缸-MM1 伸出。易发事故机床的双手控制系统要求，双手触发的信号必须同时发出，气动缸每次新行程之前，前次的信号必须已经完全删除。

■ 流量控制阀

用流量控制阀可以调节流经管道的压缩空气流量。这类阀有节流阀和节流单向阀。它们安装在通向气动缸的管路上（进气节流）或来自气动缸的管路上（排气节流）。

节流阀有一个固定的或可调的狭窄点（节流），该点可影响压缩空气的径流量（图 4）。

节流单向阀可使压缩空气仅向一个方向自由流通，而相反方向则受到节流（图 5）。如果要调节活塞的伸出速度（排气节流），则节流单向阀大部分安装在活塞杆一侧的工作管道上。通过节流单向阀的气流阻力产生一个反向压力。使活塞好像被“夹住”，从而使活塞匀速伸出。

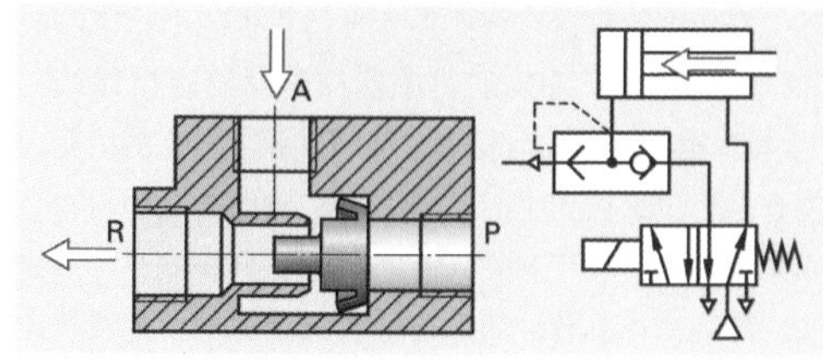

图 1：快速排气阀

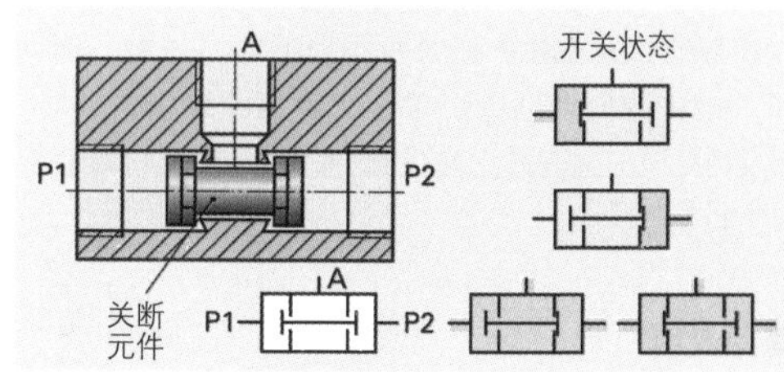

图 2：双向阀

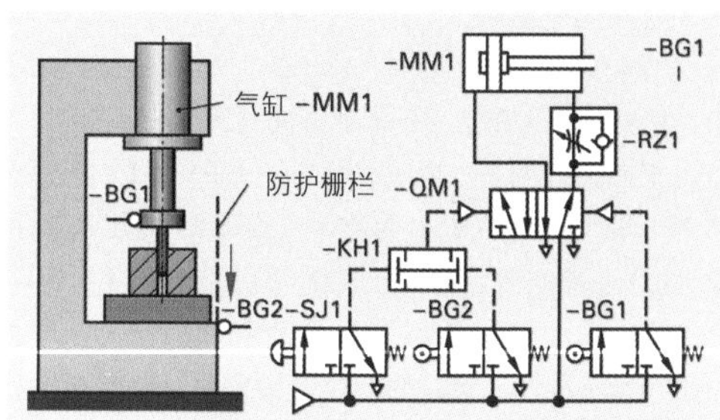

图 3：“与”门连接

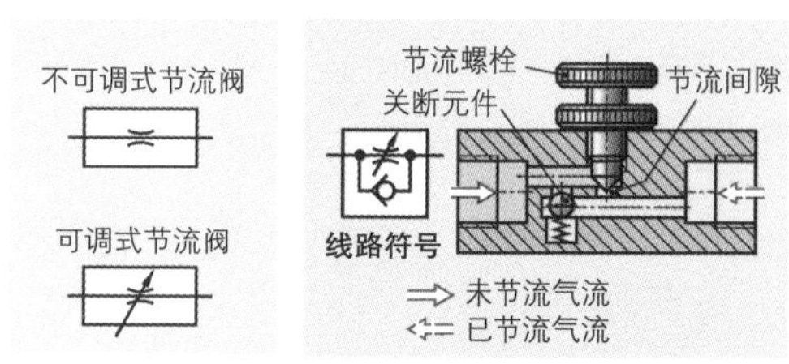

图 4：节流阀　　图 5：节流单向阀

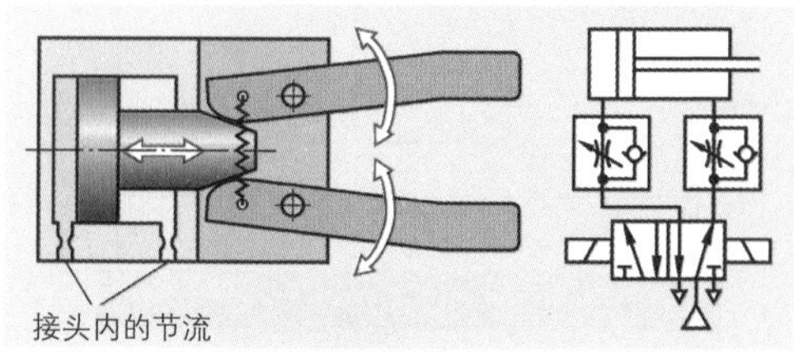

图 6：装有节流阀的气动机器人机械手

9.3.2.4 气动系统中的延时元件

在设定时间点（时间延迟）才能导通输出信号的阀门称为延时阀门（图 1）。

时间延时阀门由一个 3/2（三位两通）换向阀（在关断零位或导通零位）、一个节流单向阀和一个小型储气罐组成，它与部件组装在一起。

■ 用作接通延时的延时元件

接通延时指将输入信号延迟发出，使输出信号直至设定时间点才能发出（图 3）。

在节流单向阀的可调式径流横截面可以设定时间延迟（图 1）。在控制接头 12 处施加压力（信号 1），使压缩空气必须经过节流阀，进入储气罐。现在储气罐内压力增加，并向 3/2 换向阀的控制活塞施压。直至该压力所施加的力大于控制活塞弹簧的预压紧力，使 3/2 换向阀接通，压缩空气从 1 流向 2。这里的延迟时间是储气罐压力增加所耗时间。一旦控制接头 12 处的压缩空气压力下降，控制活塞弹簧立即重又回弹至其静止位置，因为控制用压缩空气已从单向阀逸出。

举例： 双向作用气动缸接到开关装置操作信号后伸出，20 s 后重又自动收回。

解题： 控制系统（图 2）中，启动阀-SJ1 处于开关位置 a 时，接通 5/2 换向阀，使时间延迟阀-KH1 接收到 5/2 换向阀工作管道 4 的控制用压缩空气。时间延迟 t=20 s 后，-KH1 使-QM1 重又退回原位，-MM1 收回。

■ 用作关断延时的延时元件

关断延时指立即发出输入信号，但直至设定时间点才实施关断（图 4）。通过转换压缩空气径流方向即可达成这种时间特性。在节流单向阀的可调式径流横截面可以设定时间延迟。在控制接头 12 处施加压力，使压缩空气不受节流直接穿过单向阀，并接通 3/2 换向阀，这时，压缩空气从 1 流向 2。一旦信号 1 在控制接头 12 处消失，弹簧并不能使阀门立即处于关断位置，因为 3/2 换向阀与节流单向阀之间的压缩空气通过节流处逸出。这里，延迟的时间就是节流处逸出压缩空气使压力下降的时间。

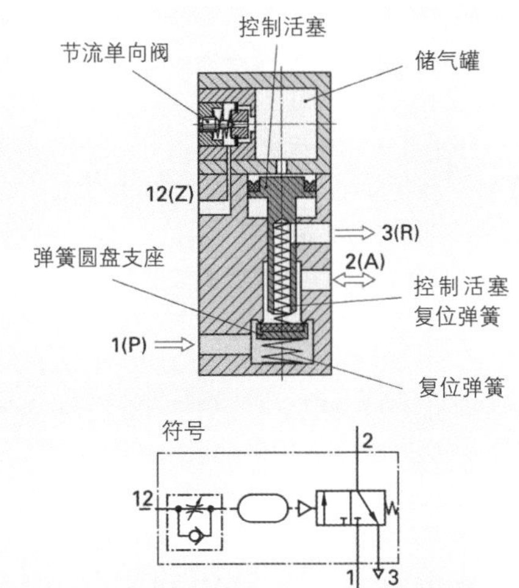

图 1：时间延迟阀

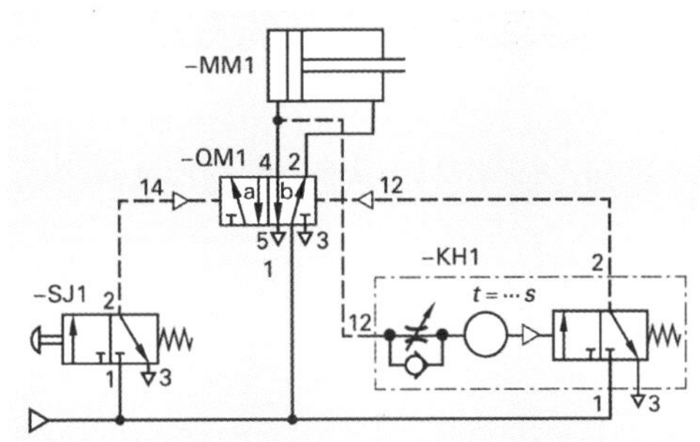

图 2：延时控制

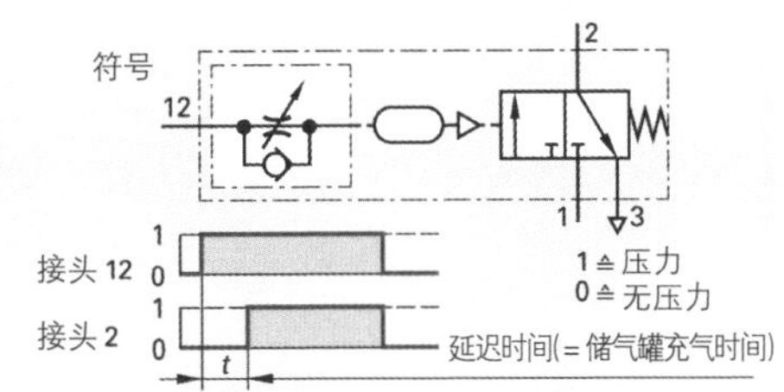

图 3：接通延时的时间曲线

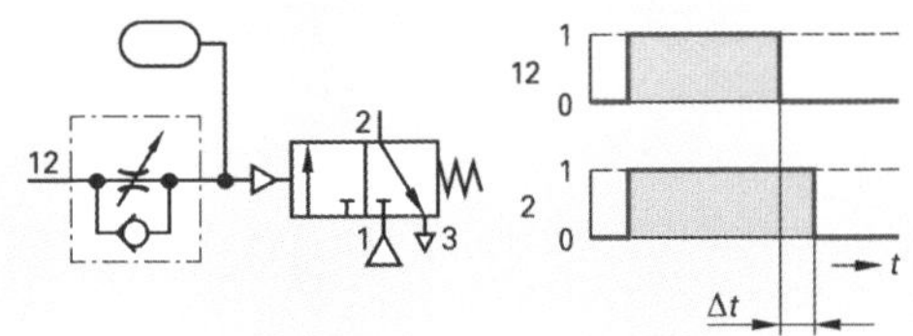

图 4：关断延时的时间曲线

■ 压力阀

限压阀保护压力容器、管道和各部件免受超过允压的高压损坏（图 1）。限压阀在静止位置是关闭的。当压缩空气作用于关断元件的力大于设定的弹簧力时，关断元件打开排气口，使高压气流排到外界。

调压阀保持气动设备中的压力稳定。调压阀在静止位置是打开的。通过一个膜片调节压力：工作压力作用于膜片上部，而调节弹簧的力作用于膜片下部（图 2）。如果因为气流流向压力缸而使工作压力下降，调节弹簧将通过膜片和销钉向上顶压阀盘。从而使压缩空气通过环状间隙进入工作管道，直至回升的工作压力将膜片压回至其初始位置为止。如果与上述相反，工作管道内的工作压力因为例如加热而上升，销钉将向下压迫膜片，使压缩空气从工作管道通过机壳上的排气孔排放到外界。

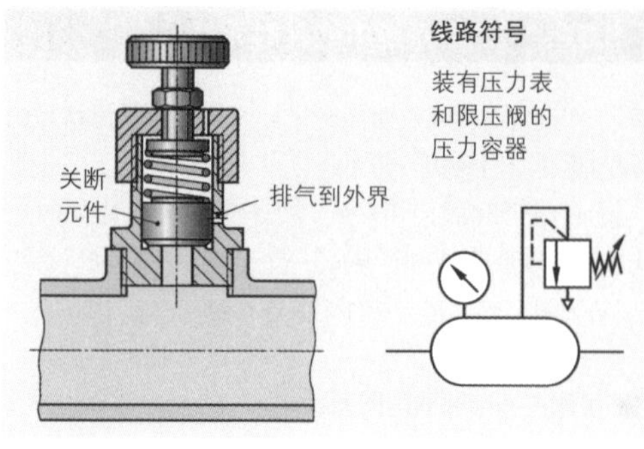

图 1：限压阀

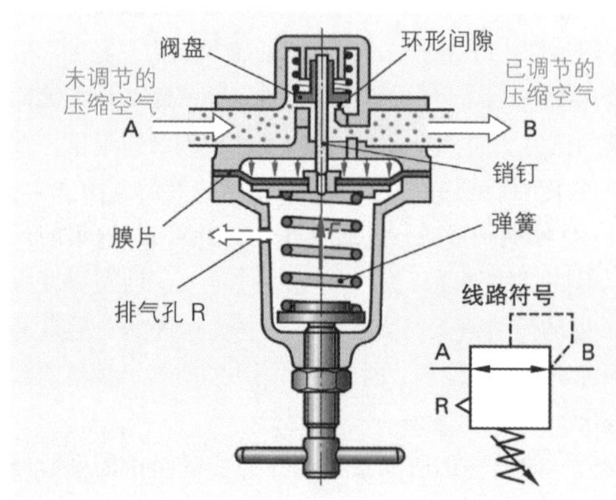

图 2：调压阀

9.3.2.5 气动系统的特性

由于气动系统的特殊优点以及电气和电子组件的共同作用，气动控制系统得到广泛应用（见 588 页）。

气动系统的优点	气动系统的缺点
●可无级调节气动缸的力和速度； ●气动缸和压缩空气马达可达到极高的速度和转速； ●压缩空气装置可因过载直至停止运行，却不受损伤； ●压缩空气可储藏在压力容器内。	●气缸力受限不能很大，因为工作压力一般均小于 10 bar； ●不能达到相同形式的活塞速度（空气的压缩性）； ●无固定止挡，气动缸不能伸出停留在准确位置； ●排出的压缩空气产生噪声。

本小节内容的复习和深化：

1. 气动系统有哪些优点？
2. 对压缩空气管网提出了哪些要求？
3. 压缩空气处理单元的作用是什么？
4. 哪些气动控制系统需用无油压缩空气？
5. 无活塞杆气缸有哪些优点？
6. 哪些元件可以调节气缸速度？
7. 请您用线路符号绘制一个 5/3（五位三通）换向阀的示意图，图中要求在中间位置时所有接头均被关断，该阀由手杆操作。
8. 使用转换阀可以进行哪些信号连接？
9. 为什么可以把双向阀的功能视为“与”门连接？
10. 限压阀和调压阀有哪些任务？

9.3.3　气动控制系统气路图

■ 气路图的结构

气动控制系统内所有部件均按自下而上的压缩空气气流方向排列，从能量供给（供气元件）开始，经信号元件和控制元件，直至执行元件。这种重要的阀门使执行元件（工作元件）执行线性运动或旋转运动，当然必要时还需经过流量控制阀。

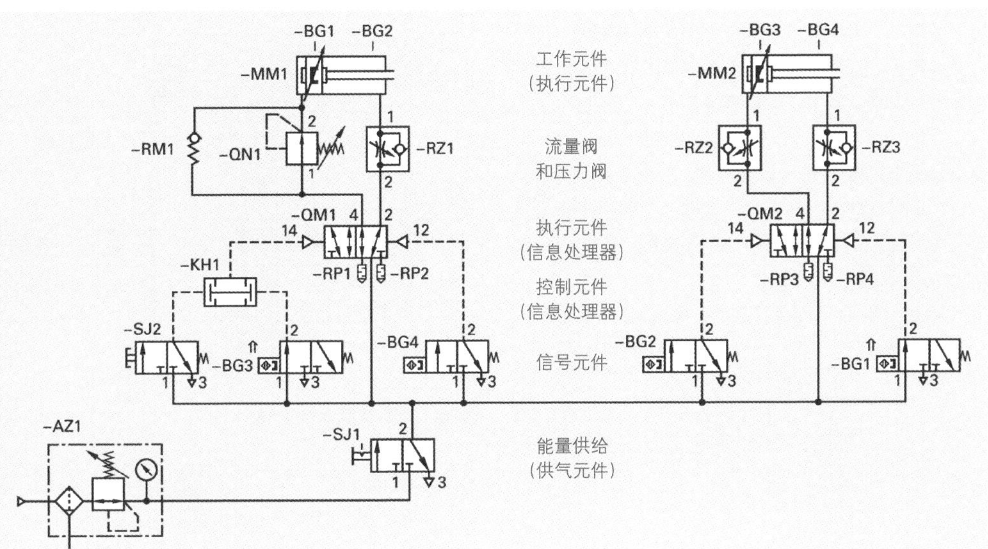

图 1：举例升降装置气路图的结构和名称

■ 部件（对象）名称

气路图中各部件的名称按标准 DIN ISO 1219-2（2012 年版）或参考标准 DIN EN81346-2（2010 年版）命名。由于所涉及范围已超出流体技术并进入电气、电子等技术领域，所以本书同时采用了参考标准①。

该标准的基本概念是，将所有元件均视为对象。标准对对象的内部结构不感兴趣，只针对对象的目的和任务。与之相应，将对象划分为高级和低级。

举例：信号元件-BG1 用于采集-MM1 活塞的后部终端位置信息。

- 高级 B：将输入变量（物理特性、状态或事件）转换成一个需继续处理的指定信号。
- 低级 G：测量输入量，如间距、位置或长度等。
- 减号“-”表示对象的产品特征，数字“1”只是一个计数数字。

表 1：按标准 DIN EN 81346.2 气路图部件名称举例

-AZ1	保养单元	-QN1	调压阀（改变环流的流体）
-BG1，-BG2…	信号元件（传感器）	-RM1	单向阀
-KH1	“与”门或双向阀（信号处理）	-RP1,-RP2…	消声器（降低噪声）
-MM1，-MM2…	气动缸（准备机械能量）	-RZ1,-RZ2…	节流单向阀
-QM1,-QM2	5/2 换向阀（信号接通）	-SJ1,-SJ2…	3/2 换向阀（手动操作）

① 参考标准 DIN EN81346-2，ISO1219-2，流体力学标准。

9.3.4 气路系统图的设计

如果对自动化技术中的气路图、电路图和程序等做出系统设计和规划，现有多种针对不同控制系统类型的不同工具可供使用。对于逻辑连接控制系统（组合气路）主要采用真值表（表 1）。这类表可以清晰地表述输入和输出变量的相关关系。

采用设计语言 GRAFCET（DIN EN 60848）可对自动化任务进行系统描述，如不同执行元件在过程控制或时间控制顺序中先后依序还是平行运行。

■ 逻辑连接控制系统（组合控制）的气路图设计

气动缸驱动的回转门用一个开关从两边进行开启和关闭（图 1）。此外，该门应能够从一边开启，而从另一边关闭。

制作气路图时，首先应编制真值表（见 556 页）：

	E2	E1	A
	–SJ2	–SJ1	14
1	0	0	0
2	0	1	1
3	1	0	1
4	1	1	0

这里产生的函数公式如下：

$$A = (E1 \wedge \overline{E2}) \vee (\overline{E3} \wedge E2)$$

或

$$14 = (-SJ1 \wedge \overline{-SJ2}) \vee (\overline{-SJ1} \wedge -SJ2)$$

上述函数公式可转换成为功能图或逻辑气路图（图 2）。

气路图可转换成为带有气动部件的气路功能图（布尔代数）中的逻辑基本元件和逻辑连接元件（图 3）。

气路图的这种解决方案可称为“异”–“或”–门逻辑连接或换接电路（X–OR–门连接）。在电子气动技术和可编程序控制器中也可采用相同的方法。

■ 过程控制系统（顺序控制）的气路设计

通过逻辑连接不能解决一系列的控制任务。每当某动作与前一个步骤相连，并紧跟着下一个动作，流程设计时应考虑 GRAFCET（DIN EN 60848）。

表 1：控制类型

逻辑连接控制系统（组合控制）	过程控制系统（顺序控制）
●真值表 ●函数公式 ●功能图（逻辑气路图）	GRAFCET (DIN EN 60848)

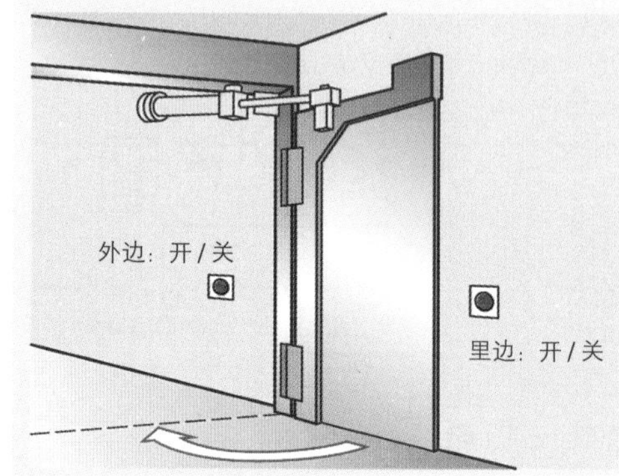

图 1：气动缸驱动的回转门

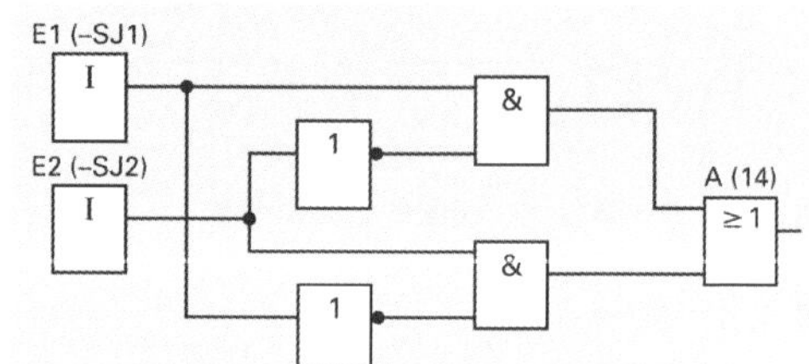

图 2：功能图（逻辑气路图）

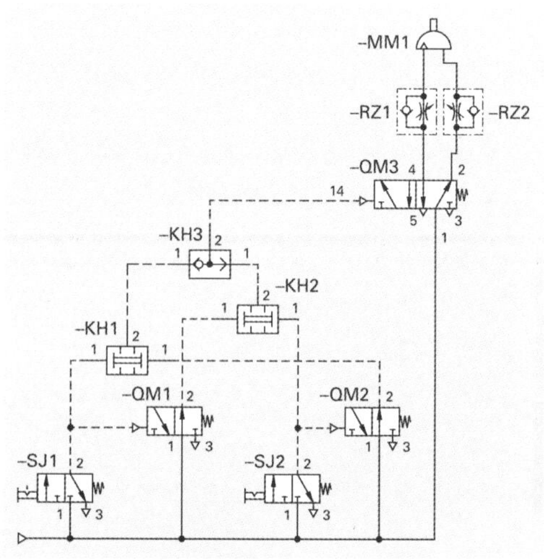

图 3：开门和关门的气路图

GRAFCET（GRAphe Foncitonnel de Commande Etape Transition）是法语“用步骤和继续过渡条件表达控制系统功能”的缩写，又称顺序功能表图用GRAFCET规范语言，简称顺序功能图。使用GRAFCET（顺序功能图）可以只表达按照删除式时序脉冲链原则转换的过程控制系统。

根据标准EN 60848:2002-12，GRAFCET（顺序功能图）在欧洲有效，作为图形表述语言可与德国标准DIN 40719-6规定的功能图交替使用。它可以进一步替换功能曲线图以及路径-步骤曲线图。

用若干相互逻辑连接的Grafcets（Grafcets分支）可以描述复杂的任务设定：使用GRAFCET（顺序功能图）可对控制系统进行不涉及各个装置的描述，或指定某个控制系统类型，例如气路结构或电子气路结构（图1）。

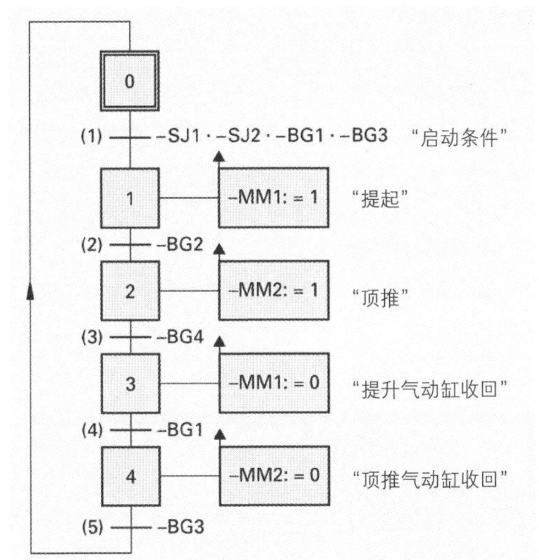

图1：GRAFCET（顺序功能图）举例

■ GRAFCET的结构和基本原则

GRAFCET（顺序功能图）在结构部分有步骤和过渡要素，在作用部分有执行要素（图2）。一个GRAFCET的步骤和过渡在持续交替转变。线性流程中，始终只激活一个可任意触发多个行动的步骤。在GRAFCET（顺序功能图）中，可在任意点用引号插入注释。

除线性流程外，还有可选的或平行的分支。这里可以激活多个步骤。GRAFCET（顺序功能图）可以是等级结构，例如用于运行模式功能（自动运行、点动运行等）的GRAFCET分支。这里使用的是大步骤（图2的大步骤M3）。

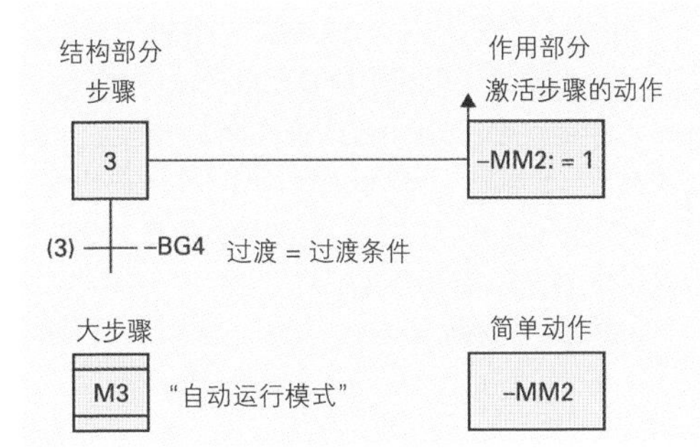

图2：GRAFCET（顺序功能图）的要素

■ 结构部分（图3）

● **启动步骤**

启动步骤和初始化步骤表明一个控制系统的初始位置。在一个双框内，这个步骤用数字0表示，即用该数字使流程开始。

● **步骤**

每一个后续步骤都用单框内的一个数字表示。步骤变量*X*（数值1或0）可以询问一个步骤的状态。

● **过渡**

两个步骤之间的过渡是除水平连线之外进入下一个步骤的条件。左边（括号内）是过渡的名称，右边是过渡的条件，用文字或布尔代数表述法表示。

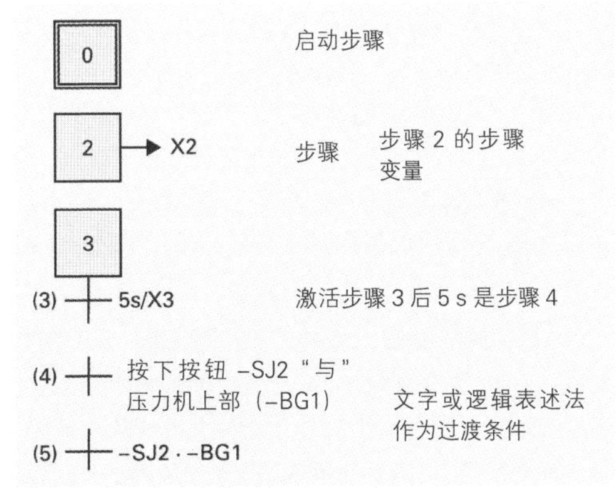

图3：结构部分举例

■ 作用部分

每一个流程步骤都配属着多个动作。如果激活步骤，即可执行这些动作。每个动作都用矩形框表示，步骤符号和动作栏处于同一高度。多个动作时允许采用不同的表达法（图 1）。动作的顺序不是时间顺序。

动作可划分为连续性和存储性有效动作。

● 连续性有效动作

连续性有效动作在指定时间执行。然后，动作自动收回。

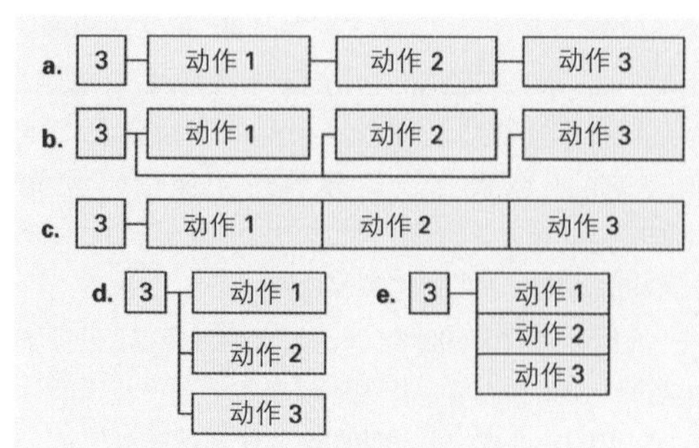

图 1：动作的表达法

> 步骤有效期间，始终赋值为 1，步骤不再有效，其赋值为 0。

在动作栏内可以是指令形式或提示说明形式的一段文字，或某个变量的名称（图 2）。在与工艺无关的计划中标出的是驱动装置的名称（-MM2），在气动控制系统中标出的是阀门的接头名称（-QM2-14），在电子气动控制系统中标出的是电磁线圈的名称（-MB3）。步骤 4 的图示动作描述着相同的特性：只要激活步骤 4，便启动了一个气动执行元件。

可以执行一个动作之前，除步骤激活外，还要求赋值条件（-BG8，3s/-BG9）。

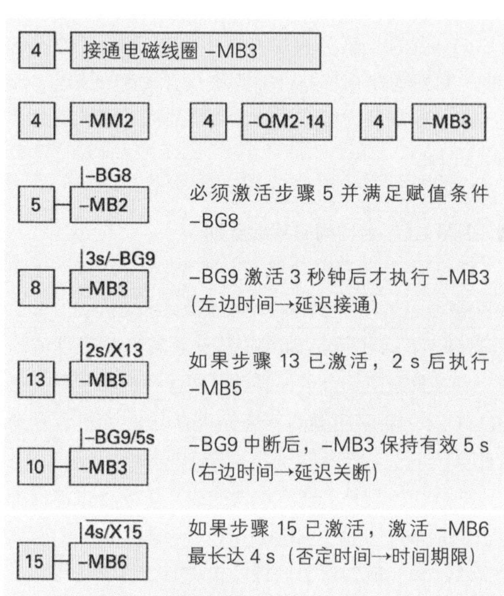

图 2：连续性有效动作举例

● 存储性有效动作

存储性有效动作在一个指定流程步骤中设定存储为逻辑“1”，并在稍后下一个步骤中复位至逻辑“0”。

> 变量数值保持存储（-MB5:=1），直至被另一个动作改变为止（-MB5:=0）。

一个变量的数值可以在一个步骤激活时（↑）或在该步骤去活时（↓-只能用于可编程序控制器）予以改变（图 3）。

指向一边的箭头（“小旗”）显示，当一个事件进入后，一个动作才能执行存储。步骤 9 在变量-BG3 之前出现了一个箭头。这里，表现为事件的是信号从“0”转换为“1”，称为正波面。

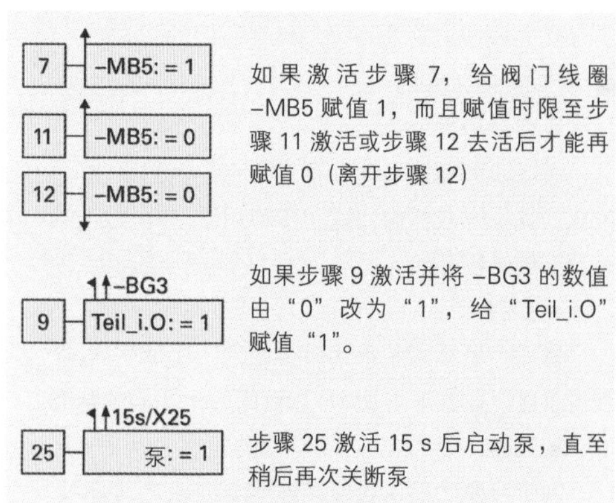

图 3：存储性有效动作

举例：起重装置

在一个概览草图中，工艺图（位置图）显示所使用部件的排列位置，使整个流程清晰可辨：提升气动缸-MM1 将工件提起，顶推气动缸-MM2 在滚道上将工件推送至其上部终端位置。动作结束后，两个气动缸均退回至各自的初始位置（图 1）。

整个运动过程可如下式用缩写方式表述（+ = 伸出；- =收回）：

-MM1 + -MM2 + -MM1 - -MM2 -

GRAFCET 允许多种不同的表达法。

如 571 页图 1 所示，GRAFCET 气路图从执行机构层面描述起重装置的工作流程，与之相比，在图 2 配有双稳态执行元件（5/2 脉冲阀）的气动控制系统中用连续性有效动作编制 GRAFCET（顺序功能图）。

控制流程分为 5 个过程步骤。启动步骤 0 表示，直接接通后控制系统的初始位置。在步骤之间的过渡段执行控制系统继续流程所必需的条件。例如步骤“1”在满足下列条件后方能执行：

- 按下启动按钮-SJ2；
- 主阀-SJ1 处于开关位置“a”；
- 气动缸-MM1 执行对气动接近开关-BG1 的操作；
- 气动缸-MM2 执行对气动接近开关-BG3 的操作。

气路图显示在已选技术条件下（例如气动技术）控制系统的功能和控制系统各元件之间的顺序连接（图 3）。气路图中各元器件的排列并不按照其位置，而是按照与其功能相符的、各功能层面的概览性排列，例如按功能层面：能量元件、信号元件、逻辑连接元件、执行元件和工作元件（自下而上）等进行排列。

本小节内容的复习和深化：

1. 如何区分连续性动作和存储性动作？
2. 请您解释概念“步骤变量 X3”。
3. 如何在 GRAFCET（顺序功能图）中表达时间延迟？
4. 请您用执行元件 -MM1 和 -MM2 为起重装置（图 3）编制一个 GRAFCET（顺序功能图）。
5. 请您为逻辑图（图 4）编制一个完整的真值表。

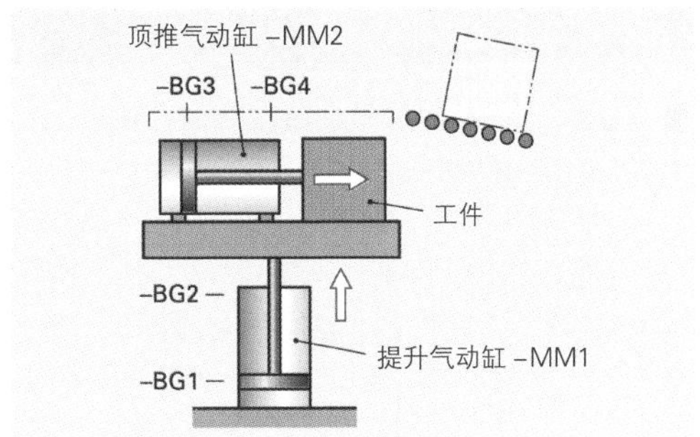

图 1：起重装置的工艺示意图

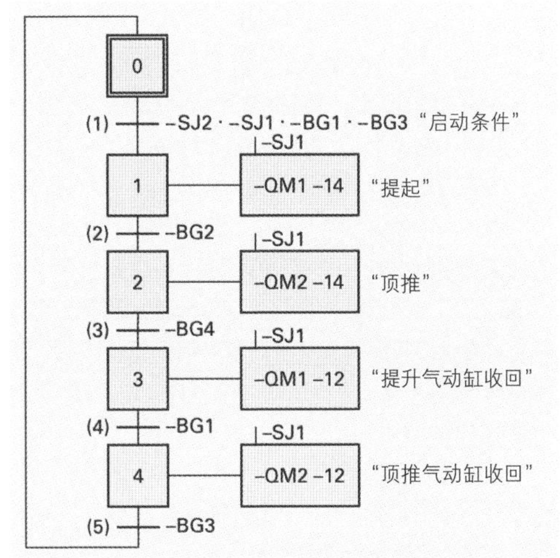

图 2：起重装置的 GRAFCET（顺序功能图）

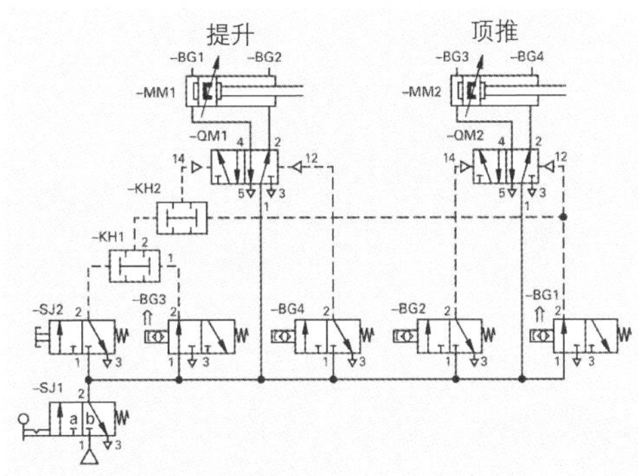

图 3：起重装置气动气路图

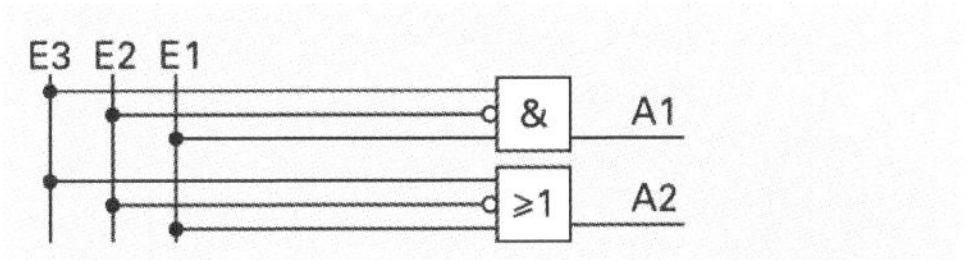

图 4：逻辑图

9.3.5 气动控制系统举例

■ 自动锁闭装置的控制系统（组合控制）举例

工艺示意图和任务描述：

将轴套压入半自动装置的轴端（图 1）。将轴装入，并手工套上烧结轴套。如果双作用气动缸位于后部终端位置（–BG1），压入过程可以自动完成。将主开关（–SJ1）转换至压缩空气供给，用脚踏开关–SJ2 启动机器。压紧力达到 5 bar 后，气动缸收回行程取决于位置和压力（–SJ1、–BG2、–BP1）。

真值表显示出信号元件的逻辑连接（见表 1 和表 2）。执行元件采用 5/2 换向阀。

于是，在两个函数公式中产生如下内容：

伸出：脉冲 14 = –SJ1 ∧ –BG1 ∧ –SJ2。

收回：脉冲 12 = –SJ1 ∧ –BG2 ∧ –BP1。

为解决这里的问题需使用一个按键开关（图 2）。气动解决方案显示出两个函数公式的转换。通过串联连接或双向阀可实现“与”门连接。该方案包含若干细节，它们无法用逻辑代数（布尔代数）推导，而是提高了设备的功能能力：可调式终端位置缓冲器、节流单向阀，以及一个快速排气阀（图 3），目的是减少辅助时间。

图 4 所示是上述方案的一个改型。达到计时元件–KH2 设定时间 1 s 后才开始执行收回行程。对于保养单元采用的是一种简化表达法。

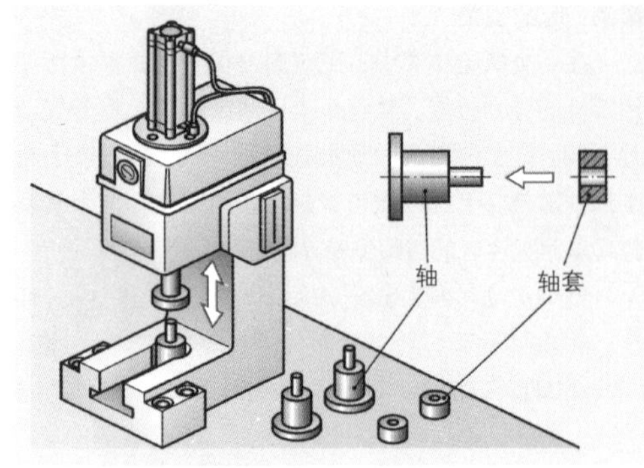

图 1：压入烧结轴套

表 1：气动缸伸出

–SJ2	–BG1	–SJ1	14
0	0	0	0
0	0	1	0
0	1	0	0
0	1	1	0
1	0	0	0
1	0	1	0
1	1	0	0
1	1	1	1

表 2：气动缸收回

–BP1	–BG2	–SJ1	12
0	0	0	0
0	0	1	0
0	1	0	0
0	1	1	0
1	0	0	0
1	0	1	0
1	1	0	0
1	1	1	1

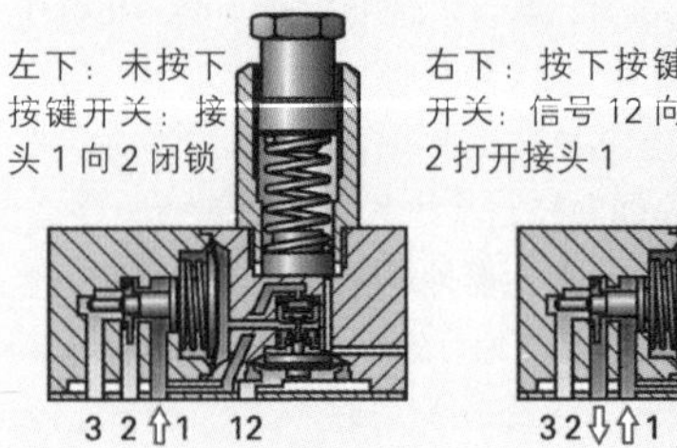

图 2：气动按键开关

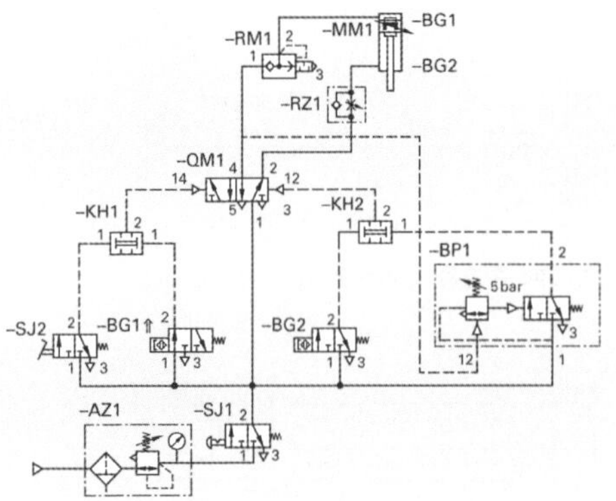

图 3：采用按键开关的气动解决方案

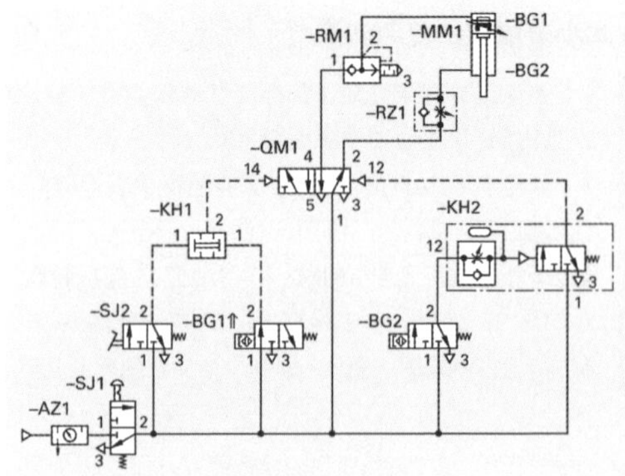

图 4：采用时间功能的气动解决方案

■ 容器输送设备

用辊道输送的容器在此分开、提升，然后推送到另一个辊道（图 1）。

从下面辊道输送的容器由阻挡气动缸-MM1 挡住。发出启动信号-SJ1 后，阻挡气动缸收回，容器输送到提升平台并触发信号-BG1。气动缸-MM1 重新回到阻挡位置，与此同时，提升气动缸-MM2 提升容器。到达终端位置-BG2 后触发顶推气动缸-MM3，将容器推送到另一个辊道。随后，两个气动缸-MM2 和-MM3 收回。整个“循环”过程是闭合的。

GRAFCET（见图 2）：气动缸运动的流程可用 GRAFCET（顺序功能图）表达，一目了然。

结构部分：在结构部分可以识读各个控制步骤。它与过渡持续转换。

作用部分：在矩形方框内为每一个流程步骤配属了一个或多个动作。

顶推气动缸-MM3 的收回没有标出，因为，一旦-BG3 满足了过渡（4）的条件，由于采用 5/2 换向阀-QM3，气动缸-MM3 在复位弹簧作用下立即收回。

气路图（见图 3）：气路图显示一个控制系统内所有元件的逻辑连接。由于元件均用线路符号标示，只有通盘考虑全系统才能理解整个控制流程。

必须通过学习和练习才能“读懂”气路图。读懂气路图后才能真正理解、组建和使用控制系统。

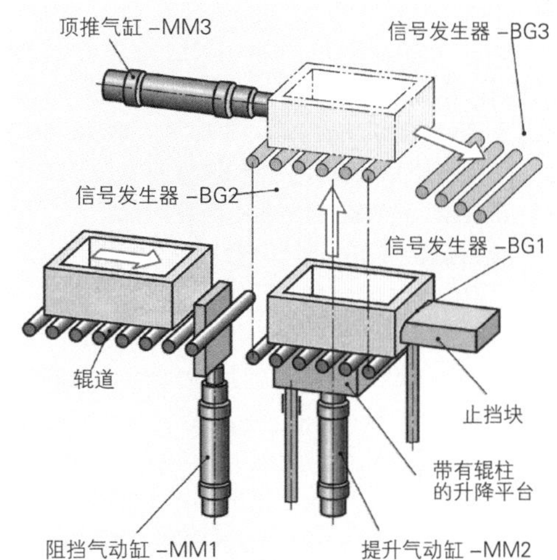

图 1：输送设备的工艺示意图

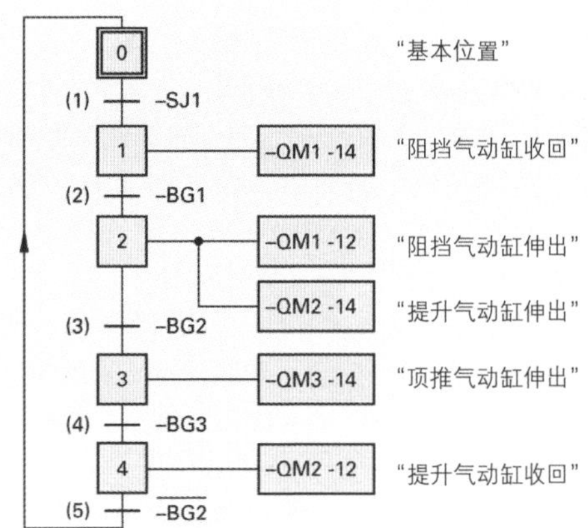

图 2：输送设备流程的 GRAFCET（顺序功能图）

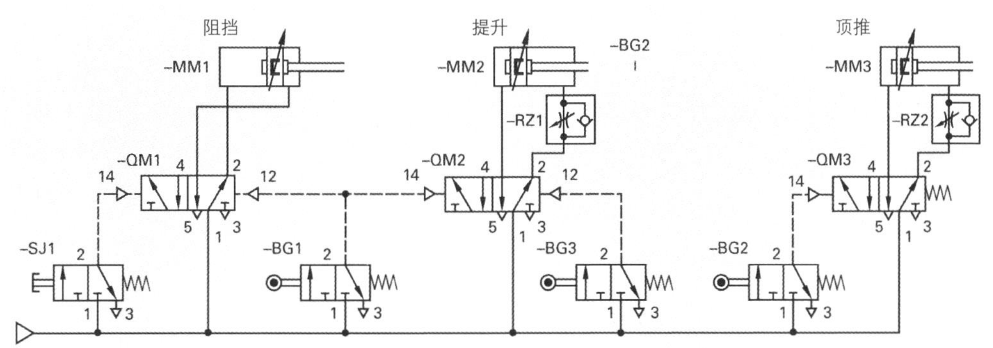

图 3：输送设备气路图

■ 清洗设备的供料

工艺示意图（图 1）和功能描述：工件在电镀前必须进入清洗槽脱脂。清洗时，首先将工件装入门式装载机旁的工件箱。启动信号发出后，气动缸-MM1推送工件箱越过清洗槽。再由气动缸-MM2 将工件箱沉入清洗槽，然后提升出槽并送回装载位置。

流程描述，采用组别方式描述：

| -MM1 + -MM2 + |　　　　| -MM2 + -MM1 - |

控制组 Ⅰ　　　　控制组 Ⅱ

由上式可见，位于控制组 Ⅰ 至控制组 Ⅱ 的组间过渡处的是同一个执行元件-MM2，这是一个双稳态执行元件（脉冲阀）。这里必须用脉冲 14 与脉冲 12 的信号交叉进行计算。此原则同样适用于气动缸-MM1的脉冲阀。由于信号-BG3 永久施加给基本位置，所以无法重新启动。

气路图（图 2）和 GRAFCET（顺序功能图）（图 3）：气动接近开关（传感器）-BG2 的信号触发气动缸-MM2 的下降运动。如果要重新启动气动缸-MM2，那么这个信号现在不允许继续存在，否则将会有两个信号施加给执行元件-QM2（=信号交叉）。因此，装入带有计时功能并用于关断的阀-KH2（见 567 页）。同理，带有计时功能的-KH1 阻止出现第 2 个信号交叉（上一个步骤和重新启动）。

级联控制系统（见图 4）：气动技术中另一种阻止信号交叉的方法是采用转换阀-QM3，它在指定时间点向两条控制支路 Ⅰ 和 Ⅱ 提供压力能量，所以只有一个流程必需的信号元件可以得到压缩空气供给。另一个信号元件则得不到压缩空气。

这种技术在当今的气动技术领域内已趋罕见。

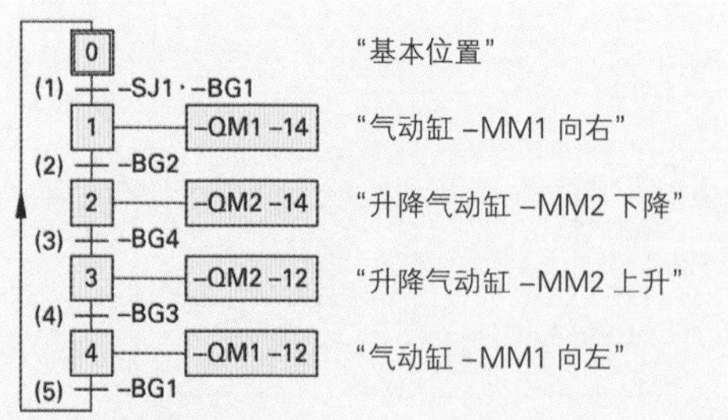

图 3：清洗设备的 GRAFCE T（顺序功能图）

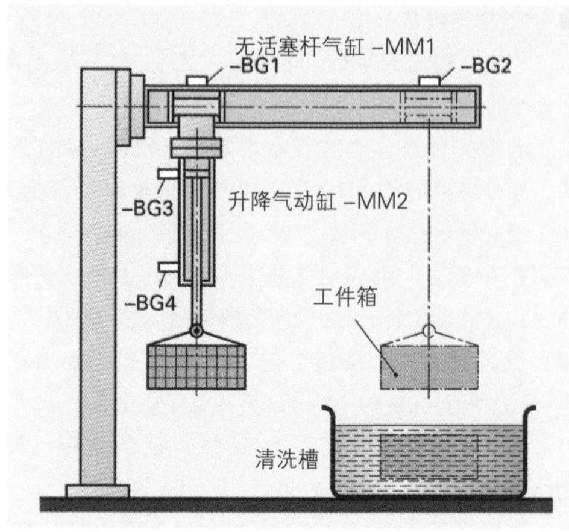

图 1：清洗设备的门式装载机工艺示意图

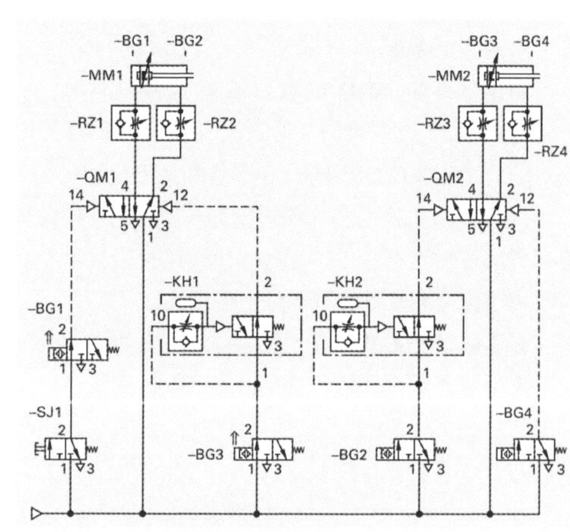

图 2：使用滚柱推杆换向阀的控制系统

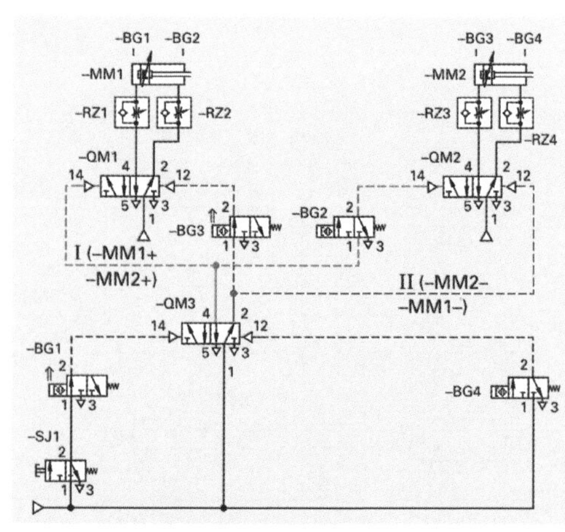

图 4：清洗设备的级联控制系统

9.3.6 真空技术

在搬运输送技术领域内，真空技术扮演着将气动技术（流体力学）应用范围大幅度扩展的重要角色。采用真空技术可输送各种不同材质的零件（例如金属、塑料、木材、纸等），无论工件表面光滑还是粗糙，平面造型还是曲面造型。真空系统由吸盘、相应的固定零件和成套软管，以及真空发生器组成（图 1 和表 1）。过滤器保护整个单元，压力开关和负压测量组件为真空系统提供安全保障。

■ 真空的概念

所谓真空，即一个封闭空间内的压力明显低于环境压力时谓之真空。环境压力在海平面高度达到 1013 mbar。海拔高度每升高 100 m，大气压力减少约 12.5 mbar，所以，达到 2000 m 海拔高度时，大气压力只有约 763 mbar。

真空标出的是一个相对值，就是说，这个负压是参照环境压力标出的。真空压力值前始终标有一个负号，因为我们把作为参照点的环境压力标为 0 mbar（图 2）。

真空常见的应用范围：

- 达到-600 mbar 至-800 mbar 的密封面（用于搬运金属、塑料等）；
- 达到-200 mbar 至-400 mbar 的孔隙材料（用于搬运压板、硬纸板等）。

■ 真空发生器

喷射泵是一种气动真空发生器（图 3）。压缩空气冲入文氏管[①]。从喷嘴喷出时，膨胀的空气进入消声器，并在狭窄处产生负压。由此产生的负压用于抽吸空气。如果接通真空发生器接头处的吸盘，吸盘与工件之间的空气便被抽吸出去。这时，压力更高的大气压力压迫着吸盘固定在工件表面（图 4）。

伯努利定律[②]描述这种相关关系，根据该定律，文氏管狭窄处气流速度的上升与压力的下降相关。

①乔瓦尼·巴蒂斯塔·文托里，意大利物理学家（1746—1822）。
②丹尼尔·伯努利，瑞士物理学家（1700—1782）。

图 1：薄板材料搬运吸盘

表 1：真空技术标记符号

符号	名称	符号	名称
	过滤器		单级喷射泵
	压力表		多级喷射泵
	单边平面吸盘		消声器
	波纹管式吸盘		负压风机
	弹簧顶杆		真空泵

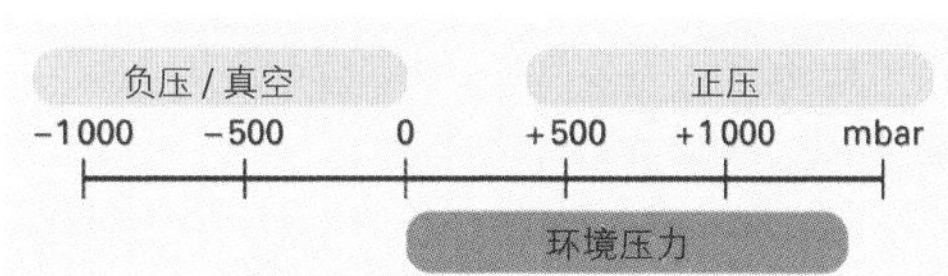

图 2：真空度的相对值 P_e

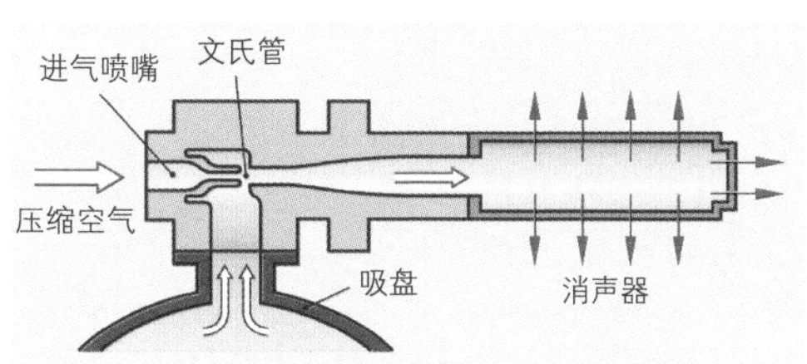

图 3：喷射泵功能原理图

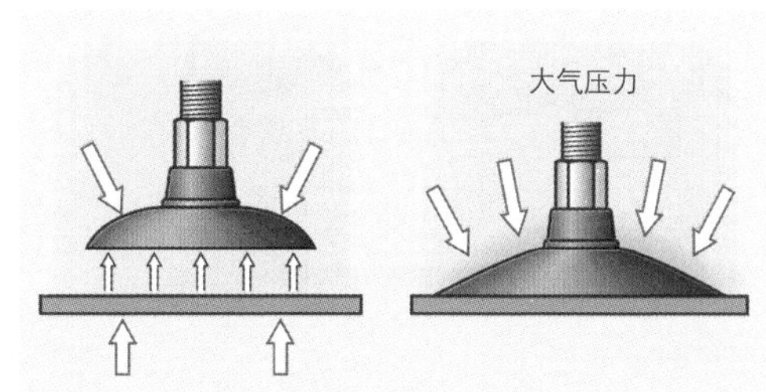

图 4：大气压力的压紧作用

■ 吸盘的基本结构

吸盘部件由吸盘和一个连接件构成。吸盘的结构又分为平面式和波纹管式。平面式吸盘因为其内部空间小，可以迅速抽真空。所以常用于平面或轻度曲面的工件表面。波纹管式适用于非平面（图 1 和表 1）。

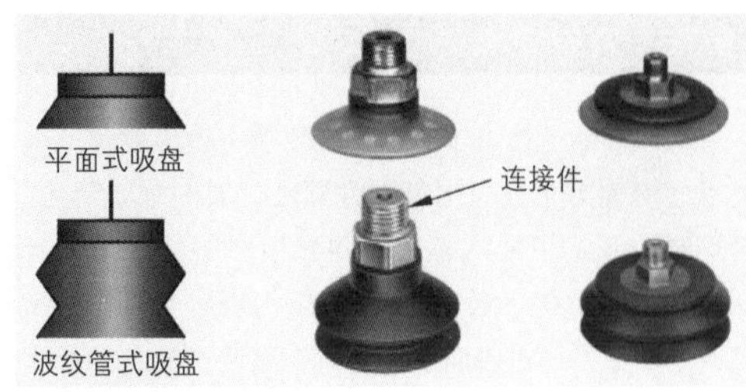

图 1：吸盘形状

表 1：吸盘形状		
结构型式	优点	用途
平面式吸盘	制造形状成本低廉，抽吸时间最短	用于光滑的直至粗糙的表面，过程循环时间短
波纹管式吸盘	可用于非平面表面，可均衡不同的表面高度	轿车车身板材、管材、硬纸板、敏感的电子元件

■ 吸附力的计算

计算吸附力时必须考虑工件位置。水平位置的工件计算其垂直吸附力 F_V，垂直位置的工件计算其水平吸附力 F_H（图 2）。摩擦系数 μ 涉及工件表面。

下列摩擦系数标准值用于提示：

- 玻璃、石材、塑料（干的）　　μ 约为 0.5
- 砂纸　　$\mu = 1.1$
- 潮湿的、油性表面　　$\mu = 0.1\sim0.4$

举例： 一个喷射泵产生负压 $p_e = -0.6\text{bar}$，问，喷射泵的吸盘可产生多大的理论水平吸附力？吸盘面积 $A = 32\ \text{cm}^2$，工件材料是表面光滑的玻璃。

解题： $F_H = F_V \cdot \mu = A \cdot p_e \cdot \mu = 32\ \text{cm}^2 \cdot \left(-6\dfrac{\text{N}}{\text{cm}^2}\right) \cdot 0.5$

$= -96\ \text{N}$

吸盘的吸附力		
$F_V = A \cdot p_e$		
$F_H = F_V \cdot \mu$		
F_V	理论垂直吸附力	单位：N
F_H	理论水平吸附力	单位：N
A	面积	单位：cm^2
p_e	负压	单位：N/cm^2
μ	摩擦系数	

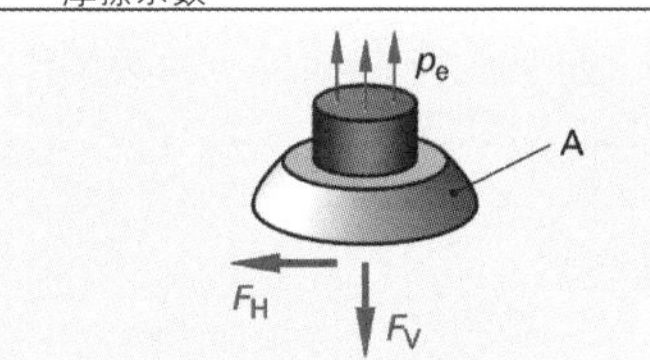

图 2：吸盘的吸附力

■ 带有负压询问装置的真空回路

真空回路中需询问其负压。图 3 所示是一个回转工装。回转臂装有吸盘及其喷射泵–GS1 和吸盘–UQ1。真空过滤器–HQ1 阻止如灰尘等各种干扰因素，真空压力表–PG1 显示负压，真空调压开关–BP1 调出所需负压。

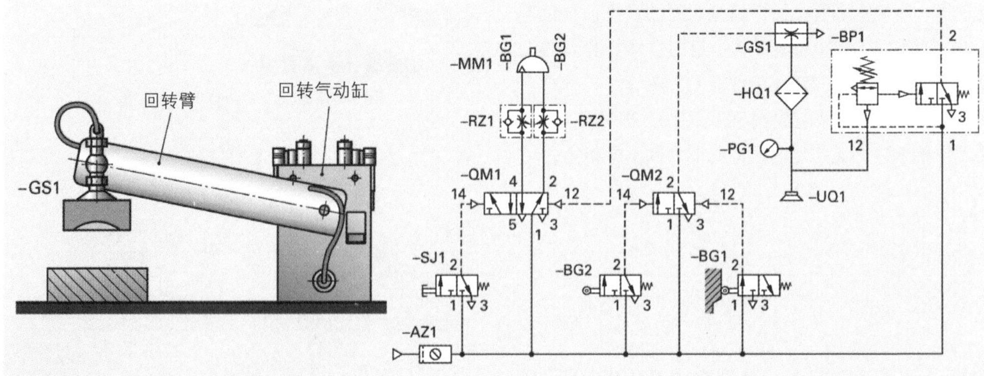

图 3：装有真空调压开关的真空回路

9.4 电子气动控制系统

在电子气动控制系统中，气动技术的优点与电气技术的可能性相结合。其线路图总是分为两个部分(图1)。

气路图动力部分气路的运动能输送给执行机构(气动缸)。电能用于通过按钮或传感器采集信号。电气信号处理的优点是，通过信号的并联或串联实现开关逻辑（电路逻辑），进而取消机械零部件。其进一步的优点是电气元件的保养费用低廉和性价比更高。5/2换向阀的电磁线圈-MB1和-MB2是电气与气动之间的接口。

属于电气控制元件的主要是按钮、开关、传感器、继电器和接触器。它们在电路图中均采用电路标记符号表示（表1）。

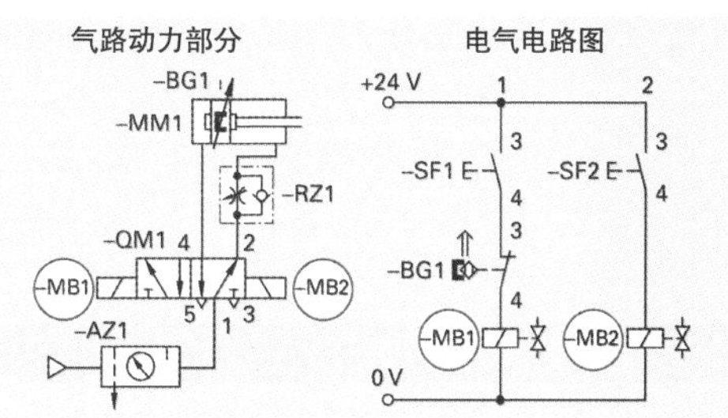

图1：电气气动技术中的直接接通

表1：电气线路符号

电气元件	线路符号	电气元件	线路符号
手动按钮		带卡口的急停按钮	
通过按压操作的按钮		接近开关	
带卡口的手动按钮		电感式接近开关	
滚球操作的按钮		带转换触头的继电器	
位于初始位置由滚球操作的按钮（常开触点）		电磁换向阀	

9.4.1 电气触点控制系统的元件

触点控制系统中，通过电气触点的接通实现信号传输，而电气触点的接通，通过按钮和开关是直接接通，而继电器通过电磁线圈是间接接通。其操作可以是手动式或机械式，例如通过气动缸的活塞杆。触点排列位置使其在操作时可打开（常闭触点-NC）或闭合（常开触点-NO）（图2）。触点用功能代码表示，常闭触点用功能代码1-2，常开触点用功能代码3-4。常开触点与常闭触点的组合称为转换触点(1-2，1-4)。

按钮松开后，通过一个弹簧又使其回弹至初始位置，与之相比，开关则通过进入卡口保持其开关位置。开关机械式存储一次性短暂设置的信号，直至开关解锁退出卡口为止。

属于信号元件的是，限位开关或调压开关（图3)。它们将控制管路X的气动压力能转换成为一个电气-机械信号。

传感器（接近开关)：接近某个机器零件时，或工件丢失机械接触时，传感器接通。属于此类传感器的有永磁式、电感式、电容式和光电式（见584页）。传感器尺寸小，无磨损，并具有极高的接通速度。电路图中用字母“B”表示传感器。

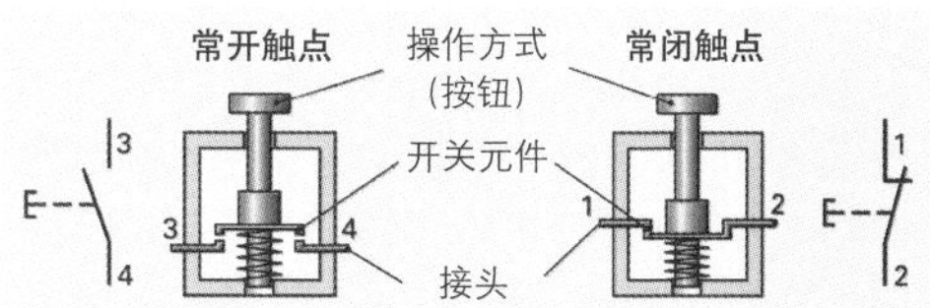

图2：电气按钮（常开触点/常闭触点）

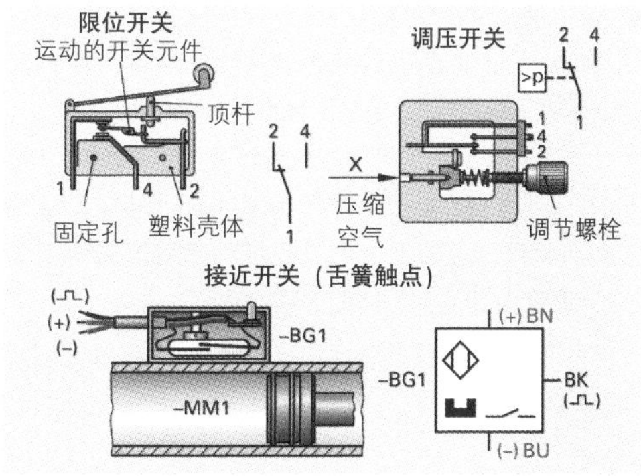

图3：信号元件和传感器

继电器和接触器：电磁操作触点动作的开关称为继电器或接触器。继电器接通的电气功率最大约1kW，接触器的功率更大。一般而言，继电器和接触器均装有若干可同时操作的常闭触点和常开触点。它们主要用于信号的处理和复制（图 1）。

继电器和接触器的任务

- ●远程操控电气装置；
- ●放大用于主电路的控制信号；
- ●复制，通过不同的常开触点和常闭触点复制信号；
- ●换向，通过常开触点和常闭触点使信号换向；
- ●逻辑连接，建立信号的逻辑连接；
- ●存储，通过自闭电路存储信号。

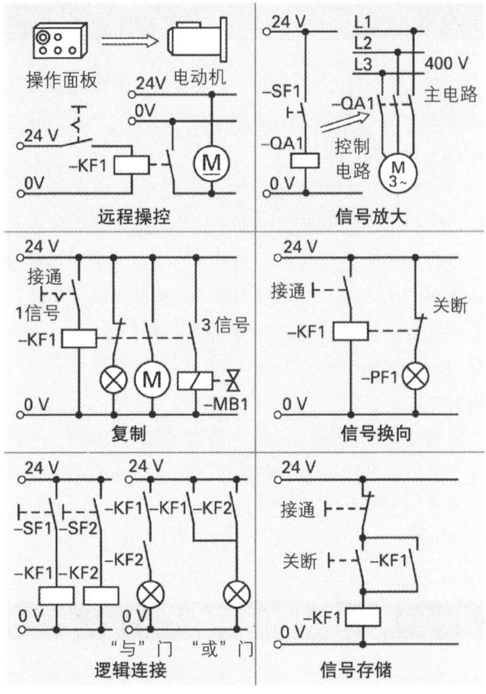

图 1：继电器的基本任务

■ 继电器的工作方式

如果一个 24V 直流电流过励磁线圈（接头 A1 和 A2），将吸合活动衔铁，从而通过继电器簧片操作开关触点。这时，常闭触点 NC（11–12）打开，常开触点 NO（23–24）的触点弹簧压缩。如果电流中断，一个弹簧使衔铁重又回到初始位置。所以，使用继电器可在电流回路中进行零电位接通，就是说，触点可以在电流回路中连接不同的电压（12V、24V 或 230V）（图 2）。

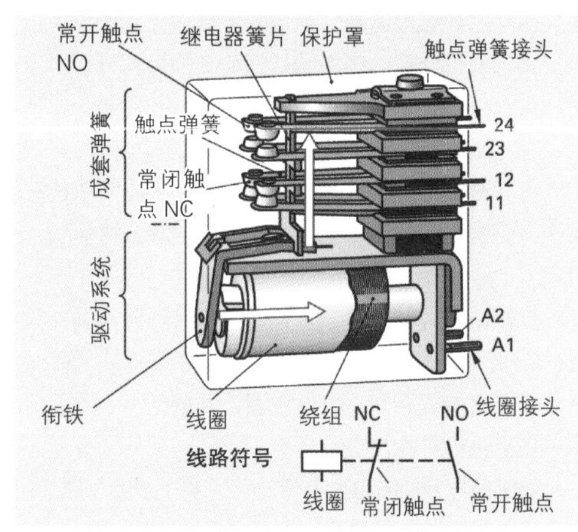

图 2：装备常开触点和常闭触点的继电器

继电器的接头标记（图 3）。电路图中将继电器这个元件标记为-KF1，其两个线圈接头分别标记为 A1 和 A2。所有的常开触点全部使用功能代码 3 和 4，而常闭触点全部使用功能代码 1 和 2。

如果一个继电器内同时装有多个常闭触点和常开触点，需为这些代码前附加一个顺序数字 1、2、3 等。

继电器上也常用转换触点代替简单的常开触点和常闭触点。这样可使电路技术的可能性增大。

电子气动技术采用的继电器经常配装三个常开触点和一个常闭触点。这种配备可以在费用不大的条件下按照常规工业标准实现过程控制的各个具体步骤（等于删除的脉冲链，亦请参见 591 页）。

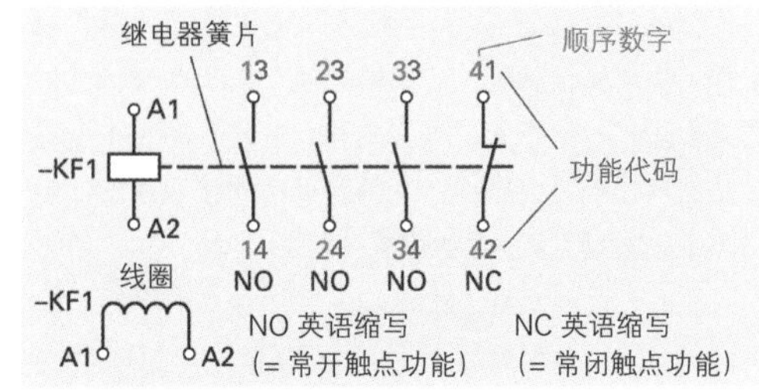

图 3：继电器接头标记

■ 延时电磁开关

在控制技术中，延时电磁开关又称为定时继电器（图 1）。定时继电器由一个电源接头 A1–A2、常闭触点、常开触点，或者还有转换触点组成，可使继电器延时动作。

在控制技术中，主要将延时继电器划分为接通延时和关断延时继电器（图 2）。

接通延时继电器在设定时间“t”之后，才接通相应的常开触点或常闭触点。一旦延时继电器动作取消，上述触点立即回复到信号状态“0”。关断延时继电器的常开触点和常闭触点立即动作。接头 A1–A2 出现电压降，关断延时开始：旋转式电位器（可调电阻）设定时间结束后，常闭触点和常开触点才重又回到其基本状态。

继电器簧片对常开触点和常闭触点的延时动作用一个半圆符号（“降落伞”）表示。需注意的是，普通继电器同样有不同的功能名称：常开触点功能用 7–8，常闭触点功能用 5–6。

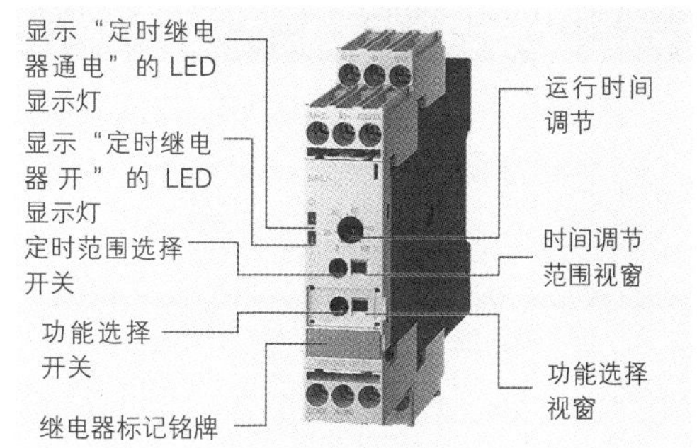

图 1：不同延时功能的定时继电器

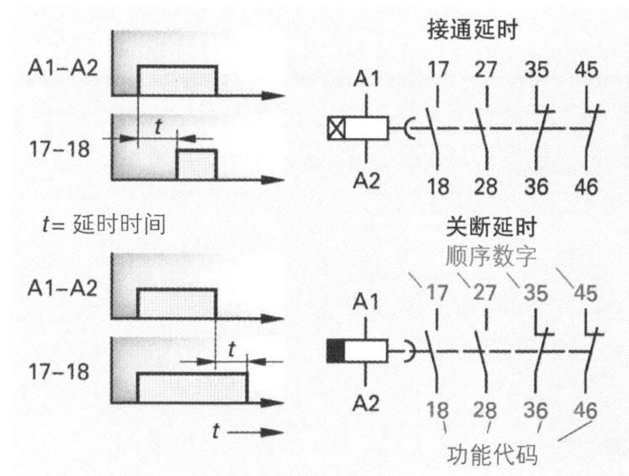

图 2：接通延时和关断延时继电器

■ 电磁阀

电磁阀是电子气动转换器。它由一个电磁线圈、电气开关组件和一个气动阀组成。电磁线圈接通电流形成电磁场，使线圈衔铁动作。该衔铁与控制气体流量的阀门顶杆相连，从而使阀门滑块或阀门顶杆动作，改变阀门的开关位置（图 3）。阀门开关过程中，压缩空气从接头 1 进入工作管道 2。用手动操作也可以在无电状态下使设备进入运行。

5/2 脉冲换向阀（图 4）是一种典型的具有双稳态开关功能的执行元件。电压中断后，它仍保持各自的开关位置 a 或 b，直至重新实施控制。

通过气动预控装置可使电磁线圈尺寸更小，从而降低电耗。一个电气信号使衔铁动作，打开预控阀门。压缩空气使主控活塞动作。

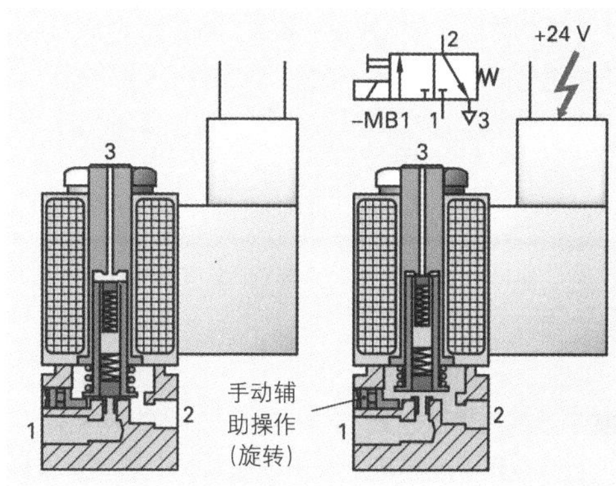

图 3：电磁操作 3/2 换向阀

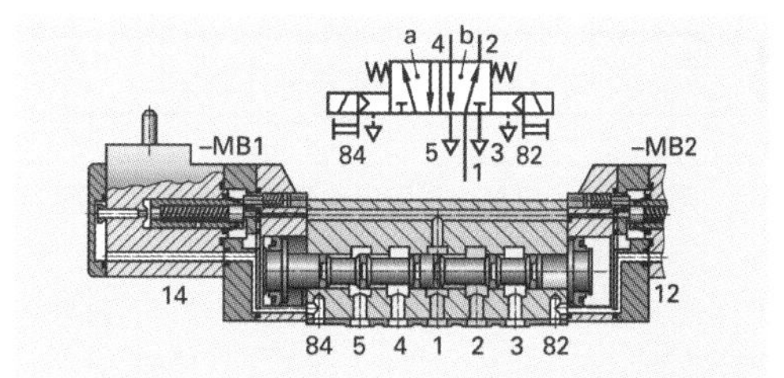

图 4：配装预控的 5/2 电磁脉冲阀

9.4.2 信号元件－传感器

传感器是一种采集技术过程中物理检测量的元件，它将物理检测量转换成为一个电压或电流信号并继续传输给后续元件，由它们进行处理（图 1）。

> 传感器将非电气物理量转换成为一个电气物理量。

传感器能够采集的物理量有，例如压力、力、转速、速度、流量、温度、几何量，或不同材质的材料。

> 传感器采用无接触式工作方式。因此不会磨损，也不会对受控或受调的物理量产生影响。

根据传感器将非电气物理量转换成为电气物理量的作用方式，可将传感器划分为主动式和被动式传感器（图 2）。

■ 被动式传感器

如果传感器工作时需要辅助能源（外部电源），这种传感器可称为被动式传感器。

被动式传感器的构成元件有，例如通过外部供电产生电场或电磁场的电容或线圈（图 3）。如果这个电场受到外部非电气物理量的干扰，传感器便发出一个输出信号，交由后续元件处理。

> 被动式传感器通过外部非电气干扰量产生一个电气物理量。

■ 主动式传感器

主动式传感器不需要外部电源。它将外部能量（例如机械能、热能、化学能或光能）直接转换成电能。

> 主动式传感器通过能量转换产生电能。

热电偶、光电池或压电电池都是这类电压发生器。

例如焊接在淬火加热炉的热电偶（铁和康铜）将热能转换为电能。由热能产生的电能提供了淬火炉（检测点）内的温度（图 4）。

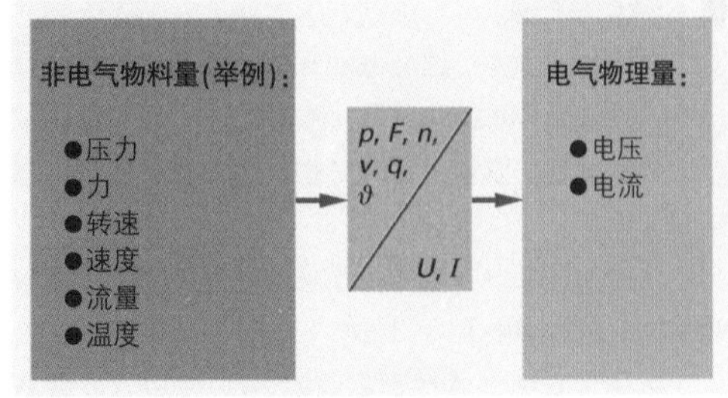

图 1：传感器转换的物理量

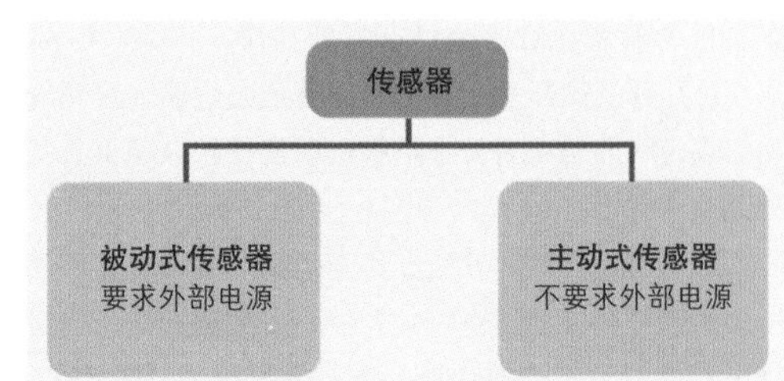

图 2：传感器

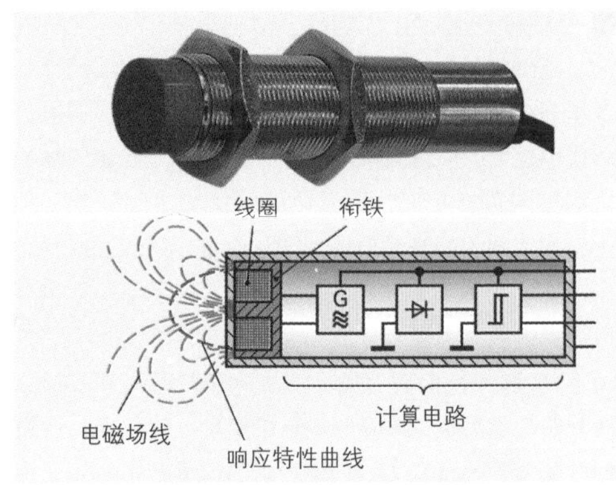

图 3：被动式传感器

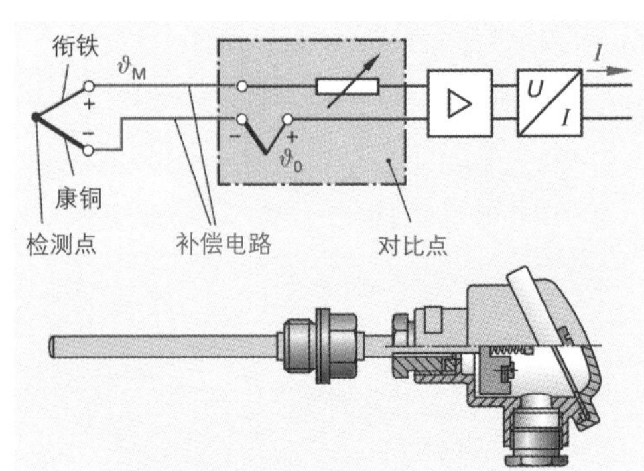

图 4：主动式传感器

传感器不仅划分为主动式和被动式，还可以按照其输出信号类型继续划分：

- 模拟式传感器；
- 二进制传感器；
- 数字式传感器。

■ 模拟式传感器

模拟式传感器在信号输出端发出一个用于继续处理的模拟信号。

带线性电位器（图 1）或旋转电位器（图 2）的传感器均是模拟式被动传感器，用于测量角度、位移距离、间距和厚度等。这类传感器的供电电源是直流电，直流电由传感器的一个电位器提供，该电位器的作用是分压器。检测对象使电位器的滑动触头运动，并由此改变输出端电压。该电压与滑动触头的位置，以及由此所涉及的被测的位移距离 s 和被测物体的旋转角度 φ 等成比例关系。

线性电位器的位移距离检测范围从 5 mm 至 4 m，因此用于例如加工机床工作台的位移检测。

旋转电位器大部分可以旋转一周，因此其检测范围从 0°至 360°，一般用于检测技术领域，或用于工业机器人的旋转角度数据采集（见 311 页）。

电感式位移传感器（图 3）：它作为导向元件由一个带铁芯片并由交流电供电的双线圈构成。铁芯片在线圈内的移动改变半个线圈的电感，电感的变化就是位移变化的尺寸。这类传感器用于例如检测工件厚度的检测触头，加工机床小工作台或机器人机械手的位移数据发生器。

电容式位移传感器（图 4）：它作为导向元件由电容构成。通过活塞运动改变电容器的电容，该变量用作检测信号。电容式位移传感器用于例如激光切割、检测和调控切割喷嘴与工件之间的间距。

> 使用模拟式传感器可将物理量，例如位移长度或旋转角度，转换为模拟电气量，例如电压或电流。

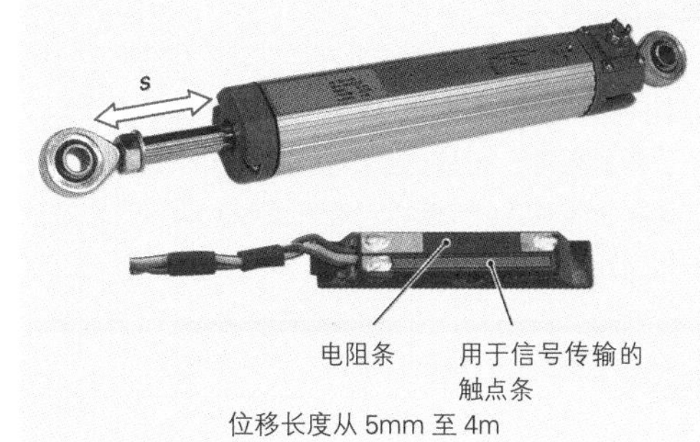

图 1：线性电位器

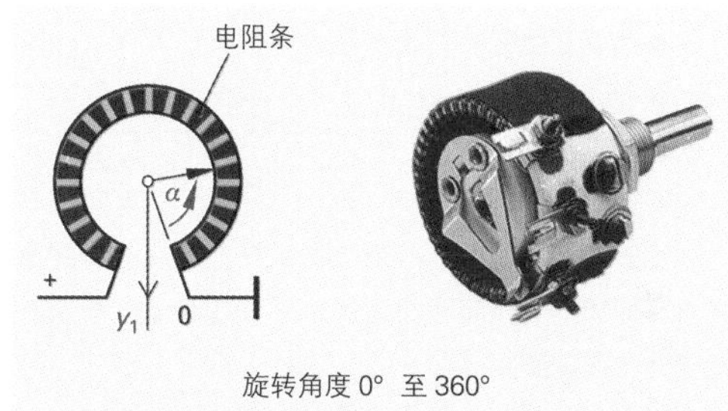

图 2：旋转电位器

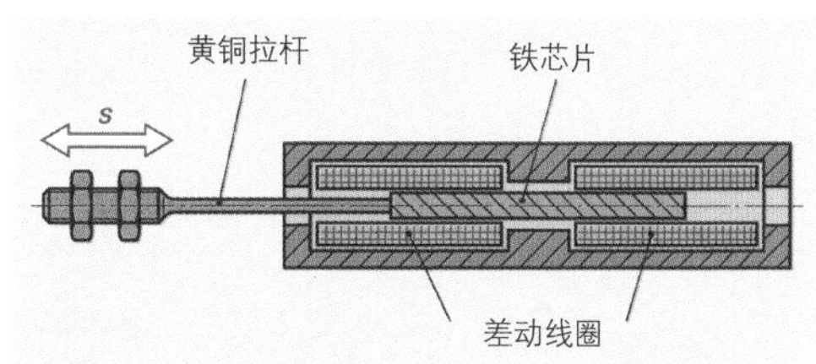

图 3：电感式位移传感器

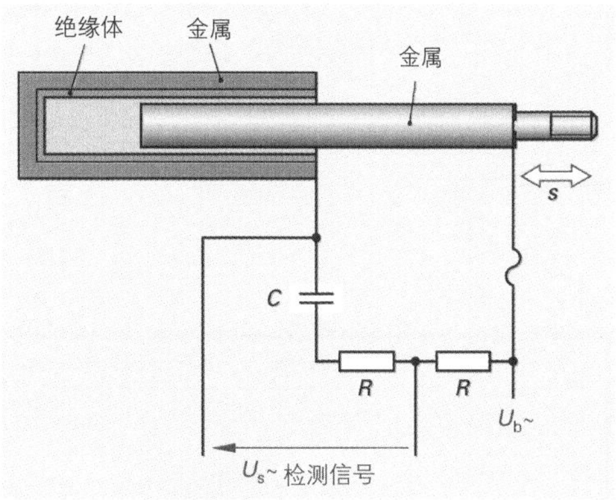

图 4：电容式传感器

■ 二进制传感器

二进制传感器是被动式传感器，作为输出端发出二进制信号。传感器输出信号串联给一个负载（图 1）。

待采集的信号达到输入阈值时，接通。信号元件低于关断阈值时，关断。接通阈值与关断阈值之间的差称为开关差（图 2）。

> 所有的二进制信号均有一个开关差。

根据检测原则可将传感器划分如下（表 1）：

- 电感式传感器；
- 电容式传感器；
- 磁性传感器；
- 光学传感器；
- 超声波传感器。

电感式传感器产生一个散射磁场。如有金属物体接近该磁场的有效感应面，该散射磁场将受到干扰并触发一个开关触点（图 3）。

最大开关间距相当于传感器半径，为 4~80 mm。

开关频度约为每秒 3000 次，因此，这类传感器可以用作转速监视和转速测量（隙缝传感器）。此类传感器的其他用途有，例如加工机床工作台终端位置开关或工件信息的采集、计数和分类。

如果分类装置的岔口采用金属材料制造，其位置可由电感式传感器监控（图 4）。

> 电感式传感器产生一个散射磁场。若该磁场受到干扰，传感器接通。

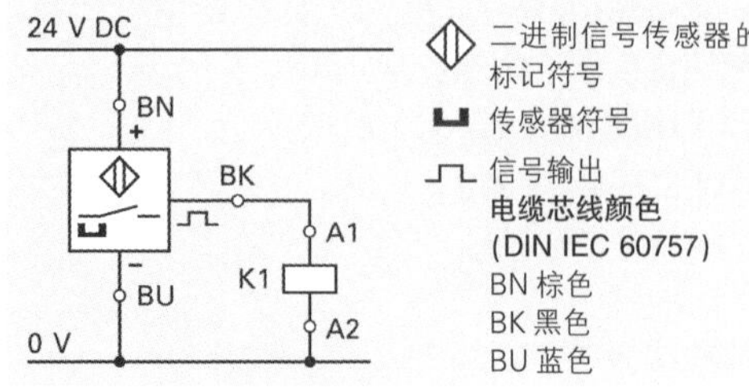

图 1：三线结构传感器

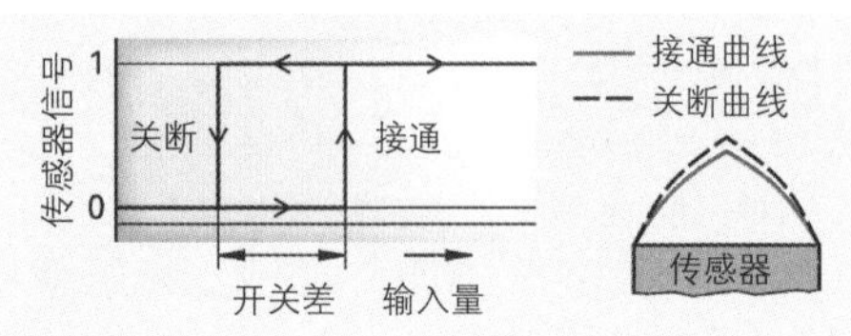

图 2：开关差

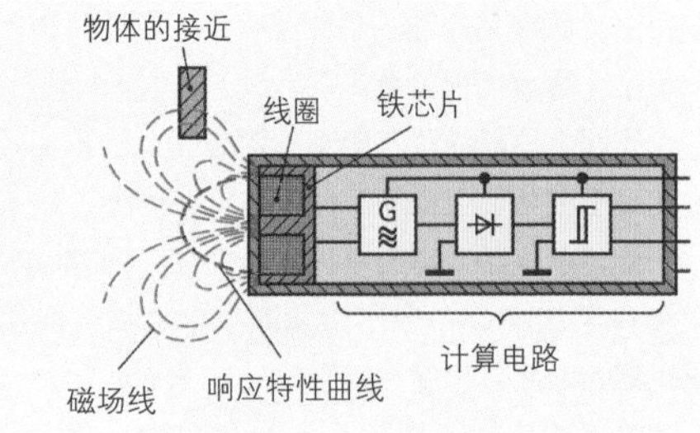

图 3：电感式传感器的结构

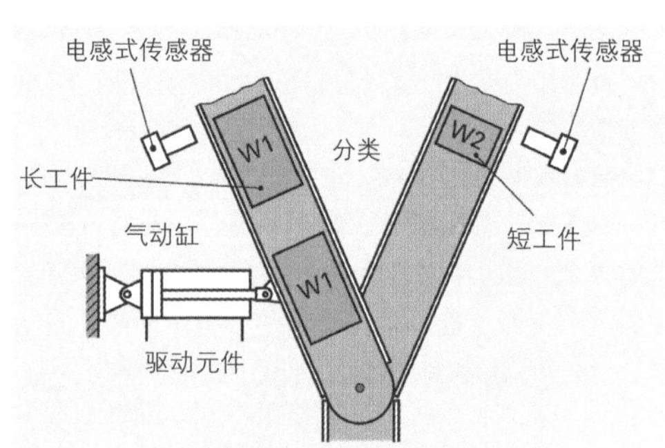

图 4：电感式传感器的应用

表 1：无接触式二进制接近开关的符号表达法

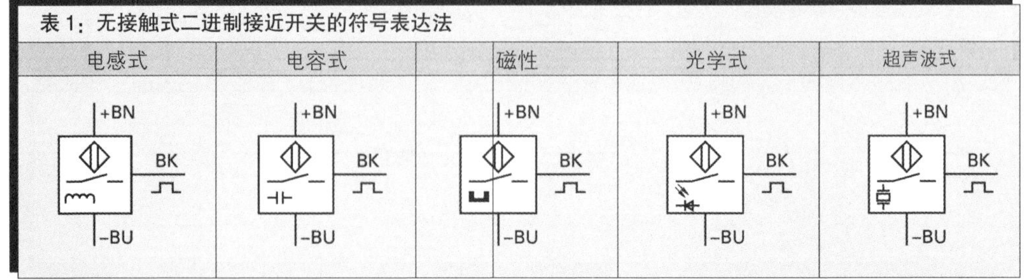

电容式传感器产生一个散射电场。即便非金属物体接近该电场的有效感应面，散射电场也会受到干扰，并触发一个开关触点。这种传感器的壳体结构与电感式传感器相同（图 1）。

开关间距取决于被测物体的材料，为 2~4 mm。

除金属和非金属材料外，电容式传感器还采集液态、颗粒状和粉末状材料的信息。它可以检测例如装配线上的塑料托盘（图 2）或液体灌装站。

> 电容式传感器产生一个散射电场。若该电场受到干扰，传感器接通。

图 1：电容式传感器的制造形式

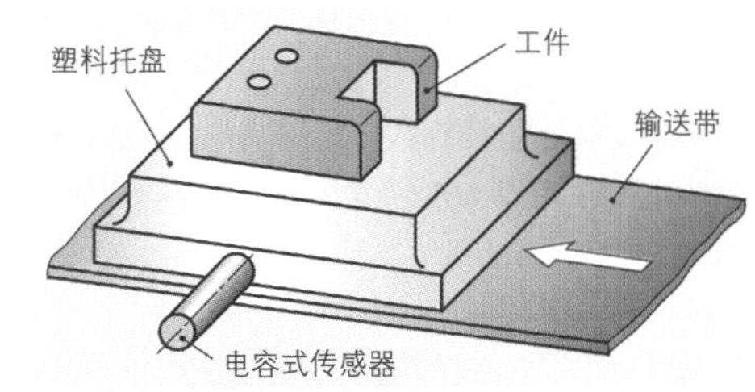

图 2：电容式传感器的应用

磁性传感器（舌簧触点）是特殊的电感式传感器，在气动缸上用作限位开关（图 3）。它直接安装在气动缸体上。装在活塞柱杆内的永久磁铁接近限位开关时，磁场透过缸体壁触发一个开关信号。同理，通过询问气动缸活塞极限位置也可以检查例如 584 图 4 中的岔口位置。

> 一个永久磁场触发磁性传感器。

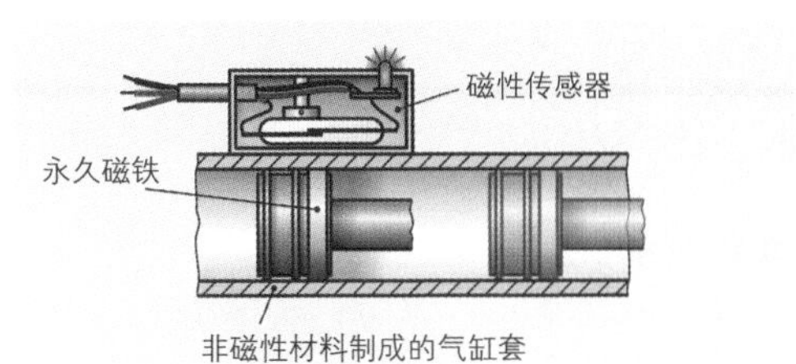

图 3：气动缸内的舌簧传感器

■ 光学传感器

根据结构型式和工作原理可将光电式接近开关划分为三个大组（图 4）：

- 光电开关；
- 反射型光电开关；
- 单向光电开关。

光电开关只由一个器件构成，其中同时安装了发射器和接收器。从红外线发光二极管发出的脉冲红外射线被接近的物体反射回来，由光电三极管接收并处理。这类开关的识别范围最大可达 2 m，但与物体密切相关。

反射型光电开关同样在一个壳体内装有发射器和接收器。发射器发出的脉冲红外光被安装在对面的反射器反射回来。其作用范围最大可达 5 m。

单向光电开关由两个空间上分离的发射器和接收器元件构成。如果发射器与接收器之间的光线中断，立即出发一个信号。这类光电开关的作用范围最大可达 40 m。

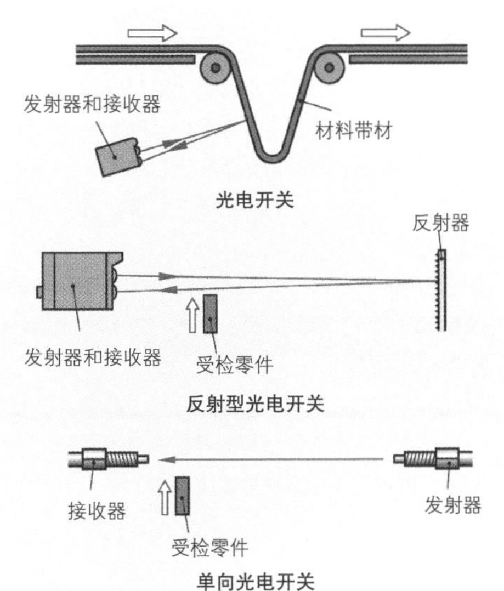

图 4：光电式传感器

光电式传感器的应用范围包括例如输送机构的计数功能，监视输送带上的材料，监视加工机床上的工件（钻头断裂检查），或加工机床的安全监视（监视危险区域）。

> 光电式传感器产生一个脉冲红外光。若该光线受到干扰，传感器接通。

超声波传感器发送压电石英产生的超声波。然后计算超声脉冲返回所需时间。

超声波传感器与光电式传感器相类似，也分为两种功能类型。如果发射器和接收器装在同一个器件壳体内（光电开关运行模式），需计算的是超声脉冲反射的时间（图 1）。

如果发射器与接收器空间上分离安装（反射型光电开关运行模式），需检查由发射器发出的信号是否到达接收器（图 2）。这种传感器类型的作用范围最大可达 6 m。鉴于超声波的运行时间，超声波传感器的计算时间长于光电式传感器。

超声波传感器的应用广泛。它可以识别液体、粉末状和透明物体。因此可用于与材料无关的材料信息采集，同时可在恶劣条件下使用，如污浊空气、粉尘和大雾等。

> 超声波传感器发送超声波。如果超声波受到干扰，触发信号。

数字式传感器

数字式传感器用于采集与数字相关的数据、如距离和旋转运动的角度、该类传感器可分为：

- 增量[①]位移和角度检测；
- 绝对位移和角度检测。

增量式位移检测时，伺服电机玻璃刻度尺上刻有透明和不透明刻度，它与受检物体一起运动。运动时，直尺刻度线扫描区周期性切断光源光线（图 3）。这个光信号由光电二极管采集和计算（见 277 页）。

角度检测则采用光学增量角度传感器［图 4（a）］。其测量原理类似于线性比例尺。这类传感器也可以用于位移检测，只需将旋转运动转换为直线运动。

绝对位移和角度检测的工作原理类似于增量式检测。直尺上用透光区和非透光区表示二进制数字逻辑。直尺上的每一个位置都可赋予一个数字值。检测角度时使用角度盘（编码盘）［图 4（b）］。

> 数字式传感器数字式采集并处理检测量，如加工机床上的位移距离或机器人手臂的轨道曲线等。

①inkrement,拉丁语，意为增加的一个量。

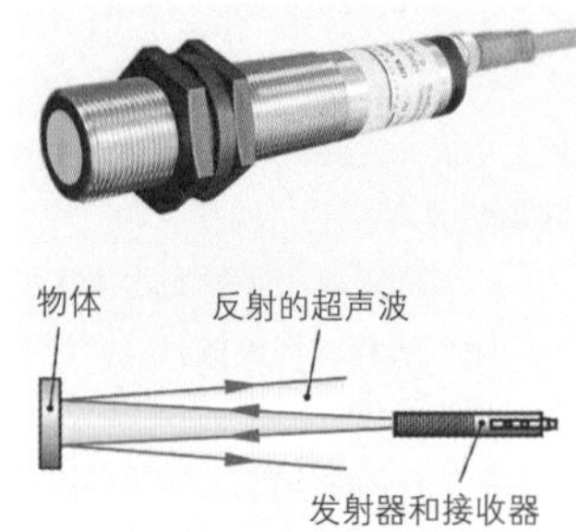

图 1：光电开关运行模式

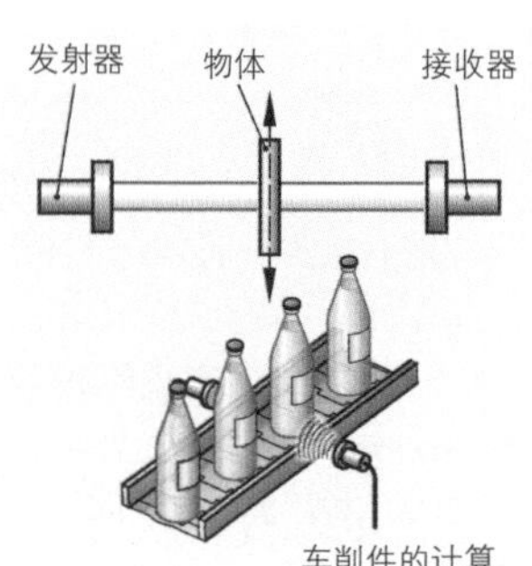

图 2：单向光电开关

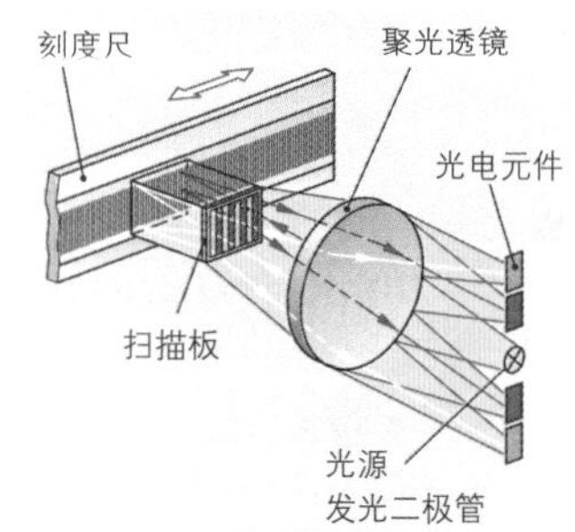

图 3：增量式位移检测

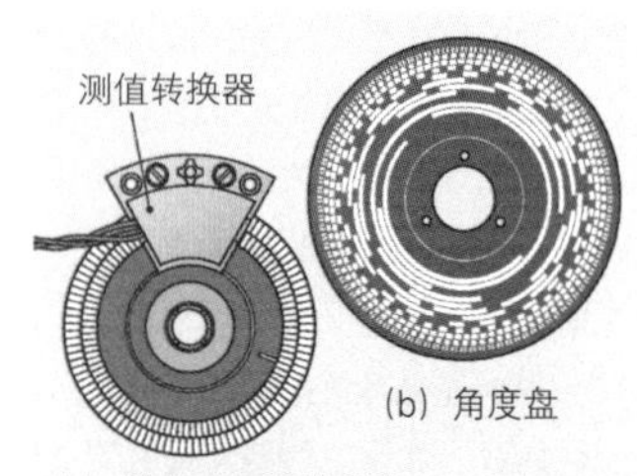

图 4：角度检测传感器

9.4.3 端子排接线

电子气动控制系统或可编程序控制器中均使用端子排进行电气接线，因为端子排可以直接装在设备上，或装入电控柜（图 1）。通过电缆槽，将多根导线一起引入电控柜。

目的设置：低接线成本，简化接线错误的查找、维修的便利性，使错误的元器件准确地从端子排卸下并更换。

端子的结构：控制系统导线 1 从端子左边接入，例如电磁阀–MB1 的线圈导线。导线去掉绝缘皮后拧入端子。从右边接入第二根导线，例如接入继电器–KF1 的常开触点接头 24（图 2）。端子均已编号，例如 12 号。并列排列的端子相互绝缘，但可通过跨接连接，例如端子号 7–8（图 4）。

端子接线图：电路图和端子接线表已对各端子的接线建档（图 4）。从电路图左边开始将所有接 24V 正电位的元器件列入接线表，并跨接 1 号至 3 号端子。接负电位的方式相同。然后把串联电路 1 至 5 的所有元器件接入端子，例如–SF1 接入 7 号端子，–BG1 接入 8 号端子。这里也必须跨接。在第 2 串联电路中将–KF2 接入接头 12，K1 与接头 A1 不接入端子排。这些连接可直接接线。串联电路 5 结束端子排接线表。然后将端子号 X1 至 X12 列入电路图（图 3）。若要使用多个端子排，需连续编号。采用程序编制的电路图能够自动生成这类接线表。

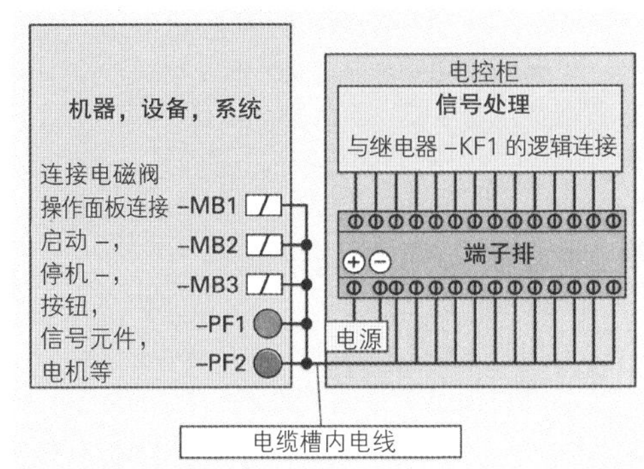

图 1：电控柜结构原理

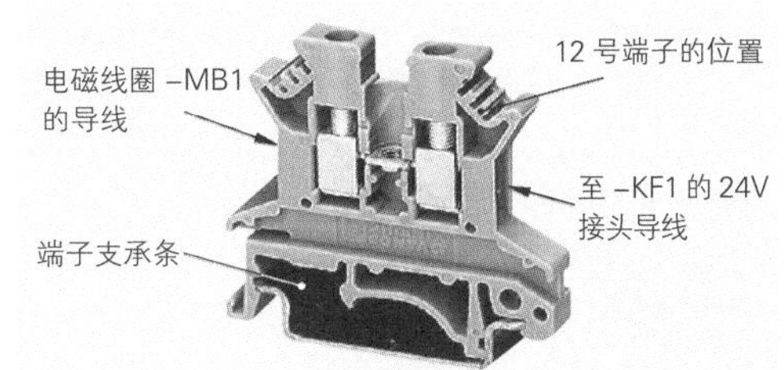

图 2：端子支承条上的 12 号端子

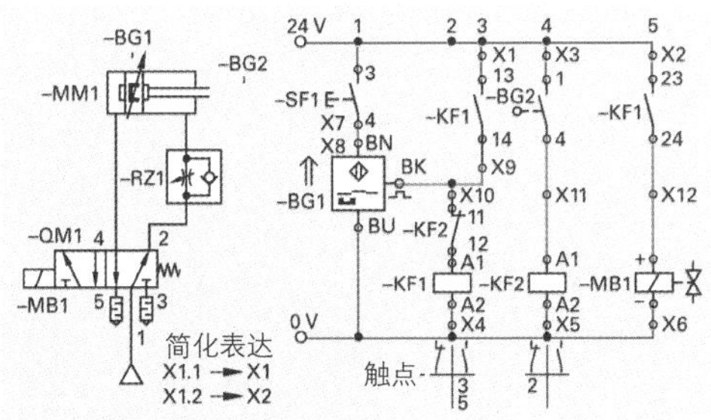

图 3：电子气动控制系统举例

	目的地				目的地	
	元器件名称	接头名称	跨接连接	端子号 X…1	元器件名称	接头名称
电源 +	24V	+	○	1	–KF1	13
	–SF1	3	○	2	–KF1	23
	–BG2	1	○	3		
电源 –	0V	—	○	4	–KF1	A2
	–BG1	BU	○	5	–KF2	A2
	–MB1	—	○	6		
电路 1	–SF1	4	○	7		
	–BG1	BN	○	8		
电路 2 + 3	–BG1	BK	○	9	–KF1	14
			○	10	–KF2	11
电路 4	–BG2	4	○	11	–KF2	A1
电路 5	–MB1	+	○	12	–KF1	24
	控制系统的所有元器件		○	13	仅有继电器	
			○	14		
			○	15		
			○	16		
			○	17		
			○	18		
			○	19		
			○	20		

图 4：端子接线表

9.4.4 电子气动控制系统举例

电子气动控制系统的控制部分由电气元器件（开关、传感器、继电器、电磁线圈等）或电路（串联电路或并联电路）实现，而动力部分（执行元件、执行机构）由气动部件提供。

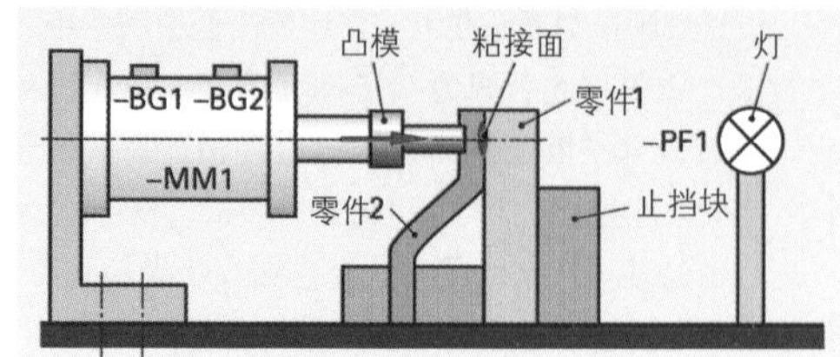

图 1：黏接工装工艺示意图

■ 塑料黏接工装的电子气动控制系统

任务设定：用凸模黏接两个热塑性塑料零件。一个双向作用气动缸将凸模顶向已夹紧的零件（图 1）。

黏接时间由定时继电器设定，并可根据实际需要做出改动。整个黏接过程中，一个橘黄色灯始终亮着。

气动缸体上直接安装接近开关（舌簧触点），用于询问两个终端位置（见 585 页图 3）。

针对该任务设定将采用 GRAFCET（顺序功能图）、气路图、电路图（继电器控制）以及端子排接线表（见 587 页）进行草案设计。

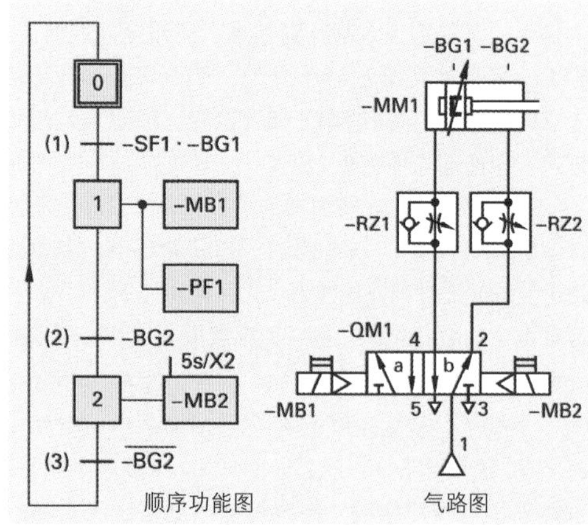

图 2：黏接工作的 GRAFCET（顺序功能图）和气路图

在 GRAFCET（顺序功能图）草案中（图 2）不采用存储性动作。在步骤 2，激活步骤变量 X2 后 5 s 执行-MB2 动作。此处的表达法相当于一个接通延迟（见 572 页图 2）。变量 X2 稍后在电路图中不再出现。电路 5 的常开触点-KF2 接管这个功能（图 3）。

电路图描述：按下主开关按钮-SF1，继电器-KF1 吸合，现在凸模位于后部终端位置（-BG1）。

通过电路 6 的继电器-KF1 常开触点接通电磁线圈-MB1。气路图中 5/2 脉冲换向阀-QM1 进入位置“a”。气动缸-MM1 的活塞缓慢伸出。-SF1 信号中断后，通过脉冲阀的存储功能使活塞到达前部终端位置。

在终端位置激活传感器-BG2，从而使继电器-KF2 的电路 4 闭合。继电器-KF2 吸合。它的两个触点关闭电路 5 和 7。定时继电器-KF3 开始“运行”，灯-PF1 亮。设定时间 t=5 s 之后，电路 8 的触点-KF3 关闭，阀的电磁线圈-MB2 通电。5/2 换向阀转至位置“b”，活塞收回。这时，传感器-BG2 释放，继电器-KF2 松开，灯-PF1 熄灭。定时继电器也同时断电。气动缸在后部终端位置激活传感器-BG1。

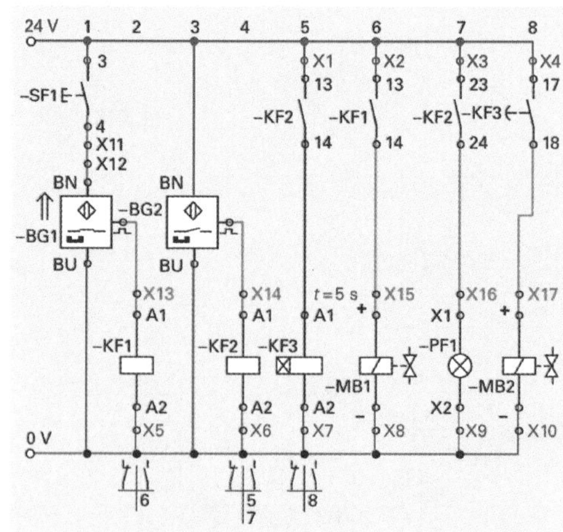

图 3：黏接工装电路图

588 页任务中采用的定时继电器具有接通延迟特性。表 1 所示为电子气动电路图中各种时间功能的对比。与定时继电器相连的常开触点和常闭触点也延迟动作。例如输入信号 E 中断后首先表达为关断延迟，常开触点在 10 s 后才关闭关断接头 7/8，直至中断。该表也展示了用于气路图和逻辑图表达法的相应的解决方法。

前例中应编制端子接线表（图 1）。该表包含接入一个端子排的所有元器件。所以，这里的接线没有按照电路图的逻辑进行。其优点在于，这种接线更为简单，更一目了然，并可在断线时系统地查寻故障。

端子接线表的左边列出电控柜之外所有接入端子排的元器件，例如启动按钮-SF1、传感器-BG1 或电磁阀-MB1。接线表右边列出所有可能位于电控柜内的元器件，例如继电器-KF1、-KF2 和-KF3 及其辅助常开触点。

原则上从正电位开始接线，端子 1 至 4 跨接，然后接负电位。这里的端子 5 号至 10 号也要跨接。最后，从左边电路开始直至右边，将所有未接端子段列入端子接线表。电路 5 没有出现在接线表。这里必须从常开触点-KF2 直接接入定时继电器线圈 A1。

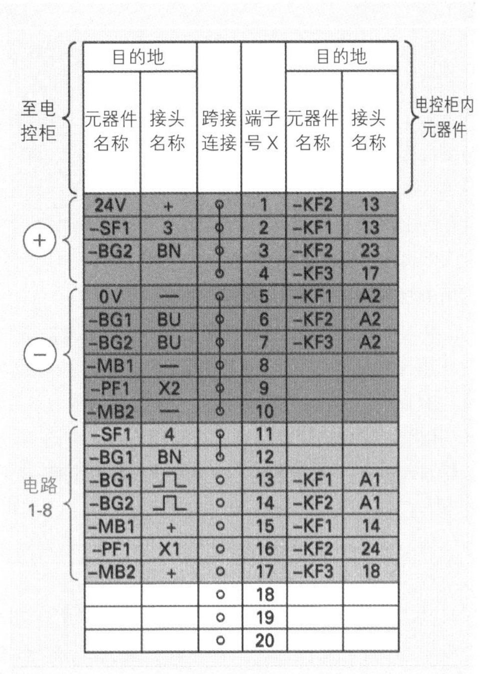

	至电控柜 目的地 元器件名称	接头名称	跨接连接	端子号 X	电控柜内元器件 目的地 元器件名称	接头名称
+	24V	+	o	1	-KF2	13
+	-SF1	3	o	2	-KF1	13
+	-BG2	BN	o	3	-KF2	23
+			o	4	-KF3	17
−	0V	—	o	5	-KF1	A2
−	-BG1	BU	o	6	-KF2	A2
−	-BG2	BU	o	7	-KF3	A2
−	-MB1	—	o	8		
−	-PF1	X2	o	9		
−	-MB2	—	o	10		
电路 1-8	-SF1	4	o	11		
电路 1-8	-BG1	BN	o	12		
电路 1-8	-BG1	⎍	o	13	-KF1	A1
电路 1-8	-BG2	⎍	o	14	-KF2	A1
电路 1-8	-MB1	+	o	15	-KF1	14
电路 1-8	-PF1	X1	o	16	-KF2	24
电路 1-8	-MB2	+	o	17	-KF3	18
			o	18		
			o	19		
			o	20		

图 1：黏接工装的端子接线表

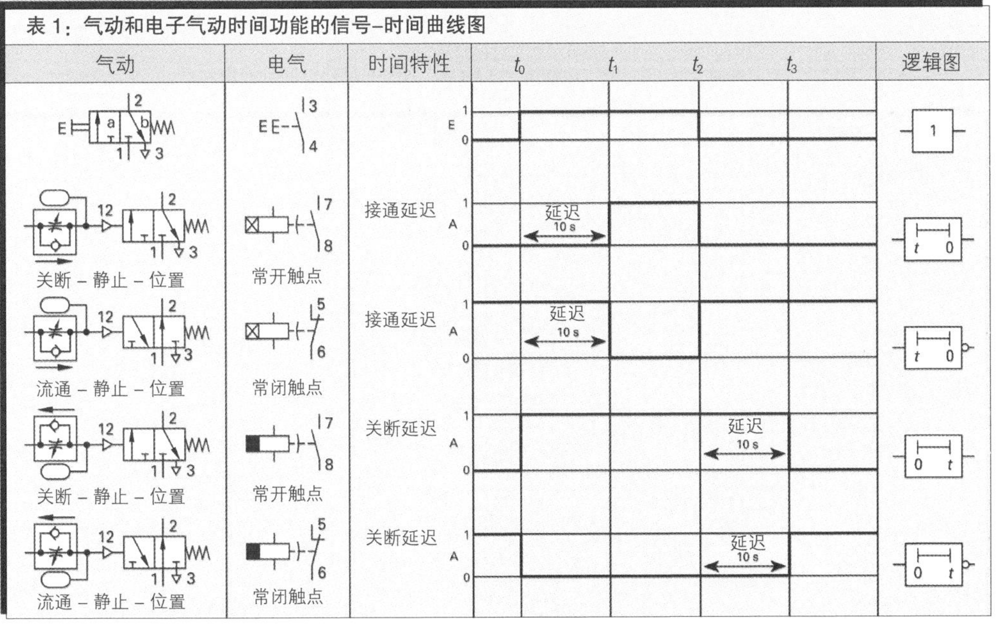

■ 信号的存储

在许多情况下，电子气动系统中必须存储一个开关信号。继电器的自闭电路可做到这一点（图 1）。

用 EIN（译注：德语“接通，启动”）按钮-SF1 关闭继电器线圈的电路。继电器-KF1 的一个常开触点并联-SF1，因此它在-SF1 释放后仍保留着线圈电流。由此使信号 EIN 保持存留（=设置-KF1）。用按钮-KF2 再次关断自闭电路（=复位-KF1）。

自闭电路举例

装有电磁铁-MB1 和复位弹簧的 5/2 换向阀启动双向作用气动缸（图 2）。这种类型的执行元件属单稳态，就是说，-MB1 电压关断时，复位弹簧的压力使阀门回至稳定状态“b”。这里所采用的自闭电路属控制性删除电路：同时操作-SF1 和-BG1 可使线圈-KF1 断电。

表 1 描述自闭电路的开关特性（等于存储电路）。

用 5/2 脉冲换向阀进行触点控制。在执行元件-QM1 中，第 2 个电磁铁-MB2 可以替代复位弹簧。给-MB1 施加一个短电流脉冲，将阀转换至“a”。这里的自闭电路没有必要，因为该执行元件属“双稳态”。它保持开关位置“a”，直至-MB2 发出回应脉冲为止。然后，-MB1 转回位置“b”并保持该位置。

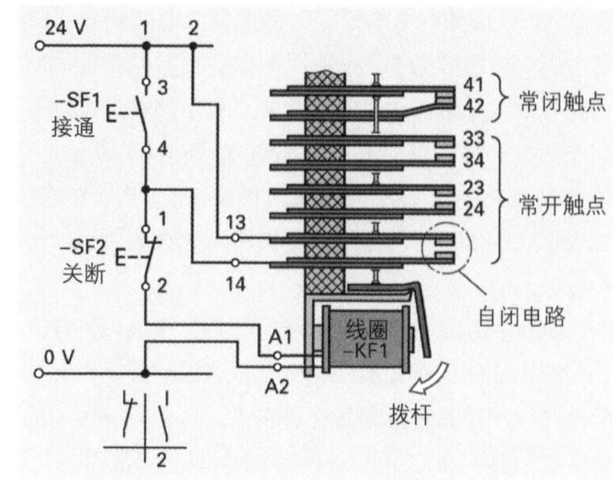

图 1：继电器 K1 的自闭电路

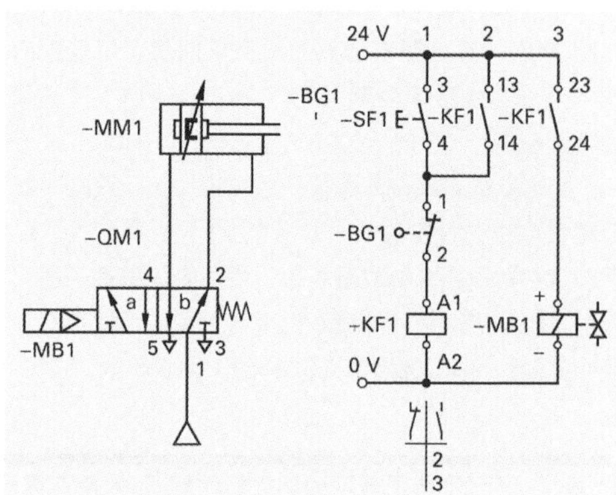

图 2：使用单稳执行元件时的自闭

表 1：控制性删除自闭电路

函数公式	A_n	E2	E1	A_{n+1}	逻辑图	气路图	电路图
$A_{n+1}=(E1\vee A_n)\wedge\overline{E2}$	0	0	0	0			
	0	0	1	1			
	0	1	0	0			
	0	1	1	0			
A_n-A_n 和 A_{n+1} 规定信号状态并在新信号输入后发出	1	0	0	1			
	1	0	1	1			
	1	1	0	0			
	1	1	1	0			
控制性删除自闭电路							
$A_{n+1}=E1\vee(A_n\wedge\overline{E2})$	0	0	0	0			
	0	0	1	1			
	0	1	0	0			
	0	1	1	1			
A_n-A_n 和 A_{n+1} 规定信号状态并在新信号输入后发出	1	0	0	1			
	1	0	1	1			
	1	1	0	0			
	1	1	1	1			

■ 电子气动电路举例（门式装载机）

576 页所述清洗设备的门式装载机控制系统是电子气动结构。根据过程控制原则，其任务应转换为删除式脉冲链形式。

脉冲链单个步骤结构的基本协议（图 1）：

（1）信号元件，例如-BG1 和-BG3，询问每一个终端位置（图 2）。

（2）每一个工作步骤均由自闭电路（控制性删除）转换。

（3）每一个步骤均由一个信号元件或传感器导入（-SF_N）。

（4）每一个步骤均只在前一个步骤设置完成后才能运行（-KF_N-1）。

（5）下一个步骤删除上一个步骤（延迟常闭触点-KF_N+1）。

由此可以保证每次只激活一个过程步骤。为使步骤的设置和前一个步骤的删除顺畅进行，应采用提前常开触点和延迟常闭触点（图 3）。

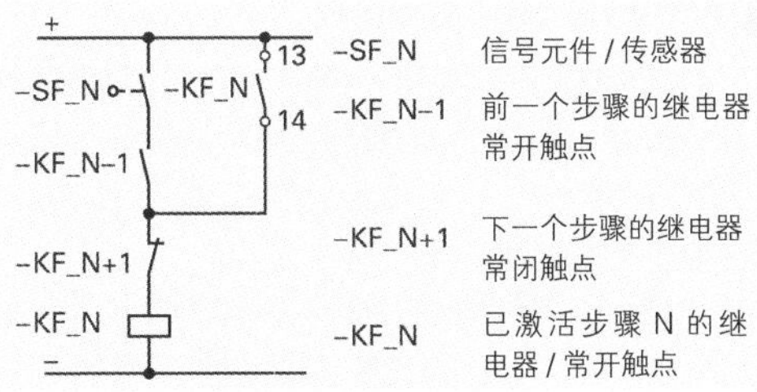

图 1：脉冲链中的某个步骤 N

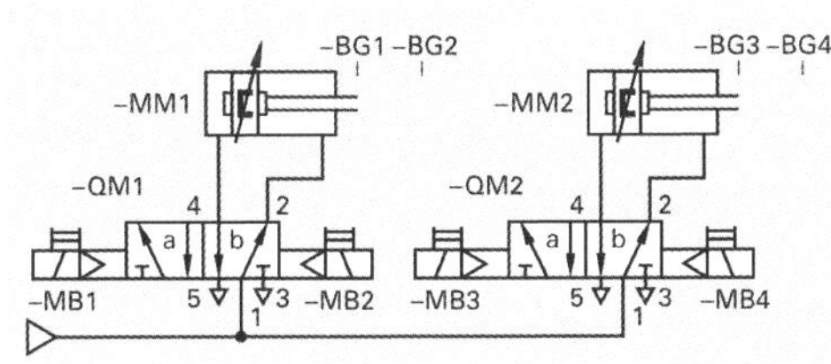

图 2：门式装载机气路图

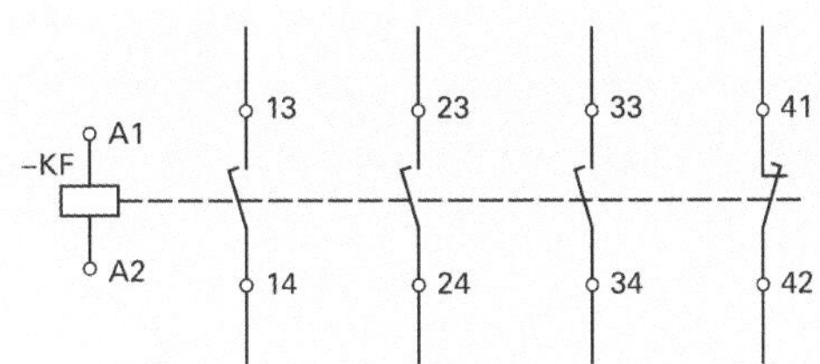

图 3：提前常开触点和延迟常闭触点

门式装载机电路图（图 4）

该解决方案示范性地显示出前文所述流程规则的转换。

电路 9 的按钮开关-SF2 称为应答开关。它在设备重新启动时是必需的，目的是操作电路 1 的常开触点-KF4。

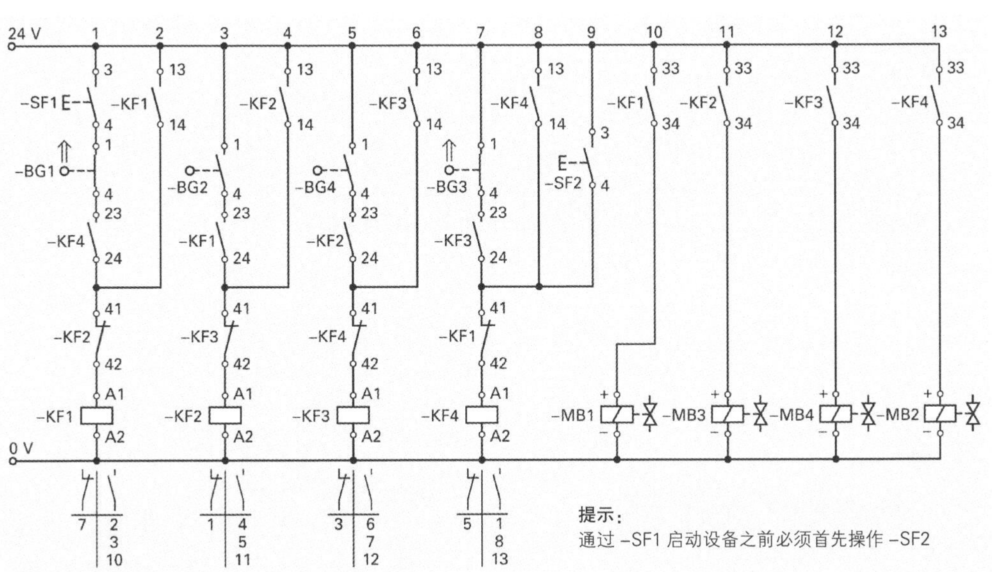

图 4：清洗设备的门式装载机电气电路图

■ 带有运行模式部分的控制系统

门式装载机的控制系统（见 576 页）可以满足客户所需功能。但缺少重要的操作元件，例如主开关或急停开关（图 1）。

带有急停功能的触点控制

急停装置必须能够在危险状况时使机器或设备立即处于停止状态，从而避免对人员和设备造成危害。

对急停电路的要求

- 必须能够立即切断功能流程；
- 控制系统必须与电源分开；
- 工作元件（例如气动缸）必须通过自己的电路进入无危险的位置；
- 再次接通电源时，不允许控制系统自行启动。

急停电路举例：按钮-SF1 和接近开关-BG1 启动一个气动缸（图 2）。气动缸到达其终端位置后由接近开关-BG2 将其转换为回程。急停时，气动缸应从任意位置回到其初始位置。通过卡口式急停开关-SF2 关断控制系统。

气动缸进入终端位置：控制系统在解锁急停开关-SF2 之后可以应答并重新开始运行。

防止制动器意外运动的保护：如果关断-MB1 或-MB2 的电压，带有中间关断位置并用于执行元件-QM1 的 5/3 换向阀可使活塞立即停止运动（图 3）。通过对 3/2 换向阀-SJ1 的打击式操作可关断全部气路的压力供给。

自动运行模式：单次循环和持续循环，该电路不仅可使活塞一次性地伸出和收回运动，还能使之持续循环运动（图 4）。持续循环时，必须由一个常开触点的并联电路处理启动信号-SF3。由自闭电路的继电器-KF3 接通该常开触点。而单次循环时必须操作-SF3（单次启动）。

急停开关是
- 红色，卡口式
- 下面黄色
- 安装位置明显
- 可轻易触及

图 1：急停关断

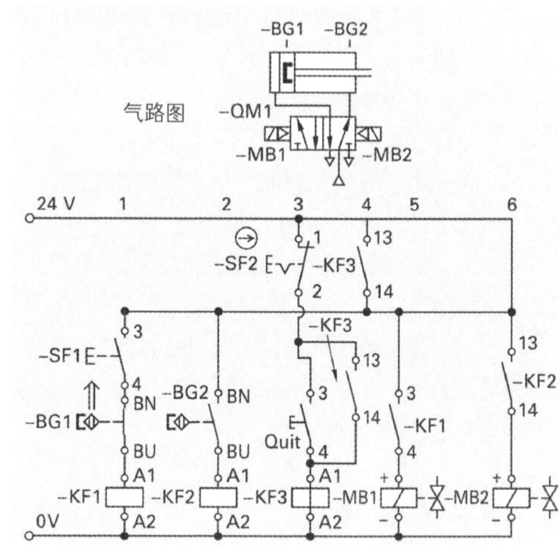

图 2：急停关断

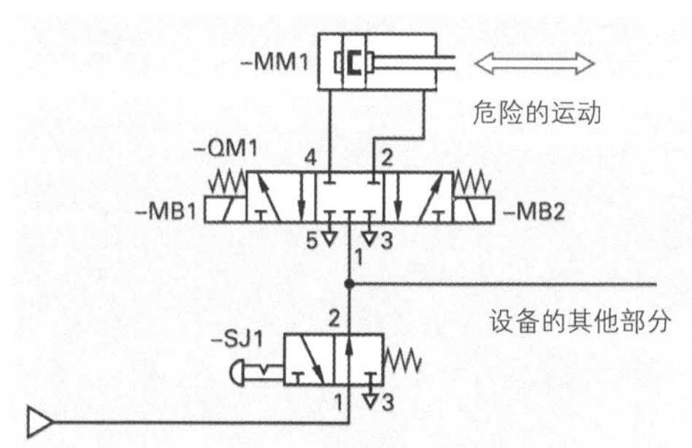

图 3：关断压力供给

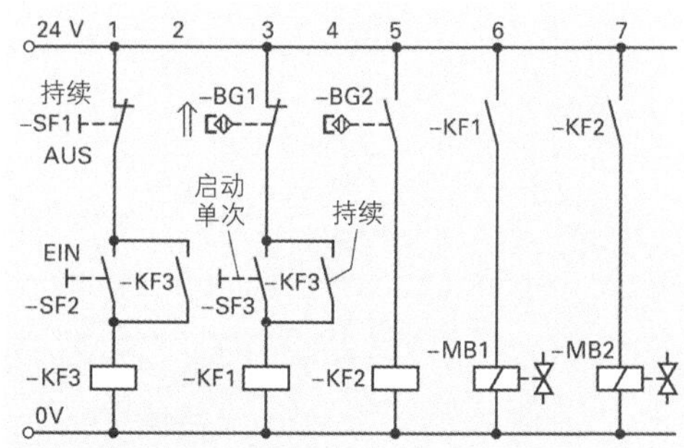

图 4：单次循环和持续循环

9.4.5 阀岛

在当今的电子气动技术和可编程序控制器技术领域中，已用整个阀岛替代单个电磁阀。在模块化组件系统中，阀盘紧凑地组装排列成为一个整排（图 1）。这里可以构成差异最大的阀组合，例如四个单稳 5/2 换向阀和四个 5/2 脉冲阀组成一个阀岛，由此使得整个系统结构占用空间很少，且一目了然。

阀岛的主要元件是阀盘。通过每个阀盘的两个功能（例如 2×3/2 换向阀）可达到双倍充填密度，从而节约了安装空间和成本。例如，一个处于原始位置的 2×3/2 换向阀用“中间关断位置”便可实现 5/3 换向阀的关断功能。但这种阀组合只考虑单工作压力状态。双压运行模式（不同的压力分别接入接头 1 和 11）（图 2）时，气动缸活塞用高压伸出，低压收回，因此它不适宜采用这种阀组合。

■ 气动压缩空气的供给

阀岛除具有阀的功能，还可提供所有的气动通道用于例如供气、排气和工作接头。它使用无油压缩空气。所有的阀均有一个气动预控制。阀自身的功能，打开和关断接口，均建立在活塞式滑阀系统的基础上。阀的复位采用气动式，不再采用机械弹簧复位。

工作接头位于阀盘一侧［图 3（a）］，例如用于快插星形螺纹管接头（QS）。一种改型是气路多极连接板［图 3（b）］，所有的工作接头和供气接头均集中在一块板上。它可以提供不同的装配类型，从墙壁安装到直接穿过机壳安装。

■ 电气连接技术

在前文提及的阀盘触点弹簧之后，接口构成不同的电气连接类型（图 4）。电磁阀可用单独的导线连接，也可用多芯插接式插头连接。这是 9 芯或 25 芯 Sub-D 插头，它简化了阀盘装配和电气安装。LED 显示功能。一个标准化总线系统（例如现场总线（Profibus）或工业以太网（Profinet））的直接接头可代替多极连接板。

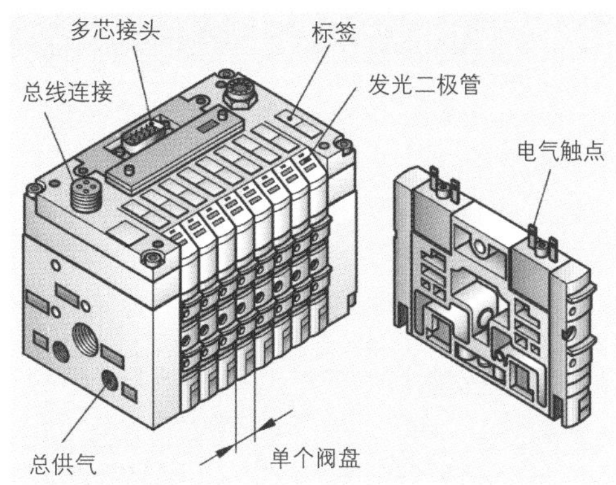

图 1：阀岛 – 阀盘

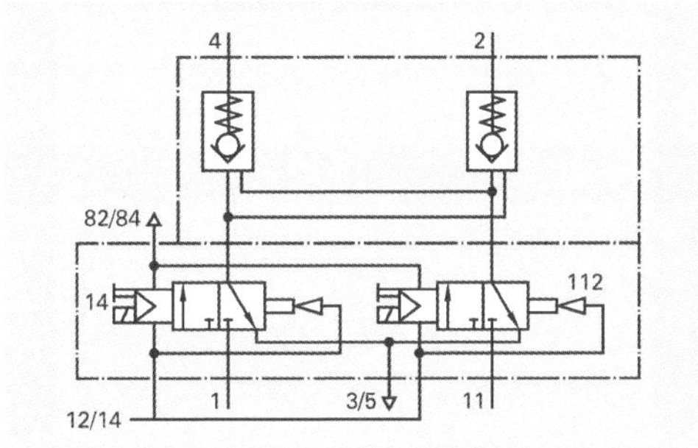

图 2：5/3 换向阀阀盘 – 中间位置是关断

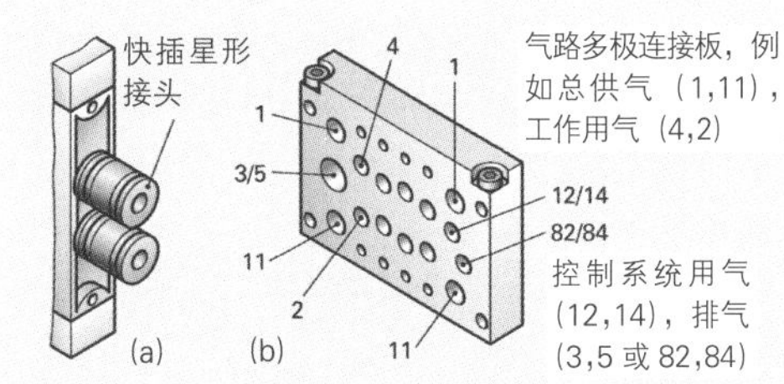

图 3：阀岛的气动接头

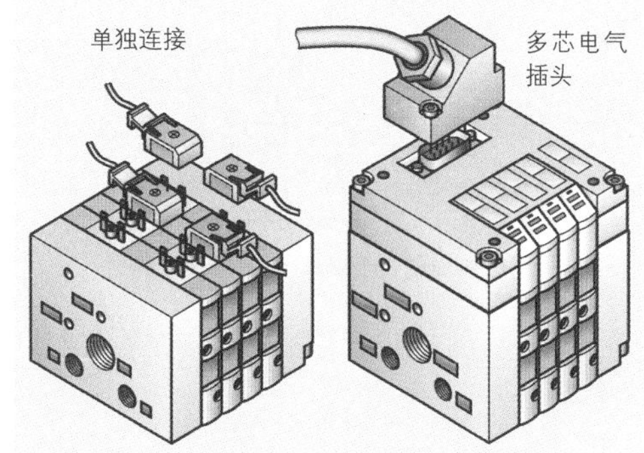

图 4：阀岛的电气连接

9.5 液压控制

在工业液压系统或移动式液压系统中，采用液体作为工作介质产生大推力（线性运动）或大旋转力矩（旋转运动）（图1）。早期的工作介质用水，现在则采用专用液压油。流体静力学涉及借助高压及其传输获取极大的力（例如交通事故中使用的液压切割工具）。流体动力学研究通过较小压力在工作元件上产生线性或旋转运动。这里产生的线性运动可以极其缓慢和恒定。

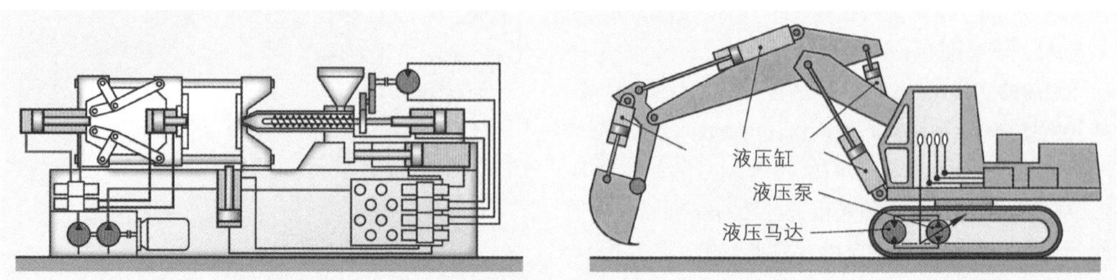

图1：工业液压系统和移动式液压系统中使用的液压驱动

液压的优点	液压的缺点
●高压可产生极大的力；	●温升并导致液压液黏度变化；
●可无级调速；	●泵、液压马达以及阀门的开关噪音；
●运动均匀，因为液压液体的低压缩性；	●产生漏油；
●通过限压阀达到更安全的过载保护。	●事故危险性升高。

液压设备的组成部件有，例如液压泵、阀门和液压缸等（图2）。

泵（图中未画出驱动泵的电动机）从容器中抽取液压液，将液压液通过换向阀压向液压缸或液压马达。而活塞挤压的液压液通过换向阀重又回到容器。如果超过设定的压力值，限压阀打开，液压液直接回流到容器。容器存储液压液，补充渗漏损失并冷却被加热的液压液。容器中还能沉淀液压液夹杂的污物微粒。

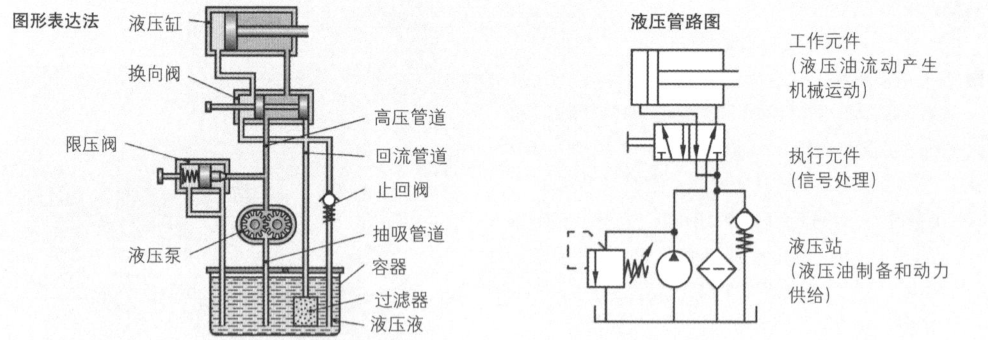

图2：液压控制设备的结构原理和液压管路图

9.5.1 动力供给和液压油制备

■ 液压站

为向液压系统提供充足动力（图 1），采用相应尺寸的油容器，并在容器上面固定安装电动机、液压泵、回油过滤器和一个装有空气过滤器的封盖。

油容器存放液压液。若是固定设备，容器的尺寸应相当于其体积流量的 5 倍。容器也用作杂质的沉淀池。未溶解的空气以及冷凝水等均在容器内分离。

限压阀由其制造商根据最大允许泵压预先设定和铅封。

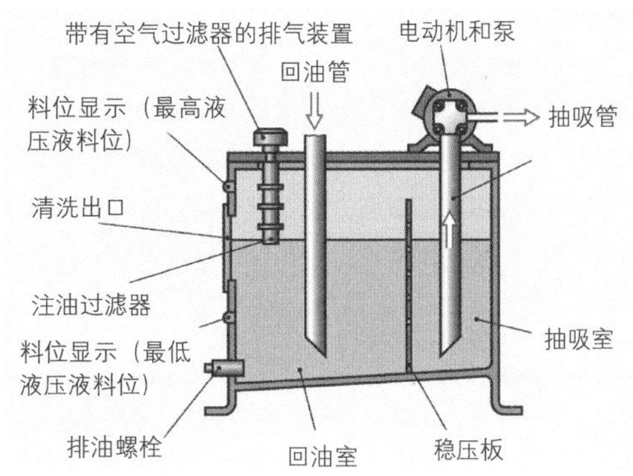

图 1：油容器及其液压站

■ 液压液

作为工作介质，液压液使用矿物油、难燃液体和可生物降解液体（表 1）。液压液应给运动零件润滑。液压油应具有抗老化功能，不起泡，不侵蚀密封件和零件材料。

必须经受高温的液压设备（例如锻压机或铸铝设备）应使用难燃液压液。在生态敏感地区，例如农业和林业的水保护区域（移动液压设备），液压驱动的机器应采用可生物降解液压液。

液压液没有可压缩性。在极高压状态下，液压液最多也只能压缩 1%至 2%的体积。

液压液可从空气中摄取气体（氮气和氧气）。其所摄气体量取决于压力和温度。如果在某些设备零件中产生了负压（$P_e < -0.3$bar），表明已超过最大溶气量，液压液中分离的气泡可能产生噪声和所谓的气蚀损害。

液压液最重要的特性数值是黏度 v（黏滞性），其测量单位是 mm²/s。黏度与温度相关（图 2）：40℃时，ISO VG 46 的黏度是 v = 46 mm²/s。设备中温度越高，液压油越稀，其黏度值 v 越小。

表 1：液压液

矿物油基液压油	
HLP	加入可改善抗老化性能、防腐蚀保护和防磨损保护添加剂的液压油。具有良好的油气分离性能
HVLP	性能与 HLP 相同的液压油，但黏度变化更小
难燃液压液	
HFC	水性溶液，例如含 35%聚乙二醇的水溶液；仅限用于低压
HFD	人工合成无水液体，例如磷酸酯
可生物降解液压液	
—	植物油基液压油，例如菜籽油，合成酯或聚乙二醇油；大部分可降解

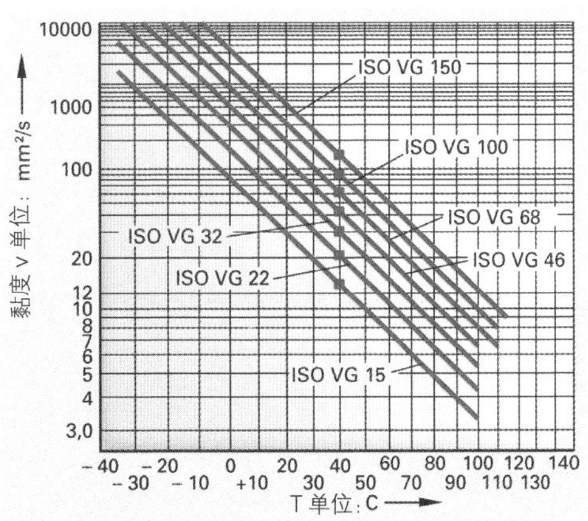

图 2：与压力和温度相关的黏度

■ 液压泵

液压泵的规格和结构形式均取决于体积流量、压力和允许转速等因素。体积流量指泵在单位时间内所输送的液体体积，例如 25 L/min。泵轴每旋转一圈均输送相同体积流量的泵，例如 10 cm³，我们称为定量泵。与之相反，如果输送的体积流量可以调节，我们称为调节泵。

> 调节泵每旋转一圈所输送的体积流量是可调的。

■ 齿轮泵

齿轮泵的结构分为外齿轮泵和内齿轮泵（图 1）。齿轮泵将两个齿轮齿槽内的液体从抽吸室输送到压力室。齿轮泵总是定量泵。

■ 叶片泵

叶片泵装有叶片的泵轴在机壳内运行，机壳上一般都铣有两个镰刀形油槽（图 2）。叶片泵运行时，液压液通过每次两个叶片与机壳壁之间形成的油腔从抽吸端压向压力端。

■ 活塞泵

活塞泵分为轴向活塞泵和径向活塞泵。在斜轴结构型式的轴向活塞泵中，活塞在鼓轮旋转半圈时从固定的控制盘中抽出（图 3）并抽吸液压液。当鼓轮旋转至下半圈时，活塞将液体压入高压管道。如果是调节泵，则可调节鼓轮与驱动轴之间的角度。通过该角度的调节，可改变活塞行程，从而改变体积流量。如果鼓轮转向另一边，可改变输送方向。

在径向活塞泵中，活塞垂直于旋转轴（图 4）。被驱动的是活塞缸体，它围绕着固定的控制轴颈转动。由偏心冲程环支承的活塞执行径向运动，将液体从抽吸端输送到压力端。

> 根据输送元器件的形状，我们把液压泵分为齿轮泵、叶片泵和活塞泵。

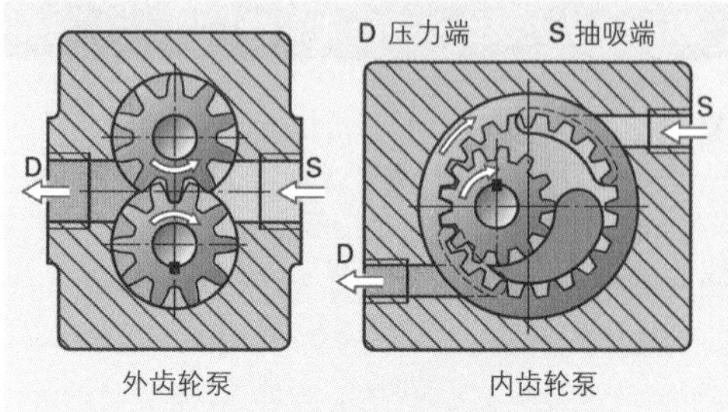

图 1：齿轮泵

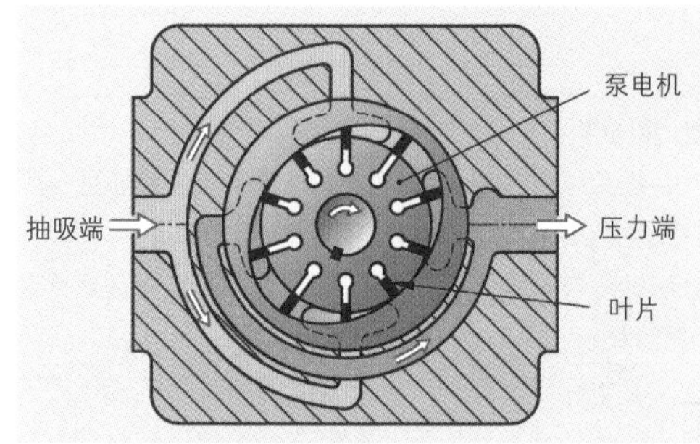

图 2：作为定量泵的叶片泵

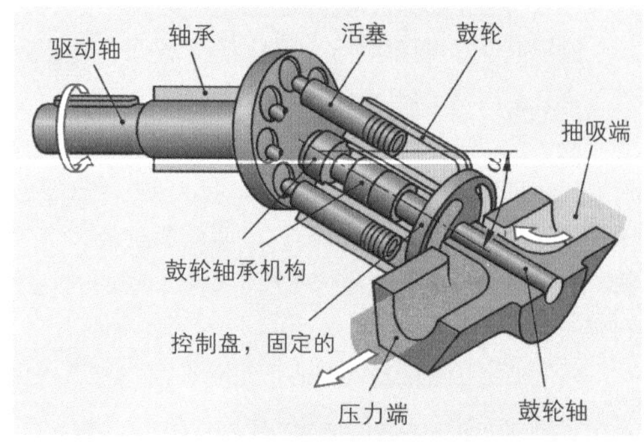

图 3：作为调节泵的斜轴结构式轴向活塞泵

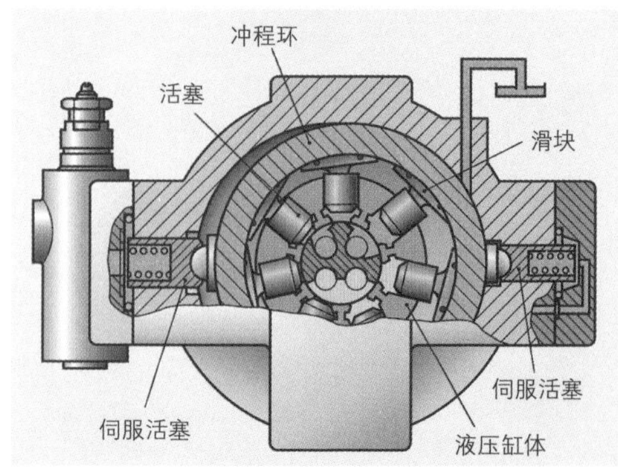

图 4：作为调节泵的径向活塞泵

9.5.2 工作元件和液压蓄能器

属于液压工作元件的有液压缸、液压马达和液压蓄能器。

■ 液压缸

液压缸执行直线运动。由于压力高，其运动的稳定度好于气动缸（见 491 页）（图 1）。液压缸的制造类型也分单向作用和双向作用，有缓冲和无缓冲等多种结构。

活塞力：与气动缸（见 492 页）一样，液压缸也计算活塞力。

功率比：在各腔室相互连接的闭合液压系统中，各处的压力 p_e 均相等（图 2）。但如果压力作用在不同大小的面积上，将会产生不同大小的力。

单个力	$F_1 = p_e \cdot A_1$ 和 $F_2 = p_e \cdot A_2$

功率比	$\frac{F_2}{F_1} = \frac{p_e \cdot A_2}{p_e \cdot A_1} = \frac{A_2}{A_1}$

活塞速度和液体流速：液压缸活塞速度 V 取决于供给的体积流量 Q 和具有决定性意义的活塞面积 A（图 3）。我们把单位时间内流经一个横截面的液体量称为体积流量，例如 $Q = 16$ L/min。液体在管道和软管内的流速 V 随体积流量 Q 的增加而加快，随管道横截面 A 的增大而降低（图 4）。

活塞速度和液体流速	$V = \frac{Q}{A}$

举例： 通过一个导管（$d_i = 16$ mm）向液压缸（图 3）供给液体，其体积流量 $Q = 12$ L/min。问：活塞伸出和收回速度为多大，以及进液管内的液体流速为多大？

解题： 活塞伸出速度：

$$V = \frac{Q}{A_1} = \frac{12000\,\frac{\text{cm}^3}{\text{min}}}{38.5\ \text{cm}^2} = 312\,\frac{\text{cm}}{\text{min}}$$

活塞收回速度：

$$V = \frac{Q}{A_2} = \frac{12000\,\frac{\text{cm}^3}{\text{min}}}{18.9\ \text{cm}^2} = 635\,\frac{\text{cm}}{\text{min}}$$

进液管内液体的流速：

$$V = \frac{Q}{A} = \frac{12000\,\frac{\text{cm}^3}{\text{min}}}{2.01\ \text{cm}^2} = 59.7\,\frac{\text{m}}{\text{min}} \approx 1\,\frac{\text{m}}{\text{s}}$$

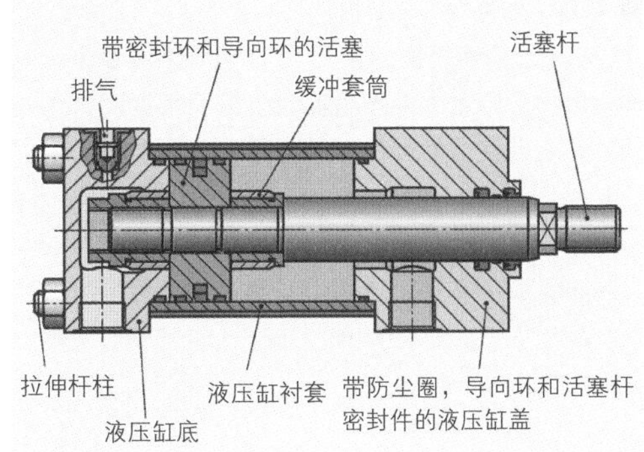

图 1：双向作用液压缸

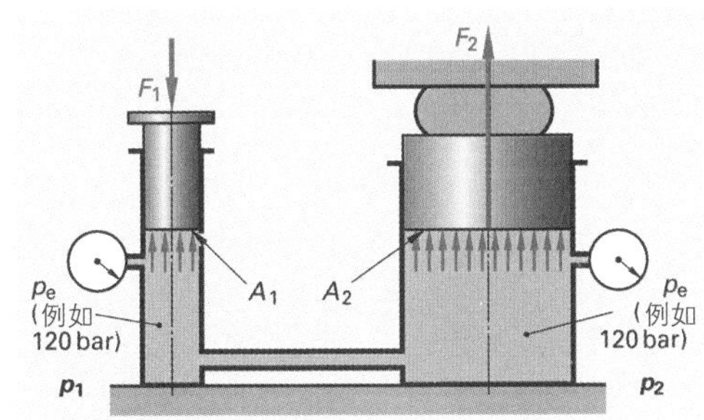

图 2：液压压力机的功率比

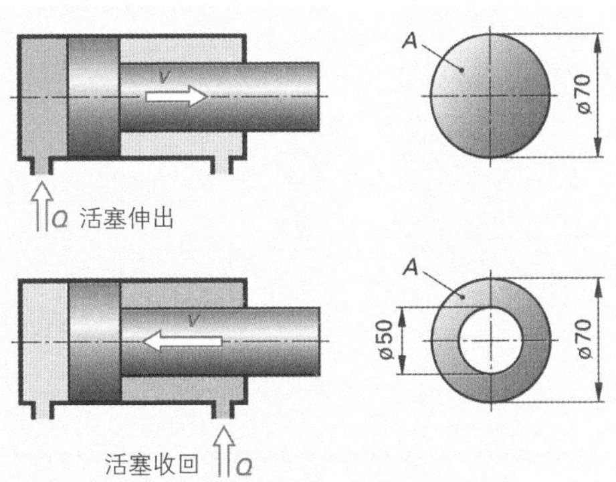

图 3：液压缸活塞的伸出和收回速度

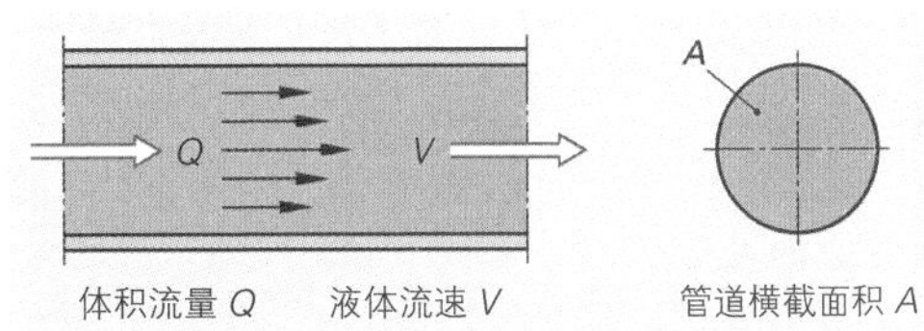

图 4：管道内液体的流速

■ 液压缸的特殊结构形式

单向作用液压缸（表 1）用于需要液压动作单向作用的如升降台或缆车吊舱。一根非常稳定的弹簧或外部负载使活塞复位。类似结构也适用于柱塞缸（图 1），这类液压缸的活塞和活塞杆构成一个单元。垂直安装时，活塞通过负载自己回复到初始位置。

伸缩缸（图 2）的用途是大行程小安装尺寸。其缺点是，随着各部件伸出距离变长，其活塞有效面积变小，但速度加快。

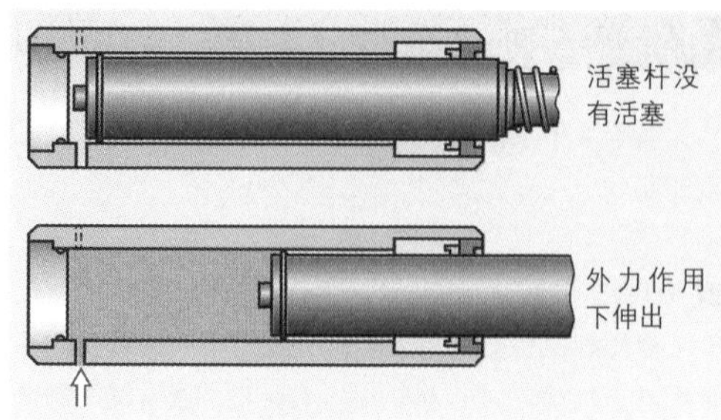

图 1：柱塞缸

■ 固定方式

通过不同的固定方式和活节结构可有多种安装大型液压缸的可能性（图 3）。关于液压缸安装类型和固定方式的知识主要在长缸安装时是必需的，由于长零件和狭长零件有“纵向弯曲”倾向，必须计算纵向弯曲负荷。

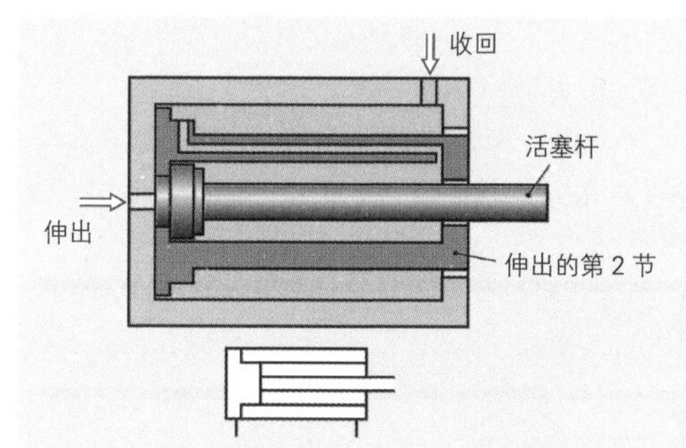

图 2：伸缩缸

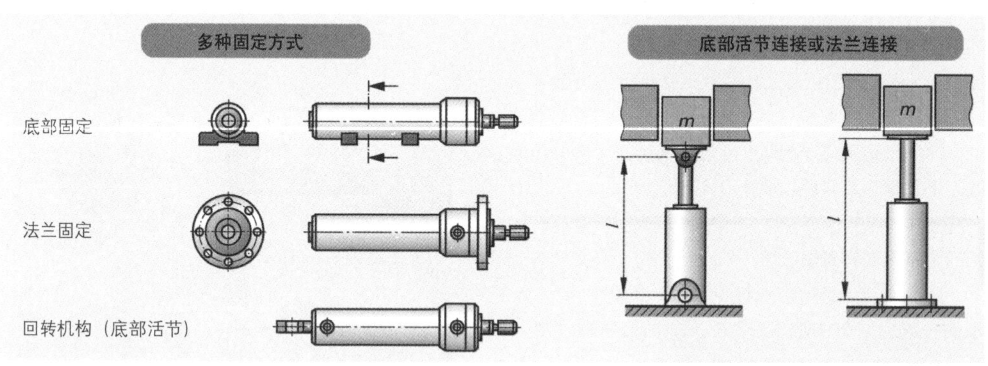

图 3：液压缸固定的可能性和安装举例

表 1：液压缸的名称、标记符号与特征

名称	标记符号	特征	名称	标记符号	特征
柱塞缸	A	力的作用方向只有一个，活塞与活塞杆直径相同。举例：车轮制动缸	双边活塞杆的同步液压缸	A B	两个作用方面的面积相同，举例：转向液压缸
单边活塞杆的单向作用液压缸	A	力的作用方向只有一个，通过外力复位	伸缩缸	A	短缸体长行程，举例：载重汽车自动倾卸装置
单边活塞杆的双向作用液压缸	A B	力的作用方向有两个，各方向的面积不同，最常见的制造形式	特种缸	A B C	多个作用面，分别用于快进，工作行程等，举例：压力机

■ 液压马达

液压马达一般与液压站的液压泵结构相同。将液压泵施加给液压液的能量重又转换成机械能（旋转运动）（图 1）。这里，由液压液驱动工作元件（齿轮，必要时还有叶片、活塞等）。

径向活塞式马达特别适用于低从动转速（慢速转子）。液压马达的结构类型有单流向或双流向以及恒速马达或调速马达。就是说，液压马达连接的装置可做单向或双向旋转，其转速可恒定不变，也可调节。

每旋转一圈所输送的物料体积是泵的重要特性数值，液压马达的特性数值称为每圈进液量 U，单位：cm^3/U。

举例： 某齿轮马达的每圈进液量 $V = 11\ cm^3/U$。问：转速为 1800 r/min 时的输入流量是多少？

解题： 从图 2 曲线图可查取数值。输入流量 Q 达到 20 L/min。

举例： 从曲线图读取到：马达压力负荷 150 bar 时的驱动功率为 5 kW。问：可以检验这个数值吗？

解题： 功率计算公式如下：

$$p = \frac{P_e \cdot Q}{600}[\mathrm{kW}] = \frac{150 \cdot 20}{600} = 5\mathrm{kW}$$

举例： 某恒速液压马达每转动一圈所吸纳的液体体积 $V = 10\ cm^3$，其体积流量 $Q = 2\ L/min$。请问马达的转速为多少？

解题： $n = \frac{Q}{V} = \frac{2000\ \frac{cm^3}{min}}{10\ cm^3} = 200\ \frac{1}{min}$

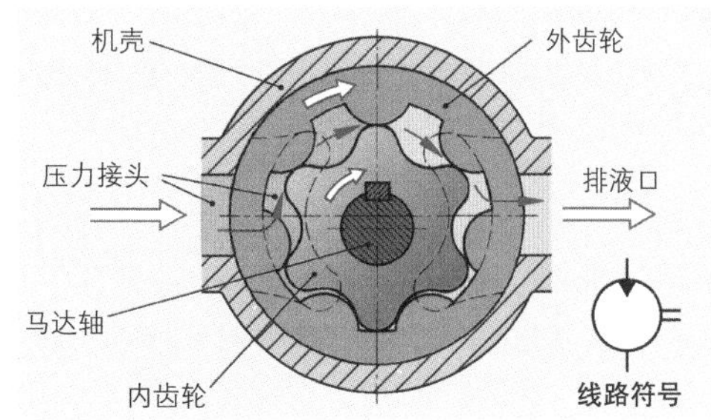

图 1：齿圈液压马达

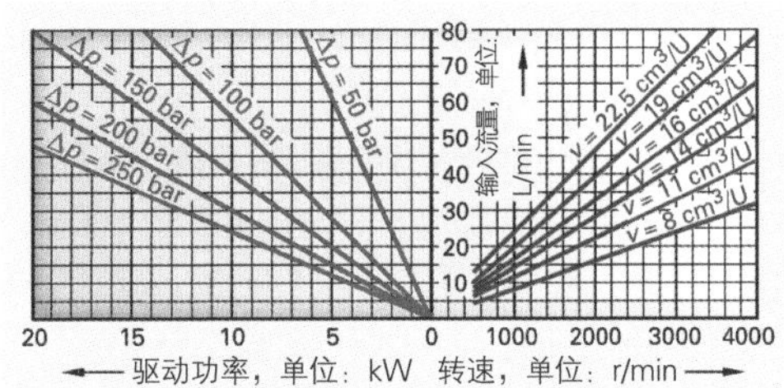

图 2：齿轮马达特性曲线

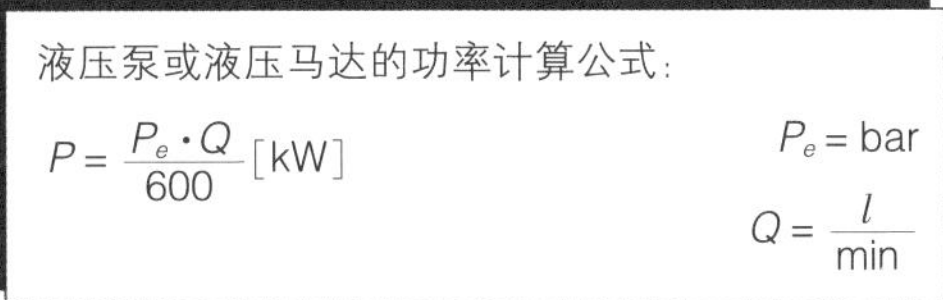

液压泵或液压马达的功率计算公式：

$$P = \frac{P_e \cdot Q}{600}[\mathrm{kW}] \qquad P_e = \mathrm{bar} \qquad Q = \frac{l}{\mathrm{min}}$$

液压机械驱动管路图

液压马达通过滚珠丝杠驱动机床工作台（图 3）。液压马达的旋转方向和机床工作台的运动方向均由一个 4/3 换向阀控制。阀零位时可使工作台在任意位置停止。

调节泵-GP1 的作用是液压马达转速的可变调节。通过安装流量调节阀同样可对转速实施可变调节。因此可以取消调节泵，用一个简单的定量泵替代。

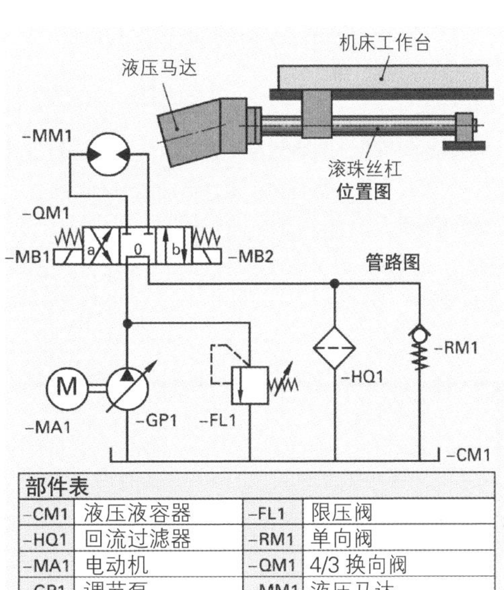

部件表			
-CM1	液压液容器	-FL1	限压阀
-HQ1	回流过滤器	-RM1	单向阀
-MA1	电动机	-QM1	4/3 换向阀
-GP1	调节泵	-MM1	液压马达

图 3：工作台的液压机械驱动装置

液压蓄能器

液压管路中的能量源是液压蓄能器。其结构形式和规格尺寸及其附件是多种多样的（图 1）。

作用方式：在液压蓄能器中，由闭合回路中一定量的氮气（N_2）压缩液压液，并由此蓄能（图 2）。例如装载气囊式蓄能器时，流入蓄能器的液压液压迫气囊，直至气囊内的气体压力与液压液压力相等为止。当蓄能器所连接管道内的压力下降时，蓄能器内的液压液在气囊压力的作用下被压回管道，直至蓄能器内液压液与气体的压力重新恢复平衡为止（卸载）。

在隔膜式蓄能器中有一个分离隔膜。在活塞式蓄能器中，由一个在蓄能液压缸内自由运动的活塞将液压液室与气体室分离开来。

液压蓄能器能够平抑体积流量的波动，在使用定量泵时提供低噪和低振的平稳运行。由于定量泵齿形的几何形状，其输送的体积流量不均匀，且呈波动性（图 3）。

液压蓄能器的任务

- 在液压缸和液压马达不工作时存蓄液压液；
- 快进运动时排放多余的液压液；
- 缓冲振动和压力冲击；
- 补偿渗漏损失；
- 应急操作时，短时间代替故障停机的液压泵。

用于夹紧工装的液压蓄能器控制系统（图 3）。夹紧液压缸前进和后退时，泵和蓄能器共同将压力油输送给液压缸。这时，液压蓄能器排空。只要液压缸位于其终端位置，蓄能器便补充液压液。待蓄能器充满，伺服阀打开，泵直接向压力容器输送液压液。

凡压力（单位：bar）与标称体积（单位：L）的积大于 200 bar·L 的蓄能器，均必须配装下列安全装置：

- 不可关断的压力表（–PG1）；
- 自带的限压阀（–FL1）；
- 通向其他设备的关断阀（–RM2）；
- 排空液压蓄能器的排放阀（–RM1）。

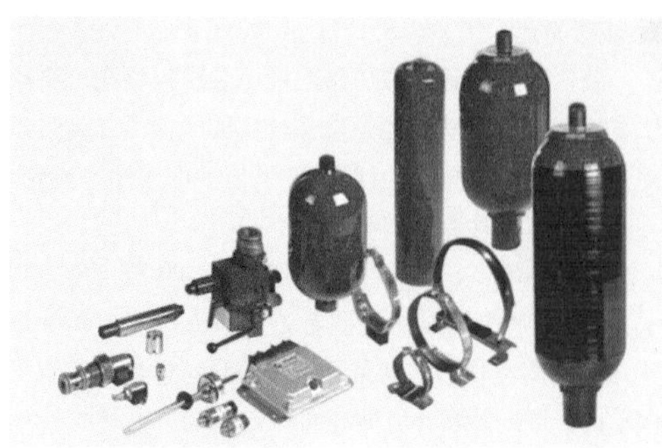

图 1：液压蓄能器组件

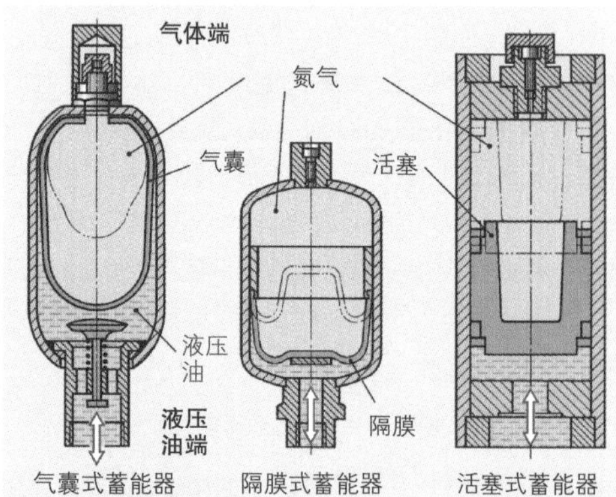

图 2：液压蓄能器

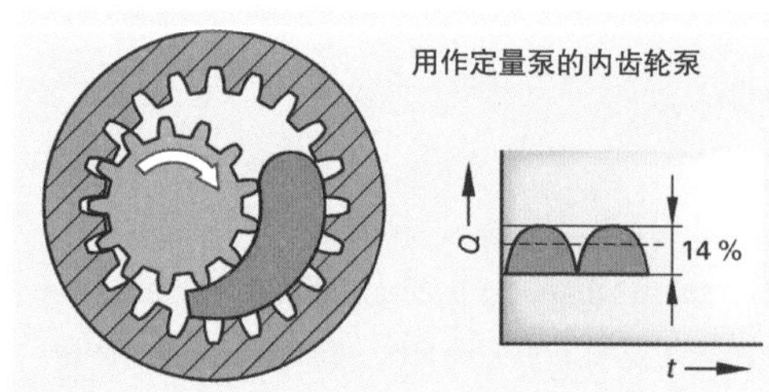

图 3：泵体积流量的波动

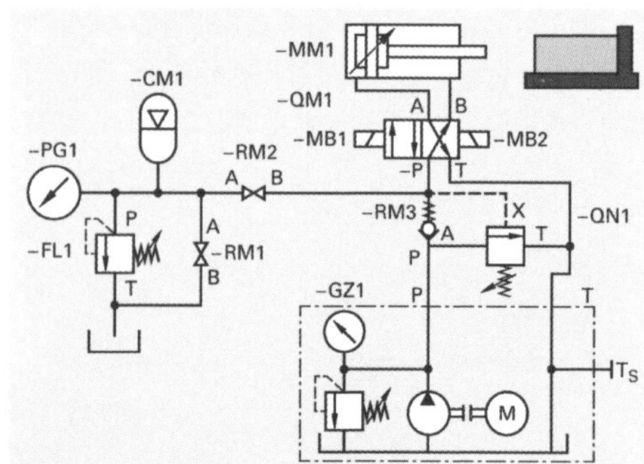

图 4：装有液压蓄能器的控制系统

9.5.3 液压阀

与气动阀一样，我们把液压阀也分为换向阀、压力阀、关断阀和流量控制阀。

■ 换向阀

液压换向阀按照其结构形式可划分为座阀和滑阀（图 1）。关断球或纵向滑块打开或关闭接头 P（压力）、T（油罐）或工作管路 A 或 B。

由于座阀密封元件的几何形状（球体、锥体或阀盘）使它具有防止泄漏的高安全性和对污染的不敏感性，流经的液压油有自净效应。但操作座阀需要大力，所以座阀的使用率很低。

活塞式滑阀的开关特性由活塞覆盖面决定（图 2）。

正接通覆盖时，将开关位置由 b 转向 a，将相互关断所有接头。压力没有消失，却产生了高压峰值，已启动的工作元件猛烈相应。

零覆盖对快速接通和短接通路径是重要的。压力预开的意思是，通向油罐的油路打开之前，首先连接油泵和液压缸进油管。流程预开则与之相反，油泵与液压缸进油管连接之前，首先打开工作元件通向油罐的油路。

负接通覆盖指所有接头的短时相互接通（图 3）。这时，压力短暂降为 0 bar。转换时负载下降，但这里不会产生高压峰值和开关冲击。

与气动换向阀（图 4 和 564 页）不同，液压换向阀在管路图的接头标记符号是 A、B 等。

大型换向阀在对轴向控制活塞执行直接电子操作时，开关所需电功率非常高。因此，只对附加安装的小型预控阀采用电磁开关操作。这种阀开通主阀输送过来的液压液（图 5）。

操作电磁阀至开关位置 a 时，预控阀活塞向右移动。使预控阀内的液压液从 P 流向 A，即流向主阀的右侧。主控活塞向左转换时，开通从 P 到 A 和从 B 到 T 的通路。

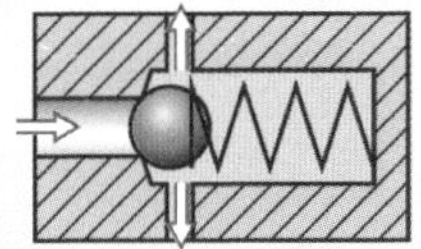

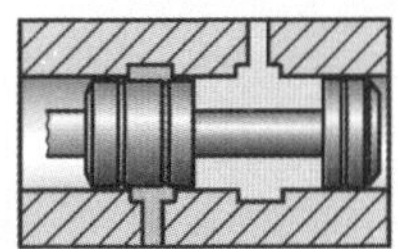

图 1：座阀和滑阀原理

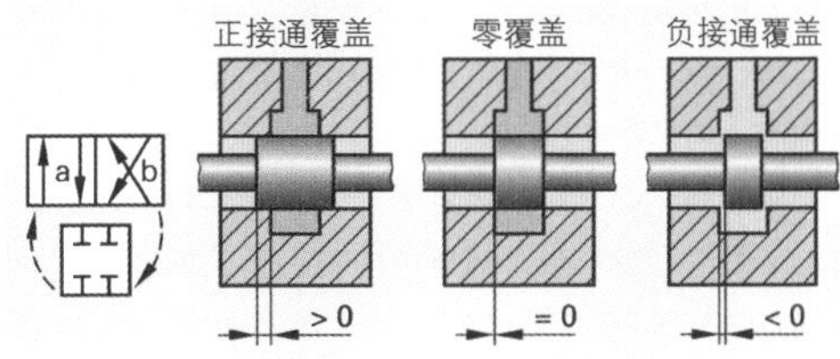

图 2：接通覆盖

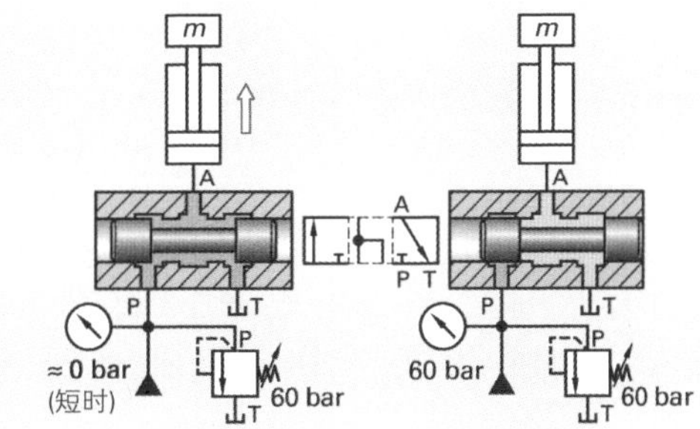

图 3：活塞式滑阀负接通覆盖时的液压缸运动

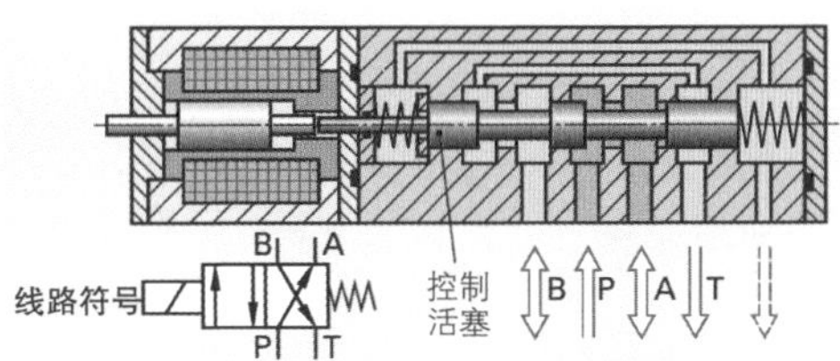

图 4：电磁操作 4/2 换向阀

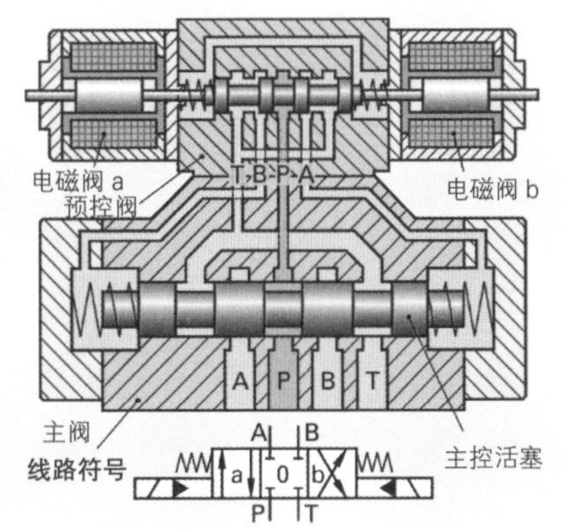

图 5：液压预控换向阀

■ 压力阀

我们把压力阀分为调节性和转换性压力阀。属于调压阀的有限压阀和减压阀。这两种阀均使液压系统压力不受负荷影响保持稳定不变。

限压阀（图 1）的输入端压力控制阀门位置。它保护系统内各设备或液压泵的安全。当压力达到设定值时，阀门首先关断，滑阀在弹簧压力作用下打开阀门。

减压阀（图 2）在输出端位置首先打开。如果输出端压力上升，控制管路压力同时上升，控制活塞在设定的弹簧压力作用下推移，从而将输出端压力调节至设定值。

卸荷阀（顺序阀）在达到设定压力时接通其他的液压缸或关断油泵（图 4）。当控制系统指定位置的压力达到开关操作压力时，卸荷阀打开。

结构形式：压力阀的制造结构分为直接控制和预控制两种。预控阀中，关断元件不是通过弹簧，而是通过液压液自身能量关闭（图 3）。当压力达到预控弹簧设定压力值时，预控阀打开。通过液压液的排出和关断元件的节流作用，关闭力下降。此时阀打开从 A 到 B 的通路。

举例： 液压弯曲工装（图 4），首先，液压缸-MM1 夹紧板材，然后由液压缸-MM2 执行工件弯曲动作。限压阀将系统压力，同时还有油泵的保护限定压力设定为例如 250 bar。减压阀在 4/2 换向阀入口处将上述压力降低至 100 bar。用该压力值和-MM2 液压缸活塞面积已可确定最大弯曲力。如果夹紧液压缸-MM1 已将板材夹紧，控制管路 X 内形成压力。一旦该压力达到顺序阀的设定值，例如 150 bar，顺序阀打开。使弯曲液压缸伸出。这就保证了工件在弯曲过程开始之前已完全稳固夹紧。

这种类型的顺序关断与接通也可称为与压力相关的外部控制，其前提是连接控制接头 X 的顺序阀（图 5）。

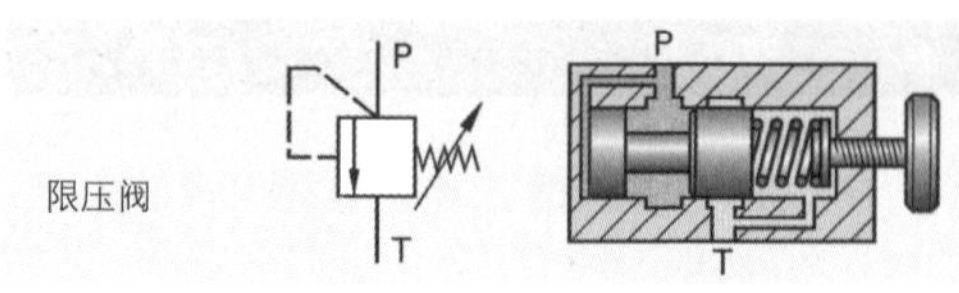

图 1：限压阀（调节性）

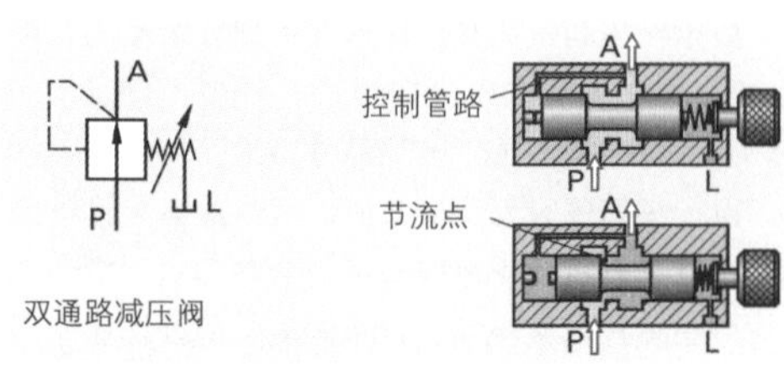

图 2：减压阀（调节性）

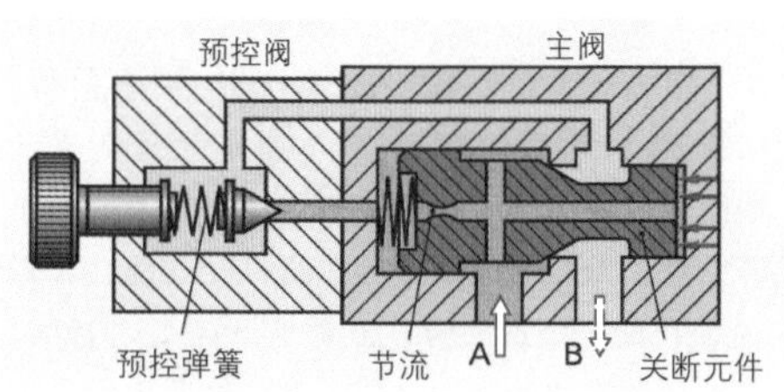

图 3：预控压力阀

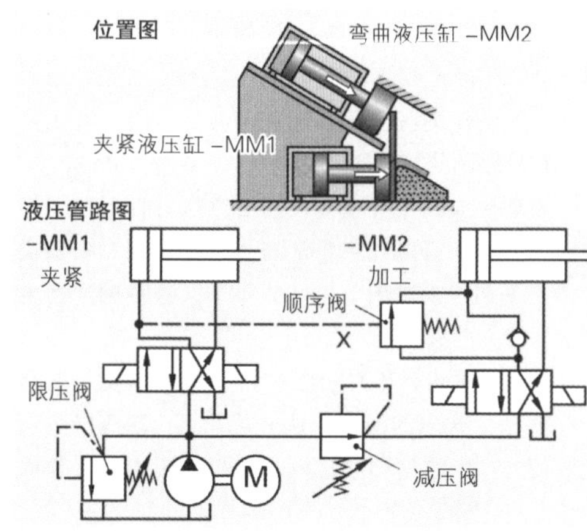

图 4：液压弯曲工装控制系统中的压力阀

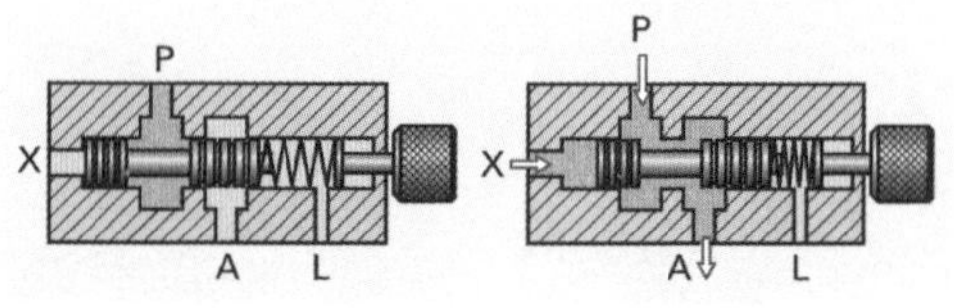

图 5：顺序阀

关断阀

所有的关断阀均使液压液仅向一个方向流动而关断相对方向的液流。例外是可解锁的止回阀，这类阀可以通过一个液压增压反向力重新打开关断（图 1）。

阀门的关闭必须无漏油。座阀的制造形式有锥形、球形、套筒形和碟形。

止回阀在管路中的应用是多方面的（图 2）。它阻止油泵（-RM1）的意外启动。在旁路管线中可使液流短时绕过受污染的过滤器（-RM3）。它还可以关断不需要的液流方向，例如-RM2。

可解锁止回阀用于因重型负荷导致压力缓慢下降，例如载重卡车升降台。执行元件控制活塞的关断作用还不够大，前置止回阀的关断件密封性能更好（图 3）。

但必须能够通过控制接头 X 中止其关断功能。控制活塞压迫关断阀内的锥形座阀门，使接头 B 的压力下降。现在控制活塞可以打开关断件。为此，设计控制活塞的活塞面积必须更大，使得所施加的压力可以推动面积较小的锥形座阀。

流量控制阀

流量控制阀分为控制阀或调节阀（图 4）。它用于改变液压缸的速度或液压马达的转速。这个只有通过改变与速度 V 成正比的体积流量 Q 才能完成。

定量泵始终只提供恒定的体积流量。如果在可调节流点使横截面变小，将只有流量控制阀狭窄点前的压力上升。

压力上升的幅度必须达到限压阀的调节范围。然后，体积流量开始分流：一部分油流继续流向液压缸或液压马达；另一部分通过限压阀回到油罐。通过这种方式改变速度或转速。

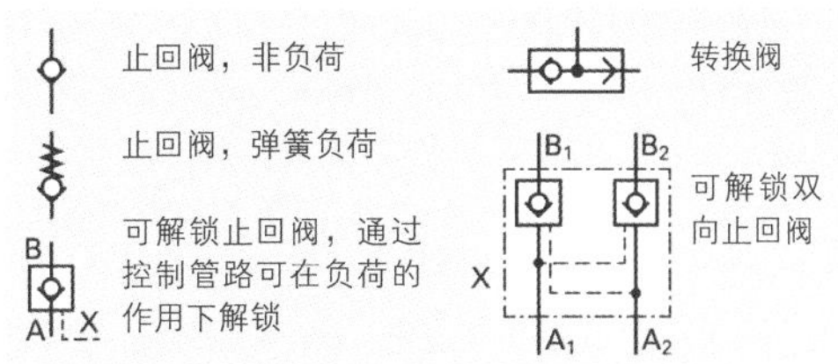

图 1：关断阀概览

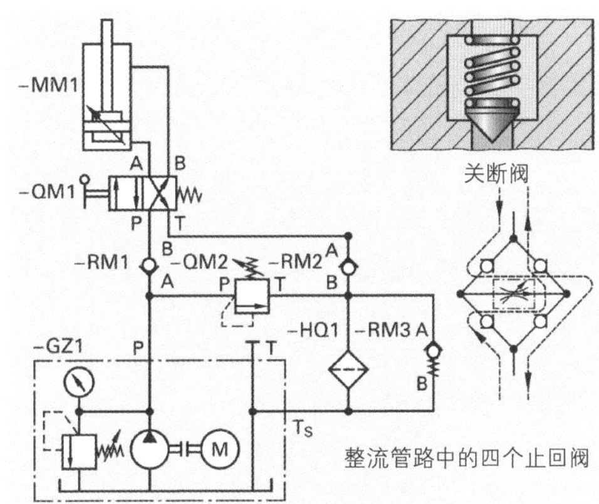

图 2：液压管路图中关断阀的应用可能性

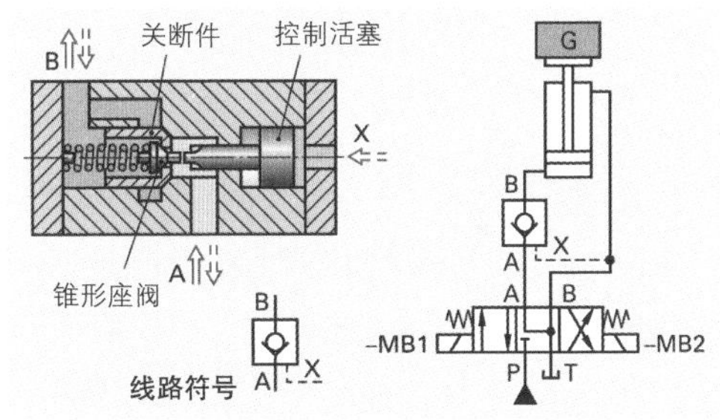

图 3：可解锁止回阀

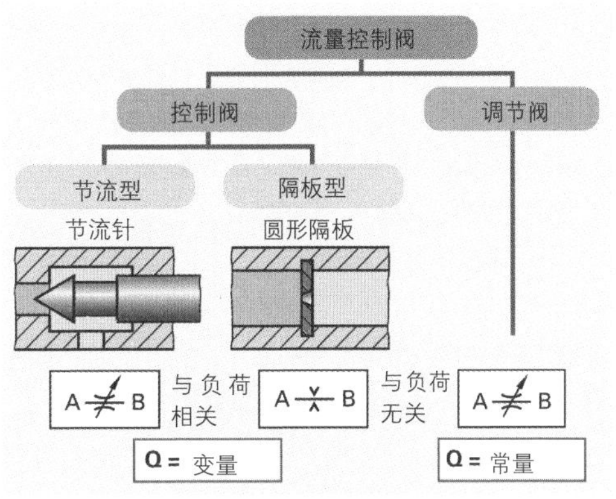

图 4：流量控制阀 - 节流型/隔板型

节流型和隔板型流量控制阀的横截面分为固定或可变的两种（图 1）。隔板型控制阀一般与液压液黏度无关。

节流阀：液压压力机（图 2）液压缸在行程过程中出现在工件上的力 F 不同。从而使节流阀的压力差 $\Delta p = p_1 - p_2$ 和流量 Q 出现变化。液压缸活塞便以不同的速度 V 伸出。

> 节流阀的体积流量取决于设定的流量横截面和两个接头 A 与 B 之间的压力差 $\Delta p = p_1 - p_2$。

因此，只有在活塞负荷变化较小时才使用节流阀。小直径管道的作用与节流阀相同。

流量调节阀：流量调节阀装有一个具有压力天平作用的调节活塞和一个可调式节流板（图 3）。

压力天平的排列顺序决定着流量调节阀的结构型式：带有可调节流板的串联管路称为双通路流量调节阀，压力天平与可调节流板并联的调节阀称为三通路流量调节阀。

压力天平可接在可调节流板之前或之后（图 4）。

调节活塞在右侧受 p_2，在左侧受 p_3 和 F_f 的液流冲击。

平衡状态的有效条件如下：

$$p_2 \cdot A = (p_3 \cdot A) + F_f \rightarrow p_2 \cdot A - p_3 \cdot A = F_f$$

$$A \cdot (p_2 - p_3) = F_f$$

对于 $\Delta p = p_2 - p_3$ 得出 $\Delta p = \frac{F_f}{A} =$ 常量

流量控制阀保持节流板的压力差 Δp 恒定不变，使之与接头 A 和 B 的压力无关，从而使流经阀门的体积流量保持稳定。

如果例如工作接头 B 的压力下降，则在压力 p_1 保持不变的条件下，应有更多的油量流经阀门。但下降的压力 p_3 减轻了调节活塞左侧的负荷，使活塞向左运动。调节活塞供油入口的缝隙变窄。压力 p_2 持续下降，直至节流板重新恢复相同的压力差 $\Delta p = p_2 - p_3$ 为止。调节活塞的作用像一个“压力天平”。

体积流量以及与之相关的活塞速度始终保持恒定，并且与活塞的负荷无关（图 5）。

体积流量的大小可通过改变固定的节流板横截面进行调节。

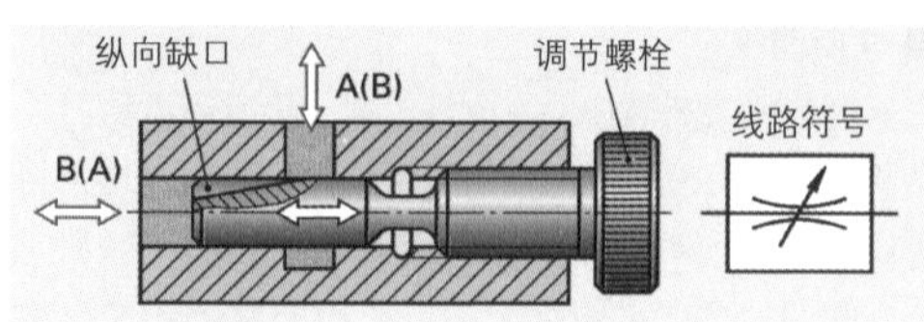

图 1：可调节流阀

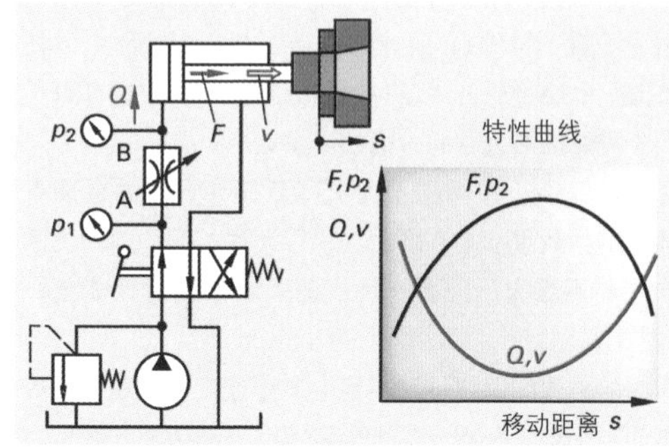

图 2：节流阀的特性

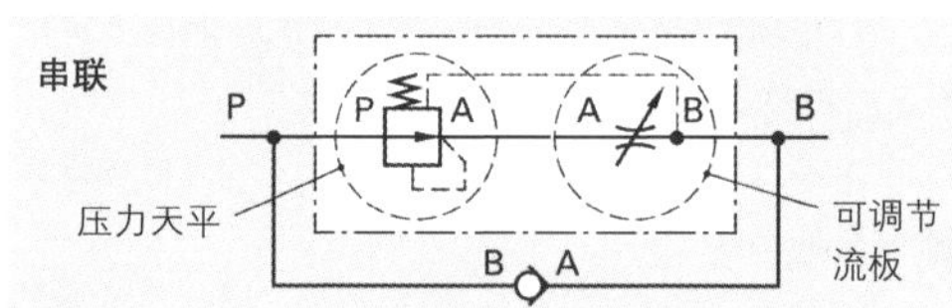

图 3：双通路流量调节阀原理

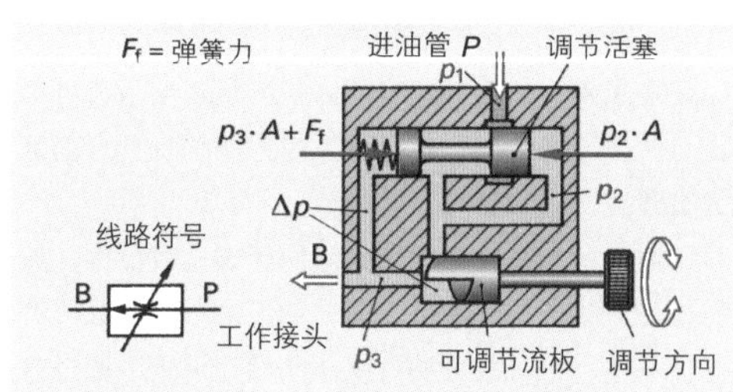

图 4：装有前置压力天平的双通路流量调节阀

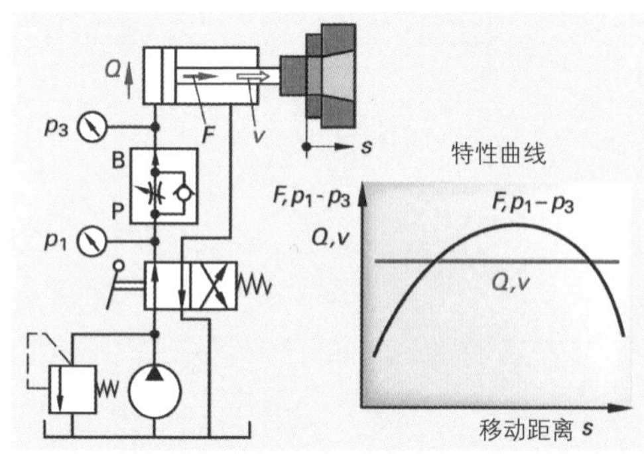

图 5：流量调节阀的特性

9.5.4 比例液压技术

液压技术领域内的比例技术，指向电子放大器卡施加的电压由调节器转换为电流（例如 10 mV → 10 mA ）。这个电流便是比例电磁铁的输入量（图 1）。这个与阀组合的电磁铁根据电流强度成比例地提供输出量：力或移动距离。

■ 电子放大器卡

用−20 mA 至+20 mA 变化的输入电流 I 对比例阀实施电子控制。安装在电子放大器卡上的电子部件提供这个可变电流（图 2）。放大器卡的稳压电源部分为可调电位器提供理想的设定值电压。

放大器卡输出端向比例电磁铁按比例提供已转换成电压设定值的电磁铁电流。

> 电子放大器卡用于控制比例阀。

■ 比例电磁铁

比例电磁铁由直流电驱动（图 3），因此又可称为直流电磁铁。它将输入电流按比例转换成磁铁顶杆力。在电磁铁工作范围内，力的行程特性曲线恒定不变（呈水平状），因此与通过线圈的电流成正比。

比例电磁铁可以是力控制或行程控制两种形式。力控电磁铁的磁铁力直接与电流成比例，在行程方面几乎为零。这里，电磁力与节流缝隙处的液压压力形成对抗（图 4）。

行程控制电磁铁的电磁力通过磁铁顶杆作用于一个弹簧并产生行程（2~3 mm）。该行程相当于例如一个节流点，因此与阀内液压油的流量 Q 成正比（图 4）。

> 比例电磁铁是可持续控制的直流电磁铁，它把流经电磁铁的电流转换成为力或行程。

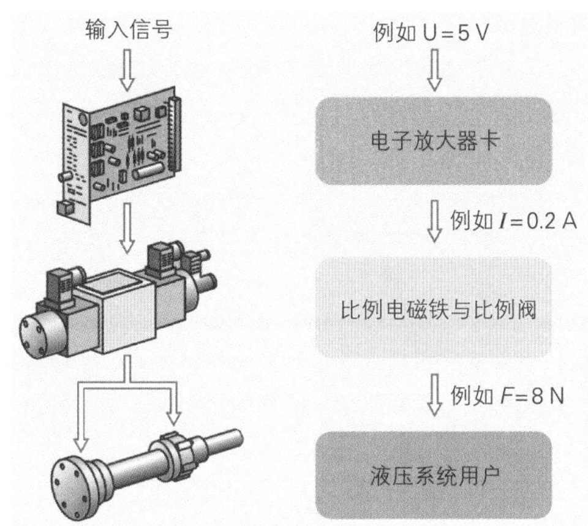

图 1：比例液压技术的信号流程

图 2：电子放大器卡

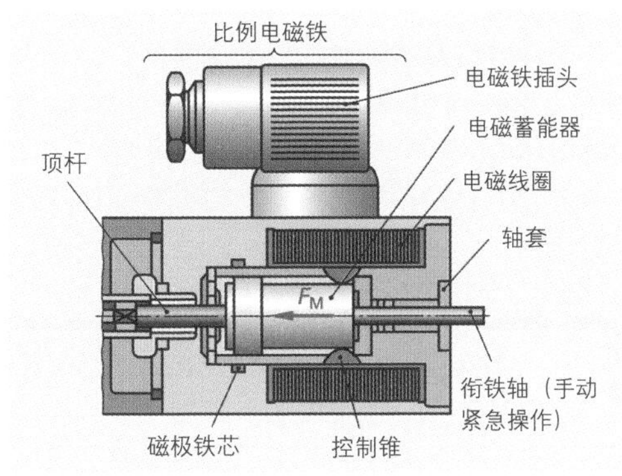

图 3：比例电磁铁

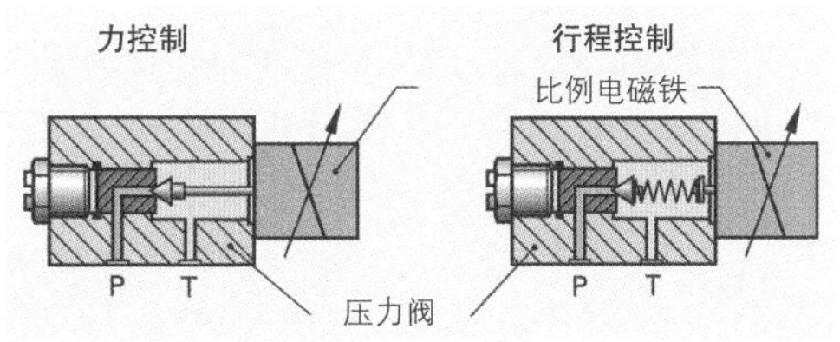

图 4：比例电磁铁工作方式

■ 比例阀

我们把用模拟或数字电子输入信号的量（按比例）控制相应液压输出信号的换向阀、流量控制阀和压力阀统称为比例阀（图 1）。

比例阀用于液压缸和液压马达的缓慢加速和延迟动作，或对压力和体积流量作无级调节。

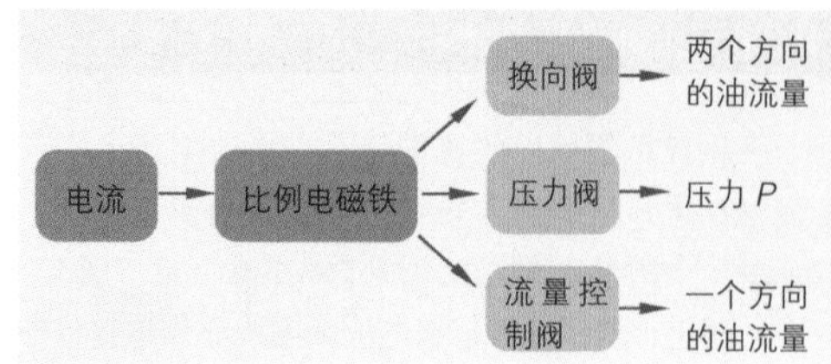

图 1：比例阀的类型

> 比例阀是持续可调的换向阀、压力阀和流量控制阀，它借助比例电磁铁将模拟输入信号按比例转换成液压输出信号。

比例换向阀

比例换向阀（图 2）用于影响体积流量的方向和量。比例电磁铁推动控制活塞，并根据电流强度 I 按比例地控制体积流量 Q。通过位移传感器反馈实际值信号（活塞位置）。调节放大器将阀门活塞位置与设定值进行比较，如有偏差，进行修正。

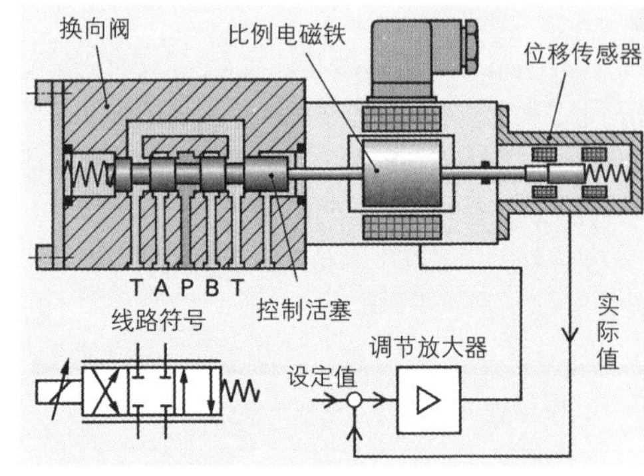

图 2：比例换向阀

> 比例换向阀由比例电磁铁直接操控。它用于影响液流的流量和方向。

比例压力阀

比例压力阀是预控阀，其调节螺栓由一个行程控制或行程调节的比例电磁铁替代（图 3）。该电磁铁直接作用于控制锥。电流按比例预先给定了压力。

比例压力阀用作限压阀、减压阀和比例换向阀的预控阀。

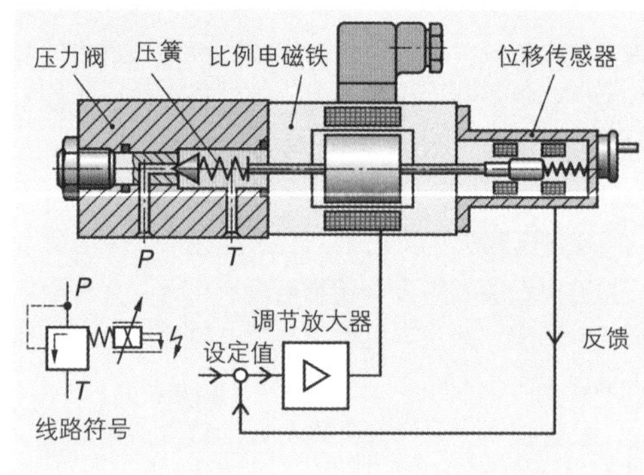

图 3：比例压力阀

> 比例压力阀是控制阀，位于电磁衔铁的电感式位移传感器监视衔铁位置。

比例流量控制阀

比例流量控制阀（图 4）是流量调节阀（见 604 页）。它可以通过比例行程电磁铁调节电子设定值规定的液压油流量，不受压力和温度的影响。

比例流量控制阀的功能常由比例换向阀替代。

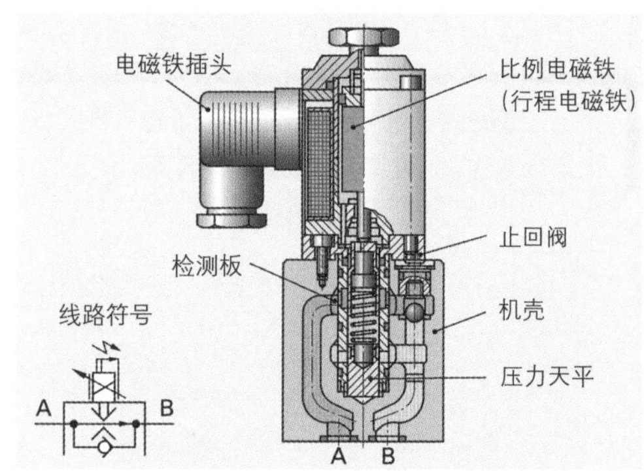

图 4：比例流量控制阀

9.5.5 液压管道及其附件

管、软管和螺纹管接头把液压油从液压站输送到各个液压工作元件并输送回来。在液压循环回路中，管道连接始终起到阻碍作用。

液压阻力取决于流速和液流类型（片流或涡流）（图 1）。螺纹管接头元件和长管道增加了阻力和由此附带的损耗。因此，不应超过规定的流速（表 1）。

举例： 某液压泵的体积流量 $Q = 12$ L/min。管道内径 $d_i = 8$ mm。问：流速多大？

解题： $Q = A \cdot v \rightarrow v = \frac{Q}{A} = \frac{Q \cdot 4}{d^2 \cdot \pi}$

$$= \frac{12000\ \text{cm}^3 \cdot 4}{0.8^2\ \text{cm}^2 \cdot \pi\ \text{min}}$$

$$= 23873.24 \frac{\text{cm}}{\text{min}} = 3.98 \frac{\text{m}}{\text{s}}$$

该数值位于大于 50 bar 管道压力的标准值范围（表 1）。

■ 管和螺纹管接头

管：液压管道所使用的管大部分是光亮拉拔精密钢管（NBK）。加工管接头螺纹的管外径 d_a 要求公差很小。根据体积流量 Q、管壁厚度 s 和管道工作压力 P_{zul} 选择管内径 d_i（表 2）。

因此，管的名称中包含管外径 d_a 和管壁厚度 s。

例如

管 HPL E335-NBK 12 × 2。

管在弯管装置内弯曲。弯曲的最小半径取决于管直径。在管螺纹接头之前必须有一段弯管过渡到直管。

螺纹管接头：现使用的螺纹管接头是卡套式管接头（图 2）和扩管式管接头。在卡套式管接头中，通过上紧锁紧螺帽将卡套压入连接管的内锥。压入时，卡套切入管外圈，并向连接管端面方向挤压，从而实现密封。因此，必须准确地垂直锯切管端部，使之与管轴线成直角。

螺纹管接头分为直管螺纹管接头、弯管螺纹管接头和 T 形螺纹管接头（图 3）。

螺纹管接头安装时必须准确装在指定的角度位置，因此使用回转式螺纹管接头（图 4）。

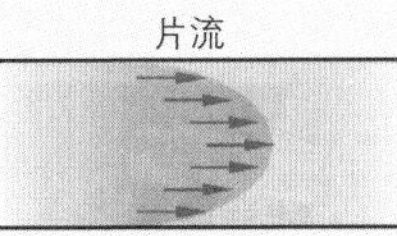

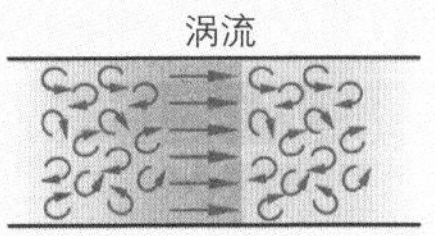

图 1：液流类型

表 1：液压管道

工作压力 p_e，单位：bar	液流速度 v，单位：m/s	
50	4.0	抽吸管
100	4.5	0.5 ~ 2.5 m/s
150	5.0	
200	5.5	回流管
300	6.0	3 m/s

表 1：液压管

$d_a \cdot s$ (mm·mm)	d_i (mm)	P_{zul} (bar)	Q① (L/min)
8 × 1	6	300	7
8 × 2	4	550	3
12 × 1	10	230	19
12 × 2	8	400	12
20 × 2	16	250	48
20 × 3	14	350	37
25 × 2	21	220	83
25 × 3	19	340	68

① 液流速度 v = 4 m/s

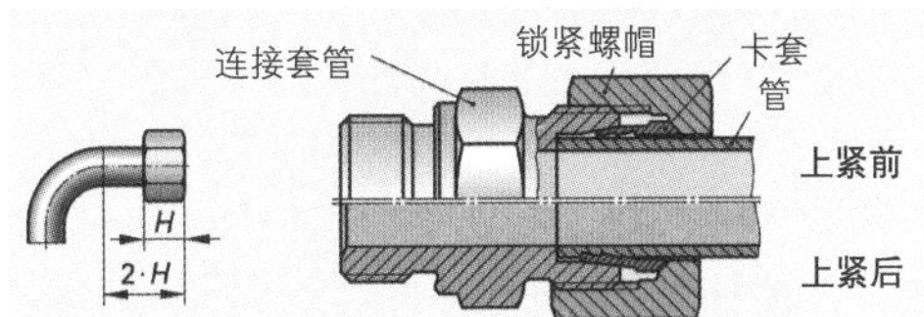

图 2：卡套式管接头

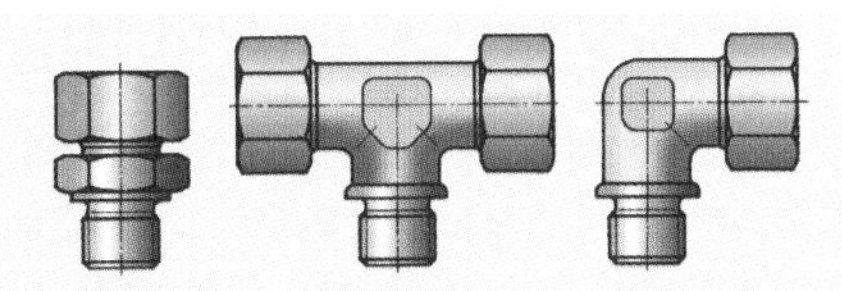

图 3：管的螺纹管接头

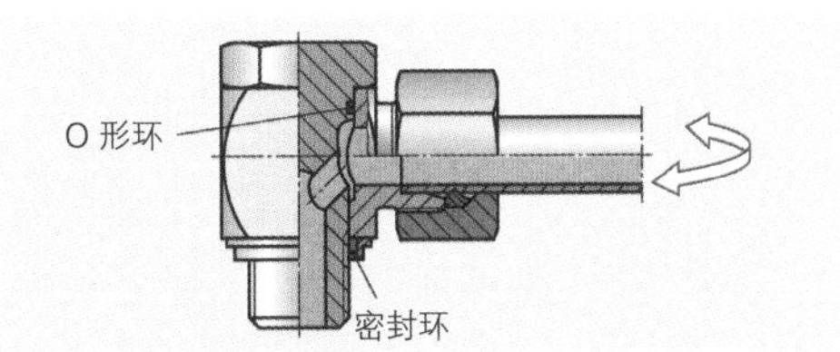

图 4：回转式螺纹管接头

如果固定零件与旋转零件连接，必须安装一个旋转式接头（图 1）。

管接头螺纹应是惠氏标准管螺纹或米制标准细牙螺纹，例如 G 1/8 或 M 12×1。安装时必须使用附加密封环或液体以及膏状密封材料。

■ 塑胶软管

运动的液压元件必须由塑胶软管连接。塑胶软管内层由耐油橡胶材料、特氟龙材料和氯丁橡胶材料制成，塑胶软管承压层由钢丝编织物构成，外表层由耐磨橡胶或聚酯材料制成（图 2）。连接到装置的塑胶软管端部需装附件。连接塑胶软管时采用管道附件或螺纹管接头以及快速闭合接头。

塑胶软管铺设时必须留有足够的弯曲半径和移动空间（图 3）

■ 快速闭合接头（快装接头）

如果液压软管需要经常松开，例如检测装置上的软管，可在软管和部件接头上安装快速闭合接头（图 4）。

这种接头由连接套管和插接式内接头组成。松开软管时，通过一个弹簧将关断元件压向底座，从而关闭接头。这样便在拔出接头时，液压油仍保留封闭在液压缸、液压马达或液压管道内。此外，稍后必须拔出时也不会渗入空气。重新插入接头后，整个关断自动复通。因为连接套管和插接式内接头把关断元件压向另一边。

■ 压力检测和体积流量检测

在管道内或液压部件输入端和输出端的某个指定测量点借助压力表检测压力值。这里检测的是相对于大气压力的高压。

体积流量采用检测容器和秒表进行检测取值，然后计算。也可通过仪器和齿轮传感器、检测用透平机或叶轮等进行自动化检测。检测点必须已在液压管路图中预先指定。

①SAE，Society of Automotive Engineers，“美国汽车工程师协会”的英语缩写——译注。

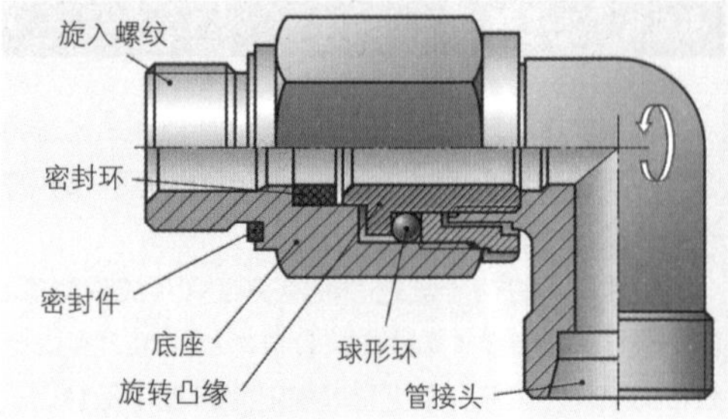

图 1：旋转式螺纹管接头

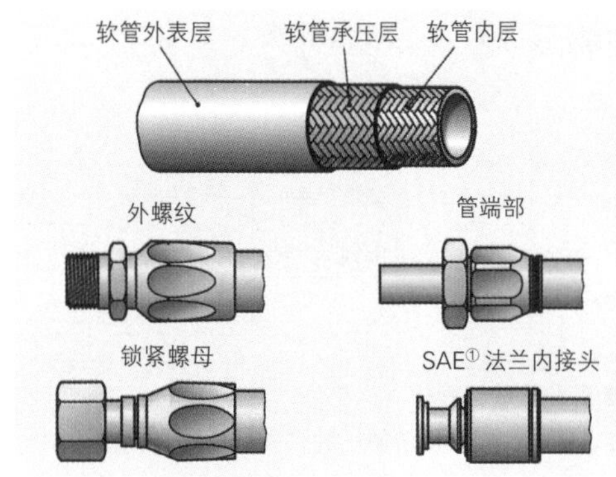

图 2：液压塑胶软管和管路附件

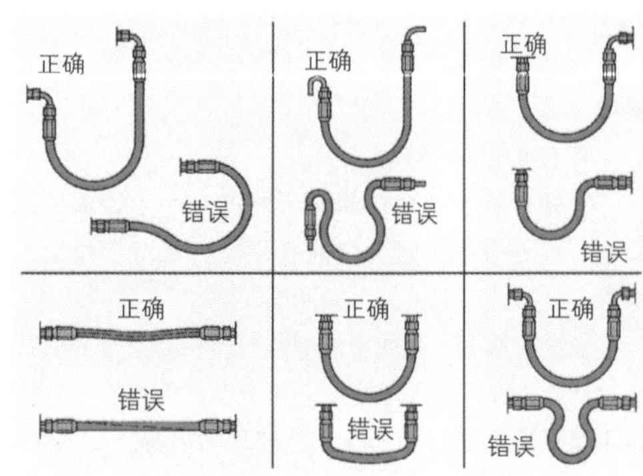

图 3：塑胶软管的铺设

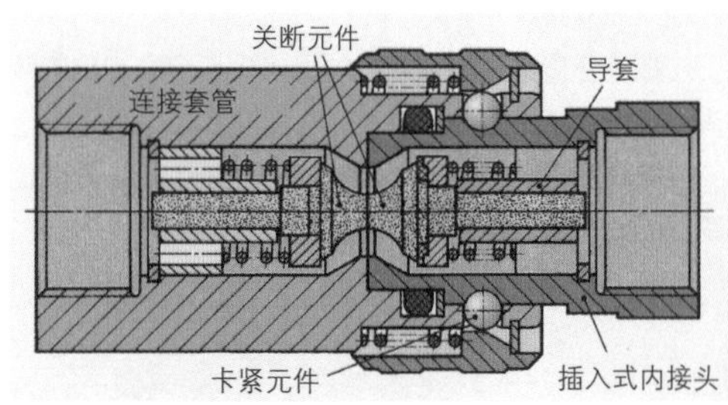

图 4：快速闭合接头，已装完

9.5.6 液压管路举例

制作液压管路遵循与气动管路相同的原则，但仍有一系列的工艺特殊性需予以关注：长行程距离，设备高压以及液压液回流至容器的回路和存储。

■ 举例：散货料斗的液压管路

载重卡车配装两个双向作用液压缸（图 1）用于装卸散货料斗。液压缸的负荷是呈交替变化：将料斗卸载到地上时是拉力负荷，将料斗装回卡车时是压力负荷。因此要求液压夹紧两个液压缸。

完成该任务需使用过滤回流液压油的液压站（图 2）。两个液压缸由两个限压阀-QN2 和-QN3 液压夹紧。设定两个限压阀时由位于各自回路上的限压阀制动行进运动。从各自管路上的压力表可读取反向压力值。由止回阀在相反方向控制两个限压阀。

■ 举例：钻孔单元的电子液压控制系统

按下列流程控制一个钻孔单元（图 3）：

- 保持左边的初始位置；
- 快速行进到工件前（EV）；
- 以进给速度钻孔（AV）；
- 快速回程，回到初始位置（ER）。

在行程-时间曲线图中表述时间流程。可采用双通路流量调节阀或比例阀进行控制。

流量调节阀用于调节进给速度。快速行进时采用 2/2 换向阀（-QM2）控制，快速回程时采用止回阀（-RM3）控制（见 610 图 1）。而采用 4/3 换向比例阀控制时，所有的速度均由该阀调节。快速行进和快速回程时，比例换向阀的控制活塞完全打开。活塞行进到端部位置时，比例换向阀几乎关闭，起到缓冲活塞的作用。

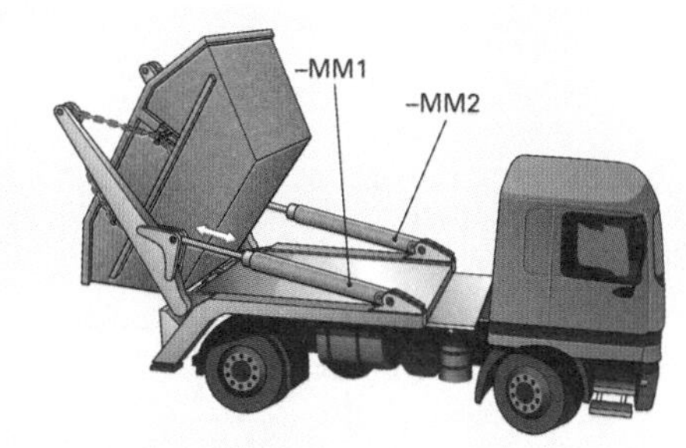

图 1：液压提升和卸下料斗

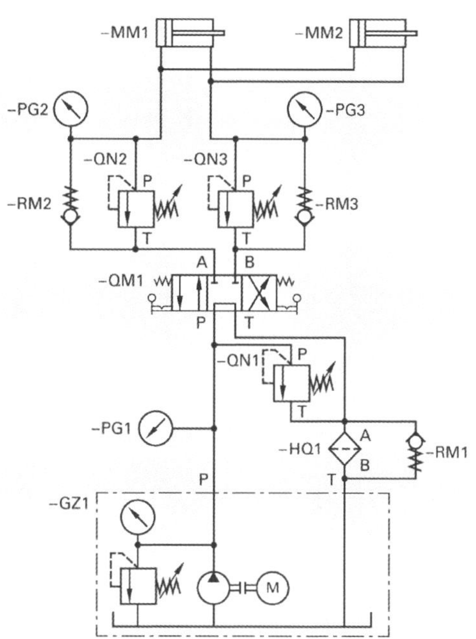

图 2：液压管路图-散货料斗

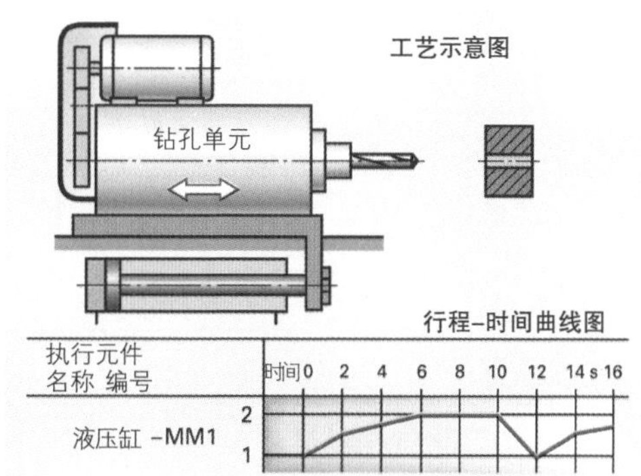

图 3：钻孔单元和行程-时间曲线图

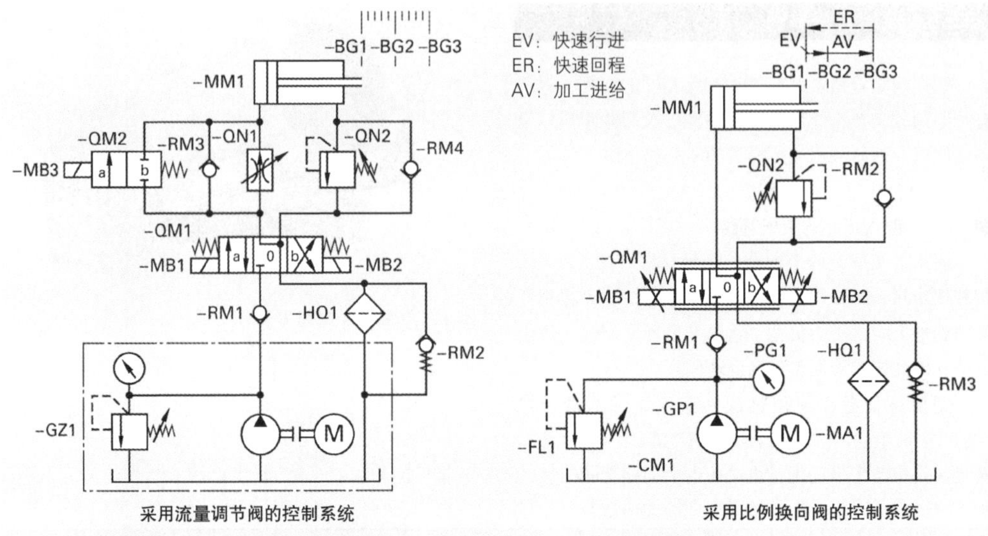

图 1：采用流量调节阀和比例换向阀的钻孔单元控制系统

采用比例换向阀的控制系统，其液压部件数量少于采用流量调节阀的控制系统。对此需要一个电控系统用于比例阀。比例电磁铁必须能够施加可变和可调电压。由此产生的磁场变化使 4/3 换向阀的调节活塞在不同开关位置之间无级移动。

钻孔单元的各种运动均可通过手动触发。为此，手动开关-SF7 必须处于“0”位置。在这种调试运行模式时，按钮-SF1、-SF3 和-SF5 单独触发快速行进运动（EV），加工进给（AV）和快速回程运动（ER），用-SF2、-SF4 和-SF6 可以分别中断上述运动（图 2）。手动开关-SF7 处于“1”位置时，可执行自动流程。电路图在控制部分显示这种运行模式。在电路图电气动力部分，辅助常开触点-KF1、-KF4 等控制液压动力部分的电磁阀。与时间相关的定时继电器-KF3 执行回程运动。接通延迟设定为 3 s。

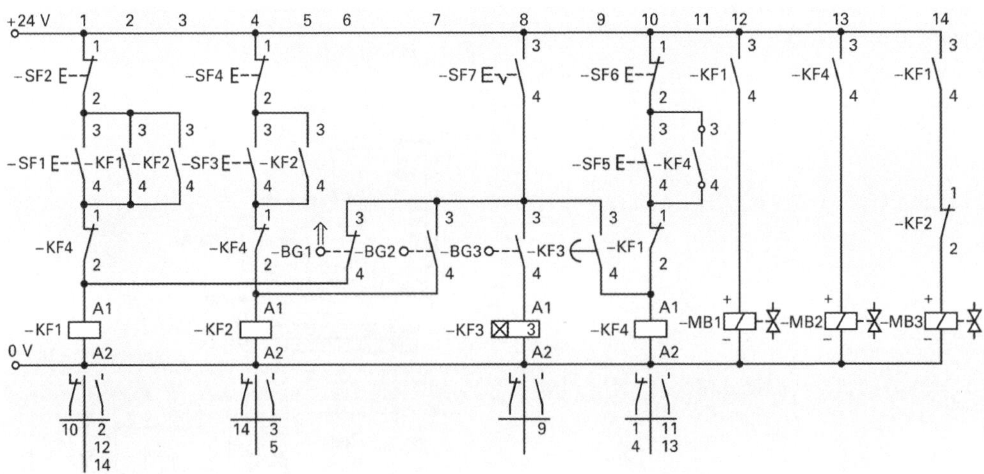

图 2：装有流量调节阀的钻孔单元控制系统电路图

本小节内容的复习和深化：

1. 液压液的任务是什么？
2. 定量泵驱动与调节泵驱动的区别是什么？
3. 液压蓄能器的结构是什么样的？
4. 在哪种情况下使用预控换向阀？
5. 可解锁止回阀用于什么用途？
6. 如何区别流量调节阀与节流阀？
7. 一台液压压力机在压力 p_e = 80 bar 和体积流量 Q =12 L/min 时产生的有效活塞力 F = 100 kN（图 1）。
   (a) 若设定效率 η = 0.92，那么液压缸直径必须多大？
   (b) 请从下列标准直径序列选择液压缸：50、70、100、140、200、280、400（d 的单位：mm）。
   (c) 如果活塞杆直径为活塞直径的一半，那么活塞的收回速度为多快？
8. 用 p_{e1} = 6 bar 压力驱动气动 – 液压压力倍增器（图 2）。
   (a) 如果不考虑摩擦损耗，那么作用在液压端的压力为多大？
   (b) 当效率达到 85%时，该压力为多大？
   (c) 活塞行程 s = 50 mm 时，压力倍增器输出的液流体积为多大？
9. 请为进给控制（见 611 图 1）编制一个部件名称表。
10. 现在向圆分度工作台的液压缸供给液压油（图 3）。问：在位置 1、2 和 3 时应使用哪一种螺纹管接头？
11. 液压缸有哪些运动流程（图 4）？这里的阀门有哪些功能？
12. 控制系统（图 4）进行保养工作时，必须关闭和打开哪些阀门？

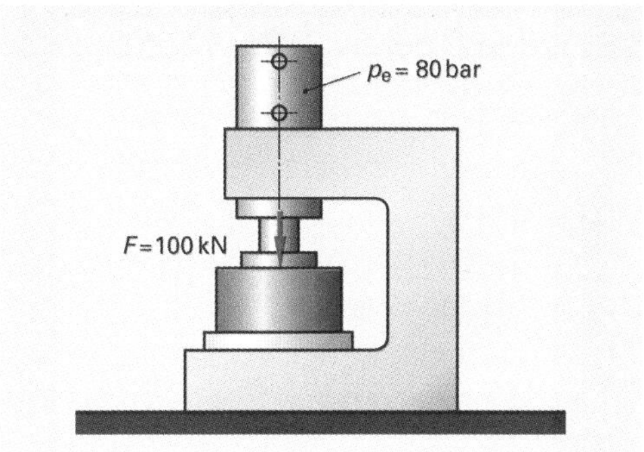

图 1：液压压力机

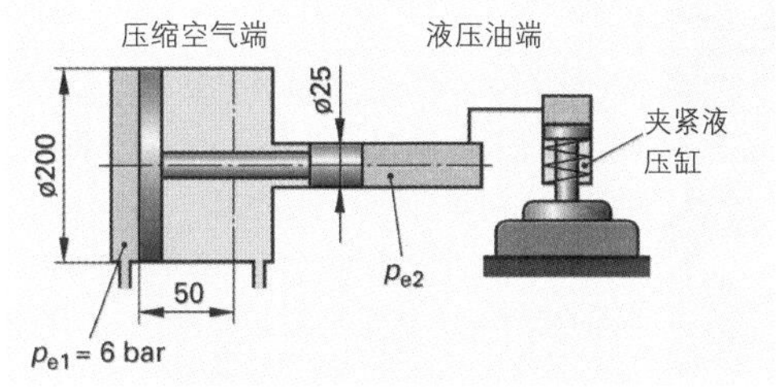

图 2：压力倍增器

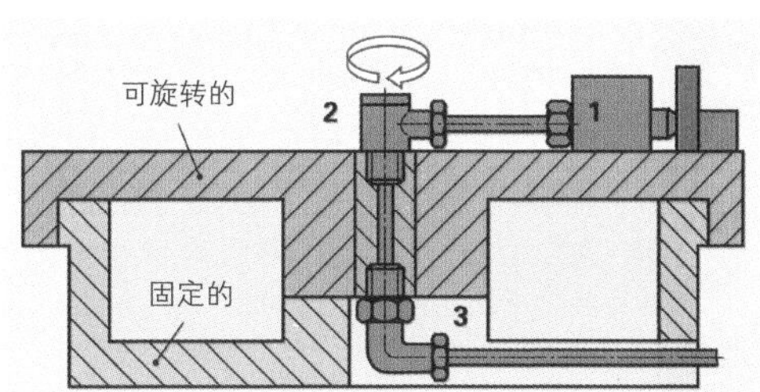

图 3：圆分度工作台

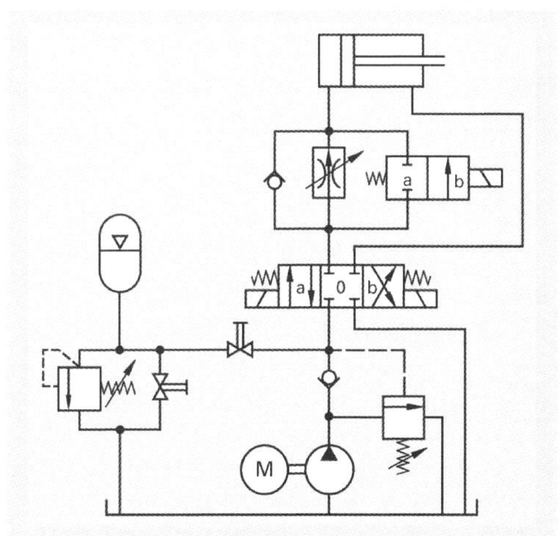

图 4：带有液压蓄能器的控制系统

9.6 可编程序控制器(SPS)

在可编程序控制器（德语缩写：SPS；英语缩写：PLC，译注）中由一个已读入控制系统的程序确定控制流程。这里：

- 采集传感器和开关，例如—SF1、-SF2、-SF3 传至信号输入端的信号；
- 对信号进行相互之间的逻辑连接；
- 并将逻辑连接的结果经信号输出端传输出给例如电磁阀-MB1。

> 在可编程序控制器（SPS）中由一个程序（软件）确定控制流程。

如果与上述相反，仅通过部件之间的线路连接来确定控制流程，这种控制称为连接程序控制（VPS）。属于这类控制的有气动控制或电气控制。

虎钳液压缸由一个电磁操作的 3/2 换向阀控制（图 1）。若同时按下两个按钮开关-SF2 和-SF3，虎钳闭合。按下按钮开关-SF1 可重新打开虎钳。

- 在连接程序控制中，通过按钮-SF2 和-SF3 的串联电路实现两个输入信号的“与”门连接（图 2）。
- 可编程序控制器则与之相反，按钮-SF2 和-SF3 的信号通过可编程序控制器（SPS）程序中的一个“与”门语句实现逻辑连接（图 3）。

两种控制类型均按照 EVA（输入—处理—输出）原则运行。

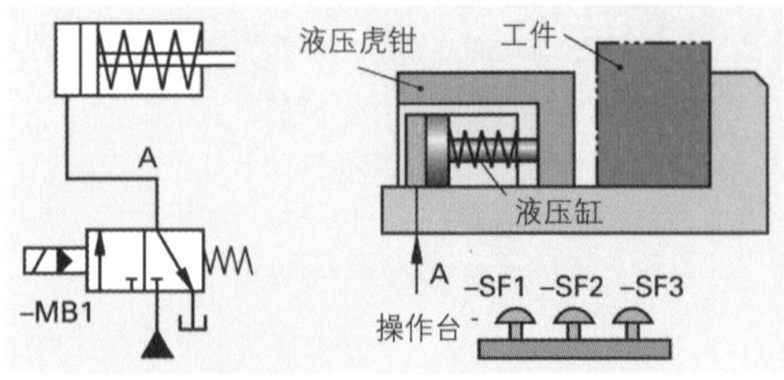

图 1：液压虎钳

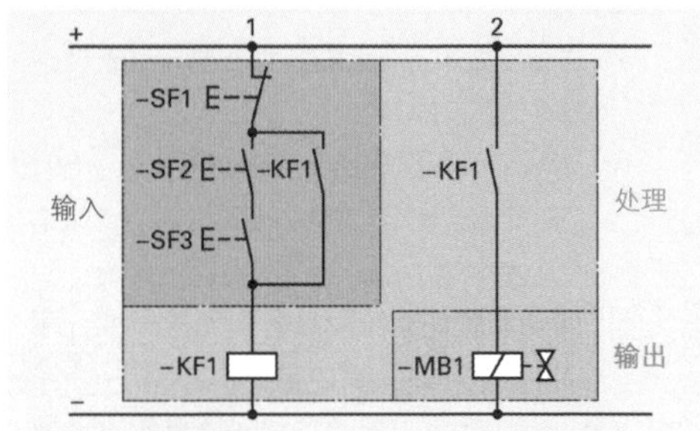

图 2：连接程序控制

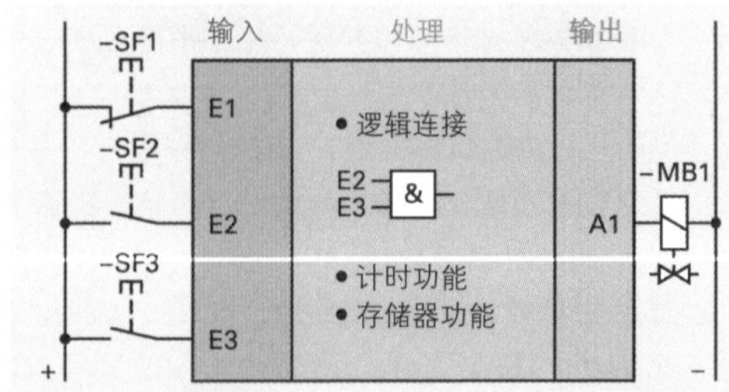

图 3：可编程序控制

9.6.1 可编程序控制器(SPS)用作小型控制系统(逻辑模块)

可编程序控制器有着不同的结构型式：用作小型控制系统完成较小型的控制任务或作为模块化可编程序控制器（SPS）应用于工业领域。

小型控制系统在家电技术和安装技术领域，机床制造和设备制造等领域的应用非常广泛（图 4）。

小型控制系统成本低廉，可提供数量可观的指令储备。通过特殊功能的大量扩展，现在已可以将小型控制系统集成安装到设备中去，例如件数数据采集、设备运行时数计数器、计时功能或通过 ASI[①] 或 EIB[②] 总线实现通信功能。

图 4：可编程序控制器的模块

① ASI，Aktor-Sensor-Interface（“执行机构－传感器－接口”的英语缩写），是一种最低端自动化层面的总线。

② EIB，Europäischer Installationsbus（“欧洲安装总线”的德语缩写），用于欧洲安装总线。

即便在小型控制系统中已能辨认出可编程序控制器（SPS）的典型特征：

按钮、开关或接近开关作为指令输出元件接线时连接在输入端端子（图 1）。基本装置拥有 8 个数字输入端和 4 个输出端。它们提供的信号状态：low=“0”（faese）或 high=“1”（true）。

输出端也可以作为继电器触点连接 230V 电压。12V 和 24V 直流电装置的晶体管输出端可连接 24V 输出电压，最大电流 0.3A。

4 个操作按钮、一个 ESC 按钮和一个 OK 按钮用于菜单操作和小型编程。LCD 显示屏用于观察信号状态。RS232 接口或 USB 至 PC 接口更为现代化，在 PC（个人电脑）上面可以编制程序，并在应用之前模拟运行，然后传输给控制装置（图 2）。更新一代的版本是实际运行过程中的在线观察。

编程用两种语言：

- 功能块表达法（FBD）：图 2 所示是“与”门元件，一个 RS 功能块，三个输出端和一个输入端。这种语言又称为功能图。
- 梯形表达法（LAD）：这是触点图的英语名称，它与电路图非常相似（图 3）。这种表达法主要用于英语语言区。

举例：自动打开和关闭通道门（图 4）

两个房间由一道推拉门分隔。

一个气动缸推动门的运动。该气动缸由一个 5/2 换向脉冲阀控制。

门的两边分别由按钮-SF1 或-SF2 打开。终端位置开关-BG1 和-BG2 询问门的实时位置。出于安全考虑，该开关采用常闭触点（NC）结构。

开门 15 s 后，如果门范围内空无一物，门自动关闭。光电开关-BG3 监视门后面是否有人或物。如有光电开关的信号状态为“0”。

通过钥匙开关-SF3（常开触点）使设备处于“就绪状态”。控制模块的显示屏上应输出明文文本“开门”。

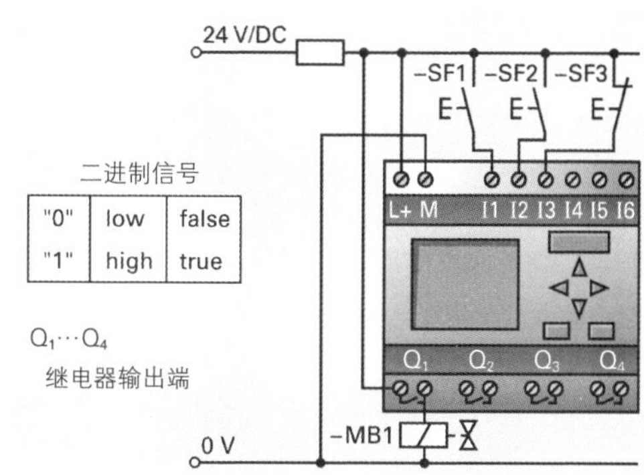

图 1：小型控制系统输入端和输出端的接线

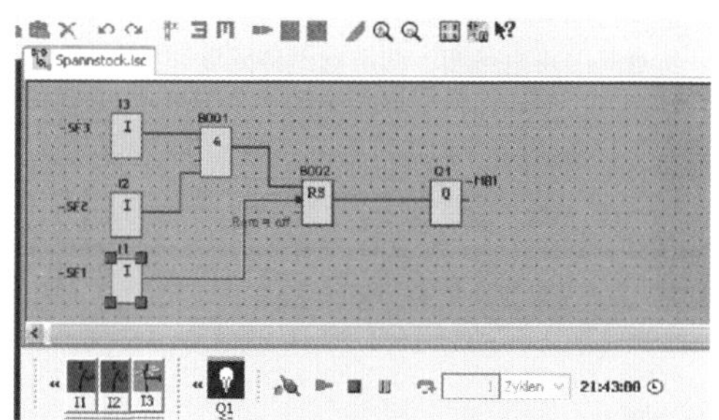

图 2：在 PC 模拟器上的虎钳控制系统

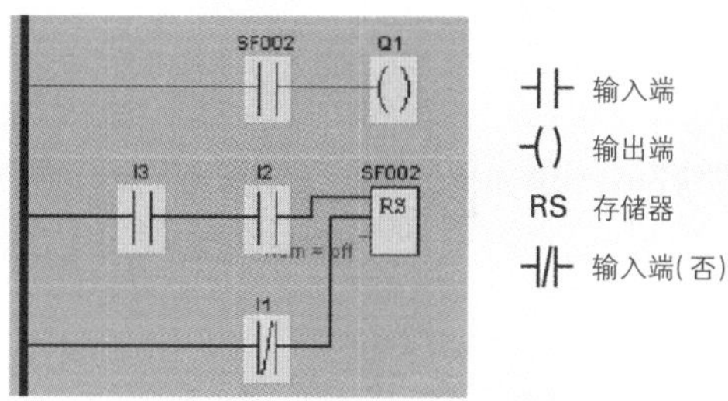

图 3：小型控制系统的触点图

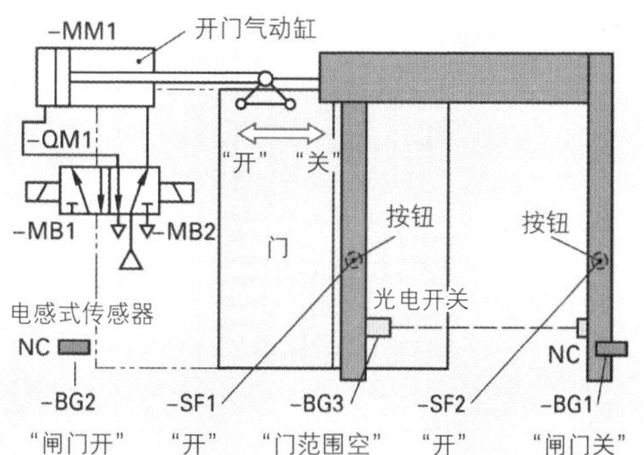

图 4：通道门工艺示意图

编制分配表（表 1）：

气动缸–MM1 的执行元件–QM1 由两个电磁阀–MB1 和–MB2 控制（图 1）。小型控制系统选择 8 个数字输入端和 4 个输出端实施控制。

分配表列出元器件，并为它们分配可编程序控制器的输入端和输出端地址。可编程序控制器的输入端（I1、I2 等）和输出端（Q1、Q2 等）是可变的，它们可以处于逻辑状态“1”或“0”。

编程时需注意，输入端信号元件是作为常开触点，还是常闭触点。在编程或日后的故障查找时，分配表作为设备文件是一个不可或缺的工具。

表 1：分配表

元件	地址	注释
–SF3	11	钥匙开关“运行就绪”，常开触点
–SF1	12	按钮“闸口开”，常开触点
–SF2	13	按钮“闸口开”，常开触点
–BG1	14	终端位置“闸口关”，常闭触点
–BG2	15	终端位置“闸口关”，常闭触点
–BG3	16	光电开关“门范围空”，常闭触点
–MB1	Q1	电磁铁“闸口开”
–MB2	Q2	电磁铁“闸口关”

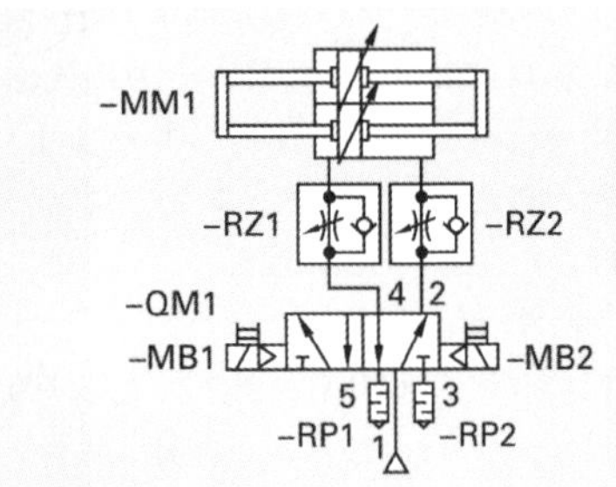

图 1：气路图

接线图（图 2）：

这是一份电路图，图上标出传感器和执行元件与所使用的可编程序控制器的连接。这里所使用的符号是符合标准的符号，电气元件必须与分配表相互一致。

> 接线图简化了实际接线工作。

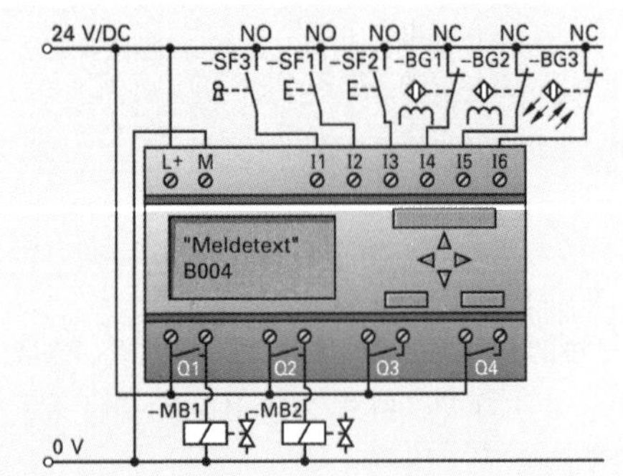

图 2：接线图（电路图）

编制程序：

借助控制模块的软件可在功能图（FBD）上编制可编程序控制器的程序（图 3）。

信号–BG1 和–BG2 是否定信号，采用两个 RS 存储器设置输出端。它们给两个中间存储器 M1 和 M2 所谓的标志字，标志字相互交替联锁，使闸门只能打开或关闭。计时元件 B009 的作用是接通延迟。元件 B004 是“门打开”的文本区。

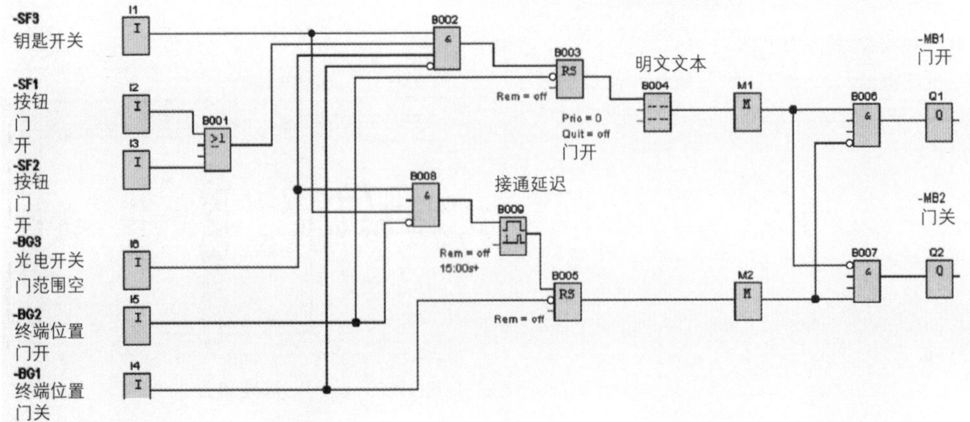

图 3：线路解决方案–FBS 语言/功能图

9.6.2 可编程序控制器作为模块化自动控制系统

在可编程序控制器（SPS）范围广泛的控制项目中采用模块化系统（图 1）。

9.6.2.1 模块化可编程序控制器的结构

重要组件：输入单元，装有程序存储器的中央处理单元（CPU）和输出单元。各单元之间通过总线插头在控制器后板相互连接。后板总线实现与 CPU 的通信。一个串口接口用于编程，例如通过 PC 编程。

■ 输入组件：信号模块 SM/DE

该组件配备连接信号发生器或传感器的接头。数字输入信号并不直接用电气方式，而是通过光电耦合器传输给后板总线（图 2）。这种方式可实现在两个电气分离的电路之间传输信号。进而保护敏感的 3V 回路免受过压损害。

■ 装有程序存储器的中央处理单元：CPU

中央处理单元由一个操作系统控制，有着存储和处理例如应用程序的不同的存储器范围。存储容量和处理速度是 CPU 的特征（图 3）。

■ 输出组件：信号模块 DA

CPU 的输出信号同样通过光电耦合器从输出单元传输至受控元器件，例如继电器、三极管、电磁铁、显示器和信号灯等。

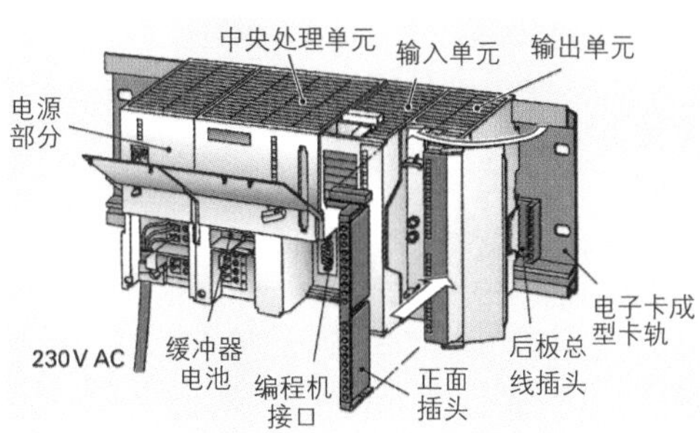

图 1：模块化可编程序控制器系统

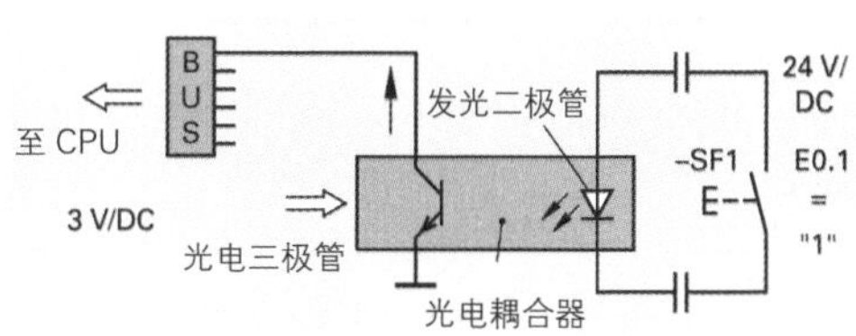

图 2：带有光电耦合器的输入端组件

功效特征	312-C	313	314	314-C	315	315-2DP
工作存储器（集成式）	6kByte	12kByte	24kByte	24kByte	48kByte	
装载存储器 ·集成式	30kByte RAM, 30kByte EEPROM	20kByte RAM	40kByte RAM	40kByte RAM, 40 kByte EEPROM	80 kByte RAM	
·可用存储器卡进行扩展	–	最大至 512kByte	最大至 512kByte	–	最大至 512kByte（可在 CPU 内编程至 256 kByte）	
速度：ms/1000 二进制语句	约 0.7		约 0.3			

图 3：不同 CPU 的功效特征

9.6.2.2 模块化可编程序控制器(SPS)的工作方式

CPU 启动后，操作系统（BESY）首先把输出端过程图（PAA）写入单元的实际输出端，并把输入端状态读入输入端（PAE）过程图（图 4）。若是完全重新启动，基本上删除 PAA。

与直接存取输入端或输出端相比，生成过程图（图 5）的优点是，有一个恒定的过程信号图可供整个程序循环处理过程使用。在程序处理过程中，如果在输入端单元上某个信号状态出现变化，在过程图中的信号状态仍保持不变，直至下一轮循环时过程图更新为止。

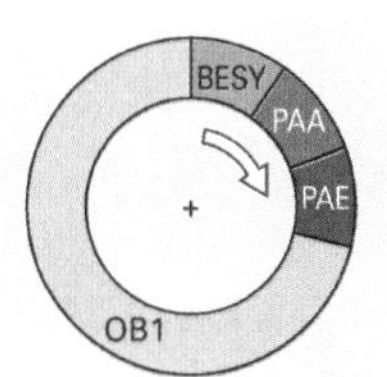

BESY 操作系统例行程序
PAA 输出端过程图
PAE 输入端过程图
OB1 组织功能块 1

循环程序处理（从 1998 年开始用于 CPU）

图 4：CPU 的循环程序处理

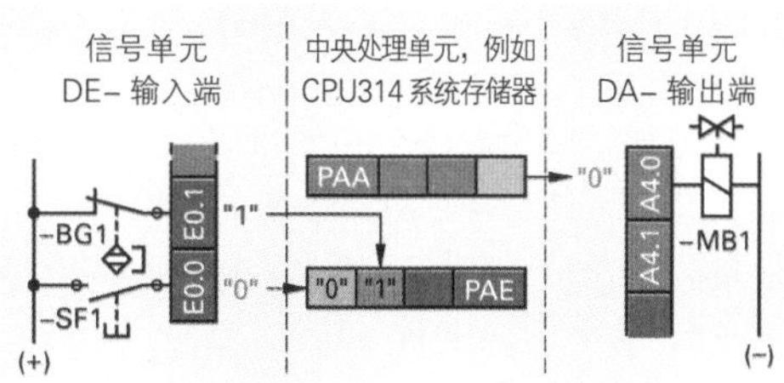

图 5：生成过程图 PAA/PAE

如果在一个语句程序内部的某个输入信号多次被询问，表明信息在过程图中受到始终未变的保证。

过程图形成后，依序处理，就是说，逐行处理位于组织功能块 OB1 的用户程序。地址计数器从最小地址 0000 开始计数，直至最后一个地址 0002（图 1）。

之后，可编程序控制器全部循环程序从头开始：给输出端分配新信号状态。这种循环工作方式的缺点是，可编程序控制器可能对正在变化的输入信号反应滞后。

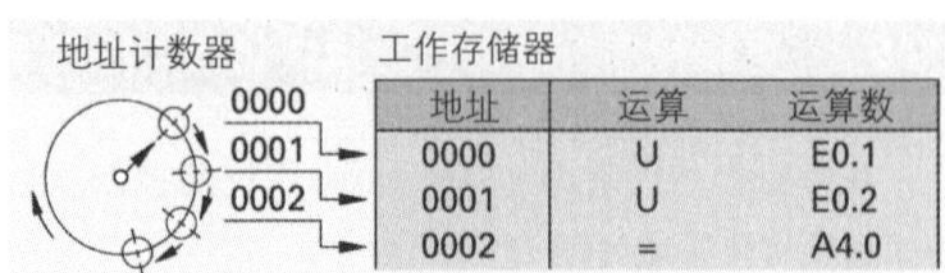

图 1：循环程序处理（AWL）

9.6.2.3 可编程序控制器的普通编程

可编程序控制器的程序由一系列控制语句组成（图 2）。

在运算部分出现指令的全部储备，这些指令采用指定的可编程序控制器语言，可供一个可编程序控制器使用。

在运算数部分出现一个可编程序控制器的全部变量，例如输入端 E、输出端 A、计时器 T，有意思的是标志字，例如 M0.1。这种 1-Bit 存储器用于存储中间逻辑连接。如果可编程序控制器的工作电压下降，一般而言，这些存储器内容便不复存在了。

在运算数代码后面隐藏着一个 Bit 地址和一个 Byte 地址，从可编程序控制器的硬件配置表中可读取该地址（图 3）。

对于 CPU314C-2 而言，一个输入端的地址可能从 E136.0 至 E138.7。

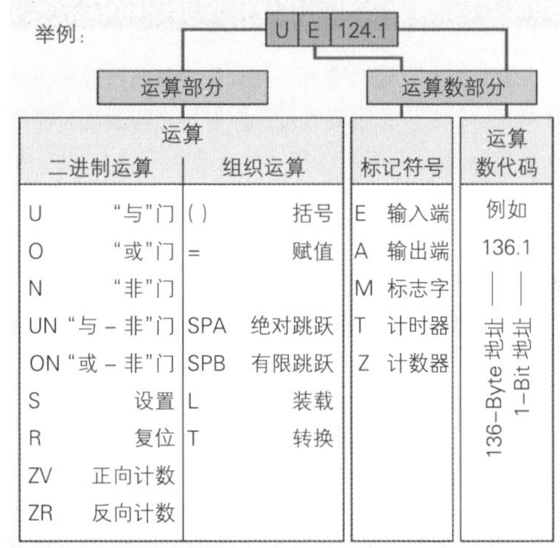

图 2：控制语句的结构

插入位置	部件名称	订货号	固件	MPI 地址	输入端地址	输出端地址
1	PS 307 2A	6ES7 307-1BA00-0AA0				
2	CPU 314 C-2	6ES7 314-6AE03-0AB0	V1.2	2	136...138	136...137

图 3：硬件配置表中的 Byte 地址

文本	语句表（AWL）	UE0.1 UE0.2 = A4.0
图形	触点图（KOP）	E0.1 E0.2 A4.0
	功能图（FUP）	E0.1 E0.2 & A4.0
	流程链（例如按照 IEC 1311）	3 4

图 4：编程语言概览

■ 可编程序控制器的编程语言

可编程序控制器的程序可用文本形式编写，也可以用图像形式编写。这里，编程语言可划分为语句表（AWL）、触点图（KOP）和功能图（FUP），后者在当今又可称为功能块语言（FBS），以及流程链表达法，与 GRAFCET 类似（图 4）。

图 5 所示为一个简单逻辑连接中的三种最重要的编程语言。

语句表以逻辑连接指令“U”（“与”门）为开始。然后逐行处理待执行的控制步骤（运算）。

触点图类似于电路图。它特别适合于至今仍在使用继电器和接触器控制系统的用户。

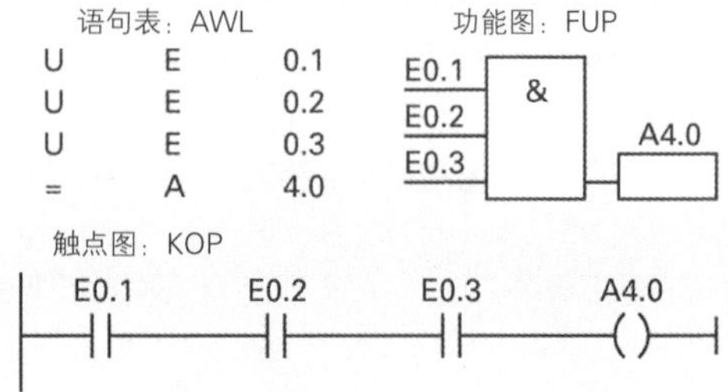

图 5：编程语言举例

在编程语言功能图①中，用标准化图形符号表达用户程序。这些符号与 DIN EN 60617 所述逻辑符号匹配（表 1）。

■ 可编程序控制器的接线

按钮和传感器接入可编程序控制器的输入端（图 1）。机床和设备基本上均由一个常开触点和一个逻辑信号“1”接通，由一个常闭触点和一个逻辑信号“0”关断。执行元件，例如电磁阀、信号灯或接触器等分配给输出端。

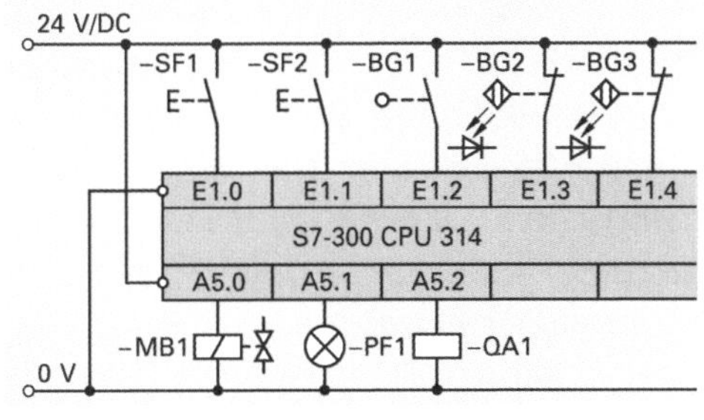

图 1：可编程序控制器的接线

■ 可编程序控制器的基本运算

举例：气动滑阀

现由一个可编程序控制器控制某气动滑阀（图 2）。当滑阀位于后边的终端位置并且按下手动按钮 START（启动）时，滑阀收回。滑阀到达前边终端位置后，再次伸出。

编制符号表：它用来替代分配表（图 3）。

这里需要一个双稳态电磁阀用于 5/2 换向-脉冲阀，由电气操作的手动按钮和键控轮代替信号元件。于是编制出图 3 所示的符号表。这里，电气元件名称-BG1 变成符号，意即在程序编辑器中，这个名称可用于名为 E0.1 的位置。

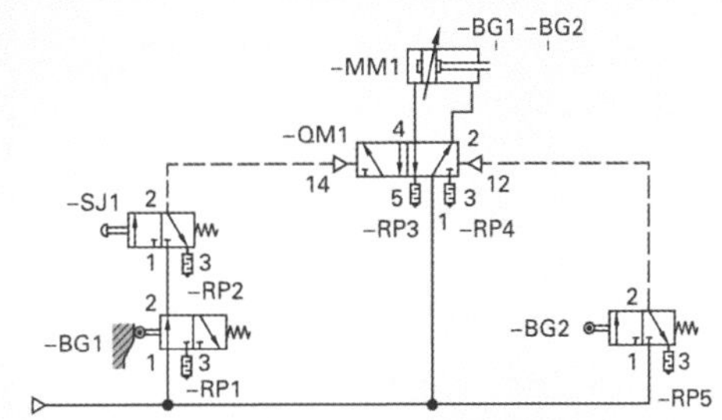

图 2：滑阀的气路图

符号	地址	注释
-BG1	E0.1	后边终端位置，常开触点
-BG2	E0.2	前边终端位置，常开触点
-SF1	E0.3	START（启动）按钮，常开触点
-MB1	A4.0	电磁线圈；-MM1 伸出
-MB2	A4.1	电磁线圈；-MM1 收回

图 3：符号表作为分配表

表 1：逻辑基本运算并转换为可编程序控制器语言

线路符号 DIN EN 60617	真值表	信号-时间-曲线图	FUP/FBS	AWL	KOP
E 1 A 相同	E A 0 0 1 1	输入端 1 0 t 输出端 1 0 t	E0.0 = A4.0	U E 0.0 = A 4.0	E0.0 A4.0
E 1 A E 1 A 否定	E A 0 1 1 0	输入端 1 0 t 输出端 1 0 t	E0.0 = A4.0	UN E 0.0 = A 4.0	E0.0 A4.0
E1 & A E2 “与”门	E2 E1 A 0 0 0 0 1 0 1 0 0 1 1 1	输入端 1 1 0 t 输入端 2 1 0 t 输出端 1 0 t	E0.0 E0.1 & A4.0 =	U E 0.0 U E 0.1 = A 4.0	E0.0 E0.1 A4.0
E1 ≥1 A E2 “或”门	E2 E1 A 0 0 0 0 1 1 1 0 1 1 1 1	输入端 1 1 0 t 输入端 2 1 0 t 输出端 1 0 t	E0.0 E0.1 ≥1 A4.0 =	O E 0.0 O E 0.1 = A 4.0	E0.0 A4.0 E0.1

①根据 DIN EN 61131-3 代替功能块语言 FBS，在下文中采用功能图 FUP 这个概念。

在符号表和接线图中的输入端名称和输出端名称必须一致（图 1）。

它们取决于硬件配置。图 2 所示为标准配置。

滑阀的程序采用功能图（FUP）和语句表（AWL）语言编写（图 3）。语句表在这里并不使用输入端和输出端地址，而是使用来自符号表的符号表达法。此举可使程序代码识读性更为简单。

■ 信号变换[①]

由于电气机床和设备在许多情况下断线安全性的原因，规定在继电器控制方式时使用常闭触点作为开关元件，例如为了安全关断一个系统（停止）或显示一个警告信号。

图 4 中，如果不操作-SF1 和-SF2，警告信号灯-PF1 的信号是信号“1”。向电路 2 施加电压时，常开触点-KF1 关闭，处于同一个电路的信号灯-PF1 亮。

两个常闭触点接入可编程序控制器的两个输入端。可编程序控制器的程序必须考虑，向可编程序控制器输入端 E0.0 和 E0.1 施加电压时，该两个输入端的信号均是信号“1”。

在语句表（AWL）中的程序如下（图 5）：

U E0.0 “1”
U E0.1 “1” } 接通时作为逻辑连接的结果
= A 4.0 “1”

应由两个常开触点代替两个常闭触点。当未操作-SF1 和-SF2 时，信号灯-PF1 应再次亮。在未操作状态下，-SF1 和-SF2 向输入端 E0.0 和 E0.1 提供逻辑信号“0”。

语句表 AWL：

UN E0.0 输入端“0” 内部“1”
UN E0.1 输入端“0” 内部“1”
= A 4.0 “1”作为逻辑连接的结果

否定“N”的意思是：输入端 E0.0 的“0”在内部通过否定（相当于一个信号翻转）变成“1”。

■ 存储器功能

控制技术中常见的一个要求是存储仅短时出现的信号。可通过一个卡口作机械式存储，或通过自闭电路中继电器常开触点进行存储（见 619 图 1）。

① 所谓信号变换，指一个信号由“0”转换成为“1”，或从“1”转换成为“0”。

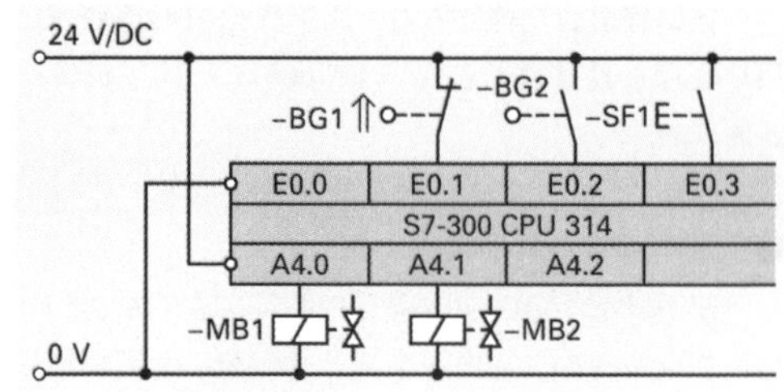

图 1：气动滑阀接线图

插入位置	部件名称	订货号	固件	MPI 地址	输入端地址	输出端地址
1	PS 307 2A	6ES7 307 -1BA00-0AA0				
2	CPU 314	6ES7 314-1AE04-0AB0	V1.1	2		
3						
4	DI32xDC24V	6ES7 321-1BL00-0AA0			0…3	
5	DO32xDC24V/0,5A	6ES7 322-1BLOO-0AA0				4…7

图 2：硬件配置表

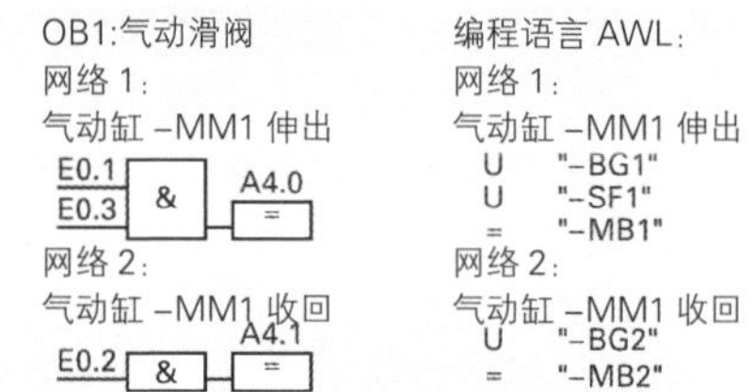

图 3：滑阀的可编程序控制器程序

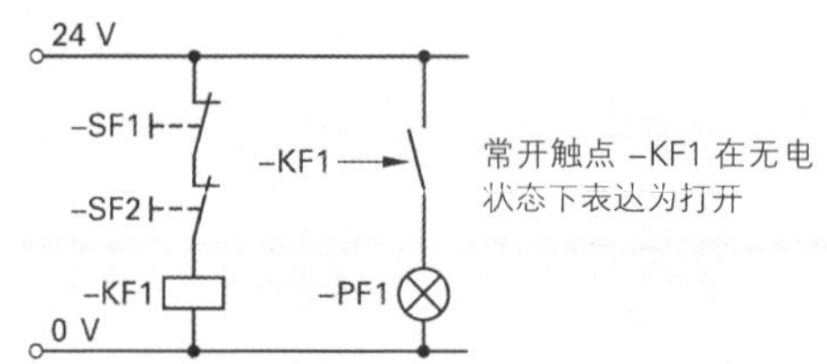

图 4：电路中使用常闭触点

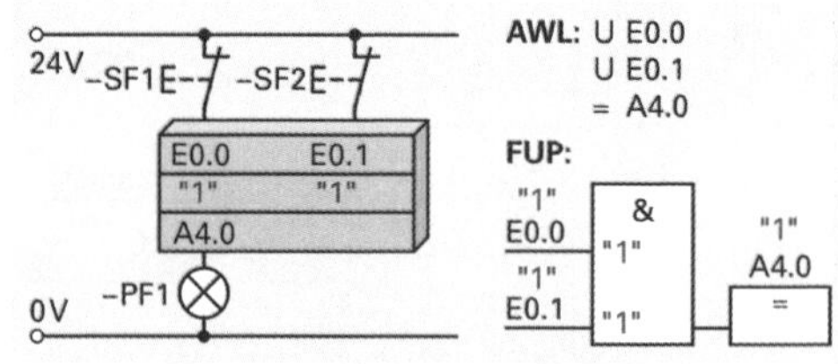

图 5：在可编程序控制器技术中使用常闭触点

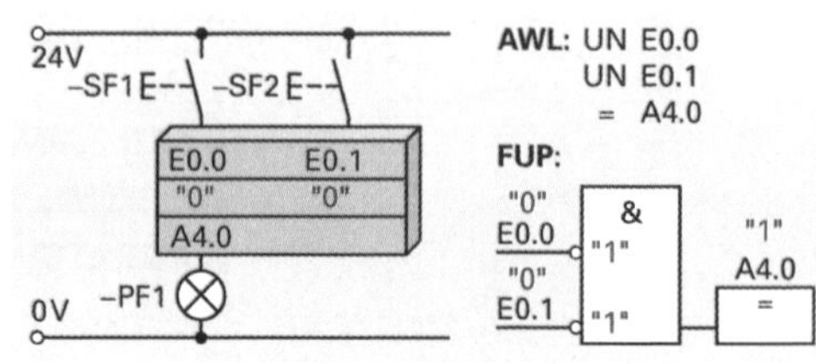

图 6：在可编程序控制器技术中使用常开触点

图 1 所示是一种删除占优自闭电路的改型。复位信号优于设置信号，就是说，操作两个信号元件–SF1 和–SF2 后，继电器–KF1 的状态转换为逻辑信号 “0”。信号灯–PF1 熄灭。

而在设置占优的自闭电路中，设置信号–SF1 优于复位信号–SF2，就是说，若信号灯–PF1 亮，在第 2 电路的这个开关位置时，–SF2 必须位于–KF1 常开触点的后面。

转换到可编程序控制器技术就意味着常开触点–SF1 作为设置信号接线连接到 E0.0，常闭触点–SF2 接线连接到 E0.1。出于断线安全因素的原因，这里，按钮–SF2 必须执行常闭触点的功能。在表 1 中，两个自闭电路均用可编程序控制器的语言显示。

表 1 已将自闭电路按照继电器技术逻辑进行了转换。由于可编程序控制器技术极为普遍地使用存储器功能，例如启动控制，于是便产生了自已的 S（设置）指令和 R（复位）指令（表 2）。

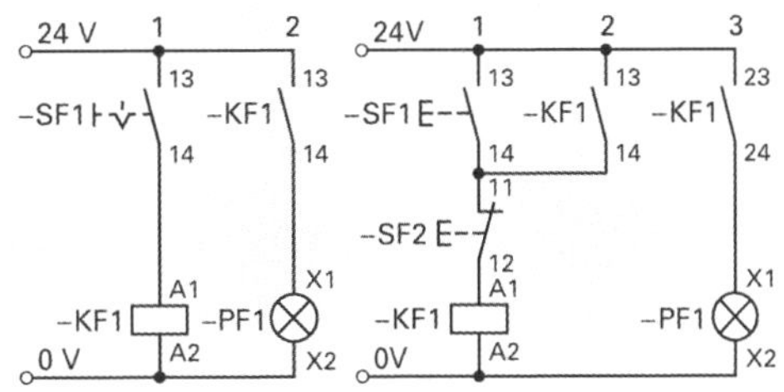

图 1：信号的自闭电路

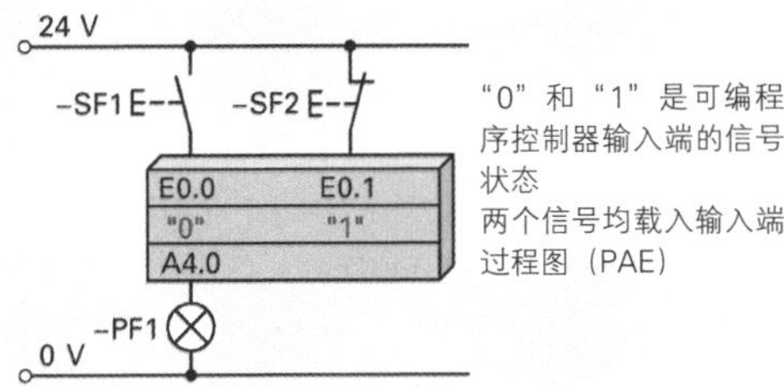

图 2：可编程序控制器自闭电路的接线连接

表 1：自闭电路（复位信号 E0.1 是一个常闭触点）

	FUP/FBS	AWL	KOP
复位占优	A4.0, E0.0 → ≥1; 与 E0.1 → &; → = A4.0	U(O A 4.0 O E 0.0) U E 0.1 = A 4.0	A4.0 ∥ E0.0 — E0.1 — ( ) A4.0
设置占优	A4.0, E0.1 → &; 与 E0.0 → ≥1; → = A4.0	U A 4.0 U E 0.1 O E 0.0 = A 4.0	A4.0 — E0.1 ∥ E0.0 — ( ) A4.0

表 2 所示，例如在语句表（AWL）中：U E0.0
S A4.0

这表明，如果 E0.0 为 “1”，则输出端设置存储为 “1”，即便 E0.0 重新回至 “0”，输出端仍保持 “1”。只有通过一个 R 指令才能使输出端再次复位至 “0”。

SR（设置–复位）双稳态触发器相当于一个删除占优的自闭电路。语句表（AWL）中第 4 行最后一个给输出端 A4.0 的赋值是决定性的。最后一个赋值是 “R”（等于复位存储或设置）。

RS（复位–设置）双稳态触发器相当于一个设置占优的自闭电路，最后一个赋值是 “S”。

图 3 所示为存储器的工作方式：由于操作了按钮 E0.0，输入端过程图 PAE 中出现两次 “1”。第 3 行，逻辑连接结果（VKE）通过 “N” 语句转换为 “0”，从而使第 4 行输出端过程图 PAA 中的输出端 A4.0 设置为 “1”。

表 2：存储器功能

运算	FUP/FBS	AWL	KOP
设置存储	E0.0 → S A4.0	U E 0.0 S A 4.0	E0.0 A4.0 —(S)—
复位存储	E0.1 → R A4.0	U E 0.1 R A 4.0	E0.1 A4.0 —(R)—
SR– 双稳态触发器	E0.0 → S, E0.1 → R, SR A4.0, Q	U E 0.0 S A 4.0 U E 0.1 R A 4.0 NOP 0	E0.0 → S, E0.1 → R, SR A4.0, Q
RS– 双稳态触发器	E0.1 → R, E0.0 → S, RS A4.0, Q	U E 0.1 R A 4.0 U E 0.0 S A 4.0 NOP 0	E0.1 → R, E0.0 → S, RS A4.0, Q

程序行	AWL	PAE 的信号状态	逻辑连接规定	VKE	PAA
1	U E0.0	1		1	
2	S A4.0		S		1
3	UN E0.1	1		0	
4	R A4.0		R		1

图 3：语句表（AWL）指令的处理

■ 计时功能

下例中，气动精压机的双向作用气动缸-MM1 将电气加热的凸模压向手工放入的塑料工件（图 1），并在工件上压制出标记名称，然后从压力机中取出工件。

精压机工作空间受光电开关-BG3 保护。按钮-SF3 启动机器。磁性传感器询问活塞的两个终端位置。在前终端位置上，精压机凸模停留 3 s，然后自动收回至初始位置。可通过按钮-SF2 或通过中断光电开关启动回程。

根据可编程序控制器的选择，在符号表中为可编程序控制器的输入端和输出端分配电气元件（图 2），并为输入端和输出端组件接线（图 4）。由于单稳执行元件-QM1 的原因，FUP 程序（图 3）中有一个 SR 存储器和一个接通延迟 S_EVERZ（表 1）。

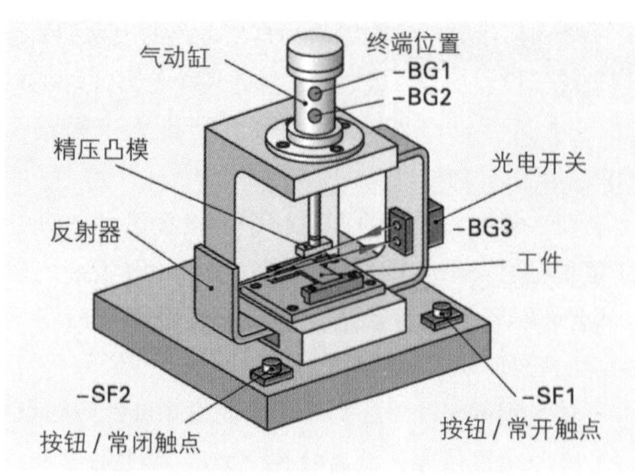

图 1：气动精压机

	符号	地址	数据类型	注释
1	-BG3	E 0.0	BOOL	光电开关；操作 = "0"；常闭触点
2	-SF1	E 0.1	BOOL	START（启动）按钮，常开触点
3	-SF2	E 0.2	BOOL	ZURüCK（回程）按钮，常闭触点
4	-BG1	E 0.3	BOOL	-MM1 后终端位置的磁性传感器；常开触点
5	-BG2	E 0.4	BOOL	-MM1 前终端位置的磁性传感器；常开触点
6	-MB1	A 4.0	BOOL	用于气动缸 -MM1 伸出的电磁阀，单稳态

图 2：精压机符号表

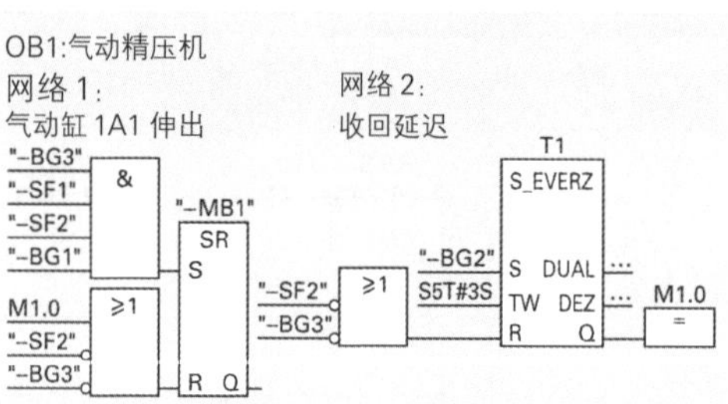

图 3：精压机 FUP（功能图）程序

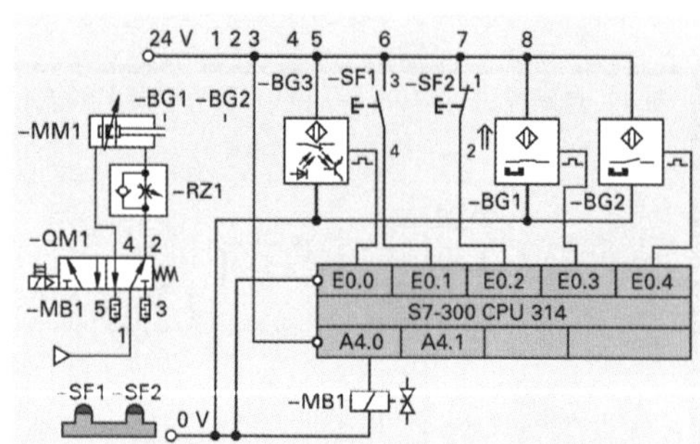

图 4：精压机的可编程序控制器接线

表 1：模块化可编程序控制器的计时功能

功能	功能图	触点图	语句表	信号 – 时间 – 曲线图
脉冲	T1 S_IMPULS; E2.0 – S, DUAL; S5T#5s – TW, DEZ; E2.1 – R, Q – A6.0	T1 S_IMPULS; E2.0 – S, Q – A6.0; S5T#5s – TW, DUAL; E2.1 – R, DEZ	U E 2.0 L S5T#5s SI T 1 U E 2.1 R T 1 U T 1 = A 6.0	正脉冲波缘; E2.0; E2.1; A6.0; t
接通延迟	T2 S_EVERZ; E2.0 – S, DUAL; S5T#5s – TW, DEZ; E2.1 – R, Q – A6.0	T2 S_EVERZ; E2.0 – S, Q – A6.0; S5T#5s – TW, DUAL; E2.1 – R, DEZ	U E 2.0 L S5T#5s SE T 2 U E 2.1 R T 2 U T 2 = A 6.0	E2.0; E2.1; A6.0; t
关断延迟	T3 S_AVERZ; E2.0 – S, DUAL; S5T#5s – TW, DEZ; E2.1 – R, Q – A6.0	T3 S_AVERZ; E2.0 – S, Q – A6.0; S5T#5s – TW, DUAL; E2.1 – R, DEZ	U E 2.0 L S5T#5s SA T 3 U E 2.1 R T 3 U T 3 = A 6.0	负脉冲波缘; E2.0; E2.1; A6.0; t

9.6.2.4 可编程序控制器的过程控制

过程控制时，各个工作步骤都以固定的顺序前后连接。过程控制可按时间顺序执行，也可按过程要求执行（过程步骤的结果）。

举例：颜料搅拌机（图 1）

向搅拌机容器输入两种颜料组分。经过一段时间的混合搅拌，作为搅拌完毕的混合颜料排放出来。

按下按钮-SF1 发出启动信号，电磁阀-MB1 和-MB2 打开。颜料组分流入搅拌机并直到最高料位为止，最高料位信号由传感器-BG2 采集。收到-BG2 信号后，两个电磁阀关闭，搅拌机电动机-MA1 接通，2 分钟后再次关断。搅拌完毕的颜料由电动机-MA2 驱动输送泵排出搅拌机，直至容器排空为止。该状态由传感器-BG1 采集。

附加条件：借助旋转开关-SF2 应能在自动运行和点动（手动）运行模式之间选择。通过停机按钮-SF3（常闭触点）可结束持续运行状态。按钮-SF4 可在手动运行模式下与流程无关地排空容器。设备处于基本位置“GS”时，绿色信号灯-PF1 有信号。设备处于自动运行模式“Auto”时，信号灯-PF2 收到信号“1”后亮。

控制过程也可用 DIN EN 60848 所述 GRAFCET（顺序功能图）表达（图 2）。通过“BA 选择”使设备处于自动运行或点动运行模式。

符号表再次列出输入端和输出端分配给可编程序控制器组件的状况（图 3）。

过程控制也可以是逻辑连接控制的另一种结构形式。其典型要素如下：

- 运行模式部分（点动或自动）；
- 带有步骤标志字的步骤链；
- 指令输出，有动作；
- 信号灯部分，显示状态，必要时显示故障。

结构化编程：为能使该结构在可编程序控制器程序中概览性再现，为组织功能块 OB1——应用程序与可编程序控制器操作系统之间的一个接口——添加了其他的程序功能块（见 622 图 1）。

这些功能块统称功能 FC,可与组织功能块 OB 一样由用户自由编程。

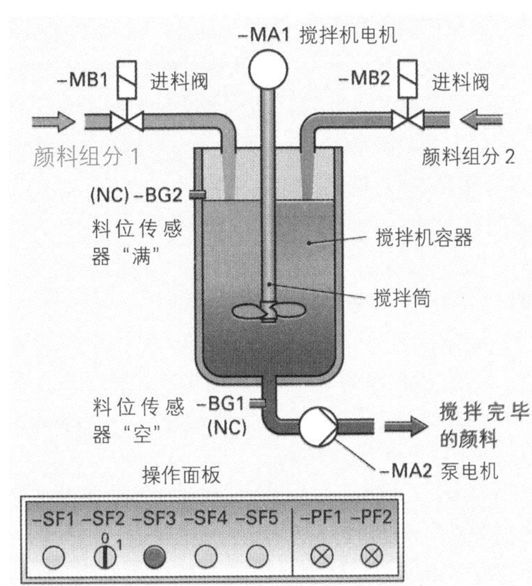

图 1：颜料搅拌机工艺示意图

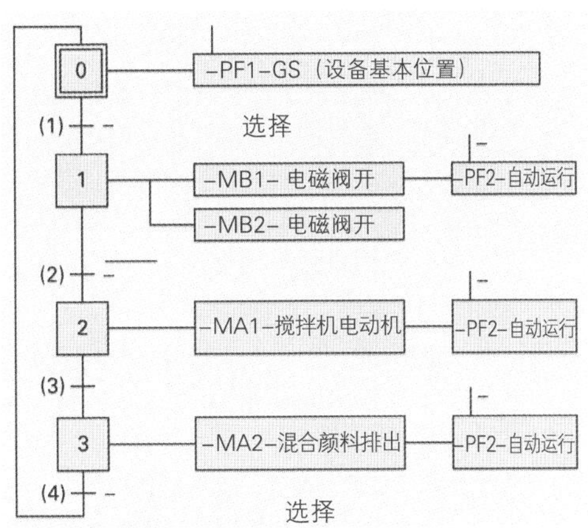

图 2：颜料搅拌机自动运行模式的 GRAFCET（顺序功能图）

	符号	地址	注释
1	-SF1	E0.1	启动按钮，常开触点
2	-SF2	E0.2	旋转开关，自动运行 =1，点动运行 =0
3	-SF3	E0.3	停机按钮，常闭触点
4	-SF4	E0.4	手动按钮，排出颜料，常开触点，复位
5	-SF5	E0.5	点动运行按钮，常开触点
6	-BG1	E0.6	容量传感器，容器“空”，常闭触点
7	-BG2	E0.7	容量传感器，容器“满”，常闭触点
8	-MB1	A4.0	进料阀 –MB1“开”；颜料组分 1
9	-MB2	A4.1	进料阀 –MB1“开”；颜料组分 2
10	-MA1	A4.2	搅拌机电动机 –MA1，“启动”
11	-MA2	A4.3	泵电动机 –MA2，“启动”
12	-PF1	A4.4	信号灯 –PF1；绿色；设备处于基本位置 GS
13	-PF2	A4.5	信号灯 –PF2；白色；设备处于自动运行模式
14	Schritt 0	M0.0	初始化步骤
15	Schritt 1	M0.1	两个电磁阀打开（–MB1，–MB2）
16	Schritt 2	M0.2	搅拌机电动机 –MA1，“接通”
17	Schritt 3	M0.3	泵电动机 –MA2，“接通”
18	MS	M50.0	标志字启动
19	BA_Wahl	M50.1	运行模式选择（点动 – 自动）
20	Tippen	M50.2	脉冲波缘标志字 点动
21	Reset	M50.3	初始化和流程步骤复位
22	GS	M50.4	设备基本状态（基本位置）

图 3：搅拌机符号表

通过使用功能改变了组织功能块 OB1 内网络或指令行的常见行处理方式。在功能块 FC1、FC2 内按照可编程序控制器循环方式依序先后处理程序指令。这种结构使全部程序一目了然，概览性极高，同时简化了错误查找。指令“call”来自语句表 AWL。在功能块 FC1、FC2 内使用语言功能图 FUP。

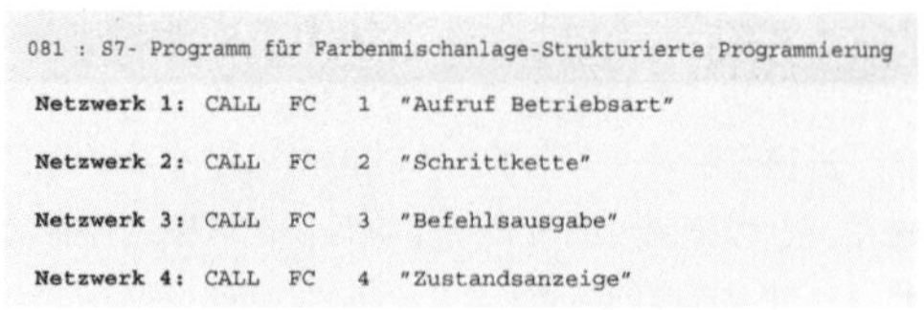

```
OB1 : S7- Programm für Farbenmischanlage-Strukturierte Programmierung
Netzwerk 1: CALL   FC   1  "Aufruf Betriebsart"
Netzwerk 2: CALL   FC   2  "Schrittkette"
Netzwerk 3: CALL   FC   3  "Befehlsausgabe"
Netzwerk 4: CALL   FC   4  "Zustandsanzeige"
```

图 1：组织功能块 OB1 内的功能调用

■ **功能块 FC1：运行模式选择（图 2）**

- 标志字 START（启动）“MS”：用-SF1 设置标志字 START“MS”。这样才能执行持续运行。如果用-SF3 停止持续运行，实时循环（程序）仍运行到底。

变量“BA_Wahl（选择）”是释放各步骤的必要条件，并使自动运行或点动运行成为可能：

- 自动运行：将自动旋转开关-SF2 转至“1”，选择自动运行模式，步骤链不断重复，直至标志字 START“MS”复位为止。
- 点动运行：自动旋转开关-SF2 必须位于“0”，并按下点动按钮-SF5。“与”门逻辑连接进入一个功能，其矩形框内是“P”，该功能称为“脉冲波缘计算”。这里只采集和计算信号状态从“0”转为“1”的转变。如果在-SF5 停留较长时间，步骤链将不再继续运行。这时需重新更换脉冲波缘。
- 过程步骤的初始化和复位：按钮-SF4 用于复位“Reset”。其作用可在功能块 FC2 中看到（图 3）。通过“Reset（复位）”，这里存储性设置步骤 0，这是初始化步骤。重新启动程序时，强迫“Reset”是必要的，因为用“BA_Wahl”将“与”门连接的变量“步骤 3”变为“0”。变量“步骤 3”是流程链中的最后一个步骤，只在一次性循环到底后才变为“1”。

  手动“Reset”用于排空设备（参见 623 图 2，网络 3）。
- 设备的基本状态（图 2）：用变量“GS”描述设备的初始状态或基本位置，例如容器“空”。以使传感器-BG1 作为常闭触点在可编程序控制器输入端 E0.6 处为“1”。该传感器是不操作的。对 E0.7 的传感器-BG2 同样是不操作的。

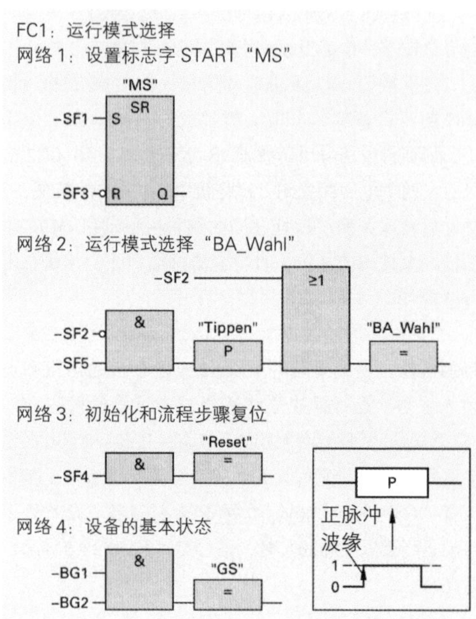

图 2：功能块 FC1 内的运行模式选择，复位和询问基本位置

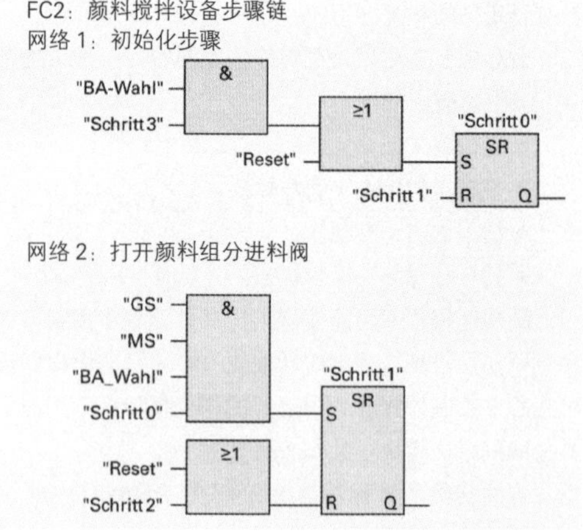

图 3：功能块 FC2 内的初始化步骤和第 1 步骤“电磁阀开”

功能块 FC2：步骤链（见 622 页的图 1 和图 3）

流程的各个步骤寄存在步骤标志字内。流程链中的所有步骤均用 SR 存储器编程。在 S 输入端各有一个带有前一步骤标志字和过渡条件的“与”门逻辑连接，例如传感器-BG2。如果用运行模式工作，这里也有变量“BA_Wahl”的释放。在存储器的 R 输入端是一个“或”门逻辑连接：用下一个步骤复位，或用“Reset”复位。这样便可以保证每次只激活一个步骤。通过一个接通延迟从网络 3 过渡到网络 4。这样便首先从执行过程的流程控制转变为执行时间的流程。由“步骤 0”删除最后一个流程步骤，意即复位。

这里指的是删除一个时钟脉冲链。采用 GRAFCET（顺序功能图）只允许对这种时钟脉冲链进行流程描述。

功能块 FC3：指令输出（图 2）

各个具体的步骤标志字，例如“步骤 1”，在功能块 FC3 内均分配给可编程序控制器输出端。这可同时保证输出端在程序范围内一次只能获得一个赋值，在可编程序控制器循环程序范围内是不可能覆盖的。

如果“-MB1”或“-MB2”超过步骤 1，仍保持激活状态，则必须使用 SR 存储器，或使用双稳态执行元件，例如 5/2 脉冲阀，与它在电子气动系统中的应用一样。

功能块 FC4：信号灯（图 3）

设备处于基本位置“GS”时，信号灯“-PF1”显示为亮。设备处于自动运行模式时，信号灯“-PF2”亮。

图 4 所示为任务接线图。

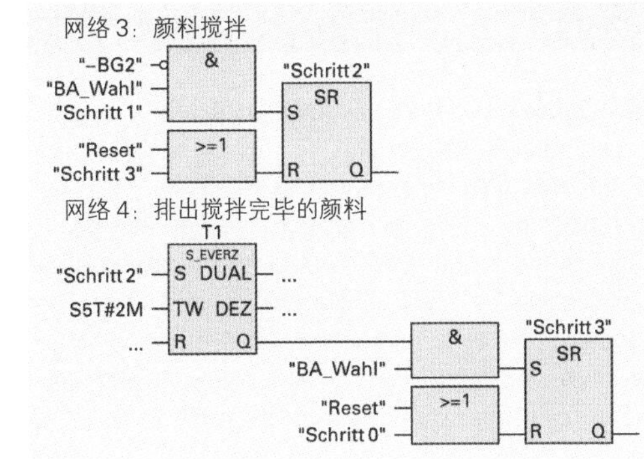

图 1：功能块 FC2 内的流程步骤“颜料搅拌”和“颜料排出”

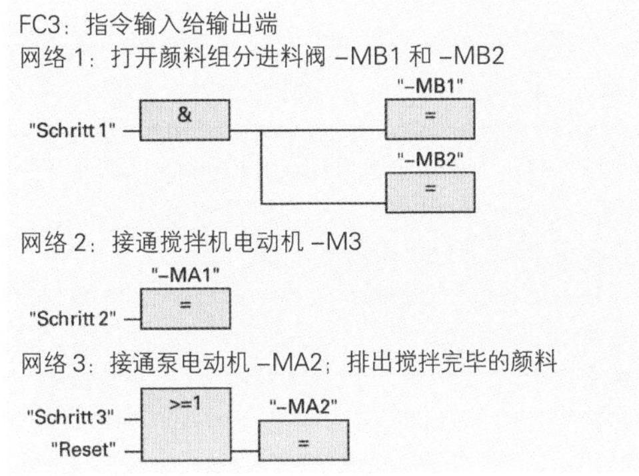

图 2：功能块 FC3 的指令输出

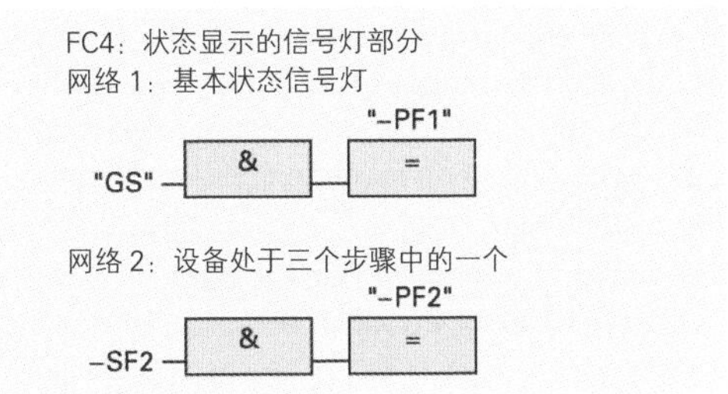

图 3：功能块 FC4 的信号灯

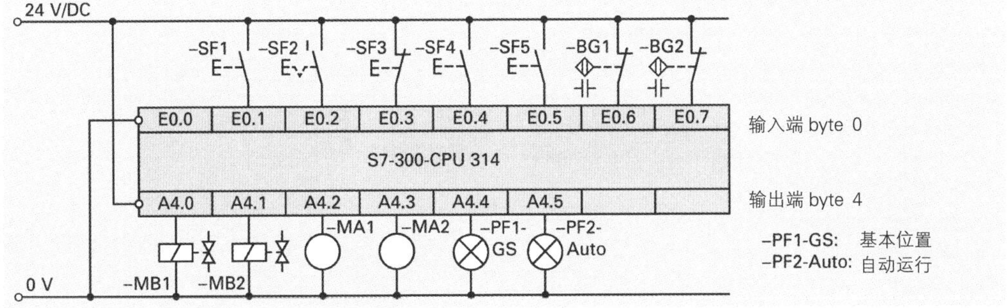

图 4：颜料搅拌设备的输入端和输出端接线

9.7 英语实践

■ Automation technology: machine safety and security equipment

● Functional safety at operating machines

Components of an automation system (actuators, adjustment, signal and control elements) can be dangerous for people, equipment and the environment. While constructing and planning such facilities, possible risks must be analyzed and appropriate measures have to be put into place to protect the operator.

Hazard analysis and risk assessment require an appropriate security level (PL a, b, c···) of deployed security technology.

The "performance levels" are defined in EN ISO 14121-1 (Figure 1): Low risk is indicated with "PL = a" (small measures for risk-depreciation).High risk results in a "PL = e" (comprehensive measures for risk reduction necessary).

Basic methods for risk reduction:

- Safe design: eliminate or minimize risks through design measures
- Technical measures: provision of necessary precautions against risks eg. machine guards
- User information on residual risks

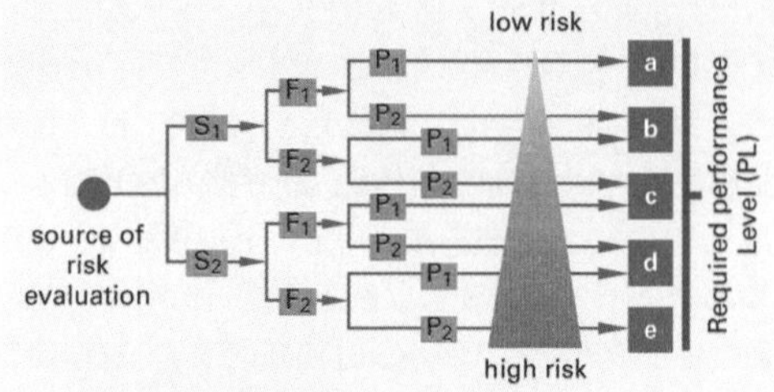

S - Severity of injury

S_1 = Slight injury (normally reversible injury)

S_2 = Serious injury, including death (normally irreversible)

F - Frequency and / or exposure to hazard

F_1 = Seldom to quite often and / or short duration

F_2 = Frequent to continuous and / or long duration

P - Possibility of avoiding the hazard

P_1 = Possible under certain conditions

P_2 = Unlikely

Figure 1: Performance levels PL

Example of the use of a safety component

The two - hand control block is used, when hands of an operator are exposed to a high risk accident situation, for example at presses or press brakes. Both hands should be always outside the hazardous area (Figure 2).

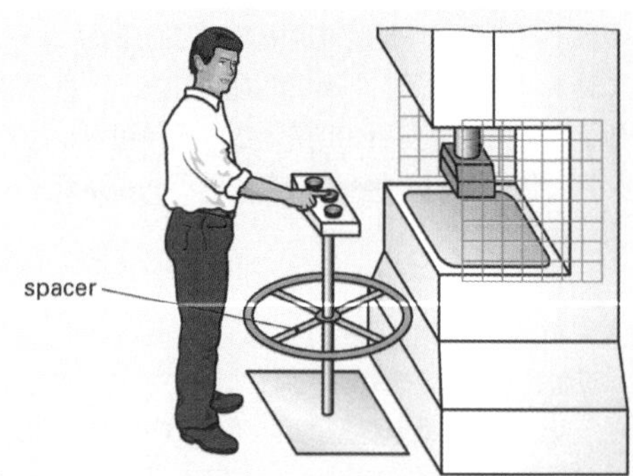

Figure 2: Operating punches and presses

The pneumatic two-hand control block is a safety component. Combined with a pressure control valve it has the security level PL "c" according to EN ISO 13849-1 (Figure 3).

Only if both inputs 11 and 12 of the control block are actuated by two 3/2 -way valves within max.0.5 seconds, terminal 2 receives an output signal.

As long as both operated valves (-SJ1 and -SJ2) are actuated, output "2" is pressurized. By releasing one or both of the buttons the flow is immediately interrupted, output 2 is depressurized. The piston of the cylinder-MM1 moves back.

All parts and components of the fluid system must be protected against pressure. The leakage of inside of components should cause no risk.Silencers provide an acceptable noise level.

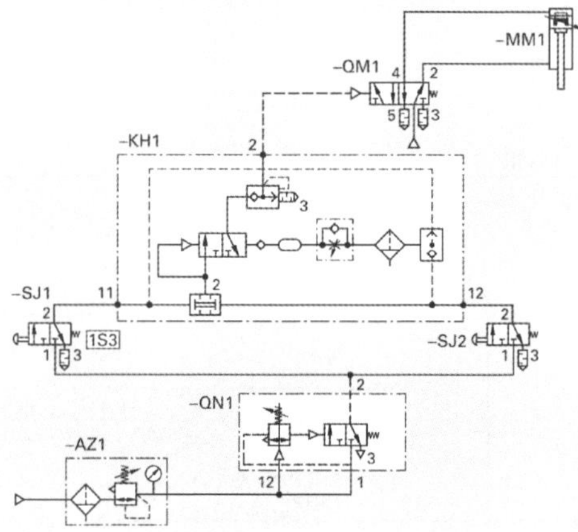

Figure 3: Pneumatic plan of a two-hand control block

10　技术项目

10.1　技术项目工作的基础知识

10.1.1　线性工作组织与项目

自引进流水线以来，工业界的工作分工便沿着制造过程的脉络经过多年发展演变成所谓的线性组织（图 1）。任务和所要求的工作均根据专业范畴和部门按照制造过程，尽可能遵循制造过程线，使之专业化，并在一条线上依序先后进行加工制造。通过转接由上而下成体制地执行这种组织工作和任务管理。

通过市场的全球化和与之相关的成本、时间和质量竞争，线性工作继续发展成为自动化。与此同时，企业进一步加强了对市场和个性化客户需求的定向。由此提出了范围广泛的复杂的任务和订单，要求必须跨专业跨部门的合作生产。由于传统的线性组织已不适宜完成和处理这类新型的、大部分一次性的“横截面任务”，今天，将这类任务作为项目予以组织和执行的（案例）日益增多（图 1）。

项目的组织结构尤其适合于处理跨专业的，一次性的和独特的生产任务。

项目的工作组织与线性组织相反，它以网络通信、模拟合作和团队工作为其特点。

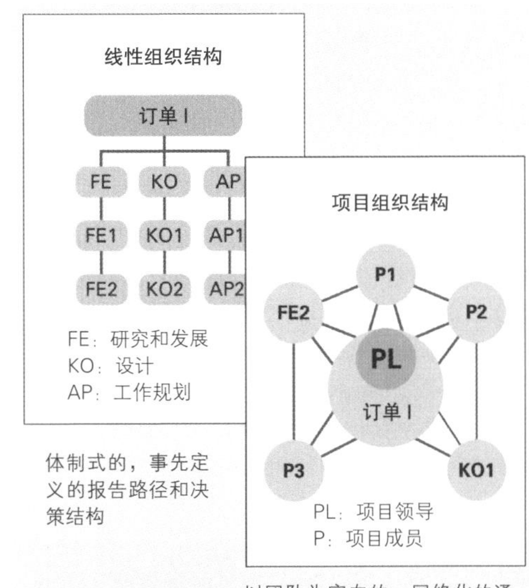

图 1：线性组织结构和项目组织结构

10.1.2　项目的概念

德国工业标准 DIN 69901-5（2009-1）将“项目”这个概念定义如下：

项目是一种计划，其特点在于总体性中诸多条件的一次性。

由此可得出项目的标志性特征，在一个具体的项目中不必强迫其具备全部特征（图 2）。

一次性的特殊订单，实际上是满足单个个人或连续性的过程，例如学习过程就不是德国工业标准意义上的项目。

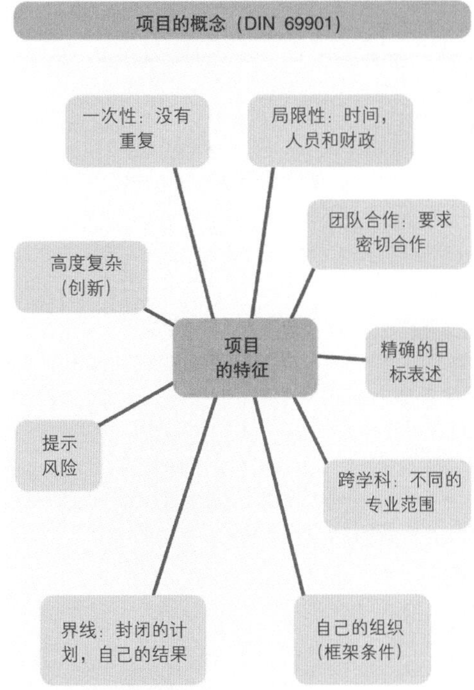

图 2：项目定义的特征

10.1.3 技术项目的类型

贯彻实施技术项目的领域和范围非常广泛，差异极大（表1）。技术项目可以按照不同的标准进行划分。

非盈利项目是非商业组织的项目，例如国家组织或教堂。属于这类项目的是发展援助项目，还有学校和职业教育项目。在当今的职业教育中，项目能力的介绍和项目的独立制定均具有重要意义。

经济项目由经济企业执行，并根据任务发出者的角色划分为内部和外部项目。外部项目，指由一个法律上独立的外部企业发出的项目订单。内部项目则指由企业内部提出并接受的任务订单。

按照项目的范围可把项目划分为小型项目和大型项目。但迄今为止，对此并没有一个清晰的界定，其划分亦可根据企业的门类和判断而有所不同。

表1：项目类型和项目举例

项目类型		举例
非盈利项目	发展项目	通过德国发展服务项目在非洲建设一个饮用水站
	学校项目	制造并管理一个雨水汇集站作为与专业相关的学习项目
	职业教育项目	一个弯曲工装的设计草案和实际制造，作为现场学习合作框架内的学习单元项目
经济项目	技术项目	研发和设计一款特种机器
	科学项目	分析螺纹连接中预张紧力的损失，作为高校试验项目
	组织项目	鉴于工作时间的数据采集，改变运营组织

10.2 项目工作是完整的工作步骤和有计划的问题解决方案

技术项目的工作要求学生或员工们的思想完全统一。这里应统一理解，完整的专业的行动总是由若干具体的工作步骤组成（图1）。

完整的专业的行动总是由工作步骤组成，如信息收集、规划、执行和评估。

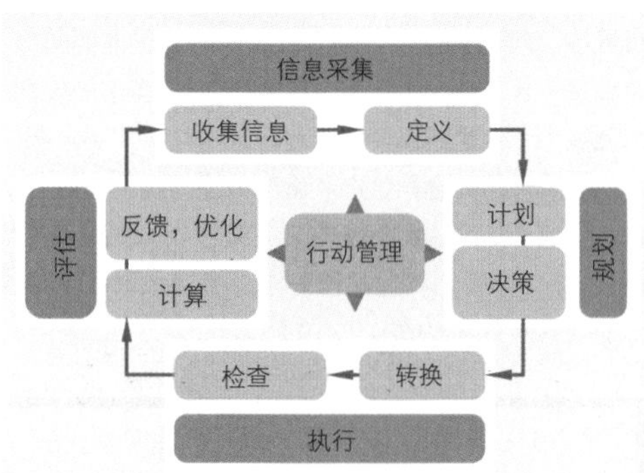

图1：完整行动的具体步骤

通过对具体工作步骤的理解才能使计划或任务制定具有概览性和计划性。从工作步骤可发展成为一种系统的结构化的工作方式，用于有计划地全盘考虑地解决问题（图2）。

这种有计划的解决方案有助于避免不完整或有缺陷的行为，例如因为未对初始形势进行充分的分析，或忽视了重要的实际值与理论值的对比等。通过有意识地搜寻多种解决方案的选项，也可避免在许多情况下匆忙确定一个“就近的”或手头现有的解决方案。项目工作中，这种问题解决步骤一般是多次进行的。但具体实施步骤的权重在项目流程中仍会改变。

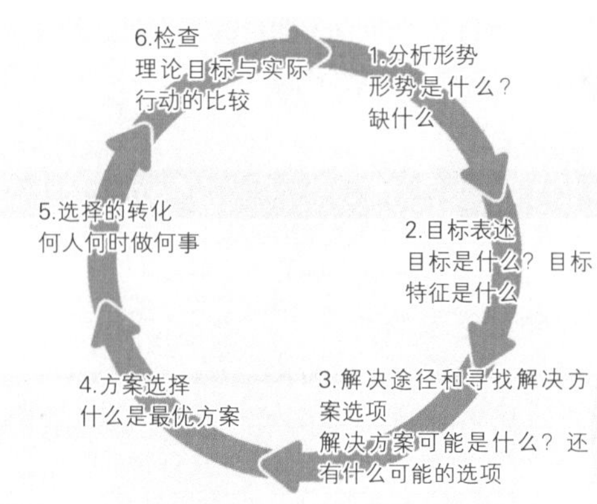

图2：一个按计划的、全盘考虑的问题解决方案的工作步骤

10.3 项目分阶段实施举例:起重装置

处理项目时，将项目分为可纵览的各个具体时段并预定义各个中间节点是很有意义的。项目阶段应在逻辑关系和时间关系上密切相关，可以因项目类型和企业类型而各有不同。在实际应用中，将项目划分为具体项目阶段，这里，标准化项目阶段管理可以有所助益（图 1）。

项目阶段划分指将项目处理（项目周期循环）成时间和逻辑上密切相关的各个具体时段。

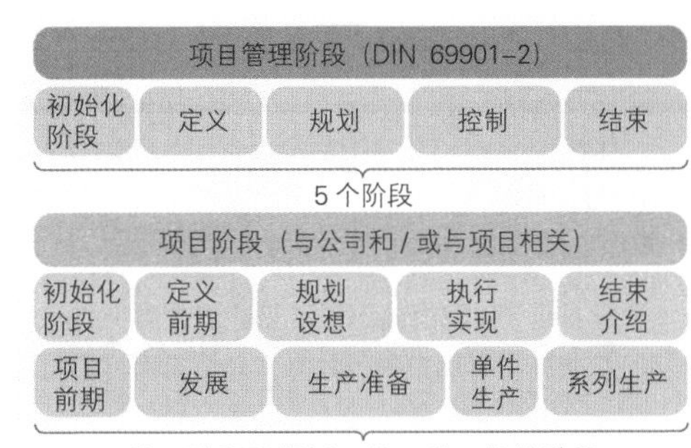

图 1：分阶段模式

里程碑

每一个阶段都必须预定义需取得的结果，以便能够做出关于项目后续流程的决策。这些结果和决策都是项目流程的重要事件，一般均称为里程碑（图 2）。

里程碑是计划实施的拐点和计划结构性流程的监视点。除预设里程碑外，允许出现一定的偏差或额外决策带来的风险。

- 阶段的继续执行或中断
- 开启下一个项目阶段
- 开启下一个工作阶段
- 实施实际目标改变
- 实施项目流程改变
- 引入附加措施
- 实施人员措施
- 同意追加投资

图 2：里程碑（举例）

10.3.1 初始化阶段

初始化阶段一般性描述辨别问题所在的路径，或从项目点子直至做出决策的路径，即开始着手研究项目并做出某些具体行动（图 3）。

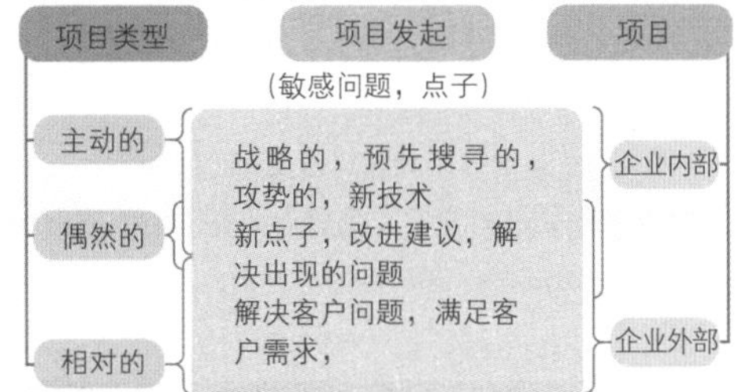

图 3：从项目点子到项目

■ 项目举例：起重装置

传动箱系列装配时需手工装配油槽。由于零部件的质量，要求装配员工承受强体力负荷（图 4）。将油槽手工装入传动箱和取出时，均会对员工产生额外伤害的危险，还有将事先放入的密封垫一起向外推出的问题。

鉴于这种情况，装配工作不能由一个员工持续完成，而是由装配线上的多个员工接力完成。

装配部门领导基于这个问题提出一个项目点子，用起重装置辅助手工完成油槽装配。他向传动箱装配业务领导提出这个项目申请，因为业务领导负责项目所需员工的分配和作为项目协议的项目任务授权。

图 4：油槽装配

企业内部限制使用的资源必须根据目标需要投入使用，因此，不是每一个项目点子都能变成项目予以实施。

初始化阶段实际涉及在考虑企业目标和能力的前提下启动（少量的）正确的项目。

对项目点子予以尊重，但在它能够作为项目列入项目一览表并排出优先顺序之前，必须对项目进行审查（图1）。申请的起重装置不能在传动箱装配时例如直接节省时间，但它能够提高劳动保护强度，并对企业战略形成支持，因为企业战略要求年纪较大的员工应在装配工位上逗留更长的时间。作为项目任务的项目协议的进一步修改由一个装配调度员接手进行。

初始化阶段的目的是确定后续步骤的负责人并商定一个项目订单（图2）。

项目订单中必须草拟项目目标并简要解释项目成本。项目的前提条件和边缘条件以及项目阶段等细节必须商议确定。最终结果和中间的阶段结果必须粗略确定时限，并对后续阶段做出计划（定义）。

对于起重装置这个项目，在项目订单中补充了吊车-起重设备的市场分析。在半个企业工作年度之内，项目的转化预估约需20000欧元。

10.3.2 定义阶段

本阶段需从形式和内容两方面具体确定项目订单的框架条件。定义阶段的主题范围是构成一个项目核心团队，定义项目目标，确定项目的粗略结构，预估项目所需资源，以及评估可行性（图3）。

定义阶段包含所有关于项目准确定义所需的行动、过程和决策。

一般而言，定义阶段对管理和项目的所有参加人员提出了高要求，因为必须对时间节点做出实质性决策，而针对这些时间节点既没有足够详尽的专业知识，亦没有项目参与者的合作经验（图4）。

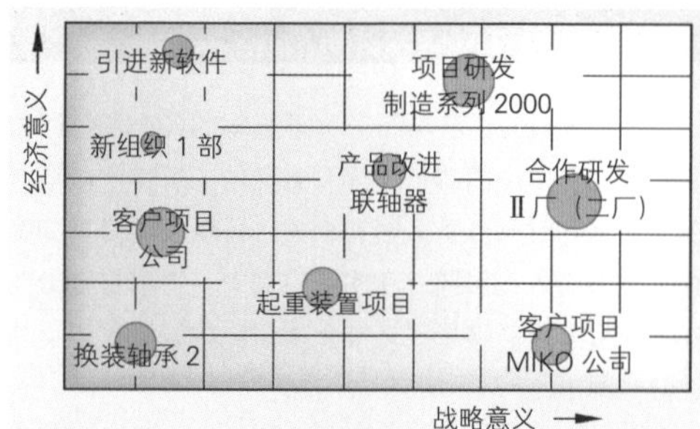

图1：项目概览（项目文件夹）

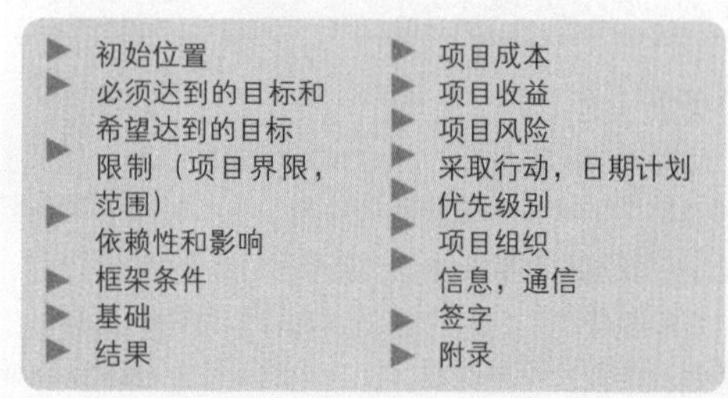

图2：项目订单的内容

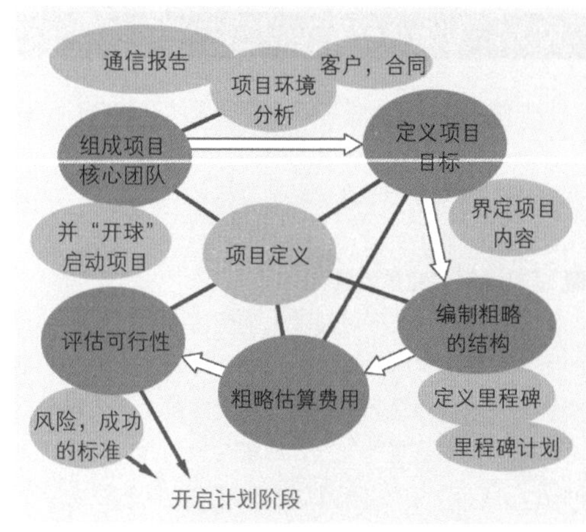

图3：定义阶段概览

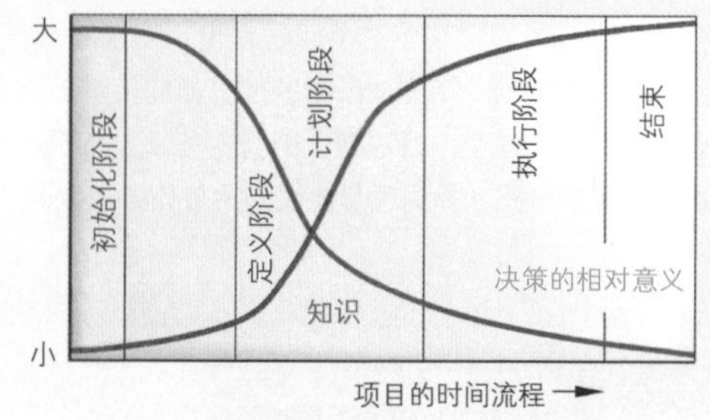

图4：决策的影响和项目知识

■ 组成项目核心团队

项目核心团队的组成应置于第一位并具有中心地位，因为定义阶段的其他范围将随着核心团队的建立才能成型。团队成员应根据项目范围分析尽可能是项目所涉所有范围的跨专业人才，借此构成项目适当的整体意义（图 1）。

在项目起重装置一例中可见，例如由于部件的购置、设计的预估、实际的转化和装配现场的变化等，均要求企业内部多个部门参加项目，或至少对项目表示兴趣。起重装置必要时或许还要求其他的安装位置或发货时的运输装备，因此也将涉及外部企业。

> 项目核心团队正确的成员应超过项目所涉所有范围，这将降低日后发生矛盾的潜在可能性。

项目环境分析也支持项目内和项目周边的通信组织和报告团队。它有助于回答一个重要问题：何人在何时如何向何人通报信息以及信息的内容?

在开场（“开球”）活动中，核心团队应介绍项目任务的信息，并启动下一步的工作。

■ 定义项目目标

在项目点子和初始化阶段草拟目标的基础上，必须把项目目标定义为项目结束时清晰描述的功能或状态（图 2）。项目目标描述的是内容性实体目标，时间目标的形式是规定的完成日期，成本目标是预算指标。为提前防止误解和多次投资，要求项目订单发出者对项目目标做出详尽解释。

> 项目目标的表述应尽可能专业，可检测，有吸引力，可实现并规定期限。

项目目标常由“核心目标”和若干内容具体的分目标组成。必要时还有一个有助于理解的关于目标层级和权重的结构性表述（图 3）。根据目标定义和目前附加的“非目标”定义，项目内容由项目订单发出者给予精确的和有约束力的界定。

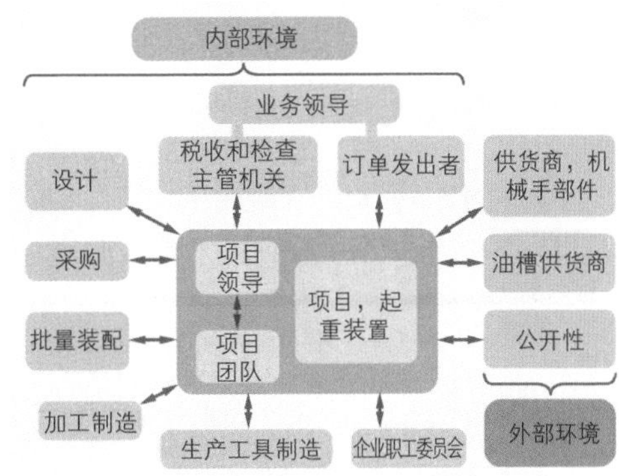

图 1：项目环境分析：起重装置

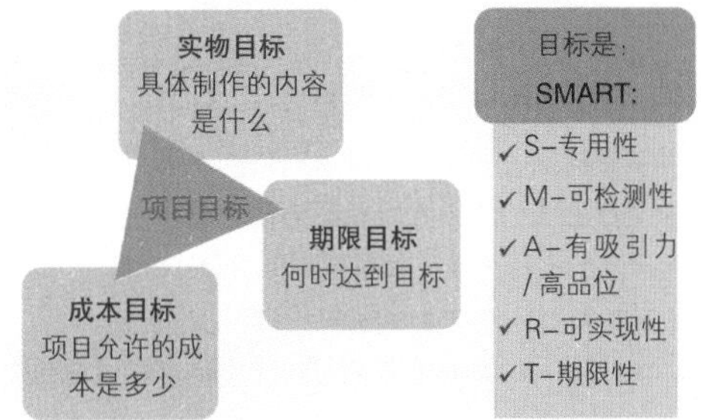

图 2：项目目标

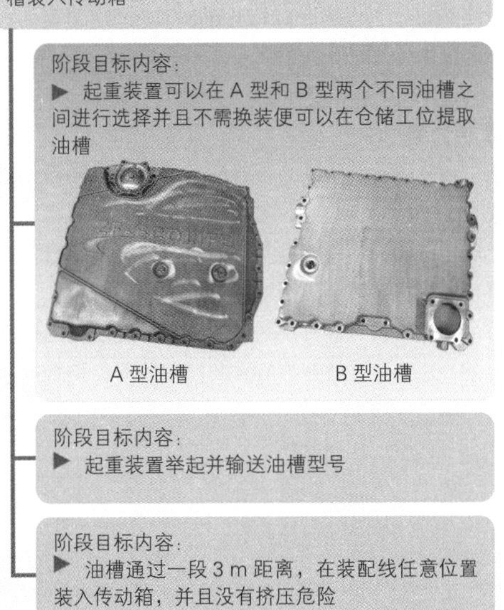

图 3：项目目标；举例节选

技术项目和项目研发时，在企业内部将目标定义解释为技术详单或要求清单，同时附带具体的目标指标，例如功能、规格、功效特性值、人体工程学和设计等。

在客户-供货商关系中，一般采用设计说明书和责任说明书的形式将这些订单解释建档入册。

> 在设计说明书中，对目标定义和项目内容尽可能从订单发出者的角度具体地、结构性地予以解释。
>
> 在责任说明书中说明订单接受者如何将项目变现。

■ **作为预研编制粗略结构并定义里程碑**

粗略结构涉及的是，根据项目的规模和复杂程度为所有参加者做出概览性结构设计，并借此使项目处于可掌控状态。粗略结构展示项目的整体范围和已划分的主要组成部分，并以概览的形式展示主要部分与整体范围的隶属关系。该结构可以对象、功能为导向，以流程为导向，或混合多种形式（图1和图2）。

重要的中间阶段成果和中间阶段决策定义为里程碑，并设定粗略的，临时的期限（表1）。

■ **粗略预估费用**

其目的是关于项目总费用的第一个陈述（项目预算）。对此需由有经验的员工和项目团队在项目目标、粗略结构、里程碑计划和经验数值的基础上预估有关所有成本类型的预期费用。

■ **评估可行性**

通过评估可行性为项目的继续执行准备做出重要决策。将迄今为止所收集的所有信息与项目目标进行比较。必须回答的问题是，是否能够把项目目标与可供使用的资源转换成为规定时间内的现有资源。以独特的眼光看待可能出现的苛刻要素，即所谓的成功的标准，这些也能够开启后续的计划阶段，例如起重装置一例。

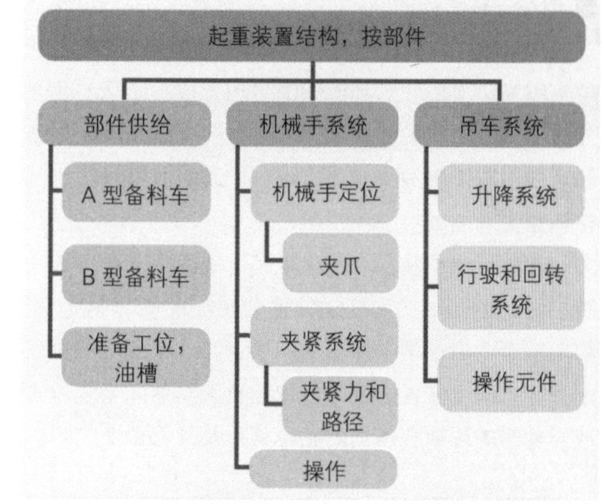

图1：粗略结构（以对象和功能为导向）

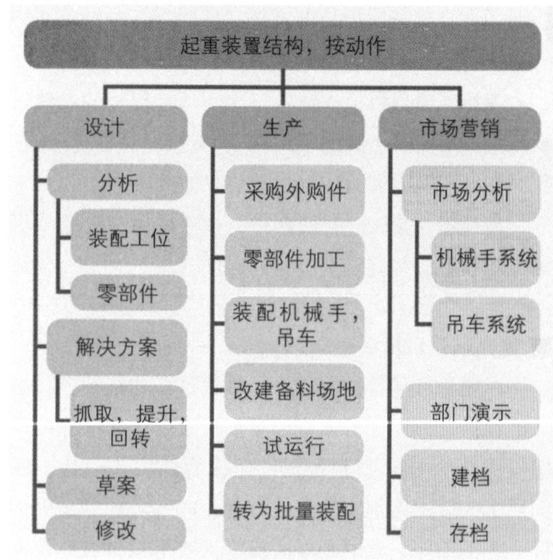

图2：粗略结构（以流程为导向）

表1：起重装置项目的里程碑计划

序号	里程碑	时间期限	
		计划	实际
1	提出项目订单	4月16日	4月16日
2	编制项目计划和粗略计划	4月19日	4月18日
3	结束市场分析	5月3日	5月8日
4	确定解决方案	5月16日	...
5	预计机械手和吊车起重系统安装完毕	5月28日	...
6	装配起重装置并转为批量装配	6月4日	...
7	项目建档，编制结束报告并存档	6月7日	...

10.3.3 方案研发的规划阶段

10.3.3.1 计划建立项目组织

根据项目而组建的项目组织由项目发出者、项目领导和核心团队组成，该组织必须至少在项目规划阶段开始时与企业组织进行协调。尤其是与普通线性组织的定位和合作必须予以解释，因为各方均需使用共同的资源。对组织和角色必须予以定义并作明晰的界定（图 1）。为减轻订单发出者的负担，一般都成立一个控制小组，亦称项目委员会或领导委员会，作为附加的决策小组。其任务是控制单个项目或控制多个同时进行的项目。根据项目范围的大小，可要求建立分项目团队，促进总计划的拟定。项目领导负责项目总体计划的进展。

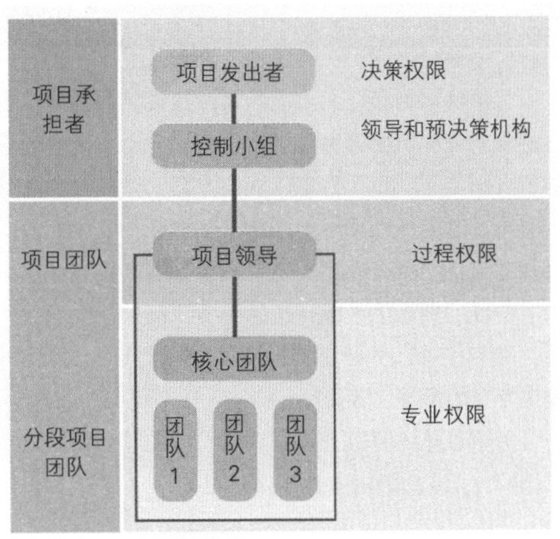

图 1：理想的、典型的项目组织

10.3.3.2 项目规划概览

在项目规划阶段研发出项目总体规划草案，其细节应到达可成熟执行的计划程度，为项目后续阶段的实现做出准备。

根据“由粗到细”的原则，在规划阶段编制的计划应越来越细致，并作检查性调整。

> 项目规划以及项目控制领导和日后的实现包括项目必须达到的三个目标量：质量（结果）、时间（时长、期限）和成本（费用、资源）。

在这三个量的应力场，又称项目目标的魔法三角，其中任何一个量的变化均直接影响另外两个量（图 2）。

与内容发展和总计划结构平行的是所有项目重要范围规划的细化和扩展（图 3）。规划行动的核心内容和项目的持续展开就是项目计划（见 633 页图 2）。这里汇聚规划的所有重要范围。如果多个项目同时执行，它便构成日后项目控制和项目跨界规划的基础。

图 2：项目目标的“魔法三角”

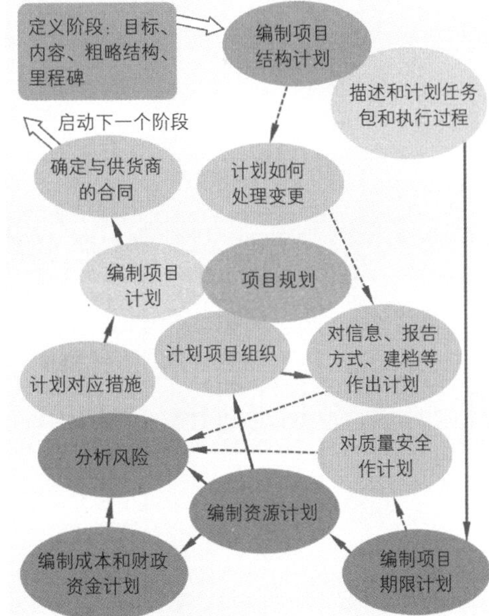

图 3：项目规划纵览

10.3.3.3 总体方案的内容研发和项目结构

与粗略结构和定义阶段的目标预设相关的是，现在必须充分利用项目参与者的主创性，用于研发项目中所有细节问题和项目总体解决方案，以及解决方案的改型。这里可以采用不同的，例如受头脑风暴法或心智图支持的创造性技巧。下一步是对已找到的解决方案的改型做出尽可能合理的评估，例如根据效率分析，确定并执行用于分段任务或总体任务的待转化的解决方案的草案（表 1）。

与项目总体解决方案同时进行的是项目结构（项目结构计划）的细化和具体化（图 1）。

表 1：起重设备的效率分析

评判标准 / 具体目标		改型 1		改型 2	
必须达成的目标，作为细分标准的要求		信息	满足条件	信息	满足条件
采购成本<4000 €		1800 €	是	2700 €	是
起重力，最小 1000 N		3500 N	是	3200 N	是
最小行驶距离3 m×1.5 m		R=4 m	是	3.2×2	是
愿望目标，优化评判标准	重量 G	价值 W 最大 5	G×W	价值 W 最大 5	G×W
低成本	3	3	9	2	6
低噪声	1	4	4	4	4
高稳定性	4	4	16	5	20
外形轮廓流畅	8	4	32	2	16
行驶轻便	2	2	4	3	6
总效率(∑G×W, 最大90)		∑	65	∑	52
目标达成度，单位：%			72		58
改型 1：墙装回转吊车，配装电动链式滑车组					
改型 2：门式吊车，配装电动钢索滑车组					

在项目结构计划中将整个项目划分为可计划和可检查的任务包，并完整地、成体系地予以表述。

编制项目结构计划时有两个实用的、但不同的方法。

细分法：研究粗略结构，然后细分项目，直至项目的所有部分均纳入细分的任务包之内为止。

合成法：借助创造性方法汇集项目所有的任务包，根据对其相互关系的分析，编制一个项目结构。

项目结构计划也用于项目参与者的定向，并有助于降低项目执行中意外出现的扩展或变化的风险。任务包表述的是项目结构计划中的最小单元，但又可以包括多个行动和过程。任务包描述以及必要时的任务包执行过程描述应确定：做什么、完成期限、必须采用哪些资源等内容。

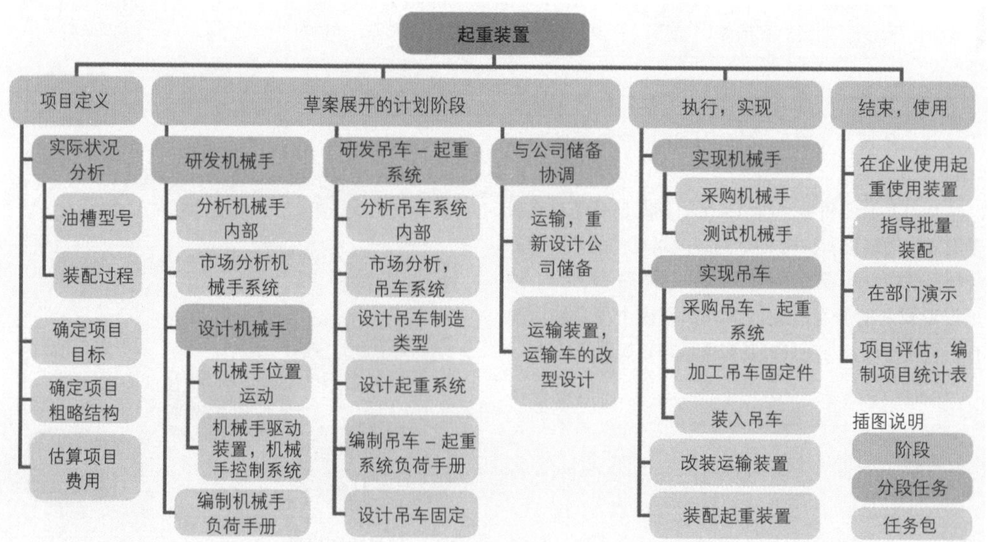

图 1：起重装置项目结构计划（细分法）

10.3.3.4　期限规划和流程规划

将以内容和目标为定向的规划列入项目结构计划之后，现在必须编制时间和期限流程。项目结构计划中所有的任务包均作为过程列入期限计划中计划要求的工作时间，并理清各个过程之间不同的关系（表 1）。同时，插入计划中的里程碑（MS），将项目结构计划中的结构集中组成全部过程（图 1）。期限计划后续的具体行动必须根据人员日程情况（例如工作时数、工作天数、无工作天数、休假计划等）尽可能准确地列入工作日历。通过条状图（甘特图）可清晰显示项目的时间流程。每一个过程的持续时间均可由相应的条块表示（图 1）。由此产生的项目流程计划没有包括资源状况，但已制定出首批非常不完美的日程期限核算（图 2）。

表 1：过程之间的关系类型

关系类型	缩略记号	描述
结束 – 开始	E–A	第二个过程可以开始之前，第一个过程必须已经结束。必要时使用间隔
开始 – 开始	A–A	两个过程同时开始，必要时使用一个间隔
结束 – 结束	E–E	两个过程同时结束，必要时使用一个间隔
开始 – 结束	A–E	第二个过程可以结束之前，第一个过程必须已经开始

	过程名称	持续时长 (h)
1	MS0：发布项目订单	0 S
2	⊟ 项目定义	19 S
3	⊟ 实际状况分析	6 S
4	分析油槽类型	6 S
5	分析装配过程	2 S
6	确定项目目标	6 S
7	确定粗略结构	3 S
8	预估项目费用	4 S
9	MS1：编制项目定义和粗略规划	0 S

装配，4 月 16 日　装配，4月18日
16.04　18.04
里程碑 ♦　总过程，阶段　过程

图 1：项目流程计划中的结构图

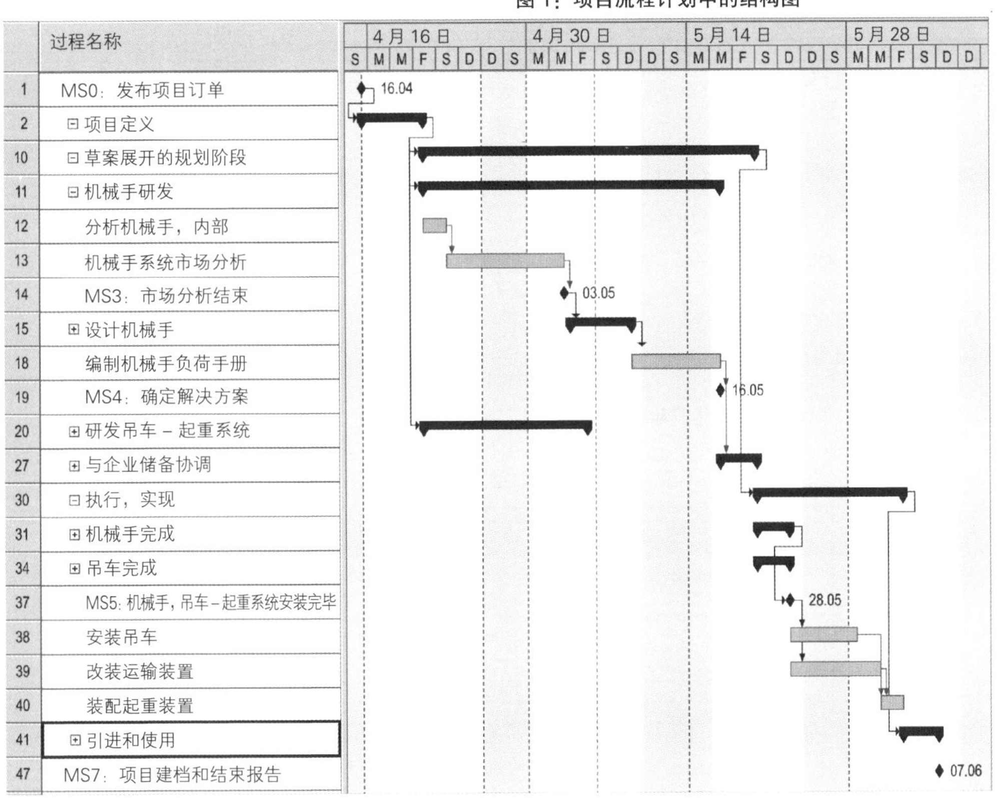

图 2：未考虑资源状况的项目计划（项目流程计划）

10.3.3.5　资源和成本规划

资源规划以采集所需以及可供使用的资源为开始，例如员工、自制件、外购件和机床等（表 1）。接着，将这些资源按预估分配给项目计划中的各个任务包（过程）（图 1）。这个分配可超越项目流程，与落实到各任务包的成本与财政资金一起进行组合，核查并尽可能优化计划（图 2）。通过项目流程来合计（累计）所有资源的成本，便产生成本曲线（图 3）。

表 1："起重装置"项目的定义和资源采集（节选）

序号	资源名称	种类	最大单位	收费率 €/h	支付日期
1	设计人员	工作	500%	55.00	分摊
2	装配领导	工作	100%	55.00	分摊
3	部门领导	工作	100%	60.00	分摊
4	采购人员	工作	100%	50.00	分摊
…	…				
	机械手	材料		8000.00	结束时
	吊车，起重装置	材料		3000.00	结束时
	吊车固定	材料		300.00	分摊
	运输装置	材料		500.00	结束时

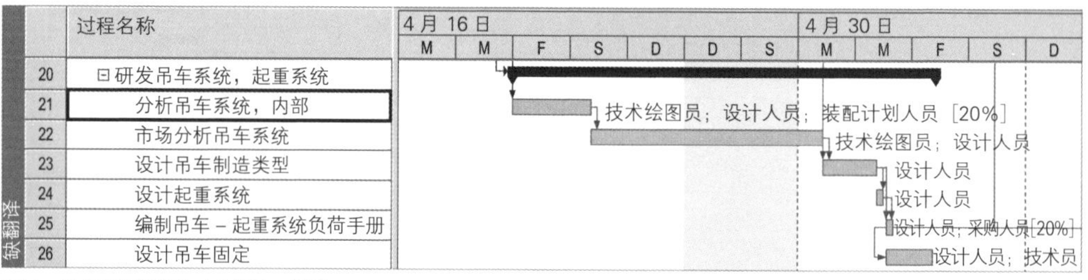

图 1：资源分配到各个过程（节选）

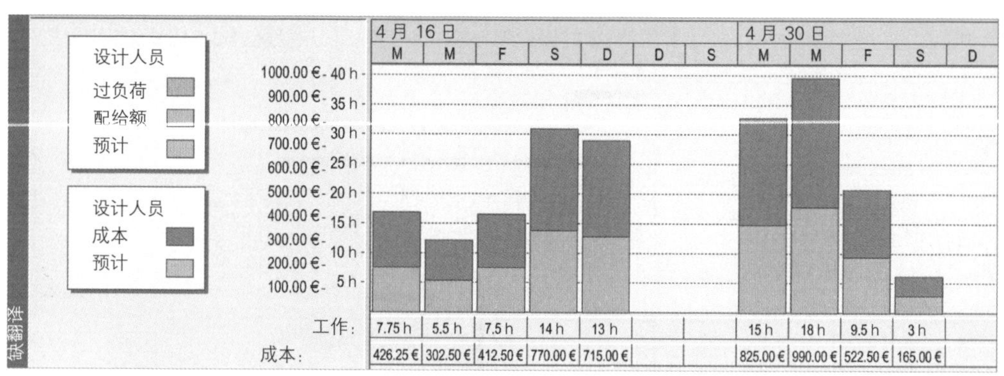

图 2：单个资源：设计人员，配给额和成本（节选）

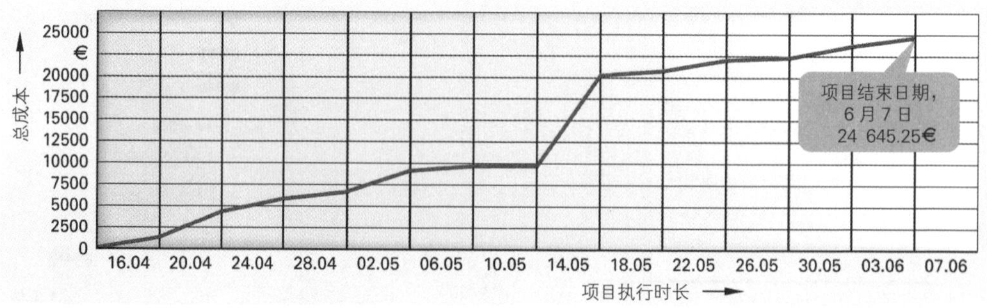

图 3：起重装置项目计划总成本的成本曲线

10.3.3.6　项目风险的分析与处理

由于项目的一次性和复杂性使得项目难以避免风险和不确定性。这些因素可能敏感地干扰项目流程，并对项目的成功构成威胁。在项目规划框架内必须识别和分析这些干扰因素，采取相应措施或计划针对风险的进一步处理措施（图 1）。

风险识别的目的是，凭借经验和主创性找出所有对项目成功构成的可设想的危险。对此应有尽可能多的项目参与者加入其中，在项目结构计划中列举出可能的风险。咨询专家，借助检查表，借鉴其他项目的经验，等等，均有助于找出风险的所在。

典型的项目风险，例如

- 过于优化的时间规划和成本规划；
- 因疾病、辞职造成重要员工缺勤；
- 未遵守约定的期限；
- 团队成员之间出现纠纷；
- 缺乏领导层的支持；
- 缺乏产品潜在用户的接受；
- 技术可行性，例如有限的材料特性或制造规模；
- 法律风险，例如产品责任。

风险分析时需评估汇总的所有风险，并在风险报告（一揽子风险）中予以分级（图 2）。如果一个风险涉及下列两种特性，它始终是“高”风险：

- 风险出现概率高；
- 风险出现后的影响大（影响范围，最大损失）。

风险高度 = 风险出现概率 × 影响

分析产品风险时也可以采用质量管理的方法，如原因-效果-曲线图和 ABC 分析法（见 75 和 76 页）。采用缺陷可能性分析和影响分析（FMEA）可以在概率和影响之外还附加考虑一个风险或缺陷的发现概率。

控制风险的措施既可降低进入风险的概率，也可以降低风险出现的影响。有目的的预防措施和计划中的应急措施和危机措施在这里均同样是典型的风险处理手段（表 1）。

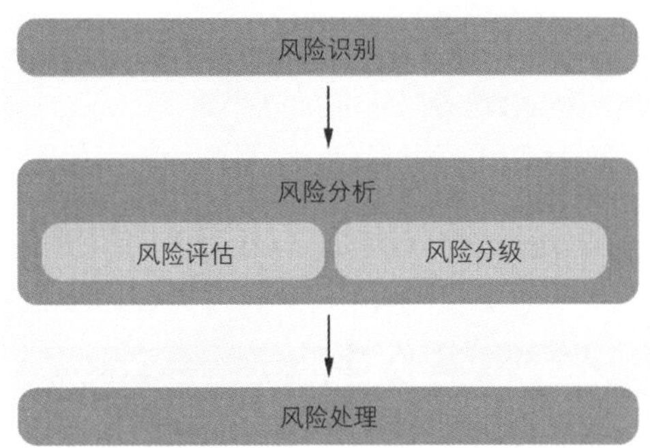

图 1：风险管理

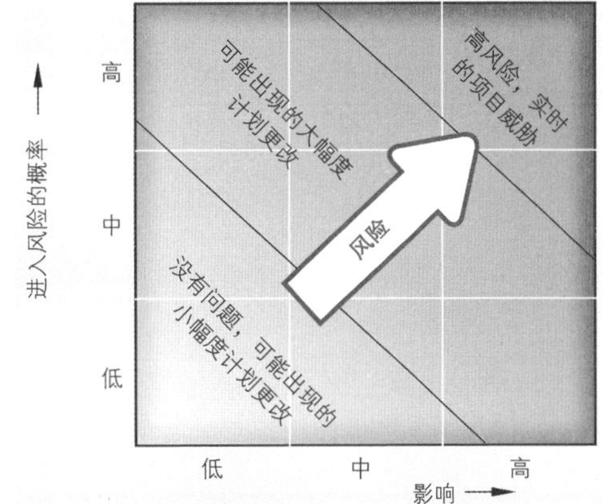

图 2：风险概览（一揽子风险）

表 1：风险处理，问题和范围	
避免	如何才能避免或排除风险 研发避免风险的解决方案
减少	如何才能降低、减轻风险 利用改善的潜能，研发选项
转嫁	如何才能将风险转嫁到别处 合同调整（例如限制保证），保险，协商违约金
有意识地承担	如何才能承担风险 组建准备金，对风险建档，联系

10.3.4 实现项目的执行阶段

项目的执行和实现以完成各个具体任务包为开端。作为上级管理任务，项目领导在项目执行阶段负责对项目的监视和控制（图 1）。项目控制（Projektcontrolling）一词指为使项目实际流程与事先规划协调一致所采取的所有措施。项目控制在一个不断循环的范围内周期性进行（图 2）。

项目控制的预设步骤

- 根据正在执行的任务包采集实际数据。
- 对照规划分析和评估实际数据。
- 作为反应，在出现计划偏差时定义控制措施。

■ 采集实际数据

项目控制涉及项目规划的所有范围（见 631 页图 3），并在完成目标、日期期限、资源和项目风险等范围内采集实际数据。

在所有的实际数据中需注意两个问题：一是“迄今为止发生了什么事情？”例如“哪些费用已经使用？”及“如何完成尚未完成的工作？”二是一个任务包预先确定的期限。

对于项目的有效控制而言，关于项目后续流程的问题比关于项目前期的问题更为重要。

撰写报告的一个重要特性数字是项目任务的完成度（图 3）。它描述的是一个任务的完成进度。

■ 分析实际数据

根据规划对已采集的实际数据进行确认。其目的是：找出因具体情况更动后的项目流程与已计划的项目流程相比，是否和在多大程度上做出了更动。

设定数据/实际数据对比指将原始规划（设定）与目前情况（实际）进行对比，从而使两者之间的偏差透明化。为使对比可视化，最好采用相应的规划工具，例如条状图（图 4）或成本曲线（图 5）。

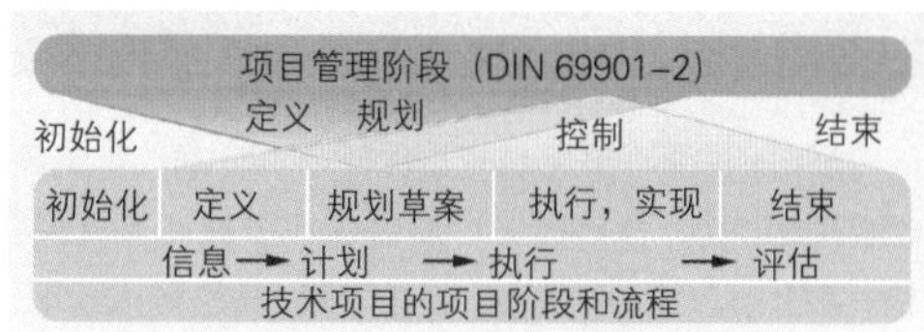

图 1：对具体执行阶段的高级控制阶段

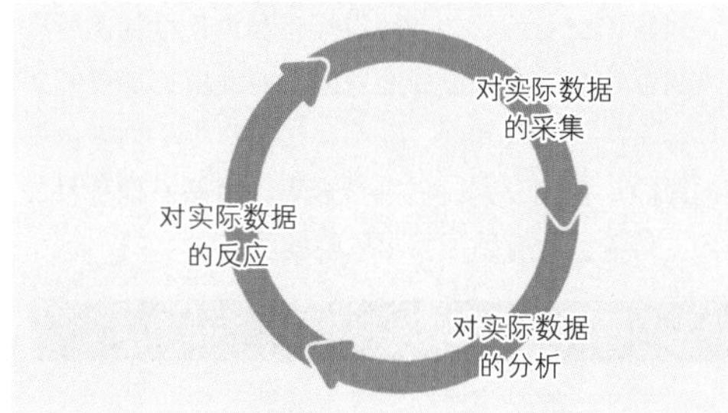

图 2：项目控制方法

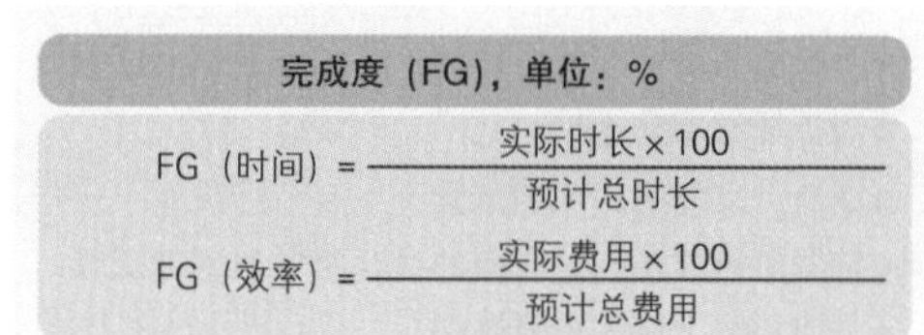

$$\text{FG（时间）}=\frac{\text{实际时长}\times 100}{\text{预计总时长}}$$

$$\text{FG（效率）}=\frac{\text{实际费用}\times 100}{\text{预计总费用}}$$

图 3：完成度的定义

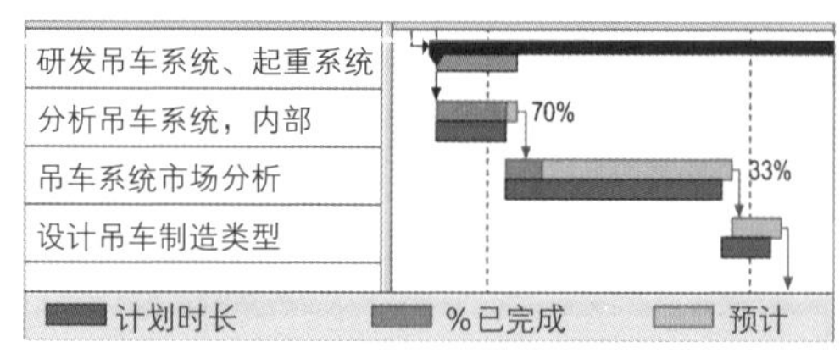

图 4：项目流程的计划数据/实际数据对比（起重装置项目节选）

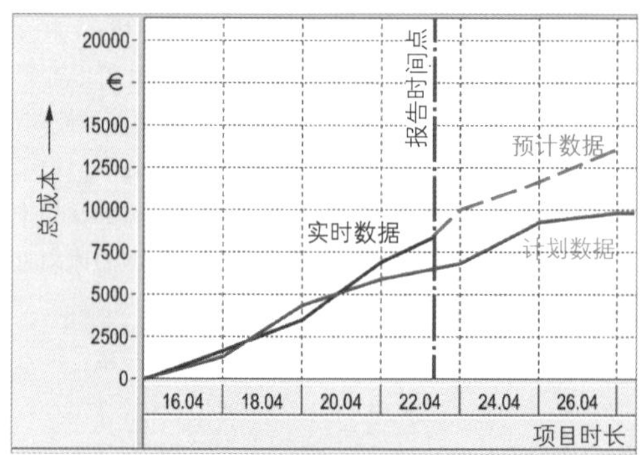

图 5：项目成本的计划数据/实际数据对比（起重装置项目节选）

较大项目中计划数据/实际数据对比的一个特殊改型是里程碑-趋势-分析（图 1）。该分析采用图示形式简单且一目了然地表明，与原始计划的项目流程里程碑期限相比，出现了哪些时间推移。里程碑期限列入垂直方向。在水平方向标记的报告时间点处标出必要时已修改的里程碑期限，由此对每一个里程碑均产生一个“趋势曲线”。如果将这些更动建档并做出解释，将会自动生成一个最重要的计划更动文档。

> 里程碑 – 趋势 – 分析以概览方式图解说明项目流程趋势，因此特别适用于项目状态报告和演示。

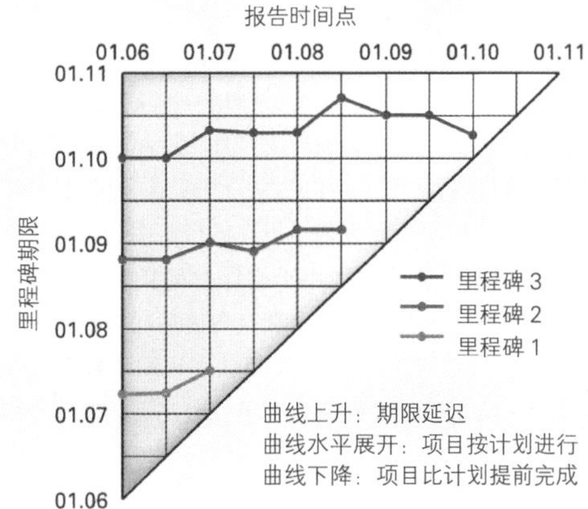

图 1：里程碑-趋势-分析

■ 定义控制措施

在实际数据分析时，如果发现项目继续展开后在期限、成本、费用或产品质量等方面可能出现的问题，必须采用对应措施（表 1）。但是，对应措施的选择和确定需根据其成本和效果进行判断和相互之间的比较权衡。

表 1：控制措施

问题	可能的对应措施
期限延迟	将计划期限规定的过程执行时间缩短，其措施如下： ●提高可供使用的生产能力（加班，委托外部企业……） ●提高效率（专业培训，专家……） ●降低任务规模 ●修改顺序（叠加，平行运行……） ●推迟期限
费用或成本超支	任务展开时提高效率（更为经济的解决方案……） 降低完成量，例如舍弃方案，项目的全部功能在日后的扩展阶段才能完全实现

■ 项目的实现

在项目阶段作为结构研发并在各个具体任务包执行过程中草拟和制定的解决方案在最广泛的意义上予以引进和执行。

在起重装置这个项目上，其起点是用于油槽的、悬挂在常见起重吊车系统上的机械式机械手系统。但在详细拟定各个任务包草案过程中，同时出现两个分系统的人体工程学操作问题，成为一个项目风险。方案和项目流程必须在执行过程中予以调整。

解决方案拟采用吸盘，将油槽的抓取和提升联动，简单到能够单手操作（图 2）。悬挂在吊用装配工具的现有吊车系统的附加吊车轨道上，可完成吊装所要求的回转和行驶任务。但仓储工位上油槽的运输和准备却因此必须更改计划，所有的油槽应平躺叠放，便于提取。

图 2：起重装置项目中的吸盘

执行实现阶段的典型工作是零部件的制造，例如油槽运输装置。外购件，例如附加的吊车轨道，必须征询报价，对比，订货。对于项目特别重要且苛求的零部件，例如吸盘，必须事先对其功能和特性进行测试（图 1）。自制件和外购件统一装配成为起重装置，并装入传动箱的装配设备，投入运行。在文档框架内编制操作说明书，例如用于指导批量装配的装配标准。用户通过入门指导或培训具备使用起重装置进行生产的能力（图 2）。还需编制和编程用于控制任务的软件。在制造过程范围内，必要时还需制造一个零批量。

图 1：吸盘测试展示

10.3.5 项目结束

验收时检查是否已如约达到项目目标。如果宣布验收，并将验收纪要建档留存，表明项目已经结束。特殊情况下可通过项目中断达成项目结束。项目结束是一个项目的官方结束点。为使项目结束后不再出现项目费用，例如追加要求，所有与项目前后相关的且已结束的合同必须结束。已生产产品的后续维护必须调整。例如起重装置的后续维护将移交给装配车间负责。通过复核求出项目的企业管理成果。详细的项目结束报告被视为项目结束会议的基础。在项目结束会议的框架内可对项目进行报告演示，在全体项目参与者范围内讨论对项目的实质性认识以及适宜的措施，并作纪要（表 1）。

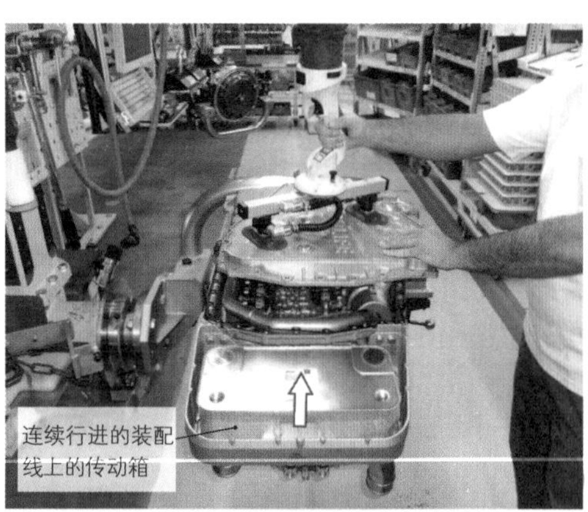

图 2：使用起重装置进行油槽装配

> 复核，项目结束报告和项目结束会议纪要均用作经验保证。如果从已结束项目中汲取错误教训，未来的项目将会运作得更好。

紧张的、常常是充满压力的、目前仍争论不断的项目工作结束后，对项目参与者的业绩做出适当的评估赞赏，对于员工长期工作而言，满意度是必要的。在项目组织解散和项目成员启动新项目之前，相互之间所产生的隔阂必须予以“黏合”。

表 1：项目结束会议议题

1. 报告客户满意度，必要时直接由订单发出者做此报告
2. 回顾（反映和反馈）
   哪些是好的
   哪些是欠缺的
   已达成哪些项目目标，哪些未达成，哪些超标
3. 认可和批评
4. 未来项目的经验保证
   从项目流程中可以学到什么
   避免重复犯错的措施
5. 项目成员在新任务领域的超越
6. 项目结束的信息
   谁得到项目结束报告
   向谁通报项目结束
7. 结束庆典

10.4　项目工作中已改变的工作模式

采用将项目阶段依序排列的传统项目方案处理一个项目，在实际应用时已不总是行之有效的工作方式。项目阶段模式的延伸发展和处理模式的多种选项已使项目工作在应用方面呈现出多样性。

■ 阶段重叠的项目方案（同步工程）

项目展开越来越快的要求迫使项目流程的部分平行化（图1）。将多阶段重叠的部分平行处理方式在许多项目中已或多或少地成为常态，但却提高了因项目领导而产生的管理费用和风险，例如因预设条件的改变和平行决策导致的无效工作费用的风险。

■ 使用样板工作（样机制造）

用相对较少的费用制造零件或部件的“样机”。这种做法可对已计划的方案做出更好的判断，也适合进行必要的测试。没有任何项目阶段会因此显得多余。规划和执行近似于解决方案的多次重复。通过样机可发现项目参与者过快地固守这个解决方案的危险，也可发现客户因样机而失去耐心的危险。

■ 版本方案（螺旋模式）

与样机制造类似的是使用户尽可能快地试用第一个例如自动化程度较低的版本。参照正在运行的企业经验，在多个版本中细化其中之一，或例如进一步自动化。由于这种方法采用循环进行的方式，所以又称螺旋模式（图2）。

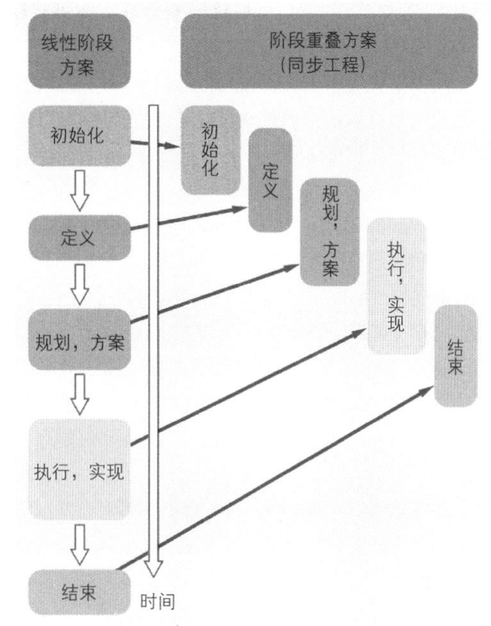

图 1：阶段重叠方案

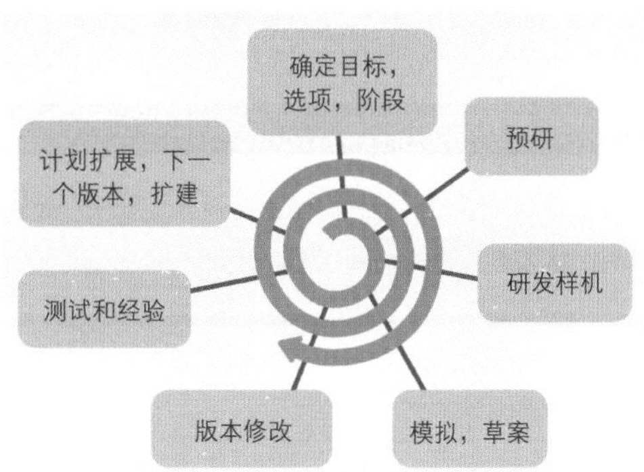

图 2：版本方案（螺旋模式）

本小节内容的复习和深化：

1. 为什么把复杂的任务立项作为项目进行组织?
2. 请您列举项目的五个特征。
3. 哪些处理步骤属于完整的专业的处理?
4. 为什么初始化阶段又称为设计草图?
5. 请您列举五个在定义阶段必须予以解释的重要的项目范围。
6. 项目目标表述时需注意什么?
7. 如何在项目规划时考虑内容、时间和成本等要素?
8. 如何才能委婉表述“高”风险?
9. 在哪些步骤实施项目控制?
10. 如何进行结构化和富有意义的项目结束?

10.5 文档和技术资料

技术项目、运行流程和过程等，一般均需建档，就是说，将可供使用的信息留存日后可资继续利用。根据利益情况和目标群划分文档的类型，例如一个客户需要的文档不含企业内部信息。那么，按照 VDI 4500（Verein Deutscher Ingenieure，“德意志工程师协会”的德语缩写，在这里是一种标准）分为内部文档和外部文档（图 1）。

内部文档：它包括产品专用技术资料的所有档案，例如供货资料、责任手册、测试报告、技术图纸、加工资料或维修和保养指南（表 1）。这些资料可以在企业中心存档，也可以在专业技术部门存档（图 1）。

外部文档：外部文档的目标群是那些需要详细了解产品安全试运行、使用、保养和废物处理等信息的客户。法律规定的官方机构和可对比研究机构的证明同样属于外部文档。常见的通用文档形式是，例如使用说明书、安全提示、装配说明、简要说明和保养图（表 1）。这类文档一般采用多种语言编写。

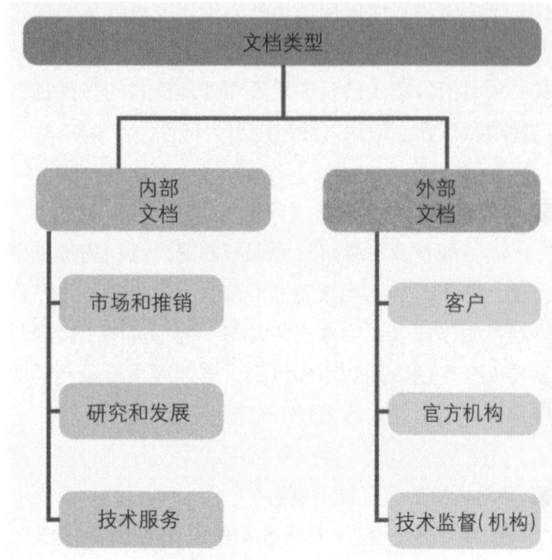

图 1：内部文档和外部文档

表 1：文档类型（举例）

文档类型	举例
内部文档	供货资料 责任手册 测试报告 加工技术资料 技术图纸 维修技术资料 保养指南
外部文档	使用说明书 安全提示 装配说明 简要说明 保养图 操作说明书

技术资料和文档的制作

制作技术资料和文档时必须注意其完整性、可理解性、客观性、结构性和可溯源性。

> 技术文档如有缺失，可在造成损失的情况下向产品制造商追究责任。

技术文档和资料的类型和制作均按照接收者和文档制作者、文档制作动机和文档需求等多项要素进行。在美国范围内，对文档的要求依据是：例如 ANSI-Z535.1-6 标准系列（ANSI 为“美国国家标准学会”的英文缩写）。

10.5.2 说明

技术说明既可用于企业内部，亦可用于企业外部。说明内必须包含如何使用产品以及产品特性方面的信息。说明的文字表述必须明确易懂。其表述形式应是概览性的，简单的、具体应依照目标群的要求。说明常采用多种语言，由技术编辑撰写。技术说明有多种不同类型（见 641 表 1）。

操作说明书：它是说明书的最常见形式，又可称为使用说明书、使用指南或操作指南。操作说明书是产品的一个组成部分，属于技术文档，所以，其内容有误将被视为货物缺欠。操作说明书内容需按照标准(EN 82079，使用说明书的编制)、规范和法律予以确定，国与国之间各不相同。

操作说明书在购买产品时与产品一同发货。它允许有不同形式，例如手册、书籍、铭牌、胶片、刻录在光盘上的文件或在互联网上的应用链接。

装配说明：装配说明同样属于技术文档，如果产品在使用地点现场组装，要求提供装配说明。其形式常是表格式，由一个框架数据的标题和工作步骤列表组成（表 1）。其装配描述还需依据技术图纸。除纸质形式外，还可以转换为影视形式。

保养说明：保养说明内含产品制造商制定的产品保养规定（图 1）。

> 为保证产品的功能性和运行安全并保护制造商方面的保证权利，要求遵守保养图。

表 1：说明书内容

说明书	内容
操作说明书	安全提示 操作元器件说明（照片） 符合规定的使用 有效（经济地）使用的提示 保修条件 故障诊断提示 CE 认证标志 / 统一解释
装配说明	订单号 / 部件号 装配工作名称 期限 / 规定时间 图纸号 工作步骤 工具和检验装置 检验尺度和检验特性 规定时间
保养 / 维修说明	保养周期 措施，保养范围 辅助诊断 装配 / 拆卸方式 技术图纸

10.5.3　技术通信

除技术项目的文档之外，例如说明书、报告和指南等，技术图纸也是机械制造业中另一个重要的技术通信手段。它所包含的信息是关于工件、部件和全套系统的：

- 形状；
- 规格；
- 结构；
- 功能；
- 材料。

制作图纸时必须遵照相关标准、规范和企业标准。

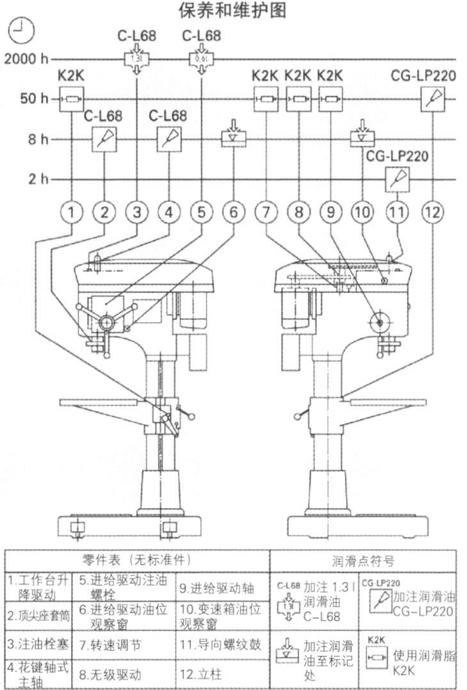

图 1：保养说明举例

标准和规范：编制标准的目的是用于制定可以例如反复使用的标准，或制造物品的标准。标准的制定建立在已确保的科学、技术和经验数值的基础之上，并采用已确立的标准化方法进行。标准以标准页形式公开发行。

> 标准均有一个标记名称，例如 DIN EN（表 1），一个标准编号和发布日期。

依据标记名称可以确定该标准的原始来源。如标准标记名称 DIN EN ISO 告诉我们，该标准同时是德国、欧盟和国际标准。

技术图纸：这种文档包含一个零件、一个部件或一个完整产品所要求的所有必需信息。技术图纸是技术文档资料的一个组成部分。技术图纸分多种不同类型和表达形式：

- 示意图（草图）；
- 单个零件图（又称：零件图）；
- 部件图；
- 功能组图；
- 爆炸图（又称：位置图）；
- 总图；
- CAD 模型；
- 照片；
- 零部件明细表。

示意图：示意图用于简单的单个零件加工或维修任务，用于支持口头解释，阐述某个想法或把某种状况制成技术资料。示意图通常是手工绘制，并且不严格按照比例绘制的图纸（图 1）。

零件图：零件图按比例尺寸表达一个不能继续拆分的零件（图 2），但不表达它与其他零件的空间位置关系。

表 1：标准

标准	解释
DIN	德国标准（DIN= 德国工业标准）
DIN EN	以德国标准为基础的欧盟标准
DIN ISO	以德国标准为基础的国际标准
DIN EN ISO	包含未修改的国际标准并以德国标准为基础的欧盟标准

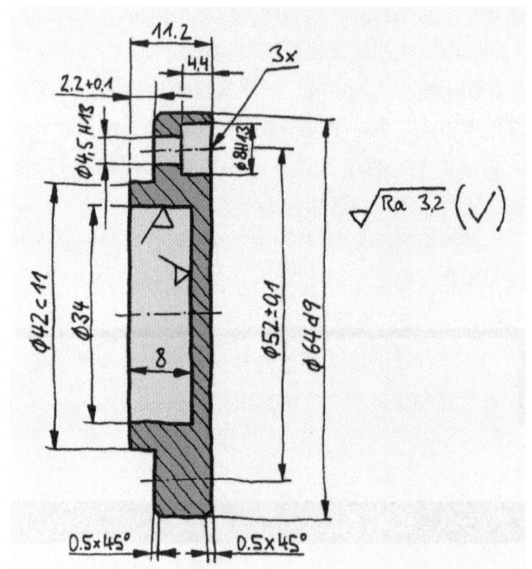

图 1：轴承盖的示意图

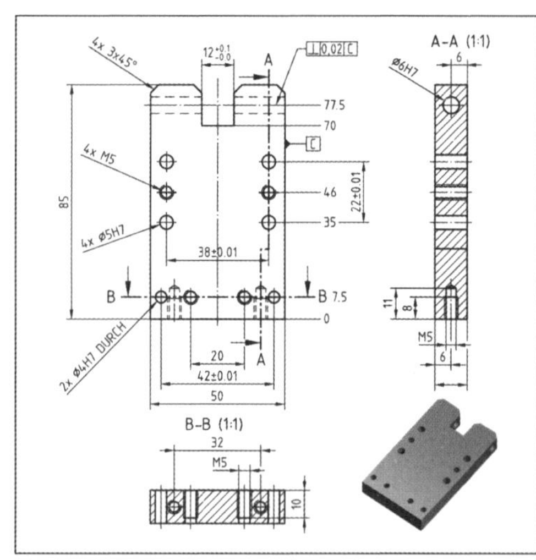

图 2：零件图

部件图：这类图纸显示一个部件的组装状态（图 1），并作为加工技术资料用于总装。

功能组图：功能组图显示各零件和部件之间功能上的所属关系和共同作用。

爆炸图：它将一个部件或产品的各个零件按装配顺序排列、分解，图示组成复杂部件的各个具体零件（图 2）。爆炸图又称位置图。

爆炸图的特征

- 按装配顺序显示各个零件的相互位置；
- 一个产品的三维图示法（例如等轴测投影法）；
- 零件的位置编号，必要时还有缩写名称；
- 不需要特殊的专业知识即可读懂。

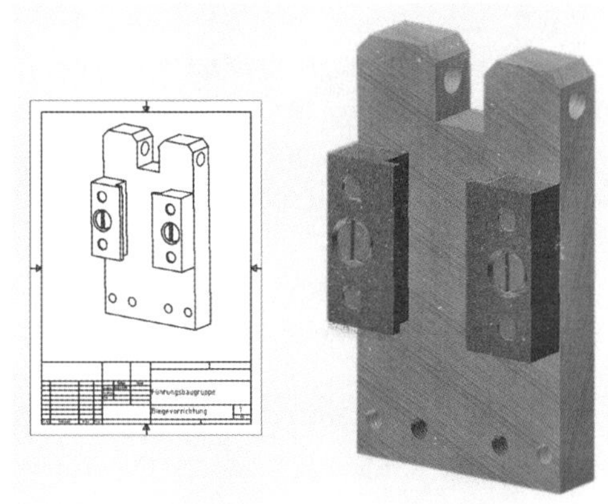

图 1：部件图和所属的三维模型

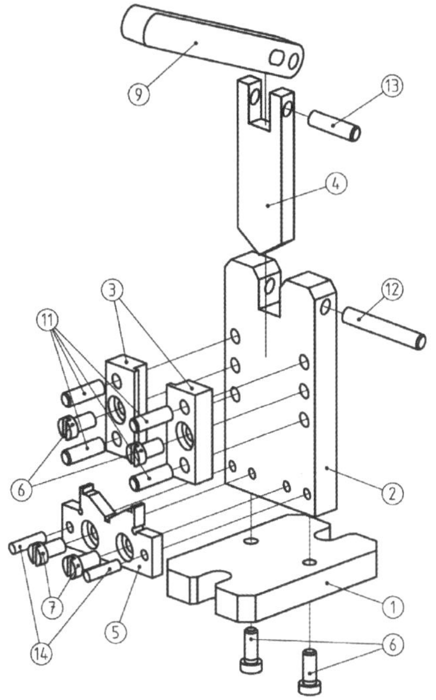

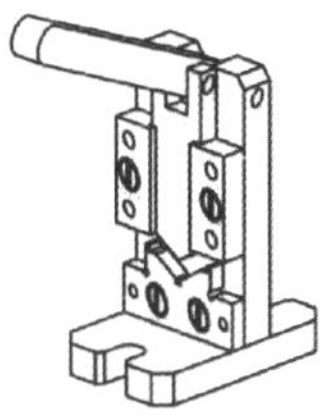

压板			
位置号	数量	零件号	描述
14	2	ISO 2338 - 4 h8 x 18	圆柱螺钉
13	1	ISO 2338 - 5 h8 x 24	圆柱螺钉
12	1	ISO 2338 - 6 h8 x 45	圆柱螺钉
11	4	ISO 2338 - 5 h8 x 20	圆柱螺钉
10	1	折弯的电池触点	
9	1	06 杆	
8	4	折弯的电池触点	
7	2	ISO 1207 - M5 x 8	开槽圆柱螺钉
6	4	ISO 1207 - M5 x 12	开槽圆柱螺钉
5	1	05 U 型件	
4	1	04 滑块	
3	2	03 导板	
2	1	02 支板	
1	1	01 底板	

弯曲工装

图 2：爆炸图及其零部件明细表

总图：总图按比例显示一台机器、一台仪器、一个部件或一台设备在总装状态下所有零件的空间位置和共同作用关系（图 1）。图中可辨识所示产品的结构和功能，以及各零件的共同作用关系。此类图用作加工技术资料。总图具有下列特征：

- 显示总装状态；
- 图示采用标准化比例尺；
- 视图表达法（与零件图相同）；
- 图示位置编号；
- 一般不标出尺寸。

CAD 模型：如今新产品设计时均采用 CAD 软件（Computer-Aided Design，“计算机辅助设计”的英文缩写）制作三维立体模型（图 2）。加工制造所需数据，例如零件图、总图、零部件明细表和零件加工数据等，均可从 CAD 模型中导出。

CAD的优点

- 节约成本；
- 提高生产率；
- 提高灵活性；
- 对产品进行更快的更正。

可以给 CAD 模型配加专用的材料特性，例如密度、热膨胀系数和抗拉强度等。借此可使 CAD 模型适用于采用 FEM（Finite-Elemente-Methode，“有限元计算法”的英语缩写）进行分析，计算质量和力（图 4）。采用快速原型制造法（例如 3D 打印）可在极短时间内用 CAD 模型制造出原型样机。

照片：照片用于（产品广告）目录和杂志。除各零件的空间排列位置和共同作用关系外，照片还可以显示环境状况（背景）和产品颜色（图 3）。

图 3：三角皮带安装状况照片

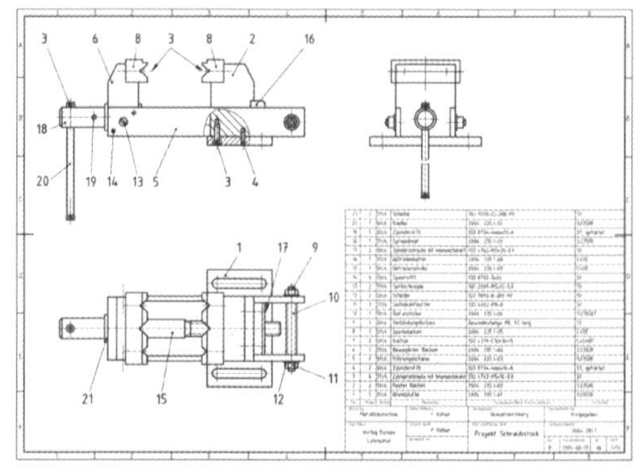

图 1：总图及其零部件明细表

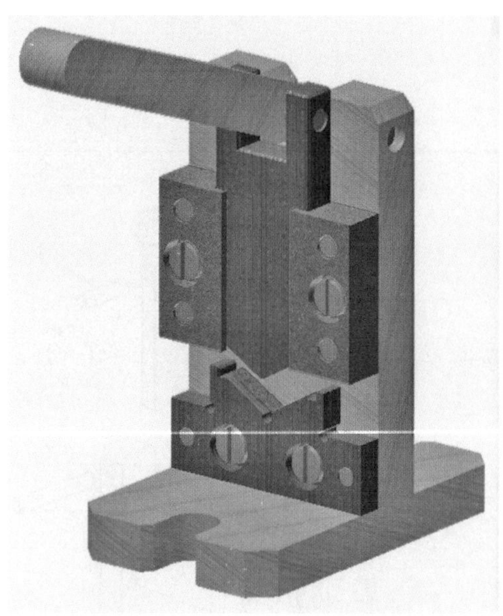

图 2：CAD 模型

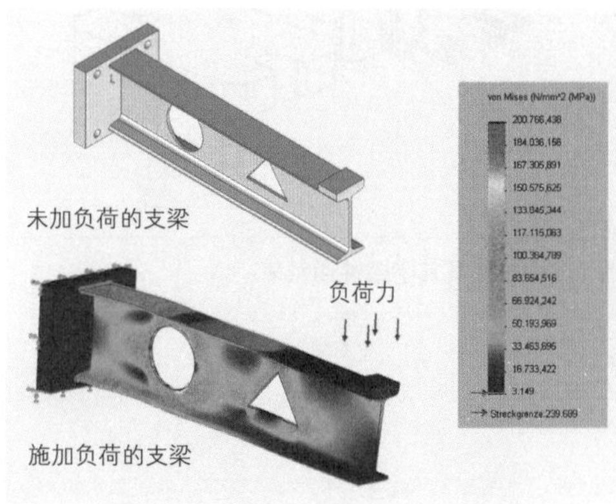

图 4：采用 FEM（有限元计算法）的负荷模拟图

零部件明细表：零部件明细表列出制造一个图示零部件上游产品所需的零件、部件及其材料。零部件明细表的使用范围是加工规划、材料要求和成本计算。零部件明细表还借助零件位置编号为每个零件配属各种信息(图1)。

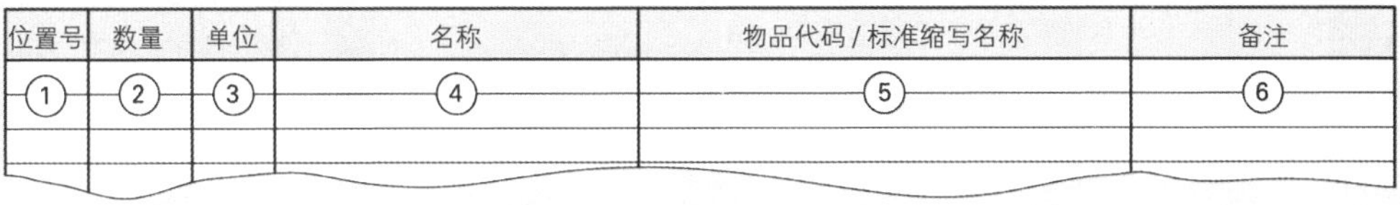

位置号	数量	单位	名称	物品代码/标准缩写名称	备注
①	②	③	④	⑤	⑥

① 位置号：零件编号

② 数量：批量，件数

③ 单位：尺寸单位，例如：件

④ 名称：零件名称

⑤ 物品代码/标准缩写名称：按照标准的缩写名称

⑥ 备注：例如材料数据

图1：零部件明细表的结构

在爆炸图和总图中可以查到零部件明细表中所列的各个零件的位置号。零部件明细表直接标在较小的图纸上（见644页图1），但范围较大的设计图则将零部件明细表分列在另一页。按照可能性，首先列出自制件，然后是标准件，最后是外购件。零部件明细表可根据其使用范围（表1）或根据其形状和结构划分。

根据零部件明细表结构进行划分

- 数量概览型零部件明细表；
- 结构型零部件明细表；
- 组件型零部件明细表；
- 改型型零部件明细表。

如果企业内部针对某产品使用和存储多种零部件明细表，可能在系统内导致不一致。

关于产品结构的表达法，在标准DIN 199中定义了不同的概念：成品/产品，组件/部件，零件和单个零件（表2）。

表1：标准

零部件明细表名称	应用范围
研发零部件明细表 设计零部件明细表	设计
加工零部件明细表	加工制造
期限零部件明细表	工作准备
零件就绪状态零部件明细表	仓储
购置零部件明细表 外购零部件明细表	外购
备件零部件明细表	客服

表2：产品划分概念

成品（E）/产品（P）	组件（G）/部件（B）	零件（T）	（单个）零件（E1）
通过加工产生的，具有使用功能的物品称为成品。同时也可以使用其他名称如产品、货品或货物	组件至少由两个零件组成，或较低级别的组件。在产品范围内一个组件可满足一个或多个非独立功能，并且必须非强制性地自成一体（装配）	零件是一个物品，在使用者眼中已不能再分割。其标志性特征由名称而来，例如备件、毛坯件	单个零件是一个不能无破坏地继续分解的零件

零部件明细表的类型：零部件明细表可根据外形和结构进行划分。结构型零部件明细表的划分标准是产品可分解为多层级的成品结构（图 1）。图 1 所示的产品结构划分出例如三个层级。根据需求的不同，从这个结构可分别制作出数量概览型零部件明细表、结构型零部件明细表、组件型零部件明细表或改型型零部件明细表。

数量概览型零部件明细表：此类表包含一个成品 E 各单个零件及其数量数据的列表，从该表无法辨识成品结构或（部）组件（表 1）。此类表适用于简单的、不复杂的产品。

结构型零部件明细表：除数量数据外，该表还包含成品 E 的划分（表 2）。划分列入分开的竖列中，零件的层级属性列入其中。

组件型零部件明细表：按层级观察一个成品，层级内每一个部件均列有一个独立的、升入上一层部件的明细表。图 1 所示成品包含三个用于部件的组件型零部件明细表和一个用于总品/产品的组件型零部件明细表（图 2）。它在表 3 是示范性表达法。借助 EDV（“电子数据处理”的德语缩写）可从结构型零部件明细表生成组件型零部件明细表。

改型型零部件明细表：此表用于在一个文档内对一个产品的多个改型实施管理。改型型零部件明细表的形式如下：

- +/–零部件明细表；
- 相同件/改型件明细表。

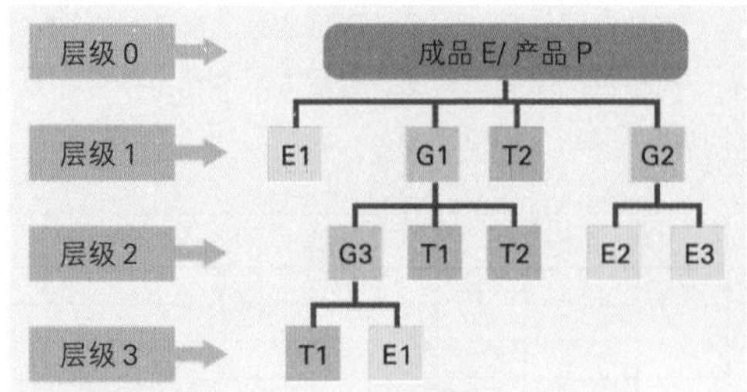

图 1：成品结构

表 1：数量概览性零部件明细表

位置号	数量	单位	名称
1	2	件	单个零件 E1
2	1	件	单个零件 E2
3	1	件	单个零件 E3
4	2	件	零件 T1
5	2	件	零件 T2

表 2：结构型零部件明细表

位置号	层级	数量	单位	名称
1	1	件	1	单个零件 E1
2	1	件	1	组件 G1
3	1	件	1	零件 T2
4	1	件	1	组件 G2
5	2	件	1	组件 G3
6	2	件	1	零件 T1
7	2	件	1	零件 T2
8	2	件	1	单个零件 E2
9	2	件	1	单个零件 E3
10	3	件	1	零件 T1
11	3	件	1	单个零件 E1

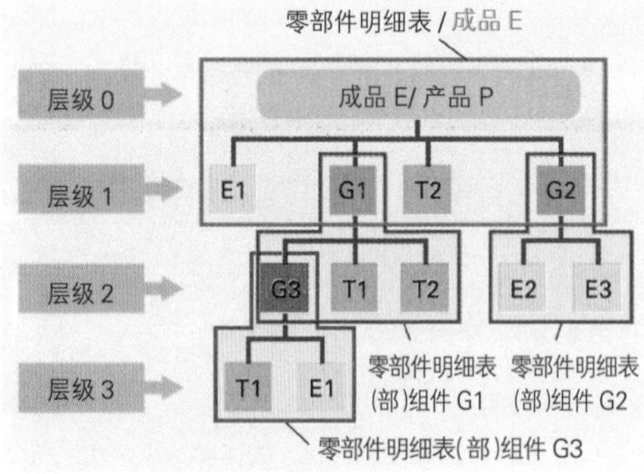

图 2：组件型零部件明细表的结构

表 3：成品/产品的组件型零部件明细表

位置号	数量	单位	名称
1	1	件	单个零件 E1
2	1	件	（部）组件 G1
3	1	件	零件 T2
4	1	件	（部）组件 G2

10.5.4 技术文档的办公室解决方案

技术项目的文档资料和演示资料的制作在当今几乎无一例外地借助软件通过数字途径予以实现。这里使用办公室解决方案，它至少包括文本处理、电子表格和演示软件。软件包范围内的程序布局是类似的(图 1)，目的是缩短不同程序的训练熟悉时间。其优点在于，软件包内的数据可毫无问题地来回输送。对此现有多种可能性可供使用：

- 无链接数据交换（Copy and Paste 拷贝和插入）；
- 嵌入对象（Object Embedding）；
- 有链接数据交换（Object Linking）。

文本处理：用于编制由文本、表格、图表和图像组成的文档。内容和关键词索引可以自动生成。文档范围内编制表格，粘贴外部图表，设置多列文本，自动为章节打标题，为表格和图像下标题编号，等等，均成为可能。

文本处理的优点

- 在结束时为文本编排格式；
- 可补充插入图表和图像；
- 自动降低编号错误至最低。

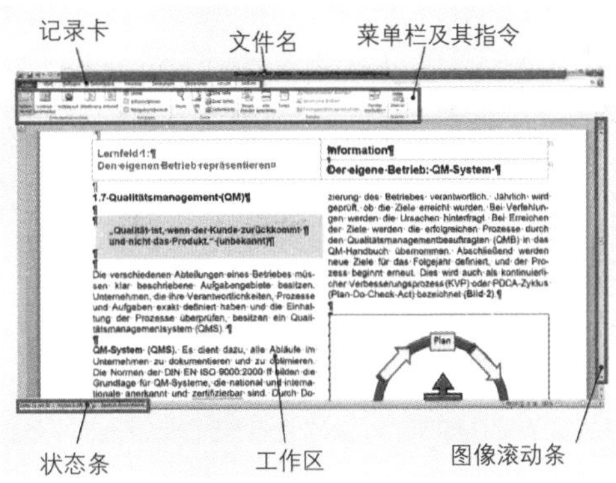

图 1：用户窗口的平面布局

图 2：编排字符格式

主要由页面、编排段落格式和编排字符格式确定文档布置。

页面：每页的构成形态，例如 DIN-A4 高-宽格式、页边缘的规格、文本框和背景色等，均可通过页面布置予以确定。

编排段落格式：通过编排段落格式确定每段的布置，例如段落间距规格、插入、分行和分页。

编排字符格式：编排字符格式影响的对象是例如字体类型、字体大小、字体式样、字体颜色和字体间距(图 2)。

文档模式：独立编制的文档布局可以定义并存为文档模式。预制文档模式可以直接调用，例如带有信笺标题抬头的商务信函。

格式模式：每个段落单独进行格式编排，既费力又费时。因此宜采用格式模式，在该模式中已预制格式。这同样可以单独修改。

电子表格：电子表格是一种表示统计数据的方法，它把数字按一定的规律载入表格。

电子表格制表程序帮助用户(图1)

- 数字的结构性表达法（表格形式）；
- 评估数字材料；
- 用数字材料进行计算；
- 通过图表使数字材料一目了然。

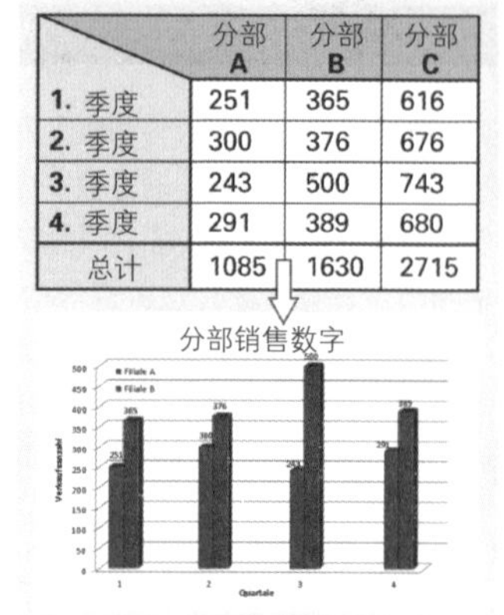

	分部 A	分部 B	分部 C
1. 季度	251	365	616
2. 季度	300	376	676
3. 季度	243	500	743
4. 季度	291	389	680
总计	1085	1630	2715

图 1：数字材料表达法

一个电子表格文件常称为文件夹或工作文件夹。每个文件夹由不同的表格段组成，它们按前后顺序排列在文件夹内（图 2）。各个表格段的信息可以上下连接。

一个表格由按字母顺序排列的纵列和按数字编号清晰标记的横行组成。一个表格区又称为单格。通过标记可以清晰地地址化，例如 A4（图 2）。在横行可登入文本、数值、数学公式或逻辑表达法，与文本处理类似的是，也可以任意地编排格式。

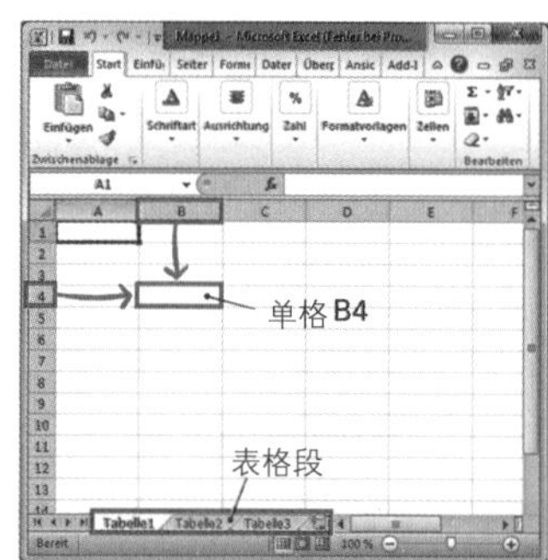

图 2：文件夹的结构

使用公式工作：借助单格地址可通过数学公式求算出新数值，例如功能语句 SUMME（D10：D13）计算横行范围 D10 至 D13 内所有数值的总和（图 3）。执行这种计算类型的优点是，用户不必亲自将数字代入公式便能实现数字的自动更改，并使公式计算总能重复得到相应的结果。

现有不同类型的公式：

- 文本公式：它将文本与横行登录项再次链接成文本，例如，如果在横行 G11 内写入数字 1960，等于“出生年份”& G11 得出结果出生年份 1960。
- 数字公式：它将变量和常量计算成为一个新数字，例如，如果在横行 G12 写入数字 20，等于 F12×1.16 得出结果 20.32。
- 逻辑公式：它检查可能是正确的（逻辑 1），也可能是错误的（逻辑 0）逻辑条件，例如，如果 $A6$ 大于 $A4$，$=(A6>A4)+1$ 得出结果 2，如果 $A6$ 小于 $A4$，得出结果 1。逻辑条件可通过逻辑算符（“与”门，“或”门，“非”门）进行逻辑连接。
- 函数：它是由应用（程序）提供使用并允许进行复杂计算的公式。程序编制是预先规定的（图 4）。每一个函数都对应一个句法描述，目的是使用户能够正确输入函数的参数。

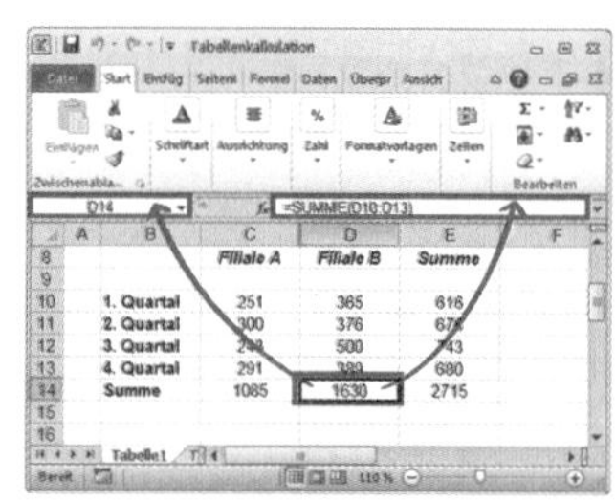

图 3：使用单格地址进行计算

输入公式时，公式句法必须正确（例如括号的数量），否则软件会发出错误信号。

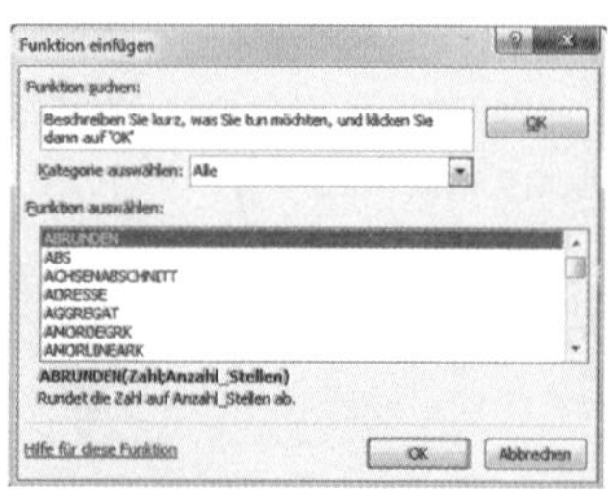

图 4：函数

图表：数字量大时采用数值的表格表达法可显示难以展开的趋势、平均值的偏差等。

图表使数据或信息可视化（图1）。

图表所含信息量越小，观察者越容易读懂。简单的形式可使观察者将注意力集中于信息的内容和含义。

图表制作规则

- 直观性（大字体，宽线条，统一表达法）；
- 集中表述信息；
- 少用颜色（图2）；
- 少用文本；
- 通过不同的阴影线，灰度或线条样式使用黑白输出；
- 将混淆度降至最低；
- 使用适宜的字体规格（例如 DIN A4 规格的纸宜采用：标题用 22 Pt，文本用 18 Pt，字体用 Arial 或 Verdana）。

现已有多种使数据直观可视的图表类型（表1）。

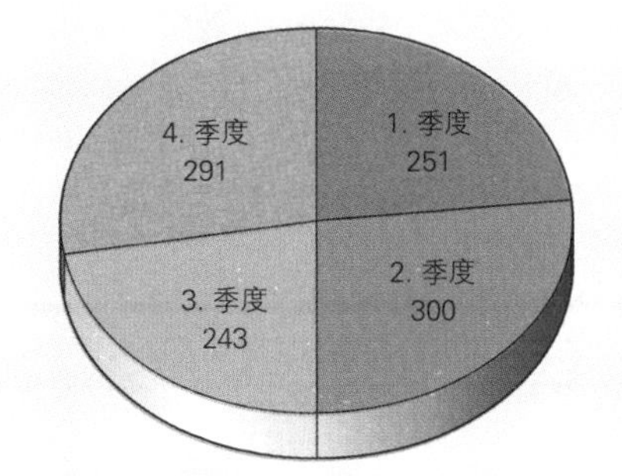

图1：饼图

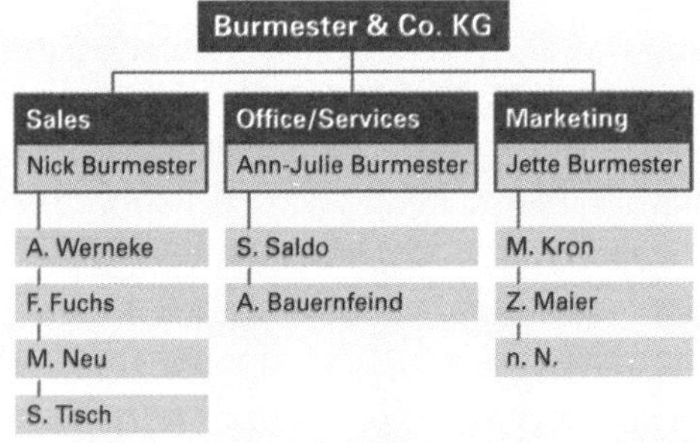

图2：组织结构图表中少用颜色

表1：成品/产品的组件型零部件明细表

图表类型	图形	解释
点图		两个正交坐标轴撑开一个面，将数值对以交叉或点的形式代入该面
圆形图		用于表达某成分在总量（360°）中所占比例（扇形）。三维形式的圆形图又称饼图
线性图		用点表达数值对，用线条连接数值对，用于表达与时间相关的进程
曲线图		用点表达数值对，用内插曲线连接数值对。与线性图的用途相同，又可称为区域图
直方图		横坐标轴与数据点的间距用一个直方条表示。用堆叠起来的直方图还可以表达直方范围内的内容
条形图		与直方图相同。其区别在于：条形图是水平横放（节省垂直方向的占位）
帕累托图		帕累托图是一种特殊形式的直方图，按各组的含义（规模）排列

演示软件：关于某主题进行时间有限的报告时，配合可视说明。一般使用投影仪将演示页面（幻灯片）投射至银幕。可将其他的应用、声音和影像效果或录像通过计算机交互按键（图 1）加入到演示页面。

> 幻灯片的设计制作与文本处理的方法类似。

虽然演示软件具有极为广泛的应用可能性，但仍需注意遵守其基本教学原则（表 1）。应避免过多的各种效果堆积，过分地要求受众接受。

幻灯片设计：幻灯片由不同元素组成，包括框架、背景、标题、图形对象和文本。幻灯片框架有助于按信息范围划分框架，在框架内划分组织部分。组织部分的内容包含例如企业徽记、作者名称、标题、日期和幻灯片编号。信息部分应遵循黄金分割的设计原则：1:1.6 的距离比例具有特殊的和谐效果。在 4 个生成点范围内放置着引起特别关注的信息（图 2）。观众目光受阅读习惯的影响，从左上方（幻灯片标题）开始向右下方移动。这个轴线上同样可以放置信息。

> 重要信息应从左上方至右下方放置在幻灯片中心位置。

幻灯片内容：幻灯片的信息部分应限制在框架内。其所遵循的原则：

- 信息演示面积不宜超过 50%；
- 一张幻灯片上最多演示 5 条信息；
- 视觉突出重点（粗体字/斜体字）最多占总信息量的 10%~20%；
- 只演示重要信息；
- 多用图片，少用文本（图 3）；
- 用图表形式演示数字系列。

图 1：计算机的交互按键

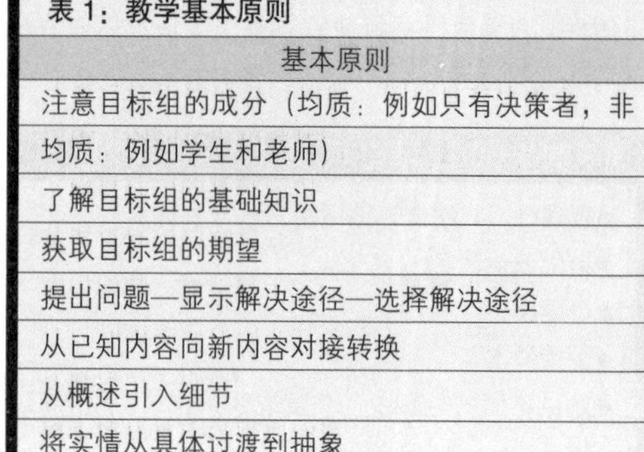

表 1：教学基本原则

基本原则
注意目标组的成分（均质：例如只有决策者，非均质：例如学生和老师）
了解目标组的基础知识
获取目标组的期望
提出问题—显示解决途径—选择解决途径
从已知内容向新内容对接转换
从概述引入细节
将实情从具体过渡到抽象

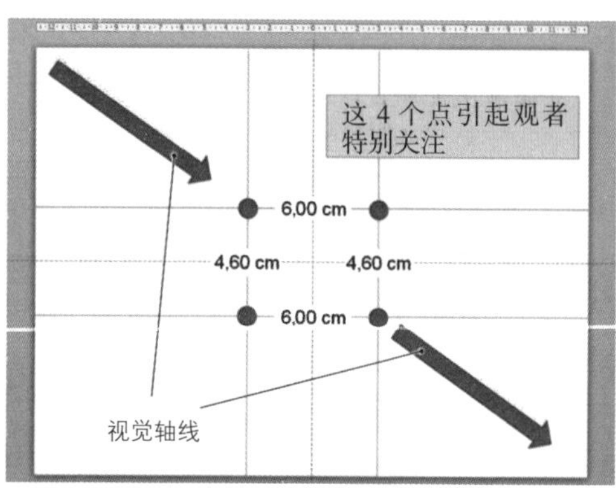

图 2：幻灯片平面设计（黄金分割）和视觉轴线

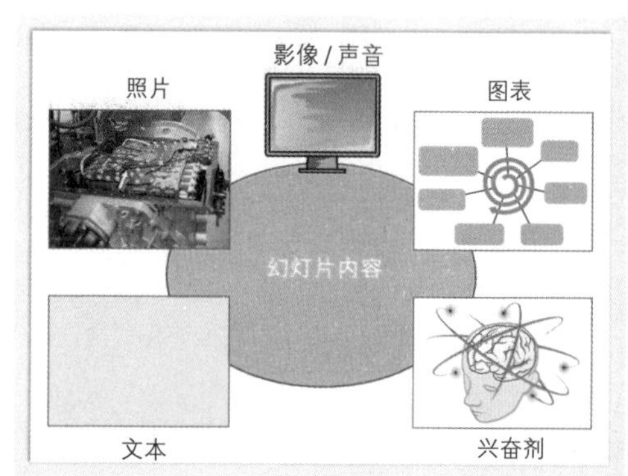

图 3：幻灯片内容

划分：每个演示由三个部分组成（图 1）：

- 开篇；
- 主篇；
- 结尾。

开篇包括问候、本人介绍和主题介绍，以及一个简短的流程简述。演示的主要篇幅用于处理主题以及逻辑地划分各分篇。结尾阶段用于再次汇总要点，并引出结论。接着通过向听众提问或请求反馈，过渡到讨论阶段。

> 演示不允许是文本堆砌。

文本是听众最难以接受的部分，使听众疲倦。因此必须注意以下各点：

- 每个幻灯片只有一个主题；
- 尽量少用文本；
- 只有标题词，没有整句。

尽管采用了演示软件，但演讲者仍是演示中心。数字的演示仅用于对报告内容的支持。原则上应遵循指定的、前后一致的示意图形式制作全部演示幻灯片（图 2）。演示过程中的若干补充建议见图 3。

总而言之，演示过程中三个范围中文本表达、报告和图像应在逻辑上相互衔接。演示后应得到反馈，哪些好，哪些差（例如时间分配、资料准备、幻灯片制作），以及仍需改进的空间。

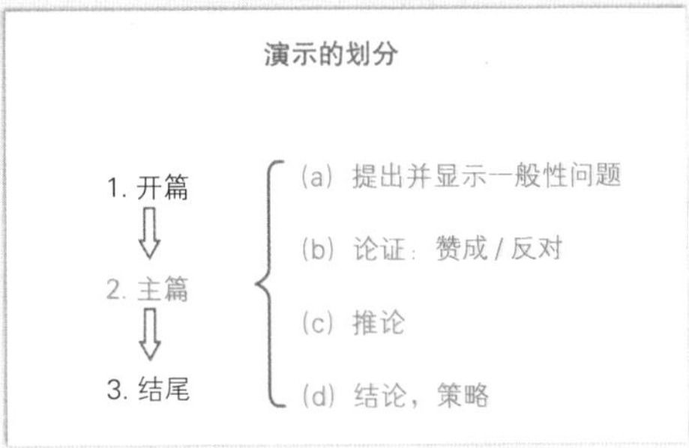

演示的划分

1. 开篇 ⇩ 2. 主篇 ⇩ 3. 结尾

(a) 提出并显示一般性问题
(b) 论证：赞成 / 反对
(c) 推论
(d) 结论，策略

图 1：演示的划分

幻灯片演示的 4 个阶段

1. 预告幻灯片；
2. 铺上幻灯片并给观众留出时间；
3. 解释幻灯片；
4. 过渡到下一张幻灯片。

图 2：演示阶段

建议

- 演示字体应大到最后一排观众也能清晰看到（自己事先测试！）；
- 事先准备一套可在幻灯机上播放的重要内容的幻灯片，以备投影仪故障；
- 在前面没有观众时测试演示（检查时间期限和投影仪的操作）；
- 不要搞“幻灯片会战”，每张幻灯片至少 1 min。

图 3：提出建议

本小节内容的复习和深化：

1. 请您解释内部文档与外部文档的区别。
2. 应以何种形式提供与产品一起的操作说明书？
3. 请您列举技术图纸和表达形式的类型。
4. 使用 CAD 系统有哪些优点？
5. 请您解释电子表格中表格与文件夹的区别。
6. 制作幻灯片和幻灯片设计时应注意哪些事项？

10.6 英语实践

■ Technical projects

A sorting device must be modernized in order to shorten the cycle time. Parts of the plant have to be reconstructed and the operator panel (Figure 1) has to be changed completely. Furthermore, a new PLC (Programmable Logic Controller) needs to be installed. As time pressure for change is high and the incurred jobs have different focal points, the tasks should be carried out by a team.

A PLC must be integrated via Ethernet into the existing network. Since there are only hand-drawn plans of the old facility, a pneumatic plan and a circuit diagram have to be drawn. As well as a terminal configuration plan, a technology diagram (Figure 2) and an assignment list is needed (task list for employee 1).

Improvements are necessary in the supply of parts in order to reduce cycle times. These changes should be added in the existing CAD documentation (task list for employee 2).

The panel including the case is made of stainless steel and the labeling is applied by laser technology by a foreign company. A CAD documentation for the panel (Figure 3) has to be to created (task list of employee 3).

The head of department asks the team members for a preliminary study containing different solutions.
Using these variants, the resulting cost and the time frame should be visible. As a first milestone, the departmental leader has set a presentation date on which the team has to show these results.

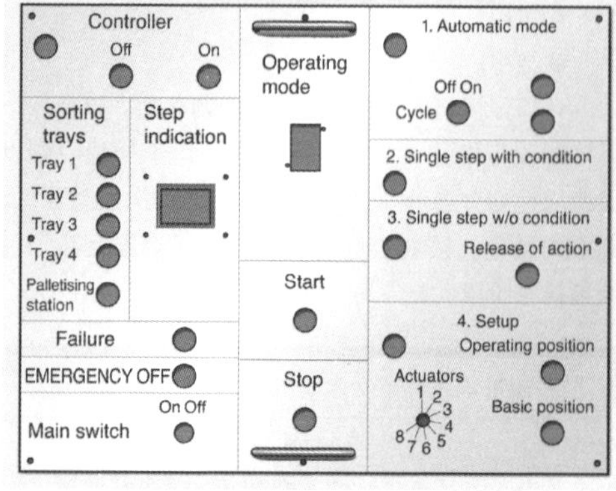

Figure 1: Control panel

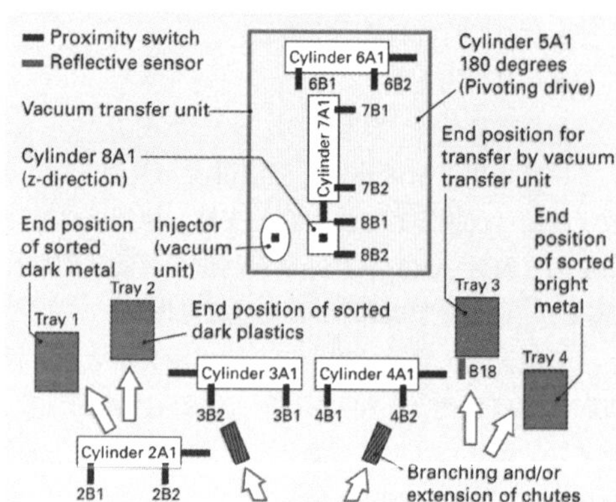

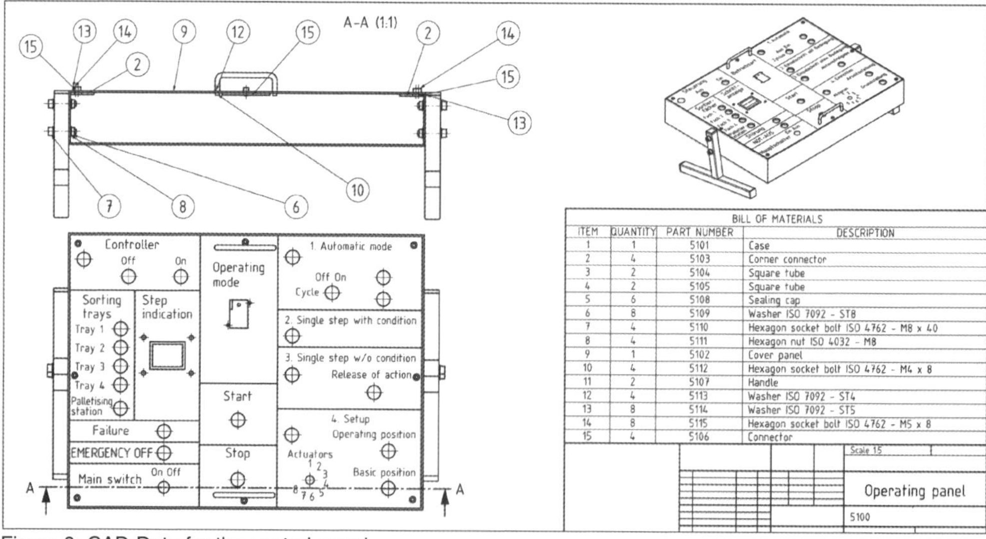

BILL OF MATERIALS

ITEM	QUANTITY	PART NUMBER	DESCRIPTION
1	1	5101	Case
2	4	5103	Corner connector
3	2	5104	Square tube
4	2	5105	Square tube
5	6	5108	Sealing cap
6	8	5109	Washer ISO 7092 - ST8
7	4	5110	Hexagon socket bolt ISO 4762 - M8 x 40
8	4	5111	Hexagon nut ISO 4032 - M8
9	1	5102	Cover panel
10	4	5112	Hexagon socket bolt ISO 4762 - M4 x 8
11	2	5107	Handle
12	4	5113	Washer ISO 7092 - ST4
13	8	5114	Washer ISO 7092 - ST5
14	8	5115	Hexagon socket bolt ISO 4762 - M5 x 8
15	4	5106	Connector

Figure 3: CAD-Data for the control panel

根据学习单元制定的课堂教学信息

根据学习单元制定的课堂教学目标

- 课堂上所获取的知识应能够转换到工厂实践中去。
- 通过“从学习环境到实际操作环境”以及“从知识到实做”的方式密切理论与实践的关系。
- 开发所有可能的信息源的利用能力，例如充分利用专业书籍、专业图表手册、设备制造商产品目录和互联网网页。
- 促进开发解决问题和分析问题的能力，实际操作课上合作学习的能力以及自我组织的独立学习能力。

以学习单元为定向的学习的特征

- 根据学习单元而制定的学习计划并不按照专业来划分，而是通过职业工作范围（实际工作范围）来制定。在这个框架内，同时追求技术知识水平和动手能力。
- 学习单元描述的是某个职业实际工作范围所要求的课堂教学目标，例如工业机械师职业培训范围内的加工制造、装配、维护保养和自动化。
- 根据本地工业环境的实际情况、学校的能力以及学生的学习能力等因素制定适宜的指导项目，创造良好的学习环境。
- 必须特别认真细致地协调好教室、实验室和专业实践车间以及班级教师的合作之间的课程合理分配。

以制造简单部件为例，一个学习单元的基本结构

名称 **培训年限** **课时参考值**	制造简单部件 第 1 培训年 80 学时
学习目标 （节选）	学生具备简单部件的制造能力。他们能够根据部件的作用原理划分接合方法，并能够按照用途进行归类
学习内容 （节选）	零件图，部件图和总图，零部件明细表，装配说明，摩擦力接合、形状接合和材料接合的基础知识，标准件，加工方法，质量管理的基础知识
备注	总学时分配到各教学内容以及课堂教学和实习车间，具体课时由学校斟酌制定

借助指导项目制订一个学习单元的学习步骤：

分析所选择的项目： 设立任务，筛选信息源
计划： 进行计算，选择材料，编制工作计划
专业知识： 通过课堂教学、专业书籍、制造商技术资料、电影等获取专业知识
实际操作： 加工，装配，检验，优化，维护保养
评估： 遵守时间计划和成本计划，对比不同的解决方案
记录： 照片，总图，零部件明细表，检验记要，说明
演示： 广告性地或信息性地演示，以参照组为准

在后面的 654 至 679 页中，借助所选的各个指导项目介绍学习单元，并以关键词的形式示意各学习单元的编制过程。

学习单元 1：使用手工操作的工具加工工件

选择的指导项目：挂锁

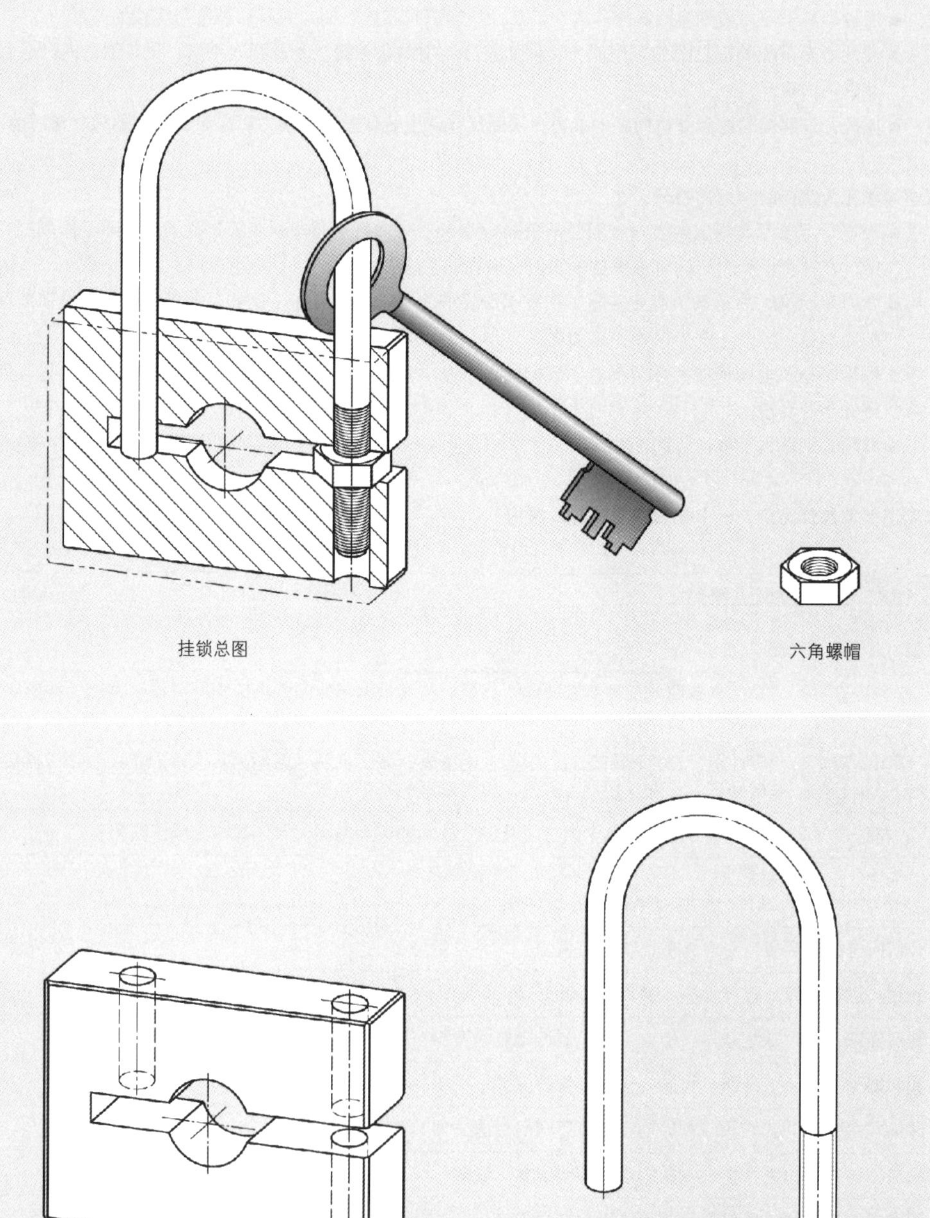

学习单元 1：使用手工操作的工具加工工件

选择的指导项目：挂锁

目标和内容	说明，辅助手段

分析：挂锁的任务和功能

●借助现有图纸描述挂锁的任务和功能（见 654 页） ●表达法基础知识：对图纸的要求；项目类型 ●制作零件图纸，必要时只做手绘示意图；必要的尺寸标注，简单的公差 ●选择标准件，选择制作挂锁必需的标准件 ●编制简单的零部件明细表	检查所提供的图纸表达是否可使人看懂 讨论两轴测投影以及常见两维零件图的优点和缺点 使用简单 CAD- 程序的可能性 专业符号手册，图表手册，专业书籍

计算：基础

●确定并通过练习提高学生现有数学能力和袖珍计算器的使用能力 ●量和单位：换算和应用 ●公式和方程式：换项，解方程式 ●计算：零件的长度、面积、体积和质量	辅助手段的使用，如利用袖珍计算器，专业书籍和图表手册等也可在第一学习单元列入授课框架 始终代入数字值和单位进行计算 专业计算手册和图表手册

材料

●关于材料的概述 ●材料特性 ●钢的命名；钢的材料编号 ●半成品：缩写名称 ●认识其他适宜的材料	考虑成本因素 专业书籍和图表手册

加工

●关于加工方法的概述 ●锯、锉、钻① 和攻丝 ●弯曲成形 ●工作步骤，刀具，夹紧的可能性 ●合适的测量和检验装置 ●劳动保护	第一培训年内仅基础性地讲授加工方法，该内容以后还将重复 专业书籍和图表手册 ①加工方法一节中补充手动工具钻孔的内容，目的是使第一学习单元更加生动有趣

检验，评估，文档，演示

检验：长度尺寸，表面特性质量，平面度，直角性和功能 评估：是否按照时间计划进行工作，团队合作状况 文档：图纸，计算，工作计划 演示：工作过程，工作结果，改进的可能性

学习单元 2：使用机器加工零件

选择的指导项目：圆形工件的夹紧装置

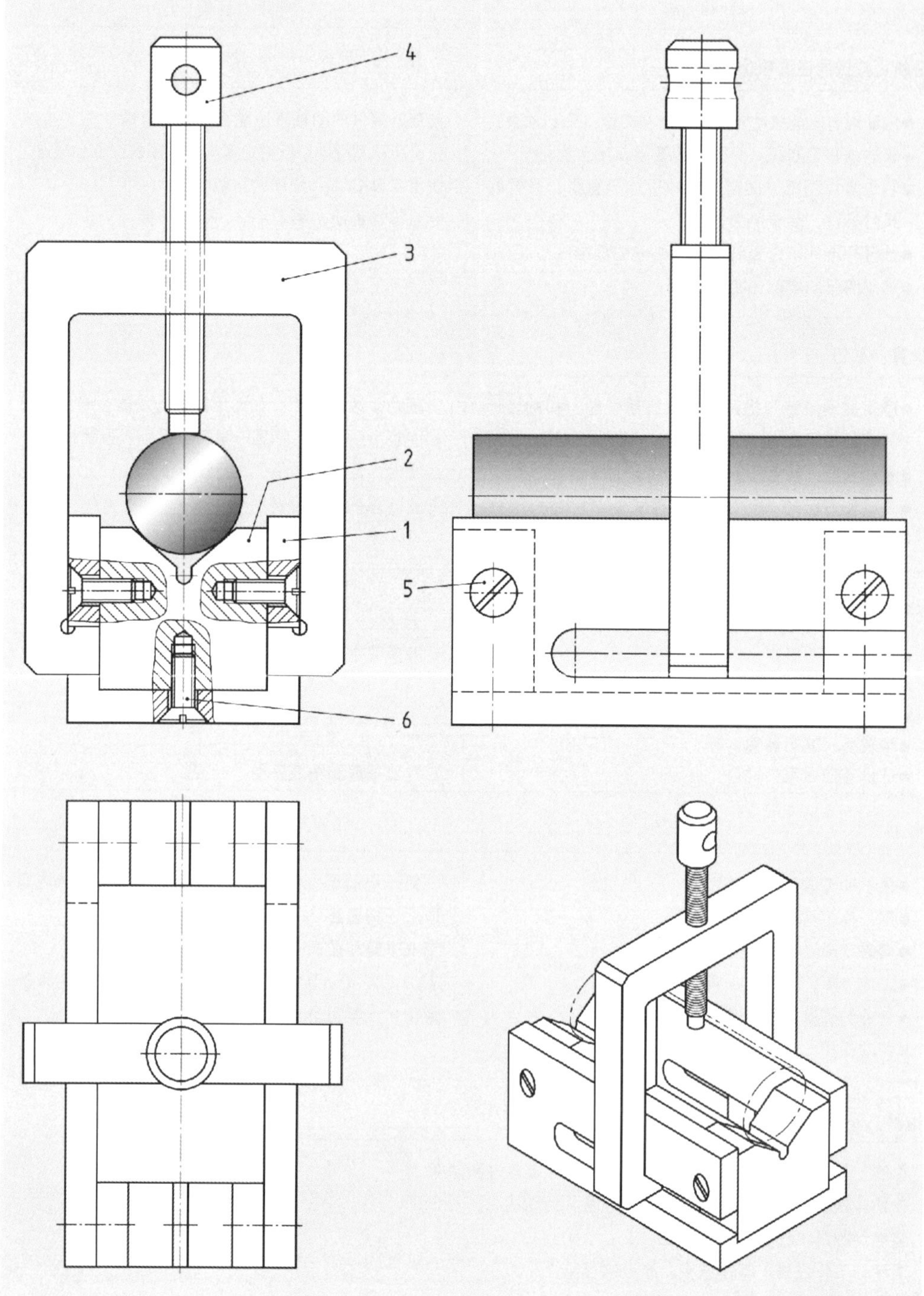

学习单元 2：使用机器加工零件

选择的指导项目：圆形工件的夹紧装置

目标和内容	说明，辅助手段

分析：夹紧装置的任务和功能

●借助现有图纸描述任务和功能 ●确定，使用该夹紧装置可装夹哪些工件形状 ●用简化形式编制零部件明细表 ●制作待加工零件的零件图纸，并标注所有加工所需的数据 ●框架（位置 3），改变该框架，以使内部轮廓的加工更少手工工作	检查夹紧装置的同分异构表达法有哪些优点和缺点 位置，数量，名称 标准的名称和材料 尺寸公差、表面质量说明、配合的基础知识

计算

●夹紧螺栓的夹紧力及其作用程度 ●切削加工时，直径、转速与切削速度之间的相互关系 ●钻和铣的进给速度 ●已加工完成的夹紧装置质量的近似计算	阐述机械夹紧元件的优点（例如自锁）和缺点（例如效率较低） 区分转速和进给速度的无级电气驱动和分级驱动 切削加工导致的绝对材料损失和百分比材料损失

确定合适的材料，热处理

●确定对材料的要求 ●斟酌考虑热处理 ●热处理方法概况 ●材料的尺寸：尽可能使用标准化的和企业现存半成品和制成品	符合标准的材料名称 半成品，钢制品 硬度检验的可能性 检查是否通过使用光拔型材可部分省略切削加工

加工以及加工计划

●制定工作计划 ●车削和铣削：基础知识 ●切削材料：种类，特性，应用 ●切削数据，刀具，装夹的可能性 ●冷却润滑剂：目的，操作规则 ●确定测量和检验装置 ●注意劳动保护和环境保护	 方法的划分 机床的结构 切削过程：仅介绍基础知识，在后面的学习单元再深化相关知识 简单的检验计划

检验，评估，文档，演示

学习单元 3：简单部件的制造

选择的指导项目：手动台钻支架

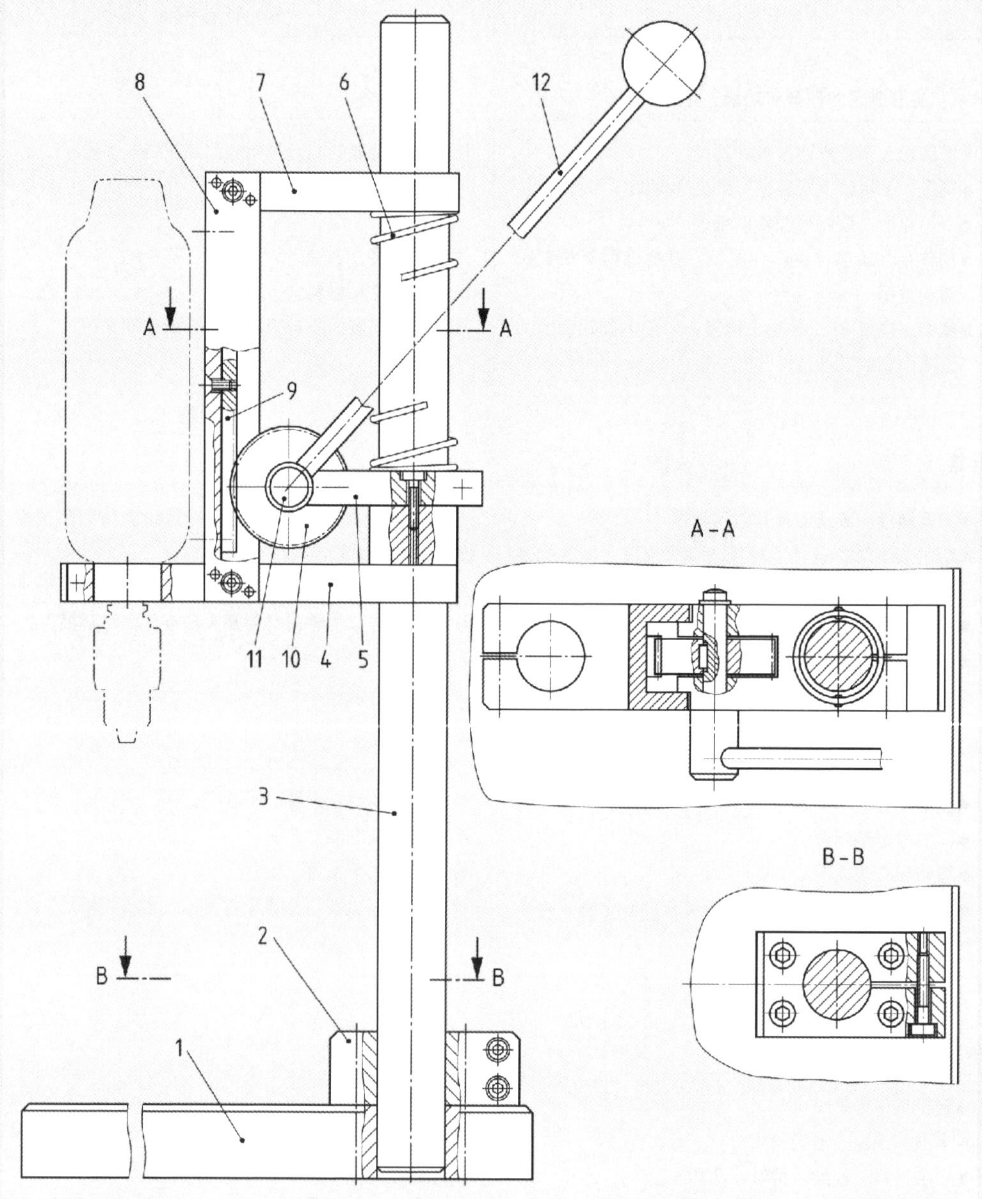

零件明细表（不包括标准件）

位置号	名称	位置号	名称	位置号	名称	位置号	名称
1	底板	4	台钻横梁	7	导板	10	齿轮
2	立柱固定件	5	齿轮支架	8	连接板	11	轴
3	立柱	6	压力弹簧	9	齿条	12	手杆

学习单元 3：简单部件的制造

选择的指导项目：手动台钻支架

目标和内容	说明，辅助手段

分析：台钻支架的功能

●前言：前页所展示的台钻支架是由第一培训学年学员开发的 ●借助总图理解台钻支架的加工任务及其功能 ●定义对台钻支架的要求，并讨论，它是否可满足预计的设计要求 ●将自己设计的台钻支架与现存的市场购买的台钻进行价格和功能方面的对比 ●以小组工作的方式制作待加工零件的零件图	应制造出较大数量的台钻支架，并卖给企业所属单位 在图纸拷贝件上用彩色标出所有与钻头刀具溜板一起向下运动的零件 列举出该项设计的薄弱环节，提出改进建议 最重要零件的名称也用英语标出 编写操作说明

计算

●直线运动和旋转运动 ●用于指定行程或进给路径的手杆的旋转角度 ●在一个曲线图表中表达出旋转角度与行程的相互关系 ●利用杠杆原理求出进给力 ●确定压力弹簧必需的预夹紧力，借助图表手册确定压力弹簧的尺寸 ●弹簧特性曲线的图形表达	图形表达法 引言，编制和识读 有难度的计算，例如压力弹簧的计算，用查表代替计算

确定合适的材料

●根据对零件的要求确定零件的材料 ●将所选材料与市场购买的台钻支架材料进行对比 ●在实验室检验最重要的材料特性和材料特性数值	关于钢、铸铁材料和塑料的概述 围绕市场购买的台钻支架讨论材料的选择 目视检验 简单的材料检验方法

计划，加工，检验

●制定工作计划 ●零件加工：车、铣、钻 ●连接技术：概述固定连接和可拆卸连接，形状连接和摩擦力连接 ●确定台钻支架上的连接，并确定连接所需的标准件 ●零件装配和功能检验	实验室：确定螺栓的负荷；注意螺栓拧入深度，既需足够拧紧，又不宜过深 为减少零件的数量并提高支架的稳定性，可评估焊接的可能性 总装装配计划

学习单元 4：技术系统的维护保养

选择的指导项目：保养一台立式钻床

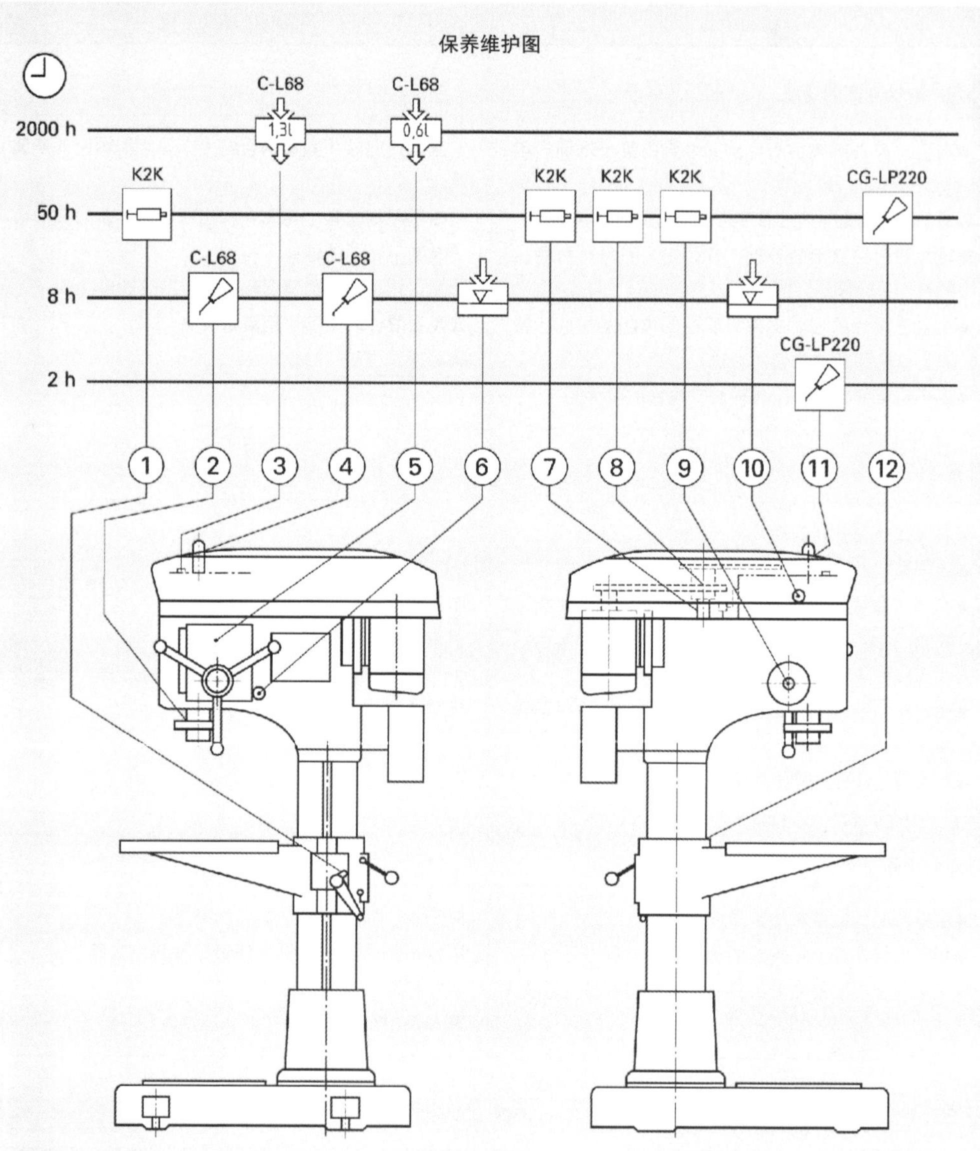

<table>
<tr><th colspan="3">零件明细表</th><th colspan="2">润滑点符号</th></tr>
<tr><td>1. 工作台升降传动</td><td>5. 进油螺栓
进给传动</td><td>9. 进给轴</td><td rowspan="2">C-L68 1,3l 加注 1.3 L C–L68 润滑油</td><td rowspan="2">CG-LP220 使用润滑油 CG–LP220</td></tr>
<tr><td>2. 顶尖套筒</td><td>6. 油箱料位观察玻璃窗
进给传动</td><td>10. 油箱料位观察玻璃窗
变速箱</td></tr>
<tr><td>3. 进油栓塞</td><td>7. 转速调节</td><td>11. 导向螺纹鼓</td><td rowspan="2">加注润滑油，直至油标为止</td><td rowspan="2">K2K 使用润滑脂 K2K</td></tr>
<tr><td>4. 花键轴式主轴</td><td>8. 无级驱动</td><td>12. 立柱</td></tr>
</table>

学习单元 4：技术系统的维护保养

选择的指导项目：保养一台立式钻床

目标和内容	说明，辅助手段
分析工作任务	
讨论维护保养的基本概念： 保养，检查，维修 维修的意义	讨论安全、设备运行就绪状态、设备可使用性和经济性能等方面的观点
搜集和准备工作所需技术资料	
维护和保养计划，工作安排计划 设备运行和操作说明书 故障点和故障的查找指南 机床制造商推荐的润滑材料 润滑材料目录 易损件明细表 电路图技术资料	搜集或索要并准备工作所需的技术资料 机床制造商的技术资料 润滑材料制造商目录 易损件制造商的技术资料，例如滚珠轴承、密封环、三角皮带 专业书籍，图表手册
共同讨论制定技术内容	
机床和设备技术的基础知识 机床的部件和功能单位 机器元素：轴承，密封，动轴，静轴，联轴器，导轨，齿轮传动和皮带传动 磨损，故障原因，损失分析 润滑材料和冷却润滑剂，用废处理 腐蚀和防腐蚀保护 电气元件和错接：开关，熔断器，电动机，危险源，安全	认识所涉及的机器元素，尤其是易受磨损而必须润滑的零部件 讨论避免或减少磨损的可能性 机床和电动机制造商目录和商品说明书 专业书籍，图表手册
计算	
转速，传动比，进给行程和进给速度 电压和电流强度，欧姆定律 电功和电功率 电动机的特性数据	讨论电流的危险性 专业书籍，计算手册，图表手册
执行工作任务	
一个工作班次结束后，保养一台立式钻床	该任务的执行可在机床实验室或学校车间或与培训企业合作
考虑劳动保护和环境保护	
安全技术规定，电气保护措施，人体健康承受能力 清理废旧润滑材料和冷却润滑剂	职业协会的劳动安全资料 废油排除清理的技术规范 专业书籍
项目检查，文档和评估	
检查所执行的保养措施 对工作时间和材料消耗做成本近似估算 讨论改进的可能性	讨论不同的保养可能性和维修战略 专业书籍

学习单元 5：使用机床加工零件

选择的指导项目：液压夹具

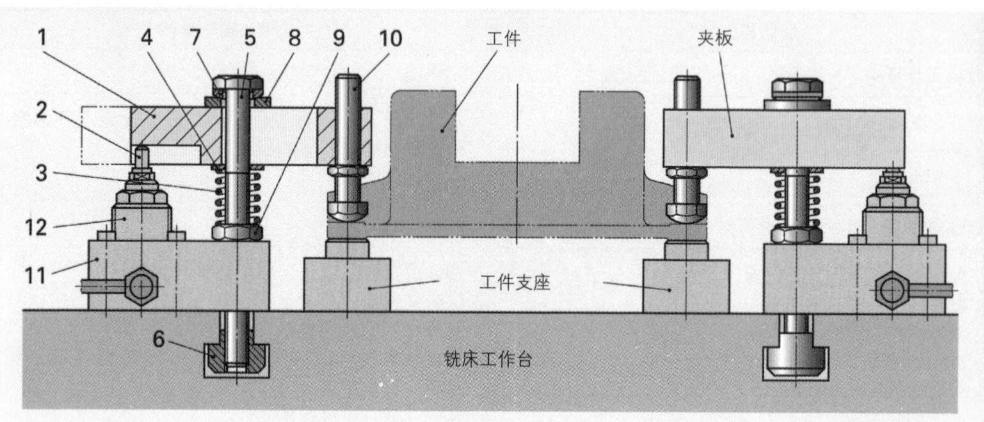

夹板零件图（位置号 1）

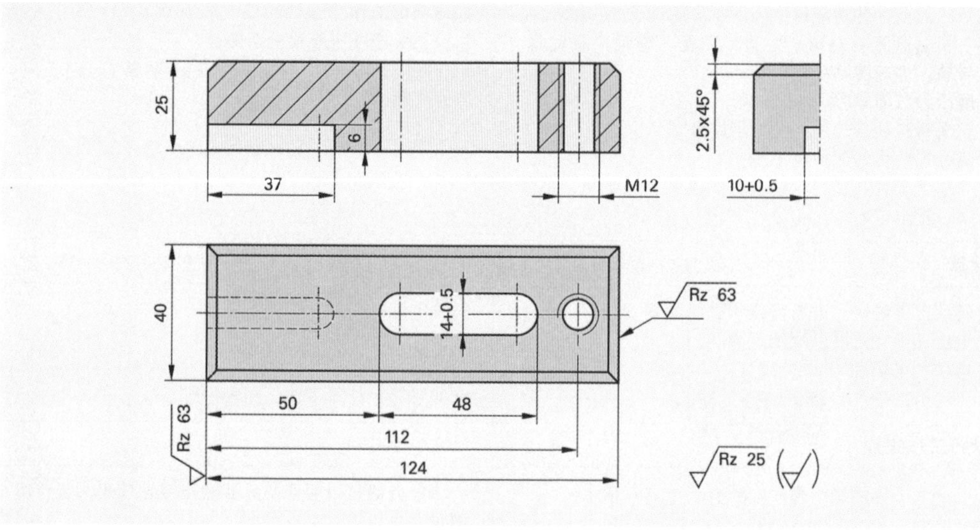

液压夹具零部件明细表							
位置号	数量	名称	标准缩写标记和材料	位置号	数量	名称	标准缩写标记和材料
1	1	夹板	C45E	7	1	球形垫圈	DIN 6319–C13
2	1	压紧螺栓	16MnCr5	8	1	锥形垫板	DIN 6319–D13
3	1	压力弹簧	DIN 2098–1.6×15×70	9	1	六角螺帽	ISO 6768–M12
4	1	垫片	ISO 7090–13–200HV	10	1	紧固螺栓	16MnCr5
5	1	六角螺栓	ISO 4014–M12×130–8.8	11	1	底座	S235JR（St 37–2）
6	1	螺帽	DIN 508–M12×25	12	1	筒形液压缸	Ø16×12

学习单元 5：使用机床加工零件

选择的指导项目：液压夹具

目标和内容	说明，辅助手段

分析：液压夹紧工装的任务和功能

●根据已提供的图纸和零部件明细表（见 662 页）描述任务和功能 ●确定，使用该夹紧工装可以装夹哪些形状的工件 ●零件图纸，编制待加工零件的零件图和所有加工所需数据 ●确定筒形液压缸的尺寸和特性数据（位置号 12）	检验夹紧工装有哪些优点和缺点，所选夹紧方法的优点和缺点 尺寸，公差，表面质量数据，配合，热处理，形状和位置公差 对工件要求的夹紧力，杠杆传动比，施加给工件的力

计算

●液压缸的压力 ●紧固螺栓的夹紧力及其影响程度 ●切削加工时，直径、转速和切削速度之间的相互关系 ●切削加工时的进给速度 ●按照胡克定律计算弹簧 ●计算切削加工方法的加工时间 ●成本计算	液体和气体压力 杠杆、支撑力、螺栓计算 应用表格和图表，加工技术资料 区分转速和进给速度之间的无级传动和有级传动 对比不同加工方法，检验通过采用合适的半成品能否节约成本

确定合适的材料，热处理

●确定对材料的要求 ●讨论热处理 ●概述热处理方法 ●确定标准件和半成品 ●选择切削材料 ●冷却润滑材料和润滑材料及其排放清理	符合标准的材料名称 半成品，钢制成品 图表手册，专业书籍 注意制造商相关说明

计划，加工，检验

●编制工作计划 ●加工零件 ●确定测量和检测装置 ●测量长度公差，形状和位置公差，以及硬度检测 ●注意劳动保护和环境保护	质量取决于加工过程 注意遵守 UVV（“事故预防条例”的德语缩写） 计算测量和检测装置的成本，预估检测成本 目视检验，简单的车间检验方法 填写责任清单

评估，文档，演示

学习单元 6：控制技术系统的安装和试运行

选择的指导项目：不同金属球的分级

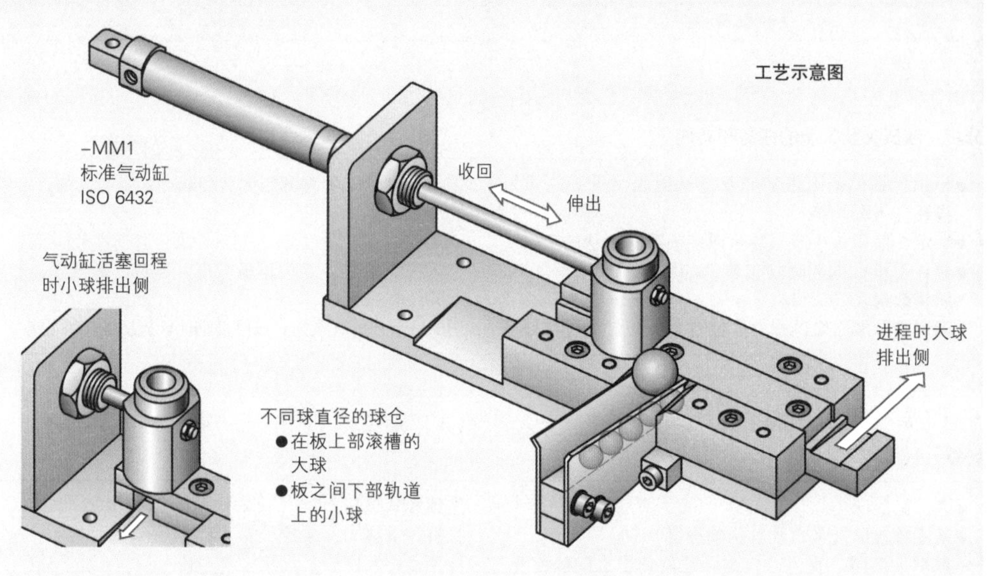

气动图草案：

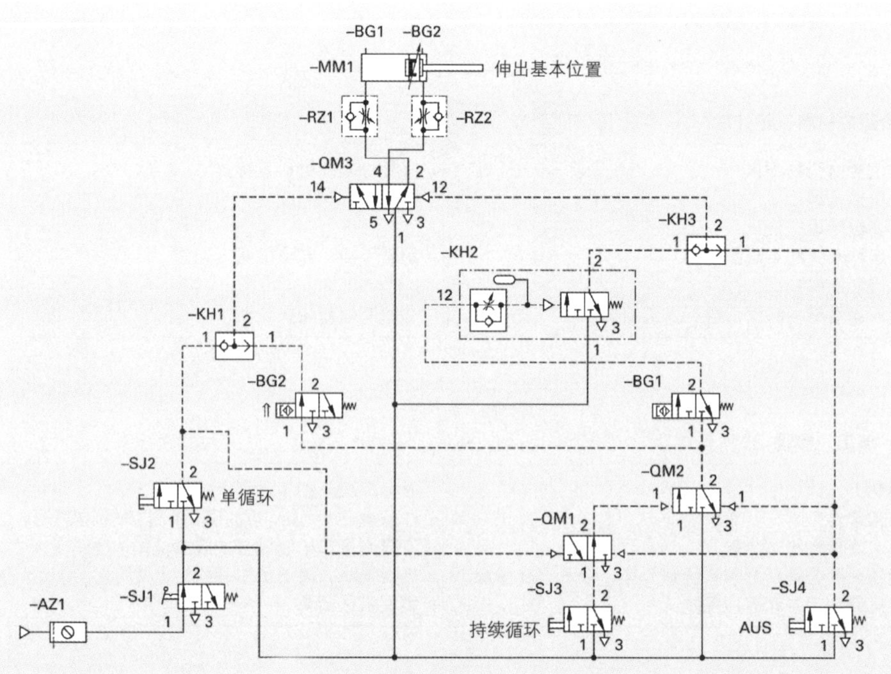

学习单元 6：控制技术系统的安装和试运行

选择的指导项目：不同金属球的分级

功能描述：用一台自动设备对不同金属球进行分级。金属球在球仓内的存放位置可使小球在滚槽内，大球在其上方的轨道内向工装倾斜。在基本位置时，双向作用气动缸活塞杆已伸出。在这个位置上，每次可有一个小球滚入活门空白处（见 666 页小图）。活塞回程时带走该球，在后部终端位置处向左侧滚出来。与此同时，一个大球进入活门的倾斜空白处。活塞进程时带走该球，并在前部终端位置处（等于基本位置）向右滚出去。该设备既可以单次运行，也可以持续运行。持续运行时，活塞行程进入基本位置后延迟 2 s。现有控制系统的气路图。它可改装为电子气动气路图或可编程序控制器电路图，并配小型控制系统。

计划：分析和解释客户愿望的类型和范围	目标，内容	执行，提示
	信息阶段 收集计划部件的产品目录、数据页和操作说明 购置工具，准备气动能源和电气能源 使用流体力学软件制作计划和文档	编制任务书 项目管理：定义阶段任务 计划时间流程：设定期限 必需的气动和电气元器件、必要时还有可编程序控制器组件的结构和功能 危险分析

执行：编制控制系统解决方案 组装设备并投入运行	目标，内容	执行，提示
	描述功能流程，例如采用真值表或通过 GRAFCET（顺序功能图）等。编制电气气动图；必要时模拟气电路图 编制端子接线图 编制部件表 可编程序控制器方案的配属表和接线表（FUP 或 KOP） 安装：安装机械、气动和电气元器件；连接气路管道，电气接线 设备试运行	在 EDV 支持下编制设备的全部文档，必要时予以测试 截止部件装配时间点之前，上述资料必须准备就绪 示范性计算压缩空气需求量、活塞力和压力 定义气路软管的横截面和接头 选择稳压电源 注意流体力学设备运行时的安全规定以及电气方面的 VDE（“德国电气工程师协会”的德语缩写）规定 遵守劳动安全规范

检查：是否已具备负荷表和任务书所述功能 设备移交给客户	目标，内容	执行，提示
	机械、气动和电气方面所需功能已经具备，例如单次运行和持续运行都可以；时间和速度均已设定；运行过程中没有出现故障；必要时排除错误和故障 求出总成本和工作时间，并在该框架内编制计划 设备安全已就绪；通过盖板和类似部件阻止未经允许的外部异物侵入设备；设备已在无压力和无电压状态下接通	已检查的功能记录在案，在移交纪要中确定安全 将设备文档移交客户 必要时，操作说明也属于设备资料

学习单元 7：技术系统的装配

选择的指导项目：锥齿轮传动箱

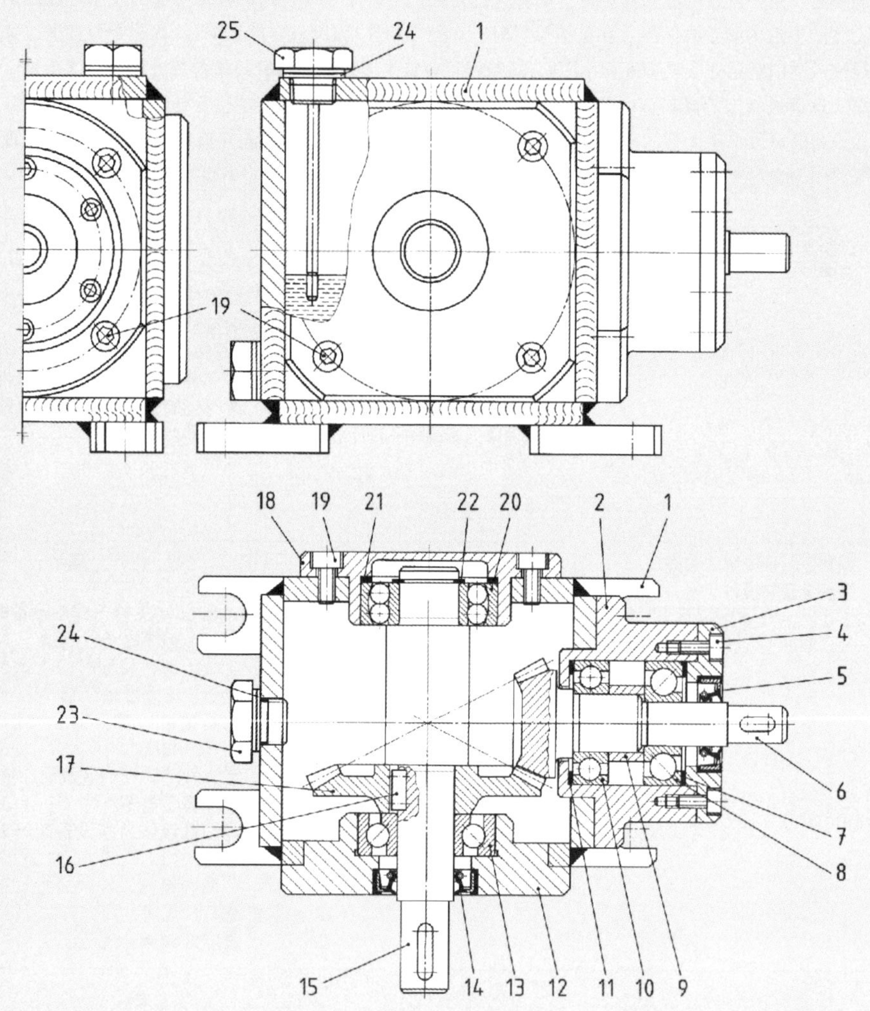

零件明细表（节选）

位置号	数量	名称	位置号	数量	名称	位置号	数量	名称
1	1	传动箱体	10	1	向心滚珠轴承	19	12	圆柱螺钉
2	1	轴承箱	11	1	调节垫圈	20	1	自动调心滚珠轴承
3	1	轴承盖	12	1	轴承箱	21	1	弹性间隔垫圈
4	6	圆柱螺钉	13	1	向心推力滚珠轴承			
5	1	径向轴密封环	14	1	径向轴密封环	22	1	护环
6	1	锥齿轮轴	15	1	轴	23	1	锁紧螺钉
7	1	调节垫圈	16	1	棱键	24	2	平面密封圈
8	1	向心推力滚珠轴承	17	1	锥齿轮	25	1	带测量棒的锁紧螺钉
9	1	定距环	18	1	轴承箱			

学习单元7：技术系统的装配

选择的指导项目：锥齿轮传动箱

目标和内容	说明，辅助手段
认识锥齿轮传动箱的任务，理解其功能	
●锥齿轮传动箱的任务 ●功能 ●通过不同齿数的锥齿轮实现传动箱的功能 ●采用其他啮合方式的传动 将锥齿轮传动与圆柱齿轮传动和蜗轮蜗杆传动进行比较	总图，零部件明细表 专业书籍 必要时打开一个现有的圆柱齿轮传动箱，观察理解这种传动装置的功能
机器元素	
●锥齿轮（加工，齿形） ●螺钉（强度，扳拧方法） ●轴承（滚动轴承的类型，与滑动轴承相比，滚动轴承的优点和缺点，润滑） ●密封（密封的类型，内置式密封，液体密封材料，密封的选择） ●轴－轮毂的连接（平键，夹紧套） ●轴－轮毂连接的选择	专业书籍 图表手册 企业目录（滚动轴承，密封，轴－轮毂的连接）
计算	
●传动比，扭矩，功率和效率，配合，摩擦	图表手册
装配计划	
●制订装配计划 ●预定装配工位和试运行检验台 ●检查零部件的完整性 ●准备装备辅助装置和传动齿轮箱油	总图，零部件明细表 主轴装配压力机，轴密封环装配套筒
部件装配和总装配	
●部件装配和总装配 ●制定装配流程 ●调节齿面间隙 ●选择装配流程	间隙量规 平面磨床
功能检查	
●检查齿轮传动运行的灵活性 ●带负荷试运行 ●锥齿轮齿面斑点检验 ●试运行后更换润滑油 ●拟定检验记要	温度传感器
拆卸（径向轴密封环在拆卸后必须更换）	
●找出可能出现的磨损原因 ●讨论改进建议 ●按计划拆卸	装配错误，零件表面不符合要求；总图

学习单元 8：使用数控机床加工零件

加工任务：用计算机数控（CNC）车床加工传动轴（见图 1），用计算机数控（CNC）铣床加工轴承盖（见图 2）。

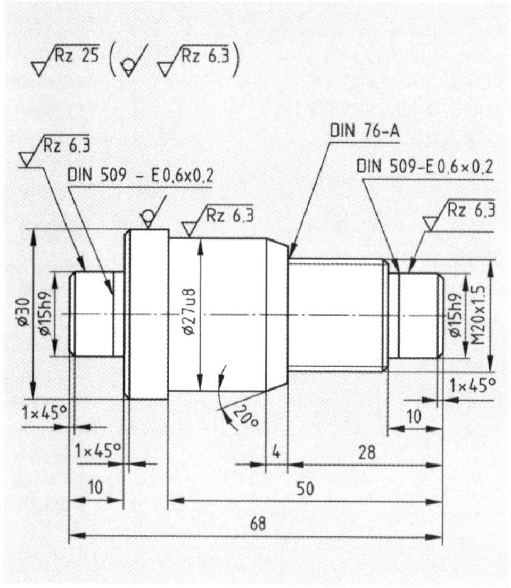

图 1：传动轴，材料：C45

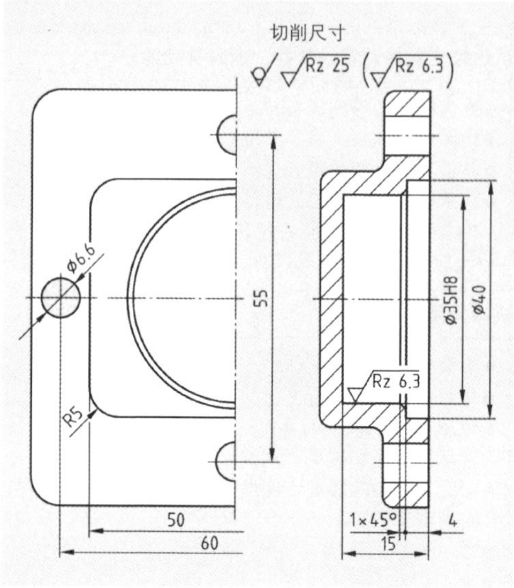

图 2：轴承盖，材料：EN AC-AlSi9

认识本项任务，并根据各学习阶段的概况做出合理安排

学习阶段 1：认识计算机数控（CNC）机床的部件和功能	目标，内容	执行，提示
	计算机数控（CNC）机床的结构和功能，坐标系统和坐标轴，基准点	在实验室查看和解释计算机数控（CNC）车床和铣床的结构和功能 行驶至参考点 求出并行驶至工件零点

学习阶段 2：计划用计算机数控（CNC）车床加工轴	目标，内容	执行，提示
	工作计划，刀具计划，工件安装调整单，车削工艺数据，缺失几何数据的计算，装夹示意图	首先限于轴的一边：确定加工顺序，选择刀具，求出 v_c、f 和 a_p，绘制装夹示意图

学习阶段 3：计划用计算机数控（CNC）铣床进行轴承盖的钻、铣加工	目标，内容	执行，提示
	标出坐标尺寸，刀具计划，工件安装调整单，钻、铣加工工艺数据	编制坐标表，求出工艺数据，计算转速和进给速度，制定出工件安装调整单并绘出装夹示意图

学习单元 8：使用数控机床加工零件

认识本项任务，并根据各学习阶段的概况做出合理安排

学习阶段 4： 编制车、铣加工的计算机数控（CNC）程序，并在 PC 上模拟运行	目标，内容	执行，提示
	程序结构，编制的计算机数控（CNC）程序（也可以采用图形编程方法，例如用于工件轮廓），通过模拟进行检查	编程的基础知识，按照 DIN 标准编程，循环程序的应用（螺纹加工循环程序和铣圆槽循环程序），编制车、铣加工计算机数控（CNC）程序，应用现有编程软件，模拟和消除程序错误，程序的存储和打印

学习阶段 5： 用计算机数控（CNC）车床和铣床加工工件	目标，内容	执行，提示
	调整计算机数控（CNC）车床和铣床，加工传动轴和轴承盖，注意劳动安全保护	测量刀具，将刀具数据输入刀具存储器，准备计算机数控（CNC）车床和铣床，输入计算机数控（CNC）程序（手工输入或联网输入），试运行，加工工件

学习阶段 6： 检验工件并优化加工过程	目标，内容	执行，提示
	选择检测装置，参照批量加工和刀具补偿等因素编制检验计划，参照尺寸、表面质量和生产率等因素优化加工（表 1）	确定检测特征和检测装置，检测已加工完毕的工件，并为改善质量和生产率做必要的修正

表 1：优化加工的措施

追求的目标	可能采取的措施
修改加工尺寸（消除尺寸偏差或修正公差平均值）	修改工件存储器中的补偿尺寸，修改计算机数控（CNC）程序中已编程的坐标数值，检查切削半径补偿和刀具轨迹补偿
改进工件表面质量	提高切削速度，降低进给量，使用冷却润滑剂，出现刀具磨损时及时更换刀具，使用其他几何形状或涂层的可转位刀片，选择其他切削材料，创造稳定的切削条件（工件和刀具的装夹固定）
提高生产率	粗车时提高进刀量，提高铣削进给速度，提高切削速度并使用冷却润滑剂，通过采用其他刀具来降低必要的换刀次数，编程时制定更短的快速进给路径，避免设置不必要的长距离移动

选择的指导项目：数控铣床的电动机主轴

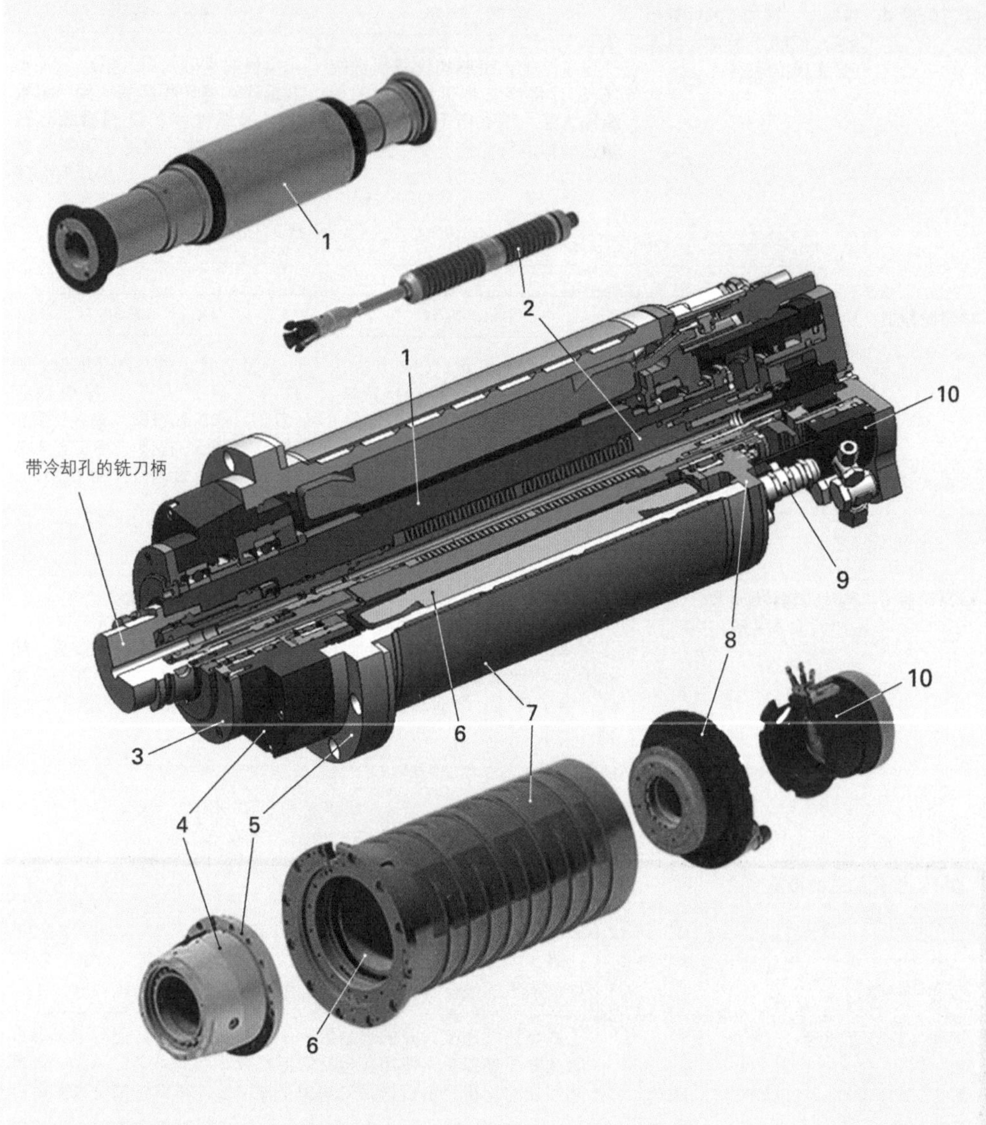

零件明细表（节选）			
位置号	名称	位置号	名称
1	工作主轴和转子	6	定子
2	刀具夹头	7	带定子冷却系统的电机外壳
3	封盖	8	B 端轴承紧固套
4	A 端轴承紧固套	9	冷却介质管接头
5	固定法兰	10	刀具释放单元

学习单元 9：技术系统的维修调节

选择的指导项目：数控铣床的电动机主轴

前言：电机主轴含下列主要部件：与工作主轴合成组装的异步电机（位置号 1），刀具夹头（位置号 2），水冷电机外壳与定子冷却系统（位置号 7）和轴承紧固套（位置号 7 和 8）以及刀具释放单元（位置号 10）。所有部件均以紧凑方式组装。

异步电机主要由固定安装的定子和定子内错位排列的电气线圈与转子组成。工作主轴与转子构成一个单元。定子从外部用水冷却。以此达到较高的电机功率。轴承紧固套上是 O 形排列的向心推力滚珠轴承，用于夹持工作主轴。主轴轴承采用润滑脂持续润滑。

工作主轴内装配有弹簧卡头和弹簧组的刀具夹头。弹簧卡头用空心锥杆（HSK）夹紧刀具。刀具释放单元以液压方式操作刀具夹头的弹簧卡头。

工作任务：更换磨损的刀具夹头，恢复电机主轴的重复精度和经向跳动精度。

目标和内容	说明，辅助手段

认识电机主轴的任务，理解其功能

●描述电机主轴的任务 ●解释说明异步电机的结构 ●分析定子冷却系统的必要性 ●解释刀具夹头和刀具释放单元的功能 ●对比圆锥滚柱轴承的轴承排列	图纸，零件明细表，专业书籍 图表手册，轴承目录

待执行任务的计划

●编制拆卸和装配电机主轴的计划，用于更换刀具夹头 ●分析刀具夹头的损耗 ●确定电机主轴故障可能性 ●拟定损耗报告	补充未提及的螺栓等类似零件 填写装配计划表 图纸，零件明细表，专业书籍

购置材料

●编制装配时必须更新的标准件零件表 ●选择轴承装配时的润滑材料 ●确定清洗液和防腐剂	图纸，图表手册，专业书籍

试运行电机主轴

●描述电机主轴功能检测 ●获取工作主轴径向跳动和轴向跳动数据所需测量项目的构成 ●检查刀具夹头的重复精度	图纸，图表手册，专业书籍

学习单元 10：技术系统的制造和试运行

选择的指导项目：数控铣床的进给驱动

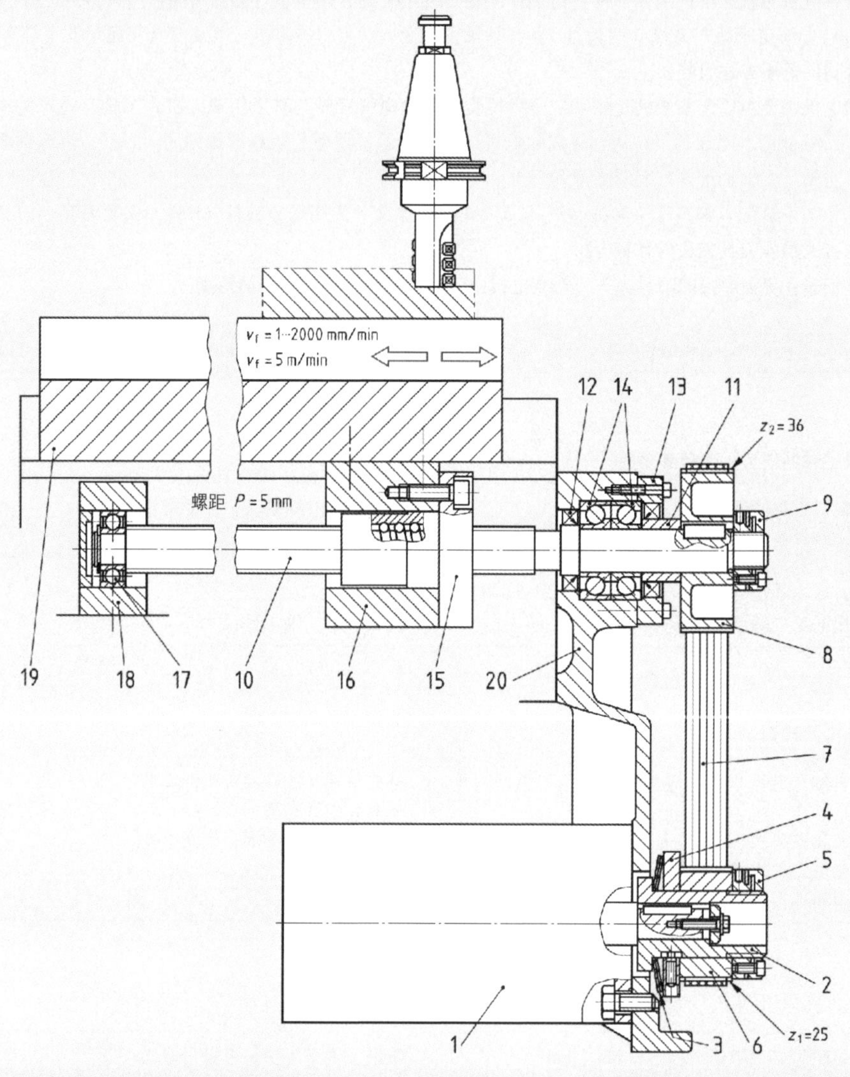

零件明细表（节选）

序号	名称	序号	名称	序号	名称
1	三相交流电动机	8	主轴皮带轮	15	滚珠丝杠螺帽
2	轮毂	9	上部调节螺帽	16	轴承座
3	盘形弹簧	10	滚珠丝杠	17	向心滚珠轴承
4	摩擦圆盘	11	间隔套筒	18	浮动轴承座
5	下部调节螺帽	12	径向密封环	19	机床工作台
6	电动机皮带轮	13	轴承盖	20	轴承法兰
7	齿形皮带	14	向心推力滚珠轴承		

学习单元10：技术系统的制造和试运行

选择的指导项目：数控铣床的进给驱动

目标和内容	说明，辅助手段

认识并表述任务

●理解机床工作台进给运动和快速运动时和启动时的功能 ●总系统［计算机数控（CNC）铣床］内子系统的任务（进给驱动） ●经过粗略分析（小组讨论），根据其优点和缺点选择驱动系统 ●对其中某种可能性做出决定	总图 操作手册，机床随行卡 参观一台计算机数控（CNC）铣床，主要看它的驱动系统 专业书籍，机床制造商的商品说明书 培训企业和培训部的机床

零件范围内的计划

●学习目标，根据优先级对学习目标进行排序，并确定总时间框架 ●组成工作小组 ●分配工作岗位和任务 ●确定外购件和标准件以及自加工零件 ●认识机器元素：分类，功能，名称 ●计算：传动比、转速和速度范围 ●材料，既可根据特性确定所使用的材料，也可检验规定材料的特性。规定必要时进行热处理 ●制定装配计划：零件准备就绪，检查零件装配的可能性，准备必要的工具，计划测试运行	学习的框架计划，补充学员自己的想法；要求必须明确表达目标和内容 将零件明细表补充进入完整的零部件明细表。同时标注英语名称 专业书籍和图表手册，企业目录，与制造商和销售商建立联系，也可以通过互联网进行联系 尤其重要的是：滚珠丝杠及其轴承机构 配合

制造

汇集各工作小组的工作成果，阐述包括装配在内的制造过程 概述：许多在机器制造业内优秀的商品说明书在学校是无法编写出来的	辅助方法：制造商让学校参与适宜的系统，例如程序中的驱动电动机

试运行和检验

●检验：所有运动件的运动性能 所有的连接 皮带张紧 保护离合器的释放力矩 ●试运行，短时的和长期的 ●检验记要	注意必要的间隙； 滚珠丝杠的反向不灵敏区 讨论皮带张紧度的检验方法 一般的检验项目全部进行

学习单元 11：产品质量和过程质量的监控

选择的指导项目：水平仪（水准仪）

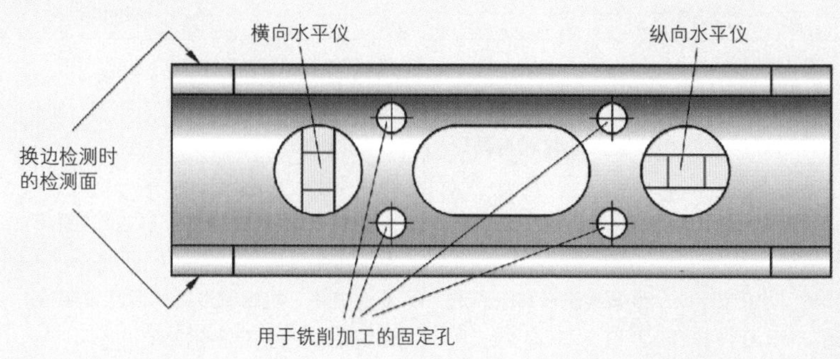

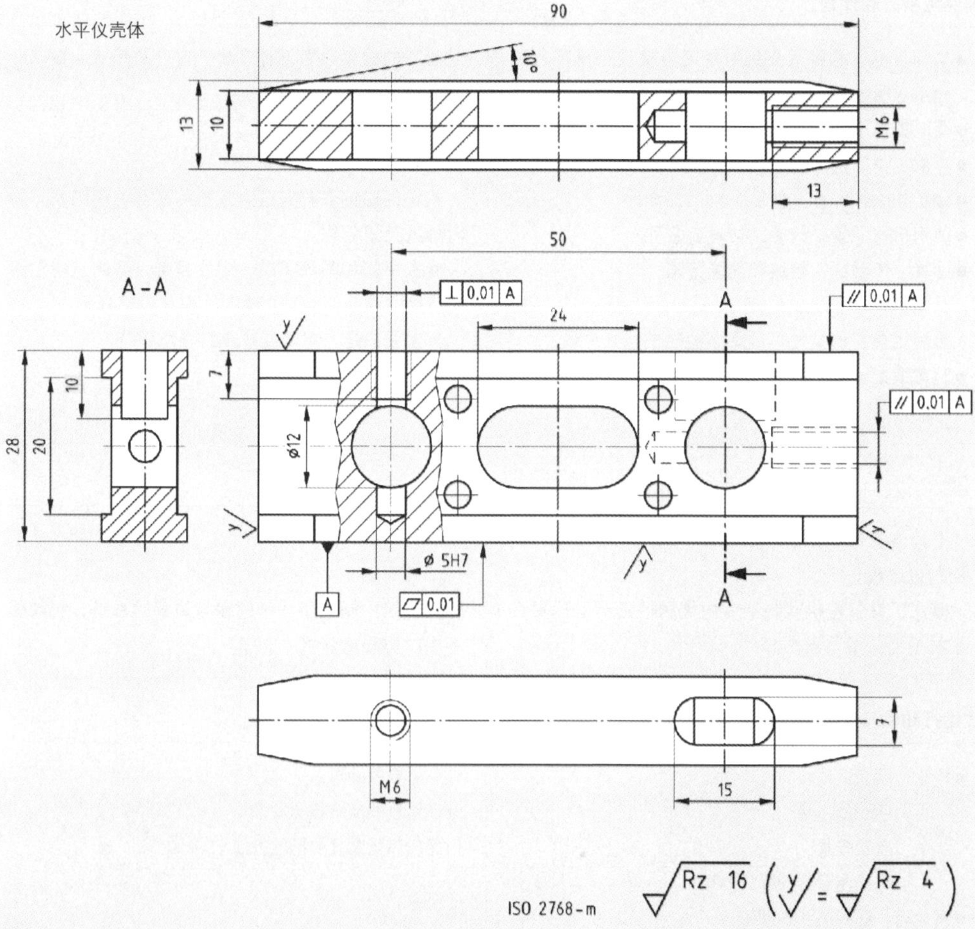

水平仪壳体

A-A

ISO 2768-m

学习单元 11：产品质量和过程质量的监控

选择的指导项目：水平仪（水准仪）

前言：水平仪壳体由铝合金制成，也可用实心坯件铣制而成。然后加工横向水平仪气泡管和纵向水平仪气泡管的安装孔，并铰孔。加工时，必须高度重视产品质量，保证水平仪可以测量出任何轻微的倾斜。

质量要求	说明，问题
水平仪与端面平行的检测面必须对齐水平仪气泡的位置，这样仅能出现微小的测量偏差。水平仪水平位置时，允许偏差不应超过零位 0.5 mm/m 鉴于气泡管体积很小并且水平仪的长度相对较短，计算时所采用的刻度值必须为 *Skt*（刻度值）＞1.0 mm/m	如果与零位没有偏差，此时气泡管内的气泡应位于零位刻度线中间 为什么水平仪壳体上安装气泡管的螺纹孔必须铰孔，以便配合准确 为什么气泡管必须小心推入壳体 为什么大部分水平仪刻度都选用每刻度 2 mm

质量检验	选择检验装置，测量误差
检验水平仪功能的所有重要检验特征 ●水平仪壳体尺寸 ●基准面 A 的平面度 ●两个测量面的平行度 ●纵向气泡与基准面 A 的平行校准 ●横向气泡与基准面 A 的垂直校准 ●测量面的表面粗糙度 $R_z=4\,\mu m$	哪些检测仪具有在平面度、平行度和直角度检测方面保持公差的能力 换向检测时，水平仪气泡可能与零位偏差。导致出现这种偏差的原因是什么 为什么需将检测面的表面粗糙度铣削达到 $R_z=4\,\mu m$，而不是常见的 $R_z=16\,\mu m$

质量控制	特征值的影响因素
●预防性避免出现误差 ●监视铣削加工过程的措施，例如通过尺寸变化趋势的提前识别避免出现误差 ●通过铣床自身的检测和调节装置进行质量控制 ●加工过程中或加工后直接进行质量检验 ●对产品采取的措施，如分选故障零件或返工	人的因素：专业技能，责任意识，动机 机器因素：机床刚性，加工质量，刀具和夹具系统 材料因素：铝壳体的可切削性能，强度，硬度 方法因素：铣削方法，加工顺序，切削条件 环境因素：温度，地板振动

演示	演示说明
●学习项目的主题和目标 ●铣削加工和检验的工作方法 ●参照项目目标评估产品质量 ●对于工作方法这一范围而言，项目的意义	●检查认识理解的正确性 ●介绍水平仪及其功能 ●对专业知识理解的正确性和程度 ●演示限制在主要要点 ●令人愉快的表现形式和语言 ●与听众的目光交流

学习单元 12：技术系统的维护保养

选择的指导项目：饮料灌装设备

保养、检查、维护和改善等范围均属于维护保养范畴。饮料灌装设备是一种复杂的工业设备，其维护保养要求具备相应的专业知识。

饮料灌装设备中使用了大量的滚珠轴承。这些滚珠轴承必须定期润滑、检查，如有损耗，必须更换。滚珠轴承的维护保养要求由具备滚珠轴承范围内具体知识的专业人员执行。除具备各种轴承种类及其功能的知识外，更为重要的是，牢固掌握不同轴承安装和拆卸经验，并能够立即执行具体工作，其目的是将设备的停机检修时间降至最低。

为消除缺陷采取对应措施并改善运行功能的保障，应将轴承出现的磨耗建档并评估。为使劳动保护规范更为合理，还必须对保养工作的危险作出评估。

根据轴承制造商的研究，所有轴承停转故障中约 60%可通过规范的装配和适宜的维护保养措施得以避免。

轴承停转故障的原因：

- 所有轴承过早出现的停转故障中约 15%因装配不规范所致。
- 另有 15%因不洁运行及其后果所致。
- 所有轴承故障中 34%因过载和缺乏保养所致材料疲劳。
- 过早出现的停转故障中约 36%因缺乏润滑，或润滑错误所致（约 90%的轴承应采用润滑脂润滑）。

学习单元 12：技术系统的维护保养

选择的指导项目：饮料灌装设备

目标和内容	说明，辅助手段

定期保养滚动轴承

●润滑 ●清洁 ●降低停转时间和成本	保养手册，润滑图 只使用合适的润滑材料和正确的用量

监视滚动轴承运行状态

●定期抽检 ●使用听音器监视运行噪声（例如使用听诊器） ●使用红外温度计或通过表面温度图示法监视运行温度 ●监视润滑材料，例如采用传感器 ●振动诊断 ●制作设备的振动模型并采用三维表达法（状态分析法），用以确定轴承运行的固有频率还是谐振频率 ●在线监视扭矩、膨胀、力、压力、温度	只有通过与运行状态相关的维护保养以及连续（在线）定期监视（在线）才能实现复杂机器和设备的无故障和优化运行 通过识别过载并预估剩余使用寿命达到优化零件使用和维护计划

更换滚动轴承

●更换已达使用寿命的轴承 ●受损必换	保养手册 轴承制造商的装配与拆卸指南

损耗分析，文档，评估

●损耗鉴定 ●界定和确定损耗原因 ●检验材料 ●损耗建档 ●考虑损耗频度	对比典型的损耗照片 原因作用图或石川图（又称鱼骨图） 故障汇编卡 根据频度和成本的帕累托分析法

改进措施

●使用合适或更好的润滑材料 ●改善环境条件 ●使用密封轴承 ●考虑技术发展和新选项 ●使用高级轴承 ●采用帕累托分析法 ●改进维护保养方案	首先消除损耗的最大影响 使用轴承制造商的在线信息入口

学习单元 13：自动化系统运行能力的保证

选择的指导项目：手工工位的自动化

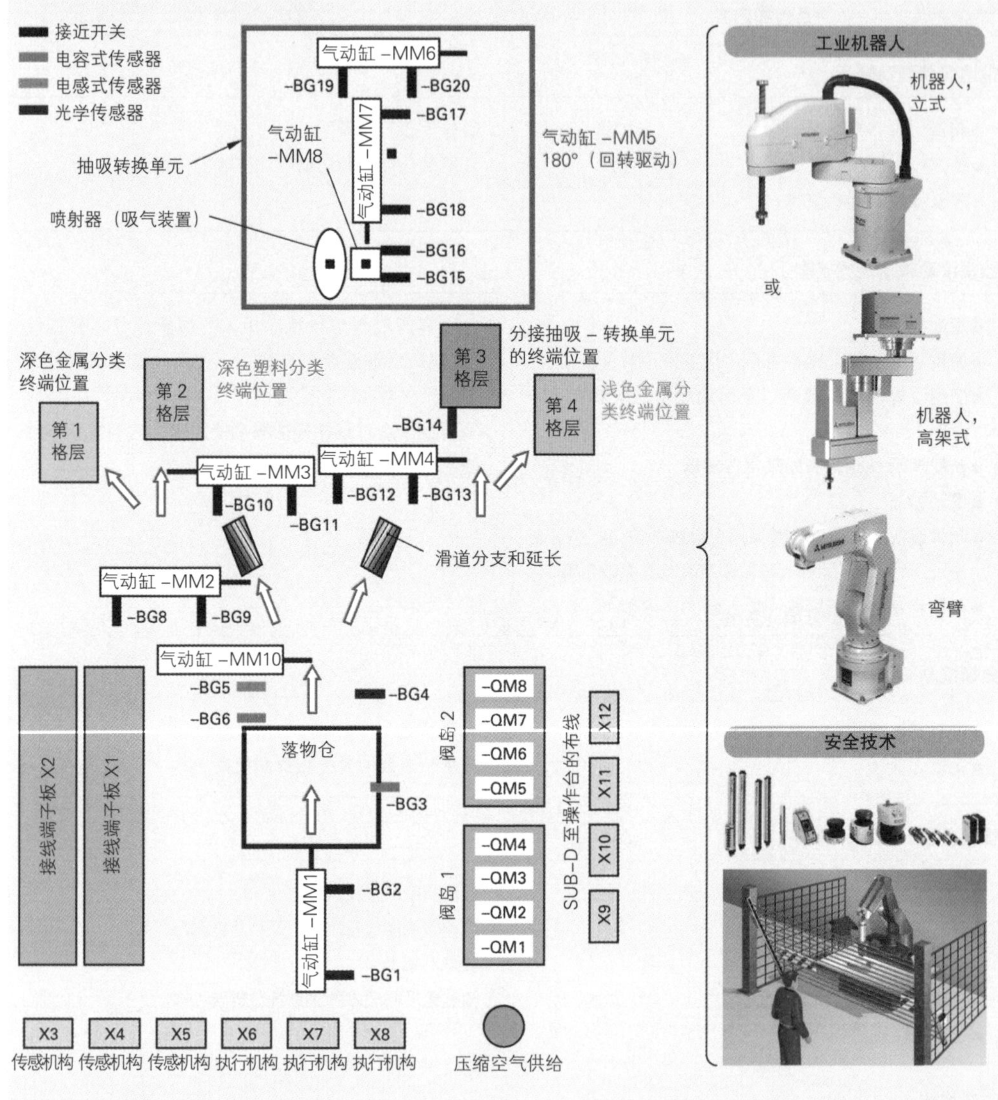

图 1：分类装置

通过落物仓推入 4 种未分类的不同工件（浅色/深色塑料，浅色/深色金属）（由气动缸-MM1 推进）。在阻拦气动缸-MM10 处，相应的传感机构对工件进行识别。然后由气动缸-MM2 将不同工件分别推动滑落至-MM4。气动缸-MM2 推动工件滑落的目的是分选深色与浅色工件（气动缸收回=深色，气动缸伸出=浅色）。气动缸-MM3 和-MM4 分选塑料工件（气动缸收回）和金属工件（气动缸伸出）。这样，4 个不同通道可用于 4 个存放格层。XYZ 抽吸单元（气动缸-MM6 至-MM8）将工件从格层 3 转入继续处理。格层 1、2 和 4 的工件则由手工收取。

学习单元 13：自动化系统运行能力的保证

选择的指导项目：手工工位的自动化

部分自动化的手工工位应借助工业机器人（IR）实现完全自动化。工业机器人在任意一个终端位置（格层 1、2 和 4；见 680 页图 1）抓取产品，将它们放入不同的工件托盘。

为此需执行下列任务：

- 参照运动学特征选择工业机器人（弯臂机器人、Scara 机器人、立式/高架机器人）。
- 通过一个铝质型材支架将这种工业机器人合成装入设备。
- 安装两个光帘，防止异物进入工业机器人工作范围。在格层 1、2 和 4 安装光学传感器。
- 通过与可编程序控制器编程器的协议，将工业机器人和光帘及其单元动作转换器与现有的可编程序控制器对接。
- 所有的改动均需记录进入现有的设备运行档案。

目标和内容	说明，辅助手段

信息

●描述不同制造类型的工业机器人，并能够解释其优缺点。调查企业内现有的工业机器人及其控制系统 ●研究企业内现有可编程序控制器的结构和编程，目的是能够决定对单元动作组件做出必要的扩展 ●描述光帘的不同制造类型	工业机器人 / 轴类型的运动学基础知识 鉴于其他的用途，工业机器人的灵活性 可编程序控制器不同的编程语言（例如功能模块语言、流程语言） 安全技术

计划和决策

●工业机器人和安全技术的选择 ●设计新组件 ●描述至可编程序控制器的接口 ●选择光帘	为工业机器人编制 GRAFCET（顺序功能图） 与铝型材的连接技术 单元动作转换器：工业机器人 – 可编程序控制器，光学传感器 – 可编程序控制器，光帘 – 可编程序控制器

执行与检查

●加工制造新组件 ●工业机器人试运行 ●工业机器人编程 ●安全技术试运行 ●全部设备与可编程序控制器的编程器试运行	确定工业机器人的教学点 编制工业机器人包括托盘化运输系统的程序 安装光学传感器 补充设备运行档案

计算

●制作成本核算 ●从公司的观点分析这个措施的影响作用	调查对手工工位员工的工位选择

企业目录索引表

在此，本书作者和出版社谨向对本书编辑出版过程中提供咨询、图片和文字资料等项支持的下列企业和研究机构表示诚挚谢意

A…D

公司名称	公司所在地
AGA	Hamburg
AGIE CHARMILLES	CH-Lonsone/ Fellbach
Alma driving elements	Wertheim
Aluminium-Zentrale	Düsseldorf
Alusingen	Singen
Alzmetall	Altenmarkt
AMF Andreas Maier	Fellbach
ANDRITZ HYDRO	Ravensburg
Arnold und Stolzenberg	Einbeck
Arntz-Optibelt	Höxter
Atlas Copco	Essen
Audi AG	Neckarsulm
Aventis	F-Straßburg
Balluf	Neuhausen
BASF	Ludwigshafen
Battenberg	Meinerzhagen
Bauer	Esslingen
Bauer&Schaurte Karcher	Neuss
Bayer	Leverkusen
Bayside	Ludwigshafen
Belin	F-Lavancia
Benteler-SGL Composite-Technology	A-Ried im Innkreis
Blankenhorn	Esslingen
Blum-Novotest GmbH	Grünkraut
BMW	München
Bodmer	CH-Küsnacht
BÖGER GmbH	Bielefeld
Böhler	A-Kapfenberg
Böllhoff	Bielefeld
Bosch	Stuttgart
Bosch Rexroth AG	Lohr am Main
Braun	Kronberg
Brown & Sharpe/TESA	Ludwigsburg
Brüel & Kjaer Vibro GmbH	Darmstadt
Bundesanstalt für Materialforschung	Berlin
Burgmann	Wolfratshausen
Busak & Shamban	Stuttgart
Buser	CH-Wiler
CE Johansson	Weiterstadt
CeramTec	Plochingen
CEROBEAR	Herzogenrath
Chemische Werke Hüls	Marl
C-mill technologie	CH-Nidau
ContiTech	Hannover
Daimler AG	Stuttgart
Deutsche Castrol	Hamburg
Deutsche Gesetzliche Unfallversicherung (DGUV)	Berlin
Deutsche Star	Schweinfurt
DMG	Bielefeld/Stuttgart
Dow corning	Wiesbaden
Dürr Anlagenbau	Stuttgart

E…G

公司名称	公司所在地
EAAT	Chemnitz
Ecanto GmbH	Bruchsal
EJOT	Bad Laasphe
Elb-Schliff WZM GmbH	Aschaffenburg
EMCO Maier GmbH	A-Hallein
Euchner & Co	Leinfelden-Stuttgart
FAG Kugelfischer	Schweinfurt
FANUC Robotics	Neustadt
Federal-Mogul-Deva	Stadtallendorf
Feldmühle	Plochingen
FerMeTec	Dietzenbach
FESTO	Esslingen
Fette	Schwarzenbek
Flender Himmelwerke	Tübingen
Forkardt	Düsseldorf
FORD-Werke	Köln
Fotolia.com	Berlin
Franke	Aalen
Fraunhofer-Institut für Lasertechnik	ILT-Aachen
Freudenberg	Weinheim
Fuchs Metallwerke	Meinerzhagen
Fuchs Mineralölwerke	Mannheim
Gehring	Ostfildern
Gesamtverband der Aluminiumindustrie	Düsseldorf
Getriebebau Nord	Bargteheide
Gießerei-Verlag	Düsseldorf
Gildemeister	Bielefeld
GKN Sintermetals	Radevormwald
Gom	Braunschweig
Gühring	Albstadt

H…K

公司名称	公司所在地
Hahn & Kolb	Stuttgart
HAINBUCH	Marbach
Halder	Laupheim
Harmonic Drive	Limburg/Lahn
Hauni-Werke Körber	Hamburg
Heller	Nürtingen
Hermle	Gosheim
Heule	CH-Balgach
Hilger & Kern	Mannheim
Hilma-Röhmheld	Hilchenbach
Hirschmann	Fluorn-Winzeln
Hoffmann	München
Hommel CNC-Technik	Köln
Hommelwerke	Villingen-Schwenningen
Honsel	Fröndenberg
HSK Kunststoff Schweißtechnik GmbH	Bad Honnef
Hüller Hille	Ludwigsburg
Hunger DFE	Würzburg
Hydac International GmbH	Sulzbach
Hyprostatik-Schönfeld	Göppingen
INA Lineartechnik	Herzogenaurach
INDEX Werke	Esslingen
Informationsstelle Schmiedestücke	Hagen
INKOMA	Schandelah
Institut für Metallkunde Universität Clausthal	Clausthal
ISCAR Hartmetall	Ettlingen
Jakob	Kleinwallstadt
KADIA	Nürtingen
Karl Klink GmbH	Niefern-Öschelbronn
KASTO	Achern
Kemper	Vreden
Kennametall Hertel	Friedrichsdorf
Kerb-Konus	Amberg
Kesel	Kempten
Keyence	Neu-Isenburg
Kipp	Sulz a.N.
Knuth Werkzeugmaschinen GmbH	Wasbek
Koenig Verbindungstechnik	Illerrieden
Komet	Besigheim
Kopp Heinrich GmbH	Kahl/Main
Krautkrämer	Hürth
Krones AG	Neutraubling
Kühl	Schlierbach
KUKA	Augsburg

L…P

公司名称	公司所在地
Lasco Umformtechnik	Coburg
LEIPOLD	Wolfach
Lenze	Hameln
Lenze Verbindungstechnik	Waiblingen
Leuze Elektronik	Owen/Teck
Liebherr	Kempten
Linde	Höllriegelskreuth
LOCTITE Deutschland	München
Lorenz	Ettlingen
Lufthansa	Köln
Mahr	Esslingen/Göttingen
MAPAL	Aalen
MAPROS	Fellbach
Mayr	Mauerstetten
Maxdata	Marl
MBB Drehflügler und Verkehr	Donauwörth
Mentec GmbH	Riemerling
Microna	Saarwellingen
Microtec	Renningen
Mikron	CH – Lugano/Fellbach
Mitutoyo	Neuss
MTU Aeroengines	München
Müller-Weingarten	Weingarten
Nadella	Stuttgart
Nagel	Nürtingen
Nordmann	Hürth
Norsk Hydro Magnesium	Bottrop
Oel-Held	Stuttgart
OKS	München
Ophardt Maritim	Duisburg
Ott-Jakob	Lengenwang
Parker Hannifin-Ermeto	Bielefeld
Pepperl & Fuchs	Mannheim
perma-tec	Euerdorf
Pilz GmbH	Ostfildern
PIV Antrieb Werner Reimers	Bad Homburg
Plansee Tizit	A-Reutte
Porsche AG	Weissach
Prototyp	Zell a. H.
PSM-Druckluftechnik	Martinsried

Q…S

公司名称	公司所在地
Q-DAS Gesellschaft für Datenverarbeitung	Weinheim
Renishaw	Pliezhausen
Repower Systems	Hamburg
Revolve Magnetic Bearing	CND-Calgary
Ringfeder	Krefeld
Ringspann A. Maurer	Bad Homburg
Röhm	Sontheim
Röhmheld	Laubach
Röhrs	Sonthofen
SANDVIK Coromant	Düsseldorf
Sauter Feinmechanik	Metzingen
Schaeffler Wälzlager	Homburg
SCHAUDT	Stuttgart
Schenk	Darmstadt
Schmalz GmbH	Glatten
Schuler	Göppingen
Schunk	Laufen
Schunk Ingenieur-keramik	Willich-Münchheide

公司名称	公司所在地
Seco-Tools	CH-Biel
Sempress-Pneumatik	Langenfeld
SHW	Aalen-Wasseralfingen
Sick AG	Waldkirch
Siegling	Hannover
Siemens	Karlsruhe
Siemens Antriebs-technik	Erlangen
SKF Kugellager-fabriken	Schweinfurt
SMG	Waghäusel
Spieth Maschinenelemente	Esslingen
SPINNER Werkzeug-maschinenfabrik	Sauerlach
Stähli	CH-Pieterlen/Biehl
Stahl-Informations-Zentrum	Düsseldorf
STAMA	Schlierbach
Steidle	Leverkusen
Stöber Antriebstechnik	Pforzheim
Studer	CH-Thun
Supfina	Remscheid

T…Z

公司名称	公司所在地
Tayler Hobson	Wiesbaden
TESA/Brown & Sharpe	CH-Renens
TESA Technology/ Hexagon Metrology GmbH	Ingersheim
Texas Instruments	Weingarten
THK	Ratingen
TITEX PLUS	Frankfurt a. M.
TOX	Weingarten
Trumpf GmbH & Co. KG	Ditzingen
Tyrolit Schleifmittel	A-Schwaz
Ultracoat	Eisenach
Unbrako Schrauben	Koblenz
Verband der kera-mischen Industrie	Selb
Vogel Germany GmbH u. Co. KG	Kevelaer
Voith Antriebstechnik	Heidenheim

公司名称	公司所在地
Wacker Chemie	München
Walter	Tübingen
Walther Flender	Düsseldorf
Weiler	Emskirchen
Wemotec	Eggenstein
Werth	Gießen
WIDIA Valenite	Essen
Wieland-Werke	Ulm
WIKUS	Spangenberg
Wohlhaupter	Frickenhausen
Wolters	Regensburg
Zeiss	Oberkochen
Zentrale für Gussverwendung	Düsseldorf
ZF Friedrichshafen AG	Friedrichshafen
Zinser	Albershausen
ZOLLER	Freiberg/Neckar
Zollern	Herbertingen
Zwick	Ulm

专业词汇索引表

B

C

D

E

F

G

H

L

M

Q

R

S

T

U

V

W

Z